Anatomie der Baumrinden.

Vergleichende Studien

von

Dr. Joseph Moeller,

Adjunct der k. k. forstlichen Versuchsleitung, Docent an der technischen Hochschule in Wien.

Mit 146 Originalabbildungen in Holzschnitt.

1882
Springer-Verlag Berlin Heidelberg GmbH
Monbijouplatz 3.

Pierer'sche Hofbuchdruckerei. Stephan Geibel & Co. in Altenburg.

Holzschnitte aus dem Xylographischen Institut von F. Matoloni in Wien.

ISBN 978-3-642-51899-7   ISBN 978-3-642-51961-1 (eBook)
DOI 10.1007/978-3-642-51961-1

Inhaltsübersicht.

Verzeichniss der Abbildungen.

Einleitung.

Die vorliegenden Untersuchungen, weitaus die umfangreichsten, welche über die Rinde geführt worden sind — sie erstrecken sich über 392 Arten aus 95 Ordnungen — hatten die Aufgabe, den Bau dieses wichtigen Pflanzenorganes an sich und im Zusammenhange mit den natürlichen Verwandtschaftsverhältnissen zu studiren. Diesem Plane entsprechend wurden die Ergebnisse der Einzeluntersuchungen für jede Ordnung übersichtlich zusammengefasst und die anatomischen Verhältnisse der einzelnen Rindenabschnitte für jede Pflanzenclasse einer gesonderten Betrachtung unterzogen. Das reiche Material einerseits, zum nicht geringen Theile aber auch die von vorne herein auf die Vergleichung hinzielende Richtung der Untersuchungen musste neue Thatsachen zu Tage fördern. Wie durch dieselben unsere bisherigen Anschauungen erweitert und abgeändert werden, wird in den „Schlussbemerkungen“ eingehend dargestellt; nur die leitenden Gesichtspunkte müssen vorausgeschickt werden, damit der Leser wisse, was er in den folgenden Blättern zu finden erwarten darf.

Die Untersuchung erstreckte sich auf die Rinde mit ihren secundären Bildungen. Wo die Oberhaut auffällige Eigenthümlichkeiten darbietet, insbesondere wenn dieselbe in genetischem Zusammenhange mit der Anlage des Periderma steht, wurde ihrer gedacht.

Den Beschreibungen wurde die Gliederung in Aussen-, Mittel- und Innenrinde, wenngleich dieselbe nicht streng wissenschaftlich ist, zu Grunde gelegt, weil sie übersichtlich und auch ohne Verfolgung der Entwicklungsgeschichte anwendbar ist. Unter Aussenrinde werden alle phellogenen Bildungen verstanden, welche verkorken, sie mögen oberflächlich oder borkebildend auftreten. Im letzteren Falle deckt der Name selbstverständlich den Begriff nicht. Doch bleibt es unbenommen, den Namen dahin auszulegen, dass mit demselben jene Gewebsschicht bezeichnet wird, a u s s e r h a l b welcher die Rinde zu leben aufhört. — Die Mittelrinde umfasst die primäre Rinde mit Einschluss der primären Gefässbündel und der nicht verkorkten phellogenen Gewebe, dem Phelloderma

Sanio's. Ich bin mir der Einwürfe wol bewusst, welche gegen die Vereinigung zweier genetisch so wesentlich verschiedener Bildungen erhoben werden müssen, und habe dieselben bei den Einzelbeschreibungen möglichst auseinander gehalten. Wie bekannt, nimmt aber das Phelloderma in der Regel den Charakter der primären Rinde so vollständig an, dass eine Unterscheidung derselben in fertigen Zuständen nicht möglich ist. Auch durch entwicklungsgeschichtliche Studien, welche im Allgemeinen nicht im Rahmen der vorliegenden Arbeit lagen, konnte nur die Entstehung des Phelloderma festgestellt, nicht aber seine weitere Ausbildung gesondert verfolgt werden, weil die Grenzlinie zwischen ihm und der primären Rinde sich verliert. Soweit es sich um primäre Rinde und Phelloderma handelt, scheinen mir für deren Zusammenfassung als Mittelrinde — nach vorausgegangener Verständigung — so gewichtige Gründe der Praxis zu sprechen, dass die dagegen vorgebrachten Bedenken leicht wiegen. Consequenter Weise müssen aber auch die in der secundären Rinde gelegenen Phelloderme der inneren phellogenen Schichten als Mittelrinde bezeichnet werden. Dagegen sträubt sich zwar unsere Gewohnheit, wenngleich gerade hier die Bezeichnung am treffendsten ist und der Ausdruck zweckmässiger gar nicht gewählt werden könnte. — Der Umfang des Begriffes Innenrinde deckt sich vollständig mit jenem der secundären Rinde.

Die Rinden einheimischer Bäume und Sträucher wurden ohne Ausnahme an frischem, in verschiedenen Jahreszeiten gesammeltem Materiale untersucht, es kann daher die Richtigkeit der Bestimmung als verbürgt angesehen werden. Die Rinden der tropischen Arten mussten den Sammlungen entnommen werden; einige standen nur in spärlichen Proben, die pharmaceutischen und technischen Droguen wol in ausreichender Menge, aber wie jene nur in trockenem Materiale zur Verfügung. Waren ihre Stammpflanzen oder nahe Verwandte derselben in den mir zugänglichen Gewächshäusern vorhanden, so benützte ich sie zur Vervollständigung der Untersuchung nach Möglichkeit; doch konnte trotz aller Bemühungen manche Lücke nicht ergänzt werden. Wenn ich nicht Anstand nahm, die Beschreibung einzelner Rinden in der durch die Verhältnisse gebotenen fragmentarischen Gestalt zu geben, so leitete mich die Erwägung, dass es doch besser sei, das Wenige von ihnen zu wissen, als gar nichts.

Bei den Beschreibungen wurde auf die morphologischen Charaktere das Hauptgewicht gelegt; sie sind die constantesten, unmittelbar vergleichbar, sicher und leicht aufzufinden. Inhaltsstoffe, welche diese Eigenschaften in einigermassen erheblichem Grade besitzen, wurden gleichfalls zur Charakteristik herbeigezogen, wie namentlich die krystallinischen Bildungen, die specifischen Secrete; wogegen die gewöhnlichen, nach Zeit und Umständen in jeder Rinde vorkommenden Inhaltsstoffe, wie Chlorophyll, Stärke, Gerbstoffe, in der Regel gar nicht erwähnt wurden, höchstens dann, wenn der Ort oder die Art ihres Vorkommens auffallend erschien. Die Stärke und der Gerbstoff hätten wol eine eingehendere Berücksichtigung verdient; allein die blosse Angabe ihres Vorkommens oder ihres Mangels hat wenig Werth und eine nähere vergleichende Untersuchung derselben war mit der Hauptaufgabe nicht zu vereinigen. Es war auch bei dem Umfange der Arbeit nicht möglich, auf die chemischen Eigenschaften der specifischen Inhaltsstoffe näher einzugehen. Nur die zuverlässigsten mikrochemischen Reactionen wurden hie und da benützt, um schwierigere histologische Einzelheiten klar zu stellen.

Den sogenannten äusseren Merkmalen der Rinde und Borke wurde nicht mehr Bedeutung beigelegt, als sie verdienen. Es wurde auf dieselben im Zusammenhange mit dem anatomischen Bau hingewiesen; soweit sie von diesem unabhängig sind, taugen sie nichts und können nur Verwirrung anrichten. Ich habe daher die makroskopische Beschreibung der tropischen Rinden möglichst kurz gefasst und habe dennoch die Ueberzeugung, mit dieser Concession mehr gethan zu haben, als ich zu verantworten vermag.

Man wird in den Beschreibungen viele Tausende von Maassangaben finden, und es könnte scheinen, dass ich auf dieselben besonderen Werth lege. Ich muss daher erklären, dass den Messungen, wie sie zumeist ausgeführt sind, eine völlig ungerechtfertigte Werthschätzung zu Theil wird. Wer sich etwas eingehender mit anatomischen Studien beschäftigt, kommt bald zu der Ueberzeugung, dass die absolute Grösse der Elementarorgane ganz ausserordentlichen Schwankungen unterworfen ist, und das ist ein sehr beachtenswerther Unterschied zwischen den Elementen der Pflanzen und jenen der Thiere, indem die letzteren geradezu überraschend constante Dimensionen auf verschiedenen Stufen der Entwicklung sowol, wie innerhalb grösserer Verwandtschaftskreise besitzen. Knochen-, Knorpel-, Muskel-, Nerven- und andere Zellen sind gleich gross beim Kinde wie beim Greise und sehr wenig verschieden bei allen Säugethieren. Ganz anders verhalten sich die zelligen Organe bei den Pflanzen. Die gleichnamigen Elemente variiren sowol bei verschiedenen Pflanzenarten, als auch bei verschiedenen Individuen derselben Art in der Grösse ausserordentlich. Schon den ersten Mikroskopikern waren die bedeutenden Grössenunterschiede zwischen den Zellen verschiedener Pflanzentheile aufgefallen, und lange vor der Kenntniss des zelligen Baues der Organismen hat die Industrie aus dieser Ungleichheit Nutzen gezogen. Auch der Einfluss, den Standort, Klima, Cultur und andere äussere Verhältnisse auf die Entwicklung des Individuums und der dasselbe aufbauenden Zellen üben, ist schon lange bekannt und technisch ausgebeutet. Dass aber die Zellen in demselben Individuum auf verschiedenen Altersstufen zu sehr ungleicher Grösse heranwachsen, ist meines Wissens zuerst von S a n i o gelegentlich seiner Untersuchung der Anatomie der Schwarzkiefer ausgesprochen worden, wenngleich die diessbezügliche Beobachtung sicher schon vor ihm vielfach gemacht worden sein mag. Am auffälligsten sind diese Unterschiede bei langlebigen Individuen und Organen, also auch bei den uns beschäftigenden „Baumrinden". Die Schwankungen in den Dimensionen gleichnamiger Elemente in jungen und alten Individuen sind so bedeutend, dass eine absolute Maassangabe im Verhältniss von 1 : 3 fehlerhaft sein kann. Wenn z. B. das Lumen der Parenchymzellen mit 0,02 mm, die Länge der Bastfasern mit 0,5 mm angegeben wird, so können erstere bei anderen Individuen derselben Art bis 0,06 mm weit, letztere 1,5 mm lang angetroffen werden. In demselben Verhältniss variiren die übrigen Dimensionen, so dass der Charakter der Zellen erhalten bleibt. Aber auch der Charakter des Gewebes bleibt unverändert, indem die dasselbe constituirenden ungleichnamigen Zellen in gleichen Verhältnissen variiren; haben demnach die Maassangaben absolut einen sehr geringen Werth, so ist ihr Verhältniss zu den Maassen der gleichalterigen Nachbarelemente um so werthvoller. Wenn beispielsweise in einer Rinde Bastfasern und Parenchymzellen im Mittel gleiche Breite und die Siebröhren ein Lumen von doppelter Breite besitzen, so ist dieses Verhältniss constant, unbeschadet der Schwankungen in den absoluten Maassen. Die letzteren gestatten eine allgemeine Orientirung über die Grenzwerthe, welche in extremen Fällen allerdings diagnostisch werthvoll ist.

Aus diesem Grunde hauptsächlich wurde auch die überwiegende Mehrzahl der Figuren bei gleicher Vergrösserung (Hartnack Obj. 7, Oc. III, Vergr. ca. 300 und Obj. 5, Oc. III, Vergr. ca. 160) gezeichnet. Sie sind dadurch unmittelbar vergleichbar und gestatten eine kürzere Ausdrucksweise im Texte. Die Beschreibungen würden völlig ungeniessbar werden, wenn man die schildernden Adjectiva ausführlich erläutern oder durch Messungen präcisiren wollte, und doch ist die subjective Auffassung bei ihrer Anwendung Ausschlag gebend. Die Vergleichung einiger Beschreibungen mit den zugehörigen Abbildungen wird den Leser mit der Auffassungsweise des Autors vertraut machen. Für die Maassangaben wurden keine Mittelwerthe gesucht und Grenzwerthe meist nur bei den in geringerer Zahl vorkommenden Elementen angegeben. Wo gleichnamige Elemente in Menge gleichzeitig im Gesichtsfelde liegen, findet der geübte Blick bald die Dimensionen heraus, welche am häufigsten vorkommen, und diese wurden vorwiegend berücksichtigt.

In den Text habe ich nur die eigenen Beobachtungen aufgenommen und die mit ihnen übereinstimmenden oder sie weiter ausführenden, sowie die ihnen widersprechenden Angaben der Autoren citirt. Die letzteren boten willkommenen Anlass zu weiteren Nachforschungen, durch welche die Widersprüche häufig in befriedigender Weise aufgeklärt und die Merkmale mit Rücksicht auf ihre Beständigkeit quali et quanto erkannt wurden.

Ist die natürliche Verwandtschaft der Pflanzen im Baue ihrer Rinden ausgedrückt? Die Frage kann praktisch auch so gestellt werden: Gibt die Histologie der Rinde hinreichende Anhaltspunkte zur Erschliessung der Stammpflanze? Im Allgemeinen muss diess verneint werden. Es war nicht zu erwarten, Arten oder selbst Gattungen durch ein Organ charakterisirt zu finden, aber man konnte vielleicht denken, dass Gruppen höherer Ordnung durch ein gemeinsames Merkmal ihre Zusammengehörigkeit aufgeprägt hätten. Aber auch diess ist nicht der Fall. Wol gibt es Ordnungen, Gattungen und Arten mit charakteristischen Eigenthümlichkeiten, aber immer enthalten diese auch Glieder, welche im eigentlichen Sinne des Wortes aus der Art schlagen, so dass man höchstens sagen könnte:

aus einzelnen oder einer Summe von Merkmalen kann die Abstammung einer Rinde in vielen Fällen mit grosser Wahrscheinlichkeit, mitunter sicher erschlossen, niemals kann aber aus dem Mangel bestimmter Merkmale eine natürliche Verwandtschaft ausgeschlossen werden.

Dieser Sachverhalt entspricht bei näherer Erwägung übrigens vollkommen unseren Anschauungen über den Zusammenhang der morphologischen Entwicklung und der physiologischen Function. Die Mehrzahl der Glieder einer natürlichen Pflanzengruppe besitzt gleiche oder ähnliche Lebensbedingungen, welche durch gleiche oder ähnliche Organe erfüllt werden, da die mannigfaltige Gestaltungsfähigkeit ihr Ziel nicht darin hat, für dieselbe Function verschiedenartige, sondern gleichartige Organe zu entwickeln, diese aber in höchster Vollkommenheit. Da ohne Zweifel die weitaus überwiegende Zahl der Pflanzenarten ihren Lebensbedingungen angepasst ist, so folgt daraus nothwendig ihre nahe Uebereinstimmung im Baue eines so lebenswichtigen Organs, wie die Rinde. Wie aber in jeder umfangreicheren Ordnung oder selbst artenreichen Gattung, dort einzelne Gattungen, hier Arten bei allgemeiner physiologischer Uebereinstimmung doch in biologischen Einzelheiten von ihren nächsten Verwandten abweichen, so muss ihr Bau sich auch von dem Typus entfernen.

Bei den Arten gibt es schon unterscheidende Eigenthümlichkeiten, welche ohne Bedenken als Anpassungen an abweichende Lebensbedingungen erklärt werden können, wenngleich der nähere Vorgang meist unverständlich ist. So dürfte kaum einzusehen sein, zu welchem Zwecke *Viburnum* Steinzellen im Baste bildet, während die nächsten Verwandten ohne dieselben ihr Auslangen finden. — Den Mangel oder die geringe Entwicklung der Bastfasern bei schlingenden Arten, deren nicht schlingende Verwandte sklerotische Fasern bilden, (z. B. Heckenrose), glauben wir aus mechanischen Gründen ableiten zu dürfen, wenngleich mit nicht viel Berechtigung, da wir oft genug hohe Krümmungsfähigkeit in Verbindung mit derbwandigen Elementen sehen, wie ja schlingende Internodien einer gewissen Festigkeit nicht entbehren können. — Man kann es nicht als Laune des Bildungstriebes betrachten, wenn innerhalb eines verwandten Formenkreises einmal die sklerotische Rinde von zartzelligem Schwammkork bedeckt wird (z. B. *Pistacia*) und das andere Mal das Periderma sklerosirt, wenn die Rinde keine Steinzellen bildet (z. B. *Rhus*). Eine befriedigende Erklärung für diese unzweifelhaft biologisch begründete constructive Modification können wir gleichwol nicht geben. — Sieht man endlich, dass bei dem (im Allgemeinen seltenen) Auftreten des Initialmeristems an der Grenze der secundären Rinde die primäre Rinde in der Regel kein hypodermatisches Collenchym, keine Steinzellen, ja mitunter (z. B. *Ericaceen*) sogar keine Bastfasern in den primären Fibrovasalsträngen bildet, so kann man sich des Gedankens nicht erwehren, dass die Entwicklung dieser mechanischen Elemente unterbleibt, weil ihnen in der hinfälligen primären Rinde keine Function zufällt.

Aber nicht nur die Entwicklung und der Mangel bestimmter Gewebselemente, sondern auch ihre gegenseitige Verbindung, ihre Anordnung, ihre

Mengenverhältnisse, ihr feinerer Bau sind in ihren zahllosen Variationen ohne Frage als Anpassungen an ebenso zahllose physiologische Verschiedenheiten zu betrachten; und ehe wir die letzteren kennen, ist an eine Deutung der ersteren nicht zu denken.

Ich glaube dargethan zu haben, warum verwandte Formenkreise im Baue ihrer Organe übereinstimmen können, aber nicht müssen, und dass in Folge dessen die in den Uebersichten zusammengefassten Charaktere nicht als Ordnungs- und Classencharaktere gelten können, sondern nur ein Resumé aus dem der Untersuchung unterworfenen Materiale darstellen, und dass die tabellarischen Zusammenstellungen keineswegs als „Schlüssel zum Bestimmen" ausreichen können.

Coniferae.

Aussenrinde. Bei den meisten Coniferen entsteht das Periderma schon
in der ersten Vegetationsperiode und in der Regel folgt alsbald die Abstossung
der Epidermis. Eine längere Ausdauer der Oberhaut besitzen u. A. *Taxodium*,
Pinus, *Salisburia* und eine noch häufig das dritte Jahr überdauernde Oberhaut
Abies, *Araucaria*, *Phyllocladus* und *Podocarpus*. Das Phellogen bildet sich
im zweiten bis fünften Jahre oder noch später bei *Cupressus, Dammara, Sequoja,
Phyllocladus* und *Taxus*, in welchen Fällen auch die Oberhaut längere Zeit
dem Dickenwachsthume des Stammes folgt. Die Initiale ist nur ausnahms-
weise die Oberhaut selbst *(Sequoja, Phyllocladus)*, häufiger die der Oberhaut
oder dem Hypoderma unmittelbar anliegende Zellschicht der primären Rinde
(*Pinus* im weiteren Sinne, *Callitris* und *Salisburia*). Die *Cupressineen* (mit
Ausnahme von *Callitris*), die *Taxineen* (ausser *Phyllocladus* und *Salisburia)*
und von den *Abietineen* zum Theil *Sequoja* und *Araucaria* bilden die erste
Phellogenschicht in einer tieferen Lage der primären Rinde (Fig. 1), besonders tief
Taxodium und *Podocarpus*. Die Periderme bestehen ausschliesslich aus zartwandigen Korkzellen bei allen *Cupressineen, Taxineen* (nur bei *Salisburia* und
Taxus werden einzelne Korkzellenreihen in geringem Grade einseitig sklerotisch)
und unter den *Abietineen* bei *Araucaria* und *Sequoja*. Sklerotische Periderme
sind demnach ein der Gattung *Pinus* (im weiteren Sinne) fast ausschliesslich
zukommendes Kennzeichen. Doch erfolgt die Sklerosirung nicht in übereinstimmender Weise. Bei *Pinus* (s. str.) betheiligen sich die äussersten Korkzellenreihen an der Bildung des sklerotischen Hypoderma, bei *Larix* und *Picea*
bleiben die an das Hypoderma zunächst grenzenden Korkzellen dünnwandig;
bei allen drei Gattungen wechseln aber weiterhin dünnwandige mit sklerotischen
Schichten. *Abies* endlich besitzt kein Hypoderma, bildet demnach Oberflächenperiderm im strengen Sinne des Wortes, das durch Sklerosirung einfacher
Zellenreihen (an der Aussenseite) geschichtet wird.

Die *Cupressineen* bilden im Allgemeinen frühzeitig Borke, am spätesten
Cupressus; dagegen beginnt die Borkebildung bei den *Abietineen* spät (es liegen
nur Beobachtungen bei *Pinus* vor), am spätesten bei *Abies*; auch *Taxus, Phyllo-*

cladus (Borke nicht beobachtet) und *Salisburia* verharren lange bei Oberflächen-Periderm. Es ist übrigens zweifellos, dass die Entstehung der Borke nicht an ein bestimmtes Stadium der Entwicklung gebunden, vielmehr dieselbe von äusseren, mechanischen ebenso wie von physiologischen Einflüssen abhängig ist.

Die inneren Periderme gleichen im Baue im allgemeinen den oberflächlichen. So besitzen sämmtliche *Cupressineen* und *Taxineen* (auch *Salisburia*) ausschliesslich zartzellige [1]) innere Korkhäute, ebenso *Sequoja, Araucaria* und *Abies* [2]). *Pinus* (s. str.), *Picea* und *Larix* sklerosiren die inneren Korkhäute schichtenweise, wobei vielerlei Variationen in der Lage und Ausdehnung der Sklerenchymlamellen und dadurch bedingte Verschiedenheiten im Aussehen und Abfall der Borkeschuppen vorkommen (S. p. 18). Andere Formen der Schichtung des Periderma werden hervorgerufen durch Aufnahme von Farbstoffen in abwechselnden Lagen des Korkes *(Abies canadensis)* und durch Bildung von Jahresringen. Die letzteren habe ich nur in dem Periderma der Lärche, weniger deutlich entwickelt in dem der Tannen *(Abies)* gefunden und ihre Seltenheit erklärt sich wol daraus, dass das Phellogen nur ausnahmsweise seine Thätigkeit über eine Vegetationsperiode hinaus bewahrt. Ausgezeichnete Beispiele für Ringborke geben die *Cupressineen*, für Schuppenborke *Taxus* und für ausdauernde Oberflächen-Periderme *Abies, Salisburia* und *Phyllocladus.*

Mittelrinde. Die meisten *Cupressineen (Juniperus* und *Taxodium* ausgenommen), unter den *Abietineen Picea* (Fig. 13), *Araucaria, Cunninghamia, Sequoja,* unter den *Taxineen Podocarpus,* besitzen ein Hypoderma aus sklerotischen Fasern [3]); hierher gehören wol auch die in der Aussenschicht der primären Rinde von *Dammara* isolirt und in Bündeln vorkommenden Fasern (Fig. 14). Ein Hypoderma ganz eigenthümlicher Art hat *Salisburia* (Fig. 21), ein solches aus einzelnen oder grössere Theile der Peripherie umfassenden, dicht an einander gereihten Steinzellen *Pinus, Larix* (Fig. 6 und 10). Eine geschlossene Collenchymschicht typischer Bildung kommt den Gattungen *Picea, Abies* und *Larix* zu; die anderen *Abietineen,* die *Cupressineen* und *Taxineen* haben nur umschriebene Collenchymleisten *(Thuja, Cupressus, Araucaria, Cunninghamia),* oder eine tiefere Lage der primären Rinde *(Callitris),* oder die letztere in toto hat collenchymatischen Charakter *(Pinus, Dammara, Taxus, Salisburia),* oder sie ist dünnwandig *(Juniperus, Taxodium, Phyllocladus, Podocarpus).* Durch Sklerosirung zerstreuter Zellen und Zellengruppen der Mittelrinde mit meist baroker Gestaltung und ansehnlicher Vergrösserung der Zellen sind *Abies, Picea, Larix, Dammara* und *Phyllocladus* ausgezeichnet; *Araucaria* und *Salisburia* bilden abgegrenzte Sklerenchymringe; die Sklerosirung unterbleibt vollständig bei sämmtlichen *Cupressineen,* bei *Pinus* (s. str.), *Sequoja, Podocarpus, Taxus.* Phelloderma betheiligt sich an dem Aufbau der

---

[1]) Die Sklerosirung einfacher Korkzellenreihen bei *Taxus* ist nicht constant.

[2]) Durch die unterbleibende Sklerosirung der inneren Periderme und durch die eigenartige, epidermoidale Sklerosirung der Oberflächenperiderme ist *Abies* vor allen Verwandten ausgezeichnet.

[3]) Vgl. Schwendener, Das mechan. Princip etc. p. 160.

Mittelrinde bei später Borkebildung in hervorragendem Masse, fehlt aber zumeist den inneren Peridermen. Es wird bei *Pinus* und *Taxus* gebildet, zählt aber stets nur wenige Zellenreihen selbst bei mächtig entwickelten Korklagen und sklerosirt häufig *(Pinus, Larix, Picea)*.

Von allen untersuchten Coniferen entbehrt bloss *Taxus* der Harzräume vollständig. Ausser protogenen scheinen auch hysterogene Harzräume in der Mittelrinde allgemein zu sein. Wo sie vermisst wurden *(Salisburia, Callitris, Abies, Sequoja)*, konnte ihre nachträgliche Bildung nicht mit Bestimmtheit ausgeschlossen werden. Sie zeigen überall den bekannten Bau der schizogenen Harzräume.

Das Vorkommen von Kalkoxalat bietet für die Gattungen *Pinus* und *Salisburia* charakteristische Kennzeichen, indem es bei der ersteren in grossen Einzelkrystallen, bei der letzteren ausschliesslich zu Drusen aggregirt auftritt. Bei *Libocedrus* wurden zarte Krystallprismen im Zellenraum angetroffen, bei den anderen *Cupressineen*, einigen *Abietineen* und *Taxineen* ist Krystallsand in den Membranen abgelagert oder sie sind krystallfrei.

Primäre Bastfaserbüudel fehlen den *Cupressineen*, den *Pinus*arten (im weiteren Sinne), *Cunninghamia*, *Podocarpus*, *Taxus*. Wo sie vorkommen *(Sequoja, Taxodium, Araucaria, Dammara, Phyllocladus, Salisburia)* sind ihre Bündel schwach, die Gestalt der Fasern wesentlich abweichend von der Gestalt der secundären Bastfasern.

Innenrinde. Die secundäre Rinde der *Cupressineen*, von *Sequoja* und der *Taxineen* hat als gemeinschaftliches Merkmal die concentrische Schichtung der Elemente, die Gattung *Pinus* (im weiteren Sinne) ist charakterisirt durch den Mangel der Bastfasern bei regelmässiger Schichtung der Elemente des Weichbastes und bloss *Araucaria* unter den untersuchten Gattungen entbehrt der Schichtung und ist überdiess durch die spulenrunde vom Typus abweichende Form der Bastfasern ausgezeichnet. Diese sind sonst überall in der Form und den Dimensionen des Querschnittes fast vollständig mit den Elementen des Weichbastes übereinstimmend, wodurch eben die in erster Linie charakteristische Regelmässigkeit des Rindengewebes ermöglicht wird. Die Bastfasern sind in einfachen (nur bei *Salisburia* stellenweise mehrfachen) Reihen geordnet. Ihr radialer Abstand beträgt drei Zellenreihen des Weichbastes bei den *Cupressineen*, bei *Sequoja*, *Phyllocladus* und *Taxus;* bei *Podocarpus* und *Salisburia* ist er weniger regelmässig. Bei den *Cupressineen* sind die tangentialen Reihen der fast vollständig verdickten Bastfasern oft von schwach sklerosirten Fasern unterbrochen und diese setzen fast ausschliesslich mehrere tangentiale Reihen zusammen. Das letztere Verhältniss ist bei *Taxus* die Regel, indem zwischen je zwei sklerotischen Faserreihen eine oder mehrere Reihen dünnwandiger Fasern eingeschoben sind. Bei *Sequoja* und *Phyllocladus* fand ich sämmtliche Bastfasern vollkommen sklerosirt, die typische Anordnung am augenfälligsten entwickelt. Diese beiden sind unter den bisher erörterten Rinden die einzigen, welche neben den Bastfasern ein zweites sklerotisches Element, nämlich Steinzellen ungewöhnlicher Bildung (Fig. 15 u. 18) enthalten. Unter den *Pinus-*

arten, welche, wie erwähnt, sämmtlich der Bastfasern entbehren, bildet die Gattung *Pinus* (s. str.) auch keine Steinzellen, während bei *Abies, Picea* und *Larix* die Sklerosirung der Mittelrinde auch in den Bast übergreift. Wenn der Weichbast nur aus je drei zwischen Bastfaserbändern eingeschlossenen Zellenreihen besteht *(Cupressineen, Sequoja, Phyllocladus, Taxus)*, so ist die Mittelreihe Parenchym und die Bastfasern sind beiderseits von Siebröhren umsäumt. Dieses Verhältniss findet sich auch mitunter noch bei *Phyllocladus* und *Salisburia*, häufiger sind aber die Weichbastschichten unregelmässig, wenn auch nicht in dem Masse wie bei *Araucaria*. Der periodische Wechsel in der Bildung der Elemente zeigt sich auch im Baste von *Pinus*, wo immer mehrere Lagen von Siebröhren durch einfache oder doch weniger zahlreiche Parenchymreihen geschieden sind (Fig. 7). Die Parenchymzellen sind breitgetüpfelt, die Siebröhren ohne Querplatten, der ganzen Wand entlang mit feinporigen Siebplatten besetzt. Schizogene Harzräume fehlen in der secundären Rinde, nur in der Aussenschicht derselben habe ich sie bei *Thuja* und *Callitris* angetroffen. Dagegen sind lysigene Harzlücken den *Cupressineen* eigenthümlich. Auch *Abies* und *Araucaria* seltener die *Pinus*arten bilden hysterolysigene Sekretbehälter und in ähnlicher Weise mögen die in den inneren Korkmembranen von *Abies canadensis* beobachteten Harzräume entstehen.

Das Kalkoxalat tritt in mehrfachen, zum Theil sehr charakteristischen Formen auf. Bei *Pinus* und *Salisburia* kommt es in denselben Formen vor wie in der Mittelrinde. Bei den *Cupressineen* und bei *Podocarpus* sind die radialen Membranen aller Elemente und bei *Araucaria, Taxus* und *Phyllocladus* die ganze Oberfläche der Bastfasern und Steinzellen die Lagerstätten winziger Kryställchen.

Alle Coniferen haben einreihige Markstrahlen. Nur bei *Pinus* und *Picea* erweitern sie sich stellenweise zur Aufnahme eines Harzcanales.

Uebersicht der Gattungen nach Merkmalen des Bastes:

A. Bastfasern (am Querschnitt gerundet rechteckig) in concentrischen meist einfachen Reihen; Weichbast dreireihig.
  1. Alle Bastfasern vollständig verdickt; ab und zu grosse Steinzellen;
    a. Die Steinzellen relativ dünnwandig: *Sequoja.*
    b. Steinzellen mit sehr verengtem Lumen; borkefrei: *Phyllocladus.*
  2. Vollständig verdickte Fasern mit dünnwandigen Fasern wechselnd; keine Steinzellen.
    a. Krystalle in den Membranen der Bastfasern; Bastparenchym derbwandig, breitgetüpfelt, harzfrei; Schuppenborke: *Taxus.*
    b. Krystalle in allen radialen Wänden; Harzlücken; Ringborke:
                                  Cupressineae[1]).
    c. Bastfasern in oft unterbrochenen Reihen, Krystallsand in den Membranen; Parenchym breitporig; keine lysigene Harzlücken:
                                  Podocarpus.

---

[1]) Die *Cupressineen* bieten keine sicheren Unterscheidungsmerkmale im Baue des Bastes.

3. Weichbastschichten drei- und mehrreihig. Bastfasern stellenweise mehrreihig; Weichbast grosszellig mit Drusenschläuchen: *Salisburia.*

B. Bastfasern fehlen.
  a. Keinerlei Sklerenchym ausser den schichtenweise sklerosirenden Korkhäuten; Krystallprismen: *Pinus.*
  b. Zerstreute Steinzellen im Weichbaste; isodiametrische Krystalle.
    1. Aestige Steinzellen meist zu Gruppen verschmolzen;
      α. Korkhäute dünnwandig: *Abies.*
      β. Grösstentheils Steinkork; häufig sklerotisches Phelloderma: *Picea.*
    2. Spindelige, meist isolirte bastfaserartige Steinzellen; breite, zartzellige Korkhäute mit schmalen sklerotischen Schichten: *Larix.*

C. Spulenrunde dünne Bastfasern in regelloser Vertheilung: *Araucaria.*

Cupressineae.

Der Bast sämmtlicher *Cupressineen* ist sehr regelmässig geschichtet (Fig. 2). Die Bastfasern treten anfangs vereinzelt in tangentialen Reihen auf, schliessen allmälig enger zusammen, bis sie in älteren Rinden ununterbrochene concentrische Reihen zwischen den stets einreihigen, niemals sklerosirenden Markstrahlen bilden. An die Faserplatten grenzen beiderseits Siebröhren und an diese wieder Parenchym in einzelligen Reihen. Die Bastfasern kommen in verschiedenen Stadien der Verdickung vor; häufig kann man sich von ihrem Vorhandensein an Querschnitten nur mit Hilfe der Xylogenreaction überzeugen, so wenig verschieden sind die drei Elemente in ihren Querschnitts-Dimensionen. Primäre Bastfaserbündel fehlen.

Charakteristisch ist die tiefe Lage des Initialmeristems (Fig. 1) für das Periderm. Es entsteht in der Mitte der Primärrinde oder dem Baste noch mehr genähert. Sehr wahrscheinlich wird die Neubildung des phellogenen Meristems in centripetaler Richtung erst durch die Entstehung der ersten tiefen Korkschicht unterbrochen. Wenigstens fand sich das Phelloderma um so mächtiger entwickelt, je später die Borkebildung anfing *(Biota)*. *Callitris* entwickelt das Periderm ungleichmässig, stellenweise oberflächlich. Das Periderm entsteht in der Regel schon in der ersten Vegetationsperiode und folgt dann durch mehrere Jahre dem Dickenwachsthum des Stammes. Der borkebildende Kork, aus zeitlebens dünnwandigen Zellen bestehend, bildet ausgedehnte, häufig den ganzen Stamm umgreifende Membranen (Ringborke).

Das Parenchym der primären Rinde wird niemals sklerotisch; *Thuja* und *Cupressus* sind durch eine subepidermidale sklerotische Faserschicht, *Taxodium* ist durch eigenthümliche, wegen ihrer Gestalt und Lage auffallende Fasern (Fig. 3) ausgezeichnet. Collenchym fehlt entweder *(Juniperus, Taxodium)* oder ist auf umschriebene Theile des Stengels beschränkt *(Thuja, Cupressus)* oder bildet eine geschlossene Schicht in der Tiefe der primären Rinde *(Callitris)*.

Schizogene Harzgänge sind in der primären Rinde allgemein. In der secundären Rinde bilden lysigene Harzlücken die Regel. Sie entstehen aus Gruppen von Parenchymzellen, welche ätherisches Oel enthalten und pflegen das umgebende Gewebe erst dann in die Metamorphose einzubeziehen, nachdem es durch Borke abgetrennt worden war. Mitunter *(Thuja orientalis, Callitris)* entstehen s c h i z o g e n e H a r z r ä u m e auch in den äusseren Lagen des Bastes.

Von den die Rinde constituirenden Elementen sind die bandförmig abgeplatteten langen, glattwandigen, geradläufigen Bastfasern, die zum Theil noch längeren Siebröhren, welche der ganzen Wand entlang mit rundlichen, feinporigen Siebplatten besetzt sind, die tonnenförmigen Parenchymzellen mit flachen, schwer erkennbaren rundlichen Tüpfeln an den radialen Wänden bei allen Arten, die ungewöhnlich breiten, gefächerten Fasern (Fig. 3) in der primären Rinde von *Taxodium* erwähnenswerth. D a s P a r e n c h y m s k l e r o s i r t n i e m a l s.

Ein ausgezeichnetes Merkmal der *Cupressineen*rinden, wenngleich nicht ihnen ausschliesslich, sondern auch manchen *Abietineen* und *Taxineen* zukommend, ist das Vorkommen von K r y s t a l l s a n d i n d e n Z e l l m e m b r a n e n des Bastes. Nur bei *Libocedrus* enthielten spärliche Zellen der Mittelrinde zarte K r y s t a l l n a d e l n.

Juniperus communis L.

Ein Periderm von röthlichbrauner, später aschgrauer Farbe ersetzt schon im ersten Jahre die Oberhaut. Die Periderminitiale (Fig. 1) entsteht ungefähr in der Mitte zwischen Epidermis und primärem Bastbündel gegen Schluss der ersten Vegetationsperiode. Durch dieselbe werden die in den Rippen der Internodien verlaufenden Oelgänge abgetrennt. An den grünen Internodien der jüngsten Zweigspitzen ist sie noch nicht vorhanden, anderseits ist die Epidermis an den bereits gebräunten Internodien noch nicht abgestossen. Man findet an diesen die Epidermis und mehrere Lagen geschrumpfter Parenchymzellen noch zusammenhängend mit dem Periderm und nach innen gleichfalls wenige Lagen chlorophyllführenden Parenchyms der primären Rinde, w e l c h e e i n e r e i g e n t l i c h e n C o l l e n c h y m s c h i c h t e n t b e h r t, a u c h k e i n e s k l e r o t i s c h e n F a s e r n b i l d e t. Das Periderm bleibt lange erhalten und verleiht sogar noch fingerdicken Stengeln eine glatte Oberfläche, selbst wenn unter ihm sich bereits mehrere Borkeschichten differenzirt haben. Die Borke blättert sich in silbergrauen papierdünnen, langen und biegsamen Streifen ab. Die Innenfläche der Rinde ist sehr feinstreifig. Am Querschnitte ist eine feine tangentiale Schichtung schon dem unbewaffneten Auge kenntlich, in den inneren Theilen älterer Rinden sieht man überdiess rein weisse Pünktchen in unregelmässigen Abständen concentrisch geordnet.

Der borkebildende Kork hat sehr grosse Flächenausdehnung (Ringborke)[1], besteht aber in der Regel nur aus wenigen (vier bis fünf) Reihen grosser, wenig flacher, wenngleich sehr dünnwandiger, luftführender oder mit gelbbrauner Masse erfüllter Zellen, welche sich auch späterhin nicht verdicken. Die schon mit freiem Auge in der braunen Borke durch ihre weisse Farbe auffallenden H a r z g ä n g e erreichen eine beträchtliche Ausdehnung in axialer Richtung. Da man in der lebenden Rinde keine eigentlichen Harzräume[2], sondern nur ein hellgelbes Oel in

---

[1] S. v. M o h l, Unters. über d. Entw. des Korkes u. der Borke etc. p. 23.
[2] Mit Ausnahme der blattbürtigen Harzgänge in der primären Rinde.

einzelnen Parenchymzellen [1]) findet, so darf man schliessen, dass die Harzgänge durch Zerstörung von Zellengruppen entstehen und, durch Senkung unterstützt, sich ausbreiten.

In der Aussenschicht des Bastes kommen, vereinzelt oder paarweise, unregelmässig zerstreut jene Bastfasern vor, die sich, je weiter nach innen, desto regelmässiger [2]) in tangentiale Reihen ordnen, bis sie in den tieferen Lagen der secundären Rinde ununterbrochene, immer einreihige Bänder zusammensetzen. Diese Bastfaserreihen verlaufen in wechselnden Abständen, in der Regel sind sie nur durch drei Reihen dünnwandiger Zellen von einander getrennt. Die Bastfasern sind sehr lang (1,2 mm), geradläufig, glattwandig, am Querschnitt gerundet rechteckig oder quadratisch, 0,02 mm breit, fast bis zum Schwinden des Lumens verdickt mit vielen Porenkanälen. Wenn der Abstand zwischen den Bastfaserreihen grösser ist, so treten zwischen je zweien noch eine oder mehrere tangentiale Reihen dünnwandiger Bastfasern hinzu, die sich erst in der Folge verdicken. Man findet in der lebenden Rinde abwechselnd Bastfaserreihen in dem verschiedensten Grade der Verdickung durchaus unabhängig von ihrem Alter. In der Borke dagegen sind die Bastfasern meist vollkommen verdickt, weitlichtige werden nur vereinzelt angetroffen. Die dünnwandigen Elemente der Innenrinde behalten die deutliche radiale Anordnung und da sie nur in drei- hie und da bis fünffachen Reihen zwischen den Bastfasern vorkommen, bilden sie natürlich auch ausgesprochen tangentiale

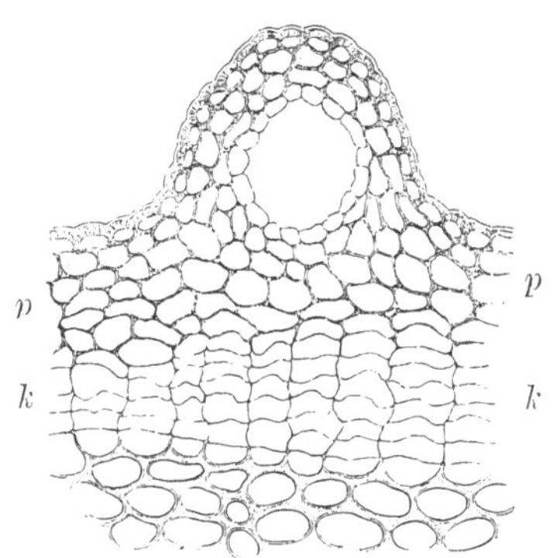

Fig. 1. *Juniperus communis* L. Querschnitt durch ein älteres Internodium des jährigen Triebes (300). *p* Aussenschicht der primären Rinde mit einem schizogenen Harzraume; *k* in der Tiefe entstandenes Periderma.

Bänder. Die Elemente des Weichbastes erscheinen am Querschnitte tangential abgeplattet, gleichmässig dünnwandig und in der Weite wenig verschieden. Nur die mittlere einzellige Reihe ist etwas weitlichtiger. Sie besteht aus Parenchym und ist beiderseits umsäumt von langen Schläuchen, welche sehr zarte Siebtüpfelung besitzen, wie unzweifelhaft aus Betrachtung von Sehnenschnitten hervorgeht. Diese Schläuche erreichen eine sehr ansehnliche Länge, ich habe solche von 2,1 mm gemessen, und endigen stumpf. Sie sind (Fig. 2) auf der radialen Seite mit Krystallsand bedeckt. Dadurch wird die Erkennung der auf der dünnen Siebröhrenwand mit äusserster Zartheit erscheinenden Siebplatten sehr erschwert. Man kann sie jedoch gut sichtbar machen, wenn man feine Radialschnitte mit Schwefelsäure behandelt, die störenden Gypsnadeln abwäscht und Chlorzinkjod zusetzt. Parenchym und Siebröhren färben sich schön violett, auf der letzteren treten die Siebplatten in heller Farbennuance hervor, die Bastfasern, auch die dünnwandigen, werden gelb.

Die Markstrahlen sind einreihig und bis fünf Zellen hoch. Ihre Zellen enthalten gleichfalls Krystallsand.

---

[1]) Vgl. Frank, Beiträge zur Pflanzenphysiologie, p. 122 u. Botan. Ztg. 1864 p. 162.
[2]) Vgl. Taf. 10 bei Hartig, Forstl. Culturpfl. u. Dippel, Mikroskop II. p. 167, 272. Ueber die Deutung der Schichtung als Schutzvorrichtung für das Cambium s. Schwendener, Das mechan. Princip etc. p. 146.

Juniperus virginiana L. *(Juniperus arborescens* Moench).

Die Rinde stimmt mit der vorigen sehr nahe überein. Ein bemerkenswerther Unterschied besteht darin, dass die Bastfasern der vollständig verdickten Form sich sehr spät zu geschlossenen Reihen vereinigen. In einem von mir untersuchten Stammstücke, in dem sich bereits 2 cm dickes Kernholz gebildet hatte, fanden sie sich nur vereinzelt innerhalb der dünnwandigen Bastfaserreihen vor.

Bei einem anderen Individuum war in der jüngst gebildeten Rinde ein vollkommen geschlossener, sogar die Markstrahlen seitlich zusammendrückender Ring stark verdickter Bastfasern entwickelt. In denselben Abständen, wie bei *Juniperus communis* folgen nach aussen, also in den älteren Bastlagen, mehrere Reihen dünnwandiger Fasern mit einzelnen vollständig verdickten. Sie sind durch die Verholzung ihrer mitunter kaum merklich dickeren Membran von den Elementen des Weichbastes unter allen Umständen kenntlich.

Juniperus Sabina L. *(Sabina officinalis* Garcke).

Bezüglich der Bastfaserreihen steht diese Art zwischen *J. communis* und *J. virginiana*, indem schon frühzeitig geschlossene Bastfaserreihen gebildet, später dieselben unterbrochen, sogar auf vereinzelte, spärliche Fasern reducirt werden, um dann wieder in geschlossenen Reihen aufzutreten. Es gilt diess von den vollkommen verdickten Bastfasern, indem die dünnwandige Form in der secundären Rinde immer in geschlossenen Reihen auftritt und nur die Zahl der verdickten Individuen innerhalb dieser Reihen schwankt. Bei dieser Art habe ich auch keine Uebergänge bezüglich des Grades der Verdickung beobachtet. Die Fasern sind entweder vollständig oder nur wenig mehr als der Weichbast verdickt. Die Anordnung des letzteren und der Bau seiner Elemente[1]) ist übereinstimmend mit den vorigen Arten.

Thuja occidentalis L.

Die Oberhaut, durch eine Reihe sklerotischer Fasern verstärkt, ist nur an den jüngsten beblätterten Trieben erhalten und wird nebst den äussern Schichten der primären Rinde schon im ersten Jahre abgestossen und durch röthlichgelb gefärbtes Periderm ersetzt, das dann durch sechs bis acht, auch wohl mehr Jahre der Rinde eine glatte, graubraune bis röthliche Oberfläche verleiht. An etwa fingerdicken Stengeltheilen beginnt sie längsrissig und in papierdünnen Schülfern abgestossen zu werden. Die Borke ist gelbbraun gefärbt und bildet verschieden dicke, unregelmässig längsrissige Platten. Auf dem geglätteten Querschnitte der Rinde sind mit freiem Auge die hellen Markstrahlen und im Kreise geordnete dunkle Pünktchen (Harzgänge) in den bereits braun gefärbten Rindentheilen kenntlich. Mit Hilfe der Loupe sieht man überdiess dicht gestellte, zarte tangential verlaufende Linien. An Längsschnitten kann man die Harzgänge als hellfarbige, gerade Linien auf mehrere Centimeter Länge verfolgen[2]).

Die Borke wird durch weit ausgedehnte, aber nur wenige radiale Zellreihen enthaltende Korklamellen abgetrennt (Ringborke). Die Korkzellen sind immer sehr dünnwandig, weitlichtig wie bei *Juniperus*, die Borkeschuppen haften fest aneinander und werden nicht einzeln, sondern in mehreren zu Platten vereinigt abgestossen, nachdem durch das gesteigerte Dickenwachsthum Längsrisse entstanden sind.

---

[1]) Vgl. v. Mohl, Bot. Z. 1855, p. 891.
[2]) Frank (l. c.) gibt lysigene harzführende Höhlen im alten Bast an. Vgl. Weiss, Anatomie p. 290; v. Mohl, Bot. Ztg. 1855 p. 891 u. Taf. XV.

Die primäre Rinde, von dünnwandigem, braunem Plattenkork bedeckt und aus dünnwandigen, **in den mittleren Lagen schwach collenchymatischen Zellen** bestehend, bleibt, wie schon bemerkt, ziemlich lange erhalten.

Die ersten Bastfasern treten unregelmässig zerstreut in dem grosszelligen Parenchym auf und ordnen sich in den tieferen Lagen zu tangentialen, selten unterbrochenen, sehr genäherten Reihen. Die Entwicklung des Bastes erfolgt in sehr regelmässiger Weise (Fig. 2). Immer folgen auf eine einzellige Reihe mehr oder weniger verdickter Bastfasern drei Reihen Weichbast, dessen mittlere Zellenreihe aus Parenchym, die beiden Grenzreihen aus Siebröhren bestehen. Die Bastfasern sind sehr lang (1 mm und darüber), geradläufig, in radialer Richtung 0,008 mm, in tangentialer Richtung 0,025 mm im Mittel breit, demnach bandförmig abgeplattet, sehr stark verdickt und an der den Markstrahlen zugekehrten Seite von Poren durchzogen. Die Parenchymzellen sind sehr dünnwandig, mit einer Reihe rundlicher äusserst flacher Tüpfel und besitzen eine, die Breite um das fünf- bis sechsfache übertreffende axiale Streckung.

Die Siebröhren haben dieselbe Breite wie die Parenchymzellen, sind aber um weniges derbwandiger und an der den Markstrahlen zugewendeten Seite dicht mit rundlichen feinporigen Siebplatten bedeckt. Alle Elemente des Bastes enthalten, in den radialen Wänden eingelagert [1]), oxalsauren Kalk in Form von **Krystallsand**. Die Harzräume nehmen in der lebenden Rinde von Zellengruppen ihren Ursprung, die mit gelbem Oel erfüllt sind. Ihre Ausbreitung durch Zerstörung der dünnwandigen Zellen, denen später auch die Bastfasern folgen, findet in der Borke statt und erstreckt sich besonders in verticaler Richtung. Im Querschnitte sind die Harzgänge meniskenförmig und selten über 0,6 mm breit.

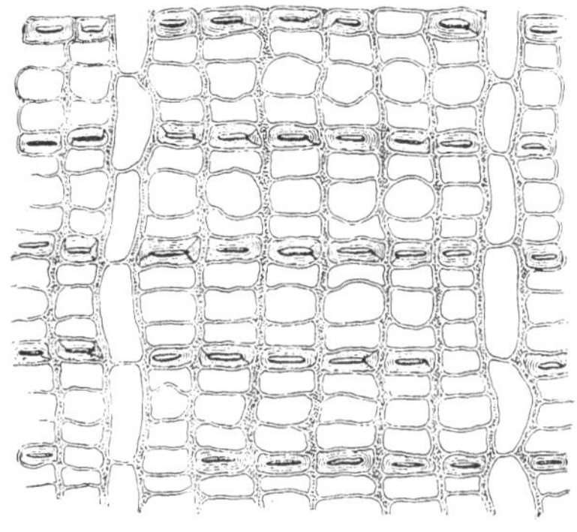

Fig. 2. *Thuja occidentalis* L. Querschnitt durch den Bast der lebenden Rinde (300). Die mittlere Reihe der Weichbastschichten ist Parenchym; die angrenzenden Siebröhrenreihen; die selten unterbrochenen Reihen gleichmässig verdickter Bastfasern; einreihige Markstrahlen; die radialen Wände mit Krystallsand.

Thuja orientalis L. *(Biota orientalis* Don).

Durch das Periderm wird der grössere Theil der primären Rinde mit der Oberhaut frühzeitig abgestossen, die Initialschicht liegt etwa in der Mitte der primären Rinde und innerhalb des Periderms entstehen noch Harzgänge sowohl in der Mittelrinde als in dem secundären Bast. Wenngleich ich die weitere Entwicklung des Periderma nicht näher verfolgt habe, scheint es mir doch unzweifelhaft, dass dasselbe die Mittelrinde durch Neubildung von Parenchym verstärkt; denn während die Initialschicht dem Baste sehr genähert entsteht, ist späterhin das Periderma von ihm durch 40 und mehr Zellenlagen geschieden. Da die Borkebildung noch später beginnt als bei *Th. occidentalis*, kann das Phelloderma zu

---

[1]) Vgl. Graf Solms-Laubach, Bot. Ztg. 1871 p. 505.

so bedeutender Entwicklung gelangen. Sonst gleichen die Verhältnisse denen der vorigen Art. Die secundäre Rinde beider wäre kaum zu unterscheiden, wenn nicht die zahlreichen Harzgänge der *Th. orientalis* leiten würden. Soweit sich aus dem Aussehen fertiger Zustände schliessen lässt, entstehen diese H a r z g ä n g e s c h i z o g e n im Weichbast zwischen zwei Bastfaserreihen und verdrängen diese zunächst bei ihrer Ausweitung. Eine weiter gediehene Harzmetamorphose, die Bildung eigentlicher Harzlücken habe ich in der lebenden Rinde nicht beobachtet.

Thuja gigantea Nutt. *(Libocedrus decurrens* Torrey).

Es standen mir nur junge Zweigspitzen zur Verfügung, die bei einer Dicke von kaum 2 mm bereits vollständig von Periderm umgeben waren. Die Oberhaut der grünen, beblätterten Stengel ist an der Aussenseite sehr stark (0,015 mm) verdickt und gestützt durch einfache Reihen, stellenweise durch kleine Bündel sklerotischer Fasern und in den einspringenden Winkeln der Blattinsertionen durch collenchymatische Gewebepolster. Aus dem grosszelligen, sehr dünnwandigen Parenchym der primären Rinde gehen reichlich lysigene Oelräume hervor. Zarte P r i s m e n von Kalkoxalat werden spärlich angetroffen. Die Phellogenschicht entsteht in einer medianen Zone der primären Rinde, es gehen nur dünnwandige Korkzellen aus ihr hervor.

Cupressus fastigiata DC. *(Cupressus stricta* hort. *Cupressus sempervirens* Mill.)

Das aus wenigen Reihen dünnwandigen Korkes bestehende Periderm entwickelt sich am Ende der ersten Vegetationsperiode oder im 2. Jahre in einer dem Baste genäherten Zone der Primärrinde. Die Epidermis wird dann in Form zarter brauner Häutchen abgestossen und im 4. oder 5. Jahre wird die Rinde wieder glatt, nachdem sie bloss von Plattenkork bedeckt ist. Den Beginn der eigentlichen Borkebildung konnte ich nicht beobachten; siebenjährige Exemplare waren noch borkefrei. Diese besassen nur in der äusseren, collenchymfreien, aber knapp unter der Epidermis zu einer unterbrochenen sklerotischen Faserschicht entwickelten primären Rinde Harzgänge; innerhalb des Periderma folgten auf eine durchschnittlich 4—6 Zellen breite Schicht chlorophyllführenden Parenchyms bereits tangential geordnete Bastfasern in grösseren Abständen und schlossen sich bald zu ununterbrochenen Bändern. An einem 30 cm dicken Stamme war die Rinde nur 3 mm dick, zimmtbraun, feinfaserig, an der Innenseite seidig glänzend, sehr zähe, an den Bruchflächen sehr lang- und feinfaserig, am Querschnitte mehrfache Schichtung zeigend. Die äusseren Partien der Borke sind dunkler gefärbt und die verschiedenfarbigen Zonen sind überdiess durch überaus zarte silberglänzende Linien abgetheilt. Die Markstrahlen treten deutlich als zartwellige, helle Linien hervor.

Die Elemente der Innenrinde gleichen denen von *Thuja* und entwickeln sich auch in derselben Reihenfolge.

Die inneren Korkhäute zählen drei oder vier Reihen zartwandiger Zellen. Die typischen bandförmigen Bastfasern bilden regelmässige, einfache concentrische Reihen, zwischen denen drei Reihen Weichbast in regelmässiger tangentialer und radialer Schichtung liegen. Häufig ist in der Borke die mittlere Parenchymreihe bis zur Berührung ihrer tangentialen Wände geschrumpft und es scheinen dann nur zwei Reihen Weichbast zwischen je zwei Bastfaserreihen zu liegen. Die durch Zerstörung von Weichbast entstehenden Harzräume breiten sich in der Fläche zu umfangreichen Höhlen aus; aber in radialer Richtung überschreiten sie selten die Breite zweier Bastfaserreihen.

Die Markstrahlen sind einreihig und wegen der ungewöhnlichen Breite ihrer Zellen (0,06 mm) bemerkenswerth.

Callitris quadrivalvis Vent. *(Thuja articulata* Vahl., *Frenela Fontanesii* Mirb.).

Die am Querschnitte quadratischen Oberhautzellen sind auch an der Aussenseite nur mässig (0,006 mm) verdickt, durch vereinzelte sklerotische Fasern verstärkt. Das unmittelbar unter der Epidermis gelegene chlorophyllführende Parenchym ist vorwaltend radial gestreckt, sehr dünnwandig und übergeht allmälig in mehr rundliche oder tangential gestreckte, collenchymatisch verdickte Zellen. In der Aussenschicht, stellenweise knapp unter der Oberhaut, entsteht das Phellogen, bildet ausschliesslich dünnwandige Korkzellen, durch welche schon im ersten Jahre die Oberhaut abgestossen wird.

Die junge Innenrinde besteht aus Weichbast, dessen Elemente mit Krystallsand in den Wänden vollgepfropft sind, und dünnwandigen, doch bereits verholzten Fasern in tangentialen Reihen. In ihr entstehen schizogen zahlreiche, anfangs kugelige, später sich in verticaler Richtung ausbreitende Harzgänge. An 0,6 mm dicken Stämmen habe ich bereits Borke gefunden.

Taxodium distichum Rich. *(Cupressus disticha* L.).

Die einjährigen Triebe verrathen schon durch ihre gelbe Färbung die frühzeitige Bildung des Periderma. Im zweiten Jahre beginnt die Abstossung der Oberhaut. Unter den Schülfern derselben ist die Rinde glatt, rothbraun.

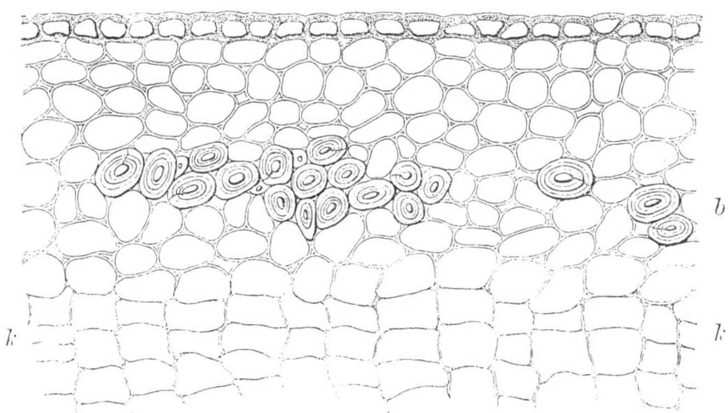

Fig. 3. *Taxodium distichum* Rich. (300). Querschnitt durch die primäre Rinde eines einjährigen Internodiums mit einem Bündel dicker geschichteter Bastfasern *b* und dem tiefliegenden Periderma *k*.

Die Initialschicht des Periderma liegt sehr tief, innerhalb einer Zone sklerotischer Fasern, die sehr breit (0,06 mm) am Querschnitte elliptisch, stark verdickt, gefächert und deutlich geschichtet sind, zunächst in kleinen Gruppen, in älteren Internodien vereinzelt in geringen seitlichen Abständen. Auf die nur 3—4 Zellen breite Korkschicht folgen einige chlorophyllführende Parenchymzellen. Die primäre Rinde bildet kein Collenchym.

Die zellenbildende Thätigkeit des Initialmeristems in centripetaler Richtung dauert nicht lange, wie an den dreijährigen Individuen, über die ich verfügte, schon zu entscheiden war. Diese besassen schon, 0,02 mm von dem Periderma entfernt, eine zweite Korkschicht, die ringförmig verlief und Theile des sekundären Bastes als wahre Borke abtrennte.

Schon in der ersten Borkeschicht habe ich Harzlücken von ansehnlicher axialer Ausdehnung angetroffen. Die Markstrahlen sind einreihig, Erweiterungen sah ich nicht.

Die secundäre Rinde zeigt die typische tangentiale Schichtung ihrer Elemente, nur sind die letzteren wesentlich kleiner als bei *Thuja*, wahrscheinlich nur in Folge der Jugend der untersuchten Exemplare. Die in der Mitte zwischen je zwei Bast- und Siebröhrenreihen tangential verlaufende einfache Reihe von Parenchym ist breit rundlich getüpfelt (wie bei *Taxus*), und führt in den Wänden Krystallsand. Die zwischen Parenchym und Bast in gleichfalls einfachen Reihen geordneten dünnwandigen, sehr lang gestreckten, stumpf endigenden Schläuche besitzen dieselben Siebplatten, nur sind sie schwieriger zu sehen, weil sie im Verhältniss zur dünneren Membran seichter sind. Doch gelingt es nach Behandlung der Präparate mit Mineralsäuren und Chlorzinkjod ihre Existenz nachzuweisen.

Abietinae.

Die Gattung *Pinus* (im weiteren Sinne) bildet das Periderma oberflächlich in den einjährigen Internodien unmittelbar unter der Oberhaut oder dem Hypoderma. Die Entwicklung desselben erfolgt nach wesentlich verschiedenen Typen. Bei *Pinus* (s. str.) werden die äussersten Zellenreihen zu grossen Steinzellen (Fig. 6), deren Ursprung aus dem Phellogen unverkennbar ist, auch wenn sie in Grösse und Bildung mit den Zellen des Hypoderma übereinstimmen. Noch vor der Anlage des Periderma sklerosirt nämlich die oberflächlichste Zellenreihe der primären Rinde in verschiedenem Umfange und bildet ein geschlossenes *(P. Laricio)* oder auf kleinere Theile der Peripherie beschränktes Hypoderma *(P. silvestris, Strobus, halepensis)*. Liegt die Korkinitiale unter dem Hypoderma, so sklerosiren die Korkzellen sofort, während bei fehlendem Hypoderma die ersten Korkreihen dünnwandig bleiben und die Sklerosirung des Korkes in einer tieferen, der dritten bis fünften Korkschicht beginnt. Bei *Picea* folgt auf eine subepidermale Lage dünner sklerotischer Stabzellen ein grosszelliges Gewebe, dem die histologischen Charaktere des Korkes fehlen (Fig. 13). Zwischen beiden Formen steht das Periderm von *Larix* (Fig. 10), dessen cubische zartwandige Zellen an ein schwach sklerotisches Hypoderma grenzen. Völlig abweichend entwickeln sich die lange ausdauernden Periderme von *Abies*. Hier bildet sich gar kein sklerotisches Hypoderma (Fig. 11), sondern in älteren Internodien sklerosiren einfache Korkzellenreihen ihre Aussenwände und regeneriren so gewissermassen die Oberhaut.

Die inneren Periderme entstehen im allgemeinen spät, ihr Bau zeigt specifische Eigenthümlichkeiten, die bei der Beschreibung der Arten nachgesehen werden mögen. Als allgemeine Charaktere können hervorgehoben werden die schichtenweise Sklerosirung der dünnen Korkhäute bei *Pinus* und *Picea*, die im Typus übereinstimmende aber durch massige Entwicklung von

geschichtetem Schwammkork mit relativ dünnen Steinkorkplatten ausgezeichnete Peridermbildung bei *Larix* und die zartzelligen undeutlich
periodische Schichtung zeigenden Korklamellen von *Abies*.

Die primäre Rinde ist im äusseren Theile ein wenig entwickeltes Collenchym
mit schizogenen Harzräumen und ansehnlichen Einzelkrystallen
(grosse Säulen [0,06 mm lang, 0,008 mm dick] bei *Pinus*, vorwiegend Rhomboeder bei *Abies*, *Picea* und *Larix*). Bei *Pinus* (s. str.) und *Larix* bildet sich
frühzeitig ein sklerotisches oft unterbrochenes Hypoderma aus grossen isodiametrischen Zellen, bei *Picea* ein solches aus dünnen Stabzellen; *Abies* entbehrt des Hypoderma. Das Phellogen erzeugt vorwiegend Korkzellen, bei
Larix und *Abies* oft in mächtigen Lagen. Stets, auch in den letztgenannten
Fällen, zählt das Phelloderma nur wenige Zellenreihen, die bei *Pinus* und *Larix*
in der Regel, bei *Picea* seltener und bei *Abies* nicht sklerosiren. Umschriebene
primäre Bastfaserbündel werden in keinem Falle gebildet, wie auch der Mangel
secundärer Bastfasern zu den wesentlichsten Merkmalen von *Pinus* zählt. Die
Gattung im engeren Sinne entbehrt der sklerotischen Elemente überhaupt (vom
Korke abgesehen); *Abies*, *Picea* und *Larix* bilden vielgestaltige (Fig. 9 u. 12)
Steinzellen von oft bedeutender Grösse einzeln und in Gruppen sowohl in der
Mittelrinde wie im Baste. Die eigenthümlich spindeligen Steinzellen, welche im
Baste von *Larix* fast immer isolirt auftreten, könnten als eine gedrungene Form
von Bastfasern gelten, wenn nicht Uebergangsformen und die den Steinzellen
analoge Schichten- und Porenbildung ihren Ursprung verrathen würde. — Der
Weichbast ist deutlich geschichtet (Fig. 7) und auch die radiale Aufeinanderfolge der Elemente ist im lebenden Baste wohl erhalten. Es wechseln mehrfache
Reihen von Siebröhren mit einfachen oder doch nur wenige Zellen breiten Lagen
von Parenchym. Verticale Reihen von Parenchymzellen werden zu Krystallschläuchen mit denselben Krystallformen, meist zu mehreren in einem
Schlauche (Fig. 4 u. 12) wie in der Mittelrinde. Die Parenchymzellen
sind etwas weitlichtiger als die Siebröhren, tonnenförmig, porenfrei; die
letzteren sind sehr lang (1—2 mm) und fast der ganzen radialen Wand entlang mit rundlichen feinporigen Tüpfeln besetzt. — Wenn man von den in
den Erweiterungen der sonst immer einreihigen Markstrahlen nicht selten
(z. B. *P. Picea*, *Strobus*, *Laricio*, *silvestris*) vorkommenden Harzgängen absieht, werden im Baste keine oder nur ausnahmsweise lysigene Harzräume
gebildet. Auffällig ist das Vorkommen der lysigenen Harzlücken in dem Periderma von *A. canadensis*.

Von den anderen zu den *Abietineen* gezählten Gattungen ist *Sequoja* bezüglich des Baues der Rinde den *Cupressineen* sehr nahe verwandt. Das
Periderma entsteht zum Theil (in den Furchen der jüngsten Internodien) oberflächlich (aus der Epidermis), zum Theil später (in den Rippen) in der Tiefe
der primären Rinde und besteht aus zartzelligem Kork wie die inneren Korkhäute. Die Oberhaut ist durch eine Sklerenchymfaserschicht verstärkt, die
primäre Rinde enthält Harzgänge und primäre Bastfaserbündel, die

secundäre Rinde wiederholt den Typus der *Cupressineen* und ist durch eigenthümliche Idioblasten (Fig. 15) ausgezeichnet. Ein Hypoderma aus sklerotischen Fasern besitzen auch *Araucaria* und *Cunninghamia*. Das Periderm von *Araucaria* entsteht zunächst in der Tiefe der primären Rinde, Theile derselben frühzeitig abtrennend, stellenweise längs der Oberhaut streichend; es bildet breite, zartzellige Schichten übereinstimmend mit den inneren Korkhäuten. Die primäre Rinde ist in den Rippenbogen dünnwandig, in den Furchen und in einer medianen Ebene collenchymatisch. Sie enthält Harzräume, Steinzellengruppen und Bastfaserbündel. In der secundären Rinde sind spulenrunde, dünne Bastfasern zerstreut oder in radialen Reihen, der Weichbast ist nicht geschichtet, enthält Harzlücken. In den Membranen der sklerotischen Elemente ist Krystallsand abgelagert. *Dammara* und *Cunninghamia* lagen nur in sehr jungen Internodien vor. Erstere besitzt eine derbwandige, in den äusseren Lagen mässig collenchymatische Rinde (Fig. 14) mit zerstreuten sklerotischen Fasern und frühzeitig entwickelten grossen Steinzellen. Bei *Cunninghamia* liegen die sklerotischen Fasern unmittelbar unter der Oberhaut der Stengelrippen und in den Furchen werden sie durch einen Collenchymstrang ersetzt.

Pinus Laricio Poir. (*Pinus austriaca* Höss.)[1].

Das Phellogen entsteht unter der kleinzelligen, vorwiegend an der Aussenseite stark verdickten Epidermis und dem mit ihr verschmolzenen grosszelligen, sklerotischen Hypoderma, welches sich in der frühesten Jugend aus der primären Rinde differenzirt. Schon während der ersten Vegetationsperiode verdicken sich die äussersten Peridermzellen zunächst an der Aussenwand, später allseitig; sie bilden eine mehrfache geschlossene Sklerenchymschichte mit dem Charakter des Hypoderma (vgl. Fig. 6). In der Gestalt und Grösse der Zellen, in der Verschiebung aus der radialen Anordnung machen sich viele individuelle Unterschiede geltend, sowie auch bezüglich ihrer Ausdauer. Gewöhnlich findet sich noch an dreijährigen Stengeln die Oberhaut und das Periderma in toto vor; sie ist im fünften Jahre nahezu vollständig abgestossen, nachdem knapp unter ihr in der chlorophyllführenden Schicht der primären Rinde sich die erste innere Korkmembran gebildet hat. Diese unterscheidet sich durch die geringere Grösse und stärkere Abflachung ihrer Zellen von den ersteren und gleicht den analogen Gebilden in der alten Rinde. Wie diese besteht sie aus einer äusseren sklerotischen und einer inneren sehr dünnwandigen Korkschichte. Innerhalb der ersten, auch der zunächst in kleinen Zwischenräumen folgenden Korkhäute sind mächtige Lagen (0,6 mm und darüber) der durch Phelloderma verstärkten primären Rinde erhalten, in der zahlreiche grosse Harzräume entstehen, die man mit unbewaffnetem Auge an achtjährigen, selbst älteren Trieben noch sieht. Hat aber die Borke einmal in die secundäre Rinde vorgegriffen, dann entstehen keine Harzräume mehr, die Rinde alter Stämme enthält nur in den Markstrahlen Harzgänge. Die primäre Rinde besitzt kein oder doch nur schwaches Collenchym und bildet ausser dem Hypoderma keinerlei sklerotische Elemente. Sehr frühzeitig beginnt die Borkebildung (die Abstossung der Borke aber selten vor dem 8. Jahre) und schreitet tief in die Rinde vor, so dass der lebende Bast nur in einer etwa 3 mm dicken Lage

---

[1] J. Moeller, Beiträge zur Anatomie der Schwarzföhre in den „Mittheilungen aus dem forstlichen Versuchswesen Oesterreichs" I. Bd. 3. Heft.

dem Stamme erhalten bleibt und von einer mehrere Centimeter mächtigen, geschichteten Borke bedeckt ist. Die äusseren drei bis fünf Zellenreihen der trennenden Korkschichten verwandeln sich in grosse (bis 0,1 mm breite), rechteckige Steinzellen, deren Platten schon mit unbewaffnetem Auge als hellfarbige, anastomosirende Linien an Durchschnitten erkannt werden. Den Sklerenchymplatten entlang fällt die Borke in Form flachmuscheliger, wellig umgrenzter, aschgrauer, papierdünner bis 3 mm dicker Schuppen ab.

In der Innenrinde (Fig. 4) bilden die Siebschläuche das vorherrschende Element. Sie sind radial geordnet, am Querschnitte rechteckig und auf der den Markstrahlen zugekehrten Seite mit rundlichen Siebplatten bedeckt. Die weiten, dünnwandigen Parenchymzellen bilden tangentiale Reihen. Manche derselben führen grosse prismatische Kalkoxalate in einer homogenen, braungelb gefärbten Masse gebettet, welche auch die geschrumpften Zellwände durchtränkt hat.

Die einreihigen Markstrahlen sind ab und zu zur Aufnahme eines Harzganges erweitert.

Pinus silvestris L.

Wie bei der Schwarzkiefer bildet sich auch hier das Phellogen unter dem einreihigen Hypoderma, zumeist aber, da das letztere an dem grösseren Theile des Stengelumfanges fehlt, unmittelbar unter der Oberhaut. Während aber dort eine 4—6 Zellen breite Sklerenchymschicht entsteht, ist hier das Periderm im äusseren Theile dünnwandig, und in älteren Internodien erst tritt schichtenweise Sklerosirung auf mit dem Charakter der inneren Korkhäute. Diese besitzen zwei Steinkorkplatten mit einer mittleren dünnwandigen, trennenden Korkschicht[1]). Die äussere sklerotische Schicht ist weniger stark verdickt, scharf abgegrenzt von den folgenden äusserst dünnwandigen Zellenlagen, in welchen die Abtrennung der Borkeschuppen erfolgt. Ebenso unvermittelt folgt auf diese eine Schicht sklerotisches Phelloderma. Die letzte Steinzellplatte entwickelt sich um so mächtiger, je längere Zeit verstreicht bis zur Entstehung der nächst tieferen Borkeschuppe. Mitunter kommt es gar nicht zur echten Sklerose, die dünnwandigen oder noch wenig verdickten Zellen sind ersichtlich vom Tode überrascht worden. Häufiger entwickeln sich aber mehrere

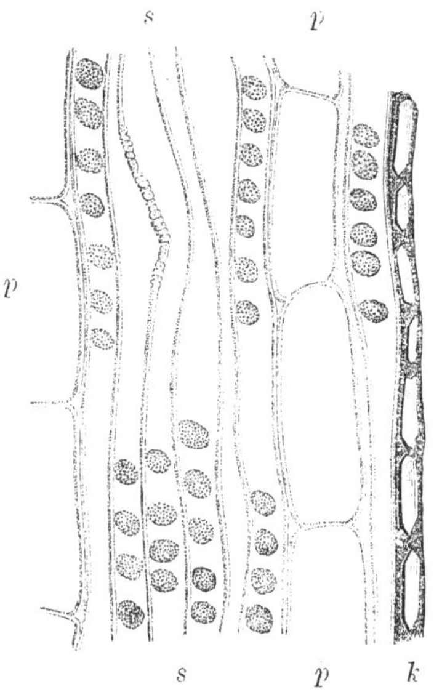

Fig. 4. *Pinus Laricio* Poir. Radialschnitt durch den lebenden Bast (300). *p* Parenchymfasern; *s* ein Bündel Siebröhren; *k* eine geschrumpfte Parenchymfaser mit grossen Prismen von Kalkoxalat.

Fig. 5. *Pinus silvestris* L. Steinkork in der Flächenansicht (300).

---

[1]) Vgl. die Figg. 104 u. 105 in Hartig, Anatomie u. Physiologie p. 221. Fig. 105 stellt die innere, eben sklerosirende Schicht als Kork dar; ich halte sie für Phelloderma. Vgl. auch die Abbildung der Borke bei Dippel, Mikroskop II. p. 166.

(selten über 5) Reihen Steinzellen und bilden unregelmässige, wellig conturirte, an den Rändern zugeschärfte Platten von geringer (einige Quadratcentimeter) Flächenausdehnung. Bekanntlich ist die Form der Borkeabschuppung am Wipfel und am Grunde des Stammes auffallend verschieden[1]). Die lederfarbigen Borkeschuppen am Wipfel bis herunter gegen das untere Drittel des Stammes sind selten über Millimeter dick und von einem häutigen, durchscheinenden, sehr elastischen Saume umgeben; auch lösen sich oft diese federnden Plättchen selbstständig ab. Am Grunde des Stammes dagegen bildet die Borke mehrere Centimeter dicke rothbraune und äusserst poröse Schwarten, in denen durch hellfarbige, derbe, concentrisch verlaufende und zahlreiche Anastomosen bildende Linien (Steinzellenplatten am Durchschnitte) die einzelnen bis über 2 mm dicken Borkeschuppen abgegrenzt erscheinen. Diese anscheinend grosse Verschiedenheit beruht aber nicht auf einer im Wesen verschiedenen Form der Peridermbildung[2]). An jüngeren Theilen des Stammes streicht die Borkebildung sehr flach und geht langsam vor sich, so dass in den meisten Korkcambien die Steinzellenplatte zur vollen Ausbildung gelangt. Die dünnen Borkeplatten einerseits, der in der Jugend bedeutende Dickenzuwachs anderseits machen es erklärlich, dass die Schuppen frühzeitig abgeworfen werden. Die entgegengesetzten Verhältnisse herrschen in alten Stammtheilen und dazu kommt noch ein anderes Moment: Man findet in der schwammigen Borke sehr gewöhnlich nur die zuerst gebildeten (äusseren) mässig verdickten Korkzellen, die auf den dünnwandigen Kork folgende sklerotische Phellodermplatte dagegen oft nicht entwickelt. Da die Ablösung der Borkeschuppen nicht allein von dem Vorhandensein einer leicht zerreissbaren Gewebeschicht abhängt, sondern mehr noch von Unterschieden in der Spannung benachbarter Gewebe, deren eines kaum, das andere sehr bedeutend beim Trocknen schrumpft, so erklärt der häufige Mangel der Sklerenchymplatte die grössere Cohäsion der Borkeschuppen.

Die Mittelrinde enthält grosse (0,25 mm) schizogene Harzräume[3]); aber weder krystallführende Zellen noch Sklerenchym. Letztere Gewebsform fehlt auch der Innenrinde vollständig. Die breiten Siebröhrenstränge werden durch mehrere (bis 4 Zellen breite) tangentiale Parenchymreihen unterbrochen, in denen vereinzelte Parenchymfasern geschrumpft sind und grosse, prismatische Einzelkrystalle führen. In der Borke scheint das Parenchym vorzuherrschen, weil die Zellen stark ausgeweitet und verzerrt sind, die Siebröhren bilden in dem lockeren Gewebe Gruppen dünnwandiger Zellen mit rechteckigem Querschnitt, die tangentiale Schichtung ist kaum kenntlich.

Diese Art unterscheidet sich im Wesentlichen nur durch den Bau des Oberflächenperiderma von der Schwarzföhre.

Pinus maritima Lam. (*Pinus Pinaster* Soland.)

Bezüglich des Baues der inneren Periderme und der secundären Rinde ist die Uebereinstimmung mit den vorigen Arten vollständig.

---

[1]) Die dicke, rissige Borke reicht nach Hartig (Forstl. Culturpfl. p. 61) bis über 30 Fuss am Stamme hinauf. Vgl. auch v. Mohl, Unters. über d. Entw. des Korkes u. der Borke etc. (1836) p. 22.

[2]) Vgl. de Bary, Vegetationsorgane p. 571.

[3]) Sie sind nach Frank (Beiträge zur Pflanzenphysiologie p. 121) schizogen, während Hofmeister (Pflanzenzelle p. 259), wie ich glaube irrthümlich, lysigene Entstehung angibt. S. die Abbildungen in Weiss, Anatomie p. 290.

Pinus halepensis Mill.[1])

Die anfangs mässig verdickten, von derber Cuticula überzogenen Oberhaut-
zellen werden gegen das Ende der ersten Vegetationsperiode, mehr noch im zweiten
Jahre stark verdickt bis nahe zum Schwinden des Lumens (Fig. 6). Unmittelbar
unter der Epidermis befindet sich die Phellogenschicht, welche schon an einjährigen
Trieben einige dünnwandige, weitlichtige Korkzellen gebildet hat. Aus diesen entstehen späterhin grosse, fein geschichtete Steinzellen, während die Zelltheilung des
Phellogens in centrifugaler Richtung fortschreitet. An zweijährigen Trieben ist das
Sklerenchym stellenweise unterbrochen. Viele Zellen der primären Rinde
führen grosse prismatische Kalkoxalate in braunrother Substanz eingebettet. Die am Querschnitte elliptischen Harzräume sind mit freiem Auge leicht sichtbar. Die Ablösung der Borke findet in dem hinter der Sklerenchymplatte gelegenen
dünnwandigen Korkgewebe statt, so dass
die Borkeschuppen an der Aussenseite
weich und rauh, an der Innenseite
hart und glatt sind. Die einzelnen
Borkeschuppen alter Stämme haben bei
einer Dicke von etwa 2 mm nicht selten
Handgrösse.

In der secundären Rinde[2]) wechseln Siebröhrenstränge mit mehrfachen
Reihen grosszelligen Parenchyms, von
dem einzelne Zellen, mit braunrother
Masse und Oxalatprismen erfüllt, frühzeitig schrumpfen. Die Borke lässt die
Anordnung der Elemente nicht mehr erkennen. Durch die zu ungewöhnlicher
Grösse (bis 0,4 mm Diam.) heran-
wachsenden Parenchymzellen werden
die Siebröhren verdrängt, so dass sie
räumlich einen verschwindend kleinen
Bruchtheil des Rindengewebes zu bilden
scheinen. Harzräume fehlen der Innenrinde, ebenso sklerotische Elemente. Die
letzteren sind ausschliesslich phellogene

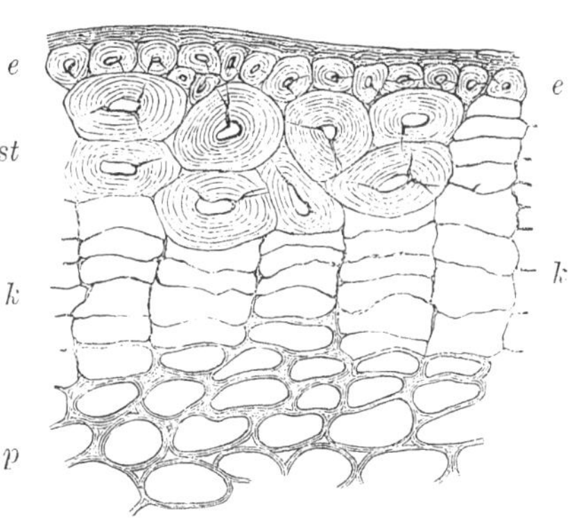

Fig. 6. *Pinus halepensis* Mill. Querschnitt durch
die Aussenrinde eines älteren Internodiums des
einjährigen Triebes (300). *e* Oberhaut; *st* sklerotisches Hypoderma; *k* dünnwandiger Kork;
p Aussenschicht der schwach collenchymatischen primären Rinde.

Bildungen, indem die äusseren Korkzellen (meist fünf Schichten) zu tafelförmigen
Steinzellen werden und auch die äusseren Zellen der aus wenigen Reihen bestehenden Phelloderme sklerosiren.

Pinus Strobus L.

Die Oberhaut beginnt schon im ersten Jahre abzuschülfern und wird durch
eine unmittelbar unter ihr sich bildende dünne Korklamelle ersetzt; es haben daher
die einjährigen Triebe bereits eine dunkle, schwarzbraune Farbe. Die primäre
Rinde ist frei von sklerotischen Zellen. Das dünnwandige Parenchym ist ab und
zu unterbrochen von im Kreise vertheilten Harzräumen; in regellos zerstreuten

---

[1]) Die Rinde kommt als Gerbematerial unter dem Namen „Snobar“ in den Handel.
„Snobar“, richtiger „Snaubar“ ist die allgemeine arabische Bezeichnung für Fichte, Pinie,
Fichtenharz, Piniennuss u. s w.
[2]) Vgl. die Abbildung der „Snobarrinde“ in J. Moeller, Pflanzenrohstoffe p. 32, und
v. Höhnel (Gerbrinden, p. 47).

Zellen finden sich grosse Prismen von Kalkoxalat, zu denen sich später unter Schrumpfung der Zellen ein bernsteingelber Inhalt gesellt.

In der Innenrinde tritt das Parenchym sehr in den Hintergrund. Es bildet meist nur **einzellige Reihen** (Fig. 7), welche die breiten Bänder von Siebröhren trennen. Sklerenchym fehlt. Die Parenchymzellen [1]) besitzen eine die Breite um das 5- bis 6fache übertreffende axiale Streckung, in einzelnen derselben kommen die aus der primären Rinde bekannten **prismatischen Krystalle in Mehrzahl** vor, eigentliche Krystallkammerfasern werden seltener beobachtet. Ich zählte sehr gewöhnlich 12 und 14 Prismen in einer Zelle, mitunter sogar über zwanzig.

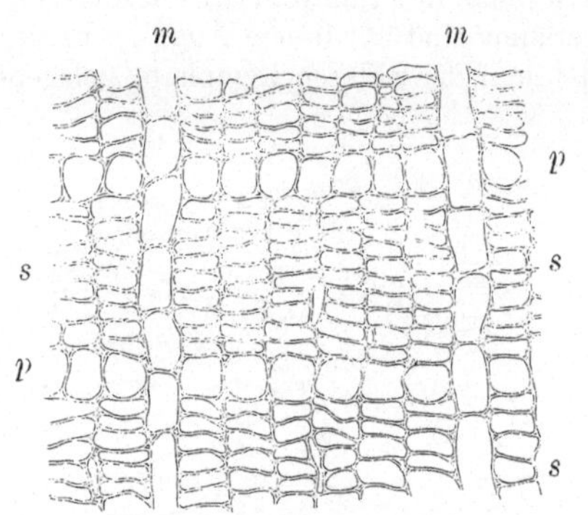

Fig. 7. *Pinus Strobus* L. Querschnitt durch den lebenden Bast (300). *p* Parenchymreihen; *s* Siebröhrenschichten; *m* Markstrahlen.

Die zartwandigen Siebröhren sind am Querschnitte verzogen rechteckig, an radialen Längsschnitten sieht man ihre Wände dicht mit ellipsoiden, feinporigen Siebplatten bedeckt. Die Glieder der Siebschläuche haben eine sehr bedeutende Länge (ich mass solche von 1,5 mm); ihre Enden sind abgerundet, von eigentlichen Querwänden kann kaum gesprochen werden, da die einzelnen Glieder weit in einander geschoben sind. Die Markstrahlen sind einreihig, verbreitern sich aber ziemlich häufig, um einen Harzgang aufzunehmen [2]).

Die lebende Rinde umgiebt den Stamm als ein nur wenige Millimeter breiter Mantel, so tief dringt die Borkenbildung [3]) ein, ähnlich wie bei der Schwarzföhre. Doch sind die einzelnen Borkeschuppen kleiner, an der Oberfläche minder glatt, inniger zusammenhängend. Mit Ausnahme der zuletzt gebildeten Korkzellen werden alle (10 — 14 Reihen) sklerotisch und bilden gekrümmte, 0,4 mm und darüber dicke Platten, die häufig mit kleineren Steinzellengruppen in das Rindengewebe eindringen. Der Steinkork ist von dem vier bis sechsreihigen Phelloderma, dessen Zellen in der Regel **nicht sklerosiren**, durch eine **einfache Lage** zartwandiger Korkzellen getrennt. Am Querschnitte erscheinen die Sklerenchymplatten als hellfarbiges, engmaschiges, quergezogenes Netz in dem rothbraunen, schwammigen Gewebe der Rinde.

Larix europaea DC. (*Pinus Larix* L., *Larix decidua* Mill.)[4]

An jungen Lärchentrieben verlaufen die Blattspuren als etwa millimeterbreite flache Rippen dicht neben einander. Die Oberhaut ist glatt, glänzend, wachsgelb mit grünlichem oder röthlichem Schimmer. Schon im zweiten Jahre werden die Blattkissen auseinander gedrängt und weiterhin treten die Blattspuren aus ihrer parallelen Lage, erscheinen als unregelmässig geschlängelte, wenig erhabene Linien

---

[1]) S. v. **Mohl**, Einige Andeutungen über den Bau des Bastes. Bot. Ztg. 1855, p. 891.

[2]) Ausser den Markstrahlharzgängen finde ich in der **Borke lysigene** Harzlücken. Vgl. **Mohl** (Bot. Ztg. 1859). S. Abbildung in **Weiss**, Anatomie p. 291.

[3]) Nach **Hartig** entsteht die Borke im 20.—30. Jahre und geht selten höher als 20 Fuss am Stamme hinauf. (Forstl. Culturgew. p. 83.) Vgl. auch v. **Mohl**, Bot. Ztg. 1855 p. 891.

und verschwinden endlich ganz bis auf die kurzen Höckerchen der Blattnarben, die noch am fingerdicken Stengel sichtbar sind.

Die Oberhaut wird durch eine einfache, doppelte oder auch dreifache Lage k l e i n e r stark verdickter Zellen verstärkt, die, soweit sich aus fertigen Zuständen schliessen lässt, nicht aus dem Phellogen hervorgegangen sind. Auf diese folgt ein dünnwandiges, grosszelliges, etwas verzerrtes Korkgewebe, wie bei der Ceder (Fig. 10) und Fichte (Fig. 13), in welchem grosse Harzgänge, welche zu den Blättern abgehen, eingeschlossen sind. Die äusserste Rindenzellenlage unter dem Hypoderma wird frühzeitig zum Phellogen und bildet zunächst in centrifugaler Theilungsfolge das Periderma von im Ganzen selten über 6 oder 8 Zellenreihen. Eine median verlaufende Korkzellenreihe wird in der Regel schon am Ende der ersten Vegetationsperiode sklerotisch, wo auch schon die Abstossung der Oberhaut und mit ihr der

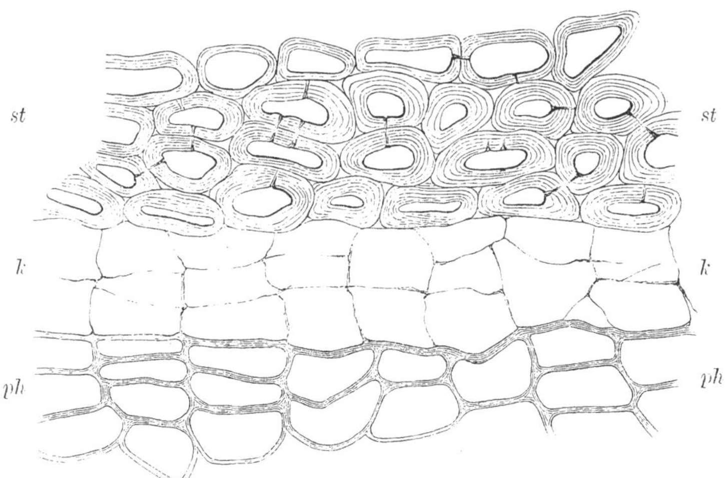

Fig. 8. *Larix europaea* DC. Querschnitt durch die Peridermanlage in dem Baste eines fünfzehnjährigen Stammes (300). *ph* Phelloderma; *k* zartzelliger, leichtzerreisslicher Kork; *st* Steinkork mit kaum erkennbarer radialer Anordnung wegen der mit der Sklerosirung eintretenden Vergrösserung und Verschiebung der Zellen.

Blattharzgänge beginnt. Das Periderm verjüngt sich nach innen fortwährend und bildet nun durch eine Reihe von Jahren die Rindenbedeckung (18 Jahre, wie v. Mohl[1]) angibt). Die Borkebildung beginnt tief, wie ich mitunter sah, 2 mm unter dem Periderm in der Mittelrinde oder im Baste und schneidet meist sämmtliche Harzräume ab, da in den tieferen Lagen der secundären Rinde keine neuen Harzräume mehr entstehen. Der Kork erreicht colossale Dimensionen, in radialer Richtung mehrere Millimeter Dicke und ist in zweifacher Weise geschichtet. Die äusseren Korklagen sklerosiren zu einer zusammenhängenden Steinplatte und sind scharf abgegrenzt von dem zartzelligen Schwammkork, der bis auf mehr als hundert Zellenreihen heranwächst, w e l c h e d e u t l i c h J a h r r i n g b i l d u n g z e i g e n, indem sie periodisch von der cubischen in die Plattenform übergehen. Mitunter erlischt die Thätigkeit des Borkecambiums schon im ersten Jahre (wol dann, wenn

---

[1]) Bot. Ztg. 1859. Vgl. auch Unters. über die Entwicklung des Korkes u. der Borke etc. p. 22. Nach v. Höhnel (Gerbrinden p. 40) schon im 8. Jahre.

sich in einer unterhalb gelegenen Schichte ein neues Cambium etablirt) und in diesem Falle ist Steinkorkplatte von dem Phelloderma nur durch wenige dünnwandige Zellenreihen getrennt (Fig. 8), wie bei den inneren Korkhäuten von *Pinus*; häufig aber perennirt das Cambium fünf Jahre, wie ich beobachtet habe, bildet aber dann keine Steinzellenringe mehr, sondern nur regellos zerstreute

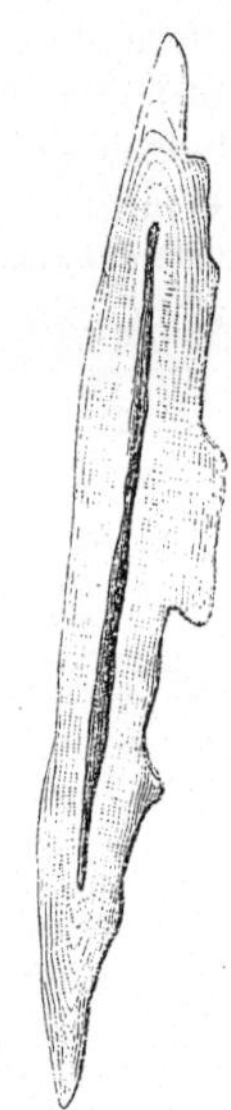

Fig. 9. *Larix europaea* DC. Eine isolirte sklerotische Faser aus dem Baste (300).

Nester von mässig verdickten Steinzellen. Es verdient besonders hervorgehoben zu werden, dass das Phelloderma keineswegs in demselben Verhältnisse wächst wie das Periderm derselben phellogenen Schicht. Diese bildet nur ein fünf- bis achtreihiges Phelloderma, und bleibt es durch mehrere Vegetationsperioden thätig, so bildet es weiterhin ausschliesslich Korkzellen und das Phelloderma sklerosirt. Der Schwammkork ist demnach aussen und an der Innenseite von Steinplatten begrenzt. Die Steinzellenplatten sind glatt, besitzen die Dicke eines Kartenblattes und erscheinen makroskopisch als derbe rosenrothe, quergezogene Maschen auf dem Durchschnitte der schwammigen, rostbraunen Borke. Die Borkeschuppen sind flachmuschelig mit unregelmässig zackigem Umriss, an frischen Ablösungsstellen schön roth gefärbt und wie bestäubt von den Resten der dünnwandigen Korkzellen, später glatt oder stellenweise höckerig von anhaftenden Steinzellennestern.

Die Zellen der primären Rinde sind schwach collenchymatisch und führen prismatische Krystalle in spärlicher Menge. Die hysterogenen Harzräume sind unregelmässiger tangential gestreckt. Sie werden später bis zur Grösse von Hirsekörnern, sogar bis zu Linsengrösse ausgeweitet, confluiren aber sehr selten und bilden keine vertikalen Gänge. Einzelne Zellen der Mittelrinde werden vom ersten Jahre an in Steinzellen verwandelt, die verschiedene ästige, knorrige Gestalten annehmen, meist 0,1 mm dick, deutlich geschichtet und von spärlichen, verzweigten Porenkanälen durchzogen sind.

Dieselben nur häufig regelmässiger spindelförmigen, über 1 mm langen, bastfaserähnlichen Steinzellen kommen auch in der Innenrinde vereinzelt vor (Fig. 9). Dazu treten tangential verlaufende Bündel von Siebschläuchen; in einzelnen Parenchymzellen, welche schon im ersten Jahre schrumpfen, findet man in einer gelben oder rothbraunen Masse zahlreiche kurzprismatische Krystalle eingeschlossen (Fig. 12). Die Siebschläuche[1] sind mit ihren blindsackartigen Enden übereinandergeschoben, so dass die mit feinporigen rundlichen Platten bedeckten Seitenwände correspondiren und von einer eigentlichen Querwand nicht gesprochen werden kann.

Larix Cedrus Mill. (*Pinus Cedrus* L., *Cedrus Libani* Barrel.)

Einige wenige der aussen stark verdickten Oberhautzellen stülpen sich zu kurzen, einzelligen, handschuhfingerförmigen Haaren aus. Ein weitschichtiges, dünnwandiges, meist bis 8 Zellenreihen umfassendes Periderm trennt die Epidermis und das mit ihr verbundene meist einschichtige Hypoderma (Fig. 10) frühzeitig von dem collenchymatischen, chlorophyllführenden Parenchym der primären Rinde, deren äusserste Zellenreihe zum Phellogen wird. Die grossen cubischen Zellen

---

[1] S. die Abbildung derselben bei Dippel (Mikroskop II. p. 133 f. u. 270) und reproducirt in Weiss (Anatomie p. 262).

des Hypoderma bleiben zum
Theil dünnwandig oder sie
werden nur schwach sklerotisch. Sehr junge, noch beblätterte
Stengel sind schon grau und haben
die Oberhaut bis auf die letzten
Spuren abgeworfen. Die primäre
Rinde enthält reichlich Harzräume,
einzelne Zellen führen kurzprismatische Kalkoxalate, sklerotische
Elemente fehlen vollständig[1]) wie
in der secundären Rinde. Diese besteht vorherrschend aus Siebröhren,
die durch einfache Parenchymreihen in tangentiale Bänder getrennt
werden.

Das Untersuchungsmaterial be-
stand nur in jungen Zweigen bis
Federspulendicke, welche noch keine
Spur von Borkebildung zeigten.

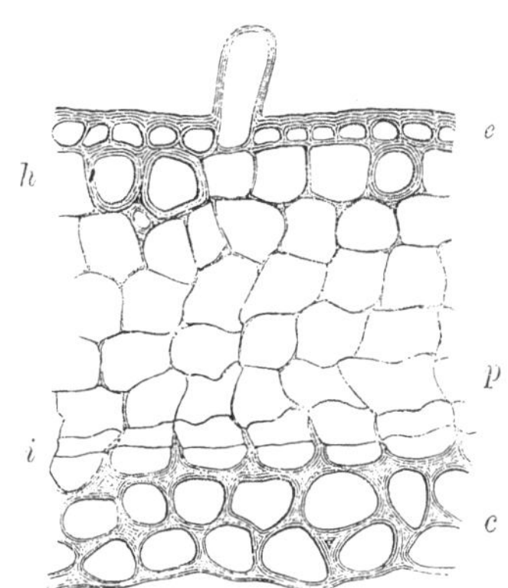

Fig. 10. *Larix Cedrus* Mill. Querschnitt durch ein junges Internodium mit der Peridermanlage (300). *e* Oberhaut mit einem Trichom; *h* Hypoderma zum Theil sklerosirt; *p* zartzelliger Kork; *c* Collenchym mit der Periderminitiale *i*.

Abies pectinata DC. (*Pinus Abies* Dur.)

Das gelblichbraune, wächserne Aussehen junger Tannentriebe erhält sich mehrere Jahre lang: häufig beginnt erst an armdicken Stämmen die Abschuppung der Ober-haut in Form feiner, grauer Blättchen. Die Zellen der Oberhaut, deren viele zu conischen ein- oder zweizelligen Haaren auswachsen, sind nur mässig verdickt und schon in sehr jungen Internodien durch mehrere Reihen dünnwandiger Korkzellen von der primären Rinde getrennt, deren äusserste Zellenreihe die Periderm-Initiale[2]) ist (Fig. 11). Hypoderma fehlt.

Die Epidermis folgt lange Zeit
dem Dickenwachsthum, und nachdem es abgestossen wurde, bleibt
das fortwährend nach innen sich erneuernde Periderm durch viele[3])
Jahre die einzige Hülle des Stammes,
indem eigentliche Borke sich erst in
hohem Alter bildet. Das Periderm
ist übrigens geschichtet; einfache
Zellenreihen in ihm werden
zu einseitig (aussen) verdickten Steinzellen mit fein geschichteten, von verzweigten Porenkanälen durchzogenen Wänden. Harz
gänge findet man in Folge der Per-
sistenz der primären Rinde noch an
alten Bäumen und dann häufig beträchtlich, bis zur Grösse von Hasel-
nüssen ausgeweitet.

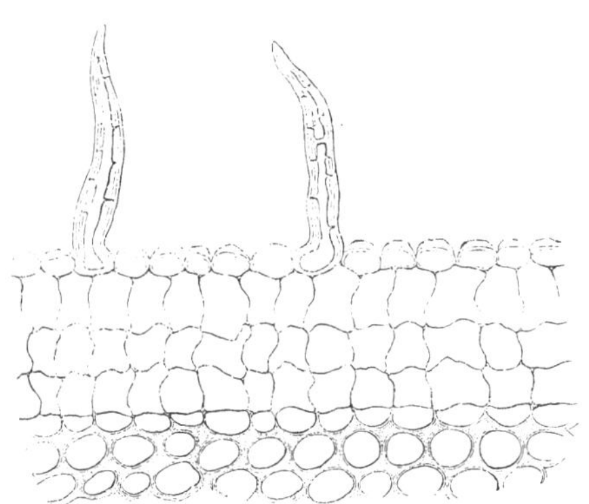

Fig. 11. *Abies pectinata* DC. Querschnitt durch ein junges Internodium mit der Peridermanlage (300). *e, p, c* wie in der vorigen Figur.

---

[1]) Sie entwickeln sich bei der Lärche später.
[2]) Mit centripetaler Zellenfolge. Vgl. Sanio in Jahrb. f. w. Bot. II. p. 39.
[3]) Nach de Bary (Vegetationsorgane p. 574) wenigstens 50 Jahre.

Die Borkebildung findet in sehr unregelmässiger Weise statt. Die trennenden inneren Korkschichten, die nie sklerotisch werden, durchziehen in verschiedener Richtung und meist sehr ansehnlicher (0,2 mm) Breite das Rindengewebe und stossen demgemäss sehr unregelmässig geformte Stücke derselben ab. Daraus erklärt sich das höckerige, warzige, grobrissige Aussehen und die hellgraue Farbe der Rindenoberfläche alter Stämme im Gegensatz zur flachmuscheligen Abrindung der Kiefern.

Charakteristisch sind die in der Mittelrinde neben zahlreichen krystallführenden Zellen mit zunehmendem Alter immer häufiger auftretenden, regellos zerstreut, oft zu Gruppen verschlungenen Steinzellen (Fig. 12). Sie sind meist sehr gross, ihre gewundenen, knorrigen, verästigten Formen zu beschreiben ist unmöglich, keine Zelle gleicht der anderen, gemeinsam ist ihnen nur die starke geschichtete, von spärlichen Porenkanälen unterbrochene Verdickung der Wand [1]). Die krystallführenden Zellen bilden senkrechte Reihen, frühzeitig werden sie von einer braunrothen Masse erfüllt, in welcher die Krystalle dann eingebettet liegen, sie schrumpfen. Die Krystalle kommen in grosser Menge vor, es sind durchwegs gut ausgebildete

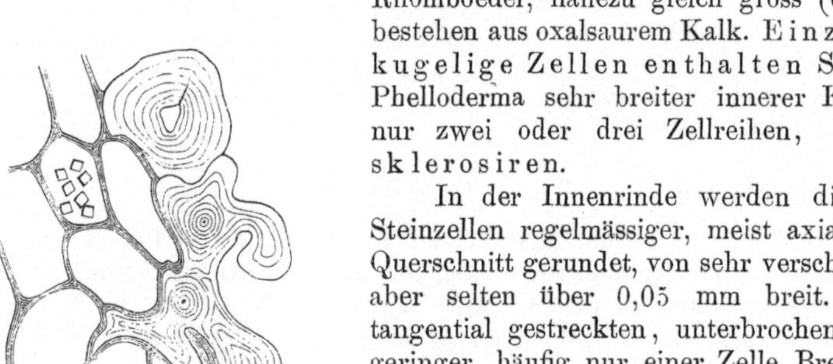

Rhomboeder, nahezu gleich gross (0,012 mm) und bestehen aus oxalsaurem Kalk. Einzelne grosse, kugelige Zellen enthalten Schleim. Das Phelloderma sehr breiter innerer Korkhäute zählt nur zwei oder drei Zellreihen, die niemals sklerosiren.

In der Innenrinde werden die Formen der Steinzellen regelmässiger, meist axial gestreckt, am Querschnitt gerundet, von sehr verschiedener Grösse, aber selten über 0,05 mm breit. Sie sind zu tangential gestreckten, unterbrochenen Platten von geringer, häufig nur einer Zelle Breite (in radialer Richtung) vereinigt. Auch das zwischen den Steinzellenbändern gelagerte dünnwandige Gewebe ist geschichtet. Es besteht zum grösseren Theile aus Siebschläuchen, deren Seitenwände dicht mit feinporigen Siebplatten bedeckt sind. Je drei oder vier Reihen von Siebschläuchen sind von einander getrennt durch eine meist einfache Reihe von Parenchym, dessen Zellen zum ansehnlichen Theile die aus der Mittelrinde bekannten Oxalate führen und zu einem rothbraunen Schlauche geschrumpft

Fig. 12. *Abies pectinata* DC. Gewebegruppe aus der Mittelrinde im Querschnitt (300). *st* unregelmässige Steinzellen; *p* Rindenparenchym zum Theil isodiametrische Krystalle führend.

sind. In der Innenrinde kommen auch unregelmässig gestaltete Lücken vor, welche mitunter beträchtliche Grösse erlangen. Sie scheinen ursprünglich aus einer einzigen Parenchymzelle hervorzugehen, welche sich ausweitet — die in der Mittelrinde erwähnten kugeligen mit Schleim gefüllten Zellen von 0,05—0,08 mm Durchmesser — und in deren Metamorphose später die benachbarten Zellen einbezogen werden [2]).

In den Markstrahlen kommen keine Harzgänge vor.

Abies canadensis Mill. (*Abies Alba* Mchx., *Pinus canadensis* Dur., *Pinus alba* Ait.).

Die Oberhaut und das Oberflächen-Periderma stimmen mit den analogen Gebilden der Tanne überein, nur habe ich die Haare immer einzellig und kürzer (selten über

---

[1]) Vgl. A. de Bary (Vegetationsorgane p. 557). Die sklerotischen Elemente fehlen in den ersten Jahren und treten in stetig wachsender Menge auf.

[2]) v. Mohl (Bot. Ztg. 1859 p. 333) hat bereits die in der secundären Rinde fehlenden Harzgänge constatirt.

0,08 mm) gefunden. In dem Periderm kommen Harzlücken vor, welche durch ihren nierenförmigen oder ganz unregelmässigen Querschnitt und durch die mangelnde concentrische Lagerung der sie begrenzenden Zellen einen lysigenen Ursprung vermuthen lassen. Das Periderm entsteht in der ersten Vegetationsperiode, an deren Schlusse die Oberhaut bereits abzuschülfern beginnt, so dass sie an den noch beblätterten Trieben schon vollständig fehlt.

An 2 bis 3 Cm. dicken Stämmen beginnt die Borkebildung, durch welche anfangs papierdünne, später mehrere Millimeter dicke Schuppen abgetrennt werden.

Einige Eigenthümlichkeiten besitzen die borkebildenden Korklamellen. Dem unbewaffneten Auge erscheinen sie, glatt durchschnitten, als nahezu millimeterbreite, rothe, anastomosirende Bänder, die häufig durch zarte weisse Linien abgetheilt sind. Die letzteren erweisen sich unter dem Mikroskope als ausgedehnte Harzräume, die nicht selten die ganze Fläche der Borkeschuppe einnehmen; neben ihnen kommen auch kleinere unregelmässige Harzräume zerstreut vor.

Eine weitere Schichtung erfährt der Kork dadurch, dass mehrere (meist 3 bis 6) Reihen von Korkzellen mit einer kirschrothen, in kaltem Wasser zum Theile, in heissem Wasser vollständig löslichen Substanz erfüllt sind [1]). Die Korkzellen sind tafelförmig, durchwegs dünnwandig [2]). Die Ablösung der Borke erfolgt in der Weise, dass der grössere Theil der Korkplatten am Stamme bleibt. Die frischen Trennungsflächen sind schön roth gefärbt, sammtartig, alte Borkeschuppen haben eine schwärzlichgraue Aussenfläche, die meist glatt, mitunter aber auch warzig ist. Das letztere dann, wenn die Borkeschuppe sich nicht innerhalb des Korkes, sondern entlang der Rinde ablöst, deren Steinzellengruppen dann die Oberfläche uneben, höckerig gestalten. Die Phelloderme bestehen nämlich wie bei der Tanne nur aus wenigen Reihen dünnwandiger Zellen.

Die Mittelrinde besteht nur aus wenigen Lagen grobporiger Zellen. Es entstehen in ihr keine Harzgänge. Vereinzelte Zellen führen kleine prismatische Kalkoxalate und hie und da kommt auch eine rundliche Steinzelle vor.

Die Innenrinde ist durch einzellige, tangentiale Parenchymreihen geschichtet. Die Siebröhrenbündel zwischen je zwei Parenchymreihen sind verschieden breit, von 2 bis 12 Reihen. Parenchymzellen mit Oxalatprismen kommen in geringer Menge zerstreut vor. In jüngeren Rinden treten vereinzelt isodiametrische fein geschichtete und mit vielen zarten Porenkanälen durchzogene Steinzellen auf. Ihre Zahl vermehrt sich mit zunehmendem Alter der Rinde, sie bilden mit freiem Auge sichtbare Gruppen, die Form der Elemente wird unregelmässig, und erhält ähnliche baroke Gestalten, wie in der Tanne. Die Siebröhren tragen die rundlichen, feinporigen Platten in einer verticalen Reihe so dicht wie die Tracheiden ihre Tüpfel. Harzräume kommen weder in der secundären Rinde noch in den Markstrahlen vor.

Picea vulgaris Link. (*Albies excelsa* DC., *Pinus Picea* Dur.)

Die Oberhaut von eigenthümlichem Baue (mehrzellige Drüsenhaare) wird durch einfache Reihen oder Gruppen (in den Furchen der Internodien) dünner sklerotischer Fasern verstärkt. Diess und die Anlage einer breiten zart und grosszelligen Hypodermschicht erfolgt in den jüngsten Internodien, worauf die Thätigkeit des Phellogens beginnt und mit der Bildung weniger Reihen dünnwandiger Korkzellen in der ersten Vegetationsperiode abschliesst.

---

[1]) Diese Substanz ist sicher kein Harz, wie v. Höhnel (Gerberinden p. 44) sie nennt.
[2]) v. Höhnel gibt eine Schichtung durch einseitig stark verdickte Korkzellen an (a. a. O.).

Die Korkplatten, welche den grössten Theil der Rinde als Borke [1]) abtrennen und dem Stamme nur einen 3—4 mm dicken Ring lebender Rinde belassen, erreichen eine Flächenausdehnung von mehreren ☐Centimetern und ihr gegenseitiger Abstand beträgt an älteren Bäumen bis 3 mm. Sie sind häufig uneben, s c h i c h t e n - w e i s e s k l e r o t i s c h und die Steinzellen sind an vielen Stellen gehäuft, woraus sich die höckerige Oberfläche der im Ganzen flachmuscheligen Borke erklärt. Auch die tiefen Phellogenschichten bilden Phelloderma aus wenigen Zellreihen, die häufig sklerosiren.

Die primäre Rinde ist mässig collenchymatisch, sie sklerosirt gruppenweise und vereinzelte Krystallschläuche führen kleine Rhomboeder in rothbrauner Masse gebettet.

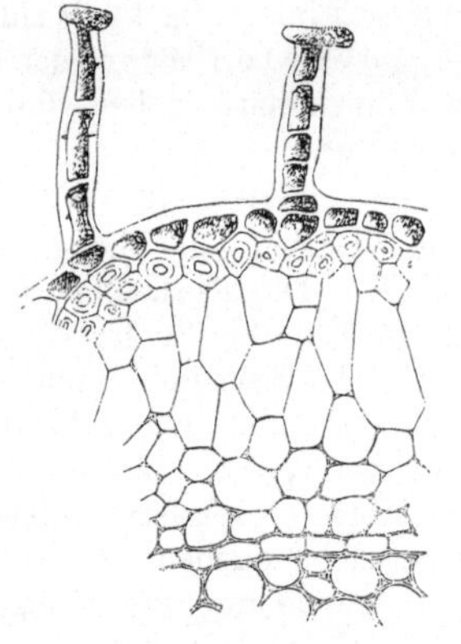

Fig. 13. *Abies excelsa* DC. Querschnitt durch ein junges Internodium vor der Peridermanlage (300). *e*, *h*, *c* wie in Fig. 10; *i* Initiale für das Periderma.

Es entstehen in ihr hysterogene Harzräume [2]), die sich bis zu 2 mm Diam. ausweiten können.

In der secundären Rinde fehlen Harzgänge, das Parenchym tritt quantitativ in den Hintergrund und ist auf einfache tangentiale Reihen [3]) beschränkt, welche die breiten aus Siebröhren zusammengesetzten Bänder von einander trennen. Einzelne Parenchymzellen gleichen den rothbraunen Krystallzellen der Mittelrinde. Quergestreckte Steinzellengruppen sind sparsam zerstreut in alter Rinde zu finden [4]).

Die Siebröhren sind tangential abgeplattet, am Querschnitte verzogen rechteckig, an den radialen Längswänden dicht mit feinporigen Siebplatten [5]) bedeckt. Die Markstrahlen sind einreihig, hie und da um einen Harzgang ansehnlich verbreitert. Die Markstrahl-Harzgänge [6]) weiten sich auf Kosten des dünnwandigen Bastgewebes aus; man findet in den Borkeschuppen ausgedehnte, mit dunkler Harzmasse erfüllte Räume von Steinzellenplatten begrenzt.

Araucaria Cunninghami Ait. (*Altringia Cunninghami* G. Don.)

Die Oberhaut besitzt einen 0,009 mm starken Cuticularüberzug und ist verstärkt durch eine Lage spulenrunder, 0,015 mm dicker sklerotischer Fasern, welche mit geringen Unterbrechungen an der Innenseite der Oberhaut verläuft. Die auf das Hypoderma folgenden chlorophyllführenden Zellen sind dünnwandig, radial gestreckt, die weiter nach innen gelegenen Zellen haben einen schwach collenchymatischen Charakter bei sehr verschiedener Grösse und Gestalt. Kugelige Harzräume sind in der ganzen primären Rinde bis knapp an den Basttheil in ansehnlicher Menge zerstreut. Das erste Periderm bildet sich zum Theil unmittelbar unter dem Hypoderma n i c h t a l s c o n t i n u i r l i c h e S c h i c h t, sondern nach Art der Borke muldenförmig

---

[1]) Die Borkebildung beginnt nach M o h l (Bot. Ztg. 1859 p. 338) etwa im 20. Jahre. Vgl. auch v. M o h l, Unters. über d. Entw. d. Korkes etc. p. 22.

[2]) Vgl. D i p p e l, Mikroskop II. p. 150.

[3]) Nach v. H ö h n e l (Gerberinden p 36 u. 38) stehen diese Parenchymzellen an den Grenzen der Jahreslagen und kann man aus ihnen das Alter der Fichtenrinde bestimmen. Diese Angabe steht mit der bekannten Thatsache in Widerspruch, dass alljährlich mehrere gleichnamige Bastschichten gebildet werden.

[4]) Es ist mir unerfindlich was W i e s n e r (Rohstoffe p. 494) als Bastfasern bezeichnet.

[5]) E. R u s s o w hat gefunden, dass die Callusbeläge von Wasser und Glycerin theilweise aufgelöst werden. S. Ref. Bot. Ztg. 1881 p. 723.

[6]) Es sind dies die einzigen Harzräume, welche in der secundären Rinde angetroffen werden. Vgl. v. M o h l (Bot. Ztg. 1859 p. 333).

eingreifend schon im ersten Jahre. Allmälig breitet es sich peripher aus und umhüllt die federspulendicken Stengel als ein etwa millimeter breiter Mantel, der aus 40 und mehr Reihen äusserst dünnwandiger Korkzellen besteht. Die Oberhaut folgt sehr lange dem Dickenwachsthum, ich habe sie noch an fingerdicken Stämmchen zum grössten Theile erhalten gefunden. Vor der Entstehung der Phellogenschicht kommen iu der primären Rinde keine Steinzellen vor, dann beginnen sich Zellengruppen zu verdicken und man findet tangential verlaufende Nester von Steinzellen, die sich aus sehr verschieden grossen (0,015 bis 0,06 mm diam.), meist isodiametrischen, wol auch knorrigen, fein geschichteten Elementen zusammensetzen.

Die im Kreise geordneten primären Bastbündel bestehen aus langen, platten, 0,018 mm breiten Fasern mit am Querschnitte spaltenförmigen Lumen. Für die Untersuchung der Innenrinde stand mir nur trockenes Material zu Gebote, in dem eine regelmässige Anordnung der Elemente nicht zu constatiren war. Sie besteht aus dünnwandigen, 0,45 mm breiten, 0,3 mm und darüber langen Parenchymzellen mit braunrothem, in Alkalien nur zum geringen Theile mit rosenrother Farbe löslichen, homogenen Inhalt. Die Bastfasern bilden stellenweise radiale Reihen, häufiger sind sie isolirt und zerstreut. Sie sind bemerkenswerth d ü n n (0,02 mm), s p u l e nr u n d, sehr stark verdickt und über Millimeter lang. In grosser Menge kommen anscheinend lysigene Harzgänge vor, die sich vorherrschend in verticaler Richtung erstrecken und schon mit freiem Auge kenntlich sind. Kalkoxalat findet sich nur in Form von Krystallsand in den Membranen der Bastfasern und der Steinzellen der Mittelrinde vor [1]).

Dammara robusta Moore. (*Dammara macrophylla* Lindl.)

An den jungen Zweigen, die mir zur Verfügung standen, war das Periderm noch nicht entwickelt. Die Oberhaut besitzt einen sehr dicken (0,012 mm) Cuticularüberzug. Unter ihr liegen einige Schichten axial gestreckter Parenchymzellen mit collenchymatischem Charakter und zerstreute oder zu kleinen Bündeln vereinigte dünne, derbwandige und geschmeidige Fasern, die in die tieferen Lagen der aus vorwaltend tangential gestreckten Zellen bestehenden primären Rinde nicht vordringen. Vereinzelt kommen grosse, vollkommen ausgebildete rundliche oder sternförmig verästigte Steinzellen mit feiner Schichtung und mit verzweigten Poren vor (Fig. 14). Ihre Zahl vermehrt sich späterhin offenbar, da man Zellen mit beginnender Verdickung häufig antrifft. Harzgänge sind ausserordentlich zahlreich in der ganzen Rinde, unmittelbar unter der Epidermis bis zu den primären Bastbündeln.

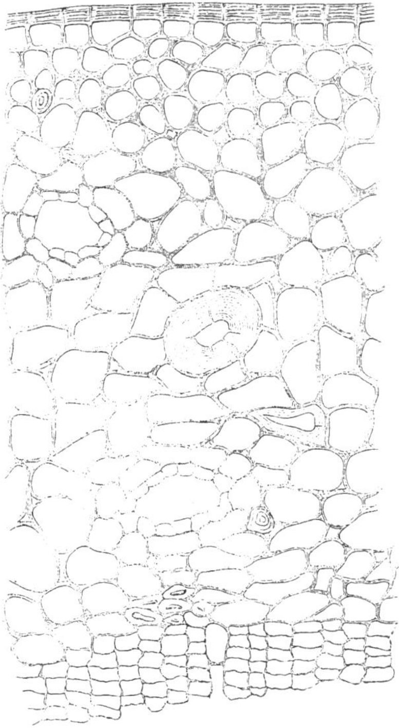

Fig. 14. *Dammara robusta* Moore. Querschnitt durch ein junges Internodium vor der Peridermbildung (300). Im äusseren collenchymatischen Theile vereinzelt sklerotische Fasern; im inneren lückigen Parenchym schizogene Oelräume und grosse Steinzellen.

---

[1]) Vgl. *Araucaria brasiliensis* von S c h a c h t, Bot. Ztg. 1862 u. W i n k l e r, Bot. Ztg. 1872 p. 581.

Cunninghamia sinensis R. Br.

Es standen mir nur junge, frische Zweigspitzen zu Gebote, an denen die Epidermis noch vollständig erhalten, die Phellogenschicht nicht angelegt war. Die an der Aussenseite stark verdickten, sonst dünnwandigen Epidermiszellen werden, wie bei den Blättern [1]), durch eine subepidermidale ab und zu unterbrochene Schicht sklerotischer Fasern und an den einspringenden Winkeln der Blattansätze durch einen Collenchymstrang verstärkt. Die übrigen Zellen der primären Rinde sind dünnwandig und grobporig. Ausserhalb jedes zu den Blättern ziehenden Gefässbündels befindet sich ein Harzgang. Sklerotische Elemente fehlen bislang in der Rinde, oxalsaurer Kalk kommt in Form von Krystallsand vor.

Sequoja gigantea Endl. (*Taxodium sempervirens* Lamb.)

Unter der mit einer derben Cuticula überzogenen Epidermis erstreckt sich mit Unterbrechungen eine einfache, auch hie und da doppelte Lage sklerotischer Faserzellen mit rundlichem Querschnitt. In den Furchen der als starke Rippen hervortretenden Blattinsertionen entstehen aus den Oberhautzellen Korkpolster und in der Mitte des massigen Gewebes liegt ein grosser, mit freiem Auge sichtbarer Harzgang, weiter nach innen ein Gefässbündelstrang, die beide in das Blatt ziehen. Das Periderm verbreitert sich von den erwähnten Korkpolstern aus im zweiten oder dritten Jahre und verbindet sich mit dem um dieselbe Zeit selbstständig in der Tiefe der Rippen entstandenen Periderma. Die Korkzellen bleiben immer äusserst dünnwandig. In alter trockener Borke waren die äusserst porösen Rindentheile durch dunkelbraune Korkplatten in grosse flache Schuppen getrennt.

In der Mittelrinde finden sich weder Krystalle noch Steinzellen, nur kleine Bündel von primären Bastfasern, welche sich von den secundären durch mehr als doppelte Breite (0,06 mm) bei querelliptischem Querschnitt unterschieden. Ihre Verdickung ist nicht bedeutend (0,008 mm), Schichtung mit feinen Porenkanälen sehr deutlich wie bei *Taxodium.*

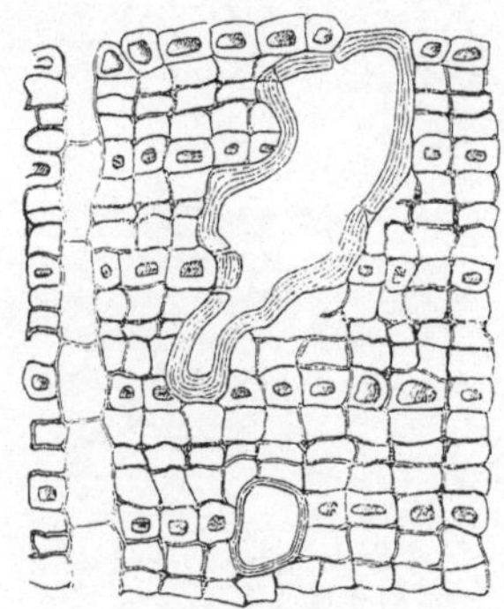

Fig. 15. *Sequoja gigantea* Endl. Querschnitt durch die Borke (300). Durch die grossen Steinzellen ist die regelmässige Schichtung des Bastes nicht gestört.

In der 3—4 mm breiten borkefreien Rinde fand ich sehr eigenthümliche Steinzellenbildungen (Fig. 15) anscheinend in vorher durch Desorganisation entstandenen Räumen. Die Steinzellen sind annähernd isodiametrisch, sonst aber sehr verschieden gestaltet, sehr gross (bis 0,5 mm), oft mit freiem Auge sichtbar. Ihre Verdickung ist verhältnissmässig nicht beträchtlich (0,02 mm), selbst in einem Individuum nicht ganz gleich, immer fein geschichtet und von spärlichen, einfachen oder verästigten Porenkanälen durchzogen. Sie entstehen vielleicht aus auffallend grossen Parenchymzellen, die zerstreut angetroffen werden und die einen schleimartigen Inhalt haben. Auffallend ist es, dass trotz ihrer sehr beträchtlichen Vergrösserung das umgebende Gewebe nicht oder sehr wenig verdrängt erscheint. (Vgl. *Phyllocladus.*)

Die secundäre Rinde besitzt sehr regelmässigen Bau, indem einzellige tangentiale Bastfaserreihen mit dreireihigem (einer mittleren Parenchym- und je einer Siebröhrenreihe an der inneren und äusseren Seite) Weichbast abwechseln wie bei den *Cupressineen.*

---

[1]) S. die Abbildung in de Bary (Vegetationsorgane p. 457).

Die Bastfasern sind am Querschnitte rechteckig oder quadratisch, im Mittel 0,015 mm breit und über Millimeter lang. Sie endigen kurz und stumpf, sehr häufig ohne erhebliche Verjüngung wie abgeschnitten. Die Siebschläuche tragen die aus kleineren Porengruppen zusammengesetzten [1]) Siebplatten nur an der den Markstrahlen zugekehrten Seite in einer verticalen Reihe. Die Parenchymzellen sind breitporig. Oxalsaurer Kalk kommt nur in Form von Sand und spärlich vor.

Die Markstrahlen habe ich immer einreihig, ohne locale Erweiterungen und ohne Harzgänge gefunden. Bezeichnend ist ihre ansehnliche Höhe, man zählt auf Tangentialschnitten gewöhnlich 15 Zellen und darüber.

Taxineae.

Ein allen untersuchten Gattungen gemeinsames Merkmal ist der dem Typus der *Cupressineen* verwandte Bau der secundären Rinde. Doch ist die regelmässige Schichtung zwischen einreihigen Bastfaserplatten und dreireihigem Weichbast nur bei *Taxus* und *Phyllocladus* erhalten, während bei den anderen Gattungen diese Regelmässigkeit mehr oder weniger verwischt ist. Schon bei *Taxus* sind mehrere Schichtensysteme mit dünnwandigen Bastfasern zwischen je zwei Reihen sklerotischer Fasern eingeschaltet. bei *Podocarpus* sind die Weichbastschichten aus wechselnder Reihenzahl zusammengesetzt wie bei *Salisburia*, wo überdies auch die Bastfasern nicht selten zu mehreren hinter einander (radial) angelegt, ihre tangentialen Reihen oft unterbrochen sind. *Taxus* und *Phyllocladus* besitzen kein Hypoderma, *Podocarpus* dagegen eine subepidermidale Faserschicht (Fig. 16) und *Salisburia* ein eigenthümliches, mehrschichtiges Hypoderma (Fig. 21).

Das Periderma entsteht bei *Salisburia* frühzeitig und oberflächlich; bei den anderen Gattungen erst nach Ablauf mehrerer Jahre, bei *Phyllocladus* aus der Oberhaut, bei *Taxus* und *Podocarpus* in einer tieferen Schichte der primären Rinde. Die Korkzellen sind dünnwandig, weitlichtig bis tafelförmig; bei *Taxus* und bei *Salisburia* treten mitunter Schichten innen verdickter Korkzellen auf.

Die Borke entsteht frühzeitig bei *Podocarpus*, später bei *Taxus* und *Salisburia*, bei *Phyllocladus* fehlt sie der von alten Stämmen herrührenden im Handel vorkommenden Waare. Die inneren Periderme bestehen immer nur aus dünnwandigen Korkzellen (mit Ausnahme von *Taxus*, wo einzelne Reihen einseitig sklerosiren) von geringer Mächtigkeit, im allgemeinen aber von bedeutender Flächenausdehnung. Die Borkeschuppen sind gross und dünn, eigentliche Schuppenborken (Typus: *Taxus)*, nur *Salisburia* besitzt wenig umfangreiche, aus dünnen Lamellen zusammengesetzte Borkeschuppen.

In der primären Rinde, welche der eigentlichen Collenchymschicht entbehrt und bei *Podocarpus* und *Phyllocladus* aus besonders dünnwandigen Zellen besteht, sind Harzräume schizogenen Ursprungs (Fig. 16) in wechselnder Menge und Vertheilung überall, ausgenommen bei *Taxus*, welchen Harzräume überhaupt fehlen. Die langen, vielleicht zeitlebens ausdauernden Oberflächenperiderme

---

[1]) S. die Abbildung derselben bei de Bary (Vegetationsorgane p. 188).

von *Phyllocladus* betheiligen sich an dem Aufbau der Mittelrinde durch umfangreiche Phellodermbildung. Die inneren Korkhäute besitzen kein *(Podocarpus, Salisburia)* oder sehr schwaches *(Taxus)* Phelloderma. Steinzellen habe ich nur bei *Salisburia* (Fig. 21) als unterbrochenen Ring *(Araucaria* ähnlich) ausserhalb des primären Bastbündels und bei *Phyllocladus* in regellos vertheilten Gruppen, aber bei beiden in wesentlich verschiedenen und sehr charakteristischen Gestalten angetroffen. *Salisburia* ist — einzig unter den *Coniferen* — durch grosse Krystalldrusen ausgezeichnet, während bei den anderen das Kalkoxalat in Form von Krystallsand den Zellmembranen eingelagert ist. Bei *Taxus* (wahrscheinlich auch *Phyllocladus)* sind bloss die Bastfasern (Fig. 19) (die dünnwandigen und die sklerotischen) mit den winzigen Kryställchen besetzt, bei *Podocarpus* sind die radialen Wände aller Elemente des Bastes Lagerstätten des Kalkoxalates. — Als eigenthümliche Zellformen verdienen die Idioblasten von *Phyllocladus* (Fig. 18) und das hypodermatische Gewebe (Fig. 21) von *Salisburia* hervorgehoben zu werden. Die Bastfasern haben die typische Form der *Cupressineen,* ebenso die Siebröhren, welche nur bei *Salisburia* häufig quer gestreckte Platten haben, wodurch das leiterförmige Relief entsteht. Die Parenchymzellen haben an den radialen Seiten rundliche Tüpfel, deren feine Poren besonders bei *Taxus* und *Podocarpus* wegen der derberen Membran deutlich hervortreten. Im Baste habe ich keine Harzräume angetroffen. Die Markstrahlen sind einreihig, ohne Harzgänge.

Podocarpus Thunbergii Hook. (*Taxus latifolia* Thbg.)

Die Oberhaut erscheint am Querschnitte regelmässig gekerbt in Folge der hufeisenförmigen Verdickung der Oberhautzellen. Unterhalb der Epidermis erstreckt sich eine einfache, stellenweise unterbrochene oder doppelte Reihe stark verdickter Faserzellen (Fig. 16).

Harzräume sind in dem durchwegs dünnwandigen, mitunter zu Strängen zusammengedrückten und geschrumpften Parenchym der primären Rinde regellos und ziemlich spärlich zerstreut.

Die erste Phellogenschicht entsteht schon in der ersten Vegetationsperiode als ununterbrochener Ring so tief, dass durch dieselbe die ganze primäre Rinde und sogar die äusserste Bastzone abgegrenzt wird. Der Abwurf erfolgt aber später; man findet noch an gebräunten 3 bis 4 mm dicken Stengeln die Oberhaut fast vollständig im Zusammenhang mit der primären Rinde vor.

Die inneren Periderme bestehen aus wenigen (4 — 6) Reihen äusserst dünnwandiger Korkzellen; doch wiederholt sich ihre Bildung in sehr kurzen Zwischenräumen (wie bei den *Cupressineen* ohne Phelloderma), die Borkeschuppen sind in Folge dessen sehr dünn, enthalten mitunter nur je eine Schichte Weichbast und eine Bastfaserreihe.

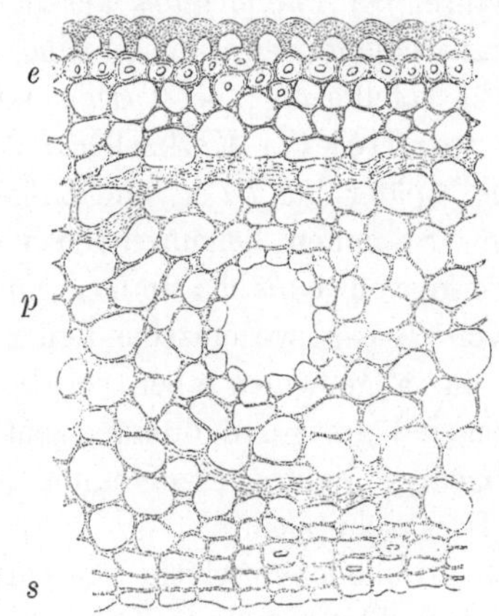

Fig. 16. *Podocarpus Thunbergii* Hook. Querschnitt durch ein junges Internodium vor der Peridermbildung (300). *e* Oberhaut mit sklerotischem Hypoderma; *p* Rindenparenchym mit Gruppen zusammengefallener Zellen und einem Oelraum; *s* junger Bast.

Die Innenrinde zeigt schon in einjährigen Trieben die tangentiale Lagerung einfacher Bastfaserreihen angedeutet, zu einer vollkommen regelmässigen Schichtung ist es aber selbst an centimeterdicken Aesten, welche bereits von Borke bedeckt sind, nicht gekommen. An vielen Stellen besteht der Weichbast allerdings aus den typischen drei Reihen, doch findet man häufig auch Verbreiterungen und Unterbrechungen in den Reihen der Bastfasern, indem viele der letzteren n i c h t v e r d i c k t werden. Siebröhren und Parenchym sind am Querschnitte sehr ähnlich. Die Parenchymzellen besitzen grosse, rundliche aus Poren gehäufte Tüpfel (Fig. 17), die Siebröhren etwas breitere feinporige Siebplatten. Die Bastfasern sind am Querschnitte gerundet rechteckig oder quadratisch, bis 0,015 mm breit, sehr stark verdickt und von auffallend groben Porencanälen in grosser Zahl durchzogen. Sie sind oft über Millimeter lang, mit stumpf zugespitzten oder wie abgehackten, auch knorrigen Enden. In den Membranen der sklerotischen wie der nicht verdickten Fasern ist Kalkoxalat in Form von K r y s t a l l s a n d eingelagert.

Die Markstrahlen sind immer einreihig und nicht selten auch nur eine, nicht über vier Zellen hoch.

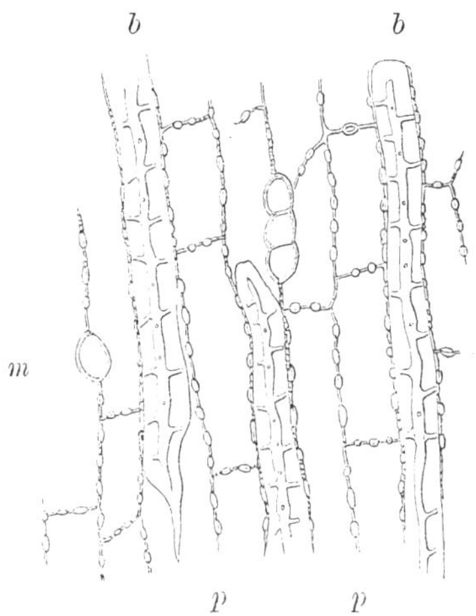

Fig. 17. *Podocarpus Thunbergii* Hook. Sehnenschnitt durch die secundäre Rinde (300). *b* Bastfasern; *p* breit getüpfeltes Bastparenchym; *m* Markstrahl.

Phyllocladus trichomanoides G. Don.

Die Oberhaut, aus hufeisenförmig verdickten Zellen bestehend, bleibt vier bis fünf Jahre erhalten. Dann erst entsteht u n m i t t e l b a r u n t e r i h r das Periderm (es scheint, dass d i e O b e r h a u t i n t o t o z u m I n i t i a l m e r i s t e m w i r d) aus dünnwandigen, flachen, frühzeitig mit rothbraunem Inhalte erfüllten Korkzellen. Die primäre Rinde besteht grösstentheils aus dünnwandigen, in den äusseren Schichten s c h w a c h collenchymatischen Zellen. Harzräume finden sich in grosser Zahl in einen Kreis geordnet sehr nahe unter der Oberhaut, überdiess im inneren Theile der primären Rinde knapp vor den Bastfaserbündeln, die an vielen Stellen zu einem geschlossenen Ringe zusammentreten. Die p r i m ä r e n B a s t f a s e r n sind am Querschnitte rundlich, 0,025 mm breit, sehr stark verdickt, undeutlich geschichtet und porenarm, während die jüngsten Bastfasern der secundären Rinde, die anfangs zerstreut auftreten, aber schon im dritten oder vierten Jahre einfache tangentiale Reihen bilden, weniger breit (0,02 mm) und am Querschnitte quadratisch gerundet sind.

Die unter dem Vulgärnamen „*Tou-Tou*"[1]) von Neu-Seeland eingeführte Gerberrinde kommt in flachen, bis 1,5 cm dicken Stücken vor, die aussen braunroth, höckerig-warzig, innen orangegelb, grobstreifig sind. Im äusseren, etwa 3 mm dicken Theile ist ihr Bruch grobkörnig; im inneren Theile lang- und weichfaserig.

Eine verschieden dicke Schichte tafelförmiger Korkzellen bedeckt die Mittelrinde, welche in ihrem äusseren Theile deutlich ihren Ursprung aus Phellogen erkennen lässt. In dem dünnwandigen, grobporigen Parenchym der Mittelrinde sind S t e i n z e l l e n der verschiedensten Gestalt und Grösse zerstreut, doch so, dass in den äusseren (jüngeren) Rindentheilen die Zellen kleiner, sparsamer, regelmässiger

---

[1]) Auch „*Kiri-toa-toa*" und „*Tanehakibark*".

und in verschiedener, bis zur eben beginnenden Sklerosirung angetroffen werden. Innen dagegen erreichen die Steinzellen colossale Dimensionen (0,3 mm), baroke Gestalten, treten zu umfangreichen Klumpen zusammen und sind immer sehr stark, oft bis zum Schwinden des Lumens verdickt, grob und dicht geschichtet und von spärlichen, einfachen oder verästigten Porenkanälen durchzogen.

In der secundären Rinde kommen dieselben colossalen Steinzellen (Fig. 18), doch spärlich und meist vereinzelt vor. Sie verdrängen die regelmässig aus einfachen Bastfaserreihen und dreireihigem Weichbast abwechselnde Schichtung der Innenrinde und es ist nicht zu erkennen, wie diese Riesenzellen entstehen (vgl. *Sequoja*).

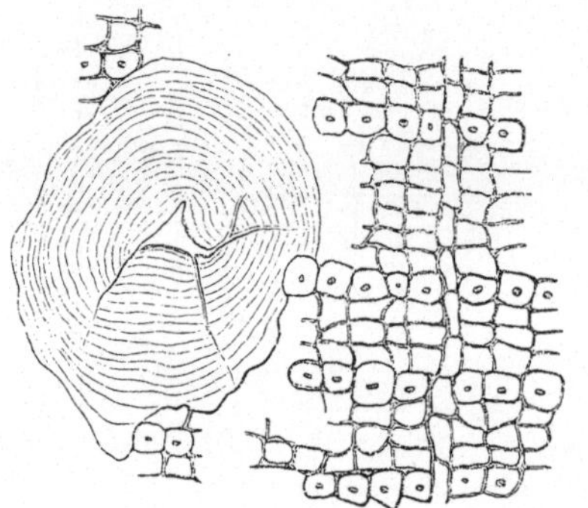

Fig. 18. *Phyllocladus trichomanoides* G. Don. Querschnitt durch die Borke mit einer grossen Steinzelle.

Die Bastfasern sind am Querschnitte gerundet quadratisch, 0,035 mm breit, mit punktartigem Lumen und spärlichen Poren. Ihre Länge beträgt häufig 1,5 mm, die Enden sind stumpf, auch knorrig oder gegabelt. Den Bastfaserreihen liegen die Siebröhren unmittelbar an mit rundlichen, häufig aus kleineren Gruppen aggregirten Siebplatten in einer verticalen Reihe. In der Mitte jeder Weichbastschichte liegt eine einfache Reihe von Parenchymzellen, deren radiale Seite von breiten Poren besetzt ist. In der abgestorbenen Rinde, wie sie vorliegt, fehlt scheinbar Kalkoxalat. Doch zeigen die Bastfasern eine feine Körnung an den Seitenflächen, was mich vermuthen liess, dass sie analog mit den verwandten Arten mit Krystallsand bedeckt sein mögen. In der That schiessen nach Behandlung mit Schwefelsäure zahllose Gypsnadeln an das Präparat. Die gegentheiligen Angaben[1] beruhen demnach auf einem Uebersehen.

Taxus baccata L.

Eine rothbraune Korkschichte tritt im zweiten Jahre an die Stelle der hypodermfreien Epidermis. Das Initialmeristem tritt in einer zwischen Epidermis und Bast etwa inmitten gelagerten Schicht auf. Man findet da 5—8 Reihen dünnwandigen Korkes und nach innen ziemlich derbwandiges chlorophyllführendes Phelloderma.

Die Abtrennung der (Schuppen-) Borke[2] erfolgt in grossen Platten von der Dicke starken Papieres. Die etwa 3 mm dicke lebende Rinde ist nur von einer einfachen oder doppelten Borkenlage bedeckt. Die Borke ist gelblichbraun bis olivengrün und glatt; die eben entblössten Rindenflächen sind carminroth. Die inneren Korkhäute zählen bis zehn Reihen zartwandiger weitlichtiger Zellen, denen sich zwei oder drei Reihen Phelloderma anschliessen. Mitunter werden die Korkmembranen durch einseitige (innere) Sklerosirung einfacher Zellenlagen geschichtet.

Die primäre Rinde besteht aus einem ziemlich derbwandigen grossporigen Parenchym. Einzelne Zellen enthalten eine allen Lösungsmitteln widerstehende rothbraune Substanz, in der aber keine Krystalle eingeschlossen sind. Auch Harzgänge fehlen.

Die Innenrinde zeigt schon dem unbewaffneten Auge eine feine Schichtung. Sie ist hervorgerufen durch einfache tangentiale Reihen sklerotischer Fasern (Fig. 2),

---

[1] Solms-Laubach, Bot. Ztg. 1871 p. 518 u. v. Höhnel, Gerberinden p. 9.
[2] Vgl. v. Mohl, Unters. über d. Entw. d. Korkes etc. pg. 23; de Bary, Vegetationsorgane p. 571.

zwischen denen dünnwandige Fasern (Fig. 20), einfache Siebröhren- und Parenchymreihen eingeschaltet sind. Die Zellen des Weichbastes zeigen am Querschnitte
auch radiale Anordnung, das Parenchym erscheint weitlichtiger und mehr gerundet
und ist derbwandiger als die nicht sklerotischen Bastfasern und Siebröhren. Ab
und zu enthält eine Zelle rothbraunen Inhalt, der sich in Alcalien rosenroth färbt.
Die am Querschnitte fast quadratischen, gelb gefärbten Bastfasern sind 0,03 mm
breit, fast bis zum Schwinden des Lumens verdickt, über Millimeter lang, zumeist
stumpf endigend (Fig. 20). Ihre Membranen, wie die der dünnwandigen Fasern

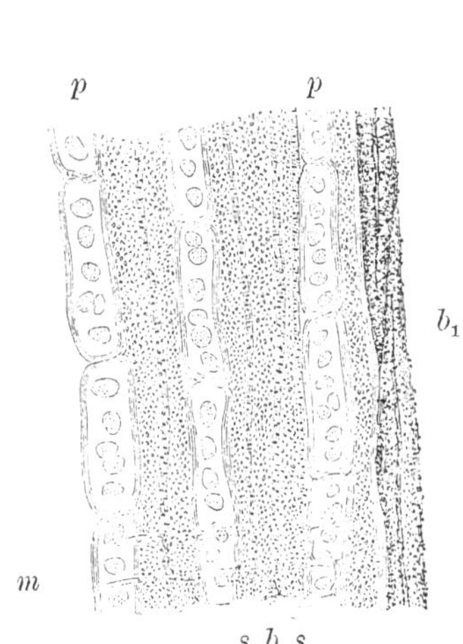

Fig. 19. *Taxus baccata* L. Radialschnitt durch
den Bast (300). *p* derbwandiges, breit getüpfeltes Parenchym; dazwischen Siebröhren (*s*) und dünnwandige Bastfasern (*b*),
dicht besät mit Krystallsand; b_1 sklerotische
Bastffasern; *m* Markstrahl.

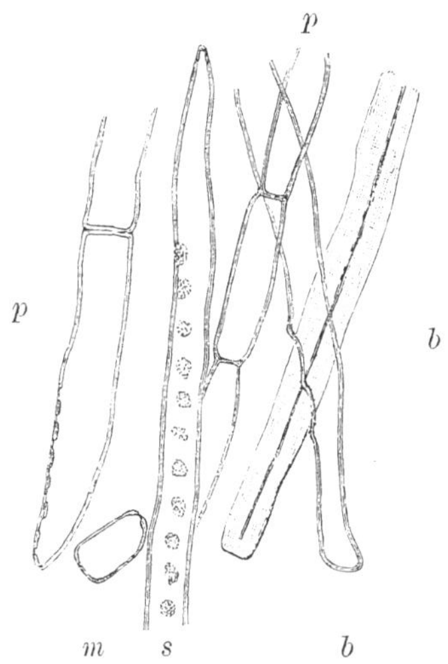

Fig. 20. *Taxus baccata* L. Isolirle Elemente
des Bastes, nachdem durch Salzsäure die
Krystalle gelöst und abgewaschen wurden
(300). *b* eine dünnwandige und eine sklerotische Bastfaser; *s* Endtheil einer Siebröhre; *p* Bastparenchym mit zum Theil erkennbaren Tüpfeln; *m* eine Markstrahlzelle.

sind übersäet mit zahllosen kleinen Kalkoxalatkrystallen (s. Fig. 19). Die Bastfasern sind von Siebröhren eingeschlossen, und an diese grenzen Parenchymfasern.
Die Siebröhren haben gleichfalls beträchtliche Länge (1,5 mm), endigen in stumpfe
Spitzen, abgerundet oder wie abgeschnitten. Sie sind dünnwandig, in der Breite
von 0,01 bis 0,03 mm schwankend, an der den Markstrahlen zugewendeten Seite
mit einer verticalen Reihe feinporiger Siebplatten (Fig. 20) und in Berührung mit
den Bastfasern dicht mit Kryställchen besetzt. Die Parenchymzellen besitzen eine
die Breite um das drei- bis vierfache übertreffende axiale Streckung und tragen
Porentüpfel (Fig. 19) an der den Markstrahlen zugekehrten Seite[1]).
Die Markstrahlen sind immer einreihig, in den Aesten höchstens 4 Zellen
hoch, in der Stammrinde häufig 10—12 Zellen hoch.

Salisburia adiantifolia Smith. (*Ginkgo biloba* L., *Salisburia Ginkgo* Salisb.)

Die Oberhaut mit mässig starkem Cuticularüberzug besitzt ein Hypoderma
von eigenthümlichem Bau. Es sind derbe Zellen von verschiedener Gestalt und

---

[1]) Vgl. v. Mohl, Bot. Z. 1855 pg. 891; Frank, Bot. Z. 1864 pg. 159; Hartig,
Forstl. Culturgewächse p. 93 u. Anatomie pg. 180.

Grösse in lückigem Verbande, deren Membran scharf in zwei Lamellen gesondert ist (Fig. 21). Die Zellen sind leer oder enthalten eine rothbraune, homogene, in Alcalien unlösliche Masse.

An jährigen, vergilbten Trieben ist die Oberhaut noch vollständig erhalten, wenngleich bereits Periderm aus drei oder vier Reihen cubischer Korkzellen zwischen Hypoderma und dem chlorophyllführenden Parenchym der primären Rinde eingeschoben ist. Vom zweiten Jahre an verstärkt sich das Periderm, an daumendicken Aesten besteht es aus etwa 30 Lagen zum Theil cubischer, zum Theil abgeplatteter Zellen, von denen an jeder dritten bis sechsten Reihe die Innenseite verdickt. Die Verdickung ist mässig, die durch dieselbe herbeigeführte Schichtung des Korkes wenig auffallend. Die Borke ist kleinschuppig aus sehr mächtigen Korklagen und minder breiten dunkelbraunen Rindenlagen geschichtet. Das innere Periderm besteht ausschliesslich aus dünnwandigen, ungewöhnlich grossen und weitlichtigen Korkzellen — sie sind an Durchschnitten mit der Loupe unterscheidbar — und eine Schichtung in zwei oder drei Lamellen wird durch einige Reihen tafelförmig abgeplatteter, aber nicht derbwandiger[1]) Korkzellen herbeigeführt. Kugelige Harzräume sind in einen einzigen Kreis geordnet im Parenchym der primären Rinde. Sie bleiben unterhalb der schützenden Peridermschicht lange erhalten, vergrössern sich aber nicht wesentlich, auch fehlen in den tieferen Schichten Harzgänge. Vereinzelte Parenchymzellen führen Kalkoxalat in Form grosser, den Zellenraum beinahe ausfüllender Krystalldrusen. An der Innengrenze der primären Rinde befinden sich tangentiale Gruppen von Steinzellen, welche an manchen Stellen einen beinahe allseitig geschlossenen Sklerenchymring bilden. Die sklerotischen Elemente (Fig. 21) sind verschieden gross (0,03 bis 0,08 mm) wie die Parenchymzellen, aus denen sie hervorgegangen sind, rundlich, oder polygonal abgeplattet, sehr stark verdickt mit feiner, von zahlreichen Porenkanälen durchsetzten Schichtung. Hier treten auch die krystallführenden Zellen in grösserer Menge auf und bilden mitunter kurze Kammerfasern. Innerhalb des Steinzellenringes, von

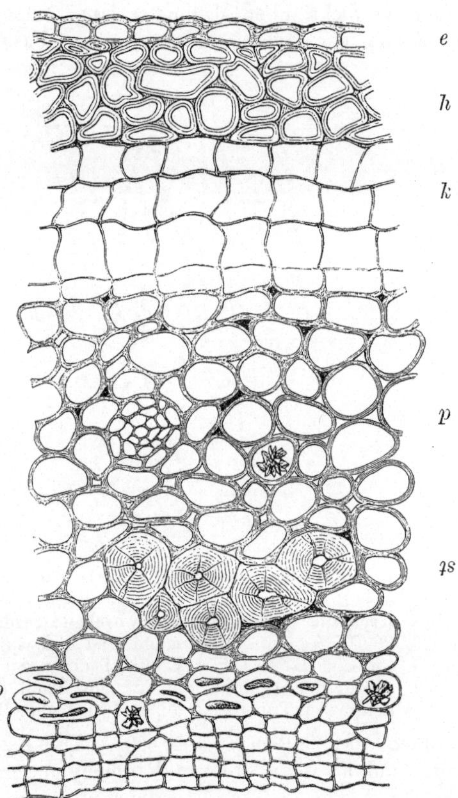

Fig. 21. *Salisburia adiantifolia* Sm. Querschnitt durch ein junges Internodium im Herbste (300). *e* Oberhaut; *h* derbwandiges Hypoderma; *k* Periderma; *p* Rindenparenchym mit einzelnen Drusenschläuchen, einem schizogenen Harzraum, einer Steinzellengruppe (*st*) und den primären Bastfasern (*b*).

---

[1]) Die Borke untersuchte ich an einem Original-Muster aus China, während die jüngeren Rindentheile aus dem Wiener botanischen Garten stammten.

ihm nur durch wenige Reihen kleinzelligen Parenchyms getrennt, bilden die primären Bastbündel einen zweiten Ring mit geringen Unterbrechungen. Die primären Bastfasern sind beträchtlich lang und breit (0,045 mm), am Querschnitte einem zusammengefallenen Schlauche ähnlich, stark verdickt (0,008 mm), ohne Schichtung und unverholzt.

In der secundären Rinde treten die Bastfasern im grosszelligen Weichbast anfangs vereinzelt auf, allmälig vereinigen sie sich zu einfachen, stellenweise bis drei- und fünffachen tangentialen Reihen, die mit Siebröhrenbündeln und einfachen Parenchymreihen abwechseln. Die Bastfasern sind bandartig flach. Die weitlichtigen Siebschläuche tragen dicht gereiht feinporige schmale und breite Siebplatten in treppenförmiger Anordnung an der Markstrahlseite. Die Krystalldrusen von mitunter ausserordentlicher Grösse (0,1 mm) kommen häufiger in einzelnen Zellen als in Kammerfasern vor, wenngleich auch diese nicht fehlen.

Juliflorae.

Aussenrinde. Bloss die *Casuarineen* besitzen ein Hypoderma in Form massiger Sklerenchymrippen. Die Periderme entstehen bei allen Julifloren oberflächlich und fast zugleich rings um die Peripherie der Internodien in der ersten, selten in der zweiten *(Myrica)* Vegetationsperiode. Nur *Casuarina* macht insofern eine Ausnahme, dass das in den Furchen des Stengels oberflächlich entstehende Periderma sich in gerader Flucht in die Rippen fortsetzt, die letzteren demnach durch die tiefe Lage des Periderma abgegrenzt werden, und bei *Bochmeria* (Fig. 37) kommt der Korkmantel erst nach 2—3 Jahren zum allseitigen Abschluss.

Bei *Salix* wird die Oberhaut zum Phellogen, sonst immer die äusserste Zellenlage der primären Rinde. An den jüngsten überwinternden Internodien besteht das Periderma meist schon aus mehreren Korklagen; die Epidermis wird zum Theil an den älteren Internodien jähriger Triebe abgestossen, sie überdauert in keinem der beobachteten Fälle die zweite oder dritte Vegetationsperiode. Die Oberflächen-Periderme erneuern sich durch eine längere Reihe von Jahren. Besonders lange, sicher durch Jahrzehnte ausdauernde Oberflächenperiderme, welche nur ausnahmsweise oder vielleicht gar nicht durch Borke abgestossen werden, besitzen *Betula, Fagus, Carpinus, Corylus Avellana, Ficus, Broussonetia, Artocarpeen, Urticaceen, Nageja (?).* Die Oberflächen-Periderme bieten manche Verschiedenheiten bezüglich der Grösse, Weitlichtigkeit (Abflachung), Verdickung, Inhalt der Korkzellen und der Art ihrer Schichtung. Diese Verschiedenheiten sind aber selten im Umfange einer Gattung constant, sie wechseln — ohne jedoch den Typus zu alteriren — innerhalb der Arten, sogar mitunter in den einzelnen Individuen. Beispiele hierfür findet man bei der Uebersicht der *Corylaceen, Cupuliferen, Ulmaceen.* Ausschliesslich zartzelligen Kork bilden: *Casuarina, Cecropia*, die *Urticaceen*, vorwiegend derbwandigen Plattenkork: *Betulaceen, Corylaceen, Cupuliferen, Artocarpus, Liquidambar*, vorherrschend cubische und dünnwandige Korkzellen: *Myrica, Celtis, Ulmus, Moreen, Platanus, Nageja, Salicineen*, wobei die letztgenannten mit Ausnahme von *Ulmus* auch Steinkorkplatten bilden, welche den früher genannten Gattungen typisch fehlen. Die inneren Periderme stimmen mit den oberflächlichen im Baue sehr nahe überein. Eine selbstverständliche Ausnahme bietet *Salix* (Fig. 42) und merkwürdig ist der Befund bei *Myrica*, wo die Thätigkeit der inneren Phellogenschichten häufig schon nach Bildung einer einzigen Zellenreihe erlischt. Gewöhnlich sind die inneren Periderme breiter als die leicht abschülfernden oberflächlichen und in diesem Falle oft geschichtet. Doch kommt auch das umgekehrte Verhältniss vor (z. B. bei *Myrica*) und ist die Regel bei den sogenannten Korkrinden *(Corylus Colurna, Quercus Suber, Ulmus suberosa).*

Die Form der Borkeschuppen, die Mächtigkeit der Borke zeigt sehr erhebliche Abweichungen. Es genügt der Hinweis auf die weichfaserige Ringborke von *Myrica*, die Blätterborke von *Betula*, die Schuppenborke von *Platanus*, die Steinborke von *Quercus, Castanea, Celtis* u. A., die Schwammborke von *Populus*, um einerseits die Mannigfaltigkeit der Typen, andererseits die Unabhängigkeit derselben von der systematischen Stellung der Gattungen und Arten zu erweisen.

Mittelrinde. Mit Ausnahme von *Casuarina*, deren durch sklerotisches Hypoderma versteifte primäre Rinde ausschliesslich aus dünnwandigen Zellen besteht, gliedert sich die primäre Rinde (Fig. 25) stets in zwei ziemlich scharf gesonderte Schichten: in die äussere mit mehr oder weniger ausgesprochen collenchymatischem Charakter und in die innere mit lückig verbundenen weitlichtigeren, unregelmässigeren und dünnwandigeren Zellen. Ein typisches Collenchym wurde nur bei *Ficus, Broussonetia* (median gelagert) und *Artocarpus* angetroffen und bemerkenswerther Weise gerade bei *Maclura*, welche eine doppelte Epidermis besitzt, der geringste Unterschied zwischen äusserem und innerem Rindenparenchym, während *Morus* weder in der einen noch in der anderen Richtung auffällige Eigenthümlichkeiten darbietet, sich vielmehr bezüglich des hypodermatischen Collenchyms der überwiegenden Mehrzahl der *Julifloren* ähnlich verhält.

Die Breite der primären Rinde, von der hauptsächlich die Dicke der jungen Triebe abhängt, so wie die Grösse der dieselbe zusammensetzenden Zellen, ebenso die Gruppirung der primären Bastbündel und ihre Mächtigkeit können im Allgemeinen diagnostisch nicht verwerthet werden, weil die specifischen von den individuellen Eigenthümlichkeiten nicht unterschieden werden können. Die charakteristischen Merkmale der Mittelrinde liegen in dem Auftreten von Sklerenchym und von Sekretbehältern und in der Krystallisationsform des in keiner Rinde fehlenden Kalkoxalates.

Bezüglich des Vorkommens von sklerotischem Parenchym können folgende Modificationen unterschieden werden:

a) Das Sklerenchym ist ausschliesslich an die primären Bastfaserbündel gebunden, deren Zwischenräume es ausfüllt. Es entstehen so geschlossene Sklerenchymringe (Fig. 25) aus Bastfasern und Steinzellen gemischt bei *Myrica*, den *Betulaceen*, *Corylaceen*.

b) Ausser dem unter *a*) bezeichneten Sklerenchymring treten auch einzelne oder Gruppen sklerotischer Zellen im ganzen Gebiete der Mittelrinde zerstreut auf bei: *Casuarina*, den *Cupuliferen* und *Celtideen*.

c) Die Sklerosirung des Parenchyms ist beschränkt auf die ausserhalb der Bastbündelzone gelegenen Abschnitte der Mittelrinde. Dabei kommt es mitunter zur Bildung eines äusseren Sklerenchymringes *(Morus*, einige *Populus-*arten), häufiger bleiben die mehr oder weniger umfangreichen Sklerenchymgruppen getrennt (*Nageja*, *Pouzolzia*, einige *Populus-* und *Salix*arten). Es muss dabei bemerkt werden, dass auch die geschlossenen Sklerenchymringe im Laufe des Dickenwachsthums gesprengt werden, so wie überhaupt manche Verschiedenheiten betreffs ihrer zeitlichen und räumlichen Ausbildung bei den Einzelbeschreibungen verzeichnet wurden.

d) Die Sklerosirung des Parenchyms unterbleibt gänzlich bei den *Ulmaceen*, vielen *Moreen (Maclura, Broussonetia, Ficus)* und *Salicineen* (sehr häufig bei *Salix*, selten bei *Populus*).

e) Der weitaus überwiegende Theil des hier ungewöhnlich breitporigen Parenchyms wird bei mässiger Verdickung sklerotisch: *Artocarpaceae.*

Durch eigenartige Milchsaftschläuche sind die *Moreen*, *Artocarpeen* und *Urticaceen* ausgezeichnet charakterisirt.

Die Krystallisationsform des Kalkoxalates ist insofern charakteristisch, als manche Gattungen schon in den jüngsten Internodien ausschliesslich Einzelkrystalle führen *(Casuarina, Ulmus. Artocarpus, Celtis, Morus)*, andere vorherrschend Drusen *(Myrica, Betulaceen, Corylaceen, Cupuliferen, Maclura, Ficus, Cecropia, Platanus, Populus* und *Salix)*. Im letzteren Falle pflegen die Einzelkrystalle erst im Bereiche der Bastzone aufzutreten, ausserhalb derselben finden sich fast nur Drusen vor. Auf die krystallographische Bestimmung auch der grossen Einzelkrystalle wurde nicht eingegangen, sondern nur die allgemein (bei den *Ulmaceen* prismatische) isodiametrische Gestalt derselben möge erwähnt werden.

Phelloderma betheiligt sich an dem Aufbau der Mittelrinde bei den Arten mit ausdauerndem Oberflächenperiderma in hervorragendem, sonst — soweit an fertigen Zuständen erkennbar — in geringem Masse. Da das Parenchym auch keine ungewöhnliche tangentiale Streckung erfährt (*Nageja* etwa ausgenommen) und die primären Markstrahlen sich nur wenig verbreitern, so muss das Dickenwachsthum wol durch Theilungen des gesammten Rindenparenchyms vermittelt werden. Sicherer sind die Phelloderme der inneren phellogenen Schichten von dem Gewebe des Bastes zu unterscheiden; sie wurden bei den

Betulaceen, *Corylaceen*, *Cupuliferen*, *Ulmaceen*, *Celtideen*, *Liquidambar* vorgefunden.

Die primären Gefässbündel enthalten bei allen Gattungen Bastfasern, auch wo diese in der secundären Rinde fehlen. Sie sind bei den *Moreen, Urticaceen* und *Artocarpeen* durch ungewöhnliche Breite, schlauchförmige Abplattung und Geschmeidigkeit (Fig. 36 und 37) ausgezeichnet.

Innenrinde. Es kann schlechterdings kein Merkmal angegeben werden, welches der secundären Rinde aller *Julifloren* gemeinsam wäre. Zum Zwecke einer übersichtlichen Darstellung bieten sich verschiedene Angriffspunkte dar, jeder derselben legt aber eine Bresche in die natürliche Gruppirung der Ordnungen. So empfiehlt es sich aus dem Gewirre der Combinationen jene Componenten herauszuheben, welche am augenfälligsten sind und auf analytischem Wege zur Charakteristik der Ordnungen und Gattungen zu gelangen.

Durch den Mangel von Bastfasern sind ausgezeichnet die *Myricaceen*, *Betulaceen, Platanus* und von den *Cupuliferen Fagus*. *Myrica* besitzt überhaupt gar keine Form sklerotischer Zellen, während bei den übrigen eine mehr oder weniger ausgebreitete und eigenartige Sklerosirung des Bastparenchyms (Fig. 23) auftritt. Die überwiegende Mehrzahl der Gattungen besitzt demnach secundäre Bastfasern und können in zwei Gruppen getrennt werden mit Rücksicht auf das gleichzeitige Vorkommen von Sklerenchym oder dem Fehlen desselben. Sklerotisches Bastparenchym und zugleich Bastfasern (Fig. 34) findet man bei den *Casuarineen, Corylaceen, Cupuliferen, Celtideen, Artocarpeen*, bei *Morus, Nageja, Liquidambar* und einigen *Populus*arten. Bloss Bastfasern und kein Sklerenchym (Fig. 32, 35) besitzen die *Ulmaceen*, die meisten *Moreen* (von den untersuchten bloss *Morus* ausgenommen) und viele *Salicineen*. Ueberall — am wenigsten (Fig. 27, 29) bei den *Corylaceen* — sind die Bastfasern in tangentialen, mit dem Weichbast alternirenden Schichten angelegt, doch wird die Regelmässigkeit der Schichtung durch Sklerosirung des Bastparenchyms beeinträchtigt und erscheint ferner wenig auffällig da, wo die Bastfasergruppen eine sehr wechselnde Faserzahl enthalten und überdiess nur spärlich vorkommen wie bei einigen *Ulmen, Celtis, Nageja, Moreen, Artocarpeen* u. A. Eine ausgezeichnete tangentiale, über mehrere Baststrahlen concentrische Bänderung durch compacte Faserbündel mit seltener oder ganz fehlender Anlagerung von Sklerenchym zeigen die *Salicineen*, im geringeren Masse einige *Cupuliferen, Ulmen* und von den *Corylaceen* noch am meisten *Ostrya*.

Für diese Art der Bänderung ist das isolirte Auftreten der Faserbündel in jedem Baststrahl charakteristisch. Auch *Casuarina* und *Liquidambar* bilden tangentiale Sklerenchymplatten; doch verschmelzen hier die sklerotischen Elemente benachbarter Baststrahlen mit Einschluss der Markstrahlen zu einer scharf abgegrenzten Platte ohne Zusammenhang mit benachbarten Gebilden gleicher Art.

Durch einen vom gewöhnlichen Typus abweichenden Bau sind die Bastfasern bemerkenswerth von den *Ulmaceen, Celtideen, Moreen, Artocarpeen*

wegen ihrer bedeutenden Länge, Feinheit, Geschmeidigkeit und Querschnittsform, von *Nageja* und *Liquidambar* wegen einiger sie den Steinzellen näher
stellenden Eigenthümlichkeiten.

Der Weichbast ist in allen Rinden zusammengesetzt aus Siebröhren, Parenchym und Krystallzellen. Zu diesen Elementen kommen bei den *Ulmaceen* S c h l e i m-
z e l l e n, bei den *Moreen* und *Artocarpeen* M i l c h s a f t r ö h r e n hinzu. In den
allermeisten Fällen ist eine regelmässige Lagerung dieser Elemente nicht zu
constatiren. Hie und da wechseln wol Schichten von Siebröhren mit Parenchym
ab, besonders in den Fällen wo der Weichbast quantitativ bedeutend vorherrscht
(Corylaceen, Ulmaceen, Moreen), oder die reichliche Bildung von Schleimzellen
in manchen Ulmen ruft nothwendig eine tangentiale Schichtung derselben hervor,
weil durch sie der Weichbast verdrängt wird. Es kann demnach nicht so sehr
die Gruppirung des Weichbastes, als vielmehr der Bau seiner Elemente zur
Charakteristik herangezogen werden, und da sind es zunächst die Siebröhren,
welche einigen Ordnungen ein untrügliches Gepräge verleihen. An dieser Stelle
kann nur hervorgehoben werden, dass die Siebröhrenglieder der *Ulmaceen,*
Celtideen, Artocarpeen und *Moreen* sehr weitlichtig (Fig. 25, 33), an den fast
horizontalen Endflächen weit gegittert und an den Seitenflächen dicht mit feinporigen Siebfeldern bedeckt sind, dass *Fagus* im Bau der Siebröhren sich ihnen
anschliesst und wesentlich abweicht von den anderen *Cupuliferen*, die wie alle
anderen Ordnungen Siebröhren mit mehr oder weniger in einander geschobenen
Gliedern haben, an denen die Siebplatten, die ganze Breitseite einnehmend und
durch schmale Interstitien getrennt, bis zu zwanzig in einer verticalen Reihe
stehen. Die Siebröhren sind im Allgemeinen unwesentlich weitlichtiger als das
Parenchym. Das letztere ist bei den *Ulmaceen, Celtideen, Moreen, Artocarpeen,*
Salicineen und bei *Fagus* durch ungewöhnlich breite, flache Tüpfel und durch
die häufige Bildung conjugirender Ausstülpungen ausgezeichnet. Die sklerotischen Parenchymzellen haben bei einigen Gattungen charakteristisches Aussehen. Bei den Eichen sind sie sehr stark verdickt und sehr fein- und reichporig, bei den *Plataneen* und *Artocarpeen* schwach verdickt, bei den letzteren
sehr breitporig, bei *Nageja* bei regelmässiger Gestalt (im Gegensatz zu den Steinzellen der Mittelrinde) oft ausserordentlich gross.

Es wurde schon oben bei Besprechung der Mittelrinde der für einige Ordnungen und Gattungen charakteristischen Krystallisationsform des Kalkoxalates
gedacht. In der secundären Rinde vollzieht sich ein Wechsel der Krystallisationsform in mannigfach abgestufter Weise, deren Einzelheiten bei den Beschreibungen
der Arten und Uebersichten der Ordnungen nachgesehen werden mögen.

Auf Grund der im Baste auftretenden Krystallformen und der Art ihrer
Vertheilung ergibt sich folgende Charakteristik:

A. Einzelkrystalle allein oder doch in weit überwiegender Menge:

    a. in Kammerfasern bei gänzlichem Mangel sklerotischer Elemente: *Myrica;*
    b. zwischen Sklerenchym bei fehlenden Bastfasern: *Platanus;*

    c. in sklerotischen Kammerfasern die Bastfaserbündel begleitend: *Casuarina, Nageja, Liquidambar;*

    d. vom Verlaufe der Faserbündel unabhängig:
        1. Ausschliesslich Einzelkrystalle: *Ulmus, Celtis.*
        2. Mitunter auch Drusen: *Moreen, Artocarpus.*

B. Krystalldrusen allein oder doch weitaus vorherrschend: *Corylus, Cecropia.*

C. Einzelkrystalle und Drusen immer zugleich vorhanden.

    a. Die Einzelkrystalle bekleiden die tangentialen Flächen der Bastfaserbündel.
        1. Drusen im Weichbaste: *Cupuliferen (Fagus* ausgenommen), *Salicineen.*
        2. Drusen und Einzelkrystalle im Weichbaste: *Ostrya, Carpinus.*

    b. Bastfasern fehlen, Drusen vorzüglich im Weichbaste, Einzelkrystalle im Sklerenchym: *Betulaceen, Fagus.*

Die meisten Gattungen besitzen mehrreihige, sogar sehr breite Markstrahlen (*Myrica, Casuarina, Betula, Corylaceen, Cupuliferen [Castanea* ausgenommen], *Ulmus, Celtis, Moreen, Artocarpeen, Platanus, Nageja, Liquidambar)*, einreihige bloss: *Alnus, Castanea* und die *Salicineen*. Die Sklerosirung des Bastes greift häufig auf die dem Sklerenchym angrenzenden Theile der Markstrahlen über (*Casuarina, Fagus, Quercus, Ostrya, Carpinus, Platanus* [zum grössten Theile], *Liquidambar)*. Diesem auch sonst sehr gewöhnlichen Vorkommniss gegenüber verdienen jene Fälle besonders hervorgehoben zu werden, wo die Markstrahlen auch bei ihrem Durchtritt durch sklerotisches Gewebe dünnwandig bleiben: *Betulaceen, Salicineen, Castanea, Corylus.* Selbstständige, von den Baststrahlen unabhängige Sklerosirung der Markstrahlen wurde bei *Quercus, Fagus* und *Platanus* beobachtet. Zu der für *Salicineen* und *Cupuliferen* (ausser *Fagus)* typischen Umhüllung der Faserbündel mit Kammerfasern werden die Markstrahlen nicht herangezogen. Um so bemerkenswerther ist das regelmässige Auftreten von Krystallen in den zwischen Faserbündeln gelegenen Abschnitten der Markstrahlen von *Ostrya* und *Carpinus.* Bei den durch einreihige Markstrahlen charakterisirten Gattungen habe ich in diesen keine Krystalle gefunden. Krystalle in reichlicher Menge führen die Markstrahlen der *Corylaceen,* spärlicher jene von *Quercus, Fagus, Platanus, Cecropia,* sehr vereinzelt bei *Betula, Casuarina, Myrica, Castanea, Ulmus, Celtis, Moreen, Artocarpus, Nageja, Liquidambar.*

    Uebersicht der Gattungen nach Merkmalen des Bastes:

A. Bastfasern fehlen.

    a. Auch Sklerenchym fehlt; Kammerfasern mit Einzelkrystallen: *Myrica.*

    b. Das Bastparenchym zum grössten Theile in mässig verdickte Steinzellen verwandelt, die, wie die breiten zum Theil sklerotischen Markstrahlen Krystalle führen: *Platanus.*

    c. Zerstreute Gruppen sehr stark verdickter Steinzellen.
        1. Die Siebröhrenglieder besitzen eine einzige grossporige Querplatte: *Fagus.*
        2. Zahlreiche leiterförmig angeordnete Siebplatten; Steinplatten annähernd geschichtet:
            α. Markstrahlen einreihig: *Alnus.*
            β. Markstrahlen mehrreihig: *Betula.*

B. Bastfasern vorhanden, aber keine oder nur spärliche Steinzellen.

    a. Umfangreiche dicht gefügte Bastfaserbündel in tangentialen Reihen von Kammerfasern begleitet; Siebröhren mit leiterförmigen Plattensystemen; Markstrahlen einreihig: *Salicineen* [1]).

    b. Kleine Bastfaserbündel lose gruppirt und von Krystallzellen unabhängig; Siebröhren mit einfachen Querplatten; Markstrahlen mehrreihig.

        1. Schleimzellen im Weichbaste; niemals Steinzellen: *Ulmus.*

        2. Milchsaftröhren im Weichbaste: *Moreen* [2]).

C. Bastfasern und immer auch Sklerenchym vorhanden.

    a. Bastfaserbündel ausschliesslich zu tangentialen auf grosse Strecken concentrischen Reihen gruppirt und von Kammerfasern begleitet.

        1. Sklerenchym vorherrschend; Markstrahlen breit, selbständig sklerosirend: *Quercus.*

        2. Durch das spärliche Sklerenchym wird die Regelmässigkeit der Schichtung nicht beeinträchtigt; Markstrahlen einreihig: *Castanea.*

    b. Bastfasern kurz und knorrig mit Steinzellen zu alternirenden Platten verschmolzen und von Kammerfasern begleitet, nicht umhüllt; Markstrahlen mehrreihig: *Liquidambar.*

    c. Die Bänderung durch Bastfaserbündel häufig undeutlich.

        1. Die Bastfaserbündel sind von Kammerfasern begleitet.

            α. Drusen fehlen.

                † Bastfasern und Steinzellen in starken Bündeln, dazwischen sklerotische Markstrahlen; vereinzelt im Weichbaste kleine Faserbündel: *Casuarina.*

                †† Kurze, dicke Bastfasern in kleinen durch dünnwandige Markstrahlen getrennten Gruppen, grosse Steinzellen: *Nageja.*

            β. Krystalldrusen vorhanden.

                † Kammerfasern mit Drusen in überwiegender Menge auch die Bastfasern begleitend: *Corylus.*

                †† Drusen nur im Weichbaste; Einzelkrystalle in Begleitung der sklerotischen Elemente des Bastes und der Markstrahlen.

                    * Bastfaserplatten stufig geschichtet: *Ostrya.*

                    ** Bastfasern vorherrschend radial gruppirt oder zerstreut; der primäre Sklerenchymring bleibt erhalten: *Carpinus.*

        2. Die lose vereinigten, spärlichen Bastfaserbündel sind von Krystallzellen nicht umgeben;

            α. Sklerenchym vorherrschend mit reichlich eingeschlossenen Krystallen; Drusen im Weichbaste: *Celtis.*

            β. Sklerenchym wenig verdickt, sehr weitporig;

                † Isodiametrische Krystalle: *Artocarpus.*

                †† Krystalldrusen: *Cecropia.*

Casuarineae.

Die Ordnung umfasst bloss die Arten der Gattung *Casuarina.* Ihre secundäre Rinde ist charakterisirt durch unregelmässig zerstreute Sklerenchymgruppen, die zum Theil aus kleinen isodiametrischen Steinzellen, zum Theil

---

[1]) Einige *Populus*arten entwickeln Sklerenchym. S. p. 91.
[2]) *Morus* besitzt Sklerenchym. Vgl. die Uebersicht der Gattungen p. 76.

aus langen Bastfasern (daher die mehrere Centimeter erreichende axiale Streckung der Sklerenchymcomplexe) zusammengesetzt und von sklerotischen Krystallzellen umgeben und durchsetzt sind. Im Weichbaste überwiegen Siebröhren, die durch ihr weites Lumen und durch stark geneigte Endflächen, die allein mässig feinporige Siebplatten in grosser Zahl (mit leiterförmigen Interstitien) tragen, ausgezeichnet sind. Bemerkenswerth, gegenüber den *Betulaceen*, ist auch die Sklerosirung der innerhalb der Sklerenchymgruppen — die hier in der Regel aus den Elementen benachbarter Baststränge zusammengesetzt sind — liegenden Markstrahlzellen.

In der collenchymfreien, aber durch sklerotisches Hypoderma ausgezeichneten primären Rinde [1]) sklerosiren einzelne Zellen oder Gruppen und bilden mit den primären Bastfaserbündeln einen geschlossenen Sklerenchymring. Viele Zellen führen grosse Einzelkrystalle. Das Periderm entsteht nur in den Furchen der Internodien oberflächlich, die Rippen werden durch dasselbe vollständig abgetrennt. Das Phellogen scheint nur dünnwandige Korkzellen [2]), kein Phelloderma zu bilden.

Casuarina quadrivalvis Labill.

Die von derber Cuticula überzogene, kleinzellige Epidermis ist in den Furchen der Internodien mit zahlreichen, an den Rippen mit spärlichen Trichomen besetzt. Die Rippen erhalten eine Verstärkung durch ein Hypoderma aus sklerotischen Fasern, die an der Umbeugungsstelle der Rippen (den gerundeten Kanten derselben) einreihig beginnen und sich gegen die Mitte derselben zu einem nach innen vorspringenden massigen Gewebekörper vermehren. Die primäre Rinde ist ein dünnwandiges, collenchymfreies Parenchym, das innerhalb der Furchen chlorophyllfrei ist. Hier entsteht zuerst das Periderm [3]) unmittelbar unter der Oberhaut sehr frühzeitig, verbreitet sich alsbald nach beiden Seiten in gerader Flucht, so dass durch dasselbe die Rippen gänzlich abgetrennt werden, mit ihnen der in der Mitte jeder Rippe verlaufende Blattspurstrang. Das Periderm besteht aus dünnwandigen, weitlichtigen Korkzellen. Nachdem es sich zu einem Ringe geschlossen hat, wird zunächst die Oberhaut in den Furchen abgestossen, während die durch Sklerenchymleisten gestützte Oberhaut der Rippen noch längere Zeit erhalten bleibt und dreijährigen, selbst älteren Internodien die bekannte Streifung (schmale, glatte, grüne Rippen zwischen breiteren, rauhen und braunen Furchen) verleiht. Das Parenchym der Mittelrinde folgt dem Dickenwachsthum durch Vergrösserung und tangentiale Streckung (bis 0,15 mm) der Zellen; viele derselben werden zu Steinzellen von unregelmässiger, vorwaltend quer gestreckter Gestalt mit schöner Schichtung und zahlreichen verästigten Porenkanälen. Mit zunehmendem Alter vermehren sich die Steinzellen, besonders zahlreich treten sie um und zwischen den primären Bastfaserbündeln auf und bilden mit diesen vereinigt einen geschlossenen Sklerenchymring. Krystallschläuche mit sehr grossen Einzelkrystallen kommen in grosser Menge vor.

---

[1]) Vgl. de Bary, Vegetationsorgane p. 569.

[2]) Vgl. die Beschreibung von *Cortex Casuarinae muricatae* von A. Vogl. Zur Pharmakognosie einiger weniger bekannten Rinden. Zeitschr. d. allg. österr. Ap. V. 1871 No. 30.

[3]) In centripetaler Zellenfolge s. Sanio.

Casuarina equisetifolia L.

Es standen mir nur die dünnen, flachen, bloss aus der secundären Rinde bestehenden Stücke zu Gebote, wie sie als „Ecorce de Filao“ zum Gerben und Färben verwendet werden. Sie sind mit einer dünnen braungelben schwammigen Korklage bedeckt, innen grob- und langfaserig rothbraun, am Bruche grobsplitterig. Am Querschnitte sieht man in der dichten chocoladebraunen Grundmasse zahlreiche zerstreute helle Punkte, nach innen kleiner und mehr gehäuft als in den äusseren Rindentheilen. Die hellen Gewebegruppen lassen sich auf Radialschnitten mehrere Millimeter lang verfolgen, an der Innenseite treten sie beim Trocknen als stark zwirndicke, dicht gereihte Streifen hervor.

Das aus dünnwandigen, innen weitlichtigen, aussen stark abgeplatteten und mit rothbraunem Inhalt erfüllten Korkzellen bestehende Periderm ist an den meisten Stellen bis auf wenige Zellenreihen abgerieben. Der Weichbast zeigt am Querschnitte ein sehr unregelmässiges Netz dünnwandiger, in Alcalien ungewöhnlich stark quellender Zellen. Siebröhren sind das vorherrschende Element [1]). Die Siebröhren sind verschieden weit (0,015—0,04 mm), ihre Glieder kurz (selten über 0,5 mm), die Enden wenig verbreitert und sehr stark geneigt, mitunter 10 bis 12 Siebplatten tragend (Fig. 22).

Parenchymzellen kommen spärlicher vor; sie sind sehr lang gestreckt und schmal (0,015 mm), erfüllt von scholligen, glänzend braunrothen Massen, die in kaltem Wasser unlöslich, in heissem Wasser zum grössten Theile, in Alkalien vollständig löslich sind (grossentheils Gerbstoff).

Sklerenchym bildet einen quantitativ gleichwerthigen, stellenweise sogar überwiegenden Bestandtheil des Bastes. Es kommt in Form unregelmässiger, meist etwas quergestreckter, verschieden grosser, oft über mehrere Stränge sich verbreiternder Gruppen von Steinzellen und Bastfasern (letztere oft auch vereinzelt im Weichbaste zerstreut) vor, welche sehr häufig mit einander verschmelzen. Beide sind begleitet von Kammerfasern mit grossen,

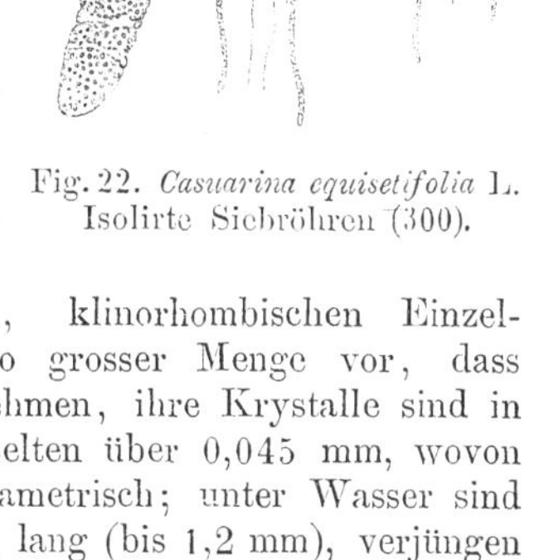

Fig. 22. *Casuarina equisetifolia* L. Isolirte Siebröhren (300).

klinorhombischen Einzelkrystallen. Die Krystallkammerfasern kommen in so grosser Menge vor, dass sie oft ganze Flächen der Sklerenchymgruppen einnehmen, ihre Krystalle sind in Cellulose eingebettet. — Die Steinzellen sind klein (selten über 0,045 mm, wovon etwa ein Drittel auf das Lumen entfällt), meist isodiametrisch; unter Wasser sind ihre porenreichen Wände farblos. Die Bastfasern sind lang (bis 1,2 mm), verjüngen sich sehr allmälig in eine stumpfe Spitze, stark verdickt, doch nicht bis zum Schwinden des Lumens am Querschnitte rundlich (0,015 mm breit), an den Längsseiten von den Krystallzellen zackig, gelb gefärbt.

Die Markstrahlen sind in der Regel zweireihig. Die Zellen sind wenig radial gestreckt, bedeutend dünnwandiger als die Elemente des Weichbastes und in Alkalien weniger quellbar wie diese. Wo die Zellen zwischen Sklerenchymgruppen durchtreten, werden auch sie sklerotisch [2]) und führen Krystalle.

---

[1]) Es ist unverständlich, wenn v. Höhnel sagt, dass die Siebröhren kaum hervortreten (Gerberinden p. 51).

[2]) Nach de Bary kommen auch isolirte „in die Markstrahlen einspringende Sklerenchymleisten vor.“ (Vegetationsorgane p. 556.)

Myricaceae.

Das hervorstechende, sie von allen Julifloren unterscheidende Merkmal von *Myrica* ist der Mangel der Bastfasern und zugleich der Steinzellen. Die Innenrinde enthält nur Parenchym und Siebröhren in ziemlich gleichmässiger Mischung, dazwischen Kammerfasern mit Einzelkrystallen oft in tangentialer Anordnung. Die Markstrahlen sind breitzellig und mehrreihig. Die primäre Rinde enthält Krystalldrusen; die primären Bastfasern werden durch allmälige Sklerosirung des umlagernden Parenchyms zu einem Sklerenchymring verbunden.

Das Oberflächen-Periderm ist in den jüngsten Trieben noch nicht angelegt, erst im zweiten Jahre bildet es eine allseitig geschlossene Schicht aus tafelförmigen, etwas derben einseitig sklerosirten Korkzellen. Die inneren Periderme bestehen aus wenigen (1—3) Lagen dünnwandiger Korkzellen.

In der Anlage des Periderma, im Baue der primären Rinde, namentlich in der auf die Bildung eines geschlossenen Sklerenchymringes beschränkten Sklerosirung steht *Myrica* den *Betulaceen* nahe. Bei dem Fehlen sklerotischer Elemente im Baste ist das Auftreten von Einzelkrystallen bemerkenswerth. Die Siebröhren sind englichtiger und tragen eine geringere Zahl rundlicher Siebplatten als jene von *Casuarina* oder der *Betulaceen*.

Myrica californica.   Cham. et Schl.

Die Oberhaut besitzt einen derben Cuticularüberzug, trägt lange einfache Haare und drüsige Schuppenhaare. Unmittelbar unter ihr entsteht schon am Ende des ersten Jahres, allgemeiner erst im zweiten Jahre das Periderm aus mässig derbwandigen, tafelförmigen, vereinzelt an der Innenseite sklerosirten Korkzellen, die sich alsbald mit rothbraunem Inhalte füllen und abgestossen werden. Die Zellen der primären Rinde und des Phelloderma besitzen nur in den äusseren vier oder fünf Reihen collenchymatischen Charakter, nach innen werden sie dünnwandig und bilden grosse Intercellularräume. Vereinzelte Zellen enthalten grosse Krystalldrusen. Im inneren Drittel der primären Rinde findet man in jungen, grünen Trieben isolirte Bastfaserbündel, welche durch Sklerosirung der zwischen gelagerten Parenchymzellen sich schon im dritten Jahre zu einem geschlossenen Sklerenchymringe entwickelt haben. Ausserhalb derselben finden sich keine Steinzellen vor.

Myrica Faya *Ait.*   (*Faya fragifera* Webb.)

Ein 18 cm im Durchmesser haltender Stamm (aus Portugal) hat eine 2 mm dicke, braungelbe, längsrissige, in dünnen, flachen Schuppen abspringende, kurzbrüchige Rinde. Der Querschnitt erscheint unter der Loupe von den Markstrahlen und zarten, hellen Querlinien gefeldert.

Die etwa Millimeter dicke lebende Rinde ist von einer wechselnden Zahl verschieden mächtiger (0,2 — 0,4 mm) Borkeschuppen bedeckt, die oft durch einfache Reihen dünnwandiger, fast cubischer Korkzellen von einander getrennt sind. Der Rinde fehlt jede Art sklerotischer Elemente. Sie besteht ausschliesslich aus Weichbast, der am Querschnitte das Bild eines aus rechteckigen, verzogenen (trockenes Material!) Maschen bestehenden Netzes darbietet, das nur ab und

zu unterbrochen ist durch isolirte oder zu kleinen Gruppen vereinigte Krystallzellen
mit grossen Rhomboedern. Die Siebröhren sind 0,02 mm weit, ihre Enden nicht
verbreitert, meisselartig zugeschärft mit drei bis fünf grossen, rundlichen, sehr feinporigen Siebplatten. Die Parenchymfasern sind in Lumen und Verdickung den
Siebröhren fast gleich; nur die Kammerfasern, die vereinzelt stehen oder bis zu drei
oder vier zu Bündeln vereinigt sind, haben bedeutend engeres (0,012 mm) Lumen,
welches fast vollständig von je einem Einzelkrystall eingenommen wird.

Die Markstrahlen, aus weitlichtigen, radial wenig gestreckten Zellen bestehend,
sind meist 3—5reihig und führen gleichfalls isodiametrische Einzelkrystalle.

Betulaceae.

Beide Gattungen besitzen sehr nahe übereinstimmenden Bau der Rinde.
Das Initialmeristem des Periderma entsteht aus der äussersten Rindenzellenlage (Fig. 25) bereits im ersten Jahre, wenngleich die Oberhaut noch
einige Jahre dem Dickenwachsthum folgt. Das Oberflächenperiderma besteht aus
kleinen, sehr stark abgeflachten, derbwandigen, niemals sklerotischen Tafelzellen und erreicht eine namhafte Mächtigkeit, da die
Borke sich sehr spät bildet. Die Eigenthümlichkeiten desselben bei *Betula*
mögen bei der Einzelbeschreibung (p. 50) nachgesehen werden. Phelloderma
betheiligt sich an dem Aufbau der Mittelrinde in nicht genau erkennbarem
Masse und entwickelt sich auch in wenigen Zellenreihen aus dem inneren
Phellogen.

Die Mittelrinde (Fig. 23) hat besonders in den äusseren Schichten collenchymatischen Charakter, indem die rundlichen Zellen mit derben
Wänden lückenlos verbunden sind und auf Querschnitten etwa so aussehen, als
wären sie mit dem Locheisen aus einer homogenen Masse herausgeschlagen.
Einzelne Krystallzellen führen grosse Drusen, in den inneren Rindentheilen auch grosse, cubische Einzelkrystalle. Im inneren Drittel der primären Rinde treten im Kreise geordnete primäre Bastfaserbündel auf, welche
durch Anlagerung und Zwischenlagerung von Steinzellen sich zu einem
Sklerenchymringe (Fig. 25) schliessen, der durch Steinzellen in dem
Masse ergänzt wird, als in Folge des Dickenwachsthums Lücken entstehen
Ausserhalb desselben bilden sich nur vereinzelte Steinzellen.

Der secundären Rinde fehlen Bastfasern vollständig, dagegen
bilden sich in grosser Menge isolirte umfangreiche, fest gefügte Steinzellengruppen (Fig. 23), deren unregelmässige Entwicklung eine in der
Anlage vorhandene regelmässige concentrische Anordnung zugleich mit der
des Weichbastes bis zur Unkenntlichkeit verwischt. Nur ausnahmsweise ist
eine Schichtung mehrreihigen Parenchyms mit Siebröhren angedeutet. Die Siebröhren (Fig. 24 und 26) sind durch den Mangel eigentlicher Endplatten und
durch die grossen, die ganze radiale Breitseite der Schläuche bedeckenden
Siebplatten, die nur durch schmale Interstitien von einander geschieden sind,
ausgezeichnet. Die Siebröhren von *Betula* sind vereinzelt ungewöhnlich weit-
lumig und die Poren der Siebplatten gross. Die Parenchymzellen, deren Form

keine erwähnenswerthe Eigenthümlichkeit darbietet, sind wesentlich enger als die Siebröhren und enthalten in der Umgebung der Steinzellengruppen grosse Einzelkrystalle; im Weichbaste werden auch Kammerfasern mit Krystalldrusen gebildet. Bei beiden Gattungen wird von Sanio[1]) auch Krystallsand angegeben. Ich fand körnigen Inhalt in vielen Zellen, konnte aber die Ueberzeugung nicht gewinnen, dass sie aus Kalkoxalat bestehen. Die Körnchen wurden durch Schwefelsäure sichtlich nicht verändert, während die grossen Krystallformen in Gyps überführt wurden.

Ein augenfälliges Unterscheidungsmerkmal der Rinden bietet der Bau der Markstrahlen. Sie sind bei *Alnus* einreihig, kurz- und breitzellig, bei *Betula* meist drei- bis vierreihig (Fig. 23), schmal und langzellig. Durch Sklerenchymgruppen werden sie kaum jemals zusammengedrückt (Fig. 23) und sklerosiren nur sehr selten.

Betula alba L. (*B. verrucosa* Ehrh.)

Am Ende der ersten Vegetationsperiode befindet sich unter der Oberhaut[2]) der jüngsten Internodien eine aus 6—8 Zellenreihen bestehende, derbwandige, farblose Korkschichte[3]). Im zweiten Jahre wird der Inhalt der bereits stark abgeflachten Korkzellen rothbraun.

Das Oberflächenperiderm[4]) wächst Jahrzehnte und zeigt dem unbewaffneten Auge eine durch braune Linien auf weissem Grunde ausgedrückte tangentiale Schichtung von grosser Feinheit. Die Gesammtheit der Schichten, d. i. des Korkes, erreicht eine Dicke von 3—4 mm und zerfällt in 20 bis 40 dünne Lamellen, deren jede innen aus wenigen Lagen derbwandiger, stark abgeflachter und nach aussen folgenden 4—15 Lagen dünnwandiger, wenig flacher, mit feinen Körnchen (in Alkohol löslich: Betulin) erfüllter Korkzellen besteht. Die derbwandigen Korkzellen sind leer oder führen braunen Inhalt. Während der grösste Theil der Birkenrinde durch die kreideweisse Farbe und Glätte des Korkes, sowie durch die ausserordentlich feine, den dünnen Korklamellen entsprechende Abblätterung ausgezeichnet ist[5]), kommen doch stellenweise und mitunter in grosser Ausdehnung schwarzbraune, ungleich dickere (über Centimeter), an der Aussenseite uneben warzige, zerklüftete Borkeschuppen von einigermassen abweichendem Baue vor. Das Periderm dringt muldenförmig in die Rinde ein und umschliesst Theile derselben inselartig, indem die Korkmassen meist bedeutend praevaliren. Die Schichten des Periderma sind viel breiter (bis 1 mm) in jedem ihrer Theile und der Uebergang von den derbwandigen zu den dünnen Korkzellen ist weniger unvermittelt. In den letzteren befindet sich wenig oder gar kein Betulin.

Durch den unregelmässigen, dem der gewöhnlichen Borke[6]) sich nähernden Bau dieser Rindentheile erklärt sich einerseits ihr abweichendes Aussehen, ander-

---

[1]) Monatsber. der Berliner Akad. 1857 (Aprilheft) p. 252 ff.

[2]) Vgl. die Abbildung von de Bary, Vegetationsorgane p. 576.

[3]) Nach Sanio (Jahrb. f. w. Bot. II. p. 39) in centrifugal-intermediärer Zellenfolge entstanden.

[4]) Näheres über ihren Bau s. bei v. Mohl, Unters. über d. Entw. d. Korkes etc. (1836) p. 17; v. Höhnel: Ueber den Kork etc. im Sitzungsberichte der Wiener Akademie 1877 (Novemberheft). Abbildung in Dippel, Mikroskop II. p. 162 u. Weiss, Anatomie p. 290. Hartig, Anatomie p. 42.

[5]) In den nordrussischen Gouvernements wird Birkenkork in ähnlicher Weise wie Eichenkork gewonnen. Vgl. v. Merklin, Mélang. biolog. de l'Acad. de S. Pétersbourg IV. p. 563. Wiesner, Rohstoffe p. 492.

[6]) Die Borkebildung beginnt nach Hartig (Forstl. Culturpfl. p. 306) im 5. oder 6. Jahre, steigt aber selten über 4 m hoch an den Stämmen aufwärts.

seits ihre grössere Cohärenz. Die schwarze Borke wird oft zwei- bis dreimal so dick angetroffen wie die lebende Rinde unter ihr, während bei dem weissen, sich abblätternden Periderma das umgekehrte oder ein noch ungünstigeres Verhältniss besteht. Bekanntlich bilden auch die dunklen Borkestellen immer zerrissene Wülste auf den glatten Birkenstämmen.

Die Zellen der primären Rinde (vgl. Fig. 25) sind rundlich, ihre Membranen haben einen collenchymatischen Charakter, sie werden nach innen unter mässiger tangentialer Streckung etwas weitlichtiger und dünnwandiger und trennen sich leicht unter Bildung grosser Intercellularräume. Spärlich zerstreute Zellen enthalten grosse K r y s t a l l d r u s e n. Steinzellen treten zunächst in den Lücken[1]) zwischen zwei benachbarten primären Bastfaserbündeln auf, übertreffen aber die Fasern an Menge schon am Ende des zweiten Jahres. Sie sind isodiametrisch, meist 0,03 mm breit, Lumen und Wanddicke beinahe gleich messend, Schichtung sehr fein, Porenkanäle verästigt und zahlreich. Die Steinzellen liegen den Bastbündeln unmittelbar an, einmal mehr an der äusseren, das andere Mal mehr an der inneren Seite, ohne sie ganz einzuhüllen. In den inneren, gleichfalls dicht mit Chlorophyll erfüllten Theilen der primären Rinde treten auch vereinzelte Zellen mit grossen (0,02 mm) klinorhombischen Einzelkrystallen auf.

In der Innenrinde (Fig. 23) ist Sklerenchym die quantitativ vorherrschende Gewebeform[2]). Es bildet bis hirsekorngrosse, vertikal gestreckte, annähernd tangential und concentrisch geordnete, an feinen Durchschnitten silberglänzende Gruppen in dem braunen, schwammigen Weichbast. Die meisten Steinzellen sind rundlich oder gerundet viereckig von sehr verschiedener, mitunter ansehnlicher Grösse, doch kommen auch tropfenförmige oder verschiedenartig knorrige Formen vor. In der Verdickung sind sie den gleichnamigen Elementen der Mittelrinde ähnlich. Bastfasern fehlen[3]). Im Weichbaste, der durch die regellos zerstreuten grossen Sklerenchymmassen naturgemäss keine regelmässige Lagerung besitzen kann, herrschen, da das Parenchym zum grossen Theile sklerosirt, Siebröhren vor. Sie sind dünnwandig, w e i t l i c h t i g (bis 0,05 mm) und beinahe der ganzen radialen Wandfläche entlang mit g r o b p o r i g e n Siebplatten (Fig. 24) so dicht bedeckt, dass die trennen-

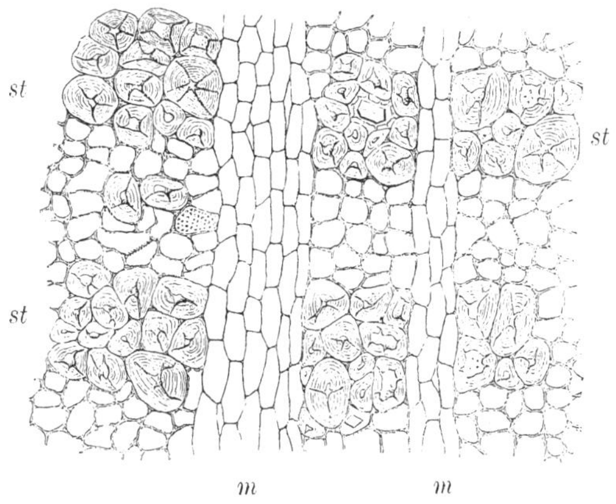

Fig. 23. *Betula alba* L. Querschnitt durch den Bast (300). *st* Sklerenchymplatten; *m* Markstrahlen (in der Figur zu dünnwandig); im Weichbaste einige Siebplatten im Durchschnitte und in der Flächenansicht.

Fig. 24. *Betula alba* L. Gliedende einer isolirten Siebröhre mit dem leiterförmigen Plattensysteme (300).

---

[1]) Die Steinzellenringe schliessen sich nach d e Bary, Vegetationsorgane p. 555, spät. Ich kann diese Angabe nicht bestätigen.
[2]) Vgl. D i p p e l, Mikroskop II. p. 162.
[3]) Vgl. v. M o h l, Bot. Ztg. 1855, 880.

4 *

den Wandstücke nur schmale Leitersprossen bilden.　Die Poren sind so gross, dass sie sogar an quer durchschnittenen Siebröhren zu sehen sind, deren Wände fein gesägt erscheinen.　Die Enden der Siebröhren sind stumpf ohne callöse Verdickung, Inhalt konnte zur Zeit nicht nachgewiesen werden.　Das Parenchym ist bedeutend englichtiger und wenig dickwandiger als die Siebröhren, stellenweise drei- bis vierreihige tangentiale Schichten bildend, die beiderseits von Siebröhren eingesäumt werden.　Vereinzelte Zellen, auch inmitten der Sklerenchymklumpen, enthalten grosse Einzelkrystalle oder Drusen [1]).　Die Markstrahlen sind meist m e h r r e i h i g, ihre Zellen sehr dünnwandig mit bedeutender radialer Streckung, nur selten zwischen den Steinplatten sklerotisch.

Betula carpinifolia Ehrh. *(B. lenta* Willd.)

Die einjährigen Triebe besitzen unter der Oberhaut eine 0,05 mm breite, aus 8—12 Lagen (demnach sehr abgeplatteter) rothbrauner Zellen bestehende Korkmembran.　Sie wird in der Folge dadurch geschichtet, dass farblose Zellenlagen mit rothbraunen abwechseln.　Die äussersten Korkschichten sind in eine glasige, durchsichtige und spröde Masse verwandelt, in der man die Zellenstructur kaum mehr wahrnehmen kann und bilden einen elastischen, papierdünnen (0,3 mm), aussen röthlich - grauen continuirlichen Ueberzug über die 3—4 mm dicke lebende Rinde an zwanzigjährigen Stämmen.

Bei *B. alba* sind die Korkzellen weitlichtiger und zum überwiegenden Theile farblos.　Im Uebrigen ist die Uebereinstimmung im Baue der primären Rinde vollständig.　In der secundären Rinde findet man ausser den Einzelkrystallen auch zahlreiche Kammerfasern mit Krystalldrusen.

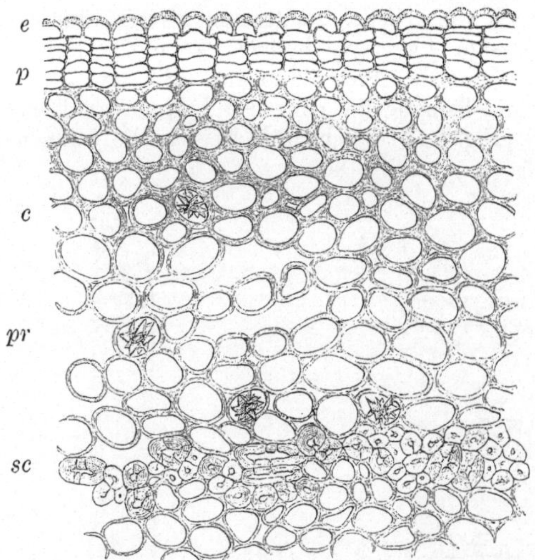

Fig. 25. *Alnus glutinosa* Gaertn. Querschnitt durch die primäre Rinde eines jungen Internodiums im Herbste (300). *e* Oberhaut; *p* Periderma aus der obersten Rindenzellenlage entstanden; *c* hypodermatisches Collenchym; *pr* desiszentes Parenchym mit Drusenschläuchen; *sc* gemischter Steinzellenring.

Alnus glutinosa Gaertn.

Das Periderm entsteht u n - m i t t e l b a r u n t e r d e r O b e r - h a u t [2]) (Fig. 25) und besitzt am Ende der ersten Vegetationsperiode bereits eine Mächtigkeit von 0,035 mm (6—12 Zellenreihen). Die Epidermis ist noch vollständig erhalten und beginnt erst im dritten Jahre abzuschülfern. Die äusseren Rindenzellen sind klein, rundlich (etwa 0,015 mm diam.), collenchymatisch, werden nach innen allmälig grösser und tangential gestreckt, weichen oft auseinander, wodurch grosse Intercellularräume entstehen (Fig. 25). Vereinzelte, in den inneren Schichten an Zahl zunehmende Zellen enthalten je eine grosse Krystalldruse. Im inneren Drittel der primären Rinde befindet sich ein geschlossener S k l e r e n c h y m - r i n g wechselnder Breite aus Bast-

<hr>

[1]) Krystallsand nach S a n i o, Monatsb. d. Berliner Akad. 1857; auch v. H ö h n e l (Gerberinden p. 54) vermisste Drusen.

[2]) Nach S a n i o (Jahrb. f. w. Bot. II. p. 39) in centrifugal-reciproker Zellenfolge.

fasern und verschieden gestalteten, meist jedoch isodiametrischen oder tangential gestreckten, in der Mehrzahl kleinen (selten erreicht eine Dimension 0,04 mm), farblosen Zellen, mit starker Verdickung, feiner Schichtung und verzweigten Porenkanälen.

Die secundäre Rinde besteht aus Weichbast, mit zahlreichen, undeutlich tangential gereihten oder ordnungslos zerstreuten, kleinen bis mohnkorngrossen, axial
häufig gestreckten Sklerenchymgruppen, die mit heller Farbe von dem auch im
lebenden Zustande braun gefärbten schwammigen Gewebe abstechen. Secundäre
Bastfasern fehlen.

Eine Unterscheidung der Siebröhren von dem Bastparenchym ist auf Querschnitten nicht sicher durchführbar; beide sind dünnwandig, rechteckig, verschieden
weit. Das Parenchym bildet Fasern mit häufig kurzen, fast
quadratischen Gliedern. Krystallzellen [1]) sind in der Innenrinde
selten vereinzelt, fast immer zu Kammerfasern vereinigt, die
ordnungslos zerstreut mitunter in kurzen radialen Reihen
angetroffen werden, so dass sie an manchen radialen Längsschnitten ganze Flächen bedecken. Klinorhombische grosse
Einzelkrystalle (in der Umgebung der Steinzellen), Krystalldrusen (hie und da zwei in einer Zelle), schlecht
ausgebildete und Zwillingskrystalle kommen zugleich vor,
wenngleich meistens eine Kammerfaser nur einerlei Krystallform enthält. Die Siebröhren sind lange, dünnwandige,
stumpf endigende Schläuche, deren radiale Wände breite,
feinporige, durch schmale Leitersprossen getrennte Siebplatten (Fig. 26) in grosser Zahl tragen.

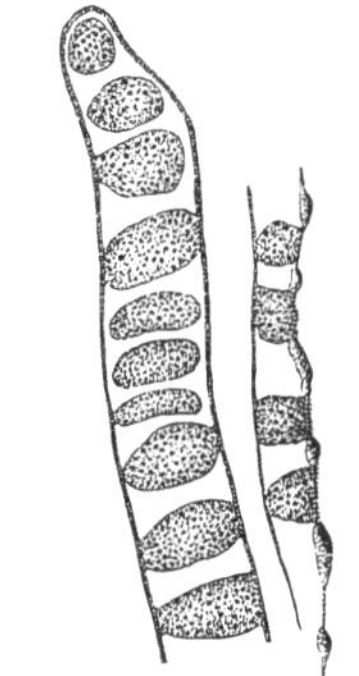

Fig. 26. *Alnus glutinosa*
Gaertn. Isolirte Sieb-
röhren mit callösen
Plattensystemen (300).

Die Sklerenchymgruppen bestehen aus verschieden gestalteten, häufig knorrigen, sehr stark verdickten und durch
ungewöhnlich zahlreiche einfache und verästigte Poren ausgezeichneten Elementen, die wesentlich grösser sind als in
der Mittelrinde. Die Gruppen sind in verticaler Richtung ausgedehnter als am
Querschnitte. —

Die Borkebildung beginnt spät [2]) und dringt verhältnissmässig nicht tief ein, da
an alten Stämmen die lebende Rinde über Centimeter dick erhalten bleibt. Das
Periderm erscheint auf Querschnitten in Form dunkler, zackiger Linien, die durch
dieselbe abgetrennten Borkeschuppen sind dunkelbraun, nicht selten zu fingerdicken
Platten vereinigt.

Die inneren Korkhäute bestehen wie die oberflächlichen aus kleinen, derbwandigen, aber nicht sklerotischen, tafelförmigen, rothbraunen Korkzellen in 0,2 mm
breiten Schichten, denen sich einige Reihen Phelloderma anschliessen.

Die Markstrahlen sind fast ohne Ausnahme einreihig, ihre Zellen dünnwandig,
gestreckt tonnenförmig, selten zwischen Sklerenchym eingeengt und dann sklerotisch.

Alnus incana Willd.

Bei dieser Art, welche mit der vorigen bezüglich des Baues der Rinde vollkommen übereinstimmt, konnte ich beobachten, dass das Oberflächen-Periderm zum
mindesten 12 Jahre ausdauert. In diesem Alter findet man noch den Steinzellenring der Mittelrinde geschlossen und das Phelloderma besitzt eine ansehnliche Mächtigkeit. Die Zellen des letzteren verrathen durch ihre Form und radiale Anordnung

---

[1]) Sanio (Monatsber. d. Berliner Akad. 1857 (April) p. 2ō2 ff.) fand Krystallsand.
[2]) Nach Hartig (Forstl. Culturpfl. p. 355) wird das Oberflächenperiderm im 15. bis 20.
Jahre abgestossen, dann beginnt die Bildung der „echten Faserborke". Vgl. v. Höhnel,
Gerberinden p. 57.

ihren Ursprung noch in der 10.—13. Reihe unterhalb der Korkschichte. Ausserhalb des Sklerenchymringes kommen Steinzellen sehr spärlich vor. Hartig[1]) nennt die Borke der Erlen, wie die der Eiche und Kiefer „echte Faserborke" und führt die silbergraue Farbe der Rinde als wesentliches Merkmal der *Alnus incana* an.

Corylaceae.

Bezüglich der frühzeitigen Entstehung des Periderma und der Lage desselben unmittelbar unter der Oberhaut stimmen die untersuchten Gattungen miteinander überein. Unterschiede ergeben sich im Baue und in der Ausdauer des Oberflächen-Periderma. Bei *Carpinus* sind die Peridermzellen von allem Anfange an stark abgeplattet, werden derbwandig und zum grösseren Theile mit rothbraunem Inhalt erfüllt. Bei den anderen Gattungen entstehen zuerst weitlichtige Korkzellen (fünf Reihen derselben in den jungen Internodien messen etwa 0,10 mm), die sich bei *Corylus Avellana* bald abflachen, so dass schon in 2—3 jährigen Trieben das Periderma dem von *Carpinus* gleicht. Bei *Corylus Colurna*, in geringerem Grade bei *Ostrya* bildet das Periderm wiederholt Schichten, indem sehr dünnwandige, weitlichtige, inhaltslose Korkzellen mit häufig nur ein oder zwei Reihen zählenden, tafelförmigen, braunen Zellen abwechseln.

Die inneren Periderme entwickeln sich bei *Ostrya* und *Corylus Colurna* frühzeitig, im Gegensatz zu *Carpinus* und *Corylus Avellana*, bei denen ich überhaupt keine Borke beobachtet habe. Die inneren Periderme sind den oberflächlichen im Baue jeweilig ähnlich: bei *Ostrya* überwiegen die braunen, tafelförmigen Korkzellen, die Peridermzonen sind dem entsprechend schmal; *Corylus Colurna* dagegen besitzt bis Millimeter breite, aus vorherrschend weitlichtigen und dünnwandigen Zellen bestehende, durch zwei bis fünf Reihen Tafelzellen geschichtete Korkmembranen.

Die durch Phelloderma kaum verstärkte, aussen collenchymatische Mittelrinde führt reichlich Krystalldrusen; die dünnwandigen Zellen trennen sich leicht und bilden grosse Lücken; die primären Bastfaserbündel werden frühzeitig durch Sklerosirung der sie trennenden Parenchymschichten zu einem geschlossenen Sklerenchymring verbunden, der zeitlebens ergänzt wird; doch beschränkt sich die Sklerosirung des Parenchyms auf die unmittelbare Nachbarschaft der Bastbündel. Innerhalb dieser treten zu den Drusen grosse Einzelkrystalle, doch bleiben die Krystalldrusen (bis 0,05 mm diam.) auch in der secundären Rinde, wo sie in Kammerfasern und in den Markstrahlen auftreten, in der Mehrheit oder kommen in ihr sogar ausschliesslich *(Corylus)* vor.

Der Reichthum an Bastfasern und ihre Gruppirung zeigt viele, zum Theile individuelle Abweichungen. Die ausgesprochenste alternirende Schichtung tangentialer Bastfasergruppen zeigt *Ostrya* (Fig. 27), wenngleich auch hier die Bänderung oft unterbrochen ist. Bei *Corylus* (Fig. 29) wechseln sehr regelmässig

---

[1]) Forstl. Culturgewächse p. 369.

concentrische Bastfaserschichten mit Weichbast, doch sind die ersteren nicht zu compacten Gruppen verbunden wie bei *Ostrya*, sondern durch eingesprengte dünnwandige Elemente vielfach unterbrochen. Die Schichtung ist meist unkenntlich bei *Carpinus*, wo häufiger eine radiale Anordnung der Bastfasergruppen hervortritt, indem in manchen Baststrahlen die sklerotischen Elemente, in anderen auffällig die dünnwandigen Elemente vorherrschen. Der Weichbast lässt mitunter gleichfalls Schichtung erkennen, wiewol eine scharfe Sonderung zwischen Parenchym und Siebröhren nicht besteht. Die radiale Anordnung der Elemente ist meist erhalten. — Steinzellen von geringer Grösse, isodiametrischer Gestalt und mässiger bis nahezu vollständiger Verdickung sind im Baste sparsam zerstreut, am reichlichsten bei *Ostrya*, wo sie aber immer noch ein quantitativ untergeordneter Bestandtheil sind. Bei *Corylus Colurna* habe ich secundäre Sklerenchymringe und bei *Corylus Avellana* umfangreiche in das Holz vorspringende Steinzellengruppen beobachtet, welch letztere sich von den ähnlichen Gebilden der Buche und einiger Eichen dadurch unterscheiden, dass sie nicht an Markstrahlen gebunden sind.

Die Bastfasern sind am Querschnitte gerundet rechteckig oder polygonal, 0,02 mm breit, nahezu vollkommen verdickt mit abgegrenzter Primärmembran, reichporig. Ihre Länge ist nicht bedeutend (meist zwischen 0,5—1,0 mm schwankend), die Seitenwände von den, namentlich bei *Ostrya* und *Carpinus*, reichlich begleitenden Krystallkammerfasern oft zackig, die Spitzen stumpf oder knorrig, die ganze Faser selten geradläufig. Es sind demnach die Bastfasern nach gleichem Typus gebaut und dasselbe gilt von den Siebröhren. Sie sind kaum weitlichtiger als das Parenchym, mit deutlichen Endflächen verschiedener Neigung, auf denen ich bis zwölf breite, mässig grobporige, durch sehr schmale Interstitien getrennte Siebplatten gezählt habe, sie endigen auch handschuhfingerförmig (Fig. 28). Das Parenchym ist etwas derbwandig, grobporig, kaum breiter als die Bastfasern und besitzt sonst keine bemerkenswerthen Eigenthümlichkeiten.

Die Markstrahlen sind 1—4reihig, nach aussen verbreitert. Ihre Zellen sind weitlichtig, radial wenig gestreckt, bei *Ostrya* und *Carpinus* zwischen den Faserbündeln sklerotisch und dann stets Einzelkrystalle sonst (wie fast ausnahmslos die Markstrahlen von *Corylus*) Drusen führend.

Ostrya virginica L.

Die Oberhaut, mit z. Th. sehr langen vielkämmerigen Haaren besetzt, überwintert an den jüngsten Trieben, wenngleich an diesen ein geschlossener Periderm cylinder[1]) (vgl. Fig. 25) bereits vorhanden ist. Das Periderm besteht durchaus aus dünnwandigen Korkzellen und wird dadurch geschichtet, dass inhaltslose, weitlichtige Zellen mit tafelförmigen, braunen Zellenreihen abwechseln.

Die inneren Periderme gleichen in ihrem Baue den oberflächlichen vollständig; namentlich die äusseren Zellenreihen sind zartwandig und weiträumig. Ihr Phello-

---

[1]) Nach Sanio (Jahrb. f. w. Bot. II. p. 39) in centrifugal-intermediärer Zellenfolge aus der obersten Rindenzellenreihe gebildet.

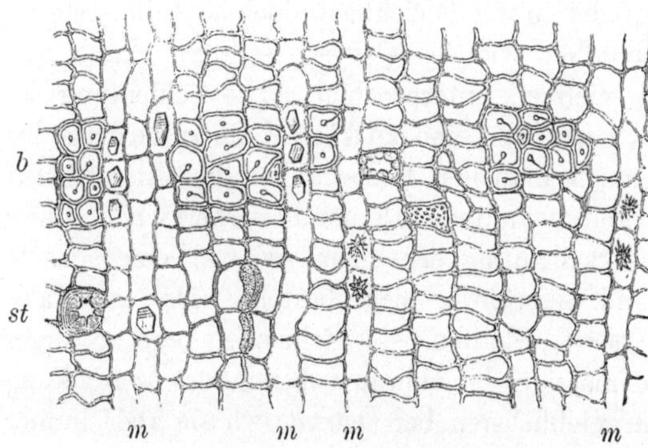

Fig. 27. *Ostrya virginica* L. Querschnitt durch den Bast (300). *b* Bündel radial gereihter Bastfasern in unterbrochen tangentialer Anordnung; *st* eine Steinzelle; *m* Markstrahlen, welche an der Grenze der Faserbündel Einzelkrystalle, sonst Drusen führen; im Weichbaste, der gleichfalls radiale Folge der Elemente zeigt, sind einige callöse Siebplatten kenntlich.

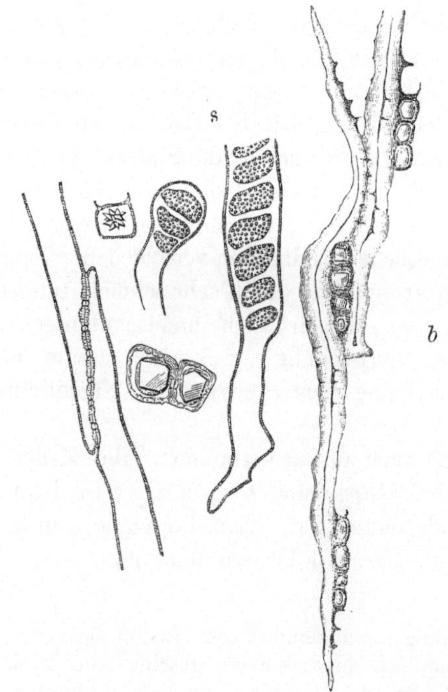

Fig. 28. *Ostrya virginica* L. Die isolirten Elemente des Bastes (300). *b* Bastfasern mit angelagerten schwachsklerotischen Kammerfasern; *s* Gliedenden der Siebröhren im Durchschnitt und in der Flächenansicht; eine dünnwandige Drusenzelle und zwei zusammenhängende sklerotische Zellen mit Rhomboedern.

derma zählt nur drei oder vier Zellreihen. Sie entstehen frühzeitig, greifen tief, so dass die lebende Rinde mitunter nur 1 mm dick ist. Die Borkeschuppen sind mässig dick, meist unter 1 mm, von geringem Umfange, fallen leicht ab und sind von einander durch dünne (0,15 mm), dem freien Auge als dunkle, gewellte Linien erscheinende Korkschichten getrennt [1]).

Die rundlichen Zellen der Mittelrinde verlieren nach innen allmälig ihren collenchymatischen Charakter, werden tangential gestreckt und bilden unter Trennung ihrer Wände grosse Intercellularräume (wie in Fig. 25). Viele Zellen der Mittelrinde enthalten grosse K r y s t a l l d r u s e n. Die primären Bastfasern treten in umfangreichen, sehr genäherten Bündeln auf und werden durch Sklerosirung der in den Lücken befindlichen Parenchymzellen frühzeitig zu geschlossenen Sklerenchymbändern vereinigt. Auf dem Querschnitte der Innenrinde treten unter der Loupe die hellen Markstrahlen und eine u n t e r - b r o c h e n e tangentiale Schichtung hervor. Die Bastfasern bilden g e s c h l o s s e n e Gruppen von annähernd elliptischem Querschnitte mit über mehrere Baststrahlen sich erstreckender tangentialer Ausbreitung. Da aber die benachbarten Bastfasergruppen in verschiedenen Querzonen liegen, entsteht eine t r e p p e n f ö r m i g e S c h i c h t u n g. Die Weichbastschichten dazwischen sind breiter und enthalten k l e i n e Gruppen in v e r s c h i e d e n e m G r a d e s k l e r o s i r t e r Zellen. Die Siebröhren sind in der Regel von den mässig derbwandigen radial gereihten (Fig. 27) Parenchymzellen auf Querschnitten nur zu unter-

---

[1]) Vgl. die Bemerkungen von H a r t i g, Forstl. Culturgewächse p. 257.

scheiden, wenn ihre (callösen) Siebplatten getroffen wurden (Fig. 27). Krystalldrusen oder grosse Einzelkrystalle, häufig auch in Kammerfasern, kommen in wechselnder Menge vor.

Die Bastfasern sind 0,018 mm breit, bis zum Schwinden des Lumens verdickt und
reichporig. Sie sind krummläufig, an den Seiten zackig, in stumpfe oder knorrige Enden
verjüngt. Ihre Länge ist nicht sehr bedeutend, beträgt oft nur 0,5 mm, doch sind
sie ungewöhnlich innig unter einander verkittet und ihre Bündel bilden schwer
macerirbare mehr als centimeterlange Fasern, die von massenhaften schwach
sklerotischen (Fig. 28) Krystallzellen begleitet sind. Die Siebröhren sind 0,03 mm,
selbst etwas darüber weit, ihre Glieder mässig lang (meist 0,5 mm) mit sehr
verschieden geneigten, beinahe ebenen bis sehr spitzwinkeligen, aber kaum verbreiterten Endflächen an einander grenzend. Die Siebplatten mit ziemlich grossen
Poren sitzen nur an den Radialseiten der Endflächen, die häufig so in einander
geschoben sind, dass der grössere Theil der Schlauchwand von den grossen Siebplatten (mit schmalen, leiterförmigen Interstitien) bedeckt ist (Fig. 28). Callus habe
ich hier und da beobachtet, ebenso den protoplasmatischen Innenschlauch. Die
Parenchymfasern sind aus schmalen (0,02 mm) langgestreckten, grob getüpfelten
oder aus breiten cubischen Zellen zusammengesetzt, welch letztere namentlich häufig
sklerotisch gefunden werden.

Die Markstrahlen bestehen aus 1—4 Reihen weitlichtiger, z w i s c h e n d e n
B a s t f a s e r p l a t t e n s c h w a c h s k l e r o t i s c h e r Z e l l e n und enthalten hier sehr
grosse Einzelkrystalle [1]), sonst meist etwas kleinere Krystalldrusen.

Carpinus Betulus L.

Die einjährigen Triebe gehen mit einem vollkommen geschlossenen Periderm [2])
breiter, tafelförmiger, mit braunem Inhalt erfüllter d e r b w a n d i g e r Korkzellen in
den Winter. An den jüngsten Zweigspitzen ist auch die mit kurzen conischen Haaren
besetzte Oberhaut noch erhalten. Wird diese abgestossen, so folgen auch bald die
äusseren Korkzellen, so dass auch an älteren Zweigen das Periderm in der Regel
nur aus 6—8 Zellenreihen besteht.

An etwa 40jähriger Stammrinde habe ich noch k e i n e B o r k e [3]) gefunden.
Es war der primäre S t e i n z e l l e n r i n g noch erhalten und das Phelloderma (?) mit
abwechselnden Lagen brauner, stark zusammengedrückter und farbloser, tafelförmiger
Korkzellen (in etwa 0,2 mm Mächtigkeit) bedeckt.

Die collenchymatischen, anfangs kugeligen, später quer gestreckten Zellen der
Mittelrinde enthalten in den inneren, dünnwandigeren Schichten häufig grosse
K r y s t a l l d r u s e n. Die im Kreise angelegten Bastfaserbündel werden durch das
Dickenwachsthum stark auseinander gedrängt und die so entstandenen Zwischen-
räume durch eine schmale, häufig nur einreihige Zone, mässig sklerotischer Par-
enchymzellen ausgefüllt.

In der secundären Rinde ist eine tangentiale Schichtung nur stellenweise
vorhanden. Manche Strahlen bestehen überwiegend aus Bastfasern, benachbarte
wieder vorherrschend aus Weichbast, so dass in jenen nur vereinzelte dünnwandige
Elemente, in diesen ebenso spärliche Bastfasern vorkommen. Wo die Bastfasern
zu Bündeln vereinigt sind, bilden sie mehr oder weniger umfangreiche Gruppen
von rechteckigem Querschnitte, die sich über die Breite mehrerer Strahlen zu tan-

---

[1]) S a n i o (Monatsber. d. Berliner Akad. d. W. 1857 p. 252 ff.) gibt bloss Drusen an.
[2]) Es ist nach S a n i o (Jahrb. f. wiss. Bot. II. p. 39) in centrifugal-intermediärer Zellenfolge aus der obersten Rindenzellenlage hervorgegangen.
[3]) Vgl. d e B a r y, Vegetationsorgane p. 574 u. H a r t i g, Forstl. Culturgewächse p. 256.

gentialen Platten vereinigen. In den schmalen Rindenstrahlen wieder ist die radiale Gruppirung [1]) der Bastfasern augenfälliger. Einzelne oder Nester von Parenchymzellen werden zu Steinzellen, wodurch gleichfalls die Regelmässigkeit gestört wird.

Die Bastfasern sind 0,02 mm breit, vollkommen verdickt, am Querschnitt gerundet quadratisch oder polygonal. Sie werden selten über 1,0 mm lang, sind oft krumm, an den Seiten zackig und an den Enden knorrig. Die Siebröhren sind schmal (0,02 mm), ihre Glieder häufig so über einander geschoben, dass beinahe die ganze radiale Fläche von den grossen rundlichen, sehr feinporigen Siebplatten (mit schmalen Interstitien) bedeckt ist. Doch findet man auch Systeme mit 3 oder 4 Siebplatten. Parenchymzellen kommen in langen, schmalen oder breiteren bis cubischen Formen vor und zeigen die verschiedensten Grade der einfachen Verdickung bis zu weit gediehener Sklerosirung. Ein ansehnlicher Theil derselben bildet Kammerfasern mit grossen Einzelkrystallen und minder häufig mit Krystalldrusen.

Die Markstrahlen sind 1—4 reihig; ihre Zellen weitlichtig, wenig gestreckt, zwischen den Faserbündeln schwach sklerotisch und enthalten dieselben Krystallformen wie *Ostrya* [2]).

Corylus Colurna L.

Die dünnwandige, mit kleinen conischen Härchen besetzte Oberhaut wird schon in der ersten Vegetationsperiode zum grossen Theile abgestossen. An einjährigen Trieben findet man dieselbe zerrissen und unter ihr ein geschichtetes Periderm [3]) von durchwegs sehr dünnwandigen Korkzellen. Die äussersten Zellen jeder Schichte sind quadratisch, sogar radial gestreckt und gehen allmälig nach innen in tafelförmig abgeplattete Zellen über. Die äussere Peridermschicht enthält bei einer Dicke von 0,2 mm 10—12 Zellenreihen; die folgende ist bedeutend schmaler, besteht oft nur aus 3 oder 4 Zellenreihen, hat sich mitunter auch gar nicht differenzirt.

Auf das Periderma folgt eine 4—6 Zellen breite Lage collenchymatischer Zellen mit regelmässig rundlichem Querschnitt, welche ziemlich unvermittelt in die dünnwandigen Zellen der primären Rinde übergehen, in der zahlreiche Zellen grosse Krystalldrusen führen (0,035 mm). Schon am Ende der ersten Vegetationsperiode hat sich ein nur an wenigen Stellen unterbrochener Steinzellenring gebildet. Die Bastfasern sind 0,015 mm dick mit punktförmigem Lumen, die Steinzellen sind isodiametrisch, oft auch tangential gestreckt, von der Grösse der Parenchymzellen (0,03—0,045 mm), relativ weitlichtig und ungemein porenreich. Innerhalb des Sklerenchymringes befinden sich noch mehrere Lagen chlorophyllführenden Parenchyms und zerstreute Krystallzellen, welche zumeist Drusen, hie und da auch grosse Einzelkrystalle enthalten.

In den jüngsten Theilen der Innenrinde treten zunächst einzelne Bastfasern auf. Ihre Zahl nimmt bald zu, sie bilden Gruppen von verschiedener Ausdehnung, einfache radiale Reihen, die ganze Breite des Baststrahles einnehmende Complexe, die concentrische, obgleich vielfach unterbrochene Bänder zusammensetzen (Fig. 29). In alter Rinde ist die Schichtung zwischen Weichbast und Bastfaserplatten sehr deutlich, wenngleich die letztern immer noch reichlich von dünnwandigen Elementen

---

[1]) Vgl. Hartig, Forstl. Culturpfl. p. 218.
[2]) Vgl. Note 1 auf der vorigen Seite.
[3]) Nach Sanio (Jahrb. f. wissensch. Bot. II. p. 39) aus der obersten Rindenzellenreihe in centrifugal-intermediärer Zellenfolge entstanden.

durchsetzt sind. Der Weichbast besteht vorwiegend aus weiträumigen Siebröhren, welche in der Mitte zwischen je zwei Bastfaserbändern liegen und jederseits von schmalen Parenchymschichten eingesäumt werden, welch letztere daher die unmittelbare Umgebung der Bastfasern bilden. Dieser Typus der Anordnung ist unverkennbar, wenngleich Unregelmässigkeiten und Verschiebungen ihn sehr häufig verwischen. Ueberdiess kommen ab und zu Sklerenchymklumpen bis zu Mohnkorngrösse vor und in Intervallen von mehreren Jahren wiederholt sich auch die Anlage eines Steinzellenringes, ähnlich dem an der Grenze der primären Rinde.

Die Bastfasern sind nicht sehr lang (meist 0,8 mm), oft verbogen, ihre Enden stumpf oder knorrig, die Seitenwände seltener zackig, weil sie von Kammerfasern nur spärlich begleitet werden. Am Querschnitte sind sie gerundet quadratisch oder rechteckig, 0,035 mm breit, fast bis zum Schwinden des Lumens verdickt, porenarm.

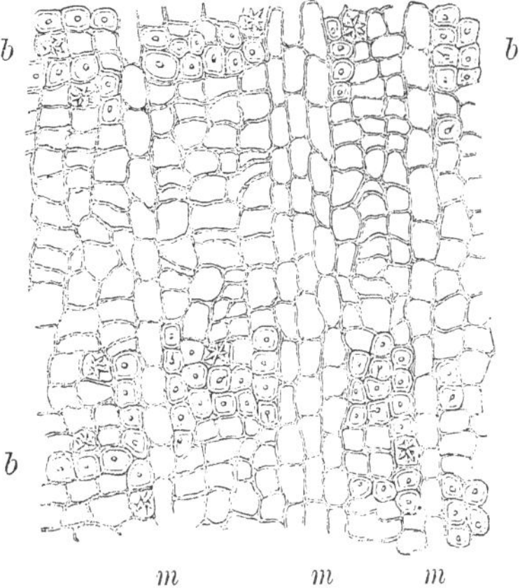

Fig. 29. *Corylus Colurna* L. Querschnitt durch den Bast (300). *b* Bastfasern in radialen Reihen und unterbrochenen Bündeln, von Kammerfasern begleitet, welche nur Drusen enthalten; *m* Markstrahlen ohne Krystalleinschlüsse (vgl. Fig. 27).

Die Siebröhren sind dünnwandige, stumpf ohne Verbreiterung endigende Schläuche, mit breit (0,06 mm) elliptischen feinporigen Siebplatten, welche durch schmale Interstitien leiterförmig von einander getrennt sind. Das Parenchym besteht zum Theile aus schmalen (0,015 mm) axial gestreckten Zellenfasern, zum beinahe überwiegenden Theile aus Kammerfasern, die ausschliesslich grosse (0,06 mm diam.) Krystalldrusen[1] enthalten.

Die Markstrahlen sind 1—3 reihig, gegen die Mittelrinde erweitert, ihre Zellen sind weitlichtig, kaum dünnwandiger als der Weichbast, in radialer Richtung wenig gestreckt, auch zwischen Bastfasern nicht sklerotisch; Kalkoxalat überhaupt spärlich und stets nur als Krystalldrusen führend.

Der schwammige Kork verleiht den jungen Zweigen, wie auch den grobrissigen Stämmen eine eigenthümlich hellgraue Farbe. Die Borkebildung beginnt sehr frühzeitig (man findet sie schon häufig an fingerdicken Aesten) und dringt auch tief ein, so dass an manchen Stellen eine nur Millimeter dicke lebende Rinde erhalten bleibt. Die mit der Loupe deutlich erkennbare tangentiale Schichtung der lebenden Rinde ist in den Borkeschuppen verwischt, dagegen sieht man in den hellen, trennenden Korklamellen gewöhnlich zwei oder drei Schichten gesondert. Die inneren Periderme[2] bilden wenig umfangreiche, bis Millimeter dicke Platten aus dünnwandigen, ausserordentlich weitlichtigen Korkzellen (wie die Oberflächenperiderme.) Während aber bei diesen ein allmäliger Uebergang in tafelförmige Zellen stattfindet, wird im Borkenperiderm die Schichtung durch das unvermittelte Auftreten weniger (2 oder 3) Reihen tafelförmiger und stärker verdickter Korkzellen veranlasst. Phelloderma entsteht aus dem oberflächlichen wie aus dem inneren Phellogen nur in wenigen Zellenreihen; die Mittelrinde ist im vierten Jahre nicht merklich mächtiger entwickelt als die primäre Rinde einjähriger Internodien.

---

[1] Vgl. Hartig, Forstl. Culturgewächse p. 229.
[2] Den Angaben, dass *C. Colurna* keine echte Borke bildet, muss ich entgegen treten.

Corylus Avellana L.

Die mit zum Theil über Millimeter langen Haaren besetzte Oberhaut überdauert die erste Vegetationsperiode. In den jüngsten, stark behaarten Trieben ist das Periderm schon 0,1 mm breit, wenngleich nur aus 6—8 Zellenreihen bestehend. Bei der Weiterentwicklung des Periderma, welches das zehnte Jahr überdauert, bildet sich k e i n e S c h i c h t u n g desselben wie bei *C. Colurna*, sondern die älteren, äusseren Zellen werden vollständig abgeplattet, mit rothbrauner Masse erfüllt und in feinen Schülfern abgestossen, während der Nachwuchs zunächst aus weiträumigen Korkzellen, später aber von allem Anfang an aus Tafelzellen besteht. An den mir zur Verfügung stehenden, mindestens 20jährigen Stämmen bestand die Bedeckung nur aus Oberflächen-Periderm.

Die primäre Rinde stimmt im Baue mit der vorigen Art überein. Man findet grosse Krystalldrusen in vereinzelten Zellen, Einzelkrystalle bloss in der Umgebung des Sklerenchymringes, der sich wie dort aus den primären Bastfaserbündeln und den um- und zwischengelagerten Steinzellen zusammensetzt und wegen der spät auftretenden Borkebildung sehr lange erhalten bleibt. Die Mittelrinde scheint durch Phelloderma gar nicht oder sicher sehr wenig verstärkt zu werden wie *C. Colurna*. Sie folgt dem Dickenwachsthum durch Verbreiterung der primären Markstrahlen.

Auch die secundäre Rinde zeigt in der Anordnung sowol wie im Baue der Elemente grosse Uebereinstimmung mit der vorigen Art. Bemerkenswerth ist das stellenweise häufigere Vorkommen grosser, rhomboedrischer Einzelkrystalle im Weichbaste und in den Markstrahlen neben viel zahlreicheren Krystalldrusen[1]). Die Schichtung zwischen Bastbündeln und Weichbast ist kaum angedeutet, innere Sklerenchymringe habe ich nicht gefunden. Möglicherweise entwickeln sich die letzteren erst in höherem Alter zugleich mit der Borke.

Die Markstrahlen sind sehr selten dreireihig, meist nur ein oder zwei Zellen breit. Steinzellengruppen sind ziemlich spärlich, mitunter aber sehr umfangreich und sogar als conische Zapfen in den Holzkörper eindringend[2]).

Cupuliferae.

Im Baue der primären Rinde zeigen die untersuchten Gattungen nahe Uebereinstimmung, dagegen wesentliche Unterschiede in der secundären Rinde. Gemeinschaftlich ist die frühzeitige Anlage des Periderma unmittelbar unter der Oberhaut und die Abstossung der letzteren zum grössten Theile in der ersten Vegetationsperiode. Nur an den jüngsten Theilen der jährigen Triebe überwintert die — übrigens verschieden gebaute — Epidermis.

Die i n n e r e n P e r i d e r m e sind bezüglich ihres ersten Auftretens und ihrer Mächtigkeit verschieden, gemeinsam ist ihre Zusammensetzung aus dünnwandigen oder mässig derben, n i c h t s k l e r o s i r e n d e n K o r k z e l l e n. Am frühesten, vielleicht schon im 12. bis 15. Jahre[3]) bedeckt sich die Kastanie mit Borke, die Eichen bleiben 25 bis 35 Jahre glattschäftig und die Buchen scheinen überhaupt nur ausnahmsweise Borke zu bilden. Das Periderm bei *Quercus* besteht — die Korkeichen ausgenommen — nur aus wenigen Schichten, nach innen all-

---

[1]) S. Note 1 p. 57.
[2]) Vgl. H a r t i g, Culturpfl. p. 218.
[3]) Nach H a r t i g, Forstl. Culturpfl. p. 148.

mälig sich verdickender Korkzellen. Die durch dieselben abgetrennten Borke-schuppen sind gleichfalls dünn und wenig umfangreich. Noch etwas kleiner pflegen die Borkeschuppen von *Castanea* zu sein, doch sind sie beträchtlich dicker und die Peridermschichten werden oft 0,5 mm breit und bestehen durch-aus aus tafelförmigen, grossen Korkzellen. Die Borkeschuppen der Kastanie haften inniger aneinander als jene der Eiche, wesshalb erstere eine dickere Rinde zu haben pflegt. Das ausdauernde Oberflächenperiderm bei *Fagus* wird rasch reproducirt und ebenso rasch wieder abgestossen. Es bildet eine nur dünne Membran aus mässig derben, tafelförmigen, kleinen Korkzellen. Der Schwammkork mancher Eichen dagegen kann bekanntlich zu mehrere Centi-meter dicken Platten heranwachsen.

Das geschlossene collenchymatische Hypoderma wird durch Zellen verstärkt, deren Abkunft aus dem Phellogen deutlich erkennbar ist. Die primären Bastfaserbündel treten ursprünglich isolirt auf, die sie trennenden Parenchymzellen werden aber alsbald sklerotisch und es entsteht bei allen Gat-tungen schon im ersten Jahre ein geschlossener Sklerenchymring. Im Umfange der Sklerosirung bestehen grosse Verschiedenheiten. Sie ist am gering-sten bei *Castanea*, und hier wie bei *Quercus* wenigstens durch mehrere Jahre beschränkt auf die Bildung des Sklerenchymringes; am umfangreichsten und frühzeitig über die ganze primäre Rinde sich ausbreitend bei *Fagus*, welche überdiess die Eigenthümlichkeit besitzt, dass das zwischen den Baststrängen entstehende Sklerenchym Fortsätze in die primären Mark-strahlen des Holzes sendet. — Bei fortschreitendem Dickenwachsthum wer-den die Bastfaserbogen abgeflacht und auseinander gedrängt, die Zwischenräume aber durch neugebildete Steinzellen bei *Quercus* und *Fagus* wieder ausgefüllt. So er-klärt sich die Angabe der Autoren, dass der Sklerenchymring hauptsächlich aus Steinzellen mit spärlich eingestreuten Fasern besteht, aus dem Umstande, dass dieselben mehrjährige Triebe untersuchten. In einjährigen Trieben ist das Ver-hältniss umgekehrt; da überwiegen die Bastfasern. Bei *Castanea* erlischt die Neigung zur Sclerose frühzeitig. Es entsteht wohl ein geschlossener Skleren-chymring, doch wird er bald in einzelene Fragmente getrennt und bei Be-trachtung älterer, aber noch borkefreier Rinde könnte man vermuthen, dass der Sklerenchymring noch nicht geschlossen sei.

Sämmtliche Rinden sind reich an Kalkoxalat. Es kommt in Form von grossen klinorhombischen Einzelkrystallen und in Krystalldrusen vor, wobei der Wechsel dieser Formen sehr bemerkenswerth ist. Bei *Quercus* und *Castanea* treten in der primären Rinde zuerst ausschliesslich Drusen auf, allmälig kommen Einzelkrystalle hinzu und diese verdrängen in unverkennbarem Zu-sammenhang mit der Sklerosirung mehr oder weniger voll-ständig die Drusen in den älteren Theilen der secundären Rinde. Bei *Fagus* enthält daher schon die primäre Rinde viele Einzelkrystalle, in der Innenrinde überwiegen weitaus Drusen, weil mit dem Mangel der Bastfasern auch die Bildung der diese begleitenden sklerotischen Kammerfasern unterbleibt.

Wie bereits erwähnt, sind die anatomischen Verhältnisse der secundären Rinde bei den drei Gattungen gründlich verschieden. Für *Quercus* sind die bis hirsekorngrossen, meist isodiametrischen oder wenig axial gestreckten Sklerenchymklumpen charakteristisch, durch welche an vielen Stellen die tangentiale, über mehrere benachbarte Baststrahlen regelmässig concentrische Schichtung des Bastes verwischt wird. *Fagus* besitzt gar keine Bastfasern, im Weichbaste sind unregelmässig gestaltete, grosse Sklerenchymgruppen regellos zerstreut. *Castanea* endlich ist regelmässig geschichtet (Fig. 31) durch dünne tangentiale Bastfaserplatten und mehrfach breitere Weichbastschichten. Steinzellen fehlen nicht ganz, doch ist die Neigung zur Sklerose gering, wie schon aus der frühzeitigen Durchbrechung des primären gemischten Sklerenchymringes hervorgeht.

Die Markstrahlen von *Castanea* sind einreihig, *Quercus* und *Fagus* besitzen auch sehr breite Markstrahlen. Die Sklerosirung der medianen Schichten der breiten Markstrahlen ist bei *Fagus* die Regel, bei *Quercus* je nach der Art verschieden. Bekannt sind die in die Holzmarkstrahlen eindringenden kammartigen Vorsprünge an der Innenseite der Rinde der Zerreiche. Ich habe sie auch bei *Fagus* und bei *Quercus rubra* gefunden, bei den anderen Arten dagegen vermisst. Die Markstrahlen von *Castanea* führen keine (Fig. 31) Oxalate, jene der beiden anderen Gattungen sowol Drusen wie Einzelkrystalle.

Die zelligen Elemente der Rinden der einzelnen Gattungen zeigen eine nahe, aber sich nicht vollständig deckende Uebereinstimmung. Die Bastfasern von *Quercus* und *Castanea*, die letzteren im Allgemeinen länger, sind ziemlich geradläufig, in stumpfe Spitzen endigend, an den Seiten von den angrenzenden Krystallkammerfasern ausgezackt. Ihr Querschnitt ist gerundet viereckig in Folge der radialen Anordnung oder polygonal. Die Verdickung sehr beträchtlich, bis zum Schwinden des Lumens gehend, ungeschichtet mit Ausnahme der immer scharf abgegrenzten Primärmembran, porenarm. Sie sind innig miteinander verbunden zu dünnen (selten über sechs Fasern breiten) an den tangentialen Flächen geebneten Bändern. Die Siebröhren sind allgemein weitlichtig, am weitesten bei *Fagus*, und die Poren der Siebplatten breit, ein zierliches Gitterwerk darstellend (Fig. 30). Die Seitenflächen tragen ein zartes anastomosirendes Netz von Verdickungsleisten, deren Zwischenräume oft fein punktirt erscheinen (Siebfelder). Bezüglich der Menge und Anordnung der Siebplatten ergeben sich wesentliche Unterschiede. Bei *Fagus* stossen die Glieder mit wenig geneigten Endflächen aneinander und diese stellen je eine einzige grosse Siebplatte dar. Bei *Quercus* und *Castanea* sind die Endflächen der Siebröhrenglieder stark genug geneigt, um mehreren durch schmale Leitersprossen getrennten Siebplatten Raum zu geben. Callus habe ich nur bei *Fagus* gesehen. Die dünnwandigen Parenchymzellen sind bei *Fagus* bemerkenswerth wegen ihrer ungewöhnlich grossen Poren und wegen der Häufigkeit ihrer conjugirten Verbindung, doch kommen auch bei *Quercus* Parenchymzellen mit conjugirenden Ausstülpungen vor. Die Steinzellen-Conglomerate sind bei *Quercus* durch besonders innige Verschmelzung ausgezeichnet, die Elemente sind zumeist vollkommen verdickt, die Schichtung ist sehr zart und von zahlreichen, überaus feinen, verzweigten Porencanälen durchzogen. In dem Sklerenchym von *Fagus* sind die Trennungswände der einzelnen Zellen gut sichtbar, ihre Verdickung ist beträchtlich, doch bleibt ein gut Theil des Lumens erhalten, die Poren sind minder zart und reichlich wie bei *Quercus*. Ebenso sind die Steinzellen von *Castanea*, die nur in jüngeren Rinden in Gruppen auftreten, in älteren fast nur vereinzelt angetroffen worden.

Quercus pedunculata Willd. var. *pyramidalis* hort.

Die hellgrau bereiften einjährigen Triebe besitzen unter der Oberhaut ein geschlossenes, nur aus wenigen Reihen ziemlich flacher derbwandiger Korkzellen gebildetes Periderm [1]). Die Oberhaut wird schon im zweiten Jahre abgestossen und ihr folgen bald die äusseren, mit braunem Inhalt erfüllten Korkzellen, so dass das Periderm auch an älteren Stengeltheilen nur eine dünne (0,05 mm) Bedeckung bildet.

Die Borke ist kleinschuppig, rauhwarzig. Die inneren Peridermschichten dringen tief ein und sind an geglätteten Durchschnitten als zarte, dunkle Linien mit freiem Auge sichtbar. Sie bestehen [2]) zu äusserst aus 5—8 Reihen weitlichtiger, dünnwandiger, inhaltsloser Korkzellen. Darauf folgen unvermittelt tafelförmige, etwas derbwandigere und mit braunrothem Inhalt erfüllte Zellen, an Zahl den ersteren etwa gleich, aber eine schmalere Zone bildend, und endlich einige Reihen Phelloderma. Ueberdiess erscheinen in der Borke die zerstreuten Sklerenchymklumpen als hellgelbe Punkte.

Die primäre Rinde ist auffallend schmal, in ein- und zweijährigen Trieben beträgt der Abstand vom Periderm bis zum Sklerenchymring im Mittel 0,25 mm mit geringen Schwankungen. Die äusseren 3—4 Zellenreihen sind collenchymatisch, die inneren dünnwandiger und führen reichlich grosse Krystalldrusen, sehr selten Einzelkrystalle. Die primären Bastbündel [3]) bilden schmale weitgestreckte, nach aussen convexe Bogen, die sich beinahe berühren, so dass nur wenige Steinzellen zu ihrer Schliessung erforderlich sind, wie überhaupt die Sklerosirung der den Bastbündeln anliegenden Zellen keine grossen Dimensionen annimmt.

Die secundäre Rinde ist concentrisch geschichtet. Schmale, meist nur 2 bis 4 Reihen breite Bänder von Bastfasern wechseln mit doppelt und dreifach so breiten Schichten von Weichbast ab, welche selbst wieder häufig in Parenchym- und Siebröhrenschichten getrennt sind. Die Bastfasergruppen, welche je nach ihrer Breite aus einer sehr verschiedenen Anzahl von Elementen bestehen, sind eingehüllt von schwach sklerotischen Kammerfasern mit grossen Einzelkrystallen, während die Kammerfasern im Weichbaste ausschliesslich Krystalldrusen enthalten [4]). Die Siebröhren sind schon am Querschnitte durch ihr weites, unregelmässig verzogenes Lumen von dem Bastparenchym zu unterscheiden. Im Weichbaste kommen auch wenig umfangreiche, meist rundliche Sklerenchymgruppen

---

[1]) Nach Sanio (Jahrb. f. wiss. Bot. II. p. 39) mit centrifugal-intermediärer Zellenfolge aus der obersten Rindenzellenreihe gebildet.
[2]) Vgl. die Abbildung der Borke von *Qu. Robur* bei Dippel, Mikroskop II. p. 165.
[3]) Vgl. Frank, Bot. Ztg. 1864 p. 387 u. Taf. XIV.
[4]) Vgl. Sanio, Monatsber. d. Berliner Akad. d. W. 1857 p. 252 ff.

zerstreut vor. Ihre Elemente sind vollkommen verdickt und durch ausserordentlich zahlreiche Poren ausgezeichnet. Häufig sind auch sie von Krystallzellen begleitet, wie diese überhaupt einen durch massenhaftes Auftreten charakteristischen Bestandtheil der Innenrinde ausmachen.

Die Bastfasern sind kurz (meist 0,5 mm) stumpfendigend, 0,015 mm breit, bis zum Schwinden des Lumens verdickt mit abgegrenzter Primärmembran. Zu Bündeln vereinigt bilden sie schwer isolirbare Fasern von mehreren Centimetern Länge, die, wie schon bemerkt, vollständig von Krystallzellen bedeckt sind. Die Siebröhren bestehen aus langgestreckten, im Mittel 0,03 mm breiten Gliedern, die mit meisselartig zugeschärften oder spitzen Enden in einander geschoben sind und breite, grob gegitterte, durch schmale Interstitien getrennte Siebplatten besitzen, überdiess der ganzen Längswand entlang mit dicht an einander gedrängten Siebfeldern bedeckt sind. Die Siebporen sind überaus zart und leicht zu übersehen, so dass auf Längsschnitten die Siebröhren netzförmig verdickten Tracheiden ähnlich sind [1]). Die Parenchymfasern sind aus mehr oder weniger gestreckten, dünnwandigen, hie und da conjugirenden Zellen zusammengesetzt.

Die Markstrahlen von grösserer Breite enthalten selbstständige Gruppen sklerotischer Zellen und Krystalle (häufiger Drusen) wie im Weichbaste.

Quercus rubra L.

Die rothbraunen jüngsten Triebe besitzen unmittelbar unter der mit starker Cuticula bedeckten Oberhaut ein Periderma aus derbwandigen, in den jüngeren Schichten cubischen Korkzellen, die aber frühzeitig rothbraunen Inhalt erhalten und abgeflacht werden.

In der Mittelrinde führen zahlreiche Krystallzellen grosse Drusen, selten Einzelkrystalle. Die bogenförmig gruppirten, sehr genäherten primären Bastfaserbündel werden schon in den jüngsten Internodien zu einem Sklerenchymringe geschlossen, während sonst in den ersten Jahren keine Steinzellen gebildet werden.

In der secundären Rinde junger, borkefreier Individuen sind die Bastfaserbündel von Kammerfasern mit grossen Einzelkrystallen begleitet, wie bei anderen Arten, und die Kammerfasern im Weichbaste führen fast ausschliesslich Krystalldrusen. Die Borkebildung beginnt später (?) als bei unseren heimischen Arten und dringt minder tief ein, indem die lebende Rinde 5 bis 8 mm dick zu sein pflegt. Sie zeigt schon dem unbewaffneten Auge auf geglätteten Querschnitten die bis hirsekorngrossen Steinzellenklumpen und ihre Innenseite ist mit scharfen, longitudinalen, mehreren Centimeter langen und etwa millimeterhohen Leisten — den sklerotischen Markstrahlen — besetzt. Durch die massigen Steinzellenklumpen wird das mikroskopische Bild sehr verworren. Sie stehen meist isolirt im Weichbast, oft aber verdrängen sie die tangentialen Bastfaserbündel oder bilden mit ihnen vereint die umfangreicheren Klumpen. Die einzelnen Steinzellen haben geringe Grösse, sind meist isodiametrisch, sehr stark verdickt, fein geschichtet, von zahlreichen, feinen, verzweigten Poren durchzogen. Sie sind reichlich untermischt mit rhomboedrischen Krystallen. Krystalldrusen treten in alter Rinde entsprechend der vorgeschrittenen Sklerosirung spärlicher auf.

Die inneren Periderme haben einen unregelmässig geschlängelten Verlauf, bestehen aus nach innen allmälig flacheren und derbwandigen Korkzellen, die aber niemals sklerotisch werden.

----

[1]) S. die Abbildung in Vesque. Mém. s. l'Anotomie comp. de l'écorce, Diss. Paris 1875.

Quercus lusitanica Webb.

Das Untersuchungsmaterial ist ein von der Wiener Ausstellung (1873) stammendes, 9 cm dickes Stammstück aus Spanien. Es ist von 15 mm dicker, tief geklüfteter, schuppig-warziger Borke bedeckt, die am Querschnitte kleine, höchstens mohnkorngrosse helle Punkte und geschlängelte, zarte Peridermlinien zeigt. Innerhalb der lebenden, etwa 4 mm breiten Rinde kann man an vielen Stellen die tangentialen Bastfaserbinden, von Sklerenchymklumpen unterbrochen, verfolgen.

Die Bastfasergruppen sind sehr schmal, enthalten selten mehr als vier Fasern in radialer Richtung. In tangentialer Richtung sind sie durch zahlreiche, einreihige Markstrahlen unterbrochen. Die breiten Markstrahlen des Holzes setzen sich selten in die Rinde fort. Die rundlichen Sklerenchymklumpen, untermischt mit Einzelkrystallen, bestehen aus denselben Elementen wie bei anderen Eichenarten. Bastparenchym und Markstrahlzellen enthalten eine braune klumpige Masse oder Krystalldrusen. Die inneren Periderme bestehen aus wenig mächtigen (0,06 — 0,1 mm breiten) Lagen aussen dünnwandiger, weitlichtiger, inhaltsloser Korkzellen, die nach innen flacher, derbwandiger werden und braunen Inhalt führen.

Quercus Tozza Bosc.

Ein dem vorigen ähnliches Muster derselben Provenienz zeigt auch im Baue der Rinde vollkommene Uebereinstimmung: Zahlreiche, meist isodiametrische Sklerenchymklumpen, schmale Bastfaserbänder, die von Kammerfasern mit Einzelkrystallen umhüllt sind, Kammerfasern mit Krystalldrusen im Weichbaste, ein- bis zweireihige nicht sklerotische Markstrahlen.

Quercus Suber L.[1])

An einem 10 cm dicken, aus Sicilien stammenden Aststücke mit 15 mm mächtiger Korklage war der primäre Sklerenchymring durchbrochen. Im Baste war durch zahlreiche, bis hirsekorngrosse, meist rundliche aber auch axial gestreckte Steinzellengruppen die tangentiale Schichtung völlig unkenntlich geworden. Innerhalb der Steinzellengruppen und im Weichbaste waren Krystallzellen mit grossen Einzelkrystallen und Drusen, letztere in entschiedener Mehrheit, reichlich zerstreut. Auch in den breiten Markstrahlen hatten sich selbstständige Steinzellengruppen entwickelt.

Vgl. ferner über Eichenrinden: Hanstein, Baumrinden p. 47; Hartig, Forstl. Culturgew. p. 144 u. Tf. XII; Berg, Anatom. Atlas Tf. XXXVIII; Vogl, Comm. zum österr. Pharmacopoe III. Aufl. p. 226; Wiesner, Rohstoffe pg. 474; v. Höhnel, Gerberinden p. 59.

Fagus silvatica L.

In der ersten Vegetationsperiode entsteht unmittelbar unter der Oberhaut [2]) ein geschlossener Peridermmantel aus dünnwandigen, tafelförmigen, frühzeitig in den äusseren Lagen mit braunem Inhalte erfüllten Korkzellen. Die Epidermis überwintert nur an den jüngsten jährigen Trieben, an den älteren Theilen derselben ist sie vollständig durch eine dünne (etwa 0,06 mm breite) Korkmembran ersetzt.

Die Rothbuche ist in der Regel borkefrei [3]), nur einzelne Individuen bilden

---

[1]) Vgl. C. de Candolle, Mém. Soc. phys. de Génève, XVI, 1. v. Mohl, Bot. Ztg. 1848 p. 361.

[2]) Vgl. Hanstein, Unters. d. Baumrinde p. 21.

[3]) Hanstein, Unters. d. Baumrinde p. 40 und v. Mohl, Unters. über die Entw. des Korkes etc. Verm. Schriften (1845) pg. 20.

Borke (Steinbuchen). Das Oberflächenperiderm besteht späterhin aus ziemlich derbwandigen Korkzellen, die in ihren älteren Schichten rasch abgestossen werden, so dass es an alten Stämmen meist nur eine kaum Millimeter dicke Membran bildet. Die lebende Rinde ist überhaupt dünn (3—4 mm) und besteht zur grösseren Hälfte aus Phelloderma [1]).

Die primäre Rinde ist wie die der verwandten Gattungen gebaut, nur führen ihre Krystallzellen oft in den jüngsten Internodien selbst keine Drusen, sondern grosse Einzelkrystalle. Die primären Gefässbündel besitzen einen bogenförmigen, nach aussen convexen Bastkörper [2]) (am Querschnitte halbmondförmig), der aber schon in federspulendicken Zweigen [3]) in kleine Bastfasergruppen aus einander gedrängt und durch zwischengelagerte Steinzellen zu einem geschlossenen Sklerenchymring umgestaltet ist. In der Umgebung der letzteren treten bereits einzelne Krystalldrusen auf, doch sind Einzelkrystalle noch in überwiegender Mehrheit. Die Mittelrinde wird bis ins hohe Alter durch Phelloderma [4]) verstärkt, dessen Zellen bald nach ihrer Entstehung aus dem Phellogen kugelig werden, zu beträchtlichem Antheile (mehr als zur Hälfte) sklerosiren und dabei häufig etwas unregelmässigere Gestalten annehmen. Es entstehen so unregelmässig rundliche oder zu tangentialen Gruppen verschmolzene Klumpen von Steinzellen mit eingeschlossenen rhomboedrischen Krystallen, während in dem dünnwandigen Theile der Mittelrinde zahlreiche Zellen mit Krystalldrusen, spärlichere mit Einzelkrystallen zerstreut sind. Die Steinzellen verharren bei mässigen Dimensionen (selten über 0,06 mm gestreckt), ihre Verdickung ist gleichfalls nicht beträchtlich (0,008 mm), aber sehr gleichmässig und reich porig. Ganz ähnliche Steinzellenklumpen kommen auch in der secundären Rinde vor und bilden hier die einzigen sklerotischen Elemente, da Bastfasern vollkommen fehlen [5]). Der Bast [6]) besteht aus ziemlich regelmässig abwechselnden Schichten von Parenchym und Siebröhren, welch letztere schon auf Querschnitten durch ungewöhnliche Weite und unregelmässige Contouren auffallen. Sie sind 0,045 mm, selbst darüber breit, ihre Endflächen sind wenig geneigt [7]), unbedeutend verbreitert, durch sehr grosse (0,004 mm) Poren gegittert (Fig. 30) und mit einem 0.012 mm dicken Callus belegt, ihre Seitenwände mit Siebfeldern dicht besetzt. Die Parenchymzellen haben sehr verschiedene Dimensionen, doch sind sie meist zu kurzgliedrigen Fasern von ansehnlicher, doch geringerer Weite als die Siebröhren vereinigt. Sie sind durch

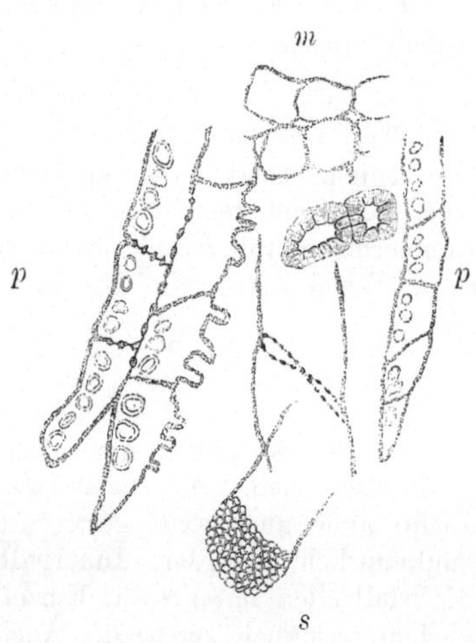

Fig. 30. *Fagus silvaticu* L. Isolirte Elemente des Bastes (300). *s* Siebröhren mit grob gegitterten Querplatten; *p* Bastparenchym mit conjugirenden Ausstülpungen; *m* Markstrahlzellen.

---

[1]) Hartig, Forstl. Culturpflanzen p. 212, gibt für die Bastzone am 100jährigen Stamme kaum 1 mm Dicke an, was wol zu gering sein dürfte.

[2]) Vgl. de Bary, Vegetationsorgane p. 555.

[3]) Mit centripetal-intermediärer Zellenfolge (Sanio, Jahrb. f. w. Bot. II. p. 39.)

[4]) Geschichtetes Phelloderma vgl. Sanio.

[5]) Vgl. v. Mohl, Bot. Z. 1855 pg. 880.

[6]) Vgl. die Abbildungen bei Dippel, Mikroskop. II. pg. 251 u. 255.

[7]) Vgl. Dippel l. c. und pg. 133.

sehr breite Poren[1]) und durch conjugirende Ausstülpungen (Fig. 30) ausgezeichnet. Die Krystallzellen bilden selten und nur kurze Kammerfasern; sie enthalten weitaus am häufigsten Krystalldrusen[2]). Es geht daraus ein bemerkenswerther Wechsel der Krystallformen hervor, indem die Drusen in immer grösserer Menge hinzutreten und in dem Masse durch Einzelkrystalle ersetzt werden als die Sklerosirung um sich greift.

Die Markstrahlen werden bis 20 und mehr Zellen breit angetroffen. Ihre Elemente sind dünnwandig, wenig gestreckt, durchweg kleiner als die Parenchymzellen, deren Tüpfelung sie auch nicht besitzen, dagegen sehr häufig und unter denselben Verhältnissen wie jene Krystalldrusen und Einzelkrystalle führen. Die breiten Markstrahlen bieten noch die Eigenthümlichkeit, dass die mittleren Partien sklerosiren und dass die Sklerosirung eine Strecke weit in den Holzkörper vordringt, der in Folge dessen mittels Sklerenchymzapfen gewissermassen an die Rinde genietet ist.

Castanea vesca Gärtn., (*Castanea vulgaris* Lam., *Fagus Castanea* L.)

Die mit kurzen, conischen, einzelligen Härchen besetzte Oberhaut wird schon in der ersten Vegetationsperiode abgestossen und überwintert nur an den jüngsten Trieben, die übrigens schon vollkommen von Periderm umgeben sind. Das Periderm entsteht unmittelbar unter der Oberhaut[3]) und besteht wie bei *Quercus* aus ziemlich derbwandigen, mässig abgeplatteten und schichtenweise von braunem Inhalt erfüllten Korkzellen.

Die Borkebildung beginnt spät[4]). An zwölfjährigen Stämmen habe ich noch Oberflächenperiderm gefunden, doch bestand das Phelloderma aus beträchtlich verbreiterten Zellen und es schien demnach die Neubildung aus dem Phellogen dem Dickenwachsthum nicht mehr Schritt halten zu können. Die Borke erreicht eine Mächtigkeit von mehreren Centimetern. Die Schuppen sind klein, aber dick (bis 3 mm) und haften innig an einander. Am geglätteten Querschnitte erscheinen die Peridermschichten als röthliche, verschieden dicke (bis 0,5 mm) anastomosirende Linien und zwischen ihnen, schon dem freiem Auge kenntlich, die äusserst zarte tangentiale Bänderung der Bastfasergruppen. Die Korkzellen sind breit, tafelförmig, mässig derbwandig und meist nur in den äusseren Schichten mit braunem Inhalt erfüllt.

Die auf das Periderma folgenden Zellen (Phelloderma) sind wenig axial gestreckt, collenchymatisch (wie bei anderen *Cupuliferen*), der Uebergang zu dem dünnwandigen, hier auffallend rund- und kleinzelligen Parenchym der primären Rinde wenig vermittelt. In zahlreichen, zerstreuten Zellen der primären Rinde befinden sich Krystalldrusen. Die primären Bastfaserbündel werden in weiten, nach aussen convexen Bogen angelegt mit kleinen Zwischenräumen, welche durch spärliche Steinzellen ausgefüllt werden, die wesentlich grösser als das dünnwandige Parenchym, deutlich geschichtet und reichporig sind. Während bei anderen *Cupuliferen* der Sklerenchymring durch andauernde Production von Steinzellen längere Zeit geschlossen bleibt, wird hier der Sklerenchymring frühzeitig zerrissen und man findet in mehrjährigen Stengeln die primären Bastfaserbündel

---

[1]) Die Poren sind mitunter so gross, dass die Zellen netzförmig verdickt erscheinen.
[2]) Vgl. S a n i o, Monatsber. d. Berliner Akad. d. W. 1857 pg. 252 ff.
[3]) In centrifugal-intermediärer Zellenfolge (S a n i o, Jahrb. f. wiss. Bot. II. 39.)
[4]) Nach H a r t i g (Forstl. Culturgewächse p. 151) im 10.—20. Jahre.

und kleinere Gruppen, sogar vereinzelte Steinzellen in wechselnden Abständen im Kreise geordnet. Doch kommt die Sklerosirung einzelner Zellen auch noch späterhin, hie und da selbst in alter Stammrinde vor.

Die secundären Bastfasern treten zunächst in schmalen, zwei- bis vierreihigen tangential gestreckten Gruppen zerstreut auf, schliessen allmälig mehr zusammen und bilden endlich auf lange Strecken concentrische, nur von den Markstrahlen unterbrochene, bis sechsreihige (0,07 mm breite) Bänder (Fig. 31).

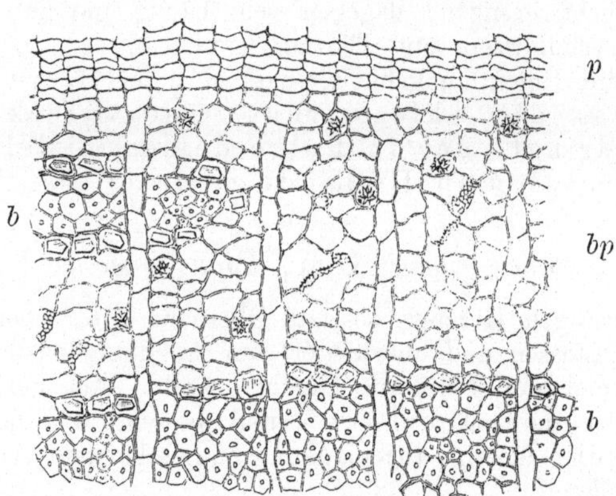

Fig. 31. *Castanea vesca* Gaertn. Querschnitt durch den Bast (160). *p* Inneres Periderma; *b* Bastfaserbündel zu tangentialen Platten verbunden, von stets dünnwandigen Markstrahlen durchzogen und an den tangentialen Flächen mit Kammerfasern belegt; im Weichbaste *bp* zerstreute Drusenschläuche und Siebplatten im Durchschnitte.

Ihre Abstände in radialer Richtung sind sehr verschieden, doch meist die Breite der Bastfaserplatten mehrfach übertreffend. Im Weichbaste ist an manchen Stellen eine Schichtung des weitlichtigen, unregelmässig verzerrten Siebröhrengewebes (Fig. 31) mit dem engeren Bastparenchym bemerkbar, häufig sind aber die Siebröhrenstränge auch isolirt. Wie schon angedeutet, sind Steinzellen in der secundären Rinde ein sehr seltenes Vorkommniss. Auch die Krystalldrusen, welche in den jüngeren Schichten des Bastes noch in überwältigender Menge vorkommen, werden immer spärlicher und in alter Rinde wird Kalkoxalat fast ausschliesslich in Form von Einzelkrystallen in sklerotischen Kammerfasern angetroffen, welche die Bastfaserbündel innen und aussen begrenzen; Drusen sind im Weichbaste ganz vereinzelt, hier und da in dünnwandigen Kammerfasern.

Die Markstrahlen sind immer einreihig und bestehen aus weiten, dünnwandigen Zellen, welche auch zwischen den Bastfaserplatten in der Regel keine Krystalle führen.

Die Bastfasern haben ansehnliche Länge (1,5 mm und auch darüber), sind ziemlich geradläufig, in verschiedenem Grade stumpf endigend, an den Seiten ausgezackt. Ihre Breite beträgt höchstens 0,03 mm, die Verdickung ist vollständig, mit scharf abgegrenzter Primärmembran. Sie sind innig miteinander zu mehrere Centimeter langen, flachen Bändern verbunden. Die Siebröhren setzen sich aus etwa 0,5 mm langen, 0,045 mm breiten Gliedern zusammen, deren Enden löffelförmig verbreitert und mit einem System stark geneigter, breiter, grossporiger Siebplatten besetzt sind. Der mittlere porenfreie oder ein zartes netziges Relief tragende Theil misst häufig nur ein Drittel der ganzen Gliedlänge. Die Parenchymfasern bestehen aus verschieden breiten (meist 0,015 mm), axial gestreckten, breitporigen, gewöhnlich nicht conjugirten Zellen.

Ulmaceae.

Die untersuchten Ulmen zeigen grosse Uebereinstimmung unter einander im Baue der Rinde und ebenso grosse Verschiedenheit gegenüber den nächst verwandten Ordnungen.

Das Oberflächen-Periderma entsteht immer in der ersten Vegetationsperiode unmittelbar unter der Oberhaut und besteht aus dünnwandigen, weiten Korkzellen. — Die Borkebildung beginnt sehr frühzeitig, in einzelnen Fällen schon im dritten Jahre. Bis dahin erreicht die Entwicklung des Oberflächen-Periderma in den bekannten Kork-Ulmen eine sehr bedeutende Mächtigkeit. Ein wesentlicher Unterschied besteht aber in der Peridermbildung der einzelnen Arten nicht, vielmehr kommen zahlreiche Uebergänge vor. Immer besteht der Kork aus grossen, dünnwandigen, weitlichtigen, dem Eichenkork ähnlichen Zellen. Phelloderma bildet sich aus den oberflächlichen und aus den inneren Phellogenschichten.

Die primäre Rinde gleicht bezüglich des collenchymatischen Hypoderma und des an Intercellularen Dehiszenzen reichen Parenchyms jener der *Betulaceen* (Fig. 25) und Verwandten, führt aber beinahe ausschliesslich Einzelkrystalle, sehr vereinzelt Drusen, was um so bemerkenswerther ist, als sie sowol wie die durch phellogene Zellen verstärkte Mittelrinde ausgezeichnet ist durch den Mangel sklerotischer Parenchymzellen. Es können demnach die primären Bastfaserbündel zu keinem Steinzellenring geschlossen werden. Zahlreiche Zellen enthalten grosse Einzelkrystalle, welche dem klinorhombischen Systeme angehören, aber hier in charakteristischen prismatischen (Fig. 33) und Zwillingsformen auftreten.

In der secundären Rinde ist Sklerenchym ausschliesslich in Form von Bastfasern vertreten. Diese sind im Allgemeinen zu tangentialen Bündeln geordnet, es zeigen sich aber bezüglich der Dichte der Gruppirung und der Regelmässigkeit der Schichtung erhebliche Unterschiede. Die Bastfasern liegen lose nebeneinander und bilden unregelmässige, vielfach unterbrochene Gruppen bei *U. effusa*, sie liegen in schmalen, lockeren tangentialen Reihen ohne eigentlich zu Gruppen vereinigt zu sein bei *U. suberosa* und *fulva*, sie sind endlich zu ziemlich festgefügten, immer nur aus wenigen Fasern bestehenden Bündeln vereinigt, die sich zu unterbrochenen tangentialen Reihen zusammensetzen bei *U. campestris*. Allen Arten gemeinsam ist die geringe Breite der Bastfaserschichten sowol wie der Schichten des Weichbastes. Diese zeigen häufig, nicht immer, auch eine abwechselnde Lagerung zwischen Parenchym- und wesentlich weitlichtigeren und unregelmässiger conturirten Siebröhrengruppen. Krystalle, ähnlich denen der Mittelrinde nur hier und da von überraschender Grösse (0,08 mm) in einzelnen Zellen, kommen in grosser Menge, auch in Kammerfasern die Bastfasern begleitend, vor. Grosse (0,12 mm diam.) rundliche, axial etwas gestreckte dünnwandige Zellen, welche mit einem in Wasser löslichen, in Alcohol feine Schichtung zeigenden Schleime erfüllt sind, kommen unregelmässig zerstreut in wechselnder Menge, in manchen Rinden gar nicht (vielleicht individuell?) vor. Die übrigen Elemente der Rinden besitzen zum Theile charakteristische Eigenthümlichkeiten. Die Bastfasern sind unverholzt, sehr lang, dünn, glattwandig, da auch die begleitenden Kammerfasern keine Spuren abdrücken; am Querschnitte seltener polygonal als rundlich weil sie sehr lose gruppirt sind. Die primäre Verdickungsschicht ist scharf abgegrenzt von der mächtigeren, bis zum Schwinden des Lumens gehenden inneren gallertartigen, mit Chlorzinkjod sich bläuenden Lamelle. Die Siebröhren besitzen kurze, weite Glieder, welche mit nahezu horizontalen Endflächen (auf Querschnitten gut sichtbar) aufeinander stossen, und hier ein grossmaschiges Netz zarter Verdickungsleisten tragen: die Poren sind gewöhnlich 0,01 mm weit Die Seitenwände haben ein den Netzgefässen oder Treppengefässen ähnliches Relief mit zarten Verdickungsleisten als Interstitien der dünnen, ungemein feinporigen (oft ganz glatt erscheinenden) Siebfelder. Die radialen und horizontalen Wände der derbwandigen Parenchymzellen tragen ungewöhnlich grosse Poren, conjugiren aber in der Regel nicht.

Die Markstrahlzellen, welche meist in 3—4 Reihen verlaufen und keine Krystalle enthalten, sind kaum dünnwandiger als das Bastparenchym und radial gestreckt.

Ulmus effusa Willd.

Ein Periderm aus breiten, stark abgeplatteten, mässig derbwandigen, in den äusseren Lagen mit braunem Inhalt erfüllten Korkzellen ist schon an den jüngsten, überwinternden Internodien an Stelle der Epidermis getreten[1]). Die Mittelrinde von bemerkenswerth geringer Mächtigkeit (oft nur 0,15 mm) enthält in dem collenchymatischen Hypoderma, sowie in den inneren, lose verbundenen, dünnwandigen Zellen grosse Einzelkrystalle, selten Drusen; Steinzellen fehlen vollständig. Die primären Bastfaserbündel bleiben isolirt und werden in Folge des Dickenwachsthums in kleineren Gruppen auseinander gedrängt.

Die Borkebildung beginnt mitunter schon im dritten Jahre. Die inneren Periderme bestehen aus abwechselnden Schichten weiter, dünnwandiger, luftführender und tafelförmiger brauner Korkzellen, denen sich ein Phelloderma aus 6—10 Zellenreihen anschliesst. Sie trennen 2—3 mm dicke, wenig umfangreiche Borkeschuppen ab, die lange Zeit am Stamme bleiben, der dadurch mit dicker, tiefrissiger Rinde bedeckt erscheint.

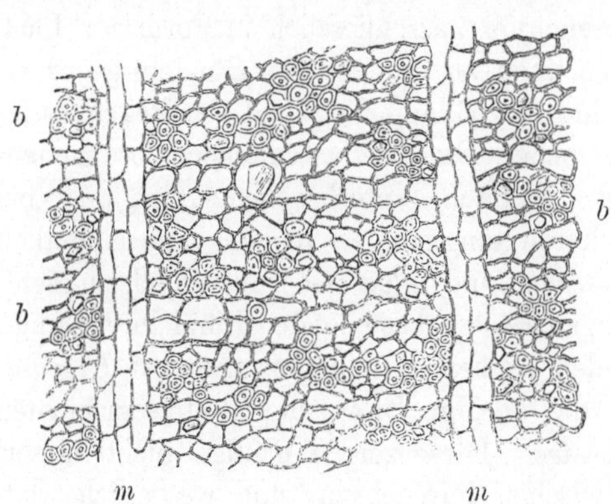

Fig. 32. *Ulmus effusa* Willd. Querschnitt durch den Bast (160). Die Bastfaserbündel in lockeren tangentialen Schichten ohne Beziehung zu den im Weichbaste reichlich — mitunter in grossen Schläuchen — vertheilten Krystallen; in den Markstrahlen *m* fehlen Krystalle.

[1]) Es bildet sich nach Sanio (Jahrb. f. w. Bot. II. p. 39) mit centrifugal-intermediärer Zellenfolge aus der obersten Rindenzellenreihe.

Auch die secundäre Rinde (Fig. 32) ist frei von Sklerenchym. Die Bastfasern von eigenthümlicher Gestalt sind vereinzelt oder in lose, unregelmässige Gruppen neben einander gelagert. Der Weichbast dagegen besitzt eine tangentiale Schichtung, indem meist einfache oder doppelreihige, durch weiteres Lumen, rechteckige Conturen und etwas derbere Wände ausgezeichnete Zellen dem sonst verworrenen Gewebe aus Bastfasern, Parenchym und Krystallschläuchen einige Regelmässigkeit verleihen.

Die Bastfasern sind sehr (bis über 2 mm) lang, glatt, meist sehr fein zugespitzt oder breit abgerundet, in hohem Grade biegsam; sie sind nur 0,01 mm breit, am Querschnitte rundlich, nahezu vollständig verdickt, mit scharf abgegrenzter, anscheinend derberer Innenschicht, der die Aussenschicht wie ein Schlauch anliegt. Siebröhren (Fig. 33) sind schon auf Querschnitten durch ihr weites Lumen (0,03 bis 0,05 mm) kenntlich und sehr häufig sieht man auch die sehr weit gegitterten, von zarten Leisten polygonal umsäumten Poren der fast horizontalen Endflächen der Glieder, die weder verdickt noch mit Callus bedeckt sind. Die Seitenflächen der Siebröhren tragen netzig anastomosirende Verdickungsleisten, die dünnen Wandflächen (Siebfelder) dazwischen sind äusserst feinporig. Parenchym tritt in verschiedenen Formen auf: als schmale, tonnenförmig gestreckte Zellen (in radialer Ansicht) und als breite (0,02 mm), wenig gestreckte Zellen. Sie sind ausgezeichnet durch grosse, rundliche Tüpfel, die auf der radialen Seite der Zellen in einer verticalen Reihe stehen. Die Krystallzellen endlich, dünnwandiger als das übrige

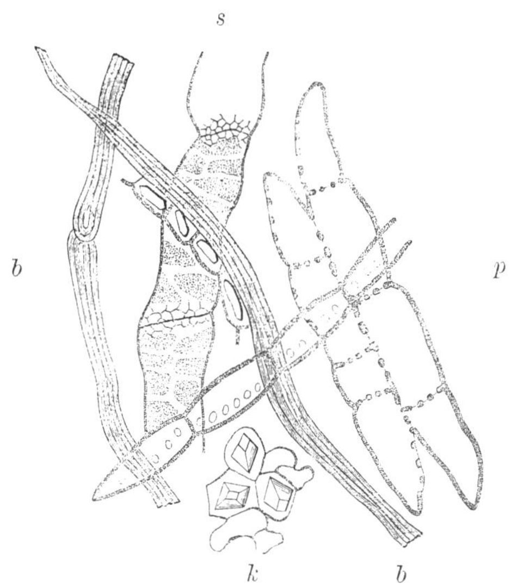

Fig. 33. *Ulmus effusa* Willd. Isolirte Elemente des Bastes (300). *b* Bastfasern, mitunter stumpf endigend oder von einer Kammerfaser begleitet; *s* kurze und weitlichtige Siebröhrenglieder mit einfachen Querplatten und grossen Siebfeldern an den Seiten; *p* derbwandige grob getüpfelte Parenchymfasern; *k* Gruppe zartwandiger Krystallzellen.

Parenchym und verschieden gestaltige, vereinzelt ausserordentlich grosse Einzelkrystalle enthaltend, bilden sowol Kammerfasern als Gruppen (Fig. 33). Sie sind nicht an den Verlauf der Bastfasern gebunden und wenn sie dieselben begleiten, ist ihre Verbindung doch lose, so dass die Bastfasern immer glatte Wände behalten.

Die Markstrahlen enthalten bis 4 Reihen derbwandiger weitlichtiger Zellen.

Ulmus suberosa Moench.

Diese vielfach als Varietät von *U. campestris* betrachtete Art zeigt im Baue der Rinde einige erwähnenswerthe Abweichungen. Schon an zweijährigen Trieben habe ich 2 mm hohe Korkflügel gefunden[1]) und an den jüngsten Internodien derselben Triebe war die mit kurzen, conischen Haaren besetzte Oberhaut noch er-

---

[1]) De Bary, Vegetationsorgane p. 575 gibt an, dass das erste Periderm im 6. Jahre abgeworfen wird.

halten und unter ihr bereits 4 Reihen weiter und dünnwandiger Korkzellen entwickelt. Die inneren Korkhäute zählen nur wenige (8—12) Reihen den oberflächlichen gleicher Zellen. Die secundäre Rinde besitzt eine ausgesprochene Schichtung, indem die im Ganzen spärlichen Bastfasern in tangentialen Reihen geordnet sind, ohne geschlossene Gruppen zu bilden. Im Weichbaste treten in ansehnlicher Menge grosse (0,12 mm diam.), rundliche bis eiförmige Schleimzellen auf, deren Inhalt unter Alcohol eine zarte concentrische Schichtung zeigt. Die Krystallzellen sind sehr zahlreich, die Markstrahlen sind aber, wie bei der vorigen Art, frei von Krystallen.

Ulmus campestris Lin. var. *montana*.

Oberhaut, primäre Rinde und Oberflächenperiderm wie bei den vorigen Arten. In der Innenrinde ist die Schichtung deutlich ausgeprägt, schon mit der Loupe gut erkennbar. Die tangentialen Bastfaserreihen sind von wechselnder Breite, ihre Gruppirung ziemlich lose, der Weichbast zwischen ihnen bildet schmale Zonen, die häufig nur aus drei bis vier Zellenreihen bestehen. In den breiteren Weichbastschichten liegen — wie sonst — die weiten Siebröhren in der Mitte, während die Bastfasern unmittelbar von Parenchym begrenzt sind. In der Astrinde habe ich keine Schleimzellen gefunden.

Ulmus fulva Mchx.

Von dieser Art fanden sich in der pharmakognostischen Sammlung der Wiener Universität mehrere Decimeter lange, 5—10 cm breite, 2 mm dicke Bastplatten, an Farbe und Consistenz hartem Leder nicht unähnlich, beiderseits fein längsstreifig, an den Bruchflächen lang- und feinfaserig. Der Querschnitt ist dicht gefeldert von zarten Markstrahlen und tangentialen Linien. Er quillt in Wasser auf die dreifache Breite an und wird von einem klebrig-zähen Schleime eingehüllt, der auch in kochendem Wasser sich nicht vollständig löst.

Die Bastfasern stehen in lockeren tangentialen Reihen und veranlassen im Verein mit dem unmittelbar angrenzenden kleinzelligen Bastparenchym die schon makroskopisch sichtbare Schichtung, welche wesentlich dadurch gehoben wird, dass die Mitte der Weichbastschichten zum grössten Theile von Schleimzellen ausgefüllt wird. Diese sind sehr gross (bis 0,2 mm) und ungemein zahlreich, so dass sie oft sowol in horizontaler, wie in verticaler Richtung bis zur Berührung genähert sind.

Trotz der Trockenheit des Materials ist der feinere Bau der Elemente, der mit dem anderer Ulmen übereinstimmt, sehr gut kenntlich. Namentlich kann man schon an Querschnitten nicht selten die horizontalen Siebplatten mit den ausserordentlich weiten Gittermaschen erkennen[1]).

Celtideae.

Bezüglich des Baues der Rinde stehen die Celtideen zwischen den *Cupuliferen* und *Ulmaceen*. Mit jenen haben sie den geschlossenen Sklerenchymring der Mittelrinde, die umfangreiche Sklerosirung des Bastes (beinahe *Quercus* übertreffend) gemein und unterscheiden sich von ihnen hauptsächlich durch die Lagerung und den Bau der Elemente und durch das in der primären Rinde fast

---

[1]) Beschreibungen der Ulmenrinde vgl. ferner bei Vogl, Comm. zur österr. Pharmacopoe, III. Aufl. p. 227; Hartig, Forstl. Culturpfl. p. 466; Hanstein, Baumrinden p. 49.

ausschliessliche Vorkommen von Einzelkrystallen. Dagegen besteht gerade bezüglich der letzteren Punkte eine nahe Uebereinstimmung mit den Ulmen, von denen sie sich in der Neigung zur Sklerose und der damit wol zusammenhängenden spärlichen Bildung von Bastfasern mit zunehmendem Alter, durch den Mangel von Schleimzellen, durch die abweichenden Krystallformen unterscheiden; ein von allen verwandten Ordnungen auszeichnendes Merkmal ist die schichtenweise Sklerosirung der Periderme.

Celtis bildet schon in der ersten Vegetationsperiode unmittelbar unter der Oberhaut einen geschlossenen Korkmantel. Die Thätigkeit des Phellogen ist aber träge; denn das Periderm, welches durch eine Reihe von Jahren ausdauert, besteht immer nur aus wenigen Zellenreihen. Borke bildet sich namhaft später als bei den Ulmen. Die Borkeschuppen sind unregelmässiger, kleinflächiger und namentlich dünner, die Gesammtborke dessenungeachtet sehr mächtig. Die inneren Periderme bestehen aus Schichten dünnwandiger cubischer oder tafelförmiger Korkzellen abwechselnd mit Steinkork und einer breiten, theilweise sklerosirenden Phellodermschicht.

In dem Masse als die primären Bastfaserbündel in Folge des Dickenwachsthums aus einander gedrängt werden, werden die Lücken durch Steinzellen ausgefüllt bis ein fest gefügter, nahezu gleich breiter (1,5 mm) Sklerenchymring mit eingeschlossenen Krystallzellen gebildet ist.

In der secundären Rinde herrscht Weichbast zunächst vor. Er bildet breite, aus Siebröhren und Parenchym geschichtete Lagen, die durch einfache oder doppelte Reihen lose neben einander gelagerter Bastfasern von einander getrennt sind. Noch in der zehnjährigen Rinde sind die Steinzellengruppen spärlich in schmalen tangentialen Reihen anzutreffen. Die Sklerosirung greift immer mehr um sich und in demselben Verhältniss nimmt die Bildung der Bastfasern ab. In alter Rinde, welche zum weitaus überwiegenden Theile aus grossen Sklerenchymklumpen besteht, findet man nur spärlich zerstreute Bastfasern.

Die die Rinde zusammensetzenden Elemente besitzen manche erwähnenswerthe Eigenthümlichkeit. Die Bastfasern der Innenrinde, verschieden von den primären, sind sehr dünn, am Querschnitte rundlich, lang, zugespitzt und vollkommen glatt, ähnlich den Bastfasern der Ulmen. Auch die Siebröhren haben denselben Typus, wie die gleichnamigen Elemente der Ulmen und ebenso die Parenchymzellen. Nur sind beide dünnwandiger bei *Celtis*. Bei *Celtis* kommen gar keine oder hie und da kurze Krystallkammerfasern vor. Die einzelnen sklerotischen Krystallzellen mit grossen isodiametrischen (bei *Ulmus* prismatischen) Krystallen begleiten die Sklerenchymklumpen, Drusenschläuche finden sich (sehr selten in alter sklerotischer Rinde) isolirt im Weichbast. Die Steinzellen, verschieden von denen der Eichen, sind durch feine Schichtung und grobe, reich verzweigte Porencanäle charakterisirt.

Die Markstrahlen sind am häufigsten fünfreihig. Ihre Zellen sind vom Bastparenchym durch ihre schmale, längliche Form und durch kleine, aber dicht gestellte Poren verschieden. Sie führen zumeist keine Krystalle und werden von der Sklerosirung — wenn überhaupt — viel später und in geringerem Umfange ergriffen wie das Bastparenchym.

Celtis occidentalis Lin.

Die mit zahlreichen einzelligen, ziemlich langen (0,2 mm) Härchen besetzte Oberhaut überwintert an den jüngsten Trieben; unmittelbar unter ihr befindet sich eine zwei- bis dreireihige Peridermschicht[1]) aus weitlichtigen, ziemlich derbwandigen Korkzellen, deren äusserste Reihe mit braunrother Masse erfüllt ist. Späterhin werden die Peridermzellen tafelförmig abgeplattet und nur die jüngsten derselben sind von braunem Inhalte frei. Zwischen Periderm und primärem Bastbündel befinden sich nur 4—6 Zellenreihen, welche in ansehnlicher Menge grosse, isodiametrische Einzelkrystalle enthalten. Bemerkenswerth ist, dass diese auch in den der Initialschicht unmittelbar angrenzenden Zellen vorkommen, während sonst in den äussersten, den collenchymatischen Charakter tragenden Zellen der Mittelrinde in der Regel Krystalle fehlen.

Die Borke[2]) bildet sich ziemlich spät, an zwölfjährigen Stämmen habe ich noch Oberflächenperiderm gefunden, aus wenigen z. Th. schwach sklerotischen Korkzellenreihen und einem auch in fertigen Zuständen unverkennbarem Phelloderma bestehend. Die inneren Periderme erreichen bedeutende Mächtigkeit, sind nicht selten dicker als die abgetrennten Rindentheile und mehrfach geschichtet. Auf mehrere Reihen dünnwandiger Zellen folgen unvermittelt mehrere Lagen Steinkork, die nach innen allmälig in dünnwandige Korkzellen übergehen, welche letztere abermals plötzlich sklerotisch werden u. s. w. Auch sie besitzen ein bis zwanzig Zellen breites Phelloderma, welches zum grossen Theile und häufig schichtenweise sklerosirt. Die Korklamellen verlaufen sehr unregelmässig wegen der ihrer Bildung im Wege stehenden grossen Sklerenchymklumpen, die Borkeschuppen sind klein und dünn, aber fest haftend, so dass der Stamm nicht selten mit einer mehrere Centimeter dicken Borke bekleidet bleibt, während die lebende Rinde nicht über 3 mm dick ist.

Die halbmondförmigen Gruppen primärer Bastfasern werden frühzeitig von Steinzellen eingesäumt und zu einem geschlossenen Sklerenchymring verbunden, der bei weiterem Dickenwachsthum durch Sklerosirung der in den Lücken eintretenden Parenchymzellen immer ergänzt wird. Die primären Bastfasern sind auffallend breit (0,025 mm), vollkommen verdickt, mit abgegrenzter Primärmembran und einfachen Poren. Die Steinzellen sind klein, isodiametrisch oder tangential gestreckt (bis 0,045 mm), in verschiedenem Grade aber niemals vollständig verdickt und von zahlreichen verästigten Poren durchsetzt. Schon in federspulendicken Zweigen besteht der Sklerenchymring vorherrschend aus Steinzellen und Krystallzellen, die Bastfasern sind auseinander gedrängt.

Innerhalb des Sklerenchymringes vermitteln noch einige Reihen chlorophyllführender Zellen den Uebergang zur secundären Rinde, welche in der Jugend regelmässig wechselnde Schichten von Weichbast und Bastfasern bildet. Die letzteren bestehen aus lose neben einander gelagerten, spärlichen, selten zu kleinen Gruppen gehäuften Bastfasern, die unterbrochene tangentiale Reihen bilden. Die bedeutend breiteren Schichten des Weichbastes bestehen vorherrschend aus Siebröhren mit sehr zarten, tangential zusammengedrückten Wänden und dazwischen aus häufig einfachen tangentialen Reihen dünnwandiger Parenchymzellen.

---

[1]) Nach Sanio (Jahrb. f. wiss Bot. II. p. 39) mit centrifugal-reciproker Zellenfolge aus der obersten Rindenzellenreihe gebildet.

[2]) Vgl. Hartig, Forstl. Culturpfl. p. 451 u. 466.

Schon im dritten Jahre beginnt die Sklerosirung des Parenchyms (Fig. 34) und nimmt immer grössere Dimensionen an, so dass alte Rinden zum weitaus überwiegenden Theile aus Sklerenchym bestehen. Die bis hirsekorngrossen Klumpen aus Steinzellen und sklerotischen Krystallzellen[1]) (grosse Einzelkrystalle) verwischen die ursprüngliche Schichtung des Bastes, die nur hie und da in den von der Sklerosirung verschont gebliebenen spärlichen Inseln noch kenntlich ist.

Die Bastfasern sind lang (1,5 mm), fein gespitzt, glattwandig und dünn (0,012 mm). Die Steinzellen erreichen keine bedeutende Grösse (0,06 mm), sind meist isodiametrisch und nahezu bis zum Schwinden des Lumens verdickt mit sehr feiner Schichtung und zahlreichen, groben, reich verzweigten Porenkanälen. Die ihnen vergesellschafteten, in anderen Theilen der Innenrinde nur ausnahmsweise vorkommenden Krystallzellen enthalten grosse (0,045 mm) Einzelkrystalle in ungeschichteten und porenfreien Verdickungsmassen. Die Elemente des Weichbastes sind durch besonders dünne Membranen ausgezeichnet. Die Siebröhren erscheinen

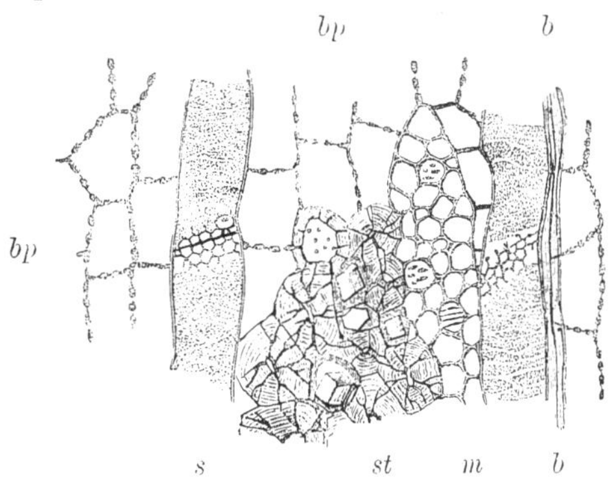

Fig. 34. *Celtis occidentalis* L. Sehnenschnitt durch den Bast (300). *st* eine Sklerenchymgruppe mit eingeschlossenen sklerotischen Krystallzellen; *s* Siebröhren, denen von *Ulmus* ähnlich; *bp* Bastparenchym; *m* ein Markstrahl; *b* eine Bastfaser.

schon in lebendem Materiale als zusammengefallene, 0,05 mm weite Schläuche. Die wenig geneigten, weder verbreiterten noch verdickten Endflächen der kurzen Siebröhrenglieder tragen ein aus zarten Verdickungsleisten gebildetes weitmaschiges Netz. Ihre Seitenwände erscheinen bei mässig starken Vergrösserungen wie gerunzelt in Folge der dicht an einander gerückten äusserst feinporigen Siebfelder (Fig. 34). Die Parenchymzellen sind in tangentialer Richtung abgeflacht, auf Radialschnitten tonnenförmig schmal, auf Sehnenschnitten etwa doppelt so lang als breit, die radialen und horizontalen Wandflächen dicht mit grossen, rundlichen Poren besetzt.

Die meisten Markstrahlen sind fünf- bis sechsreihig. Sie werden durch die Sklerenchymklumpen vielfach verdrängt und zusammengedrückt, doch nehmen sie an der Sklerosirung selten Theil; ihre Zellen führen mitunter Krystalldrusen wie sie in grösserer Menge im Bastparenchym vorkommen.

Celtis Tournefortii Lam.

Die Rinde dieser Art stand mir nur in jüngeren, borkefreien Exemplaren zur Verfügung. Sie zeigte vollkommene Uebereinstimmung mit der vorigen, namentlich die geringe Entwickelung der Mittelrinde, Krystalle in den äussersten Zellenlagen derselben, einen 1,2 mm breiten, dicht gefügten Sklerenchymring mit zahlreichen eingeschlossenen Krystallzellen und zersprengten Bastfaserbündeln; in der secundären Rinde isolirte, tangential gestreckte Steinzellengruppen im älteren Theile derselben, in den jüngeren (inneren) Theilen breite Weichbastschichten durchzogen von lückenhaften Bastfaserreihen.

---

[1]) Vgl. Pfitzer, Flora 1872 p. 95.

Moreae.

Das bei allen Gattungen zunächst hervortretende Kennzeichen sind die in der secundären, selten in der primären (Fig. 36) Rinde *(Maclura, Ficus)* zerstreuten Milchsaftröhren der ungegliederten Form[1]).

Im Uebrigen bieten die Gattungen, selbst Arten untereinander manche Verschiedenheiten und anderseits wieder Anknüpfungspunkte mit denen verwandter Ordnungen. Einen Sklerenchymring im geläufigen Sinne d. i. entstanden durch Sklerosirung des zwischen und um die primären Bastfasern gelegenen Parenchyms, habe ich bei keiner der untersuchten Arten gefunden. *Morus alba* bildet einen selbstständigen, ausserhalb der primären Bastzone gelegenen Steinzellengürtel mit geringen Unterbrechungen. Die primäre Rinde von *Ficus* ist durch ihre Mächtigkeit vor den Uebrigen ausgezeichnet sowie durch den typischen collenchymatischen Bau ihrer äusseren Schichten. Dagegen bildet *Maclura* gar kein collenchymatisches Hypoderma und bei *Morus* nimmt ein sehr schwaches, bei *Broussonetia* ein typisches Collenchym die Mitte der primären Rinde ein. Die primären Bastfasern (Fig. 36) aller Arten sind durch ihre Breite und bandförmige Abplattung bemerkenswerth. Das Vorkommen von grossen Einzelkrystallen ist schon in der primären Rinde entschieden vorherrschend, nur bei *Maclura, Broussonetia* und *Ficus* habe ich auch vereinzelte Drusen angetroffen.

Das Periderma bildet sich immer in der ersten Vegetationsperiode unmittelbar unter der (bei *Maclura* doppelten) Oberhaut (Fig. 36). Innere Periderme vermisste ich ganz bei *Broussonetia*, von der ich alte Stämme (aus Griechenland) untersuchte und an gleichfalls sehr alten Stämmen von *Ficus* derselben Provenienz. Bei der ersteren fand sich ein vielschichtiger, kleinzelliger Plattenkork, bei der letzteren ein gleichfalls kleinzelliger aber weniger abgeplatteter oft sogar radial gestreckter und derbwandigerer Kork. Die Borke bei *Morus* entwickelt sich spät und ist sehr kleinflächig bei ziemlicher Dicke. Bei *M. nigra* besteht das Periderm aus derbwandigen, weitlichtigen Zellen wie bei *M. alba* wo aber abwechselnd auch Schichten entschieden sklerotischer Korkzellen vorkommen. Die Borke von *Maclura* ist grossflächig; die Peridermschichten, mit freiem Auge eben als zarte Linien sichtbar, bestehen aus sehr weiten, zartwandigen in etwas flachere und derbe Formen übergehenden Korkzellen mit Nestern oder kleinen Platten von Steinkork. Auch die Oberflächenperiderme von *Ficus* sklerosiren. Innere Phelloderme scheinen nicht gebildet zu werden.

In der secundären Rinde beziehen sich die Unterschiede auf das quantitative Verhältniss und auf die Anordnung der Elemente. Eine kurze Charakteristik der Arten würde lauten: Sehr spärliche Bastfasern, zahlreiche Kammerfasern mit grossen Einzelkrystallen in annähernd tangentialen Reihen: *Maclura*; Weichbast noch weitaus vorherrschend, Bastfasern ziemlich zahlreich, aber meist iso-

---

[1]) Vgl. de Bary, Vegetationsorgane pg. 200 f.

lirt; Krystallzellen häufiger vereinzelt als in Kammerfasern: *Ficus;* Bastfasern zu ansehnlichen Gruppen gehäuft, in manchen Strahlen den Weichbast an Menge entschieden übertreffend, in anderen zahlreich aber isolirt regellos zerstreut; *Ficus* am nächsten stehend: *Broussonetia;* Bastfasern in manchen Strahlen sehr spärlich, in anderen zu lockeren tangentialen Reihen verbunden, zwischen denen der Weichbast mehrfach breitere Schichten bildet; ausgebreitete Sklerosirung des Bastparenchyms; Krystalle ziemlich reichlich: *Morus.*

Charakteristischer als die Anordnung der Elemente ist ihr feinerer Bau, welcher bei allen untersuchten Arten nur geringfügige Abweichungen zeigt. Die Bastfasern sind mehrere Millimeter lang, sehr geschmeidig (unverholzt), spulenrund oder bandartig, selten polygonal abgeplattet, weil sie auch in den Gruppen nur lose neben einander liegen. Ihre Seitenwände sind glatt ohne Spuren der Nachbarzellen, die Krystallzellen stehen zu ihnen in keiner Beziehung. Die Siebröhren sind sehr dünnwandig und weitlichtig. Ihre Seitenwände sind dicht mit feinporigen, netzig angeordneten Siebfeldern zwischen schmalen Interstitien besetzt, während die horizontalen oder doch wenig geneigten Endflächen — an Querschnitten sehr gut sichtbar (Fig. 35) — ein verhältnissmässig grossmaschiges Netz zarter Verdickungsleisten tragen. Wie die Siebröhren, so sind auch die Parenchymzellen den gleichnamigen Elementen der *Celtideen* und *Ulmaceen* sehr ähnlich durch die breiten Poren auf der radialen Seite. Die Milchsaftröhren (Fig. 35) der *Moreen* sind ungemein lange, gleich weite, geschmeidige Schläuche mit mässig dicken, in verschiedenem Grade quellbaren, glatten, glänzenden Wänden. Sie sind, meiner Ansicht nach, entschieden keine Zellfusionen; die ab und zu in ihnen auffindbaren Querwände zeigen durch ihre Zartheit, sowie dadurch, dass sie die Membranen nicht durchsetzen, sondern nur das Lumen trennen ihre spätere Bildung an, in ähnlicher Weise, wie *Sanio* die Fächerung der Libriformfasern erklärt hat.

Alle Arten besitzen breite, aus weitlichtigen, dünnwandigen Zellen bestehende Markstrahlen, welche auch bei *Morus* nur ausnahmsweise sklerosiren und weit spärlicher Krystalle führen als das Bastparenchym, zumeist derselben völlig entbehren. Krystalldrusen fehlen im Baste überhaupt.

Morus alba L.

Die mit kurzen, conischen Härchen besetzte Epidermis überwintert an den jährigen Trieben. Das Oberflächenperiderm entwickelt sich langsam [1]. Im ersten und zweiten Internodium besteht es aus einer einfachen Zellenreihe und mit jedem absteigenden Internodium etwa tritt eine Zellenreihe hinzu. Die Peridermzellen sind ziemlich derbwandig, fast so hoch als breit, wesentlich grösser als die Oberhautzellen, die älteren mit braunem Inhalt erfüllt.

Armdicke Aeste pflegen noch von dem hellgrauen Periderm bedekt, borkefrei zu sein. Die inneren Periderme bestehen aus grossen, fast regelmässig

---

[1] Aus der obersten Rindenzellenreihe in centrifugal-reciproker Zellenfolge (Sanio, Jahrb. f. wiss. Bot. II. p. 39).

cubischen derben, ab und zu schwach sklerotischen Zellen. Sie erscheinen am Querschnitte dem unbewaffneten Auge als gelbe, vielfach anastomosirende Linien. Die Borkeschuppen[1]) sind sehr klein, wenig über Millimeter dick. Sie bedecken in mehreren innig verbundenen Lagen die etwa 3 mm dicke lebende Rinde.

Das Parenchym der Mittelrinde ist kleinzellig, auf die Breite von 0,15 mm kommen 12—14 Zellenreihen, besonders in der Mittellage derbwandig und reichlich quadratische Einzelkrystalle führend. Die massigen primären Bastfaserbündel treten in grosser Zahl und einander sehr genähert auf. Sie bestehen aus sehr langen, weichen, schlauchartig zusammengedrückten, 0,025 mm breiten Fasern mit spaltenförmigem Lumen (vgl. Fig. 38). In ihrer unmittelbaren Umgebung ist das Parenchym dünnwandig und bleibt es. Dagegen treten frühzeitig in dem nach aussen gelegenen Theile der primären Rinde vereinzelte sklerotische Stabzellen auf und schon in den älteren Theilen des einjährigen Triebes ist die Sklerosirung des Parenchyms so weit vor geschritten, dass die in Kreise geordneten kleinen Sklerenchymgruppen nur geringe Unterbrechungen zeigen. Die Steinzellen sind klein (die grössten etwa 0,03 mm) isodiametrisch oder stabförmig (0,05 mm lang, 0,008 mm breit) dünn, immer fein geschichtet und reichporig. Besonders in der Umgebung der Sklerenchymzone sind Krystallzellen gehäuft.

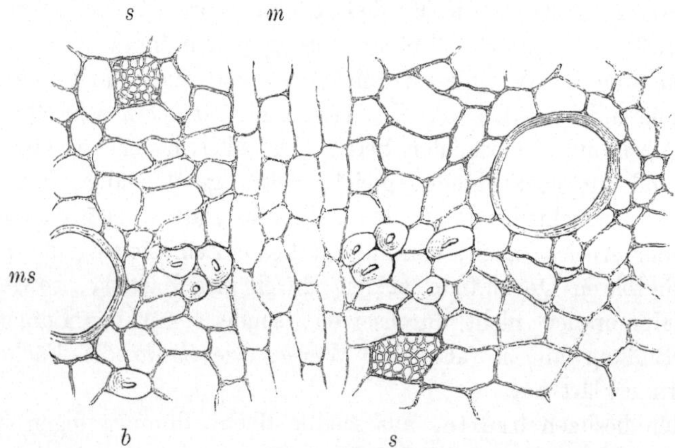

Fig. 35. *Morus alba* L. Querschnitt durch den Bast (300). Im grosszelligen Weichbaste zerstreute Bastfaserbündel *b*; *ms* Milchsaftschlauch; *s* Querplatten der Siebröhren; *m* Markstrahl. Die regellos vertheilten Krystalle sind nicht gezeichnet.

In der secundären Rinde ist eine Schichtung kaum angedeutet. Die Bastfasern sind einzeln oder in lockeren Gruppen, die sich mitunter tangential ordnen, im Weichbaste zerstreut (Fig. 35). In diesem ist an vielen Stellen eine wechselnde Lagerung weitlichtiger Siebröhren mit den engeren und etwas derbwandigeren Parenchymzellen bemerkbar, doch häufig sind auch diese Elemente vermischt anzutreffen. Unregelmässig zerstreut, aber in ziemlich grosser Menge und meist von Parenchym umgeben, kommen Milchsaftschläuche vor. Ebenso sind die Kystallzellen regellos zerstreut, in keiner Beziehung zu den Bastfasern, nur hie und da in kurzen Kammerfasern. Sie führen ausnahmslos isodiametrische Einzelkrystalle. Um die Zeit der Borkebildung, welche spät

---

[1]) Vergl. Hartig, Forstl. Culturpfl. pg. 466.

anhebt, beginnt die Sklerosirung des Bastparenchyms und greift dann rasch um sich. Es bilden sich umfangreiche, über die Breite mehrerer Baststrahlen sich erstreckende vorherrschend axial gestreckte S k l e r e n c h y m k l u m p e n, die schon mit unbewaffnetem Auge als unregelmässige, oft hirsekorngrosse Flecken sichtbar sind. Doch sind die jüngeren Theile selbst sehr alter Stammrinde frei von Sklerenchym.

Die Bastfasern sind den primären ähnlich; bei der Breite von 0,025 mm entfallen auf das Lumen 0,008 mm. Sie sind sehr lang, ich mass 4,2 mm; allmälig in eine stumpfe Spitze verjüngt und vollkommen glattwandig. Ihre zarte Aussenschicht, welche in der Flächenansicht oft runzelig gefaltet erscheint, wird mitunter beim Maceriren in Alkalien zerstört und dann quillt die Faser wurstförmig auf die doppelte Dicke an, wobei auch das Lumen schwindet. Die Siebröhren sind sehr dünnwandig, meist 0,036 mm weit, an den Seitenwänden (vorwiegend an den t a n g e n t i a l e n) dünne netzig anastomosirende Verdickungsleisten tragend, deren weite Zwischenräume von kaum wahrnehmbaren Poren durchbohrt sind. Die Enden der Siebröhrenglieder sind weder verbreitert noch verdickt, stossen mit wenig geneigten oder horizontalen, zierlich gegitterten Endflächen aneinander (Fig. 35). Das Parenchym ist in tangentialer Richtung abgeflacht, 0,025 mm breit und trägt nur auf den schmalen, r a d i a l e n Seiten grosse rundliche Tüpfel in einer verticalen Reihe. Die Steinzellen sind isodiametrisch, durchweg klein (0,03 mm), geschichtet, mit zahlreichen groben Poren. Die Milchsaftschläuche sind am Querschnitte kreisrund, im Lumen bei unbedeutenden Schwankungen meist 0,04 mm weit. Ihre Wände sind dick (0,008 mm), knorpelartig glänzend und glatt. Sie übertreffen an Länge die Bastfasern noch bedeutend, bestehen unzweifelhaft aus einer einzigen Zelle, nur ab und zu treten später zarte Scheidewände auf[1]) (wie bei den gefächerten Libriformfasern).

Die Markstrahlen sind meist vierreihig, ihre Zellen dünnwandig, verschieden gestaltet, doch immer kleiner als das Bastparenchym, von dem sie sich auch durch die Tüpfelung unterscheiden. Wo sie von Sklerenchym eingeengt werden, nehmen auch die Randzellen in geringem Masse an der Sklerose Theil. Kalkoxalat wird in ihnen nur spärlich und immer in Form von E i n z e l k r y s t a l l e n abgelagert.

Morus nigra Poir.

Die lebende Rinde eines alten, mit 4 mm dicker Borke bedeckten Stammes enthielt k e i n S k l e r e n c h y m. In der Borke finden sich tangential gestreckte Gruppen stark verdickter, mit rothbraunem Inhalt erfüllter Steinzellen, eingeschlossen von breiten Schichten d e r b w a n d i g e r, w e n i g a b g e f l a c h t e r, l u f t f ü h r e n d e r K o r k z e l l e n. Die Sklerosirung des Bastparenchyms fällt demnach zeitlich zusammen mit der Anlage des Korkmeristems; nur an der Innengrenze des letzteren findet man einzelne Steinzellen, während der übrige, 2—3 mm breite Theil der lebenden Rinde von denselben vollständig frei ist. Die Schichtung des Bastes ist in trockenem Materiale deutlich ausgeprägt, wenngleich die Bastfasern nicht in geschlossenen Bändern auftreten, sondern einzeln oder in kleinen Gruppen in unterbrochene tangentiale Reihen geordnet sind. Die Weichbastschichten sind bedeutend breiter und bestehen vorherrschend aus weitlichtigen (0,06 mm) dünnwandigen, selten zusammengefallenen Siebröhren, deren horizontale Endflächen mit dem zierlichen, regelmässig grossmaschigen Verdickungsnetz (Fig. 35) sehr häufig auf Querschnitten sichtbar sind, während die Längsflächen dicht mit feinporigen, netzig angeordneten Siebfeldern (Fig. 34) bedeckt sind. Die zahlreichen Milchsaftschläuche mit wenig verdickten Wänden sind meist leer, ihr Lumen verzogen,

---

[1]) Vgl. A. d e B a r y, Vegetationsorgane p. 205.

bis 0,12 mm weit. Krystallzellen sind selten und völlig unabhängig von den Bastfasern. Die Markstrahlen, vier- bis fünfreihig, sind sehr breit wegen der Grösse
ihrer Zellen (0,03 mm) und frei von Krystallen.

Als wesentlich unterscheidendes Merkmal von *Morus alba* kann nur das dieser
Art zukommende massige Sklerenchym in der lebenden Rinde und die theilweise
Sklerosirung des Periderma gelten. Diese Unterschiede sind wie andere gering-
fügiger Art wohl auf individuelle Variation zu beziehen.

Maclura aurantiaca Nutt.

Die doppelschichtige, aus dickwandigen, knorpelartigen Zellen bestehende
spärlich behaarte Oberhaut (Fig. 36) bleibt an den anfangs grünen, später silbergrauen Trieben bis in das zweite Jahr erhalten.   In den jüngsten Internodien findet
man unmittelbar unter der Oberhaut
eine einfache Peridermreihe aus dünnwandigen, fast regelmässig cubischen und darunter
eine Reihe tafelförmiger Zellen, den ersten
Abkömmlingen der Korkinitiale. Es ist bemerkenswerth, dass sowohl Oberhaut- wie
Peridermzellen an einjährigen Trieben noch
nicht gebräunt sind und erstere (Fig. 36) als
Inhalt nur hie und da grosse Einzelkrystalle und Krystalldrusen führen, wie
sie in zerstreuten Zellen der Mittelrinde in
grösserer Menge vorkommen.

Die inneren Periderme haben bei
mässiger Dicke (0,2 mm) bedeutende Flächenausdehnung. Ihre Zellen sind gross, cubisch
oder doch wenig abgeplattet, in den äusseren
Schichten derbwandig, in einzelnen, unterbrochenen Reihen entschieden sklerotisch.
Die orangegelben Borkeschuppen sind flach,
glatt, nicht über 1 mm dick und bleiben
in mehreren (4—6) Lagen am Stamme
haften [1]).

Das Parenchym der primären Rinde
ist ziemlich grosszellig, nicht collenchymatisch [2]), in den inneren Schichten sogar
dünnwandig.   Ab und zu findet man
Milchsaftschläuche in verschiedenen

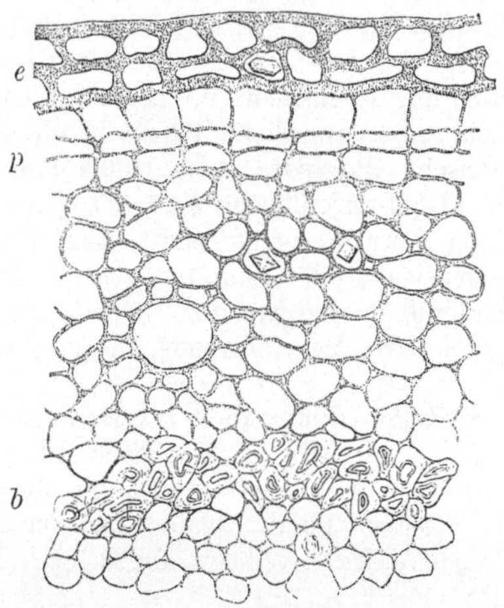

Fig. 36. *Maclura aurantiaca* Nutt. Querschnitt durch ein junges Internodium mit
der Korkinitiale (300). *e* geschichtete Oberhaut; *p* das Periderma mit einer ausgebildeten und einer eben angelegten Zellenreihe; in der collenchymfreien, ab und zu
Einzelkrystalle führenden primären Rinde
ein Milchsaftschlauch; *b* ein primäres Bastfaserbündel.

Stadien der Entwickelung im Kreise von kleinzelligem Parenchym umgeben.   Die
in sehr genäherten Gruppen auftretenden Bastfasern haben die für *Morus* beschriebene Form: schlauchartig zusammengedrückt, mit abgegrenzter dünnen Innen-
lamelle. Steinzellen fehlen; sehr selten werden kleine Gruppen des Oberflächenperiderma sklerotisch.

In der secundären Rinde bilden Bastfasern einen quantitativ sehr untergeordneten Bestandtheil.   Auf grossen Strecken fehlen sie ganz, in anderen
kommen sie vereinzelt vor, hie und da in losen Gruppen, welche in tangentialer

---

[1]) Vgl. *Cortex Maclurae tinctoriae* bei A. Vogl, Zur Pharmakognosie einiger weniger
bekannten Rinden. Zeitschr. d. allg. österr. Ap.-V. 1871 No. 30.
  [2]) Der Mangel eines collenchymatischen Hypoderma ist mit Rücksicht auf die geschichtete Oberhaut bemerkenswerth.

Richtung geordnet sind. Im Weichbaste ist eine Schichtung an frischem Material nicht kenntlich; denn Parenchym und Siebröhren sind gleich dünnwandig, am Querschnitte rechteckig, in der Grösse wenig verschieden, daher die radiale Aufeinanderfolge gut erhalten. Einzelne der Elemente verrathen sich durch grosse doppelt geränderte Poren als Parenchym oder durch das polygonale Netz der Querplatten als Siebröhren. In der trockenen Borke schrumpfen die Siebröhren zu dem bekannten „Hornprosenchym" und erscheinen dann als tangentiale Stränge zwischen den in ihren Umrissen wohl erhaltenen Parenchymzellen. Kammerfasern mit grossen rhomboedrischen Einzelkrystallen kommen in sehr grosser Menge und häufig in einfachen tangentialen Reihen vor. Milchsaftröhren mit unregelmässig rundlichem Querschnitt sind zahlreich zerstreut.

Die sehr langen, glatten, 0,03 mm breiten Bastfasern sind in verschiedenem Grade immer mit scharf gesonderter Primärmembran verdickt. Der horizontalen Endflächen der Siebröhren wurde bereits gedacht. Die Glieder sind auffallend kurz (oft nur 0,12 mm), 0,03 bis 0,04 mm breit, ihre radialen Seitenwände dicht mit Siebfeldern bedeckt, die durch zarte, netzig verbundene Verdickungsleisten von einander getrennt sind. Die Parenchymfasern sind aus weitlichtigen Zellen zusammengesetzt, die auf der radialen und horizontalen Seite grosse, rundliche Poren (conjugirende Ausstülpungen) tragen. Steinzellen fehlen vollständig. Die Milchsaftröhren sind im Mittel 0,045 mm weit, ihre Wand dünnwandiger als bei *Morus*, Fächerung habe ich nicht beobachtet.

Die bis vier- und fünfreihigen Markstrahlen sind durch Dünnwandigkeit und Weite der Zellen und durch das Fehlen der Oxalate ausgezeichnet, während das Bastparenchym an Krystallen ausserordentlich reich ist.

Ficus Carica Lin.

Die mit spärlichen Trichomen besetzte Oberhaut bleibt bis zum zweiten Jahre erhalten, nachdem sich unter ihr schon bis 5 Reihen Periderm gebildet haben, dessen weitlichtige, ziemlich derbwandige Zellen nach innen vorschreitend sich mit braunem Inhalte füllen.

Sehr alte Stämme mit 4 mm dicker Rinde fand ich borkefrei, nur von einer schmalen (4—6 Reihen) Peridermlage bedeckt, deren Zellen nach aussen derbwandiger, in geringem Grade sklerotisch werden.

Die primäre Rinde ist sehr breit (in den jüngsten Internodien 0,8 mm) und besteht in der äusseren Hälfte aus typisch collenchymatischen Zellen, welche ziemlich unvermittelt in das innere dünnwandige Parenchym übergehen. Erstere besitzen breitere Poren und führen nebst den, beiden Schichten gemeinsamen grossen Einzelkrystallen hie und da auch Krystalldrusen. An der Grenze des Collenchym treten zuerst Milchsaftröhren auf, die nach innen in grosser Menge vorkommen. Sie sind im Lumen von den Nachbarzellen wenig verschieden (0,03 mm), am Querschnitte kreisrund, von einem Kranze kleiner Zellen umgeben. Ihre nur 0,0025 mm dicke Wand quillt in heissem Wasser ungeheuer, bis nahe zur Verdrängung des Lumens auf. Die Bastfasern der primären Bündel werden 0,04 mm breit und zeigen 4—5 gleich mächtige Verdickungsschichten.

Im jungen (dreijährigen) Baste sind dünne, spulenrunde, lange Fasern nur spärlich und zerstreut anzutreffen. Im Weichbaste treten die Milchsaftröhren auf Querschnitten wenig hervor, weil sie weder durch Weite des Lumens noch durch Wanddicke die übrigen Elemente erheblich übertreffen. Die Parenchymzellen haben auf der radialen Seite breite Tüpfel, die Siebröhren an den Längswänden dicht netzförmig angeordnete Siebfelder mit sehr feinen Poren. Krystalle sind sehr spärlich. Die breiten, dünnwandigen, kleinporigen Markstrahlzellen sind bis fünfreihig.

Die secundäre Rinde, an trockenem Material untersucht, lässt kaum eine Andeutung von Schichtung erkennen. Vereinzelte Bastfasern sind regellos aber reichlich zerstreut. Der Weichbast besteht aus engerem Parenchym und weitlichtigen Siebröhren, deren horizontale Endflächen mit zartem polygonalem Netz (wie bei *Morus*) schon am Querschnitte oft sichtbar sind. Milchsaftröhren finden sich in sehr grosser Menge. Sie sind meist etwas abgeplattet, das querelliptische Lumen bis 0,06 mm weit und von dem zu einer schmutzig-gelben krümeligen Masse geronnenen (in Wasser unlöslichem) Inhalte erfüllt. Krystalle sind bedeutend häufiger als in jüngeren Stadien. Sie kommen ausschliesslich als Einzelformen in isolirten Zellen oder in kurzen Kammerfasern und hie und da auch in Markstrahlzellen vor.

Broussonetia papyrifera Vent.

Die jüngsten Internodien überwintern ohne Periderma. Auf die kleinzellige, mit verschiedenartigen Trichomen besetzte Oberhaut folgt zunächst eine zwei- bis dreifache Lage schwach collenchymatischer, hierauf erst eine etwas breitere Schicht chlorophyllführender Zellen, s o d a n n e i n t y p i s c h e s, k l e i n z e l l i g e s C o l l - e n c h y m[1]) bis nahe zur Gefässbündelregion. Die ä u s s e r s t e R i n d e n z e l l e n - l a g e wird zum Phellogen und erzeugt zunächst eine Reihe radial gestreckter, späterhin cubischer und etwas abgeflachter Korkzellen mit derben Membranen.

Die primäre Rinde führt in der Jugend ausschliesslich Krystalldrusen, in älteren Internodien vorwiegend Einzelkrystalle bis die ersteren vollständig verdrängt sind. Die umfangreichen Bündel der dicken, schlauchartigen (Fig. 36) primären Bastfasern werden nicht durch Steinzellen verbunden, wie d i e S k l e r o s i r u n g ü b e r h a u p t i n d e r R i n d e u n t e r b l e i b t.

Die 3—4 mm dicke, mit lederfarbigem Korke bedeckte Rinde eines bei 15 cm dicken, trockenen Stammes zeigte kaum eine Andeutung des Schichtenbaues. Die Bastfasern finden sich in sehr wechselnder Menge in den einzelnen Strahlen, einmal sehr spärlich und vereinzelt, das andere Mal in umfangreichen, lockeren Gruppen in ansehnlicher Menge. Der Weichbast besteht aus engen Parenchymzellen, weitlichtigen, nur zum geringen Theile zusammengefallenen Siebröhren, zahlreichen K r y s t a l l z e l l e n und zerstreuten, weder durch Grösse (0,08 diam.) noch durch Membrandicke besonders hervorragenden Milchsaftröhren. Die M a r k s t r a h l e n sind meist vier- bis sechsreihig. Die Elemente der Rinde besitzen den für die Ordnung charakteristischen Bau[2]).

Trotz des hohen Alters des Stammes war die Rinde doch borkefrei. Das O b e r f l ä c h e n - P e r i d e r m in einer mittleren Mächtigkeit von 0,3 mm besteht aus 24—30 Lagen mässig flacher, etwas derbwandiger Korkzellen und ist, wie die ganze Rinde, frei von Steinzellen.

Artocarpeae.

Die ausgedehnte S k l e r o s i r u n g b e i m ä s s i g e r V e r d i c k u n g des grösseren Theiles des Rindenparenchyms erinnert auf den ersten Blick an *Platanen*rinde, während im Uebrigen die Verwandtschaft mit den *Moreen* unverkennbar ist. Sie zeigt sich besonders im Baue des Bastes mit seinen

---

[1]) Diese Schichtenfolge wird auch von V e s q u e (Anatomie comparée de l'écorce [Dissertation Paris, 1875] p. 25) angegeben.

[2]) W i e s n e r (Rohstoffe p. 459) gibt die Länge der bekanntlich technisch wichtigen Bastfasern mit 0,7 bis 2,1 cm, ihre Dicke bis 0,036 mm an.

zerstreuten geschmeidigen Bastfasern, den von ihnen unabhängigen Krystallzellen, den breiten, zartwandigen Markstrahlen, den Milchsaftschläuchen, den Siebröhren mit einfachen, breit gegitterten Endplatten.

Das Periderma entsteht unmittelbar unter der Oberhaut in der ersten Vegetationsperiode, späterhin dringt es auch in die Mittelrinde vor, kleine Schuppen derselben abtrennend, während eigentliche, in den Bast greifende Borke nicht beobachtet wurde. *Cecropia* bildet zartzelligen, *Artocarpus* derbwandigen, fast sklerotischen Plattenkork. Die Rinden beider Gattungen stimmen nahezu vollständig miteinander überein, ein durchgreifender Unterschied besteht darin, dass erstere Krystalldrusen, letztere fast ausschliesslich Einzelkrystalle führt. Für beide sind die grobgetüpfelten, derben, sklerotischen, oft conjugirten Parenchymzellen charakteristisch.

Artocarpus *sp.*

Die schwach cuticularisirte Oberhaut trägt zahlreiche kurze, einzellige dünnwandige Härchen. An einjährigen Trieben findet man bereits die ersten cubischen aus der obersten Rindenzellenlage entstandenen Peridermzellen und in den unmittelbar unter der Phellogenschicht gelegenen Zellen der primären Rinde ab und zu grosse Einzelkrystalle. Die primäre Rinde ist in der äusseren Hälfte collenchymatisch: der innere Theil derselben ist sehr zartwandig, und hier kommen in zahlreichen Zellen grosse Krystalldrusen vor. Die primären Bastfaserbündel sind in der ersten Anlage in lockeren Gruppen vorhanden; ältere Entwickelungszustände lagen nicht vor.

Artocarpus integrifolia L. (*A. Jaca* Lam.)

Die Rinde ist 9 mm dick, leicht und weich, mit papierdünnem, grobwarzigem, schwarzbraunem Korke bedeckt, innen hellgelb, kurzbrüchig, feinfaserig, am Querschnitte im äusseren Theile homogen, im kleineren inneren Theile mit gut erkennbaren hellen Markstrahlen.

Das Periderm besteht aus derbwandigem, rothbraun gefärbtem Plattenkork in mehreren Schichten, zwischen denen kleine Partien der Mittelrinde eingeschlossen sind. Das Parenchym der Mittelrinde ist sehr grosszellig, ausgezeichnet durch umfangreiche Sklerosirung, so dass nur spärliche Inseln dünnwandiger Zellen erhalten bleiben, und durch massenhaftes Auftreten grosser Einzelkrystalle. Die Sklerosirung bleibt aber immer auf einen geringen, 0,005 mm nicht übersteigenden Grad beschränkt, Steinzellen im engeren Sinne fehlen vollständig.

Die Innenrinde bietet am Querschnitte ein verworrenes Bild. Die Bastfasern sind vereinzelt und regellos zerstreut, hie und da auch wohl gehäuft, ohne jemals compacte Bündel zu bilden. Im Weichbaste ist das Parenchym durch die rundlichen Conturen, Derbwandigkeit und breite Tüpfelung (Fig. 37) leicht zu unterscheiden von den Siebröhren mit verzogen eckigem Lumen, dünner Membran und nicht selten auch erkennbarer Siebplatte. Das Lumen der Milchsaftschläuche ist wenig weiter (0,04 mm) als das der Parenchymzellen. Krystallschläuche, oft zu kurzen Kammerfasern vereinigt, bleiben oft dünnwandig und enthalten grosse rhomboedrische Einzelkrystalle, sehr selten Drusen. Die Bastfasern sind sehr lang, 0,015 mm breit, glatt, in feine Spitzen auslaufend, geschmeidig, sehr stark verdickt, porenarm. Ausser den bereits angeführten Merkmalen der Elemente ist noch die reichliche Conjugation des Parenchyms zu er wähnen. Die Markstrahlen enthalten bis fünf Reihen dünnwandiger, gestreckter Zellen, welche keine Krystalle führen.

Cecropia peltata Willd.

Aus Guadeloupe stammende, drei Finger breite, 3 mm dicke Rindenstreifen, deren gelblichgraue Aussenseite mit zahlreichen Korkwarzen besetzt, deren Innenseite braun und feinstreifig ist. Die Bruchfläche ist lang- und weichfaserig.

Die Rinde ist von einer dünnen (0,1 mm) Peridermlage bedeckt, deren Zellen sehr zartwandig und flach, schichtenweise derb und weitlichtiger sind. Die Mittelrinde in 0,5 mm Mächtigkeit besteht aus tangential gestreckten, sehr grossporigen, grossentheils schwach sklerotischen Zellen, die häufig grosse Krystalldrusen, hie und da rothbraunen Inhalt führen. In der Innenrinde treten die Bastfasern vereinzelt oder in kleinen Gruppen zerstreut auf. Der Weichbast ist aus grosszelligem und derbwandigem (Fig. 37) Parenchym, dünnwandigen Siebröhrensträngen, spärlichen Milchsaftschläuchen und einzelnen Krystallzellen oder Kammerfasern mit grossen Drusen zusammengesetzt. Die Markstrahlen bestehen meist aus 3—4 Reihen dünnwandiger Zellen und führen mitunter auch Krystalldrusen.

Sämmtliche Elemente der secundären Rinde sind durch ihre Grösse ausgezeichnet.

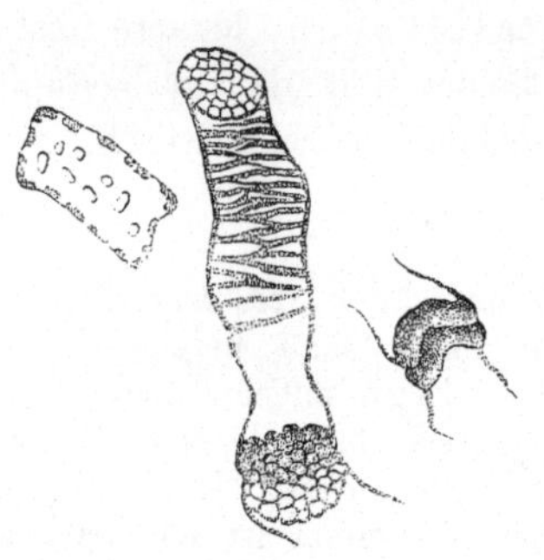

Fig. 37. *Cecropia peltata* Willd. 300. Isolirte Siebröhren und eine sklerotische Parenchymzelle aus dem Baste.

Die Bastfasern sind sehr lang, in der Mitte 0,05 mm breit, ziemlich weitlichtig und allmälig in feine Spitzen sich verjüngend oder seltener knorrig endigend. Die Parenchymzellen werden 0,08 mm und darüber breit, ihre grobgetüpfelten derben Membranen sind verholzt. Siebröhren erscheinen als zarte, farblose Schläuche mit geschrumpften Wänden, an denen man nur selten die grossporigen Querplatten und das netzige Relief der Seitenfläche (Fig. 37) zu erkennen vermag.

Urticaceae.

Die äusserste Zellenlage der primären Rinde wird frühzeitig und allseitig (*Pouzolzia*) oder zunächst an umschriebenen Stellen (*Boehmeria*) zum Phellogen und bildet zartwandigen Schwamm- oder Plattenkork. Das hypodermatische Collenchym (Fig. 38) ist sehr schwach entwickelt, wie das Rindenparenchym überhaupt dünnwandig ist. Es enthält Drusenschläuche und bei *Boehmeria* (Fig. 37) Sekreträume. Die primären Bastfasern sind ausserordentlich breit, schlauchartig. Unabhängig von ihnen bilden sich bei *Pouzolzia* isodiametrische Steinzellen.

Pouzolzia rhexioides Gaudich. (?)

Die kleinzellige, mit langen Haaren dicht besetzte Oberhaut schrumpft in den jüngsten Internodien, nachdem die oberste Rindenzellenlage ein etwa achtbis zehnreihiges Periderma aus kaum abgeflachten grossen und dünnwandigen Zellen gebildet hat, die ebenfalls frühzeitig abgestossen werden. Die primäre Rinde ist kleinzellig, andeutungsweise collenchymatisch mit spärlichen Drusenschläuchen. Ausserhalb der primären Bastfaserbündel, welche denen bei *Boehmeria* (Fig. 38) gleichen, beginnen in älteren Internodien einzelne Zellen und kleinere Gruppen zu sklerosiren. Die Steinzellen behalten vollkommen ihre ursprüngliche Form und Grösse.

Boehmeria polystachia Wedd. (*Urtica polystachya* Wall.)

Das Periderm entsteht an älteren Internodien jähriger Triebe streifenweise aus der obersten Zellenlage der primären Rinde, welche ein schwach entwickeltes (Fig. 38) collenchymatisches Hypoderma besitzt. Die Korkzellen sind dünnwandig, stark abgeflacht und werden frühzeitig abgestossen. Die ungewöhnlich zartzellige primäre Rinde führt reichlich Krystalldrusen und bildet zerstreut erweiterte Räume mit zähflüssigem wasserklarem Sekret. Die Bastfasern der primären Gefässbündel sind sehr lang und breit (0,1 mm), schlauchartig platt.

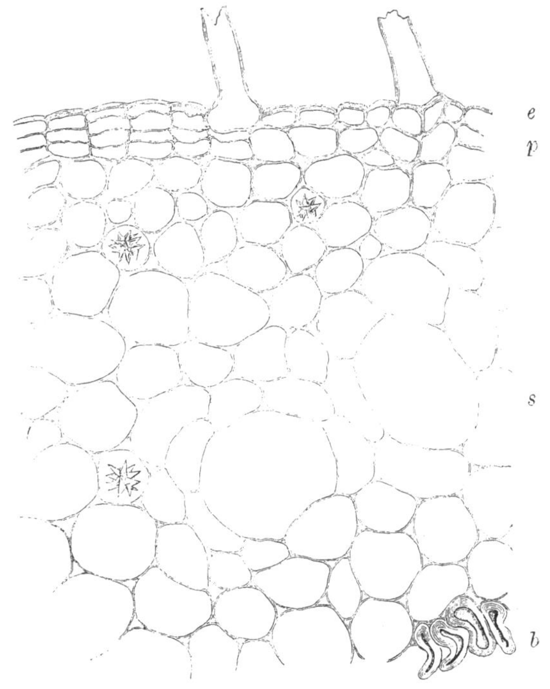

Fig. 38. *Boehmeria polystachya* Wedd. Querschnitt durch ein älteres Internodium des jährigen Triebes (300). *e* die behaarte Oberhaut rechts noch lebend, links geschrumpft in Folge der hier bereits entwickelten Korkzellen *p*. In dem gross- und zartzelligen Parenchym der primären Rinde Sekreträume *s* und vereinzelte Drusenschläuche; *b* einige Fasern aus dem primären Bastbündel.

Plataneae.

Die Rinde besitzt einen völlig eigenartigen Bau. Das Oberflächen-Periderm entsteht in der ersten Vegetationsperiode unmittelbar unter der Oberhaut. Die Mittelrinde enthält Einzelkrystalle und spärliche Drusen; in dem zweiten Jahre treten vereinzelte dünnwandige Steinzellen auf. Die secundäre Rinde ist geschichtet aus breiten Lagen sklerotischen Parenchyms, zwischen denen schmale Bänder derbwandiger, aber nicht verholzter Parenchymzellen und schmale Siebröhrenstränge wechseln. Bastfasern fehlen. Die Markstrahlen sind breit, ihre Zellen dem sklerotischen Bastparenchym correspondirend, sklerotisch. Die Steinzellen sind charakteristisch durch ihre geringe Verdickung und reichliche Poren bildung; viele derselben enthalten grosse Einzelkrystalle in Zellhaut einge-schlossen. Die Siebröhren sind zartwandig, weitlichtig und grenzen mit horizon-talen bis sehr schiefen Endflächen aneinander, die leiterförmig geordnete (von Callus bedeckte) breite, grossporige Siebplatten (Fig. 39) tragen. Die inneren Periderme sind in den äusseren Schichten einseitig sklerotisch; sie trennen mehrere Quadrat-Decimeter grosse Schuppenborke ab, die frühzeitig vollständig abgeworfen wird.

Platanus orientalis L.

An den jüngsten Internodien der überwinternden Triebe findet man unter der mit rothbraunem Inhalt erfüllten Epidermis das Periderm[1]) aus drei bis vier Reihen dünnwandiger, weitlichtiger Zellen. Die primäre Rinde besitzt ein schmales, kleinzelliges schwach collenchymatisches Hypoderma und enthält in der inneren grosszelligen Lage zerstreut isodiametrische Einzelkrystalle, hie und da auch Krystalldrusen. An älteren Stengeltheilen werden die Korkzellen tafelförmig, sie verdicken sich einseitig (innen), werden braun und ihre Ab-schuppung beginnt im zweiten Jahre.

Ein vier- bis zehnreihiges Phelloderma wird auch von den inneren, früh-zeitig auftretenden Phellogenschichten gebildet. Bekanntlich wirft die Platane ihre grossflächige Schuppenborke periodisch ab, so dass der Stamm nur von lebender, mit dünnem sklerotischem Periderma abgeschlossener Rinde bedeckt ist. Nur die jüngsten Verzweigungen sind borkefrei.

Die Mittelrinde bleibt immer dünn; zwischen den Lücken der auseinander gedrängten primären Bastbündel verdicken sich wohl einzelne Parenchymzellen, es entsteht aber kein geschlossener Sklerenchymring.

Die secundäre Rinde an alten Stämmen ist etwa 2 mm dick, bedeckt mit einer dünnen Korklage, deren ältere Schichten sklerotisch (einseitig und zwar vorherrschend innen verdickt), die jüngeren dünnwandig, tafelförmig sind. Der Bast besteht scheinbar ausschliesslich[2]) aus wenig verdickten Steinzellen, welche entweder kleinkörnige Stärke oder grosse Einzelkrystalle enthalten. In der That fehlen Bastfasern. Aber in den dem Cambium zunächst ge-legenen Rindenschichten findet man auch Siebröhren, abwechselnd mit dünn-wandigen, axial gestreckten, grossporigen Parenchymzellen. Die letzteren werden frühzeitig sklerotisch, ändern dabei ihre Form und Lage und verdrängen die Siebröhren, die in älteren Rindentheilen kaum mehr aufgefunden werden. Die Zellen der breiten (bis acht Reihen) Markstrahlen werden ebenso sklerotisch und führen Krystalle[3]) wie das Bast-parenchym. Die sklerotischen Rinden-markstrahlen dringen als kurze, verticale

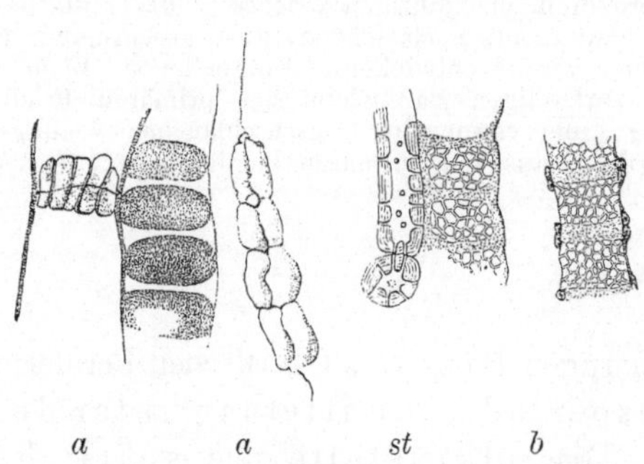

Fig. 39. *Platanus orientalis* L. Gliedenden von Siebröhren in verschiedener Ansicht (300). *a* callöse Plattensysteme in der Durchschnitts- und Flächenansicht; *b* Plattensysteme ohne Callus; *st* sklerotisches Bastparenchym.

[1]) Bei *P. occidentalis* nach Sanio (Jahrb. f. wiss. Bot. II. p. 39) mit centripetaler Zellen-iolge aus der obersten Rindenzellenreihe gebildet.
[2]) Vgl. Hanstein, Baumrinden, p. 56.
[3]) S. Sanio, Monatsb. d. Berl. Akad. 1857 p. 252 ff.

Leisten in die Markstrahlen des Holzes ein in ähnlicher[1]), aber weniger prägnanter Weise wie bei der Buche und manchen Eichen. Mit unbewaffnetem Auge sieht man auf dem Querschnitte des Bastes wellenförmige Schichtung. Sie wird durch Parenchymlagen veranlasst, welche die Markstrahlen durchsetzen und durch weiteres Lumen und geringere Verdickung von der Hauptmasse der Parenchymzellen abstechen. Stellenweise sieht man in den jüngsten Rindentheilen tangentiale Stränge von Siebröhren mit zarten, sehr genäherten Wänden. Es sind langgliedrige weite (0,05 mm) Schläuche, deren Endflächen (Fig. 39) nach verschiedenen Richtungen geneigt sind, mitunter auch horizontal an einander grenzen, so dass man auf Längsschnitten jeder Art Siebplatten in allen Lagen zu Gesichte bekommen kann. Je nach der Neigung der Endfläche trägt sie eine wechselnde Zahl breiter grossporiger Siebplatten, die durch leiterförmig angeordnete Interstitien von einander getrennt und sehr häufig von dicken Callusmassen bedeckt sind. Die Seitenflächen sind von den dicht an einander gedrängten Siebfeldern wie gerunzelt. Das sklerotische Bastparenchym ist axial gestreckt oder isodiametrisch, mit einer 0,005 mm selten übersteigenden Verdickung, sehr reichporig. Die in zahlreichen Zellen von Cellulosemassen eingeschlossenen Krystalle[2]) erreichen sehr beträchtliche Grösse (0,04 mm). Die nicht sklerotischen, aber derbwandigen rundlichen Parenchymzellen enthalten keine Krystalle.

Antidesmeae.

Die Unsicherheit der systematischen Stellung der beschriebenen Art, welche schon in den Synonymen: *Nageja*, *Myrica*, *Podocarpus* ihren Ausdruck findet, wird durch die Kenntniss des Baues der Rinde nicht beseitigt. Sicher ist nur, dass *Myrica* und *Podocarpus* von ihr gründlich verschieden sind und diess ist der Grund, dass sie hier selbstständig angeführt wird. Als charakteristische Kennzeichen dieser Rinde können gelten die g r o s s e n, häufig tangential gestreckten Steinzellen der Mittelrinde, die dicken, gedrungenen, von Kammerfasern begleiteten Bastfasern in tangentialer Gruppirung, das spärlich sklerosirende Bastparenchym, die zierlich leiterförmigen Endflächen der Siebröhrenglieder, das g e s c h i c h t e t e P e r i d e r m, die späte, vielleicht ganz unterbleibende Borkenbildung.

Nageia japonica Gaertn. (*Podocarpus Nageia* R. Br. *Myrica Nagi* Thbg.)

Von dieser Rinde verdanke ich ein Fragment der Güte des Herrn B e r n a r d i n aus dem Musée industriel in Melle-lez-Gand.

Die Rinde ist 7 mm dick, von hellgelber, höckerig-warziger Borke bedeckt, innen chocoladebraun, sehr fein längsstreifig. Ihr Bruch ist kurzfaserig, beinahe eben, am Querschnitte ist mit Hilfe der Loupe nur eine unterbrochene tangentiale Schichtung undeutlich sichtbar.

Das Periderm, mehr als Millimeter breit, besteht aus S c h i c h t e n w e i t l i c h t i g e r, dünnwandiger und stark s k l e r o t i s c h e r K o r k z e l l e n. Es sind noch ansehnliche Theile der Mittelrinde erhalten. Sie besteht vorwiegend aus S k l e r e n c h y m mit verschieden grossen, meist tangential gestreckten (0,3 mm),

---

[1]) Vgl. H a r t i g, Forstl. Culturpflanzen p. 446.
[2]) P f i t z e r, Flora 1872 p. 95.

fein geschichteten und porösen Zellen in den verschiedensten Graden der Verdickung
bis zum Schwinden des Lumens. Das zwischen den Sklerenchymklumpen befindliche
dünnwandige Parenchym ist unregelmässig kleinzellig. Einzelne spärlich zerstreute
Zellen enthalten grosse kurz prismatische Krystalle, alle Zellen eine braune
Masse, die in Wasser zum Theile (eisenbläuender Gerbstoff), in Alkalien nahezu
vollständig mit tintenvioletter Farbe löslich ist. Dieselbe Substanz erfüllt auch das
Parenchym der Innenrinde und die Markstrahlen und durch dieselbe wird auf Querschnitten die Vertheilung der Siebröhren und Parenchymzellen, welche sonst weder
durch die Wanddicke noch an dem Lumen zu unterscheiden wären, anschaulich. Die
Baststränge sind 1—6 Zellen, selten darüber, breit und
durch 1—3reihige Markstrahlen von einander geschieden. Im äusseren Theile der Innenrinde finden sich
Steinzellen und Bastfasern untermischt; die
letzteren allein treten nach innen zu kleinen Gruppen
zusammen, die oft die ganze Breite des Stranges in einfachen oder Doppelreihen einnehmen und annähernd
tangential geordnet sind. Die Bastfasern sind am Querschnitte gerundet quadratisch oder rechteckig mit radialer
Streckung (0,045 mm), vollständig verdickt, geschichtet
und reichporig. Sie sind geradläufig, glatt, von ge-
drungener Gestalt (oft nur 0,5 mm lang), stumpf
endigend oder kurz zugespitzt, ab und zu (Fig. 40)
begleitet von schwach sklerotischen Kammerfasern mit
grossen einfachen Krystallen.

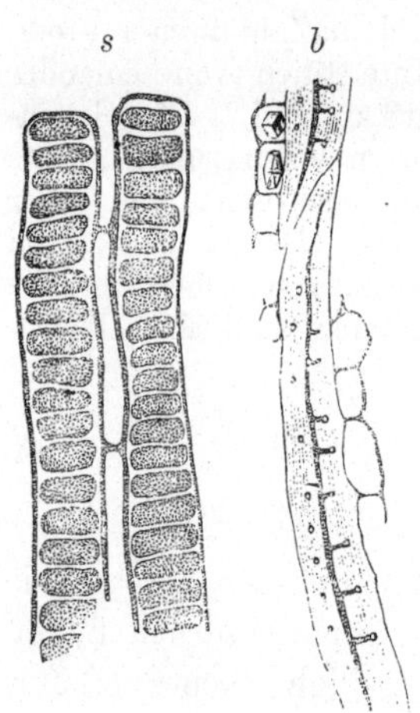

Fig. 40. *Nageja japonica* Gaertn.
Isolirte Elemente des Bastes
(300). *s* Zwei Siebröhrenglieder
durch eine Parenchymfaser getrennt; *b* Bastfasern mit
Kammerfasern.

Der Weichbast ist nicht geschichtet. Er besteht
hauptsächlich aus Siebröhren, zwischen denen Nester
von Parenchym zerstreut sind. Die Siebröhren gleichen
auf radialen Längsschnitten bei mittelstarken Vergrösserungen Treppengefässen, so schmal sind die
Interstitien zwischen den sehr feinporigen Siebplatten,
die meist die ganze Breitseite (0,03 mm) des Rohres
einnehmen, nur selten in kleinere rundliche Siebplatten
getrennt sind. Die Siebröhren übertreffen an Länge
die Bastfasern zumeist. Die Glieder sind häufig 0,6 mm lang, endigen stumpf
ohne Verbreiterung und ohne Verdickung. Ihre Endflächen sind sehr stark geneigt
und tragen allein die oben beschriebenen Siebplatten bis zu zwanzig in regelmässiger
Folge. Der zwischen den beiden Endflächen gelegene Theil der Siebröhrenglieder,
etwa die Hälfte der Länge derselben betragend, ist porenfrei.

Balsamifluae.

Die untersuchte Art stimmt nur in wenigen Punkten mit den nächstverwandten überein. Ihre vorzüglichsten Merkmale sind: Umfangreiche
dicht gefügte Bastfaserplatten in concentrischer Anordnung begleitet
von Kammerfasern mit ungewöhnlich grossen (0,04 mm) Einzelkrystallen; grosse,
oft unregelmässig gestaltete Steinzellen in kleinen Gruppen im Weichbaste
zerstreut, auch oft den Bastfaserbündeln angelagert; auch im Weichbaste sind
Einzelkrystalle häufiger als Drusen; die Bastfasern sind kurz und knorrig; die
Siebröhrenglieder haben wenig geneigte Endflächen, auf denen nur drei oder

vier allerdings grosse Siebplatten mit feinen Poren in leiterförmiger Anordnung
Platz finden; die Markstrahlen sind mehrreihig, ihre Zellen mitunter sklerotisch; die Borke ist papierdünn, die Korkhäute derbwandig bei grosser Flächen-
ausbreitung.

Liquidambar orientale Mill.

Aus der von mir[1]) bereits mitgetheilten Beschreibung einer von Unger auf
Cypern gesammelten Rinde sei hervorgehoben die ausgesprochen tangentiale
Schichtung des Bastes durch massige Faserbündel, zwischen denen nur wenig
breitere Weichbastschichten liegen. Die ersteren sind begleitet von Kammerfasern mit
grossen Einzelkrystallen. Im Weichbaste kommen zerstreut kleine Sklerenchymklumpen vor, deren Elemente häufig isodiametrisch, mitunter aber sehr
unregelmässig gestaltet und gross (0,09 mm), immer fein geschichtet und
von verzweigten Porenkanälen durchzogen sind. Der Weichbast ist sonst kleinzellig und führt reichlich Einzelkrystalle, seltener Drusen in Kammerfasern und
vereinzelten Zellen. Die Unterscheidung von Parenchym und Siebröhren, welche
gleich dünnwandig und verzerrt sind, ist auf Querschnitten nicht sicher. Die Markstrahlen sind bis vierreihig, ihre Zellen schmal, radial gestreckt, hie und da ein
wenig sklerotisch, wenn sie von Sklerenchym eingeschlossen sind. Die Bastfasern
sind 0,03 mm breit, bis zum Schwinden des Lumens verdickt, durch gegenseitigen Druck abgeplattet. Sie sind kurz (im Mittel 0,6 mm), häufig krumm, selbst
knorrig mit stumpfen Enden. Das Parenchym zeigt (im trockenen Material) keine
Tüpfelung. Die Siebröhren lassen deutlich grosse rundliche feinporige Siebplatten
erkennen, welche leiterförmig geordnet in geringer Zahl (meist 3 oder 4) auf den
entsprechend geneigten Endflächen sitzen.

Eine dünne Borke bedeckt die (in Wasser quellend) 8,0 Millimeter dicke
Rinde. Die Periderme haben grosse Flächenausdehnung, bestehen aber nur aus
wenigen Reihen derbwandiger, mässig abgeflachter Korkzellen, denen sich einige
Zellreihen Phelloderma anschliessen.

Salicineae.

Die Oberflächen-Periderme entstehen sehr frühzeitig aus der Oberhaut (Fig. 41) selbst *(Salix)* oder unmittelbar unter der Oberhaut
(Populus). Die Phellogenschicht erzeugt bei *Populus* in rascher Folge fünf bis
sechs Reihen cubischer Korkzellen, welche dünnwandig bleiben und erst in
älteren Internodien abgeflacht werden. Bei *Salix* wird jährlich nur eine zunächst an Stelle der Epidermis, sodann an jene der vorjährigen Korkmembran
tretende Zellenreihe gebildet. Die Korkhäute sind immer sehr dünn, an armdicken Stämmen nur aus wenigen Zellreihen bestehend, deren sklerotische
Aussenwände zu zusammenhängenden Membranen verschmolzen sind.

Die inneren Periderme bestehen in der Mehrzahl der untersuchten Rinden
aus dünnen Korklamellen von mehreren Quadratcentimetern Flächenausdehnung
und sehr wechselndem gegenseitigen Abstande. In den sklerenchymreichen
Rinden werden auch die Periderme in kleinen Platten, mitunter schichtenweise

---

[1]) J. Moeller, zur Pharmacognosie des Storax. Zeitschr. d. allg. österr. Apoth.-Ver.
1874 No. 32.

sklerotisch und ihr Verlauf ist unregelmässig (*P. alba, tremula*). Die Borke bleibt bei den Pappeln in mehreren Centimeter dicken Schuppen am Stamme haften.

Die primäre Rinde besitzt ein hypodermatisches Collenchym; sie wird bei einigen Weiden, Pappeln in grösserem oder geringerem Grade sklerotisch. *Populus alba* bildet einen nahezu geschlossenen, ausserhalb der primären Bastbündelzone gelegenen Sklerenchymring, *S. Caprea*, *P. pyramidalis* und *tremula* sklerosiren in geringerem Umfange, *P. nigra* und *S. fragilis* endlich bildet gar keine Steinzellen. Selbst bei ausgedehnter Sklerosirung werden die primären Faserbündel zu keinem Ringe geschlossen. Krystalldrusen und spärliche Einzelkrystalle kommen in der Mittelrinde jeder Art vor.

In der secundären Rinde ist die concentrische Schichtung immer sehr deutlich ausgeprägt. Die relative Breite der Bastfaser- und Weichbastschichten ist zwar sehr vielen Schwankungen unterworfen, doch sind die letzteren in der Regel um Mehrfaches breiter. Ganz vorzüglich bei den Pappeln ist das Verhältniss auffallend, weil hier häufiger als bei den Weiden die Bastfasern in sehr schmalen, oft nur zweireihigen Bündeln auftreten und überdiess der Weichbast quantitativ überwiegt. Bei den Pappeln, welche in der Mittelrinde Steinzellen bilden, kommen auch in der Innenrinde Sklerenchymklumpen vor, doch steht der Umfang der Sklerosirung im umgekehrten Verhältniss, so dass z. B. *P. alba*, die in der Mittelrinde in ausgedehntem Masse sklerotisch wird, in der Innenrinde nur spärliche und kleine Steinzellengruppen bildet. — Die Bastfasern sind immer zu fest gefügten Gruppen verbunden, welche die ganze Breite des Rindenstrahles — der allerdings nicht selten nur aus einer oder zwei Zellreihen besteht — einnehmen und sind an den tangentialen Flächen immer vollständig von Kammerfasern umgeben, welche von Zellhaut umschlossene Einzelkrystalle führen. Im Weichbaste sind Parenchym und Siebröhren ziemlich gleichmässig vermischt. Die letzteren sind am Querschnitte kenntlich durch ihr weites, verzogen rechteckiges Lumen, während die oft lose verbundenen Parenchymzellen kleinere, rundliche Lumina besitzen und häufig auch die mit grossen Poren besetzten Wandstücke zeigen. Die Krystallzellen im Weichbaste enthalten fast ausnahmslos Drusen, nur die an und in den Sklerenchymklumpen gelegenen Einzelkrystalle, so dass die Vermuthung berechtigt sein dürfte, es habe in Folge der Sklerosirung eine Umkrystallisation statt gefunden.

Die Markstrahlen sind bei beiden Gattungen einreihig und breitzellig; nur *P. tremula* besitzt sehr häufig ansehnliche locale Verbreiterungen der ursprünglich auch einreihigen Markstrahlen. An der Krystallbekleidung der Faserbündel nehmen die Markstrahlen niemals Theil und führen überhaupt sehr selten Oxalat. Auch werden sie bei ihrem Durchtritt zwischen den Spalten der Faserplatten nicht sklerotisch.

Die elementaren Bestandtheile der Rinde bieten wenig bemerkenswerthes und haben bei allen Arten übereinstimmenden Bau, insoferne Grössenunterschiede nur soweit in Betracht gezogen werden können, als sie mit Bestimmtheit von individuellen Einflüssen unabhängig sind. So sind die Steinzellen der primären Rinde durchweg kleiner als im Baste, wo sich die sklerosirenden Parenchymzellen erheblich vergrössern und oft unregelmässige Gestalten annehmen. Immer sind sie stark verdickt, fein geschichtet und von verästigten Porenkanälen durchzogen. Ebenso sind die primären Bastfasern im Vergleich zu den secundären auffallend schmal. Beide sind sehr stark verdickt, geschichtet, mässig lang und ziemlich geradläufig, die letzteren häufiger gekrümmt und zackig am Rande. Die Siebröhren (Fig. 40) sind sehr weit, ihre Glieder zugeschärft, an den Seitenflächen glatt, an den Endflächen mit 3—10 grossen, rundlichen, durch schmale leiterförmige Interstitien getrennten Siebplatten besetzt, deren Poren von wechselnder, meist ansehnlicher (0,003 mm) Weite sind. Callus habe ich in keinem Falle (Februar—März) beobachtet. Die Parenchymzellen sind durch breite Tüpfel, die Markstrahlen häufig durch anastomosirende Verdickungsbalken ausgezeichnet.

Wie aus dem Vorstehenden ersichtlich ist der einzige durchgreifende Unterschied [1]) im Bau der Rinden von *Populus* und *Salix* im Oberflächenperiderm gelegen. Die Pappeln haben zwar eine entschiedenere Neigung zur Sklerose, doch finden sich vielfach abgestufte Uebergänge zu den Weiden, welche ihr Parenchym meist gar nicht, oder doch nur in geringem Umfange sklerosiren.

Populus alba L.

Unter der mit zahlreichen, sehr dünnwandigen Haaren besetzten Oberhaut findet man schon an den jüngsten Trieben im Winter ein aus 5—6 Zellenreihen bestehendes Periderma [2]). Der graue Flaum erhält sich zum Theil bis zum zweiten Jahre, das Periderm wird nur wenig mächtiger, die anfangs cubischen Zellen werden tafelförmig, nicht sklerotisch, braun.

Die inneren Periderme verlaufen sehr unregelmässig, bestehen mitunter nur aus wenigen Reihen dünnwandiger, weitlichtiger Korkzellen, daneben aus 0,4 mm mächtigen Lagen, die durch Sklerosirung schmaler Korkstreifen in mehrere Schichten gesondert sind. Die Unregelmässigkeit der Peridermbildung bedingt die ausserordentliche Cohärenz der Borke, die an alten Stämmen in mehrere Finger dicken Wülsten angetroffen wird. Die feine tangentiale Streifung der lebenden Rinde am Querschnitte ist in der Borke nicht mehr erkennbar. Diese zeigt vielmehr eine unregelmässig wellige Zeichnung und zerstreute Punkte und Fleckchen von Sklerenchym und braunem Rindengewebe.

Die an das collenchymatische Hypoderma grenzenden rundlichen, ziemlich dickwandigen Zellen der primären Rinde werden schon in den jüngsten Internodien zu Steinzellen umgewandelt, welche sehr stark verdickt, fein geschichtet

---

[1]) Der von Hartig (Forstl. Culturpfl. p. 443) angegebene Unterschied zwischen Pappeln und Weiden (radiale Ordnung der Bastfasern in den secundären Bündeln bei ersteren und die unregelmässige Anordnung bei letzteren) ist entschieden nicht stichhaltig.

[2]) Nach Sanio (Jahrb. für wissensch. Bot. II. p. 39) aus der obersten Rindenzellenreihe in centrifugal-reciproker Zellenfolge entstanden.

und von verzweigten Porenkanälen durchzogen sind. Sie schliessen bald zu einem wenig unterbrochenen Sklerenchymring zusammen, indem einerseits die Sklerosirung um sich greift, andererseits die sklerosirenden Zellen sich namhaft (auf das doppelte bis vierfache) vergrössern. In Folge des Dickenwachsthums wird schon im zweiten Jahre der Sklerenchymring gesprengt und in älteren Rinden findet man nur zerstreute mehr oder weniger umfangreiche Steinzellengruppen zwischen Periderm und primären Bastfaserbündeln, die aber niemals zu einem Sklerenchymringe verbunden werden. Krystalldrusen und rhomboedrische Einzelkrystalle kommen in der primären Rinde in geringer Anzahl vor.

In der secundären Rinde treten schon die ersten Bastfasern in tangential gestreckten Gruppen auf und schliessen alsbald zu langen, nur von den Markstrahlen unterbrochenen Bändern von wechselnder Breite an einander. Die Faserbündel füllen meist die Breite des Strahles aus, in radialer Richtung enthalten sie bis zu acht Fasern in dem Gesammtausmasse von 0,2 mm. Die tangentialen Bastfaserplatten werden durch eine oder mehrere Baststrahlen oft unterbrochen, setzen sich aber dann in derselben Richtung fort, so dass schliesslich eine sehr regelmässige concentrische Bänderung zu Stande kommt. Die Gruppen sind an der Aussen- und Innenseite bedeckt mit Kammerfasern, welche ausschliesslich grosse Einzelkrystalle enthalten, während die im Weichbaste zerstreuten Krystallzellen fast nur Drusen führen. Kleine Gruppen isodiametrischer Steinzellen kommen hier und da im Weichbaste zerstreut oder auch den Bastfasern angelagert vor. Die an Intercellularräumen reichen Weichbastschichten sind mehrfach breiter als die Bastfaserschichten und bestehen aus gleichmässig dünnwandigen

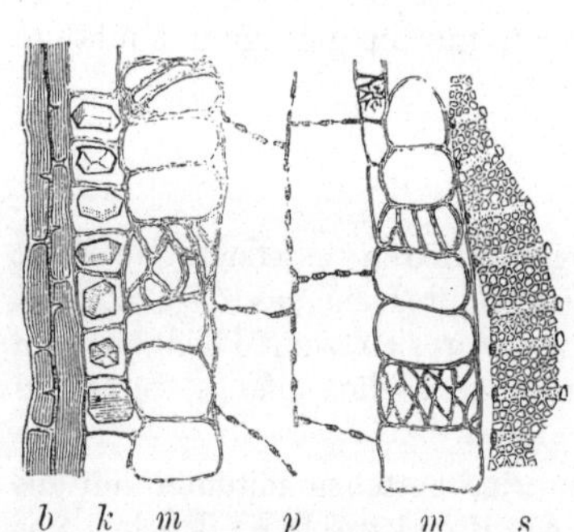

Fig. 41. *Populus alba* L. Sehnenschnitt durch den Bast (300). *b* Randfaser eines Bastbündels mit begleitender Kammerfaser *k*; *m* Markstrahlen mit netzig verdickten Zellen; *p* grobporiges Bastparenchym; *s* Gliedende einer Siebröhre mit treppenförmig gereihtem Plattensysteme.

Zellen von zum Theil rundlichem, zum anderen Theile unregelmässig verzogenem und bedeutend weitlichtigerem Querschnitte. Beide Formen zeigen häufig schon am Querschnitte das Relief ihrer Wände.

Die Bastfasern sind 0,03 mm breit (breiter als die primären), durch gegenseitigen Druck polygonal abgeplattet, bis zum Schwinden des Lumens verdickt, mit abgegrenzter Primärmembran, porenarm. Sie sind meist krummläufig, verschieden (oft über 1 mm) lang, stumpf zugespitzt, an den Seiten glatt oder von den Nachbarzellen ausgezackt. Die Siebröhren (Fig. 41) sind 0,045 mm und darüber weit, tief in einander geschoben, so dass auf den Endflächen 8—10 breite, grossporige, durch leiterförmige Interstitien getrennte Siebplatten Platz haben. Die Parenchymzellen, oft conjugirend, sind 0,03 mm breit, tangential zusammengedrückt, wenig höher als breit, mit zarten, zu kleinen rundlichen Gruppen gehäuften Poren. Cubische Kammerfaserzellen mit in Cellulose eingeschlossenen Einzelkrystallen begleiten die Bastbündel, welche, innig verbunden, als mehrere Centimeter lange Bänder isolirt werden können; einzeln zerstreute dünnwandige Krystallzellen enthalten Drusen. Die Steinzellen sind klein (bis 0,05 mm) isodiametrisch, denen der primären Rinde ähnlich.

Die Markstrahlen sind einreihig aus weitlichtigen, netzig verdickten (Fig. 40) oder porösen, rundlichen bis ansehnlich gestreckten Zellen zusammengesetzt. Sie führen kein Oxalat und sklerosiren nicht.

Populus pyramidalis Roz. (*Populus italica* Dur.)

Die wachsgelben einjährigen Triebe besitzen eine glatte Oberhaut mit sehr starker Cuticula, unter der in den jüngsten Internodien bereits Periderma aus 4—6 Reihen dünnwandiger, weitlichtiger Korkzellen entwickelt ist. In der primären Rinde beginnt die Sklerosirung kleiner Zellengruppen später als bei der vorigen Art, es kommt auch nicht zur Bildung eines Sklerenchymringes, vielmehr findet man jederzeit nur einzelne zerstreute Steinzellenconcretionen zwischen Periderma und primärer Bastfaserzone, welche Schichte hier übrigens wesentlich breiter ist.

Im Baue der secundären Rinde [1] sind keine wesentlichen unterscheidenden Merkmale. Die grössere Breite der Bastfaserbündel (sie messen in radialer Richtung nicht selten 0,25 mm), das reichlichere Vorkommen von Krystalldrusen im Weichbaste und die stellenweise umfangreichere Sklerosirung des Bastparenchyms mögen individuelle Eigenthümlichkeiten sein.

Populus nigra Lin.

Auch diese Art besitzt eine stark cuticularisirte Oberhaut. Unter ihr befindet sich in den jüngsten Internodien ein aus wenigen (2—3) Reihen dünnwandiger und weitlichtiger Zellen bestehendes (in radialer Richtung 0,05 mm breites) Periderm. Die kleinzellige primäre Rinde, in Folge der Convexität der primären Gefässbündel von wechselnder Breite, enthält Krystalldrusen, aber keine Steinzellen. Die secundäre Rinde ist regelmässig geschichtet, indem schmale [2]), häufig sogar einfache Bastfaserreihen mit breiten Weichbastschichten wechseln. Die Bastfasergruppen sind von Kammerfasern mit Einzelkrystallen bekleidet. Im Weichbaste sind Krystallzellen mit Drusen zerstreut; man unterscheidet am Querschnitte die kleinen, runden Parenchymzellen und die viel weiteren, verzogen eckigen Siebröhren. Die Markstrahlen sind einreihig, die Zellen dünnwandig mit bedeutender radialer Streckung, krystallfrei. Auch im Baste fehlen Steinzellen. Der Bau der Elemente ist übereinstimmend mit den vorigen Arten. Nur die Siebröhren sind durch oft colossale Weite (0,06 mm) und durch entsprechend grosse Poren ihrer Siebplatten bemerkenswerth. Diese stehen immer in grosser Zahl (12—15 nicht ungewöhnlich) auf den stark geneigten Endflächen und wurden von mir immer ohne Callus beobachtet.

Die Borke greift (wie bei den Pappeln überhaupt) nicht tief, die lebende Rinde bleibt in 8—10 mm Mächtigkeit erhalten. Die inneren Periderme, aus wenigen Reihen dünnwandiger und sehr weiter [3]) Korkzellen bestehend, die sich vom vertrockneten Bastparenchym auf Querschnitten nicht auffällig unterscheiden, entwickeln sich in grosser Flächenausdehnung anscheinend ohne Phelloderma. Die einzelnen Schuppen sind papier- bis 1 mm dick, haften sehr fest aneinander und sind in fingerdicker Borke kaum von einander zu sondern. Die Borke besitzt eine sehr homogene, korkartige [4]) Consistenz.

Populus tremula L.

Die glatte, rothbraune Epidermis bedeckt die einjährigen Triebe, in deren jüngsten Internodien das Oberflächen-Periderm aus drei bis vier Reihen dünn-

---

[1]) Vergl. die Abbildung in Dippel, Mikroskop II. p. 251.
[2]) Die Bastfasergruppen scheinen mit zunehmendem Alter weniger umfangreich zu werden.
[3]) Vgl. Hanstein, Baumrinden p. 47 und Hartig, Forstl. Culturpfl. p. 444. Der letztere vermisst die „intermediären Korkschichten“.
[4]) Wird hie und da als Ersatz für Eichenkork angewendet.

wandiger, weitlichtiger Zellen besteht. In früher Jugend findet man bereits isodiametrische Steinzellenklumpen in dem dünnwandigen Theile der primären Rinde zwischen der collenchymatischen Schicht und den primären Bastbündeln. Die Steinzellengruppen, aus kleinen, zart geschichteten porenreichen Elementen bestehend, treten niemals zu einem geschlossenen Sklerenchymring zusammen; in zweijährigen Internodien sind ihre gegenseitigen Abstände grösser und vergrössern sich entsprechend dem Dickenwachsthum. Auch innerhalb der primären Gefässbündelzone, zwischen dieser und dem secundären Baste treten frühzeitig verschieden gestaltete Sklerenchymgruppen auf, während die unmittelbare Umgebung der primären Faserbündel nicht sklerotisch wird.

Die secundäre Rinde zeigt die typische Aufeinanderfolge breiter Weichbastschichten und tangential geordneter Bastfasergruppen von derart wechselnder Breite, dass die letzteren ein paar bis sechzig Fasern enthalten. Dazwischen treten regellos zerstreut mohnkorn- und darüber grosse, rundliche oder tangentiale selbst radial gestreckte Sklerenchymgruppen auf, welche reichlich Einzelkrystalle einschliessen. Die Markstrahlen sind einreihig, verbreitern sich aber sehr oft ansehnlich und erscheinen am Querschnitte spindelförmig, bei der Breite von 0,4 mm etwa acht Reihen nahezu cubischer Zellen enthaltend. Mitunter führen auch die Markstrahlzellen Krystalldrusen.

Die Elemente unterscheiden sich von den gleichnamigen der verwandten Arten durch ihre geringeren Dimensionen, was besonders bei den Bastfasern und Siebröhren ohne weitere Messung auffällt.

Die Borkebildung findet in ähnlicher Weise statt wie bei *Populus alba*, mit der diese Art überhaupt am nächsten übereinstimmt.

Salix Caprea L.

Die stark cuticularisirte, mit hinfälligen, dünnwandigen, einzelligen Härchen spärlich besetzte Oberhaut pflegt an den einjährigen Trieben in toto zu überwintern, nachdem sie aus sich selbst[1]) eine einfache Peridermlage gebildet hat, die ganz den Charakter der Epidermis erhält (Fig. 42). An zwei- und dreijährigen Trieben besteht das Periderma nur aus zwei oder drei Lagen dünnwandigen Korkes und die jeweilig äusserste Lage erhält ansehnlich verdickte Aussenwände[2]), wird mit brauner Masse erfüllt und in grösseren Platten abgestossen, nachdem die nächstjüngere Schicht die Cuticularisirung ihrer Aussenwand beendet hat. Mitunter bleiben jedoch drei oder vier Schichten Oberflächenperiderm erhalten.

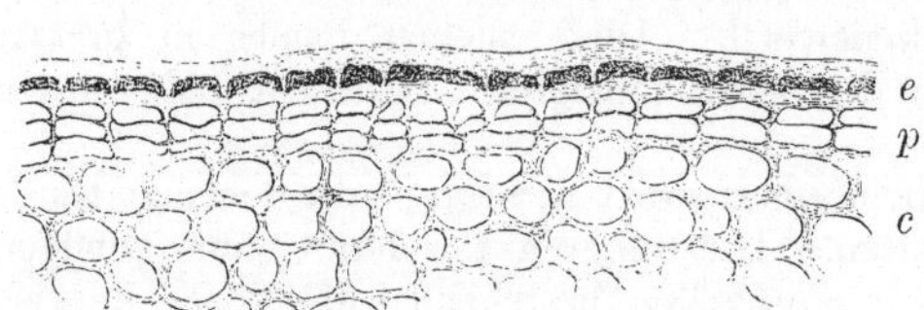

Fig. 42. *Salix caprea* L. Querschnitt durch ein zweijähriges Internodium (300). *e* Oberhaut; *p* Periderma, dessen äusserste Zellenreihe, der Oberhaut ähnlich, die Aussenwand verdickt und zu einer homogenen Membran verschmolzen hat; *c* hypodermatisches Collenchym. Das Periderma zählt rechts zwei, links schon drei Zellenreihen.

Die inneren Periderme entwickeln sich ziemlich regelmässig in sehr verschiedenen Abständen. Bei ansehnlicher Flächenausdehnung bestehen sie nur aus wenigen Reihen zum Theil weiter und zartwandiger, zum Theil tafelförmiger etwas derber, aber nicht sklerotischer Korkzellen. Die Borke bildet sich zwischen dem

---

[1]) Vergl. Sanio, Jahrb. f. w. Botanik II. p. 39. Weiss, Anatomie p. 412.
[2]) Nicht die tangentialen Wände überhaupt, wie v. Höhnel (Gerberinden p. 91) angibt.

sechsten und zehnten Jahre, verschont etwa 2 mm der lebenden Rinde und haftet an alten Stämmen in selten über 1 cm dicken Platten.

Die primäre Rinde ist im äusseren Theile collenchymatisch, im inneren dünnwandig und reichlich Krystalldrusen führend. Die primären Bastfaserbündel bleiben isolirt, sklerotische Parenchymzellen fehlen überhaupt in der ganzen Rinde. Die secundäre Rinde ist sehr regelmässig geschichtet. Die Bastfasergruppen zählen in radialer Richtung am häufigsten drei bis acht Fasern, doch kommen ebensogut einfache oder doppelte als bedeutend breitere Faserreihen vor. Der Weichbast besteht mitunter auch nur aus drei Zellenreihen, weitaus häufiger übertrifft er die Bastfaserplatten mehrfach an Breite. Man unterscheidet in ihm schon auf Querschnitten die weitlichtigen (0,045 mm) Siebröhren von den engeren grobporigen Parenchymzellen. Die Bastfasergruppen sind von Kammerfasern mit Einzelkrystallen eingehüllt, sonst kommen nur Drusen (grösser als die Einzelkrystalle) zerstreut vor. Im feineren Bau stimmen die Elemente vollständig mit den kleineren Formen bei *Populus* überein.

Salix fragilis L.

In der primären Rinde sklerosiren mitunter kleine Zellengruppen, doch habe ich in der secundären Rinde auch in diesem Falle, wie bei den Weiden überhaupt, niemals Steinzellen gefunden [1].

Eine grössere Anzahl (11) von Weidenrinden hat v. Höhnel [2] untersucht und dieselben nach dem Vorkommen oder Fehlen der Steinelemente, nach der Mächtigkeit der primären und secundären Bastfaserbündel, nach der Häufigkeit der Krystalldrusen zu charakterisiren versucht. Vgl. ferner die Abbildung von Berg [3] (*Salix pentandra*), die Beschreibungen von Vogl [4] und Wiesner [5].

Thymelaeae.

Aussenrinde. Die oberflächlichen Korkschichten bieten sowol der Zeit ihrer Entstehung nach, als bezüglich ihres Baues wesentliche Verschiedenheiten dar und stimmen nur bezüglich ihrer Lage unmittelbar unter der Oberhaut — diese selbst wird bei den *Laurineen* zur Korkinitiale — miteinander überein. Das Periderma entwickelt sich zugleich rings um die Peripherie in der ersten Vegetationsperiode bei den *Daphneen*, *Elaeagneen* und bei *Hakea*, etwas später bei *Leucadendron* und *Banksia*, erst nach Ablauf mehrerer Jahre bei den *Laurineen*. Bei den ersteren besteht es

---

[1] Hartig, Forstl. Culturpflanzen p. 443.
[2] Gerberinden p. 91.
[3] Anatomischer Atlas Taf. XXXIX.
[4] Comm. zur österr. Pharmacopoe, III. Aufl., p. 224.
[5] Rohstoffe p. 491.

aus weitlichtigen, im allgemeinen wenig abgeflachten, dünnwandigen Korkzellen. Aehnlich verhalten sich *Atherosperma*, *Persea*, *Litsaea* und *Sassafras*, während der Kork bei der Mehrzahl der *Laurineen*, bei *Coto* und bei *Peumus* schichtenweise und vorzüglich an der Innenseite der Zellen sklerosirt, bei *Laurus* selbst sich die Thätigkeit des Phellogens auf die Neubildung der Oberhaut beschränkt.

Die Bildung innerer Periderme unterbleibt bei *Atherosperma, Coto, Laurus, Daphne* und einigen *Proteaceen*. Bei vielen Rinden wurde dieselbe nicht beobachtet, doch lässt die Unvollständigkeit des Untersuchungsmaterials ein Urtheil nicht zu. Eine entschiedene Borkebildung kommt *Exocarpus*, den *Elaeagneen*, sowie *Banksia*, *Persea* und *Peumus*, wahrscheinlich auch *Litsaea* und *Sassafras* zu. Im Baue stimmen die inneren Korkhäute mit den oberflächlichen nahe überein. Eine ungewöhnlich mächtige, auf mehrere Vegetationsperioden hindurch andauernde Thätigkeit der Phellogenschichten hindeutende Entwicklung zeigten die inneren Korkmembranen von *Exocarpus* und *Banksia*.

Mittelrinde. Die *Monimiaceen* und *Laurineen* sind durch das Auftreten von ätherischem Oel und Schleim in ausgeweiteten Parenchymzellen vor den anderen Ordnungen ausgezeichnet, denen solche Secretbehälter fehlen. Das Vorkommen gut ausgebildeter Krystalle ist für einige Gattungen charakteristisch. Zarte prismatische Krystalle wurden beobachtet bei *Peumus, Cinnamomum* und *Dicypellium*, Krystalldrusen bei *Pimelea* und *Banksia*, diese und vereinzelte Rhomboeder bei *Leucadendron*. Bei den meisten Rinden konnte das Vorhandensein von Kalkoxalat durch Reactionen nachgewiesen werden, wenngleich es zu fehlen schien. Der Krystallmangel in der primären Rinde der meisten *Laurineen*, von *Daphne*, den *Elaeagneen* und bei *Hakea* verdient als seltener Befund besonders hervorgehoben zu werden.

Ein werthvolles diagnostisches Merkmal ist die Sklerosirung der Mittelrinde. Das Sklerenchym fehlt vollständig den *Elaeagneen* und *Daphnoideen*, vielleicht auch *Sassafras*; es ist auf die Bildung eines Sklerenchymringes mit Hilfe der primären Bastbündel beschränkt bei vielen *Laurineen* (*Laurus, Tetranthera, Camphora, Dicypellium*); die Sklerosirung erstreckt sich über die ganze Mittelrinde in grösserer oder geringerer Ausdehnung, jedoch ohne Zusammenhang mit den primären Faserbündeln bei den *Proteaceen*. — Grosse Steinzellenklumpen, aus grossen Elementen zusammengesetzt, kommen bei *Atherosperma* und den *Proteaceen* vor, während die Steinzellen der *Laurineen* einschliesslich *Peumus* durch die vorherrschende Verdickung der Innenseite charakteristisch sind. Ueber die Betheiligung des Phelloderma an dem Aufbau der Mittelrinde konnten nur fragmentarische Beobachtungen gemacht werden. Es scheint Phelloderma gar nicht (*Daphnoideen, Elaeagneen*), oder in geringem Umfange gebildet zu werden bei den *Laurineen* und *Monimiaceen*, in bedeutendem Masse bei den *Proteaceen*.

Innenrinde. Von allen untersuchten Rinden dieser Classe entbehrt der Bast von *Laurus nobilis* allein der Bastfasern und des Sklerenchyms. Bastfasern mit Ausschluss anderer sklerotischer Elemente kommen vor bei den *Elaeagneen*[1]), *Daphnoideen*, *Exocarpus* und vielen *Laurineen (Camphora, Sassafras, Dicypellium (?), Oreodaphne).* Bastfasern und zugleich Steinzellen finden sich bei einigen *Laurineen (Cinnamomum, Litsaea, Persea)* und bei den *Proteaceen*, Stabzellen bei *Coto* und den *Monimiaceen.* Nur bei wenigen *Laurineen*rinden wurden im Baste zerstreut Krystallhäufchen (Raphiden) ange- troffen und bei *Peumus* und *Exocarpus* allein ist eine Beziehung zwischen dem Sklerenchym und dem Auftreten von Kalkoxalat augen- scheinlich, indem grosse isodiametrische Einzelkrystalle des letzteren aus- schliesslich in Begleitung der Sklerenchymklumpen vorkommen. Es ist dem- nach die unterbleibende Krystallbildung (mit Ausnahme der ge- nannten Einzelfälle) eine hervorragende Eigenthümlichkeit der Classe.

Die Anordnung der Bastfasern und ihr quantitatives Verhältniss zum Weichbaste bietet innerhalb derselben Ordnung erhebliche Verschiedenheiten dar. Die *Laurineen*rinden sind arm an Bastfasern, so dass bei vielen die tangentiale Lagerung derselben aus diesem Grunde nicht bemerkbar wird. Bei der *Coto*rinde, bei *Exocarpus* und bei *Hippophae* bilden die sklerotischen Fasern compacte Stränge von rundlichem Querschnitt, bei den *Monimiaceen* unregelmässige Gruppen, Stränge wie Gruppen regellos zerstreut; deutlich tangential ge- schichtet ist der Bast der *Proteaceen*, *Daphnoideen* und von *Elaeagnus*. Nament- lich bei *Elaeagnus* und den *Proteaceen* ist die platten- oder bandartige Verbindung der Bastfasern sehr innig, während bei den *Daphnoideen* die Bastfasern so lose nebeneinander liegen, dass sie ohne Macerationsmittel isolirt werden können.

Wichtiger für die Diagnose, als die Gruppirung der sklerotischen Elemente ist ihr Bau. Die überwiegende Mehrzahl der *Laurineen*rinden ist charakterisirt durch kurze, spindelförmige, glatte, sehr stark verdickte Bastfasern. Nur *Coto* hat ungewöhnlich dicke, steinzellenartige Fasern (Fig. 46) und nähert sich dadurch den *Monimiaceen*, deren Fasern durch fast regelmässig kreisrunden Querschnitt bei mässiger Verdickung (typische Stabzellen) (Fig. 43, 44) ausge- zeichnet sind. Die Bastfasern der *Daphnoideen* sind ausserordentlich lang, voll- kommen glatt, in verschiedenem Grade und meist schwach verdickt (Fig. 47), sehr geschmeidig. Die *Elaeagneen*, *Exocarpus* und die *Proteaceen* besitzen mässig lange, krummläufige, oft zackige und knorrig endigende, dünne jedoch sehr stark verdickte Bastfasern. Das Bastparenchym ist durch ungewöhnliche axiale Streckung bei *Atherosperma*, durch Conjugation bei einigen *Laurineen* (*Coto, Dicypellium*) bemerkenswerth. Analoge Secretbehälter wie in der Mittelrinde kommen auch im Baste (Fig. 43, 44, 45) der *Monimiaceen* und *Laurineen* vor. Siebröhren bilden einen untergeordneten Bestandtheil des Bastes bei den *Daphnoideen* und *Elaeagneen*, bei den anderen Ordnungen kommen

---

[1]) *Hippophaë* besitzt zwischen den Faserbündeln sklerotische Markstrahlen.

sie strangweise oder tangential geschichtet abwechselnd mit Parenchym vor. Ihr feinerer Bau ist sehr verschieden. Die Siebröhren von *Daphne* und *Elaeagnus* haben glatte Seitenwände und einfache horizontale oder wenig geneigte Querplatten. Ihnen ähnlich sind die Siebröhren der *Laurineen*, nur besitzen diese (beobachtet bei *Persea*, *Sassafras*, *Laurus*) auch an den Seitenwänden ein Relief netzig verbundener Verdickungsleisten und stehen in dieser Beziehung den gleichnamigen Elementen von *Hippophae* und *Atherosperma* nahe. Durch sehr schief gestellte Endflächen mit zahlreichen querelliptischen, durch leiterförmige Interstitien getrennten Siebplatten sind die Siebröhrenglieder von *Exocarpus* und der *Proteaceen* ausgezeichnet. Die Querschnittsdimensionen von Parenchym und Siebröhren sind wenig verschieden. Die sklerotischen Fasern der *Monimiaceen* und von *Coto* (Fig. 44 und 46) kommen ihnen sehr nahe, was wol auch gegen ihre Deutung als Bastfasern spricht.

Die Markstrahlen sind einreihig bei *Daphne* und *Hippophae*, selten über dreireihig bei *Exocarpus*, den *Monimiaceen* und *Laurineen* (nach aussen erweitert), breit bei *Elaeagnus* und den *Proteaceen*. Ihre Zellen sind in der Regel dünnwandig, sklerotisch nur ausnahmsweise bei *Atherosperma*, *Peumus*, *Litsaea*, *Cinnamomum*, *Persea*, fast regelmässig bei *Coto*, *Exocarpus* und *Hippophae*, wo sie zwischen Sklerenchymklumpen gewissermassen eingeklemmt werden. Nur für die *Proteaceen* ist eine selbstständige Sklerosirung der breiten Markstrahlen typisch. Sie führen in der Regel keine Krystalle; bei *Dicypellium* fanden sich Raphiden, bei *Exocarpus* Rhomboeder bloss in den sklerotischen Zellen.

Uebersicht der Gattungen nach Merkmalen des Bastes:

A. Es fehlen sowohl Bastfasern als auch Steinzellen: *Laurus.*

B. Es sind Stabzellen oder Bastfasern und Steinzellen vorhanden.

    1. Steinzellenartige Fasern in unregelmässig vertheilten Gruppen; Sekretzellen.

        a. Steinzellen unansehnlich, oft einseitig verdickt, mit grossen Einzelkrystallen; Borke durch zartzellige Periderme abgetrennt: *Peumus.*

        b. Fasern stabzellenartig, wie *Peumus* mit kreisrundem Lumen in unregelmässigen, mit Steinzellen untermischten Gruppen, die keine Krystalle einschliessen: *Atherosperma.*

        c. Steinzellen gross, gleichmässig verdickt; Fasern sehr dick, dicht geschichtet in scharf umschriebenen, mit freiem Auge gut kenntlichen Bündeln; Raphiden: *Coto.*

    2. Kurze, spindelige, stark verdickte Bastfasern zerstreut oder in schmalen tangentialen Reihen; Siebröhren mit einfachen Querplatten und flachen Tüpfeln (Siebfeldern) an den Seitenwänden; Sekretschläuche.

        a. Steinzellen immer, wenn auch vereinzelt, vorhanden.

            α. Oberflächenperiderma, daher Steinzellenring erhalten: *Cinnamomum.*

            β. Innere Periderme: *Litsaea, Persea.*

        b. Steinzellen nur in der Aussenschicht des Bastes oder auf den gemischten Sklerenchymring beschränkt.

            α. Weichbast deutlich geschichtet, Bastfasern oft ganz fehlend; bloss ein Sklerenchymring: *Dicypellium.*

            β. Im äusseren Theile des Bastes grosse tangential gestreckte, schwach verdickte Steinzellen, Bastfasern ziemlich reichlich: *Oreodaphne.*

γ. Weichbast sehr grosszellig, ungeschichtet; Bastfasern immer isolirt;
der Sklerenchymring wird durch innere Periderme abgetrennt:
Sassafras.

3. Bastfasern mässig lang oder kurz, krummläufig in massigen Bündeln oder
Platten tangential gereiht; Siebröhren mit leiterförmig gereihten Siebplatten;
keine Sekretzellen.

    a. Die breiten Markstrahlen zum grössten Theile sklerotisch.

        α. Bastbänder schmal, im Bastparenchym sehr grosse Steinzellen:
Leucospermum.

        β. Bastbänder viel breiter als der Weichbast, das Bastparenchym
grösstentheils zu Stabzellen umgewandelt: *Banksia.*

    b. Vereinzelte Sklerenchymgruppen in den breiten Markstrahlen, im Weich-
baste spärliche Stabzellen: *Leucadendron.*

C. Es sind nur Bastfasern, keine Steinzellen vorhanden; keine Sekretschläuche.

    1. Bastfasern lang, krummläufig, sämmtlich stark verdickt, verschlungen, daher
in sehr compacten Gruppen.

        a. Die Gruppen nehmen die Breite des Baststrahles ein und bilden concen-
trische Reihen; Markstrahlen breit, immer dünnwandig: *Elaeagnus.*

        b. Die Bastfaserstränge von rundlichem Querschnitt sind regellos ange-
ordnet, oft von einem (hier sklerotischen) Markstrahl durchschnitten:
Hippophae.

    2. Bastfasern sehr lang, zum grossen Theile dünnwandig, glatt, lose in tangen-
tialen Gruppen neben einander gelagert: *Daphne.*

    3. Bastfasern kurz knorrig, sehr stark verdickt, verschlungen in compacten
Gruppen, von Krystallkammerfasern begleitet; Borke: *Exocarpus.*

Monimiaceae.

Die beiden Gattungen besitzen ein gemeinsames und sie zugleich von den
Gattungen verwandter Ordnungen unterscheidendes Merkmal. Es besteht in
den Stabzellen (Fig. 43 u. 44), welche einzeln oder in Gruppen
zerstreut oft mit Sklerenchym (s. str.) vergesellschaftet dem Querschnitte
der Innenrinde (Fig. 44) ein charakteristisches Aussehen verleihen. Gemeinsam
ist ferner das Vorkommen grosser Oelzellen (Fig. 43) im ganzen Bereiche
der Rinde, die umfangreiche Sklerosirung der Mittelrinde, in
der gleichwol der Sklerenchymring unterbrochen, stellenweise als solcher kaum
kenntlich ist. Gegenüber diesen Aehnlichkeiten können zahlreiche unterscheidende
Merkmale angeführt werden.

Das Periderm bei *Peumus*[1]) ist reihenweise sklerotisch und auch das
Phelloderma sklerosirt einseitig (Fig. 44) in dem inneren (Borke)-Periderma.
Bei *Atherosperma* wurde keine Borkebildung beobachtet, das Oberflächenperiderm
besteht aus dünnwandigem Kork, nur einzelne Zellen desselben und zerstreute
Gruppen des Phelloderma sklerosiren ihre Membranen gleichmässig. Die
Steinzellen von *Atherosperma* sind durch ihre Grösse und Vielgestaltigkeit,

---

[1]) Die hier als *Peumus* angeführte Rinde erhielt ich von Herrn Bernardin aus dem
„Museum Melle-lez-Gand" als *Laurus Peumus.* Es muss dahingestellt bleiben, welchen Grad
der Berechtigung meine Zweifel an der Richtigkeit der Bestimmung haben.

7 *

durch deutlich ausgeprägte Schichtung und Porenbildung von den gleichnamigen Elementen bei *Peumus* auffällig verschieden. Dieser Grössenunterschied erstreckt sich auch auf die anderen Zellformen. Besonders bemerkenswerth ist die ungewöhnliche axiale Streckung des Bastparenchyms bei *Atherosperma* und die vielleicht damit zusammenhängende Länge der Stabzellen. Auch bei *Peumus* besteht diese Beziehung zwischen Parenchym und Stabzellen, nur äussert sie sich hier in der auffälligen Kürze der letzteren. Die Markstrahlen enthalten bei beiden Arten die gleiche (1—3) Reihenzahl und sklerosiren nur in den seltenen Fällen, wo sie zwischen Steinzellen durchziehen, doch sind sie bei *Atherosperma* aus weitlichtigeren und wenig gestreckten Zellen zusammengesetzt. Ein diagnostisch sehr gut verwerthbarer Unterschied ist die Form des Auftretens von Kalkoxalat. Bei *Atherosperma* wird es leicht übersehen, bedarf sogar zu seinem sicheren Nachweis der Ueberführung in Gyps. Bei *Peumus* kommt es in zwei Formen vor: als kleine stäbchen- oder nadelförmige Prismen in dünnwandigen· Krystallzellen in grösserer Zahl oder als isodiametrische Einzelkrystalle in den Sklerenchymklumpen (Fig. 44) des Bastes. Das letztere Vorkommen scheint meine Vermuthung zu bestätigen, dass durch die Sklerosirung eine Umkrystallisation angeregt wird. Die Siebröhren von *Peumus* habe ich nicht mit hinreichender Deutlichkeit zur Ansicht bringen können, jene von *Atherosperma* besitzen eine breite, mässig geneigte, grossporige Siebplatte und an den Längswänden rundliche Siebfelder (Fig. 43) zwischen netzig verbundenen Verdickungsleisten.

Atherosperma moschata Labill.

Eine aus Neu-Süd-Wales stammende, als „Sassafras de l'Australie" bezeichnete, aromatische Rinde. Sie ist etwa 6 mm dick, gelblich-braun, aussen grob gewulstet, an der Innenseite fein netzstreifig, am Querschnitte für das unbewaffnete Auge ziemlich homogen.

Die Rinde ist von einer dünnen (0,1 mm), aus regelmässig tafelförmigen, ziemlich weitlichtigen vereinzelt sklerotischen Zellen (0,015 mm radial) gebildeten Peridermschicht bedeckt. Innere Periderme kommen in der Rinde nicht vor.

Die Mittelrinde besteht aus grossen, zartwandigen, meist tangential gestreckten Zellen, die zu ansehnlichem Theile sklerotisch werden. Schon in den jüngsten Phellodermlagen kommen kleine Steinzellengruppen vor, in den inneren Theilen findet man nicht selten hirsekorngrosse Sklerenchymklumpen. Die Steinzellen sind vorherrschend tangential gestreckt, mässig verdickt in den äusseren[1]), stark verdickt in den älteren (inneren) Rindentheilen, fein geschichtet und mit zahlreichen breiten, oft verzweigten Porenkanälen durchzogen. Ueberdiess enthält die Mittelrinde in wechselnder Menge zerstreut rundliche Oelzellen (0,6 mm dünn) mit hellgelbem, schölligem Inhalt; in vielen Parenchymzellen findet sich eine feinkörnige, braune, in Wasser nur theilweise lösliche Substanz; Kalkoxalat kommt nur in Form winziger Körnchen vor. Nahezu die Hälfte der gesammten Rindendicke entfällt auf die Mittelrinde.

In der Innenrinde überwiegt der Weichbast, der bedeutend kleinzelliger und etwas derbwandiger ist als das Parenchym der Mittelrinde. Die Stab-

---

[1]) Die äusseren Lagen der Mittelrinde sind phellogen, daher in der Sklerosirung nicht soweit vorgeschritten wie die tieferen Schichten.

zellen bilden Gruppen bis Mohnkorngrösse, sind häufig von Steinzellen umlagert und regellos zerstreut. Die Markstrahlen sind ein- bis dreireihig, die Zellen kurz und weit, zwischen Sklerenchym auch sklerotisch.

Sämmtliche Elemente der secundären Rinde zeigen Eigenthümlichkeiten im Bau. Die Steinzellen gleichen im Allgemeinen denen der primären Rinde, nur sind sie häufiger axial gestreckt. Die dünnwandigen Parenchymzellen (Fig. 43) besitzen eine die Breite (0,02 mm) zehnfach und öfter übertreffende Länge im Gegensatz zu den Markstrahlzellen, die breiter (0,035 mm) und meist cubisch sind. Die Siebröhren stimmen in Breite und Dünnwandigkeit mit den Parenchymzellen nahe überein. Ihre Glieder sind noch beträchtlich länger als diese, haben grob gegitterte, einfache Endplatten und der ganzen Längswand entlang zarte netzig verbundene Verdickungsleisten. In ziemlich grosser Menge kommen im Weichbaste zerstreut grosse Oelzellen vor, welche nichts weiter sind als erweiterte Parenchymzellen. Sie sind elliptisch, bis 0,45 mm lang, 0,06 breit und bilden das Glied einer Parenchymfaser (Fig. 43). Die Bastfasern sind ersetzt durch stabförmige, meist 0,3 mm lange, 0,035 mm breite, beiderseits stumpfe Steinzellen. Etwa ein Drittel der Breite fällt auf die Membran, welche fein geschichtet und reichporig ist. Am Querschnitte sind die Stabzellen fast regelmässig kreisrund. Krystalle fehlen.

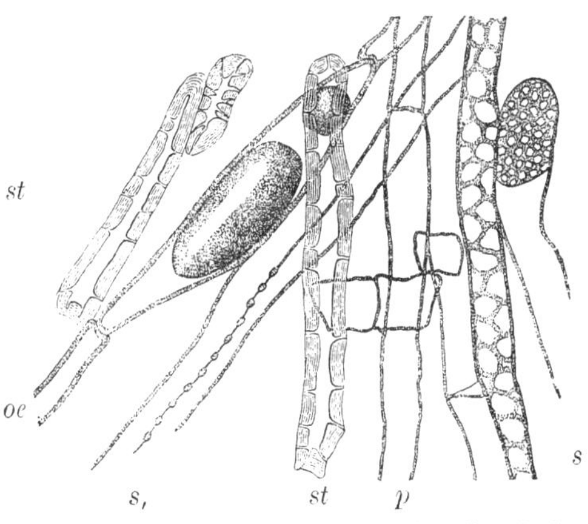

Fig. 43. *Atherosperma moschata* Labill. Isolirte Elemente des Bastes (300). *st* Stabzellen; *oe* Parenchymfaser mit einer ausgeweiteten Oelzelle; *p* lange Parenchymzelle; *s* Siebröhren mit der Querplatte und den Siebfeldern; *s,* zwei Siebröhren in Berührung, welche die correspondirenden Siebfelder im Durchschnitte zeigen.

Ocotea (?).

Unter dieser Bezeichnung befand sich auf der Pariser Ausstellung (1878) eine Rinde aus Reunion mit schwach aromatischem Geruche und eigenthümlich gewürzhaftem, an Pfeffer und Zimmt zugleich erinnerndem Geschmacke. Sie bildet ansehnliche Platten von 0,6 cm Dicke, mit kleinwarzigem, graugelblichem Kork bedeckt, innen unregelmässig längsstreifig oder netzig, am Querschnitte im äusseren Drittel unter der Lupe sehr undeutlich bis hirsegrosse helle Flecken auf gelblichem Grunde, im inneren Theile dem unbewaffneten Auge deutlich Markstrahlen zeigend.

Der feinere Bau dieser Rinde lässt keinen Zweifel darüber, dass sie von *Atherosperma* abstammt.

Peumus Boldus Mol. (*Peumus fragrans* Pers., *Ruizia fragrans* Pav. *Boldoa fragrans* Gay.)

Eine wohlriechende, angeblich zum Gerben dienende Rinde aus Chile.

Sie ist 1,2 cm dick, derb und hart, mit dünner, röthlich-grauer Korkbedeckung, am Querschnitte im äusseren Viertel homogen, innen mit annähernd tangential geordneten weissen Pünktchen und Strichelchen auf lichtbraunem Grunde. Die Innenfläche ist rothbraun, fein längsrunzelig. Etwa an der Grenze des äusseren Drittels zieht eine dunkle, sehr zarte Trennungslinie.

Das 0,4—0,6 mm breite Periderm besteht aus kaum abgeplatteten, äusserst dünnwandigen und dazwischen meist einfachen Reihen einseitig (innen) verdickter rothbrauner Korkzellen.

Das innere Periderma (Fig. 44) besteht nur aus einer geringen Zahl (sechs bis acht Reihen) dünnwandiger Korkzellen, denen nach innen unvermittelt etwa ebensoviele Reihen wenig abgeflachter und auf der Innenseite sklerotischer Phellodermzellen folgen.

Unmittelbar unter dem Periderma beginnen ansehnliche Theile der Mittelrinde in unregelmässigen Gruppen zu sklerosiren und in der Tiefe von 0,4 mm befindet sich ein schmaler unterbrochener Sklerenchymring. Auch innerhalb des Sklerenchymringes sklerosirt die Mittelrinde in ausgedehnten Gruppen. Sämmtliche Steinzellen sind vorherrschend auf der Innenseite mit Erhaltung des Lumens verdickt und nicht grösser als das umgebende dünnwandige Parenchym. Dieses enthält in zahlreichen rundlichen, gleichfalls nicht oder doch wenig vergrösserten Zellen citronengelbes Oel, in anderen eine braunrothe homogene Masse, in welcher oft Bündel spiessiger Krystalle oder mehrere gut ausgebildete kleine Prismen eingebettet liegen.

Der Querschnitt durch die Innenrinde (Fig. 44) bietet ein sehr charakteristisches Bild. Kreisrunde, mässig verdickte Fasern sind regellos zerstreut, isolirt, häufiger in unregelmässigen kleinen Gruppen, radialen oder tangentialen Reihen. Dazwischen treten einzelne Steinzellen und grössere Gruppen derselben auf, welche immer zahlreiche grosse, isodiametrische Einzelkrystalle einschliessen. Der Weichbast ist stellenweise durch tangentiale Siebröhrenstränge geschichtet. In dem kleinzelligen Parenchym sind die grossen rundlichen Lumina ungewöhnlich zahlreicher Oelzellen auffallend. Die Markstrahlen sind aus ein bis drei Reihen schmaler, radial gestreckter Zellen zusammengesetzt, die nur zwischen den sklerotischen Krystallzellen den Charakter der letzteren annehmen.

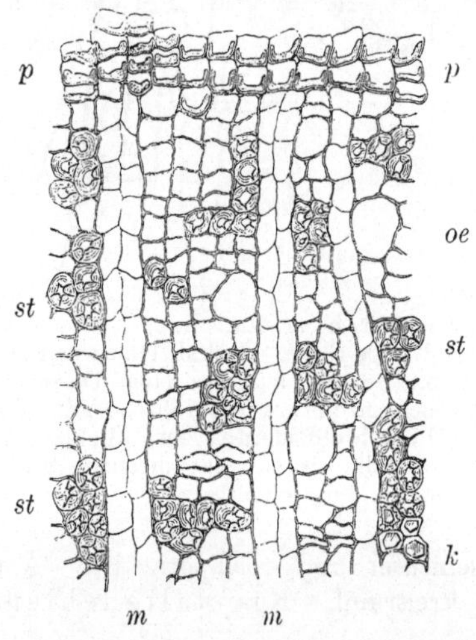

Fig. 44. *Peumus Boldus* Mol. Querschnitt durch den Bast (160). *p* inneres Periderma mit einseitig sklerosirten cubischen Korkzellen; *st* Stabzellen (ähnlich den in Fig. 43 isolirt dargestellten) bei *k* von Krystallen begleitet; im Weichbaste zerstreute Oelzellen *oe*; *m* Markstrahlen.

Die stabförmigen Steinzellen sind häufig nur 0,08 mm, selten über 0,3 mm lang, von der Breite (0,025 mm) entfällt etwa ein Drittel auf das Lumen, so dass sie vielen mässig sklerotischen Parenchymzellen entschieden ähnlicher sehen als Bastfasern[1]). Die Elemente in den Sklerenchymklumpen sind in der überwiegenden Mehrzahl isodiametrisch von geringer Grösse (0,03—0,05 mm diam.) und gleichmässig verdickt. Die Oelzellen sind elliptisch (0,15 mm lang, 0,05 mm breit), ihr Inhalt schmilzt in Alcalien zu einer homogenen bernsteingelben Masse, während der braune Inhalt vieler Parenchymzellen rosenroth wird.

Diese Rinde befindet sich als *Laurus Peumo* in Sammlungen und war als solche wiederholt auf Ausstellungen zu finden. Wenn die Bestimmung richtig ist, gehört dieselbe zu den *Lauraceen.* Sie wird hier eingereiht, weil der Bau der

―――――――

[1]) Sie sind auch parenchymatisch verbunden und zahlreiche Zwischenformen beweisen ihre Zusammengehörigkeit mit den isodiametrischen Steinzellen (vgl. Fig. 43).

Rinde, insbesondere des Bastes eine augenfällige Verwandtschaft mit *Atherosperma* verräth. Unter den *Laurineen* steht sie der Cotorinde am nächsten[1]), deren Abstammung bekanntlich nicht sicher gestellt ist (s. p. 112). Der Name „Coto" liesse vermuthen, dass er von *Ocotea* herrührt.

Laurineae.

Die meisten Arten standen mir nur in trockenem Materiale unbestimmten Entwicklungsalters und zum Theile geschält zur Verfügung, wie es sich in Sammlungen und im Handel vorfindet, und nur wenige konnte ich durch junge aus Gewächshäusern entnommene Zweigspitzen ergänzen. Die folgende Uebersicht stützt sich selbstverständlich auf die positiven Befunde und es muss vorläufig unentschieden bleiben, ob die angeführten Merkmale auch für jene Arten gelten, die in einzelnen Punkten Lücken aufweisen oder ob nicht etwa in späteren Entwicklungsstadien secundäre Veränderungen hinzukommen, wie etwa Borkebildung, Sklerosirung des Parenchyms, Entstehung von Bastfasern u. A.

Das Periderma entwickelt sich in allen beobachteten Fällen erst nach Ablauf mehrerer Jahre und nimmt seinen Ursprung aus der Oberhaut selbst *(Cinnamomum, Laurus)*. Weiterhin erfolgt seine Ausbildung in verschiedenartiger Weise Es stellt gewissermassen eine Regeneration der Oberhaut mit starker Cuticularisirung dar bei *Laurus;* das Phellogen erzeugt Plattenkork, welcher zeitlebens dünnwandig bleibt *(Persea, Litsaea, Sassafras)* oder in welchem in mehr oder weniger regelmässigen Schichten die Innenwände der Korkzellen (Fig. 44) sklerosirten *(Cinnamomum, Dicypellium, Oreodaphne, Tetranthera, Coto)*.

Die Bildung innerer Periderme unterbleibt bei *Laurus*, vielleicht auch bei anderen Gattungen, da die Mehrzahl der untersuchten Rinden borkefrei war, wenngleich die Entwicklung des Bastes auf ein ziemlich vorgeschrittenes Alter derselben schliessen liess. Dagegen wurde eine tief in den Bast vordringende Borke bei *Persea* beobachtet und bei *Litsaea* und *Sassafras* hatte sich eine zweite Peridermschicht in der Mittelrinde gebildet. Es verdient hervorgehoben zu werden, dass diess die Gattungen sind, welche keinen Steinkork bilden.

Die primäre Rinde ist im Allgemeinen grosszellig und zartwandig, in geringem Grade als Hypoderma collenchymatisch. Die zwischen den primären Bastbündeln gelegenen Parenchymschichten werden frühzeitig sklerotisch. Der Sklerenchymring bildet sich schon in den jüngsten Internodien und es scheint mir keine specifische Eigenthümlichkeit zu sein, ob derselbe geschlossen oder unterbrochen ist. An jungen Rinden fand ich ihn immer geschlossen und die Sprengung desselben dürfte dann eintreten, wenn die Sklerosirung dem Zuwachs nicht folgen kann, wie denn überhaupt die Neigung zur Sklerosirung in der Jugend am stärksten ist und auf einer gewissen Altersstufe zu erlöschen scheint. Es geht diess daraus hervor, dass bald nach der Anlage des Sklerenchymringes auch die ausserhalb und innerhalb

---

[1]) Vgl. V o g l, Comm. zur österr. Pharmacopoe, 3. Aufl p. 233.

derselben gelegenen Parenchymgruppen sklerotisch werden und diess in einer zeitlichen Aufeinanderfolge, welche annähernd aus der tangentialen Streckung der Zellen, dem Grade ihrer Verdickung und aus der Tiefe erschlossen werden kann, bis zu welcher die Sklerosirung überhaupt vordringt. Unterbrochene Sklerenchymringe wurden beobachtet bei einigen Cinnamomumarten (*C. aromaticum, Tamala, Culilavan*), bei *Agatophyllum, Persea, Coto.* Derselbe fand sich gar nicht vor bei *Litsaea* und *Sassafras.* Es muss doch der Möglichkeit gedacht werden, dass die letzteren einen Sklerenchymring bilden, der aber in den vorliegenden Mustern bereits als Borke abgestossen war, umsomehr als in dem noch vorhandenen Theile der Mittelrinde, dem Phelloderma der tiefen Phellogenschichten, auch die primären Bastfasern fehlten. Mitunter entstehen ausserhalb des Sklerenchymringes keine Steinzellen (*Laurus, Camphora, Tetranthera, Dicypellium*), häufiger sklerosiren zerstreute Gruppen im Parenchym der Mittelrinde sowol wie der Innenrinde. Ein allgemeiner Charakter der Lauraceen ist das reichliche Vorkommen von aetherischem Oel und Schleim in erweiterten Zellen des Parenchyms der primären und secundären Rinde. Auch Kalkoxalat konnte durch Ueberführung derselben in Gyps immer nachgewiesen werden, auch wenn es, wie häufig, zu fehlen schien. Isodiametrische Krystalle oder Drusen kommen aber niemals vor; in Form zarter, spiessiger Krystalle wurde es angetroffen bei *Cinnamomum* und *Dicypellium* (Fig. 45).

Bezüglich des Baues der Innenrinde lassen sich folgende Typen unterscheiden:

Sie enthält weder Bastfasern noch Steinzellen: *Laurus;* sie enthält Bastfasern aber keine Steinzellen: *Dicypellium (?), Camphora, Sassafras, Agatophyllum (?), Oreodaphne;* sie enthält Bastfasern und Steinzellen: *Cinnamomum, Persea, Litsaea;* bloss Stabzellen: *Coto.* — Zum Charakter der Laurineenrinden gehört das spärliche und zumeist isolirte Auftreten der Bastfasern; selten vereinigen sie sich zu kleinen Bündeln in tangentialer Anordnung (z. B. *Persea, Cinnamomum, Culilavan*) und nur in der Cotorinde bilden die Stabzellen compacte Gruppen von ansehnlicher Grösse. Im Weichbaste erscheinen Siebröhren und Parenchym mitunter geschichtet (*Dicypellium, Coto* [Fig. 46]), in der Regel ist die tangentiale Anordnung nur angedeutet und aus dem unregelmässigen, grossmaschigen Netze treten die ausgeweiteten Sekretbehälter (wie in der Mittelrinde) und anastomosirende Stränge zusammengefallener Siebröhren hervor.

Die Markstrahlen verbreitern sich beträchtlich gegen die Mittelrinde, im Baste bestehen sie zumeist aus zwei oder drei Reihen weitlichtiger und wenig gestreckter Zellen, nur in der Cotorinde sind sie schmal, zusammengedrückt und theilweise sklerotisch (Fig. 46), wie bei *Cinnamomum, Litsaea, Persea* freilich in viel geringerem Grade.

Für die meisten Laurineenrinden ist die Form der Elemente in höherem Grade charakteristisch als ihre Anordnung im Gewebe. Die Sklerosirung des Parenchyms beschränkt sich oft auf die Innenseite der Zellen. Es gilt diess besonders für die Steinzellen im Sklerenchymring und der Mittelrinde überhaupt, auch für den Kork *(Dicypellium, Oreodaphne, Coto)*, minder ausgesprochen für das Bastparenchym. Die Steinzellen behalten annähernd ihre ursprüngliche Gestalt, vergrössern sich aber oft ansehnlich und werden bis nahe zur Obliterirung verdickt. Ausgenommen ist *Litsaea*, dessen Parenchym in umfangreichem aber geringem Grade sklerosirt (ähnlich den *Artocarpeen)*. Die Bastfasern sind, mit einziger Ausnahme von *Coto* (s. p. 113), dünn, kurz, glatt, spindelförmig, sehr stark verdickt, geschichtet, ziemlich reichporig, am Querschnitte rundlich oder rechteckig. Das dünnwandige Bastparenchym ist grobporig, mitunter conjugirt *(Dicypellium, Coto)*. Die Oel- und Schleimbehälter sind ausgeweitete, etwas derbwandige Parenchymzellen, oft in verticalen Reihen, aber niemals in Gruppen vereinigt, noch confluirend. Die Krystallschläuche unterscheiden sich nur durch ihren Inhalt (Sand oder Raphiden) von den stärkeführenden Parenchymzellen. Die Siebröhren sind verschieden weite, die Parenchymzellen jedoch an Breite im Allgemeinen nicht übertreffende, langgliederige Schläuche mit wenig geneigten, oder horizontalen, feinporigen *(Dicypellium, Cinnamomum, Persea, Coto)*, oder zart gegitterten *(Sassafras)*, mitunter mit dickem Callus bedeckten *(Laurus, Cinnamomum)* Endflächen. Die Seitenwände sind dicht mit netzig oder vertical angeordneten feinporigen Siebfeldern oder anscheinend glatten rundlichen Tüpfeln besetzt.

Cinnamomum aromaticum Nees ab E. *(C. Cassia* Blume).

An den jährigen, mit mässig cuticularisirter Oberhaut bedeckten Trieben, ist das Periderm noch nicht angelegt. Die primäre Rinde ist grosszellig, in sehr geringem Grade collenchymatisch. Zahlreiche, häufig axiale Reihen von Zellen sind bereits zu grossen (0,035 mm diam.) Schleimzellen umgewandelt. Die primären Bastbündel, aus breiten (0,03 mm), noch nicht vollkommen verdickten Fasern bestehend, sind einander sehr genähert, die spärlichen zwischengelagerten Parenchymzellen und Zellengruppen ausserhalb derselben zeigen beginnende Sklerose. Zerstreute Zellen enthalten reichlich stäbchenförmige Krystalle. In älterem, trockenem Material ohne Periderm, besass die Mittelrinde noch 0,6 mm Dicke bis zur Sklerenchymzone. Diese hatte eine sehr wechselnde Breite, war auch hier und da unterbrochen; die Zellen sind verschiedenartig verdickt, gleichmässig und allseitig oder hufeisenförmig, nahezu vollständig oder nur in geringem Grade, immer geschichtet und mit verzweigten Poren. Sowol ausserhalb wie innerhalb des Sklerenchymringes kommen überdiess selbstständige Steinzellengruppen in ziemlich grosser Menge vor, stellenweise dringt die Sklerosirung sogar in die Baststrahlen ein.

Die secundäre Rinde enthält nur spärliche Bastfasern, häufiger isolirt als zu kleinen Bündeln vereinigt. Sie besitzen nur ein punktförmiges Lumen, sind deutlich geschichtet, breit (0,05 mm), am Querschnitte unregelmässig rundlich. Ihre geringe Länge schwankt nur wenig um 0,6 mm, ihre Form ist spindelig, kurz zugespitzt, selten gabelförmig verbreitert, mit glatten Seitenwänden. Die Elemente des Weichbastes sind am Querschnitte nicht zu unterscheiden, nur die Schleimzellen ragen durch ihre Grösse hervor. Sie sind elliptisch, 0,2 mm lang und etwa halb so breit. Die Oelzellen unterscheiden sich in der Form nicht von den im Allgemeinen grossen, 0,05 mm breiten Parenchymzellen. Nahezu ebenso breit sind die Siebröhren, deren Glieder die Bastfasern häufig an Länge übertreffen. Ihre einfachen Querplatten sind nicht verbreitert, wenig geneigt, feinporig und mit Callus bedeckt. Krystalle fehlen[1]). — Die Markstrahlen sind ein-, zwei- oder dreireihig, ihre Zellen breiter und kürzer als das Bastparenchym[2]).

Cinnamomum dulce N. ab E. *(Laurus dulcis* Rxb., *Cinnamomum chinense* Bl.)

Die mit starker Cuticula bedeckte Oberhaut bleibt durch mehrere Jahre erhalten, an kleinfingerdicken Stengeln findet man noch Reste derselben, nachdem aus ihr bereits sechs bis acht Reihen Korkzellen hervorgegangen sind. Die primäre Rinde ist grosszellig, wenig collenchymatisch. In den jüngsten Internodien findet man bereits 0,07 mm weite Schleimzellen, kleinere Oelzellen und Krystallschläuche mit zahlreichen kleinen (0,015 mm lang, 0,003 mm breit) Prismen von Kalkoxalat. In der Tiefe von 0,15 mm liegen dicht gedrängt die primären Bastbündel und schon zeigen die zwischenliegenden Parenchymzellen die ersten Spuren ihrer Verdickung an der Innenseite. In dem Masse als die Bastbündel auseinander gedrängt werden, wird ihre Verbindung durch Sklerenchym wieder hergestellt.

In dem jungen Material, das mir allein zur Verfügung stand, enthielt die secundäre Rinde keine sklerotischen Bastfasern. Die axial gestreckten Parenchymzellen enthielten zum Theil Schleim, zum Theil aetherisches Oel, einige auch Krystalle wie in der Mittelrinde. Manche Parenchymzellen zeigten schon die ersten, noch nicht verholzten Verdickungsschichten mit zahlreichen Poren. Die engen Siebröhren besitzen an den mässig geneigten Endflächen eine einzige, feinporige, derbe Siebplatte.

Cinnamomum Culilavan N. ab E. *(Laurus Culilaban* L.)

Das 0,4 mm dicke Periderm besteht aus drei Schichten, indem je vier bis sechs Reihen tafelförmiger Zellen bei vorwiegender Verdickung der tangentialen Wände zu Steinkork umgewandelt wurden. Die auf das Periderm folgende 0,6 mm breite Mittelrinde ist grosszellig, dünnwandig und grobporig, enthält reichlich Oel- und Schleimzellen, aber keine Krystalle (trockenes Material). Darauf folgt eine unregelmässig unterbrochene Sklerenchymzone, die nach aussen ziemlich scharf abgegrenzt ist, gegen die Innenrinde aber und bis tief in die Baststrahlen hinein sklerotische Ausläufer sendet. Bastfasern kommen in ansehnlicher Menge und oft in tangentialen Reihen geordnet vor. Auch im Weichbaste ist eine Schichtung angedeutet, indem die zusammengefallenen Siebröhrenstränge an vielen Stellen regelmässig mit Parenchymlagen abwechseln. Die letzteren enthalten Oel- und Schleimzellen, einzelne Zellen werden sklerotisch. Die Zellenformen unterscheiden sich nicht[3]) von den gleichnamigen anderer Zimmtrinden.

Cinnamomum sp.?

Eine aus Brasilien stammende Zimmtrinde in der Wiener pharmacognostischen Sammlung, besitzt unter der in Ablösung begriffenen stark cuticularisirten Oberhaut ein Oberflächen-Periderm aus vier bis fünf Reihen dünnwandiger Zellen und einer inneren Reihe (wie bei *Culilaban*) stark sklerosirter Korkzellen. Einseitig,

---

[1]) Vgl. de Bary, Vegetationsorgane p. 545. Im Ceylon-Zimmt kommen Raphiden vor. Vgl. de Bary l. c. 145, 150.

[2]) Vgl. die Beschreibung und Abbildung bei Vogl (Commentar zur österr. Pharmacopoe, 3. Aufl. p. 228), Berg (Anatomischer Atlas p. 71, Taf. XXXVI).

[3]) Vgl. Vogl, Comm. z. österr. Pharm., III. Aufl., p. 232.

seltener gleichmässig sehr stark verdickte Steinzellen bilden mit den primären Bastbündeln einen geschlossenen Sklerenchymring. Die sehr geschrumpfte Mittelrinde enthält Gruppen derbwandiger weitlichtiger Zellen und Schleimzellen. In der Innenrinde sind dicke Bastfasern einzeln zerstreut in den geschrumpften Elementen des Weichbastes.

Cinnamomum Tamala N. ab E. (*Laurus Tamala* Ham., *Laurus albiflora* Wall.)

Die Rinde wird beim Aufquellen 4 mm dick, wovon auf die von Periderm befreite Mittelrinde kaum 1 mm entfällt. Ein Sklerenchymring ist nicht vorhanden, dagegen ist ein ansehnlicher Theil der Mittelrinde und der äusseren Abschnitte des Bastparenchyms zu Steinzellen umgewandelt, die umfangreiche, verschieden gestaltete, häufig ausgesprochen radial gestreckte Gruppen bilden. Die Sklerosirung ist offenbar ein längere Zeit ausdauernder Process; denn die Mehrzahl der Steinzellen ist bedeutend tangential gestreckt und gerade diese Formen sind nur mässig verdickt, während die isodiametrischen Steinzellen nahezu das Lumen erfüllende (mitunter einseitige, innere) Verdickungsschichten aufweisen. Die Mittelrinde enthält nur spärliche Oel- und Schleimzellen, dagegen in den dünnwandigen und in den sklerotischen Zellen reichlich Krystallprismen von mitunter ansehnlicher Grösse.

In den älteren (äusseren) Theilen der Innenrinde kommen Bastfasern nur vereinzelt vor, in den inneren Schichten treten sie nicht selten zu einfachen, selbst doppelten tangentialen Reihen zusammen, welche aber die Breite des Baststrahles nicht überschreiten. Im Weichbaste fallen die zahlreichen Schleimzellen durch ihr weites Lumen auf, Siebröhren mit zusammengefallenen Wänden wechseln schichtenweise mit dünnwandigem, grobporigem Parenchym. Es wurde schon erwähnt, dass im Aussenbaste umfangreiche Sklerosirungen auftreten. Solche Steinzellengruppen nehmen mitunter die Breite eines Baststrahles (0,25 mm) bei einer radialen Ausdehnung von 0,7 mm ein. Wesentlich kleinere, nur aus wenigen Zellen zusammengesetzte Sklerenchymklumpen findet man hier und da auch noch in den inneren Bastschichten. Die Markstrahlen sind, abgesehen von ihrer beträchtlichen Erweiterung im Aussenbaste, ein- bis dreireihig; ihre weiten, kurzen Zellen enthalten reichlich dieselben Prismen, wie sie im übrigen Rindenparenchym vorkommen. Die Elemente besitzen den für die Gattung charakteristischen Bau.

Camphora officinarum N. ab E. (*Laurus Camphora* L., *Cinnamomum Camphora* Fr. Nees.)

An zweijährigen Trieben ist die stark cuticularisirte Oberhaut noch vollständig erhalten und nicht einmal das Initialmeristem für das Periderma ist kenntlich. Die primäre Rinde ist grosszellig, mässig derbwandig und feinporig, ab und zu unterbrochen von kugelrunden (0,05 mm diam.) Oelzellen[1]. Die primären Bastbündel werden durch frühzeitige Sklerosirung des zwischenliegenden Parenchyms zu einem Sklerenchymring geschlossen. Die Steinzellen sind auf den letzteren beschränkt, in geringem Grade und meist nur auf der Innenseite verdickt. Krystallzellen fehlen.

Die Innenrinde besteht aus Weichbast, in dem erst im zweiten Jahre vereinzelte Bastfasern auftreten. Zur eingehenden Untersuchung derselben fehlte das Material.

---

[1] Vgl. de Bary, Vegetationsorgane p. 152.

Persea Lingue N. ab E. *(Laurus Ligé* Domb., *Laurus Lingue* Miers.)

Eine 6 mm dicke, zimmtfarbige, mit dünner, röthlich-grauer Korklage bedeckte Rinde.

Das Periderm besteht bei einer Mächtigkeit von 1,2 mm aus 80—100 Lagen mässig derbwandiger, niemals sklerotischer Korkzellen, die sich nach aussen immer mehr abflachen und mit rothbraunem Inhalt erfüllen.

Ein aus Chile stammendes Muster dieser Gerberinde war 1,4 cm dick. Der innere, etwa 1,0 cm dicke, lebende Theil war rothbraun, schwammig und durch eine wellig verlaufende, dunkle, zwirndicke Linie von den äusseren ziegelrothen Rindentheilen getrennt, die wieder von einer dünnen, aussen grauröthlichen Korklamelle bedeckt waren. Die dunkelfarbige Trennungslinie ist eine 0,25 mm breite innere Peridermschicht[1]), die in ihrem Baue mit dem Oberflächenperiderma übereinstimmt. Die innere Hälfte derselben (Phelloderma?) besteht aus farblosen, die äussere Hälfte aus dunkel rothbraunen stärker abgeplatteten, dünnwandigen, nur ganz vereinzelt an der Innenseite schwach sklerosirten Korkzellen.

Die Mittelrinde, in einer Breite von 0,4 mm erhalten, enthält reichlich Oelzellen, deren Conturen wie die des übrigen Parenchyms unregelmässig verzogen sind. An der Innengrenze derselben finden sich Gruppen von Steinzellen, hier und da ein Bündel primärer Bastfasern umschliessend, doch keinen geschlossenen Steinzellenring bildend, der gleichwol in einem früheren Altersstadium, ehe die tangentialen Sklerenchymgruppen auseinander gedrängt wurden, vorhanden gewesen sein mag. Auch ausserhalb dieser Zone bis in unmittelbarer Nähe der Periderma kommen kleine Gruppen von Steinzellen vor, die wie die vorigen ansehnlich verdickt, fein geschichtet und von zahlreichen verzweigten Porenkanälen durchzogen sind. Es kann nicht entschieden werden, ob dieselben Abkömmlinge des Sklerenchymringes sind oder einer nachträglichen Sklerosirung des Rindenparenchyms ihre Entstehung verdanken.

In der secundären Rinde sind die Bastfasern regellos zerstreut und fast immer vereinzelt, in den inneren Rindentheilen oft auch zu unterbrochenen doppelten, selbst dreifachen tangentialen Reihen geordnet. Steinzellen in den verschiedensten Graden der Verdickung bis zur vollständigen Obliterirung kommen vereinzelt und in Gruppen reichlich vor. Doch überwiegt die Menge gleichmässig dünnwandiger, in Form und Weite verschiedener Zellen. Weichbast besteht aus Siebröhren und Parenchymfasern mit eingeschlossenen Oelzellen; Krystallzellen fehlen.

Die Siebröhren sind langgliederige, 0,035 mm breite Schläuche mit fast horizontalen Endflächen und grosstüpfeligen Seitenflächen. An den rundlichen Tüpfeln (dünnen Stellen) der Seitenwände sind Poren nicht erkennbar, dagegen sind die Endplatten grob gegittert. Die Parenchymzellen sind in der radialen Ansicht etwas englichtiger als die Siebröhren, oft conjugirt, zwei- bis fünfmal so lang als breit und dem entsprechend haben auch die zu Oelzellen umgewandelten Einzelzellen einmal eiförmige (0,08 mm lang, 0,05 mm breit), das andere Mal gestreckt (bis 0,3 mm) elliptische Formen. Ihr Inhalt ist zu einer scholligen, hellgelben Masse eingetrocknet. Die Bastfasern sind zumeist (den *Cupressineen* ähnlich) bandförmig abgeplattet mit gerundet rechteckigem Querschnitt und spaltenförmigem porenreichem Lumen. Sie sind kurz (0,3—0,5 mm), 0,02 mm breit, glattrandig mit mannigfach gebogenen, zum Theil gegabelten oder stumpfspitzigen Enden.

---

[1]) Es ist dies die einzige Laurineenrinde, an welcher tiefe Borkebildung beobachtet wurde, bei *Sassafras* war ein Theil der primären Rinde durch Periderm abgetrennt, bei *Litsaea* lässt sich dasselbe wegen des fehlenden Sklerenchymringes vermuthen.

Die Markstrahlen enthalten bis drei Reihen dünnwandiger, mässig gestreckter, weitlichtiger Zellen und **sklerosiren ab und zu zwischen** Steinzellen in geringem Grade.

Agathophyllum aromaticum Willd.

Unter der mit starker Cuticula bedeckten Oberhaut, welche eben in Ablösung begriffen ist, sind vier bis sechs Reihen derbwandiger Korkzellen entwickelt. Die Mittelrinde enthält reichlich O e l z e l l e n, welche an Querschnitten durch ihre Weite (0,05 und darüber) und ihre rundlichen Conturen auffallen. Kleine Parenchymgruppen sklerosiren. Dabei v e r g r ö s s e r n s i c h d i e Z e l l e n, werden sehr stark verdickt und von ungewöhnlich zahlreichen, feinen Poren durchbohrt. In der Tiefe von 0,6 mm findet man die primären Bastfasern bereits in kleinere Bündel auseinander gedrängt. Zwischen diesen sind gleichfalls Sklerenchymgruppen, wie im äusseren Theile der Mittelrinde, isolirt, einen u n t e r b r o c h e n e n S k l e r e n - c h y m r i n g im Verein mit den Bastbündeln bildend. Ich habe in der Rinde keine[1]) Krystalle gefunden. Die secundäre Rinde ist noch wenig entwickelt. Sie besteht nur aus kleinzelligem Weichbast mit zahlreichen, regellos zerstreuten, häufig in verticalen Reihen stehenden Oelzellen. Die Markstrahlen sind ein- bis dreireihig, sehr dünnwandig. S e c u n d ä r e B a s t f a s e r n f e h l e n; die diessbezüglichen Angaben von V o g l scheinen jedoch auf eine spätere Entwicklung derselben hinzudeuten. Die primären Fasern sind durch ansehnliche Breite (0,045 mm) und mehrfach geschichtete nahezu vollständige Verdickung bemerkenswerth. (Trockenes, von der Insel Reunion stammendes Material von geringem Alter.)

Dicypellium caryophyllatum N. ab E. *(Licaria guyanensis* Aubl., *Persea caryophyllata* Mart.)[2])

Eine etwas über Millimeter dicke, chocoladebraune, harte und ebenbrüchige Rinde.

Ein Periderm aus vier bis sechs Reihen e i n s e i t i g (innen) stark verdickter und verholzter Zellen bedeckt die Rinde, welche in hohem Grade geschrumpft ist und in Wasser, mehr noch in Alcalien auf die doppelte und dreifache Dicke anquillt. In der Mittelrinde finden sich reichlich zerstreut grosse S c h l e i m z e l l e n, welche wie das Parenchym tangential gestreckt sind und am Längsschnitte nahezu kreisrunde Conturen zeigen. In der Tiefe von 0,3 mm (der aufgeweichten Rinde) befindet sich ein S k l e r e n c h y m r i n g von wechselnder, 0,2 mm nicht übersteigender Breite. Die Steinzellen sind vorherrschend tangential gestreckt (0,12 mm), stark, oft nur an der Innenseite verdickt (0,02 mm), geschichtet, mit verzweigten Porenkanälen.

Innerhalb des Steinzellenringes kommen noch vereinzelte Steinzellen oder kleine isolirte Gruppen derselben vor, hier und da sogar im äusseren Theile der secundären Rinde, die knapp hinter dem Sklerenchymring mit einigen Siebröhrensträngen beginnt. D e r B a s t e n t h ä l t k e i n e r l e i s k l e r o t i s c h e E l e m e n t e[3]). Er besteht aus abwechselnden Schichten von Parenchym und bis zur Unkenntlichkeit der einzelnen Elemente geschrumpften Siebröhrensträngen. Die Parenchymzellen

---

[1]) Vgl. dagegen V o g l, Zur Pharmakognosie einiger weniger bekannten Rinden. Zeitschrift d. allgem. österr. Ap.-V. 1871 No. 30.

[2]) „*Cortex Cassiae coryophyllatae*“. Vgl. V o g l, Commentar z. österr. Pharmacopoe, 3. Aufl. p. 232.

[3]) „Hie und da finden sich vereinzelte oder bündelweise vereinigte, spindelförmige Bastfasern.“ Vgl. V o g l: Comm. zur österr. Pharmacopoe, 3. Aufl. p. 232. Nach demselben Autor wird die „Mittelrinde zum Theil durch Borke abgegliedert“. Beide Befunde beziehen sich wahrscheinlich auf ältere Rinden, die mir nicht zur Verfügung standen.

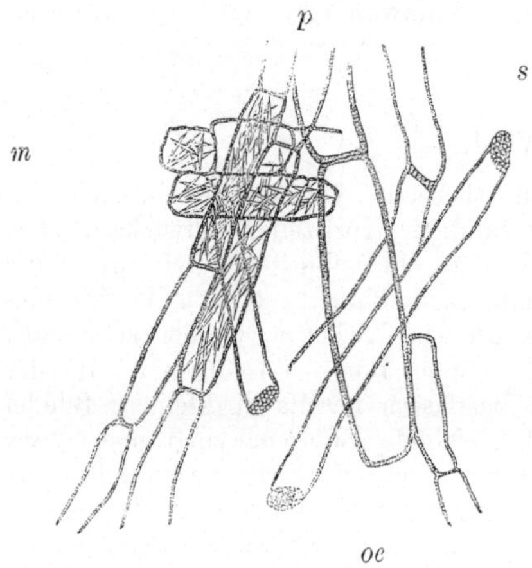

Fig. 45. *Dicypellium caryophyllatum* N. ab E. Isolirte Elemente des Bastes (300). *p* Parenchym und *m* Markstrahlzellen mit Krystallnadeln erfüllt; *oe* derbwandige Sekretzellen; *s* Siebröhren mit einfachen Querplatten.

(Fig. 45) sind dünnwandig, vier- bis acht mal so lang als breit (0,015 mm), sehr häufig conjugirend und mit zarten Krystallnadeln stellenweise dicht erfüllt. Die zu Schleimzellen ausgeweiteten (0,06 mm) tonnenförmigen Parenchymzellen haben auch derbere Membranen und nicht selten stehen ihrer mehrere in verticalen Reihen übereinander. Die Siebröhren sind erst nach Maceration in Alcalien erkennbar. Sie sind ebenso zartwandig und englichtig wie das Parenchym; ihre Glieder (0,4 mm lang) grenzen mit fast horizontalen, feinporigen Siebplatten aneinander, die Langseiten sind anscheinend porenfrei. Die Markstrahlen enthalten bis drei Reihen weitlichtiger Zellen, die hier und da, wie das Bastparenchym, zahlreiche feine Krystallnadeln enthalten.

Borkenperiderm ist nicht vorhanden.

(Trockenes Material aus der Pharmacognostischen Sammlung der Wiener Universität.)

Oreodaphne cupularis N. ab E. (*Laurus Neesiana* Schott.)

Das Periderm besteht aus sechs bis acht Reihen mässig flacher, zum Theil stark sklerotischer Korkzellen. Die Mittelrinde ist im äusseren Theile kleinzellig (Phelloderma); im wesentlich breiteren, inneren, grosszelligen Abschnitte derselben finden sich Oelzellen zerstreut. In der Tiefe von 0,4 mm bilden grosse, tangential gestreckte, ungleichmässig verdickte Steinzellen[1]) einen geschlossenen Ring. Ausserhalb dieses Sklerenchymringes habe ich keine Steinzellen gefunden, wol aber innerhalb desselben. An der Grenze der secundären Rinde vergrössern sich zunächst ansehnliche Parenchymgruppen, werden in tangentialer Richtung gestreckt und sklerosiren in sehr verschiedenem Grade zumeist gleichmässig, seltener auch einseitig (innen).

In der secundären Rinde sind Bastfasern fast immer vereinzelt und regellos zerstreut. Sie sind am Querschnitte rundlich (0,035 mm diam.), nahezu vollständig verdickt, fein geschichtet, in der Längenansicht spindelig, kurz abgestumpft, glatt, meist nur 0,5 mm lang. Im kleinzelligen Weichbaste fallen die Oelzellen durch ihr weites (0,045 mm) Lumen auf. Krystalle und Steinzellen fehlen. Die Markstrahlen enthalten bis zu vier Reihen dünnwandiger, wenig gestreckter Zellen. (Trockenes, aus Reunion stammendes Material.)

Sassafras officinalis Nees ab E.

Die Rinde ist sehr aromatisch, schwammig, zimmtbraun, fast 2 mm dick und mit papierdünnem gelblichgrauem Korke bedeckt, welcher aus 8—12 Reihen grosser, flacher, zartwandiger Zellen besteht. Die Mittelrinde enthält ausschliesslich dünnwandige Zellen, von denen einzelne unter der Lupe gut sichtbar sind. Der äussere Theil derselben ist durch eine Schicht dünnwandigen Korkes als Borke ab-

---

[1]) Die meisten Zellen sind nur an ihren Innenseiten, aber da sehr bedeutend verdickt (0,04 mm). Man sieht die hufeisenförmige Verdickung besonders an Radialschnitten.

getrennt. Die Innenrinde entbehrt gleichfalls der Steinzellen vollständig. Sie besteht zum weitaus überwiegenden Theil aus Weichbast mit sehr spärlich zerstreuten isolirten Bastfasern[1]), welche die für *Cinnamomum* charakteristische Form besitzen. Das Parenchym ist sehr weitlichtig, dünnwandig und grossporig. Zahlreiche Zellen enthalten ätherisches Oel; Krystallzellen fehlen[2]). Die Siebröhren sind weit (0,045 mm), an den Enden nicht verbreitert, mit fast horizontalen zart gegitterten Querplatten. Die radialen Seitenflächen sind dicht besetzt mit netzig gruppirten, sehr feinporigen Siebfeldern. Die Markstrahlen enthalten meist zwei Reihen breiter und wenig gestreckter Zellen.

Das Untersuchungsmaterial stammt von ziemlich alten, 3.—4 cm dicken Stämmen. Nur die äusseren Schichten der Mittelrinde waren durch Borke abgetrennt und es muss dahingestellt bleiben, ob Periderme überhaupt in den Bast vordringen.

Litsaea citrata Bl. (*Tetranthera polyantha* Wall.)

Die Rinde ist 2 mm dick, mit lederfarbigem, höckerig-warzigem, weichem Kork bedeckt, innen schwarzbraun, fein streifig, das Oberflächenperiderm ist abgestossen, eine in die Mittelrinde eindringende, etwa 10 Reihen äusserst zartwandiger, weitlichtiger Zellen haltende Korkschicht hat eine 0,8 mm dicke Borke abgetrennt. Die noch immer ansehnliche (fast 1 mm breite) lebende Mittelrinde ist zum überwiegenden Theile sklerosirt und die Steinzellen haben die Eigenthümlichkeit, dass sie ausnahmslos schwach verdickt und sehr reichporig sind. Auch das Bastparenchym und die Markstrahlen werden in ähnlicher Weise sklerotisch; Bastfasern sind sehr spärlich zerstreut, immer isolirt; Oelzellen in der ganzen Rinde ziemlich reichlich; Siebröhren in dem trockenen Material schwer erkennbar.

Tetranthera glaucescens Spreng.

Die mit starker (0,015 mm) Cuticula überzogene Oberhaut bleibt sehr lange erhalten, ich fand dieselbe noch an 2 cm dicken Zweigen, wo bereits eine 0,1 mm breite Peridermschicht aus tafelförmigen, zartwandigen, schichtenweise einseitig (innen) sklerosirten Zellen entwickelt war. An zweijährigen Trieben ist das Phellogen noch nicht angelegt. Die primäre Rinde besitzt ein schwach collenchymatisches Hypoderma und enthält reichlich Schleimzellen, keine Krystalle. Nur das zwischen den primären Bastbündeln gelegene Parenchym wird frühzeitig sklerotisch und bildet einen geschlossenen Sklerenchymring, der häufig nur aus einer einfachen Reihe Steinzellen besteht. Sonst kommen Steinzellen weder in der Mittel- noch in der Innenrinde vor. In dieser sind kurz-spindelige Bastfasern spärlich zerstreut, der Weichbast enthält Schleimzellen und Krystallsand.

Laurus nobilis L.

Die mit sehr starker Cuticula bedeckte Oberhaut dauert mehrere Jahre aus, Reste derselben findet man noch an 10—12jährigen Stämmen. Aus der Oberhaut entsteht (nach meiner Beobachtung) ehestens im vierten Jahre die Phellogenschicht, aus der zunächst (wie bei *Salix*) nur eine einzige Zellenreihe hervorgeht. Dieses Periderm nimmt ganz den Charakter einer Epidermis an, indem seine Zellen nach aussen sehr stark hufeisenförmig verdickt und cuticularisirt werden und ein-

---

[1]) Vgl. die Beschreibung der Wurzelrinde bei Vogl, Comm. z. österr. Pharm., 3. Aufl., p. 312, u. de Bary, Vegetationsorgane p. 544.
[2]) Vgl. de Bary l. c. p. 545.

reihig bleiben, insofern die nächst ältere Schicht alsbald nach der Ausbildung der Tochterzellen abgestossen wird. Auch in centripetaler Richtung ist die zellbildende Thätigkeit des Phellogens eine sehr unbedeutende; an armdicken (aus Aegypten bezogenen) Stämmen fand ich das Phelloderma nur aus wenigen Zellenreihen bestehend, die borkefreie Rinde im Ganzen nicht dicker als ein Kartenblatt.

Die primäre Rinde besteht aus grossen, ziemlich derb-wandigen stärkeführenden Zellen, deren Gewebe ab und zu von einer nur wenig grösseren (0,05 mm diam.), rundlichen O e l z e l l e unterbrochen ist. K r y s t a l l e f e h l e n. In der Tiefe von 0,25 mm etwa treten die primären Bastfaserbündel in den jüngsten Internodien auf und in nahezu demselben Abstande von dem Periderm findet man sie auch in der Rinde alter Stämme. Frühzeitig beginnen die Zellen zwischen den primären Bastbündeln zu sklerosiren und in dem Masse, als diese in Folge des Dickenwachsthums auseinander gedrängt werden, folgt die Sklerosirung des Zwischengewebes nach, so dass jederzeit ein schmaler g e s c h l o s s e n e r S k l e r e n c h y m r i n g [1]) angetroffen wird. Die Steinzellen behalten die Gestalt des Rindenparenchyms, sind nur in geringem Grade verdickt und häufig nur ein- oder zweireihig.

D i e s e c u n d ä r e R i n d e b e s t e h t n u r a u s W e i c h b a s t. Parenchym und Siebröhren sind gleichmässig derbwandig, im Lumen wenig verschieden, die ersteren tangential verbreitert (0,025 mm). Die Siebröhren sind längs der ganzen Wand mit einer verticalen Reihe rundlicher Siebfelder besetzt und die Glieder grenzen mit einer wenig geneigten Endplatte aneinander, die mit einer dicken Callusmasse belegt ist. Einzelne Zellen in den Parenchymfasern sind zu O e l z e l l e n ausgeweitet und am Querschnitte durch grössere Weite (0,03 mm) und rundliche Conturen kenntlich, indem die übrigen Elemente ein unregelmässig verzogenes Netz darstellen. K r y s t a l l z e l l e n f e h l e n a u c h d e r I n n e n r i n d e.

Die Markstrahlen sind ein oder zweireihig, nach aussen beträchtlich verbreitert, ihre Zellen beinahe cubisch, etwas weitlichtiger als das Bastparenchym und auf Querschnitten aus trockenem Material wenig hervortretend.

Coto. [2])

Die als „Coto de Para" bezeichnete Rinde ist etwas über 2 cm dick, von braungrauem Kork bedeckt, innen und auf den Spaltflächen grob längsstreifig, am Bruche innen grob- und langsplitterig, aussen körnig. Am Querschnitte verläuft etwa 1 mm unterhalb des Periderma eine aus quergestreckten Gruppen zusammengesetzte helle Linie und weiter nach innen sind mohnkorngrosse helle Punkte auf rothbraunem Grunde reichlich und unregelmässig zerstreut. Die Rinde ist gewürzhaft, wolriechend.

Das Periderm besteht bei einer Mächtigkeit von 0,5 mm aus 14 Schichten dünnwandiger Korkzellen, die durch meist einfache Reihen e i n s e i t i g (innen) sklerosirter Zellen von einander getrennt sind. Die jüngsten sechs bis acht Reihen Korkzellen sind wenig abgeplattet und farblos, die äusseren Schichten sind von dunkelbraunem Inhalt erfüllt. Bei der bedeutenden Dicke der Rinde ist die mangelnde Borkebildung bemerkenswerth.

Ein sehr beträchtlicher Theil der Mittelrinde wird s k l e r o t i s c h. Die Steinzellen von sehr verschiedener Grösse, isodiametrisch oder tangential gestreckt, sind allseitig

---

[1]) Vgl. de B a r y, Vegetationsorgane p. 555.

[2]) Vgl. die Beschreibung von „*Cortex Coto*" bei V o g l, Comm. zur österr. Pharmacopoe, 3. Aufl., p. 233. Ich halte die Rinde, deren Abstammnng unbekannt ist, den *Monimiaceen* näher stehend als den *Laurineen*. Mit jenen hat sie den Mangel der Bastfasern und den Ersatz derselben durch Stabzellen gemein, welche bei *Coto* freilich bedeutend derber entwickelt und inniger verschmolzen sind. (Vgl. Fig. 44 u. 46).

gleichmässig und meist vollständig verdickt, fein geschichtet mit verästigten Poren-kanälen. Gegen die Innenrinde zu häufen sich die Steinzellengruppen zu einem unregelmässigen oft unterbrochenen Sklerenchymring. Das dünnwandige Parenchym enthält in zahlreichen, durch ihre Form nicht auffällig verschiedenen Zellen gelbes ätherisches Oel. Krystalle fehlen.

Im äusseren Theile des Bastes finden sich grosse Steinzellenklumpen. Allmälig gesellen sich ihnen eigenthümlich gestaltete Fasern (Fig. 46) bei und diese gewinnen in den inneren Basttheilen die Oberhand, so dass sie sich oft über die Breite mehrerer Bast-strahlen erstrecken und am Querschnitte ellip-tische Gruppen bilden. Neben den Gruppen kommen auch isolirte Fasern zerstreut vor. Der Weichbast zeigt ent-schiedene Schichtung zwischen dem äusserst zartwandigen Parenchym und den tangentialen Strängen zusammenge-fallener Siebröhren.

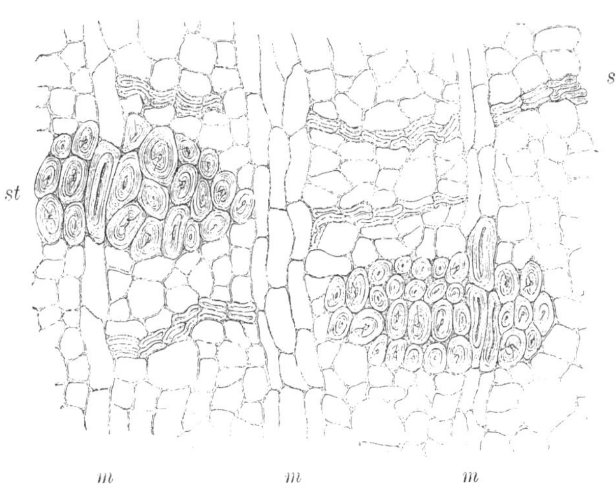

Fig. 46. *Coto.* Querschnitt durch den Bast (160). *st* Stabzellen-bündel mit eingeschlossenen sklerotischen Markstrahlzellen; *s* Stränge zusammengefallener Siebröhren; *m* Markstrahlen. Im grosszelligen Weichbaste sind vereinzelt Sekretzellen durch rundlichere Conturen und etwas weiteres Lumen erkennbar.

Die Fasern sind mit mehr Recht als Steinzellen zu betrachten, mit denen sie die Art der Sklerosirung gemein haben. Sie charakterisiren sich durch bedeutende axiale Streckung (0,7 mm und darüber) bei nahezu gleich bleibender Dicke (0,1 mm), zarte Schichtung und rundlichen Querschnitt. Die Parenchymzellen haben breite Poren und überaus häufig conjugirende Ausstülpungen. Sie führen oft ohne Form-veränderung Oel, oft sind sie auch elliptisch ausgeweitet, einzelne zerstreute Zellen enthalten zahlreiche kleine, kurzprismatische Oxalatkrystalle. Die Sieb-röhren sind schwer zu isoliren und mit Mühe erkennt man, dass sie glatte Wände und an den wenig geneigten Endflächen einfache, feinporige Siebplatten tragen.

Die Zellen der zwei- bis vierreihigen Markstrahlen sind schmal und gestreckt, meist sehr dünnwandig, nur zwischen Sklerenchym eingeschlossen, sklerotisch.

Santalaceae.

Die untersuchte Art besitzt sehr charakteristische Merkmale, durch welche sie von den nächstverwandten Rinden sicher zu unterscheiden ist (vgl. Ueber-sicht). Der Bast enthält scharf umschriebene Fasergruppen aus eigenthümlich gebauten, Steinzellen ebenso wie Bastfasern ähnlichen Elementen, umgeben von sklerotischen Krystallkammerfasern, die in den anderen Theilen der Rinde fehlen. Die Siebröhren haben denselben Typus wie bei den *Pro-*

teaceen. Die Markstrahlen werden theilweise sklerotisch, wo sie zwischen Faserbündeln verlaufen. Es wird tiefgreifende Borke gebildet aus breiten Schichten weiträumiger Korkzellen.

Im Baue der sklerotischen Elemente und in der Art ihrer Vertheilung im Baste ist die Aehnlichkeit mit der *Coto*rinde unverkennbar. Doch entbehrt diese der Kammerfasern vollständig und die Elemente des Weichbastes sind wesentlich verschieden.

Exocarpus cupressiformis Labill.

Die 6 mm dicke Rinde ist in allen Theilen violetbraun, mit grobrissiger Borke bedeckt, innen deutlich längsstreifig, am Querschnitte innen dicht punktirt, am Bruche kurz- und grobsplitterig.

Eine Millimeter und darüber breite Peridermschicht aus dünnwandigen, cubischen, dicht mit rothbraunem Inhalte erfüllten Korkzellen dringt in die secundäre Rinde vor. Diese besteht vorwiegend aus Weichbast mit regellos zerstreuten Sklerenchymgruppen. Im Weichbaste wieder herrscht Parenchym vor, in dem die Siebröhrenstränge mit verdickten, gelb imprägnirten Wänden am Querschnitte scharf hervortreten. Die Parenchymzellen sind dünnwandig, axial bedeutend gestreckt, ziemlich weitlichtig (0,045 mm) und zum Theil dunkelbraunen Inhalt führend. Die Siebröhrenglieder haben sehr schiefe Endflächen, an denen mehrere grobporige Siebplatten in leiterförmiger Anordnung undeutlich erkennbar sind. Die Sklerenchymgruppen sind spindelförmig mit rundlichem oder tangential gestrecktem Querschnitt, bestehen aus steinzellenartigen Bastfasern in sehr innigem Verbande und sind eingehüllt von Krystallkammerfasern mit grossen rhomboedrischen Einzelkrystallen, welche im Weichbaste sonst nicht oder sehr vereinzelt vorkommen. Die Bastfasern sind meist sehr kurz (0,6 mm), krumm, knorrig, untereinander verschlungen, dabei breit (0,05 mm), vollkommen verdickt, fein geschichtet und sehr reichporig. Trotz des geringen Umfanges der Sklerenchymgruppen gehören sie doch nicht selten zwei Baststrahlen an und in diesem Falle werden die zwischenliegenden Markstrahlen mitunter sklerotisch. Die Markstrahlen sind ein- oder zweireihig, kurz- und breitzellig, nur an der Grenze der Faserbündel Krystalle führend.

Daphnoideae.

Charakteristische Merkmale der Rinden sind die eigenthümlich lose Gruppirung (Fig. 47) der Bastbündel auch da, wo sie in umfangreichen tangentialen Platten auftreten (in älteren Rindentheilen), der Bau der Bastfasern selbst, die durch ungewöhnliche Länge, ungleichmässige Verdickung und Geschmeidigkeit ausgezeichnet sind, die unterbleibende Sklerosirung des Parenchyms in allen Rindentheilen, die spärliche, im Baste ganz unterbleibende Bildung von Kalkoxalat.

Das Periderma entwickelt sich schon im ersten Jahre unmittelbar unter der Oberhaut, seine Zellen sind kaum abgeflacht, weitlichtig und dünnwandig. Borke wird nicht gebildet. Das Oberflächenperiderma besteht in älteren Rinden aus stark abgeplatteten, breiten, dünnwandigen, braun gefärbten Korkzellen in leicht abschülfernden Membranen von 0,2 mm Mächtigkeit.

Die primäre Rinde ist grosszellig, im äusseren Theile collenchymatisch, niemals sklerosirend, krystallfrei bei *Daphne*, Krystalldrusen führend bei *Pimelea*.

Der Bast ist sehr faserreich[1]), der Weichbast steht quantitativ zurück, ist in die Bastfasergruppen gewissermassen nur eingesprengt oder bildet schmale tangentiale Schichten, in denen selbst wieder Bastfasern zerstreut sind. Auch die Innenrinde entbehrt vollständig des Sklerenchyms. Das Parenchym ist weitlichtig, etwas derbwandig und grossporig. Die Siebröhren bilden einen sehr untergeordneten, mitunter fast verschwindenden Bestandtheil des Bastes. Sie bilden kurzgliederige, tangential zusammengedrückte Schläuche mit glatten Seitenwänden und nicht verbreiterten fast horizontal gestellten Endplatten.

Die Markstrahlen sind sehr breitzellig, meist einreihig und gegen die Mittelrinde verbreitert. Sie führen weder Krystalle, noch werden sie jemals sklerotisch.

Daphne Mezereum L.

Die mit einzelligen, derben Haaren besetzte Oberhaut wird schon im ersten Jahre abgestossen, nachdem sich aus dem Hypoderma eine 0,015 mm breite, aus 8—10 Reihen weitlichtiger, dünnwandiger, cubischer oder mässig platter Korkzellen bestehende Peridermschicht gebildet hat.

Die primäre Rinde ist in ihrem äusseren Theile entschieden collenchymatisch, die Zellen auch innen etwas derb und reichlich mit zu Gruppen gehäuften feinen Poren besetzt. Sie werden nicht sklerotisch und führen keine Krystalle. Die primären Bastfasern sind stark verdickt.

Die Innenrinde besitzt einen grosszelligen Weichbast mit losen Gruppen dünnwandiger Bastfasern in regelloser Vertheilung und dazwischen einfache, breitzellige, nach aussen sich verbreiternde Markstrahlen. — Die Bastfasern sind ausserordentlich lang[2]), bei einer mittleren Breite von 0,012 mm entfällt kaum der vierte Theil auf die Membran, welche sehr schwach verholzt ist und beim Erhitzen mit Alcalien nach Sprengung einer widerstandsfähigen Hülle sehr stark aufquillt. In älteren Rinden, wo der Bast zum grösseren Theile aus Fasern besteht und eine tangentiale Schichtung unverkennbar ist, treten unter den letzteren auch vereinzelte stark verdickte Formen auf. Die Fasern sind glattwandig, äusserst geschmeidig, im Lumen ungleich, ihre Enden stumpf oder zugespitzt, mitunter gegabelt. Das Parenchym ist weitlichtig, breitporig. Siebröhren kommen äusserst spärlich vor und sind nur schwer als glatte, mit fast horizontalen Endplatten aneinander grenzende Schläuche zu erkennen. Die Rinde bildet keine Borke.

Cortex Mezerei[3]) des Handels stellt lange, bis zwei Finger breite, etwa millimeterdicke, sehr zähe und biegsame bandartige Streifen dar, deren Innenseite gelblich seidig glänzt und die von einer papierdünnen, sich leicht ablösenden, runzeligen, rostrothen Korklamelle bedeckt sind.

---

[1]) Vgl. *Lagetta* bei J. Moeller, Pflanzenrohstoffe p. 84.
[2]) Nach Mohl (Botan. Ztg. 1855 p. 876) bis 3,375 mm.
[3]) Vgl. A. Vogl, Comm. zur österr. Pharmak. 3. Aufl. p. 227. Berg, Anatomischer Atlas p. 77 u. Taf. XXXIX.

Daphne Cneorum L.

An den einjährigen gebräunten Trieben findet man noch Reste der behaarten Epidermis über dem aus 6—8 Reihen weiter, dünnwandiger Zellen gebildeten Periderma. Die im äusseren Theile collenchymartige primäre Rinde wird nicht sklerotisch und enthält keine Krystalle. Der Bast (Fig. 47) lässt Schichtung erkennen, wenngleich die Bastfasergruppen durch eingestreutes Parenchym häufig unterbrochen sind. Die Bastfasern sind in verschiedenem Grade verdickt, in demselben Bündel findet man Fasern mit punktförmigem Lumen und solche, die bei einer Breite von 0,035 mm einem dünnwandigen Schlauche gleichen. Die Siebröhren bilden im Weichbaste unregelmässig zerstreute Gruppen oder dünne tangentiale Schichten, die am Querschnitte durch die zusammengelegten Wände von dem weitlichtigen und grosszelligen Parenchym

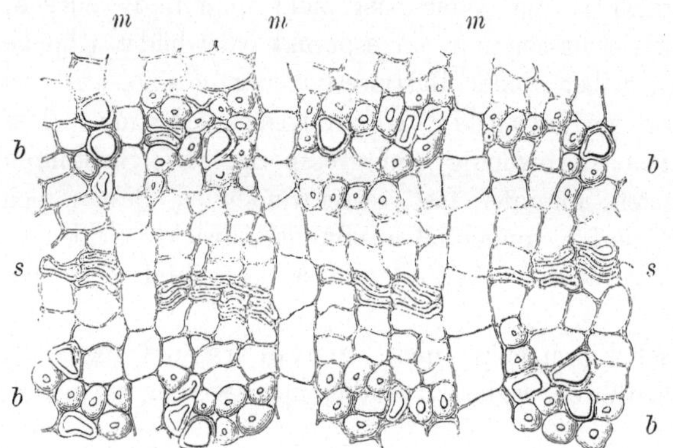

Fig. 47. *Daphne Cneorum* L. Querschnitt durch den Bast (300). *b* Bastfasern in verschiedenem Grade verdickt in unterbrochenen Bündeln concentrisch geschichtet; *s* Siebröhrenschichten in der Mitte des Weichbastes; *m* einreihige Markstrahlen.

auch in der lebenden Rinde zu unterscheiden sind. Die Siebröhrenglieder sind kurz (0,2 mm), glattwandig mit wenig geneigten Endflächen.

Die Markstrahlen sind sehr breitzellig, einreihig, niemals sklerotisch und, wie die Rinde überhaupt, frei von Krystallen.

Pimelea elegans hort.

Die unmittelbar unter der grosszelligen, schwach cuticularisirten Oberhaut gelegene chlorophyllfreie Zellenschicht wird in der ersten Vegetationsperiode zum Initialmeristem für das Periderma. An vorjährigen Trieben findet man bereits 4—6 Reihen dünnwandiger fast cubischer Korkzellen von der gebräunten, in Ablösung begriffenen Oberhaut bedeckt. Die primäre Rinde ist sehr schmal, oft nur aus 2—4 Reihen weitlichtiger, aussen collenchymatischer Zellen gebildet. Viele der inneren, dünnwandigen Zellen enthalten Krystalldrusen. Die primären Bastbündel bilden schon in der ersten Anlage unregelmässige Gruppen und gehen ohne scharfe Grenze in die secundäre Rinde über, deren Faserbündel netzig verbunden sind und spärlichen Weichbast einschliessen. Die Markstrahlen sind einreihig, verbreitern sich aber fächerförmig nach aussen.

Elaeagneae.

Die beiden untersuchten Gattungen, auf den ersten Blick typisch verschieden durch die scharf umgrenzten, mit den durchziehenden Markstrahlen innig verschmolzenen Faserbündel bei *Hippophae* und durch den concentrisch geschichteten, von breiten Markstrahlen durchzogenen Bast bei *Elaeagnus* besitzen doch in wesentlichen Momenten übereinstimmenden Bau ihrer Rinde.

Das Periderma entwickelt sich in der ersten Vegetationsperiode unmittelbar unter der Oberhaut und besteht aus grossen, zartwandigen, mässig abgeplatteten Korkzellen. Borke scheint bei *Hippophae* früher zu entstehen als bei *Elaeagnus*, etwa zwischen dem 6. und 10. Jahre. Bei beiden ist ihr Bau gleich dem Oberflächenperiderma, nur sind die Korklamellen regelmässiger parallel geschichtet bei *Elaeagnus* als bei *Hippophae*, wo sie durch die zerstreuten Bastfaserbündel in ihrer Entwicklung oft gehemmt werden.

Die primäre Rinde ist grosszellig, derbwandig, wenig collenchymatisch, lückig verbunden. Die primären Bastfasern sind breiter und geschmeidiger als die secundären und ihre Bündel sind weniger dicht, so dass viele Fasern ihre rundlich-elliptischen Querschnittsconturen beibehalten. Die Mittelrinde sklerosirt niemals und führt keine Krystalle.

In der secundären Rinde überwiegt Weichbast und in diesen wieder das Parenchym, indem die Siebröhren nur in schmalen tangentialen Zonen vorkommen. In der Gruppirung der Bastfasern unterscheidet sich *Hippophae* von *Elaeagnus*. Bei der ersten bilden die Faserbündel walzige Stränge in regelloser Anordnung, von ausserordentlich innigem Zusammenhang und rundlichem Querschnitt, wobei ein Strang häufig zwei benachbarten Baststrahlen angehört, demnach von einem Markstrahl durchzogen wird. Bei *Elaeagnus* nehmen die Bastbündel die ganze Breite des Baststrahles ein und setzen tangentiale, nur durch die Markstrahlen unterbrochene Bänder in concentrischer Schichtung (Fig. 48) zusammen, weshalb das Lupenbild des Querschnittes ein regelmässig gefeldertes Aussehen darbietet. Bei *E. sativa* kommen auch kleinere Gruppen und einzelne Bastfasern im Weichbaste zerstreut vor. Die Markstrahlen von *Hippophae* sind sehr schmal, 1—2reihig, zwischen Bastbündeln sklerotisch, jene von *Elaeagnus* zumeist breit und immer dünnwandig. Sonst entbehren beide Gattungen des Sklerenchyms vollständig und ebenso der Krystalle. Die Bastfasern sind charakteristisch durch ihre langen, krummläufigen, besonders bei *Hippophae* knorrigen Formen, bei geringer Breite und sehr starker Verdickung. Die Siebröhren sind sehr schwierig darzustellen. Bei *Hippophae* erkannte ich an ihrer Längswand rundliche flache Tüpfel in einer verticalen Reihe oder zarte netzig verbundene Verdickungsleisten; bei *Elaeagnus* konnte ich nichts dergleichen wahrnehmen, dagegen waren einfache callöse, schief gestellte Endplatten erkennbar. Das Bastparenchym bildet zusammenhängende Gewebeplatten aus verschieden gestalteten, vorherrschend axial gestreckten, dünnwandigen und entsprechend flachporigen Zellen.

Hippophae rhamnoides L.

Die einjährigen Triebe überwintern mit einem vollständigen Periderm[1]) aus 6—10 Reihen sehr **z a r t w a n d i g e n**, weitlichtigen Zellen. An 6 — 8jährigen Zweigen findet man bereits **i n n e r e** Periderme, und ältere Stämme sind mit dünnen, sehr rissigen, grauen Borkeschuppen bedeckt. Die Peridermschichten dringen unregelmässig in die Rinde vor und bestehen, wie die oberfläcblichen, aus zartwandigen, **n i e s k l e r o s i r e n d e n** Korkzellen.

Die Mittelrinde ist ziemlich breit (0,2—0,3 mm), aus einem **c o l l e n c h y - m a t i s c h e n H y p o d e r m a** und mässig derbwandigen, **n i e m a l s s k l e r o t i s c h e n** Zellen gebildet, welche sehr lose verbunden sind.

In der Innenrinde treten **d i e B a s t f a s e r n a u s s c h l i e s s l i c h i n c o m - pacten, am Q u e r s c h n i t t e r u n d l i c h e n** (bis 0,4 mm diam.) Bündeln von mehr als Centimeterlänge auf. Die Fasern haben sehr wechselnde Länge (0,3—1,5 mm), sind **v i e l f a c h v e r b o g e n, k n o r r i g u n d g e g a b e l t**, 0,02 mm breit und bis zum Schwinden des Lumens verdickt mit spärlichen Porenkanälen. Der Weichbast besteht zum weit überwiegenden Theile aus einem lockeren Parenchym am Querschnitte rundlicher, dünnwandiger, porenarmer Zellen. Dazwischen ziehen dünne tangentiale Siebröhrenstränge, deren Elemente sehr schwer zu erkennen sind. Die Siebröhrenglieder sind schmal, nicht breiter als die Parenchymzellen (0,02 mm) und tragen in leiterförmiger Anordnung grosse rundliche oder netzig gruppirte verdünnte Platten ohne erkennbare Poren. **K r y s t a l l e f e h l e n d e r R i n d e**, gleichwohl kann Kalkoxalat durch Behandlung mit Schwefelsäure nachgewiesen werden.

Die Markstrahlen bestehen aus ein oder zwei Reihen dünnwandiger Zellen; nur zwischen den Faserbündeln werden die Zellen **s k l e r o t i s c h** bis zur völligen Verdrängung des Lumens und verschmelzen innig mit den Bastfasern. Es sind diess die einzigen Steinzellen der Rinde.

Elaeagnus angustifolia Lin.

Die mit Haarbüscheln und den bekannten schildförmigen Trichomen reichlich besetzte Oberhaut überdauert die erste Vegetationsperiode, nachdem sich unterhalb derselben etwa vier Reihen weitlichtiger und dünnwandiger Korkzellen gebildet haben. Die inneren Periderme bestehen aus ungefähr 0,2 mm breiten (12—18 Zellenreihen) Korkschichten, deren Zellen weitlichtig, zartwandig, mässig flach sind. Die Borke entsteht ziemlich spät, drei Finger dicke Zweige pflegen noch glatt, bloss von Oberflächenperiderm bedeckt zu sein.

Die Zellen der primären Rinde sind derbwandig, in den äusseren Schichten etwas **c o l l e n c h y m a t i s c h**, lose zusammenhängend. Die primären Bastfasern sind durch ihre Breite (0,04 mm) und lockere Lagerung bemerkenswerth.

Die Innenrinde (Fig. 48) ist deutlich **g e s c h i c h t e t**, indem die Bastfasergruppen fast immer die ganze Breite des Baststrahles einnehmen und in tangentialen Reihen geordnet sind. Die zwischenliegenden Weichbastschichten sind meist bedeutend breiter und es wechseln in ihnen mehrfache Reihen dünnwandiger Parenchymzellen mit einfachen Reihen von Siebröhren, die in lebender Rinde kaum an Querschnitten zu unterscheiden sind, in der Borke aber durch ihre zusammengefallenen knotigen Wände deutlicher hervortreten.

---

[1]) Nach **S a n i o** (Jahrb. f. wissensch. Bot. II. p. 39) in centrifugal-reciproker Zellenfolge aus der obersten Rindenzellenreihe entstanden.

Die meisten Bastfasern sind sehr lang (1,5 mm), spulenrund, krummläufig, in den Bündeln verschlungen, oft glatt und nur an den Enden knorrig, fast vollständig verdickt und nicht über 0,02 mm breit. Die dünnwandigen Parenchymzellen sind auf der tangentialen Seite seicht getüpfelt. Sie sklerosiren nicht und enthalten keine Krystalle. Die Siebröhren sind glattwandig mit einfachen, schwach geneigten, callösen Endplatten. Der Weichbast zerfällt leicht in tangentiale Platten und löst sich in toto von den Markstrahlen.

Die Markstrahlen sind meist 6—8reihig, ihre Zellen werden niemals sklerotisch.

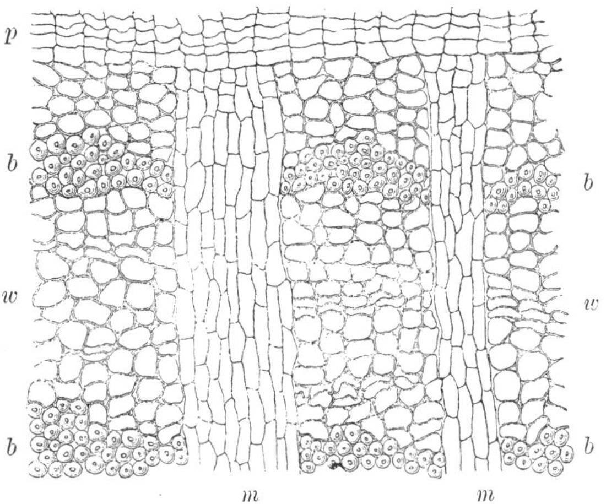

Fig. 48. *Elaeagnus angustifolia* L. Querschnitt durch den Bast (300). *p* Zartzelliges inneres Periderma; *b* Bastfaserbündel in concentrischer Schichtung; *w* Weichbast, der sich stellenweise von den Markstrahlen abgelöst hat.

Elaeagnus sativa hort.

Diese Rinde stimmt in allen wesentlichen Punkten mit der vorigen überein; sie unterscheidet sich von ihr dadurch, dass ausser den compacten tangentialen Bastbündeln der secundären Rinde auch vereinzelte Bastfasern oder kleinere Gruppen derselben im Weichbaste zerstreut vorkommen.

Elaeagnus macrophylla Thbg.

Die Rinde dieser Art ist von *Elaeagnus angustifolia* L. nicht verschieden.

Proteaceae.

Das Periderm entwickelt sich frühzeitig *(Hakea)* oder in der zweiten Vegetationsperiode *(Banksia, Leucadendron)* unmittelbar unter der Oberhaut und besteht aus grossen, wenig abgeflachten dünnwandigen oder etwas derben Korkzellen. Es erreicht trotz vieljähriger Ausdauer — bei *Leucospermum* und *Leucadendron* habe ich Borkebildung überhaupt nicht beobachtet — niemals bedeutende Mächtigkeit und wird nicht sklerotisch, dagegen erhält die primäre Rinde eine ansehnliche Verstärkung durch Phelloderma und die Mittelrinde sklerosirt in ausgedehntem Masse. Die bei *Banksia* in den tieferen Lagen der Mittelrinde entstehenden, vor Abschülferung geschützten Korkhäute werden sehr dick, es wechseln in ihnen Schichten cubischer und flacher Zellen, welche an der Innenseite leicht sklerosiren. Steinzellengruppen finden sich schon in den einjährigen Trieben von *Leucadendron* und *Banksia*, sie fehlten in zweijährigen Sprossen von *Hakea*; sie bilden mohnkorngrosse Gruppen bei *Banksia* (alte Rinde), *Leucospermum* und *Leucadendron*, bei ersteren in vorwaltend tangentialen Gruppen und stark verdickt, bei letzterer zerstreut oder radial geordnet in dünnwandigeren Formen. Die Sklerosirung steht in keiner Beziehung zu den primären Gefässbündeln, die auch zu keinem Ringe geschlossen werden. In den jungen Internodien von *Banksia* und *Leucadendron* kommt Kalkoxalat in einzelnen gut ausgebildeten oder zu Drusen geballten Krystallen vor, bei *Hakea* wurde es gänzlich vermisst und in den Stammrinden der anderen untersuchten Arten konnte das Salz nur durch Reactionen ersichtlich gemacht werden.

Die Innenrinde von *Banksia*, *Leucospermum* und *Leucadendron* ist charakterisirt durch die tangentiale Anordnung compacter Bastbündel, neben welchen noch isolirte Gruppen von Bastfasern und Steinzellen verschiedener Gestalt im Weichbaste zerstreut vorkommen; ferner durch die breiten Markstrahlen, welche selbstständig sklerosiren; durch die kurzen verbogenen, knorrig endigenden Bastfasern; durch die Siebröhren, deren Glieder nur auf einem kurzen Mittelstück porenfrei sind, indem die Endflächen beiderseits zwischen leiterförmigen Interstitien breit elliptische, feinporige Siebplatten in grosser Zahl tragen und durch den Mangel der Krystallzellen. Trotz der nahen Uebereinstimmung des Bastes dieser Rinden ist ihre Unterscheidung doch sehr leicht. In den Markstrahlen von *Leucadendron* kommen Steinzellen nur spärlich vor, während die Markstrahlen von *Leucospermum* und *Banksia* zum grössten Theile sklerosiren und als spindelförmige Leisten an der Innenseite hervorragen (wie bei der Rothbuche und einigen Eichenarten). Bei *Banksia* sind diese Leisten weniger prominent, in ihren Dimensionen überhaupt kleiner, dagegen zahlreicher. Das Bastparenchym wird grösstentheils zu Stabzellen sklerosirt. Endlich liegt ein wesentlicher Unterschied in der unterbleibenden Borkebildung bei *Leucadendron* und *Leucospermum*, während *Banksia* mächtige Borke entwickelt, deren Korkhäute auch von den oberflächlichen Peridermen der erstgenannten Gattungen durch die einseitige Sklerosirung abweichen.

Leucospermum conocarpum R. Br.

Die Rinde [1]) besitzt einige gute makroskopische Merkmale. Sie ist etwas über 1 cm dick, an der Aussenseite rostfarbig und grau angeflogen, mit Querfurchen, welche in Abständen von 1—2 Finger Breite aufeinander folgen und in der Regel nicht tief greifen. Die flachen Wülste sind der Krötenhaut ähnlich, höckerig warzig, stellenweise aufgesprungen. Die Innenseite ist ziegelroth mit zahlreichen rauhen Längsleisten der verschiedensten Grösse (eben kenntlich, bis zu Spindeln von 12 mm Länge und 3 mm Breite) besetzt, den in das Holz eindringenden sklerotischen Markstrahlen. Der Querschnitt ist in der äusseren Hälfte grobporös mit zahlreichen glänzenden Pünktchen und bis mohnkorngrossen Zellenflecken, in dem inneren Abschnitte fein radial gestreift, mit hellfarbig abstechenden, mitunter zusammengesetzten breiten Markstrahlen; mit der Lupe ist auch eine tangentiale Bänderung erkennbar. Die radiale Spaltfläche ist leicht gewellt, indem die breiten Markstrahlen oft

---

[1]) Vom Cap unter den Namen „Kreupelboom" und „Knottedtree" als Gerbematerial bekannt. Vgl. v. Höhnel (Gerberinden p. 99 ff.).

herausfallen; die so gebildeten ellipsoiden Räume werden von groben Faserbündeln überbrückt. Der Bruch ist aussen spröde, innen sehr zähe, die Bruchfläche aussen feinkörnig, innen grob- und ziemlich weichsplitterig.

Das Periderm ist eine 0,5 mm oder etwas darüber breite Schicht dünnwandiger, wenig abgeflachter, braun gefärbter, aber inhaltsloser Korkzellen. Die Mittelrinde ist sehr grosszellig, breitporig, zu sehr ansehnlichem Theile sklerotisch. Die Steinzellen sind sehr gross (bis 0,3 mm) in verschiedenem Grade, aber selten bis zur Obliteration verdickt, fein geschichtet und von zahlreichen verästigten Poren durchzogen. Sie sind farblos, während die Membranen der dünnwandigen Zellen braun sind und eine in Wasser leicht lösliche, durch Eisensalze sich grün, mit Alcalien rosenroth färbende Substanz enthalten. Krystalle fehlen, doch schiessen bei Behandlung mit Schwefelsäure feine Gipsnadeln aus.

Die Innenrinde ist geschichtet. Die Bastfasern bilden compacte Bündel, welche in tangentiale Reihen geordnet sind, zwischen denen Weichbastschichten wechselnder Breite liegen. In dem äusseren Theile der secundären Rinde kommen noch zahlreiche grosse Steinzellen vor, nach innen zu seltener und endlich werden sie nur vereinzelt angetroffen. Die Bastfasern sind lang (0,8 bis 1,0 mm), meist krummläufig mit glatten oder gezackten Wänden und gegabelten oder knorrigen Enden, 0,02—0,04 mm breit, sehr stark verdickt, reichporig und wenig verholzt.

Der Weichbast besteht vorherrschend aus Siebröhren; Parenchym in dünnwandiger Form oder zu Stabzellen verdickt, kommt in sehr untergeordneter Menge vor. Die Siebröhren bilden umfangreiche Bündel und sind an allen Schnitten gut erkennbar. Ihre Glieder sind verhältnissmässig kurz (0,7 mm) tief ineinander geschoben, so dass an den geneigten Endflächen nicht selten 10—12 der breiten (0,04 mm), rundlichen, feinporigen Siebplatten, durch schmale Interstitien getrennt, Platz finden.

Die Markstrahlen sind bezüglich ihrer Breite und Höhe sehr verschieden. Es kommen einfache Zellreihen und solche von 10 Zellen Breite und etwa 40 Zellen Höhe vor. Die schmalen Markstrahlen enthalten dünnwandige, sehr weitlichtige Zellen in cubischen (0,05 mm) oder gestreckten Formen. In den breiteren Markstrahlen werden die inneren Zellenlagen sklerotisch.

Leucadendron argenteum R. Br.

Das Periderma bildet sich in der zweiten Vegetationsperiode aus der äussersten Zellenlage der primären Rinde, worauf die mit Trichomen reichlich ausgestattete Oberhaut sich abzuschülfern beginnt, aber theilweise noch an vier- selbst mehrjährigen Internodien erhalten bleibt. Die Korkzellen sind dünnwandig, ziemlich stark abgeflacht. — Die primäre Rinde besitzt ein schwaches collenchymatisches Hypoderma und führt spärlich rhomboedrische Krystalle oder kleine Drusen. Noch vor der Anlage der Phellogenschicht sklerosiren vereinzelte Zellen ansehnlich mit Ausschluss der Lücken zwischen den primären Gefässbündeln.

Die Drogue ist der vorigen sehr ähnlich. In dem vorliegenden Muster ist die Rinde 15 cm dick, mit papierdünnem, silbergrauen Kork bedeckt, in grösseren Abständen quer gefurcht, auf der Innenseite längsstreifig ohne vorspringende Leisten, am Querschnitte aussen mit reichlichen Sklerenchymflecken, innen unregelmässig gefeldert, die breiten Markstrahlen lückig, minder deutlich hervortretend. Die Rinde des „*Silvertree*" ist gleichfalls ein geschätztes Gerbematerial am Cap.

Das Periderm besteht bei einer Breite von 0,2 mm aus 16—20 Reihen tafelförmig breiter, etwas derben, braunen, inhaltslosen Korkzellen. Ein ansehnlicher Theil der mächtig entwickelten grosszelligen Mittelrinde wird sklerotisch bei mässiger Verdickung, doch findet man hier und da auch stark verdickte Steinzellen. Die Sklerenchymklumpen sind regellos zerstreut oder radial an einander gelagert.

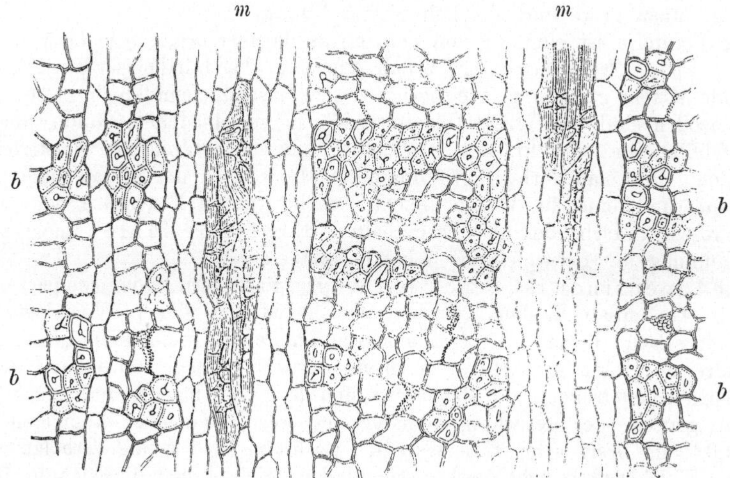

Fig. 49. *Leucadendron argenteum* R. Br. Querschnitt durch den Bast (300). *b* Unregelmässig configurirte Bastfaserbündel; *m* Markstrahlen mit Gruppen sklerosirter Zellen. Im Weichbaste sind einzelne Siebröhren an den Porenplatten kenntlich.

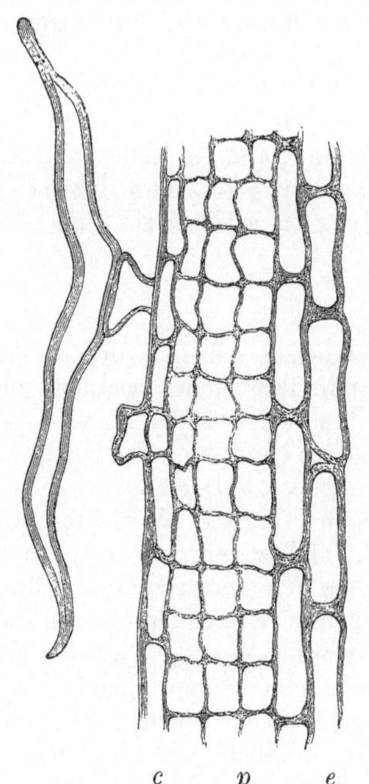

Fig. 50. *Hakea elliptica* R. Br. Längsschnitt durch ein junges Internodium (300). *e* Oberhaut mit Trichomen; *p* die erstgebildeten Korkzellen; *c* das hypodermatische Collenchym.

In der Innenrinde (Fig. 49) sind die oft sehr umfangreichen Bastfaserbündel tangential geordnet, doch kommen auch im Weichbaste isolirte kleine Gruppen und radiale Reihen von Bastfasern und ihnen am Querschnitte ähnliche stabförmige Steinzellen vor. Die Weichbastschichten wechseln in der Breite ebenso wie die Bastbündelschichten (von 1—15 Reihen), Parenchym und Siebröhren sind in Lumen und Wanddicke nahezu gleich; letztere sind häufig schon am Querschnitte an den fein gezähnten Membrandurchschnitten (Fig. 49) kenntlich. Krystalle fehlen in allen Theilen der Rinde.

Die Markstrahlen sind weitlichtig und dünnwandig, nur in den vielreihigen (0,5 mm und darüber breiten) werden kleine centrale Zellengruppen sklerotisch und stellenweise entstehen durch Zerreissung Lücken. Die Steinzellen in den Markstrahlen sind meist ansehnlich radial gestreckt, spindelförmig, sehr stark verdickt, geschichtet und von gegabelten Porenkanälen durchzogen.

Hakea elliptica R. Br.

Die Oberhaut mit dünnem Cuticularüberzug trägt reichlich eigenthümliche, T-förmige Haare, die aus einer kurzen und breiten Stielzelle und einer wagrecht auswachsenden, häufig 0,5 mm langen Sekretzelle bestehen. An einjährigen Internodien (Fig. 50) findet man bereits eine Peridermschicht[1]) aus 3—5 weitlichtigen, etwas derben, farblosen Korkzellen unmittelbar unter der noch wohlerhaltenen Epidermis.

Die primäre Rinde ist (im Gegensatz zu *Banksia*) sehr wenig entwickelt, die grossen, derbwandigen Zellen werden nicht sklerotisch und führen auch keine Krystalle. Die primären Gefässbündel reichen mit ihrem stark convexen Basttheile bis zwei Zellenbreiten an das Periderm hinan.

Banksia procera hort.

Die Oberhaut hat einen starken Cuticularüberzug und ist dicht besetzt mit langen, einzelligen, dünnen, stark verdickten Haaren. Am Ende der ersten Vegetationsperiode ist die Initialschicht des Periderma noch nicht angelegt. In der grosszelligen, in geringem Grade collenchymatischen, primären Rinde findet man bereits kleine Gruppen stark verdickter Steinzellen, während der weitaus überwiegende Theil des Parenchyms noch dünnwandig ist oder die ersten Spuren beginnender Sklerosirung zeigt. In der Umgebung der primären Bastbündel kommen ziemlich reichlich Krystallzellen mit kleinen Drusen vor. — Aelteres Material lag nicht vor.

Banksia integrifolia R. Br.

Die Rinde ist 14 mm dick und davon entfällt nahezu die Hälfte auf die grob gewulstete, höckerig-warzige, gelblich-graue Borke[2]). Der Bast zeigt auf dem Querschnitte dem unbewaffneten Auge breite, helle Markstrahlen auf dunkelroth-braunem Grunde und zerstreute Punkte; die Innenseite ist von dicht gestellten, kurzen und schmalen, gleichsinnig orientirten Hervorragungen rauh wie eine grobe Feile. Die bis 2 mm, selbst etwas darüber, hohen Markstrahlen treten an radialen Spaltflächen sehr deutlich hervor.

Die Peridermschichten sind ausserordentlich mächtig entwickelt, oft mehrere Millimeter breit und umschliessen inselartig die kleinen bis mohnkorngrossen Gruppen des Rindengewebes. Die Korkzellen sind derbwandig, an der Innenseite (selten gleichmässig) etwas sklerotisch (wie Fig. 44), weitlichtig, schichtenweise mehr abgeflacht, wodurch eine periodische Aufeinanderfolge wahrscheinlich erscheint.

Die von Periderm eingeschlossenen Theile der Mittelrinde bestehen aus derb-wandigem Parenchym und rundlichen Gruppen von Steinzellen mässiger Grösse, sehr starker, bis zum Schwinden des Lumens gediehener Verdickung, zarter Schich-tung und reichlicher Porenbildung. Alle Elemente sind von tief rothbrauner Masse erfüllt und imprägnirt. — Die secundäre Rinde besteht zum weit überwiegenden Theile aus Sklerenchym, dessen massige Bündel durch schmale tangentiale, stellen-weise verbreiterte Weichbastschichten gesondert sind. Die Bastfasern sind kurz (0,8—1,0 mm) gekrümmt, knorrig, im Mittel 0,04 mm breit, mässig verdickt und reichporig. Der grösste Theil des Bastparenchyms ist zu Stabzellen verdickt und bildet mit den Bastfasern zusammenhängende, am Querschnitte in die verschiedenen Elemente kaum auflösbare Massen. Die dünnwandig bleibenden Gruppen des Bast-parenchyms enthalten gleichfalls vereinzelte Steinzellen, deren Form aber mit den gleichnamigen Elementen der Mittelrinde übereinstimmt. Die tangentialen Weich-

---

[1]) Nach Sanio (Jahrb. f. wissensch. Bot. II. p. 39) wird auch bei *Hakea florida* das Periderm aus der obersten Rindenzellenreihe mit centripetaler Zellenfolge gebildet, wie hier.

[2]) *Banksia serrata* L. fil. (Heathhoneysuckle) scheint der makroskopischen Beschreibung zufolge, welche v. Höhnel (Gerberinden p. 102) gibt, an 2 cm dicken Rinden keine Borke zu besitzen.

bastschichten bestehen, da das Parenchym zum grössten Theile sklerosirt, fast ausschliesslich aus Siebröhren, deren Endflächen mit einer Reihe leiterförmig angeordneter, feinporiger Siebplatten besetzt sind.

Die meisten der dicht gedrängten Markstrahlen sind breit und durchgehend sklerotisch. Die Randzellen sind weniger gestreckt und weniger verdickt[1]) als die centralen Zellen, welche in radialer Richtung stark verlängert und nicht selten vollständig obliterirt sind. Zwischen den sklerotischen, in das Holz eindringenden Markstrahlen kommen auch dünnwandige vor, die meist einreihig und nur ein oder zwei Zellen hoch sind.

Serpentariae.

Aristolochiaceae.

Aristolochia ist charakterisirt durch die tiefe Lage des Phellogen, durch das ausdauernde zartzellige Oberflächenperiderma, durch einen Sklerenchymring von eigenthümlichem Baue, durch den Mangel (auch der primären) Bastfasern und jeder Art sklerotischer Elemente, durch die regelmässige Schichtung des Weichbastes, durch breite Markstrahlen. Das aetherische Oel kommt vorzüglich in ausgeweiteten Zellen der Mittelrinde. spärlicher in dem Baste vor. Ungewöhnlich grosse Krystalldrusen sind gleichfalls in grösserer Menge in der Mittelrinde und in den Markstrahlen, sehr vereinzelt im Bastparenchym zerstreut.

Aristolochia Sipho L'Herit.

Die Rinde dieses Schlinggewächses hat einen starken Kampfergeruch. Die einjährigen Triebe sind noch grün, erst in der zweiten Vegetationsperiode beginnt die Entwicklung des Periderma zunächst in longitudinalen Korkwarzen, die sich allmälig verbreitern und in der Regel ist im dritten oder vierten Jahre der ganze Stengel umkleidet.

Die Rinde bildet keine Borke. Das Oberflächenperiderma wird an alten Stämmen über Millimeter dick und zerfällt in Schichten, indem weitlichtige Korkzellen mit doppelten oder dreifachen Reihen tafelförmiger Zellen abwechseln. Doch folgt auch die Oberhaut dem Dickenwachsthum.

Die primäre Rinde besteht aus einer äusseren 4—6reihigen Collenchymschicht, welche ziemlich unvermittelt in eine viel breitere Schicht weitlichtiger und dünnwandiger Zellen übergeht. In dieser liegt ein anfangs geschlossener Sklerenchymring (Fig. 51) mit scharfer Abgrenzung nach aussen, nach innen allmälig in das dünnwandige Parenchym übergehend. Der Sklerenchymring hat ungefähr die Breite von 0,25 mm und besteht aus axial gestreck-

---

[1]) Es kann daraus geschlossen werden, dass auch hier die Markstrahlen selbstständig und zunächst in den mittleren Lagen (wie Fig. 49) sklerosiren.

ten, im Mittel 0,03 mm breiten, am Querschnitte polygonalen, lückenlos verbundenen Parenchymzellen. Die Verdickung ist nicht bedeutend (0,004 mm), Verholzung gering, Schichtung und Poren deutlich. Viele Zellen der primären Rinde und das Phelloderma enthalten grosse Krystalldrusen, andere, mässig erweiterte, führen guttigelbes ätherisches Oel. Schon die primären Gefässbündel entbehren der Bastfasern. — Das Initialmeristem für das Periderma entsteht in einer mittleren Zone der hypodermatischen Collenchymschicht; im Laufe einer Vegetationsperiode gehen aus ihm eine 0,3 mm breite Lage dünnwandiger und weitlichtiger Korkzellen und ein ebenso breites Phelloderma (Fig. 51) hervor, an dessen Innenseite die Collenchymschicht noch längere Zeit kenntlich ist. Der Sklerenchymring [1]) erscheint schon an zweijährigen Stengeln an mehreren Stellen durch Parenchymzellen getrennt, späterhin wird er vollständig gesprengt und in kleine Gruppen aufgelöst. Das Collenchym und das dünnwandige Parenchym ist feinporig, wird nicht gestreckt, sondern behält die gerundet eckigen, fast isodiametrischen Formen zeitlebens.

Die Innenrinde besteht aus abwechselnden tangentialen Schichten von Parenchym und Siebröhren, Bastfasern fehlen. Das Parenchym ist weitlichtig (0,03 mm), axial gestreckt, zart-

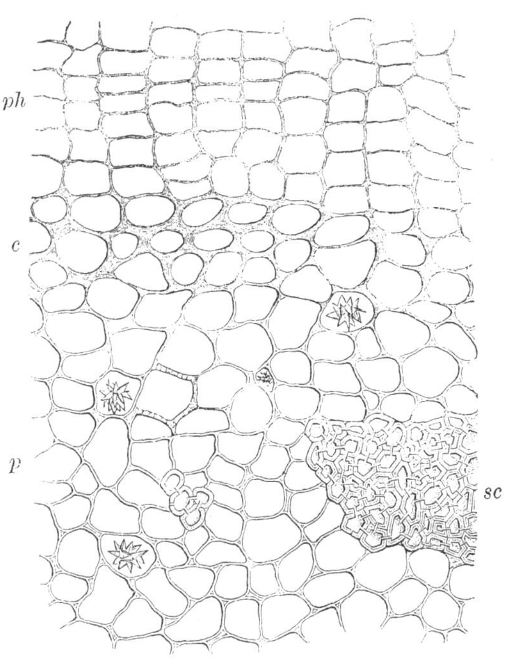

Fig. 51. *Aristolochia Sipho* —. Querschnitt durch ein dreijähriges Internodium (300). *ph* Phelloderma; *c* der innere Theil des collenchymatischen Hypoderma, welcher in das Rindenparenchym *p* übergeht; *sc* Theil des bereits gesprengten Sklerenchymringes der primären Rinde.

wandig und breitporig. Die Siebröhren [2]) sind aus breiten (0,045 mm), tangential abgeplatteten, nicht sonderlich langen (0,25 mm) Gliedern zusammengesetzt, deren Seitenflächen glatt, deren Endflächen sehr weitmaschig gegittert, fast horizontal und mitunter von dickem Callus bedeckt sind. Die Parenchymzellen enthalten sehr feinkörnige Stärke, vereinzelt kommen Oelzellen und noch spärlicher Krystallzellen vor, ähnlich denen der Mittelrinde. Die Markstrahlen sind breit und grosszellig, nach aussen fächerförmig verbreitert. Sie führen häufiger Krystalldrusen als das Bastparenchym.

---

[1]) Vgl. de Bary, Vegetationsorgane p. 549 u. 558.
[2]) K. Wilhelm, Beiträge zur Kenntniss des Siebröhrenapparates p. 47.

Plumbagines.

Salvadoraceae.

Es stand nur der von Borke bedeckte Bast einer Art zu Gebote. Dieser hatte folgende bemerkenswerthe Eigenthümlichkeiten: Zartzelliges Periderma, theilweise Sklerosirung des Bastparenchyms bei geringer Verdickung, pallisadenartige Schichtung des dünnwandigen grossporigen Parenchyms; kurze, knorrig verbogene Gestalten stark verdickter (Bastfasern ähnlicher) Steinzellen. Mangel der Siebröhren; reichliches Vorkommen rhomboedrischer Krystalle eines in Wasser und in Alcalien zum Theil löslichen Kalksalzes, besonders in den Markstrahlen.

Salvadora persica Garcin.

Die Rinde ist kaum 2 mm dick, hellfarbig mit weichem lohgelben Korke bedeckt, innen sehr glatt, fein netzig, am Querschnitte radial gestreift, körnig brüchig.

Das Periderm aus kleinen, kaum abgeplatteten, zartwandigen Korkzellen ist bereits in die secundäre Rinde vorgedrungen; eine zweite Korkhaut trennt das vorliegende Muster in nahezu gleiche Hälften, woraus auf eine tief greifende Borkebildung geschlossen werden kann.

Der Bast zeigt keinerlei Schichtung. Sklerotische Fasern sind spärlich, meist vereinzelt oder stellenweise zu unregelmässigen Gruppen genähert. Sie sind durch ihre scharfeckigen Querschnittsconturen ausgezeichnet, bis 0,045 mm breit, fast vollständig verdickt, fein geschichtet mit zahlreichen Poren; ihre Länge übersteigt nicht 0,6 mm, sie sind kurz zugespitzt, meist mit zackigen Seitenwänden, knorrig. Das Bastparenchym wird nesterweise sklerotisch mit geringer, oft nur einseitiger (innen) Verdickung. Es ist in Folge geringer Verschiedenheiten in den Dimensionen der Zellen palissadenartig geschichtet. Auf der Markstrahlseite haben die dünnwandigen Zellen eine verticale Reihe breiter, flacher Poren. Einzelne Zellen oder zerstreute Kammerfasern führen gut ausgebildete Rhomboeder[1]), die in heissem Wasser und durch Alcalien in eine krümelige Masse zerfallen, durch Schwefelsäure aber in schöne Gypskrystalle verwandelt werden. Siebröhren konnte ich nicht finden.

Die Markstrahlen sind bis drei Reihen breit, ihre Zellen dünnwandig, fast cubisch und führen je einen Krystall.

---

[1]) Vgl. Holderup-Rosenvinge, Anatom. Unters. d. Vegetationsorgane von Salvadora. Verhdlg. d. k. dän. Akad. d. Wissensch. 1881.

Aggregatae.

Compositae.

Die untersuchte Art bildet das Periderma an älteren Internodien des jährigen Triebes unmittelbar unter der Oberhaut und nach Verlauf weniger Jahre auch Borke. Die Korkhäute sind grosszellig, nicht sklerotisch, von geringer Breite. Die primäre Rinde besitzt ein hypodermatisches Collenchym und wird in sehr untergeordnetem Grade sklerotisch. Der Bast ist regelmässig concentrisch geschichtet. Die Sklerenchymbänder bestehen zum weitaus überwiegenden Theile aus dünnen, aber sehr stark verdickten Bastfasern, deren Bündel mittels sklerotischer Bastparenchym- und Markstrahlzellen verbunden sind. Der Weichbast enthält reichlich Krystallschläuche mit winzigen prismatischen Krystallen in grosser Zahl. Die Siebröhren haben verbreiterte, callöse, in mehrere Felder abgetheilte Endplatten. Die ein- oder zweireihigen Markstrahlen sind breitzelliger als das Bastparenchym, mit dem sie bezüglich der theilweisen Sklerosirung und des krystallinischen Inhaltes übereinstimmen.

Tarchonanthus camphoratus L.

Die dicht mit langen, zartwandigen Haaren besetzte, schwach cuticularisirte Oberhaut wird frühzeitig abgestossen und durch dünnwandigen Plattenkork ersetzt, der seine Entstehung aus der äussersten Rindenzellenlage nimmt.

Die inneren Korkhäute sind sehr grosszellig, dünnwandig, wenig abgeflacht, fünf- bis achtreihig bei einer mittleren Breite von 0,15 mm, ihr Verlauf ist regelmässig, entsprechend der tangentialen Schichtung des Bastes. An daumendicken Stämmen wird bereits Borke in flachen, dünnen Schuppen abgestossen.

Die primäre Rinde ist kleinzellig, in den äusseren Schichten mässig collenchymatisch; innen, in der Umgebung der faserreichen primären Bastbündel und namentlich als seitliche Anlagerungen werden spärliche Zellen sklerotisch, es kommt nicht zur Bildung eines geschlossenen Sklerenchymringes. Krystalle fehlen vollständig.

Die secundäre Rinde ist sehr regelmässig und dicht gebändert. Die Bastfasern sind zu tangentialen Bündeln verschmolzen und die kleinen Zwischenräume durch Steinzellen ausgefüllt. Nur ausnahmsweise sind auch im Weichbaste einzelne Bastfasern zerstreut. Die Sklerenchymbänder sind schmal, kaum über vier Fasern in radialer Richtung, die zwischenliegenden Weichbastschichten in der Regel, aber nicht wesentlich breiter. Die Bastfasern haben sehr verschiedene,

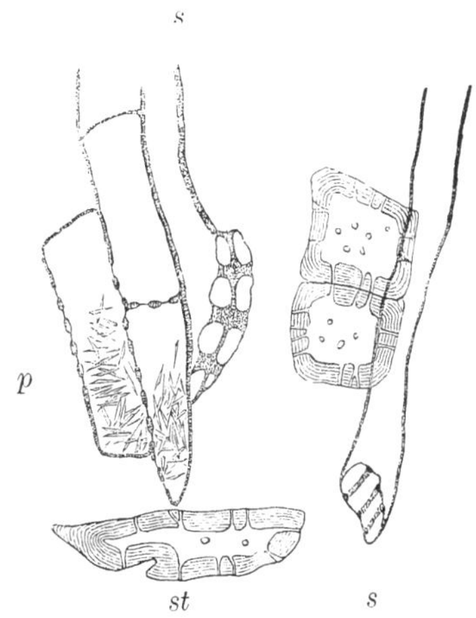

Fig. 52. *Tarchonanthus camphoratus* —. Isolirte Elemente des Bastes (300). *p* dünnwandiges Bastparenchym mit Rhaphiden; *s* Fragmente von Siebröhren; *st* sklerotisches Parenchym.

jedoch 1,0 mm selten übersteigende Länge, sind geradläufig, glatt, stumpf zugespitzt, bei der Breite von 0,025 mm vollkommen verdickt. Das Bastparenchym
ist grosszellig, reichporig, viele Zellen führen winzige spiessige Kryställchen
(Fig. 52) in Menge. Die Steinzellen ahmen bei mässiger Vergrösserung die Gestalt
des dünnwandigen Parenchyms nach und sind nicht sehr bedeutend verdickt. Die
Siebröhren sind enge, an den Gliedenden verbreitert und mässig geneigt, mit drei
oder vier von Callus bedeckten Siebplatten.

Die Markstrahlen sind ein- oder zweireihig, breit- und kurzzellig. Zwischen
den Sklerenchymbändern eingeschlossen, werden die Zellen in
der Regel sklerotisch, die dünnwandigen führen reichlich Kalkoxalat in derselben Form wie das Bastparenchym.

Caprifolia.

Aussenrinde. Die überwiegende Mehrzahl der untersuchten Gattungen
bildet die ersten Peridermschichten aus der unmittelbar unter der Oberhaut
gelegenen Zellenlage der primären Rinde. Unter den *Rubiaceen* wurde die
tiefe Anlage des Phellogen nur bei *Coffea* beobachtet, sie ist charakteristisch für die Gruppe der *Lonicereen*. Nur bei einigen *Viburnum*arten
wird die Epidermis selbst zum Initialmeristem. Das Periderma entsteht immer schon in der ersten Vegetationsperiode, meist aber an Internodien
mit beendetem Längenwachsthum und verjüngt sich durch viele Jahre bei den
Rubiaceen, während bei den *Lonicereen* und bei *Sambucus* schon nach wenigen
Jahren Borkebildung an ihre Stelle tritt. Einige *Viburnum*arten (wol auch
viele *Rubiaceen*) bilden gar keine, *V. prunifolium* frühzeitig Borke. Die *Lonicereen* sind durch Ringborke ausgezeichnet, die *Rubiaceen* und *Sambucineen*
bilden Schuppenborke. Die Korkhäute sind immer grosszellig und in der
Mehrzahl der Fälle wenig abgeplattet *(Ixora, Sarcocephalus, Buena, Cinchona,
Hymenodictyon, Arariba* und *Caprifoliaceae)*, wobei allerdings die inneren
Lagen der Korkhäute stärkere Abflachung (z. B. *Lonicereen, Sarcocephalus*
typisch) zu zeigen pflegen. Vorherrschend tafelförmige Korkzellen haben einige
*Cinchona*arten, *Coffea, Exostemma, Antirrhoea, Remijia*. Die Korkzellen
bleiben dünnwandig oder es werden nur einige Schichten wenig derber bei
Sarcocephalus, Antirrhoea, Remijia, den *Caprifoliaceen*, sie sind gleichmässig
in geringem Grade derb bei *Buena, Hymenodictyon* und den meisten *Cinchona*-
arten, sie werden schichtenweise sklerotisch bei *Exostemma* und weniger regelmässig bei einseitiger Sklerosirung der Korkzellen bei *Arariba*. — Bei den
Caprifoliaceen bestehen die inneren (stets zartzelligen) Korkhäute entsprechend dem raschen Vordringen der Borkebildung immer nur aus wenigen

Zellenreihen. Bei den *Rubiaceen* sind dieselben immer mächtiger entwickelt, ganz besonders die, periodischen Zuwachs zeigenden äusserst zartzelligen an der inneren Grenze sklerosirenden Korkmembranen von *Sarcocephalus* und die derbhäutigen schichtenweise sklerosirenden von *Arariba*.

Mittelrinde. Ein in den äusseren Schichten ausgezeichnet typisches Collenchym findet sich bei den *Sambucineen* und einigen *Rubiaceen* (*Cinchona*, *Ixora*), während *Coffea* und die *Lonicereen* in allen Theilen der (durch die Anlagen des Periderma in oder innerhalb der primären Gefässbündelzone) bald schrumpfenden primären Rinde entschieden zartwandigeres Parenchym besitzen. Steinzellen fehlen vollständig den Rinden der *Caprifoliaceen*, einigen *Rubiaceen* (wenigstens in der Jugend), sie kommen in sehr wechselnder Menge vor bei den meisten *Rubiaceen*, wo aber wegen des unzureichenden Materials über Zeit und Ort ihrer Entstehung meist nichts festgestellt werden konnte. *Cinchona* und *Ixora* haben in einjährigen Internodien keine Steinzellen, bei *Coffea* dagegen bilden sie sich sehr frühzeitig, aber (zunächst) nur in der nächsten Umgebung der primären Bastfasern; bei *Hymenodictyon* allein wurde ausser zerstreuten Sklerenchymgruppen, ein geschlossener Sklerenchymring innerhalb der primären Gefässbündelzone vorgefunden. Die Form der Steinzellen weicht in der Regel von der des umgebenden Parenchyms wenig ab (s. dagegen *Arariba*), sie ist stabförmig bei *Coffea*, vorherrschend isodiametrisch oder tangential gestreckt bei *Antirrhoea*, *Remijia*, *Cinchona*, *Buena*, *Hymenodictyon*. Besonders hervorzuheben (gegenüber den *Laurineen*) ist die gleichmässige, schwache (*Hymenodyction*) oder doch mässig starke (*Coffea*, *Cinchona*, *Antirrhoea*, *Remijia*) Verdickung, die von zahlreichen breiten Poren durchsetzt ist. Für einige *Rubiaceen* (*Cinchona*, *Buena*, anscheinend auch *Hymenodyction*) sind Milchsaftschläuche in der Grenzschicht der Mittelrinde charakteristisch und ihnen reihen sich die gleichnamigen, aber sicher nicht identischen Schläuche von *Sambucus* an. Alle *Caprifoliaceen* führen Kalkoxalat in beträchtlicher Menge und sämmtlich mit Ausnahme von *Sambucus*, welche Krystallsandschläuche besitzt, Drusen. Die Mehrzahl der untersuchten *Rubiaceen* enthielt in der Mittelrinde keine erkennbaren Krystalle oder spärlich Rhaphiden oder Krystallsand, Drusenschläuche wurden nur bei *Ixora*, Einzelkrystalle nur bei *Hymenodictyon* beobachtet.

Die primären Bastfasern der *Caprifoliaceen* sind wegen der verzögerten oder auch ganz unterbleibenden Verdickung bemerkenswerth (s. p. 144, 147).

Innenrinde. Die Vertheilung der Elemente des Bastes bietet ebensowenig wie ihr Bau durchgreifende Kennzeichen der Ordnungen und Gattungen. — Sklerotische Elemente scheinen immer vorhanden zu sein — sie wurden nur bei solchen Arten nicht constatirt, welche in jugendlichen Entwicklungszuständen vorlagen — und wenngleich ihr quantitatives Verhältniss zum Weichbast mit dem Alter der Rinde und mit manchen individuellen Einflüssen wechselt, so ist doch ein entschiedenes Ueberwiegen des Weichbastes typisch für *Remijia*,

Arariba, *Sarcocephalus*, *Cinchona*, *Viburnum*, *Sambucus*, ein umgekehrtes oder doch schwankendes Verhältniss die Regel bei *Antirrhoea*, *Exostemma*, *Buena* und den *Lonicereen*. Die Mehrzahl der *Rubiaceen* ist durch die un - regelmässige Anordnung der sklerotischen Elemente ausgezeichnet, nur bei *Antirrhoea* bilden sie breite concentrische Bänder, compacte Platten bei *Exostemma*, bei den übrigen ist die isolirte Anlage und gewissermassen zufällige Aneinanderlagerung der sklerotischen Elemente und ihre vorherrschend radiale Reihenfolge augenscheinlich. Unter den *Caprifoliaceen* besteht der Bast aus geschlossenen concentrischen Schichten bei den *Lonicereen*, bei *Sambucus* sind die Bänder oft unterbrochen, bei *Viburnum* kommen nur vereinzelte Sklerenchymgruppen vor.

Ob die sklerotischen Elemente als Bastfasern oder als Parenchym anzusprechen seien, ist schwer zu entscheiden, besonders wenn nur einerlei Formen vorkommen. Mit Bestimmtheit können Bastfasern nur den Gattungen *Cinchona*, *Sarcocephalus*, *Sambucus* und den *Lonicereen* zugesprochen werden, zweifelhaft könnte die Stellung der sklerotischen Elemente von *Exostemma*, *Antirrhoea*, *Buena*, *Remijia* sein und als Steinzellen möchte ich sie deuten bei *Arariba* wie bei *Viburnum*. Bei der Uebersicht der *Rubiaceen* folgte ich dieser und nicht der geläufigen Auffassung, welche die axial gestreckten Formen als Bastfasern bezeichnet und musste dem entsprechend die bei *Antirrhoea*, *Exostemma*, *Remijia*, *Buena* (neben isodiametrischen und Uebergangsformen) vorkommenden als Stabzellen anführen. Neben den Bastfasern besitzen einige *Cinchonen* auch Steinzellen; *Sarcocephalus*, *Sambucus* und die *Lonicereen* haben nur Bastfasern, wie *Viburnum* und *Arariba* nur Steinzellen entwickeln. Bezüglich der Einzelformen muss auf die Uebersicht der Ordnungen verwiesen werden.

Ein bemerkenswerthes Merkmal sämmtlicher Repräsentanten dieser Classe liegt darin, dass das Sklerenchym in keiner Beziehung zur Vertheilung des Kalkoxalates steht. Dieses tritt nur bei wenigen *Rubiaceen* in wol ausgebildeten Krystallen auf — in den beiden Fällen, wo grosse Prismen *(Ixora)* und Rhomboeder *(Hymenodictyon)* gefunden wurden, handelte es sich um sehr junge Rinden — meist in Form von feinem Sande oder spärlichen Raphiden in zerstreuten Krystallschläuchen. Der oxalsaure Kalk findet sich reichlich bei allen *Caprifoliaceen* und zwar als Sand bei *Sambucus*, in drusenführenden Kammerfasern bei den *Lonicereen*, Drusen und Einzelkrystalle bei *Viburnum*.

Die in der primären Rinde einiger *Cinchonen* und von *Sambucus* vorkommenden „Milchsaftschläuche" treten im Baste nicht auf. Die derbwandigen Schläuche von *Hymenodictyon* wurden noch in der Aussenschicht der secundären Rinde beobachtet.

Die Siebröhren der *Caprifoliaceen* sind weitlichtiger als das Bastparenchym, mit stark geneigten Endflächen und grossen Siebplatten in leiterförmiger Anordnung, mitunter auch Querplatten. Die Siebröhren der *Rubiaceen* sind im allgemeinen englichtiger (ausgenommen *Sarcocephalus*), und haben einfache, oft callöse Endplatten und auf den Seitenwänden Siebfelder.

Von dem Bastparenchym sind die grossen rundlichen, oft aus mehreren Porengruppen zusammengesetzten Tüpfel und bei einigen Arten der *Rubiaceen* die Conjugation bemerkenswerth.

Von allen untersuchten Gattungen besitzt *Sambucus* die breitesten Markstrahlen, wenngleich auch hier selten über vier Zellenreihen vorkommen. Doch sind auch die schmalen — jedoch nie ausschliesslich einreihigen — Markstrahlen schon mit unbewaffnetem Auge wegen der absoluten Grösse der Zellen kenntlich. Oft, bei den *Caprifoliaceen* immer, führen sie Kalkoxalat in denselben Formen wie das Bastparenchym [1]); selten (nur bei wenigen *Rubiaceen*) werden sie theilweise sklerotisch. Unregelmässige, auf kurze Strecken beschränkte aber sehr häufige Verbreiterungen der Markstrahlen habe ich bei *Remijia* und *Buena* angetroffen; bei den *Caprifoliaceen* ist die das Dickenwachsthum vermittelnde Function der Markstrahlen wegen der tiefgreifenden Periderme meist gegenstandslos.

Uebersicht der Gattungen nach Merkmalen des Bastes:

A. Regelmässige Schichtung zwischen Weichbast und (nicht von Krystallen begleitetem) Sklerenchym.
    1. Concentrisch geschichtete Sklerenchymbänder,
        a. dicke Platten bloss aus Stabzellen bestehend; die eingeschlossenen Markstrahlen gleichfalls sklerotisch; Krystallsand: *Antirrhoea.*
        b. dünne Platten ausschliesslich aus Bastfasern bestehend; die Markstrahlen durchaus zartwandig; Krystalldrusen; Ringborke: *Lonicera.*
    2. Isolirte Sklerenchymgruppen in tangentialen Reihen.
        a. Die alternirenden Stabzellenplatten sind von sklerotischen Markstrahlen durchzogen; Raphiden; Steinkork: *Exostemma.*
        b. Schmale Bastfaserbänder, oft unterbrochen; Markstrahlen durchaus zartwandig; viel Krystallsand; zartzellige Periderme: *Sambucus.*

B. Sklerenchym unregelmässig im Weichbaste zerstreut; Bastfasern fehlen.
    1. Grosse Steinzellen isolirt oder in kleinen Gruppen.
        a. Knorrig-spindelige Riesenzellen mit grober Schichtung und spärlichen Poren; im kleinzelligen Weichbaste Krystallsand; Kork derbwandig, schichtenweise einseitig sklerotisch: *Arariba.*
        b. Isodiametrische oder walzenförmige Steinzellen, deren zarte Schichtung von verzweigten Porenkanälen reichlich durchzogen ist; Rhomboeder und Drusen in Krystallkammerfasern; zartzellige Korkhäute: *Viburnum.*
    2. Dünne Stabzellen mit weitem Lumen in vorwiegend radialer Anordnung; Krystallschläuche mit Sand oder Raphiden oder fehlend.
        a. Weichbast bedeutend überwiegend; Markstrahlen sehr breit, dünnwandig: *Remijia.*
        b. Stabzellen reichlich, oft den Weichbast verdrängend; Markstrahlen mitunter sklerosirend: *Buena.*

---

[1]) Eine bemerkenswerthe Ausnahme bildet *Sambucus* bezüglich der von Faserbündeln eingeengten Theile der Markstrahlen (s. p. 149).

3. Bastfasern mit sehr engem Lumen.
　　a. Bastfasern dünn, lang, knorrig; Siebröhren mit leiterförmigen Endplatten:
　　　　　　　　　　　　　　　　　　　　　　　　　　　Sarcocephalus.
　　b. Bastfasern dick, spindelförmig mit glatten Wänden; Siebröhren mit ein-
　　　　fachen Querplatten:
　　　　　　　　　　　　　　　　　　　　　　　　　　　Cinchona.

Rubiaceae.

Die untersuchten Gattungen zeigen eine so grosse Mannigfaltigkeit im Baue der Rinden, dass die Aufgabe der Charakteristik der Ordnung im Wesentlichen durch den Hinweis auf die verschiedenartige Entwicklung der sklerotischen Elemente des Bastes erschöpft wird.

Schon das Periderma ist in den wenigen Fällen, in denen es in Jugendzuständen der Untersuchung vorlag, bezüglich seiner Anlage[1]) und seines Baues verschieden. Das Phellogen wird in den älteren Internodien einjähriger Triebe angelegt, oberflächlich bei *Cinchona*, in einer tieferen Schichte bei *Ixora*, in der Zone der primären Gefässbündel bei *Coffea*. Die aus demselben hervorgehenden Korkzellen sind gross, tafelförmig *(Cinchona, Coffea)* oder wenig abgeflacht *(Ixora)*; die Oberhaut wird frühzeitig abgestossen. Das Oberflächenperiderma ist sehr ausdauernd, es findet sich noch an offenbar alten Stammrinden, und nimmt späterhin verschiedene Ausbildung. Es bleibt grösstentheils dünnwandig dabei weitlichtig *(Sarcocephalus)* oder flach tafelförmig *(Antirrhoea, Remigia)*; es wird derbwandig bei in der Mehrzahl der Schichten geringer Abplattung *(Hymenodictyon, Buena, Cinchona)*, endlich wechseln sklerotische Korkschichten mit mehreren Reihen dünnwandiger Tafelzellen *(Exostemma)*. Borkebildung wurde nur in wenigen Fällen beobachtet. Bei *Cinchona* und *Arariba* sind die inneren Korkhäute derbwandig, bei *Exostemma* geschichtet, bei *Sarcocephalus* bilden sie typischen Schwammkork, übereinstimmend mit den oberflächlichen Peridermen, aber gegen den Bast abgegrenzt durch einige Reihen sklerotischer Zellen. Einseitig sklerosirte Korkzellen bilden sich in mehreren Schichten in den Peridermen von *Arariba*. Phelloderma wurde bei *Hymenodictyon* und *Antirrhoea* sicher erkannt.

Die Grosszelligkeit des Korkes harmonirt mit der Grosszelligkeit der primären Rinde, welche bei *Cinchona* und *Ixora* ein typisches Collenchym darstellt. Diffuse Sklerosirung der Mittelrinde kommt ziemlich häufig vor, ist aber selbst innerhalb einer Gattung nicht constant. Ihr frühzeitiges Auftreten und zwar auf die unmittelbare Umgebung der primären Bastbündel beschränkt, wurde bei *Coffea* beobachtet, was um so bemerkenswerther ist, als in der primären Rinde von *Cinchona* und *Ixora* keine Steinzellen gebildet werden. Umfangreiche Sklerenchymgruppen finden sich bei *Antirrhoea*, *Hymenodictyon* und einigen *Cinchona*- und *Buena*-Arten, vereinzelte Steinzellen kommen bei *Arariba* und *Remija* vor, die anderen Arten haben keine Steinzellen. *Hymenodictyon* bildet innerhalb der primären Gefässbündelzone einen geschlossenen Steinzellenring (Fig. 55).

---

[1]) Vgl. Vesque, Anat. de l'écorce p. 110.

Das Vorkommen von Sekretschläuchen, sogenannten Milchsaftgefässen scheint — dem vorliegenden Material zufolge — auf einige Arten von *Buena* und *Cinchona* beschränkt zu sein. Oxalsaurer Kalk kann durch Schwefelsäure in allen Rinden nachgewiesen werden, doch entzieht er sich durch seine geringe Menge und durch seine Einbettung in dem braunen Zellinhalt häufig der directen Beobachtung. In der überwiegenden Mehrzahl der Fälle tritt das Salz in Form von Sand auf; Krystalldrusen wurden nur bei *Ixora*, gut ausgebildete Rhomboeder bei *Hymenodictyon* angetroffen. Die primären Bastfasern sind von den secundären faserigen Gebilden durch weit beträchtlichere Länge und abweichende Verdickungsform verschieden.

In der secundären Rinde fehlen die Bastfasern allgemein (ausser bei *Cinchona* und *Sarcocephalus*) und sklerotische Elemente überhaupt in den ersten Jahren (*Cinchona, Hymenodictyon, Coffea, Ixora*). Die letzteren in höchst charakteristischen Formen treten sodann spärlich auf und gelangen allmälig zu ihrer typischen Anordnung. Diese besteht in einer regelmässigen concentrischen Bänderung (*Antirrhoea*), oder es bilden sich alternirende compacte, am Querschnitte tangential gestreckte Platten, die isolirt bleiben (*Exostemma*), oder die Sklerofasern sind vereinzelt (*Arariba* Fig. 57) oder endlich die Bastfasern treten sowol in kleinen Bündeln als in unterbrochenen radialen Reihen, demnach regellos gruppirt auf (*Cinchona, Remijia, Sarcocephalus, Buena*). Bastfasern typischer Bildung besitzt *Sarcocephalus*. Die bekannten wetzsteinförmigen *Cinchona*fasern stehen schon Steinzellen nahe und ich möchte sie nur desshalb nicht als solche gelten lassen, weil ihre Form stets constant ist und Uebergangsformen fehlen. Diese beiden Charakter fehlen den colossalen Steinspindeln von *Arariba* und wenngleich einzelne derselben (vgl. Fig. 57) den Bastfasern von *Cinchona* gleichen, so ist ihre Zusammengehörigkeit mit den gleichzeitig vorkommenden isodiametrischen und auf verschiedenen Stufen der Entwicklung stehenden Steinzellen unverkennbar. Ebenso unzweifelhaft ist die Entwicklung der sklerotischen Fasern (Fig. 54, 56) aus dem Bastparenchym bei *Antirrhoea, Exostemma, Remijia* und *Buena*-Arten, doch ist zu bemerken, dass ausgebildete Stabzellen immer in weit grösserer Menge vorkommen als Zwischenformen. Die Verdickung der Stabzellen ist beträchtlich, doch nur höchst ausnahmsweise zur Obliterirung führend, die Schichtung zart aber deutlich, die Porencanäle zahlreich, breit und oft verästigt. Die in Folge der Sklerosirung gewöhnlich eintretende Vergrösserung und Gestaltveränderung der Zellen ist auf ein sehr geringes Mass reducirt. — Das dünnwandige Bastparenchym (Fig. 56) besitzt in der Regel breite, flache, auf die radialen und horizontalen Wände beschränkte Poren, in einigen Fällen wurden conjugirende Ausstülpungen (*Cinchona, Sarcocephalus*) beobachtet, bei *Ixora* auch ein Streifensystem. Diese Art ist auch vor allen anderen ausgezeichnet durch das reichliche Vorkommen ausserordentlich grosser prismatischer Krystalle, wie *Hymenodictyon* durch Kammerfasern mit Rhomboedern, was um so auffallender ist, als sonst wohlausgebildete Krystalle überhaupt im Baste fehlen, und das Calciumoxalat immer nur in Form von Sand, besonders reichlich bei *Antirrhoea, Cinchona, Buena* oder in Form kleiner Rhaphiden *(Exostemma)* angetroffen wurde. — Bei dem vorwiegend trockenen Untersuchungsmaterial ist das genaue Studium der Siebröhren sehr erschwert; doch so viel lässt sich mit Bestimmtheit sagen, dass zwei wesentlich verschiedene Typen derselben vorkommen: Siebröhren mit wenig geneigten Endflächen und einer einfachen, oft mit Callus bedeckten Siebplatte *(Cinchona, Antirrhoea, Buena)* und zarten Siebfeldern auf den radialen Wänden, und solche die mit einer grösseren Zahl leiterförmig angeordneter Siebplatten unter einander verbunden sind *(Sarcocephalus)*. Im Lumen sind Parenchymzellen und Siebröhren kaum verschieden und ebenso breit sind die Fasern von *Cinchona* und die Stabzellen, was als weiterer Beleg für die histologische Verwandtschaft der letzteren und der Parenchymzellen gelten kann. — Die Secretschläuche im Baste von *Hymenodictyon* haben keine Analogie.

Die Markstrahlen sind selten mehr als dreireihig. Ihre Zellen sind besonders in den einreihigen Strahlen weitlichtig und radial wenig gestreckt, oft sogar, namentlich in den unregelmässigen localen Verbreiterungen *(Buena, Remijia)* überwiegt die tangentiale Dimension. Sie führen wie das Bastparenchym entweder Rhaphiden oder Krystallsand. Bei den Arten mit umfangreichen Sklerenchymgruppen *(Antirrhoea, Buena, Exostemma)* werden auch die durch jene ziehenden Markstrahlen sklerotisch.

Die unter *Hymenodictyon* und *Sarcocephalus* beschriebenen Rinden wurden in diese Uebersicht aufgenommen, trotzdem ihre Herleitung nicht zweifellos ist.

Coffea arabica L.

Die einjährigen grünen Triebe besitzen eine glatte, sehr wenig cuticularisirte Oberhaut. Die primäre Rinde ist 0,8 mm breit, grosszellig, dünnwandig, kaum merklich collenchymatisch, feinporig. In den tieferen Schichten derselben, unmittelbar vor der primären Gefässbündelzone und bald darauf auch innerhalb der letzteren bildet sich das Periderm aus breiten, tafelförmigen, dünnwandigen Zellen, so dass schon zweijährige Triebe von demselben vollständig umkleidet, braun sind und der Oberhaut grösstentheils entbehren. Die kleinen Bündel primärer Bastfasern werden auseinander gedrängt und die ihnen unmittelbar anliegenden Parenchymzellen in erheblichem Masse sklerotisch ohne einen geschlossenen Sklerenchymring zu bilden. Die Bastfasern sind sehr lang (bis 3 mm), 0,02 mm breit und bis zum Schwinden des Lumens verdickt. Die Steinzellen sind verschieden gestaltig, vorherrschend jedoch stabförmig und nicht viel breiter als die Bastfasern, jedoch meist schwächer verdickt und von zahlreichen, oft verzweigten Porenkanälen durchzogen. Ausser den spärlichen, die Bastfasern begleitenden Steinzellen kommt kein Sklerenchym vor. Kalkoxalat ist in geringer Menge durch Schwefelsäure nachweisbar, Krystalle fehlen.

Die Innenrinde besteht im zweiten Jahre noch ausschliesslich aus Weichbast, die Markstrahlen sind einreihig und erweitern sich nach aussen in mässigem Grade.

Ixora acuminata Rxb.

Die primäre Rinde ist ein ausgezeichnet typisches Collenchym mit regellos zerstreuten Krystallzellen, welche grosse (0,04 mm) Drusen enthalten. In der Tiefe von 0,5 mm etwa stehen die durch ihren kreisrunden Querschnitt ausgezeichneten dünnen (0,015 mm) doch stark verdickten primären Bastfasern vereinzelt oder lose neben einander gelagert. An zweijährigen, 3 mm dicken Stengeln ist die Oberhaut fast vollständig abgestossen und durch drei bis vier Reihen dünnwandiger, nahezu quadratischer Korkzellen ersetzt.

In der Grenzschicht der secundäre Rinde sind unabhängig von den primären Bastfasern kleine Gruppen von Steinzellen spärlich zerstreut oder annähernd in einer ringförmigen Zone angeordnet. Die Steinzellen sind axial gestreckt, knorrig-spindelig, am Querschnitte rundlich oder gerundet polygonal, breit (0,05 mm) mit punktförmigem Lumen, feiner Schichtung. Bastfasern fehlen. Das Parenchym ist sehr dünnwandig, an der radialen Seite breitporig. Zahlreiche Zellen (Fig. 53) sind zu engen Schläuchen von beträchtlicher Länge ausgewachsen und enthalten einen oder mehrere Krystalle von ausserordentlicher Grösse. Es sind Prismen von 0,15 mm Länge und 0,018 mm Breite nicht ungewöhnlich.

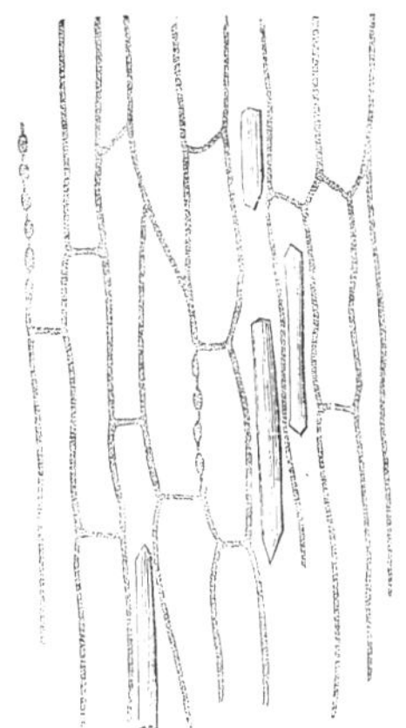

Fig. 53. *Ixora acuminata* Rxb. Längsschnitt durch den Basttheil eines zweijährigen Internodiums (300). Krystallschläuche mit grossen Prismen.

Antirrhoea verticillata DC.

Flache, etwas über 2 mm dicke Rindenstücke mit papierdünnem Periderm und zerstreuten hirsekorngrossen Korkwärzchen, grünlich braun, innen ledergelb, fein netzstreifig, am Bruche blätterig. Am Querschnitte sind die hellen Markstrahlen mit freiem Auge kenntlich.

Das Periderm enthält bei einer Breite von 0,15 mm etwa zwölf Reihen breiter, mässig abgeflachter, dünnwandiger, braun gefärbter Korkzellen. Das Phelloderma wird in ausgedehntem Masse sklerotisch, die Zellen verdicken sich, ohne Form und Grösse wesentlich zu verändern, sehr beträchtlich bei feiner Schichtung und mit zahlreichen groben oft gabelig verzweigten Poren. Die dünnwandigen Zellen führen reichlich Krystallsand.

Der Bast zeigt ausgezeichnete tangentiale Schichtung durch breite (in dem vorliegenden Muster fünf) Sklerenchymbänder und etwas schmalere Weichbastschichten. Das Sklerenchym besteht grösstentheils aus typischen Stabzellen mit denselben Dimensionen wie das Bastparenchym (selten über 0,18 mm lang und 0,03 mm breit), untermischt mit kürzeren und breiteren (0,06 mm) Steinzellen. Beide Formen sind nahezu vollständig verdickt, fein geschichtet, reichlich von groben, verästigten Porenkanälen durchzogen, farblos, sehr stark verholzt. Die Weichbastschichten sind frei von sklerotischen Elementen; sie enthalten ausser Parenchym in grosser Zahl Siebröhren, welche der ganzen radialen Seite entlang mit grossen, feinporigen, in einer verticalen Reihe angeordneten Siebfeldern besetzt sind. Zerstreute Parenchymgruppen führen Krystallsand. Die Querschnittsdimensionen aller Elemente des Bastes sind nahezu gleich (0,03 mm).

Die Markstrahlen sind ein bis dreireihig, weitzellig. Zwischen den Sklerenchymbändern werden die Zellen immer sklerotisch, so dass erstere in des Wortes engstem Sinne geschlossen sind; die im Weichbaste verlaufenden Markstrahlzellen sind fast ohne Ausnahme dicht mit Krystallsand erfüllt.

Exostemma angustifolia Roem. et Schult. (*Cinchona angustifolia* Sm.)

Die aus Westindien stammende Rinde ist 2 mm dick mit dünnem, schülferigem, rostbraunem Periderm bedeckt, innen grobstreifig, am Bruche blätterig-splitterig. Am Querschnitte unterscheidet man helle Pünktchen, mit der Loupe auch Markstrahlen, die sich mit jenen kreuzen.

In dem 0,1 mm breiten Periderm wechseln dünnwandige mit sklerotischen Korkschichten, letztere in einfachen, höchstens Doppelreihen, erstere mehrreihig, aber in Folge stärkerer Abflachung nahezu ebenso breit wie die Sklerenchymlamellen. Mittelrinde fehlt [1]). Dicke Stabzellen sind in der secundären Rinde zu umfangreichen, tangential gestreckten, am Querschnitte elliptischen Bündeln vereinigt, die sich oft über die Breite mehrerer Baststrahlen erstrecken und mit benachbarten Bündeln alterniren, so dass sie an Durchschnitten netzartig gruppirt erscheinen. Die (Bastfasern kaum in einem Punkte ähnlichen) Stabzellen (Fig. 54), liegen sehr lose in den Bündeln, haben gerundet polygonalen Querschnitt von wenig verschiedenem Durchmesser (meist 0,06 mm), sind vollständig verdickt, deutlich geschichtet und von zahlreichen breiten, mitunter gegabelten Porenkanälen durchsetzt, entweder spulenförmig, kurz- und stumpfspitzig oder walzenförmig mit quer abgestutzten Enden, bis 0,25 mm lang. Auch einzelne Zellen oder kleine Gruppen des Bastparenchyms werden selbstständig sklerotisch, in der Regel auch die zwischen den Steinplatten liegenden Theile der ein- oder zweireihigen Markstrahlen. Der Weichbast ist quantitativ untergeordnet. Er ist kleinzellig, im Verhältniss zu den Dimensionen der Stabzellen, dunkel rothbraun gefärbt und gleich den Markstrahlen reichlich Raphiden führend.

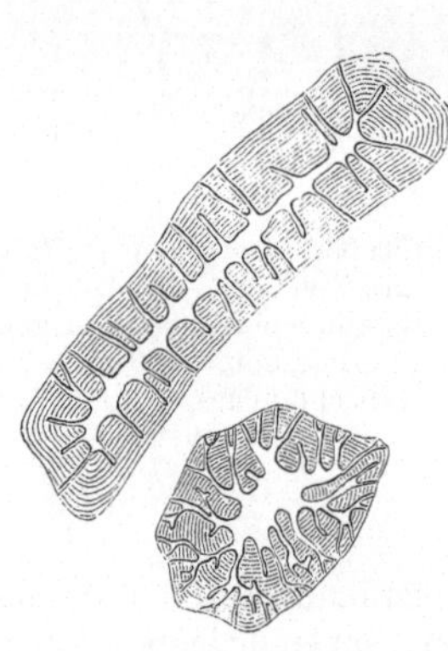

Fig. 51. *Exostemma angustifolia* R. u. Sch. Eine Stabzelle und eine isodiametrische Steinzelle aus dem Baste isolirt (300).

Hymenodictyon excelsum Wall.

Eine fahlgelbe, millimeterdicke, im Wasser auf die dreifache Breite anquellende Rinde ohne Borke, mit fein längsrunzeliger, etwas schülferiger Oberfläche, am Querschnitte zahlreiche helle Punkte und innen, sehr nahe dem Holzkörper eine feine, diesem ununterbrochen parallel laufende Linie zeigend.

Das Oberflächen-Periderm besteht nur aus wenigen, durch Phelloderma in die Mittelrinde kaum merklich übergehenden Reihen mässig abgeplatteter, etwas derber Korkzellen. In den jüngsten Phellodermschichten wie in der primären Rinde sklerosiren zerstreute vertical orientirte Zellengruppen bei geringer Vergrösserung und mässiger Verdickung (0,006 mm) der Elemente. Die übrigen Zellen sind dünnwandig und folgen dem Dickenwachsthum mehr durch Theilung als durch tangentiale Streckung.

Vereinzelte Zellen, besonders in der Umgebung der Steinzellen, enthalten ansehnliche Rhomboeder. Die primären Bastbündel sind zersprengt (Fig. 55), die langen geschmeidigen, spulenrunden und sehr stark verdickten Fasern [2]) findet man in losen Bündeln allenthalben. In der Tiefe von 2,5 mm schliessen die Steinzellen

---

[1]) S. A. Vogl, Beiträge zur Kenntniss der sog. falschen Chinarinden l. c. p. 101.
[2]) Sie färben sich, wie das dünnwandige Parenchym mit Chlorzinkjod unmittelbar und intensiv violett.

zu einem ununterbroche-
nen Ringe zusammen, der
nur aus wenigen Zellenreihen
besteht und gleichfalls von
Krystallzellen begleitet ist.
Auf den Bast entfallen nur
0,5 mm der Rindenbreite. Er
enthält keine Bastfasern; in
dem am Querschnitte gleichartigen, kleinzelligen, von ein-
oder zweireihigen Markstrahlen
durchzogenen Gewebe fallen
durch ihr grösseres Lumen
(0,05 mm), regelmässig rundlichen Querschnitt und derbere
Membranen Elemente auf, die
sich als kurze Sekretschläuche
mit in Tropfen oder Schollen
erstarrtem, stark lichtbrechendem Inhalt erweisen. Das
Parenchym besitzt feine Poren
zu rundlichen Gruppen ge-
häuft. Kurze Kammerfasern
mit kleinen Einzelkrystallen
sind sparsam zerstreut.

Trotz der ansehnlichen
Breite der Rinde, stammt
dieselbe doch offenbar von

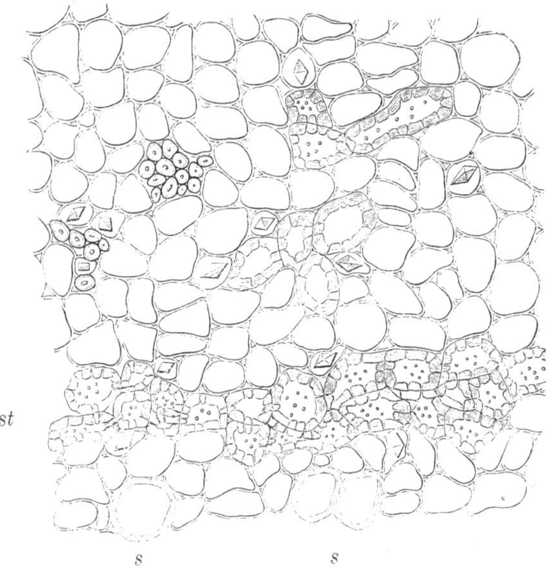

Fig. 55. *Hymenodictyon excelsum* Wall. Querschnitt durch
den inneren Theil der primären Rinde mit Bastfaserbündeln, Krystallzellen, zerstreuten Steinzellengruppen
und dem geschlossenen Steinzellenring (*st*) an der Innengrenze. Innerhalb des letzteren einige derbwandige
Sekretzellen (*s*) (300).

jungen Stengeltheilen. Die auffallenden Eigenthümlichkeiten derselben (die Bildung
eines Steinzellenringes unabhängig von den primären Faserbündeln an der Grenze
der secundären Rinde, das Fehlen sklerotischer Elemente, das Vorkommen von
Sekretschläuchen und Kammerfasern im Baste) erregen Zweifel an der richtigen
Ableitung [1]).

Remigia Velozii DC.

Etwas über Millimeter dicke, rehbraune, mit kleinen Korkwarzen bedeckte
Rindenstücke.

Das Periderm besteht aus wenigen Lagen zartwandiger, breiter und flacher
Korkzellen, die in den äussersten Schichten mit braunrother Masse erfüllt sind.
Die Mittelrinde wird von sehr grossen, tangential gestreckten, dünnwandigen
Parenchymzellen gebildet und nur ab und zu findet sich eine isolirte Steinzelle
mit starker Wandverdickung (0,025 mm), zarter Schichtung und groben zum Theil
verzweigten Porenkanälen. Der Uebergang in die secundäre Rinde ist sehr verwischt
weil diese weit überwiegend aus Weichbast besteht und die Markstrahlen sich
nach aussen stark verbreitern. Bastfasern fehlen; kurze Stabzellen
(0,3 mm) mit rundlichem Querschnitt und wolerhaltenem Lumen, treten zunächst
isolirt auf, späterhin finden sie sich sowol isolirt, wie in lockeren radialen Gruppen,
hier und da von kurzen Steinzellen begleitet.

Die Baststrahlen sind sehr schmal und werden an Breite von den meisten

---

[1]) Das Muster dieser in Indien als Fiebermittel (*„Kala Kurwah“)* gebrauchten Drogue
stammt aus dem „Musée Melle-lez-Gand“.

Markstrahlen übertroffen, indem die Zellen der letzteren ausserordentlich weitlichtig (0,15 mm) und tangential gestreckt sind. Der Weichbast ist kleinzellig, ungewöhnlich dünnwandig; an den nur mässig gestreckten Parenchymzellen sind breite Poren eben wahrnehmbar. Es gelang mir nicht, Siebröhren deutlich zur Anschauung zu bringen.

Die Rinde kommt als *„China brasiliensis de Minas“*, *„Cortex Remigiae“*, *„Casca della China de Remijo“*, *„Quina de Serra“* vor[1]).

Cinchona succirubra Pav.

Die einjährigen federspulendicken Triebe sind von einer schwach cuticularisirten, mit mehrzelligen, dünnwandigen Härchen dicht besetzten Epidermis versehen, deren blau und roth gefärbter Zellsaft sich schon äusserlich durch die verschiedenen Farbentöne der jüngsten Triebe verräth. Schon im drittjüngsten Internodium findet man die ersten Peridermzellen aus der unmittelbar unter der Oberhaut gelegenen Schicht der primären Rinde hervorgegangen. Die Korkzellen sind sehr breit (0,045 mm) tafelförmig, äusserst zartwandig und beginnen sehr frühzeitig zu schrumpfen und sich zu bräunen. Die primäre Rinde besteht aus einem regelmässigen, grosszelligen, dünnwandigen und ausgezeichnet typischen Collenchym mit feinen Spaltenporen. Es kommen weder Krystalle[2]) noch Steinzellen vor. Die primären Gefässbündel haben einen stark entwickelten Siebtheil und sehr spärliche, isolirte Bastfasern von beträchtlicher Länge, 0,03 mm Breite und in den vorliegenden jungen Entwicklungsstadien von verschiedener, zum Theil mächtiger Verdickung.

Cinchona Calisaya Wedd.

Bei einem 6 mm dicken Rindenmuster entfällt etwa ein Drittel auf die grobrissige, weiss angeflogene, in unregelmässig eckigen kleinen Täfelchen abspringende Borke. Der Bruch ist feinsplitterig.

Die tief in die secundäre Rinde vordringenden Korklamellen bestehen aus stark abgeflachten, derbwandigen, intensiv rothbraun gefärbten Zellen. Die Mittelrinde ist grosszellig, dünnwandig, an der Innengrenze mit mehr oder weniger genäherten, beiläufig im Kreise geordneten Milchsaftschläuchen[3]), von 2—3 mal grösserem Durchmesser (0,12 mm) als das Parenchym. Die Innenrinde ist reich an Bastfasern, welche meist isolirt, stellenweise in kurzen radialen Reihen geordnet sind. Steinzellen fehlen. Der Weichbast ist kleinzellig und besteht vorwiegend aus axial gestrecktem, dünnwandigem, oft conjugirtem Parenchym[4]). Die Siebröhren sind langgliederige, dünne Schläuche mit glatten Seitenwänden und wenig geneigten feinporigen, hier und da mit dünnen Callusplatten belegten Endflächen.

Die Bastfasern sind im Allgemeinen spindelförmig mit gerundet viereckigem oder radial gestrecktem Querschnitt. Ihre Länge schwankt um 1 mm, die Breite um das Zehnfache übertreffend; sie sind stark verdickt, deutlich geschichtet aus

---

[1]) Vgl. A. Vogl, Beiträge zur Kenntniss der sog. falschen Chinarinden (Festschrift der Wiener Zoolog.-Bot. Ges. 1876) p. 103.

[2]) In den krystallfrei befundenen Präparaten fanden sich, nachdem sie mehrere Monate in Glycerin gelegen waren, in vereinzelten Zellen zarte Krystallnadeln. Es liegt nahe die Bildung derselben auf eine durch die Conservirungsflüssigkeit bedingte Concentration des Zellsaftes zurückzuführen.

[3]) S. A. Vogl, Beiträge zur Pflanzenanatomie (Verhdlg. der zoolog.-botan. Ges. in Wien, 1869 p. 455.)

[4]) Vgl. A. Vogl (l. c. p. 459).

dem linearen Lumen zahlreiche geradläufige Porenkanäle aussendend. Die Seitenwände der Bastfasern sind glatt, ihre Enden kurz und stumpf gespitzt oder ebenso
häufig knorrig verbreitert, seltener gegabelt. — Die Markstrahlen sind bis dreireihig,
nach aussen etwas verbreitert, ihre Zellen dünnwandig, weitlichtiger als Bastparenchym und wenig gestreckt.

Cinchona ovata R. u. P.

Die etwas über 3 mm dicke Rinde ist durch die hellgelbe von grünlichen
Flecken unterbrochene, papierdünne Korkbedeckung ausgezeichnet. Der Bruch ist
lang und grobfaserig.

Das Periderm besteht bei einer Dicke von 0,35 mm aus 12—14 Reihen sehr
regelmässig angeordneter, inhaltsloser, breiter, tafelförmiger Korkzellen, deren tangentiale Wände etwas verdickt sind. Die Mittelrinde ist zum grösseren Theile sklerotisch. Die Steinzellen haben verschiedene, vorherrschend tangential gestreckte
Formen, sind aber wenig grösser als das umgebende dünnwandige Parenchym.
Ihre Verdickung ist gleichmässig und ziemlich ansehnlich (0,02 mm), geschichtet
und reichporig. An der Grenze der Innenrinde befinden sich sehr weite (0,2 mm)
Milchsaftschläuche. Die Bastfasern sind nicht über 0,05 mm dick und kommen
isolirt, in radialen Reihen oder in kleinen Gruppen vor. Ab und zu sklerosirt eine
Parenchymzelle zur Stabzelle, in axial geordneten isodiametrischen Parenchymzellen
ist reichlich K r y s t a l l s a n d angehäuft.

Cinchona micrantha Wedd.

Ein 4 mm dickes, aussen rostrothes, innen zimmtfarbiges Rindenmuster mit
mohnkorn- bis erbsengrossen, flachen Korkwarzen. Der Bruch ist kurzsplitterig.
Das Periderm besteht aus derbwandigen, wenig abgeglatteten, dunkelrothbraun gefärbten Zellen. Die Mittelrinde enthält nur zerstreute Gruppen schwach verdickter
Steinzellen, umfangreiche Theile derselben bleiben dünnwandig. Die Bastfasern
erreichen mitunter die Dicke von 0,075 mm, sind oft isolirt, in unterbrochenen radialen Reihen oder zerstreut in kleinen Gruppen. Das Bastparenchym sklerosirt
sehr häufig, die Stabzellen sind meist 0,06 mm breit, verschieden lang, an den
Enden abgestutzt, das Lumen wohl erhalten, häufig zwei Drittel der Breite einnehmend [1]).

Sarcocephalus cordatus Miq.

Die 5 mm dicke Rinde besteht zum grösseren Theile aus zunderartig weichem,
lehmfarbigem Korke. Eine hellgelbe, wellig verlaufende Linie trennt die breite
Borke von dem etwa millimeterbreiten, orangerothen, lang- und weichfaserigen Basttheile, der übrigens an dem vorliegenden Muster nicht vollständig erhalten ist.

Das in die secundäre Rinde vordringende Periderm besteht bei einer Breite
von 0,8 mm aus 15—20 Reihen ä u s s e r s t z a r t w a n d i g e r, w e i t l i c h t i g e r,
meist etwas radial gestreckter Korkzellen, nur die innersten 2—5 Zellenreihen sind
tafelförmig stärker abgeplattet, a l l s e i t i g g l e i c h m ä s s i g s k l e r o t i s c h. Der
Weichbast ist grosszellig, dünnwandig, geschrumpft. Er besteht vorwiegend aus
Parenchymzellen, mit geringer verticaler Streckung, oft conjugirend und erfüllt
von homogener dunkelrothbrauner Masse. — Die Siebröhren bilden keine Stränge,
sondern sind einzeln zerstreut. Ihre Glieder haben glatte Seitenwände und s t a r k
g e n e i g t e E n d f l ä c h e n mit meist vier oder fünf feinporigen Siebplatten, die durch

---

[1]) Vgl. A. V o g l, die Chinarinden des Wiener Grosshandels (Wien 1867); V o g l, Comm.
z. österr. Pharm.; B e r g, Anat. Atlas; F l ü c k i g e r, Pharmacognosie u. a.

schmale leiterförmige Interstitien von einander getrennt sind. Die Bastfasern stehen isolirt, in kurzen radialen Reihen oder in kleinen unregelmässigen Gruppen zerstreut, stellenweise annähernd tangential geordnet. Sie sind über millimeterlang, krumm-läufig, oft zackig, an den Enden stumpf, knorrig oder verbreitert gabelig; nur 0,05 mm breit, sehr stark, doch mit Erhaltung des Lumens verdickt, grob ge-schichtet, porenarm, am Querschnitte gerundet eckig oder rundlich. Die Mark-strahlen sind ein- oder zweireihig, kurz und breitzellig.

Die Rinde stammt aus Queensland, wo sie als Gerbmaterial verwendet wird (Leichardt's tree). Sie unterscheidet sich im Baue von allen untersuchten *Rubiaceen*-rinden durch das eigenthümliche Periderma, durch die Bastfasern und durch die Plattensysteme der Siebröhren, Besonderheiten, welche einige Bedenken gegen die Abstammung rechtfertigen.

Buena hexandra Pohl (*Cascarilla hexandra* Wedd., *Ladenbergia hexandra* Kl.)

Die Rindenstücke sind 7 mm dick, einschliesslich dem 2 mm dicken, grob-gewulsteten, gelblichgrau angeflogenen Periderm. Der Rindenkörper ist hart und schwer, rothbraun, in der Innenfläche fein längsstreifig, am Bruche grob kurz-splitterig.

Das Periderm[1]) enthält bei der angeführten Dicke etwa 60 Reihen breiter (0,045 mm) in verschiedenem Grade abgeflachter derbwandiger Korkzellen, die, wie die meisten Zellen, von rothbraunem Inhalt erfüllt sind. Die Mittelrinde ist stark geschrumpft, enthält bloss dünnwandiges Parenchym und an der Innengrenze weite, querelliptische (bis 0,2 mm) Milchsaftschläuche.

In der secundären Rinde treten die Stabzellen zunächst spärlich, in kleinen Gruppen auf, weiterhin bilden sie unterbrochene radiale Reihen neben unregel-mässigen Bündeln und endlich erhalten sie scheinbar numerisches Uebergewicht über den Weichbast. Sie überschreiten selten die Länge von 0,6 mm, endigen stumpf, oft sogar verbreitert, sind am Querschnitte ungleich breit (bis 0,05 mm), aber gleichmässig ver-dickt (0,015 mm) mit meist er-haltenem, oft sogar weitem Lumen, feiner Schichtung und zahl-reichen groben Poren (Fig. 56). Es finden sich alle Uebergänge zwischen diesen vielfach als Bast-fasern angesprochenen Stabzellen und kurzen bis isodiametrischen Steinzellen. Der Weichbast be-steht aus weitzelligem, dünnwan-digem Parenchym mit bedeutender axialer Streckung und breiten Poren in vertikaler Reihe. Die Siebröhren haben etwas verbrei-terte Enden mit einfachen fein-porigen Querplatten.

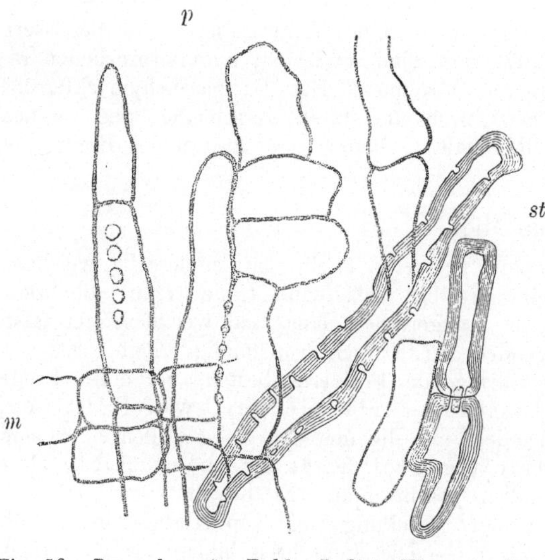

Fig. 56. *Buena hexandra* Pohl. Isolirte Elemente des Bastes (300). *p* Parenchymzellen; *m* Markstrahlzellen; *st* Stabzellen.

---

[1]) A. Vogl fand auch Borke. Vgl. Beitr. z. Kenntniss der sog. falschen Chinarinden l. c. p. 93.

Die Markstrahlen enthalten bis 4 Reihen sehr weiter, wenig gestreckter, immer dünnwandiger Zellen.

Buena magnifolia Wedd. (*Cinchona magnifolia* R. u. P., *Ladenbergia magnifolia* Kl.) [1]

Das vorliegende Rindenmuster ist von Mittelrinde völlig entblösst, 7 mm dick, gleichmässig zimmtfarbig, am Bruche grobsplitterig, am Querschnitte sehr fein radialstreifig.

Die Stabzellen sind nur ausnahmsweise isolirt, fast immer zu Bündeln vereinigt, welche vorherrschend radiale, stellenweise aber auch sehr unregelmässig vertheilte und von Weichbast unterbrochene Gruppen zusammensetzen. Die Fasern erreichen die Länge von 0,8 mm bei einer mittleren Breite von 0,05 mm und sind stabzellenförmig, indem ihre Enden in der Regel gar nicht verjüngt, sondern horizontal abgestumpft oder den Gelenksenden der Röhrenknochen ähnlich sind. Ihr Querschnitt ist mehr oder weniger rundlich, die Verdickung beträchtlich, doch ist das Lumen immer wohl erhalten, oft bis zur Hälfte der Faserbreite und zahlreiche breite, hier und da gegabelte Poren, durchsetzen die Verdickungsschichten.

Der Weichbast ist sehr grosszellig, in grosser Menge findet man tonnenförmig ausgeweitete, dünnwandige Zellen mit Krystallsand erfüllt. Siebröhren bilden einen quantitativ hervorragenden Bestandtheil des Bastes. Ihre Glieder haben die Dimensionen der grösseren Bastfasern, die Endflächen sind schief gestellt, mitunter verbreitert, sehr feinporig und ziemlich häufig mit einer dünnen Callusplatte bedeckt.

Die Markstrahlen enthalten bei der häufigsten Breite von 0,1 mm eine von 2—5 wechselnde Reihenzahl, womit selbstverständlich eine in ungewöhnlich weiten Grenzen schwankende Grösse der Markstrahlzellen zusammenhängt. Dazu kommen noch locale Verbreiterungen der Markstrahlen bis auf 0,55 mm und darüber, welche nicht durch Vermehrung, sondern durch tangentiale Streckung der Zellen herbeigeführt werden. Die Zellen sind, wie das Bastparenchym, sehr breitporig. Ab und zu sklerosirt eine Zelle bei mässiger Verdickung ihrer Wand.

Buena Lambertiana Wedd. (*Cinchona Lambertiana* Mart.) [2]

Die Rinde ist kaum 1 mm dick, mit dünner, netzig runzeliger, hellgrauer Oberfläche, innen feinstreifig, rothbraun, kurz-blätterig, brüchig.

Periderm ist entfernt. Die Mittelrinde ist 0,8 mm breit und besteht aus rundlichen oder tangential gestreckten Zellen, die zum grossen Theil sklerotisch sind, ohne zusammenhängende Sklerenchymgruppen zu bilden. Die Verdickung ist beträchtlich mit deutlicher Schichtung und zahlreichen breiten, oft verästigten Poren. An der Grenze der Innenrinde finden sich zerstreute Milchsaftschläuche von verschieden weitem Lumen. Die Baststrahlen sind schmal, oft nicht breiter als die zwei- bis dreireihigen Markstrahlen (0,1 mm). Es herrschen in ihnen Stabzellen vor, welche lockere, oft unterbrochene Gruppen bilden, die häufig radial, stellenweise aber auch tangential geordnet sind. Im Baue der Elemente gleicht diese Art den vorigen, nur kommen häufiger Parenchymzellen oder verticale Reihen derselben vor, welche den Steinzellen der Mittelrinde ähnlich sklerosirt sind.

---

[1] Vgl. Berg, Anatom. Atlas p. 57, Taf. XXIX. A. Vogl, Beitr. z. Kenntniss d. sog. falschen Chinarinden. Festschr. der zoolog.-botan. Gesellsch. in Wien, 1876 p. 91.

[2] Vgl. A. Vogl, Beitr. zur Kenntniss der falschen Chinarinden l. c. p. 95.

Arariba rubra Mart.

Die 8 mm dicken Rindenstücke sind mit grobrissiger, ledergelber Borke bedeckt, innen dunkelpurpurbraun, sehr fein runzelig, am Bruche innen kurzsplitterig, aussen feinkörnig.

Oberflächenperiderm ist abgestossen. — Die inneren Korkhäute sind sehr mächtig entwickelt, bis 3 mm dick und bestehen aus grossen, mässig derben, zum Theil weitlichtigen, zum Theil tafelförmigen Zellen; sie sind überdiess geschichtet, indem mehrere Korkzellenreihen an der Innenseite sklerotisch sind.

Die Mittelrinde ist nur in spärlichen Resten, von den Korkhäuten umschlossen, erhalten. Das dünnwandige Parenchym enthält reichlich Krystallsand. Vereinzelte oder Gruppen von Steinzellen sind regellos zerstreut. Die Steinzellen sind ausserordentlich gross (bis 0,3 mm diam.), von unregelmässiger Gestalt, verschiedener, meist sehr bedeutender bis vollständiger Verdickung, in mehrere grobe Schichten zerfallend, die selbst wieder fein geschichtet sind, porenarm.

Aehnlich (Fig. 57) regellos vertheilte, oft isolirte oder zu verticalen Gruppen verschmolzene, wegen ihrer axialen Streckung und im allgemeinen bauchig-spindelförmiger Gestalt, als steinzellenartige Fasern zu bezeichnende Elemente, sind ein höchst charakteristisches Merkmal der Innenrinde. Sie haben am Querschnitte meist rundliche oder quer gestreckte Conturen, die kleineren Formen meist kein, die grösseren auch nur ein enges (der Fasermitte etwa entsprechendes) Lumen. Daneben kommen aber auch, ohne durch Zwischenstufen verbunden zu sein, Elemente vor, welche den Querschnitt eines zusammengefallenen Schlauches nachahmen, indem sie bei sehr ansehnlicher Breite (0,35 mm) eine verhältnissmässig geringe (0,012 mm) und gleichmässige Wanddicke haben.

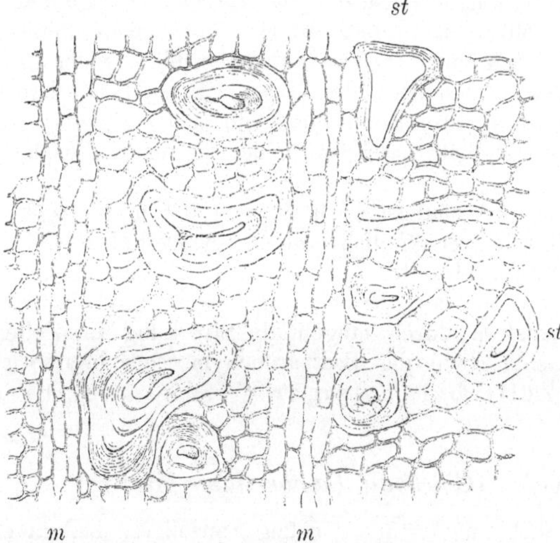

Fig. 57. *Arariba rubra* Mart. Querschnitt durch den Bast (160). *st* verschieden gestaltete Steinzellen; *m* Markstrahlen.

Mit diesen gelblich gefärbten Riesenzellen contrastirt der kleinzellige, in Wasser und in Alcalien blutroth gefärbte Weichbast. Das Parenchym ist dünnwandig, breitporig, in grosser Menge mit Krystallsand erfüllt. Die Siebröhren sind gleicherweise enge (meist 0,02 mm) mit einer Querplatte und feinporigen Siebfeldern auf der radialen Wandfläche. — Die Markstrahlen sind 1—4reihig, aus engen, wenig gestreckten, dünnwandigen Zellen zusammengesetzt, welche denselben Inhalt führen wie das Bastparenchym.

Diese von Vogl[1]) zuerst als „*Cortex Araribae*" und „*China de Cantagallo*" beschriebene, von „*Arariba rubra*" Mart. abgeleitete Rinde nähert sich in mehreren Einzelheiten ihres histologischen Baues in der That den *Rubiaceen* — doch bleibt ihr die Vertheilung und Form des Sklerenchyms immer eigenthümlich.

---

[1]) Beitr. zur Kenntniss d. sog. falschen Chinarinden l. c. p. 105.

Caprifoliaceae.

Den beiden natürlichen Unterordnungen entsprechend sind die untersuchten Gattungen bezüglich des Baues ihrer Rinde scharf geschieden. Die Gruppe der *Lonicereen* ist ausgezeichnet durch die tiefe Lage (innerhalb der primären Gefässbündelzone) der ersten Peridermschicht, durch die ungewöhnliche (weitlichtige und dünnwandige) Form der primären Bastfasern, durch die geschlossenen Bastfaserbänder der secundären Rinde. Die Gruppe der *Sambucineen* bildet das Periderma oberflächlich *(Viburnum* [*V. Opulus* ausgenommen] aus der Oberhaut selbst), die primäre Rinde ist ein typisches Collenchym, bezüglich der secundären Rinde nähert sich *Sambucus* den *Lonicereen* indem isolirte Bastfasergruppen in tangentialen Reihen auftreten. Für *Viburnum* [1]) ist der Mangel der secundären Bastfasern charakteristisch, sie werden ersetzt durch kleine Gruppen von Steinzellen in regelloser Anordnung.

Die Korkhäute sind im allgemeinen sehr weitlichtig und zartwandig; bei den *Lonicereen* sind die inneren Schichten regelmässig tafelförmig und derbwandig, während sonst die Abplattung einzelner Schichten unregelmässig, in Folge mechanischer Einflüsse erfolgt. Die Borke bildet sich bei den *Lonicereen* frühzeitig in nicht gewöhnlicher Regelmässigkeit als Ringborke von Bastschichte zu Bastschichte vorschreitend. Durch die weniger geschlossene Schichtung des Bastes bei *Sambucus* wird auch die Borkebildung etwas weniger regelmässig; auch die ausserordentliche Zartheit und Weiträumigkeit der nur in wenigen Reihen gebildeten Korkzellen verdient Erwähnung. Ihnen schliesst sich *Viburnum prunifolium* an mit oft netzig verbundenen Korkhäuten, während die anderen *Viburnum*arten gar keine Borke bilden.

Der Eigenthümlichkeiten der primären Rinde wurde bereits gedacht. Ein negatives Merkmal, die ausnahmslos unterbleibende Sklerosirung, ist für die Ordnung charakteristisch. Das verschiedenartige Auftreten des oxalsauren Kalkes soll später im Zusammenhange besprochen werden und es wären nur noch die „Milchsaftschläuche“ von *Sambucus* anzuführen, welche übrigens im Marke viel reichlicher vorkommen als in der Rinde, wo sie auf vielen Schnitten vergebens gesucht werden.

Abgesehen von den schon erwähnten Verschiedenheiten in der Vertheilung der Elemente des Bastes, bietet der Bau der letzteren selbst bemerkenswerthe Unterschiede. Eine allgemeine Eigenschaft der Bastfasern ist ihre geringe Breite bei mässiger Länge, ihre starke Verdickung und reichliche Porenbildung. Sie sind krummläufig, zackig, fein zugespitzt, mitunter etwas knorrig bei *Lonicera*, geradläufig, glatt, beinahe stabzellenartig [2]) bei *Sambucus*. Die Stein-

---

[1]) Die primären Bastfasern entwickeln sich bei den einzelnen Arten in verschiedenem Grade. *V. Lantana* besitzt nur dünnwandige Bastfasern, zu diesem treten bei *V. Opulus* vereinzelte dicke Fasern und *V. prunifolium* verdickt sämmtliche Fasern.

[2]) Die Analogie zwischen *Buena* und *Sambucus* einerseits und *Arariba* und *Viburnum* anderseits bezüglich des Baues der sklerotischen Elemente des Bastes ist auffallend, aber doch nur scheinbar. *Sambucus* besitzt echte Bastfasern (dünner als die Elemente des Weichbastes) und *Viburnum* unzweifelhafte Steinzellen.

zellen von *Viburnum* (Fig. 58) sind stark vergrössert mit Beibehaltung ihrer ursprünglich isodiametrischen oder mässig gestreckten (walzenrunden) Formen. Bei den anderen Gattungen fehlen auch im Baste Steinzellen vollständig. Das Bastparenchym ist zartwandig oder etwas derb *(Viburnum)* mit verticalen Reihen breiter Tüpfel, die oft *(Viburnum, Sambucus)* aus feinen Porengruppen zusammengesetzt sind. Die Siebröhren haben bei allen Gattungen den gleichen Typus: die Glieder grenzen mittels leiterförmig angeordneter Siebplatten an einander. Die Verschiedenheiten beziehen sich auf die Zahl und Form der Siebplatten, in welcher Hinsicht übrigens viele Uebergänge und individuelle Abweichungen zu beobachten sind. Bei den *Lonicereen* und *Viburnum*arten ist die Zahl der Siebplatten eine geringe, mitunter auf die Einzahl beschränkt, ihre Form rundlich, die Poren fein. *Sambucus* hat reichere Plattensysteme, die Glieder sind weitlichtiger als das Bastparenchym und die Siebplatten nehmen die ganze Breite des Rohres ein. — Die Markstrahlen sind meist ein- oder zweireihig, bei *Sambucus* breiter. Die Zellen sind immer dünnwandig, weit und übertreffen in manchen Dimensionen das Bastparenchym um mehr als das Doppelte.

Kalkoxalat ist immer reichlich in allen parenchymatischen Theilen der Rinde vorhanden, steht aber niemals in Beziehung zu den sklerotischen Theilen derselben. Bei den *Lonicereen* kommen nur Drusen vor, spärlich in der primären Rinde, häufiger im Baste (in kurzen Kammerfasern) und in den Markstrahlen. *Sambucus* führt allein Krystallsand[1]) in zahlreichen, über die ganze Rinde zerstreuten Zellen. *Viburnum* enthält in langen Kammerfasern sowol Drusen wie Einzelkrystalle und zwar ausschliesslich erstere: *V. Opulus*, Drusen in der Mittelrinde und vorherrschend Einzelkrystalle im Baste: *V. Lantana*, überwiegend Drusen nebst spärlichen Einzelkrystallen: *V. prunifolium*.

Lonicera sibirica Gaertn.

Die glatte Oberhaut ist nur an den jüngsten Trieben nnversehrt erhalten. Hier ist die primäre Rinde ziemlich breit mit äusseren kleinen, nach innen sich wesentlich vergrössernden, wenig collenchymatischen, lückig verbundenen Zellen. In der Tiefe von 0,2 mm etwa, von sechs bis acht Zellenreihen bedeckt, entstehen die primären Bastbündel in einem kaum unterbrochenen Ring. Die Fasern sind sehr lang (über 1 cm), ausserordentlich breit (0,05 mm) und weitlichtig, da ihre Verdickung 0,004 mm nicht übersteigt. Innerhalb[2]) der primären Bastbündelzone entsteht das Phellogen in der ersten Vegetationsperiode und bildet drei bis vier Reihen dünnwandiger, sehr weitlichtiger Korkzellen. Gleichzeitig beginnt die äussere primäre Rinde zu schrumpfen, bleibt aber mit den Resten der Oberhaut als dünne pergamentartige Membran noch an zwei-, selbst dreijährigen Internodien erhalten. In den inneren Schichten der primären Rinde, welche niemals sklerosirt, entstehen lange, über dreissigzellige Kammerfasern mit kleinen Krystalldrusen.

---

[1]) Ausnahmsweise zwischen den Fasersträngen auch Krystalle.
[2]) Sanio (Pringsheim's Jahrb. f. wissensch. Bot. II. p. 39) gibt die tiefe Anlage des Korkes auch für *Lonicera Caprifolium* und *L. Xylosteum* an. Vgl. Vesque, Anatom. comp. p. 111.

Die Borkebildung, als welche die erste Peridermschicht trotz ihrer tiefen Lage wol nicht zu betrachten ist, beginnt frühzeitig und dringt sehr tief vor. An fingerdicken Zweigen findet man oft schon die dünnen, zerschlissenen, schiefergrauen Borkelamellen. In jeder Weichbastschichte, bis auf die jüngste, bildet sich ein Periderm, woraus sich die Feinheit und die regelmässige Schichtung der „Ringborke" erklärt. — Die Korkhäute bestehen aus einer äusseren Reihe beinahe quadratischer Zellen und aus drei oder vier folgenden Reihen tafelförmiger, etwas derbwandiger Zellen. Die lebende Rinde enthält, dem Gesagten zufolge, nur eine, höchstens zwei Bastfaserbänder mit dem zugehörigen Weichbast und ist von mehreren (drei bis vier) Borkeschuppen bedeckt.

In der secundären Rinde wechseln breite Weichbastschichten mit regelmässig concentrisch geordneten Bastfaserbündeln. Die Bastfasern sind von mässiger Länge (0,7—1,0 mm), dünn (0,015 mm), sehr stark verdickt und reichporig. Sie sind krummläufig, unter einander verschlungen, die Seitenwände oft zackig, die Enden fein zugespitzt oder knorrig. Das Parenchym ist kleinzellig und sehr zartwandig und enthält reichlich zerstreut meist kurze Krystallkammerfasern, welche Drusen enthalten und in keiner Beziehung zu den Bastfasern stehen. Siebröhren kommen in untergeordneter Menge vor. Sie bilden sehr zarte Schläuche, die oft weiter sind (0,03 mm) als das Parenchym, mit glatten Seitenwänden und verschieden geneigten Endflächen, so dass diese mitunter nur eine einfache oder mehrere durch sehr schmale Interstitien leiterförmig getrennte, sehr feinporige Siebplatten tragen. Die Markstrahlen sind ein- bis dreireihig, immer zartzellig. Sie führen reichlich Krystalldrusen.

Diervilla canadensis Willd. (*Lonicera Diervilla* L.)

Die grünen Frühlingstriebe haben eine mit kurzen, einzelligen Härchen besetzte Oberhaut, eine grosszellige, zartwandige, nur andeutungsweise collenchymatische primäre Rinde mit vereinzelten Krystalldrusen und eine geschlossene Schicht primärer Bastfasern von der bei *Lonicera* beschriebenen Form. An den vorjährigen Trieben ist die Epidermis theilweise bereits abgestossen und durch ein in der Tiefe entstandenes Periderm aus sechs bis zehn Reihen breiter, tafelförmiger, zartwandiger Zellen ersetzt, dem aussen noch die Reste der primären Rinde in braunen Schülfern anhaften. In der Aussenschicht der secundären Rinde sind keine Bastfasern, wol aber schon zarte Siebröhren mit leiterförmig gereihten rundlichen Siebplatten entwickelt. Im Weichbaste sind kurze Krystallkammerfasern mit Drusen (drei bis zehn) zerstreut.

Symphoricarpus racemosa Mchx. (*Lonicera racemosa* L.)

Im Baue der primären Rinde einschliesslich der primären Bastfasern herrscht völlige Uebereinstimmung mit *Lonicera*. Auch die erste Peridermschichte steht innerhalb des primären Bastbündelringes, besteht aber aus etwas derberen Zellen und dauert längere Zeit aus. Kleinfingerdicke, vierjährige Stämmchen sind mit Ausnahme vereinzelter longitudinaler Korkwarzen mit einer glatten, rothbraunen, 0,2 mm dicken Korkschicht bedeckt, deren Zellen ursprünglich weitlichtig sind und allmählig bis zur Berührung der Wände abgeplattet werden. Die inneren Peridermhäute gleichen den oberflächlichen und sind wie bei *Lonicera* angeordnet.

Der Bast ist tangential geschichtet. Die Bastfasern bilden kleine, selten über zwei Reihen breite Gruppen; sie sind am Querschnitte polygonal mit punktförmigen Lumen und zahlreichen breiten Porencanälen. Das Bastparenchym und die Markstrahlen führen reichlich Krystalldrusen.

Viburnum Lantana L.

Die Oberhaut, mit verschiedenartigen Trichomen (einfache und Drüsenhaare, sitzende und gestielte vielzellige Sternhaare) besetzt, entwickelt schon in den jüngsten Internodien Korkzellen [1]), an einjährigen Trieben ist sie geschrumpft und durch ein äusserst zartwandiges, weitlichtiges, bei einer Breite von 0,2 mm aus sechs Zellenreihen bestehendes Periderm ersetzt.

Die Zweige pflegen, bis sie etwa einen Durchmesser von 2 cm erreicht haben, glatt zu sein, dann erst bildet sich s c h e i n b a r Borke. Die kleinen, unregelmässig eckig umrandeten Schuppen gehören aber dem Oberflächenperiderma an, sie bestehen aus weiträumigen, wenig oder gar nicht abgeflachten, dünnwandigen, stark gebräunten Korkzellen.

Die primäre Rinde ist grosszellig, im äusseren Theile derb c o l l e n c h y - m a t i s c h, nach innen allmälig in mässig derbwandiges, reichporiges, l ü c k i g e s und leicht zerreissbares Parenchym übergehend, in welchem zahlreiche grosse K r y s t a l l d r u s e n zerstreut sind. Primäre Bastfasern, die wesentlich nur durch engeres Lumen hervortreten, in Gruppen.

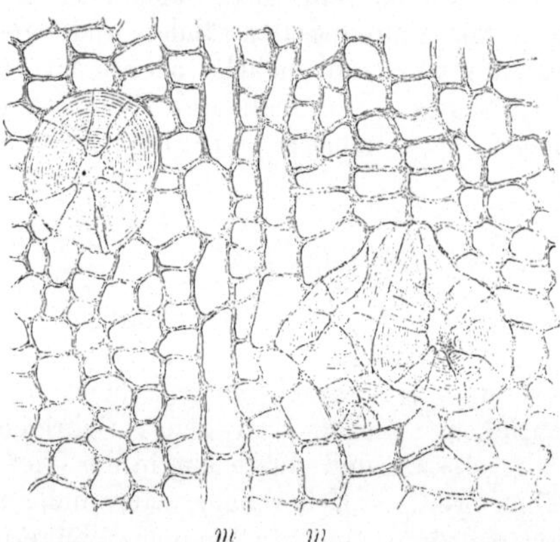

Fig. 58. *Viburnum Lantana* L. Querschnitt durch den Bast (300). Der derbwandige Weichbast mit grossen Steinzellen ist von zwei einreihigen Markstrahlen (*m*) durchschnitten.

Die Innenrinde entbehrt vollständig der Bastfasern [2]). An ihre Stelle treten vertical über einander gelagerte Gruppen von S t e i n z e l l e n [3]) (Fig. 58), welche selbst am Querschnitte kaum für isolirte oder zu kleinen Bündeln verschmolzene Bastfasern gehalten werden können. Sie sind nahezu isodiametrisch, von verschiedener Grösse (0,03—0,12 mm), sehr stark, doch meist mit Erhaltung eines rundlichen Lumens verdickt, äusserst zart geschichtet (glasig) mit sehr vielen feinen, oft verästigten Porencanälen. Diese Sklerenchymgruppen kommen unregelmässig zerstreut und ziemlich spärlich vor. — Der Weichbast ist kleinzellig, ein wenig derb. Er enthält reichlich Krystallkammerfasern von bedeutender Länge, die r h o m b o - e d r i s c h e E i n z e l k r y s t a l l e [4]), sehr selten Drusen enthalten. Die Siebröhrenglieder sind etwa 0,5 mm lang, ebenso breit (0,02 mm) und derbwandig wie das Parenchym; an ihren stumpf gerundeten Endflächen tragen sie meist einfache, aber auch zwei oder drei feinporige Siebplatten. Die Markstrahlen sind ein- oder zweireihig mit weitlichtigen, radial wenig gestreckten Zellen.

Viburnum Opulus L.

Die Oberhaut besitzt einen starken Cuticularüberzug, aber keine Trichome. Die ihr unmittelbar anliegende Zellschicht wird zum Phellogen und am Ende der ersten Vegetationsperiode hat sie drei oder vier Reihen weit-

---

[1]) Vgl. W e i s s, Anatomie p. 412.
[2]) Vgl. v. M o h l, Bot. Ztg. 1855 p. 881.
[3]) Dieselben wurden merkwürdiger Weise von H a n s t e i n (Baumrinden p. 41) übersehen.
[4]) S a n i o (Monatsber. d. Berl. Acad. 1857 p. 252) gibt auch im Baste nur Drusen an.

lichtige, dünnwandige Korkzellen gebildet [1]), die als 0,15 mm breites Periderm dem Stengel eine hellgraue Farbe verleihen.

Das Oberflächenperiderm ist ausdauernd. Durch wechselnde Entstehung weitlichtiger und abgeplatteter Zellen, die aber immer zartwandig bleiben, wird es geschichtet.

Die primäre Rinde ist im äusseren Theile ein ausgezeichnet typisches Collenchym, nach innen ein lose zusammenhängendes, mässig derbwandiges Parenchym mit zahlreichen Drusen führenden Krystallschläuchen. Die Gruppen primärer Bastfasern werden leicht übersehen, weil die Fasern nur eine schwache Verdickungsschicht entwickeln; hier und da trifft man auch eine vereinzelte stark verdickte Bastfaser [2]) mit punktförmigem Lumen.

Der Innenrinde fehlen die Bastfasern. Es kommen dieselben vertical gestreckten Sklerenchymgruppen vor wie bei der vorigen Art, mit der die Rinde überhaupt sehr nahe übereinstimmt. Ein wesentlicher Unterschied liegt darin, dass die auch hier in grosser Menge vorkommenden Kammerfasern und zahlreiche isolirte Zellen des Bastparenchyms und der Markstrahlen ausschliesslich Krystalldrusen enthalten.

Viburnum prunifolium L.

Die mit gestielten Sternhaaren besetzte Epidermis bildet schon in den jüngsten Internodien Kork und an den vorjährigen Trieben ist die Oberhaut vollständig ersetzt durch weitlichtiges, dünnwandiges, in den äusseren Lagen abgeplattetes und gebräuntes Periderm.

Das Oberflächen-Periderma folgt dem Dickenwachsthum nur wenige Jahre, an zweifingerdicken Zweigen beginnt bereits Borkebildung. Die inneren Korkhäute gleichen den oberflächlichen, sie sind grosszellig und dünnwandig, bei einer Schichtenbreite von 0,3 mm zählt man etwa vierzehn Zellenreihen. Die Borkeschuppen bestehen aus mehreren Schichten, deren jede nicht über 0,5 mm dick zu sein pflegt.

Die primäre Rinde mit dem Collenchym und den zahlreichen Krystalldrusen gleicht jener der vorigen Arten. Die primären Faserbündel sind schon in den jüngsten Trieben deutlich erkennbar, die Bastfasern erreichen sämmtlich in den ersten Wochen ihre vollständige, bis zum Schwinden des Lumens gehende Verdickung.

Die secundäre Rinde besitzt ebenfalls keine Bastfasern, dagegen reichlich die oben beschriebenen Sklerenchymklumpen in regelloser Vertheilung und die Gruppen sind umfangreicher (nicht selten zehn bis zwölf Zellen auf einer Querschnittsebene). Der Weichbast enthält zahlreiche Kammerfasern, die vorherrschend Krystalldrusen, seltener Einzelkrystalle, beide oft von ungewöhnlicher Grösse (0,05 mm diam.) enthalten. Die Parenchymzellen tragen, wie bei anderen *Viburnum*arten, auf den radialen und horizontalen Wänden zu rundlichen Gruppen gehäufte Poren. Die Siebröhren sind fast doppelt so weit wie das Bastparenchym, sie haben an den schiefen Endflächen in der Regel mehrere (bis fünf) sehr grosse rundliche (0,02 mm), feinporige Siebplatten mit schmalen Interstitien in leiterförmiger Anordnung. — Die ein- oder zweireihigen Markstrahlen haben stets dünnwandige Zellen von sehr ungleichen Dimensionen.

---

[1]) Nach Sanio (Pringsheim's Jahrb. II. p. 39) in centrifugal-reciproker Folge.
[2]) Nur diese scheinen bisher bemerkt worden zu sein. Vgl. de Bary, Vegetationsorgane p. 542.

Sambucus nigra L.

Die Oberhaut trägt kurze breit-conische Haare. Aus der ihr unmittelbar angrenzenden Schicht der primären Rinde[1]) entsteht das Periderm in der ersten Vegetationsperiode und nach Abschluss derselben findet man an den jüngsten Trieben drei oder vier Reihen dünnwandiger, sehr w e i t l i c h t i g e r (0,02 mm), gebräunter Korkzellen. An den ältesten Internodien jähriger Triebe ist das Periderm immer noch papierdünn und besteht kaum aus mehr als acht bis zehn Reihen, theilweise abgeflachter Korkzellen.

Bei dem bekanntlich sehr raschen Wachsthum junger Triebe wird das Oberflächenperiderma in der Regel schon im dritten Jahre gesprengt und durch Borke ersetzt, welche an alten Stämmen eine Mächtigkeit von mehr als einem Centimeter erreicht und aus zahlreichen Schichten (fünfzehn und darüber) besteht (Schuppenborke). Die dünnen, zartzelligen Korkhäute sind mit freiem Auge als braune Linien auf dem hellgefärbten Rindengewebe kenntlich.

Die primäre Rinde ist ein a u s g e z e i c h n e t t y p i s c h e s (netzporiges) C o l l e n c h y m, welches nach innen allmälig in ein mässig derbes bis dünnwandiges, lückiges Parenchym übergeht. Viele Zellen des letzteren sind mit K r y s t a l l s a n d erfüllt. In der Nähe der Gefässbündel (aussen) fallen Zellen, die von D i p p e l[2]) als milchsaftführende Schläuche beschrieben wurden, durch ihren rothbraunen Inhalt auf.

Die primären Bastbündel bilden einen schmalen[3]), unterbrochenen Ring; die Fasern sind stark, doch nicht vollkommen verdickt. In der secundären Rinde treten die Bastfasern in kleinen, s c h m a l e n, vorherrschend tangential gestreckten Gruppen auf, welche selbst wieder zu unterbrochenen c o n c e n t r i s c h e n B ä n d e r n in sehr weiten (0,5 mm und darüber) Abständen geordnet sind. Die Bastfasern sind dünn (0,025 mm), stark, doch mit Erhaltung des Lumens verdickt, fein geschichtet mit vielen groben Porenkanälen, sie sind mässig lang (0,8 mm), geradläufig, nahezu gleich dick und in eine kurze stumpfe Spitze endigend. Der Weichbast ist kleinzellig, z a r t w a n d i g. Die Parenchymzellen haben breite Poren und führen häufig K r y s t a l l s a n d[4]), sie sind englumiger als die Siebröhren (0,04 mm), deren Glieder tief in einander geschoben sind und an ihren Endflächen eine grosse Zahl (acht bis zwölf) treppenförmig angeordnete (viel breitere als hohe), ziemlich grobporige Siebplatten tragen. — Die Markstrahlen sind bis vierreihig, aus kurzen und breiten Zellen zusammengesetzt, die viel Krystallsand führen.

Sambucus Ebulus L.

Die Rinde stimmt in allen wesentlichen Punkten mit der vorigen überein. Die primäre Rinde ist etwas dünnwandiger, namentlich das C o l l e n c h y m a u f l o n g i t u d i n a l e S t r e i f e n b e s c h r ä n k t. Die primären Bastbündel sind an den ältesten Internodien bereits blühender Triebe noch zu compacten Gruppen vereinigt, wo sie bei *Sambucus nigra* schon lange in schmale Bänder auseinander gedrängt sind. Im Baste ist das quantitative Missverhältniss zwischen Weichbast und Bastfasern minder ausgesprochen, indem die letzteren in viel u m f a n g r e i c h e r e n G r u p p e n (bis zu fünfzig Fasern, auch wol darüber enthaltend) auftreten, die zu kleinen Platten ver-

---

[1]) Nach S a n i o (Pringsheim's Jahrb. II. p. 39) in centrifugal-intermediärer Zellenfolge. Vgl. ausserdem D i p p e l, Mikroskop II. p. 158; W e i s s, Anatomie p. 412 und d e B a r y, Vegetationsorgane p. 563.

[2]) Verhandl. d. Nat.-Ver. f. Rheinland und Westphalen XXII. (1866) p. 1 Taf. I. Vgl. auch d e B a r y, Vegetationsorgane p. 155.

[3]) Vgl. H a n s t e i n, Entw. d. Baumrinde p. 53.

[4]) Vgl. S a n i o, Monatsber. d. Berliner Acad. 1857 p. 252 ff.

schmelzen, auch als isolirte Stränge zerstreut sind, so dass die concentrische Schichtung meist wenig augenfällig ist. — Die Markstrahlen sind durch die Faserbündel oft eingeengt, sklerosiren aber doch nicht, sondern führen in diesen Theilen statt des Krystallsandes gut entwickelte Rhomboeder.

Contortae.

Aussenrinde. Die Anlage des Periderma erfolgt nur bei *Jasminum* und *Strychnos* erst im zweiten Jahre oder noch später, bei allen übrigen untersuchten Gattungen schon in der ersten Vegetationsperiode, besonders frühzeitig bei den *Oleaceen*. Die Initiale ist die Oberhaut selbst *(Jasminum, Periploca, Nerium)*, die unmittelbar unter ihr gelegene Zellschicht der primären Rinde *(Oleaceen, Hoya, Stephanotis)* oder eine tiefere Schicht *(Strychnos)*. Die aus ihr hervorgehenden Korkzellen sind der Mehrzahl nach gross, wenig abgeplattet, nur schichtenweise tafelförmig, zartwandig oder doch mässig derb, späterhin entschieden derb und einseitig sklerotisch bei *Vallesia, Alstonia, Aspidosperma, Strychnos* und gleichmässig sklerosirt bei *Geissospermum*, zum Theil auch bei *Phillyraea*. Die Korklage bleibt in Folge rascher Abstossung der oberflächlichen Schichten sehr dünn bei den meisten *Oleaceen* (ausgenommen *Phillyraea*), *Vallesia, Periploca, Gonolobus*; bei *Jasminum, Strychnos* und den meisten *Apocyneen* erreicht sie am Stamme eine ansehnliche, zwanzig und mehr Zellenreihen umfassende Mächtigkeit. In dem einen wie in dem anderen Falle wird das Oberflächenperiderm sehr lange, vielleicht zeitlebens erneuert *(Strychnos, Jasminum, Phillyraea, Ligustrum*, den meisten *Apocyneen* und *Asclepiadeen)*. Echte Borke wurde nur bei *Fraxinus, Olea, Syringa, Aspidosperma* und *Ochrosia* beobachtet, immer war ihr Bau übereinstimmend mit den oberflächlichen Korkhäuten.

Mittelrinde. Bei *Strychnos* (Fig. 61) wurde eine unzweifelhafte und ausgiebige Betheiligung des Phellogens an der Neubildung der Mittelrinde beobachtet, sonst konnte Phelloderma mit Sicherheit entweder gar nicht *(Oleaceen, Jasminum, Nerium)* oder bei den meisten *Apocyneen* und *Asclepiadeen* sowol an den oberflächlichen wie an den inneren Peridermen (wo sie vorhanden) in einer dünnen Lage erkannt werden *(Alstonia, Vallesia, Geissospermum, Periploca, Aspidosperma, Gonolobus)*. Die primäre Rinde ist ausgezeichnet collenchymatisch bei den *Oleaceen* und *Nerium*, das hypodermatische Collenchym ist kaum angedeutet bei *Hoya, Periploca, Stephanotis* und *Strychnos*[1]), eine, durch

---

[1]) *Strychnos* und *Hoya*, deren Hypoderma dünnwandig ist, bilden schon in den jüngsten Internodien einen geschlossenen Steinzellenring.

dünnwandiges Parenchym in zwei Lagen getrennte schwach collenchymatische Rinde besitzt *Jasminum.* Wichtige Charaktere stützen sich auf die Art der Sklerosirung. Die Steinzellen treten nur in isolirten Gruppen auf und zwar zunächst in den Lücken zwischen den primären Bastbündeln ohne jedoch zu einem Sklerenchymringe zusammenzuschliessen: *Jasminum*, *Oleaceen* (mit Ausschluss von *Olea* und *Phillyraea);* die Steinzellen kommen im ganzen Bereich der Mittelrinde, nur nicht in der Bastbündelzone vor: *Apocyneen* und *Asclepiadeen*; die Steinzellen bilden mit den Bastbündeln einen gemischten Sklerenchymring: *Phillyraea* und *Olea*; die Steinzellenringe oder -platten entwickeln sich ausserhalb der primären Bastbündel (Fig. 65) und bleiben von diesen unabhängig: *Strychnos*, *Vallesia*, *Alstonia*, *Geissospermum*[1]), *Hoya.* Nur bei *Periploca* und *Stephanotis* unterbleibt die Sklerosirung gänzlich. Form und Grösse der Steinzellen ist im Allgemeinen wenig verschieden von den Zellen, aus denen sie entstanden sind. Die Verdickung ist immer beträchtlich, meist bis zur völligen Obliterirung gehend. Die Schichtung ist zart aber deutlich, von zahlreichen, verästigten, meist, trotz der breiten Tüpfelung des dünnwandigen Parenchyms, von feinen, mitunter auch groben (*Strychnos, Periploca*, *Gonolobus)* Porenkanälen durchsetzt. — Nur wenigen Rinden fehlen Krystallschläuche *(Jasminum, Ligustrum, Olea, Phillyraea, Syringa)*, bei den meisten sind sie sogar reichlich vorhanden. In Form sehr zarter, kurzer Krystallnadeln kommt das Kalkoxalat bei *Fraxinus* allein unter den *Oleaceen* vor; in Form von Drusen bei *Nerium* (nur in der Jugend), *Hoya, Stephanotis, Gonolobus* (im Phelloderma einzelne Rhomboeder); in Form grosser monoklinischer Einzelkrystalle bei *Strychnos*, den *Apocyneen*[2]) und bei *Periploca.* — Milchsaftröhren in der Mittelrinde habe ich nur bei *Gonolobus* gefunden, bei keiner anderen der untersuchten *Apocyneen* und *Asclepiadeen.*

Innenrinde. Das Fehlen der Bastfasern in der secundären Rinde ist charakteristisch für *Jasminum*, *Strychnos*, den *Apocyneen* und *Asclepiadeen* und einigen *Oleaceen*, demnach den meisten Gattungen dieser Classe. Bloss *Aspidosperma* und *Fraxinus, Syringa* unter den *Oleaceen* entwickeln Bastfasern, welche in Begleitung von Steinzellen tangentiale Bänder zusammensetzen, durch welche der Bast regelmässig concentrisch geschichtet wird. Dagegen ermangeln nur wenige Gattungen der sklerotischen Elemente im Baste überhaupt *(Nerium, Alstonia, Periploca)* oder doch in den tieferen Schichten *(Strychnos).* Die Steinzellen ersetzen im Gegentheile häufig durch ihre axiale Anordnung die mechanische

---

[2]) Die Steinzellenplatten der genannten *Apocyneen* scheinen sich — dem Befunde an fertigen Zuständen zufolge — periodisch aus dem Phelloderma zu bilden, jene von *Strychnos* (Fig. 61) durch continuirliche Anlagerung an den primären Steinring und bei *Hoya* folgt der letztere dem sehr geringen Dickenwachsthum, ohne an Mächtigkeit zu gewinnen.

[1]) In den vorliegenden älteren Rinden. Die primäre Rinde mag sich wie *Nerium* verhalten (s. p. 165).

Leistung der Bastfaserstränge *(Jasminum, Ligustrum, Apocyneen, Gonolobus)*, seltener bilden sie zugleich tangentiale Platten in terrassenförmiger Anordnung *(Phillyraea, Olea, Vallesia, Geissospermum)*, die durch Verschmelzung benachbarter Sklerenchymgruppen mit den an den Durchtrittsstellen sklerosirenden Markstrahlen unterstützt wird. Die Bastfasern der *Oleaceen* haben typische Form *(Syringa* und *Fraxinus)*. Die Stabzellen von *Ligustrum, Olea* und *Phillyraea* wurden bisher als Bastfasern angesprochen (s. p. 155) und die Idioblasten bei *Aspidosperma* (s. p. 165) könnte man vielleicht mit dem gleichen Rechte als eine Form gestreckter Steinzellen auffassen. Für die echten Steinzellen selbst gilt, was von dem gleichnamigen Elementen der Mittelrinde gesagt wurde; ansehnlichere Vergrösserung und baroke Gestalten haben sie bei *Aspidosperma*.

Der Weichbast ist, dem eben Angeführten zufolge, immer ein quantitativ hervorragender Bestandtheil der Innenrinde. Er besteht bei *Strychnos* ausschliesslich aus Parenchym. Siebröhren fehlen sonst keiner Rinde, wenngleich sie in einigen nur äusserst spärlich angetroffen wurden *(Nerium, Jasminum, Phillyraea)*. Krystallschläuche wurden nur bei *Jasminum* vermisst und der Bast der *Apocyneen* und *Asclepiadeen* ist durch Milchsaftschläuche vor allem ausgezeichnet. — Das Bastparenchym ist auffallend grossporig und nicht selten conjugirend *(Strychnos, Apocyneen)*. Die Siebröhren haben durchwegs leiterförmig angeordnete Siebplatten, sind aber bezüglich der Dimensionen ihrer Glieder und der Form und Zahl der Siebplatten sehr verschieden. — Ausschliesslich isolirte Krystallschläuche besitzen die *Oleaceen, Geissospermum, Gonolobus*, bei den übrigen untersuchten Arten kommen auch, oft sogar in überwiegender Menge Kammerfasern vor. Die *Oleaceen* führen Krystallsand oder winzige, spiessige Kryställlchen; *Strychnos*, die *Apocyneen* und *Periploca* grosse Einzelkrystalle und zwar die ersteren häufig in Mehrzahl in einer Zelle; *Gonolobus* Drusen. Es verdient besonders hervorgehoben zu werden, dass das Auftreten des Kalkoxalates *(Aspidosperma* ausgenommen) in keiner Beziehung zum Sklerenchym steht, womit selbstverständlich nicht ausgeschlossen ist, dass die Gruppen der letzteren oft Krystallschläuche einschliessen oder von solchen umgeben sind (z. B. *Geissospermum, Vallesia)*; das zufällige Zusammentreffen ist aber immer augenscheinlich. (Vgl. dagegen *Aspidosperma* p. 170) Die Milchsaftschläuche der *Apocyneen* und *Asclepiadeen* gehören zu der ungegliederten Form. Bei *Gonolobus* habe ich sie gefächert angetroffen und merkwürdig sind die kurzen Schläuche von *Geissospermum* (Fig. 64).

Die Markstrahlen sind sehr oft nur ein- oder zweireihig *(Jasminum, Oleaceen,* viele *Apocyneen, Asclepiadeen)*, breiter, vier- bis fünfreihig bei *Strychnos, Aspidosperma, Alstonia* und *Ochrosia*, doch sind sie auch hier am Querschnitt wegen der geringen radialen Streckung der Zellen wenig hervortretend. Bei den *Oleaceen* und bei *Strychnos* enthalten sie reichlich Kalkoxalat in derselben Form wie das Bastparenchym, auch bei *Nerium* und *Aspidosperma* führen sie Einzelkrystalle und nur bei *Geissospermum* und *Gonolobus*

Drusen. Für die *Oleaceen* und *Apocyneen* sind die Markstrahlen durch die zwischen sklerotischen Elementen nie fehlende, jedoch stets auf diese Theile beschränkte Sklerosirung charakteristisch.

Uebersicht der Gattungen nach Merkmalen des Bastes:

A. Weder Bastfasern noch Steinzellen in der secundären Rinde.
  1. Milchsaftröhren im Weichbaste.
    a. Zahlreiche Kammerfasern mit Einzelkrystallen.
      α. Bastparenchym derbwandig, grossporig, spärliche Steinzellengruppen in den Aussenlagen; Milchsaftröhren bedeutend weitlichtiger und derbwandiger als Bastparenchym: *Nerium.*
      β. Bastparenchym zartwandig, in Lumen und Membrandicke von den Milchsaftröhren wenig übertroffen; Steinzellen fehlen vollständig; Siebröhren mit breiten, feinporigen Siebplatten: *Periploca.*
    b. Krystalle sehr selten, Siebröhren mit (callösen) Plattensystemen zu netzigen Strängen verbunden: *Alstonia.*
  2. Weder Milchsaftschläuche noch Siebröhren, reichliche Krystalle in Kammerfasern und in den breiten Markstrahlen: *Strychnos.*

B. Bloss Steinzellen, keine Bastfasern in der secundären Rinde.
  1. Steinzellen in axialen, am Querschnitte rundlichen Gruppen, mit denen benachbarter Baststrahlen nur ausnahmsweise verschmolzen.
    a. Milchsaftröhren im Weichbaste.
      α. Vorwiegend Stabzellen; enge Siebröhren mit zahlreichen Platten auf den zugeschärften Endflächen; breite Markstrahlen; Einzelkrystalle: *Ochrosia.*
      β. Isodiametrische Steinzellen; weite Siebröhren mit schwach geneigten, grobporigen Siebplatten in geringer Zahl. Drusen im Weichbaste und in den schmalen Markstrahlen: *Gonolobus.*
    b. Keine Milchsaftschläuche.
      α. Grosse isodiametrische Steinzellen; kein Oxalat: Markstralen einreihig: *Jasminum.*
      β. Sklerenchymstränge grossentheils aus Stabzellen, die durchtretenden Markstrahlen sklerotisch; Rhaphiden und Sand: *Ligustrum.*
  2. Steinzellen in tangentialen Platten neben axialen Strängen, erstere durch Sklerosirung der Markstralen verschmolzen; Siebröhren lang- und schmalgliedrig mit treppenförmigen Verdickungsleisten.
    a. Einzelkrystalle; Milchsaftschläuche kaum unterscheidbar: *Vallesia.*
    b. Drusen in den Markstrahlzellen; Sekretschläuche weitlichtig, kurz spindelförmig: *Geissospermum.*
    c. Keine Sekretschläuche; Sand und Raphiden im Bastparenchym, reichlicher in den Markstrahlen: *Olea, Phillyraea.*

C. Sklerenchymgruppen aus Bastfasern und Steinzellen gemischt in regelmässig concentrischer Schichtung; Markstrahlzellen zum Theil sklerotisch.
  1. Bastfasern typischer Bildung weit überwiegend; Markstrahlen selten sklerotisch.
    a. Krystallsand spärlich, Siebröhren eng, Weichbast kleinzellig: *Syringa.*
    b. Krystallsand und zarte Prismen im Weichbaste und in den Markstrahlen reichlich; Siebröhren weitlichtig mit sehr grossen Platten und netzigen Siebfeldern: *Fraxinus.*

2. In den durch sklerotische Markstralen verbundenen Sklerenchymplatten Steinzellen vorherrschend; diese sowie isolirte Idioblasten von Kammerfasern allseitig bekleidet; Einzelrhomboeder: *Aspidosperma.*

Jasmineae.

Der echte Jasmin hat noch im zweiten, selbst dritten Jahre grüne Zweige. Die Oberhaut wird zum Initialmeristem für das grosszellige Periderm. Die primäre Rinde ist in den äusseren Schichten schwach collenchymatisch mit einzelnen sklerotischen Fasern, in der Mittellage grosszellig und dünnwandig (einem Mesophyll ähnlich) und wird nach innen wieder collenchymartig. Einzelne oder kleine Gruppen von Zellen werden sklerotisch. Krystalle fehlen. Die secundäre Rinde (bei einer zweiten Art untersucht) ist durch den Mangel der Bastfasern ausgezeichnet. Ihre Stelle vertreten zerstreute Gruppen von Steinzellen in vorherrschend axialer Aneinanderlagerung. Das Bastparenchym besitzt grosse, rundliche Tüpfel, die Siebröhren haben stark geneigte Endflächen mit einer Reihe feinporiger Siebplatten. Die Rinde entbehrt in allen Theilen des Kalkoxalates. — Borke scheint gar nicht gebildet zu werden. Das Oberflächenperiderm ist aus grossen, zum Theil cubischen und zartwandigen, in einzelnen Schichten breit tafelförmigen und etwas derben Zellen aufgebaut. Es erreicht (im Gegensatz zu den *Oleaceen*) eine ziemlich ansehnliche Entwicklung; in dem vorliegenden aus Griechenland stammenden Muster umfasste es über zwanzig Reihen Korkzellen.

Jasminum officinale L.

Die Oberhaut ist zweischichtig, in den Rippen der Stengel durch ein vier- bis fünfschichtiges Hypoderma verstärkt und besitzt einen mächtigen (0,02 mm) Cuticularüberzug. Das chlorophyllführende Parenchym der primären Rinde ist grosszellig, dünnwandig, stellenweise mit ansehnlichen Intercellularräumen. Das anschliessende chlorophyllarme Parenchym ist in geringem Grade collenchymatisch, grossporig und enthält spärliche Steinzellen von geringer Grösse aber sehr starker Verdickung. Auch zwischen den primären Bastbündeln, welche frühzeitig in kleine Gruppen zersprengt werden, entstehen einzelne Steinzellen, doch kommt es niemals zur Bildung eines Sklerenchymringes.

Das Periderm entwickelt sich aus der Oberhaut im zweiten[1] Jahre. Es besteht aus sehr grossen, fast cubischen, etwas derbwandigen Zellen.

Jasminum revolutum Sims.

Die Rinde eines armdicken Stammes ist mit Schwammkork bedeckt, dessen Zellen sehr weitlichtig, in den inneren Schichten mässig abgeflacht und etwas derbwandig sind. Das Oberflächenperiderm ist ausdauernd, Borke habe ich nicht vorgefunden. — In dem grosszelligen, tangential gestreckten Parenchym der Mittelrinde findet man zerstreute Bündel der primären Bastfasern und kleine Gruppen von Steinzellen, aber keine Krystallschläuche. Die Steinzellen sind fast isodiametrisch, sehr stark verdickt, fein geschichtet und reichlich von zarten

---

[1] Auch später. Vgl. de Bary, Vegetationsorgane, p. 551.

verzweigten Porenkanälen durchzogen. Die Innenrinde zeigt keine Spur von Schichtung. Der Weichbast bietet am Querschnitte ein homogenes Bild gleichmässig enger und dünnwandiger Zellen. Steinzellen, im Baue denen der Mittelrinde gleich, aber oft etwas grösser, sind in kleinen axial, oft auch tangential gestreckten Gruppen regellos zertreut. Bastfasern fehlen, ebenso Krystalle und auch auf mikrochemischem Wege ist das Vorhandensein von Kalkoxalat weder in der primären noch in der secundären Rinde nachweisbar. Die Parenchymzellen besitzen auf der Markstrahlseite grosse einfache oder aus Porengruppen gehäufte Tüpfel. Die spärlichen Siebröhren stehen unter einander mittels leiterförmig angeordneter, feinporiger Siebplatten in Verbindung. — Die Markstrahlen sind einreihig, am Querschnitte vom Weichbaste kaum zu unterscheiden.

Oleaceae.

Noch ehe die primären Bastfasern sich vollständig verdickt haben, beginnen die Theilungen des Phellogen, welches ohne Ausnahme (Fig. 59) aus der äussersten Zellenlage der primären Rinde hervorgeht. Es bilden sich aber meist nur wenige (3—8) Reihen von Korkzellen, die durch ihre Grösse, geringe Abplattung und meist auch Zartwandigkeit ausgezeichnet sind. Die inneren Korkhäute sind den oberflächlichen im Baue ähnlich; sie entstehen frühzeitig bei *Fraxinus Ornus*, spät bei anderen *Fraxinus*arten, *Phillyraea*, *Syringa*, *Ligustrum* (wenn überhaupt). Die Borke ist ebenflächig, dünnblättrig *(Fraxinus. Syringa)* oder krummflächig und derbschuppig *(Olea)* und erreicht mitunter eine sehr ansehnliche Dicke *(Fraxinus)*.

Die primäre Rinde ist im äusseren Theile ein typisches Collenchym und geht nach innen in ein lückiges, mässig zartwandiges Parenchym über, in welchem die stark verdickten primären Bastfasern in umfangreichen Bündeln *(Fraxinus, Olea, Syringa)* oder in bandartiger Anordnung auftreten. In den Lücken der primären Faserbündel sklerosiren schon in der ersten Vegetationsperiode einzelne Parenchymzellen, späterhin treten auch kleine Steinzellengruppen in der primären Rinde zerstreut *(Olea)* auf, doch kommt es, wie bei *Jasminum*, nur selten *(Phillyraea, Olea)* zur Bildung eines geschlossenen Sklerenchymringes. Die Steinzellen bilden bei *Fraxinus*, *Syringa*, *Ligustrum* weder quantitativ noch qualitativ einen hervorragenden Bestandtheil der primären Rinde. Sie erreichen keine bedeutende Grösse, sind nahezu vollständig verdickt, sehr zart geschichtet und von zahlreichen, feinen verzweigten Porenkanälen durchzogen. Kalkoxalat fehlt *(Ligustrum, Olea, Phillyraea, Syringa)* oder kommt nur spärlich *(Fraxinus)* in Form zarter kurzer Nadeln in zerstreuten Zellen vor.

Die untersuchten Gattungen sind nach dem Vorkommen oder dem Mangel der Bastfasern in zwei Gruppen zu trennen. *Olea*, *Phillyraea* und *Ligustrum* entbehren der Bastfasern und haben an ihrer Stelle Stabzellen mit allen Zwischenformen sklerosirenden Parenchyms, bei *Fraxinus* und *Syringa* sind die Bastfaserbündel von Steinzellen begleitet, mitunter kommen letztere auch in isolirten Gruppen vor. Die Sklerenchymgruppen setzen dünne axiale Stränge zusammen *(Ligustrum)*, oder sie sind mit den sklerosirenden Markstrahlen zu umfangreichen tangentialen Platten verschmolzen und stufig alternirend angeordnet *(Olea, Phillyraea)*. Regelmässige concentrische Bänderung zeigen die aus Bastfasern und Steinzellen in wechselnder Menge gemischten Bündel von *Fraxinus* und *Syringa*, doch sind die Sklerenchymgruppen benachbarter Baststrahlen nie mit einander verschmolzen, indem die durchziehenden Markstrahlen häufig gar nicht oder doch nur spärlich sklerosiren. — In keinem Falle stehen die sklerotischen Elemente in irgend einer Beziehung zur Krystallbildung. — Die Steinzellen von *Ligustrum*, *Olea* und *Phillyraea* nähern sich in ihren extremen Formen der Gestalt von Bastfasern und sind auch bisher für solche gehalten worden. Allein sie unterscheiden sich auch von den kurzen Bastfasern wesentlich durch die vom Bastparenchym nicht verschiedene Breite, durch die geschichtete von zahlreichen z. Th. verzweigten Porencanälen durchsetzte Verdickung ohne erkennbare Primärmembran und endlich durch zahlreiche Zwischenformen von mehr oder weniger langen Stabzellen bis zu isodiametrischen Steinzellen. Die Bastfasern sind bei geringer Länge (unter 1 mm) ziemlich breit, sehr stark verdickt, reichporig, etwas knorrig. Sie sind unter einander und mit den begleitenden Steinzellen innig verschmolzen. Einigen Beobachtungen (bei *Fraxinus)* zu Folge entstehen die Steinzellen in der secundären Rinde früher und in grösserer Zahl als die Bastfasern, diese erhalten dann das Uebergewicht bis sie wieder im hohen Alter des Stammes von den Steinzellen verdrängt werden.

Der Weichbast ist immer ein vorwiegender Bestandtheil der secundären Rinde. Die Parenchymzellen sind etwas breiter als die Bastfasern und wegen der grossen aus Poren gehäuften Tüpfel bemerkenswerth. Die Siebröhren sind ihnen im Lumen gleich *(Syringa*, *Ligustrum*, *Olea)* oder etwas überlegen *(Fraxinus)* und in der Wandverdickung ähnlich; ihre Endflächen sind zugeschärft und tragen ein System breiter Siebplatten in leiterförmiger Anordnung, bei *Fraxinus* auch auf den Seitenwänden Siebfelder in dicht netziger Gruppirung (Fig. 60). — *Syringa* und *Ligustrum* enthalten im Baste wenig Kalkoxalat, *Fraxinus*, *Phillyraea* und *Olea* dagegen reichlich im Parenchym und namentlich in den Markstrahlen als Sand und als zarte spiessige Kryställchen. (Fig. 60).

Die Markstrahlen sind ein- oder zweireihig, mitunter *(Fraxinus)* local verbreitert, mit meist sehr kurzen und breiten Zellen. Ein wichtiges Merkmal aller Oleaceenrinden ist die theilweise Sklerosirung der Markstrahlzellen zwischen den sklerotischen Bündeln auch da, wo die Neigung zur Steinzellenbildung eben nicht bedeutend ist.

Olea europaea Lin.

An den jüngsten Internodien jähriger Triebe findet man bereits unter der derb cuticularisirten, mit Drüsenhaaren besetzten Oberhaut das Periderma entwickelt.

Es entsteht aus der äussersten Zellenlage der primären Rinde, ist grosszellig, gar nicht abgeplattet (fünf Reihen Korkzellen bilden eine 0,1 mm breite Schicht), zartwandig. Auf dieser Entwicklungsstufe sind die drei oder vier äusseren Zellenreihen der primären Rinde ausgesprochen collenchymatisch, einzelne Zellen der letzteren sind bereits sklerotisch, die primären Bastfaserbündel weisen noch wenig Lücken auf, die ausgefüllt sind von kleinen, tangential nicht gestreckten Steinzellen. Kalkoxalat fehlt. Dünne Korkhäute, aus drei bis fünf Reihen äusserst zartwandiger und weitlichtiger Korkzellen, dringen tief in den Bast ein und trennen dicke, unregelmässig gestaltete Borkeschuppen ab.

Der Bast ist undeutlich geschichtet, indem die sklerotischen Elemente wol zu tangential gestreckten Platten vereinigt sind, aber mit den benachbarten Gruppen nicht zusammenhängen, so dass eine stufenförmige Schichtung[1] zu Stande kommt. Ueberdiess sind die Sklerenchymplatten in ihren Dimensionen sehr verschieden, zwischen den über die Breite mehrerer Baststrahlen sich erstreckenden Platten sind isolirte Gruppen eingestreut. Durch Sklerosirung der zwischenlaufenden Theile der Markstrahlen werden die Gruppen inniger verbunden. Sie bestehen überwiegend aus Stabzellen, sind aber immer von annähernd isodiametrischen Steinzellen begleitet, während letztere kaum jemals in selbstständigen Gruppen auftreten. Die Stabzellen werden ziemlich lang (0,9 mm), sind gekrümmt walzenförmig, meist glatt und gleichmässig, seltener zugespitzt, zackig mit stumpfen oder gabeligen Enden. Am Querschnitt sind sie dicken Bastfasern ähnlich wegen ihrer nahezu gleichen Durchschnittsdimensionen und vollständigen, jedoch von zahlreichen feinen Poren durchsetzten Verdickung (0,03 mm diam.), ohne Abgrenzung der Primärmembran. Die unregelmässig isodiametrischen Steinzellen sind nicht besonders gross (0,08 mm.) und zeigen durch die Uebereinstimmung der Verdickungsform unzweifelhaft ihre Zusammengehörigkeit mit den Stabzellen. Bastfasern fehlen dieser Auffassung zufolge. — Der Weichbast ist ziemlich gleichmässig grosszellig und dünnwandig, nur an manchen Stellen sind die Siebröhren (in dem trockenen Untersuchungsmaterial) zu Strängen geschrumpft. Die Parenchymzellen haben die Breite der Stabzellen, an der radialen Wand grosse Tüpfel; sie führen reichlich Sand und zarte Prismen[2]). Die Siebröhren sind wenig weitlichtiger als das Bastparenchym und zeigen deutlich die breiten, ziemlich grobporigen Siebplatten in leiterförmiger Anordnung.

Die Markstrahlen sind ein- oder zweireihig, breitzellig, dicht mit Krystallsand erfüllt, theilweise sklerotisch.

Phillyraea media L.

Die mit kurzen conischen Härchen besetzte kleinzellige Oberhaut wird frühzeitig ersetzt durch ein aus der äussersten Zellenlage der primären Rinde sich entwickelndes Periderma cubischer, selbst radial gestreckter Zellen. Entsprechend der geringen Dicke der Internodien ist die primäre Rinde, namentlich das hypodermatische Collenchym viel schwächer entwickelt als bei *Olea*. In dreijährigen Trieben ist die Sklerosirung noch beschränkt auf die Ergänzung des frühzeitig geschlossenen gemischten Sklerenchymringes. Krystalle fehlen.

Phillyraea angustifolia L.

Kaum millimeterdicke, mit papierdünnem, glattem, stellenweise längsrissigem Korke bedeckte, innen glatte Rindenstücke.

---

[1]) Vgl. de Bary, Vegetationsorgane p. 544.
[2]) Vgl. de Bary, Vegetationsorgane p. 545.

Das Periderma ist eine 0,3 mm dicke, aus etwa zwanzig Reihen breiter, tafelförmig flacher, zartwandiger, vereinzelt auch derb sklerotischer Korkzellen bestehende Schicht.

In den äussersten Lagen der primären Rinde, deren collenchymatischer Charakter zum Theil noch kenntlich ist, treten zunächst einzelne tangential gestreckte Steinzellen auf. In der Zone der primären Bastbündel bilden die Steinzellen, mit vereinzelten Bastfasern gemischt, einen nur selten unterbrochenen Sklerenchymring. Innerhalb des letzteren sind die Steinzellen zu tangential gestreckten Gruppen von oft bedeutender Ausdehnung genähert, so dass es stellenweise zur Bildung eines zweiten Sklerenchymringes, hart an der Grenze des Bastes, kommt. Die Steinzellen sind von mittlerer bis sehr ansehnlicher Grösse, isodiametrisch oder häufiger tangential gestreckt (0,08 mm), bis zum Schwinden des Lumens verdickt, sehr fein geschichtet und reichporig.

In der secundären Rinde bilden ähnliche, nur axial gestreckte Steinzellen Platten von 5 mm Höhe, etwa 0,2 mm Dicke und oft 3 mm Breite, in terassenförmiger Anordnung. An der Bildung dieser Sklerenchymplatten betheiligen sich auch die in untergeordneter Menge vorkommenden kurzen (0,3 mm), dicken (0,03 mm), knorrigen Stabzellen und die sie durchsetzenden, sklerosirten Theile der Markstrahlen. Das Bastparenchym ist derbwandig und ungewöhnlich breitporig (0,41 mm). Viele Zellen enthalten eine grosse Menge zarter, kurzprismatischer Krystalle, die, noch dichter geballt, die Zellen der ein- oder zweireihigen Markstrahlen erfüllen.

Ligustrum vulgare L.

Die äusserste Zellenlage der primären Rinde (Fig. 59) wird frühzeitig zum Phellogen und erzeugt drei oder vier Reihen weitlichtiger nicht abgeplatteter, eher radial gestreckter Korkzellen, welche nach Abstossung der Oberhaut die Bedeckung der vorjährigen Triebe bilden. Auch ältere, bis 4 cm dicke Stämme besetzen nur ein papierdünnes, aus sechs bis acht Zellenreihen bestehendes Oberflächenperiderm; Borkebildung habe ich nicht beobachtet.

Das hypodermatische Collenchym der primären Rinde geht allmälig in ein lückiges, ziemlich dünnwandiges Parenchym über, in dem weder Steinzellen noch Krystalle angetroffen werden. Die primären Bastfasern treten schon anfangs in wenig umfangreichen Bündeln auf und werden frühzeitig in schmale Bänder verflacht, in deren Lücken einzelne Steinzellen auftreten, ohne jedoch einen geschlossenen Ring zu bilden. Die Steinzellen sind verschiedengestaltig, am Querschnitte bis 0,05 mm diam., fein geschichtet und reichporig. — Der

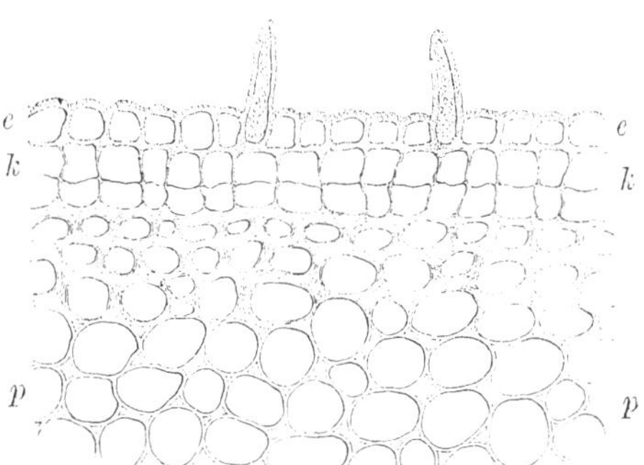

Fig. 59. *Ligustrum vulgare* L. Querschnitt durch ein einjähriges Internodium (300). *e* Oberhaut mit Trichomgebilden; *k* zwei Reihen Korkzellen aus der oberflächlichsten Zellenlage des collenchymatischen Hypoderma der primären Rinde *p* entstanden.

Bast enthält dieselben Steinzellen (in vorwaltend axialer Streckung) äusserst spärlich in kleinen Gruppen zerstreut und untermischt mit (kurzen Bastfasern ähnlichen) Stabzellen. Parenchym und Siebröhren stimmen mit den gleichnamigen Elementen von *Syringa* überein, auch hier ist Krystallsand spärlich.

Die Markstrahlen sind ein- oder zweireihig. Trotz der sehr zurücktretenden Neigung zur Sklerose in den Elementen des Bastes werden doch einzelne Markstrahlzellen sklerotisch.

Fraxinus nigra Marsh.

Kaum hat das Laub seine volle Entwicklung erreicht, beginnt auch schon die Bildung des Periderma aus der unter der Oberhaut gelegenen Zellschicht der primären Rinde [1]). Doch entstehen im Laufe der ersten Vegetationsperiode in der Regel nur drei Reihen grosser, cubischer und etwas derbwandiger Korkzellen und an den vorjährigen Trieben ist die Epidermis noch erhalten.

Die Borkebildung [2]) beginnt sehr spät, schenkeldicke Stämme pflegen noch mit Oberflächenperiderma bekleidet zu sein. Die inneren Korkhäute bestehen nur aus drei bis fünf Reihen dünnwandiger, sehr weiter Zellen und dringen sehr flach ein, so dass die abgetrennten Rindenstücke oft nicht einmal so breit sind als die Korklamellen. Die Borkschuppen hängen übrigens sehr innig zusammen und alte Bäume besitzen eine tief zerklüftete grob gewulstete Rinde.

Die primäre Rinde ist im äusseren Theile ein typisches Collenchym, in der inneren Hälfte ein dünnwandiges breitporiges Parenchym mit vielen grossen Intercellularräumen. Die primären Bastfasern entstehen als compacte umfangreiche Bündel und zwischen ihnen beginnt zuerst die Sklerosirung [3]) des Parenchyms. Späterhin findet man auch in den äusseren Theilen der primären Rinde vereinzelte, selbst kleine Gruppen von Steinzellen, doch ist die Sklerosirung auch in sehr alten Stämmen immer sehr geringfügig bezüglich ihres Umfanges. Die Steinzellen sind häufig sehr klein, isodiametrisch oder tangential gestreckt bis 0,1 mm.

Dieselben Steinzellen treten im äusseren Theile des Bastes in grösserer Menge auf, nur sind sie hier vorherrschend axial gestreckt. Sie bilden zum Theil selbstständige Gruppen oder sie begleiten die Bastfaserbündel, welche zunächst isolirt in tangentialer Anordnung auftreten. In den inneren Rindentheilen haben die Bastfasern entschieden das Uebergewicht, sie bilden wenig — fast nur durch die Markstrahlen — unterbrochene, sehr genäherte Bänder von ungleicher Breite und das Vorkommen von Steinzellen ist fast ganz auf die Lücken zwischen den Bastfaserbündeln beschränkt. Sämmtliche Steinzellen sind nahezu vollständig verdickt, fein geschichtet und reichporig. Die Bastfasern sind mässig lang (0,7 mm) krummläufig, ausgezackt, stumpf oder knorrig endigend, dünn (0,02 mm), vollständig verdickt mit deutlicher Primärmembran aber sonst ungeschichtet und ziemlich reichporig. — Die Weichbastschichten sind in der Regel breiter als die Bastfaserbänder, da die letzteren häufig nur ein- oder zweireihig, selten über fünfreihig sind. Das Bastparenchym ist englumig, dünnwandig und an der Markstrahlseite mit einer verticalen Reihe grosser rundlicher Poren besetzt. Die Mehrzahl der Zellen ist dicht mit Krystallsand und feinen Prismen erfüllt. Die Siebröhren (Fig. 60) sind etwas weitlichtiger (0,03 mm) als die Parenchymzellen, ihre Gliederenden sind etwas verbreitert und tragen mehrere (drei bis vier) grobporige, rundliche, sehr grosse Siebplatten. Die Seitenflächen sind in Folge einer dichten netzigen Verdickung fein gerunzelt.

Die Markstrahlen sind ein- oder zweireihig, die Zellen breit und wenig gestreckt, hie und da zwischen den Bastfaserbündeln sklerotisch, die dünnwandigen fast sämmtlich mit Krystallsand erfüllt.

---

[1]) Nach Sanio (Pringsheim's Jahrb. II. p. 39) in centrifugal-intermediärer Zellenfolge.
[2]) Steinborke ähnlich den Buchen und Birken. Vgl. Hartig, Forstl. Culturpflanzen p. 477.
[3]) Vgl. de Bary, Vegetationsorgane p. 555 u. 556.

Fraxinus pubescens Walt.

Die Oberhaut mit langen, mehrzelligen Haaren ist noch an vorjährigen Trieben erhalten, wenngleich sich unter ihr bereits eine geschlossene Peridermschicht aus 6—8 Reihen breiter, mässig abgeflachter Korkzellen entwickelt hat. Die Borke wird zwei Finger dick und besteht aus ziemlich breiten, durch sehr dünne Korkhäute von einander getrennten Schuppen, die sehr innig aneinander haften.

Die primäre Rinde, aussen collenchymatisch, innen ein dünnwandiges Parenchym, führt in einzelnen Zellen winzige prismatische Krystalle. Steinzellen treten ganz vereinzelt nur zwischen den noch zu compacten Gruppen vereinigten primären Faserbündeln auf.

Die secundäre Rinde besteht zunächst nur aus Weichbast. Allmälig treten zerstreute Gruppen von Bastfasern und Steinzellen oder beide vereinigt auf, ordnen sich in tangentiale Reihen, bis sie in den älteren Rindentheilen sich zu geschlossenen concentrischen Bändern vereinigen. Auch hier findet man aber noch isolirte Sklerenchymgruppen.

Durch die immer mehr überwiegende Steinzellenbildung, sowie durch die geringe Länge (treppenförmige Anordnung) und ungleichmässige Breite der Bastfaserbänder ist die Regelmässigkeit der Schichtung, die für Rinden mittleren Alters sehr charakteristisch ist, in dem jungen Baste sehr alter Stämme ziemlich verwischt. Die Steinzellen erreichen ansehnliche Dimensionen (0,06 mm diam.) bei vorwiegend axialer Streckung, sind vollkommen verdickt, fein geschichtet mit zahlreichen verästigten Porenkanälen. Sowohl unter einander, als mit den Bastfasern sind sie sehr innig verschmolzen. Die letzteren sind dick (0,035 mm), am Querschnitt rundlich mit sehr engem Lumen, ausser der Primärmembran keine deutliche Schichtung und spärliche einfache Porenkanäle zeigend; ihre Länge überschreitet selten 0,7 mm, ihre Seiten sind zackig, knorrig, die Enden stumpf, ihr Lauf geschlängelt. — Die Weichbastschichten sind meist bedeutend (oft drei- bis fünfmal) breiter als die Sklerenchymplatten. Sie bestehen vorwiegend aus Parenchym, welches in Lumen und Wandverdickung von den Siebröhren wenig verschieden ist. Die Parenchymzellen (Fig. 60) führen reichlich winzige prismatische Krystalle und Sand. Die Siebröhren sind langgliederig, an den Enden stumpf oder ein wenig verbreitert (0,04 mm) mit einer Reihe (bis 5) grosser, ungewöhnlich breitporiger Siebplatten, an den Seitenwänden von dicht an einander gereihten Siebfeldern fein netzig.

Die Markstrahlen sind ein- oder zweireihig, doch so breitzellig, dass sie schon mit unbewaffnetem Auge kenntlich sind. Ihre Zellen strotzen von Krystallsand, wenn sie nicht zwischen den Sklerenchymbändern sklerosiren, was übrigens spät und keineswegs regelmässig geschieht.

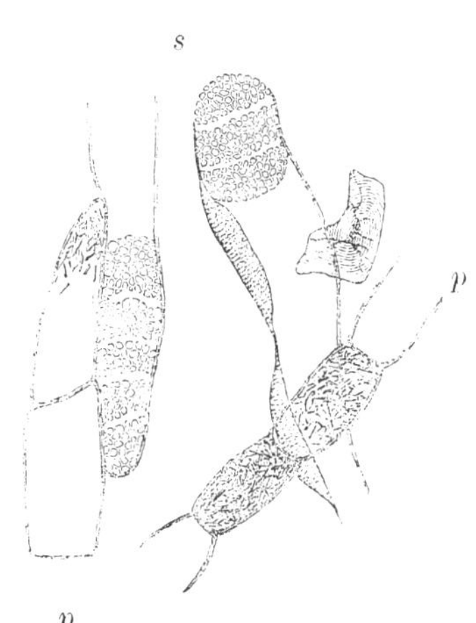

Fig. 60. *Fraxinus pubescens* Walt. Isolirte Elemente des Bastes (300). *s* Siebröhrenglieder mit gegitterten Plattensystemen und an den Faltungen der Seitenwände sichtbaren zarten Siebfeldern; *p* Bastparenchym mit Raphiden.

Fraxinus Ornus L.

Die Rinde stimmt mit *F. pubescens* sehr nahe überein. Die Sklerosirung des Bastparenchyms ist im Allgemeinen weit geringer, so dass die am Querschnitte rundlichen Bastfaserstränge häufiger isolirt sind, wo sie bei der vorigen Art durch Sklerosirung des zwischengelagerten Bastparenchyms und der Markstrahlzellen zu geschlossenen Bändern vereinigt sind. Nichtsdestoweniger ist die concentrische Schichtung sehr regelmässig. Der Weichbast besteht aus grossgetüpfelten Parenchymzellen und aus Siebröhren mit grobporigen Siebplatten in leiterförmiger Anordnung. Die Markstrahlen sind kurz und breitzellig, meist zweireihig, jedoch stellenweise auf vier bis fünf Zellenreihen verbreitert und führen, wie das Bastparenchym, Krystallsand in reichlicherer Menge. — Daumendicke Zweige pflegen schon mit Borke bedeckt zu sein. Die Korkhäute bestehen aus 5—8 Reihen sehr weiter und zartwandiger Zellen.

Syringa vulgaris Lin.

Schon an einige Tage alten Internodien findet man die unmittelbar unter der Oberhaut gelegenen Zellenlage in Theilung begriffen [1]). Das Periderm, aus wenigen Reihen (meist nur vier) sehr weiter, oft radial gestreckter, zartwandiger Korkzellen bestehend, ist schon in der ersten Vegetationsperiode vollständig ausgebildet und hat die Oberhaut abgestossen.

Die Borkebildung [2]) beginnt sehr spät, an armdicken Stämmen findet man noch Oberflächenperiderme aus wenigen (3—5) Reihen sehr weiter, dünnwandiger und verzogener Korkzellen. Die inneren Korkhäute sind den oberflächlichen im Baue gleich, bestehen ebenfalls nur aus wenigen Zellenreihen und schneiden zunächst nur dünne Platten der primären Rinde ab. Späterhin werden die Borkeschuppen dicker, indem sie mehrere Bastlagen einschliessen.

Die primäre Rinde ist im äusseren Theile derb collenchymatisch und führt keine Krystalle. In der Nähe der primären Bastfasern, welche lange zu umfangreichen Bündeln vereinigt bleiben, sklerosiren einzelne Parenchymzellen ohne Form und Grösse wesentlich zu verändern, doch kommt es ebensowenig wie bei *Fraxinus* zur Bildung eines gemischten Sklerenchymringes.

In der secundären Rinde treten zunächst isolirte Bastbündel in tangentialer Anordnung auf, späterhin wird der Bast regelmässig geschichtet, indem die Bündel zu wenig unterbrochenen Bändern zusammenschliessen und durch nahezu ebenso breite Weichbastschichten von einander getrennt sind. Die Bastfasern sind innig verbunden, etwas krummläufig und zackig, von geringer Länge (selten über 0,6 mm) und mässiger Breite (0,02 mm). Sie besitzen ein sehr enges Lumen und zahlreiche Porenkanäle. Vereinzelte den Bastfaserbündeln angelagerte Parenchymzellen werden zu Stabzellen sklerosirt und ausserhalb derselben kommen hier und da gleichfalls Steinzellen vor. Der Weichbast ist kleinzellig und dünnwandig, frei von Krystallen. Parenchym und Siebröhren, welche untereinander vermischt sind, haben nahezu gleiche Lumina, letztere endigen stumpf mit einer Reihe leiterförmig angeordneter, rundlicher, äusserst feinporiger Siebplatten.

Die Markstrahlen sind ein- oder zweireihig. Die Zellen sind wenig gestreckt und werden zwischen den Bastfaserbündeln nur selten sklerotisch. Sie führen spärlich Krystallsand.

---

[1]) Nach Sanio (Pringsheim's Jahrb. II. p. 39) centrifugal-intermediär.
[2]) Vgl. Hanstein, Baumrinden p. 50.

Loganiaceae.

Das Periderma entsteht erst an zwei- selbst dreijährigen Internodien aus einer tiefer gelegenen Zellschicht der primären Rinde, besteht
zunächst aus zartwandigem Tafelkork und grenzt nach innen an den schon
vor der Anlage des Periderma in der primären Rinde gebildeten Steinzellenring. Das Periderma ist ausdauernd und wird
durch gleichmässige Verdickung oder einseitige Sklerosirung mehrfacher
Zellenreihen geschichtet. Charakteristisch ist das mächtige Phelloderma,
dessen Entwicklung gegen die Mittelrinde durch den Steinzellenring abgeschlossen
ist, welcher sowol von Seite des Phelloderma als von der Mittelrinde her in dem
Maasse ergänzt wird, als er in Folge des Dickenwachsthums gesprengt werden
würde. Er zeigt daher in Form und Anordnung seiner Elemente einmal mehr
den Charakter des Phellogens (Fig. 61), das andere Mal mehr den des Rindenparenchyms.

Die primäre Rinde besitzt kein collenchymatisches Hypoderma[1]),
führt in zerstreuten Zellen Einzelkrystalle und sklerosirt frühzeitig. Die auffallend dicken primären Bastfasern treten in geringer Zahl auf und sind in
älteren Rinden kaum mehr aufzufinden. Ausser dem primären Steinzellenring
sklerosiren einzelne oder kleine Gruppen von Zellen in allen
Theilen der Rinde (auch im Phelloderma mitunter) ohne sich dabei wesentlich zu vergrössern und mit Erhaltung ihrer Form. Ebenso kommen im
Phelloderma sowol wie in den Bast- und Markstrahlen reichlich rhomboedrische Krystalle vor. Die secundäre Rinde entbehrt der Bastfasern und der Siebröhren, die Parenchymzellen sind
grobporig und haben im Baste conjugirende Ausstülpungen.

Die Markstrahlen sind bis vierreihig und verbreitern sich nach
aussen. Ihre Zellen sind dünnwandiger als das Bastparenchym, breit und kaum
gestreckt, reichlich Krystalle führend.

Strychnos cabalonga hort.

Die mit dünner Cuticula überzogene Oberhaut trägt stark verdickte, kurze,
conische Härchen. Die primäre Rinde ist an einjährigen Zweigen kaum 0,1 mm
breit collenchymfrei und entwickelt frühzeitig Steinzellen dicht nebeneinander.
Die primären Bastfasern, durch ihre Dicke (0,035 mm) auffallend, stehen in
einem einfachen, fast lückenlosen Kreise. Während der äussere Steinzellenring sich immer fester schliesst und sich verbreitert, wird der Bastfaserring in
Folge der Zerrung auseinander gedrängt und die so entstandenen Lücken (zunächst
wenigstens) nicht durch Steinzellen ausgefüllt. Das Parenchym der primären Rinde
ist kleinzellig und führt reichlich unverhältnissmässig grosse rhomboedrische
Einzelkrystalle. Erst im zweiten, selbst dritten Jahre bildet sich Periderma in einer tieferen Rindenschicht; die breiten, mässig flachen, zartwandigen Zellen des Phelloderma reichen bis an den äusseren Steinzellenring heran.

---

[1]) Es sei auf die Coincidenz mit dem schon in den jüngsten Internodien sich bildenden
Steinzellenring hingewiesen.

Strychnos Gautheriana Pierre. [1]

Die Rinde ist 1,5 mm dick mit zunderartig weichem, orangegelbem Korke bedeckt, innen schwarzbraun, ebenbrüchig, am Querschnitte homogen, durch eine hellfarbige Gewebsparthie in zwei Platten getheilt.

Auf sechs und mehr Reihen dünnwandiger, mässig abgeflachter Korkzellen folgt das Phelloderma, das noch in den tieferen Schichten an der Form seiner Zellen die Abstammung aus dem Phellogen erkennen lässt. Allmälig erfolgt der Uebergang in das tangential gestreckte Parenchym der primären Rinde, welche, wie das Phelloderma (Fig. 61), durch das reichliche Vorkommen isolirter rhomboedrischer Einzelkrystalle ausgezeichnet ist. In der Tiefe von 0,7 mm etwa, nach aussen ziemlich scharf abgegrenzt, tritt ein vollkommen geschlossener Sklerenchymring (Fig. 61) auf, dessen Elemente klein (selten über 0,04 mm diam.) und isodiametrisch, stark (aber mit Erhaltung des Lumens) verdickt und reichporig sind. Nach innen ist die Abgrenzung des Sklerenchymringes weniger scharf, weshalb beim Trocknen derselbe an dem Basttheile haften bleibt, wenn die schrumpfende primäre Rinde sich abtrennt. Im Baste kommen noch vereinzelt Steinzellen vor. Bastfasern fehlen; ebenso Siebröhren [2]). Die Parenchymzellen sind ziemlich derbwandig und grobporig, hier und da auch conjugirend. Viele derselben enthalten grosse klinorhombische Einzelkrystalle in grösserer Anzahl und neben diesen Krystallschläuchen kommen auch Kammerfasern vor. Die Markstrahlen sind meist drei- oder vierreihig; ihre Zellen sind etwas dünnwandiger als das Bastparenchym, breit, fast cubisch und führen gleichfalls Einzelkrystalle.

Strychnos nux vomica L.

Derbe, 3 mm dicke, körnig brüchige Rindenstücke mit warzigem, ockergelbem Korke bedeckt, innen fein welligstreifig. Eine zarte helle Linie ist am Querschnitt an der Grenze des Bastes erkennbar. Das Periderm zählt etwa 8—15 Reihen breiter, mässig flacher, an der Innenseite schwach sklerotischer, in dünnen Schichten auch zartwandiger Korkzellen. Eine ungleich mächtigere Entwicklung erreicht das Phelloderm; denn mehr als 60 Zellenreihen in einer Gesammtbreite von 0,6 mm zeigen noch deutlich die radiale Anordnung und typische Zellform des Phellogens, dann erst erfolgt der Uebergang in das unregelmässige Parenchym der Mittelrinde, welches zum überwiegenden Theile zartzellig ist, mit spärlichen Gruppen kleiner Steinzellen, die vorherrschend isodiametrisch, bis auf ein Drittel des Lumens verdickt und sehr reichporig sind. In der Tiefe von 1,5 mm etwa schliessen die Steinzellen zu einem schmalen (0,12 mm), aus 5—8 Zellenreihen gebildeten Sklerenchymring zusammen. Die ganze Mittelrinde führt neben feinkörniger Stärke reichlich grosse klinorhombische Einzelkrystalle in zerstreuten Krystallschläuchen.

Die secundäre Rinde entbehrt der Bastfasern und der Siebröhren. Von dem Sklerenchymringe her dringen noch zahlreiche Steinzellengruppen in den Bast ein, werden aber in den tieferen Schichten des letzteren immer spärlicher und bilden keine axial orientirten Massen. Das Bastparenchym ist zartwandig und grossporig in grosser Zahl zu Krystallschläuchen und Kammerfasern umgewandelt. Auch die am Querschnitte kaum erkennbaren (bis vierreihigen) Markstrahlen führen grosse Einzelkrystalle, oft mehrere in einer Zelle, so dass die Rinde einen überwältigenden Reichthum an Krystallen besitzt.

---

[1]) Ein Fragment der Rinde, welche in Cochinchina unter dem Namen „Hoangnan“ als Heilmittel gegen Lepra geschätzt ist. Vgl. G. Planchon, Journ. Pharm. Chim. 1877 p. 384; Bernardin, L'Afrique centrale. Gand 1877 p. 19.

[2]) Siebröhren im Holzkörper. Vgl. F. Müller, Bot. Ztg. 1866 p. 68; de Bary, Vegetationsorgane p. 594. G. Planchon, Compt. rend. 1879 p. 1084.

Strychnos sp. [1])

Harte, ebenbrüchige, gegen 3 mm dicke Rindenstücke mit gelbem, warzigem Korke bedeckt, an der Innenseite sehr fein längsstreifig, am Querschnitte drei Schichten zeigend, eine innere radial gestreift und die mittlere fein punktirte, von der äusseren homogenen durch eine helle Linie abgegrenzt.

Das Phelloderm zählt bei einer Breite von 0,8 mm gegen 50 Reihen dünnwandiger Zellen (Fig. 61), die ab und zu einen rhomboedrischen Krystall enthalten. An dasselbe schliesst sich ein u n u n t e r b r o c h e n e r R i n g aus 8—12 Reihen cubischer Steinzellen an, welche stark verdickt und von zahlreichen groben Poren durchzogen sind. Nach innen ist dieser Steinzellenring nicht scharf abgegrenzt, er dringt ungleich tief in die Mittelrinde ein, deren Zellen gleichfalls gruppenweise sklerosiren. Das dünnwandige Parenchym führt reichlich klinorhombische Krystalle verschiedener Ausbildung, oft von ansehnlicher Grösse.

In der secundären Rinde kommen ähnliche Steinzellen, wie in der Mittelrinde vor, nur häufiger axial gestreckte Formen. Sie sind das einzige sklerotische Element, da B a s t - f a s e r n f e h l e n. Die Parenchymzellen sind breit getüpfelt, fast überwiegend zu Krystallschläuchen und Kammerfasern umgewandelt, welche ausschliesslich Einzelkrystalle enthalten. Siebröhren sind nicht vorhanden.

Die Markstrahlen sind im

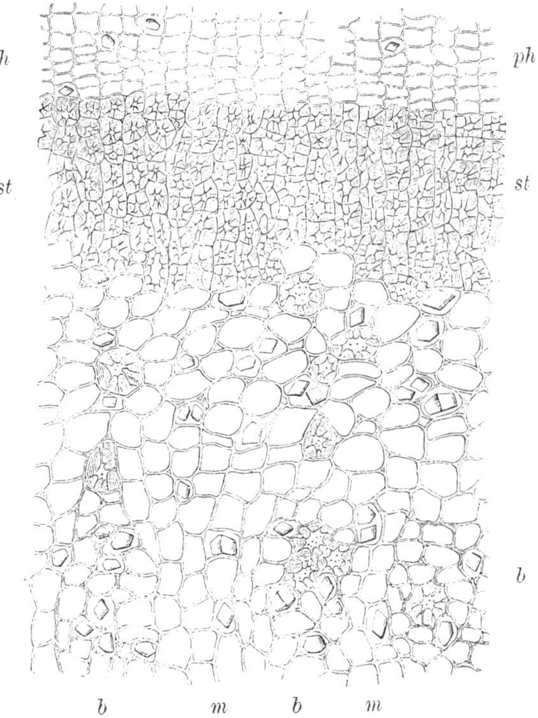

Fig. 61. *Strychnos sp.* Querschnitt durch die Rinde (160). *ph* dünnwandiges Phelloderma mit Einzelkrystallen; *st* geschlossener Steinzellenring mit unverkennbar phellogenem Ursprung an der Grenze der Mittelrinde, in welcher Steinzellen und Krystallschläuche regellos vertheilt sind; *b* Baststrahlen mit Steinzellengruppen und Krystallen ohne scharfe Abgrenzung von den nach aussen sich verbreiternden Markstrahlen *m*.

Baste bis vier Reihen breit, erweitern sich aber gegen die Mittelrinde, so dass die Baststrahlen nach aussen spitz zulaufen. Die Markstrahlzellen sind breit, kaum gestreckt und führen dieselben Krystalle wie das Bastparenchym.

---

[1]) „*Cortex Angosturae spurius*". Vgl. Comm. z. österr. Pharm. III. Aufl. p. 271, wo diese Art als *St. nux vomica* beschrieben ist. Die Verschiedenheiten in der Entwicklung der Periderme und des Steinzellenringes mögen vielleicht individuell sein. Vgl. P l a n c h o n, Etudes sur les Strychnos. Journ. de Pharm. et de Chimie 1880.

Apocynaceae.

Das Periderm entsteht aus der Oberhaut selbst *(Nerium)*, ist sehr weitzellig und zartwandig *(Nerium, Ochrosia)* oder mehrfach geschichtet und zum Theil allseitig sklerotisch *(Geissospermum)* oder nur aus wenigen Reihen einseitig schwach sklerotischer und mächtigeren Lagen cubischer oder in verschiedenem Grade flacher Tafelzellen gebildet *(Vallesia, Alstonia, Aspidosperma)*. Es ist häufig ausdauernd *(Nerium, Alstonia, Vallesia)*, Borkebildung habe ich bei *Ochrosia* beobachtet und auch hier trotz des ansehnlichen Alters der Rinde nur in einer oberflächlichen Schichte flach eindringend; tief greifende Korklamellen bei *Aspidosperma*, deren Borke an Mächtigkeit der Eichenborke nicht nachsteht. — Sowol die oberflächlichen wie die inneren Phellogenschichten bilden Phelloderme[1]), erstere in ausgedehntem Maasse, doch ist — im Gegensatze zu *Strychnos* — der phellogene Ursprung nur in den jüngsten Zellenreihen erkennbar. Die Verwandtschaft mit *Strychnos* ist in der bei *Vallesia, Geissospermum* und *Alstonia* beobachteten schichtenweisen Sklerosirung der Phelloderme angedeutet.

Nerium besitzt ein typisches collenchymatisches Hypoderma. Die Sklerosirung der Mittelrinde tritt in verschiedenen Formen auf. Sie ist auf die Bildung spärlicher Steinzellengruppen beschränkt *(Nerium, Ochrosia)* oder neben sparsamen Steinzellengruppen finden sich zusammenhängende sklerotische Platten *(Alstonia, Geissospermum)* oder es entstehen mehrere geschlossene Sklerenchymplatten in scharfer Abgrenzung hinter einander *(Vallesia)*. Auch in diesem Falle, wie in den übrigen, ist die Sklerosirung des Parenchyms unabhängig von der primären Bastbündelzone, ja diese ist sogar weniger reich an Steinzellen. Die Formen der Steinzellen sind wenig charakteristisch; sie sind weder in Form noch Grösse nennenswerth verändert, meist isodiametrisch, sehr stark verdickt (die schwach verdickten Zellen von *Alstonia* sind wahrscheinlich noch nicht ausgebildet), fein geschichtet und porenreich. Die primären Bastfasern sind durch ihre bedeutenden Dimensionen, durch die Geschmeidigkeit ihrer vollständig verdickten, dicht geschichteten, porenarmen Membranen ausgezeichnet. Krystallschläuche mit klinorhombischen Einzelkrystallen (nur in den jungen Internodien von *Nerium* kommen Drusen vor, die aber später Einzelkrystallen weichen) ansehnlicher Grösse kommen reichlich zerstreut, meist ohne erkennbare Beziehung zum Sklerenchym oder an dieses gebunden *(Geissospermum)*, bei allen untersuchten Arten vor.

Die secundäre Rinde entbehrt der Bastfasern (mit einziger Ausnahme von *Aspidosperma*) vollständig, mitunter auch des Sklerenchyms *(Nerium, Alstonia)*. Wo das letztere vorkommt, bildet es geschlossene Gruppen von bedeutender axialer Streckung mit rundlichem *(Ochrosia)* oder auch tangential gestrecktem Querschnitt in alternirender Schichtung *(Vallesia, Aspidosperma, Geissospermum)*. Die Steinzellen (Fig. 63, 64) sind denen der

---

[1]) *Nerium* scheint kein Phelloderma zu bilden. Vgl. de Bary, Vegetationsorgane p. 564.

primären Rinde ähnlich, bei *Vallesia* und *Geissospermum* fast nur isodiametrisch und häufig von Krystallen begleitet, bei *Ochrosia* auch unregelmässig, knorrig, dünnen Stabzellen und dicken, kurzen Bastfasern ähnlich, selten Krystalle einschliessend. *Aspidosperma* ist vor allen ausgezeichnet durch das Auftreten isolirter, knorrig spindelförmiger, von Kammerfasern vollständig umhüllter Fasern ausser den Sklerenchymplatten. Sie charakterisiren sich als Bastfasern nicht so sehr durch ihre Gestalt, als durch die vollständige Verdickung mit abgegrenzter Primärmembran bei sehr spärlicher Porenbildung, wodurch sich auch die kleinen (oft kaum 0,5 mm langen und 0,015 mm dicken) Formen von den zugleich vorkommenden Stabzellen unterscheiden. Der Weichbast enthält als charakteristisches Element Milchsaftröhren; doch sind diese an getrockneten Rinden oft nicht aufzufinden (ob nicht vorhanden [*Aspidosperma*]?), häufig weder durch ihr Lumen noch durch die Membrandicke, meist nur an dem zu einer gelben krümeligen Masse erstarrten Inhalt erkennbar. Sehr charakteristisch sind die Sekretschläuche von kurz spindelförmiger Gestalt (Fig. 64) bei *Geissospermum*. Echte Milchsaftröhren von unbegrenzter Länge haben *Nerium* und *Alstonia*. Die Sekretschläuche von *Ochrosia* sind ihnen ähnlich, jene von *Vallesia* scheinen dagegen geschlossen zu sein wie bei *Geissospermum*. Immerhin ist die Ungleichartigkeit dieser Elemente beachtenswerth. — Die Parenchymzellen sind grobporig, sehr häufig conjugirend (Fig. 64) *(Nerium, Vallesia, Aspidosperma, Geissospermum, Ochrosia)*. Isolirte Krystallschläuche, die einen oder mehrere klinorhombische Einzelkrystalle enthalten, und Kammerfasern sind in der Regel vorhanden, besonders reichlich bei *Nerium*; vermisst wurden die letzteren nur bei *Geissospermum* im Weichbaste. Ein unzweideutiger Zusammenhang zwischen Krystallbildung und Sklerosirung besteht bei *Aspidosperma*.

Die Siebröhren (Fig. 62, 63, 64) haben bei jeder der untersuchten Gattungen verschiedene Bildung, wie in den Einzelbeschreibungen nachgesehen werden möge, doch ist allen gemein die das Bastparenchym nicht übertreffende Weite der Glieder und die Feinporigkeit der dicht treppenförmig gereihten Siebplatten.

Die Markstrahlen sind ein- oder zweireihig, breit- und kurzzellig bei *Nerium, Alstonia, Vallesia, Geissospermum*, bis fünfreihig bei *Aspidosperma, Alstonia scholaris, Ochrosia*. Nur selten führen sie Krystalle und zwar Einzelkrystalle bei *Nerium* und *Aspidosperma*, Drusen bei *Geissospermum*. Zwischen den Steinzellenplatten von *Vallesia, Geissospermum* und *Aspidosperma* werden sie sklerotisch.

Nerium Oleander L.

In den jüngsten, noch behaarten Trieben findet man bereits die ersten Theilungen der Oberhaut[1]) zur Anlage des Periderma, doch entsteht im Laufe

---

[1]) Vgl. Sanio (Pringsheim's Jahrb. II. p. 39); Dippel (Mikroskop II. p. 157); Vesque (Anat. comp. de l'écorce p. 111).

der ersten Vegetationsperiode nur eine geringe Zahl (selten über fünf Reihen) von grossen, weitlichtigen, oft sogar radial gestreckten, zartwandigen Korkzellen. An den vorjährigen braunen Stengeln ist die Oberhaut schon vollständig abgestossen. Die Rinde alter, 5 cm dicker Stämme besitzt ebenfalls nur Oberflächenperiderm in der Mächtigkeit von fast 1 mm und besteht aus denselben weitlichtigen und zartwandigen Zellen, wie die erste Korklamelle. Borkebildung habe ich nicht beobachtet.

Das ausgezeichnet typische Collenchym der primären Rinde geht nach innen in ein dünnwandiges, lückiges, einzelne grosse Krystalldrusen führendes Parenchym über. Die primären Bastfasern, durch ausserordentliche Länge[1]), Breite (0,04 mm) und äusserst feine Schichtung bemerkenswerth, sind zu umfangreichen Bündeln vereinigt. Kleine Gruppen der primären Rinde werden sklerotisch, zugleich verschwinden die Drusen und an ihre Stelle treten rhomboedrische Einzelkrystalle in zahlreichen zerstreuten Zellen.

Aehnliche Steinzellenklumpen aus kleinen, isodiametrischen, vollkommen verdickten, fein geschichteten Elementen mit eingeschlossenen und angelagerten Krystallschläuchen kommen auch noch in den äusseren Theilen der secundären Rinde, nicht aber in den tieferen Bastschichten vor. Die secundäre Rinde entbehrt auch der Bastfasern vollständig. Sie besteht zum weit überwiegenden Theile aus etwas derbwandigem, grossporigem, hie und da auch conjugirtem Parenchym, welches reichlich klinorhombische Zwillingskrystalle oft zu mehreren in einer Zelle oder in schmalen Kammerfasern führt. Die Siebröhren sind enge (0,015 mm), schwer erkennbare Schläuche mit abgestumpften oder etwas kolbig erweiterten Enden und einfachen feinporigen Querplatten oder leiterförmig gereihten Plattensystemen. Die Milchsaftröhren[2]) sind im Baste regellos zerstreut, am Querschnitte rundlich (0,045 mm diam.) mit mässig derben (0,005 mm) Wänden.

Die Markstrahlen sind ein- oder zweireihig aus breiten und kurzen, hie und da krystallführenden Zellen zusammengesetzt.

Alstonia scholaris R. Br. *(Echites scholaris* L.)

Leichte hellfarbige mit Schwammkork bedeckte, gegen 0,5 cm dicke, fast ebenbrüchige Rindenstücke.

Das Periderma zählt bei 0,5 mm Dicke etwa 20 Reihen weitlichtiger, schichtenweise an der Innenseite etwas verdickter und sklerosirter, porenreicher Korkzellen. Es umschliesst kleine Gruppen vollkommen und gleichmässig verdickter Steinzellen, welche augenscheinlich der primären Rinde angehörten. — Phelloderma und Mittelrinde, ein grosszelliges, ungewöhnlich breitporiges Parenchym sklerosiren diffus bei geringer Wandverdickung und führen reichlich Krystallschläuche mit grossen Rhomboedern.

Die secundäre Rinde enthält keine Steinzellen und entbehrt auch der Bastfasern vollständig.

Das grosszellige dünnwandige Bastparenchym ist von schmächtigen Strängen geschrumpfter Siebröhren durchzogen, enthält spärliche kurze (häufig nur aus einer Parenchymzelle entstandene) Kammerfasern und in regelloser Vertheilung Milchsaftschläuche, deren dunkelkörniger Inhalt als cylindrische 0,35 mm dicke und über millimeterlange Masse auf Längsschnitten oft herausfällt. — Die Siebröhren sind kaum weitlichtiger als die Parenchymzellen (0,03 mm), ihre Glieder stehen mittels leiterförmig gereihter Plattensysteme in Verbindung.

---

[1]) S. de Bary, Anatomie der Vegetationsorgane p. 137.
[2]) Trécul (Comptes rend. 1865 p. 297) unterscheidet zwei Formen von Sekretschläuchen. de Bary, Vegetationsorgane p. 191 u. 454.

Die Markstrahlen sind häufig drei- selbst fünfreihig. Die Zellen breit bei ansehnlicher radialer Streckung, in der Regel keine Krystalle führend.

Alstonia spectabilis R. Br.

Schwammige, etwa 4 mm dicke Rindenstücke, wovon fast die Hälfte auf den weisslich grauen längsrissigen Kork entfällt; die Innenfläche ist hellbraun, glatt.

In dem breit- und zartzelligen (vereinzelt an der Innenseite der Zellen schwach sklerotischen) Oberflächen-Periderm wechseln Schichten cubischer und radial gestreckter, mit flachen Korkzellen, die theilweise dunkelrothbraunen Inhalt führen. Das grosszellige Phelloderma wird bei schwacher Verdickung sklerotisch, während die primäre Rinde nur äusserst spärliche Gruppen gleichfalls dünnwandiger (0,003 mm) Steinzellen bildet. In der letzteren sind Krystallschläuche mit grossen rhomboedrischen Einzelkrystallen zerstreut und die geschmeidigen, dicken und fein geschichteten primären Bastfasern werden meist schon isolirt angetroffen.

Der Bast enthält keinerlei sklerotische Elemente. Er ist stark geschrumpft, die Siebröhren zu netzig verbundenen Strängen zusammengefallen, die Milchsaftschläuche sind an ihrem zu körnigen Klumpen erstarrten Inhalte kenntlich. Die Parenchymzellen (Fig. 62) sind breit, oft sehr lang und zartwandig; enge Kammerfasern führen Einzelkrystalle. Die Siebröhren sind ebenso breit (0,04 mm) und dünnwandig wie das Parenchym, ihre Gliederenden sind sehr verschieden geneigt und tragen dem entsprechend 1—8 feinporige, derb callöse Siebplatten. Die Markstrahlen sind ein- oder zweireihig, aus sehr breiten Zellen zusammengesetzt.

Die Rinde ist im Baue wesentlich übereinstimmend mit der „Ditarinde", *Alstonia scholaris* R. Br., aber vollkommen verschieden von *A. constricta* F. M. [1]), die mir in einem Muster aus dem Musée Mellelez-Gand vorliegt.

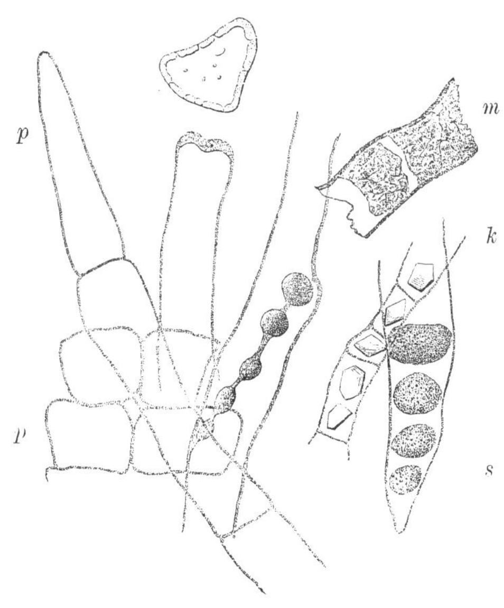

Fig. 62. *Alstonia spectabilis* R. Br. Isolirte Elemente des Bastes (300). *p* Parenchymfaser; *p,* Markstrahlzellen; *s* Siebröhren in der Flächen- und Seitenansicht der mit Callus belegten Plattensysteme und eine horizontale Querplatte; *k* Krystall-Kammerfasern, in einer Kammer zwei Rhomboeder; *m* Fragment eines Milchsaftrohres.

Vallesia hypoglauca Ernst. [2])

Die Rinde ist kaum millimeterdick, aussen silbergrau mit kleinen quergestellten Lenticellen, innen schwarzbraun grobstreifig.

Das Periderm besteht nur aus wenigen (2—5) Reihen tafelförmiger, einseitig (meist innen) derber sklerotischer Korkzellen. In den jüngsten

---

[1]) Vgl. A. Vogl, Comm. z. österr. Pharm. II. Aufl. p. 235.
[2]) Eine bittere Rinde („*Amorgoso*"), in Caracas als Fiebermittel in Gebrauch.

Schichten des Phelloderma treten einzelne oder kleine Gruppen von Steinzellen auf und schon in der Tiefe von 0,15 mm findet sich ein vollkommener geschlossener Sklerenchymring. Darauf folgt eine 0,6 mm breite Schichte der primären Rinde, in der die Bastfasern isolirt, und kleine Steinzellengruppen ohne zu einem Sklerenchymringe verbunden zu sein, zerstreut sind. Dagegen folgen nach innen noch mehrere (im vorliegenden Falle zwei) schmale (im Mittel 0,08 mm), durch steinzellenfreies Parenchym geschiedene Sklerenchymbänder. In dem dicht mit Stärke erfüllten Parenchym der Mittelrinde sind besonders in der Umgebung der Steinzellen reichlich Krystallschläuche mit grossen rhomboedrischen Einzelkrystallen zerstreut. Die Steinzellen sind klein (0,05 mm) isodiametrisch oder tangential gestreckt, fast vollständig verdickt, fein geschichtet mit zahlreichen verästigten Poren. Die primären Bastfasern sind sehr lang, oft stumpf, am Querschnitte kreisrund (0,06 mm diam.) sehr fein geschichtet, porenarm, einem grossen Stärkekorn (des Weizens etwa) nicht unähnlich.

Der Bast ist 0,3 mm breit. Er enthält ähnliche Steinzellen wie die Mittelrinde in rundlichen Gruppen oder quergestreckten Platten mit bedeutender axialer Ausdehnung. Bastfasern fehlen. Der Weichbast ist sehr geschrumpft, so dass die Milchsaftschläuche, deren Lumen und Wandverdickung von dem Parenchym wenig verschieden sind, an Schnitten kaum zu unterscheiden sind. Kammerfasern und Zellen mit oft mehreren Einzelkrystallen kommen fast nur mit Sklerenchym vergesellschaftet vor. Die Parenchymzellen sind breitporig und oft conjugirt. Charakteristisch sind die lang- und schmalgliederigen (0,015 mm) Siebröhren wegen der leiterförmig angeordneten Verdickungsleisten mit (bis gegen zwanzig) dünnwandigen anscheinend porenfreien Zwischenräumen. Die Markstrahlen sind ein- oder zweireihig, breit- und kurzzellig, krystallfrei, mit den Steinzellengruppen sklerosirend verschmolzen.

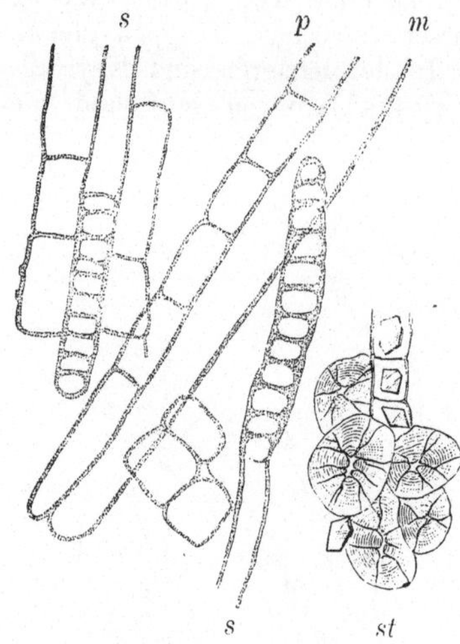

Fig. 63. *Vallesia hypoglauca* Ernst. Isolirte Elemente des Bastes (300). *p* Parenchymfasern begleitet von einem Sekretschlauche *m*; *s* Enden zweier Siebröhrenglieder; *st* Steinzellengruppe mit Krystallen.

Geissospermum Velozii Peckolt.

Derbe, 3 mm dicke, mit lederbraunem, flachhöckerigem Korke bedeckte Rindenstücke, innen rothbraun feinstreifig, am Bruche körnig-blätterig, am Querschnitte aussen körnig, innen treppenförmig geschichtet und von sehr zarten hellen Markstrahlen gekreuzt.

Im Periderm wechseln Schichten zartwandiger, weitlichtiger, inhaltsloser, mit Schichten tafelförmiger, rothbraunen Inhalt führender Korkzellen und nach innen schliesst sich eine 0,15 mm breite Schichte beinahe cubischer, gleichmässig stark verdickter Steinzellen an, Abkömmlinge des Phellogens, mit eingeschlossenen grossen rhomboedrischen Krystallen. Die Mittelrinde ist nur in einer schmalen Schicht dünnwandigen Parenchyms mit zerstreuten Steinzellengruppen und angelagerten Rhomboedern vorhanden.

Aehnliche Steinzellengruppen, nur zu breiten (bis mehrere Millimeter) und etwa 0,2 mm dicken Platten vereinigt, bilden im Baste alternirende Schichten.

Die Steinzellen sind klein (selten über 0,05 mm diam.), meist isodiametrisch, zum Theil vollständig, zum Theil mit Belassung eines engen Lumens verdickt, fein geschichtet und reichporig. Im Innern und an der Peripherie der Gruppen sind reichlich grosse Einzelkrystalle zerstreut. Bastfasern fehlen gänzlich. Der Weichbast (Fig. 64) ist in breiten Schichten entwickelt. Es sind in ihm die Stränge zusammengefallener Siebröhren und zahlreiche Sekretschläuche, nicht selten zu mehreren neben einander, auffallend. Das Parenchym ist sehr dünnwandig, oft conjugirend. Die Siebröhren — von demselben Typus wie bei *Vallesia* — sind kurze (0,5 mm), enge (0,02 mm) Schläuche und stehen unter einander mittels 3—8 callöser Siebplatten in Verbindung. Die Sekretschläuche[1]) sind sehr zartwandig, spindelförmig, auffallend kurz (0,3 mm) und 0,03—0,05 mm weit. Kammerfasern fehlen.

Die Markstrahlen sind ein- oder zweireihig, ihre Zellen dünnwandig und oft grosse Krystalldrusen führend, zwischen den Steinzellenplatten jedoch sklerotisch und Rhomboeder einschliessend.

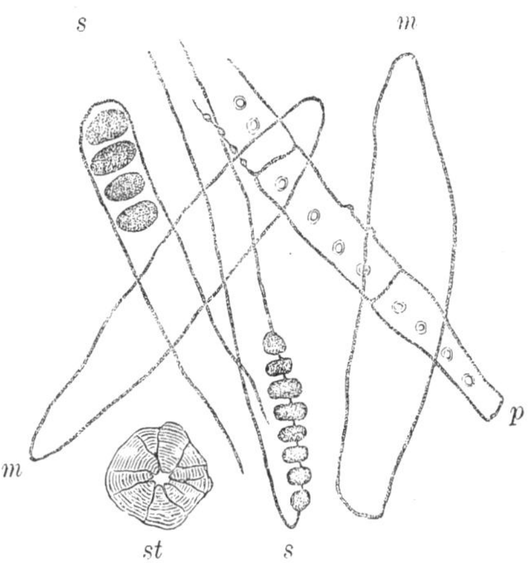

Fig. 64. *Geissospermum Velozii* Peck. Isolirte Elemente des Bastes (300). *m* Sekretschläuche; Parenchymfaser mit conjugirenden Ausstülpungen zum Theil in der Flächenansicht; *s* Siebröhrenglied mit callösem Plattensystem; *st* eine Steinzelle.

Ochrosia borbonica Juss. (*Cerbera borbonica* Spr.)

Die Rinde ist 7 mm dick, mit quergewulstetem, silbergrauem, gelblich durchschimmerndem Korke bedeckt, die Innenseite ist ockergelb, grobstreifig, der Bruch ist kurz blättrig-körnig, der Querschnitt in der äusseren Hälfte homogen, im innern Theile von zerstreuten, hellen Punkten unterbrochen. In Wasser quellen die Schnitte auf die dreifache Breite.

Das Periderm besteht aus grossen, zartwandigen, mässig abgeflachten Zellen. Eine ähnliche Korkhaut aus etwa 20 Zellenreihen hat einen Theil der primären Rinde als Borke abgetrennt.

Die Mittelrinde, durch Phelloderma bedeutend verstärkt, ist gross- und zartzellig mit spärlich zerstreuten kleinen Gruppen stark verdickter Steinzellen und zahlreichen Krystallschläuchen (Einzelkrystalle).

Die secundäre Rinde führt keine Bastfasern, sondern umfangreiche, axial gestreckte Sklerenchymgruppen mit verschieden gestalteten isodiametrischen (0,08 mm), stabzellenförmigen oder bastfaserähnlichen Elementen, die nahezu vollständig verdickt, fein geschichtet und reichporig sind. Der Weichbast ist kleinzellig mit spärlichen dünnwandigen Milchsaftröhren, deren Inhalt zu einer gelblichen krümeligen Masse[2]) eingetrocknet ist. Das Parenchym ist grobporig, mitunter conjugirend. Krystallzellen und kurze Kammerfasern sind spärlicher als in der Mittelrinde und stehen zu dem Sklerenchym in keiner Beziehung.

---

[1]) Vgl. „*Pereira*". Vogl, Comm. z. österr. Pharm. III. Aufl. p. 235.
[2]) Nach Vogl (Zur Pharmakognosie einiger weniger bekannten Rinden, Zeitschr. d. allg. österr. Ap.-V. 1871, Nr. 30) bleibt nach Behandlung mit Alcohol u. Aether eine aus winzigen Prismen bestehende Krystallmasse zurück.

Die Siebröhren sind nicht zu Strängen geschrumpft, ihre Enden tragen in grösserer Zahl (oft 8—10) breite, feinporige Siebplatten in leiterförmiger Anordnung.

Die Markstrahlen sind oft vier- oder fünfreihig, breitzellig, krystallfrei und, da sie von den spärlichen Steinzellengruppen nicht eingeengt werden, immer dünnwandig.

Aspidosperma Quebracho Gr. [1])

Die Rindenstücke sind 1,5 cm und darüber dick, mit mächtiger, stark zerklüfteter, korkbrauner bis ockergelber Borke und etwa 8 mm breiter lebender Rinde, deren Innenfläche längsstreifig und buntfleckig, deren Bruch kurz- und grobsplitterig, deren Querschnitt von hellen Punkten und Strichen mosaikartig gebändert ist.

Die Mittelrinde ist durch Borke vollständig abgestossen. Die inneren Peridermplatten, aus wenigen bis zu 30 Reihen grosser cubischer bis mässig flacher und an den tangentialen Wänden etwas derber Korkzellen bestehend, dringen unregelmässig in den Bast vor, dessen Schichtung stellenweise durch breite tangentiale Sklerenchymbänder deutlicher hervortritt, an anderen und zwar meist in den tieferen Lagen einer regellosen Punktirung durch umfangreiche, aus Steinzellen und Bastfasern gemischte Gruppen oder isolirte Bastfasern Platz macht. Die letzteren sind dadurch sehr charakteristisch, dass sie vollständig eingehüllt[2]) sind von Krystallkammerfasern mit grossen rhomboedrischen Einzelkrystallen. Sie sind ziemlich geradläufig, kurz zugespitzt oder etwas knorrig, an den Seiten zackig, von ansehnlicher Länge (bis 1,5 mm) und Breite (0,06 mm), vollständig verdickt, fein und dicht geschichtet mit deutlich abgegrenzter Primärmembran, sehr zartporig. In den gemischten Sklerenchymgruppen kommen ausser diesen grossen auch bedeutend dünnere Bastfasern, verschieden gestaltete, oft nur schwach verdickte Steinzellen, immer begleitet von Krystallkammerfasern, vor. Der Weichbast ist quantitativ untergeordnet, grosszellig, die Parenchymzellen oft conjugirt, die Siebröhren mit leiterförmigen Plattensystemen.

Die Markstrahlen sind meist dreireihig, sehr genähert; ihre Zellen werden zwischen den Sklerenchymgruppen oft sklerotisch, die dünnwandigen führen mitunter Krystalle und werden zur Krystallbekleidung der Sklerenchymgruppen mit herangezogen.

Asclepiadeae.

Das Periderm entwickelt sich sehr frühzeitig *(Stephanotis)* oder an älteren Internodien jähriger Triebe *(Hoya, Periploca)* aus der Oberhaut *(Periploca)* oder aus der subepidermidalen Schicht der primären Rinde (Fig. 65), ist grosszellig, weitlichtig, dünnwandig *(Hoya, Stephanotis, Gonolobus)* oder etwas derb *(Periploca)* und wird bald zerstört. Die Korklage ist dünn, Borke wurde nicht beobachtet.

Die primäre Rinde zeigte auch in den jungen Trieben von *Hoya, Stephanotis* und *Periploca* kein Collenchym, bei den letzteren und bei *Gonolobus* war sie durch eine schmale Phellodermschicht verstärkt. Die Sklerosirung

---

[1]) Vgl. Moeller, Bericht über die Pariser Weltausstellung 1878: Pflanzenrohstoffe p. 25; Hansen, die *Quebracho*-Rinde (Berlin 1880); Höhnel, Gerberinden (Berlin 18ᵕ0) p. 105.

[2]) Unter allen bekannten Rinden findet sich diese vollständige Krystallumhüllung isolirter Bastfasern nur noch bei der von Vogl beschriebenen (Beitr. zur Kenntniss d. sog. falschen Chinarinden u. Abbildung im Comm. zur österr. Pharm. III. Aufl. p. 223) „Cortex Chinae albae de Payta".

derselben unterbleibt vollständig bei *Periploca* und *Stephanotis;* sie ist auf das Auftreten zerstreuter und wenig umfangreicher Steinzellengruppen beschränkt bei *Gonolobus;* sie ist (wenigstens in der Jugend) quantitativ sehr untergeordnet, aber es bildet sich ein geschlossener Steinzellenring bei *Hoya* (Fig. 65). Weder bei dieser noch bei *Gonolobus* sklerosiren die zwischen den primären Bastbündeln gelegenen Theile des Parenchyms — *Periploca* und *Stephanotis* bildet überhaupt keine Steinzellen — was um so bemerkenswerther ist, als auch die *Apocyneen* dieselbe Eigenthümlichkeit zeigen. Die primären Bastfasern sind durch ausserordentliche Länge und Geschmeidigkeit, bei *Hoya* durch ungewöhnliche Dünne (Fig. 65) bei vollständiger Verdickung ausgezeichnet. Milchsaftgefässe wurden in der Mittelrinde[1]) nur bei *Gonolobus* gefunden. Die Steinzellen sind nicht *(Hoya)* oder doch nur wenig *(Gonolobus)* grösser als das Parenchym, aus dem sie hervorgegangen sind, auch die Form ist nicht wesentlich alterirt. Die Verdickung ist sehr bedeutend, die Schichtung fein, die Porenkanäle sind sehr zahlreich, breit und verästigt.

Der secundären Rinde fehlen stets Bastfasern, *Periploca* hat auch keine Steinzellen, bei *Gonolobus* sind die Sklerenchymgruppen, wie in der Mittelrinde, regellos zerstreut. Auch der Weichbast ist nicht geschichtet, am Querschnitte ziemlich homogen, da die Elemente desselben in Lumen und Membrandicke wenig verschieden sind. Das Parenchym bietet keine bemerkenswerthen Eigenthümlichkeiten. Die Siebröhren sind ebenso weit *(Periploca)* oder weiter *(Gonolobus* Fig. 66) als die Parenchymzellen, kurzgliedrig, mit mässig geneigten Endflächen, welche oft nur eine, nicht über vier grosse rundliche Siebplatten mit feinen *(Periploca)* oder groben *(Gonolobus)* Poren tragen. Die Milchsaftröhren sind unbegrenzt lang, enge (Fig. 66), mässig derbwandig, bei *Gonolobus* in kurzen Abständen gefächert.

Kalkoxalat kommt — von sklerotischen Elementen stets unabhängig — in verschiedenen Formen vor: bei *Hoya* und *Stephanotis* in der primären Rinde spärlich Drusen und Rhomboeder; bei *Gonolobus* in der Mittel- und Innenrinde, die, wenn auch in geringem Umfange, sklerosiren, reichlich in isolirten Krystallschläuchen Drusen, im Phelloderma dagegen Einzelkrystalle; bei *Periploca* in der ganzen Rinde, welche nicht sklerosirt, Einzelkrystalle und zwar in der secundären Rinde in zahlreichen Kammerfasern.

Die Markstrahlen sind ein-, selten zweireihig, die Zellen immer zartwandig, wenig gestreckt, bei *Gonolobus* Drusen führend.

Hoya crassifolia Haw.

An einjährigen Trieben entwickelt sich aus der unmittelbar unter der Oberhaut gelegenen Zellschicht (Fig. 65) ein ungemein grosszelliger, dünnwandiger Kork. Die primäre Rinde ist in den äusseren Schichten kaum etwas derbwandiger, nicht collenchymatisch, einzelne Zellen oder kleine

---

[1]) Vgl. Trécul, Compt. rend. 1865 p. 294.

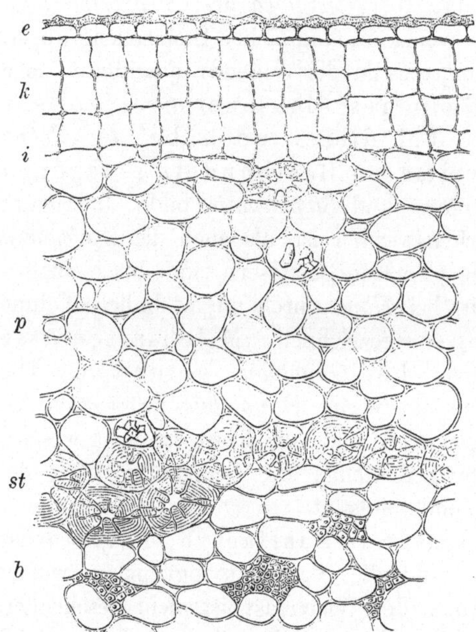

Fig. 65. *Hoya crassifolia* Haw. Querschnitt durch den einjährigen Trieb (300). *e* Oberhaut; *k* drei Reihen cubischer Korkzellen aus der Initiale *i*; *p* primäres Rindenparenchym mit vereinzelten Stein- und Krystallzellen und dem geschlossenen Steinzellenring *st* ausserhalb der primären Gefässbündelzone *b*.

Gruppen werden ohne nennenswerthe Formveränderung oder Vergrösserung sklerotisch und (Fig. 65) ausserhalb der primären Bastbündelzone treten diese Steinzellen zu einem geschlossenen, meist nur aus einer, höchstens zwei Zellenreihen gebildeten Ring zusammen, während zwischen den Bastbündeln selbst oder innerhalb derselben kein Sklerenchym mehr vorkommt. Die Steinzellen sind gerundet polyedrisch (im Mittel 0,03 mm diam.), sehr fein geschichtet und grobporig. Die primären Bastfasern, durch ausserordentliche Feinheit (0,008 mm) und Länge ausgezeichnet, sind zerstreut in Bündeln. Spärliche Zellen sowol innerhalb wie ausserhalb der Bündelzone führen grosse Krystalldrusen, seltener einzelne Rhomboeder [1]).

Periploca graeca L.

Nachdem die Jahrestriebe Meterlänge erreicht haben, beginnt in den ältesten Internodien die Oberhaut selbst Periderm zu bilden und im Laufe der ersten Vegetationsperiode entstehen etwa 4 Reihen weitlichtiger, fast cubischer, etwas derber und alsbald absterbender Korkzellen, denen sich einige Reihen Phelloderma anschliessen. Die Oberhaut ist schon an den vorjährigen Trieben zum grössten Theile abgestossen und auch das Periderm wird rasch abgeblättert, so dass es an alten, wenngleich nur fingerdicken Stämmen meist nur aus 4—6 Korkzellenreihen besteht. Borkebildung habe ich nicht beobachtet.

Die Collenchymschicht der primären Rinde ist wenig, doch ausgesprochener wie bei *Hoya* entwickelt. Das Parenchym ist dünnwandig, leicht zerreisslich und wird niemals sklerotisch. Die Zellen führen reichlich klinorhombische Einzelkrystalle. Die sehr langen, dicken (0,02 mm), fein geschichteten und geschmeidigen Bastfasern treten in massigen Bündeln auf.

Die secundäre Rinde entbehrt sowol der Bastfasern als auch jeder anderen Form von Sklerenchym, ähnlich dem Baste von *Nerium*. Das Parenchym ist im Lumen nahezu gleich (0,03 mm) den Siebröhren und Milchsaftschläuchen, und die letzteren sind nur wenig derbwandiger. Die Siebröhrenglieder stehen untereinander mittels sehr flacher, feinporiger (1—4) Siebplatten in Verbindung. Klinorhombische Einzelkrystalle kommen in zahlreichen Kammerfasern vor.

Die Markstrahlen sind fast durchaus einreihig, breitzellig.

---

[1]) Vgl. Dippel, Mikroskop II. p. 149; de Bary, Vegetationsorgane p. 208; Vesque, Anat. comp. de l'écorce p. 61.

Gonolobus Condurango Triana.

Leichte, weiche, bis 6 mm dicke Rindenstücke von papierdünnem, dunkelbraunem, zerstreut warzigem Korke bedeckt, innen hellbraun, grobstreifig, am Bruche grobkörnig, am Querschnitte weisslich gelb mit sparsam zerstreuten dunkleren Pünktchen auf undeutlich radial gestreiftem Grunde.

Das Periderm[1]) besteht bei einer Breite von 0,25 mm aus etwa 15 Reihen zartwandiger, mässig flacher, durchweg braun gefärbter Korkzellen. Das Phelloderma, nur 3 — 5 Reihen krystallführender (Einzelkrystalle) Zellen umfassend, geht in die primäre Rinde über, deren collenchymatischer Charakter in den äusseren Schichten noch erkennbar ist. Auch das übrige Parenchym der Mittelrinde ist etwas derbwandig und führt in grosser Menge Krystalldrusen und ziemlich reichlich zerstreut Milchsaftgefässe, die im Lumen den Parenchymzellen völlig gleichen (0,05 mm), sie in der Wanddicke nur wenig übertreffen, daher wesentlich nur durch ihren dunklen, feinkörnigen Inhalt hervortreten. Ab und zu sklerosiren kleine Parenchymgruppen. Die Steinzellen sind von mittlerer Grösse (selten über 0,1 mm diam.), ebenso häufig radial als tangential etwas gestreckt, oft vollständig, mitunter nur wenig verdickt, immer fein geschichtet und von zahlreichen groben, verzweigten Porenkanälen durchsetzt.

Am Querschnitte ist der Bast der Mittelrinde sehr ähnlich. Bastfasern fehlen gänzlich in der secundären Rinde; die Steinzellengruppen, Krystallschläuche mit grossen Drusen, Milchsaftschläuche sind übereinstimmend mit der Mittelrinde; die ein-, selten zweireihigen, kurzzelligen Markstrahlen treten wenig hervor. Die Siebröhren (Fig. 66) bilden kein „Hornprosenchym", ihre Glieder sind kurz (0,3 mm), weit (0,045 mm), mit wenig geneigten, durch porenfreie Interstitien in zwei oder drei Gruppen abgetheilten, grossporigen Siebplatten. Die Milchsaftschläuche sind endlos, enge (0,025 mm) wie das Bastparenchym, derbwandig und auf lange Strecken ohne Quertheilung, an manchen Stellen in kurzen Zwischenräumen gefächert.

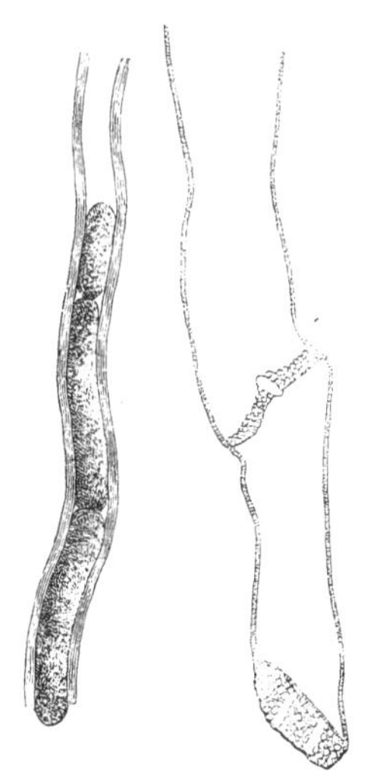

Fig. 66. *Gonolobus Condurango* Tr. Theil eines Milchsaftrohres und Siebröhren isolirt (300).

Stephanotis floribunda A. Brogn.

Eine junge Zweigspitze besass schon ein Periderma aus 3—4 Reihen zartwandiger, wenig oder gar nicht abgeflachter Korkzellen, die aus der äussersten Zellenlage[2]) der primären Rinde hervorgegangen waren. Diese ist nur in den äussersten Schichten etwas derb, kaum collenchymatisch, in den inneren Lagen äusserst zartzellig. Sie führt Krystalldrusen, besonders reichlich in der dem Periderma unmittelbar angrenzenden Zone. Andere Sekretschläuche fehlen. Die Sklerosirung unterbleibt vollständig, auch in den Lücken der faserreichen primären Bastbündel.

---

[1]) Nach Vogl (Zeitschr. d. allg. österr. Ap.-V. 1872, No. 5) ist der Kork an älteren Rinden geschichtet.

[2]) Vgl. Vesque, l. c. p. 111.

Nuculiferae.

Verbenaceae.

Die Entstehung des Oberflächenperiderma wurde nur bei *Vitex* und *Cithare-xylon* beobachtet, wo eine tiefere Lage der primären Rinde (Fig. 67) zum Initialmeristem wird. Im fertigen Zustande bestehen die Korkhäute aus fast cubischen, zartwandigen Zellen bei *Vitex, Citharexylon,* aus z. Th. einseitig (innen) schwach sklerosirten weitlichtigen Zellen bei *Tectonia,* aus durchgehends tafelförmigen, an der Aussenseite stark verdickten Steinzellen bei *Petraea.* Borkebildung wurde nur bei *Tectonia* beobachtet.

Das Parenchym der Mittelrinde, deren Hypoderma collenchymatisch ist, sklerosirt frühzeitig in der unmittelbaren Umgebung der primären Bastfasern bei *Citharexylon,* (Fig. 67) ab und zu auch bei *Vitex,* doch kommt es nicht zur Bildung eines geschlossenen Sklerenchymringes wie bei *Petraea,* wo bemerkenswerther Weise sonst in der ganzen Rinde Steinzellen fehlen. In der Mittelrinde von *Vitex* und *Cytharexylon* werden ausser in der unmittelbaren Umgebung der primären Faserbündel keine Steinzellen gebildet. Das Vorkommen von Krystallschläuchen mit zarten Prismen bei *Citharexylon* verdient hervorgehoben zu werden, weil bei *Vitex* Krystalle vollständig fehlen und bei den anderen untersuchten Arten — allerdings im Baste — das Kalkoxalat in anderen Formen auftritt.

Die secundäre Rinde von *Petraea* unterscheidet sich durch den Mangel jeder Art sklerotischer Elemente auffallend von *Vitex* und *Tectonia,* in denen beiden sowol Bastfasern als Steinzellen gebildet werden. Da *Vitex* nur in jungen, *Tectonia* in einem sehr alten Rindenmuster der Untersuchung zu Grunde lag, ist eine Parallele unthunlich und es möge nur erwähnt werden, dass bei beiden die Bastfasern tangentiale Platten bilden, deren seit-liche Lücken durch Steinzellen geschlossen oder mindestens verengt werden. Bei *Tectonia* kommen ausserdem isolirte, rundliche Sklerenchymklumpen vor. Bastfasern und Steinzellen sind bei beiden im Baue nahe übereinstimmend, jene dünn und mässig lang, diese in Form und Grösse vom umgebenden Parenchym wenig abweichend.

Im Weichbaste überwiegt das Parenchym, welches derbwandig, unge-wöhnlich grossporig (*Vitex, Petraea*), mitunter conjugirt (*Petraea*) ist. Die Zellen sind axial bedeutend gestreckt (*Vitex, Petraea*) oder auffallend kurz (*Tectonia*). Die Siebröhren sind dünne, lange Schläuche mit einfachen, feinporigen Querplatten. — Krystalle fehlen bei *Vitex* ganz und gar, bei *Petraea* sind sie spärlich aber von bedeutender Grösse in kurzen Kammer-fasern zerstreut, bei *Tectonia* endlich sind sie sehr reichlich vorhanden und anscheinend an die sklerotischen Elemente gebunden. Die Kammerfasern mit grossen Rhomboedern umhüllen die Bastfaserplatten vollständig; einzelne Rhomboeder sind immer in den Steinzellengruppen und in den sklerotischen Theilen der Markstrahlen eingeschlossen, während im Weichbaste nur winzige Kryställchen auftreten.

Die Markstrahlen sind schmal bei *Vitex*, breit (bis fünfreihig) bei *Tectonia* und *Petraea*. Die Zellen sind dünnwandig bei *Petraea*, wo die sklerotischen Elemente im Baste überhaupt fehlen; sie werden sklerotisch bei *Tectonia* und *Vitex*, wenn sie zwischen Bastbündeln oder Steinzellen durchtreten, ohne von diesen eingeklemmt zu werden. Bei *Tectonia*, selten bei *Petraea* führen sie auch grosse Einzelkrystalle.

Uebersicht der Gattungen nach Merkmalen des Bastes:

A. Weder Bastfasern noch Steinzellen in der secundären Rinde; grosse Einzelkrystalle in kurzen Kammerfasern; breite Markstrahlen: *Petraea*.

B. Bastfasern bilden mit Steinzellen tangentiale durch die sklerosirenden Markstrahlen verbundene Platten.

    1. Bastbündel von Kammerfasern umhüllt; breite Markstrahlen: *Tectonia*.
    2. Krystalle fehlen; zweireihige Markstrahlen: *Vitex*.

Vitex Agnus castus Lin.

Die mit verschiedenartigen Trichomen (kurze conische, mehrzellige Köpfchenhaare) besetzte Oberhaut ist nur an den jüngsten Internodien erhalten. An grünen, noch nicht blühenden Trieben entwickelt sich bereits das Periderma aus der zweiten oder dritten Zellenlage[1]) unterhalb der Epidermis, worauf diese schrumpft, sich bräunt und abgestossen wird. Fingerdicke Stengel sind von einem 0,1 mm breiten Periderm bedeckt, welches aus 4 Reihen nahezu cubischer, zartwandiger Korkzellen besteht.

Die primäre Rinde ist aussen collenchymartig, auch innen etwas derbzellig, frei von Steinzellen und Krystallschläuchen. Die primären Bastfasern sind noch in umfangreichen Bündeln (nicht selten über 100 Fasern enthaltend) vereinigt, in deren Lücken mitunter einige Parenchymzellen schwach sklerosiren.

Die secundäre Rinde enthält in dem vorliegenden Muster erst eine, aber bereits zu einer selten unterbrochenen Platte vereinigte Bastfaserschicht. Die Bastfasern, welche tangential gestreckte, 3—4 Fasern in radialer Richtung haltende Bündel zusammensetzen, werden durch zwischengelagertes Sklerenchym zu einer Platte geschlossen. Die Bastfasern erreichen Millimeterlänge bei 0,025 mm Breite, sind meist geradläufig, an den Seiten oft zackig mit gegabelten oder etwas knorrigen Enden; ihre Verdickung ist sehr beträchtlich bei undeutlicher Schichtung und feinen Poren. Die begleitenden Steinzellen sind meist axial gestreckt, in den Dimensionen mit dem Bastparenchym, aus dem sie entstanden sind, nahe übereinstimmend. Im Weichbaste überwiegen die Parenchymzellen, die etwas derbwandig, breitporig und etwa 0,02 mm weit sind. Die Siebröhren sind ebenso weitlichtig, aber entschieden zartwandiger als das Parenchym und tragen an ihren Enden eine schwach geneigte, selbst horizontale, feinporige Siebplatte.

Die Markstrahlen sind ein- oder zweireihig, zwischen den Sklerenchymbündeln verlaufend, in der Regel sklerotisch. Sie führen ebensowenig Krystalle wie das Bastparenchym.

---

[1]) In der hypodermalen Zellschicht nach Vesque (Anat. comp. de l'écorce p. 111).

Tectonia grandis L. fil.

Harte, eichenbraune, 7 mm dicke, mit sehr dünnem, weichem Periderm bedeckte Rindenstücke, am Bruche grobblätterig, am Querschnitte mit einer feinen welligen Streifung und spärlich zerstreuten hellen Punkten. Eine auf Java „Djati" genannte Gerberinde.

Die Mittelrinde ist durch Borkebildung abgestossen [1]). Die Rinde besteht bloss aus Bast, der von einer einzigen 0,3 mm breiten Peridermschicht aus zartwandigen, in den inneren Lagen schwach einseitig (innen) sklerosirten, wenig abgeflachten Korkzellen bedeckt ist.

Die secundäre Rinde ist geschichtet. Die Bastfasern bilden dünne (selten über 3 Fasern breite), sich über die Breite mehrerer Baststrahlen erstreckende, dann eine kurze Strecke unterbrochene Platten. Dazwischen kommen selbstständige, nur ausnahmsweise und wie zufällig den Bastfasern angelagerte rundliche (axial nicht oder wenig gestreckte) Sklerenchymklumpen regellos zerstreut vor. Die Bastfaserplatten sind allseitig von Krystallkammerfasern mit grossen Rhomboedern umgeben. Die Bastfasern sind dünn (0,03 mm), kaum millimeterlang, etwas krumm, in stumpfe Spitzen auslaufend, hie und da zackig, vollkommen verdickt, porenreich. Die Steinzellen sind klein, vorherrschend isodiametrisch (0,05 mm), in verschiedenem, oft sehr hohem Grade, selten einseitig verdickt, immer fein geschichtet und von zahlreichen verästigten Porenkanälen durchsetzt. Sie schliessen sehr häufig Krystalle ein. Der Weichbast ist grosszellig, breitschichtig, der feinere Bau seiner Elemente ist selbst nach Anwendung von Quellungsmitteln nicht erkennbar. Bemerkenswerth ist die geringe axiale Streckung des Bastparenchyms und die verschwindend kleine Menge von Siebröhren.

Die Markstrahlen sind bis fünf Reihen breit, auch deren Zellen sind weit und kurz. Zwischen den Bastbündeln werden sie oft, nicht immer sklerotisch und nur hier führen sie grosse Krystalle, sonst Krystallsand, wie das Bastparenchym.

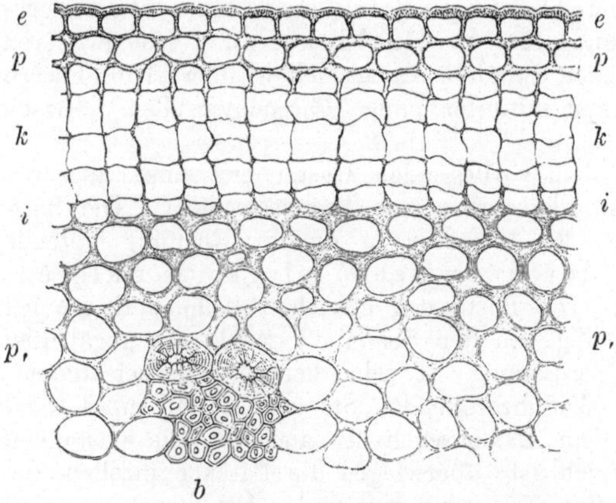

Fig. 67. *Citharexylon quadrangulare* Jqu. Querschnitt durch ein junges Internodium mit der Peridermanlage (300). *e* Oberhaut; *k* grosszelliges Periderma aus der Initiale *i* hervorgegangen; *p* oberste Zellenlage der primären Rinde; *p,* der lebende Theil der primären Rinde mit dem von Steinzellen umlagerten Faserbündel *b*.

Citharexylon quadrangulare Jacqu.

An den einjährigen Trieben mit beginnender Verdickung der primären Bastfasern wird die zweite, häufiger die dritte (Fig. 67), in den Rippen eine noch tiefere Zellenlage unterhalb der Epidermis zum Phellogen und bildet in rascher Folge vier Reihen grosse, radial etwas gestreckte, dünnwandige Korkzellen. Die primäre Rinde ist in den äusseren Lagen ein schwach entwickeltes chlorophyllfreies Collenchym, in den inneren Schichten dünnwandig mit vereinzelten Krystallschläuchen, welche Haufen zarter Krystall-

---

[1]) Die Borkeschuppen werden periodisch abgeworfen. Vgl. K. Müller in d. Zeitschr. „Die Natur" 1881 p. 458.

n a d e l n enthalten. Die primären Bastbündel bestehen oft aus hundert und mehr vollständig verdickten, dünnen Bastfasern und sind u m l a g e r t (Fig. 67) von kleinen isodiametrischen, fast vollständig verdickten, fein geschichteten und reichporigen Steinzellen. Z w i s c h e n den einzelnen Bastbündeln und a u s s e r h a l b derselben i s t k e i n S k l e r e n c h y m a n z u t r e f f e n. Aeltere Rinden standen nicht zur Verfügung.

Petraea arborea Kunth.

Das Periderm der etwas über 1 mm breiten Rinde an einem zweifingerdicken Stamme besteht zu äusserst aus (6—8 Reihen besonders an der Aussenseite stark sklerosirter, mässig flacher Zellen) S t e i n k o r k, dem sich einige Reihen zartwandiger Korkzellen unvermittelt anschliessen. Beide Schichten sind gleich breit (je 0,08 mm).

Die primäre Rinde ist sehr zartzellig, f r e i v o n S k l e r e n c h y m b i s a u f e i n e n i n d e r T i e f e v o n 0,3 m m, s c h o n m i t u n b e w a f f n e t e m A u g e a l s h e l l e L i n i e k e n n t l i c h e n, u n u n t e r b r o c h e n e n S k l e r e n c h y m r i n g in mittlerer Breite von 0,6 mm. Die Steinzellen sind in Form und Grösse mit dem dünnwandigen Parenchym übereinstimmend, ihre Verdickung ist mässig, kaum ein Drittel der Breite betragend, Porenkanäle breit und sehr zahlreich. Die primären Bastfasern sind in fast verschwindend geringer Anzahl untermengt. Vereinzelte Krystalle werden von Sklerenchym eingeschlossen, während sonst sowol ausserhalb wie innerhalb des Ringes mit den Steinzellen auch die Krystalle fehlen.

In der secundären Rinde f e h l e n B a s t f a s e r n u n d S t e i n z e l l e n; annähernd tangential verlaufende, oft anastomosirende Stränge von Siebröhren wechseln mit derbwandigem Bastparenchym. Die Parenchymzellen besitzen sehr breite Poren und häufig conjugirende Ausstülpungen. K u r z e Krystallkammerfasern führen klinorhombische Krystalle, oft von ungewöhnlicher Grösse und unregelmässiger Ausbildung. Die Siebröhren sind langgliederig, dünnwandig, mit einer einzigen feinporigen Siebplatte an den horizontalen oder schwach geneigten Endflächen.

Die Markstrahlen sind breit, am häufigsten drei- bis fünfreihig, gegen die Mittelrinde v e r b r e i t e t. Die Zellen sind weitlichtig, wenig gestreckt, niemals sklerotisch und enthalten mitunter grosse Einzelkrystalle.

Tubiflorae.

Solanaceae.

Das Periderm entsteht frühzeitig aus der Oberhaut *(Datura)*, oder aus der äussersten Rindenzellenanlage *(Cestrum)*, oder in einer tieferen Schicht (Fig. 68) der primären Rinde *(Lycium)*. Seine Zellen sind bei *Cestrum Pseudo-China* sklerotisch, sonst z a r t w a n d i g, breit tafelförmig mit geringer Abflachung. Die inneren Korkhäute von *Lycium*, wo Borke allein beobachtet wurde, besitzen denselben Bau wie das Oberflächenperiderm. Sie entstehen frühzeitig und greifen tief, während bei *Datura* und *Cestrum* das Oberflächenperiderm sehr lange ausdauert, o h n e P h e l l o d e r m a z u b i l d e n.

Die primäre Rinde ist in allen Theilen (Fig. 68) etwas derbwandig *(Cestrum, Lycium)* oder äusserst zartwandig mit Ausnahme einer scharf begrenzten medianen Collenchymschicht *(Datura)*. Sie sklerosirt nicht und entbehrt auch der Bastfasern in den primären Gefässbündeln *(Datura, Lycium)*. *Cestrum* besitzt primäre Bastfasern und bildet, unabhängig von diesen, Steinzellen in vorgeschrittenem Alter. Viele Zellen sind mit Krystallsand erfüllt *(Lycium, Datura)*, seltener entwickeln sich grosse Einzelkrystalle *(Datura)* oder das Kalkoxalat fehlt *(Cestrum)*.

Die secundäre Rinde besteht bei *Lycium* ausschliesslich aus Weichbast, bei *Datura* bilden sich spärliche Stabzellen, bei *Cestrum* umfangreiche Steinzellengruppen in regelloser Vertheilung und nie von Krystallen begleitet. Die Steinzellen behalten Form und Grösse der ursprünglichen Zellen und besitzen, entsprechend den breiten Tüpfeln dieser, grobe Porenkanäle. Bastfasern fehlen. Zahlreiche Parenchymfasern enthalten bei *Lycium* und *Datura* Krystallsand in grosser Menge, *Cestrum* führt auch im Baste kein Oxalat. Die Siebröhrenglieder [1]) haben zugeschärfte Endflächen, mit feinporigen Siebplatten in leiterförmiger Anordnung.

Die Markstrahlen sind einreihig, bei *Cestrum Pseudo-China* bis sechsreihig und (ausgenommen *Lycium*) nach aussen verbreitert. Die Zellen sind gross, sklerosiren niemals und führen keine Krystalle.

Uebersicht der Gattungen nach Merkmalen des Bastes:

A. Die secundäre Rinde entbehrt jeder Art sklerotischer Elemente; Bastparenchym reichlich Krystallsand führend; Markstrahlen einreihig; tiefgreifende zartzellige Korklamellen: *Lycium.*

B. Keine Bastfasern, doch Steinzellen in der Form der Parenchymzellen; Siebröhren schmal mit leiterförmigen Plattensystemen.

    a. grosse Stabzellen isolirt; Bastparenchym grosszellig Krystallsand führend; Markstrahlen einreihig: *Datura.*

    b. Steinzellengruppen am Querschnitte Bastfaserbündeln ähnlich; keinerlei Krystalle; Markstrahlen breit, grosszelliger als das Bastparenchym, niemals sklerotisch: *Cestrum.*

Datura suaveolens HB.

Die dünnwandige, mit mehrzelligen, hinfälligen Haaren besetzte Oberhaut wird schon in sehr jungen Internodien durch ein zartzelliges Tafelperiderm ersetzt, welches aus der Epidermis hervorgegangen ist. Armdicke Stämme mit 5 mm dicker Rinde sind mit Oberflächenperiderm von etwa 0,3 mm Mächtigkeit bedeckt.

Auf einige Reihen dünnwandiger Zellen folgt ein ausgezeichnet typisches Collenchym, worauf die breite primäre Rinde wieder grosszellig und dünnwandig wird. Zerstreute Zellen sind mit Krystallsand erfüllt, vereinzelt kommen auch grosse Rhomboeder vor. Primäre Faserbündel fehlen.

Die secundäre Rinde besteht zum überwiegenden Theile aus ungewöhnlich grosszelligem (0,07 mm diam.) und dünnwandigem Parenchym, welches reichlich Krystallsand enthält. Vereinzelt und spärlich kommen stabzellenförmige

---

[1]) Ueber die markständigen Siebröhren vgl. de Bary, Vegetationsorgane p. 242.

Fasern von mitunter ausserordentlicher Breite (0,12 mm) bei kaum 0,5 mm Länge, starker, von groben Poren durchsetzter Verdickung vor. Auch die Siebröhren sind sehr weitlichtig und tragen an den Enden mehrere durch dünne Leitersprossen getrennte feinporige Platten, an den radialen Seitenflächen kreisrunde, flache Tüpfel in einer verticalen Reihe.

Die Markstrahlen sind einreihig, grosszellig, frei von Kalkoxalat.

Lycium carolinianum Mchx.

In einjährigen Trieben sind die äusseren, namentlich in den zarten Rippen (Fig. 68) der stielrunden Internodien derbwandigen, collenchymatischen Lagen der primären Rinde geschrumpft, nachdem sich aus einer medianen Schicht derselben[1]) ein Periderm (Fig. 68) aus breiten, zartwandigen Tafelzellen (8—10 Reihen auf 0,1 mm Breite) gebildet hat.

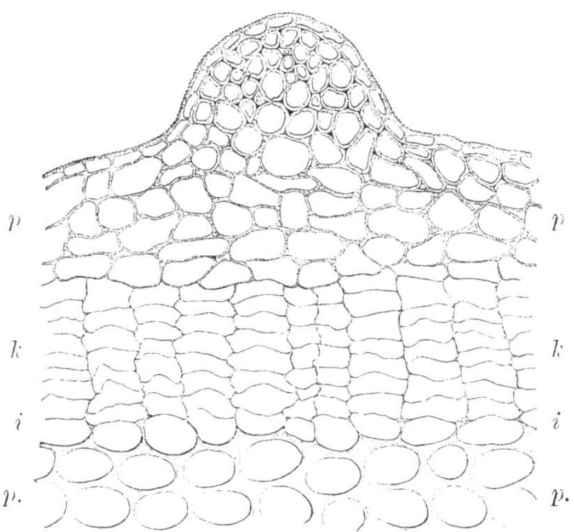

Fig. 68. *Lycium carolinianum* Mchx. Querschnitt durch einen einjährigen Trieb mit der Peridermanlage (300). *p* der äussere, bereits geschrumpfte Theil der primären Rinde; *k* zartzelliger Plattenkork aus der Initiale *i* entstanden; *p*, lebende primäre Rinde.

Die primäre Rinde umfasst nur wenige Reihen chlorophyllführender, zum Theil dicht mit Krystallsand erfüllter Zellen. Sie enthält weder Bastfasern noch Steinzellen. Phelloderma fehlt.[2])

Die Borkebildung beginnt schon im dritten Jahre und dringt tief ein, so dass der lebende Bast alter Stämme kaum 1 mm dick, aber von 5 mm dicker, aus 6—8 flachen, innig cohärenten Schuppen zusammengesetzter Borke bedeckt ist. Die inneren Korkhäute sind ziemlich ebenflächig mit spärlichen Anastomosen, zählen nur wenige (6—10) Zellenreihen und stimmen im Baue mit den oberflächlichen vollständig überein.

Die secundäre Rinde entbehrt gleichfalls jeder Art sklerotischer Elemente. Der Weichbast ist überdiess zartzellig von einreihigen Markstrahlen durchzogen. Ganze Gruppen von Parenchymzellen sind mit äusserst feinem Krystallsand vollgepfropft. Siebröhren mit schmalen treppenförmig angeordneten Platten an den stark geneigten Endflächen sind spärlich zerstreut.

Lycium barbarum L.

Die Rinde stimmt histologisch mit der vorigen vollständig überein.

Cestrum elegans Schlecht.

In sehr jungen Internodien findet man bereits einige Reihen grosser, cubischer, dünnwandiger Korkzellen, welche aus der äussersten[3]) Rinden-

---

[1]) Vgl. Sanio, Jahrb. f. wissensch. Bot. II. p. 39. u. Weiss, Anatomie pg. 413.
[2]) Vgl. dagegen de Bary, Vegetationsorgane p. 568.
[3]) Vgl. Vesque, Anat. comp. de l'écorce p. 111.

zellenlage hervorgegangen sind. Späterhin werden die Peridermzellen breit
tafelförmig angelegt und bedecken zweijährige Internodien in sechs- bis achtfacher
Reihe.

Die primäre Rinde ist grosszellig, gleichmässig schwach collenchymatisch, frei von Krystallsand. Die primären Bastfasern treten spärlich,
zu einem schmalen unterbrochenen Bande gereiht, auf. In dem vorliegenden jungen
Baste sind bereits einige stark verdickte, grobporige Fasern entwickelt.

Die Markstrahlen sind einreihig.

Cestrum Pseudo-China Mart.

Orangelbe bis guttigelbe, mit sehr dünnem, festhaftendem Korke bedeckte, kaum
3 mm dicke Rinde mit grobkörnigem Bruche. Der Querschnitt ist unregelmässig
punktirt, im Basttheile andeutungsweise gefeldert.

Das Periderma zählt gegen sechs bis zehn Reihen gleichmässig oder vorherrschend an der Innenseite stark sklerotischer Korkzellen und ohne
Vermittelung von Phelloderma folgt sogleich das dünnwandige Parenchym der
Mittelrinde mit ziemlich umfangreichen regellos vertheilten Steinzellengruppen und vereinzelten unverholzten primären Bastfasern. Die Steinzellen haben die Grösse und tangential gestreckte Form des dünnwandigen
Parenchyms, sind nicht von Krystallen begleitet, stark verdickt und ungewöhnlich grobporig.

Im Baste sind Sklerenchymgruppen zerstreut oder annähernd tangential geordnet, welche aus isodiametrischen bis walzenrunden, seltner spindeligen Steinzellen von höchstens 0,4 mm Länge bestehen, und nahezu gleiche (0,05 mm) Querschnittsdimensionen, sehr enges Lumen und zahlreiche grobe verzweigte Porenkanäle besitzen. Bastfasern fehlen. Die Sklerenchymgruppen entwickeln sich
selbstständig und treten mit denen angrenzender Baststrahlen nicht
in Verbindung. — Der Weichbast ist krystallfrei. Die Parenchymzellen
haben dieselben Dimensionen wie die Steinzellen, sind breitporig, oft conjugirt. Die
Siebröhren sind langgliedrig, nicht breiter als das Bastparenchym, mit einem System
(15 und mehr) feinporiger Siebplatten.

Die Markstrahlen zählen bis sechs Reihen weitlichtiger und zartwandiger
Zellen und verbreitern sich gegen die Mittelrinde. Sie sind, wie die ganze
Rinde, frei von Kalkoxalat. Auch die den Sklerenchymgruppen unmittelbar
angrenzenden Zellen sklerosiren niemals.

Personatae.

Aussenrinde. Die Periderme werden immer frühzeitig angelegt: in
der äussersten Zellenlage der primären Rinde bei den *Bignoniaceen*
(ausgenommen *Tecoma)*, bei *Crescentia* und *Paulownia*, in einer tieferen
Schicht bei *Tecoma* und sogar innerhalb der primären Bastbündelzone bei *Buddleia*. Die Korkhäute sind grosszellig, kaum abgeplattet, zartwandig, bei *Catalpa* derb (Fig. 69), meist von geringer Mächtigkeit, bei
Millingtonia mächtige Lagen Schwammkork, bei *Crescentia* Nester dünn-

wandigen Steinkorkes bildend. Wo die Bildung innerer Korkhäute beobachtet wurde (*Paulownia, Catalpa, Tecoma*), waren diese frühzeitig entstanden und sehr tief eingedrungen, so dass von der lebenden Rinde nicht viel über 1 Millimeter erhalten blieb. Die inneren Periderme gleichen den oberflächlichen, nur *Catalpa* ist durch Schichtung des Korkes ausgezeichnet, indem die mittlere Zone desselben sklerosirt. *Millingtonia* und *Crescentia* besitzen sehr lange ausdauerndes Periderma, bilden vielleicht gar keine Borke[1]), *Catalpa* und *Paulownia* Schuppenborke, *Tecoma* Ringborke, die anderen Gattungen wurden nur in jungen Zweigen untersucht.

Mittelrinde. Die primäre Rinde ist meist wenig oder sogar nicht (*Tecoma, Crescentia*) collenchymatisch, ein typisches Collenchym besitzt *Catalpa*, eine subepidermidale Schicht sklerotischer Fasern *Tecoma*. Die Mittelrinde von *Buddleia, Crescentia* und der *Bignoniaceen* sklerosirt niemals, wogegen *Paulownia* zerstreute Sklerenchymgruppen im Anschluss an die primären Faserbündel, aber keinen Steinzellenring bildet. Von Sekretbehältern werden nur Krystallschläuche mitunter angetroffen; die primäre Rinde von *Buddleia, Crescentia* und sämmtlicher *Bignoniaceen* enthält keine Krystalle, die ältere Mittelrinde von *Millingtonia* Rhaphidenschläuche, bei *Paulownia* bilden sich einzelne Rhomboeder in der Umgebung der Steinzellen. Bei *Millingtonia* wurden auch im Phelloderma und sogar im Korke Rhaphiden angetroffen.

Innenrinde. Die secundäre Rinde von *Crescentia, Catalpa* und *Millingtonia* enthält Bastfasern in tangentialen Bändern concentrisch geschichtet und keine Steinzellen; *Paulownia* dagegen entbehrt vollständig der Bastfasern und hat an ihrer Stelle axiale Sklerenchymgruppen in undeutlich tangentialer Vertheilung. Bei *Tecoma* ist das sklerotische Element nur durch vereinzelte Bastfasern vertreten.

Der Weichbast besteht vorherrschend aus Parenchym und führt — *Crescentia* ausgenommen — reichlich Kalkoxalat; bei den *Bignoniaceen* in Form von Krystallsand, Raphiden und kleinen Prismen oder Octaedern und ohne Beziehung zu den Bastfasern; bei *Paulownia* isodiametrische Einzelkrystalle in dem Sklerenchym. Die Siebröhren (Fig. 70) sind weit und kurzgliederig mit einfachen (*Crescentia*) Querplatten oder Plattensystemen mit einer geringen Zahl grosser, rundlicher, breitporiger (besonders *Paulownia*) Siebplatten.

Die Markstrahlen sind einreihig bei *Crescentia*, sonst breiter, aber nicht über vierreihig. Die Zellen werden niemals sklerotisch; bei den *Bignoniaceen* sind sie mit Kalkoxalat erfüllt in denselben Formen wie das Bastparenchym, bei *Paulownia* und *Crescentia* sind sie krystallfrei.

----

[1]) Gleichwohl waren in den untersuchten Fällen die Korkhäute bis nahe an den Bast vorgedrungen. Bei *Millingtonia* werden jeweilig so kleine Rindentheile abgetrennt, dass sie in den mächtigen Korklagen fast verschwinden und bei *Crescentia* scheint sogar die ganze primäre Rinde meristematisch zu werden.

Uebersicht der Gattungen nach Merkmalen des Bastes:

A. Keine Bastfasern, nur Steinzellengruppen, von Einzelkrystallen begleitet:

Paulownia.

B. Bastfasern, keine Steinzellen in der secundären Rinde; Fasern niemals von Krystallen begleitet; Markstrahlen immer dünnwandig.

  1. Die Bastfasern isolirt; reichlich Krystallnadeln und Sand in Weichbaste und in den Markstrahlen; Ringborke:

Tecoma.

  2. Die Bastfasern in tangentialen, nur von den Markstrahlen unterbrochenen Bändern.

    a. Markstrahlen mehrreihig reichlich Rhaphiden und Sand führend wie das Bastparenchym.

      † Die Weichbastschichten bedeutend breiter als die Bastfaserplatten; innere Periderme mit Steinplatten:

Catalpa.

      †† Bastfaserbänder und Weichbastschichten sehr schmal; Schwammkork:

Millingtonia.

    b. Weichbastschichten mit medianen Siebröhrensträngen; einreihige Markstrahlen; kein Kalkoxalat:

Crescentia.

Scrophularinae.

Buddleia ist durch die ausserordentlich tiefe Lage (innerhalb der primären Bastbündelzone) des Oberflächenperiderma merkwürdig, welches übrigens bezüglich Weitlichtigkeit und Zartwandigkeit mit den subepidermidal und mit den in der Tiefe entstandenen Korkhäuten von *Paulownia* übereinstimmt. Die letztere ist charakterisirt durch die in der Umgebung der primären Faserbündel beginnende diffuse Sklerosirung des Parenchyms der Mittelrinde sowol wie des Bastes, durch die mit der Sklerosirung offenbar zusammenhängende Bildung von Einzelkrystallen, da diese nur in der unmittelbaren Umgebung der Steinzellengruppen vorkommen, durch den Mangel der secundären Bastfasern, durch die Grosszelligkeit des Weichbastes und durch die zwischen leiterförmigen Interstitien grob gegitterten Enden der Siebröhren, welche weder verbreitert noch verdickt sind. Die Markstrahlen sind breitzellig, zweireihig, krystallfrei.

Paulownia imperialis Sieb. & Zucc.

Die Oberhaut trägt äusserst zartwandige, hinfällige Drüsenhaare. Die ihr unmittelbar anliegende Zellenreihe der primären Rinde wird frühzeitig zum Phellogen; in Internodien, in denen die primären Bastfasern noch nicht vollständig verdickt sind, findet man bereits das Periderma in einer Breite von 0,2 mm, aus etwa 6 Reihen dünnwandiger, ungemein weitlichtiger Korkzellen bestehend. Aehnlich gebaute, häufig bedeutend mächtigere Korkhäute (Schwammkork) dringen auch bald in die Tiefe und trennen breite Borkeschuppen ab.

Der grössere Theil der breiten primären Rinde ist dünnwandig, nur in den äussersten Lagen schwach collenchymatisch. Zwischen den in mächtigen Bündeln auftretenden primären Bastfasern beginnt zunächst die Sklerosirung des Parenchyms und hier finden sich auch in ziemlich grosser Menge Krystallzellen mit ansehnlichen Einzelkrystallen, die in den äusseren Rindentheilen fehlen. Es kommt nicht zur Bildung eines geschlossenen Sklerenchymringes; in älteren Rinden findet man noch die aus Bastfasern, Stein- und Krystallzellen gemischten Gruppen isolirt.

In der secundären Rinde fehlen Bastfasern vollständig. An ihre Stelle tritt sklerotisches Parenchym, in rundlichen oder tangentialen, immer vorherrschend axial gestreckten Gruppen, annähernd tangential geordnet. Die Steinzellen sind klein, isodiametrisch (0,05 mm diam.), häufiger axial gestreckt und dann unregelmässig knorrig, fast vollständig verdickt, geschichtet und reichporig, hie und da einen Krystall einschliessend. Der Weichbast überwiegt quantitativ bedeutend. Das Parenchym ist grosszellig, dünnwandig, krystallfrei. Die Siebröhren sind im Lumen dem Parenchym nahezu gleich (0,04 mm), sie endigen stumpf und tragen ausserordentlich grob gegitterte Siebplatten (bis fünf) durch schmale, leiterförmig angeordnete Interstitien getrennt.

Die Markstrahlen sind meist zweireihig, aber wegen der Breite der Zellen kenntlich. Sie werden nicht sklerotisch und sind krystallfrei.

Buddleia sp.

Die spärlich behaarte Oberhaut besitzt einen sehr schwachen Cuticularüberzug. Die primäre Rinde besteht nur aus 5—8 Reihen grosser, etwas derbwandiger Zellen, die schon an millimeterdicken Stengeln gebräunt und an etwas älteren Internodien auch geschrumpft sind, so dass sie als 0,015 mm dicke rothbraune Membran die Zone der primären Bastbündel bedecken. Unmittelbar hinter dieser nämlich entsteht das Periderma: zwei oder drei Reihen unverhältnissmässig grosse, radial gestreckte, dünnwandige Korkzellen. Die hinfällige primäre Rinde bildet weder Steinzellen noch enthält sie Sekretschläuche irgend welcher Art.

Bignoniaceae.

Das völlige Unterbleiben der Steinzellenbildung in der Mittel- und Innenrinde ist das hervorragendste Merkmal. Auch die Periderme sind meist zartwandig, nur bei *Catalpa* (Fig. 69) verdicken sich die im ersten Jahre gebildeten Korkzellen und die inneren Korkhäute werden in einer mittleren Schichte sklerotisch. Die Periderme entstehen frühzeitig aus der äussersten Zellenlage der primären Rinde, bei *Tecoma* in einer tiefer, jedoch ausserhalb der primären Bastbündelzone gelegenen Schicht, indem hier die Oberhaut durch eine Sklerofaserzone an Stelle der gewöhnlichen Collenchymschicht verstärkt ist. Die Korkhäute sind durchweg grosszellig, wenig abgeflacht, meist mit geringer Reihenzahl, nur bei *Millingtonia* fand sich ein mächtig entwickeltes Oberflächenperiderm, ähnlich dem Eichenkork. Diese Art bildet auch keine echte, in den Bast dringende Borke, während *Catalpa* und *Tecoma* schon nach wenigen Jahren innere Korkhäute entwickeln, die bei der letzteren mit den oberflächlichen übereinstimmend in concentrischen Schichten, bei der ersteren, wie schon erwähnt, abweichend gebaut sind.

Die primäre Rinde ist ausgezeichnet collenchymatisch bei *Catalpa*, schon in frühen Jugendzuständen dünnwandig bei *Jacaranda* und *Bignonia*, das

Collenchym ist durch sklerotisches Hypoderma ersetzt bei *Tecoma.* Phelloderma war bei dem ausdauernden Periderm von *Millingtonia* sicher zu unterscheiden, bei *Catalpa* und *Tecoma* scheint es nicht gebildet zu werden. Sekretbehälter werden im Allgemeinen vermisst; nur bei *Millingtonia* fanden sich spärliche Raphidenschläuche.

Die secundäre Rinde der hierauf untersuchten drei Arten zeigt wenig verschiedene Typen des Baues. *Catalpa* und *Millingtonia* haben regelmässig geschichteten Bast, sind aber auffallend verschieden durch die relative Breite der Schichten. Bei *Millingtonia* sind Bastfaser- und Weichbastlagen nahezu gleich breit, erstere häufig nur ein-, selten über dreireihig. Bei *Catalpa* sind die Weichbastschichten bedeutend breiter als die Bastfaserbänder, welche aus compacten, in radialer Richtung gewöhnlich vier oder fünf Fasern enthaltenden Bündeln zusammengesetzt sind. *Tecoma*[1]) ist gar nicht geschichtet, Bastfasern treten überhaupt nur spärlich und meist isolirt auf. Sklerotisches Parenchym fehlt, wie eingangs erwähnt, sowol der Mittelrinde wie dem Baste. In der Form der Bastfasern ergeben sich gleichfalls einige Unterschiede. Sie gehören zu den mässig langen Formen, indem ihre Länge selten 1 mm übersteigt; doch sind sie glatt und geradläufig bei *Catalpa*, zackig und gekrümmt bei *Millingtonia*, vollkommen glatt und spulenförmig bei *Tecoma.* Die Bastfasern von *Tecoma* sind breit, jene der beiden anderen Arten dünn, die Verdickung ist immer beträchtlich, doch bei *Millingtonia* das Lumen stets erhalten. — Der Weichbast ist zartwandig, besonders bei *Tecoma*, und besteht vorherrschend aus breitporigem Parenchym, welches reichlich Sand oder Krystallnadeln, in manchen Zellen zugleich einige gut ausgebildete Kryställchen einer anderen Form führt. Die Siebröhren sind weitlichtiger als das Bastparenchym und kurzgliederig, durch ihre breit abgestutzten Enden (Fig. 70) ausgezeichnet, die eine oder mehrere grosse, grobporige Siebplatten tragen.

Die Markstrahlen sind zum Theil mit freiem Auge kenntlich, bis vierreihig. Ihre Zellen sind immer zartwandig, breit und radial gestreckt, erfüllt mit Kalkoxalat in derselben Form wie das Bastparenchym, auch zwischen Bastfaserbündeln niemals sklerosirend.

Catalpa syringaefolia Sims. *(Bignonia Catalpa Lin.)*

An jungen grünen Internodien findet man bereits die unmittelbar der Epidermis anliegende Zellschicht der primären Rinde in Theilung begriffen[2]), und im Laufe der ersten Vegetationsperiode bildet das Phellogen 5—6 Reihen weitlichtiger, kaum abgeplatteter Korkzellen, deren Wände sich allmälig verdicken. An den vorjährigen braunen Trieben ist die Oberhaut bereits abgestossen (Fig. 69) und die neugebildeten zartwandigen Korkzellen sind mit

---

[1]) Die unter *Tecoma pentaphylla* beschriebene Rinde blieb hier wegen der unsicheren Abstammung unberücksichtigt.

[2]) Nach Sanio (Jahrb. f. wiss. Bot. II. p. 39) in centrifugal-intermediärer Zellenfolge.

den alten derbwandigen, und zum Theil geschrumpften, durch Uebergänge verbunden. Die Borkebildung beginnt frühzeitig, oft schon an zweifingerdicken Zweigen und dringt tief vor.

Die inneren Periderme sind von den oberflächlichen im Baue verschieden. Sie bestehen bei einer mittleren Breite von 0,3 mm aus etwa 12 Reihen Korkzellen, deren mittlere Schicht (3—6 Reihen) stark abgeplattet und gleichmässig sklerotisch ist und scharf abgrenzt von den äusseren und inneren Lagen weitlichtiger und zartwandiger Korkzellen. Diese Steinzellenplatten bleiben bei der Abstossung der Borke, welche in flachen, kaum millimeterdicken Schuppen erfolgt, nicht immer am Stamme haften, vielmehr sind viele Borkeschuppen beiderseits sklerotisch.

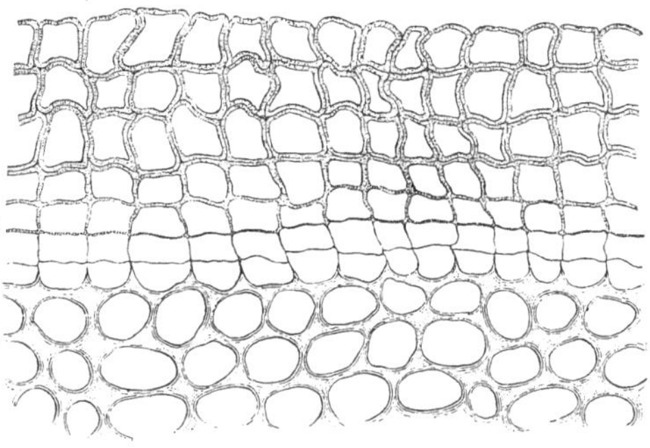

Die primäre Rinde ist im Verhältniss zur Dicke der Internodien kleinzellig, in den äusseren Schichten ein typisches Collenchym. Sie wird niemals sklerotisch und führt weder Krystalle noch Sekretbehälter. Die primären Bastfasern treten in massigen Bündeln auf.

Fig. 69. *Catalpa syringaefolia* Sims. Querschnitt durch ein älteres Internodium des jährigen Triebes (300). *p* hypodermatisches Collenchym der primären Rinde, dessen oberste Zellenreihe cubische, nach aussen sich allmälig verdickende Korkzellen (*k*) gebildet hat.

Der Bast, an alten Stämmen nicht über die Breite von 2 mm lebend, ist regelmässig concentrisch geschichtet. Die tangential gestreckten Bündel der Bastfasern sind schmal, zumeist 0,1 mm, d. i. vier oder fünf Faserbreiten; in den äusseren Schichten oft unterbrochen, in den inneren häufig zu continuirlichen Bändern (nur von den stets zartwandigen Markstrahlen unterbrochen) vereinigt. Steinzellen fehlen vollständig. Die Bastfasern sind dünn (0,012 mm) und ziemlich kurz (0,6 mm), meist geradläufig, glatt. Die Weichbastschichten sind oft 4—6 mal so breit als die Bastfaserbänder. Das Parenchym ist sehr zartwandig, breitporig und führt reichlich Krystallsand, hie und da auch wohl ausgebildete Octaederchen (0,005 mm diam.) zu mehreren in einer Zelle. Die Siebröhren (Fig. 70) sind etwas weitlichtiger (0,04 mm) als das Bastparenchym, und ebenso zartwandig. Die Glieder sind ungewöhnlich kurz (0,2—0,4 mm), endigen horizontal und tragen beiderseits oft nur eine grobporige Siebplatte, nicht selten aber auch an den etwas zugeschärften Enden zwei bis vier grosse rundliche, meist engerporige Platten.

Die Markstrahlen sind ein- bis dreireihig, die Zellen radial gestreckt, niemals sklerotisch, fast ausnahmslos mit Krystallsand und grösseren Einzelkryställchen erfüllt.

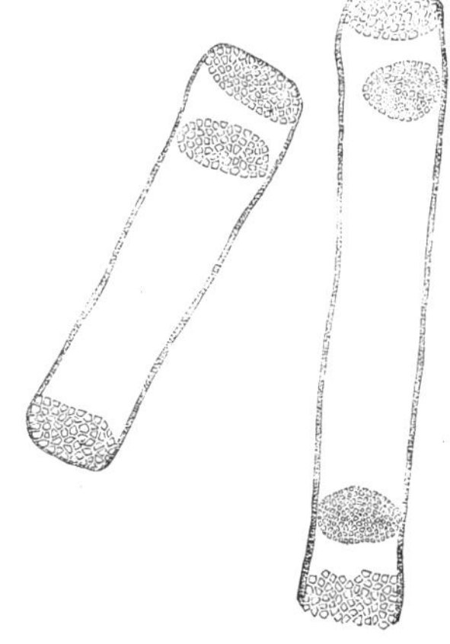

Fig. 70. *Catalpa syringaefolia* Sims. Isolirte Siebröhrenglieder (300).

Tecoma radicans Iuss. *(Bignonia radicans* L.)

Die äussersten, der Oberhaut unmittelbar angrenzenden Schichten der primären Rinde sind zu Sklerenchymfasern ausgewachsen, die lose nebeneinander liegen, ihre rundliche Durchschnittsform behalten (0,02 mm diam.), mässig verdickt und fein geschichtet sind. Innerhalb dieser keineswegs geschlossenen, sondern ab und zu von Parenchym unterbrochenen hypodermatischen Faserschicht entwickelt sich das Periderma und erreicht in der ersten Vegetationsperiode die Mächtigkeit von 6—8 Reihen Korkzellen, die sehr gross, wenig abgeflacht und zartwandig sind. Aehnliche dünne Korkhäute treten frühzeitig im Baste auf und erzeugen regelmässig geschichtete dünne Borkeplatten, die langsam abwittern, so dass die kaum 1 mm dicke lebende Rinde von einer 3—5 mal dickern, aus 12 und mehr Blättern bestehende Borke (Ringborke) bedeckt ist.

Das Parenchym der primären Rinde ist ungewöhnlich dünnwandig, leicht zerreisslich, es wird niemals sklerotisch und führt keine Krystalle.

Die secundäre Rinde [1]) besteht weit überwiegend aus dem überaus zartzelligen Weichbast, in dem nur spärlich, meist isolirte Bastfasern zerstreut sind. Die Bastfasern sind mässig lang (1,0 mm), breit (0,05 mm), geradläufig, vollkommen glatt, spulenförmig zugespitzt; ihr Querschnitt ist rundlich, die Verdickung beträchtlich, fast vollständig, mit spärlichen feinen Porenkanälen. Das Bastparenchym führt reichlich Krystallsand und winzige Nadeln (bedeutend kleiner als bei *Millingtonia*). Die Siebröhren sind weitlichtig, stumpf endigend mit 2—3 breitrundlichen, grossporigen Siebplatten [2]).

Die Markstrahlen sind 1—4 reihig, krystallführend wie das Bastparenchym.

Tecoma pentaphylla Iuss.

Eine 3 mm dicke orangerothe, mit kreidegrauem (Flechten), papierdünnem Korke bedeckte, innen glatte Rinde, am Querschnitte mit einer hellen tangentialen Linie an der Grenze des radial gestreiften und mit spärlich zerstreuten hellen bis mohnkorngrossen Flecken gezeichneten Bastes. In Wasser quillt namentlich der Bast bedeutend auf.

Das Periderm besteht aus stark geschrumpften, mit braunem Inhalt erfüllten, und einigen Reihen inhaltslosen breit-tafelförmigen, zartwandigen Korkzellen. Das Parenchym der Mittelrinde ist ungewöhnlich grobporig und enthält ab und zu eine Krystalldruse. Regellos zerstreute, in den Conturen rundliche oder unregelmässige Gruppen von Steinzellen finden sich ziemlich reichlich und in der Tiefe von 1 mm ein etwa 0,2 mm breiter geschlossener Steinzellenring mit spärlich eingeschlossenen Rhomboedern. Die Form der Steinzellen und ihre Grösse erfährt gegenüber dem dünnwandigen Parenchym nur geringfügige Veränderungen, die Verdickung ist sehr beträchtlich, geschichtet, mit zahlreichen groben, verzweigten Porenkanälen.

In der secundären Rinde treten ähnliche Steinzellen zerstreut in axialen, über centimeterlangen Gruppen mit scharf umschriebenem rundlichem Querschnitt auf, hie und da ein grosses Rhomboeder einschliessend. Bastfasern fehlen vollständig. Der Weichbast besteht weit überwiegend aus ziemlich derbwandigem gerbstoffreichem Parenchym mit vereinzelten Krystalldrusen in zerstreuten Zellen, nicht in Kammerfasern. Siebröhren kommen nur spärlich, in kleinen Bündeln ver-

---

[1]) Ueber die secundäre Zuwachszone innerhalb des Holzringes s. Crüger, Bot. Ztg. 1850 p. 101; Sanio, Bot.-Ztg. 1864 p. 61, 228; de Bary, Vegetationsorgane p. 586 und 597.
[2]) Vgl. die Abbildung bei Dippel, Mikroskop II. p. 133.

einigt vor. Sie sind langgliederig, enge (0,02 mm), mit zahlreichen (bis 20) dicht leiterförmigen Sprossen, deren Zwischenräume äusserst feinporig sind.

Die Markstrahlen sind bis fünfreihig gegen die Mittelrinde verbreitert. Die Zellen sind breit, oft radial gestreckt, nie sklerotisch und führen reichlicher grosse Krystalldrusen wie das Bastparenchym.

Diese Rinde, aus dem „Musée Melle-lez-Gand", hat mit der vorstehend beschriebenen nicht die geringste Aehnlichkeit; ihre Herleitung ist zweifelhaft.

Jacaranda mimosaefolia Don. *(J. ovalifolia R. Br.)*

Die kleinzellige Oberhaut besitzt einen dünnen Cuticularüberzug und trägt kurze, conische Härchen. An wenige Wochen alten Internodien hat sich bereits aus der äussersten Zellenlage der primären Rinde das Periderma aus zwei oder drei Reihen grosser, zartwandiger, radial gestreckter Korkzellen gebildet. Das Parenchym der primären Rinde ist ein dünnwandiges Collenchym, sklerosirt nicht und führt keine Krystalle. In der Tiefe von 0,4 mm befinden sich die Bündel spärlicher Bastfasern in weiten Abständen.

Bignonia pentandra Lour. *(Calosanthes indica Bl.)*

Die zartzellige Oberhaut trägt lange, mehrzellige Haare und eigenthümliche kuchenförmige, vielzellige Drüsenhaare, welche, wie die Oberhaut selbst, sehr hinfällig sind. An älteren Internodien der letztjährigen Triebe findet man sie bereits durch Periderma ersetzt. Aus der äussersten Zellenreihe der primären Rinde bilden sich in rascher Folge 8—10 Reihen zartwandiger, sich bald abflachender Korkzellen. Das Parenchym der primären Rinde ist auch in den äusseren Lagen sehr junger Internodien kaum andeutungsweise collenchymatisch, nach innen äusserst zartwandig, führt keine Krystalle und wird nicht sklerotisch. Die in umfangreichen Bündeln auftretenden primären Bastfasern werden frühzeitig zu schmalen, bis einreihigen, bandartigen Streifen ausgedehnt.

Millingtonia hortensis L. fil.

Von der 5 mm dicken Rinde entfällt mehr als die Hälfte auf den gelben, schwammigen, vielfach zerklüfteten Kork. Die Innenseite ist längsstreifig, der Bruch lang- und weichfaserig, selbst blätterig. In Wasser quillt die Rinde auf die doppelte Breite an.

Das mächtig entwickelte (6 mm) Periderm besteht durchweg aus gleichartigen, zartwandigen, cubischen Korkzellen, die schichtenweise gebräunt sind und hie und da kleine prismatische Krystalle enthalten. Phelloderma scheint nur in wenigen (4—6) Zellenreihen gebildet zu werden, durch welche der Uebergang der Korkschicht in das Gewebe der Mittelrinde vermittelt wird, dessen Zellen nur wenig tangential gestreckt, dünnwandig, breitporig sind und ab und zu kurze Krystallnadeln in geringer Menge einschliessen. In dem Schwammkork finden sich mitunter Parenchymgruppen eingeschlossen, woraus hervorgeht, dass das Periderma nicht bloss aus dem oberflächlichen Phellogen gebildet wird.

In den äusseren Lagen der secundären Rinde treten zunächst die Bastfasern in kleinen Bündeln tangential geordnet auf; nach innen zu wird die Zahl der Bastfasern grösser, sie schliessen endlich zu ununterbrochenen Bändern zusammen, die jedoch immer sehr schmal, oft nur einreihig bleiben, in radialer Richtung selten über drei Fasern zählen. Steinzellen kommen in der ganzen Rinde nicht vor. Die Bastfasern sind dünn (0,015 mm), mässig lang (bis 1,0 mm), krummläufig, oft zackig, an den Enden spitz, seltener knorrig; am Querschnitte sind sie gerundet polygonal, stark verdickt, doch mit Erhaltung des Lumens, reich- und grobporig. Die Weichbastschichten sind fast ebenso schmal, wie die Bastfaserbänder, sie bestehen in der Regel nur aus drei Reihen dünnwandiger Elemente. Das Bastparenchym ist in zerstreuten Zellen dicht erfüllt mit zarten, kurzen Krystallnadeln, denen in geringerer Menge gut ausgebildete Prismen beigesellt sind. Die Siebröhren sind kurz und breitgliederig (0,03 mm) mit horizontalen grobporigen Endplatten. Sie sind in dem stark geschrumpften Material sehr schwierig zur Ansicht zu bringen.

Die Markstrahlen sind meist zwei- oder dreireihig, die Zellen breit und radial gestreckt, immer zartwandig und dicht mit Raphiden und grösseren Prismen erfüllt.

Gesneraceae.

Wie bei den *Bignoniaceen* entbehrt die Rinde in allen Theilen des Sklerenchyms mit Ausnahme des Periderma, in dem zerstreute Zellengruppen bei sehr schwacher, kaum 0,002 mm betragender Verdickung sklerosiren. Eine weitere Eigenthümlichkeit der Rinde ist der völlige Mangel des Kalkoxalats.

Das Periderma wird frühzeitig aus der obersten Rindenzellenlage angelegt und wächst rasch zu mächtigem Schwammkork heran. Die primäre Rinde bildet kein hypodermatisches Collenchym, ist durchgehends dünnwandig. Der Bast ist wie bei *Catalpa* sehr regelmässig concentrisch geschichtet, sowol durch Bastfaserplatten, als durch die wechselnde Lagerung der Elemente des Weichbastes. Durch die der Raphiden entbehrenden einreihigen Markstrahlen unterscheidet sich *Crescentia* von allen *Bignoniaceen*rinden, stimmt aber mit ihnen darin überein, dass auch zwischen den Faserbündeln die Sklerosirung immer unterbleibt.

Crescentia Cujete L.

Unter der äusserst zartwandigen Oberhaut bildet sich frühzeitig ein ebenso zartwandiges Periderm aus grossen, oft sogar radial gestreckten Zellen. An fingerdicken Stämmchen hat das Periderma, in die primäre Rinde seicht eindringend, schon Millimeterdicke erreicht und umfasst gegen 40 Zellenreihen. Nesterweise werden die Korkzellen in sehr geringem Maasse sklerotisch.

Die primäre Rinde besitzt kein Collenchym und führt kein Kalkoxalat. Die primären Bastfasern erscheinen in umfangreichen, am Querschnitte nach aussen convexen Strängen, werden aber bald in kleine Bündel zerlegt, niemals durch Steinzellen verbunden.

In der secundären Rinde treten die Bastbündel sogleich in tangentialen Platten concentrisch geschichtet auf, anfangs von geringem Umfang, aber schon in der vierten oder fünften Reihe fast ohne Unterbrechung um die Peripherie ziehend. Sie sind beiderseits von sehr zartwandigem Parenchym begrenzt; in der Mitte der Weichbastschichten liegen die Siebröhren. Die Bastfasern sind kaum millimeterlang, geradläufig, an den Seiten oft zackig, 0,02 mm breit und vollkommen verdickt, reichporig. Das Bastparenchym sklerosirt ebenso wenig wie die primäre

Rinde und führt auch keine Krystalle. Die Siebröhren sind ebenso weitlichtig wie das Parenchym (0,03 mm) und haben schwach geneigte Endflächen mit einfachen Querplatten.

Die Markstrahlen sind einreihig, die Zellen ausnahmslos zartwandig, radial gestreckt, krystallfrei.

Petalanthae.

Aussenrinde. Einige *Sapotaceen* (*Achras*, *Lucuma*) und *Diospyros* bilden in der ersten Vegetationsperiode wenige Reihen grosser, weitlichtiger, zartwandiger Korkzellen unmittelbar unter der Epidermis, *Sapota* etwas später und in einer tieferen Schicht der primären Rinde. Die Oberflächenperiderme von *Diospyros* werden späterhin gleichmässig derbwandig, jene von *Imbricaria* zudem einseitig sklerotisch; die inneren Korkhäute sind bei *Diospyros* grosszellig und zartwandig, bei *Styrax* kleinzellig und derb; bei *Theophrasta* und den *Sapotaceen*, deren Periderme überhaupt viel mächtiger entwickelt sind, ist die Sklerosirung der Innenwand der Korkzellen charakteristisch; es wechseln dünnwandige mit sklerotischen Schichten (*Chrysophyllum*, *Lucuma*), oder es werden nur einzelne Zellen (immer einseitig) sklerotisch (*Sideroxylon*, *Achras*, *Mimusops*, *Imbricaria*). Dabei behält die Mehrzahl der Zellen ihre cubische Gestalt zeitlebens bei (*Achras*, *Imbricaria*) oder es erfolgt sehr starke Abplattung (*Lucuma*) und zwischen diesen Extremen liegen die mässig abgeflachten Periderme von *Chrysophyllum*, *Sideroxylon*, *Mimusops* und *Theophrasta*.

Mittelrinde. In der primären Rinde von *Diospyros*, welche ein hypodermatisches Collenchym besitzt, unterbleibt die Sklerosirung des Parenchyms vollständig, während bei *Styrax*, den *Sapotaceen* und *Theophrasta* zerstreute Steinzellengruppen in der Mittelrinde auftreten.

Die *Sapotaceen* und *Theophrasta* bilden sehr schwaches oder kein Collenchym, die Sklerosirung beginnt erst nach Ablauf mehrerer Jahre. Es ist bemerkenswerth, dass trotz der geringen Neigung zur Sklerose, wie bei *Diospyros* schon in den jüngsten Internodien fast ausschliesslich Einzelkrystalle auftreten. *Styrax* bildet nur in der Umgebung des Sklerenchyms Rhomboeder, sonst Drusen. — Die *Sapotaceen* und *Theophrasta* sind durch reichliche Bildung specifischer Sekretschläuche ausgezeichnet. — Phelloderma wurde bei *Styrax* und einigen *Sapotaceen* mit Sicherheit erkannt.

Innenrinde. Der Bast von *Styrax* enthält keine Steinzellen, die Bastfaserbündel sind mit den durchziehenden Markstrahlen zu Platten innig verbunden. Für *Diospyros* ist weniger der Mangel der Bastfasern, — auch *Chrysophyllum* entbehrt dieser — als das Vorkommen vereinzelter

(Fig. 75), grosser spindelförmiger Steinzellen (vgl. „Curtidor"
pag. 199) charakteristisch, während bei *Chrysophyllum* kleine isodiametrische
Steinzellen zu umfangreichen Platten (Fig. 71) verschmolzen sind. Alle
anderen *Sapotaceen* und *Theophrasta* besitzen Bastfasern und Steinzellen,
erstere in schwachen Bündeln in mehr oder weniger ausgesprochener tangentialer Schichtung *(Achras, Lucuma, Imbricaria, Mimusops)* oder zu tangentialen
Platten verschmolzen, die treppenförmig geschichtet sind *(Sideroxylon,* stellenweise *Mimusops)*, aber niemals in der typischen Regelmässigkeit wie bei *Styrax.*
Steinzellen sind in den meisten Rinden an Menge fast verschwindend. Nur
im alten Baste von *Mimusops* kommen umfangreiche Steinzellenklumpen vor
und den Bastfaserbündeln von *Sideroxylon* sind in ansehnlicher Menge Stabzellen beigemischt. Die sklerotischen Elemente jeder Art *(Styrax* ausgenommen) sind reichlich von Krystallen in sklerotischen Kammerfasern oder
in einzelnen Schläuchen umgeben, die sich aber auch dünnwandig im Weichbaste vorfinden, so dass von einer augenfälligen Beziehung derselben zum
Sklerenchym nicht gesprochen werden kann. Es sind immer grosse monokli-
nische einfache oder Zwillingskrystalle, die sich in den Zellen vereinzelt, selten
zu mehreren *(Diospyros* [Fig. 76], *Theophrastra)* ausbilden, Drusen fehlen
stets (ausser in den Markstrahlen von *Styrax)*, nur in *Chrysophyllum* findet
sich im Bastparenchym Krystallsand.

Im Weichbaste, der bei *Diospyros* besonders, bei einigen *Sapotaceen* und
Styrax mässig derbwandig ist, überwiegt das Parenchym mit Ausschluss von
Styrax, wo Siebröhren weitaus vorherrschen. Die Parenchymzellen sind breitporig, bei den *Sapotaceen* oft conjugirend. Die Siebröhren der *Sapotaceen*
und von *Diospyros* sind englichtig, jene von *Styrax* wesentlich breiter als die
Parenchymfasern. — Ein den *Sapotaceen* und *Theophrastra* ausschliesslich zukommendes Merkmal sind die zu Sekretbehältern (Fig. 72, 74) metamorpho-
sirten Parenchymzellen.

Die Markstrahlen sind bei *Diospyros* nicht über zweireihig, bei *Styrax*
dreireihig, bei den *Sapotaceen* bis vierreihig, immer aus breiten, meist auch
zugleich radial gestreckten Zellen bestehend, die nie bei *Diospyros*, vereinzelt bei den *Sapotaceen* und immer bei *Styrax* zwischen den Bastfaserbündeln sklerosiren. Während bei der letzteren die Markstrahlen (Fig. 77)
die ausschliesslichen Träger des Kalkoxalates (zwischen Weichbast nur Drusen,
zwischen den Faserbündeln nur Einzelkrystalle) sind, enthalten gerade diese
bei den anderen Gattungen entweder keine oder nur hier und da, besonders in
den sklerotischen Zellen, Krystalle.

Uebersicht der Gattungen nach Merkmalen des Bastes:

A. Bastfasern fehlen.

    1. Vorwiegend Isodiametrische Steinzellen zu concentrisch geschichteten Platten
       verschmolzen; Sekretschläuche: *Chrysophyllum.*

    2. Spindelige Zellen vereinzelt; keine Sekretschläuche: *Diospyros.*

B. Bastfasern und Steinzellen vorhanden; Sekretschläuche; Korkzellen z. Th. einseitig sklerotisch.

    1. Steinzellen in geringer Menge den Bastfaserbündeln beigemischt.

        a. Schwache Bastfaserbündel in beiläufig tangentialen Reihen.

            α. Weite Sekretschläuche in einfachen tagentialen Reihen; Periderm weitzellig, derbwandig: *Imbricaria.*

            β. Weite Sekretschläuche zerstreut; dünnwandiger Kork: *Achras.*

            γ. Enge Sekretschläuche zerstreut; Plattenkork: *Lucuma.*

        b. Bastfasern und Steinzellen zu compacten Platten verbunden in stufiger Anordnung: *Sideroxylon.*

    2. Steinzellen in selbstständigen Gruppen: *Mimusops.*

C. Bastfasern in compacten Platten stufig geschichtet; Steinzellen fehlen; Krystalle auf die (zum Theil sklerotischen) Markstrahlen beschränkt: *Styrax.*

Myrsineae.

Die untersuchte Art besitzt einige wesentliche Charaktere der *Sapotaceen*rinden: die einseitige Sklerosirung der Peridermschichten, die schwache Entwicklung der Collenchymschicht in der primären Rinde, die specifischen Sekreträume und Krystallschläuche, die tangentialen Sklerenchymplatten aus Bastfasern und Steinzellen, zwischen denen auch die Markstrahlzellen sklerosiren.

Der Weichbast ist grosszellig, die Siebröhren haben wenig geneigte, feinporige Endplatten. Die Markstrahlen sind durch die Weitlichtigkeit ihrer Zellen, nicht wegen der Anzahl ihrer Reihen breiter als die Baststrahlen, welche sehr oft nur aus einer oder zwei Zellreihen bestehen.

Theophrasta imperialis Lind.

Die Rinde eines stark armdicken Stammes ist gegen 4 mm dick, borkefrei, von dünnem Periderm bedeckt, welches aus wenigen Reihen dünnwandiger und s c h i c h t e n w e i s e e i n s e i t i g (innen) v e r d i c k t e r und sklerotischer Korkzellen besteht.

Die fast 3 mm breite Mittelrinde ist grösstentheils zartwandig, feinporig und führt reichlich meist schlecht ausgebildete rhomboedrische Krystalle, oft z u m e h r e r e n i n e i n e r Z e l l e. Kleine Zellengruppen, vorzüglich in der Zone der primären Bastbündel, werden sklerotisch bei sehr geringer Verdickung, doch entsteht k e i n g e m i s c h t e r S k l e r e n c h y m r i n g. Es bilden sich zerstreut, ähnlich wie bei *Boehmeria* (Fig. 38), Sekretschläuche, deren Lumen nur mässig erweitert (0,08 mm), bedeutender in axialer Richtung gestreckt (bis 0,5 mm) wird.

In der schwach entwickelten secundären Rinde sind die Bastfasern in unregelmässigen tangential gestreckten Bündeln gelagert und begleitet von mässig verdickten Steinzellen, die, wie das dünnwandige Parenchym, häufig Krystalle einschliessen. Die Bastfasern sind sehr stark verdickt bei scharf abgegrenzter Primärmembran. Der Weichbast ist grosszellig, mit spärlichen kurzen Kammerfasern, zerstreutporigen Parenchymzellen und etwas weitlichtigeren Siebröhren, deren Endflächen einfache Siebplatten tragen.

Die Markstrahlen sind g r o s s z e l l i g e r als das Bastparenchym, selten über dreireihig, nach aussen e r w e i t e r t. Zwischen den Sklerenchymbündeln beginnt ausnahmslos die Sklerosirung; auch führen sie hie und da Krystalle.

Das vorliegende Material ist zur Charakteristik des Bastes unzureichend. Auffallend ist namentlich der Mangel von Milchsaftschläuchen bei der sonst nahen Verwandtschaft mit den *Sapotaceen.*

Sapotaceae.

Die Periderme entstehen in den jüngsten Internodien *(Achras, Lucuma)* oder später, selbst erst in der zweiten Vegetationsperiode *(Sapota)* aus der äussersten Zellenlage *(Achras, Lucuma)* oder in der zweiten bis vierten Schicht *(Sapota)* der primären Rinde. Diese hat eine wenig entwickelte Collenchymschicht, wird in den zwei ersten Jahren nicht sklerotisch, führt Kalkoxalat (Einzelkrystalle, seltener Drusen) in kurzen Kammerfasern und entwickelt frühzeitig Sekretschläuche, anscheinend durch Erweiterung und axiale Streckung einzelner, in der Jugend ölartige Tropfen führender Zellen.

Mehrjährige Mittelrinde lag nur von *Mimusops* und *Imbricaria* vor. Zerstreute Zellengruppen waren sklerosirt, das Oberflächenperiderma hatte bereits den Charakter der inneren Korkhäute angenommen, die bei allen untersuchten Arten durch die vorherrschende Sklerosirung der Innenwand der Korkzellen ausgezeichnet sind. Von diesem allgemeinen Merkmal abgesehen besitzen die Periderme einige Besonderheiten. Sie sind fast durchgehend aus schwach einseitig sklerotischen Zellen aufgebaut, dabei wenig abgeflacht *(Chrysophyllum)* oder aufs äusserste zusammengedrückt *(Lucuma).* Häufiger betrifft die einseitige Sklerosirung nicht ganze Schichten des Korkes, sondern nur zerstreute Zellengruppen, wobei diese sowol wie die zwischenliegenden Zellen fast immer weitlichtig (in radialer Richtung), die letzteren entweder zartwandig *(Achras, Sideroxylon, Mimusops)* oder gleichmässig derb *(Imbricaria)* sind. Auch die inneren Periderme zeigen mitunter deutlich Phelloderma *(Chrysophyllum, Mimusops, Imbricaria),* dessen Zellen hie und da gleichmässig sklerosiren, wie die Zellen der Mittelrinde.

Im Bau der secundären Rinde bildet *Chrysophyllum* durch den Mangel der Bastfasern einen selbstständigen Typus. Die isodiametrischen Steinzellen bilden breite, dünne Platten, welche regelmässig concentrisch (Fig. 71) geschichtet sind. Bei allen anderen Gattungen ist das sklerotische Element des Bastes vorzüglich durch Bastfasern vertreten, Steinzellen kommen meist nur vereinzelt vor, in umfangreichen Gruppen bei *Mimusops* (in alter Rinde). Schwache Bastfaserbündel durchziehen in unterbrochenen, unregelmässig tangentialen Reihen in verschiedenen Abständen den Bast von *Achras, Lucuma, Imbricaria,* sie bilden fest gefügte tangentiale Platten bei *Sideroxylon* und mitunter bei *Mimusops.* Der Bau der Bastfasern ist bei allen Gattungen nahe übereinstimmend, es sind dünne, mässig lange, verbogene, in stumpfe Spitzen oder knorrig endigende, innerhalb der scharf abgegrenzten Primärmembran stark verdickte, reichporige Fasern. Die Steinzellen sind von ihnen, selbst wenn sie stabzellenartig sind *(Sideroxylon),* schon am Querschnitte durch die dichte zarte Schichtung und sehr reichliche, verzweigte Porenkanäle zu unterscheiden, meist sind sie aber isodiametrisch und bedeutend breiter.

Der Weichbast ist im Allgemeinen grosszellig, zartwandig *(Achras, Mimusops, Imbricaria)* oder etwas derb *(Chrysophyllum, Sideroxylon, Lucuma).* Es treten in ihm bei den trockenen Rinden die Siebröhren als Stränge in vorherrschend tangentialen *(Achras)* oder in netzig verbundenen *(Lucuma, Imbricaria)* Zügen auf, oder die Siebröhren schrumpfen nicht zu Strängen *(Mimusops)* oder sind sehr spärlich zerstreut *(Chrysophyllum, Sideroxylon).* Im Baue der Siebröhren sind zwei wesentlich verschiedene Typen vertreten. Wenig geneigte Querwände mit einfachen Siebplatten haben die Siebröhren von *Chrysophyllum, Sideroxylon, Imbricaria*; Systeme mit mehreren bis vielen Siebplatten an entsprechend geneigten Endflächen: *Mimusops, Lucuma.* Die Parenchymzellen zeigen an der Markstrahlseite sehr häufig doppelt geränderte Poren (Fig. 73), conjugirende Ausstülpungen. Die Sekretschläuche sind im Lumen und in der Verdickung den Parenchymzellen gleich und regellos zerstreut *(Sideroxylon, Lucuma, Mimusops)* oder sie sind wesentlich weiträumiger (Fig. 74), namentlich in axialer Richtung bedeutend gestreckt und in einfachen tangentialen Reihen etwa die Mitte der Weichbastschichten einnehmend *(Chrysophyllum, Imbricaria).* Ihr Inhalt ist zu glasigen Propfen mit zahllosen schwarzen Körnchen erstarrt. — Kalkoxalat ist ein nie fehlender, häufig in sehr grosser Menge vorkommender Inhaltsstoff. Es findet sich stets in Form grosser rhomboedrischer Krystalle, nur in *Chrysophyllum* fand sich ausserdem Krystallsand vor. Die Kammerfasern sind — sklerosirend — ständige Begleiter der Bastfaserbündel, die sie häufig *(Sideroxylon, Achras)* ganz einhüllen, doch kommen sie nebst einzelnen Krystallschläuchen auch vom Sklerenchym unabhängig im Weichbaste zerstreut vor.

Die Markstrahlen sind meist nur zwei- oder dreireihig, doch wegen der Breite der Zellen immer ansehnlich. Sie sind nach aussen erweitert und auch im Baste an vielen Stellen unregelmässig verbreitert. Nur ausnahmsweise (Fig. 71)[1] werden einzelne zwischen den Sklerenchym- oder Bastfaserplatten eingeschlossene Zellen sklerotisch und führen auch Krystalle.

Die als „*Curtidor*" beschriebene Rinde wurde wegen ihrer zweifelhaften Abstammung in diese Uebersicht nicht aufgenommen.

Chrysophyllum Buranhem Ried. *(Ch. glycyphloeum* Cas.)

Harte und schwere, bei 6 mm dicke, mit papierdünnem, grauem Korke bedeckte Rindenstücke von chocoladebrauner Farbe mit äusserst zarter und dichter tangentialer Streifung am Querschnitte. „*Cortex Monesiae* s. *Guaranhum*", eine der gerbstoffreichsten Rinden.

---

[1] Bei *Chrysophyllum* sklerosiren die den Steinplatten unmittelbar angrenzenden Markstrahlzellen in der Regel und da viele Markstrahlen nur ein- oder zweireihig sind, so sind die Steinplatten nur selten unterbrochen. Wo bei den anderen Gattungen die Bastfasern in umfangreicheren Bündeln auftreten *(Sideroxylon, Mimusops)* werden immer auch einige Randzellen der durchtretenden Markstrahlen sklerotisch und zur Krystallbegleitung derselben mit herangezogen.

Das Periderm besteht aus etwa sechs Reihen grosser, mässig abgeplatteter, einseitig (nach innen) verdickter Korkzellen, denen sich eine 0,15 mm breite Phellodermschicht anschliesst. Die Mittelrinde ist durch diese Korkhaut abgetrennt.

In der secundären Rinde fehlen Bastfasern; an ihre Stelle treten dünne (in radialer Richtung nicht über vier Zellen) breite, über mehrere Baststrahlen sich erstreckende (Fig. 71) Sklerenchymplatten in regelmässig tangentialer Schichtung. Sie bestehen fast durchgehends aus isodiametrischen, hie und da kurz stabförmigen, verschieden grossen (0,03—0,1 mm), meist sehr stark verdickten, fein geschichteten und von zahlreichen verzweigten Porenkanälen durchsetzten Steinzellen, von denen die randständigen oft ein Rhomboeder einschliessen. Die Weichbastschichten sind mitunter nur 4—5 reihig, meist aber bedeutend breiter als die Steinzellenplatten.

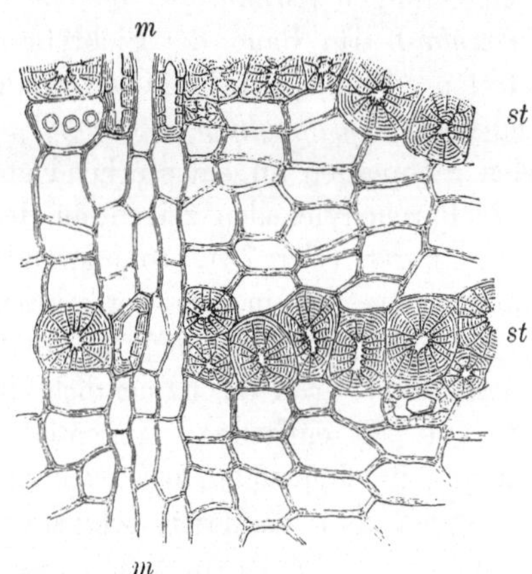

Fig. 71. *Chrysophyllum Buranhem* Ried. Querschnitt durch den Bast (00). Die Steinzellenplatten *st* von dem Markstral *m* durchzogen, dessen Randzellen an der Grenze der Platten sklerotisch sind.

Das Bastparenchym ist grosszellig, derbwandig und breitporig, oft conjugirt, ziemlich reichlich mit Krystallsand erfüllt. Aehnliche, häufig weitere Zellen und Schläuche führen trüben, feinkörnigen Inhalt (Milchsaft)[1]. Die Siebröhren sind in Lumen und Wanddicke vom Parenchym nicht verschieden. Sie haben schwach geneigte, ziemlich grobporige Querwände.

Die Markstrahlen sind am häufigsten 2—3 reihig mit geringen localen Verbreiterungen. Die Zellen sind breit und radial gestreckt, im Allgemeinen dünnwandiger als das Bastparenchym, nur zwischen den Sklerenchymgruppen werden sie zum Theil sklerotisch.

Unter dem Namen „*Aracca*" kommt in neuester Zeit eine Gerberinde nach Antwerpen[2]), welche mit der Monesiarinde grosse Aehnlichkeit besitzt und allem Anscheine nach auch bisher als solche eingeführt wurde[3]). Die Steinzellen in den Sklerenchymplatten sind vorwaltend radial gestreckt und nicht selten auch ausserhalb der Platten isolirt oder in kleinen Gruppen zerstreut. Der Weichbast ist kleinzellig und die geschrumpften Siebröhrenstränge gut erkennbar. Das auffallendste Unterscheidungsmerkmal bilden die in ausserordentlich grosser Menge vorkommenden grossen klinorhombischen Krystalle sowohl am Rande als innerhalb der Sklerenchymplatten und in zahlreichen Kammerfasern im Weichbaste.

Sideroxylon borbonicum DC. fil.

Derbe, hellfarbige, mit sehr dünnem, braunem Periderm bedeckte, 4 mm dicke Rindenstücke, innen grobstreifig, am Bruche körnig bis kurzsplitterig, am Querschnitte mit äusserst zarten tangential gerichteten Strichelchen.

---

[1]) Die Milchsaftgefässe erklärt Vogl (Zur Pharmakognosie einiger weniger bekannten Rinden, Zeitschr. d. allgem. österr. Ap.-V. 1871 No. 30 ff.) für Siebröhren. Vgl. dagegen de Bary (Vegetationsorgane p. 158.)

[2]) Ich verdanke ein authentisches Muster Herrn Prof. Bernardin.

[3]) Es stimmt z. B. die Beschreibung der Monesiarinde von Höhnel (Gerberinden p. 106) besser auf „*Aracca*".

Das Periderm, aus wenigen Reihen einseitig (innen) verdickter Kork-zellen bestehend, hat die Mittelrinde vollständig abgegliedert.

Die secundäre Rinde ist stufig geschichtet, indem die Faserbündel über die Breite mehrerer Baststrahlen zu tangentialen Platten von ansehnlicher Dicke (bis fünf Fasern in radialer Richtung) verbunden sind, mit den nächst gelegenen Platten aber nicht in einer Flucht liegen. Dazwischen sind auch isolirte oder kleine Gruppen von Bastfasern und meist axial gestreckte Steinzellen zerstreut. Die Bastfasern sind 0,03 mm breit, kurz (0,6 mm) oft stabzellenartig, vollständig verdickt. Die Sklerenchymgruppen sind reichlich umgeben von sklerotischen Kammerfasern mit grossen Rhomboedern; dünnwandige Krystallschläuche bilden den überwiegenden Bestandtheil des Weichbastes. In diesem sind zerstreute Milch-saftschläuche [1]) bloss an wenig derberen Membranen und an ihrem trübkörnigen Inhalt kenntlich. Das Parenchym ist schwach collenchymartig, breitporig, con-jugirend. Die spärlichen Siebröhren sind mit Mühe in Macerationspräparaten als zarte Schläuche mit einfachen, feinporigen Endplatten erkennbar.

Die Markstrahlen sind meist zwei- oder dreireihig, sehr breitzellig. Zwischen den Bastfaserbündeln werden einzelne Zellen mitunter bei schwacher Verdickung sklerotisch, hie und da führen sie auch Krystalle.

Achras Sapota L.

An sehr jungen grünen Internodien beginnen bereits die Theilungen der un-mittelbar unter der Epidermis gelegenen Zellenschicht und an vor-jährigen Trieben ist erstere schon völlig abgestossen und durch zwei bis vier Reihen breiter, wenig oder gar nicht abgeplatteter dünnwandiger Korkzellen ersetzt. In der des collenchyma-tischen Hypoderma entbehrenden primären Rinde treten Einzelkrystalle und Drusen, mitunter in kurzen Kammerfasern auf; Sekretbehälter (Fig. 72) mit klaren, stark lichtbrechenden Tropfen sind durch weites Lumen schon kenntlich vor der voll-ständigen Verdickung der primären Bast-fasern. Steinzellen fehlen.

Die Rinde ist über centimeterdick, von muschelig gekrümmten derben Borkeschuppen bedeckt, die durch hellfarbige Linien von einander abgegrenzt sind. Es sind bis sechs solcher über millimeterdicker Schuppen über einander geschichtet, so dass auf die lebende Rinde nur etwa 3 mm entfallen. Die Innenseite der Rinde ist rothbraun, grob-streifig, der Bruch lang- und ziemlich weich-faserig, der Querschnitt homogen.

Die Mittelrinde ist durch Borkebildung vollständig abgestossen. Die Korkhäute sind oft 0,5 mm breit und bestehen aus

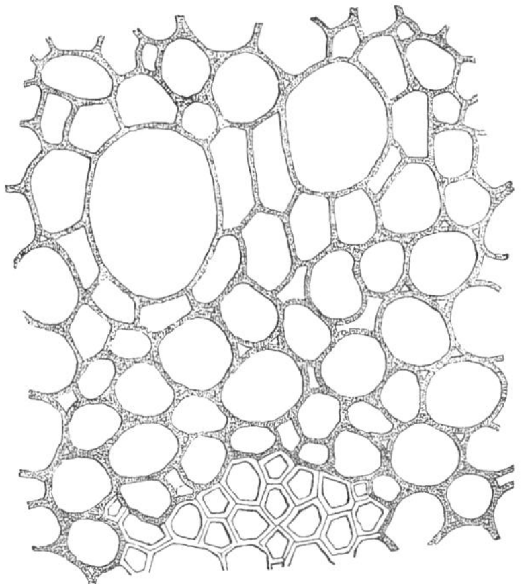

Fig. 72. *Achras Sapota* L. Querschnitt durch die primäre Rinde mit zwei Sekret-zellen (300).

sehr grossen cubischen oder breit tafelförmigen Zellen, die zum Theil dünn-wandig, zum Theil an der Innenseite etwas verdickt und sklerotisch sind.

---

[1]) Vgl. die Mittheilungen von K. Wilhelm in de Bary (Vegetationsorgane p. 158).

Die secundäre Rinde besteht vorwiegend aus Weichbast. Die Bastfasern sind zu Bündeln von sehr verschiedener Mächtigkeit vereinigt, stellenweise auch tangential geordnet; doch sind die Unterbrechungen so häufig, die seitliche Verbindung der Bündel so unregelmässig, dass die Schichtung des Bastes eben nur angedeutet ist. Ab und zu finden sich auch kleine Gruppen isodiametrischer, stark verdickter und sehr reichporiger Steinzellen. Die Bastfasern sind dünn (0,025 mm), selten über millimeterlang, meist gekrümmt, zackig, in lange stumpfe Spitzen verjüngt, selten gabelig oder knorrig. Die Verdickung ist beträchtlich, doch ist ein enges Lumen, von dem zahlreiche Poren ausstrahlen, meist erhalten. Die Bastbündel sind vollständig von Kammerfasern mit grossen Rhomboedern eingehüllt. — Das Bastparenchym ist dünnwandig, breitporig, conjugirend, durch geringe axiale Streckung auffallend. Einzelne, oft durch weiteres Lumen, mitunter durch ansehnliche schlauchartige Streckung ausgezeichnete, immer dünnwandige Zellen, führen milchsaftartigen Inhalt. Siebröhren kommen sehr spärlich in dünnen Strängen vor und sind bis zur Unkenntlichkeit geschrumpft.

Die Markstrahlen sind ein- oder zweireihig, häufig unregelmässig verbreitert, immer — auch zwischen den Bastfaserbündeln — sehr zartwandig und frei von Krystallen.

Sapota Mülleri Lind.

Gegen das Ende der ersten oder in der zweiten Vegetationsperiode ensteht das Periderm aus der zweiten bis vierten Zellenlage der primären Rinde, welche, wie die anderen untersuchten *Sapotaceen*, eine wenig ausgesprochene Collenchymschicht besitzt. In den jüngsten Internodien werden bereits Sekreträume angetroffen. Die primären Bastfasern werden in umfangreichen, sich gegenseitig berührenden Bündeln angelegt. Steinzellen fehlen noch in zweijährigen Internodien, in denen die Faserbündel schon stark auseinander gedrängt sind [1]); Einzelkrystalle kommen nur spärlich, mitunter in kurzen Kammerfasern vor.

Lucuma Caimito Roem. & Sch. *(Achras Caimito* R. & P.)

Schon in den drittjüngsten Internodien findet man unter der gebräunten und geschrumpften Oberhaut mehrere Reihen zartwandiger, alsbald sich abflachender Korkzellen. Die primäre Rinde enthält zahlreiche weite (0,05 mm), axial wenig gestreckte Sekretschläuche (vgl. Fig. 72) anscheinend aus Erweiterung einzelner Parenchymzellen entstanden, wie bei *Sapota* und *Achras*. Die primären Bastfasern treten in einer an den meisten Stellen nur einreihigen Zone auf, so dass sie schon an zweijährigen Trieben stark auseinander gedrängt und leicht zu übersehen sind. Steinzellen wurden in den jungen Trieben bislang nicht gebildet; in ausserordentlicher Menge treten grosse Einzelkrystalle, sehr selten Drusen in isolirten Schläuchen und in Kammerfasern auf.

Lucuma procera Mart.

Die Rinde ist 8 mm dick, mit dünnem, derbem Korküberzug, dessen Aussenseite die Spuren abgefallener Borkeschuppen zeigt. Der Bruch ist lang- und weichfaserig, der Querschnitt homogen, zimmtbraun. In Brasilien „*Maçaranduba*“.

Das Periderm ist 0,6 mm breit und umfasst etwa 60 Reihen stark abgeplatteter und durchgehend einseitig verdickter Korkzellen. Es ist in den Bast eingedrungen, von der Mittelrinde ist nichts erhalten.

---

[1]) Ich habe in der primären Rinde auch ausserhalb der Bastbündelzone selbstständige Gefässbündel angetroffen.

Die secundäre Rinde entbehrt der Steinzellen vollständig[1]). Die Bastfasern bilden wenig umfangreiche Bündel, die häufig sich zu schmalen tangentialen Platten vereinigen, oft genug aber regellos zerstreut sind, um eine augenfällige Schichtung des Bastes zu vereiteln. Die Bastfasern sind dünn (0,025 mm), oft über millimeterlang, schwach gekrümmt, stumpfspitzig, seltener knorrig, fast vollkommen verdickt mit vielen groben Porenkanälen. Sie sind von sklerotischen Kammerfasern, welche Rhomboeder einschliessen, in grosser Zahl begleitet, doch nicht von ihnen umhüllt. Vereinzelte kurze Kammerfasern werden auch im Weichbaste angetroffen. Dieser ist grosszellig, dünnwandig, in verschiedenen Richtungen von dünnen Strängen zusammengefallener Siebröhren durchzogen, mit zerstreuten k u r z e n S e k r e t s c h l ä u c h e n , die am Querschnitt nur durch ihren trübe geronnenen Inhalt als solche zu erkennen sind. Die Parenchymzellen sind breitporig, die Siebröhren tragen eine Reihe feinporiger Siebplatten durch leiterförmig angeordnete Interstitien getrennt.

Die Markstrahlen sind ein- oder zweireihig, zartwandig, selten zwischen Faserbündeln schwach sklerotisch und dann Krystalle einschliessend.

Mimusops Elengi L.

Die Rinde ist 12 mm dick, die Hälfte entfällt auf die grobschuppige, schwarzbraune Borke. Der Bast ist rothbraun, am Bruche lang- und grobfaserig, am Querschnitte homogen bis auf zerstreute helle Punkte. Nur bei starker Lupenvergrösserung ist eine leichte tangentiale Schichtung erkennbar. Jüngere, 2 mm dicke Rindenstücke sind noch von Oberflächenperiderm bedeckt.

Die Korkhäute erreichen vor der Abschuppung eine Mächtigkeit von 0,7 mm und bestehen zum grösseren Theile aus weitlichtigen, c u b i s c h e n , z a r t w a n d i g e n Zellen und mehr oder weniger genäherten Schichten mässig flacher, e i n - s e i t i g v e r d i c k t e r K o r k - z e l l e n .

Regellos zerstreute rundliche Zellengruppen von mitunter 0,4 mm diam. werden in der Mittelrinde s k l e r o t i s c h , wobei die Zellen Gestalt und Grösse beibehaltend (tang. 0,2 mm), fast vollständig verdickt werden. Ueberaus zahlreich kommen in zerstreuten Zellen grosse Rhomboeder vor.

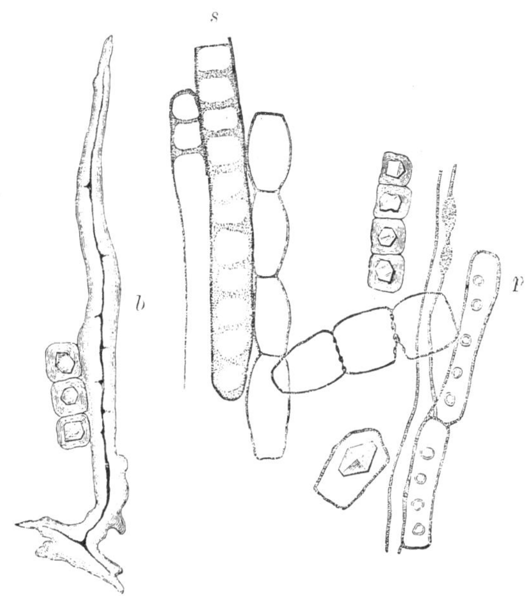

Fig. 73. *Mimusops Elengi* L. Isolirte Elemente des Bastes (30[0]). *p* Bastparenchym, *s* Siebröhren in verschiedenen Ansichten; *b* eine Bastfaser mit einer sklerotischen Kammerfaser.

Das Gewebe innerhalb der oberflächlichen, wie der inneren Korkhäute ist als Phelloderma sicher zu erkennen.

---

[1]) V o g l (Zeitschr. d. allg. österr. Ap.-V. 1871 No. 30 ff.) fand in der Aussenschicht des Bastes grosse Steinzellen.

In den äussersten Theilen des jungen Bastes sind noch vereinzelte kleine Steinzellengruppen zwischen den anfangs in zerstreuten Bündeln auftretenden Bastfasern anzutreffen. Die letzteren schliessen allmälig zu tangentialen Bastplatten von sehr verschiedenen Dimensionen zusammen. In alten Rinden wird durch die Sklerosirung des Bastparenchyms die in der Jugend ziemlich regelmässige Schichtung wieder gestört. Sklerenchym wie Bastfasern treten sowohl in unregelmässig umschriebenen Gruppen als in tangential orientirten, sich über mehrere Baststrahlen erstreckenden Platten auf und sind von sklerotischen Krystallzellen oder kurzen Kammerfasern mit Rhomboedern begleitet, nicht umhüllt. — Die Bastfasern sind dünn (0,025 mm), selten über 0,8 mm lang, schwach gekrümmt, stumpf oder knorrig endigend, fast vollständig verdickt, grobporig. Die Steinzellen sind klein (0,07 mm diam.), isodiametrisch, bis über zwei Drittel des Lumens verdickt, äusserst reichporig. — Das Gewebe des Weichbastes ist zartwandig, tangential gestreckt. Die Parenchymzellen (Fig. 73) haben breite Poren und conjugirende Ausstülpungen, die Siebröhren leiterförmige Verdickungsleisten, oft der ganzen Seite entlang, in deren zartwandigen Zwischenräumen die feinen Poren schwer erkennbar sind. Regellos zerstreute kurze Schläuche erweisen sich durch ihren farblosen, trübe-körnigen Inhalt als Sekretbehälter.

Die Markstrahlen sind bis vierreihig, gegen die Mittelrinde zu und auch im Baste an vielen Stellen verbreitert. Die Zellen sind weitlichtiger als das Parenchym und werden nur zwischen massigen Sklerenchymgruppen ebenfalls sklerotisch, selten führen sie Krystalle.

Mimusops hexandra Rxb.

Eine mehr als centimeterdicke, mit grobrissiger Borke bedeckte Rinde, innen braunroth, grobstreifig, am Bruche lang- und weichfaserig; am Querschnitte ist eine zarte tangentiale Bänderung mit Hilfe der Lupe eben wahrnehmbar.

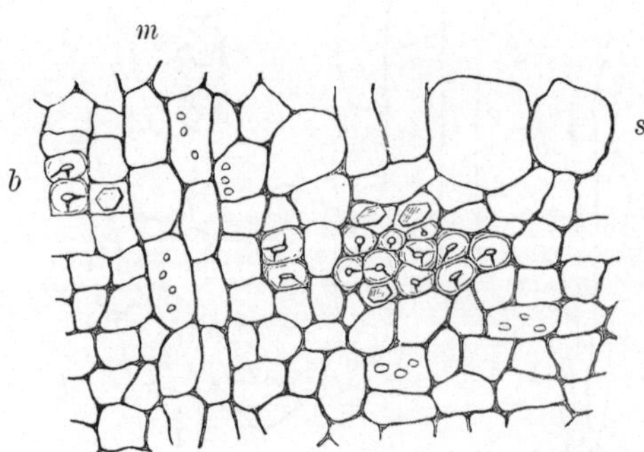

Fig. 74. *Mimusops hexandra* Rxb. Querschnitt durch den Bast (300) *b* Bastfaserbündel; *s* Sekretzellen; *m* Markstral.

Fast millimeterdicke Korkhäute, grösstentheils aus weiten zartwandigen, stellenweise tafelförmigen, einseitig sklerotischen Zellen bestehend, sind in den Bast vorgedrungen, von der Mittelrinde ist nichts erhalten. Die secundäre Rinde enthält keine oder nur sehr spärliche Steinzellen; die Bastfaserbündel (Fig. 74) von geringem Umfange sind unverkennbar tangential geordnet, doch bilden sie selten Platten auch nur über die Breite eines Baststrahls. Sie sind von zahlreichen Kammerfasern begleitet, häufig sogar von ihnen eingehüllt. Die Bastfasern, sowie die Elemente des Weichbastes gleichen denen von *M. Elengi.* Nur die Sekretschläuche sind durch ihr weites Lumen (0,08 mm) auffallender.

Imbricaria maxima Poir. *(Mimusops Imbricaria L.)*

Zimmtbraune, von mehr als millimeterdickem, weichem Korke bedeckte, im ganzen 6 mm dicke Rindenstücke mit grobstreifiger Innenfläche, weichfaserigem Bruche. Unter der Lupe erkennt man sehr zarte weisse, tangentiale Linien am

Querschnitte, aus denen mitunter eine dunkle, klebrige Substanz quillt. Jüngere, 3 mm dicke Rindenmuster sind mit papierdünnem, kreideweissem Periderm bedeckt. Auf Réunion „*Ecorce de Natte grande.*"

Das Oberflächenperiderma umfasst bei einer Breite von 0,7 mm etwa 20 Reihen einseitig sklerosirter Korkzellen. Die inneren Korkhäute bestehen aus meist wenig abgeplatteten, gleichmässig derben, hie und da einseitig verdickten Korkzellen[1]), nur die jüngsten Schichten bleiben zartwandig. Einzelne Zellen des nur wenige Reihen umfassenden Phelloderma bilden sich zu gleichmässig stark verdickten Steinzellen aus.

Die Mittelrinde, durch Phelloderma nur wenig verstärkt, besitzt im Allgemeinen etwas derbwandige Zellen, einzelne Gruppen sklerosiren vollständig, wobei die Zellen sich oft vergrössern (0,1 mm lang.). Krystallschläuche mit grossen Rhomboedern kommen nesterweise in grosser Menge vor, vereinzelt auch Sekretschläuche.

In den äusseren Lagen der secundären Rinde finden sich neben den zerstreuten kleinen Bündeln von Bastfasern noch ziemlich reichlich Steinzellen. Die Sklerosirung des Bastparenchyms tritt immer mehr zurück und in älterem Baste sind Steinzellen eine Seltenheit zwischen den schmächtigen Faserbündeln, die häufig unterbrochene, stufige, tangentiale Reihen zusammensetzen. Sehr häufig stehen die Fasern in einfachen, auch da noch unterbrochenen Reihen, selten sind ihrer über drei in radialer Richtung in einem Bündel. — Die Bastfasern sind dünn (0,02 mm), in der Länge sehr verschieden (bis 1,2 mm), ziemlich geradläufig, oft glatt und stumpf endigend, daher stabförmig; die Verdickung ist meist vollständig, in zwei scharf getrennte Schichten zerfallend, ziemlich reichporig. Sie sind in der jungen Rinde reichlich von Krystallkammerfasern begleitet, während diese in dem Muster alter Rinde sehr spärlich angetroffen werden. — Die Weichbastschichten sind verschieden breit, oft bestehen sie bloss aus drei Reihen Parenchym, daneben wieder beträgt der Abstand zwischen zwei Bastfaserreihen 0,5 mm und im Weichbast wechseln dann Parenchymschichten mit den tangentialen Siebröhrensträngen und Sekretschläuchen. Die letzteren sind durch ihr weites Lumen (0,06 mm) und durch die tangentiale Nebeneinanderlagerung fast in der Mitte der Weichbastschichten auffallend. Das Bastparenchym ist zartwandig, breitporig, conjugirend. Die Siebröhren sind stumpf endigende Schläuche, nicht weitlichtiger als das Bastparenchym (0,02 mm), mit einfachen (callösen) Querplatten.

Die Markstrahlen sind ein- oder zweireihig, gegen die Mittelrinde zu beträchtlich erweitert, zartwandig, breitzellig, mitunter an der Grenze der Faserbündel sklerosirend und grosse Rhomboeder einschliessend.

Curtidor.

Harte und schwere bis über centimeterdicke, braune Rindenstücke mit dünnem, weichem Korküberzug, innen grobstreifig, am Bruche kurz- und grobsplitterig, am Querschnitt mit zerstreuten dunkel glänzenden Pünktchen.

In den vorliegenden Mustern ist die Mittelrinde[2]) völlig abgestossen und nur spärliche cubische Phellodermzellen[3]) bedecken den Bast, welcher durch die in ihm isolirt vorkommenden eigenthümlichen sklerotischen Elemente ausgezeichnet ist. Es

---

[1]) V o g l (Zeitschr. d. allgem. österr. Ap.-V. 1871 No. 30 ff.) erwähnt Schichten von Platten- und Steinkork.

[2]) V o g l (Zeitschr. d. allgem. österr. Ap.-V. 1868, Pharmakogn. Beitr.) fand in der zu weilen erhaltenen Mittelrinde unregelmässige, wie in einander geflossene Steinzellen.

[3]) Nach v. H ö h n e l (Gerberinden p. 153) bestehen die Korklamellen aus dreissig und mehr Lagen einseitig verdickter Korkzellen.

sind im Allgemeinen spindelförmige Gestalten, bis millimeterlang, knorrig, daher verschieden breit (bis 0,4 mm) und am Querschnitt höchst mannigfach geformt. Die Verdickung ist meist vollständig, bis auf einen schmalen Saum ungeschichtet, die Poren durch ihre Feinheit, ausserordentliche Menge und eigenthümliche Verzweigung [1]) merkwürdig. Der Weichbast ist grosszellig, stellenweise wie gequollen [2]). Die Parenchymzellen sind zartwandig mit ungewöhnlich breiten Poren, oxalatfrei [3]). Die Siebröhren konnte ich nur in Macerationspräparaten als sehr zarte Schläuche mit leiterförmigen Systemen rundlicher äusserst feinporiger Siebplatten erkennen. — Die Markstrahlen bestehen aus ein oder zwei Reihen zarter, gestreckter Zellen.

Ebenaceae.

Diospyros bildet frühzeitig einige Reihen cubischer, zartwandiger, späterhin sich verdickender, aber nicht sklerosirender Korkzellen aus der äussersten Zellenlage der primären Rinde. Zartwandige, wenigreihige innere Korkhäute trennen die ersten Borkeschuppen bald bei *D. Lotus*, viel später bei *D. virginiana* ab. Für die in der Aussenschicht collenchymatische primäre Rinde ist das Unterbleiben der Sklerosirung und das ausschliessliche Vorkommen isodiametrischer Einzelkrystalle, für die secundäre Rinde das Fehlen der Bastfasern und das isolirte (Fig. 75) Auftreten grosser spindelförmiger Steinzellen vorzüglich charakteristisch. Die ganze Rinde ist derbwandig, grobporig und führt reichlich grosse Oxalatkrystalle, oft zu mehreren in einer Zelle oder in Kammerfasern. Die Markstrahlen zählen nur eine oder zwei Reihen breiter, derbwandiger Zellen.

Diospyros Lotus L.

An vorjährigen Trieben ist die Oberhaut mit den einzelligen, stark verdickten, sichelförmig gekrümmten Haaren nur in Fragmenten erhalten und durch drei bis vier Reihen cubischer zartwandiger, späterhin derber, doch nicht sklerotischer, abgeflachter Korkzellen ersetzt. Ausschliesslich zartzellige Korkhäute dringen frühzeitig in die Tiefe; an zweifingerdicken Stämmchen findet man bereits die Mittelrinde in flachen Borkeschuppen abgetrennt.

Die primäre Rinde mit schwach collenchymatischem Hypoderma wird auch in den Lücken der Bastfaserbündel nicht sklerotisch; sie ist reich an grossen Einzelkrystallen.

Die secundäre Rinde entbehrt der Bastfasern vollständig, an ihre Stelle treten vereinzelte grosse Steinzellen (Fig. 75), am Querschnitte rundlich (0,9 mm diam.), sehr stark verdickt mit zarter Schichtung und äusserst zahlreichen verzweigten Porenkanälen. Sie sind unregelmässig spindelförmig, erreichen oft Millimeterlänge, sind vertical übereinander gelagert und fast vollständig von Kammerfasern umgeben, welche in die Steinzellenwand eingedrückt erscheinen

---

[1]) Vgl. die Abbildung von J. Moeller, Anatomische Notizen im Jahrb. f. wissensch. Bot. Bd. XII, Tf. II.

[2]) Diese anscheinend von gequollenen Membranen umgebenen Intercellularräume werden von Höhnel (l. c.) als Milchsaftschläuche gedeutet.

[3]) Vogl (l. c.) gibt Krystalldrusen an.

(Fig. 75). Zahlreiche Kammerfasern und einzelne Krystallschläuche mit m e h r e r e n grossen, verschiedenartig ausgebildeten Krystallen kommen auch im Weichbaste vor. Die Parenchymzellen sind ungewöhnlich d e r b w a n d i g (Fig. 76) und breitporig. Die Siebröhren sind weniger derbwandige, ebenso weite (0,02 mm), gegen

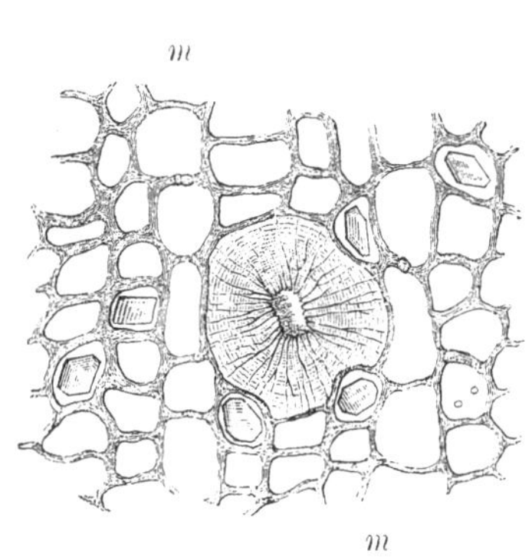

Fig. 75. *Diospyros Lotus* L. Querschnitt durch den Bast (300). Zwischen den einreihigen Markstrahlen *m* eine Steinzelle, in welche die umgebenden Krystallzellen eingesenkt sind.

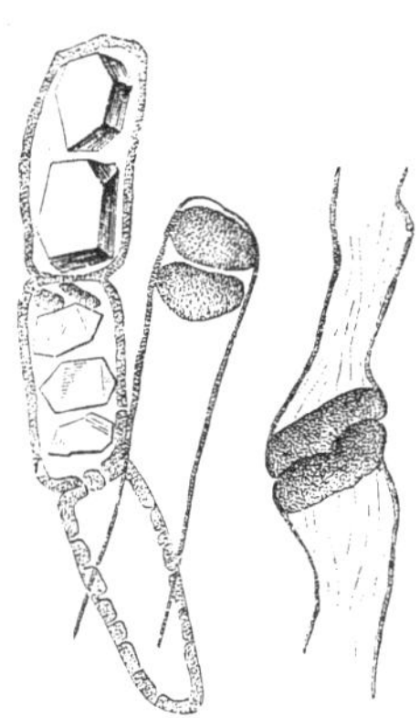

Fig. 76. *Diospyros Lotus* L. Siebröhrenglieder u. Theil einer Paremchymfaser mit mehreren grossen Krystallen in je einer Zelle (300).

0,3 mm lange Schläuche mit einfachen oder doch wenigen (im Herbste mit dickem Callus belegten) Siebplatten und einer dichten, äusserst zarten S i e b f e l d e r u n g an den Seitenflächen.

Die Markstrahlen bestehen aus ein oder zwei Reihen breiter Zellen, die minder derb als das Bastparenchym, zerstreutporig sind und k e i n e K r y s t a l l e führen.

Diospyros virginiana L.

An älteren, der Trichome grösstentheils bereits verlustigen Internodien einjähriger Triebe bildet d i e ä u s s e r s t e Z e l l e n l a g e d e r R i n d e das Periderm aus z a r t w a n d i g e n c u b i s c h e n, namentlich im Verhältniss zur kleinzelligen Oberhaut weitlichtigen Zellen. Die primäre Rinde, fast zur Hälfte aus t y p i s c h e m C o l l e n c h y m bestehend, führt grosse E i n z e l k r y s t a l l e, k e i n e S t e i n z e l l e n. An armdicken Stämmen mit 2 mm dicker Rinde finde ich noch k e i n e B o r k e, das Oberflächenperiderma besteht aus etwa 6 Reihen mässig flacher, d e r b - w a n d i g e r Zellen. Im Baue der secundären Rinde stimmt diese Art mit der vorigen überein.

Styraceae.

Der Bast ist alternirend geschichtet durch dicke mit den d u r c h - z i e h e n d e n M a r k s t r a h l e n v e r s c h m o l z e n e B a s t f a s e r p l a t t e n, welche n i c h t v o n K a m m e r f a s e r n b e g l e i t e t s i n d.

N u r d i e s k l e r o t i s c h e n M a r k s t r a h l z e l l e n f ü h r e n a u s n a h m s l o s je e i n e n g r o s s e n K r y s t a l l, die übrigen Markstrahlzellen führen seltener Krystalleinschlüsse (Drusen), i m B a s t p a r e n c h y m f e h l e n d i e l e t z t e r e n gänzlich. — Der Weichbast ist ausserordentlich reich an weiten Siebröhren, die treppenförmig gereihte Siebplatten fast der ganzen Wand entlang tragen.

Die Mittelrinde führt dieselben Krystallformen wie die Markstrahlen und kleine Gruppen mässig verdickter Steinzellen. Die Periderme sind kleinzellig, derbwandig, doch nicht sklerotisch.

Styrax officinalis L.

Die Rinde eines 12 cm dicken Stammes ist 4 mm dick und besteht zur Hälfte aus Borke, die in flachen, unregelmässig eckigen Platten von der Dicke eines Kartenblattes und darüber abspringt. Am Bruche ist die Rinde etwas zähe, kurz splitterig, am Querschnitte unterbrochen tangential gestreift, hell zimmtbraun.

Die stellenweise noch in der Borke erhaltenen Theile der Mittelrinde zeigen ein derbwandiges Parenchym mit zerstreuten Gruppen rundlicher, meist nur schwach verdickter Steinzellen und reichlich grosse Drusen und Einzelkrystalle.

Die tief in den Bast eindringenden, krummflächigen Korkhäute sind etwa 0,08 mm dick und bestehen aus kleinen, etwas derbwandigen, flachen, zum Theil cubischen Korkzellen und einem bis acht Zellenreihen umfassenden Phelloderma.

Die Bastfasern sind zu compacten (in radialer Richtung oft 8—10 Fasern zählenden) Bündeln vereinigt, die mit Einschluss der Markstrahlen tangential gestreckte, beiderseits zugeschärfte Platten zusammensetzen und mit den benachbarten Platten stufig alterniren. Steinzellen fehlen. Die Bastfasern sind etwas über millimeterlang, schwach gekrümmt, glatt, stumpf, selten verbreitert endigend, dünn (0,018 mm), fast vollständig verdickt, reichporig, am Querschnitt gerundet viereckig oder polygonal. Im Weichbaste überwiegen die Siebröhren etwa um das Dreifache [1]; sie sind schon an Querschnitten an dem verzogen eckigen, weiteren Lumen und häufig an den feingezähnten Membrandurchschnitten kenntlich. Sie sind 0,03 mm breit, endigen stumpf ohne Verbreiterung und tragen an der Markstralseite breite feinporige Siebplatten in grosser Zahl.

Kalkoxalat kommt nur in den Markstrahlen vor (Fig. 77), welche, ein- bis dreireihig, so dicht stehen, dass Baststrahlen von zwei, sogar einer Zellenbreite häufig, solche von vier Reihen selten sind. Die Zellen sind im Allgemeinen etwas derb, zwischen den Bastfaserbündeln sklerotisch, und führen hier stets grosse Einzelkrystalle, während sie sonst hie und da auch eine Krystalldruse enthalten.

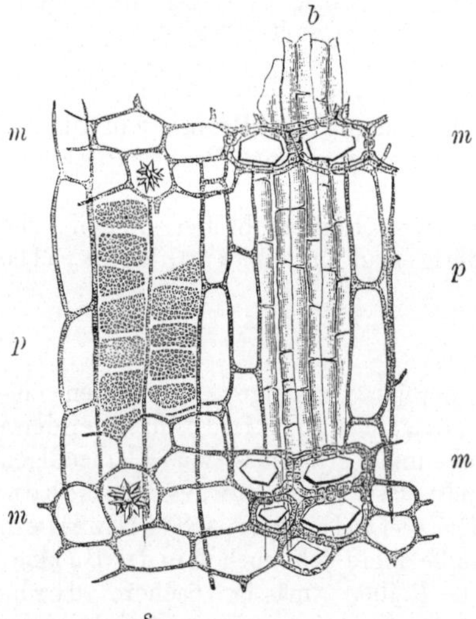

Fig. 77. *Styrax officinalis* L. Radialschnitt durch den Bast (300). *p* Parenchym; *s* Siebröhren; *b* Bastfasern; *m* Markstrahlen, über die Faserbündel ziehend sklerotisch und Einzelkrystalle führend, sonst dünnwandig u. Drusen einschliessend.

---

[1] Das Verhältniss ist hier augenfällig, weil die mit braunem Inhalt erfüllten Parenchymzellen ziemlich regelmässig in einfachen Reihen zwischen dreifachen Lagen farbloser Siebröhrenschichten auftreten.

Bicornes.

Ericaceae.

Die tiefe Lage des Periderma, hart an der Grenze der secundären Rinde ist allen drei untersuchten Gattungen gemein. Die Korkzellen sind gross, mässig abgeflacht, gleichmässig derb *(Rhododendron)* oder aus zartwandigen und einseitig sklerotischen Zellen geschichtet *(Erica, Clethra)*. Die Periderme entstehen in der ersten Vegetationsperiode, besonders frühzeitig bei *Erica*. Die inneren Korkhäute dringen frühzeitig in die Tiefe, bestehen aus wenigen, den oberflächlichen ähnlichen Zellenreihen. Sie trennen dünne, breit- und ebenflächige Borkeschuppen ab, welche bald abfallen, so dass die Rinde, nur von den jüngsten Peridermen bedeckt, auch im hohen Alter dünn bleibt und eine mehr schülferig rauhe, als rissige Oberfläche erhält.

Die primäre Rinde, kleinzellig bei *Erica*, grosszellig in den dicken Internodien von *Clethra* und *Rhododendron*, ist in ihrer ganzen Ausdehnung in geringem Grade derbwandig, entbehrt aber des collenchymatischen Hypoderma und führt reichlich grosse Krystalldrusen. Eine beginnende Sklerosirung einzelner Zellen habe ich nur bei *Rhododendron* beobachtet, welche auch primäre Bastfasern entwickelt, während die letzteren bei *Clethra* und *Erica* fehlen. Da diese Bastfasern zugleich mit der primären Rinde schon im ersten Jahre durch Kork abgetrennt werden, noch ehe sie ihre volle Ausbildung erreicht haben, liegt es nahe, die bei einigen Gattungen völlig unterbleibende Entwickelung derselben mit dem Mangel der Function in ursächlichen Zusammenhang zu bringen.

Die secundäre Rinde von *Clethra* entbehrt der Bastfasern, *Erica* besitzt diese reichlich in unterbrochen concentrischer Anordnung. Sie sind spindelförmig, glatt, im Verhältniss zur geringen Länge dick, im Allgemeinen den Bastfasern der *Laurineen* ähnlich. Diese Bastfasern (Fig. 78) fanden sich in jungen Internodien von *Rhododendron* in ihrer ursprünglichen Form isolirt. Das Bastparenchym der beiden letztgenannten ist derbwandig und breitporig, bei *Clethra* der Mehrzahl nach zu ziemlich stark verdickten Stabzellen sklerosirt, wobei die radiale Anordnung und die Verbindung in Parenchymfasern meist erhalten bleibt. Dünnwandige Krystallschläuche mit Rhomboedern sind spärlich zerstreut bei *Clethra*, ohne Beziehung zum Sklerenchym, *Erica* führt überhaupt keine Krystalle im Baste. Da ältere Rinden nur in trockenem Materiale vorlagen, konnte der feinere Bau der Siebröhren nicht erkannt werden. An Schnitten sind sie kaum zu unterscheiden und in Macerationspräparaten erscheinen sie als lange, zartwandige, glatte Schläuche mit stumpfen Enden.

Durch sehr breite primäre Markstrahlen ist *Erica* ausgezeichnet, bei *Clethra* sind sie auch nicht selten drei- bis fünfreihig, bei beiden nach aussen erweitert. Die Zellen sind zartwandig, vereinzelt schwach sklerotisch, ab und zu bei *Erica* einen Krystall führend.

A. Spindelförmige Bastfasern in unregelmässig unterbrochenen concentrischen Reihen; Bastparenchym derb; Markstrahlen sehr breit; keine Krystalle: *Erica.*

B. Keine Bastfasern; Stabzellen in radialen Reihen; einzelne Rhomboeder; Markstrahlen höchstens fünfreihig: *Clethra.*

Erica arborea L.

Die mit vielgestaltigen Haaren dicht besetzte Oberhaut und die ihr anliegenden Schichten der primären Rinde werden schon in den jüngsten Triebspitzen gebräunt und abgestossen durch das in der Tiefe sich entwickelnde Periderma, und alsbald folgt die Borkebildung. Die Korkhäute bestehen nur aus wenigen Reihen breiter, zum Theil zartwandiger, zum Theil an der Innenseite stark verdickter und sklerotischer Tafelzellen.

Die primäre Rinde ist, entsprechend dem geringen Durchmesser des Stengels, kleinzellig, ziemlich derbwandig ohne hypodermatisches Collenchym; sie enthält einzelne Krystalldrusen, keine Steinzellen.

In der secundären Rinde fehlen Steinzellen gleichfalls. Die Bastfasern sind stellenweise gebündelt, häufiger zu einfachen tangentialen Reihen verbunden, aber oft unterbrochen, so dass die Schichtung eben nur angedeutet ist. Die Bastfasern sind kurz (meist nur 0,3 mm), geradläufig, glatt, stumpf endigend, am Querschnitt gerundet eckig, vollkommen verdickt bis auf einzelne schwach verdickte Formen (ohne Zwischenstufen), 0,02 mm breit. Krystalle fehlen.

Der Weichbast bildet zwei- bis dreireihige Schichten. Die Parenchymzellen sind derbwandig mit zahlreichen breiten Poren, oft conjugirend. Siebröhren konnten in dem trockenen Material nicht sicher erkannt werden.

Die Markstrahlen sind bis zu zehn Reihen breit, dazwischen einreihige secundäre Markstrahlen nach aussen erweitert. Die Zellen der letzteren verdicken sich ein wenig und werden sklerotisch, wenn sie zwischen Bastfasern eingeklemmt werden; die Markstrahlen sind wie das Bastparenchym mit rothbraunem Inhalt erfüllt, führen aber keine Krystalle.

Clethra arborea Ait.

Die Oberhaut ist schwach cuticularisirt, mit zahlreichen Trichomen besetzt. Die primäre Rinde ist grosszellig, bis auf die Tiefe von 0,5 mm, wo das Periderm entsteht, mässig derbwandig und reichlich grosse Krystalldrusen führend. Es fehlen sowol primäre Bastfasern wie Steinzellen. Das in der ersten Vegetationsperiode angelegte Periderm besteht etwa aus 6 Zellenreihen, von denen die äusseren zartwandig, die inneren einseitig (innen) stark sklerotisch sind. Auch die inneren Korkhäute sind geschichtet, an einem zweifingerdicken Stamme mit kaum millimeterdicker Rinde finde ich den Kork aus 4—6 Reihen einseitig sklerosirter und ebenso vielen dünnwandigen Zellen bestehend.

Der secundären Rinde fehlen Bastfasern ebenfalls, dagegen ist der grössere Theil des radial gereihten Bastparenchyms zu Stabzellen verdickt, welche, bis 0,5 mm lang, bei einer mittleren Breite von 0,02 mm Membranen von 0,007 mm Dicke besitzen, die reichlich von groben Poren durchsetzt sind. Daneben findet sich nur spärlich zartwandiges Parenchym mit rothbraunem Inhalt (trockenes

Material), zerstreute Krystallzellen mit grossen Rhomboedern und zu Bündeln vereinigte lange, enge (0,008 mm), zartwandige Schläuche, an denen keinerlei Relief erkennbar ist.

Die Markstrahlen sind bis fünfreihig, breitzellig, radial nicht gestreckt ziemlich derbwandig, mitunter schwach sklerotisch und hie und da ein Rhomboeder einschliessend.

Rhododendron Nuttalis Booth

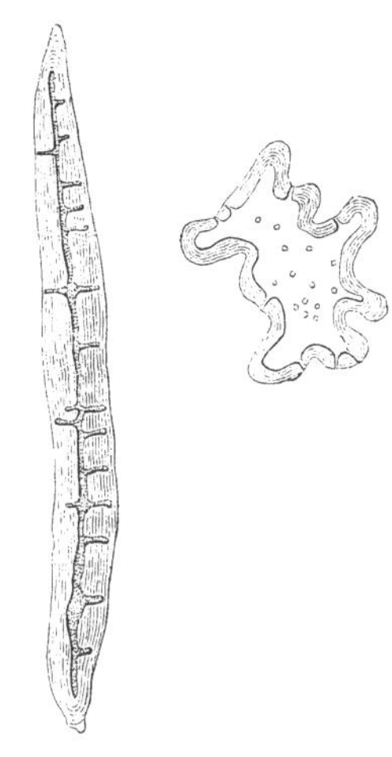

Fig. 78. *Rhododendron Nuttalis* Booth. Eine Bastfaser aus der sekundären Rinde und eine Steinzelle aus der Mittelrinde (300).

Das Phellogen liegt innerhalb der primären Bastbündelzone und entwickelt gegen das Ende der ersten Vegetationsperiode etwa 6 Reihen grosser, mässig flacher und etwas derbwandiger Korkzellen. Die primäre Rinde ist sehr grosszellig, im inneren Theile lückig, leicht zerreisslich, entbehrt des collenchymatischen Hypoderma und ist sehr reich an Kalkoxalat in Form grosser Drusen. Ab und zu beginnt eine der reichporigen Parenchymzellen zu sklerosiren (Fig. 78), doch erreicht die Membran nicht über 0,008 mm Dicke (bei einem Zellendurchmesser von 0,12 mm) und auch die primären Bastfasern werden abgestossen, ehe sie die vollständige Verdickung erreichen konnten. In dem jungen Baste zweijähriger Triebe fanden sich schon vereinzelte spindelförmige Bastfasern (Fig. 78) in dem derbwandigen Parenchym zerstreut vor.

Discanthae.

Aussenrinde. Das Initialmeristem für das Periderma entsteht in der Oberhaut (bei *Aucuba* [Fig. 81] und einigen *Cornus*arten) oder in der äussersten Rindenzellenlage (*Ampelopsis, Araliaceae, Cornus mas*), oder in der Tiefe, die ganze primäre Rinde mit Einschluss der primären Gefässbündel abschneidend (*Vitis*). Die Thätigkeit des Phellogens beginnt in der ersten Vegetationsperiode zugleich um die ganze Peripherie der Internodien bei den *Ampelideen, Cornus mas, Hedera*, oder sie beginnt im zweiten Jahre oder noch später (bei vielen *Corneen* und *Araliaceen*) und kommt allmälig zu allseitigem Abschluss. Die Korkhäute bestehen selten nur aus zartwandigen Zellen (*Cornus mas*), wobei periodisch weitlichtige und flache Zellen abwechseln; ungeschichtet und zerstreut sklerotisch sind die Korkmembranen von *Vitis;* am häufigsten bilden sich zusammenhängende Steinkorkschichten in verschiedenen Modificationen. Die in den äusseren Lagen dünnwandigen Korkzellen werden nach innen gleichmässig (*Ampelopsis*) oder einseitig (an der Innenseite: *Araliaceae, Aucuba*) sklerotisch oder eine einfache Reihe von Korkzellen sklerosirt hufeisenförmig an der Aussenseite (die *Cornus*arten, bei welchen die Oberhaut zum Phellogen wird). Sehr lange ausdauernde Periderme besitzen *Ampelopsis*, viele *Cornus*arten, *Hedera*, frühzeitig bildet sich die eigenthümliche, alljährlich sich erneuernde Ringborke von *Vitis*.

Mittelrinde. Die primäre Rinde ist in ihrem äusseren Theile ein zusammenhängendes Collenchym von typischer (*Ampelopsis, Aucuba, Panax, Hedera*) oder minder ausgeprägter (*Corneae, Aralia*) Bildung, nur bei *Vitis* ist die Collenchymschicht unterbrochen durch dünnwandiges, den Markstrahlen correspondirendes Parenchym. Die inneren Schichten sind zartwandig bei den *Ampelideen* und *Araliaceen*, etwas derb bei den *Corneen*, niemals treten Steinzellen auf. Kalkoxalat ist in der Regel reichlich abgelagert und zwar in Form von Sand (*Aucuba*), Raphiden (*Ampelopsis*) und Drusen (*Ampelopsis*[1]), *Cornus, Araliaceen*). Die *Araliaceen* sind durch eigenthümliche, den *Coniferen*-Harzgängen ähnliche Sekretbehälter ausgezeichnet. Die primären Bastfasern treten bei *Cornus* in schwachen, leicht trennbaren Bündeln auf, bei *Vitis* werden sie vor ihrer völligen Entwicklung durch Periderm abgegrenzt, bei *Aucuba* fehlen sie gänzlich. Phelloderma bilden sowol die oberflächlichen wie die inneren Phellogenschichten von *Cornus*.

Innenrinde. Das hervorstechende Merkmal der secundären Rinde ist die geringe Neigung zur Bildung sklerotischer Elemente. *Ampelopsis* und *Cornus mas* besitzen weder Bastfasern noch Steinzellen, *Hedera* bildet schmale unterbrochene Faserbänder, keine Steinzellen, alle *Cornus*arten entbehren der Bastfasern und nur bei einigen wird in hohem Alter das Bastparenchym in zerstreuten Gruppen sklerotisch, *Vitis* allein entwickelt regelmässig sklerotische Parenchymplatten (vgl. p. 210) alternirend mit Weichbast. Die Fasern von *Hedera* können vielleicht ebenso gut als lange Stabzellen (ähnlich *Buena*) angesprochen werden und dann wäre die in der secundären Rinde unterbleibende Bildung von Bastfasern ein Classencharakter. — Der Weichbast ist zartwandig bei *Hedera*, mässig derb bei den *Ampelideen* und *Corneen*. Die Parenchymzellen tragen auf der Markstrahlseite breite Tüpfel, wenn sie nicht, wie ausserordentlich häufig, zu Krystallschläuchen umgewandelt sind. Der Bast ist, *Aucuba* und *Vitis* ausgenommen, sehr reich an Kammerfasern, welche Drusen (*Ampelopsis, Cornus mas, Hedera*) oder grosse Einzelkrystalle (*Cornus sanguinea, sericea, alternifolia*) enthalten und mit den sklerotischen Elementen in keiner Beziehung stehen. *Ampelopsis* ist durch das Vorkommen von Raphidenschläuchen neben Drusen im Baste ausgezeichnet, *Aucuba* führt Krystallsand, *Vitis* grosse Rhomboeder in isolirten Schläuchen. Es ist demnach das Kalkoxalat im Baste meist in derselben Form enthalten wie in der Mittelrinde (*Aucuba, Ampelopsis, Cornus mas, Hedera*); von Interesse ist der Wechsel der Krystallform bei *Cornus sanguinea* und das spärliche, fast allein auf die Markstrahlen beschränkte Auftreten der Oxalate bei *Vitis*. — Die Sieb-

---

[1]) Bloss in der Umgebung der primären Bastbündel Einzelkrystalle.

röhren sind etwas weitlichtiger als das Bastparenchym, ihre Endflächen fast horizontal mit einfachen Querplatten *(Ampelopsis, Cornus mas)* oder in verschiedenem Grade geneigt, mit mehreren *(Vitis, Cornus)* selbst zahlreichen *(Hedera)* breiten Siebplatten. Auch das Zwischenstück zeigt mitunter ein Relief, so rundliche Tüpfel bei *Vitis*, feine netzig gruppirte Siebfelder bei *Cornus*. — Wie die Mittelrinde, so enthält auch der Bast der *Araliaceen* schizogene Sekreträume.

Die Markstrahlen gehören in die Kategorie der mit freiem Auge kenntlichen. Bei einigen *Cornus*arten sind sie allerdings häufig nur dreireihig, bei anderen Arten aber fünf- bis achtreihig, bei den *Ampelideen* meist noch breiter. Die Zellen stimmen in ihren Dimensionen mit dem Bastparenchym nahe überein und sind radial gestreckt, nur bei *Aucuba* sind sie bedeutend breiter und isodiametrisch. Sie führen auch dieselben Krystallformen; bei *Vitis* sind es beinahe ausnahmslos die Randzellen der Markstrahlen, welche Rhomboeder, sehr selten ein Raphidenbündel führen.

Uebersicht der Gattungen nach Merkmalen des Bastes:

A. Es kommen bloss spulenrunde Stabzellen (ähnlich Bastfasern) in schmalen, oft unterbrochenen, tangentialen Reihen, keine Steinzellen vor; im Weichbaste Sekreträume und ausschliesslich Drusen führende Kammerfasern: *Hedera*.

B. Bandartig flache sklerotische Parenchymfasern in regelmässigen, nur durch die breiten Markstrahlen unterbrochenen concentrischen Platten; Einzelkrystalle, selten Raphiden in den Randzellen der Markstrahlen: *Vitis*.

C. Es fehlen sowol Bastfasern wie Steinzellen.

    1. Weichbast zart- und grosszellig mit Raphidenschläuchen und Drusen führenden Kammerfasern; Markstrahlen sehr breit: *Ampelopsis*.

    2. Weichbast derb- und kleinzellig; Markstrahlen meist nur drei- bis fünfreihig; Kammerfasern entweder Drusen oder Rhomboeder führend: *Cornus*.[1]

Ampelideae.

Die Rinden von *Ampelopsis* und *Vitis* sind fast in jedem Betracht wesentlich verschieden, gemeinsam ist beiden Gattungen nur der Mangel secundärer Bastfasern und breite Markstrahlen. *Ampelopsis* bildet das Periderma sehr frühzeitig unmittelbar unter der Oberhaut und erneuert dasselbe aus demselben Meristem durch viele Jahre, vielleicht zeitlebens, nachdem jede Jahresproduction durch eine Lage sklerotischen Korkes abgegrenzt wurde. Bei *Vitis* dagegen entsteht das erste Periderm in der Tiefe, innerhalb der primären Gefässbündelzone am Schlusse der ersten Vegetationsperiode und in jedem folgenden Jahre wird rings um den Stamm Borke (Ringborke) abgestossen. Die Korkhäute sind zartwandig, nur einzelne Zellen derselben werden sklerotisch.

Die primäre Rinde von *Vitis* ist schmal, unterbrochen collenchymatisch, frei von Kalkoxalat, jene von *Ampelopsis* hat eine breite ge-

---

[1] Einige Arten bilden im Alter zerstreute Sklerenchymgruppen (s. p. 212).

schlossene Collenchymschicht und zahlreiche Krystallschläuche mit Drusen und Raphiden. Beiden Gattungen fehlen Steinzellen. Die primären Bastfasern von *Vitis*, welche eine kurze Lebensdauer haben, sind kurz, ungewöhnlich breit und verhältnissmässig dünnwandig, jene von *Ampelopsis* verdicken sich vollständig und werden von Kammerfasern mit rhomboedrischen Einzelkrystallen umhüllt.

Die secundäre Rinde von *Ampelopsis* enthält keinerlei sklerotische Elemente, jene von *Vitis* besitzt sklerotisches Parenchym in tangentialer Bänderung. Diese sklerotischen Elemente werden allgemein für Bastfasern gehalten, obwol sie mit diesen, ausser der bedeutenden axialen Streckung, gar keine Aehnlichkeit haben, dagegen alle Kennzeichen von Parenchymfasern darbieten. Ausser den prosenchymatisch verbundenen Fasern kommen auch häufig Fasern vor, welche aus parallelepipedischen Gliedern zusammengesetzt sind, sowie den „Ersatzfasern" Sanio's ähnliche Formen (Fig. 79). Der Weichbast ist bei beiden Gattungen etwas derb, die Parenchymzellen grobporig, bei *Ampelopsis* oft zu drusenführenden Kammerfasern und ansehnlich erweiterten Raphidenschläuchen metamorphosirt, bei *Vitis* in der Regel ohne Oxalate. Auch die Siebröhrentypen sind verschieden. Sie sind kaum weitlichtiger als das Parenchym, aber während sie bei *Ampelopsis* fast horizontale, einfache Siebplatten haben, sind die Glieder bei *Vitis* über einander geschoben, an den verbreiterten Enden mit Plattensystemen und, gleich *Ampelopsis*, an den radialen Seiten mit kleineren rundlichen Siebfeldern dicht besetzt.

Die Markstrahlen sind gleicherweise breit; bei *Ampelopsis* führen sie dieselben Krystallformen wie das Bastparenchym, bei *Vitis* sind die Randzellen allein die Träger grosser Rhomboeder, Raphidenschläuche werden nur ausnahmsweise gebildet.

Ampelopsis hederacea Mchx. (*Vitis quinquefolia* Lam., *Hedera quinquefolia* L.)

In sehr jungen Internodien entwickelt sich Periderma aus der äussersten Zellenlage der Rinde und schon im ersten Jahre wird die Oberhaut durch dasselbe abgestossen. Es besteht aus vier oder fünf Reihen grosser, radial gestreckter, etwas derbwandiger Zellen, die zu einer 0,1 mm breiten Membran verbunden, die vorjährigen Triebe überziehen.

Das Oberflächenperiderma erneuert sich durch viele Jahre, Borke habe ich überhaupt nicht beobachtet. An zweifingerdicken Stämmen fand ich mehrfach geschichtetes Periderma über der in voller Breite von 0,5 mm erhaltenen primären Rinde. Die einzelnen nahe gleich breiten (0,25 mm) Schichten der Korkhäute bestehen jeweilig aus äusseren zartwandigen, weitlichtigen Zellen, welche, allmälig derber und flacher werdend, in eine innere Schicht gleichmässig sklerotischer Tafelzellen übergehen. Das typische Collenchym der primären Rinde ist kleinzellig, die inneren Schichten grosszellig, niemals sklerotisch, vereinzelt Krystalldrusen, häufiger Bündel haarfeiner Raphiden in entsprechend erweiterten Zellen führend. Die primären Bastfaserbündel findet man in alter Rinde eingehüllt von Kammerfasern mit Einzelkrystallen.

Die secundäre Rinde besteht ausschliesslich aus Weichbast. Die Parenchymzellen sind schwach verdickt, sehr breitporig. Einige derselben sind zu drusenführenden, kurzen Kammerfasern umgestaltet, andere zu Raphidenschläuchen beträchtlich ausgeweitet. Die Siebröhren sind etwas weitlichtiger (0,045 mm) als die Parenchymzellen, meist 0,5 mm lang mit fast horizontalen einfachen grobporigen Querplatten und zarten Siebfeldern an den radialen Seiten.

Die Markstrahlen sind sehr breit (0,2 mm bei 12 Zellenreihen), gegen die Mittelrinde überdiess noch beträchtlich verbreitert. Die Zellen sind zartwandig radial gestreckt mit zahlreichen Drusen- und Raphidenschläuchen.

Vitis vinifera L.

Gegen Ende der ersten Vegetationsperiode wird das Periderma hart an der Grenze der secundären Rinde (in die Markstrahlen etwas tiefer eindringend und so die Baststrahlen überwölbend) angelegt. Alsbald beginnt die primäre Rinde mit Einschluss der Bastbündel zu schrumpfen und sich zu bräunen, bleibt aber bis in das dritte Jahr am Stamme erhalten. Die Korkhäute sind dünn, vier- bis sechsreihig, zartzellig, stellenweise[1]) schwach sklerotisch. In völlig übereinstimmender Weise bilden sich ähnliche dünne Korkhäute alljährlich und trennen fast den ganzen im Vorjahre gebildeten Bast ab. An alten Stämmen enthält der lebende Bast bei einer Breite von kaum einem Millimeter zwei, höchstens drei Schichten[2]) und auch die Borkeschuppen fallen bald ab, nachdem sie durch Verwitterung der breiten Markstrahlen in einzelne Baststreifen zerschlitzt worden waren.

Die primäre Rinde über den mächtigen Bündeln der breiten und weitlichtigen primären Bastfasern bildet eine schmale (oft unter 0,2 mm) Zone abwechselnd typischen Collenchyms und chlorophyllreichen dünnwandigen Parenchyms. Die collenchymatischen Schichten correspondiren mit den Bastbündeln und bilden gewissermassen eine Verstärkung derselben; doch übersetzen sie nicht selten einen Markstrahl ohne Unterbrechung. In der Regel jedoch bestehen die in der Verlängerung der Markstrahlen gelegenen Theile der primären Rinde bis zur Oberhaut aus gleichmässig dünnwandigen Zellen, welche keine Krystalle führen.

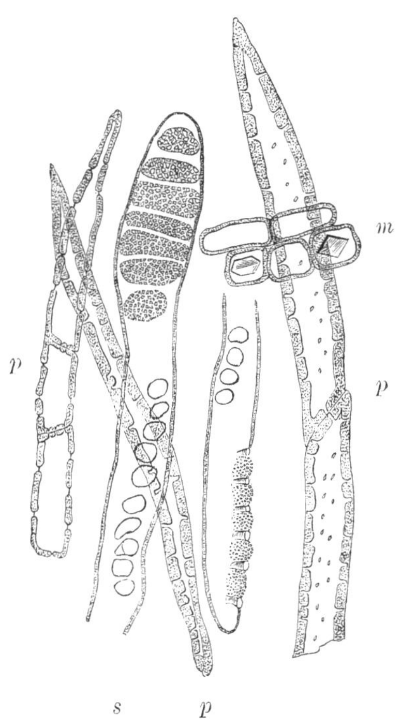

Fig. 79. *Vitis vinifera* L. Isolirte Elemente des Bastes (300). *p* Parenchymfasern in verschiedenen Formen; *s* Siebröhren; *m* Markstrahlzellen mit Einzelkrystallen.

---

[1]) Die in die Markstrahlen sich vorwölbenden Theile der Korkmembranen sind meist derbzellig.

[2]) Hanstein, Baumrinden p. 61.

Die secundäre Rinde[1]) ist regelmässig geschichtet aus etwa 0,06 mm breiten Bändern, welche aus vier bis acht Reihen stark abgeplatteter sklerotischer Parenchymzellen (Fig. 79) zusammengesetzt sind und dazwischen liegenden, etwas breiteren Weichbastschichten, deren Mitte weitlichtigere Elemente einnehmen.

Die sklerotischen Parenchymzellen — bisher allgemein als Bastfasern angesprochen — sind im Mittel 0,6 mm lang, geradläufig, glatt, stumpf endigend (Fig. 79), bei einer Breite von 0,03 mm mässig verdickt, reichporig mit spaltenförmigem Lumen. Die Siebröhren[2]) sind nahezu ebenso breit und tragen an den löffelförmig verbreiterten (0,045 mm) Enden mehrere (oft acht) leiterförmig angeordnete, feinporige Siebplatten und an dem Mittelstück kleinere, rundliche Siebfelder in verticaler Reihe so dass die Siebröhren der ganzen Wand entlang mit Porenplatten besetzt sind.

Die Markstrahlen sind häufig breiter (0,3 mm und darüber) als die Baststrahlen, bis zwölfreihig, aus cubischen oder radial gestreckten, zartwandigen Zellen zusammengesetzt. Fast allein in den Randzellen sind grosse rhomboedrische Krystalle abgelagert, nur ausnahmsweise in der Mitte der Markstrahlen oder im Bastparenchym und sehr selten findet sich ein Raphidenbündel[3]).

Corneae.

Die Arten der Gattung *Cornus* sind nicht übereinstimmend, namentlich bezüglich der Anlage des Periderma nach zwei wesentlich verschiedenen Typen gebaut, der eine durch *C. mas*, der andere durch *C. sanguinea* vertreten; *Aucuba* steht der letzteren nahe. Gemeinschaftliche Charaktere der *Cornus*-arten sind: die unterbleibende Sklerosirung der primären Rinde, der Mangel secundärer Bastfasern, die breiten Markstrahlen, die Bildung von Phelloderma.

Unmittelbar unter der Oberhaut entsteht frühzeitig das Periderma bei *C. mas*; die Oberhaut selbst wird zum Phellogen und zwar im zweiten oder dritten Jahre bei *C. sanguinea*, noch später bei *C. sericea, alternifolia* und bei *Aucuba*. Das Periderma ist durchaus zartwandig und nur in den inneren Schichten abgeplattet bei *C. mas*; eine einfache (die letzte) Reihe von Korkzellen verdickt die Aussenwand hufeisenförmig und sklerosirt bei *C. sanguinea, sericea, alternifolia*; die Innenseite der Korkzellen wird sklerotisch (Fig. 81) bei *Aucuba*. Uebereinstimmend sind die inneren Korkhäute gebaut, so weit sie beobachtet wurden. Bald bedeckt sich *C. mas* mit Borke, etwas später, doch immerhin schon im vierten bis sechsten Jahre folgt *C. sanguinea*; *C. sericea, alternifolia* und *Aucuba*, bei denen sich schon die Anlage des Oberflächenperiderma sehr verzögert, fand ich an fünfzehnjährigen Stämmen noch ohne Borke. Die inneren Korkhäute von *Cornus mas* sind periodisch geschichtet, jene von *C. sanguinea* sind immer dünn; immer wird auch Phelloderma gebildet. Die durch Periderme abgetrennten Rindenschuppen sind grossflächig, bis über millimeterdick.

---

[1]) Vgl. H. v. Mohl, Bot. Z. 1855 p. 879.
[2]) Vgl. de Bary, Vegetationsorgane p. 183, 186; Briosi, Bot. Z. 1873, p. 344; Dippel, Mikroskop II. p. 231 und die eingehende Studie von K. Wilhelm, Beiträge zur Kenntniss des Siebröhrenapparates, Leipzig 1880.
[3]) Vgl. de Bary, l. c. p. 150.

Das Collenchym der primären Rinde — in typischer Bildung nur bei *Aucuba* — geht ohne scharfe Grenze in derbwandiges, breitporiges Parenchym über, das niemals sklerosirt, in dem immer reichlicher Kalkoxalat niedergelegt wird in Form von Drusen *(Cornus)* oder Krystallsand *(Aucuba).* Die primären Bastfasern treten bei *Cornus* in schwachen, losen Bündeln auf, bei *Aucuba* fehlen sie gänzlich.

Die secundäre Rinde entbehrt stets der Bastfasern und Steinzellen fehlen auch meist, nur in alter Rinde von *C. sanguinea* sklerosiren zerstreute Parenchymfasergruppen bis zur Obliterirung und verschmelzen innig mit den sie begleitenden Kammerfasern.

Die anderen Arten bestehen nur aus gleichmässig derbwandigem Weichbast, der bei *Cornus* von zahlreichen Kammerfasern durchsetzt ist. Diese führen bei *C. mas* nur Drusen, bei den anderen *Cornus*arten grosse klinorhombische Einzelkrystalle. Die isolirten Krystallschläuche von *Aucuba* sind mit feinem Sand erfüllt. Die Parenchymzellen sind durch ungewöhnlich breite Poren (in verticaler Reihe auf der Markstrahlseite) ausgezeichnet. Die Siebröhren sind weit und kurzgliederig mit wenig geneigter, einfacher Siebplatte *(C. mas)* oder mit mehreren grossen Siebplatten *(C. sanguinea)* an den entsprechend zugeschärften Gliedenden. Die verticalen Wandflächen der Siebröhren tragen ein weitmaschiges Netz zarter Verdickungsleisten.

Die Markstrahlen sind häufig nur drei- kaum über sechsreihig, immer breit. Die Zellen stimmen bezüglich ihrer Verdickung und ihres Inhaltes mit dem Bastparenchym überein, sind aber feinporig, bei *Cornus* radial gestreckt, bei *Aucuba* bedeutend weitlichtiger und cubisch.

Cornus mas L.

Die äusserste Zellenlage der primären Rinde bildet schon in der ersten Vegetationsperiode eine sechs- bis zehnreihige Schicht zartwandiger, etwas flacher Korkzellen. Frühzeitig, oft schon in daumendicken Zweigen bildet sich Borke. Die inneren Korkhäute dringen unregelmässig ein und bilden oft mehrere Schichten (Jahreslagen). Jede Schicht besteht aus einer breiten Zone weiter, radial gestreckter Zellen und schliesst nach innen mit einigen Reihen zusammengedrückter Zellen (Phelloderma) ab. Sämmtliche Periderme sind zartzellig.

Die primäre Rinde besteht in ihrer ganzen Ausdehnung aus einem mässig derbwandigen reichporigen Parenchym mit kaum abgegrenztem hypodermatischem Collenchym, wird niemals sklerotisch und führt einzelne Krystalldrusen. Die primären Bastfasern treten in schwachen Bündeln[1]) auf, die bald in ihre Elemente zerlegt werden.

Die secundäre Rinde besteht ausschliesslich aus etwas derbwandigem Weichbast. Die Parenchymzellen tragen an der Markstrahlseite eine Reihe breiter Poren. Ihr Inhalt (im Sommer) färbt sich mit Alkalien blau. Ein sehr ansehnlicher

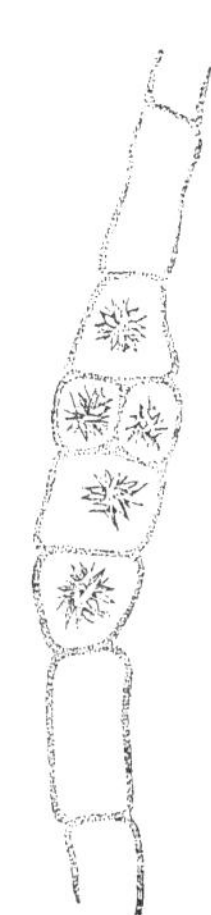

Fig. 80. *Cornus mas* L. Eine Parenchymfaser, von welcher ein Glied in fünf Drusenschläuche getheilt ist.

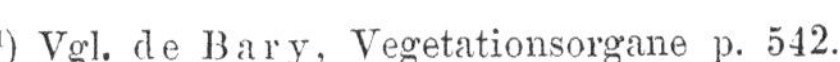

[1]) Vgl. de Bary, Vegetationsorgane p. 542.

14*

Theil derselben ist zu **Kammerfasern** (Fig. 80) abgetheilt, die grosse **Krystall-drusen** führen. Die Siebröhren sind etwas weiter (0,04 mm) als die Parenchymzellen, kurzgliederig mit schwach geneigten, **einfachen**, grobgegitterten (callösen) Querplatten.

Die Markstrahlen sind breit, bis sechsreihig, mit freiem Auge gut kenntlich. Die Zellen sind etwas derb, breit, radial gestreckt, häufig **Drusen** führend.

Cornus sanguinea L.

Die jährigen Triebe sind bloss von der stark cuticularisirten Oberhaut bedeckt. Erst im zweiten Jahre beginnt, **von den Lenticellen ausgehend**, die Bildung des Periderma **aus der Oberhaut** selbst. Diese erzeugt einige Reihen zartwandiger Zellen, von denen **eine Reihe einseitig** (aussen) **sklerosirt**, den Kork von dem Phelloderma abgrenzend. Die primäre Rinde bildet schwaches Collenchym mit spärlichen Drusenschläuchen. Sie wird schon nach einigen Jahren durch Borke [1] abgestossen. Die inneren Korkhäute bestehen, übereinstimmend mit den oberflächlichen, aus zwei bis vier Reihen dünnwandiger, cubischer, hierauf **einer Reihe hufeisenförmig verdickter Zellen**, denen sich nach innen ein etwa vierreihiges Phelloderma anschliesst. Die Abstossung der etwas über millimeterdicken Borkeschuppen [2] erfolgt an der sklerotischen Schichte so, dass diese am Stamme bleibt. Die Borke dringt ziemlich tief, die lebende Rinde ist kaum 2 mm dick.

Die secundäre Rinde besteht viele Jahre hindurch nur aus Weichbast, sehr spät treten vereinzelte axial gestreckte **Sklerenchymgruppen** auf, welche am Querschnitte Bastfaserbündeln sehr ähnlich sind, durch Maceration sich aber als vollständig verdickte, knorrige Stabzellen in inniger Verschmelzung mit sklerotischen Kammerfasern erweisen. Die Parenchymzellen sind etwas derbwandig, an der Markstrahlseite mit sehr breiten Poren besetzt. Zahlreiche Kammerfasern führen rhomboedrische **Einzelkrystalle** [3]. Die Siebröhren besitzen der ganzen Wand entlang ein äusserst zartes netziges Relief, an den meist stark geneigten Endflächen eine grössere Zahl, (häufig sechs bis acht) rundlicher, feinporiger Siebplatten.

Die Markstrahlen sind mit freiem Auge gut kenntlich, enthalten aber selten über vier Zellenreihen und führen gleichfalls **Rhomboeder**.

Cornus sericea L.
Cornus alternifolia L.

Diese beiden Arten stimmen im Bau der Rinde völlig mit einander überein und unterscheiden sich von *Cornus sanguinea* durch die **späte Bildung und lange Ausdauer des Oberflächenperiderma**. Mitunter fand ich schon an vierjährigen Trieben longitudinale Peridermstreifen, anderseits fünfzehnjährige Stockausschläge noch mit Oberhaut bedeckt. Aeltere Rinden standen mir nicht zu Gebote. In den vorliegenden borkefreien Mustern bestand die secundäre Rinde nur aus Weichbast mit zahlreichen Kammerfasern, die **rhomboedrische Krystalle** einschliessen; **Sklerenchymgruppen fehlen**. Die Markstrahlen sind selten über drei Zellreihen breit.

---

[1] Vgl. v. **Mohl**, Unters. über d. Entw. d. Korkes etc. p. 20.
[2] Nach **Hartig** (Forstl. Culturgew. p. 481) Schuppenborke wie bei *Platanus*.
[3] **Hartig** (l. c.) gibt ausdrücklich den Mangel rhomboedrischer Krystalle und das Vorkommen von Drusen an. Das Citat von de **Bary** (Vegetationsorgane p. 545) beruht auf einem Irrthum.

Aucuba japonica Thbg.

Acht bis zehn Jahre folgt die mit derber Cuticula bedeckte Oberhaut dem Dickenwachsthum, ehe sie selbst zum Initialmeristem für das Periderma wird. Es enstehen nur wenige Reihen Korkzellen, welche sich an der Innenseite (Fig. 81) mächtig verdicken und sklerosiren. Die primäre Rinde, auch in den inneren Schichten derbwandig, besitzt ein ungewöhnlich grosszelliges und breitporiges hypodermatisches Collenchym[1]); es bilden sich in ihr keine primären Bastfasern. In der Jugend enthält sie kein Oxalat, später wird dieses reichlich in Form feinen Krystallsandes abgelagert. Die secundäre Rinde besteht nur aus Weichbast, der durch seine Kleinzelligkeit auffallend absticht von den ausserordentlich breitzelligen Markstrahlen, die bis sechsreihig (0,3 mm breit) vorkommen und meist mit Krystallsand erfüllt sind, wie einzelne der breitporigen Zellen des Bastparenchyms.

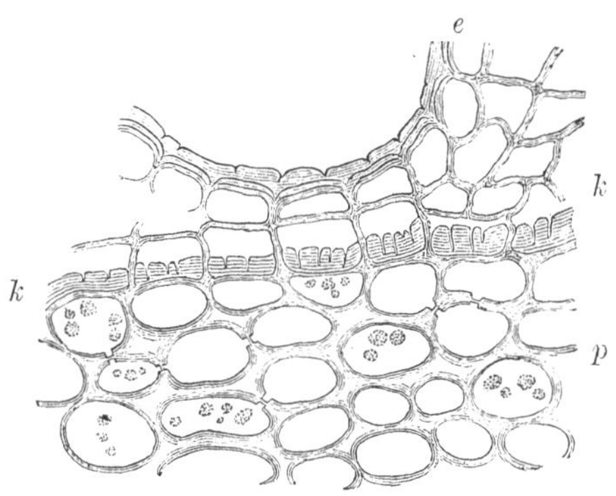

Fig. 81. *Aucuba japonica* Thbg. Querschnitt durch ein achtjähriges Internodium mit beginnender Peridermbildung (300). *e* Oberhaut, welche sich nach aussen krümmt, nachdem aus ihr die Korkzellen *k* entstanden sind; *p* hypodermatisches Collenchym.

Araliaceae.

Charakteristische Merkmale sind die schichtenweise einseitig sklerotischen Korkzellen; die Sekreträume; das Fehlen der Steinzellen in allen Theilen der Rinde; das spärliche Auftreten kurzer Bastfasern unabhängig von Krystallen, obwol diese in Form von Drusen reichlich vorkommen; breite Markstrahlen.

Die Anlage des Periderma erfolgt aus der äussersten Rindenzellenlage in der ersten Vegetationsperiode *(Hedera)* oder später *(Aralia, Panax)*. Die Korkhäute sind dünn, in den äusseren Lagen zartzellig, in den inneren einseitig (innen) sklerotisch, daher geschichtet. Die ausdauernden Oberflächenperiderme *(Hedera)* erneuern ihre Schichten periodisch und stossen die alten bald ab. Sie bleiben immer dünn, während die ihnen im Baue ähnlichen inneren Korkhäute die Bildung mächtiger Borkeschuppen nicht verhindern.

Die primäre Rinde mit ausgezeichnet typischem Hypoderma *(Hedera, Panax)* oder in sehr geringem Grade *(Aralia)* collenchymatisch, wird nach innen zu dünnwandig und führt immer grosse Krystalldrusen und schizogene Harzräume. Sie wird niemals sklerotisch; die primären Bastbündel enthalten nur wenige Fasern.

Die secundäre Rinde, nur bei *Hedera* untersucht, besteht vorzüglich aus Weichbast mit Harzgängen und drusenführenden Kammerfasern. Steinzellen fehlen immer, Bastfasern ähnliche Stabzellen treten in älteren

---

[1]) Vgl. E. Giltay, Bot. Z. 1881 p. 154.

Rinden als schmale, oft unterbrochene tangentiale Bänder auf, in jüngeren Rinden isolirt oder in spärlichen Bündeln; sie sind nicht von Krystallen begleitet. Das Bastparenchym ist dünnwandig, die Siebröhrenglieder sind durch zehn und mehr treppenförmig angeordnete Siebplatten unter einander verbunden.

Die Markstrahlen sind sehr breit, drusenführend.

Panax sp.

Die glatte, mit sehr starker Cuticula überzogene Epidermis ist an zweijährigen Trieben noch unversehrt erhalten, das Periderma ist noch nicht angelegt. Die primäre Rinde ist in den äusseren vier bis sechs Zellenreihen ein ungewöhnlich derbes typisches Collenchym und führt schon hier, reichlicher in den inneren Theilen grosse Krystalldrusen in isolirten Schläuchen. Das Parenchym ist dünnwandig, reichporig, von vielen am Querschnitte kreisrunden (0,045 mm diam.) schizogenen Harzgängen[1]) durchsetzt.

Aralia japonica Thbg.

Im zweiten Jahre bildet die äusserste Zellenlage der primären Rinde das Periderm aus wenigen Reihen zartwandiger Korkzellen und alsbald wird die schwach cuticularisirte und mit äusserst dünnwandigen, langen und vielzelligen Haaren dicht besetzte Oberhaut abgestossen. Weiterhin werden die Korkzellen an der Innenseite sklerotisch. Die primäre Rinde ist auch in den äusseren Schichten nicht collenchymatisch, in den inneren entschieden zartwandig, von zahlreichen Drusen führenden Krystallschläuchen und Sekreträumen durchsetzt. Aeltere Rindenproben standen nicht zu Gebote.

Hedera Helix Lin.

Die derb cuticularisirte mit dünnwandigen Sternhaaren besetzte Oberhaut wird zum Theil schon im ersten Jahre abgestossen und durch das unmittelbar unter ihr entstandene Periderma ersetzt. Dieses besteht in den äusseren Lagen aus zartwandigen wenig abgeflachten Zellen, während die inneren Zellenreihen sich auf der Innenseite ansehnlich verdicken. Diese Schichtung wiederholt sich in den Oberflächenperidermen, welche zehn Jahre, auch wol darüber, ausdauern. Es bleibt in der Regel nur ein Schichtenpaar erhalten, das bei 0,08 mm Breite aus etwa vier Reihen einseitig sklerotischer und etwa sechs Reihen durchaus zartwandiger Zellen besteht. Auch die inneren Korkhäute besitzen diesen Bau, nur ist das Verhältniss zwischen dünnwandigen und sklerosirten Korkzellen meist zu Ungunsten der letzteren verschoben. An einem vorliegenden 15 cm dicken Stamme ist die Rinde 12 mm dick, grob gewulstet, der Eichenrinde ähnlich und zur Hälfte aus dünnen Borkeschuppen bestehend.

Die primäre Rinde, in den äusseren Lagen ein typisches grobporiges Collenchym, wird nach innen ein grosszelliges, lückig verbundenes Parenchym, in dem zahlreiche Krystalldrusen und vereinzelte schizogene Harzräume[2]) auftreten, welche den gleichnamigen Gebilden der *Coniferen* gleichen. Steinzellen fehlen der Mittelrinde wie der Innenrinde vollständig.

Noch an zweifingerdicken Stämmen enthält die secundäre Rinde nur spärliche Faserbündel, später ordnen sich diese zu tangentialen Bändern, die übrigens

---

[1]) Vgl. Trécul, Des vaisseaux propres dans les Araliacées. Comptes rendus LXI. (1865) p. 1163.

[2]) S. Trécul, l. c. und die Abbildungen in Sachs, Lehrb. p. 79.

immer schmal, häufig einreihig und oft unterbrochen sind. Die Fasern sind stabzellenartig, kurz (0,6 mm), geradläufig, glatt, stumpf endigend, am Querschnitte kreisrund, 0,03 mm breit, wovon etwa ein Drittel auf das Lumen entfällt, mit abgegrenzter Primärmembran, reichporig. Der Weichbast ist sehr zartwandig. Er enthält gleiche Harzgänge wie die Mittelrinde und zahlreiche
Kammerfasern mit grossen Krystalldrusen. Die Siebröhren sind lang und breit
mit zahlreichen feinporigen Siebplatten in treppenförmiger Anordnung.

Die Markstrahlen sind breit, häufig fünf- bis achtreihig, die Zellen dünnwandig,
radial gestreckt und reichlich Drusen führend.

Corniculatae.

Aussenrinde. Das Periderm entsteht in der ersten Vegetationsperiode aus der äussersten Zellenlage der primären Rinde
(*Weinmannia*) oder in der Tiefe (*Escallonia, Ribes*), im ersten Falle kleinzellig und etwas derb, bei den letzteren zartwandiger, grosszellig,
in den älteren Schichten zusammengedrückt. Eigentliche, in den Bast vordringende Borkebildung wurde nicht beobachtet. Die Periderme erreichen ansehnliche Mächtigkeit, ehe ihre äusseren Lagen abgestossen werden.

Mittelrinde. Die primäre Rinde der *Saxifrageen* ist in sehr geringem
Grade collenchymatisch, bei den Arten von *Ribes* besitzt sie ein hypodermatisches Collenchym mit einigen charakteristischen Eigenthümlichkeiten
(Fig. 82). Bei den Gattungen mit tiefer Peridermanlage unterbleibt die
Sklerosirung vollständig; bei *Ribes* fehlen auch die primären Bastfasern, bei *Escallonia* kommen wol zerstreute Bastfasern vor, doch werden
sie mit der ersten Peridermschicht abgestossen; bei *Weinmannia* findet man
schon in jungen Internodien Steinzellen zwischen den wenig-
reihigen Bastbündeln und in dem Masse als diese aus einander gedrängt
werden, wird die Lücke wieder zu einem Ringe geschlossen. Ausserhalb dieses Sklerenchymringes bilden sich zunächst keine Steinzellen und es
scheint, dass die in der Mittelrinde alter Stämme zerstreuten Steinzellengruppen
zum grossen Theile als die Bestandtheile des mit zunehmendem Dickenwachsthum doch gesprengten Sklerenchymringes anzusehen sind. — Die Krystallschläuche von *Ribes* und *Escallonia* enthalten Drusen, jene von *Weinmannia*
immer isodiametrische Einzelkrystalle.

Innenrinde. Der Bast von *Ribes* ist durch die in tangentialen
Reihen auftretenden Kammerfasern ausgezeichnet charakterisirt. Bezüglich des Mangels sklerotischer Elemente stimmt er mit *Escallonia*
überein, während *Weinmannia* aus Bastfasern und Steinzellen gemischte
Sklerenchymgruppen bildet, die ungeschichtet, regellos zerstreut sind.

Der Weichbast der *Ribesiaceen* ist derb, der *Saxifrageen* dünnwandig; die Siebröhren jener enge mit einfachen Querplatten, dieser weitlichtig mit leiterförmig angeordneten Plattensystemen. Die Kammerfasern von *Ribes* führen Drusen oder Einzelkrystalle, jene von *Weinmannia* die letzteren allein und die zerstreuten Krystallschläuche von *Escallonia* enthalten grosse Prismen (wie *Ixora* Fig. 53).

Die Markstrahlen sind sehr breit, bei *Weinmannia* grossen Theils sklerotisch. Die Rinde von *Ribes* ist durch breite Markstrahlen, in welche die sklerotischen Markstrahlen des Holzes eindringen, mit dem Holze verkeilt.

Uebersicht der Gattungen nach Merkmalen des Bastes:

A. Keinerlei sklerotische Elemente; der derbe Weichbast durch tangential gereihte Kammerfasern geschichtet; breite Markstrahlen: *Ribes.*

B. Bastfasern und Steinzellen in unregelmässigen Gruppen; Markstrahlen meist einreihig, breitzellig und bei mässiger Verdickung sklerotisch: *Weinmannia.*

Saxifragaceae.

Während *Escallonia* ein grosszelliges Periderm in der Tiefe (wie *Ribes*) entwickelt, wodurch die primäre Rinde mit Einschluss der spärlichen Bastfasern frühzeitig abgestossen wird, entsteht das Periderm bei *Weinmannia* oberflächlich und ist kleinzellig. Die primären Bastfasern der letzteren werden durch Steinzellen zu einem Sklerenchymring geschlossen und späterhin finden sich ansehnliche Gruppen der Mittelrinde sklerotisch. Die junge Rinde von *Escallonia* entbehrt jeder Art sklerotischer Elemente, nachdem sie die primären Bastfasern verloren hat. Die vorliegenden, offenbar alten *Weinmannia*rinden besassen ein mächtig entwickeltes Periderm aus kleinzelligem nicht sklerotischem Plattenkork, keine Borke.

Ihre secundäre Rinde ist zu ansehnlichem Theile sklerotisch. Die stabzellenförmigen, nahezu vollständig verdickten Bastfasern bilden unregelmässige Gruppen oder radiale Reihen, begleitet von mässig verdickten, breitporigen Steinzellen, so dass der Weichbast quantitativ sehr zurückgedrängt ist. Besonders charakteristisch sind die isodiametrischen, sklerotischen Zellen der einreihigen secundären Markstrahlen und die ausserordentlich breiten, gegen die Mittelrinde noch erweiterten primären Markstrahlen, welche diffus sklerosiren. Ein bemerkenswerther Unterschied liegt auch in der Form des Auftretens von Kalkoxalat. In *Weinmannia* kommen in den jüngsten Internodien und in allen Theilen der Rinde nur rhomboedrische Einzelkrystalle vor, in *Escallonia* führt die primäre Rinde Drusen, der Bast grosse prismatische Krystalle.

Weinmannia trichosperma Cav.

Die mit dünner Cuticula überzogene, kleinzellige Oberhaut trägt lange, einzellige, stark verdickte Haare. Die ihr unmittelbar anliegende Zellschicht der primären Rinde bildet schon in der ersten Vegetationsperiode drei oder vier Reihen Korkzellen und an dreijährigen Stengeln besteht das Periderma aus etwa acht Reihen mässig flacher und etwas derbwandiger Zellen.

Die primäre Rinde ist auch in den äusseren Schichten wenig collenchymatisch, sie führt in zerstreuten Zellen rhomboedrische Einzelkrystalle. Die in schmalen Bogen auftretenden primären Bastfasern werden frühzeitig durch Sklerosirung des zwischenliegenden Parenchyms zu einem geschlossenen Sklerenchymringe verbunden, ausserhalb desselben sind jedoch keine Steinzellen. Der junge Bast enthält vereinzelte, von Steinzellen und Kammerfasern (Einzelkrystalle) begleitete Faserbündel.

Weinmannia macrostachys DC.

Die etwa 8 mm dicke Rinde ist von höckerig warzigem, braunem Korke bedeckt, innen feinstreifig, am Bruche etwas zähe und grobfaserig. Eine Gerberinde von Reunion [1]).

Das Periderm enthält bei einer Breite von 0,5 mm etwa dreissig Reihen kleiner zartwandiger, schichtenweise etwas derber, mit rothbraunem Inhalt erfüllter Korkzellen. Die grosszellige Mittelrinde wird zu ansehnlichem Theile sklerotisch, doch erreichen die Steinzellen eine im Verhältniss zu ihrer Grösse nur geringe Verdickung. Ab und zu findet sich eine Krystallzelle mit einem Rhomboeder.

In der secundären Rinde treten die Bastfasern in unregelmässigen Gruppen, häufig vorherrschend radial geordnet und von Steinzellen begleitet, auf. Die Bastfasern sind am Durchschnitte rundlich oder gerundet polygonal, fast vollständig verdickt, durch Abgrenzung der Primärmembran geschichtet und von zahlreichen Porenkanälen durchzogen. Sie sind stabzellenartig kurz, geradläufig, glatt, stumpf endigend, bis 0,04 mm breit, oft von Rhomboeder führenden Kammerfasern begleitet, doch nicht von ihnen eingehüllt. Kammerfasern kommen auch im Weichbaste zerstreut vor. Dieser besteht vorwiegend aus Parenchym, welches gruppenweise bei meist schwacher Verdickung sklerosirt. Die Siebröhren sind weitlichtig und tragen breite, feinporige Siebplatten in leiterförmiger Anordnung.

Die secundären Markstrahlen sind zumeist einreihig, aus cubischen, schwach sklerotischen Zellen gebildet, Die primären Markstrahlen sind oft 0,5 mm und darüber breit, mehrfach breiter als die Baststrahlen; durch tangentiale Streckung der Zellen und selbstständige (meist schwache) Sklerosirung derselben haben sie vollständig den Charakter der Mittelrinde.

Escallonia montevideensis DC.

Die schwach cuticularisirte und mit kurzen conischen Härchen besetzte Oberhaut wird zugleich mit vier bis sechs Zellenreihen durch das in der Tiefe entstehende Periderm in der ersten Vegetationsperiode abgetrennt. Die primäre Rinde ist etwas derbwandig und führt Krystalldrusen, die Bastfasern in ihr treten vereinzelt auf, die Sklerosirung des Parenchyms unterbleibt. Das Phellogen wird in der Region der primären Gefässbündel angelegt, es bildet wenige Reihen grosser und weitlichtiger Korkzellen. — In dem vorliegenden jungen Baste, dem sowol Bastfasern wie Steinzellen fehlen, sind grosse prismatische Krystalle auffallend.

---

[1]) Vgl. über diese und andere als „*Curtidor*" bezeichnete *Weinmannia*-Rinden J. Moeller, Berichte über die Pariser Weltausstellung 1878, VIII. Pflanzenrohstoffe p. 37 und v. Höhnel, Gerberinden p. 108. Die von Vogl, Zeitschr. d. allgem. österr. Ap.-V. 1871 No. 30 ff. als „*Cortex Weinmanniae*" angeführte Gerberinde weicht in einigen wesentlichen Punkten von der in neuerer Zeit unter diesem Namen eingeführten Drogue ab.

Ribesiaceae.

Die Rinde der Gattung *Ribes* besitzt einen völlig eigenartigen Bau. Das Periderma wird in der Tiefe (Fig. 82) ausserordentlich frühzeitig angelegt und durch dasselbe die Oberhaut nebst sechs bis zehn Zellenlagen der primären Rinde rings um den Stengel abgetrennt. Das Periderma ist stets zartwandig, grosszellig, cubisch oder breit tafelförmig; in dem Masse, als es in Folge des Dickenwachsthums nach aussen rückt, wird es zusammengedrückt und verschmilzt zu pergament- oder hornartigen braunen Häuten, welche in flachen, kleinen Schuppen abgestossen werden. Mitunter dringen auch die Korkhäute muldenartig in die Rinde ein und trennen Theile der Mittelrinde ab, doch scheint es zu einer eigentlichen, in den Bast vordringenden Borkebildung niemals zu kommen.

Die primäre Rinde besitzt collenchymatisches Hypoderma, enthält in vereinzelten Krystallschläuchen Drusen, bildet keine Steinzellen, in den primären Gefässbündel keine Bastfasern.

Auch dem Baste fehlt jede Form sklerotischer Elemente vollständig. Er ist in eigenthümlicher Art geschichtet, indem Kammerfasern in regelmässigen tangentialen (die Baststrahlen zwischen den primären Markstrahlen überwölbenden) Reihen vorkommen. Die zwischenliegenden Weichbastschichten bestehen in der Mitte aus einer Platte auch im frischen Zustande zusammengefallener Siebröhren, die aussen und innen von wenigen Reihen derbwandiger Parenchymzellen umsäumt werden.

Charakteristisch sind auch die sehr breiten Markstrahlen, in welche die sklerotischen Holzmarkstrahlen in Form von Zapfen eindringen, demnach dem Verhalten von *Fagus*, *Banksia* u. A. entgegengesetzt.

Die einzelnen Arten unterscheiden sich in einigen minder wesentlichen Punkten von einander. So enthalten die Kammerfasern von *R. aureum* nur kleine Drusen, jene von *R. alpinum* nur Einzelkrystalle, jene von *R. grossularia* beide Krystallformen. Die Kammerfasern von *R. alpinum* kommen in mehrfachen Reihen vor. Bei *R. Grossularia* ist die primäre Rinde mit einem derbwandigen Hypoderma (Fig. 82), von dem regelmässigen collenchymatischen Typus abweichend, ausgestattet. *R. aureum* besitzt ungewöhnlich derbzellige Markstrahlen.

Ribes aureum Pursh.

Das Periderm ensteht in der Tiefe[1]) der primären Rinde bereits in sehr jungen Internodien. Die derb cuticularisirte, mit einzelligen Haaren besetzte Oberhaut, sowie die in den äusseren Schichten ausgezeichnet collenchymatische, innen grosszellige, Drusen führende primäre Rinde wird als hellgraue, an älteren Internodien glänzende Membran abgetrennt. Die Korkzellen sind zartwandig, weitlichtig; werden jedoch bald abgeflacht, in den äusseren Schichten zu

---

[1]) Vgl. Sanio, Jahrb. f. wissensch. Bot. II. p. 39 u. die Fig. in Sachs, Lehrb. p. 108.

einer anscheinend structurlosen braunen Membran verschmolzen, als welche sie die Rinde alter Stämme bedeckt und sich allmälig abschülfert [1]).

Der primären wie der secundären Rinde fehlen sowol Bastfasern wie Steinzellen. Die letztere ist durch einfache Reihen kleine Drusen führender Kammerfasern [2]) tangential geschichtet und die dazwischen liegenden Schichten sind abermals durch median verlaufende Siebröhrenstränge abgetheilt. Die Parenchymzellen sind derbwandig, grobporig; die Siebröhren sind enge, mit einfachen feinporigen Querplatten an einander grenzende Schläuche, deren Membranen auch im Leben knorpelartig dick sind.

Die Markstrahlen sind breit, fünfzehn- und mehrreihig, am tangentialen Durchschnitt bei 0,5 mm Höhe etwa halb so breit. Die Zellen sind beinahe collenchymatisch und führen nicht selten Krystalldrusen. Eine Eigenthümlichkeit verdient besonders hervorgehoben zu werden: die sklerotischen Holzmarkstrahlen dringen in Form von Zapfen in die Rindenmarkstrahlen ein und veranlassen so eine nur mit Mühe trennbare Verbindung zwischen Rinde und Holz.

Ribes Grossularia L.

Die Oberhaut trägt einfache Haare. Die äusseren Schichten der primären Rinde (Fig. 82) bilden ein fast lückenloses derbwandiges Parenchym, welches in ein zartzelliges, sowie das Periderm angelegt wird, schrumpfendes und zerreissendes Gewebe übergeht. An der Innenseite des Periderma ist die primäre Rinde collenchymatisch, führt Chlorophyll und vereinzelte Krystalldrusen. An alten Stämmen erreicht das Periderma über Millimeterdicke, dringt auch wol borkeartig in die Mittelrinde ein, doch habe ich Borkeschuppen mit Bestandtheilen des Bastes nicht beobachtet.

Die secundäre Rinde zählt bei einer Dicke von 2 mm etwa vierzig Schichten, die durch einreihige Kammerfasern geschieden sind und in denen Siebröhrenstränge mit (oft nur einfachen) Parenchymreihen wechseln. Die Kammerfasern, sowie die Markstrahlen führen zumeist Drusen, hie und da auch einen Einzelkrystall. Die Markstrahlen sind nicht derbwandiger als das Bastparenchym, die Holzmarkstrahlen dringen wenig in dieselben ein.

Ribes alpinum L.

Spärliche parenchymatische Excrescenzen, von der derb cuticularisirten Oberhaut überzogen, treten an die Stelle der Trichome an den jungen Internodien anderer Arten. Das Periderma aus cubischen

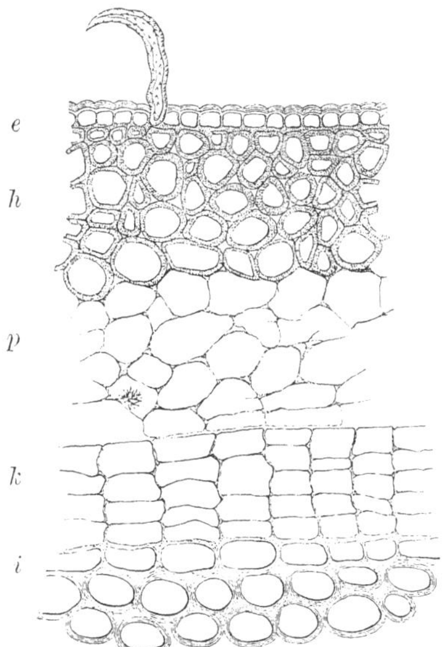

Fig. 82. *Ribes Grossularia* L. Querschnitt durch ein Internodium des einjährigen Triebes (300). *e* Oberhaut; *h* derbwandiges Hypoderma; *p* geschrumpftes Rindenparenchym; *k* Periderma aus der Initiale *i* hervorgegangen.

[1]) Vgl. Hanstein, Baumrinden p. 77.
[2]) Von Hanstein (l. c.) nicht erkannt.

bis breit tafelförmigen Zellen entsteht in der Tiefe der primären Rinde, deren Hypoderma schwach collenchymatisch ist, welche noch innerhalb der Korkhaut Chlorophyll, in zerstreuten Krystallzellen Drusen führt und der primären Bastfasern entbehrt. Die Korkzellen sind gegenüber dem kleinzelligen Rindengewebe auffallend breit (0,03 mm), in den äusseren Schichten bis zur Berührung abgeplattet, gebräunt und werden schichtenweise abgestossen, wodurch ältere Stämme wie mit Borke bedeckt erscheinen.

Die secundäre Rinde enthält gleichfalls keinerlei sklerotische Elemente. Die Weichbastschichten sind 0,03 — 0,05 mm breit, durch doppelte, selbst dreifache Reihen von Kammerfasern, die klinorrhombische Einzelkrystalle führen, von einander getrennt.

Im Uebrigen, namentlich auch bezüglich der Markstrahlen gleicht diese Art der vorigen.

Polycarpicae.

Aussenrinde. Es wird immer eine Zellenlage der primären Rinde zum Phellogen und zwar die unmittelbar an die Epidermis grenzende *(Magnoliaceae)*, theilweise eine tiefer gelegene *(Menispermum)*, oder eine sehr tiefe *(Berberideae* Fig. 89)*. Bei den *Berberideen* und *Magnoliaceen* entsteht das Periderma frühzeitig, bei *Menispermum* erst nach mehreren Jahren, immer bedeckt es lange Zeit den Stamm; bei *Menispermum*, *Illicium*, *Dillenia*, *Berberis*, unterbleibt die Borkebildung vielleicht ganz oder ist doch auf die primäre Rinde beschränkt. Tief in den Bast eindringende Korkhäute wurden nur bei *Myristica*, *Guatteria* und *Liriodendron* beobachtet. Die Oberflächenperiderme bestehen aus wenigen Reihen dünnwandiger Zellen *(Magnoliaceen, Menispermum)* oder sie bilden massigen Schwammkork *(Berberideen, Dillenia)*. Durch schichtenweise Sklerosirung der inneren Korkhäute ist *Myristica* und ganz besonders *Liriodendron* (Fig. 86) ausgezeichnet, während im Periderm von *Guatteria* und *Dillenia* nur einzelne Zellenreihen sklerosiren, die anscheinend dem Phelloderma angehören. Es mag hervorgehoben werden, dass die Verdickung aller sklerotischen Elemente gleichmässig ist.

Mittelrinde. Die *Magnoliaceen* und *Menispermum* bilden ein geschlossenes, wenngleich schwaches hypodermatisches Collenchym. Durch eine breite Sklerenchymfaserplatte in der Mitte der primären Rinde (Fig. 89) sind die *Berberideen;* durch kurze Sekretzellen *Dillenia* und die *Magnoliaceen* vor allen charakterisirt. Zerstreute Steinzellengruppen unabhängig von den primären Bastbündeln bilden sich in der Mittelrinde von *Dillenia*, *Illicium*, *Myristica (?)*, sklerotische Idioblasten in *Magnolia*. Alle anderen untersuchten Arten sind frei von Sklerenchym. Die *Berberideen* entbehren sogar der primären Bastfasern, welche bei *Menispermum* in mächtigen, bis zur Berührung genäherten, bei den *Magnoliaceen* durch breite Markstrahlen getrennten Bündeln auftreten. — Kalkoxalat wurde bei *Illicium* in Drusen und Rhomboedern, bei *Liriodendron* in Form feinen Sandes und bei *Dillenia* in Raphiden angetroffen; die Mittelrinde der *Berberideen* ist der vorzügliche Sitz des Berberin.

Innenrinde. Im Baste sind die verschiedenartigsten Typen vertreten. Er entbehrt sowol der Bastfasern wie der Steinzellen *(Menispermum, Mahonia)*; er entwickelt regelmässig concentrisch geschichtet Sklerenchymplatten, die aus Bastfasern und Steinzellen gemischt sind *(Myristica, Guatteria, Magnolia,* [in den äusseren Lagen]), oder ausschliesslich aus isodiametrischen Steinzellen bestehen, wobei Bastfasern fehlen *(Dillenia)*; es unterbleibt die Sklerosirung des Bastparenchyms völlig *(Menispermum, Liriodendron, Illicium, Berberideae)* oder sie ist auf die Aussenschichten beschränkt *(Magnolia)* und die Bastfasern werden spärlich in einfachen tangentialen Reihen *(Berberis)* oder in umfangreichen Bündeln regelmässig concentrisch geschichtet *(Magnolia* [Fig. 84], *Liriodendron)* oder spärlich und regellos zerstreut *(Illicium* [Fig. 88]) angelegt.

Die Steinzellen in *Dillenia* haben bei mässiger Verdickung ihre ursprüngliche Form und Grösse beibehalten, in *Guatteria* sind sie sklerosirte Krystallkammerfasern, in *Magnolia,* und *Myristica* sind sie wesentlich vergrössert, verschieden gestaltet und vollkommen verdickt. Ebenso sind die Bastfasern im Baue verschieden. In *Myristica, Magnolia* und *Guatteria* haben sie die typische Form, bei *Liriodendron* sind sie oft tangential abgeplattet, bei *Illicium* eigenthümlich geschichtet (Fig. 88), bei *Berberis* ausserordentlich kurz, spindelig. Mit Ausnahme von *Guatteria* sind die sklerotischen Elemente niemals von Krystallzellen begleitet, wie der Bast überhaupt nur selten Kalkoxalat führt. Es fehlt *Menispermum, Magnolia,* den *Berberideen,* ist sehr spärlich in *Myristica(?),* reichlicher in *Guatteria* (Rhomboeder), in *Illicium* (Rhomboeder und Drusen), in *Liriodendron* (Sand) und *Dillenia* (Raphiden). In den Rinden mit wenig oder gar keinen sklerotischen Elementen ist im Weichbast die Schichtung zwischen Siebröhren und Parenchym gut kenntlich, die Parenchymzellen sind breitporig, bei *Illicium* und *Dillenia* wegen der conjugirenden Ausstülpungen bemerkenswerth. Die Siebröhren sind im Lumen den Parenchymzellen nahezu gleich *(Menispermum, Dillenia, Illicium, Myristica, Guatteria, Berberideen)*, oder wesentlich weitlichtiger *(Magnoliaceae)*. Ihre Glieder stossen mit fast horizontalen Endflächen an einander, die einfache Querplatten *(Menispermum, Berberideen)* oder eine grössere Zahl von Siebplatten in leiterförmiger Anordnung *(Magnoliaceae, Dillenia, Guatteria, Myristica)* tragen. Die Siebröhren von *Myristica* (Fig. 83) können an beliebigen Stellen mittels Plattensystemen communiciren. *Myristica(?), Magnolia* und *Illicium* sind durch Sekretbehälter (Fig. 88) ausgezeichnet, deren Bildung aus einzelnen Parenchymzellen keinem Zweifel unterliegt.

Für die meisten Arten sind breite Markstrahlen charakteristisch. Bloss bei *Myristica*, *Illicium* und *Magnolia* sind sie selten über dreireihig, bei *Liriodendron*, *Guatteria* (local verbreitert), *Berberis* bis fünfreihig, bei *Menispermum*, *Mahonia* und *Dillenia* meist noch bedeutend breiter. Sie sind bei *Dillenia* und den *Magnoliaceen* gegen die Mittelrinde beträchtlich erweitert. Die Zellen sind zudem weitlichtig, besonders bei den *Magnoliaceen*, wo sie auch zartwandiger sind als das Bastparenchym. Im Allgemeinen sind sie radial gestreckt, ausgenommen *Illicium* (Fig. 88). Zwischen den Steinzellenplatten sklerosiren sie regelmässig und *Dillenia*, selten auch bei *Guatteria* und *Magnolia* (Fig. 85.) Die Markstrahlen sind die ausschliesslichen Lagerstätten des Kalkoxalates bei *Berberis* (Rhomboeder), *Myristica* und *Menispermum* (zarte Prismen); bei *Liriodendron* und *Guatteria* bilden sich in ihnen nur selten (zwischen den Steinzellenplatten des Bastes), bei *Magnolia* und *Mahonia* niemals Krystalle und bei *Dillenia* führen sie dieselben Krystallschläuche wie das Bastparenchym (Rhaphiden), während bei *Illicium* (Fig. 88) jede Zelle eine Druse enthält. Bei den *Berberideen* sind die Markstrahlen mit demselben goldgelben Inhalt erfüllt, wie das Parenchym der Mittelrinde.

Uebersicht der Gattungen nach Merkmalen des Bastes:

A. Es fehlen sowol Bastfasern wie Steinzellen; Weichbast geschichtet, durch breite Markstrahlen getrennt.
1. Baststränge bedeutend breiter als die Markstrahlen, welche Raphiden führen; (anomaler Zuwachs): *Menispermum.*
2. Baststrahlen von verschiedener, oft geringerer Breite als die Markstrahlen, welche Berberin enthalten; Bastfasern fehlen auch in der primären Rinde: *Mahonia.*[1]

B. Bast durch Sklerenchym regelmässig concentrisch geschichtet.
1. Die Sklerenchymplatten bestehen bloss aus isodiametrischen Steinzellen; die zwischenliegenden Markstrahlen zum Theil sklerotisch; Sekret- und Raphidenschläuche: *Dillenia.*
2. Die Sklerenchymplatten sind aus Bastfasern und Steinzellen gemischt.
   a Bastfasern bilden die Innenseite, Krystallzellenconglomerate (grosse Rhomboeder) die Aussenseite der Sklerenchymgruppen; Bastfasern dünn spulenrund: *Guatteria.*
   b. Echte, grosse Steinzellen in geringer Menge den hauptsächlich aus dicken, am Querschnitt polygonalen Bastfasern gebildeten Bündeln angelagert; im Baste keine Krystalle, in den Markstrahlen Rhaphiden: *Myristica.*
   c. Aestig ausgewachsene Steinzellen sind nur im jungen Baste den Bündeln vergesellschaftet; Siebröhren sehr weitlichtig; Oelzellen; keine Krystalle: *Magnolia*[2].
3. Die Sklerenchymlagen enthalten bloss Bastfasern, Steinzellen fehlen überhaupt.
   a. Die Bastfasern isolirt oder in einfachen tangentialen Reihen; Siebröhren enge mit einfachen Endplatten; die Randzellen der breiten Markstrahlen führen Einzelkrystalle: *Berberis.*

---

[1] Steht *Berberis* sehr nahe.
[2] In den inneren Bastschichten fehlen Steinzellen, der Typus gleicht *Liriodendron.*

b. Die Bastfasern sind gebündelt, concentrisch geschichtet; die Siebröhren sehr weitlichtig mit leiterförmigen Endplatten; innere Periderme in Schichten sklerotisch; Steinzellen fehlen auch der Mittelrinde; Krystallsand: *Liriodendron.*

C. Bast ungeschichtet; nur spärliche, durch scharfe Schichtung ausgezeichnete Bastfasern regellos zerstreut; Sekretschläuche; Markstrahlen drusenführend: *Illicium.*

Menispermaceae.

Das Periderma entsteht spät aus einer oberflächlichen oder tiefen Zellenlage der primären Rinde und ist ausdauernd. Die primären Bastfasern sind das einzige sklerotische Element der Rinde. Der Bast ist aus Parenchym und Siebröhrensträngen tangential geschichtet und führt keine Krystalle. Die Markstrahlen sind sehr breit.

Menispermum canadense Lin.

Die Oberhaut besitzt einen sehr derben Cuticularüberzug und ist mit mehrzelligen, dünnwandigen Haaren besetzt, welche indess bald abgeworfen werden, während die Oberhaut mehrere Jahre ausdauert und ihre Cuticula bis zu 0,07 mm verdickt. Das Periderma wird stellenweise oberflächlich angelegt, zunächst an umschriebenen Stellen des Stengels, bei seiner peripheren Ausbreitung dringt es in die Tiefe und trennt mächtige Schichten der primären Rinde als Borkeschuppen ab. Die Korkzellen sind klein, zartwandig, mässig abgeflacht.

Die primäre Rinde ist in den äusseren Lagen ein schwach entwickeltes Collenchym, in den inneren ein grosszelliges, zartwandiges Parenchym, welches keinerlei Krystalle führt. Die massigen Baststränge der primären Gefässbündel reichen im Bogen bis auf 6—8 Zellenreihen an die Oberhaut heran und sind in den Markstrahlen bis zur Berührung genähert. Mit zunehmendem Dickenwachsthum werden sie auseinander gedrängt und verflacht, ohne jedoch ihren Zusammenhang zu verlieren. Die secundäre Rinde[1] entbehrt der Bastfasern, sie besteht bloss aus abwechselnden Schichten von Parenchym und Siebröhren, welche gleichmässig dünnwandig sind, ersteres mit breiten Poren, letztere mit grobgegitterten, schwach geneigten Endplatten.

Die Markstrahlen sind sehr breit, zartzellig; sie führen in geringer Menge winzige Krystallprismen.

Myristicaceae.

Die inneren Periderme sind dünne Platten von Steinkork. Aus dem reichlicheren Vorkommen von Steinzellengruppen in den äusseren (jüngeren) Schichten des Bastes kann auf ausgedehnte Sklerosirung der Mittelrinde, welche nicht vorlag, geschlossen werden.

Die secundäre Rinde ist durch breite Sklerenchymbänder aus Bastfasern und sparsam untermengten Steinzellen regelmässig concentrisch geschichtet, wenngleich auch isolirte sklerotische Elemente hie und da ange-

---

[1] Vgl. Nägeli, Beitr. I.; Radlkofer, Flora 1858; Eichler, Denkschr. d. bot. Ges. Regensburg V. u. Versuch einer Charakteristik der *Menispermaceen*, München 1864.

troffen werden. Der Weichbast ist dünnwandig und führt k e i n e K r y s t a l l e (im trockenen Materiale). Eine mediane Parenchymschicht scheint aus Sekretzellen zu bestehen. Die Siebröhren besitzen die bemerkenswerthe Eigenthümlichkeit, dass d i e P l a t t e n s y s t e m e (Fig. 83) n i c h t a u f d i e E n d f l ä c h e n b e s c h r ä n k t s i n d , h i e r s o g a r o f t f e h l e n , s o n d e r n a n v e r s c h i e - d e n e n S t e l l e n d e r W a n d a u f t r e t e n. Bastfasern, dünnwandiges Parenchym und Siebröhren haben nahezu gleiche Breite, nur die Steinzellen sind wesentlich vergrössert.

Die Markstrahlen sind mit freiem Auge kenntlich, obwol sie nicht über dreireihig sind. Sie werden von den Bastbündeln oft eingeklemmt, sklerosiren aber gleichwol niemals; sie enthalten zarte K r y s t a l l n a d e l n.

Myristica sebifera Sw.

Harte und schwere, 5 mm dicke Rindenstücke, von papierdünnem, gerunzeltem Korke bedeckt, innen grobstreifig hellbraun, am Bruche sehr lang- und grobsplitterig, am Querschnitte durch helle zarte tangentiale und radiale Linien gefeldert, dazwischen bis mohnkorngrosse helle Punkte und Fleckchen.

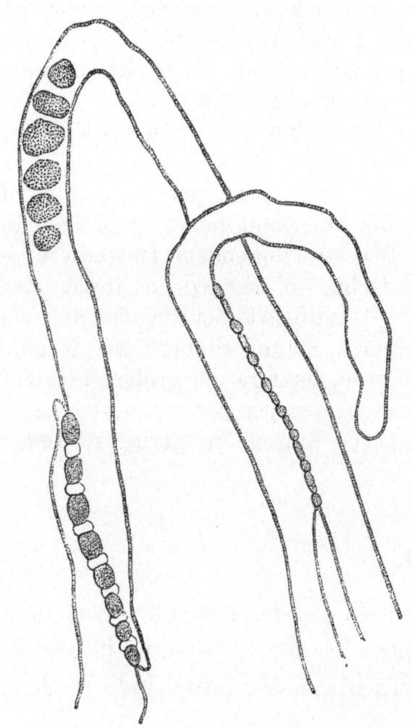

Das Periderm, bis zum Baste eingedrungen, besteht bei einer Breite von 0,15 mm aus 6—8 Reihen kleiner, beinahe c u b i - s c h e r , g l e i c h m ä s s i g s t a r k v e r d i c k - t e r und sklerosirter Korkzellen. Phelloderma fehlt.

Der Bast ist r e g e l m ä s s i g g e s c h i c h t e t durch tangentiale, nur von den Markstrahlen unterbrochene Bänder von Bastfasern, welche zu compacten, umfangreichen Bündeln verschmolzen und o f t v o n S t e i n z e l l e n b e - g l e i t e t sind. In der Aussenschicht der secundären Rinde kommen überdiess rundliche S t e i n z e l l e n k l u m p e n i s o l i r t vor. Die Weichbastschichten sind nur wenig breiter (0,3 mm), mitunter sogar schmäler als die Sklerenchymbänder; eine tangentiale Zellenreihe in ihnen führt rothbraunen, in Alkalien sich rosenroth färbenden Inhalt. Die Bastfasern sind 1,5 mm im Mittel lang, geradläufig, glatt, allmälig in stumpfe, selten in etwas höckerige Spitzen auslaufend, 0,04 mm breit, vollkommen verdickt, reichporig. Die Steinzellen haben sehr verschiedene, oft recht ansehnliche (0,2 mm) Grösse und ebenso verschiedene, nicht selten baroke Gestalt. Sie sind meist vollständig obliterirt, sehr zart geschichtet und von feinen, verzweigten Porenkanälen durchzogen.

Fig. 83. *Myristica sebifera* Sw. Isolirte Siebröhren, deren eine drei selbstständige Plattensysteme zeigt (300).

Der Weichbast ist dünnwandig, die Siebröhren sind so breit und oft länger als die Bastfasern und tragen sehr feinporige rundliche S i e b p l a t t e n in leiterförmiger Anordnung a n j e d e r S t e l l e d e r W a n d , w o s i e m i t a n s t o s s e n d e n

Siebröhrengliedern in Verbindung treten, häufig nur in der Mitte des Gliedes oder sowol in der Mitte als auch an beiden Endflächen (Fig. 83). Krystalle fehlen der Rinde, doch kann Kalkoxalat in geringer Menge mikrochemisch nachgewiesen werden.

Die Markstrahlen sind meist zweireihig, die Zellen breit und radial gestreckt, immer — auch zwischen den Sklerenchymgruppen — zartwandig und häufig Raphiden einschliessend.

Anonaceae.

Die *Guatteria*-Rinde besitzt ein ausgezeichnetes Merkmal in der sonst bei keiner Rinde beobachteten Zusammensetzung der Sklerenchym- platten aus sklerotischen Krystallzellenconglomeraten an der Aussenseite und Bastfaserssträngen an der Innenseite. Der übrige Theil des Bastes ist ebenso von Steinzellen wie von Krystall- schläuchen frei, wenn nicht ab und zu einige Markstrahlzellen den Charakter der sie von beiden Seiten einengenden Steinzellen annehmen. Andere bemerkenswerthe Eigenthümlichkeiten sind: das zartzellige, nur in vereinzelten Zellen sklerotische Periderm[1]), die Kleinzelligkeit des Weichbastes, dessen Elemente unter sich gleich weit (0,018 mm) und nur etwas breiter sind als die Bastfasern, die trotz der innigen Verschmelzung spulenrunde Form der Bast- fasern, die grosse Zahl rundlicher Siebplatten an den Siebröhren, die localen Verbreiterungen der Markstrahlen.

Guatteria villosissima St. Hil.

Harte und schwere, hellbraune, 6 mm dicke Rindenstücke, mit dünnem Korke bedeckt, an der Innenseite äusserst fein netzig-runzelig, am Querschnitte zarte helle und dunkle Linien in ungewöhnlicher Regelmässigkeit wechselnd, der Bruch ent- sprechend blätterig. In Brasilien „Pindaiba“ genannt.

Das Periderm aus zartwandigen, wenig abgeplatteten, vereinzelt oder in einfachen Reihen gleichmässig sklerotischen Zellen in 0,2 mm Mächtig- keit bedeckt den Bast, nachdem die Mittelrinde vollständig abgetrennt wurde.

Der Bast ist durch tangential gereihte, nur durch die Markstrahlen unter- brochene Sklerenchymgruppen und durch nahezu ebenso breite Weichbastschichten (0,3 mm radial) sehr regelmässig concentrisch geschichtet. Jede Skleren- chymgruppe besteht in ihrer äusseren Hälfte aus kleinen, meist isodiametrischen (0,04 mm) Steinzellen, die fast ausnahmslos ein Rhom- boeder einschliessen und in der inneren Hälfte aus Bastfasern[2]), welche dicht verbunden, spulenrund, dünn (0,15 mm), vollkommen verdickt, höchstens 1,0 mm lang, spitzendig sind. Der Weichbast ist kleinzellig, dünnwandig, die Sieb- röhrenstränge in ihm mitunter zu unregelmässig verlaufenden Strängen geschrumpft. An den Parenchymzellen ist kein Relief erkennbar, an den Siebröhren dagegen leicht die fast der ganzen Seite entlang dicht gereihten äusserst zartporigen Siebplatten.

---

[1]) Die sklerotischen Zellen gehören allem Anscheine nach dem Phelloderma an.

[2]) An der Innenseite der Sklerenchymplatten fand ich immer Bastfasern ohne Krystall- zellen. Vgl. Vogl, Zur Pharmakognosie einiger weniger bekannten Rinden, Zeitschr. des allgem. österr. Ap.-V. 1871 No. 30 ff. S. A. p. 10.

Die Markstrahlen sind bis vierreihig, auf kurzen Strecken sehr oft verbreitert, aus radial gestreckten, dünnwandigen Zellen zusammengesetzt, die nur ausnahmsweise zwischen den Sklerenchymplatten sklerotisch werden und Krystalle einschliessen.

Magnoliaceae.

Die Anlage des Periderma erfolgt in den älteren Internodien jähriger Triebe aus der äussersten Zellenlage der primären Rinde. Das oberflächliche Phellogen functionirt bei *Magnolia* durch eine lange Reihe von Jahren, doch beschränkt sich seine Thätigkeit auf die Bildung von zwei oder drei Reihen weitlichtiger, zartwandiger Korkzellen in jeder Vegetationsperiode. Die inneren Periderme von *Liriodendron* entstehen spät und unterscheiden sich von den oberflächlichen durch die schichtenweise Sklerosirung (Fig. 86) der Korkzellen und durch ihre ansehnliche Breite, da sie aus zwanzig, selbst dreissig Reihen zusammengesetzt sind. Die Cohärenz der Borkeschuppen ist bedeutend, ihre Ablösung erfolgt nicht so sehr durch Trennung längs ungleichartiger Schichten als durch Abwitterung der durch Längsrisse geborstenen Rinde. Die Korkhäute dringen nicht tief ein, die lebende Rinde bleibt in ungewöhnlicher Mächtigkeit erhalten.

Das Parenchym der primären Rinde ist etwas derb, in den äusseren Schichten mässig collenchymatisch, feinporig. Einzelne Zellen verwandeln sich in sehr jungen Internodien zu Sekretbehältern ohne Gestalt und Grösse wesentlich zu verändern. Kalkoxalat fehlt (*Magnolia*) oder ist nur spärlich (*Liriodendron*) meist als feiner Sand in zerstreuten Krystallschläuchen abgelagert. *Liriodendron* sklerosirt niemals, bei *Magnolia* bilden sich frühzeitig vereinzelte grosse, reich verästigte und vollständig verdickte Steinzellen, später umfangreiche Sklerenchymklumpen unabhängig von den primären Bastfasern, welche zu compacten Bündeln verschmolzen und durch die breiten Markstrahlen getrennt sind.

In der secundären Rinde sind die Bastfaserbündel concentrisch geschichtet mit eben so breiten Weichbastschichten. *Liriodendron* bildet weder Sekretbehälter noch Steinzellen. Die Faserbündel sind niemals von Krystallen begleitet; der Weichbast ist ausgezeichnet durch die überwiegende Menge ungewöhnlich weiter Siebröhren (Fig. 84). Die Bastfasern sind kurz, gekrümmt, glattwandig, mit punktförmigem oder bei bandartiger Abflachung quer spaltenförmigem Lumen. Kammerfasern fehlen, nur mit feinem Sand gefüllte Krystallschläuche kommen in geringer Menge vor. Bei *Magnolia* ist die Schichtung weniger regelmässig, indem die Bastfaserbündel in der Zahl der Elemente und in der Configuration (Fig. 84) sehr variiren, auch oft unterbrochen sind. Die Fasern sind länger, fast stets spulenrund, was ihnen namentlich an Sehnenschnitten (Fig. 85 u. 87) ein wesentlich verschiedenes Aussehen verleiht. Kalkoxalat fehlt vollständig. Zerstreute Parenchymzellen sind zu Sekretbehältern ausgeweitet. In jungen Rinden ist auch die Sklerosirung des Bastparenchyms ansehnlich, später hört sie ganz auf. Beiden Gattungen sind die breitgetüpfelten Parenchymzellen und die mehrfach weitlichtigeren mit Plattensystemen (bis acht grossen Siebplatten und Siebfeldern) communicirenden Siebröhren gemeinsam.

Die Markstrahlen sind bis drei- *(Magnolia)* oder fünfreihig *(Liriodendron)*, gegen die Mittelrinde verbreitert. Die Zellen sind etwas zartwandiger und bedeutend weitlichtiger (unbeschadet der radialen Streckung) als das Bastparenchym, feinporig, hie und da sklerotisch *(Magnolia)* und Krystallsand führend *(Liriodendron)*.

Einen völlig eigenartigen Bau besitzt *Illicium*, dessen Rinde in einem von Dittrich stammenden Muster der Untersuchung vorlag. Die Steinzellen der Mittelrinde sind den dünnwandigen Zellen in Form und Grösse gleich und führen wie diese zumeist Krystalleinschlüsse. Das Bastparenchym sklerosirt dagegen nicht; Bastfasern eigenthümlicher Bildung (Fig. 88) sind spärlich zerstreut, keine Spur von Schichtung des Bastes. Die Elemente des Weichbastes sind in Lumen und Verdickung nahezu gleich, nur vereinzelte Sekretbehälter fallen durch weites Lumen und geschichtete Wand auf. Die Parenchymzellen sind breitporig, auch conjugirt; die Siebröhrenglieder durch eine Reihe feinporiger Siebplatten verbunden. Sehr bezeichnend sind die Markstrahlen durch ihre isodiametrischen, stets drusenführenden Zellen, während im Bastparenchym nur vereinzelt Rhomboeder auftreten.

Magnolia sp.

Die äusserste Zellenlage des collenchymatischen Hypoderma bildet in der ersten Vegetationsperiode zwei oder drei Reihen zartwandiger, cubischer Korkzellen, welche bald schrumpfen und durch neugebildete in ebenso geringer Zahl ersetzt werden. Borke stand mir nicht zur Verfügung.

Die primäre Rinde ist auch in den inneren Schichten noch ziemlich derbwandig, feinporig. Einzelne kugelrunde (0,06 bis 0,1 mm diam.), weder durch Grösse noch Verdickung von den benachbarten unterschiedene Zellen führen harzartigen Inhalt. Zerstreute Zellen beginnen sich schon im ersten Jahre zu verdicken und entwikeln sich weiterhin zu grossen, höchst barok gestalteten Steinzellen, deren Vorkommen jedoch auf die Zone ausserhalb der primären Gefässbündel, welche durch die nach aussen sich verbreiternden Markstrahlen stark auseinander gedrängt werden, beschränkt ist. Kalkoxalat fehlt der Mittel- wie der Innenrinde.

An dreijährigen Zweigen enthält die secundäre Rinde bereits drei oder vier Reihen von Bastbündeln in unverkennbar tangentialer Anordnung. Die Weichbastschichten sind kleinzellig, die Markstrahlen dagegen ungewöhnlich breitzellig, zwei- bis dreireihig.

Magnolia acuminata L.

Trocken 5 mm dicke, hellgelbe, wohlriechende Rindenstücke mit sehr dünnem, zerreiblichen Korküberzug, innen feinstreifig, am Bruche lang- und ziemlich weichsplitterig, am Querschnitte im äusseren Theile mit zerstreuten Punkten, im Baste durch Markstrahlen und zarte Querstriche gefeldert.

Das Periderm besteht bei einer Dicke von 0,5 mm aus etwa 20 Reihen weitlichtiger, schichtenweise zusammengedrückter, immer dünnwandiger Korkzellen. Die Mittelrinde sklerosirt in unregelmässigen Gruppen, wobei die Zellen meist vollständig verdickt werden und häufig bei mässiger Vergrösserung mannigfach verästigte Formen (wie bei der Tanne [Fig. 12]) annehmen. Einzelne, wenig erweiterte Zellen führen hellgelbes Oel; Kalkoxalat ist auch auf mikrochemischem Wege nicht nachweisbar.

In den äusseren Schichten des Bastes treten noch reichlich Steinzellen auf, meist verschmolzen mit Bastfaserbündeln, weshalb die Schichtung der letzteren kaum kenntlich ist. Allmälig nimmt die Sklerosirung des Bastparenchyms ab, bis sie in den älteren Schichten gänzlich aufhört. Hier (Fig. 84) bilden die Bastfasern festgefügte Bündel von sehr verschiedem Umfange und verschiedener Querschnittsform, doch immer mit entschieden hervortretender Tendenz

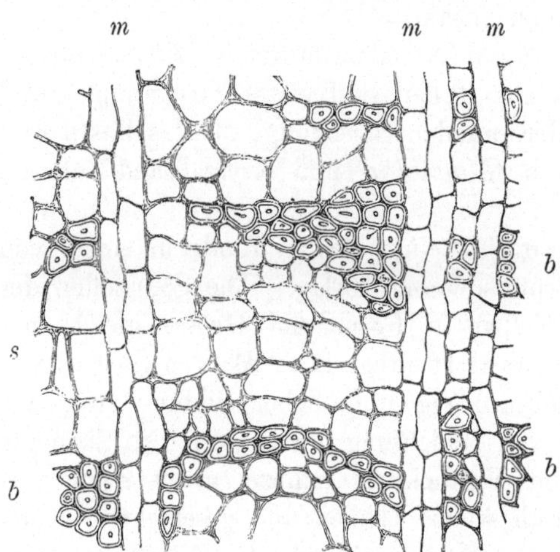

Fig. 84. *Magnolia acuminata* L. Querschnitt durch den inneren Theil der secundären Rinde eines alten Stammes (300). *b* Bastfaserbündel in unterbrochen concentrischer Schichtung; *s* Siebröhren; *m* Markstrahlen.

zur tangentialen Schichtung [1]). Die Bastfasern sind millimeterlang, geradläufig, glatt, nur durch die Markstrahlen abgelenkt und zackig, 0,025 mm breit, vollständig verdickt mit abgegrenzter Primärmembran, arm an Poren. Die Weichbastschichten sind in der Breite ebenso verschieden wie die Faserbänder, die weitlichtigen Elemente überwiegen bedeutend. Die Parenchymzellen sind kaum breiter als die Bastfasern, an der Markstrahlseite mit einer Reihe sehr breiter Tüpfel besetzt. Vereinzelte oder in axialen Reihen übereinander stehende Parenchymzellen sind in allen Dimensionen ausgeweitet (gegen 0,04 mm breit, 0,12 mm lang) und enthalten ätherisches Oel. Krystallzellen fehlen. Die Siebröhren (Fig. 85) sind 0,04 mm und darüber weit, ihre Endflächen meist stark geneigt und tragen eine Reihe grosser, rundlicher, grobporiger Siebplatten, ihre Seiten zahlreiche kleine Siebfelder.

Die Markstrahlen sind ein- bis dreireihig, mitunter auf Zellbreite ge-

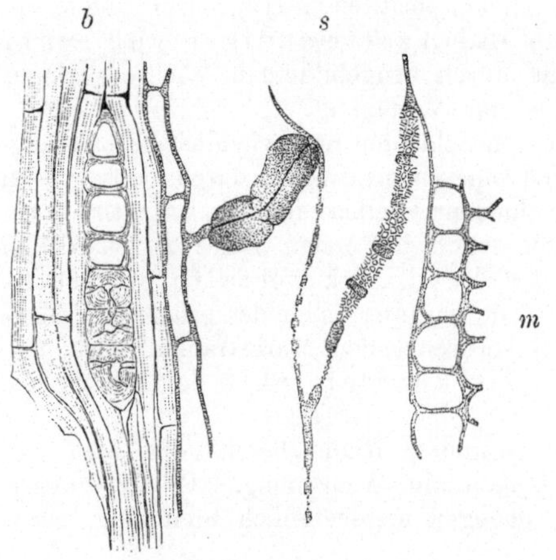

Fig. 85. *Magnolia acuminata* L. Sehnenschnitt durch die secundäre Rinde (300). *b* Bastfasern welche einen einreihigen, z. Th. sklerotischen Markstrahl umfassen; *s* Siebröhren mit verschieden geneigten offenen und callösen Plattensystemen; *m* Markstrahl.

---

[1]) De Bary (Vegetationsorgane p. 484) hebt mit Recht die radiale Ordnung der Bastfasern in den Bündeln hervor.

nähert. Die Zellen sind radial gestreckt, dünnwandiger als das Strangparenchym, sehr selten (Fig. 85) zwischen den Bastbündeln sklerotisch, krystallfrei.

Liriodendron tulipifera L.

Gegen das Ende der ersten Vegetationsperiode beginnt die äusserste Zellenlage der primären Rinde das Periderm anzulegen und durch die ersten Korkzellenreihen wird die Oberhaut bereits abgestossen. Die Thätigkeit des Phellogen ist indess sehr träge, indem die Korkhaut an zweijährigen Trieben nur aus 3 oder 4 Reihen zartwandiger Zellen besteht, deren innerste allein weitlichtig, die äusseren schon abgeplattet und gebräunt sind. Die primäre Rinde ist wenig collenchymatisch

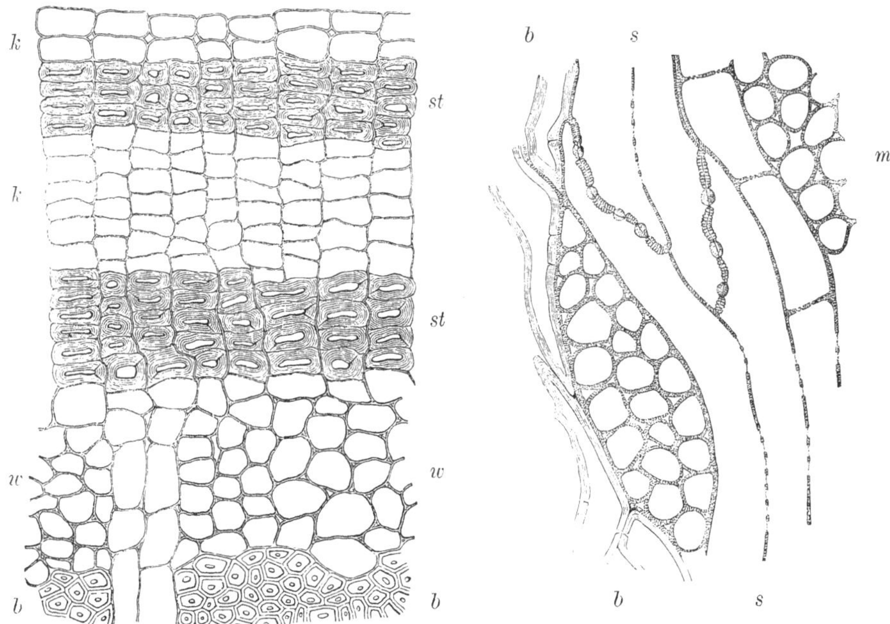

Fig. 86. *Liriodendron tulipifera* L. Querschnitt durch den Bast an der Grenze der Borke (300). *b* Bastfaserbündel; *w* Weichbast bedeckt von Periderm, in dem regelmässig Schichten sklerotischer (*st*) und dünnwandiger (*k*) Korkzellen abwechseln.

Fig. 87. *Liriodendron tulipifera* L. Sehnenschnitt durch den Bast (300). *b* Bandartig flache Bastfasern an der Grenze eines Markstrahles, der an der gegenüberliegenden Seite von Siebröhren (*s*) umfasst wird; *m* Markstrahl. (vgl. Fig. 85.)

wird niemals sklerotisch und führt in vereinzelten Schläuchen[1] Harz oder Kalkoxalat meist in Form von Sand, selten in Drusen und grösseren Rhomboedern. Man findet mitunter noch armdicke Aeste mit Oberflächenperiderma bedeckt. Die inneren Korkhäute sind sehr breit- und ebenflächig, sie erscheinen am Querschnitte der Borke dem unbewaffneten Auge als zarte, dunkle concentrische Kreise mit seltenen Anastomosen, bestehen indess häufig aus mehreren ·Schichten, die vielleicht je einer Jahresproduktion entsprechen. In den Korkschichten (Fig. 86) wechseln sehr regelmässig 4—6 Reihen gleichmässig sklerotischer

---

[1] Ueber die Sekretschläuche s. Treviranus, Beiträge Fig. 34, 35.

Tafelzellen mit etwas breiteren Schichten dünnwandiger fast cubischer Korkzellen. Die Dicke der abgetrennten Borkeschuppen schwankt um 1 mm, es sind oft ihrer 10 noch innig verbunden und bedecken als grob- und tiefrissige Borke die bis 2 cm dicke lebende Rinde. Der Querschnitt des Bastes ist zierlich quadratisch gefeldert.

In der secundären Rinde sind Bastfaserbündel, welche immer die ganze Breite des Baststrahles einnehmen und in radialer Richtung eine verschiedene Anzahl von Fasern (bis 8) zählen, in regelmässigen tangentialen Reihen geordnet. Die Bastfasern sind rundlich polygonal am Querschnitt (0,02 mm), fast vollständig verdickt, häufiger bandartig flach (0,03 mm) und auf Sehnenschnitten daher (Fig. 87) weitlichtig. Sie sind sehr kurz (selten über 0,5 mm), krummläufig, glattwandig, porenarm. Die Weichbastschichten sind zwei- bis achtreihig, grosszellig, gleichmässig dünnwandig. Die Parenchymzellen tragen auf der Markstrahlseite breite Poren; sie sind vereinzelt, namentlich in der Nähe der Bastfaserbündel, mit Krystallsand erfüllt. Die Siebröhren (Fig. 87) sind weitlichtiger (0,05 mm); an den stark geneigten Endflächen tragen sie mehrere querovale, feinporige Siebplatten und an den Seiten netzig gruppirte kleine Siebfelder.

Die Markstrahlen sind mitunter breiter als die Baststrahlen, wenngleich selten über fünfreihig, gegen die Mittelrinde erweitert. Die Zellen sind sehr breit, radial gestreckt, etwas dünnwandiger als das Bastparenchym, hie und da mit Krystallsand erfüllt, kaum jemals sklerotisch.

Illicium anisatum L.

Harte, 4 mm dicke Rindenstücke, aussen ledergelb, innen schwarzbraun, beinahe glatt, am Querschnitte unter der Lupe eine äusserst zarte, wellig radiale Strichelung zeigend.

Periderm fehlt. Die Mittelrinde ist ein kleinzelliges, zum grossen Theil sklerotisches Parenchym, dessen Zellen bei starker Verdickung sämmtlich ihre ursprüngliche Grösse, tangential gestreckte gerundet viereckige Form beibehalten, ohne zu Gruppen zu verschmelzen. Die Steinzellen schliessen fast immer Einzelkrystalle ein; auch das dünnwandige Parenchym führt reichlich Krystalldrusen und einzelne Rhomboeder.

Die secundäre Rinde (Fig. 88) entbehrt der Steinzellen, es treten in ihr nur vereinzelte oder zu kleinen Gruppen vereinigte Bastfasern regellos zerstreut auf. Die Bastfasern sind durch ausgezeichnete Schichtenbildung auffallend. Sie sind meist

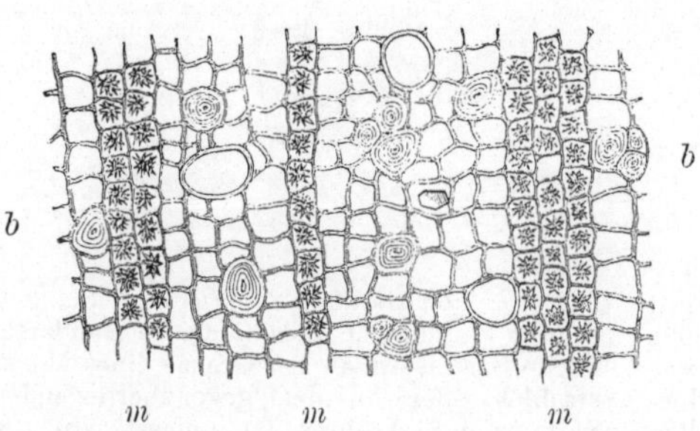

Fig. 88. *Illicium anisatum* L. Querschnitt durch die secundäre Rinde (300). *b* Bastfasern mit charakteristischer Schichtung; im Weichbaste zerstreute Sekretschläuche; *m* Markstrahlen mit Krystalldrusen.

0,5 mm lang, oft gar nicht verjüngt, mitunter in eine feine Spitze endigend, spulenrund oder durch gegenseitigen Druck abgeplattet, 0,03 mm breit, vollkommen verdickt, fast porenlos [1]). Das Bastparenchym ist etwas derbwandig, breitporig,

---

[1]) Trotz der Stabzellenform halte ich diese Elemente doch für Bastfasern. Die Primärmembran ist breiter und deutlich getrennt von den folgenden zarten Verdickungsschichten, durch welche das Lumen vollständig verdrängt ist. Die Steinzellen der Mittelrinde haben kaum erkennbare Schichtung, zahlreiche breite Porencanäle und ihr Lumen ist stets erhalten.

hie und da conjugirend, 0,02 mm breit bei bedeutender axialer Streckung. Zerstreute Zellen sind zu Sekretschläuchen umgewandelt, ihr Lumen ist erweitert, ihre Wand etwas derber und geschichtet, ihre axiale Streckung mitunter bedeutend (0,2 mm). Spärliche Krystallschläuche führen Einzelkrystalle. Die Siebröhren gleichen in ihren Dimensionen dem Bastparenchym, an ihren Enden tragen sie mehrere leiterförmig gereihte Siebplatten.

Die Markstrahlen sind bis dreireihig, ihre Zellen cubisch und ausnahmslos je eine Krystalldruse einschliessend, wodurch sie namentlich auf Querschnitten von dem gleichartigen Weichbaste hervorstechen. Nach aussen sind sie beträchtlich erweitert und haben hier den Charakter der Mittelrinde.

Dilleniaceae.

Die untersuchte Rinde besitzt sehr charakteristischen Bau durch den Mangel der Bastfasern und die Vertretung derselben durch Sklerenchymplatten. Das Oberflächenperiderm erreicht eine mächtige Entwicklung und besteht aus breiten Lagen ungewöhnlich zarter und weitlichtiger Zellen. Die inneren Reihen gleichmässig sklerosirender Zellen scheinen dem Phelloderma anzugehören. Die in Gruppen zerstreuten Steinzellen der Mittelrinde wie die des Bastes sind durch Beibehaltung ihrer Form und Grösse bei mässiger Verdickung ausgezeichnet. Das Bastparenchym ist kleinzellig, dünnwandig, in den Dimensionen wenig verschieden von den Siebröhrengliedern, welche durch leiterförmig angeordnete Siebplatten verbunden sind.

Die Markstrahlen sind sehr breit, grosszellig, zwischen den Sklerenchymgruppen sklerotisch. In der Mittelrinde und im Baste sind ziemlich reichlich Raphidenschläuche zerstreut.

Dillenia pentagyna Rxb. *(Colbertia coromandelina Salisb.)*

Ein aus Burmah stammendes, 6 mm dickes Rindenfragment, mit weichem, gelbem Kork bedeckt, innen chocoladebraun, grobstreifig, kurzbrüchig, am Querschnitte unter dem millimeterbreiten Korke die etwa doppelt so breite homogene Mittelrinde und den durch helle tangentiale Linien geschichteten Bast zeigend.

Das Periderm, anscheinend ausdauernd, besteht aus äusserst zartwandigen, gar nicht abgeplatteten Zellen, und ist gegen die Mittelrinde abgegrenzt durch eine unregelmässige, ab und zu unterbrochene, ein- bis dreifache Lage cubischer, gleichmässig verdickter Steinzellen (Phelloderma?)

Die Mittelrinde ist ein tangential gestrecktes, dünnwandiges Parenchym mit einzelnen oder kleinen Gruppen in Gestalt und Grösse (selten über 0,15 mm) gar nicht veränderter, gleichmässig verdickter (0,02 mm), dicht von feinen Poren durchsetzter Steinzellen. Ab und zu findet sich eine vergrösserte Zelle mit braunem Inhalt und fast ebenso spärlich Raphidenschläuche.

Aehnliche isodiametrische Steinzellen treten in der secundären Rinde[1]), welche der Bastfasern entbehrt, zu tangentialen Platten von wechselnder

---

[1]) Vgl. Crüger, Bot. Ztg. 1850.

Breite zusammen (bei 0,5 mm Breite etwa 12 Reihen Steinzellen), welche kaum unterbrochen sind, da auch die Markstrahlen zwischen den Steinzellengruppen grösstentheils sklerosiren. Die etwas breiteren Weichbastschichten bestehen vorzüglich aus dünnwandigem Parenchym mit breiten Tüpfeln und conjugirenden Ausstülpungen. Es enthält vereinzelt Sekretzellen und reichlich, wie die ganze Rinde, Gerbstoff- und Raphidenschläuche. Die in Bündeln spärlich vorkommenden Siebröhren sind gleich den Parenchymzellen englichtig (0,02 mm) mit dicht treppenförmig gereihten kleinen Siebplatten.

Die Markstrahlen sind breit, achtreihig und darüber, aus fast cubischen, dünnwandigen, theilweise sklerotischen, gerbstoffreichen Zellen zusammengesetzt. Der Mittelrinde zu sind sie stark erweitert.

Berberideae.

Die charakteristischen Eigenthümlichkeiten sind beiden Gattungen gemein: die Sklerenchymfaserschicht in der primären Rinde, die frühzeitige Bildung und tiefe Lage des grosszelligen Periderma, der Mangel primärer Bastfasern und sklerotischen Parenchyms, die breiten Markstrahlen, der Berberingehalt, der feinere Bau der Elemente. Doch fehlt es auch nicht an unterscheidenden Merkmalen. Bei *Berberis* kommt es sehr spät zu einer immer nur oberflächlichen Borkebildung, während bei *Mahonia* die Korkhäute frühzeitig in die Tiefe dringen. *Berberis* bildet einfache tangentiale Reihen eigenthümlich gestalteter Bastfasern (*Cinchona*-Bastfasern *en miniature*), deren *Mahonia* völlig entbehrt. Die Markstrahlen von *Mahonia* sind um das doppelte bis dreifache breiter, jene von *Berberis* sind die alleinigen Lagerstätten grosser Krystalle, während *Mahonia* gar kein Kalkoxalat führt.

Berberis vulgaris L.

Die primäre Rinde ist durch eine geschlossene, aus weitlichtigen Elementen bestehende Sklerenchymfaserschicht (Fig. 89), welche an den Rippen nahe an die Oberhaut heran reicht, in den Furchen etwa sechs Zellenreihen von ihr absteht, in zwei Theile geschieden. Die unmittelbar an diese Schicht gränzende Zellenlage der primären Rinde[1]) wird zum Initialmeristem für das Periderma und bildet in der ersten Vegetationsperiode 2—4 Reihen grosser, radial gestreckter, dünnwandiger Korkzellen, durch welche die ausserhalb gelegene, etwa 0,4 mm breite Schicht der primären Rinde frühzeitig abgestossen wird, so dass zweijährige Triebe nur von dem unterdessen auf zwölf und mehr Zellenreihen angewachsenen Periderm bedeckt sind. Dieses Periderma erneuert sich auch viele Jahre, seine Zellen werden etwas derbwandig, bleiben aber immer weitlichtig. Nicht selten werden auch dünne Lagen der primären Rinde durch muldenförmig eindringende Korkhäute abgetrennt, doch habe ich in den Bast reichende Borkebildung nicht beobachtet.

Die primäre Rinde ist ein grosslückiges, collenchymfreies Parenchym, welches niemals sklerosirt und keine Krystalle führt. Die primären Gefässbündel entbehren der Bastfasern.

---

[1]) S. Sanio, Jahrb. f. wissensch. Bot. II. p. 39.

In der secundären Rinde treten die gelbgefärbten Bastfasern zunächst vereinzelt auf, in älterem Baste sind sie zu einfachen tangentialen Reihen genähert. Es sind spulenförmige, nur 0,15 bis höchstens 0,25 mm lange, 0,015 mm breite, glatte, beiderseits zugespitzte, stark verdickte und grobporige Fasern. Der Weichbast ist kleinzellig, gleichmässig dünnwandig, frei von Kalkoxalat. Es wechseln in ihm Schichten von Parenchym und Siebröhren, die beide fast dieselben Dimensionen haben wie die Bastfasern. Die Siebröhren besitzen nur eine einfache, meist stark geneigte, relativ grobporige Endplatte.

Die Markstrahlen sind breit, zumeist vierreihig mit radial gestreckten Zellen, die häufig, besonders die randständigen, grosse Rhomboeder führen. Sie enthalten überdiess, wie das Parenchym der Mittelrinde, eine goldgelbe Flüssigkeit (Berberin), während dieses im Bastparenchym fehlt.

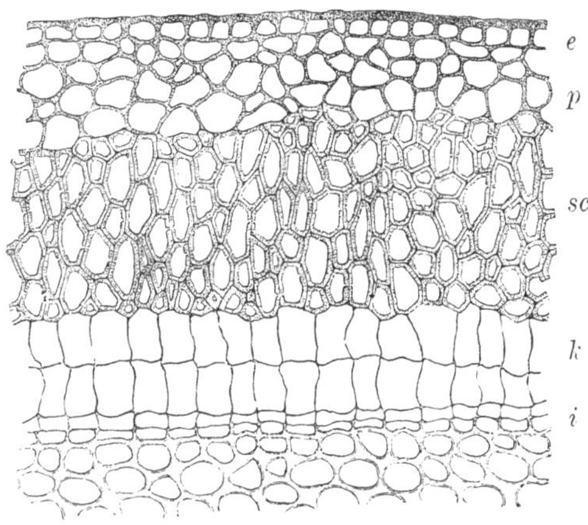

Fig. 59. *Berberis vulgaris* L. Querschnitt durch ein Internodium des jährigen Triebes (300). *e* Oberhaut; *p* geschrumpftes Rindenparenchym; *sc* Sklerenchymplatte in der Mitte der primären Rinde; *k* Periderma aus der Initiale *i*.

Mahonia aquifolium DC. *(Berberis aquifolia Pursh.)*

Die Anlage des Periderma erfolgt, wie bei *Berberis vulgaris* innerhalb der Sklerenchymfaserschicht, welche hier etwas derbwandiger (0,004 mm) ist und in dem stielrunden Stengel von der Oberfläche gleich weit absteht und nur ab und zu auf wenige Zellenbreiten unterbrochen ist. Die Korkhäute dringen tiefer ein, an fingerdicken Stämmen habe ich die ganze primäre Rinde sammt der Aussenschicht des Bastes als Borke abgetrennt gefunden. Im Bau der Mittelrinde herrscht vollkommene Uebereinstimmung mit der vorigen Art, im Bau des Bastes dagegen sind einige Unterschiede bemerkenswerth. Die secundäre Rinde bildet gleichfalls keine Steinzellen und keine Bastfasern[1]), besteht demnach nur aus Parenchym- und Siebröhrenschichten die Markstrahlen sind bedeutend breiter, häufig zehn- bis zwölfreihig mit wenig gestreckten Zellen, die keine Krystalle führen[2]), aber erfüllt sind von goldgelbem Inhalt.

---

[1]) De Bary (Vegetationsorgane p. 544) gibt zerstreute Bastfasern an.
[2]) Von de Bary (l. c. p. 545) als zweifelhaft angeführt.

Rhoeades.

Capparideae.

Das Periderma entsteht aus der Oberhaut *(Crataeva)* oder aus den äusseren, z. Th. tieferen Zellenlagen der primären Rinde *(Capparis)* in der ersten Vegetationsperiode. Im letzteren Falle folgt auf das oberflächliche Periderma alsbald die Anlage einer tiefen, aber immer noch ausserhalb der Gefässbündelzone gelegenen zartzelligen Korkhaut, deren weitere Entwicklung nicht beobachtet werden konnte. Das Periderma von *Crataeva* ist ausdauernd, seine Zellen sklerosiren einseitig alsbald nach ihrer Entstehung, Phelloderma ist mächtig entwickelt.

Die primäre Rinde hat eine wenig entwickelte Collenchymschicht dagegen entschiedene Neigung zu sklerosiren. Bei *Crataeva* ist die Steinzellenbildung zunächst auf wenig umfangreiche und zerstreute Zellengruppen und auf die Umgebung der primären Bastbündel beschränkt, späterhin sklerosiren in der mächtigen Mittelrinde umfangreiche Zellengruppen; bei *Capparis* tritt rühzeitig ein nahezu geschlossener Steinzellengürtel im äusseren Theile der primären Rinde auf, der aber schon im zweiten Jahre durch die innere Korkhaut abgestossen wird. Die primären Bastbündel, welche bei *Crataeva* späliche Fasern enthalten und weit von einander abstehen, bei *Capparis* sehr umfangreich und oft bis zur Berührung genähert entstehen, werden nur unvollständig zu Sklerenchymringen geschlossen. — Beiden Gattungen ist der Mangel von Kalkoxalat und die Form der Steinzellen gemein, welche vollständig Gestalt und Grösse der ursprünglichen Zellen beibehalten, meist bis zum Schwinden des Lumens verdickt, fein geschichtet und von zahlreichen Poren durchsetzt sind.

Die secundäre Rinde entbehrt der Bastfasern und der Steinzellen; um so beachtenswerther ist die theilweise Sklerosirung der Markstrahlen, weil darin gewissermassen eine auf das Grundgewebe beschränkte Eigenthümlichkeit fortgeleitet erscheint. Parenchym- und Siebröhren sind nahezu gleich weit, diese haben einfache Querplatten.

Der Zusammenhang zwischen Mittelrinde und Markstrahlen manifestirt sich auch in dem auf sie allein beschränkten Vorkommen eigenthümlicher Krystalloide (bei *Crataeva*). Es sind, in Alkalien betrachtet, scharf ausgebildete Rhomboeder von 0,015 mm Seitenlänge, die in kochendem Wasser ihre Kanten abrunden und corrodirte Flächen bekommen und in concentrirter Schwefelsäure und Salpetersäure in Lösung gehen ohne eine Spur zu hinterlassen. Farbstoffe werden in ihnen nicht aufgespeichert.

Capparis frondosa L.

In sehr jungen Internodien findet man im äusseren Theile der primären Rinde bereits einen wenig unterbrochenen Sklerenchymring, meist einreihig, stellenweise auch zwei- oder dreireihig, durch vollkommene Sklerosirung der dritten bis sechsten Zellenreihe der primären Rinde entstanden. Innerhalb dieses Steinzellenmantels sind noch reichlich kleine axiale Steinzellengruppen zerstreut und auch die Lücken zwischen den umfangreichen und sehr genäherten Bündeln der primären Bastfasern sind durch Steinzellen ausgefüllt. Alle diese Steinzellen behalten Form und Grösse der ursprünglichen Zellen bei, auffallend ist an ihnen die frühzeitig bis zur vollständigen Obliterirung gediehene Verdickung. Das übrige Parenchym der primären Rinde ist dünnwandig, nur in den äusseren Schichten schwach collenchymatisch, frei von Kalkoxalat. — Die Sklerosirung der primären Rinde ist bereits weit vorgeschritten, ehe es zur Peridermbildung kommt. Niemals wird die ziemlich derb cuticularisirte Oberhaut zum Initialmeristem, sondern die stellenweise ihr unmittelbar anliegende, häufiger eine tiefere, selbst die innerhalb des äusseren Sklerenchymringes befindliche Zellenlage der primären Rinde. Das Periderm entsteht nicht zugleich rings um den Stengel, sondern zunächst an umschriebenen Stellen und kaum hat es sich geschlossen, so wird bereits eine zweite Korkhaut knapp ausserhalb der primären Bastbündelzone angelegt, durch welche der grössere Theil der primären Rinde schon im zweiten Jahre abgetrennt wird. Die Korkzellen sind breit, tafelförmig, zartwandig in dem jungen Entwicklungsstadium, in dem sie zur Untersuchung vorlagen. Die secundäre Rinde besteht nur aus zartzelligem Weichbast.

Crataeva Tapia L.

Die äusserst schwach cuticularisirte Oberhaut wird schon in der ersten Vegetationsperiode zum Phellogen und die aus ihr hervorgehenden mässig flachen Zellen verdicken frühzeitig ihre Innenseite. — Die primäre Rinde ist zartwandig, auch in den äusseren Schichten nur andeutungsweise collenchymatisch. Sie führt kein Kalkoxalat. Kleine Zellengruppen, häufiger verticale Zellenreihen sklerosiren schon in jungen Internodien, früher als das zwischen den faserarmen Bastbündeln gelegene Parenchym. Die Steinzellen sind isodiametrisch oder etwas axial gestreckt, in Form und Grösse vollständig mit dem dünnwandigen Parenchym übereinstimmend, ausserordentlich reichporig.

Crataeva religiosa Forst.

Federspulendicke Zweige und ältere Rindenfragmente aus dem Museum Mellelez-Gand. Die Rinde ist 5 mm dick mit äusserst dünnem, hellbraunem Periderm, innen sehr feinstreifig, am Bruche grobkörnig, am Querschnitt kreideweiss mit regellos zerstreuten dottergelben Pünktchen.

An den vorliegenden zweijährigen Stengeln war die Oberhaut bereits abgestossen und durch einige Reihen (bis acht) kleiner, abgeflachter, an der Innenseite sklerotischer Korkzellen ersetzt.

Die primäre Rinde ist 0,4 mm breit, das Collenchym der Aussenschicht geht allmälig in ein mässig derbes, festgefügtes Parenchym über, welches reichporig ist und keinerlei geformte Inhaltsstoffe führt. An der Grenze des äusseren Drittels sklerosiren kleine Zellengruppen unter vollständiger Verdickung, aber ohne Form und Grösse der Zellen im geringsten zu verändern. Auch einzelne den spärlichen Bastbündeln angelagerte Zellen werden zu Steinzellen, ohne jene zu einem Ringe zu verbinden und auch der übrige Theil der primären Rinde ausser der erwähnten Zone bleibt von Sklerosirung frei.

Das Periderma ist an den Stammrinden 0,15 mm dick und besteht zur Hälfte aus einseitig sklerotischen, innen aus zartwandigen Korkzellen, denen sich noch das Phelloderma erkennbar anschliesst. Von der ganzen Rindenbreite entfallen nur 0,5 mm auf den Bast. Die etwa 10 Mal so mächtige Mittelrinde ist ein grosszelliges, zartwandiges Parenchym mit zerstreuten, in den Umrissen und in der Orientirung unregelmässigen Steinzellengruppen, welche aus stark verdickten, sehr fein geschichteten und reichporigen Elementen bestehen. Krystallschläuche enthalten kleine Rhomboeder, die in Alkalien scharfkantig erscheinen, durch kochendes Wasser arrodirt, durch concentrirte Mineralsäuren zerstört, durch Anilin nicht gefärbt werden; mikrochemisch ist Kalkoxalat in der ganzen Rinde nicht nachweisbar.

Die secundäre Rinde entbehrt der Bastfasern und der Steinzellen. Das Bastparenchym ist derbwandig, breitporig; die Siebröhren sind kurzgliederig (0,3 mm) enge (0,025 mm), mit wenig geneigter, derb callöser Endplatte.

Die Markstrahlen sind zwei- bis dreireihig, stellenweise breiter und hier sind kleine Zellengruppen in Steinzellen verwandelt; immer führen sie Krystalloide.

Crataeva Nurvala Hamilt.

Leichte, hellfarbige, 6 mm dicke Rindenstücke, aussen grünlichgrau, runzeligwarzig, innen gelblich-weiss, sehr fein netzig-runzelig, am Bruche grobkörnig, am Querschnitte von guttigelben bis mohnkorngrossen Punkten gesprenkelt und nur im innersten, kaum Millimeter breiten Antheile radial gestrichelt.

Wenige Reihen einseitig sklerosirter Korkzellen bedecken die durch Phelloderma mächtig entwickelte Mittelrinde, in der grosse Steinzellengruppen regellos zerstreut sind. Das dünnwandige, kleinzellige Parenchym führt reichlich scharfkantige Rhomboeder, welche in kochendem Wasser zu krümeligen Klumpen corrodirt, in Alkalien nicht verändert, durch concentrirte Schwefelsäure vollständig zerstört werden. Dieselben Krystalloide erfüllen die Markstrahlen, fehlen aber in den Baststrängen, welche ausschliesslich aus dünnwandigem Parenchym und geschrumpften Siebröhrensträngen bestehen wie bei der vorigen Art.

Columniferae.

Aussenrinde. Bloss bei einer *Sterculia*-Art *(St. inops)* wurde die Bildung des Periderma aus der Oberhaut beobachtet, sonst wird immer die dieser unmittelbar angrenzende Zellenlage der primären Rinde zum Phellogen. Das Oberflächenperiderma ist bei den *Malvaceen*, bei *Adansonia*, *Sterculia inops*, den *Büttneriaceen*, *Tilia* schon in der ersten Vegetationsperiode vollständig entwickelt, nach einigen Jahren bei *Sterculia cordifolia*, noch später bei *Bombax*. Es ist zartzellig *(Malvaceae, Adansonia, Sterculia inops* [immer?]) oder derbwandig *(Büttneriaceae, Tilia)* oder schichtenweise einseitig verdickt *(Sterculia, Lühea)*. Die Zellen werden immer abgeflacht, ihre Grösse entspricht der Grösse der Mutterzellen, ist daher besonders gering bei dem epidermidogenen Kork von *Sterculia inops* und bei *Tilia*, deren hypodermatisches Collenchym kleinzellig ist. Borke wurde nur bei *Guazuma* und den *Tiliaceen* vorgefunden, wo die inneren Korkhäute mit den oberflächlichen im Baue übereinstimmen; sie wurde an alten Stämmen von *Malvaceen* und *Bombaceen* vermisst, wo ihre Bildung wol zeitlebens unterbleibt.

Mittelrinde. Ein durchgreifendes Merkmal der primären Rinde (nur bei *Sterculia* nicht sicher erkannt) ist die Bildung grosser Schleimschläuche durch Ausweitung einzelner Zellen. Einige Eigenthümlichkeiten zeigt auch das Collenchym. Es ist sehr schwach entwickelt oder fehlt ganz bei *Sterculia* und den *Büttneriaceen*, es nimmt die Mittellage der primären Rinde ein, beiderseits von dünnwandigem Parenchym umsäumt bei den *Malvaceen* und *Bombaceen*, es bildet endlich die Aussenschicht in typischer Form bei *Tilia*. Das Collenchym der *Malvaceen* und *Bombaceen* nimmt an der Zellenvermehrung nicht Theil, es wird beim Dickenwachsthum gesprengt und schrumpft frühzeitig. Dieses Verhältniss ist hier deshalb auffälliger, weil die Ausdehnung der Rinde in erster Linie durch Verbreiterung der Markstrahlen herbeigeführt wird. Phelloderma wurde nur bei *Guazuma* und den *Tiliaceen* sicher constatirt. Charakteristisch ist ferner die geringe Neigung zur Sklerose, indem nur bei *Bombax* und *Sterculia* kleine Gruppen schwach verdickter Steinzellen angetroffen wurden. — Kalkoxalat wird in der Regel in grosser Menge abgelagert. Es findet sich in Form von Drusen bei den *Malvaceen*, *Bombax*, *Theobroma*, *Tilia*, als Einzelkrystalle bei *Guazuma*, und in beiden Formen bei *Sterculia*; es wurde gänzlich vermisst bei *Adansonia* und einer *Sterculia*art.

Innenrinde. Vor der Borkebildung ist der Bast auch für das unbewaffnete Auge sehr charakteristisch durch die Verbreiterung der primären Markstrahlen und durch die in Folge dessen am Querschnitte pyramidalen Gruppen der Baststränge, deren Spitzen die primären Bastbündel bilden. Die tangentiale Schichtung des Bastes ist allgemein, Unterschiede ergeben sich aus dem quantitativen Verhältniss zwischen Bastfaserbündeln und Weichbast und aus der auf dem Querschnitte ersichtlichen Configuration. Bezüglich des ersteren Punktes sind die individuellen Schwankungen sehr bedeutend, so dass möglicherweise selbst die Extreme — wie die relativ schmalen Weichbastschichten von *Adansonia, Dombeya*, der breite Weichbast von *Guazuma, Lühea* — nicht als constante Merkmale gelten können. Wichtiger ist die Configuration der Bastfasern, insofern ihre Bündel nämlich an den tangentialen Seiten wenigstens annähernd geebnet, ihre Umrisse gerundet rechteckig sind *(Malvaceae, Guazuma, Dombeya, Adansonia)* oder die Bastbänder eine höchst mannigfaltige (Fig. 90) Querschnittsform haben mit stellenweiser Häufung der Fasern ohne jede Tendenz nach Ausgleichung *(Bombax, Tiliaceae)*. Die Bastfasern sind immer sehr lang, geradläufig und geschmeidig, weitlichtig bei den *Malvaceen* und *Adansonia*, stark, nicht unter einem Drittel der Breite verdickt bei *Bombax, Sterculia*, den *Büttneriaceen* und *Tiliaceen.*

Die letztgenannten zwei Ordnungen unterscheiden sich in höchst charakteristischer Weise durch das Vorkommen zahlreicher Kammerfasern, welche die Bastbündel meist vollständig umhüllen *(Tilia, Guazuma)* oder sie doch begleiten *(Dombeya, Theobroma, Lühea)*, von dem Baste der *Malvaceen* und *Sterculiaceen*, welcher des Kalkoxalates vollständig entbehrt. Die Kammerfasern führen zumeist rhomboedrische Einzelkrystalle *(Guazuma, Dombeya, Lühea)*, seltener Drusen *(Theobroma)*; durch ganz eigenthümliche grosse Prismen (Fig. 91) ist *Tilia* ausgezeichnet. — Ausser diesen Kammerfasern kommen im Weichbaste keine Krystallschläuche vor. Die Parenchymzellen sind nahe ebenso breit wie die Bastfasern, breitporig bei den *Malvaceen* und *Büttneriaceen* zerstreut feinporig bei den *Sterculiaceen* und *Tiliaceen.* Sie werden nicht zu Schleimzellen[1]) ausgeweitet und sklerosiren niemals. Die Siebröhren sind nur bei den *Tiliaceen* entschieden weitlichtiger als das Parenchym; ihre Endflächen sind schwach geneigt und von einer einfachen Siebplatte besetzt *(Sterculiaceae, Büttneriaceae)*, oder stärker geneigt mit mehreren Siebplatten *(Tiliaceae, Malvaceae)*, in beiden Fällen auch an den Seiten ein Relief von rundlichen oder spaltenförmigen Siebfeldern zeigend.

Die typische Breite der Markstrahlen beruht ebenso auf der Grösse der Zellen, wie auf der Zahl ihrer Reihen. Die primären Markstrahlen verrathen ihren Zusammenhang mit der primären Rinde durch das Auftreten derselben Krystallformen — Drusen die *Malvaceen, Bombaceen (Sterculia* auch Einzelkrystalle), *Theobroma, Tilia*, Einzelkrystalle reichlich *Dombeya*, vereinzelt *Guazuma* und *Lühea* —, seltener durch die in die tieferen Lagen des Bastes vordringende Metamorphose einzelner Zellen zu Schleimschläuchen *(Lavatera, Guazuma, Lühea)*. Die secundären Markstrahlen führen übrigens auch, wenngleich meist spärlicher, Krystalle. Bei *Tilia* zeigen einzelne Markstrahlzellen zwischen den Faserbündeln eine Spur von Sklerose.

Uebersicht der Gattungen nach den auffälligen Merkmalen des Bastes:

A. die tangentialen Bastfaserbündel sind von Kammerfasern umgeben; breite, nach aussen erweiterte Markstrahlen.
  1. Bastfaserbündel mit unregelmässigem Querschnitt; Siebröhren mit leiterförmigen Endplatten.
      a. Grosse prismatische Krystalle am Rande der Baststrahlen und die Faserbündel begleitend; in den primären Markstrahlen Drusen; Korkhäute gleichmässig kleinzellig, derb: *Tilia.*
      b. Vereinzelt Rhomboeder; Schleimzellen in den breiten Markstrahlen; Korkhäute zum Theil einseitig sklerotisch: *Lühea.*

---

[1]) Die mit rothbraunem Inhalt erfüllten Zellen (Gerbstoffschläuche?) sind weder in Gestalt noch Grösse vom Bastparenchym resp. den Markstrahlzellen verschieden.

  2. Gerundet eckige Bastfaserstränge; Siebröhren mit einfachen Querplatten; im Weichbaste keine Krystalle.

    a. Die begleitenden Kammerfasern führen Drusen: *Theobroma.*

    b. Die Kammerfasern enthalten Rhomboeder;

      α. Markstrahlen nur stellenweise verbreitet, reich an Krystallen; breite Bastfaserschichten, von Kammerfasern spärlich begleitet: *Dombeya.*

      β. Breite Markstrahlen mit Schleimhöhlen und spärlichen Krystallen; breite Weichbastschichten; Borke: *Guazuma.*

B. Krystallzellen fehlen in den Baststrahlen überhaupt; die Bastfaserbündel concentrisch geschichtet; Markstrahlen sehr breit, nach aussen erweitert.

  1. Siebröhren mit einfachen Endplatten;

    a. Grosszelliges Gewebe; Bastfasern weitlichtig; kein Kalkoxalat: *Adansonia.*

    b. Bastgewebe bedeutend kleinzelliger als Markstrahlen; Bastfasern stark verdickt.

      α. Markstrahlen bloss Drusen führend: *Bombax.*

      β. In den Markstrahlen Drusen und Einzelkrystalle: *Sterculia.*

  2. Siebröhren meist mit mehreren Endplatten; Drusen in den Markstrahlen.

    a. Bastparenchym derbwandig: *Hibiscus.*

    b. Bastparenchym zartwandig; auch in den Markstrahlen Schleimzellen: *Lavatera.*

Malvaceae.

In der Anlage und in der Entwicklung der Rinde von *Hibiscus* und *Lavatera* herrscht grosse Aehnlichkeit mit *Tilia.* Uebereinstimmend ist die oberflächliche, frühzeitige Bildung des Periderma und die lange Ausdauer desselben, der Bau der primären Rinde und der breiten Markstrahlen, insbesondere auch die unterbleibende Sklerosirung und die Bildung zahlreicher Schleim-[1] und Drusenschläuche, die concentrische Schichtung des Bastes, dessen Parenchym nicht sklerosirt. Doch fehlt es auch nicht an unterscheidenden Merkmalen, deren wesentlichste sind: das zartwandige, weitlichtige Periderm, die unterbleibende Borkebildung, die relativ geringe Verdickung der breiteren Bastfasern, die zu regelmässig gestalteten, an der Oberfläche ausgeglichenen Bändern vereinigt sind, das derbe (bei *Hibiscus)* und breitporige Parenchym, die fehlenden Kammerfasern im Baste und das auf die Markstrahlen beschränkte Vorkommen von Krystalldrusen. — Durch die in der primären Rinde median gelegene Collenchymschicht[2] theilen sie eine Eigenthümlichkeit mit den *Bombaceen.*

Hibiscus syriacus L.

Die äusserste Zellenlage der primären Rinde bildet in der ersten Vegetationsperiode drei oder vier Reihen cubischer, dünnwandiger Korkzellen, durch welche die schwach cuticularisirte, behaarte Oberhaut abgestossen

---

[1] Vgl. de Bary, Vegetationsorg. p. 151.
[2] In jungen Internodien ringsum geschlossen. Vgl. dagegen de Bary (l. c. p. 420).

wird. Das Periderma ist **ausdauernd** und erreicht an alten Stämmen 0,4 mm Mächtigkeit (etwa 20 Zellenreihen), die Zellen werden zum Theil abgeflacht, bleiben aber **immer zartwandig.**

Das **schwache Collenchym** der primären Rinde geht allmälig in dünnwandiges Parenchym über, welches **Schleimzellen** und **grosse Krystalldrusen** führt. Die primären Bastfasern sind derbwandiger als die secundären, am Querschnitte rundlich, trotzdem sie in umfangreichen Gruppen auftreten. In jungen Internodien sind sie durch einreihige Markstrahlen getrennt, bald **verbreiten sich aber die Markstrahlen** bis zu 2 mm und verschmelzen mit der Mittelrinde, auf diese Weise dem Dickenzuwachs folgend.

Die Baststrahlen erscheinen schon dem freien Auge am Querschnitte dreieckig mit breiter cambialer Basis und von zarten secundären Markstrahlen durchzogen. Die Bastbündel nehmen die ganze Breite des Baststrables ein und sind in wechselnden Abständen **concentrisch geschichtet.** Die Fasern sind **sehr lang**, bis 0,03 mm breit, **schwach verdickt** und reichporig. Die Weichbastschichten sind ebenso breit oder breiter als die Bastbündel, sie **sklerosiren niemals** und führen **keine Krystalle,** ihre Elemente sind etwas derbwandig und in den Querschnitts dimensionen mit den Fasern nahe übereinstimmend. Die Parenchymzellen sind breitporig, die Siebröhren haben eine geringe Zahl von Siebplatten an den mässig geneigten Endflächen.

Die secundären Markstrahlen sind bis vierreihig, breit- und kurzzellig, reichporig. Sie führen nur selten **Kalkoxalatdrusen,** während die primären Markstrahlen mindestens zur Hälfte aus Krystallschläuchen bestehen.

Lavatera olbia L.

Auf die schwach cuticularisirte, mit verschiedenartigen Trichomen dicht besetzte Oberhaut folgen einige Reihen dünnwandiger, chlorophyllführender Zellen und an diese schliesst sich erst das **ausgezeichnet typische Collenchym** an, welches wieder **unvermittelt** in das grosszellige, dünnwandige Parenchym der primären Rinde übergeht, welches spärlich Chlorophyll, aber wie die zartwandige Aussenschicht **Schleim** und in grosser Zahl **Krystalldrusen** führt. Das Periderm entsteht **aus der äussersten Zellenlage** der primären Rinde in ältern Internodien jähriger Stengel, wenn diese kahl zu werden anfangen. Es ist ausdauernd und überzieht in 0,15 mm Dicke aus etwa 12 Reihen **zartwandiger,** breiter Korkzellen bestehend, die auch an alten Stämmen dünne Rinde. Die umfangreichen primären Bastbündel entstehen dicht genähert, werden aber frühzeitig durch Verbreiterung der Markstrahlen auseinander gedrängt und auch in der Collenchymschicht entstehen den Markstrahlen correspondirende Lücken.

In der secundären Rinde nehmen die aus schwach verdickten Fasern zusammengesetzten Bündel an Breite zu und sind **regelmässig geschichtet,** nicht selten breiter als die Weichbastschichten. Diese sind **zartwandig,** im elementaren Bau mit *Hibiscus* übereinstimmend, **frei von Kalkoxalat** wie diese. Nur die Markstrahlen führen Drusen, auch Schleimzellen.

Sterculiaceae.

Die *Bombaceen* rinden sind gut charakterisirt durch den **steinzellenund krystallfreien Bast,** in welchem zwischen meist **sehr breiten Markstrahlen** tangentiale Bastfaserbündel mit schmalen (*Adansonia*) oder ebenso breiten (*Bombax, Sterculia*) Weichbastschichten regelmässig in con-

c e n t r i s c h e n Lagen wechseln. Die Bastfasern sind sehr lang, breit und weitlichtig *(Adansonia)* oder dünner und stark verdickt *(Bombax, Sterculia)*, bei
ersterer zu c o m p a c t e n S t r ä n g e n mit im allgemeinen rundlichem Querschnitt,
bei den letzteren zu verschieden gestaltigen Bändern und Bündeln (Fig. 90)
vereinigt. Der Weichbast bei *Adansonia* ist grosszellig, bei *Bombax* und
Sterculia kleinzellig in Uebereinstimmung mit der Breite der Bastfasern; das
Parenchym zerstreut grobporig, die Siebröhren mit fast horizontalen, zart gegitterten Endplatten.

Die Markstrahlen sind nach aussen sehr v e r b r e i t e r t, besonders bei *Bombax*
und *Sterculia* auffallend grosszellig, hier auch vereinzelt Krystalle, bei *Adansonia* eine homogene rothbraune Substanz, w i e d i e p r i m ä r e R i n d e, führend.

Die Entstehung des Periderma wurde nur bei *Sterculia* beobachtet. Bei
der einen Art *(St. inops)* wird d i e O b e r h a u t s e l b s t f r ü h z e i t i g z u m
I n i t i a l m e r i s t e m und erzeugt zahlreiche kleine und derbe Korkzellen. Bei
St. cordifolia wird d i e ä u s s e r s t e Z e l l e n l a g e d e r p r i m ä r e n R i n d e
z u m P h e l l o g e n, die Korkhaut ist selbst an dreijährigen Stengeln noch nicht
geschlossen — um so bemerkenswerther, als diese Art bedeutend dickere Internodien hat — und besteht aus grösseren, s c h i c h t e n w e i s e e i n s e i t i g s k l e -
r o t i s c h e n Z e l l e n. *Adansonia* bildet schon in der ersten Vegetationsperiode
ein g r o s s z e l l i g e s und z a r t w a n d i g e s Periderm; bei *Bombax* dagegen
folgt die Epidermis durch viele Jahre dem Dickenwachsthum. Borkebildung
habe ich nicht beobachtet.

Die primäre Rinde von *Sterculia* hat k e i n oder ein s c h w a c h e n t -
w i c k e l t e s C o l l e n c h y m; den *Bombaceen* ist gleich den *Malvaceen* eine
aussen und innen von dünnwandigem Parenchym umsäumte m e d i a n e C o l l e n -
c h y m s c h i c h t eigenthümlich, welche in älteren Internodien durchbrochen ist.
Bei *Bombax* und *Sterculia* wurde eine l e i c h t e S k l e r o s i r u n g des Parenchyms
beobachtet. Vorwiegend kommen Krystallschläuche mit D r u s e n, bei *Sterculia
cordifolia* auch solche mit E i n z e l k r y s t a l l e n vor. S c h l e i m s c h l ä u c h e
scheinen der Gattung *Sterculia* zu fehlen; auch bei den *Bombaceen s. str.*
sind sie von den Parenchymzellen in Form und Grösse kaum verschieden. [1]

Adansonia digitata L.

Federspulendicke Zweige sind bereits von 0,2 mm breitem Periderm aus
äusserst z a r t w a n d i g e n breiten, in den äusseren Schichten zusammengedrückten
und braunen Korkzellen bedeckt.

Die primäre Rinde ist in den an das Periderma grenzenden Lagen dünnwandig,
dann folgt erst eine d ü n n e C o l l e n c h y m s c h i c h t, die bald schrumpft und durch
die sich verbreiternden Markstrahlen getrennt wird. Sie enthält w e d e r S t e i n -
zellen noch K r y s t a l l e, in beträchtlich ausgeweiteten Zellen S c h l e i m.

Der überwiegende Theil der secundären Rinde besteht aus Bastfasern, welche
zu umfangreichen, zwischen den dicht gereihten Markstrahlen am Querschnitt meist
gerundet quadratischen Bündeln vereinigt und durch schmale Weichbastschichten

---

[1] Vgl. de B a r y, Vegetationsorgane p. 150.

getrennt sind [1]). Die Bastfasern sind **mehrere Millimeter** lang, zumeist geradläufig, glatt und sehr allmälig in stumpfe Spitzen sich verjüngend. Sie sind
0,03 mm, selbst darüber breit und **schwach verdickt** (0,005 mm). Die
Parenchymzellen und Siebröhren sind fast **doppelt so breit** wie die Bastfasern,
dünnwandig, erstere an der Markstrahlseite zerstreut breitporig, letztere mittels wenig
geneigter, **einfacher**, fein gegitterter Siebplatten verbunden. **Steinzellen
werden nicht gebildet; der Bast entbehrt des Kalkoxalates.**

Die Markstrahlen sind in alter Rinde selten über vierreihig, **nach aussen
beträchtlich verbreitert.** Die Zellen sind meist radial gestreckt, sehr weitlichtig und grobporig. Sie enthalten, wie zerstreute Zellen des Bastparenchyms,
häufig eine dunkel rothbraune, Lösungsmitteln widerstehende Substanz, **keine
Krystalle.**

Bombax Ceiba L.

Die mit derber Cuticula überzogene Epidermis **bedeckt noch armdicke
Stämme**, deren Rinde 3 mm dick ist und bereits acht Bastschichten zählt.

Die primäre Rinde ist dünnwandig, **mit Ausnahme einer etwa mitten
gelegenen, schwach entwickelten, bald schrumpfenden Collenchymschicht.** Sie führt grosse **Krystalldrusen** und **Schleim.** Die den
primären Bastbündeln anliegenden Zellen werden **theilweise sklerotisch**
bei sehr geringer Membranverdickung. Späterhin werden auch kleine Zellengruppen der primären Rinde zu grobporigen, schwach verdickten Steinzellen mit
Erhaltung der ursprünglichen Form und Grösse.

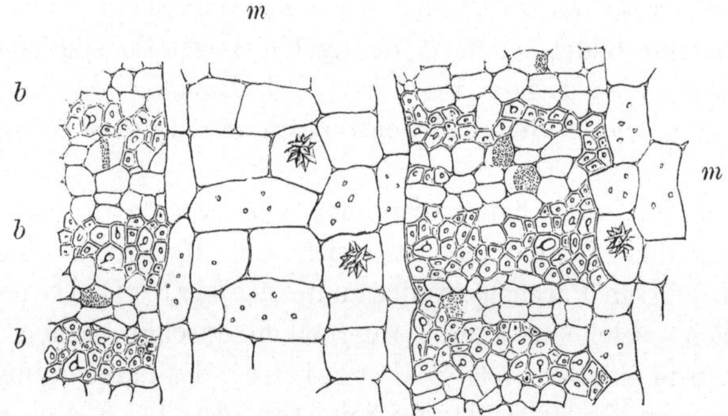

Fig. 90. *Bombax Ceiba* L. Querschnitt durch die secundäre
Rinde (160). *b* Bastfaserbündel in concentrischer Schichtung;
m breite, grosszellige Markstrahlen.

In der secundären Rinde (Fig. 90) nehmen die Bastfaserbündel meist
die ganze Breite des Strahles ein, sind in sich selbst und bezüglich der benachbarten Bündel von sehr verschiedener Breite, nicht selten sogar untereinander durch die längs der Markstrahlen
herabsteigenden Fasern verbunden, so dass die Weichbastschichten allseitig von
Bastfasern umgeben sind; im Allgemeinen sind aber beide nahezu gleichmässig
und gleichförmig vertheilt. Die Bastfasern sind **sehr lang**, glatt, oft spulenrund,
0,02 mm breit, mit **engem**, meist fast geschwundenem Lumen. Der Weichbast
ist **zartwandig**, kleinzellig, die Parenchymzellen zerstreutporig, die Siebröhren
mit horizontalen, **einfachen**, zartgegitterten Endplatten.

Die Markstrahlen sind **nach aussen verbreitert**, aber auch im Baste nicht
selten 0,5 mm breit, ausserordentlich grosszellig, dünnwandig und grobporig. Sie
führen grosse **Krystalldrusen.**

---

[1]) Vgl. die Abbildung der „*Baobab*rinde" in J. Moeller, Pflanzenrohstoffe p. 91.

Sterculia sp.

Die schwach cuticularisirte, mit vielgestaltigen Trichomen besetzte Oberhaut wird frühzeitig zum Phellogen und producirt in rascher Folge ein ungemein kleinzelliges, etwas derbwandiges, gegen 25 Reihen zählendes Periderma. Die primäre Rinde besitzt keine Collenchymschicht, wird nicht sklerotisch und führt keine Krystalle.

Sterculia cordifolia Cavan.

Die mässig cuticularisirte, mit Sternhaaren besetzte Oberhaut ist an fingerdicken dreijährigen Trieben noch zum grossen Theil erhalten, wenngleich zerstreute longitudinale Korkwarzen schon an älteren Internodien der einjährigen Sprossen angetroffen werden. Das Periderma entwickelt sich träge aus der äussersten Zellenlage der primären Rinde, ist ziemlich grosszellig, wenig abgeflacht, schichtenweise an der Innenseite der Zellen stärker verdickt.

Die breite primäre Rinde ist grösstentheils dünnwandig und führt reichlich Krystalldrusen und in älteren Internodien grosse Rhomboeder. Das schwach entwickelte Collenchym der medianen Schichten wird frühzeitig durch die Verbreiterung der Markstrahlen durchbrochen. Sehr schwach verdickte Steinzellen werden vereinzelt gebildet.

In dem jüngsten Baste ist die tangentiale Schichtung bereits ausgedrückt. Der untersuchte dreijährige Spross hatte bereits 8—11 Bastfaserschichten entwickelt, deren nahezu vollständig verdickte Elemente innig verschmolzen waren. Der Weichbast ist gleichmässig dünnwandig, von Krystallen frei; die Parenchymzellen sind breitporig, die Siebröhren kurzgliederig (0,03 mm), 0,02 mm breit, mit schwach geneigten, oft mit dickem Callus bedeckten einfachen Endplatten.

Die Markstrahlen sind breit, auch in den tieferen Lagen noch achtreihig, ihre Zellen sind weitlichtig, zartwandig, reichporig und führen in wechselnder Menge, vorzüglich in den Randzellen, dieselben Krystallformen wie die Mittelrinde.

Büttneriaceae.

Die primäre Rinde ist kleinzellig, dünnwandig, ohne Collenchym, führt Drusen *(Theobroma)* oder Einzelkrystalle *(Guazuma)* und grosse Schleimschläuche. Es werden keine Steinzellen gebildet. Ihre äusserste Zellenlage wird frühzeitig zum Initialmeristem für das Periderma, dessen Zellen klein und flach, dünnwandig aber derb sind. Dieselbe Beschaffenheit haben die inneren Korkhäute, welche tief in den Bast eindringen und dicke, breitflächige Schuppen derselben abtrennen. Bei *Guazuma* habe ich auch Phelloderma erkannt.

Die secundäre Rinde ist regelmässig concentrisch geschichtet. Die Bastfaserbündel nehmen die ganze Breite des Baststrahles ein, sind an den Rändern ausgeglichen *(Guazuma)* oder von vorspringenden Fasern zackig *(Dombeya)*, im Umfange sehr verschieden. Sie sind immer — allseitig bei *Guazuma*, an den radialen Flächen bei *Dombeya* und *Theobroma* — von Krystallkammerfasern bekleidet, die Drusen [1]) *(Theobroma)* oder Einzelkrystalle *(Guazuma, Dombeya)* enthalten, während im Weichbaste sonst keine Krystalle

---

[1]) In den Randzellen der primären Markstrahlen.

vorkommen. Die Bastfasern sind durch ihre bedeutende Länge, mässige Breite, sehr starke von vielen Poren durchsetzte Verdickung, endlich durch innige Aneinanderlagerung ausgezeichnet. Die Weichbastschichten sind schmaler, ebenso breit oder breiter als die Bastfaserplatten, was aber kein constantes Verhältniss zu sein scheint. Die Elemente derselben sind nur wenig breiter als die Bastfasern, gleichmässig dünnwandig, niemals sklerotisch. Die Parenchymzellen sind unter einander an den radialen und horizontalen Wänden durch breite Poren verbunden, die Siebröhren sind kurzgliederig und stossen mittels horizontaler Siebplatten an einander und communiciren auch seitlich mittels rundlicher Siebfelder.

Die Markstrahlen sind nach aussen beträchtlich verbreitert, aber auch im Baste noch sehr breit (*Guazuma*) oder nur stellenweise aus ein- bis dreireihigen Strahlen erweitert (*Dombeya*). Sie sind grosszellig, führen besonders reichlich in den Randzellen, welche auch zwischen den Faserbündeln nicht sklerosiren, dieselben Krystallformen wie die Mittelrinde und weitlichtige Schleimschläuche (*Guazuma*).

Theobroma Cacao L.   (*Cacao sativa* Lam.)

Die nur schwach cuticularisirte, mit derben einzelligen Haaren besetzte Oberhaut wird schon in einjährigen Trieben durch das unmittelbar unter ihr entstehende Periderm abgestossen. Dieses besteht aus kleinen, dünnwandigen Tafelzellen. Die primäre Rinde entbehrt der Collenchymschicht, ist kleinzellig bis auf die ansehnlich ausgeweiteten (0,07 mm diam.) Schleimzellen, immer dünnwandig und enthält reichlich Krystalldrusen. Die primären Bastbündel entstehen sehr genähert, werden aber frühzeitig durch Verbreiterung der Markstrahlen auseinander gedrängt. Steinzellen fehlen.

Die junge secundäre Rinde zeigt bereits Bündel stark verdickter Bastfasern in tangentialer Schichtung. Der Weichbast ist kleinzellig, contrastirend mit den breitzelligen Markstrahlen, welche Drusen führen.

Guazuma ulmifolia Desf.   (*Theobroma Guazuma* L.)

Die Oberhaut mit dünner Cuticula und Sternhaaren ist nur an den jüngsten Internodien erhalten. An ihre Stelle tritt ein Periderma aus kleinen, dünnwandigen aber derben Tafelzellen, dessen äussere Schichten frühzeitig sich mit braunem Inhalt füllen und abgestossen werden. Alte, 8 mm dicke Rindenstücke finde ich mit flachmuscheligen, unregelmässig zerrissenen Borkeschuppen bedeckt. Die inneren Korkhäute sind wie die oberflächlichen kleinzellig, etwas derb, stark zusammengedrückt, bei 0,15 mm Dicke gegen vierundzwanzig Zellenreihen umfassend. Sie dringen ziemlich eben- und grossflächig in den Bast ein; der letztere ist in den vorliegenden Mustern 3 mm dick. Phelloderma wird in wenigen Zellenreihen gebildet.

Die primäre Rinde besitzt kein hypodermatisches Collenchym, die Zellen in der Mittellage derselben werden zu Schleimzellen auf das sechsfache Volumen (0,1 mm diam.) ausgeweitet. Das Parenchym sklerosirt nicht, zahlreiche Krystallschläuche führen Einzelkrystalle.

Die secundäre Rinde ist regelmässig geschichtet durch schmale, selten über dreireihige, die ganze Breite des Baststrahles durchsetzende Bastfaserplatten und zwischenliegende bedeutend breitere Weichbastschichten. Die Bastfasern sind gegen

2 mm lang, höchstens 0,02 mm breit, stark, doch mit Erhaltung des Lumens verdickt und durch zahlreiche Porenkanäle ausgezeichnet. Die Bündel sind allseitig von Kammerfasern umgeben, welche in Cellulose gebettete rhomboedrische Krystalle enthalten. Der Weichbast zählt oft zwölf und mehr
Reihen gleichmässig englichtiger — etwas breiter als die Bastfasern — und dünnwandiger Zellen mit zum Theil geschrumpften Siebröhrensträngen. Die Siebröhrenglieder sind nur 0,3 mm lang, 0,03 mm breit, an den Seitenwänden von
Siebfeldern breit getüpfelt, an den mässig geneigten (auffallenderweise nach der
Tangente gekehrten) Endflächen einfache, feinporige, fast immer mit dicker
Callusmasse bedeckte Siebplatten tragend. Das Bastparenchym sklerosirt nie-
mals und enthält keine Krystalle.

Die Markstrahlen sind oft 0,3 mm und darüber breit, grosszellig, zwölf-
und mehrreihig, local verbreitert, mit spärlichen Einzelkrystallen an
der Grenze der Faserbündel. Grosse Schleimzellen nehmen in einfachen oder
Doppelreihen den überwiegenden Raum der Markstrahlen in Besitz.

Guazuma tomentosa H. et B.

Der Bast, von ähnlichem Periderm bedeckt wie bei der vorigen Art, unterscheidet sich von dieser durch viel massigere, in radialer Richtung zehn und mehr
Fasern zählende Bündel und schmale Weichbastschichten [1]), in deren Mitte ein
Strang zusammengefallener Siebröhren liegt. Die Bastfasern sind dünner und fast
vollständig verdickt, ihre Bündel von Kammerfasern umhüllt. In den Markstrahlen
sind die Schleimzellen spärlicher, streckenweise ganz fehlend.

Dombeya sp.

Gegen 2 mm dicke Baststreifen, deren Querschnitt dem unbewaffneten Auge
durch gleich zarte, helle radiale und tangentiale Linien gefeldert erscheint.

Die Bastfaserbündel sind sehr verschieden an Form und Umfang (ein- bis sechsreihig), an den tangentialen Seiten nicht geebnet und vorwiegend an der
Markstrahlseite von Krystallkammerfasern bekleidet, welche ausschliesslich Rhomboeder enthalten. Die Bastfasern sind mehrere Millimeter lang,
0,025 mm breit, fast vollkommen verdickt, durch gegenseitigen Druck polygonal abgeplattet. Die Weichbastschichten sind schmal, meist drei- bis fünfreihig, die
Parenchymzellen und Siebröhren in Verdickung und Lumen nahezu gleich (0,03 mm),
letztere oft schon am Querschnitte die feinporigen Siebplatten zeigend, an den
Seiten breit getüpfelt.

Die Markstrahlen sind zumeist ein- oder zweireihig, nur stellenweise
verbreitert durch Vermehrung und tangentiale Streckung der Zellen. Sie enthalten keine ausgeweiteten Schleimzellen, aber reichlich grosse Einzelkrystalle an der Grenze der Faserbündel.

Tiliaceae.

Die Rinden der untersuchten Linden stimmen im Baue so nahe überein,
dass eine Unterscheidung der Arten kaum möglich ist. Ihre charakteristischen
Merkmale sind: die frühzeitige, oberflächliche Anlage des Periderma,
welches aus kleinen, derben Tafelzellen besteht, und die lange Ausdauer

---

[1]) Das Verhältniss zwischen Weichbastschichten und Bastfaserbündeln scheint sich in
altem Baste umzukehren. Vgl. J. Moeller, Pflanzenrohstoffe p. 93.

desselben; die inneren Korkhäute, den oberflächlichen gleich, dringen nicht tief ein, eine sehr dicke Bastschicht bleibt lebend; die Rinde folgt dem Dickenzuwachs durch Bildung von Phelloderma, vorzüglich aber durch Verbreiterung der Markstrahlen nach aussen; der Bast ist regelmässig geschichtet durch tangential gestreckte Faserbündel, die meist die ganze Breite des Baststrahles einnehmen, aber in radialer Richtung eine sehr wechselnde Faserzahl enthalten; im Weichbaste sind häufig die Parenchymzellen mit den weitlichtigeren Siebröhren alternirend geschichtet; die Bastfasern sind lang, dünn und geschmeidig, die Parenchymzellen derbwandig feinporig, die Siebröhren an den Seiten mit zarten Siebfeldern, an den schiefen Endflächen mit mehreren grossen Siebplatten besetzt; die Sklerosirung unterbleibt in allen Theilen der Rinde; Kalkoxalat kommt in Form von Drusen reichlich in der primären Rinde und in den breiten Markstrahlen vor, in Form ungewöhnlich grosser prismatischer (Fig. 91) Einzelkrystalle in entsprechend grosskämmerigen Fasern, welche die Bastbündel begleiten und die Markstrahlen umsäumen, während die secundären Markstrahlen selbst sehr selten Krystalle führen. Die primäre Rinde besitzt ein geschlossenes hypodermatisches Collenchym und enthält Schleimzellen[1]).

Der nur in trockenem Material vorliegende Bast von *Lühea* stimmt mit *Tilia* in mehreren Punkten nicht überein. Eine breite Platte der Korkhaut wird einseitig sklerotisch; die Schichtung ist minder regelmässig durch die dem Weichbaste quantitativ entschieden untergeordnete Bildung von Bastfasern, die nur spärlich von (gewöhnliche Rhomboeder enthaltenden) Kammerfasern begleitet sind. Ein ausgezeichnetes Merkmal von *Lühea* sind die umfangreichen Schleimhöhlen in den breiten Markstrahlen, welche dagegen keine Krystalle führen.

Tilia platyphylla Scop. *(Tilia grandifolia Ehrh.)*

Unmittelbar unter der derb cuticularisirten Oberhaut entsteht frühzeitig das Periderma[2]), welches schon in der Anlage aus flachen, späterhin derbwandigen aber niemals sklerotischen Zellen besteht. Im zweiten Jahre wird die Oberhaut abgestossen und bald folgen die äussersten Korkzellen, so dass das Periderma trotz seiner langen Ausdauer immer nur aus wenigen Zellenreihen besteht. Im zehnten bis fünfzehnten Jahre[3]) beginnen die ersten Korkhäute in die Tiefe zu dringen und unregelmässig dicke Schuppen abzutrennen, doch bleibt immer ein sehr beträchtlicher Theil (an alten Stämmen 8 mm) des Bastes von Borkebildung frei. Die Korklamellen sind den oberflächlichen im Baue gleich; bei einer mittleren Dicke von 0,2 mm enthalten sie etwa zwanzig Zellenreihen.

---

[1]) Frank (Beiträge zur Pflanzenphysiologie p. 113, Th. II. Fig. 5 u. 6) hält sie für lysigen. Ich glaube, dass sie zunächst, wie bei den *Malvaceen, Sterculiaceen* u. v. A., einfache Zellen sind, deren Membran der Ausdehnung sehr lange folgt, ehe sie zerreisst. Morphologisch stelle ich sie neben die Sekretzellen der *Urticaceen, Sapotaceen.* Vgl. de Bary, Vegetationsorgane p. 150.

[2]) Nach Sanio (Jahrb. f. wissensch. Bot.) in centrifugal-intermediärer Zellenfolge.

[3]) Vgl. Hartig, Forstl. Culturpflanzen p. 560 u. v. Mohl, Unters. über die Entwicklung des Korkes etc. p. 22.

Die primäre Rinde ist bis zu den Bastbündeln nur 0,7 mm breit, kleinzellig, zur äusseren Hälfte ein derbes Collenchym, innen sehr dünnwandig, in erweiterten Zellen Schleim und zahlreiche Drusen führend. Die massigen Bündel der primären Bastfasern entstehen sehr genähert, werden aber bald durch die Verbreiterung der Markstrahlen aus einander gedrängt, ohne in die Elemente getrennt zu werden. Es werden keine Steinzellen gebildet.

Für die secundäre Rinde ist die nach innen zunehmende Breite der Baststrahlen und die damit zusammenhängende conische Verjüngung der Markstrahlen charakteristisch. Im Baste alter Stämme ist diese Eigenthümlichkeit verwischt, der Querschnitt erscheint zart quadratisch gefeldert. Die Bastbündel werden in concentrischen Zonen[1]) angelegt, sie selbst haben sehr verschiedene Mächtigkeit, meist zählen sie in radialer Richtung nur wenig Fasern und sind an der Grenze der Markstrahlen verbreitert, den Querschnitt einer Traverse (|——|) nachahmend. Die Bastfasern sind sehr lang (bis 2,5 mm)[2]), dünn (0,02 mm), geradläufig, glatt und geschmeidig, im grösseren Theil der Länge fast vollständig verdickt, porenarm. Die zwischenliegenden Weichbastschichten haben nahezu dieselbe Zahl von Elementen, sind aber wegen der Weitlichtigkeit der letzteren breiter. Die Parenchymzellen sind zartwandig oder etwas verdickt (Fig. 91), immer reichlich von feinen Poren durchsetzt. Die an die Bastbündel grenzenden sind zu Kammerfasern umgestaltet, die ausserordentlich grosse Pyramidenprismen enthalten.

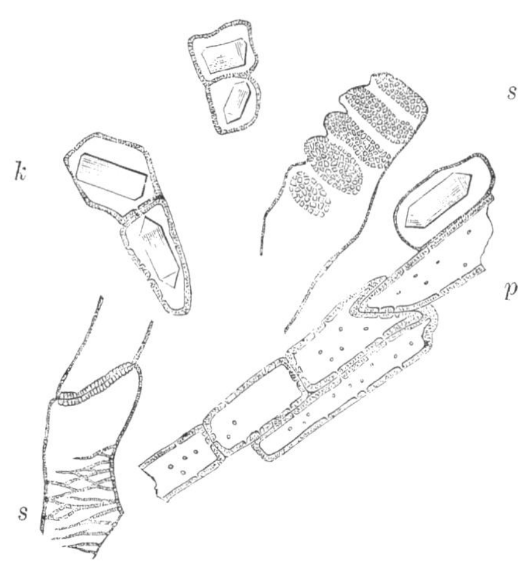

Fig. 91. *Tilia platyphylla* Scop. Isolirte Elemente des Bastes (300). *p* Verdickte Parenchymzellen; *s* Siebröhrenfragmente; *k* Krystallzellen.

Die Siebröhren sind weitlichtiger (0,04 mm) als das Bastparenchym und meist 0,6 mm lang, an den schiefen, mitunter etwas verbreiterten Endflächen tragen sie einfache, häufiger[3]) mehrere (bis 8) breite, grobporige Siebplatten, an den Seitenflächen ein zartes netziges Relief.

Die Markstrahlen sind meist drei- bis fünfreihig, bis über hundert Zellen hoch, radial gestreckt, in der Regel von grossen Krystallzellen umsäumt[4]). Die oft millimeterbreiten primären und die stellenweise verbreiterten secundären Markstrahlen haben den Charakter der Mittelrinde und führen wie diese Krystalldrusen.

Tilia alba W. et K. *(Tilia argentea* Desf.)

In den einjährigen, behaarten Trieben, spät oder erst im zweiten Jahre, entsteht das Periderm in übereinstimmender Weise und Ausbildung wie bei der vorigen

---

[1]) Vgl. v. Mohl, Bot. Ztg. 1855; Hanstein, Baumrinden p. 44 u. die Figur bei Dippel, Mikroskop II. p. 248.

[2]) Vgl. Wiesner, Rohstoffe p. 414.

[3]) Vgl. auch die Abbildung v. Dippel (l. c. p. 133).

[4]) Vgl. Sanio, Monatsber. d. Berl. Akad. d. W. 1857 p. 252 ff.

Art. Es ist aber länger ausdauernd; denn an Stämmen von 80 cm Umfang ist die Rinde noch glatt, mit papierdünnem Periderm bedeckt; nur den Rändern der seichten Längsrisse entlang dringen dünne Korkhäute bis auf Millimetertiefe in die Mittelrinde vor. Dieser späten Borkebildung entsprechend verbreitern sich die primären Markstrahlen ausserordentlich und erscheinen am Querschnitte als gleichseitige (bis 1 cm) Dreiecke[1]).

Tilia americana L.

In einjährigen Trieben entsteht aus der äussersten Zellenlage der primären Rinde ein 0,05 mm breites Periderm, aus etwa zehn Reihen kleiner, flacher, etwas verdickter Korkzellen. Das derbe hypodermatische Collenchym der primären Rinde geht fast unvermittelt in das äusserst zartwandige Parenchym über, welches reichlich grosse Krystalldrusen führt, aber niemals sklerosirt. Armdicke Stämme mit 4 mm dicker Rinde sind noch mit papierdünnem Oberflächenperiderm bedeckt, Stämme von 70 cm Umfang haben schon starke Borke.

In den histologischen Einzelheiten stimmt auch diese Art mit den untersuchten überein[2]).

Lühea grandiflora Mart.

Zimmtbraune, 6 mm dicke Rindenstücke, mit grobrunzeliger Borke bedeckt, innen streifig, am Bruche langfaserig, am Querschnitte nur zarte radiale, helle Linien zeigend. In Brasilien „Azoito Cavallo"[3]).

Die fast millimeterdicke Korkhaut, zur Hälfte aus dünnwandigen, in der inneren Hälfte aus einseitig (innen) stark verdickten Tafelzellen bestehend, denen sich eine Phellodermschicht anschliesst, hat die Mittelrinde vollständig abgetrennt.

Der Bast zeigt nur stellenweise deutliche concentrische Schichtung durch die meist in einfachen oder doppelten Reihen, seltener in umfangreicheren Bündeln vereinigten Bastfasern; doch ist augenscheinlich die Unregelmässigkeit der Schichtenfolge zum grossen Theil als Trocknungsphänomen zu betrachten. Die Bastfasern sind meist über millimeterlang, dünn (0,02 mm), geradläufig, glatt, fein zugespitzt, in der Mitte etwa auf ein Drittel der Breite verdickt. Der Weichbast herrscht quantitativ vor. Er ist grosszellig, namentlich die Siebröhren fallen durch weites Lumen (0,045 mm) auf; sie tragen grosse, grobporige Siebplatten in leiterförmiger Anordnung.

Die Markstrahlen sind bis sechsreihig, ihre Zellen sehr häufig zu grossen (bis 0,25 mm) Schleimzellen umgewandelt, die mit anstossenden confluiren.

Kalkoxalat in Form grosser Rhomboeder findet sich mitunter in den einreihigen Markstrahlen und in spärlichen Kammerfasern als Begleiter der Bastbündel.

----

[1]) Vgl. u. A. de Bary, Vegetationsorgane p. 538.
[2]) Vgl. die Abbildung von *T. argentea* in de Bary, Vegetationsorgane p. 538.
[3]) Vgl. A. Vogl, Zeitschr. d. allgem. österr. Ap.-V. 1871 p. 10 (S. A.).

Guttiferae.

Aussenrinde. Die verschiedensten Formen der Peridermbildung sind vertreten. Es wird die Epidermis zum Initialmeristem (*Calophyllum*) oder die äusserste Zellenlage (*Tamarix, Cinnamodendron*) oder eine tiefe Schicht (*Camellia*) der primären Rinde. Frühzeitig entsteht das Periderm bei *Cinnamodendron*, häufig erst in der zweiten Vegetationsperiode oder noch später bei *Tamarix, Calophyllum, Camellia*. Es wird dünnwandig angelegt und alsbald sklerosirt die Innenseite der Korkzellen (*Camellia*) oder auf mehrere Schichten dünnwandiger und weitlichtiger Zellen folgt das Phelloderma in Form einer geschlossenen Steinkorkplatte (Fig. 92), deren cubische Zellen einseitig aber fast bis zur Obliterirung verdickt sind (*Clusiaceae, Canellaceae*), oder weder das Phelloderm noch das Periderm wird überhaupt sklerotisch (*Tamarix*). Borkebildung wurde bei *Calophyllum* beobachtet, wo die seicht eindringenden inneren Korkhäute der Sklerenchymschicht entbehren und bei *Tamarix*, wo sie mit den oberflächlichen völlig übereinstimmen.

Mittelrinde. Eine gemeinsame Eigenthümlichkeit der primären Rinde ist die geringe Entwicklung der hypodermatischen Collenchymschicht, wogegen häufig (*Ternstroemiaceae, Clusiaceae, Tamariscineae*) das gesammte Parenchym etwas derbwandig ist. Die Sklerosirung der primären Rinde unterbleibt gänzlich bei den *Canellaceen*, es treten nur vereinzelt Idioblasten auf bei *Camellia, Tamarix* und nur bei *Calophyllum* werden in älteren Internodien zwischen den primären Bastbündeln Steinzellen gebildet. Ein ausgezeichnetes Merkmal der *Clusiaceen* und *Canellaceen* sind die mit aromatischen Substanzen erfüllten Sekretbehälter. Bei den *Clusiaceen* sind sie schizogen, den Harzräumen der *Coniferen* ähnlich, bei den *Canellaceen* sind sie aus Erweiterung einzelner Parenchymzellen hervorgegangen. Die *Ternstroemiaceen* und *Tamariscineen* entbehren dieser Sekretbehälter. Kalkoxalatkrystalle wurden nur bei *Canella* und *Tamarix* vermisst; sie kommen in der Regel reichlich vor und zwar in Form grosser Einzelkrystalle (*Camellia, Calophyllum*) oder als Drusen (*Cinnamodendron*). Die primären Bastbündel sind umfangreich (*Tamarix*) oder sie enthalten nur wenige Fasern (*Camellia, Calophyllum, Cinnamodendron*).

Innenrinde. Die secundäre Rinde von *Camellia* und *Canella* besteht nur aus Weichbast; sie enthält isolirte Fasern oder schwache Bündel in regelloser Vertheilung (*Cinnamodendron*); sie ist durch gemischte Sklerenchymplatten alternirend gebändert (*Calophyllum*) oder endlich regelmässig concentrisch (Fig. 98) geschichtet (*Tamarix*). Die Sklerosirung des Bastparenchyms unterbleibt zumeist, nur im jüngeren Baste von *Calophyllum* ist sie ansehnlich und bei *Tamarix* entstehen vereinzelte Steinzellen. Die Bastfasern von *Tamarix* und *Calophyllum* haben typische Form, bei *Cinnamodendron* sind sie stabzellenartig (Fig. 93). — Der Weichbast ist derbwandig bei *Camellia*, in geringerem Grade bei *Calophyllum*, *Cinnamodendron*, *Tamarix*, weitlichtig und zartwandig bei *Canella*. Er enthält reichlich Oelzellen bei den *Canellaceen*, während in dem untersuchten *Calophyllum*baste Sekreträume fehlen. Die Parenchymzellen sind breit getüpfelt, mitunter conjugirend oder zerstreut porig; sie werden zu Stabzellen verdickt bei *Cinnamodendron* (Fig. 93) und (in Begleitung der Bastfaserbündel) bei *Tamarix*. Siebröhren bilden den Hauptbestandtheil des Bastes der *Canellaceen*, sonst sind sie dem Bastparenchym quantitativ untergeordnet. Bei *Camellia* und *Tamarix* haben ihre Glieder einfache Querplatten, bei *Calophyllum* mehrere breite Siebplatten an den entsprechend geneigten Endflächen und bei den *Canellaceen* bedecken die eng leiterförmigen Verdickungsleisten fast ganz die Markstrahlseite (Fig. 93). — Das Bastparenchym von *Camellia*, *Canella* und *Tamarix* führt keine Krystalle, Drusen bilden sich in *Cinnamodendron*, Einzelkrystalle in *Calophyllum*, übereinstimmend mit den Krystallformen der Mittelrinde. Eine Beziehung zwischen dem Auftreten des Kalkoxalates und der sklerotischen Elemente besteht bei *Calophyllum*, wo die Kammerfasern die Sklerenchymplatten einhüllen, sonst sind die Krystallschläuche regellos zerstreut.

Die Markstrahlen sind einreihig *(Canella, Camellia)*, zwei bis dreireihig *(Calophyllum, Cinnamodendron)*, oder vielreihig *(Tamarix)*, in borkefreien Rinden nach aussen ansehnlich verbreitert. Bei *Tamarix* und *Calophyllum* sklerosiren (Fig. 94) die zwischen Sklerenchym gelegenen Markstrahlzellen, aber nur bei der letzteren verschmelzen sie zu compacten Platten. Wo das Bastparenchym Krystalle führt, kommen dieselben Formen auch in den Markstrahlen vor; die letzteren sind die alleinigen Lagerstätten des Oxalates bei *Canella* (Drusen) und *Tamarix* (Rhomboeder).

Uebersicht der Gattungen nach Merkmalen des Bastes.
A. Die secundäre Rinde besteht nur aus Weichbast.
1. Weichbast und die einreihigen Markstrahlen sehr derbwandig; Siebröhren mit einfachen Querplatten; keine Krystalle: *Camellia.*
2. Weichbast grosszellig und dünnwandig; zahlreiche grosse Oelzellen; Siebröhren mit treppenförmig gereihten zahlreichen Siebplatten; Drusen in den Markstrahlen: *Canella.*
B. Bastfasern ohne oder mit spärlichen Stein- und Stabzellen.
1. Fasern mit kreisrundem Querschnitt lose zerstreut, darunter schlauchartig verdickte Parenchymzellen; Siebröhren fast ganz mit schmalen Siebplatten bedeckt; Oelzellen; reichlich Krystalldrusen: *Cinnamodendron.*
2. Dünne, grossflächige, alternirende Platten aus Bastfaserbündeln und schwach verdickten Steinzellen zusammengesetzt und von Kammerfasern umhüllt; Siebröhren mit mehreren Endplatten: *Calophyllum.*
3. Umfangreiche, nur durch die breiten (hier schwach sklerotischen) Markstrahlen getrennte, nach aussen convexe Bastfaserbündel mit wenigen Stabzellen, nicht von Krystallen begleitet; letztere auf die Markstrahlzellen beschränkt; Siebröhren mit einfachen Querplatten: *Tamarix.*

Ternstroemiaceae.

Camellia ist charakterisirt durch die tiefe Lage des Periderma, welches ausdauert und alle Zellen an der Innenseite sklerosirt, durch die grossen ästigen Steinzellen in der Mittelrinde, durch den Mangel jeder Art sklerotischer Elemente im Baste, durch das derbwandige, breitporige Parenchym, durch die einreihigen grosszelligen Markstrahlen, endlich durch das auf die Mittelrinde beschränkte Vorkommen von Kalkoxalat.

Camellia japonica L.

Das Periderm entsteht in zweijährigen Internodien innerhalb der primären Bastbündelzone[1]) und ist ausdauernd. An 15jährigen Stämmen besteht dieselbe aus 8 Reihen flacher, an der Innenseite sklerotischer Korkzellen, in der Gesammtbreite von 0,1 mm in kleinen Schuppen sich ablösend. Die primäre Rinde ist ziemlich gleichmässig derbwandig mit wenig entwickelter Collenchymschicht. Sie enthält einzelne grosse verästigte Steinzellen[2]), wie sie aus dem Mesophyll des Blattes bekannt sind, und führt zerstreut grosse Rhomboeder oder Verwachsungskrystalle. Die primären Bastfasern sind am Querschnitte rundlich, kaum auf ein Viertel der Breite verdickt und stehen in ein- oder zweifacher Reihe.

Die secundäre Rinde entbehrt der Bastfasern[3]) und des Sklerenchyms, nur in der Aussenschicht treten noch hie und da isodiametrische oder ästige Steinzellen auf. Der Weichbast ist kleinzellig, ungewöhnlich derbwandig und besteht vorzüglich aus axial gestreckten Parenchymzellen, die auf der Markstrahlseite mit einer Reihe breiter Poren besetzt sind. Sie sind niemals[4]) zu Krystallschläuchen umgewandelt. Die spärlichen Siebröhren haben einfache, feinporige Endplatten.

Die Markstrahlen sind immer einreihig, nach aussen verbreitert, die Zellen sind wesentlich grösser als das Bastparenchym, wie dieses derbwandig und oft höher als breit[5]).

Clusiaceae.

Das Periderm bildet sich an mehrjährigen Internodien aus der Epidermis und die angrenzenden Schichten sklerosiren einseitig (Fig. 92) wie bei den *Canellaceen*. Die inneren Periderme sind wie die oberflächlichen klein- und derbzellig, ohne Sklerenchymscheide (Phelloderma?). Die primäre Rinde ist durch schizogene Harzräume ausgezeichnet und führt grosse Einzelkrystalle. Die secundäre Rinde ist durch gemischte Sklerenchymplatten, welche von Kammerfasern allseitig umgeben sind, alternirend geschichtet. Im Weichbaste, welcher hauptsächlich aus breit getüpfelten Parenchymzellen besteht, finden sich nur ausnahmsweise isolirte Steinzellen oder Krystallschläuche. Die Siebröhren haben 1—3 (selten mehr)

---

[1]) Wie bei *Thea*. Vgl. Vesque, Anatom. comp. de l'écorce p. 113.
[2]) S. die Abbildg. in Sachs' Lehrb. p. 21.
[3]) Vgl. de Bary, Vgl. Anatomie der Vegetationsorgane p. 542.
[4]) Vgl. de Bary, l. c. p. 545.
[5]) Vgl. de Bary, l. c. p. 501.

grobporige Platten an den entsprechend geneigten Endflächen. — Die Markstrahlen sind am Querschnitte dem Weichbaste sehr ähnlich, ein- oder zweireihig, theilweise sklerotisch und krystallführend.

Calophyllum sp.

Erst im zweiten oder dritten Jahre wird durch das oberflächlich entstehende Periderma die ungewöhnlich derb cuticularisirte Oberhaut abgestossen. Diese selbst wird zum Phellogen und bildet zunächst gegen 12 Reihen kleine Tafelzellen, worauf erst die innersten Zellenlagen (Phelloderma?), anscheinend auch einzelne Zellen der primären Rinde an ihrer Innenseite stark verdickt und sklerotisch werden (vgl. Fig. 92). Die primäre Rinde entbehrt auch in jungen Internodien der Collenchymschicht, ist aber etwas derbwandig und führt reichlich grosse Einzelkrystalle. Frühzeitig entstehen auch schizogene Harzräume[1]) (bis 0,08 mm diam.) in grosser Zahl mit orangegelbem Inhalt. Die primären Bastfasern, sehr lang, 0,025 mm breit, fast vollständig verdickt und reichporig, sind bandartig, unterbrochen angelegt und zwischen ihnen sklerosiren einige Zellen, während die primäre Rinde sonst keine Steinzellen bildet.

Calophyllum Inophyllum L.

Zimmtbraune mit papierdünnem, fahlgrauem Korke bedeckte, harte, gegen 4 mm dicke Rinde, am Bruche grobsplitterig, am Querschnitte helle concentrische Linien zeigend, die von weit zarteren radialen Linien gekreuzt werden.

Das Periderm, bei einer Dicke von 0,1 mm aus etwa 15 Reihen kleiner, derber aber nicht sklerotischer Tafelzellen bestehend, hat die Mittelrinde bis zur Zone der primären Bastbündel abgetrennt. Die letzteren sind durch Sklerosirung des zwischenliegenden tangential gestreckten Parenchyms zu einem selten unterbrochenen Ring verbunden. In der Aussenschicht der secundären Rinde treten die Bastbündel nur spärlich auf, sind aber durch Steinzellen zu tangentialen Sklerenchymplatten verschmolzen. Nach innen nimmt die Sklerosirung des Bastparenchyms in dem Masse ab, als die Bastbündel reichlicher gebildet werden, bis die letzteren fast allein zu ausgedehnten, gegen 0,07 mm dicken, oft anastomosirenden Platten verbunden sind. Die Bastfasern erreichen kaum Millimeterlänge bei 0,02 mm Breite, sind starr, gestreckt, zugespitzt, sehr stark verdickt mit scharf abgegrenzten Schichten und zahlreichen Poren. Die Steinzellen behalten die Gestalt und Grösse der ursprünglichen Zellen. Die Sklerenchymplatten sind vollständig von Kammerfasern eingehüllt, welche Rhomboeder enthalten. Das Bastparenchym ist dünnwandig, an der Markstrahlseite sehr breit getüpfelt, mitunter conjugirend. Es führt sehr wenig Krystalle (Rhomboeder, seltener Drusen). Siebröhren kommen nur spärlich und zerstreut vor. Sie sind länger und etwas breiter als die Bastfasern, endigen stumpf und tragen eine oder mehrere grosse rundliche grobporige Siebplatten.

Die Markstrahlen sind meist ein- oder zweireihig, stellenweise verbreitert. Ihre Zellen sind cubisch, zwischen den Sklerenchymplatten regelmässig sklerotisch und hier auch Krystalle führend.

Canellaceae.

Das frühzeitig unmittelbar unter der Oberhaut entstehende Periderm ist dünnwandig, weitlichtig, das Phelloderma an der Innenseite mächtig verdickt (Fig. 92) und bei beiden Gattungen übereinstimmend. Die in der

---

[1]) Vgl. de Bary, Vegetationsorgane p. 465, 541.

Mittelrinde und im Baste aus einzelnen Parenchymzellen hervorgehenden
Sekretbehälter bleiben bei *Cinnamodendron* dünnwandig, verdicken ihre
Membranen bei *Canella;* erstere führt überdiess in allen Theilen der Rinde
Krystalldrusen, während diese bei *Canella* auf die Markstrahlen beschränkt
sind. Gemeinsame Merkmale sind weiters die ausdauernden Periderme, die
beträchtliche Verbreiterung der bei *Canella* einreihigen, bei *Cinnamodendron*
bis dreireihigen Markstrahlen nach aussen hin, die Schichtung des Weichbastes, der Bau der Siebröhren. *Canella* entbehrt der sklerotischen
Elemente im Baste überhaupt, während diese bei *Cinnamodendron* in Form
eigenthümlich walzenrunder Stabzellen (Fig. 93) vorkommen.

Canella alba Miers.

Leichte, aber harte und spröde, bis 4 mm dicke Rinde, aussen wachsgelb,
glatt mit zerstreuten Grübchen, innen hellgelb, sehr fein netzstreifig, am Bruche
feinkörnig, am Querschnitte dicht mit gelben Pünktchen gezeichnet, im Basttheile
zudem zart radial gestreift. „*Weisser Zimmt.*“ [1]

Das Periderm ist abgeschabt, das Phelloderma [2] zählt mehrere, bis sechs
Reihen cubischer Steinzellen (Fig. 92), deren Innenseite oft bis nahe zur
Verdrängung des Lumens verdickt, fein geschichtet und
von verzweigten Porenkanälen reichlich durchsetzt ist.
Die primäre Rinde ist kleinzellig, dünnwandig, oxalatfrei, enthält aber zahlreiche oft bis zur Berührung genäherte grosse, kugelige oder ellipsoide (bis 0,25 mm
diam.), etwas derbwandiger Oelzellen [3] mit intensiv
citronengelbem Inhalt.

Die secundäre Rinde besteht vorherrschend aus Siebröhren, welche in der trockenen Rinde zu tangentialen
Strängen geschrumpft sind. Sie sind langgliedrig und
enge (0,015 mm), tief in einander verschoben und mit
einer grossen Zahl sehr genäherter Siebplatten, die durch
schmale Verdickungsleisten getrennt sind, besetzt. Das

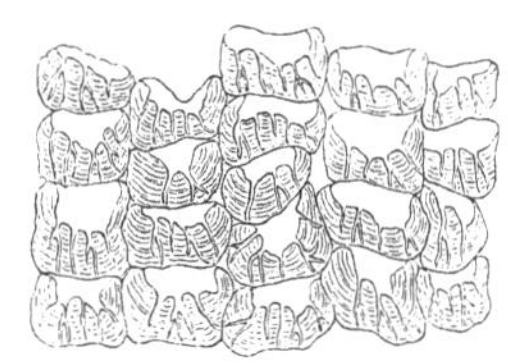

Fig. 92. *Canella alba* Miers.
Zellengruppe aus dem
Phelloderma im Quer-
schnitte (300).

kleinzellige, zartwandige Bastparenchym ist breit getüpfelt. Die zu Sekretbehältern erweiterten Zellen sind derbwandig, durchgehends kleiner als in der
Mittelrinde (0075 mm breit, 0,3 mm lang). Dem Baste fehlen sowol Bastfasern wie Steinzellen.

Die Markstrahlen sind einreihig, gegen die Mittelrinde ansehnlich verbreitert
und hier auch reichlich Oelzellen führend. Die Markstrahlzellen sind nicht gestreckt
und die ausschliesslichen [4] Träger von Kalkoxalat in Form grosser Drusen.

Cinnamodendron sp.

Die äusserste Zellenlage der primären Rinde bildet in sehr jungen Internodien
einige Reihen grosser, zartwandiger und cubischer Korkzellen, welche nach
aussen rückend zusammengedrückt werden. Die primäre Rinde entbehrt der
Collenchymschicht, ist überall ziemlich dünnwandig, zahlreiche isolirte Zellen

---

[1] Vgl. A. Vogl, Comm. zur österr. Pharmakopöe III. Aufl. p. 268; Bonnet, Essai
d'une monographie des Canellées. Paris 1876.

[2] Vgl. de Bary, Vegetationsorgane p. 565, 566.

[3] Vgl. de Bary, l. c. p. 152.

[4] Krystalldrusen werden auch in den Strängen angegeben. Vgl. de Bary, l. c. p. 545.

sind zu Sekretbehältern mässig ausgeweitet. Krystalldrusen vereinzelt. Die Sklerosirung unterbleibt auch zwischen den schwachen Bündeln primärer Bastfasern[1]).

Der vorliegende junge Bast besteht aus kleinzelligem Parenchym, in dem einige Zellen ausgeweitet und axial gestreckt sind, und aus tangentialen Siebröhrensträngen; er enthält keinerlei sklerotische Elemente. — Die einreihigen Markstrahlen führen Krystalldrusen.

Cinnamodendron corticosum Miers.

Harte und schwere, 6 mm dicke, aromatische Rindenstücke, aussen glatt ledergelb mit zerstreuten linsengrossen querelliptischen rostbraunen Narben, innen rothbraun feinstreifig. Die gelbe Aussenschicht der Rinde dringt unregelmässig zackig in die am Querschnitte homogen erscheinende Mittelrinde vor, die Baststrahlen sind nach innen verbreitert, sehr zart radial gestreift. „*Cortex Winteranus spurius.*"[2])

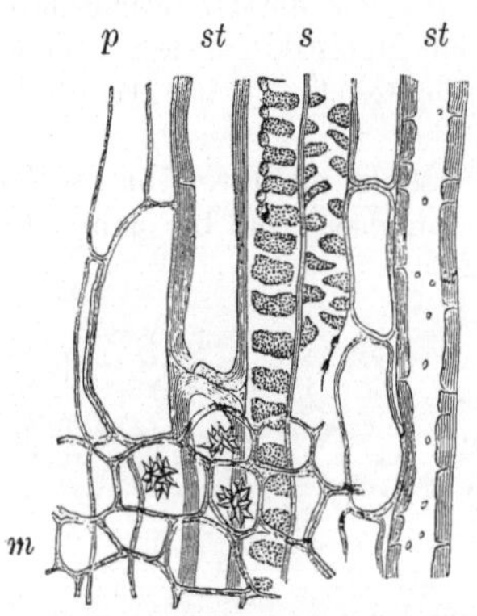

Fig. 93. *Cinnamodendron corticosum* Miers. Radialschnitt durch den Bast (300). *st* Stabzellen; *s* Siebröhren; *p* Bastparenchym mit einer Sekretzelle; *m* Markstrahl mit Krystalldrusen.

Das Periderm[3]) besteht aus verschieden mächtigen Lagen isodiametrischer (0,06 mm), an der Innenseite stark verdickter, von ästigen Porenkanälen durchzogener Korkzellen (Fig. 92). Die primäre Rinde ist ein tangential gestrecktes rothbraunes Parenchym mit zahlreich zerstreuten Krystalldrusen und erweiterten (0,15 mm) Oelzellen, deren Inhalt meist zu einem hellgelben Tropfen erstarrt ist.

In der secundären Rinde (Fig. 93) sind die Bastfasern unregelmässig und in sehr wechselnder Menge zerstreut. Sie sind nicht selten über millimeterlang, glatt und geradläufig, stumpf endigend, 0,02 mm breit bei sehr verschiedenem, oft weitem Lumen mit breiten Poren. Im Weichbast wechseln Siebröhrenschichten mit Parenchym. Die Zellen des letztern sind zum Theil derbwandig, stabzellenartig, oft gar nicht, oder durch etwas weiteres Lumen (0,03 m) geringere Verdickung und Porenarmuth von den Bastfasern[4]) am Querschnitte zu unterscheiden. Der grössere Theil des Bastparenchyms ist dünnwandig, axial gestreckt, einzelne Zellen zu Sekretbehältern mässig ausgeweitet (0,06 mm breit, 0,3 mm lang), zahlreiche Zellen führen Krystalldrusen. Die Siebröhren sind im Lumen den Parenchymzellen gleich, etwas derbwandiger, der ganzen Wand entlang mit treppenförmig angeordneten feinporigen Siebplatten besetzt.

Die Markstrahlen sind 1—3reihig, hie und da verbreitert. Ihre Zellen sind wenig gestreckt, dünnwandig, oft Drusen führend.

Tamariscineae.

Die Charaktere der untersuchten Art sind: Oberflächliche Anlage eines kleinzelligen, nicht sklerosirenden Periderma, welches in derselben

---

[1]) Es treten in der primären Rinde selbstständig Fibrovasalstränge auf.

[2]) Vgl. A. Vogl, Pharmakognostische Beiträge in Zeitschr. d. allg. österr. Apoth. V. 1868. p. 6 (S. A.) u. Comm. zur österr. Pharmakopöe III. Aufl. p. 269.

[3]) Vgl. de Bary, Vegetationsorgane p. 565.

[4]) Sie dürften eher als ausserordentlich lange Stabzellen bezeichnet werden.

Beschaffenheit spät in die Tiefe dringt; Mittelrinde ohne Sekret- und Krystallschläuche, mit sehr spärlicher Bildung vergrösserter, schwach verdickter Steinzellen; concentrische Schichtung des Bastes durch breite nach aussen convexe (Fig. 94) Bastfaserbündel mit spärlich beigesellten Stabzellen; Weichbast frei von Krystallen und Sekretbehältern, nur in der Jugend mit vereinzelten grossen Steinzellen; breite Markstrahlen, zwischen den Bastbündeln sklerosirend und hier Einzelkrystalle führend.

Tamarix gallica L.

Am Schlusse der ersten Vegetationsperiode oder erst im 2. Jahre bildet sich das Periderma unter der derb cuticularisirten Oberhaut aus kleinen weitlichtigen etwas derbwandigen Korkzellen, die nach aussen rückend abgeflacht werden. Das Oberflächenperiderm ist lange ausdauernd, besteht aber selbst an armdicken Stämmen nur aus wenigen Zellenreihen, mit Ausnahme der für die Rinde charakteristischen quergestellten kleinen Korkwarzen, in denen die Peridermbildung auch tiefer eindringt und deren Zellen zartwandig sind. Auch die inneren Periderme sind dünnwandig und wenig abgeflacht. Sie dringen ebenflächig ein und lösen flache, oft zwei bis drei Millimeter dicke Borkeschuppen ab. In derselben Mächtigkeit bleibt die am Querschnitte eine quadratische Felderung zeigende Rinde lebend erhalten.

Die primäre Rinde besitzt keine Collenchymschicht, ist aber in allen Theilen etwas derbwandig mit einzelnen vergrösserten Steinzellen, frei von Krystallen. Sie wird durch Phelloderma verstärkt, welches nicht sklerosirt. Die primären Bastbündel sind sehr umfangreich, bei ihrer Entstehung sich gegenseitig berührend. Die in Folge des Dickenwachsthums zwischen ihnen auftretenden und sich verbreiternden Lücken werden niemals durch Steinzellen ausgefüllt.

Auch in der secundären Rinde treten die Bastfasern in massigen, nach aussen convexen Strängen auf, welche die ganze Breite des Baststrahles einnehmen und tangential gereiht sind (Fig. 94). Die Bastfasern sind kurz (bis 0,5 mm), krumm, zugespitzt, in der Mitte gegen 0,015 mm breit und weitlichtig, oft von schwach verdickten Stabzellen begleitet. Das Bastparenchym ist kleinzellig, etwas derbwandig, axial gestreckt; ab und zu bilden sich grosse unregelmässig gestaltete schwach verdickte Steinzellen im jungen Baste. Die Siebröhren kommen strangweise vor, sie sind kurz und enggliedrig, mit wenig geneigten, einfachen Endplatten, die mit dickem Callus bedeckt sind.

Die Markstrahlen verbreitern sich nach aussen, sind aber auch im Baste

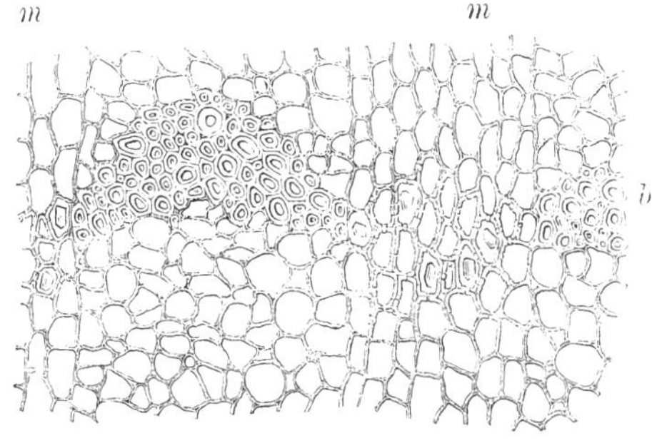

Fig. 94. *Tamarix gallica* L. Querschnitt durch den Bast (300). *b* Bastfaserbündel; *m* breite Markstrahlen, zwischen den Faserbündeln schwach sklerotisch und vereinzelte Rhomboeder führend.

bis zehnreihig, so breit wie die Baststrahlen. Die wenig gestreckten, oft cubischen Zellen sklerosiren zwischen den Bastfaserbündeln in geringem Grade (Fig. 94) und führen hier rhomboedrische Einzelkrystalle.

Hesperides.

Aussenrinde. In allen untersuchten Fällen ist es die äusserste Zellenlage der primären Rinde, welche zum Phellogen wird, frühzeitig bei den *Meliaceen* und bei *Cedrela*, an mehrjährigen Internodien bei *Citrus*. Das dünnwandig und weitlichtig angelegte Periderm wird flachzellig bei *Cedrela, Trichilia, Carapa*, schichtenweise abgeflacht bei *Citrus*. Die letztere beharrt zeitlebens bei Oberflächenperiderm, die *Cedrelaceen* und *Melia* bilden Borke, bei den anderen *Meliaceen* fehlte es an hinreichend alten Rindenproben um die Frage zu entscheiden. Die inneren Korkhäute bestehen aus dünnwandigen Zellen (*Swietenia, Melia, Cedrela*) oder die Innenschicht derselben wird zu einseitig sklerotischen Tafelzellen umgewandelt (*Khaya, Soymida*). In dem ausdauernden Periderm von *Citrus* werden einzelne Zellen der weitlichtigen Schichten gleichmässig schwach sklerotisch.

Mittelrinde. Die primäre Rinde besitzt in den meisten Fällen gar kein Collenchym, oder die Mittelschichten sind derbwandiger als die äusseren (*Citrus, Trichilia*). Sie bildet keine Steinzellen, bei *Carapa Cedrela, Trichilia* (in jungen Internodien); sie sklerosirt in regellos zerstreuten Gruppen bei *Citrus, Guarea*, wobei die Zellen sich mässig vergrössern und theilweise knorrige Formen annehmen. Die Steinzellen bilden sich unabhängig von den primären Faserbündeln. Sehr wahrscheinlich sklerosirt auch die Mittelrinde von *Melia* und von *Khaya*, der einzigen Art, welche im Baste selbstständig umfangreiche Steinzellenklumpen bildet (s. Note [1]) p. 258). Die Mittelrinde führt immer reichlich Kalkoxalat: Drusen (*Cedrela, Carapa*), klinorhombische Einzelkrystalle (*Citrus*) oder beiderlei Formen (*Guarea, Trichilia*). Lysigene Oelräume kommen bei *Citrus* nur in der primären Rinde, nicht hysterogen im Phelloderma vor.

Innenrinde. Die concentrische Schichtung des Bastes durch regelmässig wechselnde Bildung von Weichbast und Bastfasergruppen, welche, wenigstens in älteren Rinden, die ganze Breite des Baststrahles einnehmen, ist allen Gattungen gemeinsam. Die Krystallvertheilung ist unabhängig von den sklerotischen Elementen bei den *Cedrelaceen* und bei *Carapa* (vgl. p. 261); bei *Melia* und *Citrus* sind die Bastfaserbündel von Kammerfasern umgeben, meist sogar vollständig eingehüllt. Die Faserbündel sind locker (*Carapa, Khaya, Swietenia*) oder dicht gefügt (*Citrus, Melia, Cedrela*) und an den tangentialen Seiten geebnet, in der Breite wenig wechselnd und zumeist von den Weichbastschichten an Breite (radial) mehrfach übertroffen. In den letzteren sind die Parenchymschichten von einer oder mehreren tangentialen Siebröhrensträngen durchzogen, nur bei *Swietenia* wurden spärlich vertheilte Siebröhren bemerkt. Die Parenchymzellen haben allgemein geringe axiale Streckung, dünne

Membranen mit breiten Tüpfeln und hie und da conjugirenden Ausstülpungen. Ungewöhnlich derbwandiges Parenchym charakterisirt *Citrus* (wie *Camellia*); *Khaya* allein bildet grosse, eigenthümliche Steinzellen (Fig. 97), bei *Melia* werden die die Bastfasern umhüllenden Kammer- und Parenchymfasern schwach sklerotisch. Die Siebröhren sind im Baue nahe übereinstimmend, wenig weitgliederiger als das Bastparenchym, mit horizontalen oder mässig geneigten Endflächen, auf denen einfache oder mehrere (bis fünf) durch schmale Leitersprossen getrennte grosse, rundliche, grobporige Siebplatten sitzen. Dagegen sind die Bastfasern durch zwei charakteristische Typen vertreten. Kurze, spitzendige, fast vollständig verdickte, starre Fasern haben *Citrus*, *Melia*, *Cedrela*; lange, weitlichtige, geschmeidige Fasern *Carapa*, *Swietenia* und *Khaya*; Uebergangsformen *Soymida*. — Das Kalkoxalat kommt im Baste von *Citrus* und *Melia* in gut ausgebildeten rhomboedrischen Einzelkrystallen vor, bei *Carapa* und den *Cedrelaceen* auch in Drusen. Kammerfasern und isolirte Krystallschläuche sind auch im Weichbaste — ausser bei *Melia* — zerstreut. — Die Sekretzellen bei *Swietenia* verdienen besonders hervorgehoben zu werden.

Die Markstrahlen sind meist drei- bis fünfreihig. Ihre Zellen sind radial gestreckt, auch zwischen Faserplatten in der Regel dünnwandig, spärlich dieselben Krystalle führend wie das Bastparenchym.

Uebersicht der Gattungen nach Merkmalen des Bastes.

1. Bastfasern kurz, starr mit sehr engem Lumen, dicht gebündelt, immer von Kammerfasern begleitet.
    a. Weichbast derbwandig mit breiten Siebröhrenschichten; im jungen Baste auch Steinzellengruppen; Periderm ausdauernd: *Citrus*.
    b. Weichbast dünnwandig, auch Krystalldrusen führend; Sklerosirung unterbleibt vollständig, auch in den Korkhäuten; Bastfasern sehr dick; *Cedrela*.
    c. Die Bastfaserbänder von schwach sklerosirten Kammer- und Parenchymfasern umhüllt; Bastparenchym krystallfrei: *Melia*.
2. Bastfasern lang, geschmeidig.
    a. Bastbündel lose in unterbrochenen tangentialen Reihen, frei von Kammerfasern; Drusen im Weichbaste: *Carapa*.
    b. Bastbündel von Kammerfasern begleitet.
        α. Bastfasern weitlichtig, schlauchartig; Einzelkrystalle; Periderm dünnwandig: *Swietenia*.
        β. Bastfasern verschieden verdickt; Drusen; Periderm sklerotisch: *Soymida*.
    c. Ausser den Bastfaserbändern grosse Sklerenchymklumpen; Periderm zum Theil sklerotisch: *Khaya*.

Aurantiaceae.

Ein charakteristisches Merkmal der Gattung *Citrus* ist der derbwandige Weichbast und die dünnwandigen Markstrahlen (Fig. 95). Das Periderm bildet sich erst nach mehreren Jahren aus der äussersten Zellenlage der primären Rinde, welche des Collenchyms entbehrt, reichlich

Einzelkrystalle führt und frühzeitig lysigene Oelräume bildet. Die Periderme erneuern sich, ohne in die Tiefe zu dringen, sind aus weitlichtigen und zusammengedrückten Zellen geschichtet, zartwandig mit vereinzelten gleichmässig sklerosirten Korkzellen. In der Mittelrinde bilden sich isolirte Gruppen stark verdickter Steinzellen und die Sklerosirung ergreift auch die äusseren Lagen des Bastparenchyms. In der älteren secundären Rinde dagegen werden keine Steinzellen angetroffen. Die Bildung der Bastfasern [1]) nimmt mit dem Alter des Stammes immer mehr zu, bis sie zu compacten, alternirend geschichteten Platten verschmelzen, die in radialer Richtung nur wenige Fasern zählen, aber ansehnliche Flächenausdehnung erreichen. Die zwischengelagerten Weichbastschichten sind immer wesentlich breiter und selbst wieder geschichtet. Die Bastfasern sind durch ihre gedrungene, knorrige Form, die Parenchymzellen durch breite Tüpfel, die Siebröhren durch meist horizontale Endplatten, alle Elemente durch stark verdickte Membranen ausgezeichnet. Kammerfasern mit verschieden gestalteten grossen Einzelkrystallen sind sehr reichlich im Weichbaste entwickelt und begleiten, umhüllen aber nicht die Bastfaserbündel. Die Markstrahlen sind breit, zartwandig, oft von den Bastfaserplatten zusammengedrückt, aber sehr selten sklerosirend. Hie und da führen sie dieselben Krystallformen, die der Rinde überhaupt eigenthümlich sind.

Citrus Limonum DC.

Die an die Oberhaut grenzende primäre Rinde ist dünnwandig und wird nach innen allmälig etwas derbwandiger. Es entstehen in ihr frühzeitig lysigene Oelräume [2]), welche bei dem Durchmesser von 0,1 mm fast die ganze Rindenbreite junger Internodien einnehmen. Zerstreute Krystallschläuche führen Rhomboeder. Nach mehreren Jahren, etwa gleichzeitig mit der Peridermbildung, beginnen einzelne Zellengruppen, ausserhalb der primären Bastfaserzonen, zu sklerosiren; die Zellen werden dabei nur wenig vergrössert, mitunter knorrig, ästig, sehr stark verdickt, zart geschichtet und von breiten verästigten Poren durchzogen. Später sklerosiren auch Gruppen der Aussenschichte des Bastes, doch kommt es niemals zur Bildung eines Sklerenchymringes. Die stark cuticularisirte Oberhaut dauert sehr lange aus, man findet sie theilweise noch an zwölf- selbst fünfzehnjährigen Stämmen. Unmittelbar unter ihr bildet sich ein kleinzelliges, sehr zartwandiges und weitlichtiges Periderma, dessen äussere Schichten bald zusammengedrückt und abgestossen werden. Es wird keine Borke gebildet. Stämme von 30 cm im Durchmesser sind von papierdünnem Periderm bedeckt, in welchem Schichten abgeplatteter mit cubischen, selbst radial gestreckten Zellen abwechseln. Einzelne oder kleine Gruppen der letzteren werden allseitig gleichmässig schwach sklerotisch. Das Phelloderma verhält sich wie die primäre Rinde, es führt reichlich rhomboedrische Einzelkrystalle und zerstreute, rundliche Gruppen werden zu Steinzellen.

Mehrere Jahre hindurch besteht die secundäre Rinde nur aus derbwandigem Weichbast mit spärlichen Kammerfasern. Zunächst treten zerstreute Bastfasern auf,

---

[1]) Vielleicht sklerotische Parenchymfasern, wofür nicht so sehr ihre Form als ihr verspätetes Auftreten und auch wol der Umstand spricht, dass sie von den Siebröhrengliedern an Länge übertroffen werden.

[1]) Vgl. de Bary, Vegetationsorgane p. 217.

die sich allmälig zu rundlichen Bündeln und tangential gestreckten Platten vereinigen[1]). Die Bastfasern sind kaum 0,5 mm lang, kurz zugespitzt, oft krumm oder
knorrig, 0,03 mm dick, fast ohne Lumen.

Der Weichbast ist quantitativ bedeutend überwiegend und in diesem wieder
Siebröhren, welche breite tangentiale Stränge bilden, zwischen denen spärliche Reihen
Parenchym liegen (Fig. 95). Die Parenchymzellen sind ausserordentlich derbwandig und breitporig, am Sehnenschnitt mit rosenkranzartiger Membran. Sie sind
zum grossen Theil in Kammerfasern verwandelt, welche ausschliesslich Einzelkrystalle enthalten und ebensowol die Bastbündel begleiten als im Weichbaste
zerstreut vorkommen. Die Siebröhren sind länger als die Bastfasern, etwa ebenso breit
und breiter als das Bastparenchym. Ihre
Endflächen sind sehr häufig horizontal mit
einfachen grobporigen, callösen Endplatten,
seltener geneigt mit mehreren leiterförmig angeordneten Siebplatten.

Die Markstrahlen sind bis vierreihig,
ihre Zellen dünnwandig, nur ausnahmsweise
zwischen den Faserbündeln sklerotisch
und krystallführend.

Citrus Aurantium Lin.

Die Rinde eines sehr alten Stammes zeigt
alle wesentlichen Charaktere der vorigen Art;
bemerkenswerth ist nur die regelmässigere
Bänderung des Bastes (Fig. 95) durch die
meist nur durch die Markstrahlen unterbrochenen Bastfasergruppen.

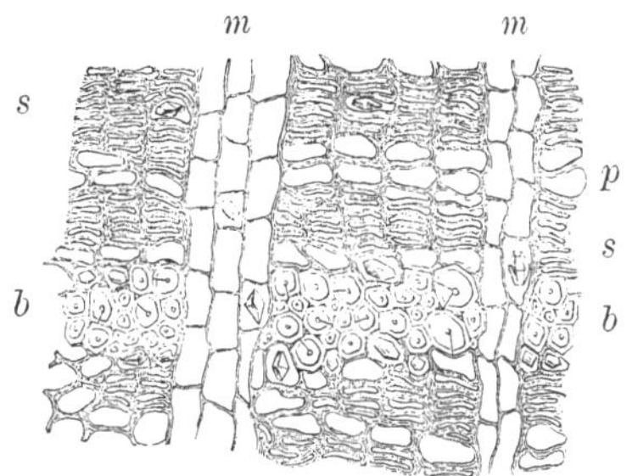

Fig. 95. *Citrus Aurantium* L. Querschnitt
durch die secundäre Rinde eines alten
Stammes (300). *b* Bastfaserplatte von
krystallführendem Parenchym umgeben;
s Siebröhrenschichten; *p* Parenchymschichten; *m* Markstrahlen.

Meliaceae.

Das Periderm geht frühzeitig aus der äussersten Zellenlage der
primären Rinde hervor und besteht aus dünnwandigen *(Trichilia, Guarea)*
oder etwas derben *(Carapa)*, aber nicht sklerotischen Zellen. Die primäre
Rinde hat kein oder sehr schwaches hypodermatisches Collenchym, ist übrigens
dünnwandig (bei *Carapa* derber), und führt reichlich Krystallschläuche,
die Drusen *(Carapa)*, vorherrschend Einzelkrystalle *(Guarea)* oder beide Formen
(Trichilia) enthalten. *Trichilia* und *Carapa* sklerosiren nicht, *Guarea* bildet
kleine Gruppen unregelmässig gestalteter und mässig verdickter Steinzellen.
Die primären Bastfasern treten bei *Carapa* in umfangreichen Bündeln, bei *Guarea*
und *Trichilia* in schmalen Bändern auf, welche bald aus einander gedrängt
werden. Die bisher erwähnten Gattungen wurden nur in jungen Rinden
untersucht und hatten nur Oberflächenperiderme gebildet. *Melia* lag in einem
sehr alten, von Borke bedeckten Rindenmuster vor. Die inneren Korkhäute
sind klein- und zartzellig von geringer Mächtigkeit.

Trotz des unzureichenden Untersuchungsmaterials sind die verschiedenen
Typen der secundären Rinde erkennbar. Der junge Bast von *Trichilia* ent-

---

[1]) Vgl. Vesque, Anat. comp. de l'écorce p. 100.

hält keine Fasern. In *Carapa* sind lose Faserbündel tangential geschichtet und von ihnen unabhängig Krystallschläuche mit Drusen im Weichbast, dessen Parenchym niemals sklerosirt. *Guarea* und *Melia* entwickeln geschlossene Bastfaserbänder, welche von Kammerfasern umgeben sind. Bei *Melia* sklerosiren die den Bastfaserbündeln unmittelbar anliegenden Kammer- und Parenchymfasern theilweise, während die Rinde sonst frei von Steinzellen ist. Die Bastfasern von *Melia* sind starr und kurz, von *Carapa* sehr lang und geschmeidig. In den breiten Weichbastschichten wechseln grobporige Parenchymzellen mit Siebröhrensträngen, deren Elemente in dem geschrumpften Zustande eben noch die Plattensysteme erkennen lassen. — Die Markstrahlen sind breit, dünnwandig wie das Bastparenchym; frei von Kalkoxalat bei *Melia*, spärlich Drusen führend bei *Carapa*.

Melia Azederach L.

Die Rinde eines 30 cm im Durchmesser haltenden Stammes ist über Centimeter dick und besteht zum grösseren Theile aus flachmuscheligen Borkeschuppen, die innig an einander haften. Der Bruch ist blättrig faserig, am Querschnitte treten die Markstrahlen deutlicher hervor als die tangentiale Bänderung.

Dünne, aus höchstens 15 Reihen zartwandiger Tafelzellen gebildete Korkhäute, welche breitflächig und wellig in den Bast vorgedrungen sind, haben die Mittelrinde vollständig abgetrennt. Die secundäre Rinde ist durch dünne Bastfaserplatten concentrisch geschichtet. Die Bastfasern sind meist unter 1 mm lang, zugespitzt, 0,02 mm breit, völlig verdickt, in den Bündeln dicht gefügt und von Kammerfasern, die einzelne Rhomboeder enthalten, umgeben. Die Weichbastschichten sind bedeutend breiter und durch tangentiale Siebröhrenstränge abgetheilt. Das Bastparenchym ist dünnwandig, breitporig, mitunter conjugirend. Die Kammerfasern, welche bloss als Umhüllung der Bastfaserplatten auftreten, und die den letzteren unmittelbar anliegenden Parenchymfasern, bestehen zum überwiegenden Theile aus schwach sklerotischen Zellen. Die Siebröhren sind sehr stark geschrumpft, ihr feinerer Bau schwer erkennbar. Ihre Glieder sind 0,03 mm breit mit mehreren breiten und grobporigen Siebplatten an den Endflächen.

Die Markstrahlen sind häufig fünf- bis sechsreihig aus stets dünnwandigen, breiten und radial gestreckten Zellen, die keine Krystalle einschliessen, zusammengesetzt.

Trichilia sp.

Die Oberhaut, welche einen äusserst zarten Cuticularüberzug besitzt, trägt derbe, nur an der Basis ein enges Lumen zeigende, einzellige Haare. Die primäre Rinde ist dünnwandig, die äusserste Zellenlage derselben bildet frühzeitig ein ungemein zartzelliges Periderm, das alsbald zu einer braunen Lamelle zusammengedrückt wird. In den vorliegenden zweijährigen Trieben hatte die primäre Rinde keine Steinzellen gebildet, zahlreiche Zellen enthalten Krystalldrusen, hie und da auch Einzelkrystalle. Der Bast besteht nur aus Parenchym mit Kammerfasern und zarten Siebröhrensträngen.

Guarea velutina Juss.

Die schwach cuticularisirte, mit fast vollständig verdickten einzelligen Haaren besetzte Oberhaut ist hinfällig, da sich frühzeitig unmittelbar unter ihr ein grosszelliges zartwandiges Periderma aus acht und mehr Reihen entwickelt.

Die primäre Rinde ist dünnwandig mit kaum angedeuteter Collenchymschicht. Zerstreute Gruppen werden frühzeitig bei Vergrösserung der Zellen und Anpassung in die Intercellularräume sklerotisch und in ihrer Umgebung treten zuerst Krystallschläuche auf. In älteren Internodien einjähriger Triebe findet man schon allenthalben zerstreut die grossen unregelmässig ausgebildeten Krystalle oft in zwei- bis vierkammerigen Schläuchen. Die primären Bastfasern treten in Form eines schmalen geschlossenen Bandes auf, welches aber bald gesprengt wird, ohne dass die Lücken durch Sklerenchym geschlossen würden. Der junge Bast enthält bereits eine einfache, geschlossene Reihe Bastfasern, die völlig von Krystallkammerfasern umhüllt sind [1]).

Carapa guyanensis Aubl. *(Xylocarpus Carapa Spr.)*

Die Rinde eines armdicken Stammes ist gegen 2 mm dick, von dünnem (0,1 mm) Periderm bedeckt, welches gegen zehn Reihen mässig flacher, etwas derbwandiger, aber nicht sklerotischer Zellen zählt. Die primäre Rinde ist ziemlich grosszellig, etwas derb und führt reichlich grosse Krystalldrusen. Die Bastbündel sind umfangreich, die Fasern denen der secundären Rinde gleich.

In der secundären Rinde sind schwache Bastbündel zerstreut oder beiläufig tangential gereiht, nie von Krystallen begleitet. Die Bastfasern sind lang und dünn (0,02 mm), glatt und geschmeidig, stark verdickt, mehrschichtig, porenarm, lose neben einander gelagert. Das Parenchym ist dünnwandig, zerstreutporig, hie und da zu Drusen führenden Schläuchen oder kurzen Kammerfasern verwandelt. Steinzellen fehlen. Die Siebröhren erscheinen als braune Stränge, welche in vorherrschend tangentialer Richtung den Weichbast durchziehen; ihre stark geneigten Endflächen tragen mehrere callöse Siebplatten. — Die Markstrahlen zählen bis vier Reihen radial gestreckter, breiter, dünnwandiger, mitunter Drusen führender Zellen.

Die Rinde besitzt keine histologische Verwandtschaft mit *Melia*. Die tiefgreifende Borkenbildung, die concentrische Schichtung der festgefügten Bastfaserbündel, welche von Einzelkrystallen allseitig umgeben sind, die Starrheit der Bastfasern und die Sklerosirung der ihnen unmittelbar anliegenden Parenchymzellen sind wesentlich unterscheidende Merkmale von *Carapa*, deren Periderm ausdauert, deren unverholzte, schlauchartige Bastfasern locker gebündelt sind, die in allen Rindentheilen nur Drusen, die keinerlei Steinzellen bildet. Ich halte die Ableitung der *Carapa* rinde für zweifelhaft.

Cedrelaceae.

Aus der äussersten Zellenlage der collenchymfreien, dünnwandigen primären Rinde entsteht frühzeitig das Periderma *(Cedrela)*. Alle untersuchten Arten bilden auch Borke. Die inneren Korkhäute bestehen bei *Swietenia* und *Cedrela* nur aus dünnwandigen Zellen, bei *Soymida* und *Khaya* aus einer äusseren dünnwandigen und einer inneren einseitig sklerosirten Schicht. Die Mittelrinde bildet keine Steinzellen bei *Soymida* und *Cedrela*, wo auch das Bastparenchym nicht sklerosirt. Sie führt reichlich Kalkoxalat in Form grosser Drusen.

---

[1]) Vgl. *Guarea trichilioides* bei J. Moeller, Pflanzenrohstoffe p. 44.

Der Bast von *Khaya* ist durch umfangreiche Sklerosirung ausgezeichnet, während die anderen Gattungen gar keine Steinzellen bilden. Die Bastfaserbündel nehmen bei geringer Dicke die ganze Breite des Baststrahles ein und sind regelmässig tangential geordnet. Charakteristische Unterschiede ergeben sich aus dem Baue der Bastfasern. *Swietenia* und *Khaya* (Fig. 97) haben lange, dünne, nicht verholzte, schlauchartig geschmeidige, *Cedrela* kurze, breite, vollständig verdickte und *Soymida* Fasern beiderlei Art in allen Uebergängen. Die Faserbündel sind von Kammerfasern begleitet, welche rhomboedrische Einzelkrystalle *(Swietenia, Cedrela)* oder Drusen *(Soymida)* oder beide Formen *(Khaya)* enthalten. Das Vorkommen des Kalkoxalates ist jedoch keineswegs auf die die Bastbänder begleitenden Kammerfasern beschränkt, vielmehr sind Krystallschläuche allenthalben im Weichbaste, besonders reichlich in *Khaya*, zerstreut, wo vielleicht die Sklerosirung in ursächlichem Zusammenhang mit der reichlichen Ablagerung des Salzes steht. Bemerkenswerth ist, dass im jungen Baste von *Cedrela* Drusen, wie in der Mittelrinde, vorkommen, die Umkrystallisation demnach mit der massenhafteren Bildung von Bastfasern einzutreten scheint. Dass die letztere aber nicht nothwendig eine bessere Ausbildung der Krystalle herbeiführt, beweist *Soymida*, wo die Kammerfasern immer Drusen enthalten. — Die Weichbastschichten haben verschiedene, mitunter sehr geringe *(Soymida)* Breite. Meist sind sie wesentlich breiter als die Bastfaserbänder und durch mehrere Lagen Siebröhren geschichtet. Auffallend arm an Siebröhren ist *Swietenia*. Das Bastparenchym ist durchaus *(Khaya* ausgenommen*)* dünnwandig mit geringer axialer Streckung, mitunter conjugirend. Eine Eigenthümlichkeit von *Swietenia* sind die in ziemlich grosser Menge zu tonnenförmigen Sekretschläuchen erweiterten Zellen mit stark lichtbrechendem, körnigem, gelbem Inhalt. Auch bei den anderen Gattungen scheinen specifische Sekretzellen gebildet zu werden, doch erscheinen sie in dem trockenen Material weder in Form noch Inhalt von dem Bastparenchym sicher unterscheidbar. Die Steinzellen (Fig. 77) von *Khaya* sind bedeutend vergrössert, weniger in der Form verändert, fein, oft in zwei oder drei Absätzen geschichtet und von ungewöhnlich zahlreichen und feinen Poren durchsetzt. Die Siebröhren (Fig. 96) sind etwas weitlichtiger als das Parenchym und tragen an den horizontalen oder entsprechend geneigten Endflächen eine oder mehrere (bis sechs) rundliche, grobporige Siebplatten.

Die Markstrahlen sind mit freiem Auge kenntlich, bei *Cedrela* meist dreireihig, bei *Soymida* und *Khaya* bis fünfreihig, bei *Swietenia* noch breiter. Ihre Zellen sind immer, auch bei *Khaya*, zartwandig, radial gestreckt und führen hie und da dieselben Krystallformen wie das Bastparenchym.

Swietenia Mahagoni L.

Zimmtbraune, 4 mm dicke Rinde, mit schwammigem, zunderartigem Kork bedeckt, innen feinstreifig, am Bruche lang- und weichblättrig bis splittrig, am Querschnitt sehr zart gefeldert.

Das Periderm von der Dicke eines Kartenblattes besteht nur aus d ü n n w a n d i g e n c u b i s c h e n Korkzellen. Die Mittelrinde ist vollständig abgestossen. Im Baste w e c h s e l n s e h r r e g e l m ä s s i g Bastfaser- mit nahezu gleich breiten Weichbastschichten. S t e i n z e l l e n f e h l e n. Die Bastfasern sind sehr lang, fein gespitzt, glattwandig, 0,035 mm breit, weitlichtig, schlauchartig. Sie sind reichlich v o n K a m m e r f a s e r n b e g l e i t e t, welche ausschliesslich rhomboedrische E i n z e l k r y s t a l l e enthalten. Im Weichbaste kommen Krystallschläuche spärlich vor. Die Parenchymzellen sind sehr dünnwandig, nicht selten conjugirt, einzelne zu S e k r e t s c h l ä u c h e n auf das doppelte Volumen ausgeweitet. Die Siebröhren (Fig. 96) sind 0,04 mm weit, mit einfachen horizontalen bis stark geneigten Endflächen, die mehrere grosse grobporige Siebplatten tragen.

Die Markstrahlen zählen bis sechs Reihen dünnwandiger, mitunter Krystalle führender Zellen.

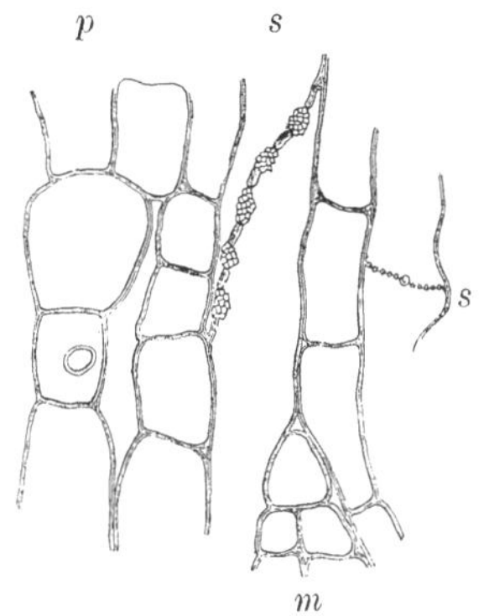

Fig. 96. *Swietenia Mahagoni* L. Sehnenschnitt durch den Weichbast (300). *p* Bastparenchym; *s* Siebröhren; *m* Markstrahl.

Khaya senegalensis Juss. *(Swietenia senegalensis DC.)*

Eine 14 mm dicke, mit grobrissiger Borke bedeckte Rinde, innen zimmtbraun beinahe glatt, am Bruche grobkörnig, am Querschnitt mit hellen Punkten, Flecken und Linien unregelmässig gezeichnet, im inneren Theile sehr fein concentrisch geschichtet mit breiten tangentialen Linien und spärlichen Punkten. „*Cortex Swieteniae*" [1]), „*Cail Cedra*".

Die Korkhäute enthalten bei einer Dicke von 0,4 mm gegen 15 Reihen grösstentheils cubischer und dünnwandiger Zellen, indem nur die innersten Reihen etwas abgeflacht und an der Innenseite stärker verdickt sind. Die durch dieselben abgetrennten Borkeschuppen sind grossflächig und mehrere Millimeter dick; sie dringen nicht tief ein, die Rinde bleibt auf Centimeterdicke lebend erhalten. Sie besteht in den vorliegenden Mustern nur aus dem Basttheil, der in den äusseren Lagen nur spärliche Bastfasern, aber massige axial über einander gelagerte S t e i n z e l l e n k l u m p e n enthält.

In den inneren Lagen sind die Bastfaserbündel tangential geschichtet (Fig. 97), die Sklerosirung des Bastparenchyms ist weniger ausgedehnt, Steinzellenklumpen treten nur vereinzelt auf und bilden ab und zu eine tangentiale Platte. Der Weichbast ist kleinzellig und dünnwandig, die Siebröhren in ihm sind zu tangentialen Strängen geschrumpft. Die Steinzellen sind mächtig vergrössert (bis 0,3 mm), verschieden, aber nicht allzu barock gestaltet, stark, aber selten vollständig verdickt, sehr zart geschichtet und dicht von feinen verästigten Poren durchzogen. Die Bastfasern sind lang und dünn (0,02 mm), schwach verdickt, schlauchartig, glatt und geschmeidig in Bündeln lose neben einander gelagert.

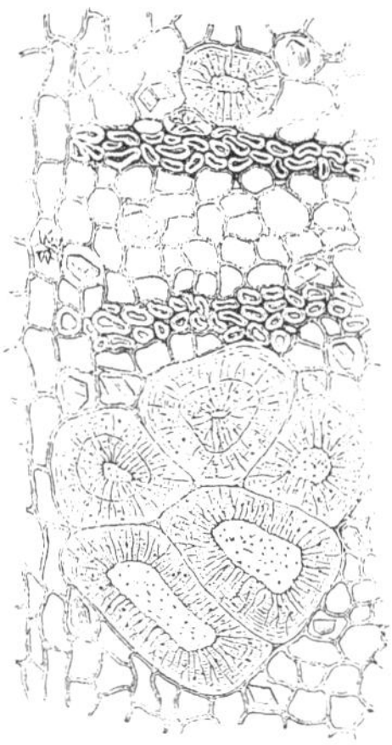

Fig 97. *Khaya senegalensis* Juss. Querschnitt durch den Bast (300). *b* Bündel geschmeidiger Bastfasern; *st* Steinzellengruppe; *m* Markstrahl.

[1]) A. V o g l, Zeitschr. d. allg. österr. Ap. V. 1871, No. 30 ff., p. 12 S.-A.

Sie sind wie die Sklerenchymklumpen ab und zu von Kammerfasern begleitet, doch führt auch das Bastparenchym reichlich grosse rhomboedrische Krystalle und Drusen. Die Siebröhren haben schwach geneigte, mit dickem Callus bedeckte Endflächen.

Die Markstrahlen sind bis fünfreihig, stets zartzellig, hie und da krystallführend.

Soymida febrifuga Juss. *(Swietenia senegalensis Rxb.)*

Zimmtbraune, bei 3 mm dicke, mit papierdünner Borke bedeckte Rinde, am Bruche grobfaserig, am Querschnitte nur unter der Lupe die feine Bänderung und einzelne helle radiale Linien zeigend. „*Cortex Soymidae.*" [1])

Die Korkhaut enthält bei einer Dicke von 0,15 mm gegen 10 Reihen breit tafelförmiger, an der Innenseite stark verdickter Korkzellen, denen sich eine etwa ebenso breite Schicht nicht sklerotischer Tafelzellen anschliesst. Ein Theil der Mittelrinde, ein tangential gestrecktes, stark geschrumpftes Parenchym mit zahlreichen grossen Krystalldrusen, ist noch erhalten.

Der Bast ist sehr regelmässig geschichtet. Die Bastfaserbündel sind selten über vier Reihen breit, von Kammerfasern, welche Drusen enthalten, umgeben. Die Fasern sind lang, glatt, oft stumpf endigend, meist 0,035 mm, mitunter aber auch 0,06 mm breit und in sehr verschiedenem Grade bis zur völligen Obliterirung verdickt. Die Weichbastschichten sind etwa eben so breit, aber stark geschrumpft, die Elemente etwas breiter als die Bastfasern; an den Siebröhren sind die grossen, durch leiterförmige Interstitien getrennten Siebplatten kenntlich.

Die Markstrahlen sind bis fünfreihig, selten Drusen führend.

Cedrela brasiliensis Juss.

Unmittelbar unter der schwach cuticularisirten, mit derben, kurzen, einzelligen Haaren besetzten Oberhaut entsteht frühzeitig das Periderma aus sehr zartwandigen breiten und flachen Zellen und dringt alsbald in die Tiefe, kleine Theile der primären Rinde abtrennend. Die primäre Rinde hat keine Collenchymschicht, ist dünnwandig und führt ausserordentlich viele Krystalldrusen. Steinzellen werden gar nicht, Bastfasern sehr spärlich in dünnen, weit abstehenden Bündeln gebildet. Im jungen Baste sind die schwachen Bündel dünnwandiger Bastfasern regellos zerstreut. Der Weichbast besteht zum überwiegenden Theile aus Drusen führenden Kammerfasern.

Eine 5 mm dicke Rinde „*Casca de Cedro vermelho*" [2]) aus der Wiener pharmakognostischen Sammlung ist mit blättrig geschichteter Borke bedeckt, innen zimmtbraun, grobfaserig, am Querschnitt regelmässig concentrisch geschichtet.

Die fast millimeterdicken Borkeschuppen sind durch ebenflächige, gegen 0,3 mm breite, 15 Reihen zartwandiger Korkzellen umfassende Korkhäute getrennt, welche, in den Bast eindringend, die Mittelrinde gänzlich abgestossen haben. Die Bastfasern sind in schmalen, in den inneren Lagen bis 8 Reihen breiten Bändern regelmässig geschichtet und in den meist mehrfach breiteren Weichbastschichten ziehen zwei bis vier tangentiale Stränge zusammengefallener Siebröhren.

Die Bastfaserplatten sind von Kammerfasern mit Einzelkrystallen umhüllt; die Fasern sind 0,7—0,1 mm lang, krummläufig, fein zugespitzt, dick (0,04 mm) am Querschnitt gerundet eckig, vollständig verdickt, porenarm. Das Bastparenchym ist weitlichtig, dünnwandig, dunkelrothbraun. Die Siebröhren sind 0,05 mm breit

---

[1]) S. A. Vogl, Zeitschr. d. allg. österr. Ap. V. 1871, No. 30 ff., p. 12 des S. A.
[2]) Vgl. A. Vogl, l. c. p. 11 des S.-A.

mit einer Reihe treppenförmig geordneter Leisten zwischen den grobporigen Siebplatten.

Die Markstrahlen sind meist zwei- oder dreireihig, selten über 0,5 mm
(12 Zellen) hoch. Die stets dünnwandigen, radial gestreckten Zellen enthalten
hie und da ein Rhomboeder.

Acera.

Aussenrinde. Das Oberflächenperiderma entsteht unmittelbar unter
der Oberhaut (*Acer*, *Malpighiaceae*, *Erythroxylum*, *Sapindus*, *Koelreuteria*,
Aesculus) oder in einer wenig tieferen Schicht der primären Rinde
(*Negundo*, *Serjania*) in der ersten Vegetationsperiode mit Ausnahme von
Negundo. Alle Arten, welche in hinreichend alten Mustern vorlagen, besassen
Borke; sehr lange ausdauernde Oberflächenperiderme haben einige *Acer*arten,
die *Malpighiaceen* und *Aesculus*. In der Regel dringt die Borkebildung nicht
tief, es bleibt der Bast in ansehnlicher Breite lebend; die tiefgreifende Borke-
bildung von *Koelreuteria* ist eine bemerkenswerthe Ausnahme. Alle Kork-
häute bestehen aus weitlichtigen, zum grossen Theile cubischen Zellen, mit
denen regelmässige Schichten einseitig sklerotischer Tafelzellen abwechseln.
Dieser allgemeine Charakter ist besonders deutlich ausgeprägt bei *Negundo*,
Byrsonima, *Aesculus*, einigen *Acer*arten. Andere *Acerineen*, *Malpighia* und
Koelreuteria bilden seltener flachzelligen Kork, sondern zartzelligen Schwammkork abwechselnd mit gleichmässig derbwandigen Zellen, worüber das
Nähere bei den Einzelbeschreibungen angegeben ist.

Mittelrinde. Die primäre Rinde von *Malpighia* und *Erythroxylon* ist
durchweg dünnwandig, die *Acerineen*, *Sapindaceen* und *Hippocastaneen*
besitzen eine hypodermatische Collenchymschicht. Die Sklerosirung
beginnt zwischen den primären Bastfaserbündeln in sehr jungen Internodien
(einige *Acerineen*, *Sapindaceen*, *Hippocastaneen*), wodurch es zeitweilig zur
Bildung eines geschlossenen Sklerenchymringes kommt. Ausserhalb
desselben werden zunächst keine Steinzellen gebildet, dagegen ist späterhin die
Sklerosirung allgemein, aber diffus, indem auch die Sklerenchymringe gesprengt
werden. Durch eine eigenthümliche Sklerenchymfaserschicht ausserhalb der Gefässbündelzone ist *Serjania* ausgezeichnet (p. 274). In der
Mittelrinde ist immer Kalkoxalat in Form von Drusen oder ausschliesslich in
einzelnen rhomboedrischen Krystallen (*Acerineen*, *Erythroxylon*, *Serjania*)
abgelagert. Wo in der primären Rinde Drusen vorkommen (*Malpighia*,
Sapindus, *Koelreuteria*, *Aesculus*), sind sie auf die Aussenschichten beschränkt,
während die Krystallschläuche, welche die Bastbündel oder andere sklerotische
Elemente umlagern, auch hier Einzelkrystalle führen. — Innerhalb der

primären Gefässbündel bilden einige *Acerineen* und *Aesculus,* ausserhalb des Sklerenchymcylinders (Fig. 100) *Serjania* Sekretschläuche. — Die *Acerineen, Sapindaceen* und *Hippocastaneen* entwickeln massige primäre Stränge, bei *Malpighia* und *Erythroxylon* werden nur spärliche Bastfasern gebildet.

Innenrinde. Die diffuse Sklerosirung der Mittelrinde dringt in die jüngeren Schichten der secundären Rinde ein und Steinzellen sind hier ein den Bastfasern quantitativ gleichwerthiger oder sie überragender Bestandtheil. Bei den *Acerineen* tritt sehr bald eine schichtenweise Sonderung der Bastfaserbänder und der Sklerenchymplatten ein (Fig. 98), wodurch die Rinde in ausgezeichneter Weise charakterisirt wird; bei den *Malpighiaceen* und bei *Aesculus* (Fig. 101) sklerosirt das Bastparenchym in zerstreuten Gruppen, die theilweise mit den Bastfasern zu gemischten Sklerenchymplatten verschmelzen; bei *Koelreuteria* werden die letzteren allein gebildet. Im alten Baste von *Aesculus* tritt die Steinzellenbildung sehr in den Hintergrund und damit wird die concentrische Schichtung des Bastes deutlicher; bei *Acer* im Gegentheile werden im Alter nur nach vieljährigen Perioden Bastfaserschichten gebildet, während die Sklerosirung langsam, aber stetig vorschreitet. — Der Bau der sklerotischen Elemente bietet einige charakteristische Unterschiede. Die kurzen, stabzellenförmigen Bastfasern von *Koelreuteria* sind mit isodiametrischen kleinen Steinzellen gemischt. Etwas vergrössert sind die Steinzellen von *Acer* und *Aesculus*, letztere auch in der Form vielgestaltiger. Die Steinzellen der *Malpighiaceen* sind ohne wesentliche Formveränderung stark vergrössert. Den schon erwähnten Bastfasern von *Koelreuteria* schliessen sich die dicken, gedrungen knorrigen Fasern der *Malpighiaceen* an. Die Fasern von *Acer* sind dünn, glatt und lang zugespitzt, jene von *Aesculus* (Fig. 102) lang und breit, krummläufig und ästig mit kreisrundem Querschnitt und wol erhaltenem, ungleich weitem Lumen.

Der Weichbast ist in mächtigeren Lagen entwickelt als die stets in schmalen Platten oder Bändern auftretenden Bastfasern; nur im jungen Baste überwiegt stellenweise das Sklerenchym. Bei *Acer* und *Aesculus* sind Parenchym und Siebröhren geschichtet, letztere weitlumiger und etwas dünnwandiger. Die Parenchymzellen sind breitporig, bei *Koelreuteria* durch geringe Streckung auffallend. Die Siebröhren haben einfache, horizontale Querplatten *(Acerineen, Malpighiaceen, Koelreuteria)* oder nebst diesen auch leiterförmig an entsprechend geneigten Endflächen gereihte Systeme grosser Siebplatten *(Aesculus).* Die Seitenflächen tragen zarte Siebfelder zwischen netzig verbundenen Verdickungsleisten *(Acer, Aesculus).* — Krystallschläuche sind reichlich im Baste zerstreut; als Kammerfasern begleiten sie *(Malpighia, Koelreuteria)* oder bedecken vollständig *(Acerineen)* die Bastfaserbündel, oder sind von letzteren völlig unabhängig *(Aesculus).* Die Kammerfasern enthalten stets rhomboedrische Einzelkrystalle; auch im Weichbaste führen sie meist dieselben Formen, die bei *Aesculus* durch besondere Grösse ausgezeichnet sind, nur bei *Koelreuteria* vorherrschend Drusen.

Die Markstrahlen von *Aesculus* sind einreihig, die der anderen Gattungen breit, bis fünfreihig. Die Zellen sind dünnwandiger als das Bastparenchym, radial gestreckt *(Acer, Aesculus)* oder mit unbedeutender Streckung *(Malpighiaceae, Koelreuteria)*, ausnahmsweise krystallführend. Die zwischen den Sklerenchymplatten eingeschlossenen Theile sklerosiren bei *Koelreuteria* immer und führen da Einzelkrystalle, sonst Drusen. Bei allen anderen Gattungen ist es gerade die Regel, dass die Sklerosirung selbst an den unmittelbar an sklerotische Elemente grenzenden Zellen unterbleibt.

Uebersicht der Gattungen nach Merkmalen des Bastes:

Die secundäre Rinde enthält Bastfasern und Steinzellen.
1. Es wechseln Bastfaserschichten mit Steinzellenschichten, die ersteren von Kammerfasern bekleidet; breite Markstrahlen: *Acer.*
2. Bastfasern in tangentialen Reihen lose nebeneinander gelagert; spärliche Kammerfasern und isolirte Zellen mit grossen Rhomboedern; Steinzellen in unregelmässigen Gruppen; einreihige Markstrahlen: *Aesculus.*
3. Bastfasern und sklerotische Markstrahlen sind mit Krystallzellen zu tangentialen Platten innig verbunden mit Ausschluss selbstständiger Gruppen; Drusen im Weichbaste: *Koelreuteria.*
4. Schichtung unregelmässig; die dicken stabzellenartigen Bastfasern zu rundlichen Strängen vereinigt, die mitunter durch grosse Steinzellen zu tangentialen Platten verbunden sind, zwischen denen die Markstrahlen in der Regel dünnwandig bleiben; nur Einzelkrystalle: *Malpighia.*

Acerineae.

Die gemeinsamen Merkmale der Ahornrinde sind: Collenchymatische Aussenschicht der primären Rinde, welche nicht oder höchstens zwischen den primären Bastfaserbündeln sklerosirt und gleichwol schon in den jüngsten Internodien ausschliesslich Einzelkrystalle führt; umfangreiche, sehr genähert entstehende primäre Gefässbündel; concentrische Schichtung des Bastes (Fig. 98) durch schmale Bastfaserplatten und durch zonenweise Sklerosirung des Bastparenchyms; breite Markstrahlen mit selten sklerosirenden radial gestreckten Zellen; reichliches Vorkommen von rhomboedrischen Krystallen, besonders in Kammerfasern die Bastfaserplatten bekleidend; Uebereinstimmung des elementaren Baues (derbes breitgetüpfeltes Parenchym, weit- und kurzgliedrige Siebröhren mit einfachen selten mehreren — *Negundo* — grobgegitterten Endplatten und netzigen Siebfeldern [Fig. 99] auf den Seitenwänden, stark verdickte, mässig lange Bastfasern, stark verdickte, meist unregelmässig isodiametrische, grobporige Steinzellen).

Diesem Gattungscharakter stehen mancherlei Eigenthümlichkeiten der Arten gegenüber.

Das Periderma entsteht frühzeitig aus der obersten Rindenzellenlage (*A. platanoides, campestre, Pseudoplatanus*) oder erst nach

Ablauf mehrerer Jahre aus einer tiefer gelegenen Schicht der primären Rinde *(Negundo)*. Es wird bei der ersten Gruppe weitlichtig angelegt und die Korkzellen behalten zumeist auch weiterhin ihre cubische, sogar radial gestreckte Form, nur spärliche Reihen derselben werden bei mässiger Abflachung gleichmässig sklerosirt; die Periderme von *Negundo* bestehen zum überwiegenden Theile aus sklerotischen Tafelzellen. *A. campestre* hat besonders zartzelliges Periderm, welches, in den ersten Jahren in die äusseren Schichten der primären Rinde eindringend, ähnlich den Korkulmen (s. p. 71) mächtigen Schwammkork bildet, späterhin jedoch wie die anderen Arten Borke bildend tief in den Bast dringt.

Die primären Bastbündel bleiben isolirt *(A. platanoides, campestre)* oder sie werden durch Sklerosirung der Interstitien frühzeitig zu einem gemischten Sklerenchymringe geschlossen *(A. Pseudoplatanus, Negundo)*. Einige Arten *(A. campestre, platanoides)* sind durch Milchsaftschläuche im Phloem der primären Stränge ausgezeichnet.

Der Bast bildet in der Jugend jährlich eine die ganze Breite des Baststrahles einnehmende Bastfaserplatte, welche allseitig von Kammerfasern umgeben ist, und eine meist wesentlich breitere, krystallarme Weichbastschichte, in der Parenchym und Siebröhren alterniren. Die Parenchymschichten sklerosiren viele Jahre (bei *A. campestre* und *A. platanoides* mindestens zehn Jahre) nach ihrer Entstehung und bilden so ein zweites System concentrischer Sklerenchymcylinder. In höherem Alter werden nur nach mehrjährigen Perioden Bastfasern gebildet; der lebende Bast alter Stämme besteht zum überwiegenden Theile aus Weichbast, in welchem später, nachdem er durch den Nachwuchs nach aussen gedrängt wurde, die Parenchymzellen sklerosiren. Gleichwol bleibt die concentrische Schichtung sehr regelmässig *(A. platanoides)*. In anderen Fällen *(A. Pseudoplatanus, Negundo)* werden die Bastfasern nicht um die ganze Peripherie gleichzeitig, sondern in unterbrochenen Platten angelegt, auch die Sklerosirung des Parenchyms wird diffus, es treten Verschiebungen ein, die Schichtung kann bis zur Unkenntlichkeit verwischt werden.

Die Markstrahlen sind meist 3—5 reihig, selbst zwischen den Bastfaser- oder Steinzellenplatten nur in den Randzellen, in denen hie und da Krystalle zur Bekleidung der Faserbündel gebildet werden, schwach sklerotisch.

Acer platanoides L.

Unmittelbar unter der ziemlich stark cuticularisirten Oberhaut bildet sich in der ersten Vegetationsperiode eine geschlossene Peridermschicht[1]) aus 3—4 Reihen weitlichtiger, sogar radial gestreckter, etwas derbwandiger Korkzellen, doch wird die Epidermis erst im zweiten Jahre gesprengt und abgestossen. Die Borke entsteht spät[2]) und haftet in mehreren flachen Schuppen an dem gegen 5 mm

---

[1]) Nach Sanio (Jahrb. f. wiss. Bot. II, p. 39) in centrifugal-intermediärer Zellenfolge.
[2]) Hanstein, Baumrinden p. 54.

dicken Baste alter Stämme. Die inneren Korkhäute sind geschichtet. Auf je drei oder vier Reihen, dem oberflächlichen Periderm ähnlicher Korkzellen, folgen zwei oder drei Reihen flacher, gleichmässig s c h w a c h s k l e r o s i r t e r Zellen. Die Korkhäute sind aber selten über 0,25 mm dick (bei 15 Zellenreihen).

Die primäre Rinde ist kleinzellig, c o l l e n c h y m a t i s c h, auch in den inneren Schichten etwas derbwandig und hier reichlicher grosse rhomboedrische E i n z e l k r y s t a l l e führend. S t e i n z e l l e n f e h l e n. Innerhalb der in umfangreichen Bündeln auftretenden primären Bastfasern bilden sich frühzeitig mit weissem M i l c h s a f t e r f ü l l t e S c h l ä u c h e [1]) mit rundlichem Querschnitt (0,04 mm diam.), hie und da mit benachbarten confluirend.

Die secundäre Rinde ist sehr regelmässig c o n c e n t r i s c h g e s c h i c h t e t. Die dicht gefügten Bastfaserplatten sind an den tangentialen Flächen ausgeglichen, ziemlich gleichmässig dick und nur von den Markstrahlen durchbrochen. Sie sind von Kammerfasern mit Einzelkrystallen umsäumt. Der Abstand zwischen je zwei Bastfaserzonen ist sehr verschieden und beträgt nicht selten die zehnfache Breite dieser. Im Weichbaste wechseln regelmässig Parenchym- und Siebröhrenschichten. Im ältern Baste werden die ersteren sklerotisch, so dass z w i s c h e n d e n B a s t f a s e r p l a t t e n e i n e o d e r m e h r e r e S t e i n z e l l e n p l a t t e n v o n n a h e z u d e r s e l b e n D i c k e u n d e b e n s o r e g e l m ä s s i g g e l a g e r t, e i n g e s c h a l t e t w e r d e n (vgl. Fig. 98). Da aber im Weichbaste nur spärliche und isolirte Krystallschläuche vorkommen, so sind die Steinzellenplatten auch nicht von Kammerfasern umgeben, sondern die in der sklerosirenden Zone gelegenen Krystallzellen werden gleichfalls sklerotisch. Die Bastfasern sind kaum millimeterlang und dünn (0,015 mm), glatt, zugespitzt, am Querschnitte rundlich, fast vollkommen verdickt. Die Steinzellen sind schwach vergrössert, unter mannigfacher Formveränderung innig mit einander verschmolzen. Die Steinzellen haben ein sehr enges Lumen, zart geschichtete, von groben, verästigten Porenkanälen durchsetzte Verdickung. Die Parenchymzellen sind englichtig (0,02 mm), etwas verdickt, breit getüpfelt. Die Siebröhren sind kurz- und weitgliedrig (0,05 mm) mit schwach geneigten, eine e i n f a c h e grobgegitterte Siebplatte tragenden Endflächen und an den Seiten mit zarten, netzig verbundenen Verdickungsleisten.

Die Markstrahlen sind meist 3—5reihig, ihre Zellen dünnwandig und englichtiger als das Bastparenchym, nur ausnahmsweise zwischen Sklerenchymgruppen schwach sklerosirend und an der Krystallbekleidung der Faserbündel Theil nehmend, sonst frei von Krystallen.

Acer campestre L.

An jährigen Trieben ist die mit einzelligen, derben Härchen besetzte Oberhaut nur noch in Bruchstücken erhalten. An ihre Stelle ist eine breite, aus 8—10 Reihen w e i t l i c h t i g e r Zellen [2]) gebildete, aus der äussersten Z e l l e n l a g e der primären Rinde entstandene [3]) Peridermschicht getreten. Das Periderm ist ausdauernd [4]) und erreicht mehrere Millimeter Mächtigkeit [5]). E s t r e n n t a l l m ä l i g d i e p r i m ä r e R i n d e a b, und dringt sehr spät in den Bast ein. Die Korkzellen sind zartwandig, weitlichtig, schichtenweise abgeflacht; in weiten Abständen werden einfache oder doppelte Reihen derselben schwach sklerotisch.

[1]) Vgl. H a r t i g, Naturgeschichte d. forstl. Culturpflanzen p. 546 u. Bot. Z. 1862 p. 98; de B a r y, Vegetationsorgane p. 157; W e i s s, Anatomie p. 261.
[2]) Vgl. de B a r y, Vegetationsorgane p. 117, 121.
[3]) In centripetaler Reihenfolge (S a n i o, Pringsheim's Jahrb. f. wiss. Bot. II, p. 39).
[4]) Vgl. H a r t i g, Culturpflanzen p. 546.
[5]) Vgl. D i p p e l, Mikroskop II, p. 162 und de B a r y, Vegetationsorgane p. 572.

Die primäre Rinde mit ihrem Collenchym, den Krystallschläuchen, den getrennten Bastbündeln, den Milchsaftschläuchen an der Grenze der secundären Rinde gleicht vollständig jener von A. *platanoides.*

Schon in zweijährigen, federspulendicken Trieben sind die secundären Bastfasern zu einem geschlossenen Bande vereinigt und in der Rinde eines vierzehnjährigen Stammes zähle ich vierzehn Bastfaserringe, deren gegenseitige Abstände von 0,1 bis 0,25 mm variiren. Die Bastplatten sind vollständig von Kammerfasern mit Einzelkrystallen umhüllt. In den älteren Weichbastschichten treten vereinzelte Steinzellengruppen auf. Die Schichtung zwischen Parenchym und Siebröhren ist auf Querschnitten sehr gut erkennbar, weil die letzteren weitlichtiger und etwas dünnwandiger sind. Der Bau der Elemente ist übereinstimmend mit den anderen Ahornarten.

Die Markstrahlen sind meist nur zwei- oder dreireihig, selten über vierreihig. Einzelne Zellen werden zwischen den Bastfaserplatten sklerotisch und führen mitunter Krystalle.

Acer Pseudo-platanus L.

Aus der äussersten [1] Zellenlage der primären Rinde bildet sich in der ersten Vegetationsperiode eine gegen 0,1 mm breite, aus 8—12 Reihen beinahe cubischer Zellen bestehende Peridermschicht, durch welche die schwach cuticularisirte Oberhaut bald abgestossen wird. Die innern Korkhäute dringen flach muldenförmig ein und trennen 2—3 mm dicke glatte Borkeschuppen [2] ab. Im Baue gleichen sie den Peridermen von A. *platanoides,* nur sind sie in der Regel im Ganzen und in den einzelnen Schichten breiter.

Die primäre Rinde, im äusseren Theile collenchymatisch, führt Einzelkrystalle. Steinzellen füllen die Lücken zwischen den übrigens sehr genähert und in weiten Bogen angelegten primären Bastbündeln aus, während sonst das Rindenparenchym nicht sklerosirt. Milchsaftröhren fehlen.

Die concentrische Schichtung des Bastes (Fig. 98) ist nur an wenigen Stellen augenfällig, weil Bastfasern in geringer Menge [3] gebildet und überdiess häufig von Steinzellen umlagert werden. Nichtsdestoweniger kommen reine Bastfaserplatten vor, die sich über die Breite mehrerer Baststrahlen erstrecken und ausser den regellos zerstreuten Steinzellengruppen finden sich auch umfangreiche Sklerenchymplatten vor. Der Weichbast tritt dieser ausgedehnten Sklerosirung

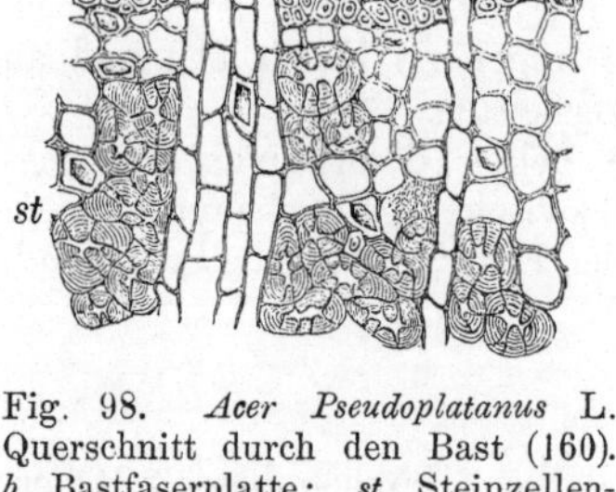

Fig. 98. *Acer Pseudoplatanus* L. Querschnitt durch den Bast (160). *b* Bastfaserplatte; *st* Steinzellenplatte; *m* Markstrahlen auch zwischen sklerotischen Elementen dünnwandig.

gegenüber in den Hintergrund. Die Parenchymzellen sind englichtiger und etwas derbwandiger als die Siebröhren, breit getüpfelt. Die Siebröhren haben fast horizontale Endflächen mit einer einfachen weitporigen Siebplatte. Sie sowol wie die Bastfasern und Steinzellen stimmen mit den gleichnamigen Elementen der vorigen Art überein. Dasselbe gilt von den Markstrahlen [4].

---

[1] Vgl. de Bary, Vegetationsorgane p. 563.
[2] „In concentrischen Ellipsen": Hartig, forstl. Culturpfl. p. 547.
[3] Hartig (l. c. p. 547) hat sie ganz übersehen.
[4] Hartig (l. c.) bemerkt, dass ein grosser Theil der secundären Markstrahlen des Holzkörpers nicht in den Bast eintritt.

Acer Negundo L.

Die stark cuticularisirte Oberhaut folgt mehrere Jahre [1]) dem Dickenwachsthum. An fingerdicken Trieben wird das Periderma in der 3. bis 6. Zellenlage unterhalb der Epidermis angelegt. Die Korkzellen sind klein, mässig flach und werden alsbald gleichmässig oder mit vorherrschender Verdickung der Innenseite sklerotisch. Die inneren Korkhäute haben einen unregelmässig welligen Verlauf, im Baue gleichen sie den oberflächlichen, nur sind sie häufig viel mächtiger entwickelt (0,5 mm und darüber) und bleiben schichtenweise zartwandig. Die Borkebildung dringt nicht tief, der Bast ist oft centimeterdick, von einer noch dickeren Schicht verschieden gestaltiger Borkeschuppen bedeckt.

Die primäre Rinde ist ein derbes Collenchym und führt reichlich Einzelkrystalle, dagegen keine Milchsaftschläuche. Die primären Bastfaserbündel werden durch Sklerosirung des zwischenliegenden Parenchyms frühzeitig zu einem Sklerenchymring [2]) geschlossen, worauf sich die Steinzellenbildung in der primären Rinde beschränkt [3]).

Der Bast ist concentrisch geschichtet, doch nicht so regelmässig wie bei *A. platanoides.* Die dünnen Bastfaserplatten sind stellenweise unterbrochen, ihr gegenseitiger Abstand in radialer Richtung beträgt oft 1 mm und mehr; in dem ganzen lebenden Baste alter Stämme sind mitunter nur drei Bastfaserschichten anzutreffen. Die zonenweise Sklerosirung des Bastparenchyms ist zwar unverkennbar, doch ist sie weitaus nicht so regelmässig, indem einerseits Unterbrechungen sehr häufig sind, anderseits auch selbstständige Steinzellengruppen, sogar einzelne Steinzellen auftreten.

Im Bau der Elemente (Fig. 99) ist kein wesentlicher Unterschied. Erwähnenswerth ist die geringere Wandverdickung der Elemente des Weichbastes und die ausnahmsweise spitzwinkelige Verbindung der Siebröhrenglieder, deren Endflächen dann Plattensysteme tragen, die durch eine oder zwei Sprossen abgetheilt sind.

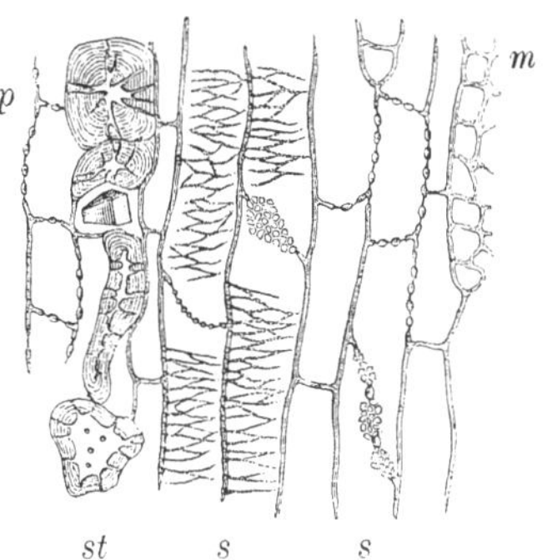

Fig. 99. *Acer Negundo* L. Sehnenschnitt durch den Bast (300). *p* breitporiges Bastparenchym; *st* Steinzellengruppe; *s* Siebröhren mit Querplatten und Plattensystemen; *m* Markstrahl.

Malpighiaceae.

Das Periderm entsteht frühzeitig oberflächlich, ist sehr lange ausdauernd und erreicht ansehnliche Mächtigkeit. Seine Zellen behalten die cubische Form *(Malpighia)* oder werden flach *(Byrsonima)* und schichtenweise an der Innenseite sklerotisch. Die primäre Rinde von *Malpighia* entbehrt des Collenchyms und führt Krystalldrusen. Mit der Sklerosirung der Mittelrinde, welche nicht vor dem zweiten Jahre eintritt, scheint eine Umkrystallisation des Kalkoxalates eingeleitet zu werden,

---

[1]) *Acer striatum* sogar 40 und mehr Jahre. S. de Bary, Vegetationsorgane p. 551, 573.
[2]) S. de Bary, Vegetationsorgane p. 555.
[3]) Mitunter entwickeln sich auch ausserhalb des gemischten Ringes einzelne Steinzellen in älteren Zweigen.

denn in allen Theilen der mit Kork bedeckten Rinde kommen ausschliesslich grosse rhomboedrische Krystalle vor. Die beiden untersuchten Arten sind nach verwandten Typen gebaut. Die Mittelrinde sklerosirt in zerstreuten Gruppen, ohne einen Sklerenchymring zu bilden. Die Sklerosirung dringt noch in die äusseren Bastlagen und erlischt allmälig. Die Bastfasern sind ungewöhnlich dick, zart geschichtet, reichporig, ihre Bündel walzig oder wenig tangential gestreckt *(Malpighia)*, oder zu tangentialen Platten verbunden *(Byrsonima)* und alternirend geschichtet, von Kammerfasern begleitet. Die Elemente des Weichbastes sind nicht geschichtet, in ihren queren Dimensionen den Bastfasern nahezu gleich; die Parenchymzellen breitporig, die Siebröhren mit horizontalen Endplatten.

Die Markstrahlen sind weitzellig, cubisch oder radial gestreckt, bis fünfreihig, stellenweise unregelmässig verbreitert, dünnwandiger als das Bastparenchym, hie und da sklerotisch, und Krystalle einschliessend, wenn sie von Bastfaserbündeln eingeengt werden.

Die Art und der Gang der Sklerosirung ist von *Acer* wesentlich verschieden, wie überhaupt die Bildung der ungleichnamigen Elemente des Bastes nicht in dem periodischen Wechsel erfolgt, der für *Acer* hervorragend charakteristisch ist.

Malpighia punicaefolia L.

Die mit dünnwandigen Haaren besetzte Oberhaut ist sehr hinfällig, sie wird in jungen Internodien durch das unmittelbar unter ihr sich bildende Periderma abgestossen. Dieses besteht aus weitlichtigen, äusserst zartwandigen Zellen, die in ihren äusseren Lagen alsbald sich bräunen und abschülfern. Die primäre Rinde ist dünnwandig ohne Collenchym, reich an Krystalldrusen. An federspulendicken Stengeln sind die in schwachen Bündeln angelegten primären Bastfasern aus einander gedrängt; Steinzellen werden nicht gebildet. Der junge Bast enthält keinerlei sklerotische Elemente.

Die unter den Namen „*Manquitta*" oder „*Nancite*" als Gerbemateriale[1]) benützte Rinde des „*Cerisier des Antilles*" ist gegen 5 mm dick mit lederbraunem, fast 2 mm dickem schwammigen Korke bedeckt, auf der Innenseite fein streifig, am Bruche innen grobsplitterig, aussen körnig uneben, am Querschnitte gelb bis röthlich mit hellen Punkten und radialen Streifen.

Das Periderm besteht aus cubischen, z. Th. zartwandigen, meist aber an der Innenseite etwas verdickten Korkzellen. Die breite Mittelrinde ist grosszellig, tangential gestreckt mit regellos zerstreuten Steinzellengruppen und zahlreichen Krystallschläuchen, die Rhomboeder enthalten. Die Steinzellen sind vergrössert, von der ursprünglichen Form selten abweichend, in sehr verschiedenem Grade, zumeist wenig verdickt.

Im Baste ist die tangentiale Schichtung alternirend. Die wenig umfangreichen Bastfaserbündel erfüllen selten die Breite des Baststrahles, in der Regel bilden die Bündel zweier Baststrahlen einen zusammenhängenden Strang, durch den der Markstrahl zieht. In der Aussenschicht des Bastes kommen noch reichlich Steinzellen, z. Th. mit Bastfasern verschmolzen, vor. Die Bastfasern sind sehr breit (0,05 mm), vollständig verdickt, fein steinzellenartig geschichtet, reichporig,

---

[1]) Vgl. J. Moeller, Pflanzenrohstoffe p. 28 u. v. Höhnel Gerberinden p. 113.

in der Länge um 1 mm schwankend, stumpf endigend, oft zackig von den sie begleitenden Kammerfasern. Der Weichbast ist dünnwandig und grosszellig. Das Parenchym ist breit getüpfelt, oft zu Kammerfasern umgestaltet. Die Siebröhren sind wenig breiter (0,05 mm), ihre horizontalen Endflächen sind mit Callus bedeckt.

Die Markstrahlen sind 3—5 reihig, stellenweise stark verbreitert, zartzelliger als das Bastparenchym mit geringer radialer Streckung, zwischen Sklerenchymgruppen nur ausnahmsweise sklerotisch und Krystalle führend.

Byrsonima spicata DC. *(Malpighia spicata L.)*

Zimmtbraune, 4 mm dicke, mit papierdünnem Korke bedeckte Rinde, am Bruche blättrig-faserig, am Querschnitte undeutlich gefeldert. Auf den Antillen und in Guyana: *„Merisier d'or"*, *„Mourailler"*.

Das Periderm besteht in seiner Aussenschicht aus breiten mässig flachen, zartwandigen Tafelzellen, denen sich unvermittelt vier bis sechs Reihen einseitig (innen) sklerotischer Zellen anschliessen. Die Mittelrinde besteht aus dünnwandigem tangential gestrecktem Parenchym mit zahlreichen grossen Rhomboedern und zerstreuten Gruppen von Steinzellen, die unter Beibehaltung ihrer Form sich ansehnlich vergrössert haben.

Aehnliche Steinzellengruppen mit vorherrschend axialer Streckung und isodiametrischer Gestalt der Elemente kommen noch reichlich in der Aussenschicht des Bastes vor. In den inneren Lagen treten die Bastbündel in den Vordergrund. Sie bilden tangentiale Platten von der Breite mehrerer Baststrahlen, wobei die Lücken durch Steinzellen ausgefüllt werden. Die letzteren bilden hie und da auch isolirte Gruppen, aber niemals selbstständige Sklerenchymplatten. Die Bastfasern sind höchstens millimeterlang, breit (0,05 mm), vollständig verdickt, von vielen Porenkanälen durchzogen. Ihre Bündel sind von Kammerfasern begleitet, doch nicht umhüllt und Krystallschläuche mit grossen Rhomboedern sind im Weichbaste allenthalben zerstreut. Das Bastparenchym ist schwach verdickt, breit getüpfelt. Die Siebröhren sind weitlichtiger und haben einfache, grobporige Endplatten, die schon auf Querschnitten häufig zur Ansicht kommen.

Die Markstrahlen sind local verbreitert, zählen aber gewöhnlich nur drei Reihen Zellen, die sehr breit, fast cubisch sind. Sie werden selten sklerotisch und führen nur an der Grenze der Faserbündel mitunter Krystalle.

Erythroxyleae.

Die Anlage des Periderma, der Bau der primären Rinde ist übereinstimmend mit *Malpighia*, nur führen die Krystallschläuche schon in der ersten Jugend grosse Rhomboeder.

Erythroxylum Coca Lam.

In sehr jungen Internodien findet man schon einige Reihen kleiner aber weitlichtiger Korkzellen, die aus der äussersten Rindenzellenlage hervorgegangen sind. Die primäre Rinde [1]) besitzt kein Collenchym, ist dünnwandig und führt Einzelkrystalle. Die primären Bastfasern treten in einem schmalen, oft nur einreihigen Gürtel auf, dessen Zwischenräume nicht sklerotisch werden, wie Steinzellen überhaupt bis in die zweite Vegetationsperiode fehlen. Die secundäre Rinde besteht bislang nur aus Weichbast mit spärlichen Kammerfasern.

---

[1]) Es kommen in ihr selbstständige Fibrovasalstränge vor.

Sapindaceae.

Sapindus und *Koelreuteria* bilden das Periderm aus der äussersten, *Serjania* aus einer etwas tiefer gelegenen Zellschicht der primären Rinde. Es besteht bei *Serjania* aus tafelförmigen, sonst aus cubischen, dünnwandigen, in der Borke von *Koelreuteria* in den inneren Schichten allseitig etwas derben, aber nicht sklerotischen Zellen. Die Aussenschicht der primären Rinde ist ein Collenchym, die inneren Lagen sind zartwandig, nur zwischen den primären Bastfaserbündeln sklerosirend. Die primäre Rinde von *Serjania* ist durch eine mediane Sklerenchymfaserschicht getheilt (vgl. *Aristolochia*), ausserhalb welcher zerstreute Parenchymzellen zu derbwandigen Sekretschläuchen metamorphosirt werden (Fig. 100).

Der Bast von *Koelreuteria* bildet spärliche Bündel kurzer Fasern, die durch sklerotische Krystallzellen und durch die sklerosirenden Markstrahlzellen zu tangentialen Steinplatten verbunden werden. Der Weichbast ist etwas derbzellig und führt wie die Mittelrinde Drusen, während Einzelkrystalle die ausschliesslichen Begleiter der sklerotischen Elemente sind.

Serjania cuspidata St. Hil.

Einige Zellreihen unter der Oberhaut bildet sich an den älteren Internodien des Jahrestriebes das Periderma aus der hypodermatischen Collenchymschicht der primären Rinde. Es besteht aus breit tafelförmigen (Fig. 100) auch cubischen, immer dünnwandigen Zellen, dessen äussere Schichten sehr bald braun werden und schrumpfen. Auf das Collenchym folgen einige Reihen zartwandiger Zellen und auf diese ein geschlossener, aber schon an zweijährigen Internodien hie und da durchbrochener Sklerenchymring[1]) aus sehr langen, 0,025 mm breiten, mässig verdickten, gefächerten Fasern. Die Aussenseite des Sklerenchymcylinders, der in den drei Kanten des Stengels etwas verdickt ist, ist mit

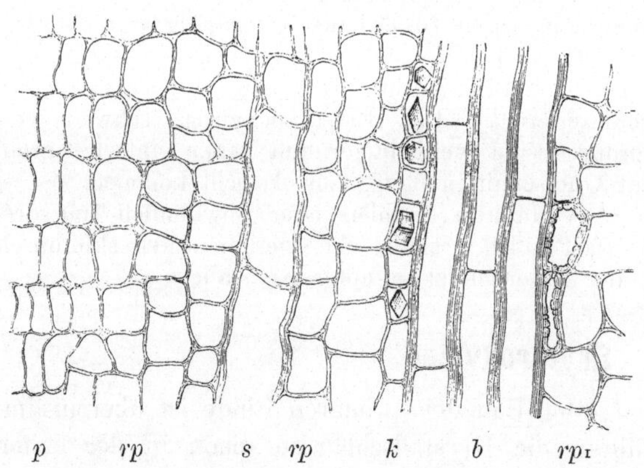

Fig. 100. *Serjania cuspidata* St. Hil. Radialschnitt durch die primäre Rinde eines jährigen Triebes (300). *p* Periderma; *rp* Rindenparenchym mit dem derbwandigen Sekretschlauch *s* (im oberen Theile der Zeichnung von Parenchym bedeckt); *b* drei gefächerte Fasern aus der sklerotischen Scheide, die aussen mit Krystallzellen belegt ist; *rp₁*, inneres Rindenparenchym mit vereinzelten Steinzellen.

Krystallzellen (Rhomboedern) belegt, an der Innenseite werden die angrenzenden Zellen schwach sklerotisch. In der chlorophyllführenden Aussenschicht der primären Rinde entstehen Sekretschläuche, deren Wand sich schwach verdickt.

---

[1]) S. Schwendener, das mechanische Princip etc. p. 143 und die Litteratur bei de Bary, Vegetationsorgane p. 598.

Sapindus Saponaria L.

Die äusserste Zellenlage bildet frühzeitig einige Reihen zartwandiger, weitlichtiger Korkzellen. Die primäre Rinde führt sowol in dem collenchymatischen Hypoderma[1]) als in der inneren äusserst zartwandigen Schicht Drusen und rhomboedrische Einzelkrystalle, besonders reichlich um die primären Bastbündel gehäuft. Diese entstehen in umfangreichen sehr genäherten Bündeln und die in Folge des Dickenwachsthums auftretenden Lücken werden durch Steinzellen z. Th. ausgefüllt.

Koelreuteria paniculata Lam. *(Sapindus chinensis L.)*

Unter der mit stark verdickten, einzelligen Härchen besetzten Oberhaut entsteht in der ersten Vegetationsperiode eine gegen 0,1 mm breite, aus 3 oder 4 Reihen dünnwandiger Korkzellen bestehende Peridermschicht, welche sich im zweiten Jahre verdoppelt und die äusseren, kaum abgeflachten Schichten abzuwerfen beginnt. Die Borkebildung hebt ziemlich spät an, zwei Finger dicke Stämmchen sind noch mit dünnem Oberflächenperiderm bedeckt. Die inneren Korkhäute bestehen, wie die oberflächlichen, aus cubischen, zartwandigen, in den inneren Schichten gleichmässig derbwandigen Korkzellen in etwa 20 Reihen bei 0,6 mm Gesammtbreite. Sie dringen sehr tief in den Bast ein, so dass dieser an alten Stämmen lebend kaum millimeterdick erhalten bleibt. Die Borkeschuppen sind oft drei- bis viermal so dick, haften fest aneinander und werden längsrissig gesprengt.

Die primäre Rinde ist kleinzellig, aussen derb collenchymatisch, innen sehr zartwandig und reich an Krystalldrusen. Die den primären Bastbündeln angelagerten Kammerfasern führen rhomboedrische Einzelkrystalle. Die auseinander gedrängten Faserbündel werden durch Sklerosirung des Parenchyms geschlossen[2]), bei fortschreitendem Dickenwachsthum jedoch bald wieder gesprengt.

Die secundäre Rinde ist durch gemischte Sklerenchymplatten, die sich über mehrere bis viele Baststrahlen erstrecken, alternirend geschichtet. Es sind in ihnen stabzellenförmige, sehr stark verdickte und grobporige Bastfasern in nahezu gleichem Verhältniss mit kleinen isodiametrischen Steinzellen gemengt, welch letztere sehr oft auffallend grosse rhomboedrische Krystalle einschliessen. Die Weichbastschichten sind sechs- bis zehnmal breiter als die Steinplatten. Die Parenchymzellen sind wenig gestreckt, zu ansehnlichem Theile in Kammerfasern verwandelt, welche Drusen enthalten. Die Siebröhren sind in Lumen und Wanddicke von Parenchym kaum zu unterscheiden, sie sind kurzgliederig, mit einfachen Querplatten.

Die Markstrahlen sind bis vierreihig. Zwischen den Sklerenchymplatten werden sie sklerotisch und führen Einzelkrystalle, sonst sind die Zellen dünnwandiger als das Bastparenchym und enthalten wie dieses in geringen Mengen Drusen.

Hippocastaneae.

Die untersuchten Arten von *Aesculus* stimmen im Baue der Rinde vollständig überein. Ihr Periderm entsteht unmittelbar unter der Oberhaut, worauf diese schon im ersten Jahre grösstentheils abgestossen wird. Das Oberflächenperiderma wird durch eine lange Reihe von Jahren erneuert, dringt

---

[1]) Das hypodermatische Collenchym bildet nur in den jüngsten Internodien eine geschlossene Schicht. Es wird schon bei beginnendem Dickenwachsthum in mehrere Stränge getheilt und die Lücken durch dünnwandiges Rindenparenchym ergänzt.

[2]) Vgl. de Bary, Vegetationsorgane p. 555.

mitunter etwas in die primäre Rinde ein *(Ae. Hippocastanum)*, bleibt aber immer nur als papierdünne Membran am Stamme erhalten. Die inneren Periderme dagegen dringen tief ein, die Borkeschuppen sind dick, meniskenförmig. Die Korkhäute bestehen zu äusserst aus dünnwandigen, fast cubischen, innen aus tafelförmigen, an der Innenseite verdickten Zellen. Die inneren Korkhäute sind häufig geschichtet.

Die primäre Rinde ist im Allgemeinen derbwandig, in den äusseren Lagen collenchymatisch. Es entstehen in ihr die ersten Bastbündel in massigen nach aussen convexen Strängen sehr genähert und die Lücken werden alsbald durch Steinzellen ausgefüllt. Darauf beschränkt sich im ersten Jahre die Sklerosirung; späterhin werden die in Folge des Dickenwachsthums stetig sich erweiternden Zwischenräume nur unvollständig durch Steinzellen ergänzt, so dass der gemischte Sklerenchymring nur zeitweise und nicht überall angetroffen wird. Einzelne oder kleine Gruppen von Parenchymzellen an der Innenseite der primären Gefässbündel werden anscheinend zu Sekretschläuchen beträchtlich ausgeweitet. Kalkoxalat kommt reichlich in Form von Drusen oder rhomboedrischen Einzelkrystallen (in der Umgebung der Bastbündel) vor.

Die durch Phelloderm verstärkte Mittelrinde sklerosirt in ausgedehntem Maasse und die Sklerosirung des Parenchyms erstreckt sich tief in den Bast hinein. Sie erlischt sehr allmälig und selbst in hohem Alter finden sich noch vereinzelte Steinzellen. Die Steinzellen sind verschiedengestaltig, nicht bedeutend vergrössert, sehr stark verdickt, grobporig. Sie bilden isolirte Gruppen, häufiger verschmelzen sie mit den Bastfaserbündeln, welche erst in den älteren Theilen der secundären Rinde zu regelmässig concentrischen Bändern (Fig. 101) an einander gereiht sind. Die Bastfaserschichten sind immer sehr schmal, häufig einreihig, selten über dreireihig, die Fasern liegen lose neben einander, sind durch ihren kreisrunden Durchschnitt und durch krumme ästige, stumpf endigende Formen (Fig. 102) charakteristisch. Kammerfasern sind wol häufige aber keineswegs ständige Begleiter der Bastfasern und überdiess kommen auch Krystallschläuche mit ausserordentlich grossen Krystallen (selten Drusen) im Weichbaste reichlich vor. Dieser ist im älteren Baste der quantitativ weit überwiegende Bestandtheil[1]) und hier ist auch die schichtenweise Lagerung der Elemente deutlich erkennbar. Die Parenchymzellen sind oft noch radial geordnet, nicht breiter als die Bastfasern, dünnwandig, breitporig. Die Siebröhren sind weitlichtiger, an den Seiten mit zarten Siebfeldern zwischen netzig anastomosirenden Verdickungsleisten und an den Endflächen horizontal bis dahin geneigt, dass nicht selten 6—8 grosse rundliche Siebplatten Platz finden.

Die Markstrahlen sind stets einreihig. Sie werden nur bei sehr ausgedehnter Sklerosirung des Bastparenchyms gleichfalls sklerotisch. Sie enthalten keine Krystalle.

---

[1]) Vgl. Schwendener, das mechan. Princip p. 145.

Aesculus Hippocastanum L.

Die überwinternden Jahrestriebe besitzen nur mehr Bruchstücke der Epidermis und an ihrer Statt ein stellenweise bis 0,3 mm breites Periderma aus zartwandigen und weitlichtigen, nur in den letzten Reihen an der Innenseite etwas verdickten Korkzellen, die aus der äussersten Rindenzellenlage[1]) hervorgegangen sind. Eine bemerkenswerthe Eigenthümlichkeit dieses Oberflächenperiderma ist, dass es wiederholt einige Zellenreihen tief in die primäre Rinde eindringt und linsenförmige Plättchen der letzteren abtrennt. Das Oberflächenperiderm verjüngt sich durch viele Jahre, und bildet schichtenweise cubische zartwandige und flache einseitig verdickte Zellen. Denselben Bau besitzen die inneren Korkhäute, welche wenig umfangreiche, mehrere Millimeter dicke Borkeschuppen abtrennen und an alten Stämmen bis gegen 5 mm lebenden Bast erhalten.

Die primäre Rinde ist in allen Theilen derbzellig, aussen collenchymatisch, reich an grossen Krystalldrusen, nur zwischen den Bastbündeln sklerosirend[2]) und hier einzelne Rhomboeder bildend.

Die secundäre Rinde jüngerer Stämme ist wenig regelmässig geschichtet, indem die Bastfasern in spärlichen Bündeln auftreten, häufig von Steinzellen umlagert sind, letztere überdiess selbstständige Gruppen bilden. In altem Baste (Fig. 101) dagegen sklerosirt das Parenchym nur ausnahmsweise, die Bastfasern setzen tangentiale Bänder zusammen, die zwar häufig nur einreihig, aber selten unterbrochen sind. Die Steinzellen sind nur wenig vergrössert aber höchst mannigfach verkrümmt und ästig. Die Bastfasern liegen meist lose neben einander, behalten daher ihren kreisrunden Durchschnitt (0,025 mm diam.) und ebensolches, etwa ein Drittel der Breite betragendes Lumen. Die Fasern werden fast millimeterlang, endigen stumpf, sind ungleich breit, knorrig-ästig, gekrümmt, nicht gefächert (Fig. 102)[3]). Sie werden von kurzen Kammerfasern begleitet, doch kommen diese und isolirte

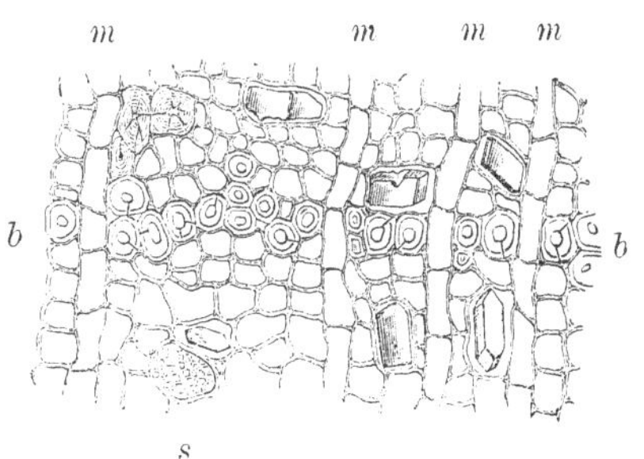

Fig. 101. *Aesculus Hippocastanum* L. Querschnitt durch den alten Bast (300). *b* Bastfaserreihe; im Weichbaste vereinzelt Steinzellengruppen und grosse Krystallzellen; *s* eine Siebplatte; *m* Markstrahlen.

reichlich zerstreut vor. Sie enthalten ungewöhnlich grosse rhomboedrische Krystalle, sehr selten Drusen[4]). — Im Weichbaste wechseln Parenchym- und Siebröhrenschichten. Die Parenchymzellen sind etwa ebenso breit, die Siebröhren sind breiter[5]) wie die Bastfasern, ihre Seitenwände tragen ein zart netziges Relief, die Endflächen mehrere (oft fünf bis acht) grosse grobporige durch dünne Leitersprossen getrennte Siebplatten.

Die Markstrahlen sind immer einreihig, sehr genähert, ihre Zellen dünnwandig, radial gestreckt, krystallfrei, ausnahmsweise zwischen Steinzellen sklerosirend.

---

[1]) Nach Sanio (Jahrb. f. wiss. Bot. II, 39) in centrifugal-reciproker Reihenfolge entstanden.

[2]) Vgl. dagegen de Bary, Vegetationsorgane p. 556.

[3]) Ueber die gefächerten Libriformfasern vgl. Sanio, Botan. Ztg. 1863.

[4]) Hartig, Forstl. Culturpflanzen p. 532 gibt nur Drusen an. Vgl. Sanio, Monatsber. der Berliner Akad. d. W. 1857 p. 252.

[5]) v. Höhnel (Gerberinden p. 117) gibt das umgekehrte Verhältniss an.

Aesculus macrostachys Lois.

Die äusserste Rindenzellenlage wird frühzeitig zum Phellogen und bildet in der ersten Vegetationsperiode gegen sechs Reihen cubischer oder mässig flacher, breiter, etwas derbwandiger Korkzellen, durch welche die Oberhaut gesprengt und theilweise abgestossen wurde. Das Periderm erneuert sich durch viele Jahre; an 5 cm dicken Stämmen bildet es eine nur 0,1 mm dicke, sich stetig abschülfernde Membran aus stark abgeplatteten, an der Innenwand verdickten, Zellen.

Die primäre Rinde, in den äusseren Lagen collenchymatisch, innen ziemlich derb, bildet nur zwischen den Bastbündeln Steinzellen[1]), führt Krystalldrusen oder an die sklerotischen Elemente gelagerte Einzelkrystalle. Innerhalb der primären Bastbündel wird in sehr jungen Internodien eine Zone Parenchymzellen sehr bedeutend (zu Sekretbehältern?) ausgeweitet.

Die Aussenschichten des Bastes werden in ausgedehntem Maasse sklerosirt und die Steinzellengruppen verschmelzen mit jenen der Mittelrinde zu einem stellenweise sehr breiten, hie und da unterbrochenen Ring. Die Steinzellen sind mässig vergrössert, ziemlich unregelmässig gestaltet, zart geschichtet mit groben, ästigen Poren. In der secundären Rinde treten die Bastfasern in losen Gruppen, einfachen tangentialen Reihen, auch isolirt auf und werden mitunter durch sklerosirendes Bastparenchym zu unregelmässigen axialen Strängen oder Platten verbunden. Die Krystalle stehen zum Sklerenchym in keiner Beziehung. Die Fasern sind kaum 0,5 mm lang, oft stabzellenförmig, verbogen, knorrig, mit meist kreisrundem Querschnitt (0,03 mm diam.) und wohl erhaltenem Lumen (etwa $^2/_3$ der Faserbreite). Sie sind an Breite gleich den Parenchymzellen, die Siebröhren sind etwas breiter, erstere breitporig, letztere mit Siebfeldern und einfachen fast horizontalen Endplatten oder mit Plattensystemen aus mehreren grossen, runden, durch breite Interstitien getrennten, feinporigen Siebplatten an der den Markstrahlen zugekehrten Seite.

Die Markstrahlen sind einreihig, nur zwischen Steinzellengruppen mitunter sklerotisch.

Aesculus Pavia L.

Jährige Triebe besitzen ein 0,1 mm breites, aus sechs Reihen weitlichtiger Zellen gebildetes Periderm, das aus der äussersten Rindenzellenlage hervorgegangen ist. Die zwei oder drei jüngsten Zellenreihen haben an der Innenwand eine Verdickungsschicht angelegt. Das Oberflächenperiderm ist sehr ausdauernd; an 15 jährigen, stark armdicken Stämmen ist es nicht breiter als an Jahrestrieben, besteht aber aus etwa 10 Reihen einseitig verdickter Tafelzellen, denen sich gegen sechs Reihen Phelloderma anschliessen.

Bezüglich der Anordnung und des Baues der Elemente ist die Identität mit der vorigen Art vollständig.

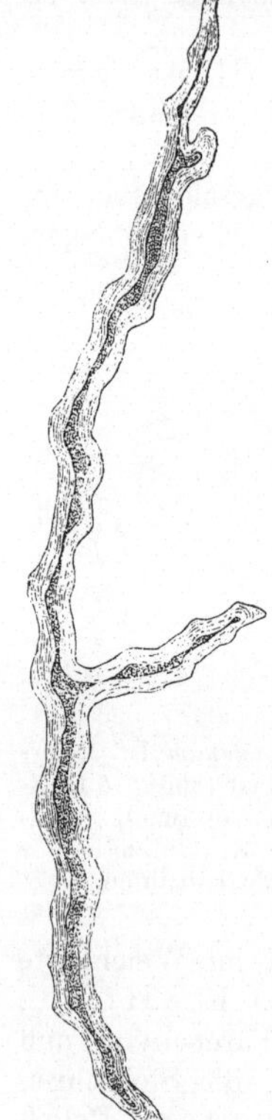

Fig. 102. *Aesculus Pavia* L. Eine durch Kalilauge isolirte ästige Bastfaser (300).

---

[1]) Sehr spät sklerosirt auch das Rindenparenchym ausserhalb des gemischten Steinzellenringes. Vgl. de Bary, l. c. p. 556.

Frangulaceae.

Aussenrinde. Die Oberhaut selbst *(Staphylea, Evonymus, Ilex)* oder die ihr unmittelbar anliegende Zellschicht (Fig. 104) der primären Rinde *(Pittosporum, Celastrus, Rhamnus)* wird zum Phellogen. Im letzteren Falle bildet das Periderma schon in der ersten Vegetationsperiode eine allseitig geschlossene Schicht, durch welche die Epidermis mitunter frühzeitig *(Pittosporum, Celastrus, Rhamnus tinctorius)* abgestossen wird. Wird aber die Oberhaut zum Initialmeristem, so geschieht diess meist erst nach Ablauf mehrerer Jahre und nicht gleichzeitig um die ganze Peripherie des Internodiums, sondern es entstehen umschriebene Flecken, Warzen oder Leisten von Kork, die sehr langsam zu einer ringsum laufenden Decke confluiren. Nur bei *Evonymus latifolius* beginnt die Peridermbildung in der zweiten Vegetationsperiode und schliesst in derselben um die ganze Peripherie ab. — *Pittosporum, Staphylea, Celastrus, Evonymus* (ausgenommen *E. obovatus*), *Ilex* verharren bei Oberflächenperiderm bis in das hohe Alter und bilden wahrscheinlich überhaupt keine Borke. Bei den *Rhamneen* ist Borkebildung die Regel, ich habe sie nur bei *Rhamnus tinctorius* vermisst, bei *Gouania* nur in den äusseren Schichten der Mittelrinde (an jungem Materiale) vorgefunden. Die Korkhäute bestehen aus weitlichtigen *(Pittosporum, Hippocratea)*, mehr oder weniger flachen dünnwandigen Tafelzellen *(Staphylea, Evonymus, Rhamnus tinctorius, Zizyphus)* oder aus gleichmässig derbwandigen Zellen *(Rhamnus, Paliurus)*. Eigentlicher Steinkork kommt nicht zur Entwicklung, doch sklerosiren ab und zu einzelne Zellen des Korkes von *Pittosporum* und *Gouania* und das Periderm von *Celastrus* wird durch Reihen einseitig (innen) sklerosirender Zellen periodisch geschichtet. Einen völlig eigenartigen, an die elastischen Bindegewebsmembranen erinnernden Bau besitzt das ausdauernde Periderm von *Ilex* (s. Fig. 105). Auch die Dicke der Korkhäute ist einigermassen charakteristisch. So sind die Korkhäute von *Pittosporum, Staphylea*, einiger *Evonymus*arten, *Hippocratea, Paliurus, Zizyphus*, der meisten *Rhamneen* sehr dünn, jene von *Rhamnus sp.*, *Evonymus verrucosus*, *Celastrus* aus zahlreichen Zellenlagen zusammengesetzt.

Mittelrinde. Die primäre Rinde besitzt eine geschlossene hypodermatische Collenchymschicht, die nur bei einigen *Evonymus*arten in geringem Grade entwickelt, bei anderen durch dünnwandiges Parenchym unterbrochen ist (s. p. 285); bei *Zizyphus* fehlt Collenchym gänzlich. Sie enthält bei *Pittosporum* schon in den jüngsten Internodien einzelne Rhomboeder, sonst Drusenschläuche (*Zizyphus* ausgenommen), zu welchen erst späterhin bei beginnender Sklerosirung Einzelkrystalle kommen. Die meisten Gattungen entbehren des Sklerenchyms vollständig, wo es vorkommt (*Pittosporum*, *Ilex*, *Gouania*, *Zizyphus*), bildet es spärliche Gruppen oder einzelne wenig vergrösserte aber stark verdickte Zellen. Nur bei *Ilex* entsteht ein gemischter Sklerenchymring und bei *Gouania* vergrössern sich die sklerosirenden Zellen. Einige *Evonymus*arten und *Pittosporum* enthalten in den primären Gefässbündeln keine Bastfasern; bei *Evonymus latifolius*, *Celastrus* sind diese äusserst geschmeidig, zusammengefallenen Schläuchen ähnlich (Fig. 104) und bei den *Rhamneen* sind sie von den secundären Bastfasern ebenfalls verschieden. Schizogene Sekretbehälter sind eine auf *Pittosporum* beschränkte Eigenthümlichkeit. Die Rinden der *Celastrineen* und *Rhamneen*, welche keine Borke bilden, folgen dem Dickenwachsthum des Stammes hauptsächlich durch Verbreiterung der primären Markstrahlen, welche als hellfarbige Dreiecke auf Querschnitten makroskopisch sichtbar sind, doch wurde bei einigen *Rhamneen* auch Phelloderma beobachtet.

Innenrinde. Von allen *Frangulaceen* unterscheidet sich *Staphylea* durch das typische Auftreten von Steinzellenplatten im Baste, während sonst gerade die unterbleibende Sklerosirung des Bastparenchyms charakteristisch ist. Nur bei Arten, deren Mittelrinde sklerosirt, greift die Steinzellenbildung häufig in die Aussenschichten des Bastes über. Nach dem Vorkommen oder dem Mangel von Bastfasern trennen sich die *Frangulaceen* in zwei Gruppen. Bündel oder Platten von Bastfasern, in alternirender (Fig. 106, 107) oder regelmässig concentrischer Schichtung bilden einen wesentlichen, nie fehlenden Bestandtheil der secundären Rinde bei *Hippocratea* und den *Rhamneen*; Bastfasern fehlen vollständig bei *Staphylea*, *Pittosporum*, *Ilex* und *Celastrus*; die *Evonymus*arten bilden Schichten dünnwandiger Schläuche, von denen einzelne sich zu sklerotischen Bastfasern entwickeln (*Ev. obovatus* s. Fig. 103), andere in eigenartige quellbare Fasern verwandelt werden, deren Wand durch winzige Grübchen dicht gekörnt ist (vgl. p. 286). — In allen Rinden ist Weichbast vorherrschend und in diesem wieder Parenchym, mit Ausnahme von *Pittosporum*, wo Siebröhren dominiren. Das Bastparenchym besitzt grosse, nahezu die ganze Breite der radialen Wand einnehmende Tüpfel (Fig. 103). — In den Rinden, welche Bastfaserbündel enthalten (*Rhamneen* und *Hippocratea*) sind schwach sklerotische Kammerfasern mit Einzelkrystallen die ständigen Begleiter dieser und bei *Rhamnus* und *Hippocratea* kommen ausserdem im Weichbaste zerstreute Krystallschläuche oder Kammerfasern vor, welche bei jener vorherrschend Drusen, bei dieser Einzelkrystalle enthalten. Die Sklerenchymplatten von *Staphylea* sind nicht mit Krystallen belegt, der Weichbast enthält reichlich Drusen. Bei *Ilex* wird Kalkoxalat in Form grosser Krystalle nur in der Umgebung der Steinzellen abgelagert, die tieferen (jüngeren) Bastschichten führen keine Krystalle. Die *Celastrineen* bilden ausschliesslich Drusen und *Pittosporum* auffallender Weise nur Einzelkrystalle, trotzdem sie, wie jene, keinerlei sklerotischen Elemente entwickelt. Von formlosen Inhaltsstoffen verdienen das Oel im Bastparenchym von *Ilex*, der rothbraune Inhalt (Gerbstoff?) in isolirten Parenchymfasern bei *Hippocratea* und in Zellengruppen bei *Gouania*, und das harzartige Sekret in grossen Räumen bei *Pittosporum* (s. p. 282) Erwähnung. — Die Siebröhren sind am Querschnitte vom Bastparenchym mitunter *(Staphylea, Celastrus, Hippocratea)* durch weiteres Lumen verschieden. Bezüglich des Reliefs ihrer Endflächen kommen alle Uebergänge zwischen einfachen *(Ilex, Celastrus, Rhamnus)* und leiterförmig gereihten bis die ganze Wand bedeckenden Siebplatten *(Pittosporum)* vor.

Die Markstrahlen sind im Allgemeinen durch geringe radiale Streckung der Zellen bemerkenswerth. Sie sind einreihig bei *Evonymus* und *Paliurus*, bei allen übrigen Gattungen mehr-, bis sechsreihig. Für die *Rhamneen* und für *Hippocratea* ist die Verwandlung der an die Bastfaserbündel grenzenden Markstrahlzellen in sklerotische Krystallschläuche (Fig. 107) charakteristisch, während die anderen Theile der Markstrahlen meist krystallfrei sind. Bei *Staphylea* üben die Sklerenchymplatten keinen Einfluss auf die sie durchsetzenden Markstrahlen. Diese bleiben dünnwandig und führen wie bei den der Sklerosirung überhaupt entbehrenden Arten dieselben Krystallformen wie das Bastparenchym. Die Markstrahlen von *Rhamnus* enthalten eine orangegelbe Flüssigkeit *(Frangulin)*.

Uebersicht der Gattungen nach Merkmalen des Bastes.

A. Bastfasern fehlen.

  1. Tangentiale Steinzellenplatten durch breite, dünnwandige Markstrahlen getrennt; Drusen im Weichbast: *Staphylea.*

  2. Steinzellengruppen nur in den äusseren Bastschichten; keine Borke.

    a. Einzelkrystalle im Weichbaste und in den Markstrahlen; Siebröhren mit zahlreichen Siebplatten; Harzräume: *Pittosporum.*

    b. Kalkoxalat fehlt; Siebröhren mit einfachen Endplatten: *Ilex.*

  3. Steinzellen fehlen in allen Theilen der Rinde.

    a. Weichbast grosszellig, breite Markstrahlen; Krystalldrusen: *Celastrus.*

    b. Schichten dünnwandiger Fasern; Markstrahlen einreihig; granulirte Fasern: *Evonymus.* [1]

B. Bastfaserbündel von Kammerfasern bekleidet; keine Steinzellen.

  1. Bastfaserplatten concentrisch geschichtet.

    a. Markstrahlen einreihig; Korkhäute derbwandig: *Paliurus.*

    b. Markstrahlen breit; Kork zartzellig: *Hippocratea.*

  2. Bastfaserbündel oder Platten in stufiger Anordnung.

    a. Bündel schmal, mit querelliptischem Querschnitt immer isolirt; Drusen im Weichbast: *Rhamnus.*

    b. Bündel und Platten in unregelmässiger Schichtung; keine Krystalle im Weichbast.

      α. Bastfasern sehr lang und dünn in massigen Bündeln: *Gouania.*

      β. Bastfasern kurz, selten in mehr als dreireihigen Bündeln: *Zizyphus.*

---

[1] Mitunter kommen vereinzelte sklerotische Bastfasern vor.

Pittosporeae.

Das Periderm bildet sich ausserordentlich frühzeitig aus der äussersten Reihe der hypodermatischen Collenchymschicht der primären Rinde und ist durch Grosszelligkeit, Derbwandigkeit und durch die unterbleibende Abflachung ausgezeichnet. Die letztere Eigenschaft ist eine Consequenz der raschen Abstossung der älteren Peridermlagen.

Die primäre Rinde enthält reichlich Kalkoxalat meist in Form grosser Einzelkrystalle und bildet frühzeitig schizogene Oelräume. Primäre Bastfasern fehlen. In alter Rinde sklerosiren zerstreute Parenchymgruppen der z. Th. aus Phelloderma gebildeten Mittelrinde.

Der Bast entbehrt der sklerotischen Elemente vollständig. Das Parenchym ist derbwandig, breitporig; die Siebröhren, welche in breiten Schichten gebildet werden, tragen eine grosse Zahl von Siebplatten. Im Alter entstehen tangential geordnete Sekreträume in mehreren Schichten.

Die Markstrahlen sind breit, zartzellig, krystallführend.

Pittosporum sp.

An sehr jungen Internodien findet man bereits an Stelle der Oberhaut ein Periderm aus grossen cubischen, selbst radial gestreckten, derbwandigen Zellen, welche aus der äussersten Rindenzellenlage entstanden sind.

Die primäre Rinde ist grosszellig, in den äusseren Schichten ausgezeichnet collenchymatisch und führt schon in diesen reichlich Einzelkrystalle, seltener Drusen. Frühzeitig entstehen in ihr Sekreträume, welche mit den gleichnamigen Gebilden der Coniferen übereinstimmen und ätherisches Oel enthalten. Primäre Bastfasern werden nicht gebildet, auch fehlen Steinzellen.

Die millimeterbreite Rinde eines armdicken Stammes ist mit 4 – 8 Reihen Korkzellen, die den erstgebildeten völlig gleichen, bedeckt. Die Mittelrinde hat keine anderen, als die aus der Streckung resultirenden Veränderungen erfahren. Der Bast ist gleichfalls frei von sklerotischen Elementen jeder Art. Das Parenchym ist derbwandig, beitporig, hie und da zu Kammerfasern getheilt, welche Einzelkrystalle enthalten. Die Siebröhren sind ihnen im Lumen nahezu gleich, fast der ganzen radialen Seite entlang mit feinporigen Siebplatten treppenförmig besetzt.

Die Markstrahlen sind mehrreihig, ihre Zellen zartwandig und weitlichtiger als das Bastparenchym mit Oeltropfen erfüllt, sehr selten Krystalle einschliessend.

Pittosporum Tobira Ait. *(Pittosporum chinense Don.)*

Schenkeldicke Stämme besitzen eine 2—3 mm dicke Rinde, welche mit dünnem, lederfarbigem .Korke bedeckt ist.

Das Oberflächenperiderm besteht aus wenigen Reihen derbwandiger, fast cubischer Zellen, die sehr häufig an der Innenseite eine scharf abgegrenzte Verdickungsschicht zeigen. Einige Zellreihen sind als Phelloderma erkennbar. Borke wird nicht gebildet.

Die Mittelrinde ist gleichfalls etwas derbwandig, sehr reich an Krystallschläuchen, die grosse Rhomboeder oder Prismen einschliessen. Zerstreute Zellen werden sklerotisch ohne Form und Grösse wesentlich zu verändern. Ab und zu findet sich ein **schizogener Sekretbehälter**[1]) von linsenförmiger Gestalt (bis 0,4 mm diam.) mit blassgelbem, schölligem Inhalte.

Aehnliche Sekretbehälter von kleinerem Querschnitte aber beträchtlicher axialer Streckung kommen auch im Baste vor. Sie bilden hier tangentiale Schichten (schon unter der Loupe kenntlich), was auf eine periodische Entstehung hindeutet. In dem vorliegenden alten Rindenmuster zählt man vier solcher Sekretzonen, ihre Bildung erfolgt demnach jedenfalls in vieljährigen Intervallen. — Die secundäre Rinde bildet keine **Bastfasern**[2]), sie besteht zum überwiegenden Theile aus Siebröhren, die der ganzen Wand entlang mit feinporigen Siebplatten leiterförmig besetzt sind. Die spärlichen Parenchymzellen sind zumeist zu Krystallschläuchen, hie und da zu kurzen Kammerfasern umgewandelt und führen grosse, verschieden gestaltete isodiametrische und prismatische Krystallformen.

Die meisten Markstrahlen sind vier- bis sechsreihig, ungemein reich an Krystallen.

Staphyleaceae.

Das zartzellige Periderma entsteht aus der Epidermis an umschriebenen Stellen in verschiedenen Zeiträumen, so dass es in der Regel erst im dritten Jahre die Oberhaut vollständig ersetzt. Von da ab verjüngt es sich continuirlich ohne Borke zu bilden. Die Mittelrinde besitzt collenchymatisches Hypoderma und verbreitet sich vorzüglich durch Zellenvermehrung einzelner Markstrahlen. Sie führt reichlich Krystalldrusen und wird niemals sklerotisch.

Secundäre Bastfasern fehlen; Steinzellenplatten in treppenförmiger Schichtung sind das einzige sklerotische Element des Bastes. Sie bilden sich in jedem Strange selbstständig, wenngleich häufig gleichzeitig in mehreren benachbarten Strängen. Aber auch in diesem Falle werden die einzelnen Sklerenchymgruppen nicht zu Platten verbunden, indem die durchtretenden Markstrahlen dünnwandig bleiben. Die breiten Markstrahlen sind etwas grosszelliger als der Weichbast und führen reichlicher Krystalldrusen.

Staphylea pinnata L.

Das Periderm bildet sich aus der stark cuticularisirten Oberhaut[3]) zum Theile in der ersten Vegetationsperiode; doch sind zwei- selbst dreijährige Internodien stellenweise noch ohne Periderm. Die Korkzellen sind zartwandig, flach, gebräunt und werden frühzeitig abgestossen. Es wird keine Borke gebildet; armdicke Stämme sind mit 0,05 mm dickem Periderm bedeckt, welches in dünnen Schuppen abblättert.

Die primäre Rinde ist in den äusseren Schichten collenchymatisch, in den inneren etwas derbwandig, fein- oder netzporig. Zahlreiche Zellen führen grosse Krystalldrusen[4]). Die primären Bastfasern sind vollständig verdickt und schon in einjährigen Internodien zu flachen Bändern gereiht. Die Rinde folgt

---

[1]) Vgl. N. Müller. Jahrb. f. w. Bot. V. p. 387 und de Bary, Vegetationsorgane p. 211.

[2]) Vgl. de Bary, Vegetationsorgane p. 542.

[3]) Vgl. Sanio, Jahrb. f. w. Bot. II, p. 39. Vesque, Anatomie comp. de l'écorce p. 113.

[4]) Von Sanio, (Monatsber. d. Berl. Akad. 1857, p. 252) wird Krystallsand angegeben.

dem Dickenwachsthum weniger durch Bildung von Phelloderma, als vielmehr durch Verbreiterung der primären Markstrahlen, die am Querschnitte schon mit unbewaffnetem Auge als hellfarbige Dreiecke kenntlich sind.

Die secundäre Rinde bildet keine Bastfasern. An ihre Stelle treten Steinzellengruppen in regelloser Anordnung, aber späterhin in tangentialen Platten, welche alternirend geschichtet sind und in verticaler Richtung oft 1,5 mm und darüber messen. Die Steinzellen sind dicht gefügt, isodiametrisch oder mässig axial gestreckt, von sehr verschiedenem 0,05 mm selten übersteigendem Durchmesser, vollkommen verdickt, zart geschichtet und ausserordentlich reichporig. — Der Weichbast ist kleinzellig. Die Parenchymzellen sind an den Markstrahlseiten mit breiten, rundlichen Poren besetzt, hie und da zu Kammerfasern umgestaltet, die immer Drusen enthalten. Nur vereinzelte den Steinzellen angelagerte Krystallschläuche enthalten Rhomboeder. Die Siebröhren sind etwas breiter (0,025 mm), an den Endflächen mit 8—12 grossen, feinporigen Siebplatten in leiterförmiger Anordnung.

Die Markstrahlen zählen bis zu sechs Reihen breite, radial kaum gestreckte, auch zwischen den Sklerenchymplatten dünnwandige und reichlich Krystalldrusen führende Zellen.

Celastrineae.

Evonymus und *Celastrus* stimmen darin überein, dass weder das Parenchym der Mittelrinde noch des Bastes jemals sklerosirt, sind aber sonst in jeder Hinsicht verschieden. Das Periderm bei *Celastrus* wird sehr frühzeitig aus der obersten Rindenzellschicht (Fig. 104) angelegt, erreicht bei unterbleibender Borkebildung grosse Mächtigkeit und schichtet sich durch einseitige Sklerosirung einfacher Korkreihen. Bei *Evonymus* wird die Oberhaut zum Phellogen und die Korkzellen bleiben stets zartwandig. Die einzelnen Arten zeigen beachtenswerthe Unterschiede in der Entwicklung des Periderma. Dieses entsteht bei *E. latifolius* im zweiten Jahre gleichzeitig rings um das Internodium, bei *E. obovatus* und *verrucosus* viele Jahre hindurch bloss an umschriebenen Stellen in Form von Warzen oder von oft mehrere Millimeter hervorragenden longitudinalen Rippen. Das Oberflächenperiderm ist ausdauernd *(E. verrucosus* und *latifolius)*, die älteren Schichten werden aber bald abgestossen, so dass der Stamm von einer verhältnissmässig dünnen Korkmembran bedeckt bleibt. Früh auftretende Borkebildung habe ich bei *E. obovatus* beobachtet.

Die primäre Rinde bildet ein geschlossenes Collenchym bei *Celastrus*, ein von Gruppen dünnwandigen Parenchyms unterbrochenes Collenchym bei *Evonymus latifolius*, ein schwach collenchymatisches Hypoderma bei *E. verrucosus* und *obovatus*. Bei den letzteren ist der überwiegende Theil der primären Rinde (die mediane Schicht) zartzellig und das Hypoderma ist mit den tieferen gleichfalls derbwandigen Schichten durch Collenchymleisten verbunden, die nach Art von Streben das Chlorophyll-Parenchym durchsetzen. Sie führt reichlich Drusenschläuche, mitunter auch Kammerfasern. Einige *Evonymus*arten bilden in den primären Gefässbündeln keine Bastfasern; *E. lati-*

folius und *Celastrus* besitzen stark verdickte primäre Bastfasern, die bei der letzteren durch eigenthümliche Knickung der Fläche (Fig. 104) auffallen.

Die secundäre Rinde von *Celastrus* besitzt gar keine Bastfasern, jene von *Evonymus* Fasern, welche mit dem geläufigen Begriff der Bastfasern (ausgenommen *E. obovatus*, wo vereinzelte echte Bastfasern vorkommen) sich nicht decken. Es finden sich Schichten dünnwandiger, auf Cellulose reagirender, stumpf endigender Schläuche, denen jedes Verdickungsrelief, sowie die Merkmale der Zellfusion abgehen und dazwischen isolirte quellbare Fasern von den Umrissen der Bastfasern, aus denen sie durch eine höchst auffällige Metamor= phose der Membran hervorgegangen zu sein scheinen (vgl. Fig. 103).

Parenchym und Siebröhren sind bei *Evonymus* englichtig, bei *Celastrus* weiträumig und zartwandig. Die Parenchymzellen sind breitporig, einzeln oder in Kammerfasern Drusen führend. Die Siebröhren tragen an den entsprechend geneigten Endflächen mehrere grobporige *(Celastrus)* oder zahlreiche feinporige *(Evonymus)* Siebplatten in treppenförmiger Anordnung.

Für *Evonymus* sind die einreihigen Markstrahlen charakteristisch, *Celastrus* hat breite, reichlicher als das Bastparenchym Drusen führende Markstrahlen. Bei den Arten, welche keine Borke bilden, folgt die Rinde dem Dickenwachsthum durch Verbreiterung der primären Markstrahlen nach aussen.

Evonymus obovatus Nutt.

Die derb cuticularisirte Oberhaut dauert sechs und mehr Jahre aus und bildet während dieser Zeit nur scharf umgrenzte Korkwarzen an den geschützten Theilen der Internodien, während die exponirten Stengeltheile sich schon früher mit geschlossenem Periderm bekleiden. An fingerdicken Stämmchen dringen die aus zartwandigen Tafelzellen bestehenden Korkhäute bereits in die Tiefe und trennen sehr dünne, aber meist grossflächige Borkeschuppen ab, die innig aneinander haften, so dass oft 12 Platten in der Gesammtdicke von 3 mm den nur 1 mm dicken lebenden Bast bedecken. Die Korkhäute sind als helle, scharf gezeichnete Linien auf dem braunen Borkengewebe mit freiem Auge kenntlich; sie sind nicht selten 0,5 mm breit (gegen 20 Zellenreihen) und dann breiter als die von ihnen abgetrennten Rindenplatten.

Die primäre Rinde besitzt nur einige Collenchymrippen, durch welche das schwach entwickelte Hypoderma mit den tiefen collenchymatischen Schichten verbunden ist. In dem mittleren Chlorophyll führenden Theile ist sie dünnwandig, kleinzellig, mit zerstreuten drusenführenden Krystallschläuchen, der Steinzellen und primären Bastfasern entbehrend.

In der secundären Rinde treten sklerotische Bastfasern (Fig. 103) äusserst spärlich, meist vereinzelt auf. Sie sind höchstens millimeterlang, 0,02 mm breit, spindelförmig, geradläufig, mit sehr engem Lumen und breiten Porenkanälen.

Der Weichbast erscheint am Querschnitte als gleichartiges kleinzelliges Gewebe, am radialen Längsschnitte geschichtet aus langen dünnwandigen Schläuchen einerseits und Parenchym und Siebröhren anderseits. Die Schläuche werden durch Chlorzinkjod intensiv violett gefärbt und zeigen keinerlei Relief, die Parenchymzellen sind breit getüpfelt, die Siebröhren mit zahlreichen Siebplatten treppenförmig besetzt.

In ziemlich grosser Menge, wenngleich meist isolirt, seltener in kurzen tangentialen Reihen kommt ein Element höchst eigenthümlicher Bildung vor. Es sind compacte, geschmeidige, wurmförmige Fasern von 0,015 mm Dicke und sehr verschiedener, nicht selten 1 mm übertreffender Länge, deren Oberfläche dicht mit kleinen eckigen Grübchen besetzt ist. Sie quellen schon in Wasser beträchtlich, durch Chlorzinkjod werden sie schwach gelb gefärbt, durch Alkalien wird die Oberfläche geglättet, wie durch Schwefelsäure, während bei Behandlung mit Essigsäure, Salz- und Salpetersäure die Grübchen anfangs deutlicher hervortreten. Möglicherweise handelt es sich hier um eine Schleim- oder Pectinmetamorphose gewisser Bastfasern. Die Grübchen stellen vielleicht die Matrix winziger Krystalle dar, welche der Membran eingelagert waren, z. Th. noch sind. Die bei Schwefelsäurebehandlung anschiessenden Gypsnadeln scheinen dafür zu sprechen, wenngleich diese auch von den im Bastparenchym vorkommenden Oxalatdrusen herrühren können. [1]

Die Markstrahlen bestehen immer nur aus einer Reihe dünnwandiger, radial gestreckter Zellen.

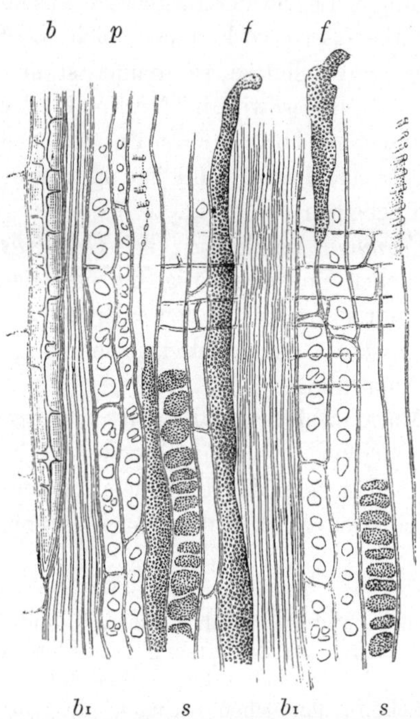

Fig. 103. *Evonymus obovatus* Nutt. Radialschnitt durch den Bast (300). *b* eine sklerotische Bastfaser; *bɪ* Bündel dünnwandiger Fasern; *f* quellbare mit Grübchen dicht bedeckte Fasern; *p* breitgetüpfeltes Bastparenchym; *s* Siebröhren.

Evonymus verrucosus L.

Mit Ausnahme der bei dieser Art zahlreichen und bis hirsekorngrossen Korkwarzen sind zehnjährige, selbst noch ältere Internodien grün, von der ungemein derb cuticularisirten Oberhaut bedeckt. Das Periderm entsteht aus der Oberhaut, ist durchweg zartzellig, wenig abgeflacht, schichtenweise mit braunrothem Inhalt erfüllt. An alten Stämmen erreicht es eine Mächtigkeit von 0,5 mm ohne in die Tiefe zu dringen, in longitudinalen Rippen sogar die Höhe von mehreren Millimetern [2]. Unter der Oberhaut liegen 2—3 Reihen schwach collenchymatischer Zellen, denen sich das chlorophyllführende, dünnwandige Parenchym der primären Rinde mit zahlreichen Drusenschläuchen anschliesst.

Der Bast ist völlig übereinstimmend mit der vorigen Art, nur fehlen die sklerotischen Bastfasern.

---

[1] Dr. Heinr. Paschkis, welcher diese Fasern fast gleichzeitig und unabhängig von mir auffand, versuchte dieselben auf trockenem Wege zu isoliren. Es gelang, die Fasern, welche aus den Rissflächen des Bastes hervorragen, zu sammeln und an diesem Material die mikrochemischen Reactionen zu wiederholen. Ein bestimmtes Urtheil über die Natur dieser merkwürdigen Gebilde war gleichwol nicht zu gewinnen; nur konnte mit grosser Wahrscheinlichkeit die Einlagerung von Oxalatkrystallen ausgeschlossen werden, da durch Schwefelsäure kein Gyps dargestellt werden konnte.

[2] Wie bei *Evonymus europaeus.* Vgl. de Bary, Vegetationsorgane p. 565.

Evonymus latifolius Scop.

Einjährige Triebe sind frei von Periderm, im zweiten Jahre bildet die Oberhaut ein allseitig geschlossenes Periderm aus 5 — 8 Reihen dünnwandiger Tafelzellen, die sich alsbald in den äusseren Lagen mit braunem Inhalt füllen und im dritten Jahre zugleich mit der Oberhaut abgestossen werden. Das Oberflächenperiderm ist ausdauernd, bleibt aber immer sehr dünn, es besteht an armdicken Stämmen in der Regel nur aus 4—6 Zellenreihen.

Die primäre Rinde besitzt eine breite, typische Collenchymschicht, die nur ab und zu von Nestern dünnwandigen Parenchyms unterbrochen ist. Die primären Gefässbündel bilden stark verdickte Bastfasern.

Die secundäre Rinde ist von der vorigen im Baue nicht verschieden; auch sie entbehrt der sklerotischen Bastfasern.

Celastrus scandens Lin.

Einjährige Internodien besitzen ein ringsum geschlossenes, aus der äussersten Zellenlage der primären Rinde[1]) hervorgegangenes Periderm aus stark abgeplatteten Zellen, deren äusserste Reihe an der Innenseite sklerosirt und dadurch den Charakter der Epidermis erhält (Fig. 104).

Es wird keine Borke gebildet. Das Oberflächenperiderm bildet an alten Stämmen einen etwa 1 mm dicken Ueberzug, der aus mehr als 100 Zellenreihen besteht. Es wechseln ungleich breite Schichten mässig flacher und völlig zusammengedrückter, dünnwandiger Korkzellen und in mehrjährigen Perioden bilden sich Grenzplatten durch einseitige Sklerosirung einfacher Korkreihen, wie im ersten Jahre.

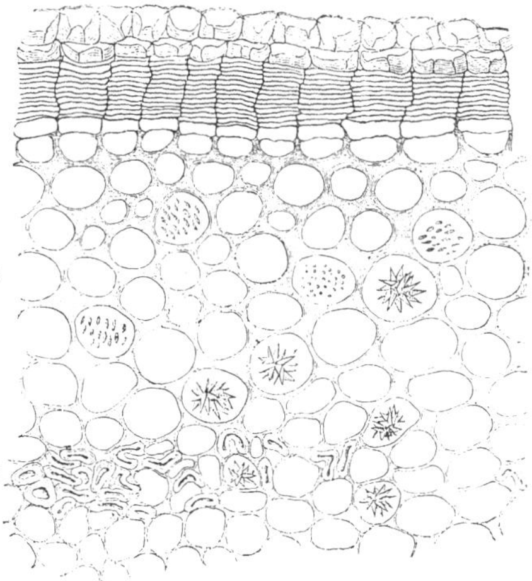

Die primäre Rinde, in den äusseren Lagen mässig collenchymatisch, führt reichlich grosse Krystalldrusen. Die in lockeren Bündeln auftretenden Bastfasern sind bandartig flach und eigenthümlich gefaltet (Fig. 104). Steinzellen fehlen.

Die secundäre Rinde enthält keinerlei sklerotische Elemente. Der Weichbast ist grosszellig, sehr dünnwandig und enthält nur Parenchym und Siebröhren. Die Parenchymzellen sind breitporig, häufig zu Kammerfasern getheilt, die ausschliesslich Krystalldrusen führen. Die Siebröhren sind mitunter ausserordentlich weitlichtig (0,08 mm), ihre Endflächen mit mehreren grobgegitterten Endplatten besetzt.

Die Markstrahlen sind meist ein- oder zweireihig, doch auch bis sechsreihig. Ihre Zellen sind weitlichtig und dünnwandig wie das Bastparenchym, radial gestreckt und führen sehr häufig, namentlich in den Randzellen, Drusen.

Fig. 104. *Celastrus scandens* L. Querschnitt durch ein junges Internodium des jährigen Triebes (300). *p* Kork aus der obersten Zellenreihe des collenchymatischen Hypoderma *c* hervorgegangen; *b* Bastfasern des primären Stranges.

---

[1]) Nach Vesque (Anat. comp. p. 113) wird bei einigen *Celastrineen* die Epidermis zur Korkinitiale.

Hippocrateaceae.

Der Bast von *Hippocratea* ist concentrisch geschichtet durch schmale Bastfaserplatten und etwas breitere Weichbastschichten. Die Bastfaserbündel sind vollständig von Kammerfasern umhüllt, während sonst im Weichbaste nur vereinzelt Krystallschläuche (mit Rhomboedern) vorkommen. Die Elemente des Weichbastes sind breiter als die Bastfasern, die Parenchymzellen werden nicht sklerotisch, die Siebröhren haben Systeme leiterförmig angeordneter Platten. Die Markstrahlen sind breit, ihre Zellen werden zwischen den Bastfaserbündeln zu sklerotischen Krystallschläuchen.

Der Regelmässigkeit der Schichtung entsprechend, werden auch die inneren (stets zartzelligen) Korkhäute in den Weichbastschichten concentrisch angelegt (Ringborke); es bildet sich kein Phelloderma.

Hippocratea indica Willd.

Die Rinde eines 3 cm dicken Stammes ist gegen 2 mm breit und enthält drei concentrische Borkecylinder, deren Korklamellen wegen ihrer kreideweissen Farbe scharf hervortreten. Unter der Loupe erscheint der Querschnitt zart gefeldert.

Die Korkhäute sind äusserst zartzellig, kaum abgeplattet, meist ebenso breit oder breiter als die abgetrennten Rindenzonen. Sie sind tief in den Bast eingedrungen, von der Mittelrinde ist nichts erhalten.

Die secundäre Rinde ist sehr regelmässig geschichtet durch tangentiale Bastfaserplatten, die nur selten unterbrochen, an den meisten Stellen 2—4 Fasern dick, und allseitig von Kammerfasern mit rhomboedrischen Einzelkrystallen bedeckt sind.

Die Bastfasern sind kaum millimeterlang, 0,02 mm breit, geradläufig, zugespitzt, am Querschnitt gerundet-quadratisch oder rechteckig, fast vollständig verdickt, reichporig. Der Weichbast ist grosszellig, dünnwandig; viele isolirte Parenchymfasern sind dicht mit rothbraunem Inhalt (Sekretschläuche?) erfüllt. Die Siebröhren haben die doppelte Breite der Bastfasern und tragen zehn und mehr feinporige Siebplatten an den stark geneigten Endflächen.

Die Markstrahlen sind bis vierreihig. Die Zellen sind dünnwandig, nur zwischen den Bastplatten in geringem Grade sklerotisch und isodiametrische Krystalle einschliessend.

Ilicineae.

Das aus der Epidermis entstehende Oberflächenperiderm von *Ilex* besteht aus ungewöhnlich derbwandigen Tafelzellen (Fig. 105), die zu einer zähen, elastischen Membran verschmelzen, welche in toto dem Dickenwachsthum folgt ohne die älteren Schichten abzustossen. An armdicken Stämmen ist sogar die Oberhaut noch in ansehnlichen Resten erhalten.

In der Mittelrinde beginnt die Sklerosirung des Parenchyms in der Umgebung der primären Bastfasern und führt zur Entstehung eines Sklerenchymringes. Kleinere Zellgruppen sklerosiren sodann in allen Theilen der primären Rinde bis in die äusseren Lagen des Bastes. Das ursprünglich in

Drusen auftretende Kalkoxalat krystallisirt später in rhomboedrischen Tafeln und Prismen.

Die secundäre Rinde bildet **keine Bastfasern** und spärliche Siebröhren mit grobporigen Endplatten. Das Bastparenchym ist derbwandig, führt **keine Krystalle**, dagegen reichlich Oel.

Die Markstrahlen sind kurzzellig, bis vierreihig, krystallfrei.

Ilex aquifolium Lin.

Die mit derber (0,015 mm) Cuticula [1]) bedeckte Oberhaut ist sehr ausdauernd; an zehnjährigen, selbst älteren Stämmen ist sie noch erhalten, das Periderm geht aus ihr zunächst an zerstreuten Stellen der Peripherie hervor und breitet sich von diesen aus allmälig weiter. Die Korkzellen sind klein, abgeflacht und derbwandig. Selbst in hohem Alter wird keine Borke gebildet. Das Oberflächenperiderm bildet eine elastische Membran aus sklerotischen, vorwiegend an den tangentialen Seiten verdickten Tafelzellen (Fig. 105). An einem armdicken Stamme fand ich den Kork aus 20 — 24 Zellenreihen zusammengesetzt, 0,25 mm breit.

Die primäre Rinde ist in den Aussenschichten collenchymatisch, auch in den inneren etwas derb, feinporig, Drusen führend. Die primären Bastfasern sind auffallend dünn (bis 0,018 mm diam.), ihre spärlichen Bündel [2]) werden mitunter von schwach sklerotischen Parenchymzellen begleitet. Die Sklerosirung des Parenchyms der Mittelrinde nimmt späterhin grössere Dimensionen an; es kommt zur Bildung eines geschlossenen Steinzellenringes und überdies treten sowol ausserhalb wie innerhalb des letzteren zerstreute Steinzellengruppen auf. Die Steinzellen sind nicht vergrössert, isodiametrisch oder tangential gestreckt, wie das angrenzende Parenchym, stark verdickt. Zugleich mit der Sklerosirung verschwinden die Drusen und an ihre Stelle treten grosse rhomboedrische Einzelkrystalle.

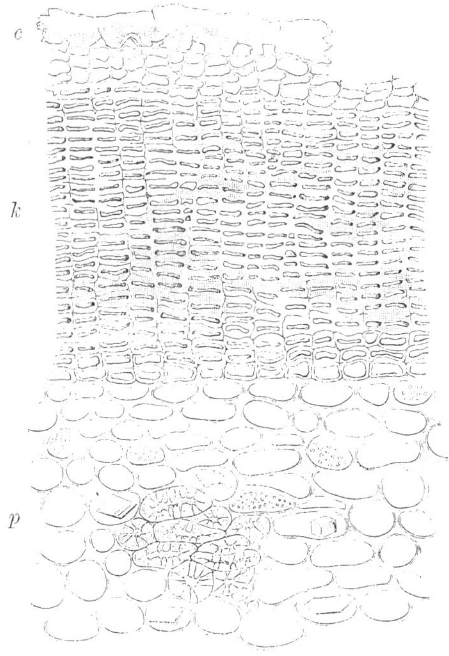

Fig. 105. *Ilex aquifolium* L. Querschnitt durch den äusseren Theil der Rinde eines alten Stammes (300). *c* Fragment der Cuticula; *k* Korkmembran aus innig verschmolzenen Zellen; *p* primäre Rinde mit collenchymatischem Charakter, einer Steinzellengruppe und Krystallzellen.

In der Aussenschicht der secundären Rinde bilden sich noch einzelne Steinzellengruppen, sonst besteht dieselbe ausschliesslich aus derbwandigem Weichbast

---

[1]) Vgl. die Abbildung in Sachs' Lehrb. p. 35.
[2]) Vgl. Vesque, Anat. comp. de l'écorce p. 100.

und vorwiegend aus Parenchym, welches mit Oeltropfen erfüllt ist. Krystallschläuche fehlen. Die Siebröhren haben mässig geneigte, mit einfachen oder
doch wenigen Siebplatten besetzte Endflächen.

Die Markstrahlen sind bis vier Reihen breit; ihre Zellen sind etwas zartwandiger als das Bastparenchym, beinahe cubisch, frei von Krystallen.

Rhamneae.

Die Bildung des Oberflächen-Periderma erfolgt bei *Zizyphus* sehr spät;
sie wurde nur bei *Rhamnus* beobachtet. Es wird die äusserste Rindenzellenlage frühzeitig zum Phellogen, die dünnwandigen Korkzellen werden durch die ein oder zwei Jahre ausdauernde Oberhaut stark abgeplattet *(Rh. catharticus)* oder sie sprengen die Epidermis schon in der ersten
Vegetationsperiode und entwickeln sich zu Schwammkork *(Rh. tinctorius)*, der
sich bis ins hohe Alter verjüngt ohne Borke zu bilden. Bei anderen *Rhamnus*-
arten dringen derbwandige Korkhäute in die Tiefe, welche dünn sind
(Rh. catharticus) oder aus weit über hundert Zellenreihen bestehen *(Rh. sp.)*.
Diesen ähnlich sind die inneren Korkhäute von *Paliurus*, während sie bei
Zizyphus und *Gouania* nur aus wenigen Reihen dünnwandiger Zellen
bestehen, von denen bei *Gouania* hie und da einige sklerosiren.

In den beiden letzteren entwickeln sich auch allein Steinzellen in der
Mittelrinde und in der Aussenschicht des Bastes. Die primäre Rinde besitzt
ein collenchymatisches Hypoderma und führt Krystalldrusen
(Rhamnus) oder entbehrt beider *(Zizyphus)*. Die primären Bastfasern sind
bei *Rhamnus* in ihrer Form von den secundären wesentlich verschieden.

Die secundäre Rinde aller untersuchten *Rhamneen* ist charakterisirt durch
die von Kammerfasern allseitig umkleideten Faserbündel. Die
Bastbündel bilden isolirte schmale Bänder *(Rhamnus)*, welche gleichwol häufig
sich aus den Fasern zweier benachbarter Stränge zusammensetzen (Fig. 107)
oder breitere Platten (Fig. 106) in stufiger Anordnung *(Zizyphus, Gouania)*
oder selten unterbrochene concentrische Lagen *(Paliurus)* und nähern sich so
dem Typus von *Hippocratea*. Die Bündel sowohl wie die Platten sind dünn,
nur bei *Gouania* zählen sie in der Regel mehr als drei Faserreihen, ihre
tangentialen Flächen sind ziemlich geebnet. Die Bastfasern sind innig verbunden,
von mässiger, bei *Gouania* von bedeutender Länge, mit punktförmigem Lumen.
Die begleitenden Kammerfasern sind schwach sklerotisch und führen
Einzelkrystalle. — Weichbast ist stets quantitativ überwiegend, Steinzellen fehlen. Das Bastparenchym ist kleinzellig und derbwandig *(Paliurus,*
einige *Rhamnus*arten) oder weitlichtig und dünnwandig *(Zizyphus, Gouania,*
Rhamnus sp.), immer an den radialen Seiten mit breiten Tüpfeln besetzt. Bei
Rhamnus verwandeln sich zerstreute Parenchymfasern zu Kammerfasern, welche
seltener Einzelkrystalle als Drusen enthalten, während bei *Paliurus, Zizyphus*
und *Gouania* Krystallkammerfasern nur in Begleitung der Bastfasern vor-

kommen. Bei *Gouania* sind meist in der Mitte der Weichbastschichten gelegene tangentiale Gruppen von Parenchymfasern durch rothbraunen Inhalt ausgezeichnet. Die Siebröhren sind auf Querschnitten frischer Rinde kaum zu unterscheiden, an trockenem Material sind ihre tangentialen Stränge mit Bastparenchym geschichtet. Ihre Endflächen tragen einfache Siebplatten oder kleine Plattensysteme *(Paliurus, Rhamnus tinctorius).*

Nur *Paliurus* besitzt ausschliesslich einreihige Markstrahlen, sonst schwankt die Breite bis zu fünf Zellenreihen. In den Lücken der Bastfaserplatten werden die diesen unmittelbar angrenzenden Markstrahlzellen zu schwach sklerotischen Krystallschläuchen, während die übrigen dünnwandigen Zellen sich wie Bastparenchym verhalten. Die Markstrahlen von *Rhamnus* enthalten orangegelben Zellsaft.

Paliurus aculeatus Lam. *(Rhamnus Paliurus L.)*

Die Rinde eines armdicken Stammes ist gegen 3 mm dick, mit dünner Borke bedeckt. Die Korkhäute sind kleinzellig, derbwandig, dringen flach vor und trennen sehr dünne Rindenschuppen ab. Mittelrinde fehlt.

Der Bast ist concentrisch geschichtet. Dünne, selten über drei Fasern breite Bastfaserplatten wechseln mit mehrfach breiteren Weichbastschichten. Die Bastfaserplatten sind in der Fläche meist wellig gebogen, mit den angrenzenden Platten häufig alternirend, so dass die concentrische Schichtung stellenweise unterbrochen wird (Fig. 106). Die Bastfaserbündel sind von Kammerfasern mit Einzelkrystallen eingehüllt. Die Bastfasern sind selten über 0,6 mm lang, geradläufig, 0,015 mm breit, fast vollständig verdickt mit zahlreichen Poren. Der Weichbast ist mässig derbwandig, die Parenchymzellen flachporig, die Siebröhren etwas weitlichtiger mit stark abgeschrägten Endflächen, die mehrere feinporige Siebplatten, durch schmale Leitersprossen getrennt, tragen.

Die Markstrahlen sind immer einreihig, die Zellen wenig gestreckt, nur zwischen den Bastbündeln in geringem Grade sklerotisch und Krystalle einschliessend.

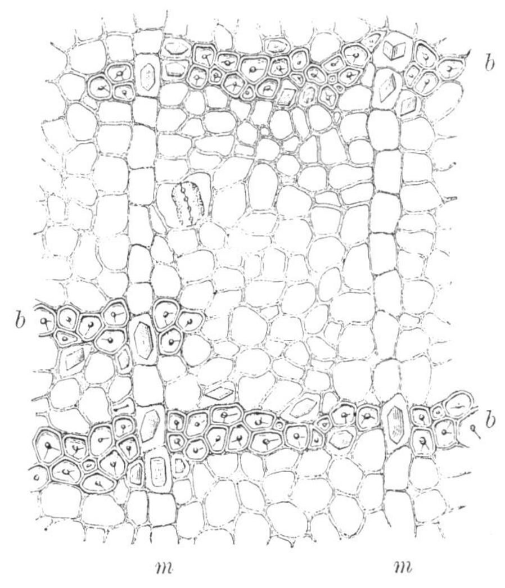

Fig. 106. *Paliurus aculeatus* Lam. Querschnitt durch den Bast (300). *b* dünne Bastfaserplatten in alternirender Schichtung, von Krystallen umlagert; *m* einreihige Markstrahlen, die zwischen den Faserbündeln Krystalle führen, aber (in diesem Falle) nicht sklerotisch wurden; im Weichbaste eine callöse Siebplatte im Durchschnitt.

Zizyphus orthoacantha DC.

Die derb cuticularisirte, mit derbwandigen, vielkämmerigen Haaren besetzte Oberhaut dauert mehrere Jahre aus, an federspulendicken Zweigen habe ich noch keine Phellogenschicht angetroffen.

Die primäre Rinde entbehrt des Collenchyms vollständig, sie ist dünnwandig, nur ab und zu wird eine Zelle sklerotisch, ohne dabei ihre Gestalt
und Grösse wesentlich zu verändern. Sowie die in ziemlich massigen Bündeln
auftretenden primären Bastfasern auseinander gedrängt werden, füllen sich die
Lücken mit Steinzellen. Krystallschläuche fehlen.

In dem vorliegenden jungen Materiale hat die secundäre Rinde noch keine
Bastfasern gebildet.

Zizyphus Jujuba Lam. [1])

Dünne, aus 4—8 Reihen zartwandiger Tafelzellen gebildete Korkhäute
dringen tief in den Bast ein und trennen bis 1 mm dicke Borkeschuppen ab.

Die secundäre Rinde ist unregelmässig geschichtet, indem die dünnen tangentialen Bastfaserplatten in verschiedener Höhe liegen, gekrümmt und oft unterbrochen sind. Kammerfasern mit grossen Einzelkrystallen umhüllen
die Bündel vollständig wie bei *Paliurus*. Der Weichbast ist sehr weitlichtig
und zartzellig. Die Parenchymzellen sind bei geringer axialer Streckung bis
0,045 mm breit. Die spärlichen Siebröhren sind in dem trockenen Material zu
dünnen Strängen geschrumpft.

Die Markstrahlen sind bis vier Reihen breit, am Querschnitte von Bastparenchym kaum zu unterscheiden. Ihre Zellen werden zu schwach sklerotischen
Krystallschläuchen, wo sie an Bastbündel grenzen.

Rhamnus Cathartica L.

Das Periderm bildet sich aus der obersten Rindenzellenlage[2]) in
der ersten Vegetationsperiode und besteht aus dünnwandigen Tafelzellen, die
alsbald zusammengedrückt werden; die Oberhaut überdauert nicht selten das zweite

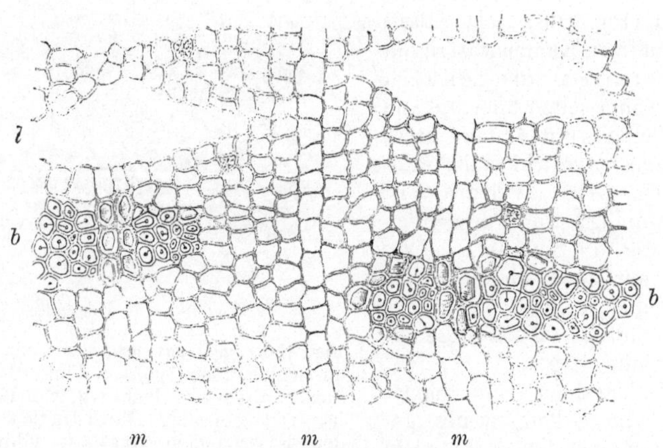

Fig. 107. *Rhamnus Cathartica* L. Querschnitt durch den Bast (300).
b Bastfaserbündel von Krystallen umlagert und durch sklerotische
Markstrahlzellen unter einander verbunden; *l* Lücken im Weichbaste, aus denen die Faserbündel herausgefallen sind; *m* Markstrahlen.

---

[1]) Eine Gerberinde Indien's, auf Ceylon „*Maha debara*", in Goa „*Massan*" genannt. Vgl.
v. Höhnel, Gerberinden p. 117.
[2]) Bei *Rh. Frangula* nach Sanio (Jahrb. f. wiss. Bot. II, p. 39) mit centripetal-intermediärer Zellenfolge, bei anderen Rh.-arten in centrifugal-reciproker Zellenfolge.

Jahr. An daumendicken Trieben beginnt schon die Borkebildung. Die inneren Korkhäute, im Baue den oberflächlichen ähnlich, nur etwas derbwandiger und weniger abgeflacht, sind selten über 0,15 mm dick (gegen 20 Zellenreihen), ebenflächig; die Borkeschuppen meist mehrfach dicker, innig adhärirend. Der lebende Bast ist orangegelb, am Querschnitte hell punktirt, am Bruche dicht weich- und langfaserig; die Bastbündel ragen 2—3 cm lang pinselartig hervor.

Die primäre Rinde, in den Aussenschichten collenchymatisch, führt Krystalldrusen. Die primären Bastfasern sind schlauchartig zusammengedrückt, dicht gebündelt; Steinzellen fehlen.

In der secundären Rinde treten die Bastfasern in isolirten Bündeln (Fig. 107) mit querelliptischem Querschnitt auf, die sich von dem Weichbaste schon in der lebenden Rinde ausserordentlich leicht ablösen, an Schnitten sogar herausfallen. Sie sind von Kammerfasern umhüllt, die rhomboedrische Einzelkrystalle enthalten. Ueberdiess kommen im Weichbaste zerstreute Kammerfasern mit kleinen Krystalldrusen vor. Die Länge der Bastfasern schwankt um 1 mm, allein sie sind zu Bündeln von mehreren Centimetern Länge verschmolzen. Sie sind 0,018 mm breit, am Querschnitt rundlich polygonal mit punktförmigem Lumen, feinen Porenkanälen und einem zarten Saum. Der Weichbast ist kleinzellig und derbwandig. Die Parenchymzellen sind an der Markstrahlseite breit getüpfelt. Die spärlichen Siebröhren sind englichtig, mit einfachen grobgegitterten Siebplatten an den mässig geneigten Endflächen.

Die Markstrahlen sind ein- oder zwei-, selten dreireihig, mit orangegelber [1]) Flüssigkeit, die in Kali sich purpurroth färbt, erfüllt. Die Zellen sind wenig gestreckt, zwischen den Bastbündeln zu sklerotischen Krystallzellen (Fig. 107) verwandelt.

Rhamnus tinctorius W. et K.

An einjährigen Trieben bildet das Periderma eine geschlossene 4—6 reihige, gegen 0,06 mm dicke Schicht dünnwandiger, mässig flacher Korkzellen und beginnt bereits die Oberhaut abzustossen. Es ist ausdauernd, erreicht aber keine besondere Mächtigkeit, an armdicken Stämmen ist die Korkhaut nur 0,2 mm dick.

Mittel- und Innenrinde sind nach demselben Typus gebaut wie bei der vorigen Art: die primäre Rinde besitzt ein collenchymatisches Hypoderma, enthält Drusenschläuche, Steinzellenbildung unterbleibt vollständig; die Bastfasern bilden isolirte quergestreckte Gruppen und sind von Kammerfasern umhüllt, der Weichbast ist derbwandig, mit Drusen führenden Kammerfasern; die Markstrahlen sind bis dreireihig.

Doch fehlt es nicht an unterscheidenden Merkmalen. Die Bastbündel sind mit dem Weichbaste inniger verbunden und die sie durchsetzenden Theile der Markstrahlen bleiben dünnwandig, so dass ihre Vereinigung aus mehreren Bündeln augenfällig ist. Der Weichbast ist weitlichtiger; die Siebröhren tragen an den entsprechend geneigten Endflächen mehrere grosse rundliche Siebplatten.

Rhamnus sp.

Gegen 5 mm dicke, mit höckeriger, grau angeflogener Borke bedeckte Rindenstücke; an der Innenseite mit gelben Längsstreifen, am Bruche lang- und weichfaserig, am Querschnitte chocoladebraun mit sehr zarter, netziger Zeichnung. Ein Gerbmaterial aus Queensland.

---

[1]) Vgl. „*Cortex Frangulae*" bei Vogl, Comm. z. österr. Ph. III. Aufl. p. 273.

Die Korkhäute, welche in den Bast vorgedrungen sind, haben fast Millimeterdicke und bestehen aus kleinen, mässig flachen, derbwandigen Korkzellen nebst einem aus wenigen Reihen cubischer, krystallführender Zellen gebildeten Phelloderma. Mittelrinde ist nicht vorhanden.

Die secundäre Rinde besitzt den für *Rhamnus* charakteristischen Bau: am Querschnitte ellipsoide Bastfaserbänder von Kammerfasern bekleidet, unterbleibende Sklerose des Bastparenchyms. Die Weichbastschichten sind dünnwandig und zeigen in dem trockenen Material eine oder zwei tangentiale Siebröhrenstränge mit zusammengefallenen Wänden. Die Parenchymzellen haben breite Tüpfel, die Siebröhren einfache Endplatten.

Die Markstrahlen sind bis fünf Reihen breit; nur die unmittelbar an Bastfasern grenzenden Zellen werden schwach sklerotisch und führen Rhomboeder, während in den dünnwandigen Mittelreihen und in dem Weichbaste häufiger Drusen vorkommen.

Gouania domingensis Lin.

Wenig über millimeterdicke Rindenfragmente mit schülferiger Oberseite und grobstreifiger, strohgelber Innenseite.

Das Periderma aus wenigen Reihen mässig flacher, grösstentheils dünnwandiger, nur ab und zu an der Innenwand schwach sklerotischer Korkzellen grenzt mittels des Phelloderma fast unmittelbar an die primären Gefässbündel, deren Bastfasern durch Breite (0,04 mm), rundlichen Querschnitt und zarte Schichtung der vollständig verdickten Membran ausgezeichnet sind. Sie sind noch zu Bündeln vereinigt, zwischen denen hie und da eine ansehnlich vergrösserte Steinzelle auftritt, wie sie auch mitunter in den gegen die Mittelrinde verbreiterten primären Markstrahlen noch angetroffen werden.

Der Bast ist unregelmässig geschichtet, indem die Bastfaserbündel einmal isolirt, dann wieder zu tangentialen Platten verschiedenen Umfanges vereinigt sind. Die Platten sind ziemlich dick, zählen nicht selten sechs bis acht Fasern in radialer Richtung und sind vollständig von Kammerfasern mit Einzelkrystallen umhüllt. Die Fasern sind mehrere Millimeter lang, geradläufig, glatt, in eine feine Spitze verjüngt, 0,012 mm breit vollkommen verdickt mit scharf abgegränzter Primärmembran und spärlichen Porenkanälen. Der dünnwandige Weichbast ist von anastomosirenden Strängen geschrumpfter Siebröhren durchzogen und einzelne tangentiale Zellengruppen sind mit dunkelbraunem, Lösungsmitteln widerstehendem Inhalt wie ausgegossen und zeigen, isolirt, die sonst schwer erkennbaren breiten Tüpfel der Parenchymzellen. Das Relief der Siebröhren ist unkenntlich. Im Weichbaste fehlen selbstständige Krystallschläuche.

Die Markstrahlen zählen bis zu drei Reihen zartwandiger, wenig gestreckter Zellen. Nur in den Lücken der Bastfaserplatten werden sie schwach sklerotisch und führen Einzelkrystalle. Drusen kommen überhaupt nicht vor

Tricoccae.

Euphorbiaceae.

Die äusserste Rindenzellenlage wird frühzeitig *(Jatropha)* oder an älteren Internodien *(Manihot, Hura)* oder erst nach mehreren Jahren *(Buxus)* zum Phellogen und bildet ausschliesslich zartwandige Tafelzellen. Im letzteren Falle ist die Peridermbildung lokalisirt und gelangt spät zum völligen Abschluss der Peripherie, wobei nicht selten, wie bei *Jatropha* und *Phyllanthus*, eine tiefere Zellenreihe der primären Rinde zum Initialmeristem wird. Das ausdauernde Oberflächenperiderma von *Baloghia* besteht aus derbwandigen, cubischen, ein - seitig sklerotischen (Fig. 108), jenes von *Aleurites* aus tafelförmigen Zellen; *Anda, Hura* und *Croton* bilden zartwandigen Schwammkork, welcher bei ersterer schichtenweise zusammengedrückt, bei letzteren durch Steinkork - lagen geschichtet wird *(C. Eluteria, Hura)* oder weitlichtig bleibt *(C. Malambo, Pseudo-China)*. Tief greifende Borkebildung wurde nur bei *Buxus* beobachtet, deren innere Korkhäute den oberflächlichen gleichen (dünnwan - diger Tafelkork).

Die primäre Rinde ist in einer medianen Zone collenchymatisch *(Manihot, Buxus, Hura)* oder in allen Theilen dünnwandig *(Jatropha)* oder derbwandig *(Phyllanthus)* mit angedeutetem hypodermatischem Collen - chym. Bei *Baloghia* (Fig. 108), *Hura, Aleurites* und einigen *Croton*arten tritt diffuse Sklerosirung der Mittelrinde ein, bei *Anda* bildet sich ausserdem ein subepidermidaler Sklerenchymring (aus dem Phello - derma?) und eigenthümliche Steinspindeln (s. p. 298), doch ist be - merkenswerth, dass selbst bei umfangreicher Sklerosirung die primären Bastfaserbündel zu ihr in keiner Beziehung stehen. In jungen Internodien von *Hura, Manihot, Jatropha, Phyllanthus* und in alter Rinde von *Croton Eluteria* und *Buxus* wurden keine Steinzellen angetroffen. Speci - fische Sekreträume wurden bei *Jatropha, Hura, Baloghia* und *Croton* beobachtet, doch sind sie morphologisch keineswegs gleich - werthig. Bei *Jatropha, Hura* und *Baloghia* (Fig. 108) bilden sie derb - wandige Schläuche, bei *Croton* sind die sekretführenden Zellen von dem benachbarten Parenchym gar nicht oder nur durch ihre Grösse verschieden. Krystallschläuche kommen allgemein vor. Sie führen rhomboedrische Einzelkrystalle *(Baloghia, Hura, Buxus)* oder Drusen *(Jatropha)* oder beiderlei Formen *(Manihot, Croton, Anda, Aleurites, Phyllanthus)*, wobei mitunter die Bildung von Einzelkrystallen von dem Auftreten sklerotischer Elemente abhängig ist. Die Steinzellen sind immer gleichmässig stark verdickt, porenreich, in Gestalt und Grösse wenig verändert, bei *Hura* ansehnlich vergrössert.

Die secundäre Rinde von *Baloghia, Phyllanthus* und *Buxus* besteht ausschliesslich aus Weichbast; *Aleurites* bildet gemischte Sklerenchymplatten in stufiger Anordnung; bei *Anda, Hura* und *Croton* sind die Bastfasern nicht oder nur in den äusseren Lagen von Steinzellen begleitet, späterhin bilden sie selbstständige Bündel, welche bei *Anda* scharf umgrenzte bandartige Streifen darstellen, bei *Croton* vorwiegend radial geordnet, bei *Hura* zerstreut und zu einem unregelmässigen Netz verbunden sind. Charakteristische Verschiedenheiten bietet die Form der Bastfasern. Sie sind typisch gestaltet bei *Anda*, steinzellenartig bei *Aleurites* und durch scharf gesonderte Schichten[1]) und ausserordentliche Länge ausgezeichnet bei *Croton* und *Hura* (Fig. 109). Bloss die Steinzellenplatten von *Aleurites* sind regelmässig von sklerotischen Kammerfasern begleitet, welche Rhomboeder führen, sonst sind Krystallzellen in der Umgebung der Bastfaserbündel nicht häufiger als im Weichbast, wie *Anda* besonders auffallend zeigt. Die Kammerfasern im Weichbaste von *Aleurites* führen Drusen, in *Phyllanthus* und *Buxus* (welche weder Bastfasern noch Steinzellen bilden) ausschliesslich Einzelkrystalle; spärlich zerstreute Krystallschläuche mit Drusen oder einzelnen Rhomboedern finden sich bei *Croton*arten, *Baloghia, Anda;* der Bast entbehrt der Krystalle gänzlich bei *Croton Eluteria* und *Hura*. — Das Bastparenchym ist derbwandig breit getüpfelt bei *Baloghia, Buxus, Phyllanthus;* oder dünnwandig und conjugirt (*Hura*), zu einfachen Sekretschläuchen umgewandelt bei *Croton* (Fig. 110), *Aleurites*. Die bedeutend grösseren Sekreträume von *Anda* scheinen gleichfalls durch Ausweitung einzelner Zellen entstanden, echte Milchsaftkanäle mit derben Membranen fand ich nur im Baste von *Hura* und *Baloghia*. — Die Siebröhrenglieder sind nicht wesentlich weitlichtiger als die Parenchymzellen und auch die Breitenunterschiede zwischen diesen und den Bastfasern sind in der Regel nicht bedeutend. Einfache Querplatten besitzt *Buxus*, die übrigen Gattungen haben schmale leiterförmig gereihte Siebplatten in grösserer Zahl; bei *Aleurites* sind auch an den Seitenflächen Siebfelder als netziges Relief erkennbar.

Die Markstrahlen sind ein- bis zweireihig, nur bei *Baloghia* vierreihig und bei den Arten mit ausdauerndem Periderma gegen die Mittelrinde verbreitert. Ihre Zellen sind im allgemeinen wenig gestreckt, nur ausnahmsweise zwischen Bastfaser- oder Steinzellengruppen schwach sklerosirend (*Anda, Aleurites, Croton*) und dann immer einzelne Rhomboeder einschliessend. Bezüglich der Oxalatablagerungen verhalten sich die Markstrahlen dem Bastparenchym analog bei *Anda, Aleurites, Croton Malambo* (Drusen und Einzelkrystalle). Bei *Hura* und *Buxus* führen sie keinerlei Krystalle; bei *Baloghia* Drusen und Rhomboeder weit reichlicher als im Bastparenchym und bei *Croton Eluteria* ausschliesslich Drusen.

---

[1]) Die Schichten sind durch Maceration leicht zu schälen.

Uebersicht der Gattungen nach Merkmalen des Bastes.

A. Weder Bastfasern nach Steinzellen; Weichbast derbwandig.
   1. Keine spec. Sekreträume; zerstreute Kammerfasern (Rh.) bloss in den Strängen; Siebröhren mit einfachen Querplatten: *Buxus.*
   2. Derbwandige Milchsaftcanäle; Drusen und Rhomboeder vorwiegeud in den Markstrahlen; Siebröhren mit Plattensystemen: *Baloghia.*
B. Sklerotische Elemente im Baste.
   1. Bastfasern und Steinzellen zu tangentialen Platten verschmolzen, die von Kammerfasern umgeben sind; einzelne Sekretzellen: *Aleurites.*
   2. Steinzellen nur im jungen (äusseren) Baste; Bastfasern nur ausnahmsweise von Krystallen begleitet.
      a. Bastfasern ungeschichtet (ausser der Primärmembran), zu langen schmalen Bündeln vereinigt; Sekreträume: *Anda.*
      b. Bastfasern in radialen Reihen oder unregelmässig vertheilt (im alten Baste auch fehlend: *C. Eluteria*); die Fasern ausgezeichnet durch Länge und scharf abgegrenzte Schichtung.
         α. Weichbast kleinzellig und derbwandig, wie die Markstrahlen Krystalle führend; einzelne Sekretzellen: *Croton.*
         β. Weichbast dünnwandig, breitzelliger als die Bastfasern, krystallfrei; derbwandige Milchsaftcanäle: *Hura.*

Hura crepitans Lin.

Die schwach cuticularisirte Oberhaut überdauert stellenweise noch die zweite Vegetationsperiode. An älteren Internodien der jährigen Triebe entstehen unregelmässig conturirte Peridermflecke, die sich allmälig zu einer geschlossenen Membran verbinden. Das Initialmeristem ist die oberste Zellenlage der primären Rinde, die Korkzellen sind äusserst zartwandig, mässig flach, werden aber bald zusammengedrückt.

Die primäre Rinde besitzt kein hypodermatisches Collenchym, nur eine mediane Schicht derselben zeigt in den jüngsten Internodien schwach collenchymatischen Charakter. Innerhalb dieser bilden sich reichlich Milchsaftcanäle, deren Lumen (0,05 mm) wenig verschieden ist von dem umgebenden Parenchym; ihre Wand jedoch ist derbwandiger (0,01 mm), glasig, quellend, ungeschichtet, ihr Inhalt dünnflüssig, durchscheinend trübe, farblos, nicht klebrig. Krystallschläuche mit Einzelkrystallen kommen nur spärlich in den äusseren Rindenlagen vor; Steinzellen wurden bisher nicht gebildet.

Hura brasiliensis Willd.

Beinharte, dabei ziemlich leichte, 7 mm dicke Rindenstücke mit papierdünnem, gelbem, glattem Korküberzug, am Bruche grobfaserig, am Querschnitte innen schwarzbraun mit kaum erkennbarer radialer Streifung, nach aussen zackig abgegrenzt, indem die reichlich mit gelben Punkten und Flecken durchsetzte Mittelrinde mit den conisch verjüngten Baststrahlen alternirt.

Das Periderm ist geschichtet. Auf 8—10 Reihen zartwandiger Tafelzellen folgt eine drei- bis fünffache Lage gleichmässig und stark sklerosirter flacher Korkzellen. Die Abstossung des Korkes erfolgt rasch, in dem vorliegenden Material enthält dasselbe nur zwei Steinlagen. Borke wird nicht gebildet.

Die Mittelrinde wird zum überwiegenden Theile sklerotisch. Die Steinzellen sind etwas vergrössert, isodiametrisch oder tangential gestreckt (0,15 mm), in verschiedenem Grade bis zur Obliterirung verdickt, zart geschichtet und von zahlreichen feinen Porencanälen durchzogen. In dem dünnwandigen Parenchym sind die Milchsaftgefässe durch ihre derben Membranen und ihr häufig noch erhaltenes kreisrundes Lumen (0,07 mm) kenntlich. Krystalle fehlen oder kommen nur vereinzelt im Sklerenchym vor.

Der Bast besteht vorherrschend aus Fasern, welche isolirt oder in sehr schwachen Bündeln völlig regellos vertheilt sind. Die Bastfasern sind sehr lang — ich mass solche von 5 mm Länge —, vollkommen glatt, geradläufig, zugespitzt, am Querschnitt unregelmässig conturirt, um ein punkt- oder fein spaltenförmiges Lumen regelmässig geschichtet (vgl. Fig. 109), 0,05 mm breit, porenfrei. Steinzellen werden nicht gebildet. Das Bastparenchym ist dünnwandig, weitlichtig (bis 0,06 mm), breit getüpfelt, nicht selten conjugirend. Krystallschläuche fehlen vollständig. Milchsaftcanäle von ähnlichem Bau wie in der Mittelrinde sind unregelmässig vertheilt und enthalten (im trockenen Materiale) eine homogene braunrothe Substanz. Die spärlichen Siebröhren stehen mittels feinporiger, leiterförmig angeordneter Siebplatten in Verbindung.

Die Markstrahlen sind ein- oder zweireihig, nur die primären nach aussen beträchtlich verbreitert und hier, wie die Mittelrinde, sklerotisch. Sonst sind die Zellen dünnwandig, kaum gestreckt, frei von Krystallen.

Anda brasiliensis Raddi (Anda Gomesii Juss.).

Die 3 mm dicke, zahlreiche Lenticellen tragende Rinde ist mit dünnem, röthlichem Kork bedeckt, innen grobstreifig, am Bruche starr, langfaserig. Das Querschnittsbild ist sehr charakteristisch durch grosse rundliche im Kreise geordnete Sklerenchymklumpen in ziemlich gleichen Abständen. Unter der Korkhaut zieht eine dünne gelbe Linie und mit Hilfe der Loupe sieht man im rothbraunen Grundgewebe kleine Lücken, zerstreute unregelmässige gelbe Flecke.

Das Periderm besteht zu äusserst aus zusammengedrückten, braunrothen Zellen, denen 4—6 Reihen breiter, wenig abgeflachter, zartwandiger Zellen folgen. Unmittelbar an diese schliesst sich eine continuirliche, an den meisten Stellen nur zwei- oder dreireihige Steinzellenschicht, deren phellogener Ursprung gleichwohl nicht deutlich erkennbar ist.

Die Mittelrinde ist kleinzellig, enthält in grosser Menge Sekretschläuche (0,13 mm diam.), erfüllt mit glasigem, braunrothem Inhalt, und Krystallzellen, welche Drusen oder einzelne Rhomboeder (in den Steinzellengruppen) führen. Die Bündel der primären Bastfasern, durch ihre farblosen Membranen hervorglänzend, sind nicht von Steinzellen begleitet, wenngleich es bei der ausgedehnten Sklerosirung nicht fehlen kann, dass sie mit Sklerenchym in Berührung kommen. Die dem freien Auge schon auffälligen, scharf umschriebenen Steinzellengruppen liegen in der Aussenschicht des Bastes, mehr in diesen als in die Mittelrinde übergreifend. Sie sind im Umriss eiförmig oder kurz spindlig, etwas über millimeterdick und bis 3 mm lang, aus mässig vergrösserten, fast vollständig verdickten und reichlich von groben, verästigten Porencanälen durchzogenen Zellen zusammengesetzt und schliessen oft Krystalle ein.

In der secundären Rinde ist die Sklerosirung weit weniger umfangreich, meist nur beschränkt auf das die Faserbündel begleitende Parenchym. Die Bastfasern sind über millimeterlang, glattwandig, gestreckt, 0,04 mm breit, mit abgegrenzter Primärmembran, sehr engem Lumen und vielen Poren. Ihre Bündel sind mit den nächstbenachbarten zu langen aber schmalen Bändern vereinigt, die alterniren. Der Weichbast enthält Milchsaftcanäle und Drusenschläuche wie die Mittelrinde. Er ist reich an Siebröhren, deren Glieder eben so breit sind als die Bastfasern und an den Endflächen zehn und mehr feinporige Siebplatten in leiterförmiger Anordnung tragen.

Die Markstrahlen sind einreihig, sehr genähert, nach aussen beträchtlich verbreitert. Sie führen Krystalldrusen, sklerosiren mitunter zwischen den Bastfaserbündeln und enthalten dann immer einzelne Rhomboeder.

Aleurites triloba Forst. *(Croton moluccanum L.)* [1]

Die Rinde ist 4 mm dick, mit papierdünnem, schwarzbraunem Korke bedeckt, innen rauh längsstreifig, am Bruche grobsplitterig bis blätterig, am Querschnitte holzfarbig mit unregelmässigen gelben Flecken und zarten braunen concentrischen Linien.

Das Periderm zählt bei einer Breite von 0,4 mm etwa zwölf Reihen breit tafelförmiger Zellen, die etwas derbwandig aber nicht sklerotisch sind. Die Mittelrinde enthält allenthalben unregelmässige Sklerenchymklumpen, deren Elemente wenig vergrössert, aber stark verdickt und von rhomboedrischen Krystallen begleitet sind, während das dünnwandige Parenchym reichlich Krystalldrusen führt. Zerstreute Zellen sind mit braunrothem Inhalt erfüllt.

Die secundäre Rinde ist durch alternirend angeordnete, dicke Sklerenchymplatten stufig geschichtet. Die Bastfasern sind steinzellenartig etwas über millimeterlang, meist geradläufig, glatt und kurz zugespitzt, seltener krumm, knorrig oder ausgezackt, 0,05 mm breit, vollkommen verdickt mit gerundetem, fein geschichtetem Querschnitt. Sie bilden umfangreiche Bündel, deren Lücken durch stark verdickte Steinzellen ausgefüllt werden. Die so entstehenden Platten sind allseitig von Kammerfasern begleitet, welche gleichfallls sklerotisch sind und isodiametrische Einzelkrystalle enthalten. — Die Weichbastschichten haben in der Regel die doppelte (0,1 mm) Breite der Sklerenchymplatten, ihre Elemente sind im Lumen wenig verschieden (0,05 mm). Viele Parenchymzellen sind mit rothbraunem Inhalt erfüllt, andere zu Kammerfasern umgestaltet, welche immer Drusen führen. Die Siebröhren sind sehr langgliederig, an den stark geneigten Enden mit schmalen, eng treppenförmig gereihten Siebplatten besetzt und an den Seiten zart netzig verdickt.

Die Markstrahlen sind ein- oder zweireihig, zwischen den Sklerenchymplatten die Kammerfasern vertretend; im Weichbaste gelegen, dünnwandig und Drusen führend wie dieser.

Manihot carthagenensis Müll. Arg.

Das Periderm wird am Ende der ersten oder in der zweiten Vegetationsperiode aus der äussersten Rindenzellenlage angelegt. An federspulendicken Zweigen bildet es eine geschlossene 0,12 mm breite, gegen 20 Reihen zartwandiger Zellen umfassende Membran, durch welche die von einer dünnen Cuticularschicht überzogene Epidermis abgestossen wurde.

Die primäre Rinde entbehrt der äusseren Collenchymschicht, nur eine einfache, in der Mitte gelegene Zellenreihe hat collenchymatisch verdickte Wände. Krystallschläuche mit Drusen oder Einzelkrystallen treten nur vereinzelt auf. Die dicken primären Bastfasern bilden umfangreiche Bündel. Steinzellen fehlen.

Jatropha Curcas Lin. *(Curcas purgans Endl.).*

An den jüngsten Internodien findet man im Herbste die Oberhaut ersetzt durch 6—8 Reihen zarter, tafelförmiger Korkzellen, die aus der obersten,

---

[1] Gerberinde „*Bankul*“. Vgl. v. Höhnel, Gerberinden p. 118.

stellenweise aus der zweiten oder dritten Rindenzellenlage hervorgegangen sind. Das Periderm an fingerdicken Stämmchen ist 0,2 mm breit und zählt gegen 15 Zellenreihen.

Die primäre Rinde ist breit, kleinzellig, dünnwandig und besitzt ein äusserst schwaches hypodermatisches Collenchym. Sie bildet reichlich Krystallschläuche, die Drusen führen und Sekretschläuche mit wässerig klarem Inhalt. Die letzteren sind wenig grösser (0,05—0,08 mm) als die Parenchymzellen und von diesen wesentlich durch die regelmässig rundlichen Contouren und durch etwas stärkere Membrandicke verschieden. Die primären Bastfasern sind dünn, spulenrund, zu schwachen Bündeln vereinigt.

Baloghia lucida Endl.

Gegen 4 mm dicke mit längsrissigem, gelbem Korke bedeckte, innen fast glatte, ebenbrüchige, am Querschnitte radial gestreifte Rindenstücke.

Der Oberflächenperiderm enthält bei Millimeterdicke gegen 40 Reihen fast cubischer, derbwandiger, besonders an der Innenwand (Fig. 108) verdickter Korkzellen, welche schichtenweise braunrothen Inhalt führen.

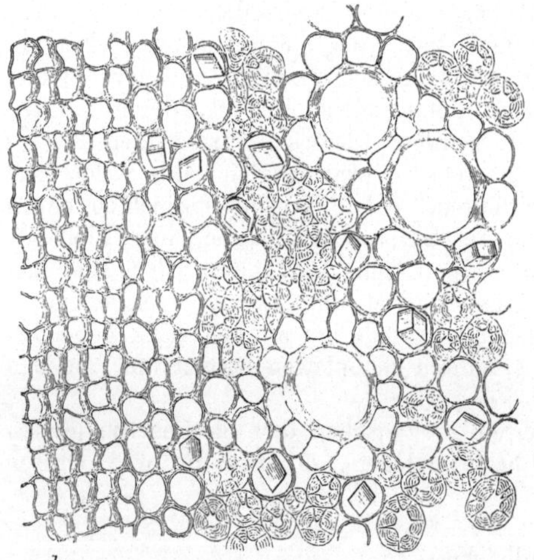

Die Mittelrinde ist kleinzellig, einzelne oder kleine Gruppen der mässig tangential gestreckten Zellen sind sklerotisch bei unveränderter Grösse und Gestalt und mit Erhaltung des Lumens. Kugelige und ellipsoide Sekretzellen (Fig. 108) mit verdickten Membranen und glasigem, braunrothem Inhalt sind reichlich zerstreut. Zahlreiche Zellen führen je einen grossen Krystall.

Die secundäre Rinde enthält weder Bastfasern noch Steinzellen. Sie besteht vorwiegend aus Siebröhren, die zu breiten Strängen geschrumpft sind, doch sind die dicht gereihten Leitersprossen der Endflächen an Längsschnitten sicher erkennbar. Das Bastparenchym ist derbwandig, breit getüpfelt. In grosser Menge sind derbwandige Milchsaftschläuche regellos vertheilt. Ihr Querschnitt ist rundlich (bis 0,1 mm diam.), ihre verticale Erstreckung sehr bedeutend;

Fig. 108. *Baloghia lucida* Endl. Radialer Längsschnitt durch die Mittelrinde (160). *k* Innenschicht des Periderma aus einseitig sklerotischen Zellen; *p* Mittelrinde mit Steinzellennestern, derbwandigen Sekretschläuchen und Krystallzellen.

ihr Inhalt fällt in Form starrer braunrother Cylinder oft heraus.

Die Markstrahlen sind bis vierreihig, gegen die Mittelrinde meist verbreitert. Ihre Zellen sind zartwandig, kaum gestreckt und schliessen häufig Krystalle (Rhomboeder und Drusen) ein.

Croton Eluteria Bennett [1]).

Ein dünner, kreideweisser, in rechteckigen kleinen Feldern abspringender Kork bedeckt die bis 2 mm dicke Rinde. Innen ist sie fast glatt, am Bruche

---

[1]) Vgl. „*Cortex Cascarillae*" bei Berg, Anatom. Atlas, pg. 74, Tf. XXXVII; Vogl, Comm. z. österr. Pharm., II. Aufl. p. 271.

eben, am Querschnitt schwarzbraun glänzend, zart radial gestreift mit keilförmig nach aussen verschmälerten Strahlen. Die Rinde ist aromatisch.

Das Periderma ist nur in wenigen Reihen einseitig (innen) sklerosirter Zellen erhalten, denen sich etwa sechs bis zehn Reihen als Phelloderma erkennbarer, dünnwandiger Zellen anschliessen.

Die Mittelrinde, welche niemals sklerosirt, enthält verschiedenartige Sekretzellen[1]), die von dem stärkeführenden Parenchym weder in Form noch Grösse abweichen. Die einen sind mit hellgelbem Oel, die andern mit dunkelrothbrauner Masse erfüllt, die in Wasser unlöslich, gleichwol auf Gerbstoff reagirt. Zerstreute Krystallzellen führen Drusen oder einzelne Rhomboeder. Die primären Bastfasern, welche isolirt oder in kleinen Bündeln in weiten Abständen vertheilt sind, haben mitunter ausserordentliche Breite (0,06 mm), sind vollkommen verdickt und durch dichte, zarte Schichtung ausgezeichnet.

Aehnliche, aber nicht über 0,025 mm dicke und etwa 0,6 mm lange, etwas knorrige Fasern kommen auch in den Spitzen der Baststrahlen vor, während die tieferen Lagen der secundären Rinde jeder Art sklerotischer Elemente entbehren. Der Weichbast ist derbwandig und besteht überwiegend aus axial gestrecktem Parenchym mit spärlichen, zu dünnen Strängen geschrumpften Siebröhren, deren leiterförmig geordnete schmale Siebplatten schwer erkennbar sind. Das Bastparenchym führt dieselben Sekrete wie die Mittelrinde, aber keine Krystalle.

Die Markstrahlen sind ein- oder zweireihig, die Hauptstrahlen gegen die Mittelrinde beträchtlich erweitert. Ihre Zellen sind etwas dünnwandiger als das Bastparenchym, radial kaum gestreckt und führen reichlich Krystalldrusen, aber weder Oel noch Harz.

Croton Malambo Karst. [2])

Dichte, hellfarbige, schwach aromatische, bis 7 mm dicke Rindenstücke mit weiss angeflogenem warzigem Kork, innen braun, sehr fein längsstreifig, am Bruche aussen körnig, innen splitterig, am Querschnitte gelblich mit braunen zarten, im inneren Theile dicht gedrängten, nach aussen wellig ausstrahlenden Radialstreifen.

Das Periderm zählt auf 0,3 mm Breite gegen 20 Reihen breiter, mässig flacher, nicht sklerotischer Korkzellen, und geht ohne scharfe Grenze in das Phelloderma, wie dieses in das tangential gestreckte Parenchym der Mittelrinde über. Vereinzelte, unregelmässige oder tangentiale Gruppen von Zellen werden bei mässiger allseitiger Verdickung sklerotisch, ohne Form und Grösse zu verändern. Zahlreiche Krystallschläuche führen grosse Rhomboeder, seltener Drusen, andere Sekretschläuche sind mit einer blassgelben Masse erfüllt, welche durch Alkalien zu körnigen Tropfen coagulirt, durch Alcohol und Aether gelöst wird.

Die secundäre Rinde enthält reichlich Bastfasern und im äusseren Theile überdiess kleine Steinzellengruppen. Die Bastfasern haben entschieden keine tangentiale, eher radiale, vorherrschend aber regellose Anordnung (Fig. 109). Sie sind am Querschnitt gerundet polygonal mit breiter Primärmembran und bis zum punkt- oder spaltenförmigen Lumen zart geschichtet, wie in einander geschachtelt, porenarm, bis 0,03 mm breit, fast millimeterlang.

Der Weichbast ist etwas derbwandig, fast ebenso reich an Siebröhren, deren Lumen offen bleibt, als an Parenchym. Diese Elemente sind unter einander und mit den Bastfasern von nahezu gleicher Breite, nur einzelne Parenchymzellen sind

---

[1]) Vgl. de Bary, Vegetationsorgane p. 152.
[2]) Vgl. „*Cortex Malambo*" bei Vogl, l. c. p. 273.

zu **Sekretschläuchen** umgewandelt, bis auf die dreifache Länge gestreckt und mitunter etwas verbreitert (Fig. 110). Das Sekret ist zu einer starren, brüchigen, harzähnlichen, hellgelben Masse erstarrt. Krystallzellen mit **Drusen** oder **Einzelkrystallen** sind spärlich zerstreut. Die Siebröhren sind fast so lang wie die Bastfasern, ihre Enden zugeschärft und mit einer Reihe unregelmässig conturirter, sehr feinporiger Siebplatten leiterförmig besetzt.

Die Markstrahlen sind ein- oder zweireihig, **schon im Baste stellenweise**, in der Regel nach aussen verbreitert. Ihre Zellen sind fast cubisch, weitlichtiger und dünnwandiger als das Bastparenchym und reichlicher **Drusen** führend. Zwischen den Faserbündeln **sklerosiren sie mitunter** und enthalten dann stets Einzelkrystalle.

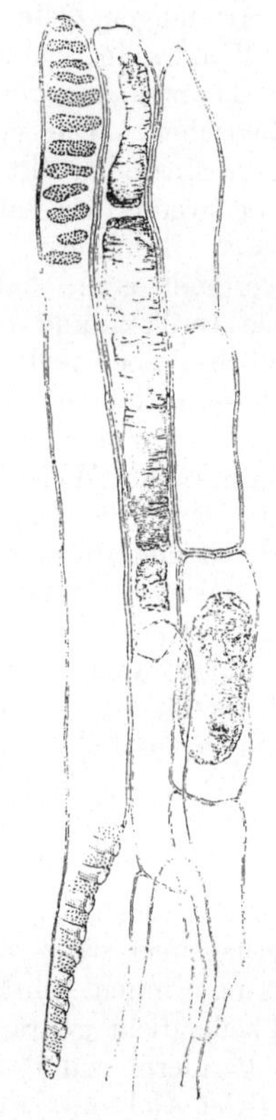

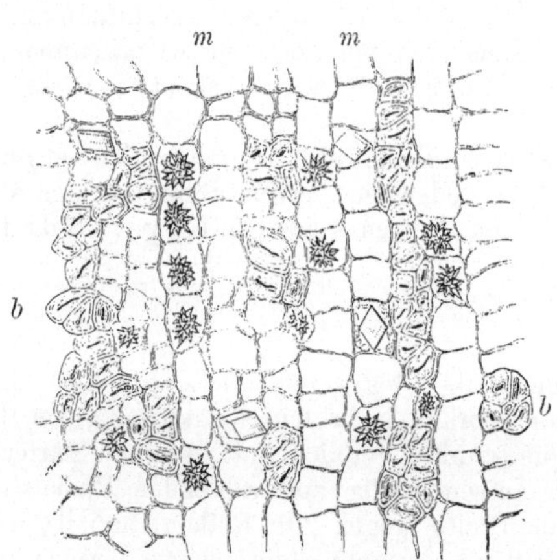

Fig. 109. *Croton Malambo* Karst. Querschnitt durch die secundäre Rinde (160). *b* Bündel geschichteter Bastfasern zerstreut und unregelmässig configurirt; *m* Markstrahlen mit Krystalldrusen und spärlichen Rhomboedern.

Fig. 110. *Croton Malambo* Karst. Isolirte Sekretschläuche, Parenchymfasern und ein Siebröhrenglied (300).

Croton Pseudo-China Schlecht. *(Croton niveus Jacqu.)*[1]

Schwere, dichte, bis 4 mm dicke Rinde mit dünnem aschgrauem bis ockergelbem Korküberzug, feinstreifiger, kaffeebrauner Innenseite, zart gekörntem Bruche und radialstreifigem Querschnitt in den nach aussen spitz zulaufenden Baststrahlen.

Das Periderm ist gegen 0,3 mm breit und besteht durchwegs aus kleinen, cubischen, dünnwandigen Zellen.

Im Baue der Mittel- und Innenrinde steht diese Art der *Malambo*rinde sehr nahe. Die Sklerosirung der ersteren ist weniger umfangreich, die Bastfasern in der secundären Rinde sind weniger zahlreich, Unterschiede, die desshalb Erwähnung verdienen, weil dadurch die den Uebergang zwischen *C. Eluteria* und *C. Malambo* vermittelnde Stellung dieser Art angedeutet wird.

---

[1] Vgl. „*Cortex Copalchi*" in Vogl, Comm. z. österr. Pharm., II. Aufl. p. 272.

Phyllanthus elongatus Müll. Arg.

An einem Zweige von der Dicke einer Federspule (dreijährig) finde ich Reste der Oberhaut und einige Zellreihen der primären Rinde durch eine dünne Peridermschicht abgetrennt. An fingerdicken Internodien hat sich das Periderm zu einer 0,3 mm breiten Membran entwickelt, welche etwa 20 Reihen zartwandiger, wenig abgeflachter Zellen zählt, deren äussere Lagen in Abschülferung begriffen sind; kleine Schuppen der primären Rinde wurden bereits durch innere Korkhäute abgegliedert.

Das collenchymatische Hypoderma ist mässig entwickelt, die primäre Rinde aber in allen Theilen etwas derbwandig mit Krystallschläuchen durchsetzt, die meist Einzelkrystalle, seltener Drusen führen. Bloss die primären Gefässbündel besitzen Bastfasern, die secundäre Rinde entbehrt derselben, sie besteht aus derbwandigem Weichbast mit zahlreichen Kammerfasern (Rhomboeder).

Die Markstrahlen verbreitern sich gegen die Mittelrinde.

Buxus sempervirens Lin.

Die mit derber Cuticula überzogene, kleinzellige Oberhaut dauert mehrere Jahre aus und wird nur an besonders exponirten Stellen durch Periderm ersetzt. Dieses bildet sich aus der oberflächlichsten, mitunter aber auch aus einer etwas tiefer gelegenen Zellschicht der primären Rinde, ist sehr zartwandig und mässig abgeflacht. Die Rinde wächst sehr langsam, an armdicken Stämmen ist sie etwas über millimeterdick und besteht zu zwei Drittel aus Borke, deren dünne Schuppen durch ebenso dünne zartzellige Korkhäute getrennt sind.

Die primäre Rinde ist etwas derbwandig, in einer mittleren Zone mässig collenchymatisch. In den Rippen der vierkantigen Internodien zieht je ein Gefässbündel, dessen Phloem von Einzelkrystallen umgeben ist (Fig. 111).

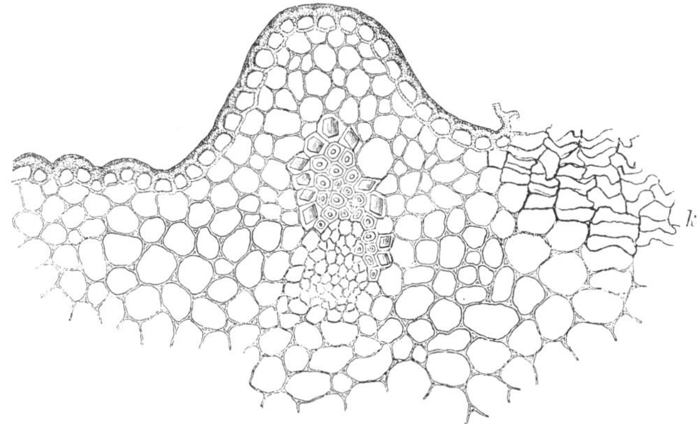

Fig. 111. *Buxus sempervirens* L. Querschnitt durch die Rippe eines älteren Internodiums mit einem Fibrovasalstrang, dessen Phloem von Krystallen umlagert ist Periderm *k*.

Die secundäre Rinde besteht nur aus Weichbast, der durch seine Kleinzelligkeit und relative Derbwandigkeit ausgezeichnet ist. Parenchymzellen und Siebröhren sind nur 0,01 mm weit, erstere an der Markstrahlseite sehr breit getüpfelt, letztere mit stumpfen, feinporigen Enden. Regellos zerstreut kommen Kammerfasern vor, die immer rhomboedrische Einzelkrystalle führen.

Die Markstrahlen sind ein- oder zweireihig, die Zellen etwas dünnwandiger als das Bastparenchym, wenig gestreckt und frei von Krystalleinschlüssen.

Terebinthineae.

Aussenrinde. Das Periderma entsteht immer oberflächlich und zwar zumeist aus der obersten Zellenlage der primären Rinde *(Juglandeen, Rhus, Amyris, Simaruba, Zanthoxyleen)*, aus der Oberhaut bei den *Diosmeen* und bei *Guajacum*. Es bildet sich, mit einziger Ausnahme von *Eriostemon* (s. p. 331), gleichzeitig rings um die Peripherie meist schon an sehr jungen Internodien jähriger Triebe, selten erst in der zweiten Vegetationsperiode *(Toddalia)*. Das Oberflächenperiderma folgt dem Dickenwachsthum durch viele Jahre, vielleicht zeitlebens bei einigen *Juglandeen*, vielen *Anacardiaceen*, bei *Spondias*, *Amyris*, den *Simarubaceen*, bei *Zanthoxylon* und *Ailanthus*, *Diosmeen*, *Guajacum*. Borkebildung wurde beobachtet bei *Juglans*, *Ptelea* unter den *Zanthoxyleen*, bei *Rhus Cotinus*, *Schinus*, *Pistacia* unter den *Anacardiaceen*. — Die Korkhäute bestehen aus zartzelligem oder etwas derbwandigem aber nicht sklerotischem Schwammkork bei *Pistacia*, *Odina*, *Simaruba*, *Quassia*, *Zanthoxylon* und den *Juglandeen*, während die meisten *Anacardiaceen*, *Spondias*, *Amyris*, *Ailanthus*, *Galipea*, *Esenbeckia*, *Guajacum* ihre Korkmembranen schichtenweise oder diffus sklerosiren bei vorherrschend einseitiger Verdickung der Zellen (innen: *Rhus*, *Mangifera*, *Galipea*, *Esenbeckia*; aussen: *Amyris*, *Zanthoxylum*, *Diosma*, *Pilocarpus*). Bei *Pistacia* und *Ptelea* (Fig. 119) ist bemerkenswerth, dass die inneren Korkhäute eine sklerotische Phellodermschicht besitzen, wie (ausgezeichnet typisch durch dünnwandige Zellenreihen geschichtet) die ausdauernden Periderme von *Astronium* und *Spondias*.

Mittelrinde. Ein geschlossenes hypodermatisches Collenchym bilden die *Juglandeen*, *Rhus*, die *Zanthoxyleen* (ausser *Toddalia*); es ist sehr schwach entwickelt oder es entbehren des Collenchyms *Amyris*, *Simaruba*, *Ailanthus*, *Toddalia*, *Guajacum* und die *Diosmeen*. Die primäre Rinde sklerosirt frühzeitig bei *Juglans* (spärlich und nur in der Umgebung der Gefässbündel), *Ailanthus*, *Galipea* und *Guajacum*. Ein aus Steinzellen und den primären Bastfasern gemischter Sklerenchymring entwickelt sich bei *Ailanthus*, *Quassia (?)* und *Mangifera (?)*. Späterhin sklerosirt die Mittelrinde bei vielen *Anacardiaceen (Rhus* und *Schinus* ausgenommen), bei *Spondias*, *Amyris* und den *Simarubeen*, so dass der völlige Mangel an Steinzellen für *Carya*, *Rhus* und *Schinus* und für die *Zanthoxyleen* (ausser *Ailanthus*) charakteristisch ist. — Mit Ausnahme der *Juglandeen*, *Simarubaceen* und *Zygophylleen* sind alle Glieder dieser Classe durch eigenartige Sekretbehälter ausgezeichnet. Bei den *Anacardiaceen* und *Burseraceen* entsteht je ein Milchsaft führender Raum schizogen in dem Siebtheil jedes primären Gefässbündels, bei den *Zanthoxyleen* (ausser *Ailanthus*) und *Diosmeen* sind die Gummiharzräume lysigen und entstehen in wechselnder Menge schon in den jüngsten Internodien ausserhalb der Gefässbündelzone, meist knapp unter der Oberhaut. — Kalkoxalat ist ein sehr selten *(Toddalia)* fehlender Bestandtheil der Mittelrinde. Meist kommt es zuerst in Form von Drusen vor, denen sich mit dem Auftreten des Periderma oder sklerotischer Elemente die klinorhombischen Einzelkrystalle beigesellen, so dass fast immer beide Formen zugleich angetroffen werden. *Ptelea* und *Zanthoxylon* führen ausschliesslich Drusen, die *Simarubeen* auch mitunter Krystallsand und *Galipea* ist vor Allen durch Raphidenschläuche ausgezeichnet.

Innenrinde. Ein wichtiges Unterscheidungsmerkmal gründet sich auf das Vorkommen und den Bau der Sekretbehälter. Wo diese in der primären Rinde oder im Protophloem vorkommen, finden sie sich auch im Baste. Bei den *Anacardiaceen* und *Burseraceen* sind die Gummiharzschläuche schizogen und erstrecken sich in verticaler Richtung in bedeutender Länge. Die Oel- oder Harzräume der *Diosmeen* und *Zanthoxyleen*, welche in der primären Rinde unzweifelhaft lysigen sind, erscheinen im Baste als etwas derbwandige, erweiterte Parenchymzellen, deren axiale Streckung den Querdurchmesser höchstens um das dreifache übertrifft. Ihre Vertheilung im Baste ist regellos.

Die sklerotischen Elemente (Bastfasern und Steinzellen) fehlen einigen *Anacardiaceen (Rhus)* und den *Zanthoxyleen* (ausgenommen *Ailanthus*) vollständig, bei anderen, wie *Astronium, Spondias, Amyris, Galipea, Guajacum*, greift die Sklerosirung von der Mittelrinde in das Bastparenchym über, unterbleibt aber in den tieferen Schichten. Bloss Steinzellen, mit Ausschluss secundärer Bastfasern, bilden sich andauernd in Form tangentialer Platten bei *Pistacia* (Fig. 115). Die *Juglandeen*, viele *Anacardiaceen*, *Spondiaceen, Esenbeckia* bilden Bastfasern und keine oder nur in den jüngeren Bastlagen Steinzellen. Bloss bei *Simaruba* und *Ailanthus* kommen mit den Bastfasern zugleich Steinzellen ständig vor, nur entwickeln sich die letzteren später, so dass die jüngst gebildeten Bastschichten noch von ihnen frei sind. Die Bastfasern sind immer zu Bündeln gruppirt, welche dünne (*Juglans* [Fig. 112], *Esenbeckia, Ailanthus* [Fig. 120]) oder dickere (meist über vier Fasern in radialer Richtung: *Odina, Mangifera, Anacardium, Schinus, Spondias, Simaruba, Galipea* und vor Allem *Carya*) tangentiale Platten zusammensetzen, die häufig in radialer Richtung alternirend angeordnet, mitunter aber auch sehr regelmässig concentrisch geschichtet (*Juglandeen, Esenbeckia, Spondias, Simaruba*) sind. Bei gleichzeitigem Vorkommen von Steinzellen ist eine Beziehung dieser zu den Bastfasern in der Regel nicht augenfällig; nur bei *Anacardium* fand ich häufig im jungen Baste gemischte Sklerenchymplatten und umgekehrt bei *Ailanthus* (Fig. 120) und *Simaruba* meist isolirte Steinzellengruppen. — Die Form der sklerotischen Elemente ist für einige Gattungen charakteristisch. Bei *Simaruba* sind die Steinzellen ansehnlich vergrössert, sonst überall in Form und Grösse wenig verschieden von den Parenchymzellen, aus denen sie entstanden sind. Sie sind immer allseitig gleichmässig und meist sehr stark verdickt. Bastfasern kommen in drei Typen vor; Nahezu vollständig verdickte Formen von bedeutender Länge, dabei glatt und geschmeidig *(Carya*, viele *Anacardiaceen, Ailanthus)* oder unter 1 mm lang, dabei krumm, oft knorrig und starr *(Juglans, Mangifera, Spondias)*, endlich langen dünnwandigen Schläuchen ähnlich *(Simarubaceen* [Fig. 118], zum Theil *Anacardium)*.

Die Weichbastschichten sind nur bei *Carya* entschieden und typisch schmäler als die Bastfaserlagen, sonst wechselnd *(Odina, Mangifera, Anacardium, Simaruba)* oder häufiger breiter *(Juglans, Schinus, Spondias, Ailanthus, Esenbeckia)*. In den letzteren Fällen und mehr noch bei völligem Mangel von Bastfasern *(Rhus, Zanthoxyleen, Spondias, Amyris, Guajacum, Galipea, Astronium)* ist die abwechselnde Lagerung von Siebröhren und Parenchymschichten, wie sie in unübertrefflicher Regelmässigkeit *Astronium* bildet, mit einiger Bestimmtheit erkennbar. Die Siebröhren sind meist bedeutend weitlichtiger als die Parenchymzellen, mit einfachen *(Pistacia, Guajacum, Zanthoxyleen)* oder mehreren bis vielen leiterförmig angeordneten *(Juglandeen, Anacardiaceen, Spondias, Esenbeckia, Simaruba, Ailanthus)* Siebplatten (Fig. 117) und mitunter ausserdem (Fig. 113, 114) mit einem netzigen Relief an den Seitenflächen *(Juglandeen)*. Das Bastparenchym ist grobporig oder breit getüpfelt, hie und da conjugirend *(Juglandeen)*. Krystallschläuche fehlen nur selten *(Quassia)*; als Kammerfasern begleiten sie schwach sklerosirend die Bastfasern bei *Juglans, Spondias* (die Bündel vollständig umhüllend und im Weichbaste fehlend) und bei den *Anacardiaceen.* Hier, vereinzelt in den Steinzellengruppen und im Weichbaste von *Amyris, Simaruba, Zanthoxylon, Ailanthus* ist die Krystallform isodiametrisch; bei einigen *Anacardiaceen (Schinus, Rhus)* und bei *Juglans* kommen auch Drusen (bei *J. nigra* sogar den Bastfasern angelagert) vor, die bei einigen *Rhus*arten *(Rh. typhina, Toxicodendron)* überwiegen, bei *Ptelea* ausschliesslich gebildet werden. Durch grosse prismatische Krystalle sind *Carya, Diosmeen, Guajacum* (Fig. 122) ausgezeichnet, *Galipea* enthält überdiess Raphidenschläuche und bei *Simaruba* wurde auch Krystallsand angetroffen.

Die Markstrahlen sind ein- oder zweireihig bei *Zanthoxylon, Quassia, Guajacum*, bis vierreihig bei den *Juglandeen*, den meisten *Anacardiaceen, Simaruba, Diosmeen, Spondias, Amyris*, sechs- bis acht- und mehrreihig bei *Ptelea, Ailanthus, Anacardium.* Sie nehmen an dem Dickenwachsthum in den Fällen später oder unterbleibender Borkebildung durch Verbreiterung gegen die Mittelrinde wesentlichen Antheil, bei *Galipea* sind auch die secundären Strahlen local erweitert. Im Allgemeinen sind ihre Zellen etwas dünnwandiger als das Bastparenchym und führen dieselben Krystallformen, wie z. B. *Juglans*, die *Anacardiaceen* Rhomboeder und Drusen, *Carya* Prismen und Drusen (in den Verbreiterungen); durch den Mangel an Krystallen sind die sonst im Baste oxalatreichen *Zanthoxyleen* (einschliesslich *Ailanthus)*, sowie *Amyris*, *Quassia Guajacum*, *Esenbeckia* und *Galipea* auffallend. Bei der letztern bilden sich constant auch in den Markstrahlen Oelräume. Eine geringe Sklerosirung der den Bastfasern oder Steinzellengruppen unmittelbar anliegenden Markstrahlzellen ist gewöhnlich (*Juglans*, *Pistacia*, *Anacardium*, *Spondias*, *Galipea*); seltener (*Pistacia Lentiscus*, *Galipea*) verschmelzen die sklerotischen Elemente der Baststrahlen mit den durchziehenden Theilen der Markstrahlen zu einer zusammenhängenden Sklerenchymplatte (Fig. 115). *Carya* bietet eine bemerkenswerthe Ausnahme wegen der unterbleibenden Sklerosirung, die um so auffallender ist, als die ungleich weniger mächtigen Bastfaserbündel von *Juglans* die angrenzenden Zellen mitunter zur Sklerose führen.

Uebersicht der Gattungen nach Merkmalen des Bastes.

A. Gummiharzgänge *(Anacardiaceen, Burseraceen, Spondiaceen)*.

1. Keinerlei sklerotische Elemente: *Rhus*.

2. Bloss Steinzellen, keine Bastfasern.
   a. Steinzellen zu stufig angeordneten Platten verschmolzen; Siebröhren mit einfachen Querplatten: *Pistacia*.
   b. Steinzellen in unregelmässigen Gruppen, nach innen spärlicher; Weichbast regelmässig geschichtet; Siebröhren mit Plattensystemen: *Astronium*.
   c. „Hornprosenchym" in breiten Schichten; Parenchym dazwischen in einfachen Reihen, nur in der Umgebung der Sekretcanäle mehrschichtig gruppirt; reichlich grosse Rhomboeder: *Amyris*.

3. Bastfasern; Steinzellen fehlend oder in den jüngeren (äusseren) Bastschichten.
   a. Markstrahlen nicht über vier Reihen breit.
      α. Bastfaserbündel in tangentialen Reihen, Fasern lang und geschmeidig; Steinzellen sehr selten.
         *) Weichbast grosszellig; ausdauernder Schwammkork: *Odina*.
         **) Weichbast kleinzellig von Gerbstoff erfüllt; schichtenweise sklerotische Periderme; Borke: *Schinus*.
      β. Bastfaserplatten mit Steinzellen verschmolzen; Bastfasern dick und knorrig: *Mangifera*.
      γ. Bastfaserplatten in geschlossenen, regelmässig concentrischen Schichten mit Kammerfasern dicht belegt; Steinzellen spärlich: *Spondias*.
   b. Markstrahlen breiter als die Baststrahlen; Bastfasern schlauchartig z. Th. dünnwandig, nicht von Kammerfasern begleitet: *Anacardium*.

B. Ellipsoide Oelräume *(Zanthoxyleen, Diosmeen)*.

1. Keinerlei sklerotische Elemente.
   a. Kammerfasern mit Drusen; breite Markstrahlen: *Ptelea*.
   b Kammerfasern mit Rhomboedern; Markstrahlen ein- oder zweireihig: *Zanthoxylon*.

2. Bastfasern; Steinzellen nur im jüngsten Baste.
   a. Vollkommen verdickte knorrige Fasern mit den sklerotischen Markstrahlen zu tangentialen Platten verschmolzen; Raphidenschläuche und grosse prismatische Krystalle: *Galipea*.
   b. Geschmeidige Bastfasern mit weitem Lumen in Bündeln und Reihen concentrisch geschichtet; grosse Prismen: *Esenbeckia*.

C. Weder lysigene noch schizogene Sekreträume.

  1. Bastfasern fehlen; Steinzellen nur in der Grenzschicht des Bastes; im Weichbaste Siebröhren - mit Parenchymschichten regelmässig wechselnd; grosse Prismen; einreihige Markstrahlen: *Guajacum.*
  2. Bloss Bastfasern, niemals Steinzellen; Siebröhren bedeutend weitlichtiger als Parenchymzellen.
      a. Dünne, von Rhomboedern umhüllte Bastfaserplatten in concentrischer Schichtung; im Weichbaste auch Drusen wie in den Markstrahlen: *Juglans.*
      b. Weichbast vielfach schmaler als die Bastfaserschichten, welche von grossen Prismen spärlich begleitet sind: *Carya.*
  3. Bastfasern und Steinzellengruppen.
      a. Bastfasern dünn aber stark verdickt in unterbrochenen tangentialen Reihen oder kleinen Bündeln, von Kammerfasern nicht begleitet; Markstrahlen bis achtreihig, krystallfrei: *Ailanthus.*
      b. Weite dünnwandige Bastfasern in tangentialen Schichten; Steinzellen sehr gross.
          α. Im Weichbaste Kammerfasern mit Drusen und Rhomboedern; Markstrahlen bis vierreihig: *Simaruba.*
          β. Kein Kalkoxalat; Markstrahlen einreihig: *Quassia.*

Juglandeae.

Das Periderm entsteht aus der äussersten Rindenzellenreihe und entwickelt sich in der ersten Vegetationsperiode zu einer breiten, allseitig geschlossenen Schicht, durch welche die Oberhaut gesprengt und theilweise abgestossen wird. Fünfzehnjährige, selbst bedeutend ältere Stämme *(Carya amara)* besitzen noch Oberflächenperiderm und folgen dem Dickenwachsthum durch mächtige Verbreiterung einzelner Markstrahlen. Bei einigen *Juglans*-arten beginnt die Borkebildung früher und es werden dicke, meist wenig umfangreiche Schuppen abgetrennt, die in grösserer Zahl haften bleiben, da die Korkhäute dünn und wie die oberflächlichen aus gleichmässig derben, niemals sklerotischen Zellen bestehen; sie dringen nicht tief, es bleibt immer der lebende Bast in ansehnlicher Breite erhalten.

Die primäre Rinde ist in den Aussenschichten collenchymatisch und führt reichlich grosse Krystalldrusen. Die primären Gefässbündel haben umfangreiche Bastfaserstränge, die bei *Juglans* durch spärliche Steinzellen zu einem gemischten Ringe verbunden werden. Darauf ist auch bei *Juglans* die Sklerosirung des Rindenparenchyms beschränkt, während diese bei *Carya* völlig unterbleibt. Es verdient noch hervorgehoben zu werden, dass in der Umgebung des Sklerenchyms die Krystallschläuche nicht Drusen, sondern Einzelkrystalle enthalten.

Der Bau der secundären Rinde zeigt zwei wesentlich verschiedene Typen. *Juglans*[1]) besteht weit überwiegend aus Weichbast, indem die Bastfasern nur

---

[1]) Die hier als *Juglans* und *Carya* bezeichneten Typen decken sich nicht mit den Gattungen des Systems.

schmale, mitunter sogar meist einreihige *(J. nigra)* Platten bilden, während bei *Carya* umgekehrt das Parenchym mit sehr spärlichen Siebröhren dünne Lagen zwischen den mächtigen Bastfaserplatten bildet. Die Bastfasern sind zudem bei *Carya* bedeutend länger, dünner, geschmeidiger und die sie in geringer Menge begleitenden Kammerfasern führen fast ausschliesslich prismatische Krystalle. — Auch die *Juglans*arten stimmen nicht vollständig mit einander überein. Die concentrische Schichtung des Bastes ist ausgezeichnet regelmässig entwickelt bei *J. alba*, weniger bei *J. regia*, fast undeutlich bei *J. nigra* und in derselben Reihenfolge nimmt die Entwickelung der Bastfaserplatten sowol in der Flächen- als in der Dickenausdehnung ab. Merkwürdiger Weise steht die Bildung von Kammerfasern im umgekehrten Verhältnisse. Sie bekleiden die Bündel von *J. nigra* vollständig (Fig. 112), nicht selten sogar in doppelter Schicht, werden spärlicher bei *J. alba* und *nigra* und kommen bei *Carya* völlig vereinzelt vor. Sie führen fast ausschliesslich grosse Einzelkrystalle, bei *Juglans nigra* häufiger Drusen.

Abgesehen von der quantitativen Entwicklung des Weichbastes, ist dieser bei allen Arten sehr nahe übereinstimmend. Ein augenfälliger Charakter desselben (nur bei *Juglans regia* in geringerem Grade) ist das weite Lumen der Siebröhren, deren Endflächen eine Reihe schmaler, durch dünne Leisten getrennter Siebplatten tragen, und deren Seitenflächen überdiess dicht mit netzig gruppirten Siebfeldern besetzt sind (Fig. 112, 113, 114). Die Parenchymzellen sind grobporig, nicht selten conjugirend. Sie sind meist mit citronengelbem Zellsaft erfüllt, nur ausnahmsweise (bei *J. regia* häufiger) sind sie zu Kammerfasern umgestaltet und führen Krystalldrusen. Niemals werden sie sklerotisch.

Die Markstrahlen sind bis vier Reihen breit. Die Zellen sind beträchtlich radial gestreckt, kaum merklich dünnwandiger als das Bastparenchym. Es ist beachtenswerth, dass sie zwischen den massigen Bastfaserplatten von *Carya* dünnwandig bleiben, während die Randzellen bei *J. alba* in der Regel in geringem Grade sklerosiren. Die den Bastfasern unmittelbar angrenzenden Markstrahlzellen vertreten im Allgemeinen die Kammerfasern der tangentialen Flächen und führen Einzelkrystalle, während die übrigen stets Drusen enthalten, u. z. um so reichlicher, in je geringerer Menge dieselben im Bastparenchym auftreten. In den breiten primären Markstrahlen von *Carya* bilden sich vergrösserte Drusenschläuche.

Juglans nigra L.

Die mit mehrzelligen Haaren besetzte Oberhaut ist an einjährigen Trieben am Ende der Vegetationsperiode nur mehr in geschrumpften Resten vorhanden und durch eine breite Peridermschicht ersetzt, deren kleine dünnwandige, wenig abgeflachte Zellen aus der äussersten Zellenlage[1] der primären Rinde hervorgegangen sind. Die Korkzellen werden späterhin etwas derbhäutig, flach und

---

[1] Nach Sanio (Pringsheim's Jahrb. f. w. Bot. II, p. 39) in centrifugal-reciproker Zellenfolge.

braun. Armdicke Stämme sind in der Regel schon mit Borke bedeckt. Die inneren Korkhäute sind dünn (0,15 mm mit etwa 15—20 Zellenreihen), die Borkeschuppen dagegen häufig einen sogar zwei Millimeter dick, flachmuschelig und in grosser Zahl am Stamme verbleibend, so dass dieser nicht selten mit zwei Finger dicker, vorherrschend längsrissiger Borke bedeckt ist, während der lebende Bast nur 5—6 mm stark ist.

Die primäre Rinde ist, mit Rücksicht auf die Dicke der Internodien, kleinzellig, in den Aussenlagen nur mässig collenchymatisch, sehr reich an grossen Krystalldrusen. Die primären Bastfasern treten in umfangreichen, sehr genäherten Bündeln auf, deren Zwischenräume alsbald durch sklerosirendes Parenchym ergänzt werden, ohne jedoch allseitig zu einem Skerenchymringe [1]) abzuschliessen. In der Umgebung des letzteren führen die Krystallschläuche Einzelkrystalle.

In der secundären Rinde (Fig. 112) treten die Bastfasern in schmalen, häufig nur einreihigen tangentialen Bändern auf, welche sich nur über die Breite weniger Baststrahlen erstrecken und oft unterbrochen sind. Stets sind sie von Kammerfasern bekleidet, welche verschiedengestaltige rhomboedrische Krystalle enthalten. Die Bastfasern sind kaum millimeterlang, geradläufig, glatt, stumpfspitzig, dünn, mit sehr engem spaltenförmigen Lumen, scharf abgegrenzter Primärmembran und spärlichen Porencanälen.

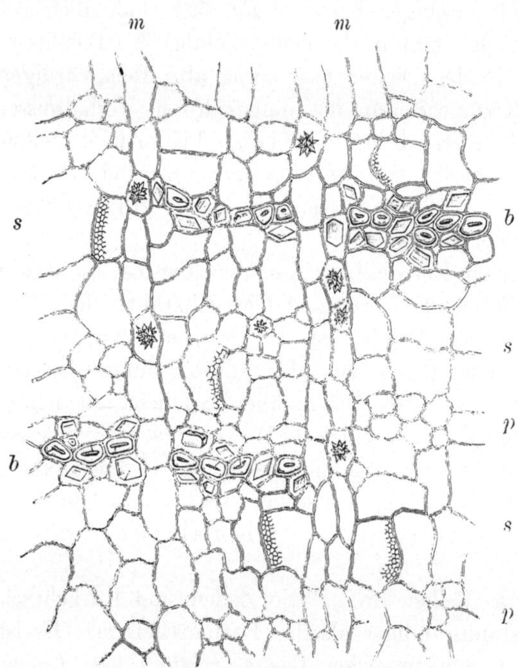

Fig. 112. *Juglans nigra* L. Querschnitt durch den Bast alter Rinde (300). *b* Bastfaserbündel von Kammerfasern umlagert; *s* Siebröhrengruppe; *p* Parenchymgruppe; *m* Markstrahlen mit Krystalldrusen.

Auch der Weichbast zeigt eine, wenngleich nicht regelmässige Schichtung zwischen den ausserordentlich weiträumigen (0,12 mm) Siebröhren (vgl. Fig. 113 und 114) und den bedeutend englichtigeren (0,03 mm), grossporigen z. Th. mit citronengelbem Inhalt erfüllten Parenchymzellen. Die Siebröhren sind ausser durch ihre Weite ausgezeichnet durch die grosse Zahl von dünnen, dicht gereihten Leitersprossen an den radialwärts zugeschärften Endflächen und durch ein zartes Netz von Siebfeldern der ganzen Wand entlang. Sehr vereinzelt kommen auch im Weichbaste Kammerfasern mit Drusen vor.

Die Markstrahlen sind ein- bis dreireihig. Ihre Zellen sind dünnwandig radial gestreckt und führen reichlich Drusen, zwischen Faserbündeln hie und da Einzelkrystalle.

---

[1]) Vgl. Hanstein, Baumrinden p. 45; v. Mohl, Bot. Z. 1855, p. 879; de Bary, Vegetationsorgane p. 555.

Juglans regia L.

Die Anlage des Periderma, der Bau der Mittelrinde ist völlig übereinstimmend mit der vorigen Art. Auch der Bast zeigt denselben Typus, doch mit einigen Abweichungen. Die Bastfaserplatten bilden sich in sehr grossen, nicht selten in millimeterweiten Abständen und sind gewöhnlich etwas dicker, 3—5 reihig. Sie sind nicht vollständig von Kammerfasern umhüllt, sondern nur ab und zu von ihnen begleitet und die Kammerfasern enthalten, wie die in grosser Menge im Weichbaste zerstreut vorkommenden, vorwiegend, Krystalldrusen[1]). Der Unterschied im Lumen der Siebröhren und der Parenchymzellen ist weniger auffallend, erstere sind höchstens doppelt, häufig gar nicht weiter als die letzteren. Die Markstrahlen führen nur sehr selten Krystalldrusen.

Juglans alba Mchx.

Ein breites, 12—15 reihiges Periderma aus cubischen, etwas derbwandigen Zellen überzieht einjährige Internodien und hat die kleinzellige mit hinfälligen Drüsenhaaren bedeckte Oberhaut theilweise abgestossen. Die inneren Korkhäute sind nicht breiter und bestehen aus ähnlichen, nur mehr abgeflachten Korkzellen. Sie bilden sich schon an armdicken Zweigen und trennen bis 2 mm dicke, häufig kleinflächige Schuppen ab, so dass die Borke ungemein grobrissig erscheint. Alte Stämme sind mit sechs und mehr solcher Borkeschuppen in mehr als Fingerdicke bedeckt und der darunter liegende lebende Bast, durch eine unterbrochene, jedoch regelmässig concentrische Schichtung schon dem nackten Auge charakteristisch, ist in der Dicke von 7 mm erhalten.

Die primäre Rinde ist mit jener von *Juglans nigra* völlig gleich, schon in sehr jungen Internodien findet man die Lücken der primären, mächtigen Bastfaserbündel durch sklerotisches Parenchym ausgefüllt.

Der Bast ist sehr regelmässig geschichtet. Die Faserplatten erstrecken sich in nahezu gleichen Abständen (0,4—0,5 mm) über die Breite mehrerer Baststrahlen und stehen mit den benachbarten, durch kleine Zwischenräume getrennten, in gleicher Flucht. Sie zählen in der Dicke meist 4—6 Fasern und sind an den tangentialen Seiten dicht mit Kammerfasern belegt, die isodiametrische oder kurz prismatische Einzelkrystalle enthalten. Die Bastfasern sind selten über 0,6 mm lang, oft etwas verbogen und zackig, 0,03 mm breit, fast vollständig verdickt. — Die Parenchymzellen führen reichlich citronengelben, in heissem Wasser löslichen Zellsaft, sehr selten Krystalldrusen. Die Siebröhren übertreffen sie im Lumen zwei- bis dreimal, ihre stark geneigten Endflächen tragen oft über ein Dutzend durch schmale Leitersprossen getrennte Siebplatten und an den Längsflächen ein ungleich zarteres Netz von Verdickungsleisten zwischen den feinporigen Siebfeldern (Fig. 113).

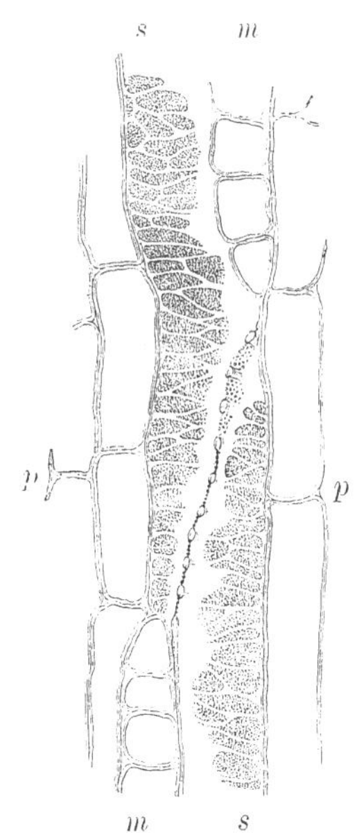

Fig. 113. *Juglans alba* Mchx. Theil eines Sehnenschnittes (300). *p* Bastparenchym; *s* Siebröhren; *m* Markstrahlen.

---

[1]) Vgl. Sanio, Monatsber. d. Berl. Acad. 1857, p. 252.

Die Markstrahlen sind bis vier Reihen breit, ihre Zellen werden eben merklich sklerotisch und führen Einzelkrystalle, wenn sie unmittelbar an Bastfasern grenzen, sonst hie und da eine Druse.

Carya amara Nutt. *(Juglans amara Mchx.)*

Das Periderm entwickelt sich aus der obersten Zellenlage der Rinde zu einer breiten, acht- und mehrreihigen Schicht, durch welche die kleinzellige Oberhaut in der ersten Vegetationsperiode gesprengt und theilweise abgestossen wird. Die erstgebildeten Korkzellen sind zarthäutig und wenig abgeplattet, späterhin werden sie flach und etwas derbwandig und bedecken als dünne Membran noch schenkeldicke Stämme, da die Borkebildung sehr spät beginnt. Die Rinde folgt dem Dickenwachsthum durch Verbreiterung einzelner Markstrahlen, die noch in centimeterdickem Baste am Querschnitte als grosse, an dem Periderm mit fingerbreiter Basis aufsitzende Dreiecke scharf hervortreten.

Die in den äusseren Schichten collenchymatische, in allen Theilen kleinzellige primäre Rinde ist sehr reich an Krystalldrusen, welche auch in Kammerfasern die umfangreichen primären Bastfaserbündel begleiten. Die letzteren werden nicht durch Steinzellen verbunden.

Die secundäre Rinde besteht zum weit überwiegenden Theile aus Bastfasern, indem die oft 0,2 mm breiten und die ganze Breite des Baststrahles einnehmenden Schichten der letzteren nur durch schmale, häufig nur einreihige Parenchymzonen und spärliche Siebröhren getrennt werden. Die Bastfasern sind 1,5 mm und darüber lang, fein zugespitzt, vollständig glatt, dünn (0,015 mm) mit unregelmässig rundlich-polygonalem Querschnitt, punkt- oder spaltenförmigem Lumen, scharf getrennter Primärmembran und spärlichen Poren. Sie sind spärlich von Kammerfasern begleitet, welche grosse prismatische Krystalle enthalten (Fig. 114). Das Parenchym ist kleinzellig, breitporig, oft conjugirt und umschliesst die oft isolirten oder in einfachen tangentialen Reihen geordneten, durch ihr weites Lumen (0,06 mm) am Querschnitt auffälligen Siebröhren, die in ihrem feineren Bau völlig mit jenen von *Juglans* übereinstimmen.

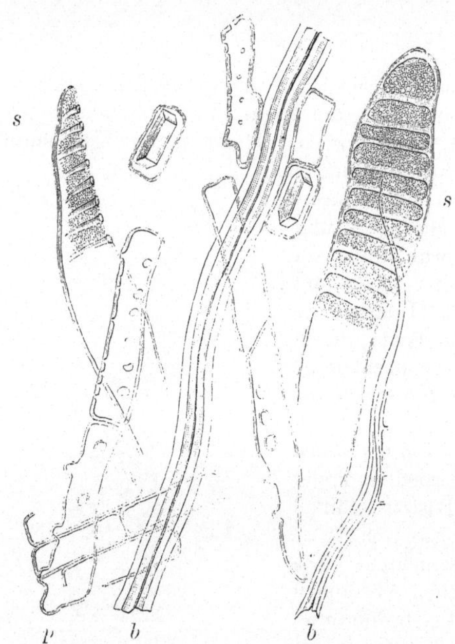

Fig. 114. *Carya amara* Nutt.   Isolirte Elemente des Bastes (300).   *s* Plattensysteme der Siebröhren; *p* conjugirendes Parenchym; *b* Bastfaserfragmente.

Die Markstrahlen sind selten über dreireihig, radial gestreckt, nur ausnahmsweise, wie das Bastparenchym, einen Krystall führend. Die secundär verbreiterten Markstrahlen dagegen verhalten sich wie Mittelrinde; ihre Zellen sind rundlich-polygonal und enthalten reichlich Kalkoxalat in Form ungewöhnlich (0,1 mm) grosser Drusen.

Anacardiaceae.

Die Entwickelung des Periderma wurde nur bei einigen Arten der Gattung *Rhus* beobachtet. Es wird hier die äusserste Rindenzellenlage in der ersten Vegetationsperiode zum Phellogen und erzeugt gleichzeitig rings um die Peripherie eine Schicht cubischer Zellen, welche diffus *(Rh. typhina)* oder schichtenweise an der Innenseite sklerosiren *(Rh. Cotinus, Toxicodendron)*. Das Oberflächenperiderm erneuert sich bei *Odina*, *Rhus Toxicodendron*, *Astronium*, *Mangifera* durch viele Jahre; verhältnissmässig frühzeitig bildet *Rhus Cotinus* Borke und anscheinend auch *Schinus* und *Pistacia*. Die Korkhäute sind wie bei *Rhus* (Fig. 116) schichtenweise einseitig *(Mangifera)* oder gleichmässig *(Schinus)* sklerosirt; *Pistacia* und *Odina* entwickeln Schwammkork, *Astronium* hat eine derbe Korkmembran aus kleinen Tafelzellen und bei *Anacardium* sklerosiren zerstreute Gruppen in dem sonst zartzelligen Schwammkork. Durch ausgedehnte Phellodermbildung sind *Pistacia* und *Astronium* ausgezeichnet, letztere überdiess durch die ungewöhnlich regelmässig in concentrischen Schichten erfolgende Sklerosirung des Phelloderma.

Die primäre Rinde von *Rhus* hat eine geschlossene hypodermatische Collenchymschicht, bildet Krystallschläuche, welche Drusen, selten isodiametrische Einzelkrystalle enthalten, und kein Sklerenchym. Die schizogenen Gummiharzräume treten zuerst, und zwar je einer in jedem Siebtheil der primären Gefässbündel auf. Die unterbleibende Steinzellenbildung ist für *Rhus* und *Schinus (?)* charakteristisch, was um so bemerkenswerther ist, als gerade diese beiden Gattungen ihr Periderma periodisch sklerosiren; bei *Odina*, *Mangifera* und *Anacardium* wurde die Sklerosirung der Mittelrinde direkt beobachtet, für *Pistacia*, *Astronium* ist sie kaum zweifelhaft, da auch der Bast noch reichlich Steinzellen bildet.

Ein allen *Anacardiaceen* gemeinsames Merkmal ist das Vorkommen schizogener Sekreträume im Baste (Fig. 115 und 116). Im Baue der secundären Rinde können drei Typen auseinander gehalten werden. Sie entbehrt der Bastfasern sowol wie der Steinzellen *(Rhus)*, sie bildet keine Bastfasern aber Steinzellen *(Pistacia, Astronium)*, sie besitzt endlich Bastfasern und bildet in diesem Falle keine *(Schinus)* oder doch nur ausnahmsweise (von der Mittelrinde übergreifend) Steinzellen *(Mangifera, Odina, Anacardium)*. Die Sklerosirung des Bastparenchyms ist eigentlich nur für *Pistacia* (Fig. 115) ein wesentlicher Charakter, hier tritt sie regelmässig, schichtenweise bis ins höchste Alter vorschreitend, auf, während bei *Astronium* die Neigung zur Sklerose allmälig erlischt; ältere Rinde besteht vorwiegend, auf grosse Strecken ausschliesslich aus Weichbast. — Im Allgemeinen verändern die sklerosirenden Zellen ihre Form nur wenig und die Mehrzahl behält auch ihre ursprüngliche Grösse bei. Ihre Verdickung gedeiht bis nahe zur vollständigen Obliteration, sie ist fein geschichtet und von verästigten Porenkanälen reichlich durchzogen. Immer sind den Steinzellengruppen auch sklerotische Krystallschläuche beigesellt, wie sie sich eben im Bereiche der Sklerosirung vorfanden. Sie enthalten rhomboedrische, oft durch ihre Grösse ausgezeichnete Krystalle. — Das zweite sklerotische Element, die Bastfaser, kommt in losen *(Anacardium)* oder fest gefügten *(Mangifera)* Bündeln vor, welche meist die ganze Breite des Baststrahles einnehmen und mit benachbarten Bündeln sich zu grösseren Platten verbinden, die in radialer Richtung alternirend angeordnet sind. Die Bündel sind mitunter *(Odina, Mangifera, Schinus)* von Kammerfasern begleitet, doch niemals von diesen vollständig eingehüllt. Die Bastfasern von *Odina* und *Schinus* sind durch ihre Länge, feine Zuspitzung, Geschmeidigkeit und durch ihre scharf in zwei Lamellen gesonderte Verdickung charakterisirt; bei *Anacardium* kommt nebst dieser auch eine dünnwandige Form vor, bei der die secundäre Verdickungsschicht nicht zur Ausbildung gelangt zu sein scheint (Fig. 117); die Bastfasern von *Mangifera* sind dick, starr, oft knorrig und zackig.

Der Weichbast ist in ausgezeichneter Weise concentrisch geschichtet bei *Astronium*, weniger regelmässig ist die Schichtung bei *Rhus* und bei den Gattungen, welche Bastfaser- oder Steinzellenplatten bilden. Die Parenchymzellen sind weitlichtig, in der Wanddicke sehr verschieden (innerhalb einer Gattung nicht constant, vgl. *Pistacia*), grobporig. Sie sind in wechselnder Menge (z. B. reichlich bei *Rhus*, sehr spärlich bei *Anacardium*) zu Krystallschläuchen und Kammerfasern verwandelt, die vorherrschend isodiametrische Einzelkrystalle, mitunter auch Drusen führen, letztere fast ausschliesslich bei einigen *Rhus*arten. Die Sekreträume stimmen im Bau vollständig, in ihren Dimensionen sehr nahe überein. Sie gleichen den schizogenen Harzgängen der Coniferen, sind anfangs kugelig und verlängern sich in verticaler Richtung, während ihr Durchmesser sich über ein bestimmtes Mass (etwa 0,2 mm) nicht erweitert. Ihr Sekret ist nicht gleich, wie sich schon aus der verschiedenen Farbe des frischen Milchsaftes der *Rhus*arten ergibt. In trockener Rinde bildet dasselbe einen Wandbeleg oder erfüllt die Gänge gänzlich in Form glasiger, in vielen Nuancen gelb oder braun gefärbter, homogener oder feinkörniger, scholliger Massen. — Die Siebröhren sind in der Regel etwas weitlichtiger als das Bastparenchym (Fig. 116), aber in der Membrandicke fast gleich. Ihre Endflächen sind wenig geneigt und tragen einfache *(Pistacia)* oder doch wenige schmale *(Odina)* oder breit rundliche *(Rhus)* Siebplatten. Den letzteren ähnlich sind die Siebröhren von *Anacardium* und *Astronium*, nur sind diese überdiess der ganzen Wand entlang mit treppenförmig gereihten Siebfeldern besetzt (Fig. 117).

Die Markstrahlen sind niemals ausschliesslich einreihig, erheben sich aber selten (bei *Anacardium*) über drei oder vier Reihen Breite, ausser den keilförmigen Verbreiterungen bei den Rinden mit ausdauerndem Periderm. Ihre Zellen sind radial gestreckt, oft merklich dünnwandiger als das Bastparenchym und führen dieselben Krystallformen in näherungsweise gleichem

Mengenverhältniss wie dieses. In den Rinden mit sklerotischem Baste und auch da nicht immer *(Pistacia Terebinthus)* werden die zwischen den Sklerenchymklumpen eingeschlossenen Markstrahlzellen gleichfalls, aber in geringerem Grade (Fig. 115) sklerotisch. Ausnahmsweise und damit gewissermassen die Zusammengehörigkeit mit der Mittelrinde erweisend, sklerosiren auch einzelne Zellen in den local verbreiterten Markstrahlen des Innenbastes von *Anacardium*.

Pistacia Lentiscus L.

Die Rinde eines schenkeldicken Stammes ist 4 mm dick, von schülferigen, flachen, gegen millimeterdicken, unregelmässig abspringenden Borkeschuppen bedeckt. Sie ist innen fast glatt, wellig geschrumpft, am Bruche grobhöckerig, am Querschnitte schwarzbraun mit gelben Punkten und Linien.

Das Periderm, aus 10 bis 12 Reihen cubischer, dünnwandiger Zellen bestehend, hat die Mittelrinde abgetrennt. Es schliesst sich an dasselbe eine fast ebenso breite Phellodermschicht an, deren Zellen zum überwiegenden Theile allseitig gleichmässig sklerosirt sind.

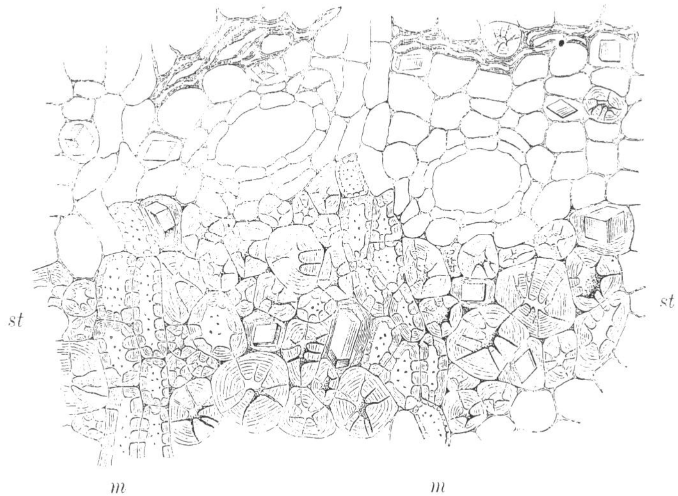

Fig. 115. *Pistacia Lentiscus* L. Querschnitt durch den Bast (300). *st* Steinzellenplatte mit eingelagerten Krystallzellen; *m* Markstrahlen z. Th. sklerotisch; im Weichbaste Sekreträume, einzelne Steinzellen, Rhomboeder und geschrumpfte Siebröhrenstränge.

Die secundäre Rinde besitzt keine Bastfasern; die schon mit freiem Auge gut sichtbaren hellen Punkte sind umfangreiche Sklerenchymgruppen (Fig. 115) und bestehen aus verschieden gestaltigen, isodiametrischen oder stäbchenförmigen, im allgemeinen mässig vergrösserten, aber sehr stark verdickten und innig untereinander verschmolzenen Zellen des Bastparenchyms. Die im Bereich der Sklerenchymklumpen gelegenen Krystallzellen und Markstrahlen werden ebenfalls sklerotisch, die Sekreträume jedoch bleiben stets von einer doppelten oder dreifachen Zone dünnwandigen Parenchyms umgeben. Der Weichbast ist äusserst zartzellig, weitlichtig, von Kammerfasern, die rhomboedrische Einzelkrystalle[1]), sehr selten Drusen enthalten, durchsetzt. Die schizogenen Sekreträume [2]) haben einen mittleren Durchmesser von 0,2 mm und führen blassgelben, feinkörnigen Inhalt. Die Siebröhren sind zu dünnen tangentialen Strängen geschrumpft, man erkennt an ihnen mit Mühe die zarten einfachen Siebplatten an den relativ stark geneigten Endflächen.

Die Markstrahlen sind bis dreireihig. Ihre Zellen sind breit, mässig gestreckt, noch dünnwandiger als das Bastparenchym und theilweise sklerotisch.

Pistacia Terebinthus L.

Ein armdicker, fast hundertjähriger Stamm hat 4 mm dicke Rinde, wovon die Hälfte auf die Borke entfällt. Es bleiben immer nur die letzten Borkeschuppen am Stamme, die älteren fallen als kleine, gerundet eckige Täfelchen ab, deren Aussenseite von dickem schwammigen Kork bedeckt ist. Der Bast ist undeutlich concentrisch geschichtet.

Das nach Abstossung der letzten Borkeschuppen am Stamme bleibende Periderm ist über millimeterdick und besteht aus radial gestreckten, etwas derbwandigen aber nicht sklerotischen Korkzellen und einem etwa 10—15reihigen Phelloderma, dessen innere Lagen sklerosiren und ohne scharfe Grenze in das gleichfalls sklerosirende Bastparenchym übergehen. Die Steinzellenplatten sind weniger dick, haben aber eine grössere Flächenausdehnung als bei *P. Lentiscus* und ihre Elemente sind kaum vergrössert. Der Weichbast ist derbwandig und enthält nur spärliche Krystalle, während diese in den Sklerenchymgruppen überaus reichlich vorkommen.

Die Markstrahlen werden nur ausnahmsweise sklerotisch, in der Regel trennen sie die Steinzellengruppen, was der vorigen Art gegenüber als bemerkenswerthe Eigenthümlichkeit hervorgehoben zu werden verdient.

Odina Wodur Rxb.

Röthlich braune, mit schwammigem Kork bedeckte, zähbrüchige, gegen 7 mm dicke, in Wasser fast auf die doppelte Breite quellende Rinde.

Ein dünnes, aus weitlichtigen etwas derben Zellen bestehendes Periderm bedeckt die Mittelrinde, in welcher unregelmässige Steinzellennester reichlich zerstreut sind. Die Steinzellen sind wenig vergrössert, in verschiedenem Grade, oft nur schwach verdickt. Das dünnwandige Parenchym führt reichlich einzelne Rhomboeder, seltener Drusen. Sekreträume, anscheinend schizogenen Ursprungs, mit kleinem Durchmesser (0,08 mm), führen glasigen, blassbraunen Inhalt.

Die secundäre Rinde ist durch tangentiale Gruppen von Bastfasern stufig geschichtet. Die Bastfasern sind sehr lang — ich mass solche von 2,5 mm Länge — glatt, fein zugespitzt, 0,02 mm breit, fast vollkommen verdickt mit scharf abgegrenzter Primärmembran. Die Bündel zählen in radialer Richtung oft sechs und mehr Fasern, sind mitunter von Kammerfasern begleitet, die übrigens auch im Weichbaste selbstständig vorkommen und stets isodiametrische Einzelkrystalle führen. Der gegenseitige Abstand der Bastfaserplatten ist sehr wechselnd, mitunter auf zwei oder drei Zellenreihen reducirt, an anderen Stellen sind wieder die Weichbastschichten breiter als die Bastfaserlagen. Der Weichbast ist weitlichtig (0,045 mm), dünnwandig, sklerosirt niemals, enthält aber reichlich Sekreträume, meist in tangentialen Reihen. Siebröhren kommen spärlich vor. Sie sind zu dünnen Strängen geschrumpft und mit Mühe erkennt man an Macerationspräpa-

---

[1]) Nach de Bary (Vegetationsorgane p. 545) enthalten vorzüglich die Markstrahlen Drusen.

[2]) Vgl. Trécul, Compt. rend. 1867, p. 17.

raten die schmalen, leiterförmig geordneten Siebplatten an den mässig geneigten Endflächen.

Die meisten Markstrahlen sind zwei- oder dreireihig; ihre Zellen sind immer zartwandig, radial gestreckt und führen, namentlich am Rande, Einzelkrystalle.

Schinus molle Lin. [1])

Mehr als centimeterdicke, mit unregelmässig kleinschuppiger Borke bedeckte, innen grobstreifige, blättrig-brüchige, chokoladebraune Rinde.

Die Periderme, welche in den Bast vorgedrungen sind, bestehen aus Schichten zartwandiger und zwei- bis vierreihigen Schichten breit-tafelförmiger, allseitig sklerosirter Korkzellen. Die Borkeschuppen schwanken in der Dicke um 1 mm.

Die secundäre Rinde ist geschichtet durch die in tangentialen Reihen geordneten, ziemlich umfangreichen, am Querschnitte meist gerundet quadratischen, 30 und mehr Bastfasern enthaltenden Bündel, die von Kammerfasern mit isodiametrischen Einzelkrystallen begleitet, aber nicht vollständig umhüllt sind. Die Bastfasern sind meist über Millimeter lang, dünn (0,02 mm) in feine Spitzen verjüngt, geradläufig glatt, mit nahezu vollständiger, in zwei Schichten getrennter Verdickung. Die Weichbastschichten sind meist bedeutend breiter als die Bastfaserplatten. Sie sind von einem Netz geschrumpfter Siebröhrenstränge durchzogen, deren feinerer Bau nicht bestimmt erkennbar ist. Das Parenchym ist grosszellig, von Kammerfasern durchsetzt, welche Einzelkrystalle, hie und da eine Druse enthalten. Die Sekreträume [2]) sind am Querschnitte querelliptisch (0,12 mm) und fast stets noch erfüllt von gelbbraunem — so sind übrigens alle Membranen gefärbt — feinkörnigem Inhalt.

Die Markstrahlen zählen bis vier Reihen breiter, auch zwischen den Bastfaserbündeln dünnwandiger Zellen. Sie führen gleichfalls nicht selten Krystalle.

Rhus Cotinus L.

Einjährige Internodien überwintern mit einem geschlossenen Periderm von vier bis sechs Reihen cubischer Zellen, die aus den obersten Rindenzellen [3]) entstanden sind. Die letzte oder auch die zwei jüngsten Korkzellenreihen bilden an der Innenseite eine sklerotische Verdi kungsschicht. Im zweiten Jahre wird die Oberhaut abgeworfen und eine neue, der ersten ähnliche Peridermschicht gebildet. So erneuert sich das Periderm acht oder zehn Jahre unter Abstossung der vorausgegangenen Schichten. An zwei Finger dicken Stämmen beginnt die Borkebildung und dringt sehr tief. Die inneren Korkhäute sind dünn, aus zartwandigen, nur in den innersten Lagen einseitig sklerosirten Zellen (Fig. 116) zusammengesetzt, klein- und krummflächig, die abgetrennten Borkeschuppen oft über millimeterdick.

Die primäre Rinde ist kleinzellig, in den äusseren Lagen collenchymatisch, in isolirten Zellen und in Kammerfasern Krystalldrusen führend. In der Concavität der primären Bastfaserbogen [4]) etablirt sich je ein grosser (0,05 mm diam.), den Harzräumen der Coniferen ähnlicher Sekretraum. Schon an dreijährigen Internodien sind die Bastfaserbündel in ihre Elemente zerlegt und die typische Anordnung der Sekreträume verwischt.

---

[1]) In Brasilien als Gerbematerial *„Casca de Arocira da Capocira"* genannt. Vgl. *„Cortex Schini molevidis"* bei Vogl, Zeitschr. d. allg. österr. Ap. Ver. 1871 p. 11 (S. A.)

[2]) Vgl. de Bary, Vegetationsorgane p. 466.

[3]) Nach Sanio (Jahrb. f. wiss. Bot. II, p. 39) in centrifugal-reciproker Zellenfolge.

[4]) Vgl. Trécul, Compt. rend. LXV p. 17.

Die secundäre Rinde bildet **keine Bastfasern** und **entbehrt auch**, wie die Mittelrinde, **der Steinzellen.** Charakteristisch sind die von kleinzelligem Parenchym in **mehreren Schichten** concentrisch umlagerten, weiten (0,02 mm), am Querschnitte kreisrunden, sehr langen **Sekretgänge** (Fig. 116), deren farbloser, wenig getrübter, klebriger Inhalt im Wasser unlöslich, in heissem Alkohol zum grössten Theile löslich ist. Die Parenchymzellen sind dicht grobporig, häufig zu Kammerfasern verwandelt, die **Rhomboeder, vereinzelt Drusen** enthalten. Die Siebröhren sind etwas **weitlichtiger** (0,04 mm) mit wenig geneigten Endflächen, die eine oder mehrere durch schmale Leitersprossen getrennte breite, oft mit dickem Callus bedeckte (Herbst) Siebplatten tragen.

Die Markstrahlen sind zwei-, selten dreireihig und führen in ihren radial gestreckten Zellen gleichfalls Krystalle.

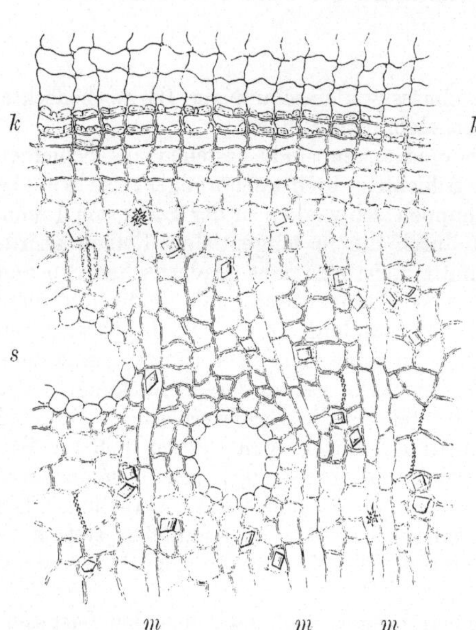

Fig. 116. *Rhus Cotinus* L. Querschnitt durch den Bast eines alten Stammes (300). *k* Periderma mit Reihen einseitig sklerosirter Zellen; im Weichbaste Sekreträume (*s*), Krystallschläuche und Siebröhren mit durchschnittenen Platten; *m* Markstrahlen.

Rhus typhina L.

Aus der obersten Rindenzellenlage bildet sich in der ersten Vegetationsperiode eine 0,1 mm breite, aus vier oder fünf Reihen **cubischer,** an der **Innenseite** bisweilen etwas derbwandiger Zellen bestehende Peridermschicht. Die mit einem dichten Filz langer, gefächerter Haare besetzte, kleinzellige Oberhaut wird erst im dritten Jahre abgestossen, nachdem das Periderm die doppelte bis dreifache Breite erlangt hat. An 4 cm dicken Stämmen habe ich noch keine Borkebildung beobachtet. Die Oberflächenperiderme werden nicht durch einseitige Sklerosirung von Korkzellenreihen geschichtet wie bei *Rh. Cotinus.*

In allen wesentlichen Punkten gleicht sowol die primäre Rinde wie der Bast der vorigen. Als bemerkenswerthe Eigenthümlichkeiten können hervorgehoben werden, dass die Krystallschläuche der Mittelrinde in der Umgebung der primären Faserbündel mitunter auch einzelne Rhomboeder führen, während die Kammerfasern des Bastes **ausschliesslich Drusen** enthalten, und dass der Milchsaft der Sekreträume [1] orangegelb gefärbt ist.

Rhus Toxicodendron Mchx.

Das Periderm, welches wie bei den vorigen Arten frühzeitig **aus den obersten Rindenzellen** entsteht, wird in seiner ganzen Ausdehnung an der **Innenseite sklerotisch;** die Epidermis wird meist schon im ersten Jahre vollständig abgeworfen. Das Periderm ist ausdauernd, seine Zellen sind späterhin flach, **nur schichtenweise sklerosirt.**

---

[1]) Ueber die Entstehung derselben vgl. **Frank,** Beitr. z. Pflanzenphysiologie p. 108.

Im Baue der Mittel-[1]) und Innenrinde sind keine erheblichen Unterschiede gegenüber der vorigen. Die erstere ist ausserordentlich reich an Krystalldrusen, die auch in der Innenrinde fast ausschliesslich vorkommen. Der Milchsaft ist weiss. Die Markstrahlen besitzen nur wenig gestreckte Zellen; einzelne derselben verbreitern sich gegen die Mittelrinde ansehnlich.

Astronium sp. [2])

Ueber centimeterdicke, ockergelbe, mit einem dünnen, glänzenden, chocoladefarbigen Häutchen bedeckte, derbe Rinde mit fast glatter Innenseite, körnigem Bruch und punktirtem und gefeldertem Querschnitt.

Das Periderm ist eine gegen 0,07 mm dicke, aus 12 bis 20 Reihen kleiner, derbwandiger Tafelzellen bestehende Membran. Darauf folgt ein aus cubischen stark verdickten Steinzellen und dünnwandigen Zellen regelmässig geschichtetes Phelloderma. Die Zahl der Schichten wechselt von drei bis acht; die Steinkorkplatten wie die sie trennenden nicht sklerotischen Phellodermschichten sind meist zwei- oder dreireihig, doch sind die ersteren wegen der in radialer Richtung geförderten Entwicklung der Zellen zwei- und dreimal so dick.

In der Aussenschichte des Bastes bilden sich umfangreiche tangentiale Steinzellengruppen und Platten, indem auch die Markstrahlen, die jedoch nicht verbreitert sind, sklerosiren. Nach innen nimmt die Sklerosirung immer mehr ab und die tieferen Bastlagen bestehen, da auch Bastfasern fehlen, ausschliesslich aus Weichbast. Die sklerosirenden Zellen vergrössern sich kaum, werden aber meist vollständig verdickt, und umschliessen die gleichfalls sklerotischen Krystallzellen. Im Baste wechseln sehr regelmässig dünnwandige Parenchym- und geschrumpfte Siebröhrenschichten. In den ersteren liegen die Sekreträume und hie und da eine Kammerfaser mit grossen Rhomboedern. Die Siebröhren gleichen vollständig jenen von *Anacardium* (Fig. 117), sind aber ungleich schwieriger zur Ansicht zu bringen.

Die Markstrahlen sind bis vierreihig, ihre Zellen zartwandig, sehr selten Krystalle führend.

Mangifera indica Lin.

Harte, dünne (4 mm), hellfarbige, innen splitterig brüchige, mit papierdünnem Korke bedeckte Rinde.

Das Periderm zählt bei einer Breite von 0,15 mm gegen zehn Reihen an der Innenseite sklerosirter Tafelzellen. Die Mittelrinde ist sehr breit, zum grösseren Theile dünnwandig und reichlich rhomboedrische Einzelkrystalle führend. Die Steinzellen, etwas vergrössert und sehr stark verdickt, bilden zwei selten unterbrochene concentrische Ringe und ausserdem kleinere zerstreute Gruppen. Die Sklerosirung erstreckt sich auch auf das Parenchym der jüngeren Bastschichten, wo die Bastfaserbündel noch nicht zu tangentialen Platten verbunden sind, sondern selbstständige Gruppen bilden und von Kammerfasern begleitet sind [3]). Die Bastfasern sind bis 2 mm lang, 0,035 mm breit, fast vollständig verdickt, oft gekrümmt, knorrig endigend, an den Seiten ausgezackt an den Anlagerungsstätten der ziemlich stark sklerosirten Kammerfasern und Markstrahlen. Der Weichbast ist sehr zartzellig, das Relief der Elemente nicht erkennbar. Er

---

[1]) Mitunter sklerosiren in höherem Alter einzelne Parenchymgruppen mit Erhaltung der Form und Grösse der Zellen.

[2]) In J. Moeller, Pflanzenrohstoffe p. 33, zuerst als Gerberinde „*Gateado*" beschrieben. — Vgl. über die Ableitung derselben v. Höhnel, Gerberinden p. 121.

[3]) v. Höhnel (Gerberinden p. 120) hat nur in den Markstrahlen Krystalle gefunden.

enthält anscheinend **schizogene Sekreträume** und führt auch Kammerfasern mit grossen Rhomboedern.

Die Markstrahlen sind bis vier Reihen breit, **zwischen den Faserbündeln sklerotisch und allerorts Krystalle führend.**

Anacardium occidentale Lin.

Rostfarbige, aussen schülferige, innen sehr feinstreifige, gegen 4 mm dicke Rindenstücke. Der Bruch ist im äusseren Theile kurzsplitterig, fast körnig, im Baste zäh faserig-blättrig. Der Querschnitt ist chocoladebraun, unter der Loupe wellig radial gestreift und zerstreut punktirt.

Wenige Reihen **weitlichtiger**, zum grösseren Theile dünnwandiger, **gruppenweise gleichmässig sklerosirter Korkzellen** bedecken die Rinde.

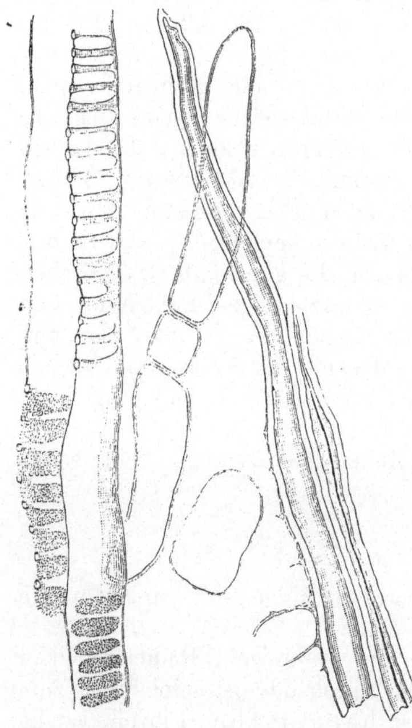

Fig. 117. *Anacardium occidentale* L. Isolirte Elemente des Bastes (300).

Ein Theil der Mittelrinde ist erhalten. Sie besteht aus zartwandigen, mit rothbraunem Inhalt erfüllten Zellen und zerstreuten **Gruppen von Steinzellen**, die nicht vergrössert und in verschiedenem Grade verdickt sind. **Krystalle fehlen.** Die **Sekreträume** sind meist beträchtlich quer gestreckt.

Der Bast ist charakterisirt durch die schmalen, schwänzchenförmig gegen die Mittelrinde zugekeilten Baststrahlen zwischen **wesentlich breiteren Markstrahlen.** Dadurch wird die Schichtung des Bastes undeutlich, doch wechseln ziemlich regelmässig Bastfaserbündel, welche die ganze Breite des Baststrahles einnehmen mit den Elementen des Weichbastes. Die Bastfasern sind **schlauchförmig**, sehr lang, glatt, stumpf oder in sehr feine Spitzen endigend, 0,02 mm breit, **dünnwandig** oder nahezu vollständig verdickt und unverholzt (Fig. 117). Sie sind lose gebündelt und von Kammerfasern nicht begleitet. — Der Weichbast ist grosszellig, etwas derbwandig. Hie und da wird ein Krystall angetroffen. Die Sekretkanäle haben in der Regel einen grösseren Durchmesser (0,15 mm) als die Baststrahlen, so dass sie zum Theile in den Markstrahlen liegen. Die Siebröhren sind die breitesten Elemente (0,035 mm) des Bastes; an ihren zugeschärften Enden tragen sie fein gegitterte, durch schmale Leitersprossen getrennte, breite Siebplatten und der ganzen Seitenwand entlang ein den Treppengefässen ähnliches Relief.

Die Markstrahlen sind ungleich — **stellenweise fast millimeterbreit.** Die Zellen sind dünnwandig, von der typischen tonnenförmigen Gestalt oder häufiger tangential gedehnt; sehr selten bildet sich eine Zelle zur **Steinzelle** um.

Spondiaceae.

Die untersuchte Art bildet ähnliches **durch Steinzellen geschichtetes Phelloderma** wie *Astronium* und stimmt mit dieser auch bezüglich der diffusen Sklerosirung der Mittelrinde überein. Der Bast enthält Gummiharzgänge[1]), unterscheidet sich aber von allen untersuchten *Anacardiaceen*rinden durch die höchst regelmässige concentrische Lagerung der von Kammerfasern vollständig umkleideten Bastfaserplatten, deren Elemente (ähnlich *Mangifera*) auch kürzer, dicker und derber sind. Die Sklerosirung dringt nur in die jüngsten Schichten des Bastes vor, in den tieferen Lagen werden Steinzellen vollständig vermisst. — Die Markstrahlen vertreten die Kammerfasern, wo sie an Bastfaserplatten grenzen.

Spondias Birrea A. Rich.

Harte und schwere, gegen 7 mm dicke Rinde mit hellfarbigem, blätterigem Kork bedeckt, an der Innenseite sehr fein streifig, am Bruche aussen grobkörnig, innen elastisch blättrig. Der Querschnitt ist in den äusseren zwei Dritteln dicht mit hellen, bis hirsekorngrossen Punkten auf braunrothem Grunde gezeichnet, das innere Drittel ist äusserst dicht und fein concentrisch geschichtet.

Das Periderm besteht aus mehreren Schichten gleichmässig und stark sklerosirter cubischer, oft sogar radial gestreckter (0,08 mm) Zellen, getrennt durch dünne, zwei- bis dreifache Lagen zartwandigen Plattenkorkes. Das Phelloderma und die Mittelrinde bilden umfangreiche Sklerenchymgruppen aus stark verdickten und von zahlreichen feinen Poren durchzogenen Steinzellen. Sie enthalten, sowie das dünnwandige Parenchym, vereinzelte Rhomboeder.

Die secundäre Rinde ist sehr regelmässig concentrisch gebändert. Die Bastfaserbündel nehmen die ganze Breite des Baststrahles ein und verbinden sich mit den angrenzenden Bündeln zu dicken Platten, welche nur durch die Markstrahlen durchbrochen werden. Die Platten sind an der Oberfläche allseitig dicht mit schwach sklerotischen Kammerfasern belegt, welche rhomboedrische Einzelkrystalle enthalten. Die Bastfasern sind höchstens millimeterlang, oft gekrümmt, fein zugespitzt oder etwas knorrig und ausgezackt, 0,03 mm dick mit sehr engem Lumen und spärlichen Porenkanälen. — Die Weichbastschichten sind nahezu ebenso breit wie die Bastfaserplatten, bestehen zum überwiegenden Theile aus dünnwandigen Parenchymzellen, die niemals sklerosiren und sind von schmächtigen geschrumpften Siebröhrensträngen quer durchzogen. In Macerationspräparaten gelingt es mitunter die breitrundlichen, durch schmale Leitersprossen getrennten Siebplatten zu sehen. Ziemlich spärlich sind die Sekreträume im Weichbaste zerstreut. Ihr Durchmesser beträgt in der Regel nur 0,08 mm, ihr Inhalt ist braun, glasig.

Die Markstrahlen sind zwei- bis dreireihig, ihre Zellen radial gestreckt, dünnwandig; nur die den Bastfaserplatten unmittelbar angrenzenden Zellen sind zu schwach sklerotischen Krystallschläuchen umgewandelt.

Burseraceae.

Das Periderm entsteht frühzeitig subepidermidal und ist ausdauernd. Aeltere Korkhäute werden geschichtet durch einseitige Sklerosirung (der Aussenwand) einfacher Zellenreihen. Die primäre Rinde entbehrt des Collenchyms, bildet Einzelkrystalle und Drusen, späterhin Steinzellengruppen, womit die Krystalldrusen schwinden.

---

[1]) Vgl. Trécul, Compt. rend. LXI, 17 und de Bary, Vegetationsorgane p. 467.

In der secundären Rinde, zunächst im primären Gefässbündel, entstehen schizogene Balsamgänge in Bastparenchym gebettet. Steinzellen in verticalen Reihen und Gruppen sind unregelmässig zerstreut und nehmen an Menge allmälig ab, der Bast besteht vorwiegend aus Siebröhren.

In allen Theilen der Rinde kommen reichlich isodiametrische Einzelkrystalle vor.

Amyris balsamifera Lin.

In sehr jungen Internodien wird die oberflächliche Rindenzellenlage zum Phellogen und erzeugt grosse, dünnwandige Tafelzellen, welche bis in das zweite Jahr, nach Abstossung der Epidermis, nicht sklerosiren. Die primäre Rinde bildet kein hypodermatisches Collenchym; sie ist durchwegs dünnwandig und führt reichlich in isolirten Zellen grosse Rhomboeder oder Drusen. Schizogene Sekreträume[1]) (bis 0,15 mm diam.) mit farblosem, homogen schleimigem Inhalt entstehen frühzeitig in der Concavität je eines Bastfaserbündels. — Steinzellen fehlen in dem vorliegenden jungen Materiale vollständig.

Amyris sp.[2])

Ein schenkeldicker Stamm ist mit 5 mm breiter, glatter Rinde bedeckt, deren Kork in ziegelrothen Plättchen abschülfert. Die Rinde ist weich, leicht, körnigbrüchig, am Querschnitte graubraun mit zahlreichen regellos vertheilten helleren Pünktchen und Flecken.

Das Periderm besteht aus flachen, etwas derben, reihenweise einseitig (an der Aussenseite) sklerosirten Tafelzellen.

Die Mittelrinde ist kleinzellig, in ausgedehntem Masse, gruppenweise oder in tangentialen Platten sklerosirt. Die Steinzellen sind kaum vergrössert, sehr stark verdickt und durch grobe, reich verästigte Porenkanäle ausgezeichnet. Häufig schliessen sie, wie das dünnwandige Parenchym, grosse Rhomboeder ein.

Die secundäre Rinde besteht zum überwiegenden Theile aus äusserst dünnwandigen Schläuchen, welche zu breiten Schichten geschrumpft sind (Hornprosenchym), zwischen denen die übrigen Bestandtheile gewissermassen eingebettet liegen. Bastfasern fehlen vollständig; kleine, vorherrschend axial gestreckte Steinzellengruppen mit kleinen, stark verdickten, von geweihartig verzweigten Poren durchzogenen Elementen sind spärlich und regellos zerstreut. Anscheinend schizogene Sekreträume mit einem mittleren Durchmesser von 0,12 mm sind von Parenchymgruppen (nach beiden Seiten sich ausbreitend) umgeben. Sonst kommen Parenchymzellen nur spärlich, theils zu kurzen Kammerfasern (grosse Rhomboeder) verwandelt, theils in einfachen tangentialen Reihen vor. An den stark geschrumpften Siebröhren sind Plattensysteme eben erkennbar.

Die Markstrahlen sind bis vier Reihen breit, ihre Zellen mitunter etwas derbwandig, aber nicht sklerotisch, krystallfrei.

Simarubaceae.

Das charakteristische Kennzeichen ist die schichtenweise Bildung langer, dünnwandiger (wie *Anacardium*) Bastfasern (Fig. 118) in der secundären

---

[1]) Vgl. v. Tieghem. Ann. sc. nat. XVI. p. 173 u. de Bary, Vegetationsorg. p. 217.
[2]) Das Material zur Darstellung des in der Parfümerie geschätzten „Ilang-Ilang-Oeles.“

Rinde, während die primären Gefässbündel Bastfasern von der typischen, spulenrunden, stark verdickten Form bilden.

Die äusserste Rindenzellenlage der collenchymfreien primären Rinde wird frühzeitig zum Phellogen und bildet zartzelligen Schwammkork, der sich ohne Schichtung verjüngt. Borke fehlt.

Die Sklerosirung der Mittelrinde beginnt an älteren Internodien, wird sehr umfangreich, führt zur Bildung eines geschlossenen Sklerenchymringes (*Quassia*) und reicht bis tief in den Bast. Kalkoxalat tritt zunächst in Form von Drusen, später als Krystallsand und in Rhomboedern auf.

Die tangentialen Schichten dünnwandiger Bastfasern wechseln mit zwei- bis vierfachen Reihen dünnwandigen Parenchyms mit spärlichen Siebröhren. Das Parenchym ist grobporig, sklerosirt[1]) sowol einzeln wie in ganzen Faserzügen. Kammerfasern mit Einzelkrystallen habe ich nur bei *Simaruba* vorgefunden, wo sie gewissermassen nur zufällig die Bastfasern begleiten. Die Siebröhren sind weitgliederig mit kleinen Plattensystemen.

Die Markstrahlen sind einreihig (*Quassia*) oder bis vier Reihen breit (*Simaruba*) und führen in letzterem Falle häufig rhomboedrische Krystalle.

Simaruba excelsa DC. (*Quassia excelsa* Sw.)

Die mit einzelligen, derbwandigen Haaren besetzte Oberhaut wird schon an federspulendicken Internodien abgestossen, nachdem sich am Ende der ersten, meist aber erst in der zweiten Vegetationsperiode das Periderma aus der äussersten Schichte der primären Rinde gebildet hatte. Das Periderma ist ausdauernd, bildet aber immer eine dünne Membran, weil die ungemein zartwandigen Korkzellen sich rasch abschülfern.

Die primäre Rinde ist gleichfalls dünnwandig ohne Collenchym, in reichlich zerstreuten Zellen Drusen führend. In zweijährigen Internodien hat die Steinzellenbildung noch nicht begonnen.

Die Drogue besteht aus 8 mm und darüber dicken, leichten, hellgelben Rindenstücken, deren Aussenseite schülferig rauh, deren Innenseite in sehr feinen Längsrunzeln geschrumpft ist. Der Querschnitt zeigt in der drei Viertel der Breite einnehmenden Aussenschichte zahlreiche, bis hirsekorngrosse, durch ihre Farbe wenig hervortretende Steinzellenklumpen und in der schmalen Innenschichte zarte radiale Streifung.

Eine dünne Lage zartzelligen Schwammkorkes[2]) bedeckt die Mittelrinde, welche zum überwiegenden Theile aus stark vergrösserten, porenarmen, wellig geschichteten, in verschiedenem Grade bis zur völligen Obliterirung verdickten, zu umfangreichen Gruppen innig verschmolzenen Steinzellen besteht. Das zwischenliegende Parenchym ist sehr zartwandig und führt spärliche Einzelkrystalle[3]).

---

[1]) Die geringe Sklerosirung des Bastparenchyms von *Quassia* erklärt sich aus der Jugend der Rindenproben.

[2]) Vogl (Comm. zur österr. Pharm. III. Aufl. p. 280) fand „unter der Borke eine Schicht fast quadratischer, dickwandiger, je einen grossen rhomboedrischen Krystall enthaltender Zellen".

[3]) Vogl (l. c.) gibt auch Krystallsand an. Vgl. Berg, Anat. Atlas p. 51 u. Taf. 28. (*Simaruba officinalis*).

In den Aussenschichten des Bastes ist die Sklerosirung noch sehr ausgedehnt; sie nimmt nach innen allmälig ab und ist schliesslich auf die Bildung vereinzelter oder axial übereinander gelagerter Steinzellen beschränkt. Ausser diesen isodiametrischen, feinporigen Steinzellen kommen auch sporadisch isolirte Stabzellen (Fig. 118) vor, welche auf Querschnitten Bastfasern ähnlich sind, während die letzteren, in zwei- bis dreireihigen Schichten mit ebenso dünnen Lagen Parenchym abwechselnd, leicht für Siebröhren gehalten werden können. Sie haben nämlich bei einer Breite von 0,04 mm ungewöhnlich dünne (kaum 0,005 mm), geschmeidige und vielfach verbogene Wände, ohne eigentlich abgeplattet zu sein. Ihre Länge übersteigt oft 2,0 mm, ihre Seiten sind meist glatt, nur an den Markstrahlen mitunter ausgezackt, die Enden mehr oder weniger zugespitzt. Hie und da sind sie von Kammerfasern mit rhomboedrischen Krystallen begleitet, wie sie auch im Weichbaste zerstreut vorkommen. Die Parenchymzellen haben dieselbe Breite wie die Bastfasern und Stabzellen; die Siebröhren erreichen mehr als die doppelte Weite, ihre Enden sind in verschiedenem Grade zugeschärft und tragen mehrere feinporige Siebplatten in leiterförmiger Anordnung.

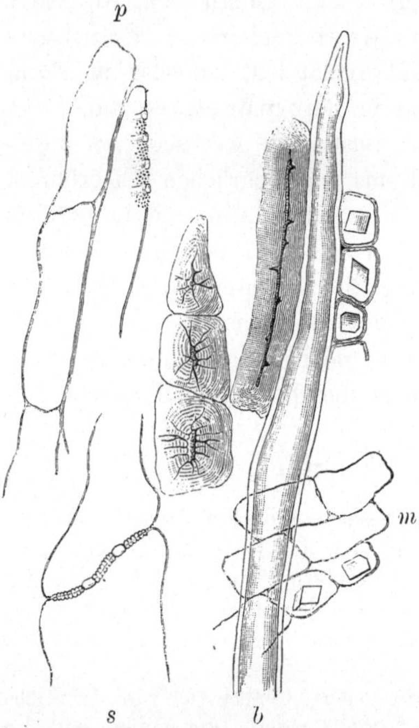

Die Markstrahlen sind bis vierreihig, die Zellen radial gestreckt, zartwandiger als das Bastparenchym und oft Einzelkrystalle einschliessend.

Fig. 118. *Simaruba excelsa* DC. Isolirte Elemente des Bastes (300). *s* Siebröhren; *p* Theil einer Parenchymfaser; *b* schlauchartige Bastfaser mit angelagerter Kammerfaser, einer Stabzelle, mehreren isodiametrischen Steinzellen; *m* Markstrahlzellen mit Krystallen.

Quassia amara L.

Sehr leichte, gebrechliche, hellgelbe Rindenstücke von kaum 2 mm Dicke, mit schülferiger Oberfläche und sehr feinstreifiger Innenseite. Eine citronengelbe Sklerenchymschicht trennt den Bast von den äusseren Rindentheilen.

Das 0,4 mm breite Periderm zählt gegen 30 Reihen äusserst zartwandiger, mässig flacher, lufterfüllter Korkzellen. Die Mittelrinde ist diffus sklerosirt, nur an der Grenze gegen die secundäre Rinde schliessen die Steinzellen zu einem etwa 0,2 mm breiten Ringe aneinander. Die sklerotischen Elemente sind kaum vergrössert, porenreich. Spärliche Schläuche enthalten Krystallsand.

In dem (jungen) Baste kommen Steinzellen nur sehr selten vor. Er hat den typischen Charakter von „Hornprosenchym", das aber nicht aus Siebröhren, sondern aus Bastfasern besteht, welche dünnwandig sind wie bei *Simaruba* und beim Trocknen zu Strängen schrumpfen.

Durch die stets einreihigen Markstrahlen unterscheidet sich *Quassia* von *Simaruba*; auch fehlen die Kammerfasern[1]).

----

[1]) Vgl. A. Vogl, Comm. zur österr. Pharm. III. Aufl. p. 280.

Zanthoxyleae.

Das Periderma bildet sich immer aus der oberflächlichen Zellen-lage der primären Rinde in der ersten *(Ptelea, Zanthoxylum)* oder spätestens in der zweiten Vegetationsperiode *(Toddalia)*. Die weitere Entwicklung desselben ist bei *Zanthoxylum* und bei *Ptelea* verschieden. Bei ersterer, welche keine Borke bildet, sklerosiren sämmtliche Korkzellen an der Aussenseite, ihr Phelloderma dagegen bleibt dünnwandig; letztere besitzt zart-zelligen Kork, aber an dasselbe schliesst sich eine sklerotische Zell-schicht an, welche bei den inneren Korkhäuten entschieden Phelloderma (Fig. 119), bei den Oberflächenperidermen anscheinend die Aussenschicht der primären Rinde ist.

Auf die Bildung dieses geschlossenen Steinzellenringes ist die Sklerosirung der Rinde beschränkt. Die primäre Rinde besitzt ein collenchymatisches Hypoderma *(Ptelea, Zanthoxylon)* oder entbehrt desselben *(Toddalia)*. Bei allen drei Gattungen bilden sich frühzeitig nahe unter der Oberhaut lysigene, kugelige Räume, welche ätherisches Oel enthalten. *Ptelea* und *Zanthoxylon* führen auch Krystalldrusen, welche bei *Toddalia* fehlen. Die primären Gefässbündel bilden Bastfasern, die Innenrinde dagegen besitzt weder Bastfasern noch Steinzellen. Es wechseln in ihr mit ziemlicher Regel-mässigkeit Parenchym und Siebröhrenschichten; axial gestreckte, ellipsoide Oel-räume, anscheinend erweiterte Parenchymzellen mit derben Wänden sind regellos zerstreut; zahlreiche Kammerfasern oder einzelne Krystallschläuche führen Drusen *(Ptelea)* oder isodiametrische Einzelkrystalle *(Zanthoxylum)*. Die Parenchymzellen sind breitporig, die etwas weitlichtigeren Siebröhren haben schwach geneigte Endflächen mit meist einfacher Siebplatte.

Die Markstrahlen sind breit *(Ptelea)* oder fast ausnahmslos einreihig *(Zanthoxylon, Toddalia)*, radial gestreckt, oxalatfrei.

Ailanthus ist von den *Zanthoxyleen* durch die umfangreiche Sklero-sirung der Mittelrinde und des Bastparenchyms, sowie durch die Bastfasern in der secundären Rinde augenfällig verschieden. Das Periderm ist ausdauernd und erreicht ziemlich bedeutende Mächtigkeit, in-dem es für die rasche Abschülferung zu derbwandig ist und die den schichten-weisen Abwurf disponirenden sklerotischen Lagen nicht um die ganze Peripherie, sondern spärlich und in verschiedenen Zeiträumen entstehen. In der primären Rinde bilden sich keine Oelräume; die in dem Baste hie und da anzutreffenden derbwandigen Schläuche sind augenscheinlich nicht lysigen, sondern einfache Sekretzellen. Auch die den Bast constituirenden Ele-mente sind charakteristisch. Die Parenchymzellen sind porenarm, die Stein-zellen klein, die Siebröhren weitgliederig und mit mehreren bis vielen breiten, leiterförmig angeordneten Siebplatten communicirend. — Die Markstrahlen sind sehr breit, krystallfrei.

Mit den *Simarubaceen* hat *Ailanthus* den Mangel lysigener Sekreträume, die ausgedehnte Sklerosirung der Mittelrinde, die in den Bast übergreift und hier vorschreitet, das ausdauernde Periderma und den feineren Bau der Elemente des Weichbastes gemein. Doch fehlt es auch nicht an wesentlichen Unterschieden, von denen nur die eigenthümlichen Bastfasern von *Simaruba* und die breiten, krystallfreien Markstrahlen von *Ailanthus* hervorgehoben werden mögen.

Ptelea trifoliata L.

Die jüngsten Internodien der überwinternden Triebe besitzen eine 0,05 mm breite aus stark zusammengedrückten braunen Zellen gebildete Korkmembran, welche aus der äussersten Zellenlage der primären Rinde entstanden ist. Dieses Oberflächenperiderma verjüngt sich durch viele Jahre, es ist noch an armdicken Stämmen erhalten, hier aber verstärkt durch eine ihm unmittelbar anliegende ununterbrochene Schicht tangential gestreckter Steinzellen, deren phellogener Ursprung verwischt ist. Die inneren Korkhäute bestehen aus einer 0,25 mm breiten Schicht farbloser, dünnwandiger, mit Luft erfüllter Tafelzellen und aus einer vier bis sechs Reihen breiten Schichte stark verdickter Steinzellen, die in Form und Anordnung unverkennbar den Charakter des Phelloderma zeigen (Fig. 119). Die abgetrennten Borkeschuppen sind über millimeterdick, ziemlich gross und ebenflächig; sie fallen bald ab, so dass alte Stämme meist nur mit den jüngst gebildeten Borkeschuppen bedeckt sind.

Die primäre Rinde ist in den Aussenschichten collenchymatisch und bildet schon in diesen kugelrunde (0,1 mm diam.) Oelräume, in denen man häufig noch das zarte Netz der sich lösenden Zellen er-

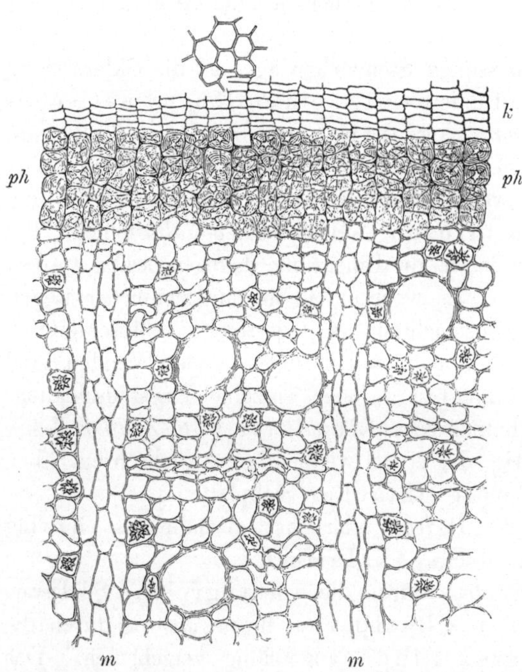

Fig. 119. *Ptelea trifoliata* L. Querschnitt durch den lebenden Bast alter Rinde (300). *k* Periderma mit einer Zellengruppe in der Flächenansicht; *ph* sklerotisches Phelloderma; im Weichbaste grosse Sekretzellen, zerstreute Drusenschläuche und Schichten theilweise zusammengedrückter Siebröhren; *m* Markstrahlen.

kennt[1]). Das Parenchym der Mittelrinde wird beträchtlich tangential gestreckt, führt reichlich grosse Krystalldrusen, vermehrt beständig die Sekreträume, bildet aber keine Steinzellen ausser der oben erwähnten sklerotischen Aussenschicht.

---

[1]) Frank (Beiträge zur Pflanzenphysiologie p. 127 u. Tf. IV. Fig. 16) beschreibt schizogene Oelräume. Vgl. dagegen de Bary Vegetationsorgane p. 217.

Die secundäre Rinde bildet nur in der Jugend spärliche Bündel stark verdickter Bastfasern; die von Borke bedeckte Rinde enthält **weder Bastfasern noch Steinzellen**; der Weichbast ist dünnwandig, kleinzellig, durch die schon in der lebenden Rinde zusammengefallenen Wände der Siebröhren tangential geschichtet. Die Parenchymzellen tragen an der Markstrahlseite Porengruppen; sehr oft sind sie zu **drusenführenden Kammerfasern** umgewandelt. Die reichlich zerstreuten kugeligen oder axial gestreckten **Oelräume** haben etwas verdickte Membranen. Die Siebröhren sind weitlichtiger (0,03 mm) als das Parenchym, ihre Glieder grenzen mittels **einfacher**, oder einmal getheilter, grobporiger Endplatten an einander.

Die Markstrahlen sind meist 4—6reihig, zartzellig, radial gestreckt, **krystallfrei**.

Zanthoxylum fraxineum Willd.

Die **oberste Rindenzellenlage** bildet in der **ersten** Vegetationsperiode eine geschlossene Schicht cubischer, zartwandiger Korkzellen, welche zusammengedrückt werden und mit der derbwandigen Oberhaut überwintern. An armdicken Stämmchen fand ich keine Borke. Das Oberflächenperiderm bestand aus einer 0,1 mm dicken braunen Membran, deren Zellen tafelförmig und **an der Aussenseite**[1]) **sklerosirt** waren, wogegen das **Phelloderma dünnwandig** geblieben war.

Die primäre Rinde besitzt ein **hypodermatisches Collenchym**, führt reichlich **Krystalldrusen**, bildet **keine Steinzellen**, wol aber **lysigene Oelräume in der Collenchymschicht**.

Die secundäre Rinde **besteht nur aus Weichbast**, ähnlich der Rinde von *Ptelea*. Die axial gestreckten **Oelräume** sind meist doppelt so lang als breit (0,08 mm); die Kammerfasern sind spärlicher und kürzer und führen schlecht ausgebildete **Rhomboeder**, wie sie späterhin auch an Stelle der Drusen in der Mittelrinde treten. Die Markstrahlen sind ein-, selten zweireihig.

Toddalia aculeata Pers. *(Paullinia asiatica L.)*

Das Periderm aus dünnwandigen Tafelzellen entsteht an älteren Internodien der Jahrestriebe oder im zweiten Jahre **aus der oberflächlichen Zellenlage** der primären Rinde. Diese **entbehrt des collenchymatischen Hypoderma** und bildet auch **keine Krystallschläuche**. Noch ehe das Periderma angelegt wird, entstehen nahe der Epidermis, von ihr nur durch ein oder zwei Zellenreihen getrennt, kugelige (0,1 mm diam.) **Oelräume** unzweifelhaft lysigener Bildung[2]). In dem vorliegenden jungen Materiale hatte die primäre Rinde **keine Steinzellen** gebildet; die Bastfasern der primären Gefässbündel sind die einzigen sklerotischen Elemente.

Ailanthus glandulosa Desf.

Die kleinfingerdicken Internodien überwintern mit einer breiten (0,25 mm) Peridermschicht, welche aus der **äussersten** Rindenzellenlage entstanden ist. Die Korkzellen, anfangs cubisch und dünnwandig, werden später tafelförmig und etwas derber angelegt. Sie bilden an alten Stämmen millimeterdicke Membranen, die sich kaum merklich abschülfern und in denen **selten** und **unregelmässig** dünne Schichten sklerosiren.

---

[1]) Vgl. de Bary, Vegetationsorgane p. 117, 118.
[2]) Vgl. de Bary, l. c. p. 217.

Die primäre Rinde ist in den äusseren Schichten schwach collenchymatisch und hier treten schon frühzeitig kleine isolirte Steinzellengruppen auf
zugleich mit der Sklerosirung des Parenchyms in den Lücken zwischen den primären Bastfaserbündeln. Die letztere führt zur Bildung eines geschlossenen
gemischten Sklerenchymringes, der aber durch die sich immer mehr
ausbreitende Sklerosirung der Mittelrinde bald unkenntlich wird. Das Kalkoxalat
bildet anfangs Drusen, mit beginnender Sklerosirung entstehen Rhomboeder.

Der Bast der lebenden Rinde lässt sich in papierdünnen, von den Markstrahlen
dicht durchlöcherten Platten schälen; dennoch ist die secundäre Rinde wenig regelmässig geschichtet (Fig. 120), indem die Bastfaserbündel nur selten die ganze Breite

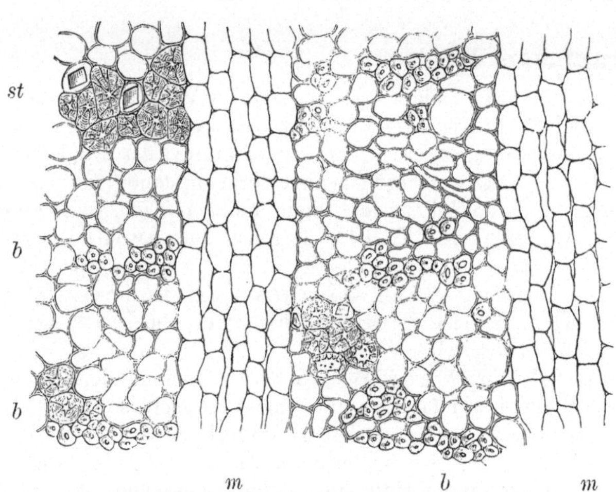

des Baststrahles ein-
nehmen, am Querschnitte
verschiedenartig configu-
rirt und überdiess oft
von Steinzellen um-
lagert sind. Die leichte
Trennbarkeit in Schichten
rührt einerseits von der
geringen Cohärenz des
Bastparenchyms, ander-
seits von der Länge der
Fasern her, welche es
ermöglicht, dass trotz der
häufigen Unterbrechun-
gen die Continuität der
Bastfaserplatten herge-
stellt wird. Die Bast-
fasern sind gegen 2 mm
lang, 0,012 mm breit,
glatt, fein zugespitzt, geschmeidig, am Quer-
schnitt gerundet poly-
gonal, mit Erhaltung

Fig. 120. *Ailanthus glandulosa* Desf. Querschnitt durch den
Bast (300). *st* Steinzellengruppe; *b* Bastfaserbündel z. Th. von
Steinzellen begleitet; im Weichbaste spärliche kleine Sekret-
zellen; *m* Markstrahlen.

des Lumens stark verdickt. Sie sind nicht von Kammerfasern begleitet,
sklerotische Krystallschläuche mit Rhomboedern finden sich nur in der Umgebung
der Sklerenchymklumpen. Die Steinzellen sind nur selten vergrössert, meist sehr
stark verdickt, reichporig. — Der Weichbast ist dünnwandig und besteht vorwiegend
aus Parenchym mit vereinzelten Drusenschläuchen. Die Siebröhren sind weitlichtiger
(0,03 mm) als das Parenchym, ihre Gliedenden sind verschieden geneigt und tragen
bis zwölf breite, durch dünne Leitersprossen getrennte Siebplatten, welche an
demselben Gliede einmal feinporig, das andere Mal zierlich weit gegittert sind.
Sekreträume[1]) sind spärlich vertheilt; sie sind häufig nur wenig grösser (bis
0,06 mm diam.) als die Parenchymzellen und unterscheiden sich von diesen vorzüglich durch ihre etwas derberen Membranen (Fig. 120).

Die Markstrahlen sind zumeist fünf- bis achtreihig und gegen 20 Zellen hoch.

Diosmeae.

In den Fällen sehr frühzeitig auftretenden Periderms konnte das Initialmeristem nicht sicher erkannt werden; bei *Eriostemon* und *Pilocarpus* wird

----

[1]) Trécul, (Compt. rend. LXI. 1867 p. 17 u. 21) gibt Sekretschläuche bloss im
Marke an.

die Oberhaut zum Phellogen und es dauert bei der ersteren mehrere Jahre bis die sich ausbreitenden Lenticellen confluiren, während bei den anderen untersuchten Arten das Periderma schon an einjährigen Internodien eine ringsum geschlossene Membran aus zartzelligem Schwammkork bildet, deren ältere Schichten allmälig (gleichmässig oder vorwiegend die äussere [*Diosma, Pilocarpus*] oder die innere [*Galipea, Esenbeckia*] Seite) sklerosiren. Bloss *Galipea* und *Esenbeckia* lagen in älteren Rindenmustern vor; sie besitzen ausdauerndes Periderm.

Hypodermatisches Collenchym fehlt allgemein oder ist sehr unbedeutend entwickelt (*Galipea, Esenbeckia*). Zu den ersten Bildungen gehören lysigene Oelräume[1]), die zunächst knapp unter der Oberhaut, späterhin allenthalben zerstreut auftreten. Die primäre Rinde enthält auch immer Krystallschläuche, welche Drusen und Rhomboeder bei derselben Art, bei *Esenbeckia* vorwiegend Prismen führen. Eine eigenthümliche Verdickung umschriebener Zellengruppen (Fig. 121) wurde bei *Esenbeckia*, die Sklerosirung des Rindenparenchyms nur bei *Galipea* beobachtet, wo sie auch sehr untergeordnet ist und in keiner Beziehung zu den primären Bastfaserbündeln steht.

Die Mittel- und Innenrinde von *Galipea* besitzt ein auszeichnendes Merkmal in den nie fehlenden Raphidenschläuchen, zu denen im Baste noch Krystallzellen mit grossen Prismen, wie bei *Esenbeckia*, treten. Eigenthümlich sind die bei *Galipea* auf die Aussenschichten beschränkten, hier aber in geschlossenen, durch sklerotische Markstrahlen verbundenen, Platten auftretenden Fasern, während *Esenbeckia* in den älteren (inneren) Lagen der secundären Rinde durch tangential gereihte Bastfaserbündel geschichtet ist. Der Weichbast enthält reichlich ellipsoide Oelkammern, welche erweiterten Parenchymzellen gleichen. Parenchym und Siebröhren sind im Lumen wenig verschieden, letztere sind dicht mit quergestreckten Siebplatten besetzt.

Die meist zweireihigen, bei *Esenbeckia* bis vierreihigen Markstrahlen sind gegen die Mittelrinde verbreitert und bilden hier wie auch in stellenweise verbreiterten Strahlen der secundären Rinde bei *Galipea* Sekreträume. Ausserdem sind sie bemerkenswerth wegen der regelmässigen Sklerosirung (bei im Baste unterbleibender Steinzellenbildung) zwischen den Faserbündeln von *Galipea*, während sie sonst und bei *Esenbeckia* immer zartzelliger sind als das Bastparenchym. Sie sind krystallfrei.

Galipea odoratissima Lindl.

Federspulendicke Internodien sind von einer dünnen Lage zartzelligen Plattenkorkes bedeckt. Die ausserordentlich breite primäre Rinde ist in den äusseren Schichten andeutungsweise collenchymatisch, führt in diesen wie in den tieferen Lagen reichlich Drusen, seltener Rhomboeder, ab und zu einen lysi-

---

[1]) Vgl. de Bary, Anatomie der Vegetationsorgane p. 217.

genen Oelraum. Vereinzelte Zellen beginnen zu sklerosiren, die Lücken zwischen den umfangreichen Bündeln stark verdickter primärer Bastfasern sind z. Z. frei von Steinzellen.

Galipea officinalis Hanc. [1]

Harte, spröde, gegen 3 mm dicke Rindenstücke mit klein gefeldertem, braungelbem, weiss angeflogenem, weichem Korke bedeckt, innen etwas schülferig, am Bruche körnig-blättrig, am Querschnitte orangegelb mit hellen Pünktchen und nur unter der Loupe erkennbarer radialer Streifung.

Das Periderm besteht aus einer bis 0,4 mm breiten, grossentheils aber abgeriebenen Schicht cubischer, zartwandiger, in den äusseren Lagen zumeist (gleichmässig oder bloss an der Innenseite) sklerotischer Korkzellen.

Die Mittelrinde enthält in zerstreuten, vergrösserten Krystallschläuchen reichlich überaus feine Krystallnadeln und in anscheinend lysigenen Räumen oder auch in einfach ausgeweiteten Zellen eine gelbe, harzartige Substanz. Steinzellen werden nur sehr spärlich und vereinzelt gebildet, streckenweise fehlen sie gänzlich.

Die secundäre Rinde enthält nur in den äusseren Lagen steinzellenartige Fasern, hier aber nicht selten in umfangreichen Bündeln und Platten, die sich ohne Unterbrechung über vier, sogar sechs Baststrahlen erstrecken. Die Fasern sind knorrig-spindelig, bis 0,03 mm breit, vollständig verdickt, geschichtet. Der ältere Bast entbehrt jeder Art sklerotischer Elemente. Die Siebröhren sind durch ihre knotig verdickten Wände leicht von Parenchym zu unterscheiden, doch ist ihr zartes Relief nicht sicher erkennbar. Die Parenchymzellen sind dünnwandig, an der Markstrahlseite breit getüpfelt. Sie enthalten häufig grosse 0,15 mm prismatische Krystalle und in ausgeweiteten Schläuchen Raphiden. Die Oelräume sind auch im Baste oft kugelrund oder doch nur wenig vertical gestreckt (0,1 mm) und gleichen erweiterten Parenchymzellen.

Die Markstrahlen sind zwei- selten dreireihig, nach aussen jedoch beträchtlich erweitert. Zwischen den Faserbündeln werden ihre Zellen sklerotisch. Es bilden sich in localen Verbreiterungen derselben häufig Oelräume, doch fehlen ihnen Krystalle [2].

Esenbeckia sp.

Die wenig über 1 mm dicke Rinde ist mit dünnem, weitläufig warzigem, röthlich braunem Korke bedeckt, am Bruche innen weichfaserig, am Querschnitte mit einer äusseren hellen und einer inneren braunen, radial gestreiften Zone.

Der Kork besteht aus sechs bis acht Reihen kleiner, cubischer, von der Innenseite her fast vollständig verdickter Zellen (Fig. 121), denen sich dünnwandiges Phelloderma anschliesst.

Die Mittelrinde ist aussen schwach collenchymatisch, mit Gruppen tangential gestreckter, eigenthümlich verdickter (Fig. 121), nicht verholzter Zellen, die, im Gegensatz zu dem übrigen Parenchym, keine Krystalle enthalten. Kugelige Oelräume von geringem (0,05 mm) Durchmesser sind spärlich zerstreut.

Die secundäre Rinde ist concentrisch geschichtet, wenngleich die Bastfaserbündel ungleich mächtig, sogar einreihig und häufig unterbrochen sind. Steinzellen fehlen vollständig. Die Bastfasern sind sehr lang, glatt, geschmeidig,

---

[1] Die „*Angostura*- oder *Caronirinde*" des Handels. Vgl. A. Vogl, Comm. III. Aufl. p. 270 u. Berg, Anat. Atlas p. 73 u. Tf. XXXVII.
[2] Vgl. de Bary, Vegetationsorg. p. 554.

beinahe schlauchartig, 0,02 mm breit, mit Erhaltung des Lumens verdickt. Sie werden hie und da von Kammerfasern begleitet, welche grosse **prismatische Krystalle** führen. Die Weichbastschichten sind breit. Sie enthalten häufig auch isolirte Bastfasern und sind reichlich von Siebröhren mit knotig verdickten Wänden durchzogen, die fast der ganzen Wand entlang mit dicht gereihten, sehr dünnen Leisten treppenförmig besetzt sind. Die **Oelräume** sind kurz elliptisch, regellos vertheilt.

Die Markstrahlen sind bis dreiselten vierreihig, nach aussen etwas **verbreitert**. Ihre Zellen sind zartwandiger als das Bastparenchym und führen **keine Krystalle**.

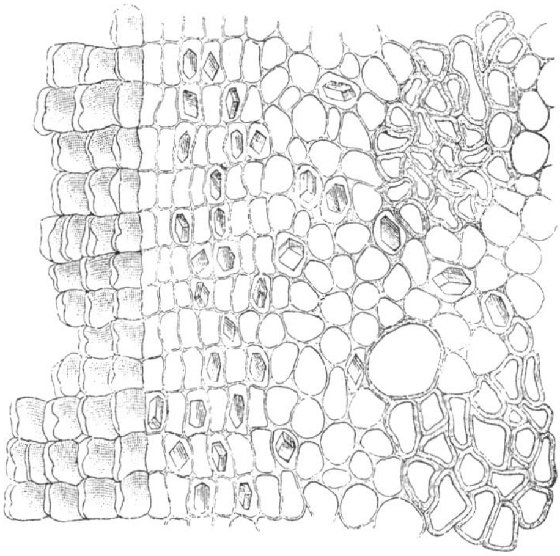

Diosma alba Thbg. (*Coleonema album* B. W.)

An sehr jungen Internodien ist die Oberhaut durch ein geschlossenes Periderm ersetzt, dessen Zellen **cubisch**, zartwandig, vereinzelt auch **an der Aussenseite** verdickt sind. Der einseitigen Sklerosirung fallen allmälig sämmtliche Korkzellen anheim, ihr Lumen wird fast vollständig obliterirt.

In der primären Rinde, welche **kein Collenchym** besitzt, bilden sich **Oelräume**, einzelne Zellen führen **Drusen** oder **Rhomboeder**.

k   ph   sc

Fig. 121. *Esenbeckia* sp. Aussenschicht der primären Rinde im Längsschnitt (300). *k* Periderma aus einseitig sklerotischen Zellen; *ph* krystallführendes Phelloderma, allmälig übergehend in die schwach collenchymatische primäre Rinde; *sc* Gruppen gallertartig verdickter Zellen.

Pilocarpus pinnatifolius Lemaire.

Die **Oberhaut wird frühzeitig zum Phellogen** und bildet mehrere Reihen **cubischer** Zellen, deren **Aussenwand** sich etwas verdickt. An zweijährigen Internodien ist die Oberhaut abgestossen.

Die breite primäre Rinde bildet noch vor der Anlage des Periderma grosse (0,2 mm diam.), **lysigene Oellücken** nahe unterhalb der Epidermis. Sie ist **collenchymfrei** und enthält reichlich grosse Krystalldrusen in dem etwas derbwandigen, feinporigen Parenchym.

Eriostemon cuspidatum Cunningh.

Kleine Korkwarzen entstehen schon an einjährigen Internodien, ihre Zahl nimmt immer mehr zu, doch besitzen selbst dreijährige Triebe noch kein ringsum geschlossenes Periderm. Das **Phellogen ist die Oberhaut selbst**, die Korkzellen sind zartwandig, weitlichtig.

Die primäre Rinde besitzt **kein collenchymatisches Hypoderma** und bildet **keine Steinzellen**. Knapp unter der Oberhaut entstehen frühzeitig grosse (0,2 mm. diam.) kugelige **Oelräume durch Auflösung umschriebener Zellengruppen**, deren Reste noch häufig erkennbar sind. Zerstreute Zellen führen **Drusen** oder **Einzelkrystalle**.

Zygophylleae.

Die *Guajak*rinde bildet das Periderma aus der Oberhaut und schichtet dasselbe periodisch durch Sklerosirung ein- bis dreifacher Korkzellenreihen. Die älteren Schichten werden rasch abgestossen, so dass alte Rinden nur von einer papierdünnen Korkmembran bedeckt sind. Die primäre Rinde besitzt kein collenchymatisches Hypoderma und bildet keine Sekreträume, dagegen Krystallzellen. Die frühzeitig beginnende diffuse Sklerosirung erstreckt sich über die ganze Mittelrinde, welche durch Phelloderma ansehnlich verstärkt wird, und dringt auch in die Aussenschicht des Bastes vor. Dieser bildet keine Bastfasern; regelmässig pallisadenartig (Fig. 122) geschichtete Parenchymzellen wechseln mit breiten Siebröhrensträngen. Ein charakteristisches Merkmal sind die grossen Prismen[1]) in zerstreuten Krystallschläuchen.

Die Markstrahlen sind einreihig.

Guajacum officinale Lin.

An den älteren Internodien des einjährigen Triebes wird die Oberhaut zum Phellogen und bildet wenige Reihen dünnwandiger Tafelzellen, deren Aussenschichten alsbald sklerosiren. — Die primäre Rinde ist collenchymfrei, dünnwandig, mit zerstreuten Krystallzellen, welche Drusen oder Rhomboeder enthalten. Noch vor der Peridermbildung sklerosiren einzelne Zellen und späterhin treten auch zwischen den primären Bastfaserbündeln Steinzellen auf.

Eine beinharte, gegen 3 mm dicke Rinde an der Aussenseite quer gerunzelt, innen beinahe glatt, am Querschnitte wachsgelb, für das nackte Auge homogen, unter der Loupe zerstreut punktirt.

Das Oberflächenperiderm besteht aus einer dünnen Lage kleinzelligen, zartwandigen Korkes, bedeckt von einigen Reihen sklerotischer Korkzellen. Die Mittelrinde ist von unregelmässig tangential gestreckten Steinzellennestern durchsetzt, deren Elemente kaum vergrössert, stark verdickt, porenreich und sehr selten von Krystallen begleitet sind.

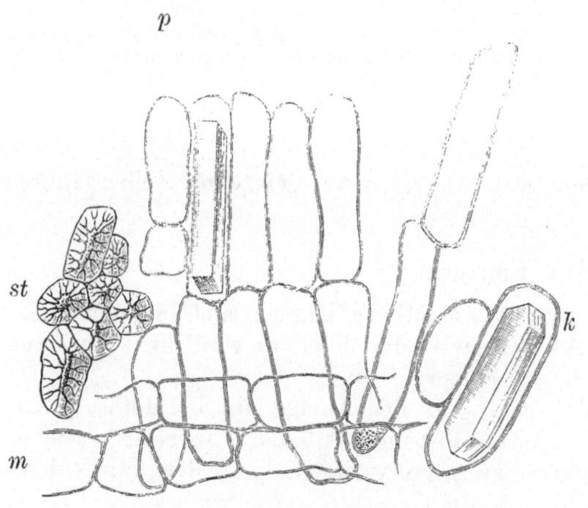

Fig. 122. *Guajacum officinale* L. Isolirte Elemente des Bastes (400). *p* Palissadenparenchym; *st* Steinzellengruppe; *k* Krystallzelle; *m* Markstrahlzellen.

Auf den Bast entfällt kaum ein Drittel der Rindenbreite. In den äusseren Schichten desselben kommen noch axial gestreckte, aus wenigen und sehr kleinen Elementen zusammengesetzte Steinzellengruppen vor, die inneren Lagen sind regelmässig geschichtet aus drei- bis vierfachen Parenchymreihen und etwas breiteren

---

[1]) S. G. Holzner, Ueber die Krystalle in den Pflanzenzellen. Diss. 1864.

geschrumpften Siebröhrenschichten. Die Parenchymzellen sind radial gereiht, dünnwandig und führen reichlich grosse (0,12 mm lange, 0,02 mm breite), den Zellenraum fast ausfüllende Oxalatprismen (Fig. 122). Die Siebröhren haben nahezu dieselben Dimensionen wie das Bastparenchym, ihre Membranen sind gallertartig, die feinporigen Endflächen schwer erkennbar.

Die Markstrahlen sind immer einreihig, radial etwas gestreckt, auf Querschnitten wenig hervortretend, dünnwandig, keine[1] Krystalle einschliessend.

Calyciflorae.

Fast in allen Einzelheiten des Baues sind die *Combretaceen*, *Rhizophora* und *Philadelpheen* gegensätzlich verschieden. Die Entstehung des Periderma wurde nur bei den *Philadelpheen* und bei *Combretum* beobachtet, wo das Initialmeristem innerhalb der primären Gefässbündelzone (Fig. 126) liegt. *Bucida* und *Terminalia* in Rindenproben von jedenfalls bedeutendem Alter besitzen ein breites Periderma und eine ebenso mächtige Zellschicht, deren phellogener Ursprung häufig unverkennbar ist. *Rhizophora* bildet keine Borke, aber sie hat eine breite Mittelrinde, die nur in wenigen Zellenreihen phellogenen Charakter zeigt. *Terminalia* und *Rhizophora* bilden ungeschichteten Schwammkork, *Combretum* sklerosirt die Korkzellen einseitig, *Bucida* bildet geschichteten Steinkork und die *Philadelpheen* haben Ringelborke von völlig eigenartigem Charakter (vgl. p. 342) ohne Phelloderma.

In der primären Rinde von *Combretum*, welche kaum die zweite Vegetationsperiode überdauert, tritt diffuse Sklerosirung auf, die anderen *Combretaceen* bilden keine Steinzellen; in *Rhizophora* vereinigen sich die Steinzellen zu einem geschlossenen Ring, innerhalb dessen die Mittelrinde in Form rundlicher Klumpen oder quer gestreckter Platten sklerosirt. Wo Steinzellen auftreten, bilden sich Einzelkrystalle, sonst stets nur Drusen, welche bei den *Combretaceen* ganz ausserordentliche Grösse, in entsprechend ausgeweiteten Schläuchen, erreichen. Die primäre Rinde der *Philadelpheen* wird frühzeitig abgestossen, sie sklerosirt nicht und ist krystallfrei.

Die secundäre Rinde der *Combretaceen* bildet Bastfasern in mehr oder weniger ausgesprochen concentrisch gereihten Bündeln und keine Steinzellen; *Rhizophora* dagegen besitzt regellos zerstreute, spindelförmige Steinzellencomplexe und entbehrt der Bastfasern vollständig; die *Philadelpheen* bilden nur Weichbast, der vor beginnender Borkebildung

---

[1] Vgl. de Bary, Vegetationsorgane p. 545.

sklerosirt (s. p. 341). Die Bastfasern der *Combretaceen* haben immer krumme, knorrige Gestalten, in Länge und Dicke sehr wechselnd; mitunter sind sie steinzellenartig *(Bucida, Terminalia Chebula)*, aber auch in diesen Fällen durch die scharf abgegrenzte Primärmembran (Fig. 125) und durch die stets einfachen Porenkanäle und vor Allem durch zahlreiche Uebergangsformen als Bastfasern gekennzeichnet. Die Steinzellen von *Rhizophora* lassen keinen Zweifel über ihre Natur aufkommen, da sie fast vollständig Gestalt und Grösse der Parenchymzellen beibehalten, aus denen sie sich entwickelt haben und wie sie in ihrer unmittelbaren Nachbarschaft erhalten sind. Ihre Verdickung ist immer sehr beträchtlich, ihre Poren sind grob, verzweigt.

Der Weichbast ist grosszellig bei den *Combretaceen*, kleinzellig bei *Rhizophora* und den *Philadelpheen;* die Siebröhren sind bei den *Combretaceen* ausserordentlich w e i t u n d k u r z g l i e d r i g, mit einfachen oder doch durch wenige Leisten getheilten Siebplatten (Fig. 123), bei *Rhizophora* eng- und langgliedrig mit zahlreichen schmalen Siebplatten, bei den *Philadelpheen* mit einfachen Querplatten. Die Parenchymzellen haben breite Tüpfel, die bei den *Combretaceen* und *Philadelpheen* wegen der derberen Membranen deutlicher hervortreten. — Einfache Krystallschläuche und Kammerfasern entwickeln sich ungewöhnlich reichlich bei den *Combretaceen*, wo sie ausnahmslos D r u s e n führen. In geringerer Menge führt *Rhizophora* Kalkoxalat in den Baststrahlen und zwar als D r u s e n i m W e i c h b a s t und als rhomboedrische E i n z e l k r y s t a l l e i n u n d u m d i e S t e i n z e l l e n gelagert. Die *Philadelpheen* führen gar k e i n e K r y s t a l l e. Die Kammerfasern stehen in keiner Beziehung zu den sklerotischen Elementen, wenngleich sie ständige Begleiter derselben sind und sie stellenweise beinahe umhüllen, was bei dem häufig überraschenden Reichthum an Krystallen eben nothwendig eintreten muss. Die i s o l i r t e n g r o s s e n D r u s e n s c h l ä u c h e (Fig. 124), wie sie in der Mittelrinde der *Combretaceen* vorkommen, sind auch für den Bast charakteristisch.

Die Markstrahlen sind bei den *Combretaceen* zweireihig, gegen die Mittelrinde und stellenweise auch im Baste verbreitet, f r e i v o n K a l k o x a l a t, bei *Rhizophora* breit (bis sechsreihig) und r e i c h e r a n K r y s t a l l e n wie die Stränge, bei den *Philadelpheen* ebenfalls breit aber o h n e K r y s t a l l e. Die Markstrahlzellen sind breit und wenig gestreckt; sie s k l e r o s i r e n bei den *Combretaceen* äusserst selten, bei *Rhizophora* regelmässig bei ihrem Durchtritt durch die Sklerenchymstäbchen und diese sind gerade an diesen Stellen vollständig mit Einzelkrystallen bedeckt, während die Markstrahlen sonst Drusen führen, sich demnach in dieser Beziehung wie das Bastparenchym verhalten. Bei den *Philadelpheen* betheiligen sie sich an der Bildung des sklerotischen Borkecylinders.

U e b e r s i c h t   n a c h   M e r k m a l e n   d e s   B a s t e s:

A. Walzenförmige Steinzellengruppen unregelmässig zerstreut, von sklerotischen Markstrahlen durchsetzt; Markstrahlen breit, krystallreich; Weichbast kleinzellig; keine Bastfasern: *Rhizophora.*

B. Keine Steinzellen; verschieden gestaltige Bastfasern in annähernd concentrischer Schichtung; Weichbast grosszellig, reichlich Drusen in Kammerfasern und in einzelnen grossen Schläuchen führend; Markstrahlen zweireihig, ohne Krystalle:
Combretaceae. [1]

C. Der dünne lebende Bast enthält weder Bastfasern noch Steinzellen, noch Krystallschläuche; eigenthümliche Borkebildung: *Philadelpheen.* [2]

Combretaceae.

Das Periderm entsteht bei *Combretum* innerhalb der primären Gefässbündelzone an älteren, etwa federspulendicken Internodien und besteht aus weitlichtigen, an der Innenseite sich bald verdickenden Zellen. Trotzdem die primäre Rinde nur einen kurzen Bestand hat, treten doch in ihr ab und zu Steinzellengruppen auf, was um so auffallender ist, als in dieser Ordnung die Sklerosirung überhaupt sehr unbedeutend ist. Bemerkenswerth ist auch das (in der primären Rinde neben Drusen) im jungen Baste ausschliessliche Vorkommen rhomboedrischer Einzelkrystalle, welche sonst weder bei *Terminalia* noch bei *Bucida* angetroffen werden. Weiter entwickelte Korkhäute wurden nur bei diesen beiden Gattungen beobachtet, wo sie im Baue verschieden sind. *Terminalia* besitzt Schwammkork, dessen Zellen nur hie und da an den tangentialen Wänden schwach sklerosiren, *Bucida* geschichteten Steinkork; bei beiden waren die Periderme auch in den Bast eingedrungen.

Die Mittelrinde wird durch Phelloderma verstärkt, welches sich in ansehnlicher Mächtigkeit auch aus den inneren phellogenen Schichten entwickelt. Die Sklerosirung unterbleibt vollständig. Ein hervorragendes Kennzeichen ist die Bildung ungewöhnlich grosser Drusenschläuche in allen Theilen der Rinde, wozu im Baste noch reichlich Kammerfasern kommen, die ebenfalls nur Drusen führen, auch wenn sie Bastfaserbündel begleiten. Diess ist häufig der Fall bei *Bucida*, selten oder gar nicht bei *Terminalia*, wogegen hier mitunter *(T. Bellerica)* die Kammerfasern in tangentialen Reihen geschichtet sind. Die Bastfasern haben gekrümmte, knorrige Formen, in Breite und Verdickung sind sie verschieden, dünn mit spaltenförmigem Lumen (Fig. 124) oder zu den breitesten, dicksten Formen zählend, mitunter von Steinzellen kaum zu unterscheiden (Fig. 125). Sie sind in sehr wechselnder Anzahl zu unregelmässig conturirten Bündeln vereinigt, die mehr *(Bucida)* oder weniger *(Terminalia Bellerica)* deutlich tangential gereiht und concentrisch geschichtet sind.

Der Weichbast ist quantitativ immer vorherrschend. Die Parenchymzellen sind durch breite Tüpfel, die Siebröhren durch kurze und weite Glieder mit einfachen oder doch wenigen Siebplatten (Fig. 123) ausgezeichnet.

---

[1] *Bucida* ist von *Terminalia* nicht trennbar; *T. Chebula* z. B. steht *Bucida* viel näher als Arten derselben Gattung.

[2] Der Bast von *Deutzia* und *Philadelphus* ist schlechterdings nicht zu unterscheiden.

Charakteristisch sind auch die **breitzelligen**, nicht über zweireihigen Markstrahlen, welche im Gegensatz zu dem Bastparenchym **keine Oxalate** führen und in sehr vereinzelten Fällen (Fig. 125) schwach sklerotisch werden.

Combretum decandrum Rxb.

Die nur wenige Zellenreihen breite, des collenchymatischen Hypoderma entbehrende primäre Rinde enthält Drusen und rhomboedrische Einzelkrystalle. Die dicken Bastfasern der primären Gefässbündel bilden ein kaum unterbrochenes, selten über drei Fasern breites Band. Innerhalb desselben wird in älteren Internodien die ihm unmittelbar anliegende Zellschicht zum Phellogen und alsbald schrumpft die ausserhalb gelegene Rindenschicht und wird mitsammt dem Bastfasergürtel abgestossen. Die Korkzellen sind cubisch, und erhalten frühzeitig an der Innenseite eine Verdickungsplatte. In der hinfälligen primären Rinde wird ab und zu eine Zelle sklerotisch; in dem jungen Baste finden sich weder sklerotische Fasern noch Steinzellen, aber reichlich Kammerfasern vor, mit bedeutend kleineren Rhomboedern als in der primären Rinde, wo sie häufig 0,02 mm Seitenlänge erreichen.

Bucida Buceros L. [1]

Schwefelgelbe, mit braunem schuppig-warzigem Kork bedeckte, gegen 3 mm dicke Rindenstücke mit weichfaserigem Bruche und äusserst zarter, selbst unter der Loupe schwer erkennbarer concentrischer Schichtung.

Der Kork besteht bei einer Breite von 0,25 mm aus fünf Schichten allseitig sklerosirter Tafelzellen (1—4 Reihen), welche durch ihnen in der Form ähnliche aber dünnwandige Zellen getrennt sind. Die auf das Periderma folgenden sechs bis zehn Zellenreihen haben

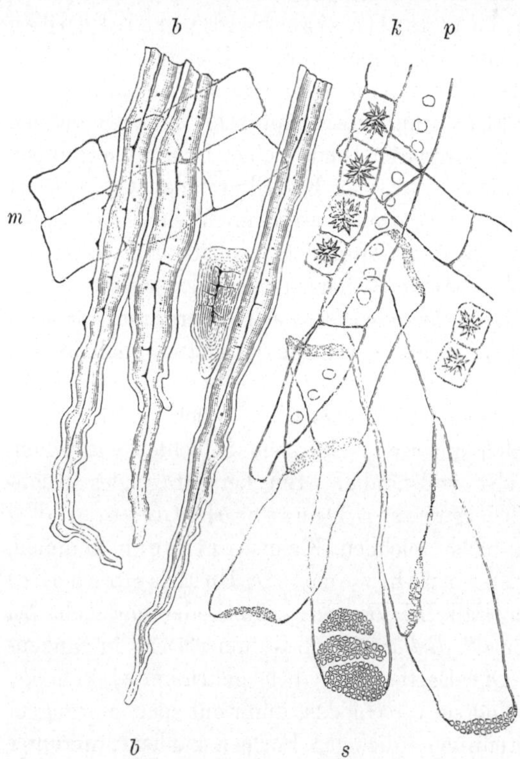

Fig. 123. *Bucida Buceros* L. Isolirte Elemente des Bastes (300). *b* Vollkommen verdickte Bastfasern mit z. Th. abgelöster Primärmembran; *s* Siebröhren in verschiedenen Ansichten; *p* breitporige Parenchymfaser; *k* Kammerfaser; *m* Markstrahlzellen.

den Charakter des Phelloderma und grenzen an den Bast.

Die secundäre Rinde ist unregelmässig concentrisch geschichtet, indem die Bastfaserbündel wol tangential gereiht, aber von sehr verschiedener Mächtigkeit

---

[1] Im Museum Melle-lez-Gand als *„Olivier de l'Ile Dominique“*. Sonst führt diese Gerberinde die Namen: *„Gris-gris“* (Guayana fr.), *„French oak“* (Antigua), *„Black olive“* (Jamaika).

und Configuration und häufig unterbrochen sind. Die Bastfasern sind meist etwas über millimeterlang, krummläufig, in stumpfe, knorrige Spitzen verjüngt (Fig. 123), von wechselnder Breite, aber vorwiegend dünn (0,015 mm) mit engem Lumen und scharf abgegrenzter Primärmembran. Sie sind mitunter von eigenthümlichen, nur zwei- bis dreimal breiteren, am Querschnitte Steinzellen ähnlichen, vollständig verdickten, sehr fein geschichteten und von zarten unverzweigten Porenkanälen durchzogenen Elementen begleitet, während das Bastparenchym sonst nicht sklerosirt. Diese Zellen werden durch Chlorzinkjod vollständig citronengelb gefärbt, während die quellbare Innenschicht der Bastfasern mit violetter Farbe von der gelben Primärmembran absticht. Dadurch unterscheiden sich diese „Steinzellen" allein wesentlich von den Bastfasern und ich zweifle nicht, dass sie als eine verkürzte Form der letzteren anzusehen sind, umsomehr als alle Uebergänge von langen und dünnen Bastfasern durch stellenweise verbreiterte zu fast isodiametrischen angetroffen werden (vgl. *Terminalia Chebula*). Der Weichbast ist ausserordentlich reich an Krystalldrusen, welche in Kammerfasern auch die Bastfaserbündel begleiten, sie aber nicht vollständig umhüllen.

Einzelne Krystallschläuche sind auf das vier- selbst mehrfache Volumen ausgeweitet (vgl. Fig. 124) und enthalten eine entsprechend grosse Druse. Die Parenchymzellen sind an den radialen Seiten mit einer Reihe breiter Tüpfel besetzt. Die Siebröhren sind zu dünnen Strängen geschrumpft, können aber durch Maceration leicht isolirt werden und erweisen sich als auffallend kurze (0,25 mm) und weite (0,045 mm) Schläuche, die meist mit wenig geneigten, einfachen, seltener durch schmale Leitersprossen getheilten, zierlich gegitterten Siebplatten (Fig. 123) in Verbindung stehen.

Die Markstrahlen sind ein- oder zweireihig, breitzelliger als das Bastparenchym und einzelne derselben verbreitern sich sehr bedeutend. Hier führen sie auch reichlich Krystalldrusen, während sie sonst kein Kalkoxalat, aber reichlich eine schwefelgelbe, in Wasser vollkommen lösliche, durch Eisenzalze sich prächtig blau färbende Substanz führen, mit der auch das Bastparenchym erfüllt ist.

Terminalia tomentosa
Wight und Arn.

Gegen 3 mm dicke, mit dünnem lederbraunem, hie und da warzigem, sonst ziemlich glattem Kork bedeckte Rinde, deren Innenseite sehr fein längsstreifig braun, die am Bruche körnigblättrig ist und auf dem röthlichen Querschnitte sehr kleine zerstreute weisse Pünktchen zeigt.

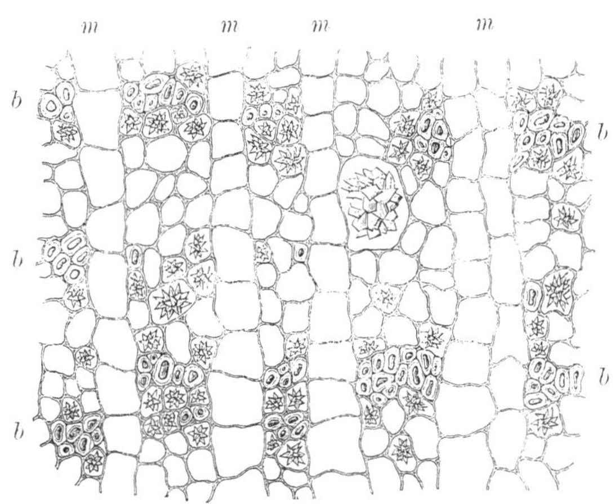

Fig. 124. *Terminalia tomentosa* Wight und Arn. Querschnitt durch den Bast (160). *b* Bastfaserbündel von Kammerfasern umgeben, die übrigens auch reichlich nebst einzelnen grossen Drusenschläuchen im Weichbaste zerstreut sind; *m* breitzellige, krystallfreie Markstrahlen.

Wenige Reihen cubischer, z. Th. abgeflachter, zartwandiger Korkzellen bedecken das tangential gestreckte Parenchym der Mittelrinde, welche reichlich

Krystalldrusen in mitunter ausserordentlicher Grösse (0,2 mm) führt, aber kein Sklerenchym enthält.

Die secundäre Rinde besitzt sehr schmale, häufig nur zweireihige Baststrahlen, so dass die Bündel, trotz der geringen Faserzahl, gewöhnlich die ganze Breite des Baststrahles einnehmen und, von den Unterbrechungen abgesehen, eine concentrische Anordnung (Fig. 124) nicht zu verkennen ist.

Auf Querschnitten möchte es scheinen, als wenn die Bastfaserbündel dicht von Krystallzellen bekleidet wären; dem ist aber nicht so, vielmehr ist der ganze Bast reichlich von Kammerfasern und isolirten Krystallschläuchen und nur in der Umgebung der Bastfaserbündel noch reichlicher durchsetzt, wobei hervorzuheben ist, dass auch hier ausschliesslich Drusen gebildet werden, und dass diese häufig eine überraschende Grösse erreichen. Die Bastfasern sind lang, gekrümmt, knorrig, sehr oft stumpf endigend, 0,03 mm breit, am Querschnitt einem etwas zusammengedrückten Schlauche ähnlich, mit ziemlich weitem Lumen und mitunter abgelöster Verdickungsschicht. Die Parenchymzellen haben breite Tüpfel und sind mit braunrothem, in Wasser nicht vollständig löslichem Inhalt erfüllt. Die Siebröhren sind nicht wesentlich breiter (0,03 mm), meist nur 0,3 mm lang, mit einfachen oder doch nur mit einer geringen Zahl leiterförmig geordneter Siebplatten. Steinzellen fehlen vollständig.

Die Markstrahlen sind ein- oder zweireihig, sehr breitzellig, wenig gestreckt. Sie sind wie das Bastparenchym mit Gerbstoff erfüllt, führen aber keine Krystalle.

Terminalia Bellerica Rxb.

Etwas über millimeterdicke, lederartige, aussen rothbraune, innen saffiangelbe, am Bruche weichsplitterige Rinde.

Das offenbar sehr junge Rindenmuster besitzt keinen Kork, nur das Phelloderma ist in sechs bis zehn Reihen breit tafelförmiger Zellen erhalten. Das tangential gestreckte Parenchym der Mittelrinde ist durchaus dünnwandig und führt z. Th. sehr grosse Krystalldrusen.

Die Schichtung der secundären Rinde durch Bastfaserbündel ist undeutlich, indem diese sehr verschieden (1—30 und mehr Fasern) mächtig sind und stellenweise ganz fehlen[1]. Die Fasern sind ungewöhnlich dünn (0,018 mm), lang und krumm, mit punkt- oder fein spaltenförmigem Lumen und scharf abgegrenzter Primärmembran. Sie sind entschieden nicht von Kammerfasern begleitet, welche vielmehr in einfachen, selten doppelten tangentialen Reihen auftreten und immer Drusen führen. Ausserdem kommen auch grosse isolirte Drusenschläuche vor. — Der Weichbast ist etwas derbwandig, grosszellig, die Siebröhren sind nicht geschrumpft, im Gegentheil durch ihr weites Lumen (0,045 mm) auffallend. Ihre Querwände sind ziemlich stark geneigt und tragen eine oder mehrere rundliche, in vorliegendem Material meist mit Callus belegte Siebplatten. Die Parenchymzellen sind an der Markstrahlseite dicht mit breiten Tüpfeln besetzt, arm an Gerbstoff.

Die Markstrahlen sind gegen die Mittelrinde etwas verbreitert, sonst ein- oder zweireihig, kurz- und breitzellig, krystallfrei.

Terminalia Chebula Rxb.

Gegen 12 mm dicke, mit weichem, warzigem, gelblichem Korke bedeckte Rinde, am Bruche kurz- und starrsplitterig, am Querschnitte chokoladebraun mit

---

[1] Vgl. A. Vogl, Zeitschr. d. österr. Ap. Ver. 1811 No. 30 ff.

einer helleren, zarten, netzigen Zeichnung im inneren Theile und einem millimeterbreiten hellen Saume.

Die breite (11 mm) Korkschicht besteht durchwegs aus **weitlichtigen**,
zartwandigen Zellen und grenzt durch Vermittelung einer etwa ebenso breiten,
reichlich **Oxalatdrusen** führenden
Zone an den Bast. Sie ist offenbar
eine phellogene Bildung.

Der Bast besitzt trotz des auf den
ersten Blick fremdartigen Eindruckes
(Fig. 125) die charakteristischen Eigenschaften der *Terminalia* rinden: die
unregelmässig configurirten Faserbündel in tangentialer Schichtung; den
Mangel jeglicher Sklerosirung des
Parenchyms; den ausserordentlichen
Reichthum an grosse Drusen führenden Kammerfasern, die gewissermassen nur zufällig die Bastfasern
begleiten; die ein- oder zweireihigen
Markstrahlen, welche keine Krystalle,
aber reichlich Gerbstoff führen wie
das Bastparenchym; endlich den
feineren Bau der Elemente des Weichbastes, die dünnwandig und ungewöhnlich weitlichtig sind, so dass die
breitzelligen Markstrahlen an Querschnitten weniger deutlich hervortreten. Die Fasern haben auch den
für *Terminalia* und *Bucida* geltenden
Typus, sie sind **krumm** und **knorrig**,
dabei aber **ausserordentlich
breit** (0,15 mm) und **kurz** (um

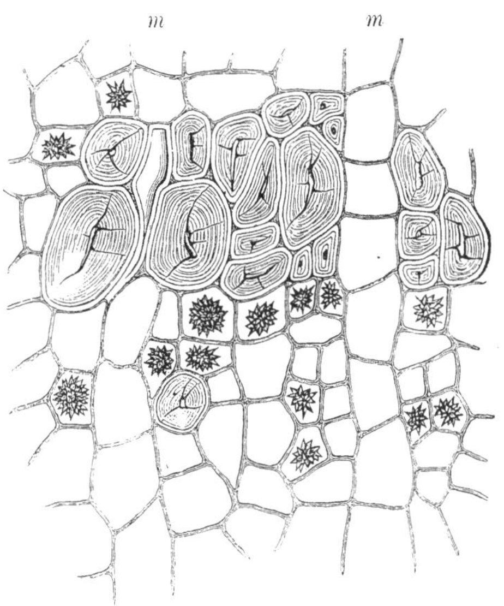

Fig. 125. *Terminalia Chebula* Rxb. Querschnitt
durch den Bast (300). *b* Bündel von grossentheils ausserordentlich breiten, zart geschichteten
Fasern, zwischen denen ausnahmsweise die Markstrahlzellen sklerotisch wurden; im grosszelligen
Weichbaste Drusen

1,0 mm), fast vollständig verdickt, **sehr fein geschichtet** und mit **einfachen**
zarten Porenkanälen durchzogen, am Querschnitte meist rundlich oder ellipsoid,
seltener gerundet eckig (Fig. 125). Zahlreiche Formen würden unbedingt als Steinzellen anzusprechen sein, wenn sie nicht durch Uebergangsformen verbunden wären,
die hier noch entschiedener wie bei *Bucida* für die elementare Einheit sprechen,
weil sie den langen, unzweifelhaften Bastfasern gegenüber vorherrschen.

Höchst ausnahmsweise werden die zwischen den Bastfaserbündeln eingeklemmten
Markstrahlzellen in geringem Grade sklerotisch.

Rhizophoreae.

Das Periderm ist **ausdauernd** und besteht aus einer breiten Schichte
niemals sklerosirenden Schwammkorkes. Mittel- und Innenrinde
sind charakterisirt durch scharf umschriebene dort tangential hier axial gestreckte **Steinzellengruppen**, deren Elemente vollständig Grösse und
Gestalt der ursprünglichen Zellen beibehalten, sehr stark verdickt und **von
sklerotischen Krystallzellen** (Einzelkrystalle) begleitet sind. Mitunter kommt es in der Mittelrinde zur Bildung eines geschlossenen Stein-

zellenringes *(Rh. Mangle).* Die secundäre Rinde entbehrt der Bast-fasern vollständig. Der Weichbast ist kleinzellig und zartwandig, so dass beim Trocknen der Rinde die sklerotischen Stäbchen als Rippen oder spiessig (am Bruche) hervortreten. Die Parenchymzellen werden nur spärlich zu Drusen führenden Kammerfasern umgewandelt, enthalten dagegen reichlich Gerb- und Farbstoff. Umgekehrt verhalten sich die breiten Markstrahlen, in welchen sich vorzüglich Kalkoxalat (Drusen, nur in den sklero-sirenden Theilen Rhomboeder) ablagert. Die Siebröhren sind enge, scharf endigend und mit Systemen zahlreicher dicht gereihter Siebplatten verbunden.

Rhizophora mucronata Lam.

Schwere, harte, braunrothe Rinden mit grob gewulsteter Aussen-, sehr fein-streifiger Innenseite und höckerig-körnigem Bruche. Der Querschnitt ist bis auf einen schmalen, dunkeln Saum mahagoniroth, mit zerstreuten mohnkorngrossen, in den Aussenschichten etwas quer gestreckten, gelben Flecken, wozu in der inneren Rindenhälfte noch eine dichte radiale Streifung kommt. An allen Bruchflächen ragen die hellfarbigen, beinharten Stiftchen aus dem Grundgewebe heraus.

Der stellenweise gegen millimeterdicke, meist jedoch nur papierdünne Kork besteht aus wenig abgeflachten dünnwandigen Zellen, dicht mit roth-braunem Inhalt erfüllt.

Das tangential gestreckte Parenchym der Mittelrinde, an deren Bildung sich anscheinend das Phelloderma nicht betheiligt, ist dünnwandig, mit Ausnahme scharf umschriebener rundlicher oder tangential gestreckter Sklerenchymgruppen mit kaum vergrösserten, sehr stark verdickten und von verzweigten groben Porenkanälen durchsetzten Elementen. Die von ihnen eingeschlossenen oder ihnen angelagerten, gleichfalls sklerotischen Krystallzellen führen stets Rhomboeder, während im dünnwandigen Parenchym ausschliesslich Drusenschläuche vorkommen.

Aehnliche Steinzellengruppen sind auch im Baste regellos und spärlich zer-streut. Sie bilden walzenrunde (bis 0,8 mm diam.), vertical orientirte, bis über centimeterlange Stäbchen aus nahezu vollkommen verdickten, in Form und Grösse den Parenchymzellen des Bastes gleichen Elementen und sind von isodiametrischen Einzelkrystallen begleitet. Der Weichbast ist auffallend kleinzellig und zartwandig; die Parenchymzellen 0,025 mm breit, die Siebröhren kaum weitlichtiger, langgliedrig, mit schmalen, leiterförmig gereihten Siebplatten in grosser Zahl. Kurze Kammerfasern mit Drusen sind spärlich zerstreut; das Parenchym ist vollständig mit (eisengrünendem) Gerbstoff und einem in Wasser unvollständig, in Alcalien vollkommen mit bordeauxrother Farbe löslichen Farbstoff erfüllt.

Die Markstrahlen sind bis fünfreihig, stellenweise verbreitert, ihre Zellen kaum gestreckt, noch zartwandiger als das Bastparenchym und meist je eine Krystalldruse einschliessend. Zwischen den Sklerenchymgruppen ziehend, ver-schmelzen sie mit diesen fast bis zur Unkenntlichkeit.

Rhizophora Mangle L. [1])

Ein nur 4 cm dickes Rindenmuster ist mit schwammigem, ockergelbem Kork bedeckt, innen grobstreifig, am Bruche theils körnig, theils grobsplitterig, am Quer-

---

[1]) Diese und andere *Rhizophora*arten sind als Gerbematerial unter folgenden Namen bekannt: *Mangle, Mangle colorado, Manglier rouge, Arbor de Raiz, Vo-da, Paletuvier, Leertower-boom, Duisen-beenen.*

schnitt chokoladebraun, nahe der Korkschicht mit einer hellfarbigen, der Peripherie parallel laufenden Linie, hierauf Strichelchen, endlich Pünktchen von fast gleicher Grösse, in denen mit der Loupe meist **mehrere radiale Linien** erkennbar sind.

Das Periderm ist etwa millimeterdick und zählt gegen 40 Reihen breiter mässig flacher, **dünnwandiger Korkzellen** ohne jegliche Schichtung. In einem Abstande von 0,5 mm zieht ein ununterbrochener, an den meisten Stellen 0,15 mm breiter **Steinzellenring**, worauf nach innen tangential gestreckte Sklerenchymplatten verschiedenen Umfanges folgen. Sonst ist der Bau in allen wesentlichen Punkten mit der vorigen Art übereinstimmend. Als Unterschiede können hervorgehoben werden, das reichlichere Vorkommen der Sklerenchymstäbchen im Baste und ihre wesentlich geringere Dicke (hier etwa Stecknadel-, dort Stricknadeldicke). Auch sind ab und zu **isolirte** Parenchymfasern[1] sklerosirt und diese sowol wie jene stellenweise von **Kammerfasern umhüllt.** Da die Baststrahlen sehr schmal sind, ziehen gewöhnlich zwei, selbst drei Markstrahlen durch jedes sklerotische Stäbchen. Dabei werden die Markstrahlzellen zu sklerotischen Krystallschläuchen umgewandelt und führen ausnahmslos je ein Rhomboeder.

Philadelpheae.

Die beiden untersuchten Gattungen zeigen fast vollständige Uebereinstimmung im Bau der Rinde. Das Periderma entsteht frühzeitig (Fig. 126) **hart an der Grenze der secundären Rinde,** und bald darauf folgt Bildung der Ringborke, welche bis in die jüngsten Bastschichten vordringt. Die Korkhäute zählen immer nur **wenige** Reihen ungewöhnlich weitlichtiger, **radial gestreckter,** etwas derbwandiger Zellen. Die primäre Rinde wird schon in der ersten Vegetationsperiode abgestossen. Die primären Gefässbündel besitzen nur bei *Philadelphus* ein starkes Bastfaserbündel, während die Fasern bei *Deutzia* meist nicht zur Ausbildung ihrer Verdickungsschichten gelangen; in der secundären Rinde werden dagegen **keine Bastfasern,** und **Steinzellen erst in der zweiten Vegetationsperiode kurz vor der Anlage der Phellogenschicht gebildet.** Es sklerosirt das ganze Bastparenchym mit Einschluss der Markstrahlen und so entsteht ein **geschlossener Sklerenchymcylinder,** der als Borke den jungen Weichbast umgibt. Die Parenchymzellen haben breite Tüpfel, die Siebröhren einfache Querplatten.

Die Markstrahlen sind breit, wenig gestreckt, wie das Bastparenchym im Winter Oeltropfen, **niemals Krystalle** führend.

Der oben erwähnte Mangel primärer Bastfasern, die weniger umfangreiche Sklerosirung der Borke und die unterbleibende Schichtung des Oberflächenperiderma bei *Deutzia* unterscheiden diese Gattung von *Philadelphus.*

Philadelphus coronarius Lin.

Das Periderma bildet sich **frühzeitig unmittelbar an der Innengrenze der primären Bastfaserbündel**[2] und besteht aus wenigen Reihen

---

[1] Die von v. Höhnel (Gerberinden p. 132) angegebenen Bastfasern sind ohne Zweifel diese in vereinzelten oder spärlichen Faserzügen sklerosirenden Parenchymzellen.

[2] Nach Sanio (Jahrb. f. wiss. Bot. II. p. 39) in der secundären Rinde in centrifugalreciproker Theilungsfolge. Vgl. auch de Bary, Vegetationsorg. p. 562.

ungewöhnlich grosser, besonders r a d i a l   g e s t r e c k t e r (0,07 mm), ein wenig
derber Korkzellen, zwischen denen einige s k l e r o t i s c h e   T a f e l z e l l e n eingeschaltet sind (Fig. 126). Die geschrumpfte primäre Rinde wird schon an einjährigen
Trieben als zartes braunrothes Häutchen abgestossen [1]) und häufig schon im dritten

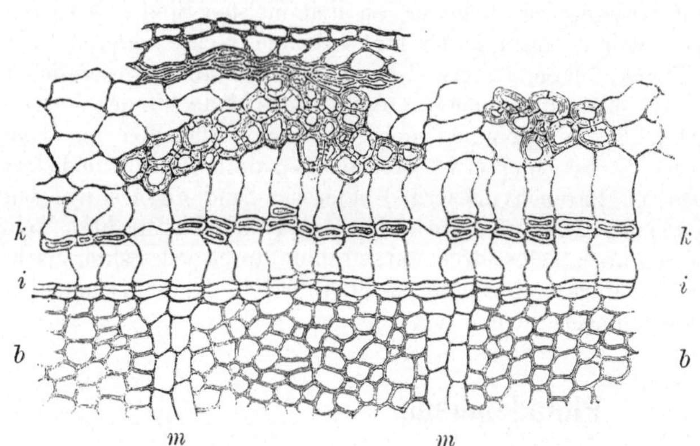

Jahre beginnt Borke-
bildung. Die inneren
Korkhäute sind g r o s s-
z e l l i g wie die oberflächlichen, einander
sehr genähert, indem
zwischen je zwei dünnen
Korklamellen eine zwei
bis vierfache Lage axial
gestreckter, am Quer-
schnitte rundlicher, bis
auf ein Drittel der
Breite verdickter und
dicht von groben Poren
durchsetzter Steinzellen
gebildet werden. Diese
S k l e r e n c h y m p l a t t e n
ü b e r b r ü c k e n b o g e n-
f ö r m i g die B a s t-
s t r a h l e n und sind an
den den breiten Mark-

Fig. 126. *Philadelphus coronarius* L. Querschnitt durch die Rinde
eines einjährigen Triebes (300). *k* Periderma innerhalb der primären Bastbündelzone aus der Initiale *i* entstanden, durch sklerotische Tafelzellen geschichtet; *b* Weichbast; *m* Markstrahlen.

strahlen correspondirenden Stellen n i c h t   d u r c h b r o c h e n . Die inneren Periderme
dringen sehr tief ein, der Bast an alten Stämmen bleibt nicht über 0,3 mm
lebend und ist von mehreren Borkeschuppen bedeckt, die sich indessen als lange
papierdünne Streifen leicht abblättern.

Der Bast besteht vorwiegend aus axial gestrecktem, dünnwandigem Parenchym
mit spärlich zerstreuten Siebröhren. Die Parenchymzellen sind an der Markstrahlseite breit getüpfelt, die Siebröhren langgliedrig, kaum breiter als jene (0,02 mm),
mit einfachen, feinporigen Querplatten. Im l e b e n d e n   B a s t e   f e h l e n   S t e i n-
z e l l e n   v o l l s t ä n d i g , ebenso B a s t f a s e r n . Kalkoxalat kann in Spuren durch
Schwefelsäure nachgewiesen werden, Krystalle werden nicht angetroffen.

Die Markstrahlen sind vier bis sechs Zellen breit mit spärlichen Nebenmarkstrahlen.

Philadelphus grandiflorus Willd.
Philadelphus Gordonianus Lindl.

Diese beiden Arten stimmen im Baue der Rinde mit der oben beschriebenen
vollkommen überein.

Deutzia scabra L.

An einjährigen Internodien sind im Herbste Oberhaut und d i e   d e r   s k l e-
r o t i s c h e n   B a s t f a s e r n   e n t b e h r e n d e primäre Rinde zu einer dünnen braunen
Membran geschrumpft; unter ihr liegt das ringsum geschlossene Periderm [2]), welches

---

[1]) Die grauen Stengel sind dann von den primären Bastfastersträngen zart gerippt.
[2]) Nach S a n i o (Jahrb. f. wissensch. Bot. II. p. 39) an der Aussengrenze der Siebregion
in centrifugal-reciproker Theilungsfolge entstanden.

bei einer Breite von 0,2 mm nur aus drei oder vier Reihen ausserordentlich weitlichtiger und etwas derbwandiger Korkzellen besteht. Die inneren Periderme
entstehen frühzeitig, schon an kleinen fingerdicken Zweigen. Sie gleichen den oberflächlichen im Baue, insofern als eine (die äussere) Reihe ebenfalls aus grossen,
radial gestreckten Zellen besteht, der sich dann einige dünnwandige Tafelzellen
anschliessen. Die Borkebildung dringt tief ein und zugleich sklerosirt die ab-
zutrennende Rinde wie bei *Philadelphus*, nur in geringerem Grade. Der
lebende Bast an alten Stämmen ist etwa 0,25 mm dick, die Borkeschuppen sind
papierdünn, grossflächig und lösen sich bis auf die jüngst gebildete sehr leicht ab.

Die secundäre Rinde entbehrt der Bastfasern und der Steinzellen.
Sie ist nicht geschichtet; Parenchym und Siebröhren sind in Lumen und Wanddicke fast gleich, erstere tragen an der Markstrahlseite breite rundliche Tüpfel,
letztere grenzen mittels einfacher (callöser) Siebplatten aneinander. Krystalle
fehlen.

Die Markstrahlen sind bis vierreihig, die Zellen etwas gestreckt, kaum dünnwandiger als der Weichbast.

Myrtiflorae.

Myrtaceae.

Die tiefe Lage der ersten Phellogenschicht, ausserhalb der primären
Stränge *(Eugenia australis, Eucalyptus)* oder im Phloem derselben hart
an der Grenze der secundären Rinde *(Melaleuca, Callistemon, Myrtus, Eugenia
acris, Punica)* und die geringe Zahl weitlichtiger, sogar radial gestreckter
Korkzellen ist für viele Gattungen charakteristisch, nur bei *Eucalyptus* entsteht
das Periderm theilweise auch oberflächlich. Die weitere Entwicklung desselben zeigt erhebliche Unterschiede. Es bleibt dünnwandig und die grossen
Zellen weichen an den radialen Wänden auseinander (Fig. 130)
bei *Melaleuca*[1]), eine Eigenthümlichkeit, welche auch die nicht sklerosirenden
Zellen von *Callistemon* besitzen. Schwammkork gewöhnlicher Bildung besitzen *Syzygium* und *Eucalyptus rostrata*. Geschichteten Kork, in dem
cubische dünnwandige mit mehr oder weniger flachen, einseitig sklerosirten Zellen in meist mehrfachen Reihen wechseln, findet man am häufigsten
*(Eucalyptus melliodora, viminalis, longifolia, obliqua, gigantea, Myrtus, Eugenia,
Punica, Callistemon)*. Dabei ist die Sklerosirung oft auf die Innenseite beschränkt, mitunter auf die Aussenseite *(Eucalyptus fissilis)*, oder es sklerosiren
beide tangentiale Membranen. Die ersten Korkhäute entstehen sehr frühzeitig
und zugleich rings um das junge Internodium mit Ausnahme von *Eucalyptus*,
dessen Oberflächenperiderm sich später, zunächst an exponirten Stellen der

---

[1]) Vgl. Sanio, Jahrb. f. wiss. Bot. II, p. 102.

Triebe bildet und mehrere Jahre zu seiner peripheren Schliessung bedarf. In den erstgenannten Fällen folgen sehr bald innere Korkhäute nach, auch *Eucalyptus* bildet Borke, doch wurde ihre erste Entstehung nicht beobachtet[1]; *Punica* allein verharrt bei Oberflächenperiderma. Die inneren Korkhäute wiederholen die histologischen Charaktere der primären; sie trennen dünne, sogenannte Ringelborke ab bei *Melaleuca, Callistemon, Myrtus*, dicke Borkeschuppen bei *Syzygium* und *Eucalyptus*.

Die primäre Rinde hat unter den untersuchten Gattungen nur bei *Eucalyptus* längere Dauer und hier ist sie auch derbzellig, durch Collenchymrippen versteift. Ueberall sonst ist sie hinfällig, schrumpft schon im zweit- oder drittjüngsten Internodium und entbehrt des collenchymatischen Hypoderma. Charakteristisch sind für dieselben die lysigenen Oelräume, die nur bei *Punica* fehlen. Ab und zu führt sie auch Krystalldrusen, bei *Eucalyptus* einzelne Rhomboeder und hier tritt auch frühzeitig diffuse Sklerosirung auf. Wo die Borkebildung dem Zuwachs unmittelbar folgt, ist eine Mittelrinde kaum vorhanden; ein dünnes Phelloderma scheint bei *Syzygium* und *Eucalyptus* (s. *E. fissilis* p. 349) sich zu bilden; mächtig entwickelt ist es bei *Punica*, wo es das Dickenwachsthum allein vermittelt, da die Markstrahlen sich nicht verbreitern.

Im Baue der secundären Rinde sind die extremsten Typen vertreten. *Punica* besteht vollständig aus Weichbast, *Myrtus* bildet sehr selten vereinzelte Stabzellen, bei *Melaleuca* und *Callistemon* kommen nur Bastfasern und kein sklerotisches Bastparenchym vor, *Syzygium* concurrirt mit den sklerenchymreichsten Rinden, bei *Eucalyptus* endlich ist das Verhältniss zwischen Bastfasern und Steinzellen wechselnd, und einige Arten sind vor Allem durch Harzräume ausgezeichnet *(E. Stuartiana, viminalis)*. — In Bau und Anordnung der Bastfasern herrscht eine gewisse Uebereinstimmung. Zwar sind die Schwankungen in der Länge (0,6–1,2 mm), Breite (0,02– 0,05 mm) und Verdickung ziemlich bedeutend, bei *Callistemon* und *Melaleuca* sind sie kurz, glatt, mit gerundet quadratischem Querschnitt, bei *Eucalyptus* und *Syzygium* haben sie die gekrümmten, etwas knorrigen Formen, den rundlich polygonalen Querschnitt und die reichliche Porenbildung gemein (Fig. 127). Von den dünnen, oft nur einreihigen tangentialen Platten bei *Eugenia, Melaleuca* und *Callistemon* bis zu den umfangreichen Bündeln bei einigen *Eucalyptus*arten gibt es zahlreiche Uebergänge, doch ist die concentrische Lagerung niemals völlig verwischt. — Weit weniger Verwandtschaft verrathen die Steinzellen, sonst conservative Elemente. Die spärlichen Steinzellen bei *Myrtus* behalten bei sehr starker Verdickung Form und Grösse der Parenchymfasern bei; die Riesenzellen von *Syzygium* sind durch wechselnde, aber verhältnissmässig nicht sehr bedeutende Verdickung der regelmässig geschichteten Membran ausgezeichnet (Fig 131) die für *Eucalyptus* charakteristischen (Fig. 128) mässig ver-

---

[1] Aus der allmäligen Ausbreitung der primären Periderme und aus den mächtigen borkefreien Bastplatten kann auf eine sehr späte Borkebildung geschlossen werden. Vgl. K. Müller in der Zeitschr. „Die Natur" 1881 p. 458.

grösserten, schwach v e r d i c k t e n , vereinzelt oder in axialen Reihen auftretenden Steinzellen, die mitunter derbwandigen Sekretschläuchen ähnlicher sehen, auch wol der typischen Steinzellenform sich nähern, erreichen bei *E. corymbosa* colossale Dimensionen (Fig. 129).

Obwol Kalkoxalat stets und meist in ungewöhnlich reicher Menge gebildet wird, so ist e i n e B e z i e h u n g d e r K r y s t a l l e z u d e n s k l e r o t i s c h e n E l e m e n t e n i n d e r R e g e l n i c h t v o r h a n d e n , wenngleich sie, eben ihrer Häufigkeit wegen, die Bastfaserbündel hie und da völlig umhüllen. Kammerfasern mit D r u s e n kommen in ausserordentlicher Menge bei *Myrtus, Eugenia* und *Punica*, spärlich bei *Syzygium* [1]) vor. *Melaleuca* und *Callistemon* bilden nur R h o m b o e d e r in ihren Kammerfasern und alle *Eucalyptus*arten p r i s m a t i s c h e Krystalle. — Der Weichbast überwiegt quantitativ, *Syzygium* und *Eucalyptus corymbosa* ausgenommen. Seine Derbwandigkeit ist bei *Punica*, die Zartwandigkeit bei *Syzygium* und einigen *Eucalyptus*arten erwähnenswerth. Letztere verhindert wol in dem trockenen Material die Erkennbarkeit der sonst allgemein vorkommenden breiten Tüpfel der Parenchymzellen. Die Siebröhren sind von Parenchym im Lumen und Verdickung nicht erheblich verschieden. Ihre Glieder haben einfache Querplatten bei *Punica*, sonst Systeme schmaler Siebplatten in leiterförmiger Anordnung (*Melaleuca, Callistemon, Eucalyptus*) und überdiess ein netziges Relief von Siebfeldern an den Seitenflächen (*Syzygium*).

Die Markstrahlen sind zumeist einreihig, selten zwei- oder gar dreireihig und immer sehr genähert, so dass die engen Baststrahlen einigermassen charakteristisch sind. Wenn sie zwischen Bastfaserbündeln liegen, werden sie sehr selten sklerotisch, wol aber zwischen den Sklerenchymplatten von *Eucalyptus corymbosa*, minder regelmässig bei *Syzygium. Melaleuca, Callistemon* und *Eugenia* sind durch die V e r b r e i t e r u n g und s e l b s t s t ä n d i g e , wenngleich nur schwache Sklerosirung der ä u s s e r e n Markstrahlzellen merkwürdig. Der M a n g e l v o n K r y s t a l l a b l a g e r u n g e n in den Markstrahlen steht in auffallendem Gegensatz zu dem Oxalatreichthum der Stränge. [2])

U e b e r s i c h t d e r G a t t u n g e n n a c h M e r k m a l e n d e s B a s t e s.

A. Keine Bastfasern; Kammerfasern mit Drusen in Menge.

    a. Es fehlen auch Steinzellen; Weichbast derbwandig; Periderm ausdauernd:
                                                  Punica.

    b. Vereinzelt sklerotische Parenchymfasern; tiefgreifende Borke: *Myrtus.*

B. Bastfaserbündel in annähernd concentrischen Reihen.

    a. Keine Steinzellen; dünne Bastfaserplatten; Kammerfasern mit isodiametrischen Krystallen; tief dringende Ringborke: *Melaleuca. Callistemon.*

---

[1]) Eines der höchst seltenen Beispiele für das Vorkommen von Krystalldrusen bei ausgedehnter Sklerosirung.

[2]) Trotz der tief greifenden Borkebildung verbreitern sich die meist einreihigen Markstrahlen nach aussen; die Baststränge zeigen auch in der wolerhaltenen radialen Anordnung der Elemente, dass sie durch die tangentiale Dehnung kaum in Mitleidenschaft gezogen werden.

 b. Steinzellen in wechselnder Gestalt und Menge; dicke Bastschichten; Schuppenborke.

  1. Kammerfasern mit Drusen; Steinzellen sehr gross mit glashellen Membranen: *Syzygium.*

  2. Kammerfasern mit prismatischen Krystallen: *Eucalyptus.*

Melaleuca ericifolia Smith.

In der collenchymfreien primären Rinde entstehen frühzeitig nahe unter der Oberhaut lysigene Oellücken, die aber schon an älteren Internodien des jährigen Triebes zugleich mit der primären Rinde abgestossen werden, da das Periderma sich in der Region der primären Gefässbündelzone und zumeist innerhalb derselben[1]) bildet. Es entwickelt sich zu äusserst zartzelligem Schwammkork. Die primäre Rinde führt Drusenschläuche.

Der Bast zeigt (stellenweise wenig hervortretend) tangentiale Bänderung durch schmale, selten über dreireihige und unregelmässig conturirte Faserbündel, zwischen denen noch isolirte und kleine Bündel zerstreut sind. Die Bastfasern sind am Querschnitt gerundet eckig, 0,02 mm breit, wovon ein Drittel auf das Lumen entfällt, von dem zahlreiche Poren ausstrahlen; sie sind höchstens millimeterlang, glatt, mit kurzer, stumpfer Spitze. Kammerfasern mit rhomboedrischen Einzelkrystallen, die reichlich im Weichbaste vorkommen, sind nur zufällige Begleiter der Bastfaserbündel. Der Weichbast bildet ein gleichmässig zartzelliges Gewebe und besteht vorherrschend aus Parenchym. Die Siebröhren sind langgliedrig, nicht weitlichtiger als das Parenchym (0,025 mm), mit einer Reihe quergestreckter, äusserst feinporiger Siebplatten leiterförmig besetzt.

Die Markstrahlen sind ein- oder zweireihig, wenig gestreckt, zartzellig und krystallfrei.

Melaleuca armillaris Smith.

Ein fingerdicker Stamm besitzt eine millimeterdicke Rinde, in der schon mit freiem Auge fünf bis sechs concentrische Schichten zu erkennen sind, die sich leicht in langen Streifen abblättern lassen[2]).

Die Korkhäute zählen bei einer Breite von 0,2 mm etwa acht Reihen cubischer oder radial gestreckter, dünnwandiger Zellen, die häufig an den radialen Wänden, wo die Membranen ein wenig auseinander weichen (Fig. 130) scheinbar eine leichte Verdickung zeigen. Sie ziehen in einem geschlossenen Ring um den Stamm, nach dessen Sprengung die zunderartig weichen Borkestreifen nicht sofort abfallen[3]). Die Borkeschuppen sind ebenso dick, sogar dünner als die Korkhäute und umfassen meist 3—4 Bastschichten, deren der lebende Bast bei einer Breite von 0,5 mm etwa sechs zählt.

Die Bastfasern bilden meist einreihige, nur stellenweise zwei- bis höchstens vierreihige Platten in concentrischer Anordnung, mit ziemlich häufigen Unterbrechungen und eingeschobenen kleineren Bündeln. Die Bastfasern sind etwas unter 1 mm lang, glatt, stumpfspitzig, 0,025 mm breit, mit sehr engem Lumen und zahlreichen Porencanälen. Sie sind häufig, aber keineswegs beständig von schwach sklerotischen Kammerfasern begleitet, die Rhomboeder einschliessen. Aehn-

---

[1]) Vgl. Hanstein (Baumrinden p. 83). Für *M. styphelioides* gibt Sanio (Jahrb. f. wiss. Bot. II. p. 39) gleichfalls die Bildung des Periderma in der secundären Rinde an.

[2]) Vgl. de Bary, Vegetationsorgane p. 571.

[3]) Hanstein (Baumrinden p. 86) gibt für einen 5″ im Durchmesser haltenden Stamm von *Melaleuca styphelioides* ungefähr ³/₄″ dicke Borke an. Vgl. auch a. a. O. die Beschreibung und Abbildung von *M. squarrosa* u. v. Mohl, Unters. über d. Entw. des Korkes etc. p. 23.

liche dünnwandige Kammerfasern sind auch im Weichbaste zerstreut, der vorwiegend aus etwas derbwandigen, breit getüpfelten Parenchymzellen besteht, mit spärlichen Siebröhren, deren leiterförmige Endflächen in dem trockenen Material nur mit Mühe zu erkennen sind. Die Siebröhren sind wenig breiter als die Parenchymzellen, deren Durchmesser wieder mit dem der Bastfasern nahe übereinstimmt.

Die Markstrahlen sind e i n r e i h i g, hie und da auch zweireihig. Ihre Zellen v e r b r e i t e r n sich nach aussen (gegen die inneren Korkhäute) auf das dreifache und besitzen überdiess die Eigenthümlichkeit, dass sie allseitig oder vorwiegend an der Innenseite s i c h v e r d i c k e n, sie mögen im Weichbaste oder zwischen Bastfaserplatten ziehen.

Eucalyptus sp.

Das Periderm entsteht o b e r f l ä c h l i c h, stellenweise auch in einer etwas tieferen Schicht der primären Rinde an älteren Internodien und umgreift dieselben erst im zweiten, selbst dritten Jahre vollständig. Die Oberhaut beginnt als zarte braunrothe Membran sich abzuschülfern nachdem die unter ihr befindliche Korkhaut durch e i n s e i t i g e S k l e r o s i r u n g einiger Zellreihen bereits geschichtet wurde. Die übrigen Korkzellen sind zartwandig, c u b i s c h.

Die primäre Rinde ist etwas derbwandig, in den zarten Rippen, welche die Blätter stützen, c o l l e n c h y m a t i s c h. Sie enthält spärliche O e l r ä u m e [1] reichlich Krystallschläuche mit rhomboedrischen Krystallen. Einzelne Zellen vergrössern sich frühzeitig unter gleichzeitiger Verdickung ihrer Wand, doch steht die S k l e r os i r u n g i n k e i n e r B e z i e h u n g z u d e n p r i m ä r e n B a s t f a s e r b ü n d e l n.

Eucalyptus viminalis Labill. [2]

Schwere, über centimeterdicke, mit dünnem grauen Korke bedeckte, innen feinstreifige Rindenstücke. Der gelbliche Querschnitt ist zerstreut punktirt.

Das Periderm zählt wenige Reihen beinahe c u b i s c h e r, theilweise e i n s e i t i g s k l e r o t i s c h e r Korkzellen und grenzt unmittelbar an den Bast, welcher durch isolirte oder zu wenig umfangreichen Platten vereinigte Faserbündel unregelmässig s t u f i g g e s c h i c h t e t ist. Die Bastfasern sind 0,03 mm breit, polygonal abgeplattet mit punktförmigem Lumen, z. Th. aber sehr wenig verdickt. Sie sind von Kammerfasern begleitet, welche ähnliche prismatische Krystalle führen wie die Ulmen und auch im Weichbaste zerstreut vorkommen. Der Weichbast ist kleinzellig, dünnwandig, von kugeligen (0,12 mm diam.) anscheinend lysigenen H a r zr ä u m e n stellenweise sehr reichlich durchsetzt. Die Siebröhren tragen schmale Siebplatten leiterförmig gereiht in grosser Zahl. Vereinzelte Parenchymzellen vergrössern sich und werden zu schwach verdickten Steinzellen.

Die Markstrahlen sind ein- oder zweireihig, n i e m a l s s k l e r o t i s c h und f r e i v o n K r y s t a l l e n.

Eucalyptus globulus Labill.

Leichte, fast wie Kork schneidbare, kaffeebraune Rinde ohne Kork, innen grobstreifig, am Buche weichsplittrig, am Querschnitte sehr fein geschichtet.

Die secundäre Rinde zeigt vielfach unterbrochene, s t u f i g e S c h i c h t u n g von z. Th. umfangreichen, z. Th. dünnen und kleinen Bastfaserplatten. Der Weich-

---

[1] Vgl. de B a r y, Vegetationsorgane p. 216.
[2] Vgl. über diese und andere Arten J. M o e l l e r: „Die *Eucalyptus* rinden in der Sammlung des allg. österr. Apotheker-Vereins" in der Zeitschr. dieses Ver. 1875 No. 15.

bast ist stets überwiegend, klein und zartzellig mit regellos zerstreuten unregelmässig isodiametrischen schwach sklerosirten Steinzellen und zahlreichen Kammerfasern mit kurz-prismatischen Einzelkrystallen. Die Bastfasern sind 0,03 mm breit in verschiedenem Grade, doch meist sehr stark verdickt, reichporig, in der Länge um 1 mm schwankend, krumm und etwas knorrig, stumpf-spitzig (Fig. 127), von Kammerfasern ab und zu begleitet.

Der Bau des Weichbastes und der Markstrahlen ist mit *E. gigantea* übereinstimmend.

Eucalyptus melliodora A. Cunn.

Die Rinde ist centimeterdick mit gelbem, lose haftendem dünnem Kork, feinstreifiger, gelbbrauner Innenseite, weich- und langsplitterigem Bruche.

Das Periderm zählt wenige Reihen c u b i s c h e r, kleiner, a n d e r I n n e n s e i t e s k l e r o t i s c h e r Zellen, und grenzt fast unmittelbar an den Bast, welcher dem Baste von *E. gigantea* sehr ähnlich ist. Ein vielleicht individueller Unterschied ist die hier bedeutendere Grösse (bis 0,15 mm diam.) und stärkere Verdickung (0,025 mm) der übrigens fein geschichteten und von zarten Poren durchsetzten glashellen Steinzellen.

Eucalyptus longifolia Link und Otto [1]) und
Eucalyptus obliqua L'Herit

besitzen Periderma aus e i n s e i t i g (innen) s t a r k v e r d i c k t e r flachen oder cubischen Zellen. Nach dem Baue der secundären Rinde sind sie von *E. globulus* kaum sicher zu unterscheiden.

Eucalyptus maculata Hook.

Ein dünnes Periderm aus kleinen c u b i s c h e n, meist allseitig schwach sklerotischen Zellen, dem sich einige Phellodermlagen anschliessen.

Die Elemente des Bastes haben die radiale Anordnung vorzüglich erhalten. Die Bastfasern bilden k r u m m f l ä c h i g e P l a t t e n, die selten unterbrochen und netzig mit einander verbunden sind. Nicht selten s k l e r o s i r e n sogar die zwischenlaufenden Markstrahlzellen. Die Bastfaserplatten sind dicht u m h ü l l t v o n K a m m e r f a s e r n, die im Weichbaste spärlicher vorkommen. Dieser ist dagegen ausserordentlich reich an g r o s s e n u n r e g e l m ä s s i g e n Z e l l e n, deren derbe Wand stets fein geschichtet und p o r ö s, doch nicht sklerotisch ist.

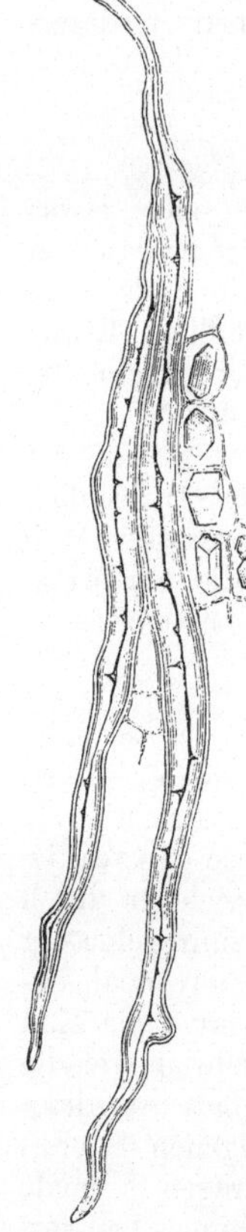

Fig. 127. *Eucalyptus globulus* Labill. Bastfasern, welche einen Markstrahl umgreifen, mit begleitenden Kammerfasern (300).

Eucalyptus rostrata Schlecht. [1])

Mit glasigen schwarzen Massen bedeckte, auch durchsetzte, sonst rothbraune Rindenstücke. Durch ein 0,5 mm und darüber breites P e r i d e r m a u s z a r t e n, w e i t l i c h t i g e n Z e l l e n ist diese Art ausgezeichnet. Der Bast ist jenem von

---

[1]) Vgl. J. M o e l l e r, l. c. und v. H ö h n e l, Gerbrinden, p. 136.

E. globulus ähnlich; er ist arm an Kammerfasern und Steinzellen; letztere sind mitunter sehr stark verdickt.

Eucalyptus fissilis Müll.

Das Periderm besteht aus Schichten kleiner stark a b g e p l a t t e t e r, und c u - b i s c h e r, an der A u s s e n w a n d s k l e r o s i r t e r Korkzellen. Es hat die Mittelrinde vollständig abgetrennt und grenzt an den Bast mittels einer eigenthümlichen Zellschicht (P h e l l o d e r m a ?) aus g r o s s e n, u n r e g e l m ä s s i g r a d i a l g e - s t r e c k t e n, (01,5 mm) e t w a s d e r b w a n d i g e n Z e l l e n.

Die Bastfaserplatten sind sehr genähert, ziemlich regelmässig und mit seltenen Unterbrechungen geschichtet, die Weichbastlagen dünn, grosszellig, im Allgemeinen nicht mehr Zellenreihen zählend als die Bastfaserbündel. Kammerfasern und Steinzellen spärlich; eine rothbraune, gegen Lösungsmittel sehr widerstandsfähige Masse erfüllt das Bastparenchym und die Markstrahlen. Neben den Bastfasern scheinen Siebröhren das vorwiegende Element zu sein. Sie sind weitgliedrig (0,04 mm) und mit einer grossen Zahl s c h m a l e r, g r o b g e g i t t e r t e r, durch dünne Leitersprossen getrennter Siebplatten besetzt.

Eucalyptus Stuartiana F. Müll.

Ueber 2 cm dicke, rothbraune Bastplatten ohne Kork.

Im Baue mit der vorigen vollkommen übereinstimmend, nur kommen auch einzelne zerstreute S t e i n z e l l e n vor von unregelmässig isodiametrischer Gestalt 0,15 mm diam.) und verhältnissmässig schwacher Verdickung (0,012 mm) und reichlicher Porenbildung.

Eucalyptus gigantea Hook.

Ueber centimeterdicke, rothe Rinde mit spärlichen Korkresten, feinstreifiger Innenseite, langfaserigem Bruch, sehr fein punktirtem Querschnitt, der unter der Loupe unregelmässig quadratisch gefeldert erscheint.

Das in den Bast eingedrungene Periderm zählt wenige Reihen c u b i s c h e r, grossentheils e i n s e i t i g (innen) v e r - d i c k t e r aber auch dünnwandiger Korkzellen.

Die Baststrahlen sind sehr schmal, so dass die Faserbündel trotz ihres meist geringen Umfanges oft die Breite derselben erfüllen. Sie sind concentrisch gereiht, doch wird die Regelmässigkeit der Schichtung durch häufige Unterbrechungen und

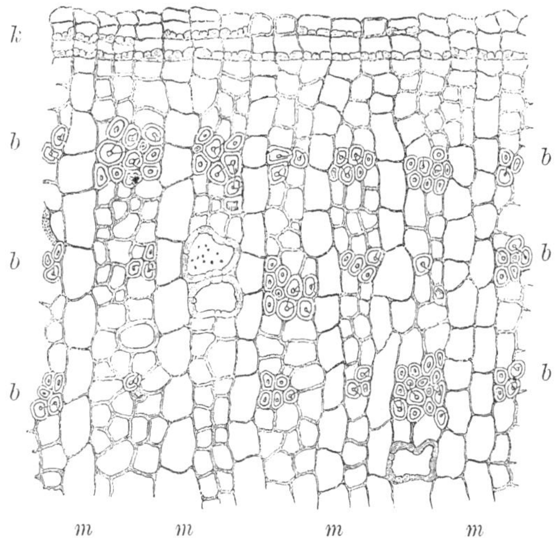

Fig. 128. *Eucalyptus gigantea* Hook. Querschnitt durch den Bast (160). *k* Theil des Periderma; *b* Bastfaserbündel in unterbrochen concentrischer Schichtung; im Weichbaste vereinzelt schwach verdickte Steinzellen; *m* Markstrahlen.

durch regellos zerstreute kleinere Bündel und isolirte Fasern gestört. Die Bastfasern sind bis 0,05 mm breit, am Querschnitte gerundet, stets mit sehr engem

Lumen und vielen Porencanälen. Sie sind sehr selten von Kammerfasern begleitet, die auch im Weichbaste nur vereinzelt vorkommen und charakteristische pris- matische Krystalle führen. Aehnliche isodiametrische schwach verdickte Steinzellen, wie bei *E. Stuartiana* finden sich hier in etwas grösserer Menge. Der Weichbast ist äusserst dünnwandig, die Breite der Elemente übersteigt in der Regel jene der Bastfasern nicht. Die Parenchymzellen lassen kein Relief wahr- nehmen, die Siebröhren haben leiterförmige Endflächen mit schmalen, feinporigen Siebplatten.

Die Markstrahlen sind ein- oder zweireihig, ihre breiten, wenig gestreckten Zellen sind womöglich noch zartwandiger als das Bastparenchym und führen wie diese eine in Wasser und Alcohol unlösliche braune Masse.

Eucalyptus corymbosa Sm.

Rothbraune, am Querschnitte quadratisch gefelderte, splittrig brüchige 1,5 cm dicke Bastplatten ohne Kork.

Das fremdartige Aussehen der Rinde rührt daher, dass die für die *Eucalyptus*- arten charakteristischen schwach verdickten Steinzellen hier ungewöhnliche Dimen- sionen (0,7 mm) annehmen und fast vollständig obliteriren. (Fig. 129). Ihre

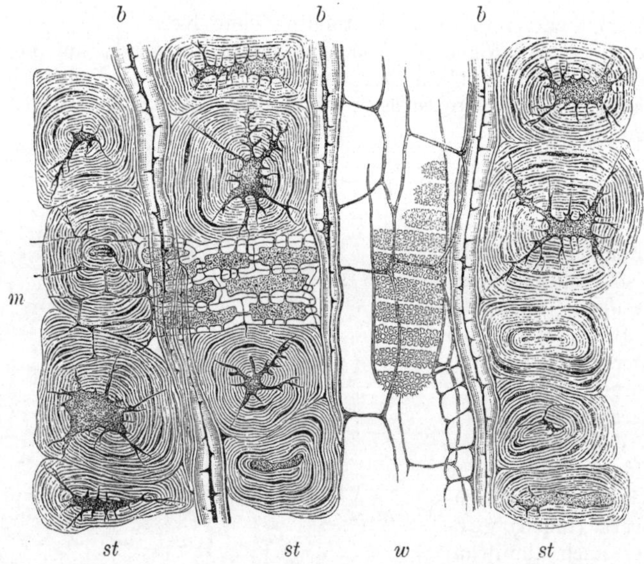

Fig. 129 *Eucalyptus corymbosa* Sm. Radialschnitt durch den Bast (160). *st* Stein- zellenlagen durch schwache Bastfaserbündel *(b)* getrennt; *w* eine nicht sklero- tische Bastschicht mit Parenchym, einem Siebplattensysteme und einer Kammer- faser; *m* Markstrahl z. Th. sklerotisch.

Formen bleiben dabei gerundet cubisch, ihre Verdickungsschichten sind von ver- zweigten Porencanälen durchzogen. In der Regel nimmt je eine solche Riesenzelle den durch zwei Markstrahlen und den sie kreuzenden Bastfaserbündeln gebildeten rechteckigen Raum ganz in Anspruch und in axialer Richtung stehen ihrer viele übereinander, wie es auch bei der dünnwandigen Form häufig vorkommt. Abgesehen von diesem quantitativen, nicht qualitativen Unterschied und den durch dieselben bedingten Verschiebungen der übrigen Elemente und der Sklerosirung der Markstrahlen besitzt die Rinde die charakteristischen Merkmale der Gattung.

Callistemon lanceolatum DC.

An jungen Internodien ist die Oberhaut mit den oft über millimeterlangen,
einzelligen, derbwandigen Haaren und die primäre Rinde mit den eben noch kenntlichen Oelräumen[1]) zu einer braunen Membran geschrumpft, unter der sich ein
0,2 mm breites aus etwa 8 Reihen cubischer Zellen gebildetes Periderma hinzieht, in welchem die Bündel der
primären Bastfasern eingebettet
liegen.[2]) Die Korkzellen sind dünnwandig, ihre Membranen weichen häufig an
den radialen Seiten aus einander
und bilden einen linsenförmigen
Raum (Fig. 130). Einfache Reihen
derselben sklerosiren auch, meist mit
vorherrschender Verdickung einer Seite,
der inneren oder der äusseren.

Schon im jungen Baste ist die concentrische Schichtung der Faserbündel deutlich
entwickelt wie bei *Melaleuca*, mit der
überhaupt die Elemente des Bastes sowol
wie der Markstrahlen, in der Anordnung
wie im Baue die grösste Uebereinstimmung
zeigen.

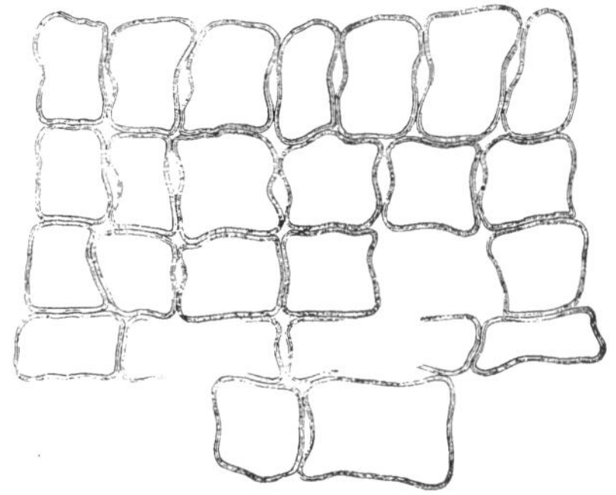

Fig. 130. *Callistemon lanceolatum* DC. Querschnitt einer Korkzellengruppe, welche die
linsenförmigen Räume zwischen den radialen Zellwänden zeigt (400).

Myrtus communis Lin.

An sehr jungen Internodien wird die an der Innenseite der primären
Fasern gelegene Zellschicht zum Initialmeristem und bildet eine einfache Reihe
cubischer, dünnwandiger Korkzellen, durch welche die mit Rücksicht auf die
Schmächtigkeit der Triebe auffallend grosszellige, und mit Oellücken[3]) spärlich
durchsetzte, des collenchymatischen Hypoderma entbehrende primäre
Rinde abgestossen wird. An dreijährigen Stengeln habe ich die Korkhaut gleichfalls nur aus einer einzigen Reihe weitlichtiger Zellen bestehend gefunden, während
an älteren Stämmen die inneren Periderme geschichtet sind aus mehrfachen Reihen
einseitig (innen) sklerosirter Tafelzellen und dazwischen einfachen oder
doppelten Reihen äusserst zartwandiger Zellen. Die Borkeschuppen (Ringborke)
sind etwas breiter als die Korkmembranen (0,3 mm) und fallen bald ab.

Die secundäre Rinde entbehrt der Bastfasern vollständig, äusserst selten[4])
wird eine isolirte Parenchymfaser sklerotisch, die dann auf Querschnitten wol für eine Faser angesehen werden kann. Doch sind es unzweifelhaft
Stabzellen von 0,03 mm Breite und bis zehnfacher Länge, fast vollkommen verdickt,
zart geschichtet und reichporig. Der Weichbast ist ausserordentlich reich an
Kammerfasern, welche ausschliesslich Drusen führen. Die Parenchymzellen,

---

[1]) Vgl. de Bary, Vegetationsorgane p. 216.
[2]) Wie bei *Philadelphus* und *Melaleuca* scheinen die Tochterzellen der Phellogenschicht
nicht sofort zu verkorken, sondern sich weiter zu theilen.
[3]) Frank (Beiträge p. 125 u. Th. IV.) hält sie für schizogen. Vgl. dagegen de Bary,
Vegetationsorgane p. 217.
[4]) Man muss oft mehre Schnitte durchsuchen um nur eine zu finden.

deren Dimensionen durch die der Stabzellen oben gegeben sind, haben breite rundliche Tüpfel an den radialen Seiten.

Die Markstrahlen sind vorherrschend einreihig, selten zwei- oder dreireihig,
sehr genähert, so dass zwei- bis dreireihige Baststrahlen häufig vorkommen. Ihre
Zellen sind breit, wenig gestreckt, kaum zartwandiger als das Bastparenchym. Sie
führen **keine Krystalle** und sklerosiren niemals.

Syzygium Jambolanum DC. *(Eugenia Jambolana* Lam.)

Leichte, fast schwammige, centimeterdicke Rinde mit dünnem gelblichem Korküberzug, innen grobstreifig, am Bruch weichfaserig bis körnig; am Querschnitt
trennt eine zarte, zackig verlaufende Linie die äussere dunkelbraune von der
inneren hellfarbigen Schicht, beide von nahezu gleicher Breite und mit zerstreuten,
stellenweise in breiten tangentialen Schichten geordneten, hellen Punkten und
Flecken durchsetzt.

Ein Periderma aus etwa zwölf Reihen (0,4 mm) cubischer durchaus
zartwandiger Zellen grenzt hart an den Bast und eine innere, aus drei bis fünf
Zellenreihen gebildete Korkhaut hat eine gegen 4 mm dicke Borkeschuppe abgetrennt.

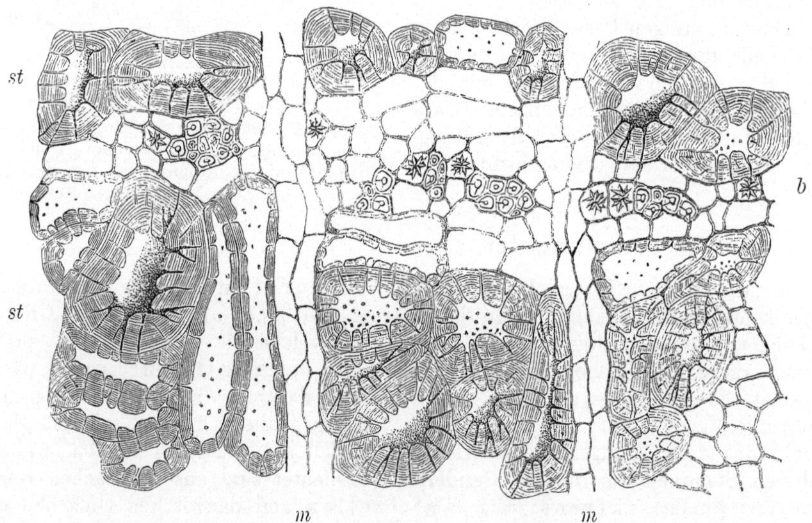

Fig. 131. *Syzygium Jambolanum* DC. Querschnitt durch den Bast (160). Steinzellenplatten
(st) zwischen denen die Markstrahlen *(m)* dünnwandig bleiben; *b* eine Weichbastschicht mit
Bastfaserbündeln und Drusenschläuchen.

Das hervorragende Merkmal der Rinde ist die umfangreiche Sklerosirung derselben und die ausserordentliche Grösse der Steinzellen.
Sie sind verschieden gestaltet, doch vorwiegend isodiametrisch oder tangential gestreckt, erreichen nicht gerade selten Dimensionen von 0,8 mm, sind in wechselndem
Masse verdickt, doch kaum jemals vollständig obliterirt, ihre Membranen sind
glashell, fein geschichtet und von Porencanälen reichlich durchzogen (Fig. 131).
Durch das Sklerenchym wird das übrige Gewebe des Bastes aus seinen ursprünglichen Lagerungsverhältnissen gedrängt, nur ab und zu sind schwache Parenchymlagen
erhalten, in denen kleine Bastfaserbündel in annähernd tangentialer Ordnung vertheilt sind. Die Bastfasern sind etwas über millimeterlang, meist krumm und lang
zugespitzt, 0,12 mm breit, mit polygonalem Querschnitt, engem Lumen und vielen

Porencanälen. Die Parenchymzellen sind zartwandig, oft zu Kammerfasern umgestaltet, welche Drusen führen, auch wenn sie die Bastfasern
begleiten. Siebröhren kommen in geringer Menge vor, sie tragen schmale Siebplatten in treppenförmiger Anordnung und an den Seitenflächen ein Netz zarter
Verdickungsleisten.

Die Markstrahlen sind ein- bis dreireihig, zartzellig, selten sklerosirend.

Eugenia acris Wight und Arn.

Unmittelbar unter der Oberhaut bilden sich frühzeitig lysigen, kugelige
(0,12 mm diam.) Oelräume[1]. Innerhalb der in dünnen Bündeln auftretenden
primären Bastfasern entsteht im zweiten Jahre das Periderma, durch welches die
ölführende Region der primären Rinde vollständig abgestossen wird.

Das Periderma zählt zwei oder drei Reihen cubischer, dünnwandiger
Korkzellen. Die primäre Rinde entbehrt des Collenchyms, führt spärliche
Drusenschläuche und bildet keine Steinzellen.

Eugenia australis Wendl. *(Jambosa australis DC.)*

Die zweite oder dritte Zellenlage (Fig. 132) der primären Rinde
wird in sehr jungen Internodien zum Initialmeristem und bildet im ersten Jahre
nur wenige Reihen cubischer, dünnwandiger
Zellen, die z. Th. an der Innenseite eine
Verdickungsschicht anlegen. In der primären
Rinde ist das hypodermatische Collenchym kaum angedeutet, zahlreiche Zellen
führen grosse Krystalldrusen.

In dem jungen Baste federspulendicker
Zweige sind die Bastfasern regellos zerstreut,
nur hie und da zu einfachen kurzen tangentialen
Reihen verbunden. Sie sind von Kammer-
fasern mit Drusen begleitet, die auch im
Weichbaste in Menge vorkommen.

Die einreihigen Markstrahlen folgen zunächst dem Dickenwachsthum durch tangentiale
Streckung der Zellen, später durch Theilungen.
Im Bereiche der Mittelrinde werden sie in eben
merklichem Grade sklerotisch.

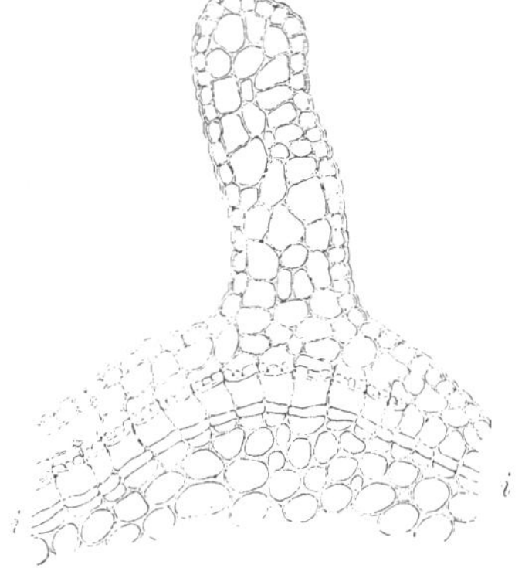

Fig. 132. *Eugenia australis* Wendl.
Querschnitt durch ein junges Internodium des jährigen Triebes mit der
Peridermanlage, durch welche die
parenchymatöse Excrescenz abgetrennt wird (160). In der Korkinitiale
i beginnen rechts die Theilungen,
während diese links schon weiter
vorgeschritten sind. Die älteste Korkzellenreihe hat bereits die Innenwand
verdickt.

Punica Granatum Lin.

In sehr jungen Internodien bildet sich an
der Innengrenze der primären Bastfaserbündel das aus wenigen Reihen cubischer dünnwandiger Zellen bestehende Periderma und trennt die primäre Rinde mit den
charakteristischen vier parenchymatösen Excres-
cenzen (vgl. Fig. 132) an den Kanten des Stengels ab. Das Periderm verbreitert
sich, seine Zellen sklerosiren an der Innenseite und zugleich wird Phelloderma mit collenchymatischem Charakter[2] erzeugt.

---

[1] Vgl. de Bary, Vegetationsorgane p. 216.
[2] Vogl (Pharmakognostische Studien über die Granatbaumrinde, Wochenbl. der k. k.
Gesellsch. der Aerzte zu Wien 1866, p. 8 S. A.) fand vereinzelt grosse Steinzellen. Auch de
Bary (Vegetationsorg. p. 152 u. 556) gibt dieselben an.

Ich habe keine Borke[1]) gesehen, gleichwol ist die Korkhaut an der etwa 3 mm dicken Rinde alter Stämme an den meisten Stellen nur 0,15 mm dick (gegen 8 Zellenreihen) und aus einseitig sklerosirten und dünnwandigen Zellen unregelmässig geschichtet.

Die secundäre Rinde entbehrt der Bastfasern sowol wie der Steinzellen vollständig. Sie besteht zum weit überwiegenden Theil aus Parenchym, in dem Siebröhren nur vereinzelt vorkommen und auf Querschnitten kaum zu unterscheiden sind. Die Baststrahlen sind sehr schmal, meist drei- bis fünfreihig durch einfache oder doppelte Reihen Drusen[2]) führender Kammerfasern annähernd concentrisch geschichtet. Der Weichbast[3]) ist derbwandig, die Parenchymzellen tragen an den radialen Wänden breite Tüpfel; die Siebröhren stossen mit wenig geneigten, einfachen Siebplatten an einander.

Die Markstrahlen sind ein- oder zweireihig, gegen das Phelloderm nicht verbreitert[4]). Ihre Zellen sind kaum merklich dünnwandiger als das Bastparenchym, mässig gestreckt, krystallfrei.

Rosiflorae.

Aussenrinde. Sämmtliche *Rosifloren* mit einziger Ausnahme von *Spiraea* stimmen darin überein, dass ihre Periderme oberflächlich entstehen. Das Initialmeristem ist die Oberhaut selbst *(Pomaceen, Rosa)* oder die ihr unmittelbar angrenzende Zellenlage der primären Rinde *(Amygdaleen, Calycanthus);* nur bei *Spiraea* liegt das Phellogen hart an der Grenze der secundären Rinde. Die *Pomaceen, Calycanthus, Spiraea* und einige *Prunus*arten bilden das Periderma in der ersten, einige *Amygdaleen* in der zweiten Vegetationsperiode zugleich um die ganze Peripherie der Internodien; *Rosa* allein ist ausgezeichnet durch eine circumscripte, spät beginnende und erst nach Ablauf mehrerer Jahre zum völligen Abschluss gelangende Peridermbildung. Bei *Spiraea* erneuert sich das Periderma in jährlichen Perioden, die älteren Bastlagen werden als Ringborke abgestossen, nur der in der eben abgelaufenen Vegetationsperiode gebildete Bast bleibt dem Stamme lebend erhalten. Bei allen übrigen *Rosifloren* ist das Oberflächenperiderm lange ausdauernd; bei einigen bildet sich Borke erst im hohen Alter, mitunter gar nicht *(Cydonia, Mespilus, Moquilea, Prunus Padus);* trotzdem erreichen sie selten bedeutendere Mächtigkeit *(Rosa),* indem entweder die zell-

---

[1]) Nach de Bary (Vegetationsorgane p. 575) dauert das erste Periderma 10—20 Jahre aus, worauf neuerdings eine schmale Rindenzone durch Borkebildung abgeworfen wird.

[2]) Vgl. Sanio, Monatsber. d. Berl. Akad. 1857, p. 252 u. Cauvet, Bull. de la Soc. bot. de France 1877, p. 20.

[3]) Vgl. die Abbildung in de Bary, Vegetationsorgane p. 546.

[4]) Vgl. de Bary, Vegetationsorgane p. 552.

bildende Thätigkeit des Phellogens träge ist *(Pomaceen)* oder die Abschülferung und Abblätterung *(Amygdaleen)* der älteren Korkhäute hält mit der Neubildung gleichen Schritt. Die inneren Periderme dringen krummflächig und oft tief greifend vor, doch bleibt (im Zusammenhange mit der späten Anlage derselben) immer ein im Verhältniss zum Durchmesser des Stammes ansehnlicher Theil des Bastes lebend; die Borkeschuppen sind meist klein, unregelmässig gestaltet und haften nur soweit aneinander, als sie übergreifen, da die Korkhäute der Verwitterung wenig Widerstand zu leisten vermögen. Diese sind nämlich nur bei den *Pomaceen* a n d e r A u s s e n s e i t e s k l e r o s i r t (Fig. 135) und im Allgemeinen derbwandig, sonst zartzellig, in einzelnen Lagen wol etwas derber aber i m m e r o h n e V e r d i c k u n g s s c h i c h t e n (Fig. 136, 140). Bei den Einzelbeschreibungen sind die specifischen Eigenthümlichkeiten der Korkhäute angeführt; hier sei nur hervorgehoben, dass die inneren Periderme den Charakter der oberflächlichen besitzen und eine bemerkenswerthe Ausnahme nur bei *Calycanthus* besteht, wo die ersteren durch ungewöhnliche Weitlichtigkeit und Zartwandigkeit ausgezeichnet sind.

M i t t e l r i n d e. Die primäre Rinde besitzt immer e i n g e s c h l o s s e n e s c o l l e n c h y m a t i s c h e s H y p o d e r m a, welches bei *Rosa* vorwiegend in Form von R i p p e n entwickelt ist. Das Parenchym ist derbwandig, führt reichlich Krystallschläuche; nur bei *Moquilea* und bei *Calycanthus* f e h l e n K r y s t a l l e. Die vorherrschenden Krystallformen sind bei den *Pomaceen* einzelne Rhomboeder, bei den *Rosaceen* und *Amygdaleen* Drusen, doch kommen häufig beiderlei Formen zugleich vor. — Die *Rosaceen* bilden g a r k e i n e, die *Pomaceen* sehr selten und wenige *(Crataegus)* Steinzellen, nur bei *Moquilea* ist die Sklerosirung sehr umfangreich und für *Calycanthus* (Fig. 136) und die *Amygdaleen* (Fig. 140) ist die Bildung eigenthümlicher sklerotischer Elemente charakteristisch. Bei den ersteren bilden sich kleine einschichtige, tangential gelagerte Platten aus einseitig (innen) verdickten isodiametrischen Zellen, bei den letzteren bastfaserähnliche Idioblasten in regelloser Vertheilung. Die primären Gefässbündel sind reich an Bastfasern; *Calycanthus* ist ausgezeichnet durch die Bildung von O e l z e l l e n und durch das Auftreten vollständiger Gefässbündel ausserhalb der secundären Rinde.

I n n e n r i n d e. Würde nicht der überwiegende Theil des Bastparenchyms von *Moquilea* sklerosiren, so könnte als gemeinsamer Charakter der *Rosifloren* die geringe Neigung zur Steinzellenbildung angegeben werden, da die *Calycantheen* und *Amygdaleen* in der That g ä n z l i c h, und die *Rosaceen, Pomaceen* in den meisten Gattungen d e r S t e i n z e l l e n e n t b e h r e n. B a s t f a s e r n f e h l e n bei *Calycanthus*, welche somit keinerlei sklerotische Elemente besitzt, und bei *Moquilea*. Bei den anderen Ordnungen bilden Bastfasern einen mehr oder weniger dominirenden Bestandtheil der secundären Rinde. Sie sind vereinzelt und in Bündeln zu kleinen tangentialen Platten verbunden, die stufig geschichtet sind *(Cydonia, Crataegus, Cotoneaster, Rosa, Quillaja)*; oder sie bilden zusammenhängende Cylinder in concentrischer Schichtung *(Pyrus, Sorbus,*

Mespilus, *Spiraea*); oder ihre Vertheilung ist völlig regellos, dabei ihr Zusammenhang lose *(Amygdaleen)*. Einige Bastfaserformen zeigen typische Eigenthümlichkeiten, so die kurzen, dicken und stumpf knorrigen Fasern von *Cydonia* (Fig. 133), die dünnen, krummen, knorrig-ästigen Fasern der *Amygdaleen* (Fig. 139), die dünnen, langen, glatten, geradläufigen oder knorrig verbogenen, porenreichen Fasern der meisten *Pomaceen* und *Rosaceen*. Zackig geränderte Fasern kommen nur ausnahmsweise vor, in den wenigen Fällen, wo die begleitenden Kammerfasern sklerosiren *(Crataegus, Cotoneaster, Mespilus, Cydonia, Spiraea)* oder wo die Markstrahlen durch beiderseits andrängende Bündel zusammengedrückt werden. Die Steinzellen, welche bei *Moquilea* in selbstständigen Gruppen auftreten, bei den *Rosaceen* und bei *Crataegus* nur sporadisch zwischen den Bastfasern gebildet werden, behalten die Gestalt und Grösse der ursprünglichen Zellen bei sehr weit gediehener Verdickung.

Der Weichbast ist bei einigen *Pomaceen*, wo er quantitativ überwiegt, regelmässig geschichtet. Die Parenchymzellen sind etwas derbwandig (ausser *Quillaja*), breit getüpfelt; bei den *Amygdaleen*, mehr noch bei *Calycanthus* (Fig. 137) durch ungewöhnlich lückiges Gefüge ausgezeichnet, bei der letzteren vereinzelt zu Oelschläuchen umgewandelt. Diese und *Moquilea* sind die einzigen oxalatfreien Rinden, alle übrigen bilden reichlich Krystallschläuche mit zum Theil charakteristischen Eigenthümlichkeiten. Bei den *Pomaceen* und *Rosaceen* (ausser *Quillaja*) kommen fast ausschliesslich Kammerfasern vor, welche Rhomboeder und kurze Säulen, letztere meist in charakteristischer Verwachsung, führen. *Quillaja* bildet ausschliesslich grosse Prismen (Fig. 138) in einzelnen Zellen. Bei den *Amygdaleen* kommen vorwiegend isolirte Krystallschläuche, aber auch Kammerfasern vor, welche bei *Amygdalus* und einigen *Prunus*arten immer Drusen, bei anderen gleichzeitig Rhomboeder, selten letztere allein *(P. Padus)* einschliessen; Drusen und Einzelkrystalle erreichen typisch ganz ausserordentliche Grösse. Die spärliche Entwicklung von Kammerfasern bei den *Amygdaleen* ist wol in ursächlichem Zusammenhang mit der unregelmässigen Lagerung der Bastfasern. Bei den meisten *Rosifloren* steht die Krystallablagerung in keiner Beziehung zu den sklerotischen Elementen und nur bei einigen *Pomaceen (Crataegus, Cotoneaster, Mespilus)* und bei *Spiraea* scheint sie in der Umgebung der Faserbündel in erhöhtem Masse statt zu finden, wenngleich auch hier die Umhüllung der letzteren nicht vollständig ist und namentlich die Markstrahlen an derselben nicht theilnehmen. Die geringe Abhängigkeit der Kammerfasern von Bastfasern zeigt sich auch darin, dass diese nur selten sklerotisch werden. — Siebröhren kommen in zwei Typen vor: als langgliedrige, die Parenchymzellen, mehr noch die Bastfasern an Breite übertreffende Schläuche mit zahlreichen, schmalen, feinporigen Siebplatten in leiterförmiger Anordnung *(Pomaceen* [ausser *Cydonia*] und *Moquilea)*, Siebröhren von verschiedener Länge und Breite mit einfachen horizontalen oder mässig geneigten feinporigen *(Rosaceen, Calycanthus)* oder grob gegitterten *(Quillaja)* Platten, endlich eine Zwischenform mit einfachen oder mehrfach getheilten, aber breiten, rundlichen Siebplatten (*Cydonia* und *Amygdaleen*).

Die Markstrahlen sind ein-, selten zweireihig bei *Moquilea, Spiraea, Calycanthus;* bis dreireihig bei den *Pomaceen;* breit mit einreihigen secundären Strahlen bei *Rosaceen, Amygdaleen.* Die breiten Markstrahlen sind gegen die Mittelrinde ve r b r e i t e r t und bewahren den Charakter der letzteren in Form und Verdickung der Zellen, nur bei *Quillaja* (in trockenem Material) sind die Zellen erheblich radial gestreckt und zartwandig. Krystalle werden in den Markstrahlen der *Pomaceen, Calycantheen, Chrysobalaneen* niemals, bei den *Rosaceen* und *Amygdaleen* nur in den primären abgelagert. Regelmässige Sklerosirung der Markstrahlzellen findet bei *Moquilea* statt, ab und zu bei *Spiraea* und einigen *Pomaceen (Cydonia, Mespilus, Cotoneaster, Crataegus).*

Uebersicht der Gattungen nach Merkmalen des Bastes.

A. Bastfaserbündel in concentrischen Lagen, von 1—3 reihigen Markstrahlen durchbrochen; nur Einzelkrystalle.

    1. Weichbast concentrisch geschichtet; keinerlei Steinzellen; Siebröhren mit plattenreichen Systemen.

        a. Siebröhren und Parenchym in einfachen Schichten wechselnd: *Pyrus.*

        b. Mehrfache Siebröhren- und Parenchymlagen: *Sorbus.*

    2. Keine erkennbare Schichtung des Weichbastes; Faserbündel von sklerotischen Kammerfasern begleitet.

        a. Nur 1 oder 2 Sklerenchymringe im schmalen Baste; (Ringborke); Siebröhren mit einfachen Querplatten: *Spiraea.*

        b. Local verbreiterte Markstrahlen; Siebröhren mit Plattensystemen: *Mespilus.*

B. Sklerenchymplatten in alternirender, oft undeutlicher Schichtung.

    1. Breite Markstrahlen; vereinzelte Steinzellen; Siebröhren mit einfachen Querplatten.

        a. Weichbast und Markstrahlen grosszellig, zartwandig; in isolirten Zellen grosse prismatische Krystalle: *Quillaja.*

        b. Weichbast und Markstrahlen klein- und derbzellig; Kammerfasern mit Einzelkrystallen: *Rosa.*

    2. Bastfasern von schwach sklerotischen Kammerfasern begleitet; Markstrahlen 1—3 reihig, z. Th. sklerotisch.

        a. Bastfasern lang und dünn; Siebröhren mit schmalen Siebplatten in grosser Zahl.

            *) Bastfaserbündel mit Steinzellen gemischt: *Crataegus.*

            **) Keine Steinzellen: *Cotoneaster.*

        b. Bastfasern kurz, dick, steinzellenartig, oft isolirt; Weichbast derbwandig; Siebröhren mit einfachen oder wenigen breiten Siebplatten: *Cydonia.*

C. Dünne, spulenrunde, knorrige, verzweigte Bastfasern in loser Vereinigung und regelloser Anordnung; Kammerfasern und einzelne Krystallschläuche mit z. Th. ausserordentlich grossen Drusen oder Rhomboedern: *Prunus, Amygdalus* [1]).

---

[1]) Arten und Gattungscharaktere vermischen sich.

D. Bastfasern fehlen vollständig; keine Krystalle; Markstrahlen ein- oder zwei-reihig.

    1. Bastparenchym zum grossen Theil sklerotisch; Siebröhren mit schmalen Siebplatten in grosser Zahl: *Moquilea.*

    2. Keine Steinzellen; Bastparenchym mit grossen Intercellularräumen; Sieb-röhren mit einfachen Querplatten: *Calycanthus.*

Pomaceae.

Alle Gattungen haben nahe übereinstimmenden Bau, besonders der pri-mären Rinde und des Periderma, aber auch der Bast zeigt nur geringfügige Abweichungen bei einzelnen Arten.

Die Oberhaut wird in der ersten Vegetationsperiode zum Initialmeristem, producirt eine geringe Zahl Korkzellen, die durch Ver-dickung ihrer äusseren Membranen (Fig. 135) gewissermassen eine mehrschichtige Epidermis darstellen. Nur bei *Cydonia* werden die Korkzellen gleichmässig derbwandig, die einseitige Sklerosirung tritt hier nur ausnahms-weise auf. Das Oberflächenperiderm ist lange, bei einigen Arten *(Cydonia, Mespilus)* vielleicht zeitlebens ausdauernd, erreicht aber niemals bedeutende Mächtigkeit, indem die älteren Schichten sich bald abblättern. In der Regel bildet sich eine aus vier oder wenig mehr Reihen gleichartig flacher oder cubischer Zellen gebildete Membran, deren Verdickungsschichten mit einander verschmelzen, so dass ihre Trennungswände oft kaum mehr erkennbar sind. Die inneren Korkhäute bestehen aus einer dem oberflächlichen Periderma ähnlichen, dünnen Membran und einer etwa eben so schmalen Phellodermschicht. Sie dringen sehr unregelmässig vor und dem entsprechend sind auch die abgetrennten Borkeschuppen vielgestaltig und von verschiedener Grösse.

Die primäre Rinde ist ein lose verbundenes, derbwandiges Parenchym mit einem collenchymatischen Hypoderma. Sie bildet reichlich Krystall-schläuche, welche vorwiegend rhomboedrische Einzelkrystalle, seltener oder gar nicht Drusen einschliessen. Die primären Bastfasern bilden umfang-reiche Bündel, zwischen denen nur ausnahmsweise vereinzelte Zellen sklerosiren *(Crataegus)*, indem gerade die unterbleibende Steinzellenbildung ein hervorragender Charakter der Mittelrinde ist.

Auch die Sklerosirung des Bastparenchyms ist auf wenige Arten beschränkt *(Crataegus)* und auch hier quantitativ untergeordnet. Dagegen fehlen niemals Bastfasern, welche mit Ausnahme von *Cydonia* (Fig. 133) in der Form nahe übereinstimmen, mässig lang, dünn, krummläufig, meist glattwandig, sehr stark verdickt und reichporig sind. Die kurzen, knorrigen Fasern von *Cydonia* könnten füglich auch als Steinzellen angesprochen werden, wenn nicht ihre im Allgemeinen übereinstimmenden Gestalten und die unverzweigten Porencanäle sie den Bastfasern näher stellen würden. Sie allein kommen (bei *C. vulgaris*) vorwiegend isolirt in unregelmässiger Vertheilung vor, sonst bilden die Bastfasern mehr oder weniger umfangreiche Bündel, welche tangentiale Platten zusammensetzen und dann stufig geschichtet *(Crataegus, Cotoneaster)* oder zu regelmässigen concentrischen Ringen verbunden sind *(Cydonia, Pyrus, Sorbus, Mespilus).* In beiden Fällen kommen ab und zu selbstständige, gleichsam verirrte kleine Faserbündel vor. — Weichbast bildet in der Regel den weit überwiegenden Bestandtheil der secundären Rinde und ist häufig regelmässig geschichtet. Als Muster kann *Pyrus Malus* gelten (Fig. 134), wo fast stets einfache Parenchymreihen mit einfachen Reihen von Siebröhren abwechseln. In ähnlicher Weise aber in mehrfachen Reihen alterniren die Elemente des Weichbastes von *Sorbus, Crataegus, Cotoneaster.* — Selbstständige Steinzellenbildung kommt niemals vor, die bereits erwähnte Sklerosirung bei *Crataegus* beschränkt sich auf die unmittelbare Umgebung der Bastfaserbündel. — Ein nie fehlender Bestandtheil des Bastes sind Kammerfasern, welche isodiametrische, prismatische und Zwillingskrystalle (s. Fig. 133), niemals Drusen führen. Sie begleiten in grösserer Menge, umhüllen sogar stellenweise die Faserbündel und werden dann mitunter *(Mespilus, Cotoneaster, Crataegus)* sklerotisch. Die Parenchymzellen sind breit getüpfelt, was besonders in dem durch Derbwandigkeit ausgezeichneten Weichbaste von *Cydonia* auffällig hervortritt. Sie sind etwas weitlichtiger als die Breite der Bastfasern beträgt und werden von den Siebröhren im Lumen nicht *(Cydonia)* oder wenig *(Pyrus)* übertroffen. Diese sind langgliedrig, mit Systemen aus schmalen, feinporigen Siebplatten in grosser Zahl. Nur die Siebröhren von *Cydonia* machen eine Ausnahme: sie haben die Dimensionen der Bastfasern und weniger ausgedehnte Plattensysteme (Fig. 133).

Die Markstrahlen sind ein- oder zweireihig, ausnahmsweise dreireihig; bei *Mespilus* stellenweise verbreitert. Sie sind mehr oder weniger radial gestreckt und führen niemals Krystalle, in der Regel auch nicht, wenn sie den Bastfasern anliegen und sklerosiren, was keineswegs immer der Fall ist, wie *Cydonia vulgaris, Pyrus Malus, Sorbus* zeigen.

Cydonia vulgaris Pers. *(Pyrus Cydonia* L.)

Jährige Triebe überwintern mit der Oberhaut und wenigen Reihen aus ihr selbst[1]) hervorgegangener Korkzellen; auch weiterhin nimmt die Entwickelung des Periderma sowol wie des Phelloderma einen trägen Verlauf. Die zwei bis drei Millimeter dicke Rinde alter Stämme ist borkefrei; die oberflächlichen Korkhäute schülfern sich rasch in dünnen Blättchen ab, so dass häufig nur drei bis fünf Reihen derbwandiger kleiner Tafelzellen die Rinde bedecken.

Die primäre Rinde ist derbwandig, mit einem collenchymatischen Hypoderma und bildet reichlich Krystallschläuche, welche schon in den jüngsten Internodien grosse isodiametrische Einzelkrystalle führen. Steinzellen fehlen, die umfangreichen Bündel der primären Bastfasern werden auseinander gedrängt, verflacht, bleiben aber sehr lange in Zusammenhang.

In der secundären Rinde bilden sich spärliche Bastfasern, häufig isolirt oder zu tangentialen Bündeln verschmolzen, die von den benachbarten in der Regel so

---

[1]) Vgl. Sanio, (Jahrb. f. w. Botanik II. p. 39.)

weit abstehen, dass von einer Schichtung füglich nicht gesprochen werden kann. Die Fasern sind steinzellenartig, kurz (bis 0,4 mm), dick (0,03 mm), knorrig stumpf, mitunter gegabelt (Fig. 130), mit sehr engem Lumen, undeutlicher Schichtung und zahlreichen Porencanälen. Sie sind von Kammerfasern nur soweit begleitet, als diese im Weichbast in grosser Menge vorkommen. Die Krystallformen sind theils isodiametrisch, theils prismatisch und sehr häufig Zwillingskrystalle. Das Bastparenchym ist derbwandig, an den radialen und horizontalen Wänden breit getüpfelt, jedoch nicht conjugirend. Sie haben nahezu gleiche Breite mit den Bastfasern und Siebröhren, welch letztere dünnwandiger sind und an den zugeschärften Endflächen mehrere breite feinporige Siebplatten, durch schmale Leitersprossen getrennt, tragen.

Die Markstrahlen sind zwei-, selten dreireihig, nach aussen nicht verbreitert; ihre Zellen tonnenförmig, derb, keine Krystalle führend.

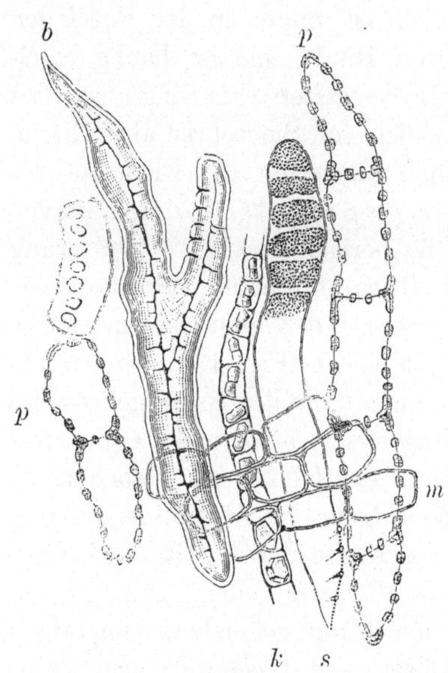

Fig. 133. *Cydonia vulgaris* Pers. Isolirte Elemente der secundären Rinde (300). *p* derbwandige breitporige Parenchymfasern; *b* eine verzweigte Bastfaser; *s* eine Siebröhre; *k* Kammerfaser; *m* Markstrahlzellen.

Cydonia japonica Pers. (*Pyrus japonica* Thbg.)

Diese Art unterscheidet sich von der vorigen nur durch die zwar oft unterbrochene, aber doch entschieden concentrische Schichtung des Bastes. Im Zusammenhang mit der dichten Aneinanderlagerung der Bastfaserbündel steht auch die häufige Sklerosirung der die Platten durchsetzenden Markstrahlen.

Pyrus Malus L. (*Malus communis* Poir.)

Das Periderm bildet sich in der ersten Vegetationsperiode aus der Oberhaut[1]) und die jungen Triebe überwintern mit einer doppelten bis dreifachen Reihe kleiner, durch die schwache Sklerosirung der Aussenwand (Fig. 135) der Epidermis ähnlicher Korkzellen. Auch die häufig schon im sechsten Jahre entstehenden inneren Korkhäute sind dünn, sie zählen in der Regel nicht über sechs Reihen der breiten Tafelzellen, deren tangentiale Wände derbwandig, aber nicht sklerotisch sind. Die Borkeschuppen[2]) sind sehr ungleich, klein und dünn, bis mehrere Quadratcentimeter gross und über millimeterdick.

Die primäre Rinde besitzt ein breites hypodermatisches Collenchym, dem sich ein lockeres derbwandiges Parenchym anschliesst. Sie führt reichlich rhomboedrische Einzelkrystalle, mitunter auch grosse Drusen, sklerosirt aber niemals.

Die secundäre Rinde[3]) ist mit typischer Regelmässigkeit geschichtet, indem nicht allein die Bastfaserbündel zu selten unterbrochenen tangentialen Bändern gereiht

---

[1]) Vgl. v. Mohl, Bot. Ztg. 1855. p. 879 u. Taf. XV.; Dippel, Mikroskop, II, p. 251.

[2]) Vgl. Sanio, Jahrb. f. wiss. Bot. II, p. 39.

[3]) Vgl. v. Mohl, Unters. über die Entwicklung des Korkes etc. p. 21; Hartig, Forstl. Culturpfl. p. 518.

sind, sondern auch im Weichbast je eine Reihe Parenchymzellen mit je einer Siebröhrenreihe wechselt (Fig. 134). Isolirte Fasern oder selbstständige Gruppen
kommen fast niemals vor. Die Bastfasern sind gegen millimeterlang. krumm, doch
meist glatt, fein zugespitzt oder schwach
knorrig, stumpf, 0,025 mm breit, fast
vollkommen verdickt, mit scharf abgegrenzter Primärmembran. Ihre Bündel
sind im Umfange sehr verschieden, einmal schmale, ein- bis zweireihige Bänder,
dann Bündel mit fünfzig und mehr
Fasern. Sie sind beiderseits von Parenchymzellen umsäumt, die zum grossen
Theile in Kammerfasern umgewandelt
sind, welche, wie die Kammerfasern im
Weichbaste, einfache isodiametrische [1])
oder prismatische oder Zwillingskrystalle
führen. Die Weichbastlagen sind immer
bedeutend breiter als die Bastfaserbänder,
sie zählen oft 16 bis 20 Reihen. Die
Parenchymzellen sind breit getüpfelt, am
Querschnitte rundlich und dadurch, sowie
durch engeres Lumen, von den eckig
verzogenen, 0,05 mm breiten Siebröhren
leicht zu unterscheiden. Diese sind fast
der ganzen radialen Wand entlang mit
schmalen, leiter- oder netzförmig angeordneten, feinporigen Siebplatten besetzt.
Ihre Glieder sind solang wie die Bastfasern.

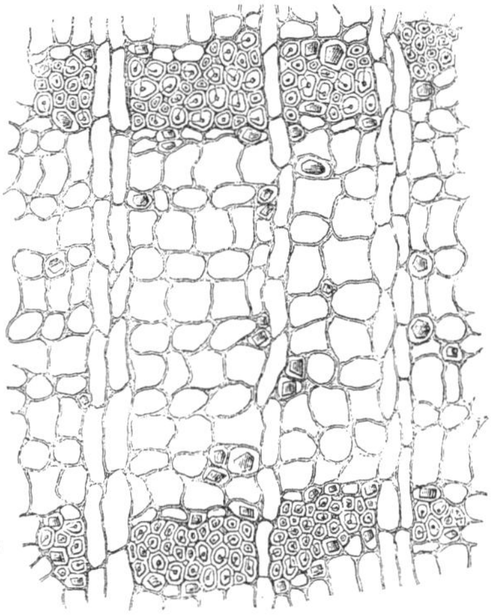

Fig. 134. *Pyrus Malus* L. Querschnitt durch
die Innenrinde (160). *b* Bastfaserbündel von
Krystallen umlagert, von dünnwandigen
Markstrahlen *(m)* durchzogen; im Weichbaste
ist die Schichtung zwischen weitlichtigen,
eckig conturirten Siebröhren und rundlichen,
oft Krystalle einschliessenden Parenchymzellen deutlich ausgeprägt.

Die Markstrahlen sind ein- oder
zweireihig, ihre Zellen radial gestreckt,
kaum merklich dünnwandiger als der Weichbast, niemals sklerotisch und frei
von Krystallen.

Pyrus communis Lin.

Die Rinde des Birnbaumes ist histologisch vollkommen übereinstimmend mit
der Apfelbaumrinde bis auf einen allerdings sehr auffallenden Punkt. Während
die concentrischen Bastfaserplatten[2]) von *P. Malus* von dünnwandigen Markstrahlen
durchzogen werden, sklerosiren die Markstrahlzellen zwischen den
Faserbündeln bei *P. communis*, ohne indess auch in diesem Falle Krystalle
einzuschliessen.

Sorbus Aucuparia L. (*Pyrus Aucuparia* Gaertn.)

Die überwinternden Triebe besitzen im Periderm[3]) nur vier oder fünf Reihen
tafelförmiger Zellen, deren stark verdickte Aussenseite zu einer continuirlichen Membran verschmolzen ist. Dasselbe Periderm finde ich an etwa vierzig-
jährigen Stämmen in einer Dicke von 0,2 mm aus zwölf bis vierzehn Reihen bestehend, in Längsrissen aufspringend und kaum merklich abschülfernd.

---

[1]) Vgl. de Bary, Vegetationsorgane p. 545.
[2]) *P. communis* bildet nach Mohl, (Bot. Ztg. 1855, p. 780) jährlich eine Bastfaserzone.
[3]) Aus der Oberhaut entstanden. Vgl. Sanio, Jahrb. f. wiss. Bot. II, p. 39.

Borke bildet sich sehr spät und auch da nur an begrenzten Theilen des Stammes. Die inneren Korkhäute gleichen im Baue den oberflächlichen, sind aber sehr krummflächig, die Borkeschuppen unregelmässig, meist klein und dünn.

Die primäre Rinde ist breiter als bei den verwandten Gattungen, aus dem hypodermatischen Collenchym fast unmerklich in das ungewöhnlich derbwandige Parenchym übergehend, welches reichlich Einzelkrystalle und Drusen führt, niemals sklerosirt.

Die secundäre Rinde ist kleinzellig, in der Anordnung der Bastfaserbündel, in dem völligen Unterbleiben der Sklerosirung (auch der Markstrahlen) und in dem Bau der Elemente völlig mit *Pyrus Malus* übereinstimmend. Die Schichtung des Weichbastes jedoch ist weniger regelmässig und findet immer zwischen mehrfachen Parenchym- und Siebröhrenlagen statt.

Mespilus germanica L.

Das Periderma bildet sich frühzeitig aus der Oberhaut[1]) und bedeckt in drei bis fünf Reihen Zellen, deren Aussenwand[2]) stark verdickt ist, einjährige Triebe. Die Rinde eines armdicken Stammes besitzt Oberflächenperiderm in 4—6facher Zellenreihe. Borke habe ich nicht beobachtet.

Die primäre Rinde ist derbwandig, mit einem collenchymatischen Hypoderma, sklerosirt niemals, führt spärlich Kalkoxalat. Der Bast ist in den äusseren Lagen unvollkommen, späterhin sehr regelmässig concentrisch geschichtet. Die Faserbündel zählen häufig 80—100 und mehr Fasern, die im Mittel nur 0,6 mm lang, dünn (0,025 mm), fast vollkommen verdickt und innig unter einander verbunden sind. Die sie ab und zu begleitenden Kammerfasern sklerosiren, sonst werden im Baste keine Steinzellen gebildet. Der Weichbast überwiegt quantitativ um das zwei- bis dreifache, er ist kleinzellig, nicht kennbar geschichtet, seine Elemente mit denen von *Pyrus* im Baue übereinstimmend.

Die Markstrahlen verbreitern sich gegen die Mittelrinde, aber auch mitten im Baste kommen Markflecken bis 0,2 mm Breite vor. Sie sklerosiren nur, wenn sie zwischen Bastfaserbündel eingeklemmt werden, führen aber auch da keine Krystalle.

Cotoneaster vulgaris Lindl. (*Mespilus Cotoneaster* L.)

Die jüngsten Internodien jähriger Triebe überwintern ohne Periderma, an älteren haben sich die Oberhautzellen bereits radial gestreckt und getheilt, endlich verdicken die Korkzellen ihre Aussenwandungen und das Periderm nimmt den typischen Charakter an. Es ist lange ausdauernd; alte armdicke Stämme sind mit 4—6 Reihen einseitig verdickter Tafelzellen bedeckt, die sich allmälig in dünnen Blättchen abschälen. Die inneren Korkhäute dringen sehr unregelmässig in den Bast ein, sind mitunter dicker als die Borkeschuppen und bestehen z. Th. aus gleichmässig derbwandigen, z. Th. aus einseitig verdickten Zellen.

Die primäre Rinde ist jener von *Pyrus* gleich, der Bast bezüglich der Vertheilung der Elemente übereinstimmend mit *Crataegus*. Nur ist die Sklerosirung des Parenchyms beschränkt auf die Kammerfasern, welche die Bastfaserbündel umgeben und auf die Markstrahlen, welche jene durchsetzen.

Crataegus Oxyacantha Lin.

Die Oberhaut wird frühzeitig zum Phellogen und erzeugt in der ersten Vegetationsperiode drei bis fünf Reihen mässig flacher Zellen, deren Aussenseite

---

[1]) Vgl. Sanio, Jahrb. f. wiss. Bot. II, p. 39.
[2]) Die Innenwand nach de Bary, Vegetationsorgane p. 117.

s k l e r o s i r t, wodurch junge Triebe wie mit einer geschichteten Epidermis bedeckt erscheinen. Die inneren Korkhäute entstehen häufig erst im zwölften bis fünfzehnten Jahre und bestehen wie das Oberflächenperiderma aus wenigen Reihen einseitig sklerosirter Korkzellen, denen sich ein dünnwandiges Phelloderma anschliesst. Die Borkebildung[1]) dringt tief, der lebende Bast ist kaum millimeterdick, die Schuppen fallen in Form unregelmässig eckiger Plättchen ab.

Die primäre Rinde ist derbwandig, mit einem collenchymatischen Hypoderma. Sie führt reichlich grosse Einzelkrystalle. Ab und zu sklerosiren einzelne Zellen zwischen den umfangreichen primären Bastfaserbündeln in jungen Internodien, doch schreitet die Steinzellenbildung nicht fort und es kommt niemals zur Bildung eines geschlossenen Ringes.

Die secundäre Rinde ist nicht concentrisch, sondern stufig alternirend geschichtet, indem die tangentialen Bastfaserplatten nicht ununterbrochene Ringe bilden, sondern in verschiedener Höhe liegen und mit ihren Rändern übergreifen. An der Bildung derselben betheiligen sich in erheblichem Masse Stein- und Stabzellen[2]), welche nur wenig vergrössert und stark verdickt sind. Die isodiametrischen Steinzellen schliessen fast ausnahmslos ungewöhnlich grosse Krystalle ein. Die Weichbastlagen sind bedeutend breiter als die Sklerenchymplatten und selbst wieder geschichtet, indem je mehrfache Reihen von Parenchym und Siebröhren ziemlich regelmässig wechseln. Im Baue stimmen die Elemente mit *Pyrus* überein.

Die Markstrahlen sind ein- bis zwei-, selten dreireihig, radial gestreckt. Häufig, jedoch keineswegs regelmässig sklerosiren die zwischen den Sklerenchymplatten durchziehenden Theile der Markstrahlen.

Crataegus Aria L. (*Sorbus Aria* Cr., *Pyrus Aria* Ehrh.)[3])

Der Bau der primären Rinde und die Entstehung des Periderma aus der Oberhaut ist ganz übereinstimmend mit *Pyrus* (Fig. 135).

Die secundäre Rinde ist sehr reich an Bastfasern, welche umfangreiche, aber nicht sehr innig verschmolzene Bündel bilden und, trotz der unverkennbaren concentrischen Schichtung, wegen der Unterbrechungen und eingestreuten kleineren Gruppen stellenweise ein unregelmässiges Querschnittsbild ergeben. Nicht selten sklerosiren vereinzelte den Fasern angelagerte Parenchymzellen bei mässiger Vergrösserung und fast vollständiger Obliterirung. Die Weichbastschichten sind kaum jemals breiter, häufig schmaler als die Bastfaserbänder und damit ist auch die regelmässige Lagerung der Elemente verwischt,

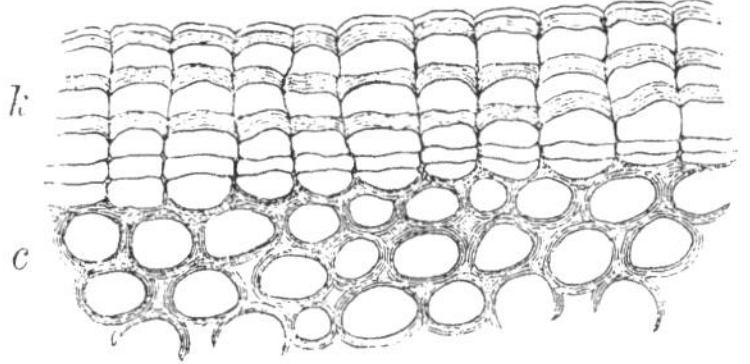

Fig. 135. *Crataegus Aria* L. Querschnitt durch die Peridermanlage eines jungen Internodiums (300). *c* hypodermatisches Collenchym; *k* aus der Oberhaut entstandene Korkzellen mit sklerosirter Aussenwand.

welche übrigens in ihrem Baue mit denen von *Pyrus* übereinstimmen[4]).

Die Markstrahlen sind ebenfalls nur zweireihig, aber breitzelliger und weniger gestreckt. Sie sklerosiren nicht oder sehr selten und führen keine Krystalle.

---

[1]) Vgl. v. M o h l, Unters. über die Entw. des Korkes etc. p. 21.
[2]) Vgl. S c h w e n d e n e r, das mechan. Princip etc. p. 153.
[3]) Die Art wird gewöhnlich zu *Sorbus* gezählt; dem Baue der Rinde nach steht sie entschieden *Crataegus* näher.
[4]) *S. Aria* ist — offenbar irrthümlich — von d e B a r y (Vegetationsorgane p. 545) unter den Arten angeführt, welchen im secundären Baste Krystalle fehlen.

Calycantheae.

Die Rinde von *Calycanthus* besitzt einen völlig eigenartigen Bau. Die ersten Peridermzellen, welche unmittelbar unter der Oberhaut liegen, sind radial gestreckt, die folgenden tafelförmig, derb und die inneren Korkhäute bestehen abermals aus weitlichtigen und zartwandigen Zellen. Die primäre Rinde bildet Oelzellen aber keine Krystalle. Es entstehen in ihr vollständige Gefässbündel, in denen der Holzcylinder aussen von einem Bastfasergürtel und innen von einem Siebtheil umgeben ist. Spät treten kleine Steinzellenplatten (Fig. 136) auf, welche aus einer einfachen Lage isodiametrischer, einseitig verdickter Steinzellen bestehen.

Die secundäre Rinde entbehrt jeder Art sklerotischer Elemente. Ihr Parenchym ist ausserordentlich lose verbunden und bildet durch Dehiszenz oft grosse Intercellularräume (Fig. 137). Auch hier fehlen Krystalle und treten zerstreute Oelzellen auf.

Calycanthus floridus Lin.

Die oberste Rindenzellenlage[1]) bildet in der ersten Vegetationsperiode zwei Reihen weitlichtiger, radial gestreckter Korkzellen, durch welche die mit einzelligen Haaren besetzte Oberhaut erst im zweiten Jahre abgestossen wird. Späterhin bilden sich derbwandige Tafelzellen (Fig. 136), die schichtenweise sich mit braunem Inhalte füllen. Das Oberflächenperiderm bedeckt in der Dicke eines Kartenblattes, aus etwa 15—20 Zellenreihen bestehend, noch alte Stämme. Doch habe ich auch Borkebildung beobachtet. Die inneren Korkhäute sind von den oberflächlichen verschieden, sie sind äusserst zartzellig und weitlichtig und zählen meist nur vier bis sechs Zellenreihen. Die Borkeschuppen sind dünn und ziemlich grossflächig.

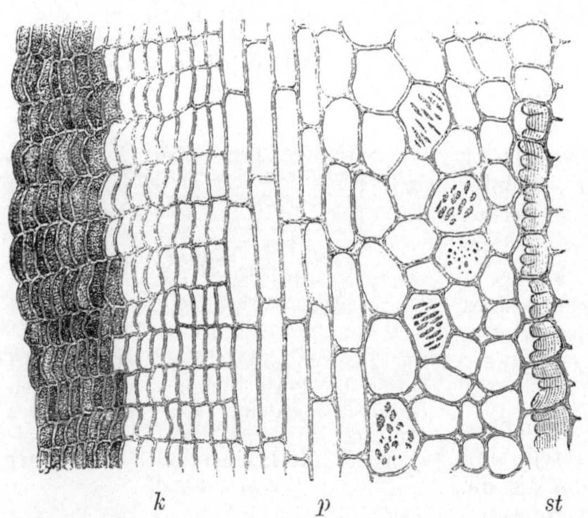

k   p   st

Fig. 136. *Calycanthus floridus* L. Längsschnitt durch die Aussenrinde eines alten Stammes (300). *k* derbwandiges Oberflächenperiderm; *p* primäre Rinde, deren axialgestreckte Zellen nach innen zu isodiametrisch werden; *st* einreihige Platte aus einseitig (innen) stark verdickten Zellen.

Die primäre Rinde ist derbwandig, mit einem hypodermatischen Collenchym. Sie führt kein Kalkoxalat, aber in zerstreuten, wenig vergrösserten Zellen ätherisches Oel. Vier umfangreiche Gefässbündel[2]) mit centralem Xylem

---

[1]) Nach Sanio (Jahrb. f. wiss. Bot. II, p. 39) mit centripetal-intermediärer Zellenfolge.
[2]) Vgl. Woronin, Bot. Ztg. 1860, p. 177.

sind durch spärliche Bastfaserbündel verbunden. In höherem Alter s k l e r o s i r e n e i n f a c h e Z e l l e n p l a t t e n von geringem Umfang, etwa sechs Zellen in tangentialer Reihe und zehn bis zwölf Zellenreihen in verticaler Richtung. Die Verdickung erstreckt sich nur a u f d i e I n n e n s e i t e der Zellen, welche nicht vergrössert werden (Fig. 136). Die Sklerosirung greift nicht weiter um sich, an alten, mit Borke bedeckten Rinden habe ich weder mehr, noch grössere Steinzellenplatten angetroffen.

Die secundäre Rinde bildet w e d e r B a s t f a s e r n n o c h S t e i n z e l l e n (Fig. 137). Das Bastparenchym besitzt ein ä u s s e r s t l o c k e r e s, leicht zerfallendes Gefüge, die Zellen sind etwas derbwandig, breit getüpfelt, im Mittel 0,03 mm weit und wenig gestreckt. Sie führen n i e m a l s K r y s t a l l e. Regellos zerstreute, isolirte Zellen, die kaum erweitert, aber oft bedeutend verlängert sind und deren Wand um eine Spur derber und fein geschichtet ist, enthalten ä t h e r i s c h e s O e l. Siebröhren kommen nur vereinzelt vor; sie sind kurzgliederig, etwas weitlichtiger als das Parenchym und haben einfache, horizontale Querplatten.

Die Markstrahlen sind ein-, selten zweireihig, breit- und kurzzellig, kaum dünnwandiger als das Bastparenchym.

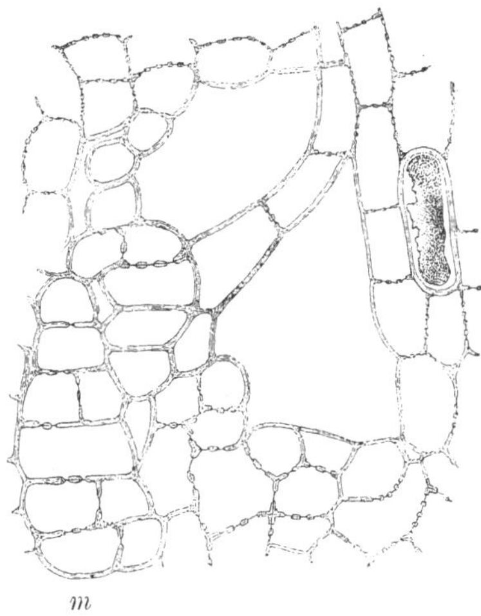

Fig. 137. *Calycanthus floridus* L. Tangentialschnitt durch den Bast (300). Bastparenchymgruppe mit grossen Intercellularräumen, einer Sekretzelle und einem Markstrahl *(m)*. Die Zellwände sind porenfrei, wo sie den Intercellularraum begrenzen.

Rosaceae.

Die Anlage des Periderma ist dem Orte und der Zeit nach verschieden. Bei *Rosa* wird die O b e r h a u t an umschriebenen Stellen der Internodien im zweiten Jahre oder später zum Initialmeristem und es dauert sehr lange bis zur allseitigen Abschliessung der Korkhäute. Bei *Spiraea* entsteht das Phellogen i n d e r Z o n e d e r p r i m ä r e n S t r ä n g e gleichzeitig um die ganze Peripherie sehr junger Internodien. Bei der ersteren ist das Oberflächenperiderma lange ausdauernd, e r r e i c h t z i e m l i c h b e d e u t e n d e M ä c h t i g k e i t, wie die an sehr alten Stämmen auftretenden inneren Korkmembranen, welche u n r e g e l m ä s s i g g e s t a l t e t e B o r k e s c h u p p e n abtrennen. *Spiraea* dagegen bildet R i n g b o r k e i n j ä h r l i c h e n P e r i o d e n mittels dünner, den oberflächlichen ähnlicher Korkmembranen. Bei *Quillaja* wurden nur die in den Bast vorgedrungenen Korkhäute beobachtet, welche dicke Borkeschuppen abgetrennt hatten. Allen Gattungen ist die u n t e r b l e i b e n d e S k l e r o s i r u n g d e r K o r k z e l l e n gemein, welche besonders zartwandig und kaum abgeflacht bei *Spiraea*, etwas derber und tafelförmig bei *Rosa* und *Quillaja* sind.

Die primäre Rinde ist derbwandig mit einem hypodermatischen Collenchym, welches bei *Rosa* durch dicht gereihte R i p p e n v e r s t ä r k t wird. Sie führt reichlich R h o m b o e d e r und D r u s e n *(Rosa)* oder letztere allein

(Spiraca). Sowol in der hinfälligen primären Rinde von *Spiraea* als in der ausdauernden von *Rosa* bleiben die umfangreichen Bastfaserbündel isolirt, **Steinzellen werden nicht gebildet.**

Die breiten Bastlagen von *Rosa* und *Quillaja* sind unverkennbar tangential geschichtet, wenngleich durch die unregelmässige Configuration der Faserbündel und durch die zwischen die grösseren Platten eingeschalteten isolirten Fasern und kleinen Fasergruppen häufig die Regelmässigkeit der Schichtung alterirt wird. **Die dünnen, nur je eine Jahresproduction umfassenden Bastlagen** von *Spiraea* sind durch einen oder zwei ununterbrochene Bastfaserringe in mustergiltige concentrische Schichten getheilt. Ein charakteristisches Merkmal ist die Sklerosirung einzelner von Bastfasern umschlossener oder ihnen angelagerter Parenchymzellen, **während sonst kein Sklerenchym gebildet wird.** Die Bastfasern von *Quillaja* sind kurz, gekrümmt und knorrig, jene von *Rosa* und *Spiraea* lang, glatt, geradläufig, fast vollkommen verdickt. **Eine merk-würdige biologische Anpassung zeigen die Bastfasern der Schlingrose** *(R. repens),* **indem sie nur sporadisch verdickt werden, in der weit überwiegenden Mehrzahl dagegen dünn-wandig bleiben.** — Der Weichbast ist kleinzellig, etwas derbwandig bei *Rosa* und *Spiraea;* seine Elemente übertreffen die Bastfasern an Breite wesent-lich und sind dünnwandig bei *Quillaja.* Die Parenchymzellen der ersteren sind breit getüpfelt oder grobporig, bei der letzteren (an trockenem Material) ist ein Relief nicht erkennbar. Es bilden sich in der Regel Kammerfasern in grosser Menge und bekleiden mitunter die Bastfaserbündel streckenweise. Sie führen verschieden gestaltige Krystalle: Rhomboeder, kurze Prismen und Zwillings-krystalle *(Rosa, Spiraea);* die **ausserordentlich grossen Prismen** (Fig. 138) von *Quillaja* kommen in isolirten Krystallschläuchen vor. — Die Siebröhren haben stets **einfache Querplatten,** die feinporig, bei *Quillaja* zierlich gegittert sind.

Die Markstrahlen von *Spiraea* sind selten über zweireihig, von *Rosa* und *Quillaja* sehr breit; ihre Zellen derb, cubisch *(Rosa, Spiraea)* oder zartwandig und radial gestreckt *(Quillaja)*, **nur bei** *Spiraea* **zwischen den Faser-platten sklerosirend.** Die primären Markstrahlen von *Rosa* führen allein Krystalle, wie sie überhaupt den Charakter des primären Rindenparenchyms bewahren.

Rosa rubiginosa L.

An zweijährigen Internodien entstehen die ersten Korkwärzchen, die sich zu-nächst in axialer Richtung zu schmalen Korkleisten verlängern, allmälig sich ver-breitern, mit benachbarten confluiren und endlich im fünften Jahre oder noch später die federspulen- bis fingerdicken Internodien mit einem ringsum geschlossenen Pe-riderma bekleiden. **Die Oberhaut selbst wird zum Initialmeristem;** die Korkzellen sind ungemein zartwandig, in der Anlage cubisch, aber alsbald abgeflacht und gebräunt. Die inneren Korkhäute entstehen spät, dringen unregel-mässig muldenförmig ein und trennen bis millimeterdicke Borkeschuppen ab, die übrigens lange am Stamme verbleiben, so dass dieser mit einer im Verhältniss zum

Umfange massigen Borke bedeckt erscheint. Die inneren Periderme sind bis 0,4 mm dick, bestehen aus fünfzig und mehr Reihen tafelförmiger Zellen, welche etwas derber als die oberflächlichen, aber immer noch dünnwandig sind und schichtenweise sich mit braunem Inhalte füllen.

Die primäre Rinde ist derbwandig, ihr collenchymatisches Hypoderma bildet zwar eine ununterbrochene Schicht, ist aber vorzüglich in Form von dicht gereihten Rippen entwickelt, deren Convexität nach innen vorspringt, junge Internodien demnach ihre glatte Oberfläche behalten. Es bilden sich reichlich Krystallschläuche mit grossen Rhomboedern oder Drusen. Steinzellen fehlen. Die umfangreichen primären Bastfaserbündel werden bei fortschreitendem Dickenwachsthum im Zusammenhange auseinander gedrängt.

Die secundäre Rinde ist tangential geschichtet, doch ist die Regelmässigkeit der Bänder durch kleine Bastfaserbündel, die allenthalben eingesprengt sind, und durch häufige Unterbrechungen oft gestört. Die Bastfasern sind ein halb- bis über millimeterlang, geradläufig, glatt, fein zugespitzt, 0,015 mm breit, am Querschnitte rundlich, mit punktförmigem Lumen und dünner Primärmembran. Sie werden ab und zu von Kammerfasern begleitet, welche gleichwol nicht sklerosiren. Dagegen werden mitunter einzelne von Faserbündeln umschlossene Parenchymzellen zu einer stärkeren Verdickung ihrer Membranen angeregt; eigentliche Steinzellenbildung unterbleibt aber vollständig. — Der Weichbast ist kleinzellig, etwas derbwandig, mit spärlichen zartwandigen, 0,02 mm weiten Siebröhren, deren Querplatten äusserst feinporig sind. Die Weichschichten sind stellenweise nicht breiter als die Bastfaserplatten. Die Parenchymzellen sind nur wenig breiter als die Bastfasern, sowol grobporig als breit getüpfelt, häufig in Kammerfasern abgetheilt, welche meist kurzprismatische, auch Zwillingskrystalle, seltener grosse Rhomboeder, niemals Drusen führen.

Die schon dem freien Auge auffallenden primären Markstrahlen sind im Baste mitunter 0,6 mm breit und erweitern sich noch gegen die Mittelrinde, deren Charakter sie in den derbwandigen, radial nicht gestreckten und reichlich isodiametrische Krystalle einschliessenden Zellen bewahren. Secundäre Markstrahlen sind sehr spärlich, einreihig, krystallfrei und nicht sklerotisch.

Rosa repens L.

Die primäre Rinde und die Anlage der Periderma ist mit der vorigen Art übereinstimmend.

Im Baste wechseln regelmässig Schichten von Parenchym und Siebröhren mit ebenso breiten oder sogar etwas breiteren (bis 0,15 mm) Lagen dünnwandiger Fasern, von denen nur einzelne bei fast vollständiger Verdickung der Wand sklerosiren. Der Weichbast ist arm an Kammerfasern, dagegen sind um so reicher an Krystallen die breiten Markstrahlen, deren Zellen etwas derbwandiger sind als das Bastparenchym.

Rosa pannonica Wsbr. (*R. gallica* L.)

Diese Art stimmt im Baue der Rinde vollkommen mit *R. rubiginosa* überein.

Spiraea opulifolia L.

Einjährige Triebe überwintern mit der Oberhaut, die jüngsten Internodien sind häufig noch grün gefärbt, gleichwol ist die ganze primäre Rinde bereits durch Periderma abgetrennt. Das Initialmeristem entsteht hart an der Innengrenze der umfangreichen primären Bastfaserbündel[1]) und bildet schon in der ersten Vegetationsperiode einen geschlossenen, 0,1 mm breiten, sechs bis acht Reihen cubischer Zellen zählenden Peridermcylinder[2]).

Aehnliche ringsum geschlossene Korkhäute entstehen alljährlich, so dass der lebende Bast nur die Bildung der jüngst abgelaufenen Vegetationsperiode umfasst und von mehreren papierdünnen, leicht zerfallenden Borkecylindern umhüllt wird, die endlich gesprengt werden und als weiche, biegsame Blättchen abfallen.

Die kurzlebige primäre Rinde mit trichomartigen parenchymatösen Excrescenzen (vgl. Fig. 132) ist derbwandig, bildet ein hypodermatisches Collenchym und ziemlich reichlich Krystallschläuche, welche grosse Drusen führen, sklerosirt aber nicht.

Es wird jährlich eine gegen 0,5 mm breite Bastschicht gebildet und in dieser eine oder zwei ohne Unterbrechung die Peripherie umkreisende Bastfaserbänder von 2—5 Fasern (etwa 0,04 mm) Breite. Es besteht demnach die secundäre Rinde zum weit überwiegenden Theile aus Weichbast, der wieder vorherrschend aus Parenchym und im Lumen von diesem kaum abweichenden Siebröhren mit einfachen, etwas geneigten Querplatten besteht. Die Bastfasern sind gegen millimeterlang, glattwandig, 0,015 mm breit, fast vollkommen verdickt, porenreich. Ab und zu wird auch eine Parenchymzelle unter mässiger Vergrösserung sklerotisch. Kammerfasern, welche im Weichbaste zerstreut, reichlicher als Bekleidung des Bastfaserringes, und hier schwach sklerotisch, vorkommen, führen stets Einzelkrystalle[3]).

Die Markstrahlen sind ein- bis zweireihig, die Zellen breit und kurz, wo sie den Bastfaserring durchsetzen schwach sklerotisch, niemals Krystalle führend.

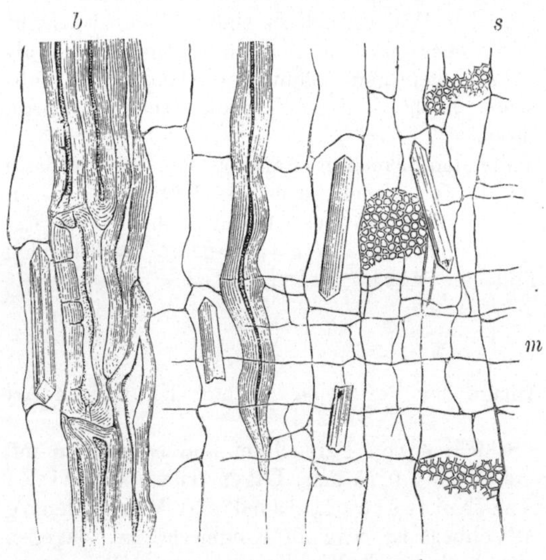

Fig. 138. *Quillaja Saponaria* Mol. Radialschnitt durch die secundäre Rinde (160). *b* ein Bündel Bastfasern und sklerotische Parenchymzellen; *s* Siebröhren mit gegitterten Querplatten; *m* Markstrahl; im grosszelligen Bastparenchym vereinzelt grosse Prismen.

Quillaja Saponaria
Molin.

Harte, hellfarbige, bis 8 mm dicke Rinde, selten mit einigen braunen Borkeschuppen bedeckt, am Bruche zähe, grobsplitterig, an allen Spaltflächen glitzernd von mit der Loupe erkennbaren Krystallnadeln, am Querschnitte durch helle Linien quadratisch gefeldert.

Ein Periderm aus zehn bis fünfzehn Reihen (gegen 0,25 mm) dünnwandiger mit glänzend braunrother Masse erfüllter Tafelzellen hat bereits Theile des Bastes als Borke abgetrennt. Mittelrinde fehlt.

Ausser umfangreichen, meist die ganze Breite des Baststrahles einnehmenden

[1]) Vgl. Sanio, Jahrb. f. w. Bot. II, p. 39.
[2]) Auch Phelloderma; vgl. de Bary, Vegetationsorgane p. 568.
[3]) Sanio (Monatsber. d. Berliner Akad. 1857 p. 252) gibt auch Drusen an.

Bastfaserbündeln, welche unterbrochen concentrisch geschichtet sind, kommen auch kleinere Faserbündel zerstreut vor, wodurch die makroskopische Regelmässigkeit des Querschnittsbildes bei stärkerer Vergrösserung fast verwischt wird. Die Bastfasern sind in ihren Dimensionen sehr verschieden, höchstens millimeterlang, 0,025 bis 0,06 mm breit, gekrümmt oder knorrig, stark verdickt, porenarm, nur an verbreiterten Stellen mit weiterem Lumen. Der Weichbast ist dünnwandig, grosszellig; in faserarmen Baststrahlen ist die schichtenweise Lagerung des Parenchyms und der etwas derbwandigeren Siebröhren kenntlich. Hie und da sklerosiren einzelne, namentlich den Faserbündeln angelagerte Parenchymzellen, die sonst sehr zartwandig sind und eine farblose, klumpige, in Wasser lösliche Masse (*Saponin?*) oder ausserordentlich grosse Oxalatprismen (0,2 mm lang, 0,02 mm dick)[1]) enthalten. Die Siebröhren sind fast so lang wie die Bastfasern, oft weitlichtiger (0,06 mm) als die Parenchymzellen und haben einfache horizontale oder schwach geneigte, grob gegitterte Siebplatten (Fig. 138)[2]).

Die meisten Markstrahlen sind vier- bis sechsreihig und zwei- bis dreimal höher als breit (0,35 mm). Sie sind radial gestreckt, äusserst zartzellig, niemals sklerotisch und krystallfrei.

Amygdaleae.

Alle Gattungen stimmen im Baue der Rinde sehr nahe mit einander überein und sind vorzüglich charakterisirt.

Die oberste Rindenzellenlage wird frühzeitig (*Prunus avium, Padus*) oder erst in der zweiten Vegetationsperiode (*Prunus Laurocerasus, armeniaca, Amygdalus*) zum Initialmeristem und bildet einen geschlossenen Peridermcylinder aus dünnwandigen niemals sklerosirenden Tafelzellen, deren ältere Schichten braun werden, schrumpfen (Fig. 140) und in grossflächigen Blättchen abgestossen werden. Das Oberflächenperiderm ist sehr lange, mitunter zeitlebens (*P. Padus*) ausdauernd, überschreitet im Allgemeinen nicht die Dicke eines Kartenblattes, ist aber derbhäutig, weil es aus einer sehr grossen Zahl kleiner Zellen aufgebaut ist. Die inneren Korkhäute gleichen den oberflächlichen, sind nur zartwandiger und weniger abgeflacht, meist lufterfüllt und nicht gebräunt. Sie dringen höchst unregelmässig und nicht besonders tief ein; die Borkeschuppen sind daher krummflächig, von sehr verschiedener Grösse und Dicke und haften nur soweit am Stamme, als sie untereinander verkeilt sind; der lebende Bast bleibt in ansehnlicher Dicke erhalten.

Das Parenchym der primären Rinde ist lückig mit Ausnahme des collenchymatischen Hypoderma; die Zellen sind derbwandig, von Porenhäufchen durchbohrt. Sklerenchym fehlt, nur einzelne (Fig. 140) den kurzen secundären Bastfasern ähnliche, verschieden gelagerte, doch vorherrschend tangential gestreckte sklerotische Elemente treten auf und sind eine charakteristische Eigenthümlichkeit. Ein nie fehlender Bestandtheil der primären Rinde sind Krystallschläuche, welche immer Drusen, häufig

---

[1]) Vgl. Holzner, Diss. und de Bary, Vegetationsorgane p. 145.
[2]) Vgl. Vogl (Comm. z. österr. Pharm. II. Aufl. p. 274); Wiesner (Rohstoffe p. 496); R. Schlesinger (Mikroskop. Unters. p. 94).

auch einzelne grosse Rhomboeder führen. Die Bildung des Phelloderma, wenn sie überhaupt statt hat, ist sehr untergeordnet. Die Mittelrinde wird durch Verbreiterung sämmtlicher primären Markstrahlen befähigt dem Dickenwachsthum zu folgen.

Der Bast bietet schon am Querschnitte ein charakteristisches Bild durch die im Verhältniss zu den Markstrahlen schmalen Baststränge, in denen vereinzelt oder in lockeren Bündeln regellos vertheilt stark verdickte rundliche Fasern, häufig schief auch wol horizontal verlaufen, und durch zahlreiche zum Theil ausserordentlich grosse Krystalle im relativ kleinzelligen Weichbaste. Die Bastfasern gehören in der That zu den baroksten Zellen, sind in Länge und Gestalt sehr schwankend, dagegen übereinstimmend in der geringen Breite und im spulenrunden Querschnitt der nicht knorrigen Theile (Fig. 139), in der nicht erkennbaren Schichtung und äusserst spärlichen Porenbildung und endlich in dem losen gegenseitigen Verbande. — Steinzellen fehlen vollständig. — Die Parenchymzellen sind nur wenig breiter als die Bastfasern und zum nicht geringen Theile in Krystallschläuche, seltener in Kammerfasern umgewandelt, welche zu den Bastfasern in keinerlei Beziehung stehen. Am verbreitetsten sind Drusen; ausser diesen kommen jedoch auch einzelne Rhomboeder vor bei *Prunus avium*, *Laurocerasus;* letztere allein wurden nur bei *Prunus Padus* beobachtet. Beiderlei Formen entwickeln sich vereinzelt zu colossalen Dimensionen. — Die Siebröhren sind weitlichtiger und desshalb anscheinend dünnwandiger als das Parenchym, ihre Wände auch meist zusammengefallen. Ihre Glieder stossen oft mit horizontalen Querplatten, aber auch zugeschärft aneinander und tragen in diesem Falle mehrere, niemals zahlreiche, durch schmale Interstitien getrennte, grosse, rundliche, feinporige Siebplatten.

Ausser den schon erwähnten breiten, 4—6reihigen Markstrahlen, welche den Charakter der primären Rinde beibehalten, werden nur spärliche secundäre, einreihige Markstrahlen gebildet, die gleichfalls nie sklerosiren und keine Krystalle führen.

Prunus avium L.

Die jährigen Triebe überwintern mit einem geschlossenen, 0,1 mm breiten Periderm aus etwa zwanzig Reihen zartwandiger, stark zusammengedrückter, in den äusseren Lagen gebräunter Zellen, deren Initialmeristem die oberste Rindenzellenlage war. Das Oberflächenperiderm ist sehr lange ausdauernd, erreicht ansehnliche Mächtigkeit und wird in dünnen Blättchen abgestossen[1]. Auch die innern Korkhäute, durch welche derbe, krummflächige, meist kleine Borkeschuppen abgetrennt werden, sind fast millimeterdick, aus denselben zarten und abgeflachten Korkzellen bestehend, wie die oberflächlichen. Der Bast alter Stämme ist fast in der Dicke eines Centimeter lebend erhalten.

Das lockere Parenchym der primären Rinde ist derbwandig mit einem schwach entwickelten hypodermatischen Collenchym. Zahlreiche Krystallschläuche führen

---

[1] Wie bei der Birke. Vgl. Hartig, forstl. Culturpfl. p. 527 u. Anatomie p. 196; Dippel, Mikroskop II, p. 164.

grosse Drusen, selten einzelne Rhomboeder. Steinzellen werden nicht gebildet.

Die secundäre Rinde ist reich an Bastfasern, welche in regellos vertheilten Bündeln lose neben einander liegen, so dass sie ohne Maceration auseinanderfallen (Fig. 139). Sie sind höchst mannigfach gestaltet und verkrümmt, von 0,2 — 1,2 mm lang, vollkommen glatt und geschmeidig, gegabelt und verästigt, von den knorrigen Theilen abgesehen, 0,015 mm breit, sehr stark verdickt, ungeschichtet und porenfrei. Steinzellen fehlen. Der Weichbast ist quantitativ untergeordnet[1]). Die Parenchymzellen sind etwas derbwandig, grobporig, einzelne derselben oder Kammerfasern führen Krystalldrusen, hie und da auch ein Rhomboeder. Die Siebröhren sind kurzgliedrig (0,2—0,3 mm), etwas weitlichtiger als die Parenchymzellen (0,02 mm), mit einfachen horizontalen Endflächen oder seltener mit abgeschrägten Plattensystemen.

Die dicht gereihten, mit freiem Auge kenntlichen Markstrahlen sind meist vierreihig, radial gestreckt, kaum dünnwandiger als der Weichbast, niemals sklerosirend und frei von Krystallen[2]). Sie sind zumeist gegen die Mittelrinde verbreitert. Dazwischen bilden sich nur spärliche secundäre einreihige Markstrahlen.

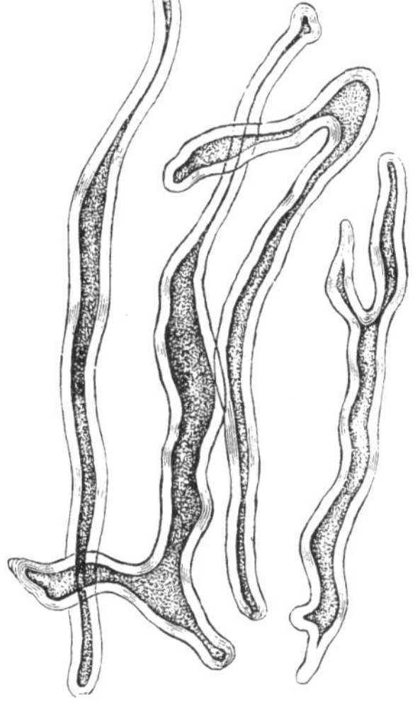

Fig. 139. *Prunus avium* L. Gruppe isolirter Bastfasern aus der secundären Rinde (160).

Prunus Padus L. *(Cerasus Padus* DC.)

Die jüngsten Internodien jähriger Triebe überwintern mit einem geschlossenen Periderm aus dünnwandigen, stark zusammengedrückten, in den äusseren Schichten schon gebräunten Zellen, welche aus der obersten Rindenzellenlage[3]), mitunter aus der zweiten bis vierten Zellenlage hervorgegangen sind. Schenkeldicke, mindestens vierzigjährige, Stämme, deren Rinde 8 mm dick ist, sind borkefrei, ihr Oberflächenperiderma bildet eine derbe, 0,2—0,3 mm dicke, braune Membran aus sehr kleinen Tafelzellen, ähnlich den erstgebildeten.

Die primäre Rinde bildet ein lückiges, derbwandiges Parenchym mit collenchymatischer Aussenschicht, zahlreichen Krystallschläuchen mit Drusen oder Rhomboedern. Einzelne bastfaserähnliche, geschichtete und von einfachen Poren durchsetzte Idioblasten sind anfangs spärlich, in älteren Rinden ziemlich reichlich entwickelt. Sie sind niemals zu Bündeln oder Gruppen vereinigt, nach allen Richtungen, aber vorherrschend horizontal orientirt. Die Mittelrinde wird durch Phelloderma nicht merklich verstärkt, sie folgt dem Dickenwachsthum durch Verbreiterung der dicht gereihten Markstrahlen.

Die secundäre Rinde zeigt bezüglich der Massenhaftigkeit, der regellosen Vertheilung und der Formen der Bastfasern vollkommen den Charakter von *P. avium.* Der Weichbast ist dünnwandig, das Parenchym kleinzellig reichlich durchsetzt von

---

[1]) Er ist von den Markstrahlen abgetrennt, wie auch de Bary (Vegetationsorgane p. 554) bemerkt.

[2]) De Bary, (Vegetationsorgane p. 542) gibt das Vorkommen von Drusen ausschliesslich oder vorzugsweise in den Markstrahlen an.

[3]) Nach Sanio, (Jahrb. f. w. Bot. II, p. 39) in centrifugal-reciproker Zellenfolge.

24 *

Kammerfasern und isolirten Krystallschläuchen, welche ausschliesslich rhomboedrische Einzelkrystalle von häufig colossalen Dimensionen (0,08 mm) führen. Die Siebröhren sind weitlichtig (0,03 mm) mit horizontalen bis verschieden geneigten Endflächen. Im ersteren Falle haben sie einfache, im zweiten mehrere breit rundliche, durch schmale Leitersprossen getrennte, immer feinporige Siebplatten.

Auch die Markstrahlen sind denen von *P. avium* gleich [1])

Prunus Laurocerasus L. *(Cerasus Laurocerasus* Loisl., *Padus Laurocerasus* Mill.)

Das Periderm bildet sich erst in der zweiten Vegetationsperiode oberflächlich und besteht aus wenigen Reihen zartwandiger Tafelzellen, die sich alsbald bräunen und abgestossen werden, so dass 10—12jährige Stämme nur mit einer papierdünnen schülfrigen Korkmembran bedeckt sind. Borkebildung habe ich nicht beobachtet.

Das lockere Parenchym der primären Rinde ist derbwandig mit collenchymatischem Hypoderma und vereinzelten verschieden orientirten, knorrigen bastfaserähnlichen Idioblasten. Zahlreiche Krystallschläuche führen Drusen, späterhin auch rhomboedrische Einzelkrystalle.

Die secundäre Rinde besteht vorwiegend aus Weichbast, nur in den äusseren Schichten kommen spärliche Bündel der charakteristischen spulenrunden Bastfasern vor, die nur selten knorrige Formen haben. Die Parenchymzellen sind breit getüpfelt, einzelne Krystallschläuche oder Kammerfasern führen vorherrschend Drusen, doch auch grosse Rhomboeder. Die Siebröhren sind dünnwandig, ihre Wände schon in der lebenden Rinde zusammengedrückt, mit äusserst feinporigen Siebplatten.

Die Markstrahlen sind bedeutend grosszelliger als das Bastparenchym, auch etwas derbwandiger und grobporig. Sie sind bis vierreihig, nach aussen verbreitert.

Prunus armeniaca L. *(Armeniaca vulgaris* Lam.)

An den älteren Internodien jähriger Triebe oder selbst erst in der zweiten Vegetationsperiode wird die äusserste Rindenzellenlage zum Phellogen und erzeugt eine geschlossene, 0,15 mm breite Schicht breiter, äusserst zartwandiger Tafelzellen.

Während die älteren Lagen sich entblättern, erneuert sich das Oberflächenperiderm fortwährend und überzieht als papierdünne Membran noch armdicke Stämme. Die inneren Korkhäute gleichen den oberflächlichen vollständig, sind wie diese mit Luft erfüllt und erscheinen auf Durchschnitten der Borke als weisse, bis 0,5 mm breite anastomosirende Linien.

Die secundäre Rinde zeigt dieselbe regellose Vertheilung lose gebündelter Bastfasern wie *P. avium*, doch kommen die letzteren in weit geringerer Menge vor und haben unter Beibehaltung des allgemeinen Charakters meist weniger bizarre Formen. Ein augenfälliges Unterscheidungsmerkmal geben ausserordentlich grosse (0,08 mm) Krystalldrusen in entsprechend erweiterten Zellen neben den gewöhnlichen Drusenschläuchen und Kammerfasern.

---

[1]) Auch *P. Padus* ist von de Bary (Vegetationsorgane p. 545) unter den Arten angeführt, welche ausschliesslich oder vorzugsweise in den Markstrahlen Krystalle (Drusen und klinorhombische) führen, was meinen — im Herbste und im Frühjahre gemachten — Beobachtungen widerspricht.

Amygdalus communis L.

Jährige Triebe sind peridermfrei, Stämme von 10 cm Durchmesser noch borkefrei. Das Oberflächenperiderma [1]) ist eine derbe, 0,2 mm dicke Membran aus kleinen Tafelzellen, deren ältere Lagen sich bräunen und schrumpfen (Fig. 140).

Wie das Periderma, so ist auch die primäre Rinde jener von *Prunus Padus* ähnlich; nur treten die Idioblasten spärlicher auf und die Krystallschläuche führen ausschliesslich D r u s e n.

Der Bast besteht zum überwiegenden Theile aus den typischen, spulenrunden, hier wenig gekrümmten und verästigten Bastfasern in völlig regelloser Vertheilung. Wie in dem Weichbaste von *Armeniaca* kommen auch hier ausschliesslich Drusen, z. Th. von bedeutender Grösse in erweiterten Schläuchen vor.

Die Markstrahlen sind häufig breiter (0,3 mm bei 6 Zellenreihen) als die Baststrahlen und gegen die Mittelrinde noch v e r b r e i t e r t. Ihre Zellen sind nicht gestreckt, weitlichtiger und derber als das Bast

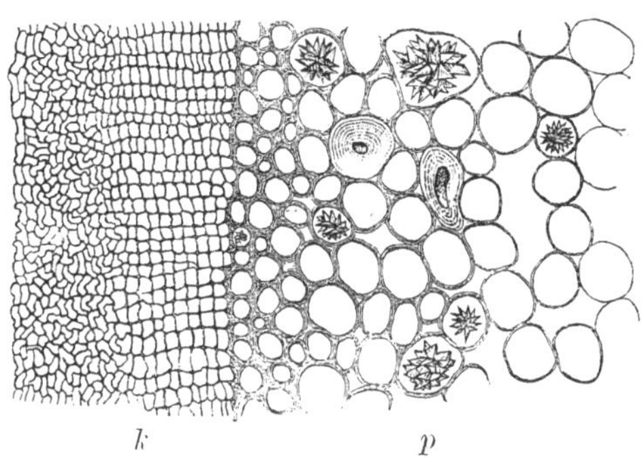

Fig. 140. *Amygdalus communis* L. Radialer Längsschnitt durch den äusseren Theil der Rinde eines alten Stammes (160). *k* Periderma, in den äusseren Lagen eigenthümlich geschrumpft; *p* primäre Rinde, aussen collenchymatisch, innen zartzellig, lückig, mit einzelnen Steinzellen und ausserordentlich grossen Krystalldrusen.

parenchym und führen vereinzelt Krystalldrusen, während in den spärlichen secundären, einreihigen Markstrahlen sich niemals Krystalle ablagern.

Amygdalus persica L. *(Persica vulgaris* Mill.)

Schenkeldicke Stämme sind mit flachen, unregelmässig zerrissenen Borkeschuppen bedeckt, die verschieden gestaltet, papierdünn bis über millimeterdick und durch helle Korklamellen von einander getrennt sind. Die inneren Periderme zählen bei einer Breite von 0,3 mm gegen 30 Reihen zartwandiger, lufterfüllter Korkzellen. – Die secundäre Rinde ist weniger reich an Bastfasern wie die vorige Art, stimmt aber in allen wesentlichen Merkmalen mit ihr überein.

Chrysobalaneae.

Das Periderma ist ein ausdauernder und kleinzelliger S c h w a m m k o r k, was um so bemerkenswerther ist, als die Rinde in allen Theilen in ausgedehntem Maasse sklerosirt. In der Mittelrinde bilden die Steinzellen mehrere concentrische Ringe von wechselnder Breite und überdiess zerstreute Sklerenchymgruppen; in der secundären Rinde sklerosirt auch der grössere Theil des Bastparenchyms in verschiedenartiger Gruppirung. Sämmtliche Steinzellen sind durch geringe Grösse, starke Verdickung, reichliche Bildung grober Porenkanäle und dadurch ausgezeichnet, dass sie untereinander n i c h t v e r s c h m e l z e n. Mit Rücksicht

---

[1]) Vgl. d e B a r y, Vegetationsorgane p. 564.

auf die umfangreiche Sklerosirung ist der **vollständige Mangel an
Krystallen** auffallend und auch auf mikrochemischem Wege ist Kalkoxalat
nicht nachweisbar. **Bastfasern fehlen**[1]).

Moquilea Uiti Mart.

Derbe, aber leichte, 12 mm dicke Rinde mit graubrauner, sich abschülfernder
Oberfläche, flach gerippter Innenseite und körnigem mineralartigem Bruche. Der
Querschnitt zeigt auf braunem Grunde aussen vier bis sechs unregelmässig con-
centrisch verlaufende helle Linien, im mittleren Theile zahlreiche Punkte und
Flecken und in der inneren Hälfte dichte radiale Streifung.

Der Kork bildet eine 0,2—0,3 mm dicke Membran aus ungewöhnlich kleinen,
zartwandigen, cubischen (0,01 mm) Zellen. Der weit überwiegende Theil
der Mittelrinde ist **diffus sklerosirt**; nur in einigen concentrischen Zonen sind
die Steinzellen dichter aneinander gelagert, während sie sonst lose neben einander
liegen. Sie sind wie das dünnwandige Parenchym klein, tangential gestreckt, in
verschiedenem Grade, selten vollkommen verdickt und von zahlreichen groben Poren
durchsetzt. **Krystalle fehlen**, alle Elemente sind mit braunrothem Inhalt
erfüllt.

In ähnlicher Weise **sklerosirt ein grosser Theil der secundären
Rinde**, welche **keine Bastfasern** enthält. Die Steinzellen bilden unregelmässige Gruppen, tangentiale Platten, auch wol radiale Reihen, ja streckenweise
sklerosiren einzelne der schmalen Baststrahlen vollständig unter Verdrängung der
übrigen Elemente. Die Steinzellen des Bastes sind durchwegs klein, isodiametrisch
(0,035 mm) oder axial gestreckt, sehr stark verdickt und porenreich. **Krystalle
fehlen** auch hier. Von einer ausgesprochenen Schichtung des Bastes kann bei
der ausgedehnten, diffusen Sklerosirung nicht die Rede sein. Der Weichbast besteht
fast ausschliesslich aus Siebröhren, deren lange, 0,03 mm weite Glieder tief in
einander verschoben sind und schmale Siebplatten, dicht leiterförmig gereiht, tragen.

Die Markstrahlen sind **einreihig**, ihre Zellen cubisch und wie das Bastparenchym mit braunrothem Inhalt erfüllt. In der Nachbarschaft der Steinzellen
sklerosiren auch sie, u. z. in weit bedeutenderem Grade als es sonst der Fall zu
sein pflegt.

Leguminosae.

Aussenrinde. Ein **aus der Oberhaut** sich entwickelndes Periderma
wurde bei *Virgilia* beobachtet; die der **Epidermis unmittelbar angrenzende Zellenlage** der primären Rinde wird bei vielen *Caesalpineen*
(ausser *Gleditschia*) und ausnahmsweise bei den *Mimoseen* zum Phellogen; eine
tiefere Zellenschichte (Fig. 141) bei den meisten *Papilionaceen*, *Mimoseen*
und bei *Gleditschia*, doch ist die Initiale nur bei *Colutea* **an der Innenseite**

---

[1]) Die untersuchte Art — das Material stammt aus dem Musée Melle-lez-Gand — steht
histologisch weit ab von den Rinden der *Rosifloren*.

der primären Gefässbündelzone, sonst wechselt ihre Lage zwischen der zweiten und den folgenden Zellenreihen ausserhalb der Bastbündel. Das Periderm bildet schon in sehr jungen Internodien mit kaum beendetem Längenwachsthum einen ringsum geschlossenen Cylinder bei den *Papilionaceen* (ausser *Sophora*), vielen *Caesalpineen* und bei *Calycandra*. Es entsteht zunächst an umschriebenen Stellen in Form von Korkwarzen, Leisten oder unregelmässigen Flecken an völlig gestreckten Internodien des jährigen Triebes oder häufiger an mehrjährigen Stengeln bei den *Mimoseen*, einigen *Caesalpineen (Cassia, Ceratonia)* und bei *Sophora.*

Die erstgebildeten Periderme folgen zum mindesten mehrere Jahre *(Robinia, Sophora, Cercis, Andira)*, in der Regel viele Jahre dem Dickenwachsthum, und bei vielen *Papilionaceen* (den strauchartigen) und *Mimoseen* allem Anscheine nach zeitlebens. Ausser den genannten *Papilionaceen*gattungen wurde Borkebildung noch beobachtet bei *Cytisus*, den *Caesalpineen* (ausser *Cassia*) und unter den *Mimoseen* bei *Acacia* und *Erythrophlaeum*. Die Korkhäute dringen nicht tief ein, immer bleibt eine mehrere Millimeter breite Bastschicht lebend erhalten; aber auch die Borkeschuppen sind häufig 2 mm dick, von geringem Umfange, ihre Oberfläche gekrümmt, uneben, höckerig.

Die Oberflächen-Periderme erreichen trotz ihrer langen Ausdauer selten ansehnlichere Dimensionen; bei einigen *Mimoseen* werden sie etwas über millimeterdick. Sie bestehen aus dünnwandigem Schwammkork bei vielen *Papilionaceen (Caragana, Robinia, Colutea, Sophora)*, einigen *Caesalpineen (Gleditschia, Bauhinia)* und *Mimoseen (Acaciaarten und Albizzia)*. Die Korkmembranen sind in aufsteigender Reihenfolge derbwandiger bei *Andira, Amorpha, Cercis, Gymnocladus, Cytisus*, allseitig mit von der Primärmembran optisch verschiedenen Verdickungsschichten belegt bei *Cassia, Inga*, zu echtem Steinkork entwickelt bei *Erythrophlaeum*. Einseitige Sklerosirung der Korkzellen und zwar innere entwickelt sich bei *Ceratonia, Acacia leucophloea*, äussere bei *Geoffroya, Virgilia, Tamarindus.*

Bemerkenswerth ist die der ganzen Classe eigenthümliche vorherrschend cubische oder doch mässig flache Form der Korkzellen, welche nur selten *(Caragana)* vollkommen zusammengedrückt erscheinen.

Mittelrinde. Einige *Papilionaceen (Cytisus, Caragana, Robinia)*, die meisten *Caesalpineen* und *Mimoseen* bilden kein oder ein sehr schwaches hypodermatisches Collenchym. Das dünnwandige, ziemlich fest gefügte Parenchym der primären Rinde beginnt bei den meisten *Papilionaceen* und *Caesalpineen* in sehr jungen Internodien in den Lücken zwischen den primären Bastfaserbündeln zu sklerosiren und diese zu einem Ringe zu schliessen. Die Bildung dieses gemischten Sklerenchymringes unterbleibt bei *Caragana, Cercis, Cytisus, Colutea* und wenigstens in den ersten Jahren bei *Bauhinia* und den *Mimoseen* (ausser *Acacia longifolia*). Die Befunde an älteren Rindenproben stellen es jedoch ausser Zweifel, dass die *Mimoseen* späterhin Sklerenchymringe bilden und sie sogar durch viele Jahre ergänzen wie die

Caesalpineen, während dieselben bei den *Papilionaceen* häufig (s. p. 380) frühzeitig gesprengt werden. Ein von den primären Faserbündeln unabhängiges frühzeitiges Auftreten isolirter Steinzellen wurde nur bei *Cytisus* und *Colutea* beobachtet, dagegen tritt zu dem Sklerenchymringe späterhin diffuse Sklerosirung der Mittelrinde bei Gattungen aller drei Ordnungen und unterbleibt bei anderen Gattungen, ja selbst die Arten einer Gattung verhalten sich in dieser Beziehung nicht gleich, wie die Beispiele von *Acacia* zeigen. Immerhin kann die Sklerosirung der Mittelrinde als ein Charakter der Classe gelten, indem sie nur bei *Caragana* und *Cercis* vollständig vermisst wurde. Form und Grösse der Steinzellen bieten keine hervorstechende Eigenthümlichkeit, höchstens wären die den breiten Tüpfeln der dünnwandigen Zellen entsprechenden groben Porenkanäle erwähnenswerth.

Specifische Sekretschläuche kommen in der Mittelrinde nicht vor. Bei sämmtlichen *Leguminosen* ist das spärliche Auftreten der Krystalle in der primären Rinde auffällig; Kammerfasern begleiten reichlich die primären Bastfaserbündel, einzelne Krystallzellen bilden sich in geringerer Menge in der Umgebung der Steinzellen und im dünnwandigen Parenchym. Die letzteren führen bei einigen *Papilionaceen* mitunter Drusen, doch sind auch bei diesen überwiegend klinorhombische Einzelkrystalle entwickelt, ausnahmslos bei allen untersuchten *Caesalpineen* und *Mimoseen*. Die der Sklerosirung entbehrenden Rinden von *Cytisus* und *Colutea* führen auch keinerlei Krystalle.

Die Mittelrinde wird in erheblichem Maasse durch Phelloderma verstärkt, welches mit dem Parenchym der primären Rinde verschmilzt und vollständig den Charakter der letzteren annimmt. Bei den inneren Korkhäuten sind die Phelloderme, wenn sie sich überhaupt bilden, auf wenige Zellenreihen beschränkt. *Ceratonia* und *Caesalpinia* sind ausgezeichnet durch die Entwicklung mächtiger phellogener Schichten im Baste (s. p. 390 u. Fig. 145).

Innenrinde. Eine anscheinend geringfügige Eigenthümlichkeit: die durch die Baststränge niemals beeinträchtigte Entwicklung der Markstrahlen, ist ein durchgreifendes Merkmal der Leguminosenrinden. Es ist immer vorhanden, tritt aber am augenfälligsten hervor bei ausgedehnter Sklerosirung des Bastes und namentlich bei einigen *Mimoseen*, wo die Baststrahlen durch locale Verbreiterungen der Markstrahlen eingeengt werden (Fig. 146). Wenn man von einzelnen Ausnahmen absieht, können auch als Charaktere angesehen werden die allseitig von Kammerfasern bekleideten Bastfaserbündel (Fig. 142), welche mit den Elementen des Weichbastes regelmässig alternirend gebildet werden; der nahe übereinstimmende Bau der Elemente; die mehrreihigen bis breiten Markstrahlen.

Bezüglich der Menge der Bastfasern und der Regelmässigkeit ihrer Anlage stehen die *Papilionaceen* oben an, es folgen die *Mimoseen* und endlich die *Caesalpineen*. Bastfasern wurden nur bei *Caesalpinia* ganz und gar vermisst und bei *Amorpha* nur in den äussersten Bastlagen angetroffen. Bei *Cercis,* *Virgilia, Cassia* und *Ceratonia* bilden sie wenig umfangreiche Bündel in regelloser Vertheilung, bei *Caragana* und den *Mimoseen* festgefügte Platten, welche mit jenen benachbarter Baststrahlen alterniren, bei den meisten *Papilionaceen* und bei *Gymnocladus* und *Gleditschia* concentrische Cylinder, welche bei ersteren in der Regel nur von den Markstrahlen durchbrochen, bei den letzteren lose verbunden und häufig der alternirenden Schichtung genähert sind. Die Faserbündel sind mit einziger Ausnahme von *Cytisus* und *Colutea,* welche überhaupt kein Kalkoxalat ablagern, von Kammerfasern nahezu vollständig bedeckt und es ist charakteristisch, dass auch die Kammerfasern an der den Markstrahlen zugekehrten Seite aus dem Bastparenchym gebildet werden (Fig. 143). Die Kammerfasern enthalten stets dieselben Krystallformen: kurze klinorhombische Prismen. Sie sind dünnwandig bei den *Papilionaceen,* theilweise sklerotisch bei den *Caesalpineen,* durchgehends sklerotisch bei den *Mimoseen.* Es hängt diess offenbar mit der Sklerosirung des Bastparenchyms zusammen. Diese tritt nur bei wenigen *Papilionaceen (Virgilia* und die oxalatfreien *Cytisus* und *Colutea),* in sehr untergeordnetem Grade bei den *Caesalpineen,* in ausgedehntem Maasse bei den *Mimoseen* auf. *Caesalpinia* steht in der Bildung isolirter Steinzellenspindeln bei fehlenden Bastfasern vereinzelt. — Der Weichbast ist besonders bei den *Mimoseen* und den meisten *Papilionaceen,* weniger augenfällig bei einigen *Caesalpineen (Gymnocladus, Gleditschia, Cassia)* in der Weise geschichtet, dass die Bastfaserbündel von Parenchym umgeben sind und hierauf Siebröhren- mit Parenchymschichten wechseln. Viele *Papilionaceen* sind durch auffallend leichte Dehiszcenz des Bastparenchyms in tangentialer Richtung und durch häufige Abtrennung ganzer Baststrahlen von den Markstrahlen ausgezeichnet. Im Weichbaste werden nur selten, häufig gar keine Krystalle abgelagert. Sie haben dieselben Gestalten wie in den Kammerfasern oder in den isolirten Krystallschläuchen, welche die Sklerenchymgruppen begleiten. Daneben kommen nur selten (bei *Gleditschia* und *Caesalpinia*) Drusen vor. Specifische Sekretschläuche entwickeln sich in ansehnlicher Menge bei vielen *Mimoseen* (s. p. 399) und vereinzelt bei *Geoffroya.*

Unter den Elementen sind die Bastfasern charakteristisch durch die mächtige „gallertartige" secundäre Verdickungsschicht, durch die das Lumen auf ein Minimum reducirt wird. Bei den *Mimoseen* und den meisten *Papilionaceen* sind die Fasern auch ungewöhnlich lang, geradläufig und glatt, sehr allmälig in feine Spitzen sich verjüngend, bei den *Caesalpineen* und bei *Andira* sind sie kürzer und mitunter knorrig. Die Parenchymzellen übertreffen die Bastfasern an Breite immer, wenngleich nicht bedeutend. Sie sind an den radialen und horizontalen Flächen breit getüpfelt und conjugiren oft. Wenn sie sklerosiren, vergrössern sie sich nur mässig ohne die Gestalt zu verändern. Durch den Bau der Siebröhren sind die drei Ordnungen der Leguminosen scharf geschieden. Die Siebröhrenglieder der *Papilionaceen* sind **kurz**, wenig breiter als die Parenchymzellen und haben **einfache Quer-platten** (Fig. 142); jene der *Caesalpineen* sind noch viel kürzer, Parenchym-zellen in ihren Umrissen ähnlich aber **mehrfach weitlichtiger**, durch mehrere grobgegitterte Siebplatten an den mässig geneigten Endflächen zu **ver-ticalen Röhren** und häufig auch **seitlich mit benachbarten Siebröhren verbunden** (Fig. 144); jene der *Mimoseen* sind etwas länger, aber nicht breiter als bei den *Papilionaceen*, stets mittels **leiterförmig gereihter, schmaler** Siebplatten verbunden.

Es wurde schon oben hervorgehoben, dass die Markstrahlen niemals durch das Nachbargewebe eingeengt werden. Sie sind meist über vier Reihen breit *(Mimoseen, Gleditschia, Gymnocladus,* viele *Papilionaceen),* bis vierreihig bei *Ceratonia, Caesalpinia, Cercis,* häufiger zwei- oder dreireihig bei *Cassia, Geoffroya, Andira, Albizzia* und vorherrschend einreihig bei *Amorpha.* Dem Dickenwachsthum folgen sie zunächst durch **Verbreiterung nach aussen,** sodann durch **interstitielle Verbreiterung im Baste** bei einigen *Papilionaceen (Andira, Geoffroya)* und *Mimoseen (Inga* [Fig. 146], *Albizzia, Acacia).* Im erstern Falle übertragen die Markstrahlausbreitungen den Charakter der Mittelrinde bis in tiefere Lagen des Bastes, so namentlich die Sklerosirung und Krystallbildung. Doch ist es für die geringe Tendenz zur Sklerose und Oxalat-ablagerung bezeichnend, dass sie in geringerem Grade auftreten und auch oft fehlen. Während sonst häufig schon durch die Bastfaserbündel und in der Regel durch sklerosirendes Bastparenchym auch die Sklerosirung der zwischen-lagernden Markstrahlen eingeleitet wird, geschieht bei den *Leguminosen* das erstere niemals, das letztere selten und sogar bei sehr ausgebreiteter Sklero-sirung in qualitativ und quantitativ untergeordnetem Grade. Bei der geringen Neigung der *Papilionaceen* und *Caesalpineen* zur Sklerose des Bastes werden bei diesen in den Markstrahlen kaum jemals Steinzellen angetroffen, dagegen häufiger bei den *Mimoseen*; namentlich *Inga* und *Erythrophlaeum* sind für die Erkenntniss dieser Beziehungen lehrreich. Bezüglich der Kalkoxalate verhalten sich die Markstrahlen wie der Weichbast; sie führen dieselben Krystallgestalten wie dieser, womöglich in noch geringerer Menge. Dasselbe gilt von Inhaltsstoffen anderer Art. Nur *Andira* bildet ausschliesslich in den Markstrahlen anscheinend schizogene **Sekreträume** (Fig. 142).

Uebersicht der Gattungen nach Merkmalen des Bastes:

A. Bastfaserbündel oder -platten in tangentialen Reihen durch breite Markstrahlen getrennt.

    I. Siebröhren mit leiterförmigen Endplatten; Bastfaserbündel von Kammer-fasern umhüllt oder doch reichlich begleitet.

        a. Bündelreihen oft unterbrochen, von Steinzellen begleitet, dazwischen kleinere Bündel und einzelne Fasern. Bastfasern nicht über 1 mm lang, krumm-knorrig.

            1. Siebröhrenglieder mehrfach breiter als Parenchym mit wenigen Sieb-platten, anastomosirend; Bastfasern oft schlauchartig: *Gymnocladus.*

2. Siebröhrenglieder nicht auffallend weitlichtig mit einer grösseren Zahl grobporiger Siebplatten; im Bastparenchym und in den Markstrahlen Drusen: *Gleditschia.*

b. Bastfaserplatten fest gefügt, stufig geschichtet, keine zerstreuten Fasern dazwischen; Bastfasern sehr lang und dünn, geradläufig und glatt; Siebröhrenglieder lang und mässig weit mit einer grösseren Anzahl schmaler, feinporiger Siebplatten; Kammerfasern immer sklerotisch.

   1. Das Bastparenchym sklerosirt nahezu vollständig: *Erythrophlaeum.*

   2. Das Bastparenchym sklerosirt zum geringeren Theile, mitunter gar nicht: *Acacia, Inga, Albizzia.*

II. Siebröhren mit einfachen Querplatten.

   a. Bastfaserbündel von Kammerfasern umhüllt; keine Steinzellen.

      1. Bastfaserplatten in concentrischen Reihen mit wenig breiteren grosszelligen Weichbastschichten wechselnd.

         α. Markstrahlen im Baste überall gleich breit: *Robinia, Sophora.*

         β. Markstrahlen im Baste stellenweise verbreitert.

            *) Sekreträume in den Markstrahlen: *Andira.*

            **) Sekreträume im Bastparenchym; alle Membranen intensiv gelb gefärbt: *Geoffroya.*

      2. Die dünnen Bastfaserplatten oft stufig geschichtet; in den mehrfach breiteren kleinzelligen Weichbastlagen wechseln wiederholt Parenchym und Siebröhrenschichten: *Caragana.*

   b. Krystalle fehlen in allen Theilen der Rinde; das Bastparenchym sklerosirt ab und zu.

      1. Bastfaserbündel oft breiter als die Weichbastschichten; (Periderm zartzellig): *Colutea.*

      2. Die Schichten des Bastes nahezu gleich mächtig; (Periderm ungewöhnlich derbwandig): *Cytisus.*

B. Bastfasern in spärlichen Bündeln regellos vertheilt.

   I. Siebröhren mit einfachen Querplatten.

      1. Markstrahlen nicht über zweireihig; Bastfasern fehlen in den jüngeren (inneren) Schichten vollständig; braune Sekretzellen: *Amorpha.*

      2. Markstrahlen mehrreihig und nach aussen erweitert.

         α. Vereinzelte Sklerenchymgruppen in dem dünnwandigen Weichbaste: *Virgilia.*

         β. Weichbast ungewöhnlich derbwandig, nie sklerotisch: *Cercis.*

   II. Siebröhren kurzgliederig mit mehreren Siebplatten, auch seitlich anastomosirend; Weichbast derbwandig.

      1. Faserbündel ab und zu von Steinzellen begleitet; Markstrahlen bis vierreihig, mitunter Drusen führend: *Ceratonia.*

      2. Keine Steinzellen im Baste; Markstrahlen meist nur zweireihig, breitzellig und nach aussen verbreitert; Weichbast kleinzellig; (borkefrei): *Cassia.*

C. An Stelle der Bastfasern spärlich zerstreute krystallreiche Sklerenchymgruppen; Siebröhren kurzgliederig mit leiterförmigen Endflächen; (sklerotisches Phelloderma): *Caesalpinia.*

Papilionaceae.

Die äusserste Zellenlage der primären Rinde, aus welcher sonst am häufigsten das Periderm hervorgeht, wird bei keiner der untersuchten Arten zum Initialmeristem. Meist wird die zweite oder dritte Zellenlage *(Cytisus*

[Fig. 141], *Amorpha*, *Robinia*, *Sophora*, *Cercis*) oder eine tiefere (*Caragana*), aber noch ausserhalb der primären Gefässbündelzone gelegene Zellschicht zum Phellogen. *Virgilia* bildet das Periderm aus der Oberhaut, *Colutea* an der Innenseite der primären Bastfasern. Grössere Uebereinstimmung herrscht bezüglich der Zeit seiner Entwicklung, indem mit wenigen Ausnahmen (*Sophora*) der Korkcylinder im Laufe der ersten Vegetationsperiode ringsum abgeschlossen ist. *Sophora* ist durch die spät beginnende, circumscripte und erst nach mehreren Jahren zum Abschluss gelangende Peridermbildung ausgezeichnet. Bei *Amorpha*, *Caragana*, *Colutea*, *Geoffroya*, *Virgilia* kommt es wahrscheinlich gar nicht, bei *Cytisus* nur in hohem Alter zur Borkebildung, während bei *Robinia*, *Sophora*, *Andira* und *Cercis* die Korkhäute verhältnissmässig frühzeitig in die Tiefe dringen und meist dicke und wenig umfangreiche, krummflächige Borkeschuppen abtrennen.

Im Baue gleichen die erstgebildeten Korkhäute den inneren vollständig, nur bei *Robinia* sind die letzteren bedeutend zartzelliger und weitlichtiger. Die Korkzellen sind meist dünnwandig bei mässiger Abflachung (*Caragana*, *Robinia*, *Colutea*, *Sophora*), gleichmässig derbwandig bei *Amorpha*, *Andira* und *Cercis*, in viel höherem Grade bei *Cytisus* (Fig. 141), endlich in ausgesprochenem Grade einseitig sklerosirt bei *Geoffroya* und *Virgilia*. In keinem Falle gelangen die Korkmembranen zu besonders mächtiger Entwicklung, sie erreichen nur selten die Dicke eines Kartenblattes ohne abzuschülfern. Dagegen ist die Cohärenz der Borkeschuppen mitunter eine sehr innige (*Robinia*) in Folge der unregelmässigen Anastomosen der Korklamellen, durch welche gewissermassen eine Verankerung der Schuppen herbeigeführt wird.

Die primäre Rinde hat ein typisches (*Amorpha*, *Colutea*, *Sophora*, *Virgilia*, *Cercis*) oder weniger, selbst gar nicht (*Cytisus*, *Caragana*, *Robinia*) entwickeltes collenchymatisches Hypoderm, das übrigens nur bei *Sophora* und *Virgilia* die erste Vegetationsperiode überdauert. Das Phelloderma, dessen Bildung bei *Cytisus*, *Amorpha*, *Caragana*, *Colutea*, *Geoffroya*, *Virgilia*, *Cercis* beobachtet wurde, hat schwach collenchymatischen Charakter. Die Sklerosirung beginnt meist in den Lücken zwischen den primären Bastfaserbündeln, wodurch es zur Bildung eines gemischten Sklerenchymringes kommt (*Amorpha*, *Robinia*, *Sophora*, *Virgilia*), der indessen nur bei *Virgilia* und *Amorpha* eine längere Reihe von Jahren erhalten bleibt, während bei den übrigen Gattungen die Bildung von Steinzellen bald, mitunter schon im zweiten Jahre aufhört, der Ring daher gesprengt wird. Sehr häufig ist die Sklerosirung beschränkt auf die Anlage dieses Ringes, bei *Virgilia* und *Geoffroya* verbreitet sie sich von da aus über die Mittelrinde. *Cytisus* und *Colutea* sind dadurch ausgezeichnet, dass in ihnen Steinzellen unabhängig von den primären Faserbündeln gebildet werden, die ja bei der letzteren frühzeitig abgeworfen und bei der ersteren zu keinem Ringe geschlossen werden. Die Sklerosirung unterbleibt vollständig bei *Caragana* und *Cercis*. —

Cytisus und *Colutea* stimmen auch darin mit einander überein, dass sie kein Kalkoxalat bilden. Alle anderen führen Krystalle, vorwiegend oder beinahe ausschliesslich *(Caragana, Robinia)* in Kammerfasern die Faserbündel begleitend. Es sind fast immer rhomboedrische Einzelkrystalle, neben welchen nur hie und da *(Sophora)* einzelne Drusenschläuche gebildet werden.

Die Mehrzahl der Gattungen bildet den Bast in concentrischen Schichten mit der Eigenthümlichkeit, dass die Faserbündel (quergestreckte Platten) nicht unmittelbar an die Markstrahlen grenzen, diese daher auch nicht zusammendrücken (Fig. 143) und dass keine isolirten Fasern oder kleinere Bündel vorkommen. Von diesem allgemeinen Typus *(Cytisus, Caragana, Geoffroya, Robinia, Andira, Colutea, Sophora)* weichen *Virgilia, Cercis* und *Amorpha* ab, bei welchen die Faserbündel regellos vertheilt, bei letzterer überdiess sehr spärlich und auf die jüngsten Bastlagen beschränkt sind. Die Faserplatten sind ebenflächig, zumeist dünn (nur bei *Colutea* in der Regel breiter als die Weichbastschichten) und liegen meist sehr lose im Weichbaste, dessen Gefüge ebenfalls locker, von Intercellularräumen und secundären Spalten durchsetzt, der von den Markstrahlen häufig getrennt ist. *Amorpha, Virgilia* und *Cercis*, also die Gattungen mit ungeschichtetem Baste (auch *Geoffroya*, und *Andira)*, haben ein nahezu lückenloses Gewebe. Die in der Mittelrinde von *Colutea, Cytisus* und *Virgilia* selbstständig auftretende Sklerosirung greift auch in den Bast über, die übrigen entbehren der Steinzellen vollständig. Wo der Weichbast in einigermassen breiten Schichten entwickelt ist, wie besonders bei *Sophora, Caragana, Andira, Geoffroya, Robinia* ist die regelmässig wechselnde Lagerung der Siebröhren zwischen je zwei Parenchymschichten deutlich ausgeprägt (Fig. 143).

Die grösste Uebereinstimmung zeigen die *Papilionaceen* im Baue der Elemente. Die Bastfasern sind (*Andira* ausgenommen) lang (über 2 mm), glatt und geschmeidig, in feine Spitzen sich verjüngend, dünn (0,015 mm), mit rundlichem Querschnitt, punktförmigem Lumen, spärlichen Porenkanälen, einer breiten, aus der Primärmembran wie herausquellenden Innenschicht. Die nur bei wenigen Gattungen vorkommenden Steinzellen sind gleich denen der Mittelrinde nur wenig oder gar nicht vergrössert, sehr stark verdickt, grobporig. Die Parenchymzellen (bei *Cercis* besonders derbwandig) haben breite Tüpfel an der horizontalen und radialen Wand, wenn sie nicht zu Kammerfasern umgestaltet sind. Diess ist regelmässig der Fall bei sämmtlichen den Bastfaserplatten unmittelbar angelagerten Zellen von *Caragana, Robinia, Andira, Sophora, Geoffroya, Cercis, Virgilia, Amorpha*. Mitunter ist das Parenchym conjugirt *(Colutea)*. Die Umhüllung der Bastfaserbündel mit Krystallen ist insofern charakteristisch, als sie ohne Zuhilfenahme der Markstrahlen allseitig ist (Fig. 142, 143). Der Zusammenhang zwischen Bast- und Kammerfasern wird auch dargethan durch die im Weichbaste oft unterbleibende oder doch sehr spärliche *(Caragana, Robinia, Andira, Geoffroya, Sophora)* Bildung von Krystallschläuchen, indem regelmässig nur bei *Amorpha, Virgilia, Cercis* — im ungeschichteten Baste — auch isolirte Kammerfasern angetroffen werden. Im Baste aller untersuchten Arten kommen ausschliesslich klinorhombische Einzelkrystalle vor. *Cytisus* und *Colutea* lagern auch in der secundären Rinde kein Kalkoxalat ab. — Die Siebröhren sind weitlichtiger als die Parenchymzellen und, wenngleich nicht dünnwandiger, doch zumeist schon in der lebenden Rinde zusammengedrückt, in trockenem Material zu tangentialen Strängen geschrumpft. Ihre Glieder sind kurz, selten über, häufig unter 0,5 mm, und stehen ausnahmslos mittels einfacher, horizontaler oder wenig geneigter feinporiger bis grob gegitterter Querplatten, mitunter auch durch Siebfelder unter einander in Verbindung. Durch specifische Sekretzellen im Baste ist *Geoffroya* vor allen ausgezeichnet.

Nur *Amorpha* besitzt 1—2reihige, *Cercis, Geoffroya* und *Andira* (local verbreitert) bis 4reihige, alle anderen Gattungen breitere Markstrahlen, die bei *Cytisus, Geoffroya, Virgilia, Cercis* in besonders auffälligem Grade verbreitert sind. Die Zellen sind kaum dünnwandiger als das Bastparenchym, ebenso weitlichtig, mehr oder weniger radial gestreckt, niemals sklerotisch und meist frei von Krystallen; bei *Virgilia, Andira, Geoffroya* und *Cercis* enthalten sie vereinzelt Rhomboeder. Regelmässig (*Geoffroya*) oder seltener (*Andira*) greift die Sklerosirung der Mittelrinde in die primären Markstrahlen über. Eine merkwürdige Besonderheit besitzen die Markstrahlen von *Andira* durch die Bildung kugeliger Sekreträume (Fig. 142), welche nach keiner Richtung sich ausbreiten und mit benachbarten nicht confluiren.

Cytisus Laburnum L.

Die zweite bis vierte Zellenlage[1]) der primären Rinde wird frühzeitig zum Phellogen und bildet schon in der ersten Vegetationsperiode ein geschlossenes, in den jüngsten Internodien drei- bis vierreihiges, an älteren bis zehnreihiges Periderm aus sklerotischen Tafelzellen, die allseitig oder vorwiegend an der Aussenwand verdickt sind (Fig. 141). Die Oberhaut und die ihr anliegenden wenigen Zellenreihen sind an den älteren Internodien des jährigen Triebes nicht mehr vorhanden.

Das Oberflächenperiderm ist sehr lange, oft zeitlebens ausdauernd und wird der Korkhaut von *Ilex* (Fig. 105) ähnlich. Nur am Grunde alter Stämme dringen dünne, (4—6reihige) in ihrem Baue mit den oberflächlichen übereinstimmende Korkhäute in die Tiefe und trennen kleine, aber bis millimeterdicke Borkeschuppen ab. Die glatten Korkhäute sind papierdünn (0,3 mm) und zählen gegen 20 Reihen Korkzellen, denen sich ein Phelloderma von wechselnder Mächtigkeit anschliesst.

Das lückige Parenchym der primären Rinde ist etwas derbwandig, doch nicht collenchymatisch. In den jüngsten Internodien findet man bereits einzelne Zellen vergrössert, knorrig ausgewachsen, fast vollständig verdickt, zart geschichtet und von feinen Porenkanälen durchzogen. Diese Steinzellen vermehren sich, bilden kleine, regellos vertheilte Gruppen, niemals Sklerenchymschichten und stehen auch ausser Verbindung mit den primären Bastfaserbündeln. Krystalle fehlen.

---

[1]) S. Sanio, Jahrb. f. wiss. Bot. II., p. 39; Weiss, Anatomie p. 413.

Der Bast zeigt schon unter der Loupe zwischen breiten Markstrahlen eine äusserst zarte, concentrische Schichtung [1]). Die Bastfaserbänder sind nicht selten breiter als die sie trennenden Weichbastlagen, welche in der Regel nur aus drei oder vier lose verbundenen, selbst getrennten Zellenreihen bestehen. Die Bastfasern sind sehr lang (meist über 2 mm), in feine Spitzen verjüngt, glatt und geschmeidig, in Breite und Verdickung wechselnd, doch meist nur 0,014 mm breit und fast vollkommen verdickt, mit scharf getrennter Innenschicht, porenarm. Der Weichbast besteht vorwiegend aus derbwandigem breit getüpfeltem Parenchym und spärlichen Siebröhren, deren dünnwandige Glieder mittels einfacher [2]), feinporiger Querplatten in Verbindung stehen. Ab und zu wird eine Parenchymgruppe sklerotisch; die Steinzellen haben denselben Charakter wie jene der Mittelrinde, nur sind sie weniger vergrössert und ästig, und ihre Porenkanäle sind breiter.

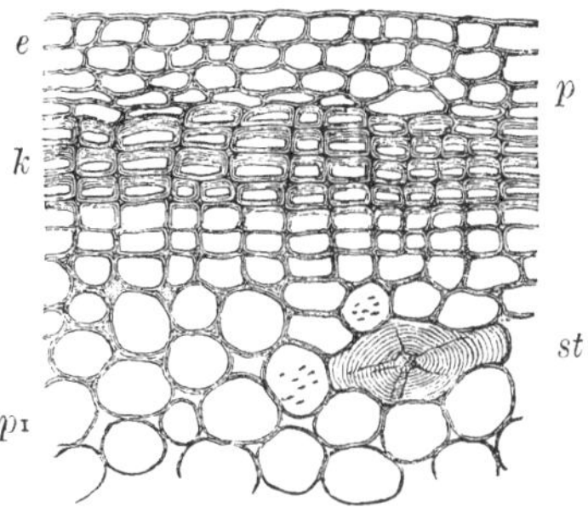

Fig. 141. *Cytisus Laburnum* L. Querschnitt durch den jährigen Trieb (300). *e* Oberhaut; *p* Aussenschicht der primären Rinde; *k* derbwandiges Periderma; *p*ı Innenschicht der primären Rinde mit einem Idioblasten *st*.

Die primären Markstrahlen sind bis 0,3 mm breit, die meisten nach aussen **verbreitert**. Sie sind etwas derber gefügt als das Bastparenchym, aber doch häufig radial gespalten; sie sklerosiren nicht und führen, gleich den Strängen, keine Krystalle.

Amorpha fruticosa Lin.

Die jüngsten Internodien sind im Herbste noch peridermfrei, an älteren treten zerstreute Korkwärzchen auf, die sich rasch peripher verbreitern; denn die ältesten Internodien jähriger Triebe besitzen ein geschlossenes Periderm, durch welches die Oberhaut gesprengt und zum Theil abgestossen wurde. Das Phellogen ist die dritte bis vierte Zellschicht der primären Rinde, die Korkzellen sind mässig flach, gleichmässig **derbhäutig**, aber nicht sklerotisch. Sie werden bald braun und schülfern sich ab, an sehr alten Stämmen sind die Korkhäute nur 0,2 mm dick.

Die primäre Rinde besitzt ein collenchymatisches Hypoderma, welches aber zum grösseren Theile schon im ersten Jahre mit der Epidermis entfernt wird. Die umfangreichen primären Bastfaserbündel sind in jungen Trieben fast bis zur Berührung genähert; in dem Maasse als sie auseinander gedrängt werden, **sklerosirt das zwischenliegende Parenchym in mässigem Grade ohne wesentliche Veränderung der Form und Grösse der Zellen.** Dieser gemischte Sklerenchymring ergänzt sich fortwährend, dagegen werden ausserhalb desselben keine Steinzellen gebildet. Zerstreute Krystallschläuche mit **Einzelkrystallen** treten zugleich mit den Steinzellen auf und sind auch späterhin besonders reichlich um diese gelagert.

Die secundäre Rinde bildet nur in der Jugend spärliche Bastfaserbündel, der ältere Bast besteht vorherrschend aus Parenchym mit spärlichen Siebröhrensträngen in annähernd tangentialer Schichtung. Parenchym und Siebröhren sind im Lumen nahezu gleich (0,025 mm), erstere derbwandig, breit getüpfelt, letztere dünnwandig mit **einfachen, sehr feinporigen Querplatten.** Zerstreute Krystallschläuche oder kurze Kammerfasern führen ausschliesslich **Einzelkrystalle.**

---

[1]) Vgl. Schwendener, das mechan. Princip etc. p. 145.
[2]) Vgl. die Abbildung in de Bary, Vegetationsorgane p. 482.

Kleine Parenchymfasergruppen sind hie und da geschrumpft, ihre Membranen glänzend braunroth imprägnirt.

Die Markstrahlen sind ein- oder zweireihig, mitunter so genähert, dass die Baststrahlen nur aus einer Zellenreihe bestehen. Sie sind breit und kugelig, etwas derbwandiger als das Bastparenchym, wie dieses niemals sklerotisch, aber ohne Krystalleinschlüsse. Sie nehmen an der Bildung der Mittelrinde durch Verbreiterung sehr wenig Theil.

Caragana arborescens Lam.

Das Periderm bildet sich frühzeitig in einer tieferen Schichte [1]) der primären Rinde, so dass durch dasselbe die rindenständigen Gefässbündel abgetrennt und an älteren Internodien des jährigen Triebes auch abgestossen werden. Die Korkzellen sind breit, tafelförmig, zartwandig und bleiben so an den Korkhäuten, welche noch die gegen 2 mm dicke Rinde armdicker Stämme bekleidet. Die Korkhäute sind derb, bis 0,3 mm dick und bestehen aus unzählbaren Reihen stark zusammengedrückter, nicht gebräunter Zellen, die sich in dünnen Blättchen abschülfern.

Die primäre Rinde ist dünnwandig ohne Collenchym. Sie bildet keine Steinzellen, und Krystallschläuche nur in der Umgebung der primären Bastfaserbündel. Die phellogene Mittelrinde ist grosszelliger und derbwandiger, das junge Phelloderma sogar etwas collenchymatisch.

In der secundären Rinde wechseln regelmässig 1—5reihige Parenchymlagen mit ebenso breiten Siebröhrenschichten, welche schon in der frischen Rinde mit ihren zusammengefallenen Wänden als Stränge erscheinen. Dazwischen liegen in unregelmässigen Abständen dünne Bastfaserplatten oder -bänder, die häufig nicht so breit sind wie der Baststrahl, in radialer Richtung selten über drei Fasern zählen und vollkommen bekleidet sind von Kammerfasern mit klinorhombischen Krystallen. Die Fasern sind sehr lang und dünn (0,012 mm), geschmeidig bei vollständiger Verdickung. Die Faserbündel liegen lose im Weichbast und trennen sich von demselben besonders bei radialer Schnittführung. — Der Weichbast enthält keine Krystalle und keine Steinzellen. Die Parenchymzellen sind mässig derbwandig, breit getüpfelt, palissadenförmig gereiht. Die Siebröhren sind etwas dünnwandiger und breiter (0,03 mm), kurzgliedrig mit schwach geneigten, einfachen, feinporigen, (im Herbste) stark callösen Querplatten.

Die primären Markstrahlen sind vier- bis sechsreihig, kurz und derbzellig, niemals sklerotisch und frei von Krystallen. Die Baststrahlen sind mehrfach breiter, von sehr spärlichen einreihigen, nur 2—5 Zellen hohen secundären Markstrahlen durchzogen.

Robinia Pseudacacia L.

Die vierte bis sechste Zellenlage [2]) der primären Rinde wird frühzeitig zum Phellogen; die jüngsten Internodien überwintern mit einem geschlossenen, sechs- bis achtreihigen Peridermmantel aus etwas derbhäutigen Tafelzellen. Der ausserhalb des primären Bastfasergürtels noch verbliebene Rest der primären Rinde wird schon im zweiten Jahre [3]) als Borke abgetrennt. Diese zweite Korkhaut gleicht schon den folgenden im Baste auftretenden: sie besteht aus äusserst zartwandigen und weitlichtigen Zellen. Die inneren Korkhäute entwickeln sich späterhin zeitlich und örtlich sehr unregelmässig, dringen nicht tief ein — der lebende Bast

---

[1]) Vgl. Sanio, Jahrb. f. wiss. Bot. II, p. 39.
[2]) Nach Sanio (l. c.) die 2. oder 3. Zellenreihe.
[3] Vgl. Hartig, Forstl. Culturpfl. p. 492.

alter Stämme ist fast centimeterdick — die Borkeschuppen sind krummflächig, in Umfang und Dicke sehr verschieden, innig aneinanderhaftend, so dass fingerdicke Borke gewöhnlich ist. Markstrahlen sind am Querschnitte mit freiem Auge kenntlich, unter der Loupe tritt eine zarte Querbänderung hinzu. Die frische Rinde hat den bekannten Geruch der „Akazienblüthen".

Die primäre Rinde besitzt kein Collenchym, und bildet nur in den Lücken der umfangreichen Faserbündel kleine Steinzellen; dieser gemischte Sklerenchymring ist von Kammerfasern umgeben, die Einzelkrystalle führen. Selbstständige Krystallschläuche entstehen nur ganz vereinzelt. Die Sklerosirung schreitet nicht vor, der Steinzellenring wird schon im dritten Jahre gesprengt.

Die secundäre Rinde ist sehr regelmässig concentrisch geschichtet durch umfangreiche (80 Fasern und mehr), die Breite des Baststrahles einnehmende Faserbündel und wenig breitere Weichbastschichten, in deren Mitte die Siebröhren verlaufen. Die Bastfaserbündel sind innig verschmolzen, am Querschnitte gerundet rechteckig, ihre glatte Oberfläche allseitig, (auch auf der Markstraulseite) dicht mit stets dünnwandigen Kammerfasern umkleidet, welche klinorhombische Einzelkrystalle[1]) führen, während im Weichbaste sonst Krystalle nur höchst ausnahmsweise vorkommen. Die Bastfasern sind lang, dünn (0,012 bis 0,015 mm), geschmeidig, mit dünner Primärmembran und „gallertartiger" Innenschicht, porenarm. Der Weichbast ist lückig und trennt sich leicht von den Faserbündeln. Parenchym und Siebröhren sind in Lumen und Verdickung wenig verschieden, ersteres breitgetüpfelt, letztere kurzgliederig mit einfachen, grobporigen Querplatten.

Die Markstrahlen sind bis sechsreihig, radial etwas gestreckt, grosszellig, niemals sklerotisch und frei von Krystallen, auch wenn sie an Bastfasern grenzen.

Colutea arborescens Lin.

Die jüngsten Internodien der überwinternden Triebe besitzen noch kein Periderm, im dritten bis fünften Internodium findet man bereits die primäre Rinde mit Einschluss der umfangreichen Bastfaserbündel[2]) durch eine geschlossene Schicht dünnwandiger Tafelzellen abgetrennt, weiterhin ist das Rindenparenchym abgestossen und die Faserbündel verleihen dem Stengel eine feingerippte Oberfläche bis endlich auch diese als lange feine Fäden abfallen. Borke habe ich nicht beobachtet. Das Periderm bildet an alten Stämmen mit 2 mm dicker Rinde nur eine papierdünne Membran mit netzig rissiger Oberfläche.

Die hinfällige primäre Rinde besitzt ein collenchymatisches Hypoderma, sklerosirt nicht und bildet keine Krystalle. Nur in der dünnen Phellodermschicht treten vereinzelte mässig vergrösserte, fein geschichtete Steinzellen auf, doch fehlen auch hier Krystalle wie in der ganzen Rinde.

Der Bast ist concentrisch geschichtet durch umfangreiche Bündel innig verschlungener Bastfasern der typischen Form. Hie und da sklerosiren einzelne der benachbarten Parenchymzellen oder selbstständige kleine Gruppen derselben, die zum Charakter der Rinde wenig beitragen. Der Weichbast ist quantitativ untergeordnet; die Parenchymzellen sind dünnwandig, oft conjugirend; die Siebröhren kaum etwas weitlichtiger, ihre einfachen Querplatten callös.

Die Markstrahlen sind bis acht Reihen breit, nach aussen beträchtlich verbreitert. Die Zellen sind radial gestreckt, dünnwandig, krystallfrei.

---

[1]) Vgl. Sanio, Monatsber. d. Berl. Akad. 1857, p. 252; Holzner, Diss.
[2]) Vgl. de Bary, Vegetationsorg. p. 567.

Geoffroya jamaicensis Murr.   (*Andira inermis* H. B. K.)

Die gegen 5 mm dicke, mit papierdünnem, derbem Kork bedeckte, am Bruche feinfaserige Rinde ist vor Allem durch ihre saffiangelbe Farbe ausgezeichnet. Der Querschnitt erscheint dem unbewaffneten Auge homogen bis auf hellgelbe, dreieckige Flecke, welche mit zwei, selbst drei Millimeter breiter Basis an die Korkschicht grenzen. Unter der Loupe erscheinen im äusseren Theile helle Pünktchen, und der innere Theil ist äusserst zart rechteckig gefeldert. Die Rinde schmeckt sehr bitter, ist geruchlos.

Das Periderm besteht aus vier bis zehn Reihen einseitig (aussen) stark sklerosirter Tafelzellen, denen sich eine Schicht dünnwandiger, cubischer, als Phelloderma erkennbarer Zellen anschliesst. Das Parenchym der Mittelrinde ist bedeutend tangential gestreckt und ebenso die zerstreut auftretenden wenig umfangreichen Sklerenchymgruppen, die auf Längsschnitten rundlich umrissen sind. Die Steinzellen sind wenig, zum überwiegenden Theile gar nicht vergrössert (tangential bis 0,2 mm), an Poren arm, fast vollständig verdickt. Sie sind von Krystallschläuchen umlagert, welche wie überall einzelne Rhomboeder einschliessen.

Die secundäre Rinde ist in unübertrefflicher Regelmässigkeit geschichtet. Die Bastfasern bilden dünne, meist zwei- bis fünfreihige Platten, welche nur von den Markstrahlen durchbrochen werden und ausserhalb welcher isolirte Bündel kaum jemals angetroffen werden. Die Weichbastschichten sind drei- bis viermal breiter und in ihrer Mitte liegt ein schmächtiger Siebröhrenstrang. Unregelmässig vertheilt bilden sich in ihm reichlich (anscheinend durch Ausweitung einzelner Zellen) Sekreträume von elliptischem Umriss (0,05 mm diam. und etwa dreifacher radialer Streckung) mit unverdickten Membranen. Sie enthalten dunkel citronengelbe Tropfen oder schollige Massen. — Die Bastfaserplatten sind ringsum von dünnwandigen Kammerfasern mit Einzelkrystallen bekleidet; die Bastfasern sind höchstens millimeterlang, fein zugespitzt, ziemlich geradläufig und glatt, innig verschmolzen, 0,02 mm breit mit deutlicher Primärmembran und sehr engem Lumen. Sie sind wie alle Membranen intensiv gelb gefärbt. Das Bastparenchym ist zartwandig, breit getüpfelt, sehr vereinzelt zu Kammerfasern getheilt, welche ebenfalls klinorhombische Einzelkrystalle führen, gleich den die Faserbündel umhüllenden. Steinzellen werden nicht gebildet. Die Siebröhren sind etwas breiter (0,02 mm) als die Parenchymzellen, gegen 0,4 mm lang, mit einfachen Querplatten an den mässig geneigten Endflächen. Sie sind auch durch Maceration nur undeutlich erkennbar.

Die Markstrahlen sind ein- bis dreireihig, stellenweise durch Vergrösserung der Zellen verbreitert, und diess am häufigsten zwischen zwei benachbarten Bastfaserbündeln. Sie sklerosiren niemals und führen nur sehr selten einzelne Krystalle. Anders verhalten sich die Verbreiterungen der primären Markstrahlen gegen die Mittelrinde zu. Die Zellen werden hier bis auf 0,4 mm tangential gestreckt, nesterweise sklerotisch und Kalkoxalat tritt reichlich auf wie in der Mittelrinde.

Andira Aubletii Benth. (*Vouacapoua americana Aubl.*)

Leichte, gegen 4 mm dicke, mit chokoladebrauner, dünner Borke bedeckte, am Bruche lang- und weichsplitterige Rinde. Der Querschnitt zeigt sehr zarte concentrische Schichtung von hellen radialen Linien durchkreuzt.

Ein Periderm aus etwas derbwandigen, stark zusammengedrückten Tafelzellen ist in den Bast vorgedrungen, die Mittelrinde ist abgestossen. Der Bast ist sehr regelmässig concentrisch geschichtet durch meist sehr umfangreiche, die Breite des

Baststrahles einnehmende Faserbündel oder schmale Bänder von wechselnder aber zumeist von 6—8 Fasern Dicke. Selbstständige Fasern oder kleinere zerstreute Bündel gehören zu den grössten Ausnahmen. Die Bänder haben geebnete Flächen und sind ringsum mit dünnwandigen Kammerfasern bedeckt, nur an wenigen Stellen fehlt die Krystallhülle. Die Fasern sind von mässiger, 1 mm selten übersteigender Länge, etwas gekrümmt, häufig stumpf endigend, 0,025 mm breit, am Querschnitt polygonal abgeplattet, mit kaum hervortretender Innenschicht, punktförmigem Lumen und zahlreichen Porencanälen. Die Weichbastschichten sind in der Regel etwas breiter (radial) als die Faserplatten und in ihrer Mitte zieht ein dünner, geschrumpfter Siebröhrenstrang. Die Parenchymzellen sind dünnwandig mit schwer erkennbaren breiten Tüpfeln. Die Siebröhren sind wenig breiter (0,03 mm), langgliederig, an den Seiten mit ähnlichen flachen, rundlichen Siebfeldern und mittels einfacher grobporiger, meist callöser Querplatten in Verbindung stehend.

Die Markstrahlen sind selten über vier Reihen breit, aber grosszellig und stellenweise namentlich durch tangentiale Streckung, weniger durch Vermehrung der Zellen bedeutend verbreitert. Sowol in diesen localen Verbreiterungen als auch in den schmalen Markstrahlen entstehen anscheinend schizogene (Fig. 142) rundliche Sekreträume, oft in Mehrzahl neben einander. Krystalle bilden sich, wie im Weichbaste, nur vereinzelt und selten. Ab und zu sklerosiren kleine Zellengruppen in den breiten Markstrahlen selbstständig und sind dann reichlich von Krystallen umlagert. Dieser Befund deutet darauf hin, dass auch die Mittelrinde Steinzellen enthalte.

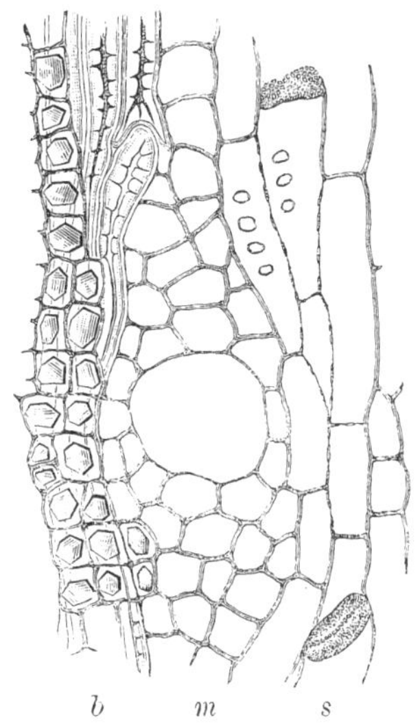

Fig. 142. *Andira Aubletii* Benth. Tangentialschnitt durch die secundäre Rinde (300). *b* ein mit Kammerfasern bekleidetes Bastfaserbündel; *m* Markstrahl mit einem Sekretraume; *s* Siebröhren mit callösen Querplatten.

Sophora japonica L.

Die Oberhaut folgt dem oft nicht unbeträchtlichen Dickenwachsthum bis ins dritte Jahr[1]). Von da ab beginnen die bis dahin etwa hirsekorngrossen Korkwärzchen sich auszubreiten, sie confluiren und vierjährige Triebe pflegen bereits mit allseitig geschlossenem Periderm bedeckt zu sein. Das von den Lenticellen sich peripher ausbreitende Periderm hat die dritte bis fünfte Zellenlage der primären Rinde zum Initialmeristem; es besteht aus äusserst zartzelligem Tafelkork. Kurze Zeit nach Abschluss des Oberflächenperiderma dringen auch schon die Korkhäute in die Tiefe, armdicke Stämme sind in der Regel schon borkig. Die inneren Korkhäute (Fig. 143) gleichen im Baue vollständig den oberflächlichen, bei einer Dicke von 0,07 mm zählen sie gegen 12 Reihen zartwandiger Tafelzellen; sie dringen unregelmässig und krummflächig ein, die Borkeschuppen sind klein, längere Zeit an einander haftend, so dass der Borkeantheil der Rinde alter Stämme grösser ist als der lebende Bast, welcher in der Breite von 3—4 mm erhalten bleibt.

Die primäre Rinde besitzt ein collenchymatisches Hypoderma, welches in ein dünnwandiges lückiges Parenchym übergeht, mit spärlichen Einzel-

---

[1]) Vgl. de Bary, Vegetationsorgane p. 551, 574.

krystallen und Drusen. Steinzellen bilden sich nur in den Zwischenräumen der primären Bastfasern, welche in jungen Internodien so zu einem Ring geschlossen werden. Die Sklerosirung hört bald auf, schon im zweiten Jahre ist der Sklerenchymring gesprengt und in älteren Internodien findet man zwischen den weiten Abständen der Faserbündel nur noch vereinzelte Steinzellen. Dagegen nimmt die Bildung der Krystallschläuche, namentlich in der Umgebung der Faserbündel zu, welche von Kammerfasern stellenweise ganz bedeckt sind.

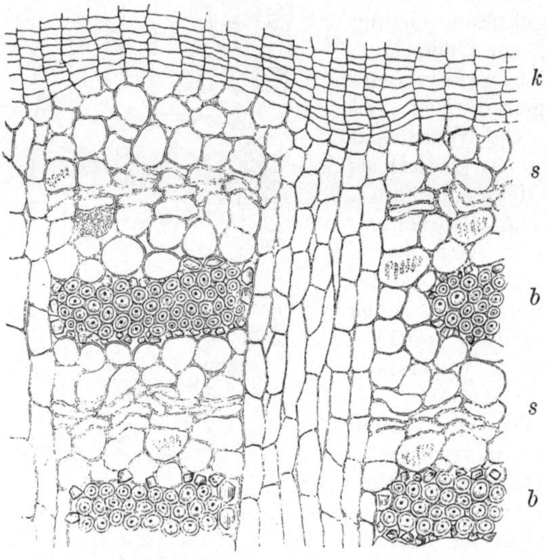

Die secundäre Rinde ist regelmässig concentrisch geschichtet. Die Bastfaserplatten sind fest gefügt, ebenflächig und ringsum von Kammerfasern bekleidet (Fig. 143). Die Bastfasern haben die typische lange, dünne, geschmeidige Form; die Kammerfasern führen ausschliesslich Einzelkrystalle; Steinzellen fehlen vollständig.

Fig. 143. *Sophora japonica* L. Querschnitt durch den von Borke bedeckten Bast (160). *k* zartzelliges Periderma; *s* Siebröhrenschichten mitten im Bastparenchym; *b* Bastfaserbündel von Krystallen umgeben; *m* krystallfreie Markstrahlen.

Auch der Weichbast ist regelmässig geschichtet, indem die Mitte desselben Siebröhren einnehmen, deren Wände schon in der frischen Rinde zusammengedrückt sind. Die Parenchymzellen sind breit getüpfelt, lückig verbunden, niemals Krystalle führend. Die Siebröhren sind weitlichtiger als die Parenchymzellen, kurzgliederig, mit einfachen, horizontalen oder schwach geneigten, gegitterten Siebplatten, die im Herbste z. Th. mit dickem Callus bedeckt sind.

Die Markstrahlen sind meist fünf- bis achtreihig, radial gestreckt, etwas dünnwandiger als das Bastparenchym. Sie grenzen nicht unmittelbar an die Faserbündel, sondern stets liegt eine Schicht Kammerfasern dazwischen. Die Markstrahlzellen sklerosiren nicht und führen niemals Krystalle.

Virgilia lutea Mich.

Die Oberhaut[1]) wird frühzeitig zum Phellogen und bildet in der ersten Vegetationsperiode drei bis fünf Reihen einseitig (aussen) sklerosirter Tafelzellen, denen von *Sorbus* ähnlich (Fig. 135). Das Periderm ist ausdauernd, entwickelt sich immer gleichförmig weiter, erreicht aber selbst an alten Stämmen keine bedeutende Mächtigkeit (0,2 mm und gegen 12 Zellenreihen), indem die älteren Schichten sich bald abschülfern.

Die primäre Rinde ist kleinzellig derbwandig, mit einem collenchymatischen Hypoderma und führt reichlich Einzelkrystalle. Die Sklero-

---

[1]) Vgl. Sanio, Jahrb. f. w. Bot. II, p. 39.

sirung beginnt zwischen den primären Bastfaserbündeln und schreitet mit dem Dickenzuwachsthum weiter, so dass der gemischte Sklerenchymring mehrere Jahre geschlossen erhalten bleibt. Endlich wird er gesprengt und zugleich tritt in der durch Phelloderma verstärkten Mittelrinde diffuse Sklerosirung auf, und greift auch in Form unregelmässig conturirter Gruppen in die secundäre Rinde über.

In dem Baste treten nur spärliche Fasern der typischen Form in regellos zerstreuten Bündeln, ab und zu in kleinen tangentialen Platten auf, welche von Kammerfasern bekleidet sind. Die Steinzellen begleiten die Faserbündel, häufiger bilden sie selbstständige Gruppen. Sie sind wie jene der Mittelrinde wenig vergrössert, fast vollkommen verdickt und von groben ästigen Porenkanälen durchsetzt. Der Weichbast ist derbwandig, ungeschichtet, die Parenchymzellen breit getüpfelt, die Siebröhren wesentlich weitlichtiger (0,025 mm), kurzgliederig (oft nur 0,1 mm), mit einfachen grobporigen Querplatten. Im Weichbaste bilden sich auch unabhängig von den Bastfasern zerstreute Kammerfasern mit Einzelkrystallen.

Die Markstrahlen sind 1—6 reihig, gegen die Mittelrinde etwas verbreitert und hier häufig in die Sklerose einbezogen. Im Baste werden die Markstrahlzellen nicht sklerotisch, führen aber ab und zu ein Rhomboeder.

Cercis siliquastrum L.

Die jüngsten Internodien überwintern mit einem geschlossenen Periderma aus kleinen derbwandigen, aber nicht sklerotischen Tafelzellen, welche aus der zweiten bis vierten Zellenlage der primären Rinde hervorgegangen sind. Dieses Periderm erneuert sich durch 6—10 Jahre, während die älteren Schichten abblättern. Armdicke Stämme sind schon mit Borke bedeckt. Die inneren Korkhäute sind dünn (6—15 reihig), den oberflächlichen im Bau vollkommen gleich, die Borkeschuppen selten über 0,5 mm dick, verhältnissmässig gross und ebenflächig, in wenigen Lagen haftend, und einen etwas über millimeterdicken lebenden Bast bedeckend.

Die primäre Rinde ist mässig collenchymatisch, sklerosirt nicht, führt reichlich Einzelkrystalle, namentlich in der Umgebung der primären Bastfaserbündel, welche schon in älteren Internodien jähriger Triebe beträchtlich auseinander gedrängt sind. Die Mittelrinde folgt dem Dickenzuwachs weniger durch Phelloderma als durch die bedeutende Erweiterung der primären Markstrahlen.

Die secundäre Rinde ist kleinzellig und ungewöhnlich derbwandig, mit spärlich und regellos vertheilten schwachen Faserbündeln und isolirten Fasern. Steinzellen fehlen vollständig. Kammerfasern werden reichlich gebildet, sowol als Umhüllung der Bastfasern als selbstständig im Weichbaste. In dem englichtigen, grobporigen, dicht gefügten Parenchym fallen die spärlichen Siebröhren durch ihr offenes, weites (0,025 mm) Lumen auf. Sie sind kurzgliederig mit einfachen, (im Herbste) callösen Querplatten.

Die primären Markstrahlen sind, abgesehen von den beträchtlichen Verbreiterungen in den Aussenschichten des Bastes, meist drei- oder vierreihig. Sie sind wie die ein- oder zweireihigen Strahlen kurz- und breitzellig, ebenso derbwandig wie das Bastparenchym und führen auch Einzelkrystalle.

Caesalpinieae.

Nur bei *Gleditschia* ist die zweite oder dritte, sonst immer die der Oberhaut unmittelbar angrenzende Zellenlage der primären Rinde die Initiale für das Periderma. Ihre Theilungen beginnen frühzeitig und zugleich um die ganze Peripherie der jungen Internodien *(Gleditschia, Gymnocladus, Tamarindus, Bauhinia)*, oder das Periderma breitet sich von den Lenticellen allmälig und unregelmässig aus und erst im zweiten, selbst dritten Jahre wird es ringsum geschlossen *(Cassia, Ceratonia)*. Die Korkzellen sind stark abgeflacht bei *Gleditschia, Tamarindus*, in geringerem Grade bei *Bauhinia, Gymnocladus*, beinahe oder doch zum Theile cubisch bei *Cassia* und *Ceratonia*. Sie sind dünnwandig bei *Gleditschia, Bauhinia*, etwas derber bei *Gymnocladus*, allseitig gleichmässig sklerosirt bei *Cassia*, einseitig verdickt bei *Ceratonia* (innen) und *Tamarindus* (aussen). Die Korkhäute dringen bei *Gleditschia* und *Gymnocladus* frühzeitig in die tieferen Lagen der primären Rinde ein, die eigentliche Borkebildung beginnt bei allen untersuchten Gattungen sehr spät, besonders ist *Ceratonia* durch lange (über dreissig Jahre) ausdauerndes Oberflächenperiderma ausgezeichnet. Die Borkeschuppen sind immer dick (bis 3 mm), dabei klein und krummflächig bei *Gymnocladus*, grösser und oft ziemlich flach bei *Gleditschia, Caesalpinia, Ceratonia*. Die inneren Korkhäute erreichen nicht die Mächtigkeit der oberflächlichen, die sich durch viele Jahre aus einem Phellogen ergänzen, gleichen ihnen aber im Baue vollständig. Einen völlig eigenartigen Bau zeigen die bei *Ceratonia* genauer beobachteten phellogenen Schichten (Fig. 145). Schon die erste innere Korkinitiale tritt tief im Baste auf. Sie bildet nur wenige Korkzellenreihen, dagegen ein vielreihiges Phelloderma, dessen älteste (nach innen gelegene) Schichten gleichmässig sklerosiren. Die Abtrennung der Borke erfolgt in der Phellodermschicht, der Bast bleibt von einer mächtigen ab und zu durchbrochenen Sklerenchymplatte bedeckt. In ähnlicher Weise bildet sich die Borke bei *Caesalpinia*, deren abgeworfene Schuppen an der Aussenseite mit einer schülferigen Steinplatte, an der Innenseite von dem grosszelligen Kork und den Resten des Phelloderma bedeckt sind.

Die primäre Rinde entwickelt kein *(Gleditschia, Tamarindus, Bauhinia)* oder doch nur ein schwaches *(Cassia, Ceratonia, Gymnocladus)* hypodermatisches Collenchym. Sie bleibt nur bei *Bauhinia* (in jungen Internodien) sklerenchymfrei, bei allen anderen Gattungen werden die Lücken zwischen den primären Bastfaserbündeln schon in den jüngsten Internodien durch Steinzellen ausgefüllt und dieser Sklerenchymring wird zum mindesten durch mehrere Jahre, sehr lange bei *Gleditschia*, zeitlebens bei *Ceratonia* erhalten. Die Sklerosirung des Rindenparenchyms bleibt auf die Bildung dieses Ringes beschränkt bei *Cassia, Ceratonia, Tamarindus*, selbstständige Steinzellengruppen treten späterhin bei *Gleditschia* und *Gymnocladus* hinzu. Die Steinzellen sind in Gestalt und Grösse kaum verändert, anfangs klein und isodiametrisch, allmälig grösser und tangential gestreckt entsprechend den Veränderungen ihrer Mutterzellen. Kammerfasern und isolirte Krystallzellen umgeben in Menge den Sklerenchymring und letztere bilden sich auch vereinzelt ausserhalb desselben. Sie führen stets rhomboedrische Einzelkrystalle.

Die schichtenweise Entwicklung der Elemente des Bastes ist zwar immer erkennbar, doch kommt sie selten rein zum Ausdruck. Die Rinden sind zunächst arm an Bastfasern, besonders im älteren Baste tritt ihre Bildung sehr zurück, unterbleibt wol ganz *(Caesalpinia)*. Bei *Gleditschia* und *Gymnocladus*, wo die Bastfasern noch in einigermassen erheblicher Menge vorkommen, bilden sie schmale, tangentiale Reihen in loser Verbindung und mit häufigen Unterbrechungen; die für viele *Papilionaceen* charakteristischen festgefügten Platten fehlen. Die beiden letztgenannten Gattungen bilden auch S t e i n z e l l e n in untergeordneter Menge, meist in Verbindung mit den Faserbündeln, ab und zu auch selbstständig. Höchst selten sklerosiren einzelne Parenchymzellen bei *Ceratonia* (Fig. 145), welche wie *Cassia* sparsam zerstreute, schmächtige Faserbündel entwickelt. An die Stelle der fehlenden Bastfasern treten bei *Caesalpinia* vertical orientirte S t e i n z e l l e n s p i n d e l n von rundlichem oder tangential gestrecktem Querschnitt auf. Diese, sowie die Faserbündel sind immer reichlich v o n K r y s t a l l e n b e g l e i t e t, oft von ihnen vollständig bedeckt *(Cassia, Ceratonia)*, doch sind die sie bergenden Zellen nur bei *Caesalpinia* regelmässig sklerotisch, die Kammerfasern bei den anderen Gattungen sind es nur ausnahmsweise. Die Bastfasern sind denen der *Papilionaceen* nur am Querschnitte ähnlich; sie sind aber bedeutend kürzer, krummläufig und etwas knorrig. Die Steinzellen sind bei *Caesalpinia* in erheblicherem Grade vergrössert; sie sind selten stabförmig, meist isodiametrisch, was wol auf eine früh beginnende Sklerosirung hindeutet; die Verdickung führt nahe zur Obliterirung, die Schichtung ist zart, die Poren sind verzweigt, grob. — Die Schichtenfolge des Weichbastes hält die allgemeine Regel ein, dass die Faserbündel von Parenchym umgeben und die Siebröhren zwischen Parenchym gebettet sind, doch ist eine concentrische Schichtung höchstens in einem Baststrahl, ohne Zusammenhang mit den benachbarten, und auch diese sehr unregelmässig entwickelt. Der Weichbast macht sich in keinem Falle durch eine das gewöhnliche Maass übersteigende Derbwandigkeit bemerkbar. Die Parenchymzellen besitzen immer an der horizontalen und radialen Seite grosse Tüpfel, ihre Breite übersteigt die der Bastfasern um Weniges. Sie werden vereinzelt sehr selten zu Kammerfasern umgewandelt, welche bei *Gymnocladus* dieselben Krystallformen wie in der Umgebung der sklerotischen Elemente, bei *Gleditschia* und *Caesalpinia* auch D r u s e n führen. Die Siebröhren von *Gleditschia* und *Gymnocladus* sind bedeutend weitlichtiger als das Bastparenchym, jene von *Cassia, Ceratonia, Caesalpinia* in ihren Dimensionen den gestreckteren Parenchymzellen gleich, a u s s e r o r d e n t l i c h k u r z g l i e d e r i g. Ihre Endflächen tragen mehrere (selten unter drei und über sechs) grobporige, durch dünne Leitersprossen getrennte Siebplatten, die mit dickem Callus bedeckt sind und an den Seitenflächen Siebfelder. Eine b e i *Gymnocladus, Cassia* u n d *Ceratonia* direct b e o b a c h tete Eigenthümlichkeit der Siebröhren ist ihre seitliche Verbindung, welche Anastomosen und Verzweigungen zur Folge hat (Fig. 144).

Breite Markstrahlen besitzen *Gleditschia* und *Gymnocladus*, die übrigen sind nicht über drei- oder vierreihig, die primären Strahlen in allen Fällen nach der Mittelrinde **verbreitert**, wodurch diese in erster Linie befähigt wird dem Dickenwachsthum zu folgen. Die diffuse Sklerosirung der Mittelrinde erstreckt sich bei *Gleditschia* auch in die Markstrahlen, dagegen wurde eine mit dem **Sklerenchym des Bastes zusammenhängende Sklerosirung nie beobachtet**. Krystalle kommen nur spärlich in denselben Formen wie im Weichbaste vor.

Gleditschia monosperma Walt.

Einjährige Internodien überwintern mit einem 0,15 mm breiten Periderm[1]) aus zahlreichen Lagen dünnwandiger Tafelzellen, nachdem die Oberhaut mit der Aussenschicht der primären Rinde abgestossen ist. Dieses Periderm erreicht im Laufe vieler Jahre ansehnliche Mächtigkeit (über 1 mm), indem die Abschülferung verhältnissmässig langsam erfolgt. Die ersten, schon im zweiten Jahre in die Tiefe dringenden Korkhäute trennen nur ganz kleine Rindentheile ab und wachsen selbst wie die oberflächlichen, mit denen sie im Baue übereinstimmen, mehrere Jahre hindurch in die Dicke. Allmälig werden die Borkeschuppen dicker, die Korkhäute dünner. Erstere bedecken 50jährige Stämme als 2—3 mm dicke, flache oder etwas nach aussen gekrümmte Leisten, letztere sind grossflächig, gegen 0,3 mm dick, schichtenweise gebräunt. Der lebende Bast ist bei 5 mm dick, von nur wenigen Borkeschuppen bedeckt.

Die primäre Rinde hat **kein Collenchym** und sklerosirt zunächst zwischen den primären Bastfaserbündeln. Der so gebildete **gemischte Sklerenchymring wird bei fortschreitendem Dickenwachsthum erhalten** und von Kammerfasern umgeben. Auch in der Aussenschicht führen zerstreute Zellen schon in den jüngsten Internodien Einzelkrystalle und in der durch Phelloderma ansehnlich verstärkten Mittelrinde bilden sich unregelmässige Steinzellennester.

Der Bast ist für das nackte Auge deutlicher geschichtet als unter dem Mikroskope. Die Fasern, etwa 1 mm lang, krumm, oft stumpf endigend, glatt und geschmeidig, sind zwar unverkennbar in concentrischen Schichten angelegt, aber in lose verbundenen, oft ganz unterbrochenen und zudem sehr schmalen, häufig einfachen Reihen. In regelloser Vertheilung entstehen isodiametrische **Steinzellengruppen** oder ab und zu sklerosiren die den Faserbündeln anliegenden Parenchymzellen. Selten sind die Steinzellen axial gestreckt, meist cubisch (0,03 mm) fast vollkommen verdickt, geschichtet und von ästigen Porencanälen durchzogen. Sie sowol wie die Faserbündel sind von **Einzelkrystallen** begleitet, letztere jedoch **keineswegs von den Kammerfasern umhüllt**. In den Weichbastschichten liegen die Siebröhren in der Mitte, meist schon in frischer Rinde zu einem tangentialen Strang zusammengedrückt. Die Parenchymzellen sind breit getüpfelt, mitunter zu Kammerfasern getheilt, welche **Drusen**[2]) führen. Die Siebröhren sind **bedeutend weitlichtiger** (0,05 mm), kurzgliederig (0,25 mm), in einander geschoben, verbreitert und mit einer Reihe grobporiger Siebplatten besetzt, welche durch schmale Leitersprossen getrennt sind.

Die Mehrzahl der Markstrahlen ist breit, bis 0,5 mm und einzelne derselben nach aussen noch **verbreitert**. Die Baststrahlen sind jedoch mehrfach breiter und von spärlichen sekundären Markstrahlen durchzogen. Die Markstrahlzellen sind radial gestreckt, etwas dünnwandiger wie das Bastparenchym, führen wie dieses ab und zu **Krystalldrusen**, sklerosiren auch in kleinen Gruppen selbstständig und schliessen dann Einzelkrystalle ein.

---

[1]) Nach Sanio (Jahrb. f. wiss. Bot. II., p. 39) aus der 2.—3. Zellenreihe entstanden.
[2]) Vgl. Sanio, Monatsber. d. Berl. Akad. April 1857, p. 252.

Gleditschia triacanthos Lin.

Diese Art stimmt mit der vorigen im Baue der Rinde vollkommen überein.

Gymnocladus canadensis Lam.

Die kleinfingerdicken Jahrestriebe überwintern mit einem geschlossenen breiten (0,2 mm) Peridermcylinder aus etwa zwanzig Reihen derbwandiger Tafelzellen, welche anscheinend aus der obersten Rindenzellenlage hervorgegangen sind. Die Korkhäute dringen schon an zweijährigen Internodien in die Tiefe und trennen die primäre Rinde in flachen Schüppchen ab. Die inneren Korkhäute gleichen vollständig den oberflächlichen, sind etwa papierdünn, stark gekrümmt, die Borkeschuppen daher sehr unregelmässig gestaltet, klein, bis 2 und 3 mm dick, durch ziegelrothe Färbung ausgezeichnet.

Die primäre Rinde ist mit Rücksicht auf die Dicke der Internodien kleinzellig, mit einem schwach entwickelten collenchymatischen Hypoderma. Sie sklerosirt frühzeitig zwischen den mächtigen Bündeln der primären Bastfasern, welche zu einem Ringe geschlossen werden. Später treten auch ausserhalb derselben kleine Steinzellengruppen auf. Krystallzellen mit einzelnen Rhomboedern bilden sich in der Umgebung der sklerotischen Elemente und fehlen vor dem Auftreten dieser.

Der Bast, welcher wegen der tief dringenden Borke selbst an sehr alten Stämmen oft kaum 4 mm dick ist, hat im frischen Zustande eine eigenthümliche, käseartige Consistenz. Er ist unverkennbar concentrisch geschichtet, doch sind die Faserbündel unregelmässig conturirt, im Umfange sehr verschieden, erstrecken sich nur ausnahmsweise über die Breite des Baststrahles und zwischen ihnen treten reichlich isolirte Fasern und kleinere Bündel auf. Auch sklerosiren nicht selten die begleitenden Parenchymzellen, wodurch die Configuration ebenfalls verändert wird. — Die Bastfasern sind sehr verschiedengestaltig, knorrig gekrümmt, ungleichmässig und in verschiedenem Grade schlauchartig bis vollständig verdickt, oft sehr kurz, stabzellenartig, selten über 1 mm lang, in der Breite ebenfalls schwankend (bis 0,035 mm), im Querschnitte rundlich, porenarm. Die Steinzellen sind meist etwas vergrössert, mit den Bastfasern innig verschmolzen, schwach bis vollständig verdickt, zart geschichtet und von groben, verzweigten Porenkanälen durchzogen.

Der Weichbast ist dünnwandig, ziemlich regelmässig radial gereiht, ungeschichtet, quantitativ weit überwiegend. Die Parenchymzellen sind 0,03 mm weit, mit breiten Tüpfeln an den radialen Seiten. Die Siebröhren sind kaum doppelt so breit, ausserordentlich kurzgliedrig (Fig. 144), mit grobporigen, (im Herbste) zumeist mit dickem Callus bedeckten Siebplatten, welche selten einfach und horizontal, fast immer durch schmale Leitersprossen getheilt zu mehreren auf den mehr oder weniger geneigten Endflächen stehen. Ueberdiess tragen die Seitenflächen vertical gereihte, rundliche Tüpfel. Mitunter sind die Siebröhren verzweigt, mit der Seitenwand eines Gliedes steht das Glied eines benachbarten Siebröhrensystems durch Plattensysteme in Verbindung (Fig. 144).

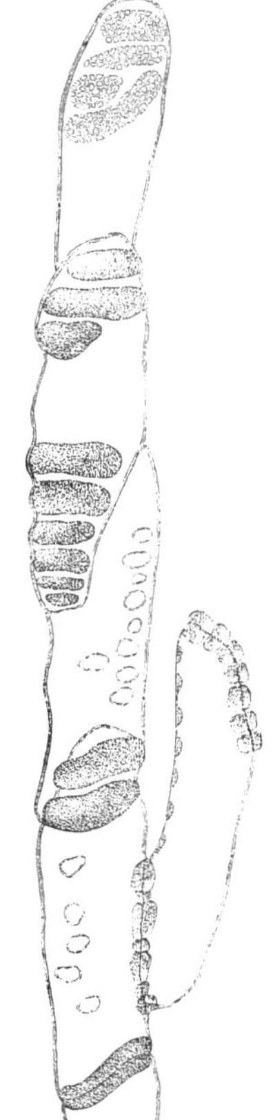

Fig. 144. *Gymnocladus canadensis* Lam. Ein Siebröhrensystem in Anastomose mit einem benachbarten (300).

Kammerfasern bilden sich nur in der Umgebung der Faserbündel, die sie mitunter, aber keineswegs immer umhüllen. Sie führen stets klinorhombische Einzelkrystalle und sklerosiren nur, wenn sie zwischen Steinzellen zu liegen kommen.

Die Markstrahlen sind breit, meist 4—6 reihig, nebst zahlreichen Nebenmarkstrahlen; die Zellen sind mässig radial gestreckt, breit und kaum dünnwandiger als das Bastparenchym. Sie werden nicht sklerotisch und führen keine Krystalle.

Caesalpinia echinata Lam. [1])

Flache, harte und spröde, 2—3 mm dicke, rothbraune, aussen warzig schülferige, innen glatte ebenbrüchige Rindenstücke, welche, wie die mikroskopische Untersuchung lehrt, Borkeschuppen des Bastes sind.

Es ist unverkennbar, dass die Borke sich in ähnlicher Weise bildet wie bei *Ceratonia*. Zwar die einseitig sklerosirten Korkzellen fehlen in dem vorliegenden Materiale, dagegen sind die Borkeschuppen begrenzt von dem charakteristischen grosszelligen, derbwandigen Phelloderma, dessen innere Lagen einen geschlossenen oder wenig unterbrochenen Sklerenchymring bilden. Die Steinzellen sind isodiametrisch, meist noch in radialer Ordnung, aber hier zum Unterschiede von *Ceratonia* fast vollständig verdickt und nur in geringerem Grade, wenn sie, wie häufig, Krystalle einschliessen.

Der Bast besteht zum weit überwiegenden Theile aus geschrumpften Siebröhrensträngen und Parenchymlagen mit spärlichen und unregelmässig vertheilten axialen Gruppen oder tangentialen Platten von Steinzellen, welche vergrössert, nahezu isodiametrisch, vollkommen verdickt, geschichtet, von groben verästigten Porencanälen durchzogen und von sklerotischen Krystallzellen begleitet sind. Das Bastparenchym ist breit getüpfelt, einzelne Zellen sind zu dünnwandigen Sekretschläuchen umgewandelt, andere zu Kammerfasern, welche grosse rhomboedrische Krystalle einschliessen. Durch Maceration können auch die Siebröhren isolirt werden und man erkennt ihren mit den gleichnamigen Elementen von *Ceratonia* übereinstimmenden Bau.

Die meisten Markstrahlen sind zweireihig, doch auch drei- und vierreihig, aus fast cubischen Zellen zusammengesetzt. Sie führen ab und zu eine Krystalldruse, seltner Rhomboeder.

Tamarindus indica Lin.

Die oberste Rindenzellenlage wird frühzeitig zum Phellogen und erzeugt ein geschlossenes Periderma aus wenigen Reihen flacher, schon in der ersten Vegetationsperiode an einer tangentialen Wand (meist der äusseren) sklerosirender Zellen, durch welche die mit derbwandigen conischen Härchen besetzte Oberhaut alsbald abgestossen wird. Auf die ersten 3—4 Reihen sklerotischer Zellen werden einige Reihen weniger flacher und dünnwandiger Korkzellen gebildet, worauf in der zweiten Vegetationsperiode die Peridermbildung abermals mit einseitig sich verdickenden Zellen anhebt, nachdem die erst entstandenen sich abzuschülfern beginnen.

Die primäre Rinde ist mit Rücksicht auf die dünnen Internodien grosszellig, ein hypodermatisches Collenchym ist kaum angedeutet. Sie sklerosirt blos zwischen den primären Bastfaserbündeln. Durch Vermehrung und Vergrösserung der Stein-

---

[1]) Vgl. A. Vogl, Zeitschr. d. allg. österr. Ap. V. 1871 No. 35 und die Gerberinde „*Nacasculo*" bei J. Moeller, Pflanzenrohstoffe p. 27. (Bericht über die Weltausstellung in Paris 1878, VIII.) und v. Höhnel, Gerberinden p. 139.

zellen folgt der Sklerenchymring dem Dickenwachsthum wenigstens drei Jahre. Er ist reichlich von rhomboedrischen Krystallen begleitet, die in geringerer Menge auch ausserhalb des Ringes vorkommen.

Cassia baccilaris L. fil.

Das Periderm entsteht aus der obersten Rindenzellenlage an kleinen umschriebenen Stellen in sehr jungen Internodien, welche daher dunkel punktirt erscheinen. Die Korkblättchen breiten sich allmälig aus und am Ende der ersten Vegetationsperiode sind die Stengel meist vollständig von Periderm bekleidet, dunkelbraun mit spärlichen hellgrünen Flecken. Das Periderm zählt um diese Zeit nur wenige (zwei bis drei) Reihen grosser dünnwandiger, kaum abgeflachter Korkzellen.

Die primäre Rinde besitzt ein zartes collenchymatisches Hypoderm und führt vereinzelt rhomboedrische Krystalle. Die umfangreichen Bündel der primären Bastfasern werden durch schwach sklerosirendes Parenchym verbunden und reichlicher von Kammerfasern begleitet. Auch in dem jungen Baste finden sich schon kurze Kammerfasern, die sowol Rhomboeder wie Drusen führen.

Cassia auriculata Lin.

Gegen millimeterdicke, eingerollte, aussen zimmtbraune, schülferige, innen röthliche, fein gerunzelte, spröde, ebenbrüchige Rinde. Der Querschnitt ist durch eine äusserst zarte helle Linie in einen äusseren homogenen und in einen inneren etwa doppelt so breiten Theil geschieden, welcher radial gestreift ist. In Wasser quellen die Schnitte auf die doppelte bis dreifache Breite an.

Das Periderm zählt wenige Reihen cubischer oder mässig flacher, kleiner (0,04 mm) Zellen, welche allseitig oder vorherrschend auf der Aussenseite eine starke, von der Primärmembran getrennte Verdickungsschicht besitzen.

Die durch Phelloderma verstärkte Mittelrinde ist etwas derbwandig, tangential wenig gestreckt. Steinzellen fehlen vollständig, mit Ausnahme der die Faserbündel begleitenden, mit denen sie dünne (0,05 mm) tangentiale Platten aus meist zwei Reihen Steinzellen bilden. Dieser gemischte Sklerenchymring ist bereits vielfach unterbrochen, die Lücken aber bislang kleiner als die Plattenbreite. Krystallschläuche mit Rhomboedern sind allenthalben zerstreut.

Die nach innen verbreiterten Baststrahlen bestehen aus derbwandigem Weichbaste, in dem unregelmässig und spärlich kleine Faserbündel oder schmale tangentiale Platten zerstreut sind. Die Fasern sind meist nur 0,6 mm lang, etwas gekrümmt und knorrig, 0,025 mm breit, vollkommen verdickt, mit gallertartiger Innenschicht. Sie sind allseitig von Kammerfasern umhüllt, welche nicht oder doch nur sehr schwach sklerosiren. Steinzellen werden nicht gebildet. Das Bastparenchym ist breit getüpfelt, mitunter conjugirt, auch zu dünnwandigen Kammerfasern abgetheilt, welche immer Einzelkrystalle führen. Die Siebröhren sind in der Weite (0,025 mm) und häufig auch in der Länge der Glieder (0,15 mm) von den Parenchymzellen verschieden. Ihre schwach geneigten Endflächen tragen mehrere (meist 2—5) schmale, von dickem Callus bedeckte Siebplatten. Mitunter anastomosiren die Siebröhren wie bei *Gymnocladus* (Fig. 144).

Die Markstrahlen sind 1—2, selten dreireihig, in der jungen Rinde bedeutend weitlichtiger und wenig dünnwandiger als das Bastparenchym, kaum gestreckt. Sie sind zumeist nach aussen verbreitert, aber selbst in den tieferen Lagen häufig wegen ihrer Grosszelligkeit breiter als die Baststrahlen. Sie sklerosiren niemals, führen aber ab und zu einzelne Krystalle.

Bauhinia aculeata Vell.

Das Periderm bildet sich in den jüngsten Internodien aus der äussersten Zellenlage der primären Rinde und sprengt alsbald die schwach cuticularisirte, mit gekammerten Trichomen besetzte Oberhaut. Die Korkzellen sind gross, breit und wenig abgeflacht, dünnwandig, ihre Zahl schon im zweiten Jahre auf 15—20 angewachsen.

Die primäre Rinde ist collenchymfrei, dünnwandig; an zweijährigen Internodien sind die umfangreichen Bastfaserbündel bereits weit auseinander gerückt, ohne Spur einer Steinzellenbildung. Allenthalben, vorwiegend jedoch in der Umgebung der Fasern bilden sich Krystallschläuche mit Einzelkrystallen.

Ceratonia Siliqua L.

Von den Lenticellen aus breitet sich das Periderm an älteren Internodien der jährigen Triebe allmälig aus und pflegt zweijährige Triebe schon vollständig zu umhüllen. Die Initiale ist die äusserste Zellenlage der primären Rinde, die Korkzellen sind zartwandig. Das Oberflächenperiderm ist sehr lange ausdauernd, erreicht am Stamme eine Mächtigkeit von 0,5 mm und darüber, seine Zellen sind mässig abgeflacht und erhalten sämmtlich an ihrer Innenseite eine von Porencanälen durchsetzte Verdickungsschichte. Erst im hohen Alter, an schenkeldicken Stämmen, dringen Korkhäute in die Tiefe. Die inneren Phellogenschichten (Fig. 145) bilden nur 4—6, höchstens 8 Reihen einseitig sklerosirter Tafelzellen, die den oberflächlichen vollständig gleichen, dagegen ein bedeutend breiteres (0,5 mm bei 25—30 Zellenreihen) Phelloderma aus nahezu cubischen, derbwandigen, in den innersten Lagen gruppenweise gleichmässig schwach sklerosirenden Zellen. Die abgetrennten Borkeschuppen sind 2—3 mm dick, gross und ziemlich ebenflächig.

Die primäre Rinde besitzt ein schwaches collenchymatisches Hypoderma und sklerosirt schon in sehr jungen Internodien zwischen den primären Bastfaserbündeln, sonst

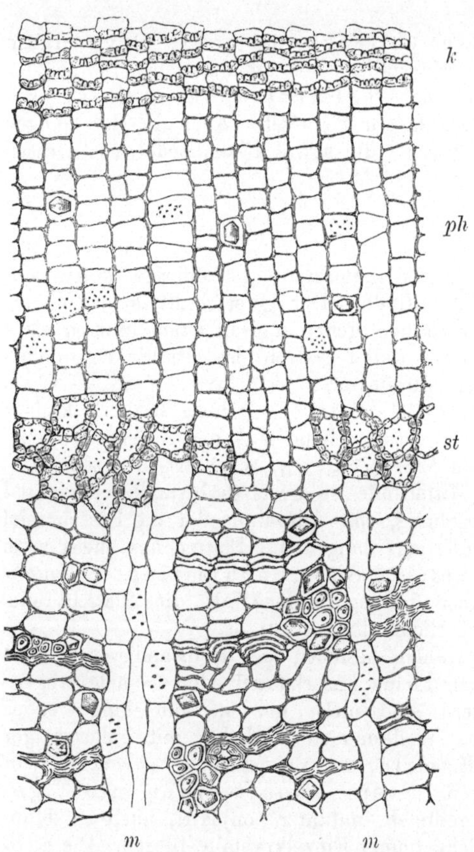

Fig. 145. *Ceratonia Siliqua* L. Querschnitt durch das innere Periderma mit einem Theile des lebenden Bastes eines alten Stammes (300). *k* einseitig sklerosirte Korkzellen; *ph* Phelloderma; *st* innere, sklerosirende Phellodermschicht; *m* Markstrahlen; im Weichbaste zerstreut Faserbündel, Siebröhrenstränge; Steinzellen, Krystalle.

aber nicht. Der gemischte Sklerenchymring bleibt zeitlebens (bis zur Bildung der ersten Borkeschuppe) geschlossen und ist als zarte helle Kreislinie mit nacktem Auge an Querschnitten 35jähriger Rinde noch erkennbar. Er ist reichlich von Krystallzellen (Rhomboeder) umgeben, wie sie vereinzelt auch im dünnwandigen Parenchym vorkommen.

In der secundären Rinde treten Bastfasern s p ä r l i c h in wenig umfangreichen Bündeln auf; ihre Menge nimmt mit zunehmendem Alter noch ab, so dass die tieferen Bastlagen ihrer fast ganz entbehren. Die Fasern sind denen von *Cassia* ähnlich, kurz und meist vollkommen verdickt, v o n K a m m e r f a s e r n u m k l e i d e t.

Der Weichbast zeigt häufig wechselnde Lagen von Parenchym und Siebröhren, doch kommen letztere, die in grosser Menge entwickelt sind, auch in selbstständigen Strängen vor. Die Parenchymzellen sind noch deutlich radial gereiht, gegen 0,025 mm breit, etwas derbwandig, breit getüpfelt, oft zu Kammerfasern mit grossen rhomboedrischen Krystallen umgewandelt, oder führen einen eigenthümlichen, in Kalilauge sich wie Tinte färbenden Inhalt. Sehr vereinzelt s k l e r o s i r t eine oder die andere einem Faserbündel angelagerte Parenchymzelle. Die Siebröhren sind ebenso breit und nicht viel länger (selten über 0,3 mm) als die Parenchymzellen, ihre zugeschärften Enden tragen meist 5—8 schmale, mit dickem Callus bedeckte Siebplatten durch dünne Leitersprossen getrennt, und an den Seitenflächen flache rundliche Tüpfel in einer verticalen Reihe. Mitunter sind benachbarte Siebröhrenglieder auch an den Seiten mittels Siebplatten verbunden oder einfach verästigt.

Die Markstrahlen sind 1—4reihig, nach aussen v e r b r e i t e r t. Die Zellen sind im jungen Baste kurz und breit, späterhin beträchtlich radial gestreckt, reichporig, etwas dünnwandiger als Bastparenchym und enthalten hie und da eine Druse.

Mimoseae.

Die Oberflächenperiderme der drei untersuchten Gattungen gleichen sich bezüglich der D ü n n w a n d i g k e i t und g e r i n g e n A b f l a c h u n g ihrer Zellen, sie sind aber verschieden bezüglich der Zeit und des Ortes ihrer Anlage. *Calycandra* bildet das Periderm in sehr jungen, *Inga* in den älteren Internodien des Jahrestriebes und *Acacia* erst im zweiten oder dritten Jahre. Nur ausnahmsweise wird die äusserste Rindenzellenlage, meist die zweite, dritte, stellenweise eine noch tiefere Zellenlage zum Phellogen und namentlich für *Acacia* ist dieser in derselben Querschnittsebene w e l l i g e V e r l a u f d e r I n i t i a l s c h i c h t bemerkenswerth. Bei dieser und bei *Inga* entsteht auch das Periderma nicht zugleich rings um die Peripherie, wie bei *Calycandra*, sondern zunächst an umschriebenen Stellen, in den Lenticellen oder in den seichten longitutinalen Furchen der jungen Stengel, kommt aber bald zum allseitigen Abschluss. Das oberflächliche Periderma besteht in den ersten Jahren nur aus wenigen Zellenreihen; an alter Rinde zu einer mächtigen Lage S c h w a m m k o r k entwickelt fand es sich bei *Acacia Lebbek* und zum Theile mit einer schwachen, allseitig g l e i c h m ä s s i g e n V e r d i c k u n g s s c h i c h t bei *Inga,* e i n s e i t i g (innen) s k l e r o s i r t bei *Acacia leucophloea* vor.

Innere Periderme wurden bei *Erythrophlaeum* und bei *Acacia*arten beobachtet, wo sie dünne, klein- und krummflächige, aus d ü n n w a n d i g e n (*Acacia*) oder vollständig und g l e i c h m ä s s i g s k l e r o t i s c h e n (*Erythrophlaeum*) Tafelzellen gebildete Korkhäute darstellen, die sehr unregelmässig vordringen und verschieden gestaltete, nicht selten mehrere Millimeter dicke

Borkeschuppen abtrennen. Borkebildung scheint sehr spät aufzutreten, an augenscheinlich sehr alten, centimeterdicken Rindenmustern wird sie noch vermisst.

Die primäre Rinde bildet kein oder doch nur ein äusserst schwaches collenchymatisches Hypoderma. In zerstreuten Krystallschläuchen, reichlicher in Kammerfasern, welche die primären Bastfaserbündel begleiten, führt sie ausschliesslich auch in den jüngsten Internodien rhomboedrische Einzelkrystalle. Bei *Calycandra, Inga* und *Acacia lophantha* bildet sie wenigstens in den ersten Jahren gar keine Steinzellen, bei *Acacia longifolia* werden die primären Bastfaserbündel frühzeitig zu einem gemischten Sklerenchymring vereinigt. Doch tritt späterhin in der durch Phelloderma bedeutend verstärkten Mittelrinde umfangreiche diffuse Sklerosirung auf und sogar der gemischte Sklerenchymring wurde bei *Inga* und *Albizzia* noch geschlossen, bei *Acacia Lebbek* und *leucophloea* durchbrochen, aber noch erkennbar angetroffen. Die Steinzellen sind in unregelmässigen Klumpen oder Platten ziemlich lose verbunden, in Form und Grösse von dem dünnwandigen Parenchym kaum verschieden, in ungleichem Grade, bis nahe zur Obliterirung verdickt, zart geschichtet und von groben ästigen Porenkanälen durchzogen. Die von ihnen eingeschlossenen oder ihnen angelagerten Krystallschläuche sklerosiren gleichfalls, ausserhalb derselben kommen Krystalle sehr spärlich vor.

Wie die Mittelrinde so zeigt auch der Bast von *Inga, Albizzia* und *Acacia* keine generellen Unterschiede, die Charaktere vermischen sich. Auch die anscheinend grosse Verschiedenheit des Bastes von *Erythrophlaeum* wird nur durch das quantitative Ueberwiegen der sklerotischen Elemente, insbesondere durch die fast vollständige Sklerosirung des Bastparenchyms herbeigeführt. Allen gemeinsam ist die Bildung innig verschmolzener, von sklerotischen Kammerfasern allseitig bekleideter Bastfaserplatten, durch welche die Markstrahlen niemals eingeengt werden, die schichtenweise Lagerung der Elemente des Weichbastes, die breiten Markstrahlen, der feinere Bau der Elemente. Die Bastfaserplatten sind streckenweise concentrisch geschichtet, dann wieder alterniren sie mit jenen der benachbarten Baststrahlen, auch sind sie oft innerhalb eines Baststrahles unterbrochen, Unregelmässigkeiten, welche die Regelmässigkeit des Schichtenbaues stören, aber niemals aufheben. Sie tritt am deutlichsten hervor je dichter (engringiger) die Schichtung ist (*A. leucophloea, Erythrophlaeum*), weil hier die radialen Höhenunterschiede fast verschwinden. Die Oberfläche der Platten ist wenig ausgeglichen, von den randständigen Fasern cannellirt. Die Umhüllung mit sklerotischen Kammerfasern ist fast vollständig und erstreckt sich namentlich auch auf die den Markstrahlen zugekehrte Seite ohne dass die Zellen der letzteren in Anspruch genommen werden. Die Bastfasern sind meist über 2 mm lang, fein zugespitzt, glatt (die randständigen zackig), dünn (0,02 mm), am Querschnitte polygonal mit breiter, gerundeter, scharf getrennter Innenschicht, sehr engem Lumen, spärlichen Poren. Mitunter sind Bastfasern die einzigen sklerotischen Elemente

der secundären Rinde *(Acacia Jurema, Albizzia)*, häufiger kommen auch Steinzellen in wechselnder Menge vor, sehr spärlich bei *Acacia leucophloea, dealbata,*
in grösserer Menge als isolirte Gruppen oder mit den Bastfasern verschmolzen
bei *A. Lebbek* und besonders reichlich bei *Inga* und *Erythrophlaeum.* Die
Form der Steinzellen ist cubisch oder axial gestreckt wie das Parenchym aus dem
sie gebildet wurden, mitunter etwas vergrössert, mit sehr kleinem Lumen und groben
verästigten Porenkanälen. Auch sie sind von sklerotischen Krystallzellen begleitet,
während sonst im Weichbaste nur ausnahmsweise Krystalle
gebildet werden, so dass ein ursächlicher Zusammenhang zwischen Sklerosirung
und Oxalatablagerung zu bestehen scheint. — Je nach der Breite der Weichbastschichten enthalten dieselben einen oder mehrere Lagen zusammengefallener
Siebröhren. Sie sind überdiess häufig (beoachtet bei *Inga, Acacia*arten, *Albizzia*)
ausgezeichnet durch die Bildung eigenthümlicher Sekretschläuche aus einer
medianen Zellengruppe. Die Schläuche sind dünnwandig, weitlichtig, am Querschnitte eckig und daher anderwärts vorkommenden weitlichtigen Siebröhren
ähnlich. Die Seitenwände sind meist glatt, ab und zu mit einigen schwachen
Querleisten besetzt, ein natürliches Ende ist mit Sicherheit nicht zu constatiren.
Ihr Inhalt ist farblos oder braun gefärbt, immer in Wasser vollkommen löslich
(Gummi?). Aus dem allein verfügbaren trockenen Material ist die Entscheidung, ob sie als erweiterte Siebröhren oder Parenchymzellen aufzufassen sind,
kaum zu treffen. Wahrscheinlicher scheint mir das letztere. — Die Parenchymzellen sind etwa um ein Drittel breiter als die Bastfasern, dünnwandig, breit
getüpfelt, an den radialen Seiten conjugirend. Die Siebröhren übertreffen sie
an Breite um Weniges bis um das Doppelte, ihre Glieder sind mässig lang,
kaum 1 mm erreichend, an den Seiten mit rundlichen oder querelliptischen
Siebfeldern besetzt, die mitunter *(A. dealbata)* als Maschen einer netzigen Verdickung erscheinen. Die Enden sind in verschiedenem Grade zugeschärft und
tragen eine wechselnde, oft bedeutende Anzahl stets schmaler, feinporiger Siebplatten durch dünne Leitersprossen getrennt.

Die Markstrahlen folgen dem Dickenwachsthum der Rinde in zweifacher
Weise: durch Verbreiterung der primären Strahlen oder durch
localisirte Verbreiterung sämmtlicher Strahlen. Bei den ersteren
kommt es, entsprechend der sehr verspäteten Borkebildung, zu sehr bedeutenden Ausweitungen der Markstrahlen *(Erythrophlaeum, Acacia leucophloea, dealbata, Lebbek, Albizzia)*, welche vollständig den Charakter
der Mittelrinde annehmen. Die secundären Markstrahlen sind in
diesem Falle aus radial gestreckten Zellen zusammengesetzt. Bei der letzteren
ist die Verbreiterung auf alle Markstrahlen und auf verschiedene Strecken
vertheilt *(Inga* [Fig. 146] *Acacia Jurema, Albizzia)* und wird weniger
durch Vermehrung der Zellenreihen als durch tangentiale Streckung der
Zellen der betroffenen Theilstrecke erzielt. Dadurch werden auch die Baststrahlen aus ihrer natürlichen Lage verdrängt, das Querschnittsbild wird
unregelmässig verzerrt. Die Markstrahlen besitzen einige charakteristische
Merkmale. Sie sind — von den Verbreiterungen abgesehen — meist vier- bis

sechsreihig, weder durch Bastfaserbündel, noch durch die ausgedehnteste Sklerosirung des Bastparenchyms jemals eingeengt. Sie widerstehen überhaupt der Sklerosirung in auffälligem Grade und fallen ihr nur selten und auf kleine Strecken (meist am oberen und unteren Rande) anheim, wenn das angrenzende Bastparenchym sklerotisch wird. Mit diesem theilen sie auch die Eigenthümlichkeit der sehr geringen, meist ganz unterbleibenden Krystallablagerung. Findet sie statt, dann bilden sich dieselben rhomboedrischen Krystallformen, wie an anderen Orten, indem Drusen in allen Theilen bei sämmtlichen Arten fehlen. Die Markstrahlzellen sind zartwandiger als das Bastparenchym und sind, wie dieses, strotzend erfüllt mit dem eigenthümlichen aus Gerbstoff, Gummi und anderen in Wasser vollständig löslichen Substanzen, denen trockene Rinden ihre aus der histologischen Zusammensetzung nicht erklärliche Härte und Zähigkeit, den Wachsglanz der Schnittflächen verdanken.

Erythrophlaeum guineense S. Don.

Rostbraune, bis 8 mm dicke Rinde, mit sehr dünnem Kork bedeckt, am Bruche kurzsplitterig, am Querschnitte aussen unregelmässig hellfleckig, in der inneren Hälfte rechteckig gefeldert.

Die Mittelrinde ist durch eine krummflächige Korklamelle als 2—3 mm dicke Borkeschuppe abgegliedert. Das Periderm zählt 8—15 Reihen gleichmässig stark sklerosirter Tafelzellen, denen sich unvermittelt eine gleiche oder wenig grössere Zahl dünnwandiger Zellenreihen (Phelloderma?) anschliesst.

Die Rinde ist durch ausserordentlich ausgebreitete Sklerosirung ausgezeichnet. In der Mittelrinde bilden die Steinzellen bis hirsekorngrosse Gruppen oder quergestreckte Platten, in den älteren (äusseren) Bastlagen verschmelzen Bastfasern und Steinzellen zu gemischten Sklerenchymstäben, welche die Baststrahlen fast vollständig ausfüllen und nur in dem jüngsten Baste ist die schichtenweise Lagerung dünner Faserplatten und kaum breiterer Weichbastzonen erkennbar. Die Steinzellen sind meist isodiametrisch, mitunter ziemlich bedeutend vergrössert (bis 0,15 mm), stark verdickt und reichlich von groben Porenkanälen durchzogen. Die Bastfasern haben die typische lange, dünne, englumige, geradläufige, glattwandige Form mit Ausnahme der randständigen Fasern, welche die Matrix für die sklerotischen Kammerfasern bilden, daher zackig sind.

In den älteren Basttheilen gibt es kaum einen Weichbast, indem das Parenchym sklerosirt nnd die Siebröhren bis zur Unkenntlichkeit zusammengedrückt wurden. In den jüngeren Theilen ist der Weichbast ebenfalls quantitativ untergeordnet. Die breit getüpfelten Parenchymzellen sind relativ weitlichtig (0,03 mm), die Siebröhren noch etwas breiter, an den Seitenwänden mit quergestreckten Tüpfeln, an den Endflächen mit schmalen, leiterförmig gereihten Siebplatten.

Die sklerotischen Baststrahlen werden in sehr charakteristischer Weise durch vier- bis sechsreihige, zartwandige Markstrahlen getrennt. Die Zellen sind breit und radial gestreckt, nur ausnahmsweise in geringem Grade sklerosirt und ebenso selten führen sie am Rande einzelne Krystalle.

Calycandra sp. [1]

Das Periderma entsteht in sehr jungen Internodien aus der zweiten, seltener aus der dritten oder vierten Zellenlage der primären

---

[1] Nach Endlicher zu den *Detarieen* zwischen *Caesalpineen* und *Mimoseen* gehörig.

Rinde gleichzeitig um die ganze Peripherie und am Ende der ersten Vegetationsperiode, wo es erst aus drei bis fünf Lagen fast cubischer dünnwandiger Zellen besteht, ist die mit langen, mehrzelligen, dünnwandigen Haaren besetzte Oberhaut gesprengt und theilweise abgestossen.

Die primäre Rinde ist zartzellig ohne collenchymatisches Hypoderma, mit spärlichen, Einzelkrystalle führenden Krystallschläuchen. Nur in Begleitung der primären Bastfaserbündel kommen Kammerfasern reichlicher vor. Die Sklerosirung unterbleibt bislang vollständig.

Inga sp.

An älteren Internodien der Jahrestriebe wird die subepidermidale Zellschicht zunächst an umschriebenen Stellen zum Phellogen, doch breitet sich das Periderma rasch aus und schliesst meist schon in der ersten Vegetationsperiode rings zusammen. Die Korkzellen sind dünnwandig, sehr wenig abgeflacht. Die primäre Rinde ist andeutungsweise collenchymatisch, sklerosirt nicht und führt Einzelkrystalle.

Inga dulcis Willd. (*Pithecolobium dulce* Benth., *Mimosa dulcis* Rxb.) [1]).

Leichte, hell chokoladebraune, mit papierdünnem, in Querwülsten bis federspulendickem Korküberzug von kreideweisser bis gelbröthlicher Färbung. Der Bruch ist körnig bis kurzfaserig, die Innenseite fein streifig, der Querschnitt undeutlich gefleckt und punktirt; dem Korke genähert zieht eine sehr zarte helle Linie der Oberfläche parallel, die inneren Schichten sind unregelmässig radial gestreift.

Das Periderma ist vorwiegend ein klein- und zartzelliger Schwammkork mit Schichten gleichmässig schwach verdickter cubischer Zellen. Die an das Periderm grenzende, gegen 0,3 mm breite Zellenlage verräth stellenweise noch ihren phellogenen Ursprung. Sie sowol, wie namentlich die tieferen Lagen der Mittelrinde sklerosiren in ausgedehntem Masse, so dass das dünnwandige Parenchym nur die Lücken zwischen den unregelmässigen umfangreichen Steinzellengruppen ausfüllt. In

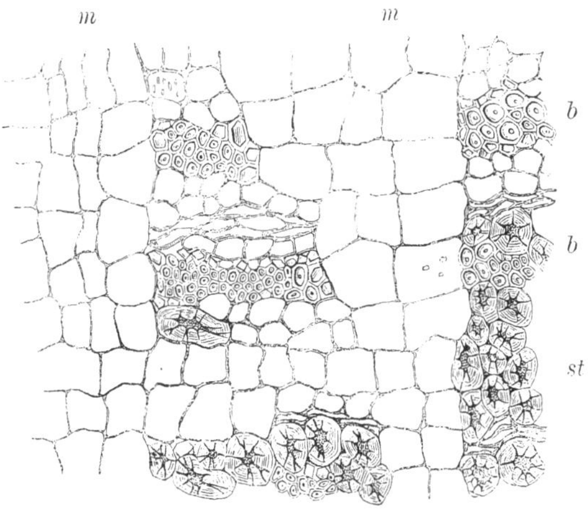

Fig. 146. *Inga dulcis* Willd. Querschnitt durch die secundäre Rinde (300). *b* Bastfaserbündel concentrisch geschichtet; *st* Steinzellengruppen, den Weichbast stellenweise verdrängend; *m* unregelmässig verbreiterte Markstrahlen.

der Tiefe von 1 mm etwa zieht der aus den primären Bastfaserbündeln und zwischengelagerten Steinzellen gemischte Sklerenchymring fast ohne Unter-

---

[1]) In Indien als Gerbematerial „*Cooroocoopully*" genannt. Vgl. J. Moeller, Pflanzenrohstoffe, Bericht über die Weltausstellung in Paris 1878, VIII. p. 41.

brechung in der Breite von 0,15 mm (gegen vier Zellenreihen). Die Steinzellen sind nicht oder nur wenig vergrössert, isodiametrisch oder mässig tangential gestreckt, sehr stark verdickt, geschichtet, von groben verzweigten Porenkanälen reichlich durchzogen. Die Sklerenchymgruppen sind von Einzelkrystallen in auffallend geringer Menge begleitet.

Die Sklerosirung erstreckt sich in völlig übereinstimmender Weise über die Verbreiterungen der Markstrahlen und in kaum geringerem Grade in die Baststrahlen, wodurch die regelmässig concentrische Schichtung der letzteren zumeist verwischt wird, so namentlich in den älteren (äusseren) Bastlagen, wo einerseits die Bastfasern in weniger dicht geschlossenen Platten, die Steinzellen dagegen in desto umfangreicheren selbstständigen Gruppen, den Weichbast fast ganz verdrängend, auftreten (Fig. 146). Die Bastfasern sind sehr lang (über 2 mm), in sehr feine Spitzen auslaufend, glattrandig oder ausgezackt, sehr selten knorrig, oft ausserordentlich dünn, selten über 0,02 mm dick, mit breiter, scharf abgegrenzter Innenschicht, in der Fasermitte wol erhaltenem Lumen mit spärlichen Porenkanälen. Die Faserbündel haben unregelmässige Querschnitte, ihre Oberflächen sind nicht geebnet, selbst an den Stellen nicht ausgeglichen, wo sie von Stabzellen, wie es zumeist der Fall ist, nicht begleitet werden. Sie sind reichlich von Kammerfasern bedeckt, welche sklerosiren. Die Umhüllung ist allseitig ohne Inanspruchnahme der Markstrahlen.

Wo der Weichbast wenig oder nicht sklerosirt ist, wie in den tieferen Bastlagen, erscheint derselbe regelmässig in der Weise geschichtet, dass Parenchymlagen den Bastfaserplatten unmittelbar angrenzen und die Mitte von Siebröhren eingenommen wird. Das Bastparenchym, soweit dünnwandig, ist breit getüpfelt und oft conjugirend, Merkmale, welche auch in den groben Porenkanälen und oft zackigen Conturen der in Form und Grösse wenig veränderten und sehr stark verdickten Steinzellen noch angedeutet sind. Die Siebröhren haben oft Lumina von 0,06, sogar 0,10 mm diam., ihre Seitenwände tragen rundliche Tüpfel, die zugeschärften Endflächen mehrere schmale Siebplatten treppenförmig gereiht. In der Mitte der Weichbastschichten gelegene Zellengruppen (Parenchym oder Siebröhren?) werden zu Sekretschläuchen ausgeweitet.

Die Markstrahlen sind in den tieferen Bastlagen selten über vierreihig, jedoch in ihrem Verlaufe wiederholt ansehnlich v e r b r e i t e r t, (Fig. 146) n i e m a l s d u r c h a n d r ä n g e n d e F a s e r b ü n d e l z u s a m m e n g e d r ü c k t. Sie sind zum grossen Theile grosszellig und dünnwandig, meist nur an den Spitzen, wo sie von sklerotischen Elementen umfasst werden, gleichfalls sklerosirt. Krystalle schliessen sie ebenso selten ein wie das Bastparenchym, führen aber wie dieses reichlich Gerbstoff.

Albizzia Julibrissin Boiv. [1]. *(Mimosa arborea* Frsk., *Acacia Julibrissin* Willd.)

Leichte, hornartig derbe, mit papierdünnem schwarzbraunem Kork bedeckte, 2—3 mm dicke Rinde. Der Querschnitt erscheint dem unbewaffneten Auge fast homogen. Unter der Loupe erkennt man auch nur mit Mühe die unregelmässig rechteckige Felderung der inneren Schichten, deutlicher eine der Oberseite genähert und parallel laufende Linie.

An das d ü n n w a n d i g e, flachzellige Periderma schliessen sich wenige Reihen lebender phellogener Zellen, welche reichlich Einzelkrystalle führen. Schon in der Tiefe von 0,25 mm (gegen 10 Zellenreihen) zieht ein g e s c h l o s s e n e r S t e i n-

---

[1] Vgl. die von *Albizzia anthelmintica* Courb. abgeleitete „*Musena*"rinde bei A. Vogl, Zeitschr. d. allg. österr. Ap. Ver. 1868 u. Comm. zur österr. Pharm. III. Aufl. p. 274.

zellenring von etwa 0,12 mm Breite. Ausserhalb desselben sklerosirt die Mittelrinde nicht, innerhalb desselben in spärlich zerstreuten Gruppen in den Ausbreitungen der Markstrahlen.

In den Baststrahlen selbst werden keine Steinzellen gebildet. Bastfasern der typischen Form bilden dünne tangentiale Platten, welche dicht mit Kammerfasern bekleidet sind, und mit benachbarten alterniren oder sich zu grösseren Platten verbinden. Der Weichbast ist durch dünne tangentiale Stränge von Siebröhren mehrfach geschichtet. Die Elemente desselben gleichen denen aller *Mimoseen.* Erweiterte Sekretschläuche habe ich nicht angetroffen, auch fehlen isolirte Kammerfasern.

Die Markstrahlen sind breit und kurzzellig, auch in den inneren Bastlagen unregelmässig erweitert, indem stellenweise sogar einreihige Markstrahlen bis auf 0,08 mm verbreitert sind. Sie sklerosiren höchst selten und führen kaum jemals Krystalle.

Acacia lophanta Willd. *(Mimosa distachya* Vent.)

An zwei-, selbst dreijährigen Internodien beginnt die Peridermbildung zunächst in den Furchen der Stengel und schreitet in der Weise vor, dass die Rippen, welche die starken primären Gefässbündel überwölben, abgegliedert werden. Aber schon in den Furchen ist in der Regel nicht die oberflächlichste, sondern eine tiefere und zwar wechselnde Zellenlage die Initiale. Die Korkzellen sind sehr zartwandig, mässig abgeflacht.

Die primäre Rinde ist grosszellig, in geringem Grade collenchymatisch und bildet nur in der Umgebung der Bastfaserbündel reichlicher Krystallschläuche. Steinzellen fehlen bis zum dritten Jahre, wo die Faserbündel bereits weit auseinander gedrängt sind.

Acacia longifolia Willd. *(Mimosa binervia* Wendl.)

Das Periderma entsteht in derselben Weise wie bei der vorigen Art. Die primäre Rinde sklerosirt frühzeitig in den Lücken der Bastfaserbündel, welche schon in den jüngsten Internodien zu einem Ring geschlossen und mindestens durch fünf Jahre ergänzt werden. Ausserhalb dieses gemischten Sklerenchymringes unterbleibt die Sklerosirung.

Acacia dealbata Link. [1])

Fast beinharte, chokoladebraune, mit kleinschuppiger Borke bedeckte, 4 mm dicke Rinde. Die Innenseite ist sehr feinstreifig, der Bruch faserig bis splitterig, der Querschnitt wachsglänzend, für das nackte Auge homogen, unter der Loupe rechteckig gefeldert.

Die Korkhäute dringen sehr unregelmässig und krummflächig in den Bast vor und trennen wenig umfangreiche, aber bis millimeterdicke Borkeschuppen ab. Sie bestehen nur aus wenigen (6—10) Reihen etwas derbwandiger Tafelzellen ohne erkennbares Phelloderma.

Der Bast ist unterbrochen concentrisch, häufig entschieden stufig geschichtet. Die Faserbündel sind sehr umfangreich (bis 150 und mehr Fasern), einmal rundliche Stränge, das andere Mal quergestreckte Platten bildend, den Baststrahl ausfüllend oder innerhalb desselben in isolirte Bündel getrennt, die Markstrahlen niemals zusammendrückend, von Kammerfasern allseitig umgeben.

---

[1]) Die als „*Silver-Wattle*" auch „*Tasmania-Mimosa*" bekannte Gerberinde. Vgl. v. Höhnel Gerberinden p. 141.

Die Bastfasern haben die typische, lange und dünne Form mit scharf abgegrenzter Innenschicht. Die begleitenden Kammerfasern sind sklerotisch, sonst bilden sich nur höchst selten und immer vereinzelte Steinzellen. Im Weichbaste wechseln wiederholt Schichten von Parenchym und Siebröhren. Die Parenchymzellen sind breit getüpfelt, sehr oft conjugirt, dünnwandig, 0,025 mm breit. Die in ausserordentlicher Menge vorkommenden Siebröhren sind im Lumen doppelt so breit, in der Länge von 0,4 bis 0,8 mm schwankend. Ihre Endflächen sind in verschiedenem Grade geneigt, ab und zu sogar horizontal, mit treppenförmig gereihten sehr schmalen Siebplatten besetzt. Auch die Seitenflächen tragen quergestreckte Tüpfel und sehen den Wänden der Netzgefässe ähnlich. Im Weichbaste treten keine Krystalle auf.

Die Markstrahlen sind bis vierreihig, ohne locale Verbreiterungen. Die Zellen sind zartwandig, radial gestreckt, höchst ausnahmsweise schwach sklerosirend und ebenso selten einzelne Krystalle einschliessend.

Acacia Lebbek Willd.

Leichte, mässig harte, 10 mm dicke, mit kleinen dicken rothbraunen Borkeschuppen bedeckte, sonst hellgelbe Rinde. Die Borkeschuppen sind durch papierdünne, fast weisse Korkhäute getrennt. Der Querschnitt ist im äusseren Theile unregelmässig punktirt und gestrichelt, nach innen mit allmälig zunehmender Regelmässigkeit gefeldert.

Der Kork ist sehr stark, stellenweise bis zu 2 mm Mächtigkeit entwickelt und besteht aus gleichmässig zartwandigen, wenig abgeflachten, lufterfüllten Zellen, denen sich etwa zehn bis fünfzehn Reihen als phellogen noch deutlich erkennbarer Zellen anschliessen. Die breite Mittelrinde ist in ausgedehntem Masse in Form unregelmässiger Klumpen oder tangentialer Platten sklerosirt. Die Steinzellengruppen sind bis mohnkorngross, die Platten linsengross bis zur Dicke eines starken Kartenblattes. Es sind ihnen reichlich sklerotische Krystallzellen untermischt, während in dem zartzelligen Parenchym nur spärlich vereinzelte Rhomboeder angetroffen werden. Die Steinzellen sind in Gestalt und Grösse kaum verändert, zumeist nicht sehr stark verdickt, von groben Porenkanälen reichlich durchzogen.

Die Sklerosirung dringt in die secundäre Rinde vor, in deren älteren (äusseren) Lagen spindel- oder plattenförmige Steinzellengruppen selbstständig oder mit Bastfasern verschmolzen dominiren. In den jüngeren Bastschichten, welche noch nicht sklerosirt sind, tritt die Schichtung wie bei *A. dealbata* deutlicher hervor, nur sind hier die Weichbastschichten mehrfach breiter als die Faserplatten, grosszelliger und reichlich mit isolirten Kammerfasern und einzelnen Krystallschläuchen durchsetzt, welche dünnwandig sind und grössere rhomboedrische Krystalle führen als die sklerotischen Kammerfasern, welche die Faserbündel allseitig bekleiden. Alle Elemente sind etwas grösser als bei *A. dealbata*, in ihrem feineren Bau aber nicht verschieden. Im Gegensatz zu den Steinzellen der Mittelrinde ist das sklerotische Bastparenchym mässig vergrössert und sehr stark verdickt.

Die Markstrahlen sind bis sechs Reihen breit, weder zusammengedrückt noch local verbreitert. Die Zellen sind radial gestreckt, zartwandig, nur in den sklerotischen Rindentheilen ab und zu gleichfalls sklerosirend und sehr selten Krystalle einschliessend.

Acacia Jurema Mart.

Harte und schwere, gegen 4 mm dicke, in Wasser stark quellende, braunviolette, geschälte Rindenstücke. Der Bruch ist langfaserig bis splitterig, am Querschnitte erscheint erst unter der Loupe eine äusserst zarte, wellige Schichtung.

Das Muster besteht nur aus Bast, der an manchen Stellen noch Spuren eines zartzelligen Plattenkorkes trägt. Dünne Faserplatten sind alternirend concentrisch geschichtet, von schwach sklerotischen Kammerfasern reichlich begleitet, aber nicht vollständig umhüllt. Die Fasern sind sehr lang und dünn. Steinzellen fehlen vollständig. Der Weichbast ist kleinzellig, durch tangentiale Siebröhrenstränge geschichtet. Häufig ist eine annähernd in der Mitte des Weichbastes gelegene tangentiale Zellengruppe (Parenchym oder Siebröhren?) zu dünnwandigen, am Querschnitte unregelmässig viereckigen Sekretschläuchen ausgeweitet (bis 0,06 mm), deren Inhalt wie der des Bastparenchyms und der Markstrahlen unter Oel als knollige, krümelige, braune Masse erscheint und sich in Wasser vollständig löst. Die Parenchymzellen sind breit getüpfelt, oft conjugirend, im Weichbaste höchst selten zu Kammerfasern getheilt. Die Siebröhren sind etwas weitlichtiger (0,03 mm), an den zugeschärften Enden mit schmalen Siebplatten treppenförmig besetzt.

Die Markstrahlen sind meist zwei-, selten über vierreihig, aber stellenweise durch tangentiale Streckung der Zellen beträchtlich verbreitert. Sie sklerosiren niemals und enthalten keine Krystalle.

Acacia leucophloea Willd.

Dichte, rothbraune, gegen 9 mm dicke, aussen schwefelgelb angeflogene Rinde. Der Bruch ist aussen grobkörnig, innen weichfaserig bis blättrig. Am Querschnitte zieht eine zarte helle Linie parallel zur Oberfläche in kaum 1 mm Abstand. Ausser- und innerhalb derselben ist die Rinde zerstreut punktirt, in den Innenschichten sehr zart gefeldert.

Das Periderma ist nur in wenigen Reihen einseitig (innen) verdickter Korkzellen erhalten. Es schliesst sich an dasselbe ein Phelloderma aus cubischen, gruppenweise sklerosirten Zellen, die in das tangential gestreckte Parenchym der Mittelrinde übergehen, deren Aussengrenze ein gemischter Sklerenchymring mit seltenen Unterbrechungen bildet. Die Mittelrinde und die nach aussen bis auf ein Centimeter verbreiterten primären Markstrahlen sind in ausgedehntem Masse diffus sklerosirt. Die Steinzellen sind klein und meist vollkommen verdickt, reichlich von sklerotischen Krystallzellen begleitet.

Vereinzelte Steinzellengruppen kommen auch in den Baststrahlen vor, welche durch ungewöhnlich regelmässige, selten unterbrochene oder alternirende concentrische Schichtung ausgezeichnet sind. Die dünnen, von Kammerfasern dicht bekleideten Bastfaserplatten sind durch wenig breitere Weichbastschichten getrennt, die selbst wieder durch einen tangentialen Siebröhrenstrang getheilt sind. Die Elemente sind denen anderer Acaciaarten im Baue vollkommen gleich, doch fehlen die erweiterten Sekretschläuche und isolirten Kammerfasern.

Die secundären Markstrahlen sind drei- bis sechsreihig, nicht verbreitert. Ihre Zellen sind radial gestreckt, durchaus dünnwandig und von Krystallen frei.

Schlussbemerkungen.

Aussenrinde.

Es wurde schon in der Einleitung bemerkt, dass nur die aus einem secundären Meristem gebildeten Gewebe, welche sich im fertigen Zustande als Kork charakterisiren, unter den Begriff Aussenrinde fallen. Es gehören demnach hieher nicht nur die oberflächlichen, sondern auch die inneren Periderme, die ja mit den ersteren sowol in ihrer Entwicklung und in ihrem anatomischen Bau übereinstimmen, als auch physiologisch gleichwerthig sind.

In der weit überwiegenden Mehrzahl der Fälle erfolgt die Peridermbildung **oberflächlich.** Die der Oberhaut unmittelbar anliegende Zellenreihe der primären Rinde wird zum Phellogen bei:

Korkinitiale unmittelbar unter der Oberhaut. *Abies* (Fig. 11), *Callitris* (z. Th.), *Betulaceen* (Fig. 25), *Corylaceen, Cupuliferen, Ulmaceen, Celtideen, Moreen* (Fig. 36), *Artocarpeen, Urticaceen* (Fig. 38), *Platanus, Populus, Daphnoideen, Elaeagneen, Proteaceen, Tarchonanthus, Cinchona, Viburnum Opulus, Sambucus, Oleaceen* (Fig. 59), *Asclepiadeen* (ausser *Periploca*), *Cestrum, Paulownia, Bignoniaceen* (ausser *Tecoma*), *Crescentia, Achras, Lucuma, Diospyros, Ampelopsis, Cornus mas, Araliaceen, Weinmannia, Menispermum* (z. Th.), *Magnoliaceen, Capparis* (z. Th.), *Malvaceen, Sterculia sp.*, *Büttneriaceen, Tiliaceen, Canellaceen, Tamarix, Citrus, Meliaceen, Cedrela, Acer, Malpighiaceen, Erythroxylon, Sapindaceen* gen., *Aesculus, Pittosporum, Celastrus, Rhamneen, Euphorbiaceen* gen., *Juglandeen, Anacardiaceen, Amyris, Simarubaceen, Zanthoxyleen, Eucalyptus* (z. Th.), *Calycanthus, Amygdaleen, Caesalpineen* (ausser *Gleditschia*).[1]

---

[1] Aus dem Umstande, dass meist die hypodermatische Zellenlage zum Phellogen wird, könnte man versucht sein anzunehmen, dass gerade die oberflächliche Lage der Zellen, in welcher sie mechanischen Reizen am meisten ausgesetzt sind, die Anregung zu ihrer Umwandlung in Meristem sei. Freilich sprechen schon die eben nicht seltenen Fälle tiefer Peridermbildung gegen die ursächliche Identificirung der physiologischen Korkbildung mit der Entstehung des Wundkorkes; denn bei tiefer Lage des Phellogen kann weder von einer tangentialen Dehnung noch von einem Einfluss der Atmosphärilien die Rede sein. Besonders beweisend dafür, dass die **primäre** Peridermbildung ein **rein physiologischer** Process ist, scheinen mir die Beispiele zu sein, in welchen durch specifische Erfordernisse der Organisation die Wachsthumsvorgänge entsprechend modificirt werden. — Wenn z. B. ein hypodermatisches Phellogen nicht der Oberhaut in die Rippen folgt, sondern diese quer durchsetzt (vgl. Fig. 132), so liegt die Zweckmässigkeit dieser Abänderung des Planes auf der Hand. Die die Oberfläche vermehrenden Rippen und Excreszenzen sind offenbar den **assimilirenden** grünen Internodien von Nutzen; sie sind völlig werthlos nach Anlage des Periderma, ja sie wären sogar geeignet die schützende Leistung desselben zu beeinträchtigen, indem der Einfluss der Atmosphärilien im Verhältniss zur Flächenvermehrung wachsen würde; sie werden daher sogleich abgetrennt. (Vgl. p. 409, Note 3.)

Die Oberhaut selbst ist die Korkinitiale:

Sequoja (z. Th.?), *Phyllocladus, Salix* (Fig. 42), *Cinna-* **Korkinitiale ist**
momum, Laurus, Viburnum (ausser *V. Opulus*), *Jasminum,* **die Oberhaut.**
Nerium, Periploca, Datura, Cornus (ausser *C. mas*), *Aucuba* (Fig. 81),
Crataeva, Sterculia sp., Calophyllum, Staphylea, Evonymus, Ilex (Fig. 105),
Diosmeen, Guajacum, Pomaceen (Fig. 135), *Rosa, Virgilia.*[1]

Jene Peridermbildungen, deren Initiale eine tiefere Zellschicht der primären
Rinde ist, und jene, welche innerhalb der primären Gefässbündelzone, an der
Aussengrenze der secundären Rinde angelegt werden, können als tiefe Peri-
dermbildungen von den ersteren unterschieden werden. Beide sind als primäre
Peridermbildungen den secundären gegenüber zu stellen, als welche die auf die
ersten Periderme folgenden inneren zu bezeichnen wären.

Eine tiefere, aber ausserhalb der Gefässbündel gelegene Zellenreihe der primären Rinde wird zum Phellogen bei:

Pinus (Fig. 6), *Larix* (Fig. 10), *Sequoja* (z. Th.), *Callitris* **Korkinitiale ist**
(z. Th.), *Salisburia* (Fig. 21), *Aristolochia, Coffea, Strychnos,* **die zweite oder**
Verbenaceen (Fig. 67), *Lycium* (Fig. 68), *Tecoma, Ixora,* **eine tiefere Zel-**
Sapota, Ribes (Fig. 82), *Capparis* (z. Th.), *Berberideen* **lenlage der pri-**
(Fig. 89), *Negundo, Serjania, Eugenia sp.* (Fig. 132), *Eucalyptus* **mären Rinde.**
(z. Th.), *Cytisus, Amorpha, Robinia, Sophora, Cercis, Gleditschia,*
Mimoseen.

Das Periderma entsteht in der Region der primären Fibrovasalstränge bei:

Cupressineen [(ausser *Callitris*) Fig. 1, 3], *Taxus, Podocar-* **Korkinitiale**
pus, Lonicereen, Buddleia, Ericaceen, Vitis, Escallonia, **in der Zone**
Camellia, Combretum', Philadelpheen (Fig. 126), *Melaleuca,* **der primären**
Callistemon, Myrtus, Eugenia sp., Punica, Spiraea, Colutea.[2] **Stränge.**

Die angeführten vier Typen der primären Peridermbildung können auf
drei genetisch verschiedene Typen zurückgeführt werden, indem die subepidermidalen und die in einer tieferen Zellenlage der primären Rinde entstehenden
Periderme aus demselben Grundgewebe hervorgehen im Gegensatz zu den epidermidogenen Peridermen einerseits und jenen tiefen Peridermen anderseits,
deren Initiale im Phloem der primären Stränge — also in einem secundären
Gewebe — liegt.

---

[1]) Wenn die Epidermis zum Phellogen wird, findet gewissermassen eine Regeneration derselben statt, indem die Korkzellenreihen regelmässig die Aussenwand sklerosiren [*Salix* (Fig. 42),
Laurus, Cornus, Pomaceen (Fig. 135), *Virgilia*]. Seltener wird in diesem Falle die Innenseite
der Korkzellen sklerotisch [*Aucuba* (Fig. 81), *Crataeva*]. Als Regeneration der Oberhaut
können auch die Fälle aufgefasst werden, wo innerhalb einer zartzelligen Korkmembran
einfache Zellenreihen nach Art der Epidermis sklerosiren: *Abies, Cornus mas, Celastrus.*
Hier dürfte auch der Fall von *Philadelphus* (Fig. 126) angereiht werden, wo die ausgewachsenen Korkzellen eine oder zwei Tochterzellen bilden, welche sich verdicken, während
die Mutterzellen dünnwandig bleiben.

[2]) Zumeist aber keineswegs immer folgt Bildung von Ringborke bald auf die Anlage des
primären Periderma in der Zone der primären Stränge. So bildet *Taxus* Schuppenborke, und
die primären Periderme von *Camellia, Punica, Colutea* sind ausdauernd. Alle übrigen in der
obigen Aufzählung enthaltenen Gattungen bilden Ringborke.

Die oberflächlichen wie die tiefen Periderme werden häufig noch vor oder kurz nach Beendigung des Längenwachsthums der Internodien angelegt, so dass diese nach der ersten Vegetationsperiode mit einer allseitig geschlossenen Peridermhülle umgeben sind, ausserhalb welcher die Oberhaut und die etwa vorhandenen subepidermidalen Schichten (bei tiefer Peridermanlage) alsbald schrumpfen und abgestossen werden:

Frühzeitige Peridermanlage. *Pinus, Araucaria* (z. Th.), *Salisburia, Betulaceen, Corylaceen, Cupuliferen, Ulmaceen, Celtideen, Moreen, Artocarpeen, Pouzolzia, Platanus, Salicineen, Daphnoideen, Elaeagneen, Hakea, Tarchonanthus, Rubiaceen, Caprifoliaceen, Oleaceen, Nerium, Asclepiadeen, Verbenaceen, Solanaceen, Scrofularineen, Bignoniaceen, Crescentia, Sapotaceen, Diospyros, Ericaceen, Ampelideen, Hedera, Saxifragaceen, Ribes, Magnoliaceen, Capparideen* (z. Th.), *Malvaceen, Adansonia, Sterculia, Büttneriaceen, Tiliaceen, Cinnamodendron, Tamarix, Meliaceen, Cedrela, Acer, Malpighiaceen, Erythroxylon, Sapindaceen, Aesculus, Pittosporum, Celastrus, Rhamnus, Jatropha, Juglandeen, Anacardiaceen, Amyris, Simarubaceen, Zanthoxyleen, Diosmeen* (ausser *Eriostemon*), *Guajacum, Combretum, Myrtaceen* gen., *Pomaceen, Calycanthus, Spiraea, Amygdaleen* gen., *Papilionaceen* (ausser *Sophora*), *Gleditschia, Gymnocladus, Tamarindus, Bauhinia, Calycandra, Inga.*

Sehr selten ist bei **frühzeitiger** Peridermanlage diese zunächst auf umschriebene Theile der Internodien (Lenticellen) beschränkt, vielmehr wird die Korkinitiale **gleichzeitig** oder doch ohne merkliches Zeitintervall rings um das Internodium angelegt.

Ueberdauert die **lebende** Oberhaut die erste und mehrere folgende Vegetationsperioden, so ist es Regel, dass die Periderme **von umschriebenen Stellen aus** allmälig und um so langsamer sich ausbreiten, je später sie angelegt werden und es dauert mehrere Jahre, ehe dieselben allseitig zusammenschliessen:

Späte Peridermbildung. *Sequoja, Dammara, Cunninghamia, Cupressineen, Taxus, Podocarpus, Phyllocladus, Boehmeria* (z. Th.), *Cinnamomum, Laurus, Leucadendron, Banksia, Aristolochia, Jasminum, Strychnos, Sapota, Aralia, Menispermum, Bombax, Camellia, Calophyllum, Citrus, Negundo, Staphylea, Evonymus* (s. p. 284), *Ilex, Zizyphus, Manihot, Hura, Buxus, Eriostemon, Eucalyptus, Rosa, Amygdaleen* gen., *Sophora, Cassia, Ceratonia, Acacia.*

Wenn die erste Korkinitiale sehr lange, Jahrzehnte hindurch das Periderm regenirt, so kann man von einem ausdauernden Oberflächenperiderma sprechen, wenn auch die Borkebildung in späterer Zeit sicher constatirt ist. In diesem Sinne besitzen ausdauernde primäre Periderme:

Ausdauernde Oberflächen-Periderme. *Carpinus, Corylus sp., Fagus, Broussonetia, Ficus, Artocarpeen, Laurus, Daphnoideen, Leucadendron, Leucospermum, Aristolochia, Viburnum sp., Jasminum, Ligustrum, Strychnos, Nerium, Alstonia,*

*Vallesia, Asclepiadeen, Cestrum, Datura, Millingtonia, Crescentia, Wein-
mannia, Ribes, Dilleniaceen, Berberis, Crataeva, Malvaceen, Sterculiaceen, Camellia, Canellaceen, Citrus, Malpighiaceen, Pittosporum, Staphyleaceen, Celastrus, Evonymus sp., Ilex, Euphorbiaceen (ausser Buxus),
Odina, Rhus sp., Mangifera, Astronium, Spondias, Amyris, Simarubaceen, Zanthoxylon, Ailanthus, Galipea, Esenbeckia, Guajacum,
Rhizophora, Punica, Prunus sp., Moquilea, Amorpha, Caragana,
Colutea, Geoffroya, Virgilia.*[1])

Borkebildung wurde beobachtet bei:[2])

Pinus, Cupressineen, Taxineen, Betulaceen, Ostrya, Corylus
Colurna, Cupuliferen, Ulmaceen, Celtideen, Morus, Maclura,*
*Liquidambar, Salicineen, Peumus, Exocarpus, Persea, Elaeagneen,
Banksia, Salvadora, Tarchonanthus, Sarcocephalus, Cinchona, Exos-
temma, Arariba, Lonicera*, Sambucus, Viburnum prunifolium, Fraxinus,
Olea, Syringa Ochrosia, Aspidosperma, Tectonia, Lycium, Paulownia,
Tecoma*, Catalpa, Sapotaceen, Diospyros, Styrax, Ericaceen, Vitis*,
Cornus, Hedera, Myristica, Mahonia, Büttneriaceen, Tiliaceen, Tamarix,
Melia, Cedrelaceen, Acerineen, Koelreuteria, Aesculus, Evonymus sp.,
Hippocratea*, Rhamneen, Buxus, Juglandeen, Pistacia, Schinus, Rhus,
Ptelea, Philadelphus*, Melaleuca*, Callistemon*, Myrtus*, Eucalyptus,
Syzygium, Pomaceen gen., Calycanthus, Rosa, Spiraea*, Amygdaleen
gen., Robinia, Sophora, Andira, Cercis, Gleditschia, Gymnocladus,
Ceratonia, Acacia, Erythrophlaeum.*

**Sekundäre Pe-
riderme** (Borke).

Dabei ergibt sich die beachtenswerthe Thatsache, dass die oberflächlichen
Periderme ausdauernder sind als die tiefen, denen schon nach kurzer Zeit
(mitunter schon in der folgenden Vegetationsperiode) innere Periderme folgen[3]).

---

[1]) Die meisten sind wahrscheinlich zeitlebens borkefrei. Doch ist eine bestimmte Aus-
sage darüber nicht möglich, da Fälle ausserordentlich später Borkebildung (z. B. *Abies,
Quercus sp., Fagus, Ailanthus, Ulmus sp.*) auch bei den tropischen Arten, wo ich sie nicht gefunden habe, vorkommen mögen.

[2]) Das Zeichen * bedeutet Ringborke.

[3]) Wenn die Periderme nicht schon in den jüngsten, noch in Streckung begriffenen, sondern
in älteren Internodien mit beendetem Längenwachsthum angelegt werden, ist ein Einfluss
äusserer Factoren auf die zeitliche und räumliche Entwicklung der Phellogenschicht unzweifelhaft. Die Periderme entstehen zunächst an den dem Einflusse der Atmosphärilien in höherem
Maasse ausgesetzten Theilen der Internodien. Dieser, die Peridermbildung überhaupt
anregende Einfluss ist um so bemerkenswerther als, wie oben (p. 406, Note 1) auseinander-
gesetzt wurde, die Lage der Korkinitiale gegenüber dem umgebenden Gewebe durch
äussere Einflüsse nicht bestimmt wird. Schwieriger ist die Entscheidung darüber, ob die
inneren Periderme in Folge des Zuges und Druckes entstehen, den die nachwachsenden Bastschichten auf die älteren (äusseren) ausüben oder ob ihre Bildung dem Bedürfnisse vorangeht.
Die Beispiele verspäteter oder ganz unterbleibender Borkebildung, die periodische Borkebildung, die Anlage innerer Korkhäute bei Stämmen mit sehr geringem Zuwachs lassen die
Borke vorwiegend als rein physiologische Bildung erscheinen, wogegen es bei vielen frühzeitig auftretenden, tief eindringenden, localisirten und kleinschuppigen Borkebildungen scheint,
als würden mechanische aber immer noch physiologische Einflüsse maassgebend gewesen sein.
An der Grenze der pathologischen Borkebildung dürften jene Fälle stehen, wo innere Periderme sich nur in sehr hohem Alter bilden, gewissermassen durch die senile Atrophie der
primären Phellogenschicht veranlasst. — Sowie einerseits specifische Eigenthümlichkeiten der
Organisation, anderseits äussere, allgemein oder individuell wirkende Einflüsse die Zeit,
so beinflussen dieselben Factoren auch den Ort der Borkebildung. An den geschützten

Die Oberflächenperiderme werden der Peripherie der Internodien parallel angelegt, wenn diese cylindrisch sind; sie folgen aber keineswegs der Oberfläche unter allen Umständen; vielmehr werden durch dieselben die stärker vorspringenden Rippen (*Casuarina, Acacia*) oder parenchymatischen Excreszenzen (*Eugenia* Fig. 132) abgetrennt, selbst wenn die äusserste Zellenlage die Initiale ist.[1])

Die primären Periderme bewerkstelligen auf kürzestem Wege und mit dem geringsten Materialaufwande den Abschluss der lebenden Rinde nach aussen. Dem Dickenwachsthum der Internodien und Stämme folgen sie zunächst durch intercalare Zellvermehrung, indem einzelne Korkmutterzellen durch radiale Theilung die Korkzellenreihe verdoppeln, weiterhin dadurch, dass tiefer gelegene Zellenlagen der primären Rinde — es hat mitunter den Anschein, als wenn diese in toto (s. *Millingtonia*) meristematisch würde — zur Korkbildung herangezogen werden. Damit hat eigentlich die Bildung innerer Periderme begonnen. So lange aber diese Korkmembranen mit den oberflächlichen organisch verbunden sind und die von ihnen eingeschlossenen Theile des Rindengewebes an Masse fast verschwinden gegenüber dem Korkgewebe, wird durch dieselben der Charakter der Oberflächenperiderme nicht alterirt.

Borkebildung wird manifest, wenn primäre Periderme in der Region der Gefässbündel angelegt werden, oder typisch erst mit dem Auftreten innerer secundärer Periderme, deren Initiale unabhängig von den oberflächlichen Peridermen entsteht und von diesen durch ansehnliche Rindentheile getrennt ist.

Das charakteristische Aussehen der Borkeschuppen ist bedingt durch die histologische Zusammensetzung der in der Borke enthaltenen Rindentheile und der Korkmembranen, durch die Form der letzteren, durch das quantitative Verhältniss und die Cohärenz beider. Aus diesen Momenten ergibt sich eine unzählbare Menge von Variationen, aus denen sich nur zwei Gruppen bilden lassen: die Ringborke und die Schuppenborke, erstere in ihrer typischen Ausbildung periodisch einen peripheren Cylinder der Rinde als Borke abtrennend, letztere in verschieden gestaltigen Schuppen dachziegelförmig über einander gelagert.

Schon zwischen diesen beiden extremen Formen ist die Entscheidung mitunter schwierig (man denke an die grossflächige Schuppenborke der Platane, Eibe) und geradezu ohne Zweck ist die vielfach versuchte weitergehende Specialisirung der zahllosen Zwischenformen, welche durch den terminus technicus kaum jemals so bestimmt charakterisirt werden könnten als durch ein der Sachlage entsprechendes allgemein verständliches Wort.

Die Tiefe, bis zu welcher die Borkebildung eindringt, ist von dem Zeitpunkt ihrer ersten Entstehung abhängig, so zwar, dass aus einer

---

Rindentheilen entsteht Borke später als an den exponirten, die Form derselben ist zum Theile bedingt durch die Anordnung des Bastparenchyms, indem nur dieses zum Phellogen werden kann, und der sklerotischen Elemente, welche der Verbreitung der Borkemembranen Schranken ziehen. So setzt die Bildung von Ringborke einen concentrisch geschichteten Bau der Rinde voraus und je kleinschuppiger und unregelmässiger die Borke ist, desto ungeregelter ist im Allgemeinen die Vertheilung der sklerotischen Elemente des Bastes.

[1]) Vgl. p. 406, Note [1]).

tief in den Bast vorgedrungenen Borke auf frühzeitige Entstehung innerer Periderme geschlossen werden kann und umgekehrt. Dieses Gesetz findet seinen exactesten Ausdruck in den Fällen, wo bei tiefer Anlage der primären Periderme, die Bildung der letzteren sich mit jeder folgenden Vegetations-periode regelmässig wiederholt:

Lonicereen, Vitis, Philadelpheen, Myrtaceen gen., *Spiraea.*

Zwischen dem aus zartwandigen und weitlichtigen Zellen aufgebauten, gemeinhin als Schwammkork bezeichneten Periderma und dem mehr oder weniger derbwandigen und flachzelligen Plattenkork ist eine diagnostisch verwerthbare Unterscheidung unmöglich, nicht allein wegen der in kaum merklichem Grade abgestuften Zwischenformen, sondern auch wegen des Ueberwiegens individueller Abweichungen über die specifischen Eigenthümlichkeiten[1]. Sogar die Bildung von Steinkork ist nicht constant und in der nachfolgenden Aufzählung der Gattungen, bei denen sklerotische Periderme gefunden wurden, sind diejenigen mit * bezeichnet, bei denen die beobachtete Sklerosirung des Korkes nicht unzweifelhaft zum Charakter desselben zu gehören schien:

Pinus, Picea, Larix, Abies, Taxus, Salisburia, Myrica*,* **Sklerotische**
Quercus, Celtis, Morus, Maclura, Ficus, Platanus, Nageja,* **Periderme.**
Salix, Populus, Monimiaceen, Laurineen* gen. *Banksia, Exostemma, Arariba, Strychnos, Geissospermum, Vallesia, Aspidosperma, Alstonia, Tectonia, Petraea, Cestrum Pseudo-China, Catalpa, Crescentia, Theophrasta, Sapotaceen, Erica, Clethra, Cornus, Aucuba, Hedera, Myristica, Guatteria, Liriodendron, Crataeva, Sterculia, Lühea, Camellia, Citrus*, Khaya, Soymida, Acer, Malpighia, Aesculus, Celastrus, Ilex, Gouania, Hura, Baloghia, Croton Eluteria, Rhus, Mangifera, Schinus, Spondias, Amyris, Zanthoxylon, Diosma, Pilocarpus, Galipea, Esenbeckia, Guajacum, Combretum, Terminalia, Bucida, Myrtus, Eucalyptus, Eugenia, Callistemon, Pomaceen, Geoffroya, Virgilia, Cassia, Ceratonia, Tamarindus, Acacia sp., Inga, Erythrophlaeum.*

Ausschliesslich dünnwandige Zellen besitzen die Korkmembranen von:[2]

---

[1] Individuelle histologische Verschiedenheiten finden sich quali et quanto nirgend häufiger als bei den Peridermen und man dürfte kaum fehl gehen, wenn man diese Thatsache der unmittelbaren Einwirkung äusserer Einflüsse zuschreibt, durch welche der planmässige Aufbau alterirt wird.

[2] Diese und die vorige Liste sind nicht ganz zuverlässig; sklerotische Schichten trennen häufig zartzellige Korkmembranen von der lebenden Rinde und es ist mitunter nicht zu entscheiden ob erstere dem Korke (*s. str.*) oder dem Phelloderma angehören. Vgl. z. B. *Pinus, Larix* (Fig. 8), *Sarcocephalus, Rhus* (Fig. 116), *Ptelea* (Fig. 119).

Die Thatsache verdient hervorgehoben zu werden, dass die in grösserer Tiefe angelegten und die secundären (inneren) Periderme auffallend häufig aus weitlichtigen, selbst radial gestreckten Zellen aufgebaut sind (*Corylus Colurna, Myrica, Koelreuteria, Calycanthus, Robinia)* während oberflächliche Periderme aus Plattenkork bestehen. Der mechanische Widerstand, den die sich entwickelnden Zellenreihen finden, dürfte auf diese Formverschiedenheit einen maassgebenden Einfluss üben. Wenngleich sich das Maass des Widerstandes, den die die Korkinitiale überlagernden Gewebe auf die freie Ausbildung der Tochterzellen üben, sich nicht in Zahlen ausdrücken lässt, so wird man doch mit Recht annehmen dürfen, dass die resistente Oberhaut, resp. die Cuticula (wenn die Oberhaut selbst die Korkinitiale ist) dem Wachsthum der oberflächlichen Periderme ein grösseres Hinderniss entgegengesetzt, als die elastischen,

Nicht sklerosirende Periderme. *Cupressineen, Sequoja, Corylus Colurna, Ulmus, Urticaceen, Exocarpus, Persea, Litsaea, Sassafras, Daphnoideen, Elaeagneen, Aristolochia, Salvadora, Tarchonanthus, Sarcocephalus, Caprifoliaceen, Jasminum, Oleaceen, Nerium, Ochrosia, Asclepiadeen, Vitex, Datura, Lycium, Ribes, Menispermum, Magnolia, Dillenia, Berberis, Malvaceen, Adansonia, Scrophularineen, Millingtonia, Melia, Cedrela, Swietenia, Hippocratea, Evonymus, Croton sp., Buxus, Pistacia, Odina, Ptelea, Rhizophora, Calycanthus, Rosaceen, Amygdaleen, Moquilea, Caragana, Robinia, Colutea, Sophora, Acacia sp.*

Die phellogenen Bildungen sind bekanntlich ausgezeichnet charakterisirt durch die radiale Reihenfolge der regelmässig geformten Zellen. Soweit es sich um Korkzellen handelt, sind Abweichungen von diesem Typus sehr selten und unbedeutend. Sie werden hervorgerufen durch Sklerosirung der Periderme (Fig. 8), durch Dehnung und Schrumpfung (Fig. 140); die Vergrösserungen, Formveränderungen, Verschiebungen gehen aber kaum jemals so weit, dass auch in fertigen Zuständen ein Zweifel über den phellogenen Ursprung der betreffenden Gewebsparthie entstehen könnte. Anders verhält es sich bezüglich der centripetalen, phellodermatischen Bildungen der Phellogenschicht.

Diese verrathen ihren Ursprung nur in den jüngst entstandenen Zellenlagen; durch Vermittelung weniger Zellenreihen nehmen sie vollständig den Charakter des nach innen folgenden Gewebes an, also der primären Rinde, mit der vereint sie die „Mittelrinde" bilden. In den sehr gewöhnlichen Fällen, wo auch die inneren Phellogenschichten Phelloderma erzeugen entwickelt sich das letztere selten zu einer wenige Zellenreihen übersteigenden Mächtigkeit, mit dem etwas abgeänderten Charakter der Mittelrinde, niemals mit den Charakteren des Bastes. Aus dem Phellogen entstehen weder Bastfasern, noch Siebröhren, noch Bastparenchym.

Die Bildung von Phelloderma scheint mir die Regel zu sein. Ich habe sie beobachtet bei:

Phelloderma. *Pinus, Phyllocladus, Taxus, Betulaceen, Cupuliferen, Ulmaceen, Celtis, Platanus, Liquidambar, Monimiaceen, Laurineen, Proteaceen, Antirrhoea, Hymenodictyon, Strychnos* (Fig. 61, s. p. 420 Note 2), *Apocyneen* gen., *Periploca, Gonolobus, Millingtonia, Sapotaceen, Styrax, Corneen, Dillenia, Crataeva, Guazuma, Tiliaceen, Calophyllum, Canellaceen* (Fig. 92), *Citrus, Aesculus, Pittosporum, Staphyleaceen, Pistacia, Astronium, Spondiaceen, Ptelea* (Fig. 119), *Guajacum, Esenbeckia, Combretaceen, Eucalyptus sp., Pomaceen, Papilionaceen, Caesalpineen, Mimoseen.*

---

dem radialen Drucke weichenden Gewebsschichten, welche die tiefen und inneren Periderme zu bedecken pflegen. Gegen diese Ansicht scheint allerdings die vielleicht ausnahmslose Regel zu sprechen, dass in den einzelnen Korkhäuten selbst die inneren, zuletzt gebildeten Zellschichten die am stärksten abgeplatteten sind, obgleich sie von den im höchsten Grade elastischen Schwesterzellen überlagert werden. Der mechanische Widerstand ist eben nicht der einzige Factor, welcher die Zellenform modificirt, wie der einfache Hinweis auf die Bildung der „Breitzellen" im Herbstholze, einer analogen Erscheinung, darlegt.

Die Grösse der Korkzellen ist bezüglich der Grundfläche im Voraus bestimmt durch die Grösse der Mutterzellen (Oberhautzellen, Rinden- oder Bastparenchym), da der Kork frühzeitig in Dauergewebe übergeht und damit jede
active Vergrösserung der Elemente erlischt. Die kurze Periode der Wachsthumsfähigkeit der jungen Korkzellen wird ausgenützt zur Vergrösserung der
radialen Wände (Höhenentwicklung) oder zur Versteifung einzelner oder sämmtlicher Membranen (Verdickung, Sklerosirung).

Wol in der Minderzahl der Fälle folgen die tangentialen Theilungen der
Korkinitiale so rasch auf einander, dass die jungen Zellen schon bei sehr geringer Höhenentwicklung (Fig. 25) verkorken: es entsteht Tafel- oder Plattenkork.
Durch zahllose Zwischenstufen ist dieser flachzellige Kork verbunden mit den
verschiedenen Formen des weiträumigen Korkes, dessen radiale Zellwände die
Dimensionen der den Organoberflächen parallelen Wände erreichen oder selbst
übertreffen (Fig. 126), wobei in der Regel am Schlusse der Vegetationsperiode
die Korkzellen sich wieder verflachen.

Die Korkzellen sind vorherrschend weitlichtig bei[1]):

Myrica, *Quercus sp.*, *Ulmaceen*, *Celtis*, *Moreen*, *Platanus*, **Schwammkork.**
Exocarpus, *Rubiaceen*, *Daphnoideen*, *Aristolochia*, *Lonicereen*, *Apo-*
cyneen, *Asclepiadeen*, *Verbenaceen* gen. *Scrophularineen*, *Bignoniaceen*,
Crescentia, *Ampelopsis*, *Escallonia*, *Ribes*, *Magnoliaceen*, *Dillenia*, *Ber-*
berideen, *Malvaceen*, *Canellaceen*, *Tamarix*, *Cedrelaceen*, *Acerineen*,
Malpighia, *Koelreuteria*, *Aesculus*, *Pittosporum*, *Hippocratea*, *Anacar-*
diaceen gen., *Spondias*, *Simarubaceen*, *Diosmeen*, *Philadelpheen*, *Myrta-*
ceen, *Spiraea*, *Moquilea*, *Cassia*, *Ceratonia*, *Mimoseen.*

Plattenkork ist vorwiegend bei:

Betulaceen, *Carpinus*, *Fagus*, *Petraea*, *Büttneriaceen*, *Tilia-* **Plattenkork.**
ceen, *Camellia*, *Clusiaceen*, *Staphylea*, *Celastrineen*, *Ilex*, *Rhamneen*,
Euphorbiaceen, *Amyris*, *Rosa*, *Quillaja*, *Amygdaleen*, *Caesalpineen* gen.,
Caragana.

Eine der Jahrringbildung des Holzes analoge Schichtung ist bei lange
ausdauernden Oberflächenperidermen gewöhnlich, dagegen selten bei inneren
Peridermen (z. B. bei *Larix*, *Corylus Colurna*, *Celtis*, *Cornus*, *Hedera*, *Lirio-*
dendron (Fig. 86), *Acerineen*, *Aesculus*), weil bei diesen nur ausnahmsweise
das Korkcambium mehrere Vegetationsperioden hindurch thätig
bleibt.

Die Korkmembranen bestehen selten aus durchgehends gleichartigen Zellen
wie im typischen Schwammkork oder wie in dem classischen Beispiele bei
Ilex (Fig. 105). Abgesehen von der durch die Vegetationsruhe bedingten
Schichtung, wechseln in ihnen auch innerhalb der Vegetationsperiode Lagen
weitlichtiger und mehr oder weniger abgeflachter, dünnwandiger und sklerotischer, farbloser, lufterfüllter mit farbigen, festen Inhalt (meist unbekannte braune

---

[1]) In dieser und in der folgenden Aufzählung sind nur Beispiele angeführt, bei denen
Weitlichtigkeit resp. Abflachung der Korkzellen ein constanter Charakter zu sein scheint.

Phlobaphene, bei *Abies canadensis* einen rothen Farbstoff, bei *Betula* bekanntlich *Betulin*) führenden Zellen.

Ausgezeichnete Beispiele für **geschichtete Periderme**, in denen die sklerotischen Korkzellenreihen von den dünnwandigen scharf abgegrenzt sind, bieten:

Geschichteter Steinkork. *Pinus* (i. w. S.), *Celtis*, *Nageja*, *Peumus* (Fig. 44) *Laurineen* gen., *Exostemma*, *Strychnos*, *Geissospermum*, *Alstonia*, *Petraea*, *Clethra*, *Cornus*, *Hedera*, *Liriodendron* (Fig. 86), *Catalpa*, *Theophrasta*, *Mimusops*, *Imbricaria*, *Celastrus*, *Hura*, *Schinus*, *Rhus* (Fig. 116), *Spondias*, *Amyris*, *Bucida*, *Myrtus*, *Tamarindus*.

Bezüglich der Art der Verdickung können zwei Typen scharf aus einander gehalten werden. Bei dem einen Typus verdicken sich die Membranen homogen (Fig. 69, 105), bei dem zweiten ist der primären Membran eine Verdickungsschicht **angelagert**. Die homogene Verdickung macht die Korkzellen derbwandig in verschiedenem Grade, sehr selten übersteigt sie 0,003 mm., sie ist nahezu gleichmässig auf allen Flächen. Auf zartwandigen wie auf derbwandigen Korkzellen werden oft Verdickungsschichten abgelagert, welche ohne Zuhilfenahme von Reagentien von der primären Membran scharf getrennt erscheinen. Sie können allseitig gleichmässig entwickelt sein, häufiger jedoch sind sie mächtiger auf einer oder auf beiden tangentialen Membranflächen oder sie sind nur auf eine der letzteren beschränkt u. z. auf die Innenseite:

Innenwand der Korkzellen sklerotisch. *Platanus*, *Monimiaceen* (Fig. 44), *Tetranthera*, *Banksia*, *Arariba*, *Strychnos*, *Vallesia*, *Aspidosperma*, *Alstonia*, *Tectonia*, *Erica*, *Clethra*, *Aucuba* (Fig. 81), *Hedera*, *Crataeva*, *Sterculia*, *Lühea*, *Theophrasta*, *Camellia*, *Khaya*, *Soymida*, *Malpighia*, *Aesculus*, *Celastrus*, *Gouania*, *Baloghia*, *Croton*, *Rhus* (Fig. 116), *Mangifera*, *Galipea*, *Esenbeckia* (Fig. 121), *Combretum*, *Terminalia*, *Myrtaceen* (Fig. 128, 132), *Ceratonia* (Fig. 145), *Acacia sp.*,

auf die Aussenseite:

Aussenwand der Korkzellen sklerotisch. *Salix* (Fig. 42), *Laurus*, *Petraea*, *Cornus*, *Amyris*, *Zanthoxyleen*, *Diosma*, *Pilocarpus*, *Pomaceen* (Fig. 135), *Geoffroya*, *Virgilia*, *Tamarindus*,

wobei die Verdickung auf die radialen Seiten übergreift (hufeisenförmig Fig. 44, 92, 108) oder abgerundet (polsterförmig Fig. 116, 121) endigt. Sowol die gleichmässige wie die einseitige Verdickung kann nahe zur vollständigen Obliterirung der Zellen führen, die Verdickungsmasse kann selbst homogen, oder geschichtet und von Porencanälen durchsetzt sein.

Die Verbindung der Korkzellen unter einander ist ursprünglich lückenlos; in Folge der Dehnung der Membranen treten in den bereits verkorkten Zellen zunächst kleine Dehiszenzen in den **verticalen Kanten** und weiterhin den **radialen Wänden** entlang auf. Niemals erfolgt Trennung von Korkzellen in den tangentialen Wänden. Die Bildung eigenthümlicher linsenförmiger

Intercellularräume durch Auseinanderweichen der radialen Wandflächen habe ich bei *Callistemon* (Fig. 130) und *Melaleuca* beobachtet.

Neben der regelmässigen radialen Reihenfolge der Korkzellen wird auch als Charakter des Korkgewebes eine regelmässige Schichtung parallel zur Oberfläche angegeben. Doch hält dieser Charakter einer genaueren Betrachtung nicht Stand. Die Korkmutterzellen sind von ungleicher Grösse, jede bildet ihre tangentialen Wände u n a b h ä n g i g v o n d e n b e n a c h b a r t e n und es ist ein nicht gerade gewöhnlicher Zufall, wenn ein grösserer Complex von Korkzellen sich zu ebenflächigen Membranen verbindet und Unterschiede von halber Zellenhöhe (dem Maximum) zwischen benachbarten Reihen sind häufig. Die Ungleichheit in der Anlage wird eben n i c h t — wie bei einer regelmässigen concentrischen Schichtung angenommen werden müsste — durch ungleiches, ausgleichendes radiales Wachsthum aufgehoben und wenn gleichwol die Höhenunterschiede wenig auffällig sind, so rührt dies daher, dass sie sehr gering sind und dadurch wol noch verringert werden, dass der gleichmässig nach aussen wirkende Druck durch die Knickung der radialen Wände einigermassen ausgleichend wirkt und bei der dichten Aufeinanderfolge gleichsinnig orientirter Flächen kleine Unregelmässigkeiten übersehen werden.

Nicht selten finden sich, wie bekannt, in zartzelligen Peridermen Gruppen sklerotischer Korkzellen, deren Entstehung mit einer wiedererwachten Lebensthätigkeit der bereits verkorkten Zellen erklärt wird. Meine Befunde stimmen mit dieser Auffassung nicht überein, wol aber konnte ich beobachten, dass an umschriebenen Stellen j u n g e K o r k z e l l e n ohne erkennbare Ursache sklerosiren, während aus demselben Phellogen sonst nur Schwammkork hervorgeht.

Auch Krystalle kommen, wenngleich viel seltener (*Millingtonia*) im Korke vor. Ihre Bildung entzieht sich der unmittelbaren Beobachtung, auch habe ich sie niemals im jungen Korke, wol aber im Phelloderma [*Celtis*, *Rhamnus sp.*, *Esenbeckia* (Fig. 121), *Terminalia*, *Strychnos* (Fig. 61), *Ceratonia* (Fig. 145)] angetroffen, woraus vielleicht geschlossen werden darf, dass auch sie sich bildeten, ehe der Kork in Dauergewebe übergegangen war. Anderseits wäre eine Oxalatausscheidung aus dem Zellinhalt auch nach Verkorkung der Zellwände denkbar und zu verwundern wäre dann nur die Seltenheit des Vorganges. Die in den Korkmembranen von *Abies canadensis* regelmässig auftretenden hystero-lysigenen Harzlücken (s. p. 29) scheinen mir unzweifelhaft aus Desorganisation der Korkzellen hervorgegangen zu sein.

Mittelrinde.

Das Parenchym der primären Rinde ist kaum jemals in allen Schichten völlig gleichartig; zum mindesten in den jüngsten Internodien sind die äusseren Zellenlagen merklich derbwandiger, englichtiger, vorwiegend axial gestreckt und lückenlos verbunden, allmälig übergehend in das zartwandigere, weitlichtigere, isodiametrische, später tangential gestreckte, an Intercellularen und Dehiszenzen reiche Parenchym der mittleren und inneren Lagen.

Diese durch den Mangel eines distinkten Hypoderma charakterisirte Entwicklungsform besitzen: [1]

Kein hypodermatisches Collenchym. *Juniperus* (Fig. 1), *Taxodium* (Fig. 3), *Taxineen* gen., *Maclura* (Fig. 36) *Urticaceen** (Fig. 38), *Platanus**, *Laurineen**, *Elaeagneen*, *Proteaceen**, *Tarchonanthus**, *Coffea*, *Lonicera**, *Strychnos*, *Asclepiadeen* (Fig. 65), *Verbenaceen**, *Scrophularineen**, *Jacaranda*, *Bignonia*, *Crescentia*, *Theophrasta*, *Achras*, *Sapota**, *Lucuma**, *Ericaceen*, *Cornus**, *Aralia**, *Saxifragaceen**, *Menispermum**, *Magnoliaceen**, *Berberideen* (Fig. 89), *Capparis*, *Sterculia*, *Büttneriaceen*, *Camellia**, *Clusiaceen*, *Tamarix*, *Aurantiaceen*, *Meliaceen*, *Cedrelaceen*, *Malpighiaceen*, *Erythroxylon*, *Zizyphus*, *Jatropha*, *Amyris*, *Simaruba*, *Toddalia*, *Diosma*, *Pilocarpus*, *Eriostemon*, *Zygophylleen*, *Combretaceen*, *Philadelpheen* (Fig. 126), *Myrtaceen* (Fig. 132) (ausser *Eucalyptus*), *Cytisus**, *Caragana*, *Robinia*, *Caesalpineen**, *Mimoseen**.

Sie ist, wie begreiflich, nicht scharf zu trennen von jener, wo die hypodermatischen Schichten sich collenchymartig verdicken:

Schwaches Hypoderma. *Pinus* [i. w. S. (Fig. 6, 10, 11)], *Urticaceen*, *Cinnamomum*, *Laurus*, *Elaeagneen*, *Proteaceen*, *Lonicera*, *Scrophularineen*, *Sapotaceen*, *Cornus*, *Aralia*, *Saxifrageen*, *Menispermum*, *Magnoliaceen*, *Phyllanthus*, *Galipea*, *Esenbeckia* (Fig. 121), *Cassia*, *Ceratonia*,

so wie diese wieder durch Uebergangsformen verbunden sind mit den Hypodermen aus typischem Collenchym:

Kräftiges collenchymatisches Hypoderma. *Betulaceen* (Fig. 25), *Corylaceen*, *Cupuliferen*, *Ulmaceen*, *Celtideen*, *Ficus*, *Artocarpus*, *Plataneen*, *Salicineen* (Fig. 42), *Daphnoideen*, *Aristolochia*, *Tarchonanthus*, *Cinchona*, *Ixora*, *Sambucus*, *Viburnum*, *Jasminum* (s. p. 153), *Oleaceen* (Fig. 59), *Nerium*, *Verbenaceen* (Fig. 67), *Cestrum*, *Lycium* (Fig. 68), *Catalpa* (Fig. 69), *Diospyros*, *Ampelideen*, *Aucuba* (Fig. 81), *Hedera*, *Ribesiaceen* (Fig. 82), *Tiliaceen*, *Acerineen*, *Sapindaceen*, *Aesculus*, *Pittosporum*, *Staphylea*, *Celastrus* (Fig. 104), *Evonymus sp.*, *Ilex* (Fig. 105), *Rhamnus*, *Juglandeen*, *Rhus*, *Ptelea*, *Zanthoxylon*, *Pomaceen* (Fig. 135), *Calycanthus*, *Rosaceen* (s. p. 367), *Amygdaleen* (Fig. 140), *Amorpha*, *Colutea*, *Sophora*, *Virgilia*, *Cercis*, *Gymnocladus*).

Diese „collenchymatischen Hypoderme" bilden ringsum geschlossene Cylinder und werden dem Dickenwachsthum entsprechend ergänzt. In stielrunden Internodien sind sie völlig gleichmässig [2]), in kantigen Stengeln mächtiger entwickelt in den Rippen (*Jasminum*, *Sambucus Ebulus*, *Lycium* (Fig. 68), *Evonymus*) als in den Furchen. Mitunter [3]) ist das hypodermatische Collen-

---

[1]) Bei den mit * bezeichneten ist das Collenchym eben angedeutet; sie könnten auch in die folgende Liste aufgenommen werden.

[2]) Die einzige mir bekannte Ausnahme bildet *Rosa* (s. p. 367).

[3]) Es ist bemerkenswerth, dass der äussere Stereomcylinder so selten eine Unterbrechung seiner Continuität erfährt, trotzdem er nach Erstarkung des Stammes mechanisch kaum mehr in Anspruch genommen wird. Die functionelle Entlassung zeigt sich gleichwol darin, dass die Zellvermehrung nicht mehr lebhaft genug ist um der peripheren Ausdehnung zu folgen, wie aus der tangentialen Streckung der Elemente hervorgeht, und weiters auch in der mangelhaften Ausbildung der das Collenchym charakterisirenden Eigenschaften.

chym nur in den jüngsten Internodien geschlossen, späterhin wird
es gesprengt und in die Lücken tritt dünnwandiges Parenchym:

*Araucaria, Cunninghamia, Thuja, Cupressus, Sambucus sp., Sapindus,
Vitis, Crataeva, Evonymus sp., Eucalyptus.*

Wie aus der obigen Aufzählung ersichtlich, ist die Entwicklung des collenchymatischen Hypoderma sehr verbreitet. Ungleich seltener wird eine
mediane Schicht der primären Rinde zu Collenchym umgebildet:

Medianes Collenchym.

*Callitris, Thuja, Morus, Broussonetia, Datura, Malvaceen,
Adansonia, Bombax, Manihot, Buxus* (Fig. 111), *Hura.*

Die medianen Collenchymschichten werden, im Gegensatz zu den oberflächlichen, frühzeitig durch das Dickenwachsthum der Internodien gesprengt
und verhalten sich in dieser Beziehung gleich den an derselben Stelle vorkommenden primären Sklerenchymringen[1]), durch welche

Aristolochia (Fig. 51), *Berberis* (Fig. 89), *Serjania* (Fig. 100)

ausgezeichnet sind. In mechanischem Sinne bildet einen Gegensatz das nur
bei *Jasminum* (s. p. 153) und *Evonymus* (s. p. 285) beobachtete Auftreten
einer zartzelligen, chloryphyllreichen Schicht in der mittleren Zone der primären Rinde, welche nach innen sowol wie nach aussen von collenchymatischem
Gewebe eingeschlossen ist.

Das Hypoderma besteht in einigen Gattungen aus sklerotischen Fasern:

Thuja, Cupressus, Sequoja, Araucaria, Cunninghamia, Podocarpus
(Fig. 16), *Jasminum, Tecoma* (s. p. 186)

oder es wird durch frühzeitige Sklerosirung der unmittelbar an die Oberhaut
grenzenden Zellen der primären Rinde gebildet:

Pinus (Fig. 6), *Larix* (Fig. 10), *Picea* (Fig. 13), *Salisburia* (Fig. 21).

Weder die Faserschicht noch das Steinzellenhypoderma
werden in den durch das Dickenwachsthum entstandenen
Lücken ergänzt.

Die physiologische Bedeutung des Collenchym — es zählt bekanntlich zu
den mechanischen Systemen — ist nicht allein durch den eigenartigen Bau der
Membranen ausgedrückt, sondern auch durch die geringe Betheiligung am
Stoffwechsel: es ist in der Regel chlorophyllfrei und führt sehr
selten Krystalle; es stimmt mit dem dünnwandigen Parenchym überein
in der Gestalt der Zellen, welche jeweilig von der vorherrschenden Wachsthumsrichtung der Internodien abhängt, und in dem nicht auf bestimmt orientirte
Theile der Zellwand beschränkten Auftreten der Poren (s. Bastparenchym p. 423).

Eine ganz eigenartige Modification des Rindenparenchyms zu Stereom
habe ich bei *Esenbeckia* (Fig. 121) angetroffen.

Während, wie aus der Liste p. 416 ersichtlich, das hypodermatische Collenchym bei einer grossen Zahl von Gattungen fehlt oder doch sehr schwach ent-

---

[1]) In diesen Fällen bilden die primären Stränge keine Bastfasern.

wickelt ist, bildet das zweite System mechanischer Elemente — die Bastfasern der primären Stränge — in jungen Internodien in der Regel bis zur Berührung genäherte, umfangreiche Bündel. [1])

Im Phloëm der primären Fibrovasalstränge **fehlen Bastfasern** bei:

Keine Bastfasern in den primären Strängen. *Cupressineen, Pinus* (i. w. S.), *Podocarpus, Taxus, Aristolochia, Lycium, Datura, Clethra, Erica, Aucuba, Ribes, Berberideen, Evonymus.* [2])

Das zwischen den Faserbündeln befindliche Grundgewebe sklerosirt meist schon in Internodien, welche noch in Streckung begriffen sind und die Sklerose erstreckt sich auch auf die Zellen, welche in die Lücken der in Folge des Dickenwachsthums aus einander gedrängten Faserbündel eintreten. Der so entstandene **gemischte Sklerenchymring** [3]) bei

Primäre Sklerenchymcylinder aus Bastfasern und Steinzellen. *Betulaceen* (Fig. 25), *Corylaceen, Cupuliferen, Celtideen, Platanus*, Laurineen, Tarchonanthus*, Coffea*, Olea, Verbenaceen* (Fig. 67), *Weinmannia, Paulownia*, Theophrasta*, Calophyllum*, Negundo, Sapindaceen*, Aesculus, Ilex, Juglans, Ailanthus, Crataegus*, Amorpha, Robinia, Sophora, Virgilia, Caesalpineen, Mimoseen*

wird durch viele Jahre, bis zur Bildung der ersten inneren Periderme, ergänzt oder die Sklerosirung vermag der peripheren Ausdehnung nicht zu folgen, der ursprünglich geschlossene Sklerenchymring erscheint gesprengt, die Lücken vergrössern sich allmälig, in älteren Rinden finden sich vereinzelt Steinzellengruppen und Faserbündel annähernd im Kreise geordnet. Da die Sklerosirung nur selten sich auf die Bildung des gemischten Sklerenchymringes beschränkt, vielmehr auch auf die äusseren Schichten der primären Rinde übergreift, so ist in diesen Fällen die Rinde in vorgeschrittenen Entwicklungsstadien durch **diffuse Sklerosirung** charakterisirt:

---

[1]) Die primären Bastfaserstränge werden bezüglich ihres Umfanges kaum von einem der später aus dem Cambium gebildeten Faserbündel erreicht. Doch nimmt die Mächtigkeit der Faserbündel keineswegs continuirlich in centripetaler Richtung ab; vielmehr folgen auf die primären Stränge zunächst nur spärliche und schwache Bündel, die weiterhin an Menge und Umfang oft durch mehrere Jahrzehnte stetig zunehmen, und von dem Höhepunkte ihrer Entwicklung dann ebenso allmälig herabgehen. Es correspondirt demnach der Entwicklungsgang wol im Allgemeinen, aber nicht in den einzelnen Phasen mit dem Bedürfnisse nach mechanischen Geweben.

[2]) Aus dieser wenig umfangreichen Aufzählung erhellt die hohe biologische Bedeutung der primären Bastfasern und die Frage nach der Ursache ihres Mangels drängt sich sofort auf. Bei der Mehrzahl sind wol die Anforderungen an die mechanischen Gewebe durch die tiefe Peridermanlage (vgl. p. 407) so reducirt, dass der äussere Stereomring genügt, ja sogar dieser ist in diesen Fällen **schwach entwickelt**. Bei oberflächlicher Peridermanlage ist nicht abzusehen, wodurch der Mangel des Bastbündelringes ersetzt wird, höchstens könnte man seine Entbehrlichkeit erklären bei *Aristolochia* durch den medianen Sklerenchymring (Fig. 51), bei *Aucuba* durch das ungewöhnlich starke hypodermatische, bei *Datura* durch das mediane Collenchym, bei *Pinus* durch das sklerotische Hypoderma, bei *Evonymus* durch die eigenthümliche Gurtung des Collenchyms. Doch darf nicht übersehen werden, dass diese verschiedenen Formen äusserer Stereome auch mit Bastbündelringen combinirt vorkommen.

[3]) Bei den mit * bezeichneten Gattungen wurde frühzeitige Sklerosirung in der Umgebung der primären Faserbündel beobachtet, ohne dass es zur Bildung eines **geschlossenen** Ringes gekommen wäre.

Abietineen (ausser *Pinus*), *Phyllocladus, Salisburia* (Fig. 21), **Diffuse Skle-**
Morus, Artocarpeen, Pouzolzia, Nageja, Salicineen, Peumus, **rose der pri-**
Atherosperma, Proteaceen, Rubiaceen, Jasminum, Fraxinus, **mären Rinde.**
Syringa, Ligustrum, Strychnos, Apocyneen, Gonolobus, Hoya, Cestrum,
Sapotaceen, Styrax, Rhododendron, Illicium, Magnolia, Dillenia, Cappa-
ris, Bombax, Sterculia, Camellia, Tamarix, Citrus, Guarea, Malpighia-
ceen, Pittosporum, Gouania, Zizyphus, Baloghia (Fig. 108)*, Aleurites,*
Hura, Croton, Anda (s. p. 298), *Anacardiaceen* gen.*, Spondiaceen,*
Amyris, Simarubaceen (s. p. 323)*, Galipea, Guajacum, Combretum,*
Rhizophora, Eucalyptus, Amygdaleen, Moquilea, Cytisus, Colutea.

Nicht bei allen hier angeführten Beispielen wurde der Ausgangspunkt der
Sklerose direkt beobachtet; es mögen unter ihnen auch einzelne sein[1]), welche
zunächst **unabhängig von den primären Faserbündeln** in den äusseren
Lagen der primären Rinde Steinzellen bilden und diese erst weiterhin in die
tieferen Regionen übergreifen. Diesen Entwicklungsgang nimmt die Sklerose bei:

Abies, Picea, Larix, Araucaria, Dammara (Fig. 14)*, Salis-* **Sklerose unab-**
buria (Fig. 21)*, Phyllocladus, Morus, Pouzolzia, Salicineen,* **hängig von den**
Proteaceen, Jasminum, Strychnos, Nerium, Hoya (Fig. 65)*,* **primärenSträn-**
Rhododendron, Magnolia, Capparis, Sterculia, Camellia, Tamarix, **gen.**
Guarea, Zizyphus, Euphorbiaceen, Simaruba, Galipea, Guajacum,
Combretum, Eucalyptus, Amygdaleen (Fig. 140)*, Cytisus, Colutea,*

wobei mitunter sogar ein **äusserer Steinzellenring**[2]) zu Stande kommt:

Araucaria, Salisburia, Morus, Salicineen, Strych- **Steinzellenring ausserhalb**
nos, Apocyneen, Hoya, Capparis, Anda. **der primären Stränge.**

Die vorausgegangenen artenreichen Aufzählungen zeigen, wie verbreitet die
Sklerosirung[3]) des Parenchyms der Mittelrinde ist. Die Fälle, in welchen dieselbe
nicht beobachtet wurde, müssen in zwei Gruppen gesondert werden, deren eine
die Gattungen umfasst, welche nur in ein- oder zweijährigen Internodien vorlagen, die also möglicherweise späterhin Steinzellen bilden[4]) und deren zweite
Gruppe in hinreichendem Untersuchungsmaterial verfügbar war, um mit Bestimmtheit die Sklerosirung der Mittelrinde ausschliessen zu können.

Die primäre Rinde bildet zum mindesten in der Jugend **keine Steinzellen** bei:

Boehmeria, Hakea, Cinchona, Ixora, Periploca, Stepha- **Späte oder unter-**
notis, Escallonia, Buddleia, Achras, Sapota, Lucuma, Ca- **bleibende Skle-**
rapa, Trichilia, Erythroxylon, Hura, Manihot, Jatropha, **rose.**
Phyllanthus, Simaruba.

---

[1]) Rinden, welche nur in älteren Entwicklungsstadien zur Verfügung standen.
[2]) Nicht zu verwechseln mit dem oben erwähnten gemischten Sklerenchymringe. Die
Verschiedenheit der Anlage wird bei fortschreitender Entwicklung verwischt; sie ist daher
wol nur in den Jugendzuständen, ähnlich den primären Sklerenchymcylindern von *Aristolochia,*
Berberis, Serjania (vgl. p. 417), von functioneller Bedeutung.
[3]) Die Sklerose ist mitunter [*Laurineen, Salvadora, Calycanthus* (Fig. 136)] typisch einseitig, was ich im Bastparenchym nur bei *Salvadora* beobachtet habe.
[4]) Für einige Arten wird diess höchst wahrscheinlich, weil die in älteren Rindenproben
untersuchten (z. B. *Cinchona, Simaruba, Hura*) oder verwandte Gattungen Steinzellen besassen.

27*

Die primäre Rinde **s k l e r o s i r t   n i e m a l s** bei:

Keine Stein- *Cupressineen, Pinus* (s. str.)*, Taxus, Podocarpus, Ulmaceen, Ficus,*
zellen in der *Maclura, Broussonetia, Sassafras* (?)*, Daphnoideen, Elaeagneen,*
primären
Rinde. *Caprifoliaceen, Lycium, Datura, Bignoniaceen, Crescentia, Ebena-*
  ceen, Ampelideen, Corneen, Araliaceen, Ribesiaceen, Menispermaceen,
  Liriodendron, Malvaceen, Büttneriaceen, Tiliaceen, Canellaceen, Cedre-
  laceen, Staphileaceen, Celastrineen, Rhamnus, Buxus, Croton sp., Carya,
  Rhus, Philadelpheen, Pomaceen, Rosaceen, Caragana, Cercis. [1]

Es bedarf kaum der Erwähnung, dass die Phelloderme im Allgemeinen
sich dem Rindenparenchym gleich verhalten. Nur in den Fällen, wo sie frühzeitig sklerosiren [*Strychnos, Canellaceen* (Fig. 92), *Ptelea* (Fig. 119), *Spondias, Astronium,* einige *Apocyneen, Pinus*] noch ehe sie dem Rindenparenchym
assimilirt wurden, bewahren sie ihren phellogenen Charakter. [2]

Keine Rinde scheint des Kalkoxalates vollständig zu entbehren, meist
kommt es in solchen Mengen und in so auffälligen Formen vor, dass die Fälle
angeführt zu werden verdienen, in denen das Salz nicht krystallinisch angetroffen wurde, aber meist auch in diesen Fällen auf mikrochemischem Wege
nachweisbar war: [3]

Keine Krystalle *Laurus, Daphnoideen, Elaeagneen, Hakea, Tarchonanthus, Coffea,*
in der Mittel- *Jasminum*, Ligustrum, Olea, Syringa, Vitex, Cestrum, Buddleia,*
rinde.
  Crescentia, Vitis, Menispermum, Magnolia, Berberideen, Tamarix,*
  Zizyphus, Toddalia, Philadelphus, Calycanthus, Moquilea, Cytisus,*
  Colutea.

In jungen Internodien tritt das Oxalat vorwiegend in Form von **D r u s e n**
auf, und wo Rhomboeder allein beobachtet wurden, war das Vorkommen von
Drusen keineswegs ausgeschlossen, wo es sich um alte Rinden oder doch um
Internodien mit beendetem Längenwachsthum handelte, wie bei: *Nageja, Peumus, Hymenodictyon, Apocyneen, Theophrasta, Mimusops, Imbricaria, Weinmannia, Baloghia, Spondias.*

---

[1] Die Mehrzahl bildet auch dünnwandigen Kork. Die phellogenen Bildungen **a l l e i n**
sklerosiren bei:

> *Pinus (s. str.), Ficus, Maclura, Catalpa, Crescentia, Lucuma, Corneen,*
> *Araliaceen, Liriodendron, Canellaceen, Soymida, Celastrus, Croton sp.,*
> *Rhus, Pomaceen.*

[2] Das Phellogen bei den *Strychnos*arten (Fig. 61) entsteht innerhalb eines primären Steinzellenringes, welcher bereits in den jungen Internodien jähriger Triebe angetroffen wird. In den
Strychnosrinden älterer Entwicklungsstadien, wie sie meist in den Sammlungen sich befinden,
ist der primäre Steinzellenring nicht mehr vorhanden, dagegen ein secundärer, ungewöhnlich
mächtig entwickelter Sklerenchymring, welcher zum grossen Theil **p h e l l o g e n e n U r s p r u n g e s**
ist. Soweit sich aus fertigen Zuständen beurtheilen lässt, bildet die Korkinitiale unausgesetzt
in centripetaler Richtung Zellen, deren innere Lagen fortschreitend in centrifugaler Richtung
sklerosiren. So wird der Steinzellenring beständig verbreitet und durch Sklerosirung der
an der Innenseite angrenzenden Rindenzellen noch in geringem Grade verstärkt. Auch der
die Mittelrinde nach aussen abgrenzende geschlossene Steinzellenring der *Clusiaceen* und
Canellaceen ist phellogenen Ursprunges; nur ist hier die Korkinitiale die Oberhaut selbst oder
die hypodermatische Schicht der primären Rinde und eine selbständige Sklerosirung der
letzteren findet weder vor der Anlage des Periderma noch auch späterhin statt.

[3] Die Gattungen, bei denen auch der mikrochemische Nachweis des Oxalates nicht
gelang, sind mit * bezeichnet.

Folgende Gattungen bilden jedoch schon in sehr jungen Internodien, meist bei gleichzeitiger Sklerosirung des Parenchyms, ausschliesslich Einzelkrystalle:

> *Pinus* (i. w. S.), *Celtis, Strychnos, Periploca, Datura, Paulownia, Sapota, Diospyros, Crataeva, Guazuma, Camellia, Calophyllum, Citrus, Acerineen, Erythroxylon, Hura, Buxus, Ailanthus, Eucalyptus, Cydonia, Crataegus, Papilionaceen, Caesalpineen, Mimoseen.*

*(Randnote: **Einzelkrystalle in der primären Rinde.**)*

Die für das Rindenparenchym typische regellose Vertheilung des Parenchyms schliesst die Bildung von Kammerfasern aus; erst in der unmittelbaren Umgebung der primären Phloëmstränge entstehen Parenchymfasern, diese werden häufig in Kammern getheilt und führen dann klinorhombische Einzelkrystalle. Auch die Steinzellen und die benachbarten bislang dünnwandigen Zellen enthalten Einzelkrystalle, so dass meist Drusen und Rhomboeder zugleich angetroffen werden:

> *Betulaceen, Corylaceen, Cupuliferen, Ulmaceen, Moreen, Artocarpeen, Platanus, Salicineen, Leucadendron, Nerium, Asclepiadeen (Periploca* Rhomboeder*), Achras, Lucuma, Styrax, Ampelopsis, Illicium, Sterculiaceen, Guarea, Trichilia, Malpighia, Sapindaceen, Aesculus, Pittosporum, Ilex, Manihot, Croton, Anda, Aleurites, Phyllanthus, Juglandeen, Anacardiaceen, Amyris, Simaruba* (nebst Sand), *Ailanthus, Diosmeen, Zygophylleen, Combretum, Rhizophora, Pomaceen* gen., *Rosa, Prunus, Sophora.*

*(Randnote: **Drusen und Einzelkrystalle in der Mittelrinde.**)*

Es gehört zu den Seltenheiten, wenn in Rinden mit sklerotischen Elementen blos Drusen vorkommen. In der folgenden Aufzählung dieser Fälle sind jene mit * bezeichnet, welche in der Mittelrinde unabhängig von den primären Strängen zugleich Steinzellen gebildet hatten:

> *Salisburia*, Pouzolzia*, Boehmeria, Pimelea, Banksia*, Aristolochia*, Ixora, Lonicera, Viburnum, Canellaceen*, Ericaceen, Cornus, Araliaceen, Escallonia, Ribes, Malvaceen, Theobroma, Tiliaceen, Carapa, Cedrela, Malpighia, Staphylea, Celastrineen, Rhamnus, Jatropha, Zanthoxyleen, Terminalia, Bucida, Eugenia, Melaleuca, Spiraea, Amygdalus*.*

*(Randnote: **Krystalldrusen in der Mittelrinde (mit Einschluss der primären Stränge).**)*

Ebenso selten bilden sich in sklerenchymfreien Rinden ausschliesslich Einzelkrystalle:

> *Pinus* (i. e. S.), *Periploca, Datura, Sapota, Diospyros, Guazuma, Erythroxylon, Buxus, Cydonia.*

*(Randnote: **Blos Einzelkrystalle bei unterbleibender Steinzellenbildung.**)*

Es besteht demnach eine unverkennbare Beziehung zwischen den sklerotischen Elementen und der Bildung von Einzelkrystallen in dem Sinne, dass die letztere, wenn auch durch jene nicht hervorgerufen, so doch sicher begünstigt wird (s. p. 433).

Krystallsand und Rhaphiden sind in der Rinde viel verbreiteter, als bisher angenommen wurde.

Krystallsand findet sich beständig in:

> *Cupressineen, Sequoja, Cunninghamia, Araucaria, Phyllocladus, Podocarpus, Atherosperma, Antirrhoea, Cinchona, Buena, Sambucus, Aucuba, Liriodendron, Lycium, Datura, Simarubaceen.*

Rhaphiden bilden sich in:

> *Libocedrus, Peumus, Cinnamomum, Dicypellium, Fraxinus, Citharexylon, Millingtonia, Ampelopsis, Dillenia.*

Es ist eine beachtenswerthe Thatsache, dass Sand- oder Rhaphidenschläuche **äusserst selten** *(Simaruba)* **mit Krystalldrusen oder Einzelkrystallen vergesellschaftet vorkommen.**

Eine auf die Coniferen (ausgenommen *Pinus* im weiteren Sinne) beschränkte Eigenthümlichkeit ist das Auftreten winziger Kryställchen in den Zellmembranen.

Specifische Sekretbehälter[1]) sind, wo sie auftreten, ein charakteristisches Merkmal der Rinden, da sie auch in trockenem Materiale meist ohne Schwierigkeit erkennbar sind. Sie wurden beobachtet in der primären Rinde bei:

Sekretbehälter in der Mittelrinde. *Cupressineen* (Fig. 1), *Abietineen* (Fig. 14), *Taxineen* [Fig. 16, 21 (ausser *Taxus*)], *Maclura* (Fig. 36), *Ficus, Boehmeria* (Fig. 38), *Monimiaceen, Laurineen, Aristolochia, Buena sp., Cinchona sp., Gonolobus, Theophrasta, Sapotaceen, Araliaceen, Magnoliaceen, Dillenia, Malvaceen, Sterculiaceen, Büttneriaceen, Tiliaceen, Calophyllum, Canellaceen, Citrus, Serjania, Pittosporum, Jatropha, Hura, Baloghia* (Fig. 108), *Croton, Zanthoxyleen* (ausser *Ailanthus*), *Diosmeen* (Fig. 121), *Myrtaceen* (ausser *Punica*), *Calycanthus*

und im Phloem der primären Stränge bei

> *Sambucus, Amyris, Rhus, Acer* und *Aesculus.*

---

[1]) Von den in der Rinde vorkommenden, specifische Inhaltsstoffe führenden Sekretschläuchen können mit Rücksicht auf den anatomischen Bau zweckmässig vier Typen unterschieden werden.

1. Mit dem Namen Sekretzellen oder Sekretschläuche (Fig. 64, 110, 137) möchte ich jene Form bezeichnen, welche den Parenchymzellen am nächsten steht, sich von ihr häufig nur durch ungleichartigen Inhalt, weiterhin auch durch Vergrösserung, mechanische Ausweitung, geringe Verdickung und chemische Veränderung der Membran unterscheidet, Veränderungen, welche niemals bis zu dem Grade sich entwickeln, dass durch sie der Ursprung der Sekretschläuche aus einfachen Parenchymzellen in Frage gestellt würde, auch wenn sie in Gruppen gehäuft, oder in axialen Reihen übereinander vorkommen Hieher gehören die von den Autoren Schleim-, Gummi-, Oel-, Harz-, Gummiharz- Gerbstoffzellen und ein Theil der Milchsaftschläuche benannten Elemente.

2. Milchsaftröhren (Fig. 35, 66) in der von *de Bary* gegebenen Umgrenzung des Begriffes.

3. Schizogene Sekretbehälter (Fig. 1, 110, 116) oder passend auch Drüsen genannt, weil sie von secernirenden Zellen ausgekleidet sind. Nach Form und Umfang sind sie stets beschränkt, ihr Sekret zerstört lebende Zellmembranen nicht. Durch pathologische Processe oder nach dem Tode des sie bergenden Gewebes corrodirt das Sekret die Zellhäute, die Drüse geht in die zweite Form der intercellularen Sekretbehälter über, in

4. die lysigenen Sekreträume, welche ihren Ursprung aus einer Metamorphose des Zellinhaltes oder der Zellmembran nehmen, in Folge deren das Gewebe in unbegrenztem Umfange zerstört wird. Die Gestalt der lysigenen Sekreträume ist unbestimmt, einerseits bedingt durch die Vertheilung jener Elementarbestandtheile, welche der Destruction grösseren oder geringeren Widerstand entgegensetzen, andererseits durch die Schwerkraft beeinflusst, indem das Excret sich an den tieferen Stellen sammelt und hier mit gesteigerter Intensität seine destruirende Wirkung entfaltet.

C. Innenrinde.

Die typischen Elementarbestandtheile der secundären Rinde: Parenchym, sklerotische Fasern (Bastfasern) und eine Zellfusion (Siebröhren) finden sich bei den meisten Arten vereint.

Bastparenchym fehlt keiner Rinde, meist bildet es sogar den überwiegenden Bestandtheil. Es ist durch die axiale Streckung seiner Elemente vor Allem charakterisirt. Dazu kommen noch einige Eigenthümlichkeiten, die es vom Parenchym des Grundgewebes noch unterscheiden lassen, selbst wenn die Zellen aus ihrem natürlichen Zusammenhange gelöst sind und die zum grossen Theile bedingt werden durch abweichende Art der Entstehung (aus der cambialen Zone) und durch die zeitlich und räumlich beschränkte Theilungsfähigkeit. Das Parenchym des Bastes ist, strenge genommen, ein Prosenchym, dessen Fasern aus parenchymatischen Zellen zusammengesetzt sind. Die Parenchymfasern sind zu t a n g e n t i a l e n M e m b r a n e n verschmolzen, deren Continuität häufig so gering ist, dass sie schon durch die physiologischen Unterschiede in der Wachsthumsenergie aufeinander folgender Schichten aufgehoben wird: das Bastparenchym spaltet sich während des Lebens in einreihige tangentiale Platten oder trennt sich von den Markstrahlen, selbst von den Faserbündeln (Beispiele: *Calycanthus* [Fig. 137], *Amygdaleen*, *Papilionacecn*, *Rhamneen* [Fig. 107]).

Diese bisher, wie es scheint, übersehene Eigenthümlichkeit des Bastparenchyms ist durchgreifend, wenngleich häufig bis nahe zur Unkenntlichkeit verdeckt durch die radiale Zellenfolge und durch die Zwischenlagerung ungleichnamiger Elemente (Siebröhren und Bastfasern). Dass sie aber eine w e s e n t l i c h e Eigenschaft sei, geht nicht nur daraus hervor, dass bei der Maceration immer mehr oder weniger umfangreiche P a r e n c h y m m e m b r a n e n isolirt werden, sondern mehr noch daraus, dass n u r d i e h o r i z o n t a l e n u n d d i e r a d i a l e n W ä n d e der Parenchymzellen correspondirende Tüpfel besitzen und dass nur diese — wenngleich nicht immer — durch conjugirende Ausstülpungen in Verbindung bleiben, während die tangentialen Flächen stets glatt und porenfrei sind, wie die Membranen, welche an Intercellularräume grenzen (Fig. 137).

Das Bastparenchym besteht vorwiegend aus parenchymatischen Fasern mit Gliedern von wechselnder Länge und spärlich untermischten „Ersatzfasern". Wenn die letzteren überwiegen (z. B. *Salvadora*, *Guajacum* (Fig. 122), *Caragana*), kommt eine auf Längsschnitten auffallende palissadenartige Regelmässigkeit der Schichtung zu Stande.

Sehr häufig ändert es seine physiologische Function, indem es sklerosirt. Dabei behalten die Zellen in der Regel ihre ursprüngliche Form und Grösse bei, die Verdickung ist eine a l l s e i t i g g l e i c h m ä s s i g e [1]), nur selten wird der Charakter der ursprünglichen Zellen durch ausserordentlich gesteigertes Wachsthum [*Arariba* (Fig. 57), *Diospyros* (Fig. 75), *Khaya* (Fig. 97), *Eu-*

---

[1]) Einzige Ausnahme: *Salvadora*.

calyptus (Fig. 129), *Syzygium* (Fig. 131)] und durch ungewöhnliche Formveränderung verwischt [*Sequoja* (Fig. 15), *Phyllocladus* (Fig. 18)]. Wenn Ersatzfasern die einzigen sklerotischen Elemente sind, ist es in einer nicht geringen Zahl von Fällen geradezu unmöglich, dieselben von Bastfasern zu unterscheiden, d. h. die Unterordnung der betreffenden Elemente unter einen dieser Begriffe hängt vom subjectiven Ermessen ab [2]). Als charakteristische Kennzeichen der Bastfasern möchte ich anführen: die die Breite vielfach übertreffende Länge, die geringe absolute Breite der Fasern, welche oft unter jener der übrigen Elemente bleibt, höchstens sie erreicht, dieselbe nur in einzelnen Individuen (s. *Aspidosperma* p. 165) übertrifft, die prosenchymatische Verbindung, die scharf abgegrenzte Primärmembran, während die secundären (oft „gallertartigen“) Verdickungen gleichmässig und meist vollständig entwickelt, entweder gar nicht oder abweichend geschichtet sind, endlich spärliche und immer unverzweigte, einer linksläufigen Spirale folgende Porencanäle. Die Steinzellen können niemals eine geringere Breite als das Bastparenchym, aus dem sie hervorgehen, besitzen und auch ihre Länge stimmt mit der Länge der Glieder der Parenchymfasern (Stabzellen) oder mit den ganzen Parenchymfasern (Ersatzfasern) nahe überein. Die mit der Sklerosirung etwa einhergehende Vergrösserung der Elemente erstreckt sich auf alle Dimensionen: namhaft verlängerte Steinzellen sind auch in demselben Verhältnisse breiter geworden, so dass die Gesammtform unverändert bleibt. Die Stabzellen sind parenchymatisch verbunden, doch können sie gleich den sklerotischen Ersatzfasern durch die mit der Vergrösserung der Zellen nothwendige Ausnützung des Raumes ästig oder spindelig auswachsen und mannigfache Verschiebungen erleiden. Die Verdickung führt selten zur Obliterirung und ihre Schichtensysteme sind gleichartig, verholzt, die Porencanäle in der Regel zahlreich und verästigt [1]).

Noch zwei Momente sprechen für die Abstammung fraglicher Elemente von Bastparenchym und gegen die Deutung als Bastfasern. Sie beziehen sich nicht auf ihren Bau, sondern auf den Zeitpunkt ihres Auftretens und auf die Art ihrer Vertheilung. **Bastfasern kommen in derselben Vegetationsperiode zur vollständigen Entwicklung, in welcher sie aus dem Cambium differenzirt wurden,** so dass unvollständig verdickte Fasern fast nur in der jüngsten Zuwachszone angetroffen werden, während Parenchymzellen viele Jahre bildungsfähig erhalten bleiben und die Sklerosirung gerade in der Regel sehr spät eintritt, in der ersten Vegetationsperiode überhaupt nicht [2]) be-

---

[1]) Man könnte versucht sein, die Bastfasern im Protophloem als Typus aufzustellen und die von denselben histologisch abweichenden Formen in der secundären Rinde als Steinzellen zu bezeichnen. Allein auch die primären Bastfasern unter einander zeigen mitunter erhebliche Verschiedenheiten (vgl. Fig. 3, 38, 67, 104) und mit den Bastfasern der secundären Rinde stimmen sie sehr selten und häufig auch dann nicht überein, wenn letztere als Bastfasern in gebräuchlichem Sinne ausgezeichnet charakterisirt sind. Es würde demnach durch solch ein radicales Vorgehen die Verwirrung nur noch vermehrt werden. Zudem erinnere ich an die analoge Verschiedenheit der Tracheen im Protoxylem und in dem secundären Holze.

[2]) Diese verspätete Sklerose des Bastparenchyms ist wegen des entgegengesetzten Verhaltens des Parenchyms des Grundgewebes beachtenswerth. Im Parenchym der primären Rinde werden Steinzellen oft zugleich mit der Anlage der primären Stränge, also noch

obachtet wurde. Wenn demnach die jüngeren (inneren) Schichten der secundären Rinde keine sklerotischen Elemente aufweisen, sondern diese erst in Form von faser- oder stabähnlichen Zellen in älteren Schichten und nach aussen an Menge zunehmend auftreten, so wird man kaum irren, wenn man dieselben als sklerotisches Parenchym auffasst, wenn auch die morphologischen Charaktere nicht vollständig zutreffen (z. B. *Citrus*, *Galipea*, *Hedera*). Weniger zuverlässig, aber gleichwol in vielen Fällen leitend ist die Vertheilung der sklerotischen Fasern. Es ist eine nothwendige Folge des Entwicklungsganges der Rinde, dass die constituirenden Elemente concentrisch geschichtet sind und in der Lagerung der Bastfasern ist diese Schichtung am augenfälligsten ausgeprägt. Sie wird undeutlich, wenn die Cambien benachbarter Stränge in der Zellbildung von einander unabhängig sind oder wenn die Bastfasern nur in spärlichen Bündeln auftreten und ganz unkenntlich bei vereinzelter Bildung von Bastfasern [z. B. *Evonymus* (Fig. 103), *Tecoma*, *Illicium* (Fig. 88) und typisch in Rinden alter Stämme]. Wo Bastfasern in grösseren Complexen auftreten, wie es in der weit überwiegenden Mehrheit der Arten in der kräftigen Wachsthumsperiode der Fall ist, kann auch die periodische Schichtung derselben als Regel gelten. Gerade das umgekehrte Verhalten zeigen die Steinzellen. Schon der Umstand, dass sie spät zur Entwicklung kommen im Zusammenhalt mit der in der Anlage nicht begründeten Metamorphose, bedingt die Unregelmässigkeit der Vertheilung und Anordnung. Es fehlt wol nicht an Beispielen (Fig. 71), welche durch die concentrische Bildung von Steinzellenplatten eine Praedisposition bestimmter Parenchymschichten zur Sklerose sehr wahrscheinlich erscheinen lassen; aber diesen Fällen stehen weit zahlreichere gegenüber, in denen die Sklerosirung unzweifelhaft durch secundäre Einflüsse bedingt wird, die keiner bestimmten oder erkennbaren Regel unterworfen, daher auch in ihren Folgen regellos sind. An den typischen Steinzellen ist diese Unregelmässigkeit der Vertheilung, welche nur durch das centripetale Fortschreiten der Sklerose von

---

während der Streckung der Internodien gebildet. — Die Sklerosirung hat unverkennbar die Neigung sich auszubreiten, wie aus folgenden Momenten hervorgeht. Zunächst sklerosiren in der primären Rinde immer einzelne Zellen und diese sind gewissermassen Centren, von denen die Steinzellenbildung nach allen Richtungen fortschreitet. Die Bildung gemischter Sklerenchymringe scheint mir auf einer von den sklerotischen Bastfasern auf die nächst gelegenen Parenchymzellen übertragenen Neigung zur Verdickung zu beruhen; die so entstandenen Steinzellen veranlassen die unmittelbaren Nachbarn zur Sklerose u. s. w. Dieser Einfluss ist natürlich nicht unbegrenzt und offenbar nicht immer gleich mächtig. Er reicht mitunter nicht weiter, als um die Sklerosirung der unmittelbar anliegenden Membranen der Zellen herbeizuführen, so dass von diesen das Nachbargewebe nicht mehr beeinflusst wird — wie in den Fällen, wo bloss die begleitenden Kammerfasern sklerosiren. Aber der Einfluss ist anderseits mächtig genug, um die Lücken zwischen den Faserbündeln Jahre hindurch mit Steinzellen zu schliessen, bis er endlich durch die Kraft des gesteigerten Dickenwachsthums überwunden wird. Auch die Sklerosirung des Bastparenchyms beginnt in der Regel zunächst in der unmittelbaren Umgebung der Faserbündel. Die wichtigsten Argumente liefern aber die zahlreichen Beispiele, in denen der Bast nicht sklerosirt, aber gleichwol die Faserbündel von sklerotischen Kammerfasern eingehüllt sind, oder wo die an Bastfasern grenzenden Randzellen der Markstrahlen sklerosiren oder wo bei Sklerosirung des Bastparenchyms die Markstrahlen mit augenscheinlichem Widerstreben, erst nach längerer Zeit und dann zunächst an den Stellen sklerosiren, wo grössere Steinzellenmassen von beiden Seiten her und in grösserer Nähe ihren Einfluss geltend machen (vgl. p. 440, Note 2).

Schichte zu Schichte mitunter dem Banne einer Regel unterworfen ist, unbestreitbar, sie kann aber auch zur Diagnose jener Formen dienen, welche in der Gestalt Bastfasern ähneln, in Wahrheit aber sklerotische Parenchymfasern sind [z. B. *Larix* (Fig. 9), *Monimiaceen* (Fig. 43, 44), *Coto* (Fig. 46), *Arariba* (Fig. 57), *Curtidor*, *Salvadora*, *Ligustrum*, *Olea*, *Clethra*, *Vitis* (Fig. 79), *Hedera*] [1].

Diese Merkmale können als Anhaltspunkte dienen, wenn in der Rinde blos einerlei sklerotische Elemente vorkommen, wobei auch besonders auf die Uebergangsformen zwischen mehr oder weniger isodiametrischen Steinzellen und den zweifelhaften Stabzellen oder Fasern zu achten ist. Wo typische Bastfasern und zugleich Steinzellen welcher Form immer in der Rinde vorkommen, ist die Entscheidung immer leicht zu treffen [2].

Als bisher unbekannte oder seltene Formen von Bastfasern verdienen erwähnt zu werden: die der secundären Verdickung völlig entbehrenden Schläuche von *Evonymus* (Fig. 103), die Fasern der *Curtidor*rinde, bei *Anacardium* (Fig. 117) und *Simaruba* (Fig. 118), die lamellösen Fasern von *Taxodium* (Fig. 3), *Illicium* (Fig. 88) und einiger *Euphorbiaceen* (Fig. 109), die gefächerten Fasern bei *Taxodium* und *Serjania* (Fig. 100), endlich die räthselhaften quellbaren Fasern von *Evonymus* (Fig. 103), die Krystallfasern bei *Aspidosperma*, die verästigten Fasern bei *Aesculus* (Fig. 102), *Cydonia* (Fig. 133), *Amygdaleen* (Fig. 139).

Eine den natürlichen Verwandtschaftsverhältnissen keineswegs entsprechende, aber für die Zwecke einer vergleichenden Betrachtung gleichwol sehr förderliche Gruppirung der Rinden kann auf das Vorkommen und die Art der Vertheilung der sklerotischen Elemente gestützt werden:

1. Die secundäre Rinde enthält gar keine sklerotischen Elemente:

Blos Weichbast. *Pinus* (s. str.), *Laurus*, *Aristolochia*, *Nerium*, *Alstonia*, *Periploca*, *Petraea*, *Lycium*, *Ampelopsis*, *Cornus*, *Ribes*, *Menispermum*, *Capparideen*,

---

[1] Der sehr häufige Befund, dass die äusseren (älteren) Bastschichten sklerenchymreicher sind als die inneren, lässt vom anatomischen Standpunkte eine zweifache Deutung zu. Es kann die von der sklerosirenden Mittelrinde übertragene Neigung zur Sklerose (vgl. die vorige Note) sich abschwächen und endlich erlöschen, oder es mag eine den Strängen selbst zukommende Eigenthümlichkeit sein, ihr Parenchym in vorgeschrittenerem Alter zu sklerosiren. Das Endergebniss führt in beiden Fällen zu dem oben erwähnten Befunde. Aus fertigen Zuständen kann der Ausgangspunkt der Sklerose nur selten mit einiger Sigerheit erschlossen werden, doch scheint es mir, als würde die selbstständige successive fortschreitende Sklerose der Stränge die Regel sein und ich möchte als „Contiguitätssklerose“ nur jene Fälle auffassen, in denen die Steinzellen sich schon in jungen Rinden und in augenscheinlicher Abhängigkeit von bereits vorhandenen sklerotischen Elementen (Bastfasern) entwickeln, wofür als typische Beispiele die Bildung der gemischten primären Sklerenchymringe (s. p. 418) und anderseits die von den primären Strängen unabhängige Sklerose (s. p. 419) gelten können. Vom biologischen Gesichtspunkte aus ist die umfangreichere Sklerosirung der äusseren Schichten des Bastes vielleicht so zu deuten, dass sie zunächst mechanisch wirkt, indem sie das Zerreissen der lebenden Rinde verhindert oder erschwert und weiterhin als Schutzvorrichtung gegen äussere Schädlichkeiten zu dienen bestimmt ist, wie die sklerotischen Phelloderme.

[2] Dass diese Unterscheidung nur vom histologischen Standpunkte aus angestrebt zu werden verdient, bedarf keiner näheren Begründung. Von biologischen Gesichtspunkten aus ist es völlig gleichgiltig, wie jene zweifelhaften Zwischenformen benannt werden, da sie sicher als Stereom fungiren (vgl. *Rhododendron* Fig. 78, *Cinnamodendron* Fig. 93, *Malpighiaceen*, *Terminalia* Fig. 125, *Cydonia* Fig. 133 und die Note a. f. S.).

Camellia, Canella, Pittosporum, Celastrineen (ausser *Evonymus* Fig. 103), *Ilex, Baloghia, Phyllanthus, Buxus, Rhus, Ptelea, Zanthoxylon, Galipea* (in den Aussenschichten bilden sich Faserplatten), *Zygophylleen, Philadelpheen, Punica, Calycanthus.* [1])

2. Die secundäre Rinde entbehrt der Bastfasern, bildet aber Steinzellen:

Abies, Picea, Larix, Betulaceen (Fig. 23), *Fagus, Platanus, Monimiaceen* (Fig. 44), *Coto* (Fig. 46), *Salvadora, Rubiaceen* **Steinzellen, keine Bastfasern.** [Fig. 54, 56, 57 (ausser *Cinchona* und *Sarcocephalus)*], *Viburnum* (Fig. 58), *Jasminum, Olea, Ligustrum, Strychnos* (Fig. 61), *Ochrosia, Vallesia, Geissospermum, Gonolobus, Datura, Cestrum, Curtidor, Chrysophyllum* (Fig. 71), *Diospyros* (Fig. 75), *Clethra, Vitis* (Fig. 79), *Hedera* (!), *Dillenia, Paulownia, Cinnamodendron* (Fig. 93), *Staphyleaceen, Pistacia* (Fig. 115), *Astronium, Amyris, Rhizophora, Myrtus, Moquilea, Caesalpinia.*

3. Die secundäre Rinde bildet wol Bastfasern, aber das Bastparenchym wird nicht sklerotisch:

Cupressineen (Fig. 2), *Araucaria, Taxineen* [Fig. 17, 19, 20 **Bastfasern, keine Steinzellen.** (Idioblasten bei *Phyllocladus* Fig. 18)], *Ulmaceen* (Fig. 32, 33), *Moreen* (ausser *Morus* Fig. 35), *Camphora, Sassafras, Oreodaphne,*

---

[1]) Von den pag. 418 angeführten Gattungen, deren primäre Stränge keine Bastfasern bilden, sind auch die secundären Stränge von sklerotischen Elementen jeder Art frei: *Pinus* (i. e. S.), *Aristolochia, Lycium, Ribes,* das Bastparenchym wird sklerotisch bei: *Datura, Clethra, Abies, Picea, Larix,* es bilden sich Bastfasern bei: *Cupressineen, Abietineen* gen. *Taxineen, Erica, Berberideen, Evonymus.* Die letzteren haben charakteristische Formen (Fig. 17, 20, 78, 103), ähnlich denen der *Laurineen* und *Cinchonen,* welche von dem Typus „Bastfasern" erheblich genug abweichen, noch weniger Verwandtschaft aber mit „Steinzellen" zu haben scheinen.

Die sog. Bastfasern der *Coniferen* möchte ich insgesammt als Parenchymfasern erklären. Es bestimmt mich dazu nicht so sehr ihre Form (vgl. übrigens Fig. 17 und 20) als ihre Vertheilung und die Unregelmässigkeit ihrer Sklerosirung.

Bei keiner andern Klasse findet sich die für die *Coniferen* so charakteristische Reihenfolge der cambialen Bildungen wieder und namentlich finden sich nirgend Siebröhren als unmittelbare Nachbarn der Bastfasern. Meiner Ansicht zufolge entbehrt die Rinde der *Coniferen* der Bastfasern, wie ihr Holz des Libriform. Wie dieses durch eine Modification des trachealen Systems, so werden jene durch eine Modification des Parenchyms ersetzt. Es wäre demnach die regelmässige Schichtung von Siebröhren und Parenchym ein durchgreifender Charakter der *Coniferen* mit drei Typen:

1. Einfache Parenchymreihen alterniren mit mehrfachen Siebröhrenreihen, wobei die Sklerosirung ganz unterbleibt *(Pinus* im engeren Sinne), oder auf einzelne Zellen beschränkt ist *(Picea, Larix, Abies).*

2. Es alterniren je einfache Parenchym- mit Siebröhrenreihen, wobei höchstens jede zweite Parenchymreihe in der Regel eine geringere Zahl sklerosirt *(Cupressineen, Abietineen* ausser *Pinus* i. w. S., *Taxineen* ausser *Salisburia).*

3. Mehrfache Parenchymreihen alterniren mit einfachen Siebröhrenreihen *(Salisburia).* Auch die Art der Sklerose stimmt mit dem für Bastparenchym gewöhnlichen Vorgang überein. Abgesehen von den Idioblasten bei *Pinus,* deren Charakter unzweifelhaft ist, haben auch die vorgenannten Typen 2 und 3 sehr bezeichnende Eigenthümlichkeiten. Die Sklerosirung der Parenchymreihen beginnt sehr spät, oft erst nach mehreren Jahren, zwischen vollständig sklerotischen Reihen finden sich solche auf verschiedener Stufe der Sklerose und selbst innerhalb einer Reihe bleiben einzelne Fasern dünnwandig. In den mehrfachen Parenchymreihen von *Salisburia* sklerosirt in der Regel nur eine tangentiale Reihe, ab und zu aber auch mehrere bis sämmtliche Fasern einer radialen Reihe. — Im Texte habe ich mich, wie überall wo nicht zwingende Gründe dagegen sprachen, der geläufigen Auffassung anbequemt.

Daphnoideen (Fig. 47), *Elaeagneen* (Fig. 48), *Exocarpus, Sarcocephalus, Lonicereen, Sambucus, Bignoniaceen, Crescentia, Styrax* (Fig. 77), *Erica* (Fig. 78), *Liriodendron* (Fig. 86, 87), *Illicium* (Fig. 88), *Berberis, Malvaceen* (Fig. 90), *Sterculiaceen, Büttneriaceen, Tiliaceen, Carapa, Cedrelaceen* (ausser *Khaya* Fig. 97), *Hippocratea, Rhamneen* (Fig. 106, 107), *Croton* (Fig. 109), *Hura, Juglandeen* (Fig. 112, 114), *Schinus, Spondiaceen, Esenbeckia, Combretaceen* (Fig. 123 und 125), *Melaleuca, Callistemon, Cydonia* (Fig. 133), *Pyrus, Sorbus, Mespilus, Amygdaleen* (Fig. 139), *Papilionaceen* (Fig. 143), *Acacia sp., Albizzia sp.*

4. Die secundäre Rinde enthält **sowol Bastfasern als auch Steinzellen**:

Bastfasern und Steinzellen.   *Sequoja* (Fig. 15), *Phyllocladus* (Fig. 18), *Corylaceen, Quercus, Castanea, Celtis* (Fig. 34), *Morus, Artocarpeen, Nageja, Salicineen, Liquidambar, Cinnamomum, Persea, Litsaea, Proteaceen, Cinchona sp., Fraxinus, Syringa, Aspidosperma, Vitex, Tectonia, Theophrasta, Sapotaceen* (ausser *Chrysophyllum*), *Weinmannia, Myristica, Guatteria, Magnolia* (Fig. 84), *Calophyllum, Tamarix, Citrus, Melia, Khaya* (Fig. 97), *Acerineen* (Fig. 98), *Malpighiaceen, Sapindaceen, Aesculus, Aleurites, Anda, Mangifera, Odina, Anacardium, Simarubaceen* (Fig. 118), *Ailanthus* (Fig. 120), *Eucalyptus* (Fig. 128, 129), *Syzygium* (Fig. 131), *Crataegus, Cotoneaster, Rosaceen* (Fig. 138), *Colutea, Cytisus, Virgilia, Caesalpineen* (ausser *Caesalpinia*), *Mimoseen* (Fig. 146).

Bezüglich der Anordnung der sklerotischen Elemente im Baste lassen sich zwei Typen scharf auseinanderhalten, je nachdem die Bildung gleichnamiger Elemente sich regelmässig periodisch wiederholt oder nicht.

Im ersteren Falle erscheint der Bast durch sklerotische Elemente **concentrisch geschichtet**, wenn das Cambium aus einem grossen Theile seines Umfanges gleichzeitig Bastfasern bildet, oder wenn die Sklerosirung des Bastparenchyms in concentrischen Zonen erfolgt. Dabei können die Sklerenchymschichten dicht gefügt oder in grösserem oder geringerem Grade von ungleichnamigen Elementen **unterbrochen** sein. Der Bast ist **stufig oder alternirend** geschichtet, wenn nur die Cambien weniger benachbarter Stränge zugleich identische Zellformen bilden[1]), während in den beiderseits angrenzenden Cambien zur selben Zeit ungleichnamige Elemente entstehen. Die Bastfaser- oder Steinzellenplatten sind vergleichsweise so geordnet, wie die Ziegel in einem Mauerwerk, deren jeder die Kanten der unter und über ihm liegenden deckt.

Eine scharfe Sonderung dieser beiden Schichtungsformen ist nicht durch-

---

[1]) Die Trennung erfolgt nicht scharf nach Baststrahlen gesondert, vielmehr nimmt die Bildung bestimmter Gewebsformen von einem Entwicklungsheerde nach der Peripherie allmälig ab, die Platten erscheinen daher am Querschnitte tangential elliptisch mit zugeschärften Rändern.

führbar. In der folgenden Aufzählung sind die typischen Beispiele mit *
bezeichnet:

> *Cupressineen* (Fig. 2)*, *Abietineen* gen. (Fig. 15)*, *Taxineen* **Regelmässig ge-**
> (Fig. 18)*, *Betulaceen* (Fig. 23), *Corylaceen* (Fig. 29), **schichteter Bast.**
> *Quercus**, *Castanea* (Fig. 31)*, *Ulmaceen* (Fig. 32)*, *Moreen, Celtis,*
> *Salicineen**, *Liquidambar**, *Daphnoideen* (Fig. 47)*, *Elaeagnus* Fig.
> 48)*, *Proteaceen* (Fig. 49)*, *Exostemma*, *Antirrhoea**, *Lonicereen**,
> *Sambucus*, *Oleaceen** (ausser *Ligustrum*), *Vallesia*, *Aspidosperma*,
> *Geissospermum*, *Vitex*, *Tectonia*, *Catalpa**, *Millingtonia**, *Crescentia**,
> *Theophrasta*, *Chrysophyllum* (Fig. 71)*, *Sideroxylon*, *Mimusops*, *Styrax*,
> *Erica*, *Vitis**, *Myristica**, *Guatteria**, *Liriodendron**, *Magnolia* (Fig.
> 84)*, *Dillenia*, *Malvaceen**, *Sterculiaceen* (Fig. 90)*, *Büttneriaceen**,
> *Tiliaceen**, *Calophyllum**, *Tamarix* (Fig. 94)*, *Citrus* (Fig. 95), *Melia**,
> *Cedrelaceen* (Fig. 97)*, *Acerineen* (Fig. 98)*, *Malpighia*, *Sapindaceen*,
> *Aesculus* (Fig. 101), *Staphylea*, *Hippocratea**, *Paliurus* (Fig. 106)*,
> *Zizyphus*, *Gouania*, *Aleurites*, *Anda*, *Juglandeen* (Fig. 112)*, *Anacar-*
> *diaceen* (Fig. 115), *Spondiaceen**, *Simarubaceen**, *Ailanthus*, *Esenbeckia**,
> *Combretaceen* (Fig. 125)*, *Myrtaceen* (Fig. 128)*, *Pomaceen* (Fig. 134)*,
> *Rosaceen*, *Papilionaceen* gen. (Fig. 143), *Mimoseen* (Fig. 146).

Bei spät auftretender Sklerose, bei spärlicher Bastfaserbildung (vgl. Note 1
pag. 426), seltener bei ursprünglichem Mangel der Periodicität in dem cambialen
Zuwachs erscheinen die **sklerotischen Elemente des Bastes unregel-**
mässig zerstreut, isolirt oder zu wenig umfangreichen Bündeln oder
Gruppen mit annähernd rundlichem Querschnitte und oft bedeutender verticaler
Erstreckung verschmolzen:

> *Abies*, *Picea*, *Larix*, *Fagus*, *Artocarpeen*, *Monimiaceen* **Sklerotische Ele-**
> (Fig. 44), *Coto* (Fig. 46), *Exocarpus*, *Hippophae*, *Salvadora*, **mente regellos**
> *Rubiaceen* [(Fig. 57) ausser *Exostemma*, *Antirrhoea*], *Vi-* **vertheilt.**
> *burnum* (Fig. 58), *Jasminum*, *Ligustrum*, *Strychnos*, *Ochrosia*, *Gono-*
> *lobus*, *Datura*, *Cestrum*, *Paulownia*, *Tecoma*, *Diospyros* (Fig. 75),
> *Cinnamodendron*, *Illicium* (Fig. 88), *Evonymus* (Fig. 103), *Croton*
> (Fig. 109), *Hura*, *Amyris*, *Amygdaleen*, *Moquilea*, *Virgilia*, *Cercis*,
> *Amorpha*, *Cassia*, *Ceratonia* (Fig. 145), *Caesalpinia*.

Auch aus dieser anscheinenden Regellosigkeit lassen sich zwei Bildungs-
gesetze ableiten. Einmal entstehen die sklerotischen Elemente in jedem Bast-
strahle selbständig, unabhängig von angrenzenden Baststrahlen. Das ist bei
der diffusen Sklerose die Regel (z. B. Fig. 57, 58, 75, 88, 109). Das andere
Mal sind es gerade die Randtheile benachbarter Strahlen, welche zu Bastfasern
oder Steinzellen werden, so dass die an sich kleinen Sklerenchymgruppen
jedesmal von einem oder mehreren Markstrahlen durchzogen sind, z. B. *Coto*
(Fig. 46), *Hippophae*, *Rhamnus* (Fig. 107), *Rhizophora*[1]).

---

[1]) Es besteht kein wesentlicher sondern nur ein quantitativer Unterschied zwischen diesen
aus den sklerotischen Elementen zweier Baststrahlen sich zusammensetzenden Gruppen und

Die vorstehenden durch die Verschiedenheit des Entwicklungsganges begründeten Typen werden in der Folge durch die mechanische Dehnung der Rinde nur wenig alterirt; denn entweder werden die älteren Schichten durch Borke abgetrennt, oder bei ausdauerndem Periderma sind es die Markstrahlen, welche durch Theilungen oder tangentiale Streckungen der Zellen es der Rinde ermöglichen, dem Dickenwachsthum des Stammes zu folgen.

Wol aber wird die typische Anordnung der sklerotischen Elemente durch nachträgliche Sklerosirung des Bastparenchyms mitunter bis zur Unkenntlichkeit verwischt. Diese hysterogene Sklerose nimmt zwar in der Regel den Ausgang von den bereits vorhandenen Bastfaser- oder Steinzellengruppen und vermehrt zunächst nur ihren Umfang; bei dem Fortschreiten derselben fallen ihr aber Parenchymzellen aller Orten anheim und da kann es selbst bei regelmässiger Vertheilung der Elemente des Weichbastes den Anschein gewinnen, als wäre das Sklerenchym niemals geschichtet gewesen.

Es bedarf nämlich kaum der Erwähnung — das Gegentheil wäre sehr zum Verwundern — dass die Elemente des Weichbastes in derselben Reihenfolge und Vertheilung aus dem Cambium hervorgehen wie die zur Sklerose bestimmten Elemente, so dass auch der Weichbast concentrisch oder alternirend geschichtet ist oder in ihm Siebröhren- und Parenchymgruppen anscheinend regellos vertheilt sind.

Als eine sämmtlichen *Dicotylen* zukommende Eigenthümlichkeit verdient hervorgehoben zu werden, dass Bastfasern immer allseitig von Parenchym umgeben sind, während bei den *Coniferen*, welche concentrische Reihen Bastfasern bilden (vgl. Note p. 427), diese aussen und innen von Siebröhren begleitet sind, das Parenchym demnach die Mittellage einnimmt (Fig. 2). Wo Bastfasern fehlen, wechseln Parenchym- und Siebröhrenschichten (Fig. 7) und wenn das Parenchym schichtenweise sklerosirt, sind die Steinzellenplatten zunächst von dünnwandigem Parenchym umsäumt und nur in sehr vereinzelten Fällen [*Eucalyptus corymbosa* (Fig. 129), *Erythrophlaeum*] schreitet die Sklerose so weit vor, dass die Siebröhren die einzigen dünnwandigen Elemente des Bastes bleiben. Die Siebröhren werden niemals sklerotisch.

---

den über die Breite mehrerer Baststrahlen sich erstreckenden, alternirend geschichteten Sklerenchymplatten. In der That ist bei reichlichem Auftreten ersterer, oder wenn das Sklerenchym bei sehr genäherten Markstrahlen sich über mehrere Baststrahlen erstreckt, die Eintheilung nicht sicher. Wohl aber scheint mir die Unterscheidung zwischen alternirender und concentrischer Schichtung von Wichtigkeit, weil diesen verschiedene mechanische Principien zu Grunde liegen. Da es sich nach Erstarkung des Xylemcylinders in der Rinde kaum mehr um Biegungsfestigkeit, sondern um Zug- und Druckkräfte handelt, so ist es klar, dass die alternirende Schichtung c. p. mehr leistet als die concentrische Schichtung. Im abgeschwächten Maasse kommen diese Principien auch bei der diffusen Sklerosirung zur Geltung und ein wegen der Einfachheit der Verhältnisse besonders beachtenswerthes Beispiel scheinen mir jene Sklerenchymgruppen zu sein, welche zwei benachbarten Baststrahlen angehören und sie verbindend einer durch peripheren Zug drohenden Trennung derselben mit geringstem Materialaufwand begegnen; es sind gewissermassen zwei Stränge an einander genietet (vgl. Fig. 46, 107).

Wie in der Mittelrinde, so zeigt sich auch im Baste, hier sogar viel auffälliger, der Zusammenhang zwischen Sklerosirung und Krystallbildung.

Die Theilung der Parenchymfasern in Krystallkammern erfolgt zumeist durch horizontale, selten auch durch verticale Membranbildung (Fig. 80). Mit der Ausscheidung der Krystalle scheint das Wachsthum der Zellen abgeschlossen zu sein, wie aus dem Umstande geschlossen werden dürfte, dass sowol isolirte Krystallzellen als Kammerfasern in der Regel kleinere Dimensionen zeigen, als das umgebende Parenchym. Von dieser Regel sind im Allgemeinen die Krystallsand- und Rhaphidenschläuche ausgenommen, sowie die für einige Gattungen charakteristischen Krystallschläuche mit ausserordentlich grossen Drusen: *Combretaceen* (Fig. 124), *Amygdaleen,* oder Prismen: *Ulmus* (Fig. 32) *Pinus* (Fig. 4), *Ixora* (Fig. 53), *Escallonia, Tiliaceen* (Fig. 91), *Aesculus* (Fig. 101), *Juglandeen, Diosmeen, Guajacum* (Fig. 122), *Quillaja* (Fig. 138).,

Krystalle fehlen in der secundären Rinde[1]) bei:

Laurus, Daphnoideen, Elaeagneen, Proteaceen, Jasminum, Syringa (?), *Vitex, Cestrum, Crescentia, Styrax, Erica, Vitis, Menispermum, Myristica, Berberideen, Capparideen, Malvaceen, Sterculiaceen, Camellia, Tamarix, Ilex, Croton sp., Hura, Philadelpheen, Calycanthus, Moquilea.* **Keine Krystalle im Baste.**

Für eine ansehnliche Reihe von Gattungen ist die constante Umhüllung der Bastfaserbündel mit Kammerfasern (Fig. 112, 142) charakteristisch:

Cupuliferen, Liquidambar, Salicineen, Exocarpus, Aspidosperma (s. p. 165), *Achras, Sideroxylon, Guatteria* (s. p. 255), *Büttneriaceen, Tiliaceen, Clusiaceen, Citrus, Melia, Acerineen, Malpighiaceen, Sapindaceen, Hippocratea, Rhamneen, Aleurites, Juglandeen, Spondias, Rhizophora, Pomaceen, Papilionaceen* (ausser *Cytisus, Colutea*), *Cassia, Ceratonia, Mimoseen.* **Faserbündel von Kammerfasern bedeckt.**

Die Kammerfasern bilden sich aus den die Faserbündel unmittelbar umlagernden Parenchymfasern und wenn die Bastfaserbündel die ganze Breite des Baststrahles einnehmen, werden ihre radialen Flächen mit Krystallen bekleidet, welche sich in den Randzellen der Markstrahlen gebildet haben. Ein gegensätzliches Verhalten zeigen jene Rinden, deren Bastfaserbündel gleichfalls in tangentialen Platten dicht gefügt, aber an den Markstrahlseiten von Krystallen nicht bekleidet (Fig. 134) oder durch eine einfache Kammerfaserschicht von den durchtretenden Markstrahlen getrennt sind, bei denen demnach die Krystallumhüllung allseitig von dem Bastparenchym ausgeht (Fig. 143).

Mitunter erschöpft sich die Oxalatablagerung im Baste mit der Krystallbekleidung der Faserbündel: *Guatteria, Büttneriaceen, Melia, Hippocratea, Paliurus, Zizyphus, Gouania, Spondias, Rhizophora, Papilionaceen* gen.

Wenn jedoch, wie häufig, auch im Weichbaste selbständig Krystalle auftreten, so concentrirt sich ihre Bildung doch in der Umgebung der Faserbündel

---

[1]) Mit Ausschluss der Markstrahlen. Vgl. p. 420 die Liste der Gattungen, in deren Mittelrinde keine Krystalle gebildet werden.

und des sklerosirenden Parenchyms, so dass es den Anschein gewinnt, als wäre die Krystallbildung von der Verbreitung jener abhängig. Dass dies aber in der Regel nicht der Fall ist, beweisen die Beispiele, in denen die Krystalle noch vor der Sklerose des Bastparenchyms, oder im Weichbaste in anderen Formen auftreten und ganz besonders jene hinreichend zahlreichen Beispiele, in denen die Krystalle augenscheinlich ganz und gar u n a b h ä n g i g v o n d e n s k l e r o t i s c h e n E l e m e n t e n sind:

Krystalle in keiner Beziehung zu den sklerotischen Elementen. *Pinus* (i. w. S.), *Ulmaceen, Celtis, Moreen, Artocarpeen, Monimiaceen, Laurineen, Tarchonanthus, Rubiaceen, Caprifoliaceen, Oleaceen, Strychnos, Apocyneen* (ausser *Aspidosperma*), *Gonolobus, Solaneen, Bignoniaceen, Diospyros, Clethra, Araliaceen, Saxifragaceen, Magnoliaceen, Dillenia, Cinnamodendron, Aesculus, Staphylea, Rhamnus, Amyris, Simaruba, Ailanthus, Diosmeen, Guajacum, Combretaceen, Myrtaceen, Quillaja, Amygdaleen.*

In der Umgebung der sklerotischen Elemente bilden sich mit wenigen Ausnahmen *(Corylus, Soymida, Combretaceen* Fig. 124, *Syzygium* Fig. 131, *Amygdaleen* gen.) ausschliesslich Einzelkrystalle.

In der folgenden Aufzählung, welche alle Rinden umfasst, in deren Bast (mit Ausschluss der Markstrahlen) ich Krystalle beobachtet habe, sind in Klammern die Krystallformen angegeben, u. z. bedeutet D Drusen, K Einzelkrystalle, S Krystallsand, R Rhaphiden und durch! ist auf irgend eine charakteristische Eigenthümlichkeit der Krystalle hingewiesen.

Krystallformen in den Baststrängen. *Pinus* (i. w. S. [K.!]), *Cupressineen* (S.), *Sequoja* (S.), *Araucaria* (S.), *Taxineen* (ausser *Salisburia* [S.]), *Salisburia* (D.), *Betulaceen* (K.,D.), *Corylaceen* (K., D.), *Cupuliferen* (K., D.), *Ulmaceen* (K.), *Celtideen* (K., D.), *Moreen* (K.), *Artocarpeen* (K., D.), *Platanus* (K.), *Nageja* (K.), *Liquidambar* (K., D.), *Salicineen* (K., D.), *Atherosperma* (R.), *Peumus* (K., R.), *Cinnamomum* (R.), *Dicypellium* (R.), *Tetranthera* (S.), *Coto* (R.), *Exocarpus* (K.), *Aristolochia* (D.), *Salvadora* (K.!), *Tarchonanthus* (R.), *Ixora* (K.!), *Hymenodictyon* (K.), *Exostemma* (R.), *Antirrhoea* (S.), *Cinchona* (S.), *Buena* (S.), *Arariba* (S.), *Viburnum* (K.,D.), *Sambucus* (S., K.), *Oleaceen* (S., R.), *Strychnos* (K.), *Apocyneen* (K.), *Gonolobus* (D.), *Periploca* (K.), *Petraea* (K.), *Tectonia* (S.,K.) *Lycium* (S.), *Datura* (S.), *Paulownia* (K), *Bignoniaceen* (S.), *Theophrasta* (K.), *Sapotaceen* (K.), *Chrysophyllum* (K., S.), *Diospyros* (K.), *Clethra* (K.), *Ampelopsis* (D., R.), *Aucuba* (S.), *Cornus* (K., D.), *Hedera* (D.), *Weinmannia* (K.), *Escallonia* (K.!), *Ribes* (K., D.), *Guatteria* (K.!), *Liriodendron* (S.), *Illicium* (K.), *Dillenia* (R.), *Guazuma* (K.), *Dombeya* (K.), *Thebroma* (D.), *Tiliaceen* (K.!), *Calophyllum* (K., D.), *Canellaceen* (D.), *Citrus* (K.), *Carapa* (D.), *Melia* (K.), *Cedrelaceen* (K., D.), *Acerineen* (K.), *Malpighia* (K.), *Sapindaceen* (K., D.), *Aesculus* (K.!), *Pittosporum* (K.), *Staphyleaceen* (K., D.), *Celastrineen* (D.), *Hippocratea* (K.), *Paliurus* (K.), *Zizyphus* (K.), *Gouania* (K.), *Rhamnus* (K., D.), *Aleurites* (K., D.),

Croton sp. (K., D.), *Baloghia* (K., D.), *Anda* (K., J.), *Phyllanthus* (K.),
Buxus (K.), *Juglandeen* (K.! D.), *Anacardiaceen* (K., D.), *Spondias* (K.),
Amyris (K.), *Simarubeen* (K., S.), *Zanthoxylon* (K.), *Ptelea* (D.), *Ai-
lanthus* (K., D.), *Diosmeen* (K.!), *Galipea* (K., R.), *Guajacum* (K.!), *Com-
bretaceen* (D.!), *Rhizophora* (K., D.), *Melaleuca* (K.), *Callistemon* (K.),
Eucalyptus (K.), *Myrtus* (D.), *Eugenia* (D.), *Punica* (D.), *Syzygium* (D.),
Pomaceen (K.), *Rosaceen* (K.), *Quillaja* (K.!), *Amygdaleen* (K. D.!),
Papilionaceen (K.), *Gleditschia* (K., D.), *Caesalpinia* (K., D.), *Cassia* (K.),
Ceratonia (K.), *Gymnocladus* (K.), *Mimoseen* (K.). [1])

Von besonderem Interesse ist die Form der Krystalle bei den Gattungen,
deren Bast der sklerotischen Elemente **vollständig** entbehrt. Es führen
Einzelkrystalle: *Pinus, Nerium, Alstonia, Periploca, Petraea, Pittosporum,
Phyllanthus, Buxus, Zanthoxylon, Guajacum,*
Rhomboeder und Drusen: *Cornus, Ribes, Baloghia, Rhus,*
Drusen allein: *Aristolochia, Canella, Celastrineen, Ptelea, Punica,*
Krystallsand: *Lycium, Aucuba,*
Krystallfrei wurden gefunden: *Laurus, Menispermum, Capparideen, Camellia,
Ilex, Philadelphus, Calycanthus.*

Es ist eine auffallende Thatsache, dass **Krystalldrusen, Sand und
Rhaphiden ausnahmslos in dünnwandigen,** wol ausgebildete **Einzelkrystalle vorwiegend in sklerotischen Zellen** oder in der unmittelbaren Nachbarschaft solcher, selten hingegen in dünnwandigem Gewebe
vorkommen. Ich möchte diese Erscheinung damit erklären, **dass in sklerotischen Zellen die osmotischen Vorgänge verlangsamt werden,**
und sich unter diesen der Krystallisation bekanntlich günstigen Bedingungen
schöne Krystalle ausbilden, während die lebhaften Diffusionsströme in dünn-

---

[1]) Aus dieser Liste ergibt sich folgende **Uebersicht der Vertheilung der
Krystallformen.**
Einzelkrystalle und Drusen: *Betulaceen, Corylaceen, Cupuliferen, Celtideen, Artocarpeen, Liquidambar, Salicineen, Viburnum, Cornus, Calophyllum, Cedrelaceen, Sapindaceen, Staphylea-
ceen, Rhamnus, Aleurites Croton* sp. *Baloghia, Anda, Juglans, Anacardiaceen, Ailanthus, Rhizophora,
Amygdaleen, Gleditschia, Caesalpinia.*
Einzelkrystalle: *Pinus* (i. w. S.), *Ulmaceen, Moreen, Platanus, Nageja, Peumus, Exocar-
pus, Salvadora*(!), *Ixora*(!), *Hymenodictyon, Strychnos, Apocyneen, Periploca, Petraea, Tectonia, Pau-
lownia, Theophrasta, Sapotaceen, Diospyros, Clethra. Weinmannia, Escallonia*(!), *Guatteria, Illicium,
Guazuma, Dombeya, Tiliaceen*(!) *Citrus, Melia, Acerineen, Malpighia, Aesculus*(!), *Pittosporum,
Hippocratea, Paliurus, Zizyphus, Gouania, Phyllanthus, Buxus, Spondias, Burseraceen, Zanthoxylon,
Diosmeen*(!), *Guajacum*(!), *Melaleuca, Callistemon, Eucalyptus, Pomaceen, Rosaceen (Quillaja!), Papi-
lionaceen, Cassia, Ceratonia, Gymnocladus, Mimoseen.*
Drusen: *Salisburia, Aristolochia, Lonicereen, Gonolobus*(!) *Ampelopsis, Hedera, Theobroma,
Cinnamodendron, Canella, Carapa, Celastrineen, Ptelea, Combretaceen*(!) *Myrtus, Eugenia, Punica,
Syzygium.*
Rhaphiden: *Atherosperma, Cinnamomum, Dicypellium, Coto, Oleaceen, Tarchonanthus,
Exostemma, Ampelopsis, Dillenia, Oleaceen, Bignoniaceen, Galipea.*
Krystallsand: *Cupressineen, Sequoja, Taxineen* (ausser *Salisburia*), *Araucaria, Tet-
ranthera, Antirrhoea, Cinchona, Buena, Arariba, Sambucus, Oleaceen, Tetonia*(!), *Lycium, Datura,
Aucuba, Liriodendron, Bignoniaceen, Chrysophyllum* (!), *Simaruba.*
Das gleichzeitige Vorkommen von Drusen- und Raphidenschläuchen wurde nur bei *Ampe-
lopsis* beobachtet, von Einzelkrystallen und Rhaphiden bei *Galipea, Peumus,* von Einzel-
krystallen und Sand bei *Sambucus, Tectonia, Chrysophyllum.*

wandigen Zellen nur die Entstehung kleiner oder drusig aggregirter Krystalle ermöglichen.

Diese Anschauung wird durch folgende Beobachtungen gestützt: 1. In der primären Rinde junger Internodien, wo der Stoffumsatz sehr lebhaft ist, werden sehr selten Einzelkrystalle, meist Drusen angetroffen. 2. Mit der ersten Anlage des Periderma, als einer die Transpiration verlangsamenden Hülle, überwiegt die Bildung der Einzelkrystalle. 3. Diese treten fast immer zuerst in der unmittelbaren Umgebung der primären Bastfasern auf und denselben Einfluss auf die Entstehung von Einzelkrystallen zeigen unverkennbar Steinzellen. 4. Auch die so überaus häufige und für ganze Ordnungen charakteristische Krystallumhüllung der Faserbündel im Baste besteht immer aus Einzelkrystallen, während im Weichbaste derselben Rinden häufig Drusen, dagegen Einzelkrystalle regelmässig bei gleichzeitiger Sklerose des Bastparenchyms entstehen. 5. Wenngleich die Umkrystallisation von Krystallsand oder Drusen in einzelne grosse Krystalle sich der directen Beobachtung entzieht, so sprechen doch alle Zeichen dafür, dass dieselbe thatsächlich statt hat. Während nämlich in wachsenden Internodien oder im jüngst gebildeten Baste oft nur Drusen gefunden werden, vermisst man diese in älteren Internodien oder im sklerosirenden Baste vollständig und es müssen wol die vorhandenen Einzelkrystalle zum Theile sich aus dem von ihnen gelieferten Materiale reconstruirt haben. Diese Schlussfolgerung ist geradezu unabweisbar in den Fällen, wo im ganzen Baste nur Drusen, Rhaphiden oder Sand vorkommen und Einzelkrystalle sich nur in den Fällen bilden (*Corylaceen, Peumus, Galipea, Tectonia, Simaruba, Malpighia, Ampelopsis, Chrysophyllum, Sambucus Ebulus*), wo die Krystallzellen späterhin von sklerotischen Elementen umwachsen werden. 6. Gerade für die durch üppiges Wachsthum bekannten Arten (*Fraxinus, Sambucus*) ist das Vorkommen von Krystallsand oder Rhaphiden charakteristisch. 7. Rhaphiden und Sand scheinen überhaupt in einem späteren Entwicklungsstadium ausgeschieden zu werden; denn die sie bergenden Zellen sind im Allgemeinen grösser als jene, welche Einzelkrystalle einschliessen. Der Umstand, dass sie nur in völlig ausgewachsenen Zellen vorkommen, scheint mir die Deutung zuzulassen, dass die Ursachen, welche die Krystallausscheidung während des Wachsthums der Zellen verhindern, im abgeschwächten Grade fortwirkend zur Bildung unvollkommener Krystalle führen. 8. Die Kammerfasern sklerosiren ebensowenig selbständig wie die isolirten Krystallzellen; weil sie aber in besonders reicher Menge als Begleiter der Bastfaserbündel auftreten, verdicken sie ihre Membranen oft auch in Rinden, welche sonst sklerotischen Parenchyms entbehren und als weitere Folge davon ergibt sich in ihnen das weitaus überwiegende Vorkommen von Einzelkrystallen gegenüber den Drusen, da diese in sklerotischen Zellen überhaupt nicht gebildet werden.

Diesen Argumenten gegenüber darf nicht unerwähnt bleiben, dass mitunter schon in den jüngsten Internodien (s. p. 421) und in vollkommen sklerenchymfreien Rinden (s. p. 421 u. 433) Einzelkrystalle auftreten, sowie umgekehrt auch Krystallsand, Rhaphiden und Drusen mit Steinzellen oder Bastfasern vergesellschaftet vorkommen (s. p. 422, 432 und Fig. 131). Durch solche vereinzelte Befunde kann die Giltigkeit der eingangs deducirten Regel umsoweniger in Frage gestellt werden, als in diesen Fällen augenscheinlich die Krystallbildung von sklerotischen Elementen unabhängig erfolgt. Sie zeigen nur, dass die von mir angegebene Ursache für die Bildung bestimmter Krystallformen nicht die einzige wirkende Kraft ist oder dass ihr Einfluss von anderen maassgebenden Factoren — deren Vorhandensein ja selbstverständlich ist — überwunden wird. Unbestreitbar wird die Bildung von Einzelkrystallen durch träge assimilirende und die Transpiration hemmende Gewebecomplexe begünstigt, und dass diese den hervorragendsten Einfluss üben, wird durch eine überwältigende Zahl von Beispielen erhärtet, wo die Wechselbeziehung klar zu Tage liegt.

Eine bereits erwähnte, fast in jeder Rinde, welche sklerotische Elemente enthält, leicht zu constatirende Thatsache ist, dass die Krystalle in der Umgebung sklerotischer Elemente reichlicher auftreten als in den aus dünnwandigen Zellen bestehenden Rindentheilen, oft ist das Auftreten der Krystallzellen geradezu auf die unmittelbare Umgebung der Steinzellengruppen oder Bastfaserbündel beschränkt, die Bastfaserbündel sind von Kammerfasern umhüllt, während sonst im Weichbast keine oder sehr spärliche Krystalle gebildet werden, Markstrahlen, welche krystallfrei sind, werden zur Krystallbekleidung der sklerotischen Platten herangezogen, wenn sie durch diese hindurchtreten. Mir waren diese Thatsachen lange bekannt, ehe ich die Lösung für dieses scheinbar räthselhafte Abhängigkeitsverhältniss zwischen Krystallablagerung und Sklerosirung gefunden zu haben glaube: durch die Bildung sklerotischer Schichten wird die Concentration des Zellinhaltes benachbarter Zellen und damit die Ausscheidung der Krystalle befördert.

Ausser den Krystallen des oxalsauren Kalkes wurden in sehr vereinzelten Fällen *(Salvadora, Crataeva)* Krystalle eines nicht näher bekannten Salzes beobachtet.

Sekretbehälter mit specifischen Inhaltsstoffen bilden sich in den Strängen von: *Cupressineen, Ulmaceen, Moreen* (Fig. 35), *Artocarpeen, Mo-* **Sekretbehälter** *nimiaceen* (Fig. 44), *Laurineen, Aristolochia, Hymenodictyon,* **in d. Strängen.** *Apocyneen, Asclepiadeen, Sapotaceen* (Fig. 74), *Hedera, Myristica, Magnolia, Illicium* (Fig. 88), *Dillenia, Canellaceen, Swietenia, Pittosporum, Euphorbiaceen* (ausser *Buxus*), *Anacardiaceen* (Fig. 115, 116), *Spondiaceen, Zanthoxyleen* (Fig. 119), *Diosmeen, Eucalyptus sp., Calycanthus* (Fig. 137), *Geoffroya, Inga, Albizzia, Acacia.*

Ein Vergleich dieser Liste mit der entsprechenden für die Mittelrinde (pag. 422) zeigt [1]), dass bei einigen Ordnungen die Sekretbehälter auf die primäre Rinde *(Abietineen, Taxineen, Citrus, Columniferae)*, bei anderen auf die Stränge

---

[1]) Die Unvollständigkeit des Untersuchungsmaterials macht sich hier besonders fühlbar. Viele tropische Gattungen standen nur in trockenen Rinden zur Verfügung andere wol in lebendem Materiale, aber dann meist in so jungen Entwicklungszuständen, dass über den Bau der secundären Rinde keine zuverlässige Ansicht gewonnen werden konnte.

(Ulmus, *Amyris*, *Anacardiaceen*, *Mimoseen)*, bei einigen sogar nur auf die primären Stränge *(Sambucus*, *Acer*, *Aesculus*, *Cinchona)* beschränkt sind. Ueberdiess sind auch die Sekretbehälter bei gleichzeitigem Vorkommen im Grundgewebe und im Baste morphologisch nicht immer gleichwerthig.

Unter den specifischen Sekretbehältern sind nur die Sekretschläuche (im engeren Sinne) mitunter regelmässig (in tangentialen Schichten, z. B. *Sapotaceen*, *Pittosporum*, *Mimoseen)* vertheilt; Milchsaftröhren, schizogene Sekreträume und lysigene Räume sind völlig regellos angeordnet.

Das dritte die secundäre Rinde constituirende Element, die Zellfusion, fehlt nur bei wenigen Gattungen mit anomalen Fibrovasalsträngen *(Salvadora*, *Strychnos*, *Calycanthus (?))*. Mit Rücksicht auf das den vorliegenden Untersuchungen gesteckte Ziel konnte auf die Verfolgung histologischer Details nicht eingegangen werden, so verlockend es gerade bei diesem Gewebselement gewesen wäre, welches, wie die bei *Myristica* (Fig. 83) und bei den *Caesalpineen* (Fig. 144) beobachteten Fusionen und Anastomosen zeigen, noch ein fruchtbares Feld für anatomische Forschungen ist. Bei dem ausserordentlichen Formenreichthum der Siebröhren können nur die Grenzformen, zwischen denen die mannigfaltigen Uebergangsformen sich bewegen, einer Eintheilung zu Grunde gelegt werden.

Einfache Querplatten haben:

Siebröhren mit Querplatten. *Fagus* (Fig. 30), *Ulmaceen* (Fig. 33), *Celtis* (Fig. 34), *Moreen*, *Artocarpeen* (Fig. 37), *Monimiaceen* (Fig. 43), *Laurineen* (Fig. 45), *Elaeagnus*, *Aristolochia*, *Cinchona*, *Buena*, *Antirrhoea*, *Asclepiadeen* gen., *Verbenaceen*, *Bignoniaceen* (Fig. 70), *Crescentia*, *Theophrasta*, *Sapotaceen* (Fig. 73), *Diospyros* (Fig. 76), *Ampelopsis*, *Corneen*, *Menispermum*, *Berberideen*, *Capparideen*, *Sterculiaceen*, *Büttneriaceen*, *Camellia*, *Tamarix*, *Citrus*, *Cedrelaceen*, *Acerineen* (Fig. 99), *Malpighiaceen*, *Sapindaceen*, *Aesculus*, *Ilex*, *Rhamneen*, *Buxus*, *Pistacia*, *Ptelea*, *Zanthoxylon*, *Guajacum*, *Philadelphus*, *Punica*, *Rosaceen* (Fig. 138), *Amygdaleen*, *Papilionaceen* (Fig. 142), *Caesalpineen* (Fig. 144).

Plattensysteme:

Siebröhren mit Plattensystemen. *Cupressineen*, *Abietineen* (Fig. 4), *Taxineen*, *Casuarina* (Fig. 22), *Betulaceen* (Fig. 24, 26), *Corylaceen* (Fig. 28), *Quercus*, *Castanea*, *Platanus* (Fig. 39), *Nageja* (Fig. 40), *Liquidambar*, *Salicineen* (Fig. 41), *Exocarpus*, *Daphnoideen*, *Proteaceen*, *Tarchonanthus* (Fig. 52), *Sarcocephalus*, *Caprifoliaceen*, *Jasminum*, *Oleaceen* (Fig. 60), *Apocyneen* (Fig. 62, 63, 64), *Asclepiadeen* gen. (Fig. 66), *Solanaceen*, *Paulownia*, *Bignoniaceen* (Fig. 70), *Sapotaceen* (Fig. 73), *Diospyros* (Fig. 76), *Styrax* (Fig. 77), *Vitis* (Fig. 79), *Corneen*, *Araliaceen*, *Saxifrageen*, *Myristica* (Fig. 83), *Guatteria*, *Magnoliaceen* (Fig. 85, 87), *Dilleniaceen*, *Malvaceen*, *Tiliaceen* (Fig. 91), *Clusiaceen*, *Canellaceen* (Fig. 93), *Citrus*, *Meliaceen*, *Cedrelaceen* (Fig. 96), *Acerineen* (Fig. 99), *Aesculus*, *Pittosporum*, *Staphylea*, *Celastrineen* (Fig. 103), *Hippocratea*, *Ilex*, *Paliurus*,

Rhamnus, Euphorbiaceen [Fig. 110 (ausser *Buxus*)], *Juglandeen* (Fig. 113, 114), *Anacardiaceen* (Fig. 117), *Spondiaceen, Amyris, Simarubaceen* (Fig. 118), *Zanthoxyleen, Diosmeen, Combretaceen* (Fig. 123), *Rhizophora, Myrtaceen, Pomaceen* (Fig. 133), *Amygdaleen, Chrysobalaneen, Caesalpineen, Mimoseen.*

Ein das Bastparenchym an Weite wesentlich übertreffendes Lumen besitzen die Siebröhren von:

Fagus (Fig. 30), *Castanea, Ulmus* (Fig. 33), *Celtis* (Fig. 34), *Moreen* gen., *Platanus* (Fig. 39), *Salicineen, Caprifoliaceen, Fraxinus* (Fig. 60), *Magnoliaceen* (Fig. 85, 87), *Tiliaceen* (Fig. 91), *Juglandeen* (Fig. 113, 114), *Simarubaceen* (Fig. 118), *Combretaceen* (Fig. 123), *Pyrus, Gleditschia, Gymnocladus* (Fig. 144), *Mimoseen.*
Weitlichtige Siebröhren.

Die Markstrahlen, das bildsame Gewebe zwischen der durch die Fibrovasalstränge gegebenen starren Construction, treten ausgleichend ein, wo die mit beschränkter Wachsthumsfähigkeit ausgestatteten Gefässbündel in Folge des Dickenwachsthums des Stammes aus einander gedrängt werden. In Rinden mit ausdauerndem Periderma werden die Markstrahlen nach Aussen erweitert (Fig. 61):

Corylaceen, Laurineen, Daphnoideen, Aristolochia, Strychnos, Petraea, Datura, Theophrasta, Sapotaceen, Ericaceen, Weinmannia, Magnoliaceen, Dillenia, Malvaceen, Sterculiaceen, Tiliaceen, Camellia, Canellaceen, Celastrineen, Euphorbiaceen (ausser *Buxus*), *Carya, Diosmeen, Rhizophora, Rosa, Amygdaleen, Papilionaceen, Caesalpineen, Mimoseen.*
Markstrahlen gegen die primäre Rinde erweitert.

Diese auf die primären Markstrahlen beschränkte Erweiterung wird meist gegenstandslos mit beginnender Borkebildung. Nur ausnahmsweise treten auch in den tieferen Schichten des Bastes, sowol in den primären wie in den secundären Markstrahlen zunächst durch tangentiale Streckung, aber auch durch Vermehrung der Zellen locale Verbreiterungen (Fig. 146) auf:

Populus sp., Sapotaceen, Malpighia, Guatteria, Capparideen, Büttneriaceen, Tiliaceen, Croton, Anacardium, Galipea, Bucida, Mespilus, Geoffroya, Andira, Mimoseen.
Intercalare Verbreiterung der Markstrahlen.

Wie aus der unregelmässigen Vertheilung dieser stets auf kleine Strecken beschränkten Verbreiterungen hervorgeht, scheint der Ort ihrer Bildung durch das actuelle Bedürfniss bestimmt zu werden.

Die normale Breite der Markstrahlen ist innerhalb nicht zu enge gezogener Grenzen constant und für viele Rinden charakteristisch.

Ein- oder zweireihige Markstrahlen besitzen:

Coniferen, Alnus, Castanea, Salicineen, Daphnoideen, Hippophae, Tarchonanthus, Lonicereen, Viburnum, Jasminum, Oleaceen, Nerium, Vallesia, Geissospermum, Asclepiadeen, Vitex, Lycium, Datura, Crescentia, Diospyros, Camellia, Canella, Aesculus, Evonymus, Paliurus,

    Euphorbiaceen gen., *Quassia, Zanthoxylon, Guajacum, Punica, Eugenia, Calycanthus, Spiraea, Moquilea, Amorpha.*

Mehrreihige Markstrahlen:

    Betula, Corylaceen, Ulmaceen, Celtis, Moreen, Artocarpeen, Nageja, Liquidambar, Monimiaceen, Laurineen, Exocarpus, Salvadora, Rubiaceen, Sambucus, Strychnos, Alstonia, Aspidosperma, Ochrosia, Petraea, Tectonia, Paulownia, Bignoniaceen, Theophrasta, Sapotaceen, Styrax, Clethra, Corneen, Myristica, Guatteria, Magnoliaceen, Berberis, Capparideen, Malvaceen, Calophyllum, Cinnamodendron, Citrus, Meliaceen, Cedrelaceen, Acer, Malpighiaceen, Sapindaceen, Hippocratea, Ilex, Rhamneen (ausser *Paliurus*), *Baloghia, Julgandeen, Anacardiaceen, Spondiaceen, Amyris, Simaruba, Diosmeen, Combretaceen, Rhizophoreen, Philadelpheen, Myrtaceen* gen., *Pomaceen, Amygdaleen, Cercis, Geoffroya, Andira, Cassia, Ceratonia, Caesalpinia.*

Breite Markstrahlen:

    Fagus, Quercus, Platanus, Elaeagnus, Proteaceen, Cestrum, Aristolochia, Tamarix, Erica, Ampelideen, Hedera, Weinmannia, Ribes, Menispermum, Dillenia, Mahonia, Sterculiaceen, Büttneriaceen, Tiliaceen, Pittosporum, Staphylea, Celastrus, Anacardium, Ptelea, Ailanthus, Rosa, Quillaja, Cytisus, Caragana, Robinia, Colutea, Sophora, Virgilia, Gymnocladus, Gleditschia, Mimoseen.

Das Parenchym der Markstrahlen erfährt unter dem Einflusse der benachbarten Gewebe secundäre Veränderungen. Die gegen die Mittelrinde ausstrahlenden Erweiterungen der Markstrahlen zeigen alle histologischen Charaktere des Rindenparenchyms bezüglich der Sklerosirung, der Bildung von Krystall- und Sekretschläuchen, und diese Eigenthümlichkeiten werden in allmälig abnehmender Intensität in die tieferen Lagen der secundären Rinde übertragen. An den Randtheilen der primären und in den secundären Markstrahlen ist die Contiguitätswirkung der Bastbündel an der Sklerosirung erkennbar.

Es bilden sich regelmässig Steinzellen zwischen den Sklerenchymgruppen benachbarter Stränge, so dass zusammenhängende sklerotische Platten (Fig. 46, 77, 94, 107, 115) entstehen, bei:

    Liquidambar, Coto, Tarchonanthus, Antirrhoea, Exostemma, Oleaceen, Vallesia, Geissospermum, Aspidosperma, Vitex, Theophrasta, Chrysophyllum, Styrax, Erica, Weinmannia, Dillenia, Calophyllum, Tamarix, Hippocratea, Rhamneen, Philadelphus (s. p. 341), *Moquilea.*

Die zwischen den Sklerenchymgruppen des Bastes durchziehenden Markstrahlen werden zur Sklerose angeregt, doch kommt es in der Regel nicht zur Vereinigung der ersteren durch Steinzellen (Fig. 71, 85, 109, 125, 129):

    Betulaceen, Corylaceen, Celtideen, Morus, Monimiaceen, Persea, Litsaea, Cinnamomum, Exocarpus, Tectonia, Sapotaceen, Guatteria, Magnolia, Citrus, Acerineen, Malpighiaceen, Sapindaceen, Aesculus, Anda, Aleurites, Croton, Juglandeen, Pistacia, Anacardiaceen, Mangifera, Spondiaceen, Galipea, Combretaceen, Pomaceen, Spiraea, Mimoseen.

Durch die im Baste auftretenden sklerotischen Elemente bleiben die Markstrahlen unberührt; diese sind **stets dünnwandig** (Fig. 2, 47, 88, 90, 93, 128, 131, 134, 142, 143):

> *Coniferen, Ulmus, Moreen* (ausser *Morus*), *Artocarpeen, Nageja, Salicineen, Daphnoideen, Salvadora, Caprifoliaceen, Jasminum, Strychnos, Ochrosia, Gonolobus, Solaneen, Paulownia, Bignoniaceen, Crescentia, Diospyros, Vitis, Hedera, Myristica, Illicium, Liriodendron, Berberis, Malvaceen, Sterculiaceen, Büttneriaceen, Cinnamodendron, Meliaceen, Cedrelaceen, Staphylea, Evonymus, Simarubaceen, Zanthoxyleen, Diosmeen* gen., *Myrtaceen* gen., *Amygdaleen, Papilionaceen* gen., *Caesalpineen* gen., *Mimoseen* gen.

Wie bereits erwähnt, zeigt sich der genetische Zusammenhang der primären Rinde mit den Markstrahlen auch in der übereinstimmenden Form und Menge der Oxalatablagerung (z. B. *Tiliaceen, Combretaceen, Amygdaleen*). In den tieferen (älteren) Bastlagen, namentlich nach dem Auftreten von Borke, und von allem Anfang in den secundären Markstrahlen ist auch der Einfluss der Stränge bemerkbar. Einmal sind in ihnen die Charaktere des Grundgewebes und der Stränge vereint, das andere Mal überwiegen die einen über die anderen.

So enthalten eine grosse Anzahl Rinden wol **Krystalle in den Bast-strahlen, aber keine in den Markstrahlen** oder doch nur in jenen Zellen, welche **unmittelbar an die krystallreichen sklerotischen Theile der Stränge grenzen.** Die letzteren sind in der folgenden Aufzählung mit * bezeichnet:

> *Coniferen, Betulaceen, Castanea, Ulmus, Maclura, Arto-carpus, Nageja, Liquidambar*, Salicineen*, Monimiaceen*, Coto, Exocarpus*, Datura, Lycium, Paulownia, Sapotaceen*, Diospyros, Clethra*, Guatteria*, Dillenia, Lühea, Clusiaceen*, Melia, Acerineen*, Malpighiaceen*, Aesculus, Evonymus, Hippocratea*, Rhamneen*, Buxus, Spondias*, Amyris, Quassia*(?)*, Zanthoxyleen, Diosmeen, Guajacum, Myrtaceen, Pomaceen, Spiraea, Quillaja, Papilionaceen* gen., *Caesalpineen* gen., *Mimoseen* gen.

Markstrahlen
krystallfrei.

Oder Krystalle fehlen fast vollständig in den Strängen, kommen dagegen in den **Markstrahlen** (meist reichlich) **vor:**

> *Aristolochia, Salvadora, Syringa, Styrax* (Fig. 77), *Vitis, Menispermum, Myristica, Illicium* (Fig. 88), *Berberis, Capparideen, Malvaceen, Sterculiaceen, Büttneriaceen, Canella, Tamarix, Croton*[1]).

Krystalle in den
Markstrahlen,
nicht in den
Strängen.

Oder die secundäre Rinde ist in allen Theilen krystallfrei, wobei nicht immer auch die primäre Rinde der Krystalle entbehrt:

---

[1]) Die Mehrzahl bildet auch in der primären Rinde Krystalle. Das Vorkommen von Krystallen in den Markstrahlen bei dem Mangel derselben in der primären Rinde habe ich bei *Syringa, Vitis, Menispermum, Berberis* und *Tamarix* (Fig. 94) beobachtet.

Krystalle fehlen in den Markstrahlen und in den Strängen.

Laurus, Daphne, Elaeagneen, Proteaceen, Jasminum, Vitex, Cestrum, Crescentia, Erica, Magnolia, Mahonia, Camellia, Ilex, Hura, Philadelphus, Calycanthus, Moquilea, Cytisus, Colutea [1]).

Der Einfluss der Sklerose auf die Krystallbildung (s. p. 433) ist besonders in den sklerosirenden Theilen der Markstrahlen auffallend. Selbst in Markstrahlen, welche sonst sehr spärlich Oxalat führen (s. *Tamarix* Fig. 94), treten in den sklerotischen Markstrahlzellen grosse Einzelkrystalle auf und diese bilden sich auch, wenn die zwischen Weichbast liegenden Markstrahlzellen Krystallsand, Rhaphiden oder Drusen enthalten.

Die Dimensionen der Markstrahlzellen sind durch ihre Lage und durch die dominirende Wachsthumsrichtung bedingt; sie sind in demselben Individuum bedeutenden Schwankungen unterworfen. Ihre histologischen Charaktere stellen sie dem Parenchym der Mittelrinde näher als dem Bastparenchym. Nur in wenigen Fällen *(Fagus, Quercus, Platanus, Buena, Proteaceen* (Fig. 49), *Weinmannia, Tamarix, Capparideen)* tritt in den Markstrahlen selbständige, von den Baststrahlen und anscheinend auch von der Mittelrinde unabhängige Sklerose auf [2]).

Die im Baste vorkommenden specifischen Sekreträume fehlen den Markstrahlen, dagegen treten diese mitunter hier auf, wo sie im Baste fehlen, wie z. B. die lange bekannten schizogenen Harzcanäle bei *Pinus*, die Schleimzellen der *Malvaceen, Sterculiaceen, Büttneriaceen* und bei *Lühea*, ein weiterer Beleg für die Zusammengehörigkeit der Markstrahlen und des Grundgewebes.

---

[1]) Unter den hier angeführten bilden *Erica, Camellia, Ilex, Hura* Krystalle in der primären Rinde.

[2]) Ausser den oben angeführten vereinzelten Fällen findet nämlich die Sklerose der Markstrahlen immer nur unter dem Einflusse angrenzender sklerotischer Elemente statt und es hängt einerseits von der Mächtigkeit dieses Einflusses ab, anderseits von der Widerstandsfähigkeit der Markstrahlzellen, wie lange und bis zu welchem Grade die Steinzellenbildung hintangehalten wird. Dieser Antagonismus ist unverkennbar nicht individuell, sondern generisch verschieden. Er zeigt sich am augenfälligsten da, wo trotz umfangreicher Sklerosirung des Bastparenchyms die Markstrahlen nur ausnahmsweise (Fig. 125, 131), immer sehr spät und nur am Rande, selbst nur in den Zwickeln (Fig. 85) sklerosiren, wo also der Widerstand der Markstrahlen gegen die Sklerose nur durch die von beiden Seiten und aus grosser Nähe wirkenden sklerotischen Massen überwunden wird. Anderseits ist der Widerstand gegen die Sklerose sehr gering, es bedarf nicht einmal andrängender Steinzellen, es genügt die Nachbarschaft schwacher Bastfaserbündel um die Markstrahlen zur Sklerosirung anzuregen, wobei die Bündel alsbald durch eine Steinzellenbrücke verbunden werden (Fig. 94). Man könnte in diesen Fällen sogar an eine den Markstrahlen innewohnende Neigung zur Sklerose denken, wenn nicht dagegen spräche, dass die Steinzellenbildung doch niemals unabhängig von den Bastfaserbündeln auftritt.

Register.